PHYSIOLOGISCHE CHEMIE

EIN LEHR- UND HANDBUCH FÜR ÄRZTE
BIOLOGEN UND CHEMIKER

HERVORGEGANGEN AUS DEM
LEHRBUCH DER PHYSIOLOGISCHEN CHEMIE
VON OLOF HAMMARSTEN

ERSTER BAND

HERAUSGEGEBEN VON
B. FLASCHENTRÄGER
ALEXANDRIA

UNTER MITWIRKUNG VON
E. LEHNARTZ
MÜNSTER/WESTF.

SPRINGER-VERLAG BERLIN HEIDELBERG GMBH 1951

DIE STOFFE

BEARBEITET VON

D. ACKERMANN · G. BLIX · H. BREDERECK · P. BRIGL † · A. BUTENANDT
K. FELIX · B. FLASCHENTRÄGER · F. FLURY † · K. FREUDENBERG
K. GEMEINHARDT · W. GRASSMANN · CHR. GRUNDMANN
F. HOLTZ · E. KLENK · F. KNOOP † · H. KRAUT · W. KUHN
H. MÜLLER · TH. PLOETZ · F. SCHNEIDER · G. SCHRAMM
W. SIEDEL · T. THUNBERG · J. TRUPKE · R. WEIDEN-
HAGEN · Ä. WEISCHER · K. ZEILE

MIT 93 TEXTABBILDUNGEN

SPRINGER-VERLAG BERLIN HEIDELBERG GMBH 1951

ISBN 978-3-642-86370-7 ISBN 978-3-642-86369-1 (eBook)
DOI 10.1007/978-3-642-86369-1

ÜRSPRUNGLICH ERSCHIENEN BEI SPRINGER-VERLAG OHG. IN BERLIN, GÖTTINGEN AND HEIDELBERG 1951
SOFTCOVER REPRINT OF THE HARDCOVER 1ST EDITION 1951

Vorwort.

Als Olof Hammarsten 1890 die erste deutsche Auflage (eine Übersetzung der 2. schwedischen) seines Lehrbuches der Physiologischen Chemie erscheinen ließ, war dies noch kein ausführliches Lehrbuch, „seine Aufgabe war nur die, den Studierenden und Ärzten eine kurz gedrängte, soweit möglich objektiv gehaltene Darstellung der Hauptergebnisse der physiologisch-chemischen Forschung, wie auch der Hauptzüge der physiologisch-chemischen Untersuchungsmethoden zu liefern". In der richtigen Erkenntnis, daß die Natur in den Stoffwechselerkrankungen für den Biochemiker oft bessere Versuchsanordnungen bietet, als sie im Laboratorium erreicht werden können, wurden auch die wichtigsten pathologisch-chemischen Tatsachen gewürdigt[1].

In 36 Jahren sind 11 Auflagen des Hammarstenschen Lehrbuches erschienen. Sie spiegeln die Entwicklung der Physiologischen Chemie wieder und haben gleichzeitig deren Werdegang maßgeblich beeinflußt; denn der „Hammarsten" wurde in dieser Zeit zum Standardwerk der Physiologischen Chemie in der Weltliteratur, zu einem nie irrenden Berater und einem streng auswählenden und wertenden Richter der Ergebnisse der physiologisch-chemischen Forschung. Kein Wunder, daß sich dabei der Umfang von 400 auf 800 Seiten, die Zahl der Mitarbeiter auf 4 vermehrte. Ich freue mich, daß von ihnen T. Thunberg auch an dieser Neubearbeitung mitwirken konnte.

1936 machte mir Dr. Ferdinand Springer den Vorschlag, eine neue Auflage des Werkes zu besorgen. Der zu bearbeitende Stoff war inzwischen unermeßlich gewachsen, so daß eine Fortführung in früherer Anordnung unmöglich erschien. Es war vielmehr neu zu planen und zu ordnen. Meinen verehrten Lehrern Heinrich Wieland und Karl Thomas schulde ich für wertvolle Ratschläge bei der Aufstellung des Programms herzlichen Dank.

Das Ziel der Neubearbeitung war, dem Arzt, dem Biologen, dem Chemiker, aber auch dem fortgeschrittenen Studierenden ein Buch in die Hand zu geben, das ihm auf physiologisch-chemische Fragen rasch eine wohlbegründete Antwort gibt, die auch durch Anführung der wichtigsten Originalliteratur belegt sein sollte; auch Anregungen für die eigene Arbeit sollten zu finden sein.

Die großen Fortschritte sowohl in der Erforschung der chemischen Struktur biologisch wichtiger Stoffe wie auch die zunehmende Erkenntnis über den Verlauf biochemischer Reaktionen und ihre Zusammenhänge legte eine Aufteilung des Stoffes auf zwei Bände nahe, von denen der erste Band im Sinne der klassischen chemischen Systematik „Die Stoffe" abhandeln, der zweite Band, „Der Stoffwechsel", einer Darstellung der Dynamik des biochemischen Geschehens im Einzelnen wie im Ganzen gewidmet sein sollte.

Für die Bearbeitung der einzelnen Kapitel wurden jeweils Forscher gewonnen, die sich durch eigene experimentelle Arbeiten auf den betreffenden Gebieten einen Namen gemacht hatten. Trotz der Vielzahl der Bearbeiter wurde eine einheitliche, geschlossene Darstellung angestrebt. Nicht immer wird in dem vorliegenden 1. Band eine ideale Erfüllung dieser Absicht gelungen sein; zu vielseitig ist der Inhalt, zu ausgesprochen auch glücklicherweise die Individualität der Bearbeiter.

[1] Nachruf auf O. Hammarsten von T. Thunberg: Ergebn. Physiol. **35**, 1—31 (1933).

Doch glaubt der Herausgeber, daß das erstrebte Ziel dank der verständnisvollen Mitarbeit aller Autoren näherungsweise erreicht ist. Hier sei auch der tiefgründigen Beratung beim Isomeriekapitel durch KARL NÄGELI, Zürich, und bei den Redoxasen durch W. FRANKE, Köln, dankbar gedacht.

Besondere Sorgfalt wurde der Herstellung der Register gewidmet, da nur dann, wenn sie zuverlässig und ausführlich gehalten sind, die Informationsmöglichkeiten, die das Werk vermitteln will, ausgeschöpft werden können. Bis zum Jahre 1946 ist das Autorenregister von PAULA LAMBELET, Yverdon, das Sachregister von Dr. E. HÄNGGI, St. Gallen, bearbeitet worden. Für den Neudruck hat Frau Dipl. Ing. JULIANA TRUPKE, München, die mühevolle Arbeit der Registerbearbeitung übernommen.

Das Werk teilt das Schicksal eines großen Teils der literarischen Produktion in Deutschland in den letzten Kriegsjahren. Der erste Band stand im Frühjahr 1945 kurz vor der Fertigstellung, der zweite Band war bis auf 3 Beiträge abgesetzt, als in den letzten Tagen der Kriegshandlungen der gesamte Satz (2500 Seiten) vernichtet wurde. Es gelang lediglich, ein einziges vollständiges Exemplar vor der Vernichtung zu retten, an Hand dessen noch im Jahre 1945 die Neubearbeitung in Angriff genommen werden konnte. Allen, die mich bei dieser mühevollen Aufgabe unterstützt haben, bin ich zu größtem und herzlichstem Dank verpflichtet. Viele Mitarbeiter hatten Manuskripte, Arbeitsstätten, Bibliotheken und Mitarbeiter eingebüßt; die Beschaffung der ausländischen Literatur aus den Kriegsjahren bot oft unüberwindliche Schwierigkeiten; dennoch haben alle Mitarbeiter unter den schwierigsten Verhältnissen ihre Beiträge überarbeitet und ergänzt und die Anregungen des Herausgebers bereitwilligst berücksichtigt. Allen Kollegen, die mir durch Überlassung von Sonderdrucken die Literatursammlung und Kontrolle erleichterten, danke ich auch hier bestens.

Von den Mitarbeitern des ersten Bandes haben seine Fertigstellung nicht mehr erleben dürfen: PERCY BRIGL, FERDINAND FLURY, FRANZ KNOOP. Möge ihr Name auch in den Beiträgen zu diesem Band weiterleben.

Besonderen Dank schulde ich E. LEHNARTZ, der mich bei der Herausgabe dieses 1. Bandes seit Ende 1947 sehr tatkräftig und wirksamst unterstützt hat. Er wird für den 2. Band als Mitherausgeber zeichnen. Ohne die hochherzige Unterstützung, die mir Prof. Dr. OTTO BAYER und seine Mitarbeiter von den Bayer-Werken-Leverkusen durch Herstellung einer Photokopie des geretteten Exemplares gewährten, wäre die Neubearbeitung kaum möglich gewesen. Es sei ihnen auch hier herzlich dafür gedankt. Schließlich gedenke ich dankbar der treuen, zuverlässigen und unermüdlichen Arbeit meiner Laborantin PAULA LAMBELET, Yverdon, und meiner Sekretärinnen, insbesondere MARGRIT AMSLER, Zürich. Prof. LEHNARTZ dankt Dr. LENA FISCHER und EDITH OEBKE für ihre hingebungsvolle Hilfe bei der mühevollen Kontrolle der Literaturzitate, von denen allerdings ein kleiner Teil nicht überprüft werden konnte.

Alexandria, den 29. April 1951.

B. Flaschenträger.

Inhaltsverzeichnis.

Durch Lösen in konzentrierter Schwefelsäure und Verdünnen mit Wasser läßt sich die Harnsäure reinigen. Umkrystallisieren aus heißer 80%iger Schwefelsäure gelingt ebenfalls gut. — Über die Darstellung aus Harn siehe Bd. 2, Niere und Harn.

Physikalische Eigenschaften. Harnsäure ist ein weißes Pulver, welches in reinem Zustand aus mikroskopischen rhombischen Täfelchen besteht. In unreinem Zustand erhält man sie leicht gelbrot bis braun gefärbt. Aus menschlichem Harn scheiden sich auf Zusatz von Säure rhombische Tafeln oder Säulen von Harnsäure, oft ineinander verwachsen, ab. Durch Aneinanderlagern der wetzsteinförmigen Krystalle entstehen oft tonnenähnliche Gebilde. Durch Umkrystallisieren aus verdünnter Essigsäure kann Harnsäure einwandfrei auch in kleinsten Mengen an der Krystallform erkannt werden. Harnsäure ist geruch- und geschmacklos. Sie hat keinen charakteristischen Schmelzpunkt, bei höherer Temperatur tritt Zersetzung ein. Die wäßrige Lösung reagiert gegen Lackmus und Phenolphthalein sauer, gegen Methylorange alkalisch. Harnsäure ist eine schwache zweibasische Säure, die sich bei Gegenwart von Formaldehyd und Phenolphthalein scharf als einbasische titrieren läßt.

Harnsäure ist in reinem Wasser äußerst schwer löslich: bei 18° 1:39500, bei 37° 1:15505, in heißem Wasser 1:1600. In Alkohol und Äther ist sie unlöslich, hingegen löslich in warmem Glycerin (0,74%). Während sie in normaler Salzsäure und Schwefelsäure noch weniger als in Wasser löslich ist, löst sie sich in konzentrierter Schwefelsäure ohne Zersetzung und scheidet sich beim Verdünnen mit Wasser unverändert wieder aus. In Alkali ist Harnsäure leicht löslich, weniger leicht in Ammoniak; hingegen löst sie sich auch in wäßrigen Lösungen kohlensaurer, borsaurer, phosphorsaurer, milchsaurer und essigsaurer Alkalien. Auch von einer Reihe organischer Basen wie Äthyl- und Propylamin, Pyridin, Piperidin und Piperazin wird sie gelöst, ebenso ziemlich leicht von Dioxan, Essigsäure und Milchsäure.

Allgemeine chemische Beschreibung der Harnsäure. Harnsäure ist der wichtigste Vertreter der Puringruppe. An ihr wurde die Chemie der Purine entwickelt. Harnsäure ist als Ureid von Säuren und Laugen hydrolysierbar und von Oxydationsmitteln angreifbar. Relativ beständig ist sie gegen Reduktionsmittel.

Chemische Eigenschaften. Harnsäure ist eine zweibasische Säure, wobei jedoch die beiden Dissoziationsstufen keineswegs gleichwertig sind. Die Acidität der einzelnen Wasserstoffatome der Harnsäure nimmt in der Reihenfolge 9—3—1—7 ab (die Zahlen geben die Stellung der einzelnen Wasserstoffe am Purinkern an, s. S. 798). Die Stellen 1 und 7 sind besonders wenig acid, während die Stellungen 3 und 9 wesentlich stärker sauer und untereinander nur wenig verschieden sind. Harnsäure selbst liegt überwiegend in der Tetra-imino-Form (I) (Lactamform) vor, während die Acidität durch den Gehalt an Oxyform (II) (Lactimform) verursacht wird (vgl. Bd. 2, Purinstoffwechsel). Die Acidität der Stelle 9 bzw. 3 kommt somit nicht dem NH als solchem zu, sondern beruht auf der Enolisierung von 9 nach 8 bzw. 3 nach 2. Von der Oxyform leiten sich die Salze ab[1].

```
HN¹—⁶CO                    N¹=⁶C·OH
 |    |                     |    |
O²C  ⁵C—NH⁷               HO·²C  ⁵C—N⁷H
 |    ||   \                ||   ||   \
 |    ||    ⁸CO             ||   ||    ⁸C·OH
 |    ||   /                ||   ||   //
HN³—⁴C—N⁹H                 N³—⁴C——N⁹
```

(I) Lactamform (II) Lactimform

Salze. Als zweibasische Säure bildet Harnsäure zwei Reihen von Salzen *(Urate)*: neutrale und saure. Die Salzbildung tritt ein in Stellung 8 und 2 (Lactimform) bei den neutralen, in Stellung 8 bei den sauren Salzen. Die neutralen Alkalisalze (Na, K, Li) existieren nur in fester Form oder in stark alkalischen Lösungen, wie sie im menschlichen Körper oder dessen Sekreten nicht vorkommen. In wäßriger Lösung dissoziieren sie unter Bildung saurer Salze, was auf der schwächer sauren Eigenschaft der zweiten sauren Gruppe (in Stellung 2) beruht. Dementsprechend vermögen schwache Basen auch keine neutralen Salze

[1] Biltz, H.: J. prakt. Chem. (2) **145**, 65 (1936). B. **69**, 2750 (1936). Vgl. auch Fromherz, H., u. A. Hartmann: B. **69**, 2420 (1936).

mehr zu bilden. Es ist daher auch nur das saure und nicht das neutrale Ammoniumsalz bekannt. Die sauren Alkalisalze und das saure Ammoniumsalz sind schwerlöslich, die übrigen Salze sehr schwer löslich oder unlöslich (Löslichkeit in Wasser bei 18°: saures Lithiumsalz 1:388, saures Kaliumsalz 1:653, saures Natriumsalz 1:1201, saures Ammoniumsalz 1:2415). Als saures Urat, z. B. $NaH(C_5H_2O_3N_4)$ findet sich die Harnsäure gelöst im Blut und den übrigen Körpersäften, ferner auskrystallisiert zu dünnen Nadeln in den Ablagerungen bei der Gicht, z. B. den Gichtperlen am Ohr. (Über Urate im Harn und Harnsedimenten s. Bd. 2, Niere und Harn.)

Im Schrifttum sind auch sog. Quadriurate (auf 1 Alkalimetall 2 Mol Harnsäure) (= übersaure Salze) beschrieben. Dabei handelt es sich jedoch wohl um Gemische der annähernden Zusammensetzung $C_5H_3O_3N_4Me + C_5H_4O_3N_4$.*

Urate, ebenso Harnsäure selbst, vermögen leicht *übersättigte Lösungen* zu geben, was auf Entstehung kolloidaler Lösungen beruhen dürfte, die durch Anwesenheit eines Schutzkolloids stabilisiert werden. Es ist daher erklärlich, daß eine so komplizierte Lösung, wie sie der Harn und das Blut darstellt, häufig die Erscheinungen der Übersättigung zeigt.

Die Konstitution der Harnsäure ist durch Abbau und Synthese sichergestellt. Salpetersäure baut die Harnsäure zum *Alloxan*[1] ab:

```
HN—CO                                   HN—CO    NH₂
|   |                                   |   |    |
OC  C—NH                                OC  CO + CO
|   ||   \                              |   |    |
|   ||    >CO + O + H₂O  =              |   |    |
HN—C—NH  /                              HN—CO    NH₂
                                        Alloxan
```

Über Alloxandiabetes[2]. Nachweis kleiner Mengen *Alloxan*[3]. Weder im Serum noch im Harn von Diabetikern findet man Alloxan[3]. Injiziertes Alloxan verschwindet bei Kaninchen und Hunden sehr rasch aus der Blutbahn[3]. Die Bestimmung von Alloxan im Blut und Organen benützt die Farbreaktion zwischen Violursäure und Ferrosalz[4].

Während durch diese saure Oxydation der Pyrimidinrest erhalten bleibt, gelingt es durch Oxydation in neutraler oder alkalischer Lösung, z. B. mit Kaliumpermanganat, den Imidazolkern zu erhalten und Allantoin (S. 812) zu gewinnen[5]. Ein solcher Abbau der Harnsäure zum Allantoin erfolgt auch im Säugetierkörper (s. hier Bd. 2, Purinstoffwechsel).

```
                                                         COOH
                                                          |
HN—CO              NH₂   COOH                     HN——C——NH
|   |              |     |                        |   |    |
OC  C—HN           CO   HOC—HN                    OC  |    CO
|   ||   >CO  ———→ |     |    >CO     ———→        |   |    |
HN—C—HN            NH————C—HN                     HN——C——NH
                         |                            |
                         OH                           OH

                        COOH                      H₂N   CO—NH
                         |                        |     |   |
———→  H₂N·CO·NH——C——NH·CO·NH₂  ———→               OC    |   CO
                         |                        |     |   |
                        COOH                      HN——CH——NH
                     Uroxansäure                    Allantoin
```

* Me = Metall-Kation.

[1] Beilstein **24**, 500 (428). — [2] Siehe z. B. LIEBMANN, ERICH: Schweiz. med. Wschr. **1944**, 1339. — [3] KARRER, P., F. KOLLER u. H. STÜRZINGER: Helv. **28**, 1529 (1945). — [4] BRÜCKMANN, G.: J. biol. Ch. **165**, 103 (1946). — [5] BEHREND, R., u. R. ZIEGER: A. **410**, 337 (1915). — BILTZ, H., u. M. HEYN: B. **45**, 1677 (1912).

Beim Erhitzen mit kaltgesättigter Jodwasserstoffsäure oder Salzsäure auf 170° zerfällt Harnsäure in Glykokoll, Ammoniak und Kohlensäure. Erhitzen mit konzentrierter Schwefelsäure in der KJELDAHL-Reaktion zerstört die Harnsäure, wie alle Purine zu CO_2, NH_3 und H_2O, so daß der Purin-N nach KJELDAHL miterfaßt wird.

Die *Synthese der Harnsäure* ist nach verschiedenen Methoden durchgeführt worden, von denen hier die wichtigsten genannt seien. Sie haben kaum eine Analogie zur Synthese im Tierkörper. a) Durch Kondensation von Isodialursäure (I) mit Harnstoff[1].

```
HN—CO                        HN—CO
|   |                        |   |
OC  CO       H2N\      ----> OC  C—HN\
|   |            >CO         |   ||    >CO + 2 H2O
HN—CHOH  +   H2N/            NH—C—HN/
  (I)
```

b) Durch Erhitzen der Pseudoharnsäure[2] mit Oxalsäure oder Kochen mit verdünnten Mineralsäuren[3]:

```
NH2     HOCO          HN—CO        HN—CO               HN—CO
|       |             |   |   HNO2 |   |          4H   |   |
CO  +   CH2   ----->  OC  CH2 ---> OC  C=NOH     ----> OC  CH·NH2
|       |             |   |        |   |               |   |
NH2     HOCO          HN—CO        HN—CO               HN—CO
                 Barbitursäure[4]  5-Isonitroso-barbitursäure  5-Amino-barbitursäure

        HN—CO                        HN—CO
CONH    |   |                        |   |
-----> OC   CH·NH·CO      ------>    OC  C—HN\
        |   |     |                  |   ||    >CO
        HN—CO     NH2                HN—C—HN/
        Pseudoharnsäure              Harnsäure
```

c) Als wertvoll für präparative Synthesen in der Puringruppe hat sich folgendes von Harnstoff und Cyanessigester ausgehendes Verfahren erwiesen[5]:

```
NH2     ROOC           HN—CO               HN—CO
|       |              |   |     Alkali    |   |           HNO2
CO  +   CH2   ----->   OC  CH2   ------>   OC  CH          ----->
|       |              |   |               |   ||
NH2     CN             HN—CN               HN—C·NH2
                   Cyanacetylharnstoff   4-Amino-uracil

HN—CO               HN—CO                                HN—CO
|   |               |   |         H2N\                   |   |
OC  C·NO   4H ----> OC  C—NH2  +       >CO   ------>     OC  C—NH
|   ||              |   ||        H2N/                   |   ||   >CO
HN—C·NH2            HN—C—NH2                             HN—C—NH
4-Amino-5-nitroso-uracil   4,5-Diamino-uracil            Harnsäure
```

Über Synthese von Harnsäure im Tierkörper[6] siehe Bd. 2, Purinstoffwechsel.

Nachweis und Bestimmung. Bei der Bedeutung der Harnsäure ist es verständlich, daß eine große Zahl von Nachweis- und Bestimmungsverfahren ausgearbeitet worden sind. Einige der Nachweisverfahren beruhen auf der reduzierenden Eigenschaft der Harnsäure (z. B. FOLIN und DENIS, SCHIFF). In

[1] BEHREND, R., u. O. ROOSEN: A. **251**, 235 (1889). — [2] BAEYER, A. v.: A. **127**, 3, 234 (1863). — [3] FISCHER, E., u. L. ACH: B. **28**, 2473 (1895); **32**, 2745 (1899). — [4] RAVENTOS, J.: Brit. J. Pharmacol. **1**, 210 (1946). — [5] TRAUBE, W.: B. **33**, 3035 (1901). — [6] SONNE, J. C., J. M. BUCHANAN and A. M. DELLUVA: J. biol. Ch. **166**, 395 (1946).

anderen Nachweisverfahren wird die Harnsäure zu Alloxan (bzw. Alloxantin) abgebaut, das sich dann z. B. mit Thiophen zu einem Farbstoff vereinigt (DENIGÈS); Alloxantin liefert mit Ammoniak Murexid (Murexidreaktion). Die Bestimmungsmethoden beruhen auf der gravimetrisch oder titrimetrisch faßbaren reduzierenden Wirkung der Harnsäure[1].

Nachweis. (Über Erfassungsgrenze einzelner Reaktionen siehe Fußnote [2]). *Murexidprobe:* Beim vorsichtigen Verdunsten von Harnsäure mit Salpetersäure bleibt ein Rückstand, der sich mit Ammoniak purpurrot, mit Alkalilauge blauviolett färbt. Die Farbe rührt her vom Murexid, dem Ammoniumsalz der sog. Purpursäure (siehe auch Bd. 2, Niere und Harn).

```
HN—CO          OC—NH
|   |           |   |
OC  C===N———————C   CO
|   |           ||  |
HN—CO     (H4N)OC—NH
```

Murexid

Reaktion nach FOLIN *und* DENIS[3]: Beruht auf der Reduktion von Phosphorwolframsäure durch Harnsäure in alkoholischer Lösung zu niederen, blauen Wolframoxyden. (Empfindlichkeit 1:500000.) — SCHIFFsche *Reaktion*[4]: Bringt man einen Tropfen einer Lösung von Harnsäure in Natriumcarbonat auf Filtrierpapier, das mit Silbernitratlösung getränkt ist, so entsteht durch Reduktion des Silbernitrats ein braunschwarzer, bei Anwesenheit von nur 0,002 mg Harnsäure ein gelber Fleck. — *Probe von* DENIGÈS[5]: Harnsäure wird mit wenig verdünnter Salpetersäure bis zum Aufbrausen (Bildung von Alloxan) erhitzt, die überschüssige Säure vorsichtig verjagt, ohne bis zum Auftreten der Färbung zu trocknen, und 2 bis 3 Tropfen konzentrierter Schwefelsäure und einige Tropfen käufliches thiophenhaltiges Benzol zugegeben; dabei tritt Blaufärbung auf, die beim Verdunsten des Benzols in Braun übergeht und bei nochmaliger Zugabe von Benzol wieder erscheint. — *Reaktion von* GANASSINI[6]: Versetzt man eine schwach alkalische Harnsäurelösung mit einem löslichen Zinksalz, so entsteht ein weißer Zn-Urat-Niederschlag, der mit Oxydationsmitteln, z. B. Kaliumpersulfat, eine blaue Färbung ergibt.

Fällungen. Mit *Phosphorwolframsäure* entsteht in Gegenwart von Salzsäure ein schokoladenbrauner Niederschlag brauner, würfelförmiger, rhombischer Krystalle. — *Zinksalze* rufen in schwach alkalisch reagierenden Lösungen Fällungen hervor, welche Zinkurat darstellen. — Die geringe Menge Harnsäure, welche in ammoniakalischer Flüssigkeit löslich ist, wird durch ammoniakalische *Silberlösung* bei gleichzeitiger Gegenwart von Alkali oder Magnesiumsalzen als Doppelverbindung gefällt. — Harnsäure wird durch *Pikrinsäure* gefällt; aus Harn wird sie dabei zusammen mit Kreatinin ziemlich vollständig gefällt.

Quantitative $\overline{U}$-Bestimmung[7]. *Im Harn* nach SALKOWSKI[8] und LUDWIG: Aus dem mit Magnesiamischung versetztem Harn wird die Harnsäure durch ammoniakalische Silberlösung als harnsaure Silbermagnesia gefällt, die Silberverbindung mit Schwefelwasserstoff zerlegt und die aus salzsaurer Lösung abgeschiedene Harnsäure gewogen. — Nach HOPKINS[9]: Die Methode beruht auf der vollständigen Fällbarkeit der Harnsäure als Ammoniumurat, wobei der Harn mit Ammonchlorid gesättigt wird. Das Ammoniumurat wird durch Erhitzen mit Wasser und Salzsäure in freie Harnsäure übergeführt. — Nach FOLIN und SHAFFER[10]: Der Harn wird mit einer Lösung von Ammonsulfat, Uranylacetat und Essigsäure versetzt, filtriert und aus dem Filtrat durch Zusatz von konzentriertem Ammoniak die Harnsäure als Ammonurat abgeschieden. Das Urat wird in Gegenwart von Schwefelsäure mit Kaliumpermanganat titriert. — Nach FOLIN und WU[11]: Die Harnsäure wird durch milchsaures Silber gefällt, aus dem Niederschlag durch Cyanidlösung herausgelöst und colorimetrisch

---

[1] Klinisch-chemische Verfahren. Hallmann 5. Aufl. S. 409. 1948. — [2] Behrens-Kley S. 448. — [3] FOLIN, O., and W. DENIS: J. biol. Ch. **12**, 239 (1912). Siehe auch Hinsberg-Lang S. 395. Herstellung von Harnsäurereagenz nach FOLIN, O.: J. biol. Ch. **106**, 311 (1934). — [4] SCHIFF, H.: A. **109**, 67 (1859). — [5] DENIGÈS, G.: J. Pharmacie Chim. **18**, 161 (1888). — [6] GANASSINI, D.: Boll. chim.-farmaceut. **47**, 715 (1908). — [7] Bestimmung im Harn und Blut: Peters-van Slyke Bd. 2, 586—596 (1932). — CERECEDO, L. R.: Ann. Rev. **2**, 113 (1933); **4**, 172 (1935). — CHROMETZKA, FR.: Ann. Rev. **6**, 216 (1937). — H.-Th. 709. — FOLIN, O.: J. biol. Ch. **101**, 111 (1933). — EDSON, N. L., and H. A. KREBS: Biochem. J. **30**, 732 (1936). — [8] SALKOWSKI, E.: Pflügers Arch. **69**, 280 (1898). — [9] HOPKINS, F. G.: Proc. R. Soc. London **52**, 93 (1893). — [10] FOLIN, O.: H. **24**, 224 (1898). — FOLIN, O., u. Ph. A. SHAFFER: H. **32**, 552 (1901). — [11] FOLIN, O., u. H. WU: J. biol. Ch. **38**, 459 (1919).

durch die Blaufärbung bestimmt, die sie in einer alkalischen Phosphorwolframsäurelösung hervorruft. Letzteres Verfahren eignet sich insbesondere auch zur *Bestimmung im Blut*[1].

e) Allantoin.

Allantoin[2], 5-Ureidohydantoin $C_4H_6O_3N_4$.

(M.G. 158,08) 30,35% C; 3,82% H; 35,44% N; 30,36% O.

```
H2N  CO—NH
 |   |   |
OC   |   CO
 |   |   |
HN—CH—NH
```

Allantoin wurde zuerst von VAUQUELIN 1790 in der Amnionflüssigkeit der Kuh, später wurde es im Blasenharn des Kalbes[3] aufgefunden. Der Name stammt von LIEBIG und WÖHLER. Es findet sich im Harn aller Säugetiere, im Harn des Menschen nur in sehr geringer Menge (s. Bd. 2, Purinstoffwechsel; Bd. 2, Niere und Harn). Im Blut[4] verschiedener Säugetiere (nicht des Menschen) sowie in der Kuhmilch[5] wurde es aufgefunden. Auch in vielen Pflanzen[6, 7] (z. B. Weizenkeimlingen, Zuckerrübensäften, Reisschalen) und einigen Nahrungsmitteln[8] ist es nachgewiesen worden. Roggenkeimlinge enthalten 0,028% Allantoin[7]).

Im Reagensglas kann Allantoin leicht durch Oxydation von Harnsäure mit Bleisuperoxyd, mit Braunstein, mit Ferricyankalium und Ätzkali, mit Ozon und mit alkalischer Kaliumpermanganatlösung erhalten werden. Die Bildung ist ein verwickelter Vorgang[9] (s. S. 809).

Darstellung[10]. Man suspendiert 10 g Harnsäure in etwa 200 cm³ Wasser, löst sie durch Zugabe kleiner Mengen Natronlauge und versetzt die alkalische Lösung mit einer erkalteten Lösung von 6,2 g Kaliumpermanganat in 150 cm³ Wasser. Sobald sich die Flüssigkeit entfärbt hat (was durch Abfiltrieren einer kleinen Probe festgestellt wird), filtriert man vom ausgeschiedenen Braunstein rasch ab, säuert mit Essigsäure an und dampft zur Krystallisation ein. Das Rohprodukt wird durch Umkrystallisieren aus der 10fachen Menge Wasser gereinigt. *Darstellung aus Hundeharn* siehe Bd. 2, Niere und Harn.

Physikalische Eigenschaften. Allantoin krystallisiert in glänzenden kleinen Prismen, die oft zu Drusen vereinigt sind. Es ist geruch- und geschmacklos und reagiert neutral. Es löst sich in 160 Teilen kaltem Wasser, leichter in heißem Wasser, auch in heißem Alkohol ist es löslich, während es in kaltem Alkohol und in Äther fast unlöslich ist. Beim Erhitzen bräunt es sich oberhalb 220° und schmilzt unter Zersetzung bei 234°.

Chemische Eigenschaften. Allantoin bildet mit *Metallen* Salze, nicht mit Säuren. Eine wäßrige Allantoinlösung gibt mit Silbernitrat allein keine Fällung. Bei vorsichtigem Zusatz von Ammoniak entsteht dagegen ein in überschüssigem Ammoniak löslicher, weißer, flockiger Niederschlag ($C_4H_5O_3N_4Ag$) aus mikroskopisch kleinen durchsichtigen Tröpfchen. Durch Mercurinitrat ebenso durch Mercuriacetat, besonders in mit Natriumacetat neutral oder schwach alkalisch gemachter Lösung, wird Allantoin gefällt, nicht jedoch durch Kupfersulfat und Natriumbisulfit, Phosphorwolframsäure und Bleiacetat. Bei anhaltendem Kochen reduziert Allantoin FEHLINGsche Lösung. Allantoin ist in wäßriger Lösung keine sehr beständige Verbindung, was für ein Diureid der Glyoxylsäure einigermaßen verständlich erscheint. In wäßriger Lösung und im Harn zersetzt sich Allantoin freiwillig beim Stehen, auch in Abwesenheit von Bakterien.

---

[1] Rappaport S. 104. — [2] Beilstein **25**, 474 (692). — H.-Th. 154. — Zitate S. 797: [4] 1151. [5] 322. — DALMER, O.: Handb. Biochem. **1**, 191 (1924). — PINCUSSEN, L.: Handb. Biochem., Erg.-W. **2**, 668 (1934). — HOPPE-SEYLER, F. A.: Handb. Biochem., Erg.-W. **1**/A, 164 (1933). — [3] WÖHLER, F.: A. **70**, 229 (1849). — [4] HUNTER, A.: J. biol. Ch. **28**, 369 (1917). — [5] ACKROYD, H.: Biochem. J. **5**, 400 (1911). — [6] WINTERSTEIN, A., u. F. SOMIÓ: Handb. Pfl.-Analyse (KLEIN) **4**/1, 382 (1933). — TONZIG, S.: Ann. Bot., Roma **29**, 315 (1933). — FOSSE, R., P. DE GRAEVE et P. E. THOMAS: Cr. **194**, 1408 (1932). — [7] IHDE, A. J., and H. A. SCHUETTE: Am. Soc. **63**, 2486 (1941). — [8] Neubauer-Huppert Bd. 2, S. 1066 (1913). — [9] BEHREND, R., u. R. ZIEGER: A. **410**, 337 (1915). — [10] HARTMANN, W. W., E. W. MOFFETT and J. B. DICKEY: Org. Syntheses **13**, 1 (1933).

Beim Kochen mit Wasser ist schon nach 1 h Zersetzung nachweisbar[1]. Es ist daher anzunehmen, daß Allantoin im alkalischen Harn noch rascher zerlegt wird[2].

Allantoin löst sich leicht in Alkalien; säuert man sofort wieder an, so fällt Allantoin wieder aus, läßt man jedoch einige Zeit stehen, so bildet sich unter Wasseraufnahme Allantoinsäure[3] $NH_2 \cdot CO \cdot NH \cdot CH \cdot (COOH) \cdot NH \cdot CO \cdot NH_2$. Durch Erhitzen mit Säuren und Alkalien tritt Zersetzung und Aufspaltung ein. Erhitzen mit konzentrierter Schwefelsäure nach KJELDAHL führt Allantoin quantitativ in Ammonsulfat, CO_2 und H_2O über. Beim Kochen mit Alkali entsteht über Allantursäure = Glyoxalylharnstoff $CO\begin{array}{l}\diagup NH—CO \\ \qquad\quad | \\ \diagdown NH—CHOH\end{array}$, Harnstoff, Glyoxylsäure ($OCH \cdot COOH$) und Oxalsäure, was eine Erkennung des Allantoins gestattet[4]. Die Murexidprobe fällt bei Allantoin negativ aus.

Nachweis. Die SCHIFF*sche Reaktion* fällt wie bei Harnstoff positiv aus, sie tritt aber weniger stark und langsamer ein. — *Reaktion von* ADAMKIEWICZ ist positiv wegen Bildung von Glyoxylsäure: Violettfärbung bei Zufügen von konzentrierter Schwefelsäure zu einer mit einer Spur Pepton versetzten Allantoinlösung[5]. — *Reaktion von* SALKOWSKI: Man kocht eine kleine Menge mit 15%iger Natronlauge, säuert mit Essigsäure an und prüft mit Calciumchlorid auf Oxalsäure.

Bestimmung. Siehe Bd. 2, Niere und Harn.

Allantoinsäure[6] = Diureidoessigsäure, $C_4H_8O_4N_4$.

(M.G. 176,09) 27,26% C; 4,58% H; 31,82% N; 36,34% O.

Allantoinsäure scheint nur bei Pflanzen[7] eine Rolle im Stoffwechsel zu spielen. Nach FOSSE[8] kommt sie bei der Bildung von Allantoin aus Harnsäure vielleicht auch beim Tier vor.

$$\begin{array}{llll} NH_2 & & & \\ | & & & \\ CO & COOH & H_2N\diagdown & \\ | & | & & CO \\ NH— & CH—— & HN\diagup & \end{array}$$

Sehr wenig löslich in kaltem Wasser, organischen Lösungsmitteln und verdünnten Säuren.

Wird durch heißes Wasser in Glyoxylsäure und Harnstoff zerlegt. Bei längerem Kochen von Allantoinsäure mit Wasser kann jedoch auch Allantoin, sowie Allantursäure, Harnstoff und Glyoxylsäure erhalten werden.

2. Pyrimidine[9—16].

a) Allgemeines.

Die Pyrimidine[9-16] sind als Spaltprodukte der Nucleinsäuren bekannt und kommen *frei in der Natur* im allgemeinen *nicht* vor. Neben den vorstehend besprochenen Purinen enthält auch das Vitamin B_1 (S. 817) ebenso die Co-Carboxylase (s. S. 834) in ihrem Molekül einen Pyrimidinring. Die Pyrimidine leiten sich von dem Stammkörper $C_4H_4N_2$, dem Pyrimidin[17] = 1,3-Diazin ab. Man benutzt für sie die den Purinen analoge Zählweise.

---

[1] WIECHOWSKI, W.: B.Z. **25**, 453 (1910). — [2] Siehe auch Neubauer-Huppert Bd. 2, S. 1072 (1913). — [3] Zit. nach NEUBERG: Der Harn, S. 646 (1910). — [4] Biolog. Abbau, siehe Bd 2, Purinstoffwechsel. — [5] H.-Th. 156. — [6] Beilstein **3**, 599 (208) [388]. — [7] WINTERSTEIN, A., u. F. SOMLÓ: Handb. Pfl.-Analyse (KLEIN) **4**, 362—405 (1933). — [8] FOSSE, R., P. DE GRAEVE et P. E. THOMAS: Cr. **196**, 883 (1933).

Zusammenfassende Darstellungen über Pyrimidine: 9—16. [9] Siehe auch Purine, zusammenfassende Darstellungen: Zitate S. 797: [2, 3, 10, 13]. — [10] BRAHM, C., u. J. SCHMID: Biochem. Handlex. **4**, 1131—1150 (1911). — [11] FODOR, A.: Biochem. Handlex. **9**, 312—322 (1915). — [12] THANNHAUSER, S. J.: Biochem. Handlex. **10**, 142—155 (1923). — [13] BRAHM, C.: Handb. Biochem. **1**, 267—275 (1924). — [14] STEUDEL, H., u. O. FLÖSSNER: Handb. Biochem., Erg.-W. **1**/A, 233—246 (1933). —

[15] JOHNSON, T. B., and D. A. HAHN: Pyrimidines, their amino and aminooxy derivatives. Chem. Rev. **13**, 193 (1933). — [16] H.-Th. 164—168. — [17] Beilstein **23**, 89.

Aus Nucleinsäuren hat man die Pyrimidine Cytosin, Uracil und Thymin isoliert. Entgegen früheren Auffassungen kommt auch Uracil, das Desaminierungsprodukt des Cytosins, primär in den Nucleinsäuren vor. Als Bestandteile von Nucleinsäuren sind die Pyrimidine mit dem Nucleinstoffwechsel verknüpft (s. Bd. 2, Purinstoffwechsel). Das Pyrimidinderivat Vitamin B_1 behebt die Mangelerscheinungen bei Beriberi (Bd. 2, Vitamine).

```
1—6      N=CH
|  |     |1  6|
2  5   HC2   5CH
|  |     ||3  4||
3—4      N—CH
```

Pyrimidin

Zusammenfassende Charakteristik der Pyrimidine. Hinsichtlich des Säuren- und Basencharakters der Pyrimidine gilt das gleiche wie bei den Purinen (S. 798). Am ausgeprägtesten ist die Säurenatur des Uracils und Thymins, die sich leicht in Alkali und Ammoniak lösen, jedoch keine Salze mit Säuren bilden, während das Cytosin als stärkste Base unter den Pyrimidinen Salze mit Mineralsäuren bildet.

Alle Pyrimidine sind in heißem Wasser leicht, in kaltem Wasser schwer löslich. Durch Silbernitrat in Gegenwart von Ammoniak oder Baryt werden sie ausgefällt, wobei der Niederschlag in überschüssigem Ammoniak löslich, in überschüssigem Baryt unlöslich ist. Da die Purine von Silbernitrat auch bei saurer Reaktion gefällt werden, läßt sich hierauf eine Trennung der Purine und Pyrimidine gründen. Pikrinsäure und Phosphorwolframsäure fällen Cytosin, nicht jedoch Uracil und Thymin, was eine Trennung des Cytosins von Uracil und Thymin ermöglicht. Die Trennung des Uracils und Thymins kann durch fraktionierte Krystallisation erfolgen oder aber auf Grund verschiedener Löslichkeit ihrer Nitrierungsprodukte in absolutem Alkohol.

b) Einzelne Pyrimidine.

α) Cytosin.

Cytosin[1], 2-Oxy-6-aminopyrimidin, $C_4H_5ON_3$.

(Pikrat: $C_{10}H_8O_8N_6$ [M.G. 340,11] 35,28% C; 2,37% H; 24,71% N; 37,63% O.)

Cytosin wurde 1894 von KOSSEL und NEUMANN als Spaltprodukt der Thymonucleinsäure entdeckt. Als Bestandteil von Nucleinsäuren findet es sich *in allen kernhaltigen Organen*. Es ist sowohl aus tierischen als auch pflanzlichen Nucleinsäuren gewonnen worden. Auch im Gehirn und im Boden ist es gefunden worden.

```
N=C·NH2
|   |
OC  CH
|   ||
HN—CH
```

Die *Darstellung*[2] des Cytosins erfolgt am vorteilhaftesten synthetisch (Reaktionsfolge siehe unten) ausgehend von Uracil, das selbst bequem durch Kondensation von Harnstoff mit Äpfelsäure in Gegenwart von Schwefelsäure zugänglich ist. — Die Darstellung aus Nucleinsäuren durch Hydrolyse mittels 20%iger Schwefelsäure ist zur präparativen Gewinnung wenig geeignet[3].

Physikalische Eigenschaften. Cytosin krystallisiert in dünnen perlmutterglänzenden Blättchen mit einem Mol Krystallwasser, das bei 100° entweicht. Beim Erhitzen färbt sich Cytosin unterhalb 300° dunkel und zersetzt sich bei 320 bis 325°. In Wasser ist es schwerlöslich (bei 25° 1:129).

Salze. Cytosin bildet mit Mineralsäuren Salze. Vom Sulfat ist ein schwerlösliches basisches und ein leichtlösliches saures Sulfat bekannt. Schwerlöslich ist das Pikrat, das Pikronolat und das Platinchloriddoppelsalz (geeignet zur Analyse und Identifizierung). Mit konzentrierter neutraler Silbernitratlösung bildet sich eine in Nadeln krystallisierende schwerlösliche Doppelverbindung.

---

[1] Beilstein **24**, 314 (312). — H.-Th. 166. — Biochem. Handlex. **4**, 1131; **9**, 312; **10**, 142. — Handb. Biochem., Erg.-W. **1**/A, 233, **1**/B, 949. — [2] HILBERT, G. E., and T. B. JOHNSON: Am. Soc. **52**, 1152 (1930). — [3] KOSSEL, A., u. H. STEUDEL: H. **38**, 49 (1903). — LEVENE, P. A.: H. **38**, 80; **39**, 4 (1903). — KUTSCHER, F.: H. **38**, 170 (1903).

Mit Silbernitrat entsteht nach Zusatz von Ammoniak oder Barytwasser eine Fällung, die in überschüssigem Ammoniak löslich, in überschüssigem Baryt unlöslich ist.

Cytosin wird durch salpetrige Säure zu Uracil desaminiert[1], ebenso durch Erhitzen mit 20%iger Schwefelsäure.

Synthesen. a) Ausgehend von 2-Äthylmercapto-6-oxypyrimidin, das selbst durch Kondensation von S-Äthyl-pseudo-thioharnstoff mit dem Natriumsalz des Formylessigesters zugänglich ist[2]:

2-Äthylmercapto-6-oxypyrimidin $\xrightarrow{PCl_3}$ 2-Äthylmercapto-6-chlorpyrimidin $\xrightarrow{NH_3}$ 2-Äthylmercapto-6-aminopyrimidin $\xrightarrow{HBr}$ Cytosin.

b) Ausgehend vom Uracil:

Uracil $\xrightarrow{POCl_3}$ 2,6-Dichlorpyrimidin $\xrightarrow{NH_3}$ 2-Chlor-6-aminopyrimidin $\xrightarrow{CH_3ONa}$ 2-Methoxy-6-aminopyrimidin $\xrightarrow{HCl}$ Cytosin.

Nachweis. Reaktion von WHEELER *und* JOHNSON[3]: Cytosin, ebenso Uracil, geben nach Lösen in Bromwasser und anschließender Zugabe von Barytwasser eine Purpurfärbung bzw. einen purpurfarbenen oder violetten Niederschlag. — *Reaktion von* BAUDISCH[4]: Eine wäßrige Lösung von Cytosin oder Uracil gibt nach Zugabe von Natriumhydrogencarbonat und Eisen(II)-sulfat einen Niederschlag von Eisen(II)-hydrogencarbonat, der beim Schütteln mit Luft in Eisen(III)-hydroxyd übergeht. Das Filtrat hinterläßt beim Eindampfen einen Rückstand, dessen wäßrige Lösung in Berührung mit Luft eine gelbrote Färbung annimmt. Eine solche Lösung gibt mit Silbernitrat starke Reduktion, mit Diazobenzolsulfosäure eine schnell verschwindende Rotfärbung, mit Phosphormolybdänsäure eine tiefe Blaufärbung. — Cytosin gibt die WEIDEL*sche Reaktion* (S. 804). Cytosin wird aus schwefelsaurer Lösung durch überschüssige Mercurisulfatlösung gefällt, ebenso durch Phosphorwolframsäure.

β) 5-Methylcytosin.

5-Methylcytosin[5], 2-Oxy-5-methyl-6-aminopyrimidin, $C_5H_7ON_3$.
(M.G. 125,08) 47,97% C; 5,64% H; 33,59% N; 12,79% O.

5-Methylcytosin wurde 1925 von JOHNSON und COGHILL[6] bei Hydrolyse der Tuberkulinsäure, der Nucleinsäure des Tuberkelbacillus, erhalten.

```
N=C·NH2
|   |
OC  C·CH3
|   ||
HN—CH
```

Die Verbindung krystallisiert in Form von kleinen farblosen Prismen, die bei 100° ihr Krystallwasser verlieren und bei 270° schmelzen. In Wasser ist es 5mal löslicher als Cytosin.

Die Synthese erfolgt ausgehend von 2-Äthylmercapto-5-methyl-6-oxypyrimidin analog der Synthese des Cytosin.

5-Methylcytosin wird gefällt durch Silbernitrat, Quecksilberchlorid und Phosphorwolframsäure.

γ) Uracil.

Uracil[7], 2,6-Dioxypyrimidin, $C_4H_4O_2N_2$.
(M.G. 112,05) 42,84% C; 3,60% H; 25,00% N; 28,56% O.

```
NH—CO
|   |
OC  CH
|   ||
HN—CH
```

Uracil wurde im Jahre 1900 zuerst von ASCOLI im KOSSELschen Laboratorium aus Hefenucleinsäure dargestellt. Auch aus anderen Nucleinsäuren (Ribopolynucleotiden) ist es gewonnen worden, ebenso aus autolysierten Organen, aus Leber[8] (0,007%) und Reiskleie[8].

Die *Darstellung*[9] erfolgt am besten synthetisch durch Kondensation von Harnstoff mit Äpfelsäure in Gegenwart von Schwefelsäure.

---

[1] WHEELER, H. L., and T. B. JOHNSON: Amer. chem. J. **29**, 492, 505 (1903). — [2] HILBERT, G. E., and T. B. JOHNSON: Am. Soc. **52**, 1152 (1930). — [3] WHEELER, H. L., and T. B. JOHNSON: J. biol. Ch. **3**, 183 (1907). — [4] BAUDISCH, O.: J. biol. Ch. **60**, 155 (1924). — [5] Beilstein **24**, 355. — [6] JOHNSON, T. B., and R. D. COGHILL: Am. Soc. **47**, 2838 (1925). — [7] Beilstein **24**, 312 (312). — H.-Th. 167. — Biochem. Handlex. **4**, 1136; **9**, 317; **10**, 143. — Handb. Biochem., Erg.-W. 1/A, 163, 233; 1/B, 949 (1933). — [8] WOOLLEY, D. W.: Science, N. Y. **88**, 239 (1938). — [9] DAVIDSON, D., and O. BAUDISCH: Am. Soc. **48**, 2379 (1926).

Physikalische Eigenschaften. Uracil krystallisiert in rosettenförmig angeordneten Nadeln. Beim schnellen Erhitzen schmilzt es unter Zersetzung bei 338°. Es ist leichtlöslich in heißem Wasser, schwer in kaltem (bei 25° 0,358:100). In Ammoniak ist es leichtlöslich, fast unlöslich in Alkohol und Äther. In rauchender Salpetersäure löst es sich unter Bildung von 5-Nitrouracil.

Uracil löst sich wegen seiner ausgesprochenen Säure-Eigenschaften leicht in Alkalien, gibt jedoch keine Verbindungen mit Mineralsäuren.

Synthesen. a) Durch Kondensation von Harnstoff mit Formylessigsäure, die aus Äpfelsäure und Schwefelsäure entsteht[1].

b) Ausgehend von Harnstoff und Acrylsäure, die zu Hydrouracil kondensiert werden[2].

$$\text{Hydrouracil} \xrightarrow{\text{Br}} \text{5-Bromdihydrouracil} \xrightarrow{\text{Pyridin}} \text{Uracil.}$$

c) Aus dem bei der Synthese des Cytosins bereits erwähnten 2-Äthylmercapto-6-oxypyrimidin durch Kochen mit Salzsäure[3].

Nachweis. Uracil gibt ebenso wie Cytosin die WEIDELsche Reaktion (S. 804), die Reaktion von WHEELER[3] und JOHNSON (S. 815) sowie die Reaktion von BAUDISCH (S. 815). — Zum Unterschied von Cytosin wird es durch Pikrinsäure und Phosphorwolframsäure nicht gefällt, ebenso nicht durch Silbernitrat bei saurer Reaktion. Gegenüber Silbernitrat bei Zusatz von Ammoniak oder Barytwasser verhält es sich wie Cytosin; von Mercurinitrat wird es gefällt.

```
HN—CO
|   |
S=C   CH
|   ||
HN—CH (I)
```

Thiouracil (I). Hyperthyreosen werden mit Erfolg mit Thiouracil, Methyl- und n-Propylthiouracil behandelt[4]. Dabei wird die Schilddrüsenfunktion gehemmt. Über die Biologie von Thiouracil[5].

δ) Thymin.

Thymin[6], 5-Methyluracil, 5-Methyl-2,6-dioxypyrimidin, $C_5H_6O_2N_2$.
(M.G. 126,06) 47,60% C; 4,80% H; 22,22% N; 25,38% O.

Thymin wurde 1893 von KOSSEL und NEUMANN bei der hydrolytischen Spaltung der Thymonucleinsäure erhalten[7]. Als Bestandteil dieser Säure ist es aus verschiedenen Organen gewonnen worden, auch im Gehirn wurde es gefunden.

```
HN—CO
|   |
OC   C·CH3
|   ||
HN—CH
```

Darstellung[8]. 100 g Thymonucleinsäure werden mit 300 cm³ konzentrierter Schwefelsäure und 600 cm³ Wasser 14 h am Rückflußkühler gekocht. Schwefelsäure und abgespaltene Phosphorsäure werden mittels Baryt entfernt, das Filtrat zum Sirup eingeengt und mit Alkohol ausgekocht. Aus der alkoholischen Lösung krystallisiert nach dem Einengen Thymin aus. Auch synthetisch ist Thymin gut zugänglich (s. unten).

Physikalische Eigenschaften. Thymin krystallisiert aus heißem Wasser in sternförmig oder dendritisch gruppierten kleinen Blättchen, seltener auch in kurzen Nadeln. Bei vorsichtigem Erhitzen sublimiert es in Blättchen, rasch erhitzt sintert es bei 318° und schmilzt bei 321° unter Zersetzung. In heißem Wasser ist es leichtlöslich, schwerlöslich in kaltem Wasser (bei 25° 0,404:100); ebenso löst es sich wenig in kaltem, leichter in heißem Alkohol. In rauchender Salpetersäure löst es sich unter Bildung eines Additionsproduktes.

Thymin besitzt schwach saure Eigenschaften und löst sich unter Salzbildung in Alkalien. Aus der Lösung in konzentrierter Kalilauge scheidet sich beim Einengen Thyminkalium aus, das aus Wasser mit einem Mol Krystallwasser krystallisiert.

[1] Siehe Fußnote [9] S. 815. — [2] FISCHER, E., u. G. ROEDER: B. **34**, 3751 (1902). — [3] WHEELER, H. L., and H. F. MERRIAM: Amer. chem. J. **29**, 478 (1903). — [4] HADORN, W.: Exper. **1**, 63 (1945). — HADORN, W., u. K. BEER: Schweiz. med. Wschr. **1945**, 829; **1946**, 1104. — SPÜHLER, O.: Schweiz. med. Wschr. **1947**, 275. — HUF, E.: D. m. W. **1946**, 22. COOKSON, H.: Lancet **249**, 485 (1945) [D. m. W. **1946**, 36]. — CHALLENGER, F.: Sci. Progr. **35**, 404 (1947). — [5] Ref. Schweiz. med. Wschr. **1945**, 548. — WILLIAMS, R. H.: Arch. intern. Med., Chicago **74**, 479 (1944). — GASCHE, P., u. J. DRUCY: Exper. **2**, 26 (1946). — [6] Beilstein **24**, 353 (330). — H.-Th. 164. — Biochem. Handlex. **4**, 1145; **9**, 321; **10**, 151. — Handb. Biochem., Erg.-W. **1**/A, 234; **1**/B, 949 (1933). — [7] KOSSEL, A., u. A. NEUMANN: B. **26**, 2753 (1893); **27**, 2215 (1894). — [8] H.-Th. 384—385.

Synthesen. Die Synthesen zur Gewinnung des Thymins schließen sich eng an die des Uracils an: a) Durch Kondensation von Methylacrylsäure und Harnstoff .

b) Durch Kondensation von S-Methyl-pseudothioharnstoff mit dem Natriumsalz des Formylpropionesters und anschließender Abspaltung von Methylmercaptan[2].

c) Durch katalytische Hydrierung von Methylcyanacetoharnstoff unter gleichzeitiger Abspaltung von Ammoniak[3].

Nachweis. Thymin läßt sich auch in Gegenwart von Cytosin und Uracil durch die Reaktion von BAUDISCH und JOHNSON[4] einwandfrei nachweisen: Eine wäßrige Lösung von Thymin wird mit $NaHCO_3$ und $FeSO_4$ versetzt und mit Luft geschüttelt. Das Filtrat wird durch Erwärmen konzentriert, wobei Acetol ($CH_3 \cdot CO\ CH_2OH$), Harnstoff und Brenztraubensäure gebildet werden. Acetol wird mit o-Aminobenzaldehyd, welches fluorescierendes 3-Oxychinaldin gibt, nachgewiesen. Zum Nachweis des Harnstoffes dient Xanthydrol und zu dem der Brenztraubensäure die Indigoprobe mit o-Nitrobenzaldehyd. — Gegenüber Silbernitrat bei Zusatz von Ammoniak oder Barytwasser verhält es sich wie Cytosin. Thymin (in reinem Zustand) wird durch Phosphorwolframsäure und Pikrinsäure nicht gefällt, hingegen durch Mercurichlorid und Mercurinitrat.

Thymin gibt in sodaalkalischer Lösung mit Diazobenzolsulfosäure und Zufügen eines Tropfens Hydroxylaminlösung eine starke Rotfärbung (spezifisch zur Unterscheidung von Uracil und Cytosin[5]).

Thio-thymin (2 Thio-5-methyl-uracil) hat antithyreoide[6] und hämopoetische[7] Wirkung[8].

ε) Orotsäure.

Orotsäure = Uracil-4-carbonsäure, $C_5H_4O_4N_2$.

(M.G. 156,05) 38,45% C; 2,58% H; 17,95% N; 41,01% O.

```
HN—CO
|   |
OC  CH
|   ||
HN—C—COOH
```

Orotsäure wurde 1905 von BISCARO und BELLONI[9] aus den Mutterlaugen der Milchzuckerfabrikation isoliert. Die Säure hat sich als identisch erwiesen mit Uracil-4-carbonsäure[10]. Synthese[11].

3. Vitamin B_1, Aneurin[12, 13].

Mit den Pyrimidinen steht hinsichtlich seiner Konstitution das Vitamin B_1 im Zusammenhang. Es wird von WILLIAMS *Thiamin* genannt. Über Geschichte, Vorkommen, Darstellung, Nachweis, Bestimmung und biologische Bedeutung siehe Bd. 2, Vitamine.

Konstitution. Vitamin B_1 wird in Form seines Chlorhydrates zur Abscheidung gebracht und besitzt als solches die Zusammensetzung:

$C_{12}H_{18}ON_4SCl_2$ (M.G. 337,14) 42,71 % C; 5,38 % H; 4,74 % O; 16,62 % N; 9,51 % S; 21,03 % Cl.

Durch oxydativen Abbau mit Salpetersäure[14] wurden zwei krystalline Substanzen erhalten, von denen die eine als 4-Methylthiazol-5-carbonsäure (IV) erkannt wurde. Eine Sulfitspaltung[15] des Vitamins nach der Gleichung

$$C_{12}H_{18}ON_4SCl_2 + H_2SO_3 = C_6H_9O_3N_3S\ (I) + C_6H_9ONS\ (II) + 2\ HCl$$

[1] WHEELER, H. L., and H. F. MERRIAM: Amer. chem. J. **29**, 478 (1903). — [2] FISCHER, E., u. G. ROEDER: B. **34**, 3751 (1902). — [3] BERGMANN, W., and T. B. JOHNSON: Am. Soc. **55**, 1733 (1933). — [4] BAUDISCH, O., u. T. B. JOHNSON: B. **55**, 18 (1922). — HARKINS, H. H., and T. B. JOHNSON: Am. Soc. **51**, 1237 (1929). — [5] HUNTER, G.: Biochem. J. **30**, 745 (1936). — [6] ASTWOOD, E. B.: J. Pharmacol. exp. Therap. **78**, 79 (1943). — [7] JACOBSON, W., and S. M. WILLIAMS: J. Path. Bacteriology **57**, 423 (1945). — [8] CULLUMBINE, H., and M. SIMPSON: Nature **159**, 680 (1946). — [9] BISCARO, G., u. E. BELLONI: Monit. sci., Paris [4] **19**, I, 384. Annu. Soc. chim. Milano **11**, 25 (1905) [C. **1905 II**, 63—64]. — [10] BACHSTEZ, M.: B. **63**, 1000 (1930). — [11] NYE, J. F., and H. K. MITCHELL: Am. Soc. **69**, 1382 (1947).

Zusammenfassende Darstellungen über Aneurin: 12, 13. [12] GREWE, R.: Das Aneurin (Vitamin B_1). Ergebn. Physiol. **39**, 252—293 (1937). — [13] WILLIAMS, R. R.: Chemistry of Vitamin B_1 (Thiamin). Ergebn. Vit.- u. Horm.-Forsch. **1**, 213—262 (1938).

[14] WINDAUS, A., R. TSCHESCHE u. R. GREWE: H. **228**, 27 (1934). — [15] WILLIAMS, R. R.: Am. Soc. **57**, 229 (1935). — WILLIAMS, R. R., R. E. WATERMAN, J. C. KERESZTESY and E. R. BUCHMAN: Am. Soc. **57**, 536 (1935). — WILLIAMS, R. R., E. R. BUCHMAN and A. E. RUEHLE: Am. Soc. **57**, 1093 (1935). — BUCHMAN, E. R., R. R. WILLIAMS and J. C. KERESZTESY: Am. Soc. **57**, 1849 (1935).

führte zu 4-Methyl-5-oxyäthylthiazol (II) und dem in Wasser unlöslichen 2-Methyl-4-amino-5-sulfosäuremethyl-pyrimidin (I). Oxydation mit Bariumpermanganat[1]

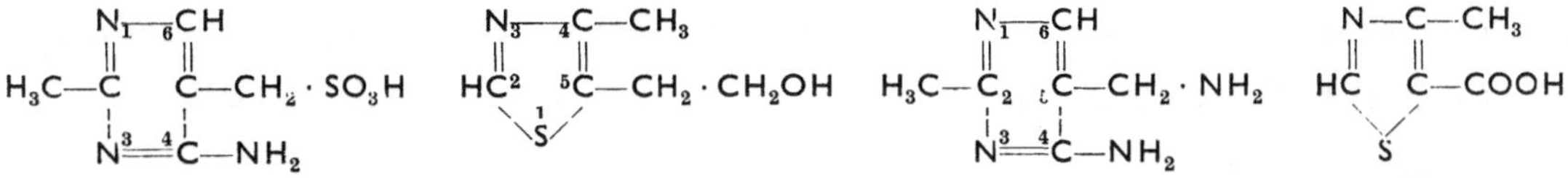

```
     N1—6CH              N3—4C—CH3               N1—6CH                 N—C—CH3
     ‖    ‖              ‖    ‖                  ‖    ‖                 ‖  ‖
H3C—C    C—CH2·SO3H    HC2  5C—CH2·CH2OH    H3C—C2  5C—CH2·NH2     HC  C—COOH
     |    |               \ 1 /                  |    |                 \ /
     N3=4C—NH2             S                     N3=4C—NH2               S
    (I)                   (II)                  (III)                  (IV)
```

ergab 2-Methyl-4-amino-5-aminomethyl-pyrimidin (III). Aus den vorstehenden Spaltstücken ergibt sich die folgende Konstitution für Vitamin B_1:

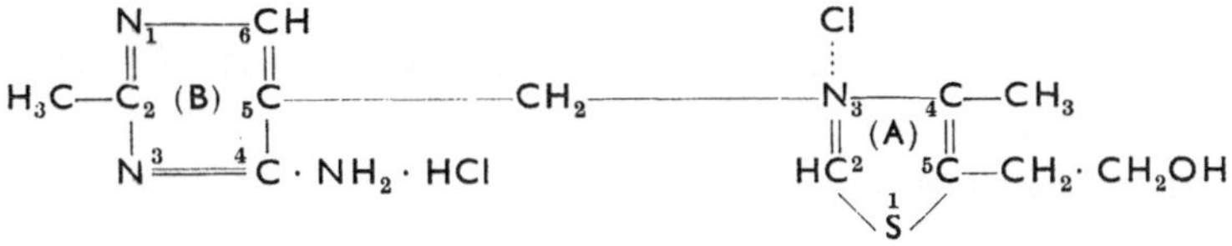

```
      N1———6CH                              Cl
      ‖      ‖                              :
H3C—C2 (B) 5C————————CH2————————————N3———4C—CH3
      |      |                              ‖ (A) ‖
      N3===4C·NH2·HCl                      HC2   5C—CH2·CH2OH
                                              \ 1 /
                                                S
```

Vitamin B_1

Der hier zum erstenmal in der Natur aufgefundene Thiazolring (A) ist als quarternäres Thiazoloniumsalz an den Pyrimidinrest gebunden.

Synthese. Synthetisch wurde Vitamin B_1 aus 2-Methyl-4-amino-5-brommethylpyrimidin (I) und 4-Methyl-5-oxyäthylthiazol (II) hergestellt[2].

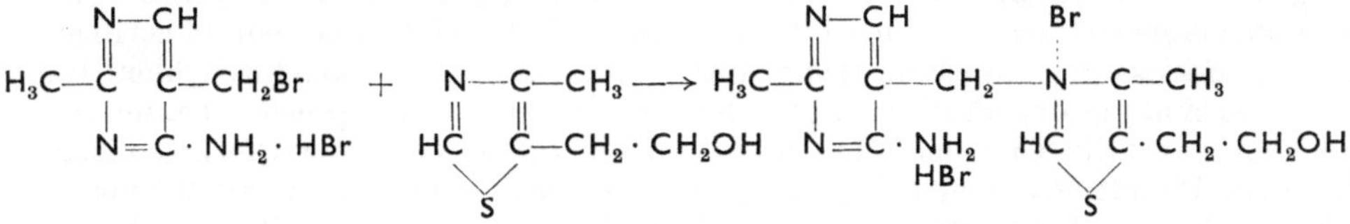

```
     N—CH                                          N—CH          Br
     ‖  ‖                                          ‖  ‖          :
H3C—C   C—CH2Br    +    N—C—CH3  ——>   H3C—C   C——CH2——N——C—CH3
     |   |                ‖  ‖                    |   |          ‖  ‖
     N=C·NH2·HBr         HC  C—CH2·CH2OH          N=C·NH2      HC  C·CH2·CH2OH
                           \/                        HBr          \/
                           S                                       S
    (I)                   (II)                         Aneurin-bromid
```

Eigenschaften. Vitamin B_1 ist löslich in Wasser und wäßrigem Alkohol, unlöslich in Äther, Petroläther, Chloroform und Benzol. Es läßt sich an Fullererde adsorbieren und durch kalte verdünnte Barytlösung wieder eluieren, wodurch eine Anreicherung ermöglicht wird. Durch Phosphorwolframsäure wird das Vitamin quantitativ gefällt, was eine Trennung von anderen Begleitstoffen ermöglicht. Nicht gefällt wird es von basischem Bleiacetat, ebenso Silbernitrat und Mercurisulfat in saurer Lösung, wodurch eine Trennung von Purinen ermöglicht wird. Mit wäßriger Pikrolonsäure und Goldchlorid-Chlorwasserstoffsäure wird es gefällt. Chlorhydrat F. 245° unter Zersetzung, nach Gelbfärbung ab 220°. Leichtlöslich in Wasser, Alkohol, Methylalkohol, nicht in Äther und Chloroform. Kocht man B_1-Lösungen bei p_H 6 und bei weiter aufsteigenden p_H, so wird es rasch zerstört[3]. Hitzeempfindlichkeit von Aneurin und Cocarboxylase (S. 834)[4].

Thiochrom.

$C_{12}H_{14}ON_4S$ (M.G. 262,20) 54,92% C; 5,38% H; 6,10% O; 21,37% N; 12,23% S.

Dieser gelbe Farbstoff wurde von KUHN[5] aus Hefe isoliert. In Lösung zeigt die Verbindung eine intensive blaue Fluorescenz. Thiochrom steht in engem

[1] WINDAUS, A., R. TSCHESCHE u. R. GREWE: H. **237**, 98 (1935). — GREWE, R.: H. **242**, 93 (1936). — [2] ANDERSAG, H., u. K. WESTPHAL: B. **70**, 2035 (1937). — WILLIAMS, R. R.: Am. Soc. **58**, 1063 (1936). — WILLIAMS, R. R., and J. K. CLINE: Am. Soc. **58**, 1504 (1936). — HÖRLEIN, H.: H. **253**, 80 (1938). — [3] FARRER, K. T. H.: Biochem. J. **39**, 128 (1945); **41**, 167 (1947). — [4] FARRER, K. T. H.: Biochem. J. **39**, 261 (1945). — [5] KUHN, R., TH. WAGNER-JAUREGG, F. W. VAN KLAVEREN u. H. VETTER: H. **234**, 196 (1935).

Zusammenhang mit Vitamin B_1: Aneurin läßt sich in alkalischer Lösung mit Kaliumferricyanid in Thiochrom überführen[1]:

```
      N—CH       OH                          N—CH
      ‖  ‖       ⋮                           ‖  ‖
H3C · C  C—CH2—N—C · CH3       KOH     H3C · C  C—CH2—N—C · CH3        K3[Fe(CN6)]
      |  |       ‖   ‖        ——→            |  |       |   ‖          ————→
      N=C · NH2 HC   C · CH2 · CH2OH         N=C · NH2 HC   C · CH2 · CH2OH
                  \ /                                 HO/ \ /
                   S                                       S
```

Aneurin-Pseudobase → Umlagerung zum sec. Alkohol →

```
      N—CH                                          N—CH
      ‖  ‖                                          ‖  ‖
H3C—C  C—CH2—N—C · CH3                        H3C · C  C—CH2—N—C · CH3
      |  |       |   ‖                  ——→         |  |       |   ‖
      N=C · NH2 OC   C · CH2 · CH2OH                N=C—N===C   C · CH2 · CH2OH
                  \ /                                          \ /
                   S                                            S
```

Dehydrierung und Ringschluß → Thiochrom.

4. Die Pterine[2–8].

Als Pterine (πτέρυξ = Flügel) bezeichnet man eine Reihe von Insektenfarbstoffen, die in ihrem chemischen Aufbau den Purinen und Pyrimidinen nahestehen. Sie finden sich zu mehreren vergesellschaftet als Pigmente in den Flügelschuppen der Kohlweißlinge, des Citronenfalters, allgemein bei Schmetterlingen aus der Familie der Pieriden, deren weiße, gelbe und orangenrote bis rote Farbe sie bedingen. In den Flügelschuppen finden sich außerdem in geringer Menge Harnsäure, Xanthin, Hypoxanthin und Isoguanin, welches früher für eine Verbindung der Pteringruppe gehalten und als „Guanopterin" bezeichnet worden war. Ein Citronenfalter enthält insgesamt etwa $^1/_2$ mg Pteringemisch, kleinere Pieridenarten etwa $^1/_4$ mg, große tropische Pieriden bis zu 2,5 mg je Falter. Während die Pterine in den übrigen Schmetterlingsfamilien zu fehlen scheinen, jedenfalls bisher noch nicht aufgefunden werden konnten, sind sie in anderen Insektenordnungen z. B. bei Hymenopteren weit verbreitet. So bewirkt das Xanthopterin die leuchtend gelbe Farbe der Wespen. Das mit dem Xanthopterin identische Uropterin ist aus menschlichem Harn, in dem es in einer Verdünnung von 1 : 1 Million vorkommt, isoliert und qualitativ auch in Rinderleber, im Kaninchen- und Pferdeharn sowie in pflanzlichem Material nachgewiesen worden[9].

Die Isolierung von Pterinen hat als erster HOPKINS[10] in den Jahren 1889—91 versucht. Ihm gelang die kryst. Darstellung des kryst. weißen Pigmentes aus Kohlweißlingen, des Leukopterins. Die kryst. Reindarstellung weiterer Pterine sowie ihre Konstitutionsaufklärung und Synthese ist allein H. WIELAND und CL. SCHÖPF sowie deren Schüler R. PURRMANN, W. KOSCHARA und E. BECKER zu danken.

---

[1] BARGER, G., F. BERGEL u. A. R. TODD: B. **68**, 2257 (1935). —
Zusammenfassende Darstellungen über Pterine: 2—8. [2] SCHÖPF, CL.: Die Arbeiten HEINRICH WIELANDS über stickstoffhaltige Naturstoffe (Alkaloide und Pterine). Naturwiss. **30**, 359—373 (1942). — [3] WIELAND, H., u. CL. SCHÖPF: B. **58**, 2178 (1925). — SCHÖPF, CL., u. H. WIELAND: B **59**, 2067 (1926). — [4] SCHÖPF, CL., u. E. BECKER: A. **507**, 266 (1933); **524**, 49, 124 (1936). — [5] BECKER, E.: Z. Morphol. **32**, 672 (1937). — [6] PURRMANN, R.: Chemie **56**, 253 (1943). Forsch. u. Fortschr. **20**, 35 (1944). — Über Pterorhodin: [7] PURRMANN, R., u. M. MAAS: A. **556**, 186 (1944). — Zur Biologie der Pterine: [8] WIELAND, H., u. RICH. LIEBIG: A. **555**, 146 (1943/44).

[9] KOSCHARA, W.: H. **240**, 127 (1936); **250**, 161 (1937). — [10] HOPKINS, F. G.: Nature **40**, 335 (1889); **45**, 197, 581 (1892). Philos. Trans. R. Soc. London (B) **186**, 661 (1895).

Über die *Rolle der Pterine im Stoffwechsel* ist noch nichts Sicheres bekannt. Bei Insekten werden sie nur an solchen Stellen unter dem Chitin abgelagert, an denen kein Gewebe mit regem Gaswechsel, wie Fett- oder Muskelgewebe, dem Chitin anliegt. Die Ansicht, daß ein Pterin bei der Heilung der perniziösen Anämie eine Rolle spielt, hat sich nicht aufrechterhalten lassen. Jedoch ist Xanthopterin in der Lage, die Milchanämie junger wachsender Ratten günstig zu beeinflussen[1]. Auch im Rattenreticulocytentest und im Thyphusanämietest ist die Substanz hoch wirksam[1]. Weiter konnte eine durch eiweißhaltige Nahrung hervorgerufene Anämie an Fischen mit Xanthopterin schnell geheilt werden[2]. Xanthopterin (= *Uropterin*) *wird vom Menschen gebildet*[3-5]. Es stammt bei ihm nicht aus der Nahrung. Uropterin wird vom Gesunden mit dem Tagesharn ausgeschieden. Erhöhte Harnwerte fand man bei körperlichen Anstrengungen und bei Krankheiten wie perniziöser Anämie, schweren sekundären Anämien, Panmyelophthise, lymphatischer Leukämie und Lymphogranulom, außerdem auch bei Infektionskrankheiten wie Scharlach, Pneumonie, Sepsis, Miliartuberkulose[5]. Aus 200 Liter Menschenharn gewann KOSCHARA[3] 40 mg Xanthopterin, das sind 10% der Tagesausscheidung von 3 bis 4 mg.

Man unterscheidet heute die folgenden Pterine:

1. *Leukopterin*, das aus Kohlweißlingen isolierte farblose Pigment,

2. *Xanthopterin*, das gelbe Pigment des Citronenfalters, identisch mit dem Uropterin (s. oben),

3. *Desoxyleukopterin*, das als weiteres farbloses Pterin neben Leukopterin vorkommt und früher fälschlich als „Anhydroleukopterin" angesehen und bezeichnet wurde,

4. *Erythropterin*, das als roter Farbstoff in wechselnder Menge das Xanthopterin in orangegelben und roten Pieriden begleitet.

Die *chemische Bearbeitung der Pterine* ist heute weitgehend abgeschlossen. Zunächst war allerdings die Konstitutionsermittlung infolge großer analytischer Schwierigkeiten sehr erschwert. Die zuerst für das Leukopterin geführte Konstitutionsaufklärung ergab, daß es sich um Amino-Oxy-Derivate eines neuen, bis dahin auch in der Natur noch nicht aufgefundenen Ringsystems, des „Pteridins", handelt.

```
1—6              N=CH
|  |             |  |
2  5—7—8        HC  C—N=CH
|  |   |        ‖   ‖    |
3—4—10—9         N—C—N=CH      Pteridin
```

Gemeinsam ist allen Pterinen die Löslichkeit in Alkalien, z. B. Ammoniak, das zur Extraktion der Pterine aus den Flügelschuppen dient. Alle Pterine werden aus schwach saurer Lösung an Frankonit KL adsorbiert, aus dem sie durch Ammoniak wieder eluiert werden. Bei energischer Hydrolyse mit Salzsäure[6] zerfallen sie in Glykokoll, Ammoniak, Kohlendioxyd und Kohlenoxyd (vgl. das analoge Verhalten des Xanthins und der Harnsäure, S. 803 und 807). Ebenso geben sie eine positive Murexidreaktion.

[1] TSCHESCHE, R., u. H. J. WOLF: H. **244**, I (1936); **248**, 34 (1937). — WOLF, H. J., u. R. TSCHESCHE: H. **248**, 21 (1937). — TSCHESCHE, R.: Chemie **51**, 349 (1938). — [2] SIMMONS, R. W., and E. R. NORRIS: J. biol. Ch. **140**, 679 (1941). — [3] KOSCHARA, W., u. A. HRUBESCH: H. **258**, 39 (1939). — [4] KOSCHARA, W., u. H. HAUG: H. **259**, 97 (1939). — [5] KOSCHARA, W., S. VON DER SEIPEN u. P. A. ALDRED: H. **262**, 158 (1939/40). — [6] WIELAND, H., H. METZGER, CL. SCHÖPF u. M. BÜLOW: A. **507**, 226 (1933). —SCHÖPF, CL., E. BECKER u. R. REICHERT: A. **539**, 156 (1939).

Leukopterin, 2-Amino-6,8,9-trioxy-pteridin $C_6H_5O_3N_5$.

```
    N=C—OH                            HN—CO
    |  |                              |   |
H2N—C  C—N=C—OH        ⇄          HN=C   C—NH—CO
    ||  ||   |                        |   ||    |
    N—C—N=C—OH                        HN—C—NH—CO
                                       Leukopterin
```

Der Konstitutionsbeweis wurde durch die folgenden Abbaureaktionen sowie durch die Synthese erbracht:

Leukopterin lagert mit Chlorwasser[1] ebenso wie Harnsäure glatt 2 OH-Gruppen an die Doppelbindung in der 4,5-Stellung zum Leukopteringlykol

```
   HN—CO                    HN—CO                              HN—CO
   |   | /OH                |   |                              |   |
HN=C   C—NH—CO          HN=C    |                          HN=C    |
   |   |     |     →        |   |                      →       |   |
   HN—C—NH—CO               HN—CH—NH—CO—CO—NH2                 HN—CH—NH2
       \OH
   (I)                          (II)                           (III)
```

an (I). Die Hydrolyse des Glykols[2] liefert mit Alkali das 2-Imino-hydantoin-oxamid (II), das leicht weiter zum 2-Imino-5-amino-hydantoin (III) abgebaut wird. Der Abbau des Harnsäureglykols führt in analoger Reaktion zu Allantoin und CO_2.

Synthese. Durch Schmelzen von 2,4,5-Triamino-6-oxy-pyrimidin mit Oxalsäure entsteht in fast quantitativer Ausbeute Leukopterin[3]. Aus der analogen Synthese des 3-Methyl-desimino-leukopterins[4] und dem Nachweis, daß diese Verbindung nicht identisch ist mit dem bekannten 3-Methylderivat der Xanthin-8-carbonsäure folgte der endgültige Konstitutionsbeweis des Leukopterins.

Leukopterin ist in Mineralsäuren unlöslich. Es liefert ein gelbes Natriumsalz und ein gelbes auch beim Erwärmen beständiges Silbersalz.

Trotz der niedrigen Nachweisbarkeitsgrenze ($< 0,1$ mg/l) ist Leukopterin im menschlichen Harn nicht gefunden worden[5].

Xanthopterin, 2-Amino-6,8-dioxy-pteridin (= Uropterin) $C_6H_5O_2N_5$.

```
    HN—CO                          N=C—OH
    |   |                          |  |
HN=C    C—NH—CO               HN=C    C—N=COH
    |   ||    |                    |  ||   |
    HN—C—N==CH                     HN—C—N=CH
    Xanthopterin                   Enolform
```

Xanthopterin geht bei Oxydation mit H_2O_2 bzw. bei katalytischer Oxydation mit Luftsauerstoff in Leukopterin über und ist somit ein Desoxyleukopterin[6]. Oxydation mit Kaliumchlorat liefert Oxalylguanidin und Glyoxylsäure[7]. Mit Nitrit[7] erfolgt keine Desaminierung, ebenso mit Chlorwasser[6] keine Glykolbildung. In beiden Fällen wird Xanthopterin weitergehend abgebaut. Zwischen den sich dadurch ergebenden verschiedenen Möglichkeiten der Konstitution entschied die *Synthese*[8], die durch Kondensation von 2,4,5-Triamino-6-oxy-pyrimidin mit Monochloressigsäure und anschließender Abspaltung von Salzsäure zum Xanthopterin führte. Auch Glyoxylsäure ist zur Kondensation geeignet[9].

[1] Koschara, W.: H. **240**, 127 (1936); **250**, 161 (1937). — [2] Wieland, H., u. R. Purrmann: A. **544**, 163 (1940). — [3] Purrmann, R.: A. **544**, 182 (1940). — [4] Purrmann, R.: A. **546**, 98 (1941). — [5] Decker, P.: H. **274**, 223 (1942). — [6] Wieland, H., u. R. Purrmann: A. **539**, 179 (1939); **544**, 163 (1940). — [7] Schöpf, Cl., u. A. Kottler: A. **539**, 128 (1939). — [8] Purrmann, R.: A. **546**, 98 (1941). — [9] Koschara, W.: H. **277**, 159 (1943).

Xanthopterin besitzt neben sauren auch basische Eigenschaften. Es ist in Mineralsäure farblos löslich. Seine Lösung in Säuren und Alkalien zeigt unter der Quarzlampe intensive Fluorescenz, deren Farbe stark p_H-abhängig ist. Quantitativ ist es dadurch noch in einer Menge von 1 γ nachweisbar. Auffallend ist die große Ähnlichkeit in Farbe und Fluorescenz mit den Flavinen, z. B. dem Lactoflavin, was mit dem Vorliegen eines Pteridinringes in beiden Verbindungen zusammenhängt.

Desoxyleukopterin, 2-Amino-6,9,-dioxy-pteridin, $C_6H_5O_2N_5$.

Seine Konstitution wurde durch die Synthese[1] bewiesen.

Trotz nur geringfügiger Unterschiede der Konstitution zwischen Xanthopterin und Desoxyleukopterin zeigen die beiden Verbindungen erhebliche Unterschiede in ihren Eigenschaften und ihrem chemischen Verhalten. Im Gegensatz zum Xanthopterin ist das Desoxyleukopterin farblos, es zeigt keine basischen Eigenchaften, es läßt sich mit Sauerstoff nicht zu Leukopterin oxydieren, andererseits läßt es sich mit salpetriger Säure desaminieren, mit Chlorwasser geht es in Leukopteringlykol über. Bei diesen beiden Übergängen findet eine Oxydation statt.

```
     HN—CO
     |   |
HN=C   C—N==CH
     |   ||    |
     HN—C—NH—CO
```

Desoxyleukopterin

Erythropterin[2]. Seine Summenformel steht noch nicht fest; auch konnte noch keine Beziehung zu anderen Pterinen aufgestellt werden.

Synthese von Pterinderivaten: 2,4,5-Triamino-6-oxypyrimidin mit Hexosen oder Pentosen bzw. den Osonen[3,4].

Folsäure *(Folinsäure)*, ein B-Vitamin ist ein Pteridinderivat, und zwar N-[{4[(2-Amino-6-oxy-8-pteridyl)-methyl]-amino}-benzoyl]-glutaminsäure (I)[5,6,7]. Ihre Synthese wurde auf verschiedenen Wegen durchgeführt[8]. Über Geschichte, Vorkommen, Darstellung, Nachweis und biologische Bedeutung siehe Fußnoten [5, 6, 7] sowie S. 577 und Bd. 2, Vitamine.

```
       N—C·OH
       ||  ||                                        COOH
  H2N·C   C—N=C—CH2—NH—<C6H4>                        |
       |   |    |            —CO—NH—CH—CH2—CH2—COOH
       N=C—N=CH
```

(I)

5. Nucleinsäuren[9–33].

a) Allgemeines.

Die Chemie des Zellkerns nimmt ihren Ausgang von der Entdeckung des „Nucleins", einer Nucleinsäure-Eiweißverbindung, durch MIESCHER (1869)

[1] PURRMANN, R.: A. **548**, 284 (1941). — [2] SCHÖPF, CL., u. E. BECKER: A. **524**, 49 (1936). — [3] KARRER, P., R. SCHWYZER, B. ERDEN u. A. SIEGWART: Helv. **30**, 1031 (1947). — [4] PETERING, H. G., and D. J. WEISBLAT: Am. Soc. **69**, 2566 (1947). — [5] TSCHESCHE, R.: Zusammenfassende Darstellung, Angew. Chemie (A) **59**, 65 (1947). — [6] DARBY, W. J.: Vitamins & Hormones **5**, 119 (1947). — [7] SPIES, T. D.: Ann. Rev. **16**, 387 (1947). — [8] ANGIER, R. B., J. H. BOOTHE, B. L. HUTCHINGS, J. H. MOWAT, J. SEMB, E. L. R. STOCKSTAD, Y. SUBBAROW, C. W. WALLER, D. B. COSULICH, M. J. FAHRENBACH, M. E. HULTQUIST, E. KUH, E. H. NORTHEY, D. R. SEEGER, J. P. SICKELS and J. M. SMITH jr.: Science, N. Y. **102**, 227 (1945); **103**, 667 (1946). Lancet **1946**, 469.

Zusammenfassende Darstellungen über Nucleinsäuren: 9—33. [9] BREDERECK, H.: Nucleinsäuren. Fortschr. Chem. org. Naturstoffe **1**, 121—158 (1938). — [10] Siehe auch Purine, zusammenfassende Darstellungen: S. 797. Handb. Biochem., Erg.-W. **1**/A, 233—246 (1933). — In Ann. Rev.: CERECEDO, L.: **2**, 109—128 (1933); **4**, 169—182 (1935). — CHROMETZKA, F.:

genommen. Der *Name* „Nucleinsäuren" für den eiweißfreien Bestandteil des Nucleins wurde erst 1889 von *Altmann* in die Literatur eingeführt. Nucleinsäuren, die eiweißfreien Bestandteile des Zellkerns, lassen sich aus allen zellreichen Organen gewinnen und auch in kleinster Menge nachweisen[1, 2]. In welcher Form sie in den Zellkernen vorliegen, ist noch nicht völlig geklärt. Möglicherweise liegen sie als Alkalisalze vor, vielleicht aber auch mit Eiweiß (Protamin, Histon) salzartig verbunden (s. auch FELIX, S. 713, sowie GRASSMANN-TRUPKE, S. 769). Jedoch ist anzunehmen, daß viele der als „Nucleoproteide" beschriebenen Stoffe[3] Kunstprodukte darstellen, die erst während der Aufarbeitung entstanden sind.

Unter Nucleinsäuren faßt man eine Gruppe von Verbindungen zusammen, die aus einem Purin- bzw. Pyrimidinrest, einem Kohlenhydrat (D-Ribose bzw. 2-Desoxyribose, BRIGL-PLOETZ, S. 281f) und einem Phosphorsäurerest als saure Gruppe bestehen. Besteht ein Molekül nur aus je einem der genannten Bausteine, so bezeichnet man es spezieller als „*Mononucleotid*". Sind wiederum mehrere solcher Mononucleotide zu einem Molekül zusammengefügt, so spricht man von Oligonucleotiden. Eine große Zahl zu einem Molekül vereinter Mononucleotide bezeichnet man als Polynucleotide. Über die analoge Bezeichnung Mono-, Oligo-Polysaccharide siehe BRIGL-PLOETZ, S. 258. Besteht ein Molekül nur aus Base und Zucker, so bezeichnet man es als „*Nucleosid*". Somit ergeben sich folgende, für den Aufbau der Nucleinsäuren wichtige Bezeichnungsweisen:

1. Nucleosid: Base (Purin bzw. Pyrimidin) + Kohlenhydrat (Ribose bzw 2-Desoxyribose).

6, 211—224 (1937). — GULLAND, J. M., G. R. BARKER, and D. O. JORDAN: The chemistry of the nucleic acids and nucleoproteins. 14, 175—206 (1945). — CHARGAFF, E., and E. VISCHER: 17, 201 (1948). — DAVIDSON, J. N.: 18, 155 (1949). — [11] ROLLETT, A.: Nucleoproteide. Biochem. Handlex. 4, 986—1013 (1911). — [12] HIRSCH, P.: Nucleoproteide und Nucleinsäuren. Biochem. Handlex. 9, 237—261 (1915). — [13] THANNHAUSER, S. J.: Nucleoproteide und Nucleinsäuren. Biochem. Handlex. 10, 96—112 (1923). — [14] LEVENE, P. A., u. L. W. BASS: Nucleoproteide und Nucleinsäuren. Biochem. Handlex. 14, 860—903 (1933). Nucleic Acids. New York 1931. — [15] BRAHM, C.: Nucleinsäuren. Handb. Biochem. 1, 324—350 (1924). — [16] STRAUSS, E., u. W. A. COLLIER: Proteide. Handb. Biochem. 1, 655—669 (1924). — [17] STEUDEL, H., u. O. FLÖSSNER: Abbau der Nucleinsäuren. Handb. Biochem. Erg.-W. 1/B, 948—950 (1933). — [18] FLÖSSNER, O.: Nucleinstoffwechsel. Handb. Biochem. Erg.-W. 3, 623—640 (1936). — [19] BREDERECK, H.: Angew. Chem. 47, 290 (1934). — [20] STEUDEL, H., u. E. PEISER: Nucleinkörper. Handb. Pfl.-Analyse (KLEIN) 4/1, 411—475 (1933). — [21] LEVENE, P. A.: Nucleoproteide, Nucleinsäuren, Nucleinbasen. Oppenheimer, Fermente 3, 360—389 (1929). — [22] SAMUELY, A., u. H. STEUDEL: Nucleoproteide. Handb. biol. Arb.-Meth., Abt. I, Teil 8, S. 1—62 (1922). — [23] THANNHAUSER, S. J.: Abbau von Nucleinsäuren. Handb. biol. Arb.-Meth., Abt. I, Teil 8, S. 63—100 (1922). — [24] THANNHAUSER, S. J.: Syn, these von Nucleosiden und einfachen Nucleotiden. Handb. biol. Arb.-Meth., Abt. I, Teil 8. S. 170—184 (1922). — [25] LIEBEN, F.: Geschichte der physiologischen Chemie. S. 574—594. Leipzig u. Wien 1935. — [26] H.-Th. 375—390 u. 533—541. — [27] TERROINE, E. F.: Substances nucléiniques. Paris 1938. (Coll. actualités scientifiques et industrielles. No 557.) — [28] MIESCHER, FRIEDR.: Die histochemischen und physiologischen Arbeiten. Gesammelt u. hrsgb. von seinen Freunden. 2 Bde. Leipzig 1897. — [29] SUTER, F., F. VERZÁR u. S. EDLBACHER: Vorträge zur Feier des 100. Geburtstages von FR. MIESCHER. Helv. Physiol. Acta, Suppl. II, 5 (1944). — [30] KLEIN, WILLIBALD: Nucleinsäuren und ihre Spaltprodukte. Bamann-Myrbäck 1, 313—348 (1941). — [31] DANIELLI, J. F., and R. BROWN: Nucleic Acid. Symp. Soc. exp. Biol. 1, 35. Cambridge 1946. — [32] TIPSON, R. ST.: The chemistry of the nucleic acids. Adv. Carbohydrate Chem. 1, 193—245 (1945). — [33] CHARGAFF, E., and E. VISCHER: Nucleoproteins, nucleic acids, and related substances. Ann. Rev. 17, 201 (1948).

[1] CASPERSSON, T., u. B. THORELL: Naturwiss. 29, 363 (1941). — CASPERSSON, T.: Naturwiss. 29, 33 (1941). — CASPERSSON, T., CL. NYSTRÖM u. L. SANTESSON: Naturwiss. 29, 29 (1941). — CASPERSSON, T.: Naturwiss. 28, 514 (1940). Chromosoma 1, 147, 562 (1939/40). — [2] MIRSKY, A. E.: Adv. Enzymol. 3, 1 (1943). — [3] GREENSTEIN, J. P.: Adv. Protein Chem. 1, 210 (1945).

2. *Mononucleotid:* Base + Kohlenhydrat + Phosphorsäure.
3. *Oligonucleotid:* (Base + Kohlenhydrat + Phosphorsäure)$_x$ (x etwa 2 bis 5·).
4. *Polynucleotid:* (Base + Kohlenhydrat + Phosphorsäure)$_y$ ($y >$ etwa 20).

Allgemeine Bedeutung. Als Bestandteile des Zellkerns kommt den Nucleinsäuren eine entscheidende Rolle im biologischen Geschehen zu[1].

Auf Grund von Absorptionsmessungen an verschiedenen Strukturen im Speicheldrüsenkern der Bananenfliegenlarve sowie an Metaphasenchromosomen gewisser Heuschreckenarten wurde ein vielleicht allgemeingültiges Schema des Eiweißstoffwechsels bei der Mitose entwickelt. Danach ist es Aufgabe des Zellkerns, das wichtigste Zentrum für den Eiweißstoffwechsel in der Zelle zu bilden. Notwendig für jede biologische Eiweißsynthese ist die Gegenwart von Nucleinsäuren des Ribosetypus. Im Spezialfall des Gens, indem an Eiweiß mit linearer Struktur an einzelnen Stellen Nucleinsäuren sitzen, handelt es sich um Nucleinsäuren des Desoxyribosetypus (s. S. 282). In Übereinstimmung mit der Tatsache, daß die Nucleinsäuren eine wesentliche Rolle bei der Eiweißvermehrung spielen, enthalten alle bisher untersuchten Virusproteine Polynucleotide, die einfachen Virusmoleküle Ribonucleinsäure (= Hefenucleinsäure), die komplizierteren in der Hauptsache Desoxyribonucleinsäure (= Thymonucleinsäure).

Die Wirkung des Trypaflavin als Mitosegift auf Bakterien wird durch Nucleinsäuren aufgehoben. Dabei handelt es sich um die Bildung einer Verbindung zwischen Trypaflavin und Nucleinsäure[2].

Nucleinsäurederivate spielen eine wichtige Rolle als *Bestandteile von Vitaminen* Vitamin B_2) und *Co-Fermenten,* ebenso bei der *Muskeltätigkeit.*

Das *Vitamin B_2* (= Lactoflavin) ist als eine Art Nucleosid anzusprechen (Konstitution siehe Bd. 2, Vitamine), das sich von einem echten Nucleosid lediglich durch das Fehlen der Zuckersauerstoffbrücke unterscheidet. Es ist wohl als sicher anzunehmen, daß die Vorstufe des Lactoflavins in der Pflanze ein echtes Nucleosid darstellt. Durch Phosphorylierung geht Lactoflavin im Organismus (Darmschleimhaut) in eine auch synthetisch zugänglich gewordene Lactoflavinphosphorsäure über, die das *Co-Ferment des sog. „gelben Ferments“* darstellt. Mit Eiweiß zusammen bildet Lactoflavinphosphorsäure das gelbe Ferment, das aus den beiden Anteilen auch künstlich aufgebaut werden konnte.

Auch am Aufbau anderer Co-Fermente sind Nucleinsäurederivate beteiligt: Die *„Co-Zymase“* (= Co-Dehydrase I) stellt ein Dinucleotid dar (s. S. 832). Ähnlich ist das *wasserstoffübertragende Co-Ferment* von WARBURG (= Co-Dehydrase II) gebaut. Die *Co-Phosphorylase* besteht aus Adenosintriphosphorsäure. — Bei der Muskeltätigkeit tritt Zerfall und Resynthese der Adenosintriphosphorsäure über die Stufen Adenosindiphosphorsäure ⇄ Muskeladenylsäure ⇄ Inosinsäure ein. Das *Co-Ferment der* D-*Alanin-Dehydrase* ist ein Flavin-Adenin-dinucleotid.

b) Nucleoside.

Als Spaltstücke von Polynucleotiden und Mononucleotiden sind, zum Teil infolge fermentativer Weiterveränderung, die folgenden Nucleoside aufgefunden worden: Guanosin (= Guaninribosid), Adenosin, Cytidin, Uridin, Inosin, Xanthosin, Guanin-desoxyribosid, Adenin-desoxyribosid, Hypoxanthin-desoxyribosid, Cytosin-desoxyribosid, Thymin-desoxyribosid. Nach der Natur des Zuckeranteils unterscheidet man zwischen *Ribonucleosiden und Desoxyribonucleosiden.*

α) Ribo-nucleoside.

Ribo-nucleoside kommen in freiem Zustand in der Natur nur sehr selten vor, im wesentlichen als Bestandteile von Mono- und Polynucleotiden.

[1] Siehe Fußnote [1] S. 823. — [2] LETTRÉ, H.: Angew. Chem. **60**, 57 (1948).

Die in der Hefenucleinsäure vorgebildeten Nucleoside Guanosin, Adenosin, Cytidin, Uridin lassen sich in sehr guter Ausbeute (insbesondere die beiden ersten) durch Spaltung der Hefenucleinsäure mit Fermenten, welche die für diese Spaltung notwendige polynucleotidatische, oligonucleotidatische und nucleotidatische Wirkung besitzen, sowie durch Spaltung mittels wäßrigem Pyridin[1] oder Bleihydroxyd[2] gewinnen. Auch durch ammoniakalische Hydrolyse[3] der Hefenucleinsäure im Autoklaven lassen sich die einzelnen Nucleoside darstellen.

Ribo-nucleoside sind aus einem Purin- bzw. Pyrimidinbestandteil und der D-Ribose, beide in β-glykosidischer Bindung miteinander verbunden, zusammengesetzt. Die Verknüpfungsstelle ist bei den Purinnucleosiden[4] die Stellung 9, bei den Pyrimidinnucleosiden[5] Stellung 3. Sämtliche natürlichen Nucleoside besitzen Furanose-Struktur[6] (S. 264). Während die Purinnucleoside bereits durch Kochen mit n/10-Schwefelsäure in Ribose und Purin gespalten werden, bedarf es zur Spaltung der Pyrimidinnucleoside wesentlich energischerer Bedingungen.

HN—CO
$H_2N \cdot C$ C—N
N—C—N CH
HC
HCOH
HCOH
HCO
CH_2OH

Guanosin

Synthese von Nucleosiden[7].

1. Guanosin = Guanin-(9)-ribosid $C_{10}H_{13}O_5N_4$.

(M.G. 269,13) 44,59% C; 4,87% H; 20,82% N; 29,72% O.

Guanosin wurde erstmals 1885 von SCHULZE und BOSSHARD[8] aus wäßrigem Pflanzenextrakt (Rotklee) gewonnen und ursprünglich als Vernin bezeichnet. Das später aus verschiedenen Nucleinsäuren gewonnene Guanosin — die Bezeichnung erfolgte auf Grund des Guaningehaltes — war mit dem Vernin identisch.

Guanosin findet sich in freiem Zustand in jungen grünen Pflanzen, in unreifen und reifen Samen, im Blütenstaub, im Mutterkorn und vor allem im Pankreas. Es findet sich weiter als Spaltprodukt der Hefe- und Pankreasnucleinsäure sowie der Guanylsäure. Synthese[7].

Physikalische Eigenschaften. Guanosin bildet dünne tyrosinartige Nadeln oder flache Prismen, die beim Abpressen eine atlasglänzende Masse bilden. F. 237 bis 240°. Drehung in verdünntem Alkali $[\alpha]_D^{20}$: — 60,5°. Guanosin ist in kaltem Wasser sehr schwer, in heißem Wasser gut löslich.

Beim Behandeln mit Natriumnitrit und Essigsäure wird Guanosin desaminiert unter Bildung von Xanthosin[9] (s. S. 826).

[1] BREDERECK, H.: B. **71**, 408 (1938). — BREDERECK, H., A. MARTINI u. F. RICHTER: B. **74**, 694 (1941). — HARTMANN, J., u. W. BOSSHARD: Helv. **21**, 1554 (1938). — [2] DIMROTH, K., L. JAENICKE u. D. HEINZEL: A. **566**, 206 (1950). — [3] LEVENE, P. A., u. W. A. JACOBS: B. **43**, 3154 (1910); **42**, 2471, 2476 (1909). — [4] GULLAND, J. M., and T. F. MACRAE: Soc. **1933**, 662. — GULLAND, J. M., E. R. HOLIDAY and TH. F. MACRAE: Soc. **1934**, 1639. — GULLAND, J. M., and L. F. STORY: Soc. **1938**, 692. — [5] LEVENE, P. A., and R. ST. TIPSON: J. biol. Ch. **104**, 385 (1934). — BREDERECK, H., H. HAAS u. A. MARTINI: B. **81**, 307 (1948). — [6] LEVENE, P. A., and R. S. TIPSON: J. biol. Ch. **94**, 809 (1931/32); **97**, 491 (1932). — BREDERECK, H.: B. **65**, 1830 (1932); **66**, 198 (1933). H. **223**, 61 (1934). — [7] DAVOLL, J., B. LYTHGOE and A. R. TODD: Soc. **1946**, 833. — Eine Synthese von Guanosin, Soc. **1948**, 1685, von Adenosin, Soc. **1948**, 967. — HOWARD, G. A., B. LYTHGOE and A. R. TODD: Soc. **1947**, 1052. — [8] SCHULZE, E., u. E. BOSSHARD: H. **9**, 420 (1885); **10**, 80 (1886). — [9] LEVENE, P. A., u. W. A. JACOBS: B. **42**, 2474 (1909); **43**, 3150 (1910). J. biol. Ch. **55**, 437 (1923).

2. Adenosin = Adenin-(9)-ribosid.

(Pikrat: $C_{10}H_{16}O_{11}N_8$ [M.G. 496,19] 38,69% C; 3,25% H; 22,58% N; 35,47% O.)

```
N=C·NH2
|  |
HC  C—N
||  ||   >CH
N—C—N
         |
        HC——
         |
        HCOH
         |
Adenosin HCOH
         |
        HCO——
         |
        CH2OH
```

Adenosin wurde erstmals 1909 von LEVENE und JACOBS als Spaltprodukt der Hefenucleinsäure gewonnen[1]. Gefunden wurde es weiter als Spaltstück der Pankreasnucleinsäure, sowie der Hefe- und Muskeladenylsäure. *Auch im Molekül der Co-Zymase, der Co-Dehydrase II, der Co-Alanindehydrase sowie der Co-Phosphorylase ist es vorgebildet*[2]. Frei findet sich Adenosin in sehr geringen Mengen im menschlichen Harn, möglicherweise bei pathologischen Fällen. Im Herzmuskelextrakt wurde es ebenfalls angetroffen.

Physikalische Eigenschaften. Adenosin krystallisiert in langen feinen Nadeln mit $1^1/_2$ Mol Krystallwasser. F. 229 bis 231°. $[\alpha]_D^{20}$: — 60° (in Wasser). Adenosin ist in kaltem Wasser etwas löslich, sehr leicht beim Erwärmen. Adenosinpikrat (F. 195 bis 200°) ist ein charakteristisches, sehr schwer lösliches Salz.

Durch salpetrige Säure wird Adenosin zu Inosin desaminiert[3].

3. Xanthosin = Xanthin-(9)-ribosid $C_{10}H_{12}O_6N_4$.

(M.G. 284,13) 42,23% C; 4,25% H; 19,72% N; 33,79% O.

```
HN—CO                           HN—CO
|   |                           |   |
OC  C—N                         HC  C—N
|   ||  >CH                     ||  ||  >CH
HN—C—N                          N—C—N
        |                               |
       HC——                            HC——
        |                               |
       HCOH                            HCOH
        |                               |
Xanthosin HCOH                  Inosin HCOH
        |                               |
       HCO——                           HCO——
        |                               |
       CH2OH                           CH2OH
```

Xanthosin wurde durch Desaminierung des Guanosins von LEVENE und JACOBS erhalten[4]. In der Natur ist es bisher nicht aufgefunden worden.

Xanthosin zersetzt sich bei höherer Temperatur ohne brauchbaren Schmelzpunkt. $[\alpha]_D^{30}$: —51,2° (in Alkali).

4. Inosin = Hypoxanthin-(9)-ribosid $C_{10}H_{12}O_5N_4$.

(M.G. 268,13) 44,75% C; 4,51% H; 20,90% N; 29,84% O.

Inosin kommt als Bestandteil der Inosinsäure im Muskel vor und wurde daraus erstmals von HAISER und WENZEL[5] (1908) isoliert. Auch durch Desaminierung aus Adenosin ist es bequem zugänglich[6]. F. 218°. $[\alpha]_D^{18}$: —49,2° (in Wasser). Vgl. Inosinsäure S. 835.

---

[1] LEVENE, P. A., u. W. A. JACOBS: B. **42**, 2703 (1909); B. **43**, 3154 (1910). — [2] ALBERS, H.: Handb. Enzymol. (NORD-WEIDENHAGEN) **1**, 411 (1940). — [3] LEVENE, P. A., u. W. A. JACOBS: B. **44**, 1031 (1911). — [4] Siehe Fußnote [9] S. 825. — [5] HAISER, F., u. F. WENZEL: Mh. Chem. **29**, 157 (1908). — [6] LEVENE, P. A., u. W. A. JACOBS: B. **43**, 3161 (1910).

5. Cytidin = Cytosin-(3)-ribosid.

(Pikrat: $C_{15}H_{16}O_{12}N_6$ [M.G. 472,17] 38,12% C; 3,41% H; 17,8% N; 40,66% O.)

Cytidin wurde erstmals 1912 von LEVENE und LA FORGE[1] als Spaltprodukt der Hefenucleinsäure aufgefunden. Auch im Molekül der Pankreasnucleinsäure ist es vorhanden. In freiem Zustand ist es bisher nicht angetroffen worden.

```
        N=C·NH2                          HN—CO
        |  |                              |  |
        OC CH                             OC CH
        |  ||                             |  ||
  ┌─────N—CH                        ┌─────N—CH
  HC────┐                           HC────┐
  |     |                           |     |
  HCOH  |      Cytidin              HCOH  |      Uridin
  |     |                           |     |
  HCOH  |                           HCOH  |
  |     |                           |     |
  HCO───┘                           HCO───┘
  |                                 |
  CH2OH                             CH2OH
```

Cytidin krystallisiert in langen Nadeln. F. 230°. $[\alpha]_D^{21}$: + 29,6° (in Wasser). Die Substanz ist leicht löslich in Wasser.

Charakteristische Salze des Cytidins sind: Sulfat (F. 233°), Nitrat (F. 197°), Chlorhydrat (F. 218°), Pikrat (F. 185 bis 187°).

Cytidin wird durch salpetrige Säure zu Uridin desaminiert[2].

6. Uridin = Uracil-(3)-ribosid $C_9H_{11}O_6N_2$.

(M.G. 243,10) 44,23% C; 4,56% H; 11,52% N; 39,49% O.

Uridin wurde von LEVENE und JACOBS[2] (1911) als Spaltprodukt der Hefenucleinsäure isoliert. Auch im Molekül der Pankreasnucleinsäure ist es vorgebildet. Frei kommt es in der Natur nicht vor.

Uridin krystallisiert aus verdünntem Alkohol in langen prismatischen Nadeln. F. 165° $[\alpha]_D^{20}$: + 4,0° (in Wasser). Die Substanz ist in Wasser leicht, in Alkohol schwer löslich.

β) Desoxy-ribo-nucleoside.

Desoxy-ribo-nucleoside, die als Kohlenhydrat die 2-Desoxyribose enthalten, sind als *Spaltprodukte der Thymonucleinsäure* gewonnen worden. In freiem Zustand sind sie bisher in der Natur nicht aufgefunden worden. Von THANNHAUSER und seinen Mitarbeitern[3] konnten sämtliche 4-Desoxyribo-nucleoside der Thymonucleinsäure durch Einwirkung eines Fermentes aus der Mucosa des Dünndarmes erhalten werden. Von LEVENE[4] wurden die Nucleoside so gewonnen, daß man eine Lösung von Thymonucleinsäure durch einen Darmabschnitt eines Hundes passieren läßt und sie aus einer Dünndarmfistel sammelt. Auch das durch Aceton gefällte Ferment konnte verwendet werden. Erhalten wurden nach diesen Methoden in allerdings nur sehr geringen Mengen Guanin-, Hypoxanthin-, Cytidin- und Thymindesoxyribosid. Hypoxanthin-desoxyribosid liegt als solches in der Thymonucleinsäure nicht vor, vielmehr ist es durch fermentative Desaminierung aus dem Adenin-desoxyribosid hervorgegangen. Durch

[1] LEVENE, P. A., u. F. B. LA FORGE: B. **45**, 608 (1912). — [2] LEVENE, P. A., u. W. A. JACOBS: B. **44**, 1031 (1911). — [3] THANNHAUSER, S. J., u. M. ANGERMANN: H. **186**, 13 (1929); **189**, 174 (1930). — BIELSCHOWSKY, F., u. W. KLEIN: H. **207**, 202 (1932). — KLEIN, W.: H. **255**, 82 (1938). — [4] LEVENE, P. A., and E. S. LONDON: J. biol. Ch. **81**, 711 (1929); **83**, 793 (1929). — LEVENE, P. A., and R. T. DILLON: J. biol. Ch. **88**, 753 (1930); **96**, 461 (1932).

Zufügen von Ag-Ion konnte die Wirkung der Amidase ausgeschaltet und so auch Adenin-desoxyribosid erhalten werden[1].

Was die *Konstitution* der Desoxyribo-nucleoside anbelangt, so ist die Furanosestruktur des Thymin-desoxyribosids[2], sowie die Stellung 9 als Haftstelle des Zuckers an der Base im Adenin- und Guanin-desoxyribosid und die Stellung 3 im Cytosin- und Thymin-desoxyribosid bewiesen[3,4]. Es ist anzunehmen, daß auch die übrigen Nucleoside Furanosestruktur besitzen.

7. **Guanin-desoxyribosid.** Guanin-desoxyribosid krystallisiert in langen Nadeln, mitunter in Blättchen. Beim Erhitzen sintert die Substanz bei 200° zusammen und zersetzt sich bei weiterem Erhitzen. $[\alpha]_D$: —37,5° (in Wasser).

Guanin-desoxyribosid wird beim Kochen mit 0,01 n-Schwefelsäure bereits innerhalb 5 min in Guanin und 2-Desoxyribose zerlegt.

8. **Adenin-desoxyribosid.** Adenin-desoxyribosid krystallisiert mit 1 Mol Krystallwasser meist in großen blockartigen Formen, zuweilen als regelmäßige Prismen. Sintern zwischen 125 bis 128°, F. 181°. $[\alpha]_D$: —26° (in Wasser). Die Substanz ist in kaltem Wasser schwer (1:100), in heißem leicht löslich.

Die Substanz wird durch saure Hydrolyse leicht in Adenin und Desoxyribose gespalten. Sie liefert ein Pikrat, das jedoch beim Umkrystallisieren bereits hydrolysiert wird.

9. **Hypoxanthin-desoxyribosid.** Die Substanz sintert bei 202°, besitzt aber keinen Schmelzpunkt $[\alpha]_D^{25}$: — 21,0° (in Alkali).

Die Verbindung wird durch 0,01 n-Salzsäure gespalten.

10. **Cytosin-desoxyribosid.** Die Verbindung sintert bei 190°, zeigt aber keinen charakteristischen Schmelzpunkt. $[\alpha]_D^{25}$: + 40° (in Wasser). Pikrat: Sintern bei 190°.

11. **Thymin-desoxyribosid.** Die reine Verbindung krystallisiert in Blättchen. F. 185°. $[\alpha]_D^{25}$: + 32,5° (in Natronlauge).

Hydrolyse durch Kochen mit 10%iger Schwefelsäure. Dabei entsteht Thymin, während aus dem Zucker Lävulinsäure entsteht.

c) Mononucleotide.

Die Nucleotide sind zusammengesetzt aus Base-Zucker-Phosphorsäure. Je nachdem, ob als Zucker die D-Ribose oder D-2-Desoxyribose vorliegt, unterscheidet man zwischen *Ribo-nucleotiden und Desoxyribo-nucleotiden*[5].

α) Ribo-nucleotide.

Ribo-nucleotide kommen teils frei, teils als Bestandteile von Polynucleotiden (Hefenucleinsäure, Pankreasnucleinsäure) in der Natur vor.

Die *Darstellung* erfolgt aus Hefenucleinsäure durch ammoniakalische[6] oder alkalische[7] Hydrolyse. Durch schwefelsaure Hydrolyse[8] gelingt allein die Darstellung der Pyrimidinnucleotide (Cytidylsäure, Uridylsäure), während unter diesen Bedingungen die Glykosidbindung der Purinnucleotide gesprengt wird.

In ihrer Konstitution sind die Ribo-nucleotide heute aufgeklärt. Danach unterscheidet man solche Nucleotide, die die Phosphorsäure am C_3 der Ribose tragen

[1] KLEIN, W.: H. **224**, 244 (1934). — [2] LEVENE, P. A., and R. ST. TIPSON: J. biol. Ch. **109**, 623 (1935). — [3] GULLAND, J. M., and L. F. STORY: Soc. **1938**, 259, 692. — [4] BREDERECK, H., G. MÜLLER u. E. BERGER: B. **73**, 1058 (1940). — [5] Synthesen siehe: TODD, A. R.: Soc. **1946**, 647. Angew. Chem. **59**, 22 (1947). — [6] LEVENE, P. A.: J. biol. Ch. **33**, 425 (1918); **40**, 415 (1919). — [7] STEUDEL, H., u. E. PEISER: H. **120**, 292 (1922). — [8] LEVENE, P. A., u. W. A. JACOBS: B. **44**, 1027 (1911). — BREDERECK, H., u. G. RICHTER: B. **71**, 718 (1938).

und solche, die am C_5 verestert sind. Die ersteren (Guanylsäure, Hefeadenylsäure, Cytidylsäure, Uridylsäure) kommen teils frei, teils als Bestandteile von Polynucleotiden vor, während die anderen (Muskeladenylsäure, Inosinsäure, Adenosin-triphosphorsäure, Adenosin-diphosphorsäure) bisher als Bestandteile von Polynucleotiden nicht aufgefunden wurden. Kürzlich konnte aus Hefenucleinsäure eine zweite Adenylsäure isoliert werden, die nicht mit Hefe- und Muskeladenylsäure identisch ist[1].

1. Guanylsäure (= Guanosin-3-phosphorsäure).

$C_{10}H_{14}O_8N_5P$ (M.G. 363,17) 33,04% C, 3,89% H; 19,29% N; 35,24% O; 8,54% P.

Guanylsäure wurde 1893 erstmals von O. HAMMARSTEN aus dem Pankreas isoliert und von BANG näher untersucht. Von JONES sowie von STEUDEL ist sie in der Milz und von LEVENE in der Leber aufgefunden worden[2].

Neben ihrem Vorkommen in Milz, Leber, Pankreas ist die Guanylsäure ein Spaltprodukt der Hefe- und Pankreasnucleinsäure. Gefunden wurde sie außerdem in Teeblättern, weiter in Kaninchenmuskeln.

```
        HN—CO
        |   |
  H2N · C   C—N
        ||  ||   >CH
        N—C—N————————┐
                     |
                     HC——————┐
                     |       |
                     HCOH    |
                     |       |
Guanylsäure          HCOPO3H2|
                     |       |
                     HCO—————┘
                     |
                     CH2OH
```

Guanylsäure krystallisiert aus Wasser in langen prismatischen Nadeln. Zersetzungspunkt: 180°. $[\alpha]_D^{25}$: — 8,0° (in Wasser). In warmem Wasser ist sie leicht, in kaltem schwer löslich.

Guanylsäure wird durch neutrale und ammoniakalische Hydrolyse in Guanosin und Phosphorsäure gespalten, durch saure Hydrolyse in Guanin, Ribose und Phosphorsäure. Die Stellung der Phosphorsäure am C_3 der Ribose wurde an der Xanthylsäure, dem Desaminierungsprodukt der Guanylsäure bewiesen[3]. Die Verbindung wurde auch synthetisch dargestellt[4].

Guanylsäure bildet ein gut krystallisierendes Brucinsalz.

2. Adenylsäuren[5].

Man unterscheidet zwei verschiedene Adenylsäuren, Hefeadenylsäure und Muskeladenylsäure, außerdem die sich von der letzteren ableitende Adenylpyrophosphorsäure (= Adenosintriphosphorsäure) und Adenosindiphosphorsäure. *Hefeadenylsäure* ist Adenosin-3-phosphorsäure, Muskeladenylsäure Adenosin-5-phosphorsäure. Die Verschiedenheit der Stellung der Phosphorsäure bedingt, daß Hefeadenylsäure im Gegensatz zur Muskeladenylsäure durch die Enzyme des Muskels nicht desaminiert wird. Über eine 3. Adenylsäure s. Fußnote 1.

```
        N=C · NH2
        |   |
        HC  C—N
        ||  ||   >CH
        N—C—N————————┐
                     |
                     HC——————┐
                     |       |
                     HCOH    |
Hefe-                |       |
adenylsäure          HCOPO3H2|
                     |       |
                     HCO—————┘
                     |
                     CH2OH
```

a) Hefeadenylsäure[6]: (= Adenosin-3-phosphorsäure).

$C_{10}H_{14}O_7N_5P$ (M.G. 347,17) 34,57% C, 4,06% H; 20,17% N; 32,26% O; 8,93% P.

---

[1] CARTER, C. E.: Am. Soc. **72**, 1466 (1950). — [2] HAMMARSTEN, O.: H. **19**, 19 (1893). — BANG, J.: H. **26**, 133 (1898/99); **31**, 411 (1900/01). — LEVENE, P. A.: H. **32**, 542 (1901). — STEUDEL, H.: H. **53**, 539 (1907). — JONES, W., u. L. G. ROWNTREE: J. biol. Ch. **4**, 289 (1908). — LEVENE, P. A., u. J. A. MANDEL: B. Z. **10**, 221 (1908). — [3] LEVENE, P. A., and ST. A. HARRIS: J. biol. Chem. **95**, 755 (1932). — [4] GULLAND, J. M., and S. J. HOBDAY: Soc. **1940**, 746. — [5] HERBRAND, W., u. K. H. JAEGER: Das Adenylsäuresystem. Berlin 1943. — [6] CERECEDO, L. R.: Ann. Rev. **2**, 110, 111 (1933). — CHROMETZKA, FR.: Ann. Rev. **6**, 211 (1937).

Hefeadenylsäure wurde von JONES (1912) und unabhängig davon von THANNHAUSER als Spaltstück der Hefenucleinsäure aufgefunden[1]. Auch aus Schweine- und Rinderpankreas, ebenso aus Teeblättern wurde sie isoliert. Das Vorkommen im Pankreas dürfte mit ihrem Vorkommen als Bestandteil der Pankreasnucleinsäure zusammenhängen.

Hefeadenylsäure krystallisiert aus heißem Wasser in langen farblosen Nadeln. F. 194 bis 195°. Sie ist in kaltem Wasser sehr schwerlöslich (bei 15° 0,5:1000), in kochendem Wasser etwas löslich. $[\alpha]_D^{30}$: —40,5° (in Wasser).

Hefeadenylsäure gibt bei Hydrolyse mit verdünnter Schwefelsäure Adenin, Ribose und Phosphorsäure. Bei vorsichtiger Hydrolyse nach vorangegangener Desaminierung entsteht eine Ribosephosphorsäure[2], die identisch ist mit der aus Xanthylsäure (s. S. 835) erhaltenen Säure. Daraus ergibt sich als Haftstelle der Phosphorsäure an der Ribose das C-Atom 3.

Hefeadenylsäure bildet ein Brucin- und Strychninsalz.

N=C·NH_2 | HC C—N | N—C—N >CH | HC | HCOH | HCOH | HCO | $CH_2OPO_3H_2$

Muskeladenylsäure

b) Muskeladenylsäure (= Adenosin-5-phosphorsäure). Muskeladenylsäure wurde 1927 von EMBDEN und ZIMMERMANN[3] aus Kaninchenmuskeln dargestellt. Sie wurde weiterhin in Herzmuskel, Gehirn, Niere und Milz gefunden.

Die *Darstellung*[4] erfolgt aus Organen (z. B. Kaninchen- oder Pferdemuskulatur) und ist an einen komplizierten Arbeitsgang gebunden. Auch aus Hefe durch Hydrolyse der darin enthaltenen Adenosin-triphosphorsäure ist sie erhalten worden. Später ist sie durch fermentative Phosphorylierung des Adenosins bequem zugänglich geworden[5]. Die chemische Synthese[6] ist gleichfalls durchgeführt.

Muskeladenylsäure krystallisiert aus wäßriger Lösung. F. 196 bis 200°. Sie ist in warmem Wasser sehr leicht löslich. $[\alpha]_D^{20}$: —47,5° (in verdünnter Natronlauge). Sie gibt ein kryst. Acridinsalz[7].

Muskeladenylsäure geht bei Desaminierung in Inosinsäure[8] über. Da letztere die Phosphorsäure am C_5 der Ribose trägt, so ergibt sich daraus die gleiche Stellung der Phosphorsäure in der Muskeladenylsäure.

Über die physiologische Bedeutung der Muskeladenylsäure sowie ihre Lokalisierung im Muskel siehe Bd. 2 die Kapitel Kohlenhydrat-Stoffwechsel und Muskel.

c) Adenosin-triphosphorsäure[9] (= Adenylpyrophosphorsäure). Die Verbindung wurde 1929 von LOHMAN[10] sowie von FISKE und SUBBAROW[10] im Muskelextrakt gefunden. Sie ist außerdem in der Hefe entdeckt worden, ebenso im Blut von Menschen und Hunden. Sie wirkt fördernd auf die Be-

[1] JONES, W., and A. E. RICHARDS: J. biol. Ch. **17**, 71 (1914). — THANNHAUSER, S. J., u. S. DORFMÜLLER: H. **95**, 259 (1915). — [2] LEVENE, P. A., and ST. A. HARRIS: J. biol. Ch. **101**, 419 (1933). — [3] EMBDEN, G., u. MARG. ZIMMERMANN: H. **167**, 137 (1927). — [4] EMBDEN, G., u. M. ZIMMERMANN: H. **167**, 137 (1927). — OSTERN, P.: B. Z. **221**, 64 (1930). — [5] OSTERN, P., T. BARANOWSKI u. J. TERSZAKOWEČ: H. **251**, 258 (1938). — [6] JACHIMOWICZ, TH.: B. Z. **292**, 356 (1937). — LEVENE, P. A., and R. ST. TIPSON: J. biol. Ch. **121**, 131 (1937). — BREDERECK, H., E. BERGER u. J. EHRENBERG: B. **73**, 269 (1940). — BADDILEY, J., and A. R. TODD: Soc. **1947**, 648. — [7] WAGNER-JAUREGG, TH.: H. **239**, 188 (1936). — [8] EMBDEN, G., u. G. SCHMIDT: H. **181**, 130 (1929). — [9] CERECEDO, L. R.: Ann. Rev. **2**, 120 (1933); **4**, 178 (1935). — [10] LOHMANN, K.: Naturwiss. **17**, 624 (1929). — FISKE, C. H., and Y. SUBBAROW: Science, N. Y. **70**, 381 (1929).

weglichkeit der Spermatozoen[1]. Über ihre Bedeutung für den intermediären Stoffwechsel s. Bd. 2 Kohlenhydratstoffwechsel.

Die *Darstellung*[2] erfolgt aus dem durch Trichloressigsäure enteiweißten Extrakt von Frosch- oder Kaninchenmuskeln durch Fällen als Barium- oder Mercurisalz. Synthetisch ist sie durch fermentative[3] und chemische[4] Phosphorylierung des Adenosins zugänglich geworden.

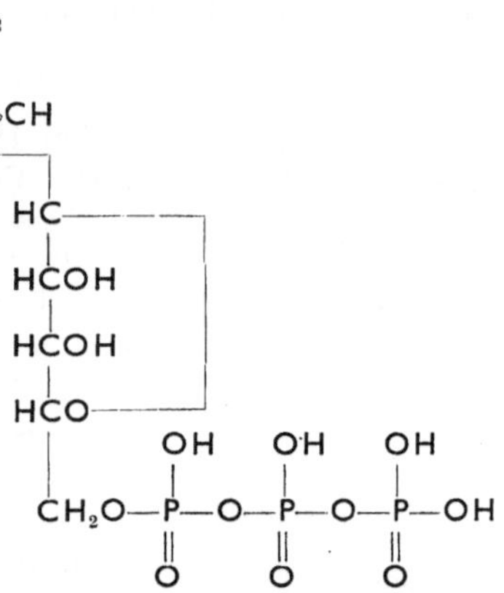

Bei saurer Hydrolyse wird sie in Adenin, Ribosephosphorsäure und 2 Mol Phosphorsäure aufgespalten. (Über Spaltung durch Adenylpyrophosphatase s. KRAUT-WEISCHER, S. 1091.) Mit salpetriger Säure wird die NH_2-Gruppe gegen die OH-Gruppe ausgetauscht. Daraus, sowie durch Titration und Nachweis korrespondierender Hydroxylgruppen an der Ribose ergibt sich die Konstitution[5]. Sie gibt ein krystallisiertes Acridinsalz[6].

```
N=C·NH2
|  |
HC—C—N
||  ||   >CH
N—C—N————┐
         |
        HC——————┐
         |      |
        HCOH    |
         |      |
        HCOH    |
         |      |
        HCO—————┘
         |      OH     OH     OH
         |      |      |      |
        CH2O————P——O———P——O———P——OH
                ||     ||     ||
                O      O      O
```

Adenosintriphosphorsäure

d) Adenosin-diphosphorsäure. Adenosin-diphosphorsäure wurde 1935 von LOHMANN[7] aus Adenylpyrophosphorsäure durch Einwirkung von gewaschenem Krebsmuskelbrei erhalten sowie von v. EULER[8] durch Aufspaltung der Co-Zymase. $[\alpha]_D^{25}$: — 25,7°. Sie wurde auch synthetisch hergestellt[4]. Über ihre biologische Bedeutung siehe Bd. 2, Kohlenhydrat-Stoffwechsel.

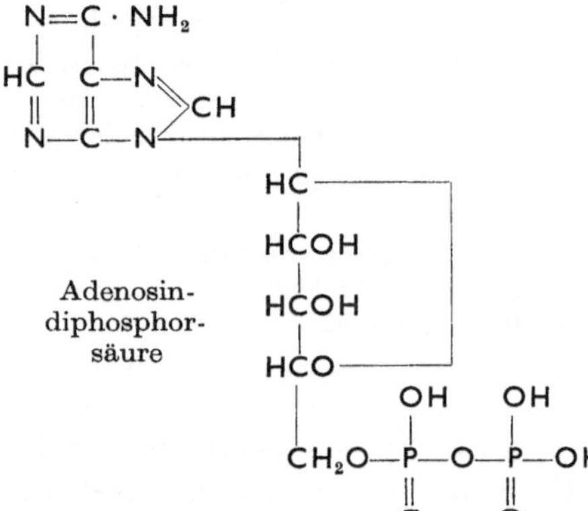

Die Verbindung zerfällt bei kurzer Säurehydrolyse in je 1 Molekül Adenin, Pentosephosphorsäure und Phosphorsäure. Sie gibt ein kryst. Acridinsalz[6].

```
N=C·NH2
|  |
HC  C—N
||  ||   >CH
N—C—N————┐
         |
        HC——————┐
         |      |
        HCOH    |
         |      |
        HCOH    |
         |      |
        HCO—————┘
         |      OH     OH
         |      |      |
        CH2O————P——O———P——OH
                ||     ||
                O      O
```

Adenosindiphosphorsäure

3. Purin- bzw. Pyrimidin-Co-Fermente (Dinucleotide)[9].

a) Co-Dehydrase I (Co-Zymase). Co-Zymase war das erste Co-Ferment, das aus dem zur Gärung notwendigen Enzymkomplex abgetrennt werden konnte (HARDEN und YOUNG, 1904[10]): Wurde gärfähiger Hefepreßsaft der Dialyse oder

[1] IVANOV, I. I., B. S. KASSAVINA, and L. D. FOMENKO: Nature **158**, 624 (1946). — IVANOV, I. I., and B. S. KASSAVINA: Nature **158**, 624 (1946). — [2] LOHMANN, K.: B.Z. **233**, 460 (1931). — BARRENSCHEEN, H. K., u. W. FILZ: B. Z. **250**, 281 (1932). — KERR, ST. E.: J. biol. Ch. **139**, 121 (1941). — [3] OSTERN, P., T. BARANOWSKI u. J. TERSZAKOWEČ: H. **251**, 258 (1938). — [4] BADDILEY, J., A. M. MICHELSON and A. R. TODD: Nature **161**, 761 (1948). — [5] LOHMANN, K.: B. Z. **282**, 120 (1935). — BARRENSCHEEN, H. K., u. TH. JACHIMOWICZ: B. Z. **292**, 350 (1937). — FAWAZ, E., and K. SERAIDARIAN: Am. Soc. **69**, 966 (1947). — [6] WAGNER-JAUREGG, TH.: H. **239**, 188 (1936). — [7] LOHMANN, K.: B. Z. **282**, 109 (1935). — CHROMETZKA, FR.: Ann. Rev. **6**, 213 (1937). — [8] VESTIN, R., F. SCHLENK u. H. v. EULER: B. **70**, 1369 (1937).

Zusammenfassende Darstellungen: [9] SCHLENK, F., u. H. v. EULER: Co-Zymase. Fortschr. Chem. org. Naturstoffe **1**, 99—120 (1938). — BAUMANN, C. A., and F. J. STARE: Co-Enzymes Physiol. Rev. **19**, 353—388 (1939). — Bd. 2, Kohlenhydrat-Stoffwechsel.

[10] HARDEN, A., and W. J. YOUNG: J. Physiol., London **32**, I (1904). Proc. chem. Soc. **21**, 189 (1905).

Ultrafiltration unterworfen, so zeigte es sich, daß das Dialysat einen zur Gärung unentbehrlichen, verhältnismäßig thermostabilen Aktivator enthielt, für den v. EULER und MYRBÄCK[1] später den Namen Co-Zymase vorschlugen. (Siehe Bd. 2, in dem Kapitel „Kohlenhydrat-Stoffwechsel". Alkoholische Gärung.)

Die *Darstellung*[1] der Co-Zymase erfolgt am günstigsten aus Hefe, deren Co-Zymasegehalt bei bestimmten Sorten mehrere 100 mg je Kilogramm betragen kann. Die Verluste während des schwierigen Darstellungsganges sind beträchtlich: Aus 20 kg Hefe erhält man etwa 1,5 g eines 80- bis 90%igen Präparates, bei der Endreinigung 500 bis 700 mg reines Präparat. Auch aus roten Blutzellen[2] und Muskeln[3] läßt sich Co-Zymase darstellen. Bestimmung mittels Apodehydrogenase[4].

Konstitution. Co-Zymase hat die Zusammensetzung $C_{21}H_{27}O_{14}N_7P_2$. Bei der Titration erweist sie sich als einbasische Säure. Die saure Hydrolyse[5] liefert Adenin, Nicotinsäureamid und Pentose-5-phosphorsäure. Die alkalische Hydrolyse ergab Nicotinsäureamid und Adenosindiphosphorsäure[6]. Die enzymatische Spaltung[7] führte zu Adenosin und Nicotinsäureamidnucleosid. Auf Grund von Untersuchungen an Modellsubstanzen[8] sowie dem synthetisch hergestellten 3-Carbonsäureamid des Tetraacetyl-glucosido-pyridiniumbromids[9] wurde festgestellt, daß in der Co-Zymase das Nicotinsäureamid als quaternäre Pyridiniumbase gebunden vorliegt. Konstitution nach v. EULER:

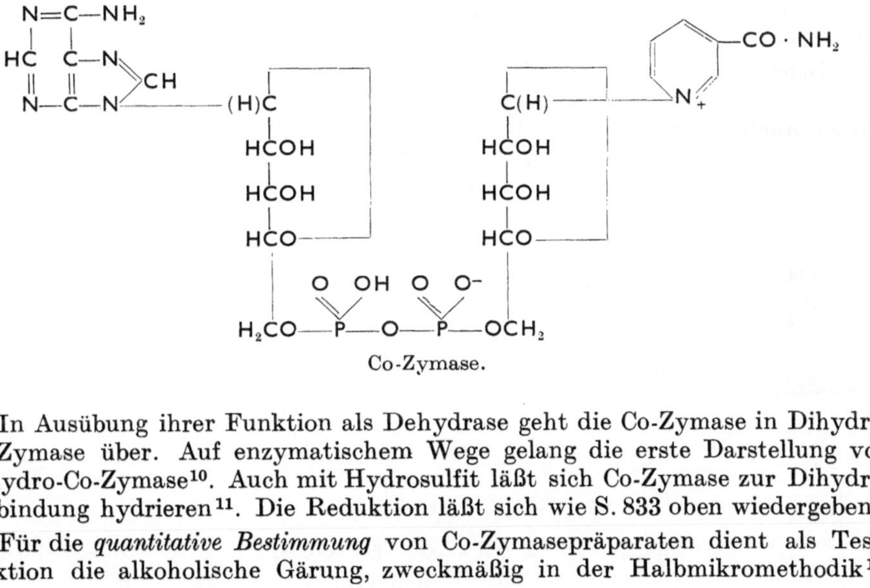

```
N=C—NH2
|  |                                                   /\\
HC C—N\                                               |   |—CO·NH2
||  ||  >CH          ┌──────┐         ┌──────┐        \ //
N—C—N/ ——————— (H)C       |         C(H) ————————N+
                   |        |          |       |
                 HCOH       |        HCOH      |
                   |        |          |       |
                 HCOH       |        HCOH      |
                   |        |          |       |
                 HCO————————┘        HCO———————┘
                   |                   |
                   |   O  OH   O  O-   |
                   |    \ /     \ /    |
                 H2CO———P———O———P———OCH2
```

Co-Zymase.

In Ausübung ihrer Funktion als Dehydrase geht die Co-Zymase in Dihydro-Co-Zymase über. Auf enzymatischem Wege gelang die erste Darstellung von Dihydro-Co-Zymase[10]. Auch mit Hydrosulfit läßt sich Co-Zymase zur Dihydroverbindung hydrieren[11]. Die Reduktion läßt sich wie S. 833 oben wiedergeben[9].

Für die *quantitative Bestimmung* von Co-Zymasepräparaten dient als Testreaktion die alkoholische Gärung, zweckmäßig in der Halbmikromethodik[12].

---

[1] EULER, H. v., u. K. MYRBÄCK: H. **131**, 179 (1923). — [2] MYRBÄCK, K., u. H. v. EULER: H. **198**, 236 (1931). — EULER, H. v., H. ALBERS u. F. SCHLENK: H. **240**, 113 (1936). — EULER, H. v., u. F. SCHLENK: H. **246**, 64 (1937). — [3] WARBURG, O., u. W. CHRISTIAN: B. Z. **287**, 291 (1936). — [4] SUMNER, J. B., and P. S. KRISHNAN: Enzymologia **12**, 232 (1948). — [5] EULER, H. v., u. G. GÜNTHER: Ark. Mineral. Geol., Kemi **11** B, Nr. 50 (1935). — OCHOA, S.: B. Z. **292**, 68 (1937) — [6] EULER, H. v., H. ALBERS u. F. SCHLENK: H. **237**, I (1935). — [7] VESTIN, R., F. SCHLENK u. H. v. EULER: B. **70**, 1369 (1937). — [8] SCHLENK, F., G. GÜNTHER u. H. v. EULER: Ark. Mineral. Geol. Kemi **12** B, Nr. 56 (1938). — [9] KARRER, P., G. SCHWARZENBACH, F. BENZ u. U. SOLMSSEN: Helv. **19**, 811 (1936). — KARRER, P., G. SCHWARZENBACH u. G. E. UTZINGER: Helv. **20**, 72 (1937). — KARRER, P., u. F. J. STARE: Helv. **20**, 418 (1937). — KARRER, P., B. H. RINGIER, J. BÜCHI, H. FRITZSCHE u. U. SOLMSSEN: Helv. **20**, 55 (1937). — KNOX, E., and W. GROSSMANN: Am. Soc. **70**, 2172 (1948). — [10] EULER, H. v., E. ADLER u. H. HELLSTRÖM: Svensk kem. T. **47**, 290 (1935). H. **241**, 239 (1936). — [11] OHLMEYER, P.: B. Z. **297**, 66 (1938). — [12] MYRBÄCK, K., u. H. v. EULER: H. **198**, 236 (1931).

Das Prinzip ist folgendes: Aus Trockenunterhefe wird durch Auswaschen Co-Zymase entfernt. Die erhaltene Apozymase zeigt zusammen mit Glucose und Hexosediphosphorsäure in schwachem Phosphatpuffer ohne Co-Zymase keine Gärung. Bei Zusatz einer geeigneten Menge Co-Zymase erfolgt eine allmählich steigende CO_2-Entwicklung, die dann längere Zeit proportional der Zeit verläuft[1].

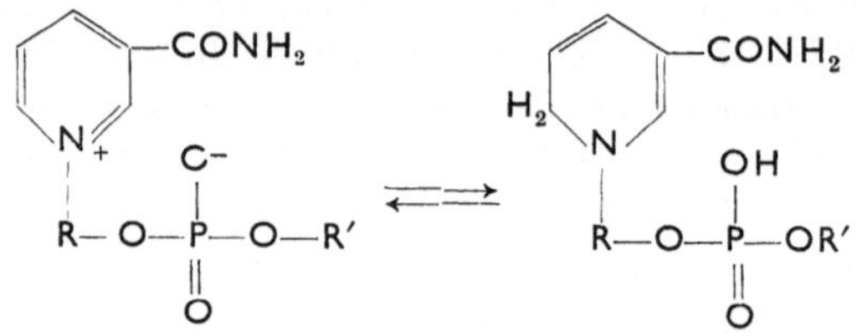

Reduktion der Co-Zymase zur Dihydro-Co-Zymase

Co-Zymase läßt sich chemisch (mit $POCl_3$ in Äther) und enzymatisch (Co-Zymase, Apozymase, Adenylpyrophosphorsäure und anorganisches Phosphat) in Substanzen von der Eigenschaft der Co-Dehydrase II überführen[2].

Über die *biologische Bedeutung* der Co-Zymase siehe Bd. 2, alkoholische Gärung (Kapitel Kohlenhydratstoffwechsel).

b) Co-Dehydrase II. 1931 wurde von Warburg und Christian[2] in roten Pferdeblutzellen ein Co-Ferment entdeckt, das gleichfalls eine Co-Dehydrase ist und zum Unterschied von Co-Zymase (=Co-Dehydrase I) als Co-Dehydrase II bezeichnet wurde[3]. Sie kommt außerdem im Herzmuskel und in der Hefe vor und scheint allgemein weit verbreitet zu sein.

Zwischen Co-Dehydrase I und II besteht eine nahe chemische Verwandtschaft, so daß viele chemische Tatsachen, die für das eine Co-Ferment festgestellt wurden, auch für das andere gelten[4]. Co-Dehydrase II unterscheidet sich von der Co-Zymase nur durch den *Mehrgehalt an 1 Mol Phosphorsäure.* Durch Dephosphorylierung entsteht aus Co-Dehydrase II Co-Zymase[5].

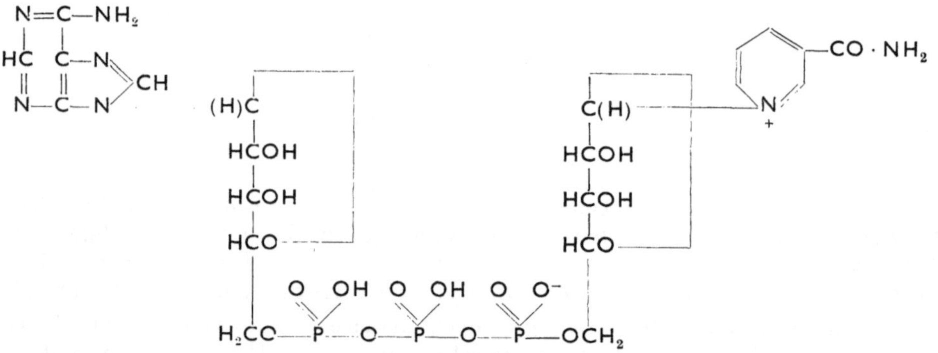

Co-Dehydrase II

Die *Bestimmung*[6] beruht auf dem Verfolg der Oxydation von Hexosemonophosphorsäure zu Phosphohexonsäure in dem System Gelbes Ferment, Zwischenferment, Hexosemonophosphorsäure, Co-Dehydrase II. Während das System ohne Co-Dehydrase II

[1] Vestin, R.: Naturwiss. **25**, 668 (1937). — Schlenk, F.: Naturwiss. **25**, 668 (1937). — Euler, H. v., u. E. Bauer: B. **71**, 411 (1938). — [2] Warburg, O., u. W. Christian: B. Z. **242**, 206 (1931). — [3] Euler, H. v., u. E. Adler: H. **238**, 242 (1936). Das Co-Ferment aus Pferdeblutzellen nannte Warburg anfänglich das „H-übertragende Co-Ferment". — [4] Warburg, O., u. W. Christian: B. Z. **254**, 438 (1932); **266**, 377 (1933); **274**, 112 (1934); **275**, 112, 464 (1935); **282**, 221 (1935); **285**, 156 (1936); **286**, 81 (1936); **287**, 291 (1936). — Warburg, O., W. Christian u. A. Griese: B. Z. **279**, 143 (1935). — [5] Euler, H. v., E. Adler u. T. Steenhoff Eriksen: H. **248**, 227 (1937). — Euler, H. v., u. E. Adler: H. **252**, 41 (1938). — [6] Warburg, O., u. W. Christian: B. Z. **282**, 221 (1935).

reaktionslos ist, bewirkt der Zusatz des Co-Fermentes Verbrauch von O_2, der manometrisch gemessen wird.

c) Alloxazin-adenin-dinucleotid. 1938 konnten WARBURG und CHRISTIAN[1] aus Pferdenieren ebenso auch aus Hefe ein weiteres Co-Ferment, Alloxazin-adenindinucleotid, isolieren. Es bildet den Co-Fermentanteil verschiedener Fermente: 1. der D-Aminosäureoxydase[1], 2. eines gelben Fermentes aus Hefe[2], das von dem „alten" gelben Ferment verschieden ist, 3. der Xanthinoxydase[3], 4. der Diaphorasen I und II (= „Co-Enzymfaktoren")[4], 5. der Fumarathydrase[5].

Alloxazin-adenin-dinucleotid hat die Zusammensetzung $C_{27}H_{33}N_9P_2O_{15}$. Es stellt eine Verbindung von Riboflavinphosphorsäure und Muskeladenylsäure dar, unter Austritt von 1 Mol Wasser. Die alkalische Photolyse ergibt Lumilactoflavin, die saure Hydrolyse Adenin[1] (s. Bd. 2, Vitamine).

Die *Bestimmung*[6] beruht auf dem Verfolg der Oxydation einer Aminosäure, z. B. D-Alanin zu Brenztraubensäure. Die Oxydation erfolgt nur in Gegenwart des Co-Fermentes. Der Sauerstoffverbrauch wird manometrisch gemessen.

d) Co-Carboxylase. Durch Auswaschen von Trockenhefe mit schwach alkalischer Phosphatlösung fand AUHAGEN[7] 1932 eine thermostabile Substanz, die für die Decarboxylierung der Brenztraubensäure notwendig ist. Er nannte sie Co-Carboxylase.

Die *Konstitutionsaufklärung* erfolgte durch LOHMANN[8]. Co-Carboxylase ist ein diphosphoryliertes Vitamin B_1 von der Zusammensetzung $C_{12}H_{19}O_7N_4SP_2 \cdot HBr$.

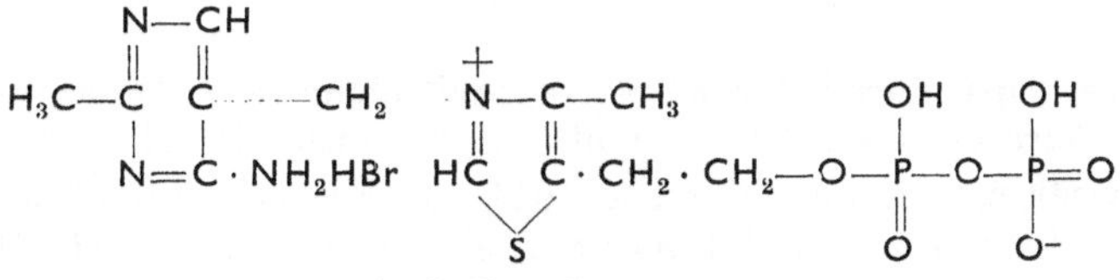

```
      N—CH
      ‖   ‖           +
H3C—C   C·····CH2    N—C—CH3              OH    OH
      |   |           ‖  ‖                 |     |
      N=C·NH2HBr     HC  C·CH2·CH2—O—P—O—P=O
                      \ /                  ‖     |
                       S                   O     O−
```

Co-Carboxylase

Co-Carboxylase liefert bei den verschiedenen Abbaureaktionen neben Phosphorsäure die gleichen Spaltstücke wie Vitamin B_1. Durch eine saure Phosphatase werden die beiden Phosphorsäurereste unter Entstehung von Vitamin B_1 abgespalten. Durch schwach saure Hydrolyse gelingt die Isolierung eines Monophosphats des Vitamin B_1.

Die *Synthese der Co-Carboxylase* gelang sowohl auf chemischem als auch fermentativem Wege: Durch Behandlung mit Phosphoroxychlorid konnte Vitamin B_1 in geringem Maße in eine Substanz mit den Eigenschaften der Co-Carboxylase übergeführt werden[9]. Aus einer Schmelze von Vitamin B_1 mit Phosphorsäure und Natriumpyrophosphat gelang es, Co-Carboxylase zu isolieren[10]. Eine enzymatische Synthese erfolgte aus Vitamin B_1 und Hefe[11], Leberbrei[12],

[1] WARBURG, O., u. W. CHRISTIAN: Naturwiss. **26**, 201, 235 (1938). B. Z. **295**, 261 (1938); **296**, 294 (1938); **298**, 150 (1938). — [2] HAAS, E.: B. Z. **298**, 378 (1938). — [3] BALL, E. G.: Science, N. Y. **88**, 131 (1938). — [4] STRAUB, F. B.: Biochem. J. **33**, 787 (1939). — [5] FISCHER, F. G., A. ROEDIG u. K. RAUCH: Naturwiss. **27**, 197 (1939). — [6] WARBURG, O., u. W. CHRISTIAN: Naturwiss. **26**, 201, 235 (1938). B. Z. **295**, 261 (1938); **296**, 294 (1938); **298**, 150 (1938). — [7] AUHAGEN, E.: H. **204**, 149; **209**, 20 (1932). B. Z. **258**, 330 (1933). — [8] LOHMANN, K., u. PH. SCHUSTER: Naturwiss. **25**, 26 (1937). B. Z. **294**, 188 (1937). — [9] STERN, K. G., and J. W. HOFER: Science, N. Y. **85**, 483 (1937). Enzymologia **3**, 82 (1937). — [10] TAUBER, H.: Am. Soc. **60**, 730 (1938). — WEIJLARD, J., and H. TAUBER: Am. Soc. **60**, 2263 (1938). — [11] EULER, H. v., u. R. VESTIN: Naturwiss. **25**, 416 (1937). — LIPSCHITZ, M. A., VAN R. POTTER and C. A. ELVEHJEM: Biochem. J. **32**, 474 (1938). J. biol. Ch. **124**, 147 (1938). — TAUBER, H.: Science, N. Y. **86**, 180 (1938). Enzymologia **2**, 171 (1937/38). — [12] OCHOA, S., and R. A. PETERS: Nature **142**, 356 (1938). Bestimmung siehe auch WESTENBRINK, H. G. K.: Enzymologia **8**, 97 (1940).

Gehirnbrei[1], Darmschleimhautbrei[1], Enzympräparat aus dem Duodenum[2] und Blut verschiedener Tiere[3]. Dabei waren neben anorganischem Phosphat meist Phosphatüberträger wie Adenylpyrophosphorsäure und Hexosediphosphorsäure zugegen.

Vorkommen. In den meisten Geweben ist mehr Co-Carboxylase als Vitamin B_1 vorhanden, lediglich im Muskel überwiegt die Menge an Vitamin[4]. Über die Vitamin B_1-Wirkung der Co-Carboxylase (kurativer Taubentest) siehe Bd. 2, Vitamine.

4. Weitere Ribonucleotide.

a) Inosinsäure (= Inosin-5-phosphorsäure). Inosinsäure wurde bereits 1847 von LIEBIG aus Muskelfleisch erhalten (s. Bd. 2, Muskel).

Zur *Darstellung*[5] wird Fleischextrakt mit Wasser aufgenommen, freie Phosphorsäure mit Baryt gefällt und aus dem Filtrat die Inosinsäure als Bleisalz gefällt. Nach Zerlegung des Bleisalzes mit Schwefelwasserstoff wird das krystallisierte Bariumsalz gewonnen.

Inosinsäure ist bisher nicht krystallin erhalten worden, jedoch ihr Bariumsalz: $[\alpha]_D^{20}$: — 18,5° (Bariumsalz in salzsaurer Lösung); perlmutterglänzende Blättchen, leichtlöslich in heißem Wasser.

Alkalische Hydrolyse der Inosinsäure liefert Inosin und Phosphorsäure, saure Hydrolyse Hypoxanthin und Ribosephosphorsäure. Letztere wurde als Ribose-5-phosphorsäure erkannt. Daraus ergibt sich die Konstitution der Inosinsäure[6].

Inosinsäure wird durch fermentative und chemische Desaminierung der Muskeladenylsäure erhalten. Auch synthetisch wurde sie erhalten[7].

b) Xanthylsäure. Die Säure wurde 1914 von KNOPF[8] durch Desaminierung der Guanylsäure erhalten. In der Natur ist sie bisher nicht angetroffen worden.

```
N=C—OH                              HN—CO
|  |                                |   |
HC C—N                              HOC C—N
‖  ‖   >CH                          ‖   ‖   >CH
N—C—N                               N—C—N
        |                                   |
        HC———                               HC———
        |                                   |
        HCOH                                HCOH
        |                                   |
Inosinsäure   HCOH           Xanthylsäure   HCOPO3H2
        |                                   |
        HCO———                              HCO———
        |                                   |
        CH2OPO3H2                           CH2OH
```

Xanthylsäure wurde bisher nur in mikrokrystallinem Zustand erhalten. Sie liefert ein krystallisiertes Brucinsalz. Die Säure ist in Wasser leichtlöslich.

Die aus Xanthylsäure durch Hydrolyse erhaltene Ribosephosphorsäure konnte als Ribose-3-phosphorsäure erkannt werden[9]. Die gleiche Säure mußte demnach auch der Guanylsäure zugrunde liegen.

---

[1] Siehe Bd. 2, Verdauung. — [2] TAUBER, H.: J. biol. Ch. **123**, 499 (1938). — [3] WESTENBRINK, H. G. K., and E. P. STEYN-PARRÉ: Biochim. biophysica Acta, N. Y. **1**, 87 (1947). — [4] Siehe Fußnote [12] S. 834. — [5] HAISER, F., u. F. WENZEL: Mh. Chem. **29**, 157 (1908). — H.-Th. 376. — [6] LEVENE, P. A., u. W. A. JACOBS: B. **44**, 746 (1911). — [7] LEVENE, P. A., and R. ST. TIPSON: J. biol. Ch. **111**, 313 (1935). — [8] KNOPF, M.: H. **92**, 159 (1914). — [9] LEVENE, P. A., and ST. A. HARRIS: J. biol. Ch. **95**, 755 (1932).

c) Cytidylsäure.

$C_9H_{14}O_8N_3P$ (M.G. 323,15) 33,42% C; 4,36% H; 13,00% N; 9,60% P; 39,61% O.

N=C · NH₂
OC CH
N—CH
HC
HCOH
HCOPO₃H₂
HCO
CH₂OH
Cytidylsäure

Cytidylsäure wurde zuerst als Spaltstück der Hefenucleinsäure von LEVENE[1], zunächst als amorphes Bariumsalz später (1911) in krystallinem Zustand erhalten. Auch aus dem Molekül der Pankreasnucleinsäure läßt sie sich gewinnen. In freiem Zustand ist sie bisher in der Natur noch nicht aufgefunden worden. Die Darstellung erfolgt am vorteilhaftesten durch schwefelsaure Hydrolyse der Hefenucleinsäure[2] (vgl. Cytidin S. 827).

Cytidylsäure krystallisiert aus 50%igem Alkohol in Form von Prismen. F. 230 bis 233°. $[\alpha]_D^{50}$: + 48,50 (in Wasser). Die Verbindung ist in Wasser schwerlöslich.

Cytidylsäure trägt die Phosphorsäure am C_3 der Ribose[3]. Unter Einwirkung von salpetriger Säure geht sie in Uridylsäure über[3]. Auch synthetisch ist sie zugänglich geworden[4].

Cytidylsäure bildet ein Barium- und Brucinsalz.

Synthese von Cytidin-2'-phosphorsäure[5].

b) Uridylsäure.

$C_9H_{13}O_9N_2P$ (M.G. 324,14) 33,32% C; 4,04% H; 8,69% N; 44,43% O; 9,57% P.

Uridylsäure wurde 1917 von THANNHAUSER sowie von LEVENE bei der Spaltung der Hefenucleinsäure gefunden[6]. Auch Uridylsäure ist bisher in freiem Zustand nicht aufgefunden worden. Die Darstellung erfolgt am vorteilhaftesten durch schwefelsaure Hydrolyse der Hefenucleinsäure[7].

HN—CO
OC CH
N—CH
HC
HCOH
HCOPO₃H₂
HCO
CH₂OH
Uridylsäure

Uridylsäure krystallisiert aus Methylalkohol in langen Prismen. F. 198,5°. $[\alpha]_D^{20}$: + 9,5° (in Wasser). Die Verbindung ist leicht löslich in Wasser.

Uridylsäure trägt die Phosphorsäure am C_3 der Ribose[8]. Auch synthetisch ist sie gewonnen worden[9].

Uridylsäure bildet ein schwerlösliches Brucinsalz.

β) Desoxyribo-nucleotide.

Desoxyribo-nucleotide sind bisher lediglich als Spaltprodukte der Thymonucleinsäure aufgefunden worden. KLEIN und THANNHAUSER[10] gelang es mit einem Fermentpräparat aus Darmschleimhaut, die Thymonucleinsäure zu den 4 Nucleotiden aufzuspalten. Eine weitere fermentative Spaltung der gebildeten Nucleotide wurde durch Zusatz von Arsenat verhindert. Arsenat hemmt die Wirkung des gleichfalls in der Darmschleimhaut vorhandenen nucleotidspaltenden Ferments, der „Nucleotidase" (s. S. 842).

[1] LEVENE, P. A., and W. A. JACOBS: B. **44**, 1030 (1911). — [2] BREDERECK, H., u. G. RICHTER: B. **71**, 718 (1938). — [3] BREDERECK, H.: H. **224**, 79 (1934). — [4] BREDERECK, H., E. BERGER u. J. EHRENBERG: B. **73**, 269 (1940). — [5] GULLAND, J. M., and H. SMITH: Soc. **1948**, 1527. — [6] THANNHAUSER, S. J., u. G. DORFMÜLLER: H. **100**, 121 (1917). — LEVENE, P. A.: Proc. Soc. exp. Biol. Med. **15**, 21 (1917). J. biol. Ch. **41**, 1, 483 (1920). — [7] BREDERECK, H., u. G. RICHTER: B. **71**, 718 (1938). — [8] BREDERECK, H.: H. **224**, 79 (1934). — GULLAND, M., and H. SMITH: Soc. **1947**, 338. — [9] BREDERECK, H., u. E. BERGER: B. **73**, 1124 (1940). — [10] KLEIN, W., u. S. J. THANNHAUSER: H. **218**, 173 (1933); **224**, 252 (1934); **231**, 96 (1935).

Die Verbindungen sind analog den Ribonucleotiden (mit Phosphorsäure am C_3) aufgebaut.

a) Desoxyribo-guanylsäure. Die freie Säure ist äußerst zersetzlich und konnte aus dem Barium- über das Ammon- und Bleisalz nur bei tiefer Temperatur gewonnen werden. Langgestreckte Prismen, die meist in Büscheln zusammengelagert sind. Bariumsalz: Bräunung ab 200°, allmähliche Zersetzung. $[\alpha]_D^{19}$: — 31,1° (in Wasser). Bildet ein krystallines Brucinsalz.

Das Ammonsalz wird durch eine „Nucleotidase" in Guanindesoxyribosid und Phosphorsäure gespalten.

b) Desoxyribo-adenylsäure. Die Verbindung konnte bisher nur als Brucinsalz und sekundäres Calciumsalz gewonnen werden. Calciumsalz: Bräunung ab 150°, Sintern bei 200°, anschließend allmähliche Verkohlung; $[\alpha]_D^{19}$: — 38° (in Wasser). Zerfällt bei enzymatischer Hydrolyse in Adenindesoxyribosid und Phosphorsäure.

c) Desoxyribo-cytidylsäure. Die freie Säure wurde aus dem Brucinsalz über das Ammonium-, Barium- und Bleisalz erhalten.

Aus Wasser lange dünne Prismen, die fächerförmig von einem Zentrum ausstrahlen. F. 183 bis 187°. $[\alpha]_D^{21}$: + 35° (in Wasser).

Das Brucinsalz war bereits von THANNHAUSER[1] durch Hydrolyse von Thymonucleinsäure mittels Pikrinsäure erhalten worden.

d) Desoxyribo-thymidylsäure. Die Verbindung konnte in Form ihres sekundären Bariumsalzes krystallin erhalten werden. Sintern bei 225 bis 230°, anschließend Verkohlung. $[\alpha]_D^{21}$: — 4,4° (in Wasser).

d) Oligonucleotide.

Als Oligonucleotid[2] bezeichnet man Substanzen, die in ihrem Molekül einige Nucleotide enthalten. Bisher ist ein Oligonucleotid, das man durch Spaltung der Thymonucleinsäure erhalten hat, bekannt. Es enthält in seinem Molekül 4 Nucleotide und ist somit ein Tetranucleotid. Sein Auffinden hat Einblick in den Aufbau der hochmolekularen Thymonucleinsäure gewährt. Die jüngsten Forschungsergebnisse jedoch lassen sich nicht mehr mit der Annahme von Tetranucleotiden als Grundbaustein der Polynucleotide vereinbaren (s. S. 838). Es soll daher nicht mehr auf die zahlreichen Arbeiten über Oligonucleotide (spez. Tetranucleotide) aus Thymo- und Hefenucleinsäure eingegangen werden.

e) Polynucleotide.

Als Polynucleotide bezeichnet man die Substanzen, die in ihrem Molekül zahlreiche Nucleotide enthalten. Zu ihnen gehört die Hefenucleinsäure, die Thymonucleinsäure, sowie die Pankreasnucleinsäure.

Die Polynucleotide lassen sich einteilen in solche mit D-Ribose und solche mit 2-Desoxy-D-ribose als Kohlenhydratkomponenten, ohne daß diese Einteilung, wie man früher annahm, gleichbedeutend mit einer solchen in pflanzliche und tierische Nucleinsäuren wäre. Ribo-polynucleotide und Desoxyribo-polynucleotide kommen beide sowohl in pflanzlichen als auch in tierischen Geweben vor. Während in tierischen Zellkernen das Vorliegen von Thymonucleinsäure schon lange bekannt ist, konnte dieselbe Säure[3] auch als Bestandteil von pflanzlichen Zellkernen festgestellt werden. Sie ist ein Bestandteil des Chromatins und der Chromosomen[4]. Die Hefenucleinsäure kommt im Protoplasma vor[5].

[1] THANNHAUSER, S. J., u. B. OTTENSTEIN: H. **114**, 47 (1921). — [2] FISCHER, F. G., H. LEHMANN-ECHTERNACHT u. I. BÖTTGER: J. prakt. Chem. **158**, 79 (1941). — [3] FEULGEN, R., M. BEHRENS u. S. MAHDIHASSAN: H. **246**, 203 (1937). — [4] BRACHET, J.: Exper. **2**, 142 (1946). — [5] BEHRENS, M.: H. **253**, 185 (1938).

Während man bisher nur die Existenz einer Hefenucleinsäure annahm, zeigen neue Versuche, daß es möglich ist, durch Variation der Wachstumsbedingungen Hefen zu züchten, deren Nucleinsäuren verschieden zusammengesetzt sind[1]. Die Nucleinsäuren scheinen daher nach Aufbau und Zusammensetzung viel mannigfaltiger zu sein als man bisher annahm. Die nachfolgende Besprechung beschränkt sich auf einen Überblick über den Aufbau der bisher bekannten Nucleinsäuren, der Hefe-, Thymo- und Pankreasnucleinsäure.

α) Hefenucleinsäure.

Hefenucleinsäure wurde 1889 von ALTMANN aus der Hefe isoliert, nachdem bereits Voruntersuchungen von HOPPE-SEYLER und KOSSEL vorlagen. Die aus Weizenembryonen gewonnene „Tritico-nucleinsäure" scheint mit der Hefenucleinsäure identisch zu sein. In Cerealien fand man sie im Protoplasma und nicht im Zellkern[2].

Zur *Darstellung*[3] wird Hefe kurz mit Alkali behandelt und durch Ansäuern, z. B. mit Essigsäure, die Hefenucleinsäure erhalten. In der Art der Durchführung sind verschiedene Verfahren angegeben[4]. Hefenucleinsäure ist im Handel erhältlich.

Hefenucleinsäure stellt ein meist schwach gelblich gefärbtes Pulver dar. Beim Erhitzen verkohlt die Säure unter Aufblähen. Sie dreht die Ebene des polarisierten Lichtes nach rechts. In Wasser ist sie sehr schwer löslich. Die Alkalisalze und das Ammoniumsalz sind in Wasser leicht löslich und werden daraus mit Alkohol gefällt. Das Bleisalz ist schwer löslich.

Einen Einblick in die *Konstitution* geben unter anderem die folgenden Ergebnisse: Durch schwefelsaure Hydrolyse werden Guanin, Adenin, Cytosin und Uracil erhalten. Während man bisher annahm, daß diese 4 Basen in äquimolaren Mengen in der Hefenucleinsäure vorliegen, zeigen neue Methoden der analytischen Bestimmung (chromatographische Trennung), daß es in keiner Weise zutrifft[5]. Insbesondere wurde nur wenig Uracil gefunden. Durch ammoniakalische Hydrolyse (bei 175° im Autoklaven) sowie durch fermentative Spaltung (s. S. 825) werden die Nucleoside Guanosin, Adenosin, Uridin und Cytidin gewonnen. Hydrolyse in schwach alkalischem Milieu führt zu den Nucleotiden Guanylsäure, Adenylsäure, Cytidylsäure und Uridylsäure (s. S. 828).

Hefenucleinsäure enthält somit die vorgenannten 4 Mononucleotide.

Molekulargewichtsbestimmungen[6] deuten darauf hin, daß in der käuflichen Hefenucleinsäure etwa 30 Mononucleotide miteinander verknüpft sind. In der nativen Hefenucleinsäure dürfte diese Zahl wesentlich höher liegen, so daß man bei der Darstellung schon mit einem gewissen Abbau rechnen kann. Im Gegensatz zur Thymonucleinsäure (s. unten) handelt es sich bei der Hefenucleinsäure um ein verhältnismäßig kleines kompaktes Molekül[6].

Fermentative[6] und chemische[7] Abbauversuche deuten auf eine gleichartige Bindung zwischen den einzelnen Molekülen hin. Wahrscheinlich ist die Phosphorsäure am C_3 mit dem Hydroxyl am C_2 der Ribose des Nachbarnucleotids

---

[1] DIMROTH, K., u. L. JAENICKE: Z. Naturforsch. 5b, 185 (1950). — [2] Siehe Fußnote [5] S. 837. — [3] H.-Th. 385. — [4] FEULGEN, R.: Chemie und Physiologie der Nucleinstoffe. S. 251. Berlin 1923. — [5] HOTCHKISS, R. D.: J. biol. Ch. **175**, 315 (1948). — VISCHER, E., u. E. CHARGAFF: J. biol. Ch. **176**, 715 (1948). — [6] FISCHER, F. G., I. BÖTTGER u. H. LEHMANN-ECHTERNACHT: H. **271**, 246, bes. 252 (1941). — SCHRAMM, G., G. BERGOLD, u. H. FLAMERSFELD: Z. Naturforsch. **1**, 328 (1946). — [7] FISCHER, F. G.: Chemie **56**, 329 (1943).

verestert[1]. Somit ergibt sich folgendes vorläufige Aufbauschema für die Hefenucleinsäure:

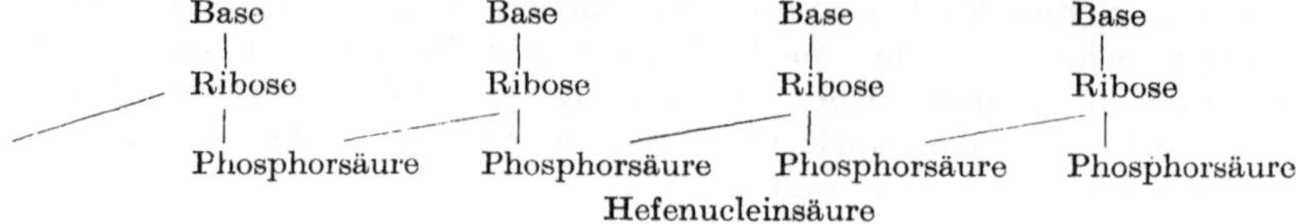

Hefenucleinsäure

Nachweis. Hefenucleinsäure gibt eine kräftige Pentosereaktion mit Orcin bzw. Phloroglucin und Salzsäure. Mit dem BIALschen Reagens (500 cm³ 33%iger Salzsäure, 1 g Orcin, einige Tropfen $FeCl_3$-Lösung) entsteht eine prächtige Grünfärbung. Die Reaktion mit fuchsinschwefliger Säure nach milder saurer Hydrolyse („FEULGEN-Reaktion", „Nucleal-Reaktion" — eine cytochemische Unterscheidung zwischen Pentose und Desoxypentose in Nucleinsäuren in Gewebsschnitten versucht SANDERS[2], ebenso die grüne Fichtenspanreaktion fallen negativ aus.) (Unterschied gegenüber Thymonucleinsäure!). Eine Methode zur quantitativen Bestimmung gibt es nicht.

β) Thymonucleinsäure.

Thymonucleinsäure wurde erstmals 1869 von MIESCHER aus Lachssperma erhalten. Das übliche Ausgangsmaterial zur Gewinnung der Säure sind Thymusdrüsen. Darüber hinaus wurde sie aus sehr vielen tierischen Organen, z. B. Pankreasdrüse, Milz, Leber, Nieren, Lunge, Eingeweide, hergestellt. Ob es sich dabei jeweils um die gleiche Nucleinsäure handelt ist ungewiß. Thymonucleinsäure wurde, bedingt durch die Art der Isolierung, mit verschiedener Molekülgröße, auch aus den Zellkernen von Roggenkeimen isoliert[3].

Darstellung[4]. 1500 g Thymusdrüsen (von Kalb) werden in 1500 cm³ einer 5%igen Lösung von $NaCl$ aufgenommen, aufgekocht und Essigsäure zugegeben, bis alles Eiweiß koaguliert ist. Dann werden 15 g Natriumacetat und 75 g $NaOH$ zugefügt, das Kochen fortgesetzt bis die Drüsen fast aufgelöst sind und hierauf Eisessig bis zur sauren Reaktion zugegeben. Nach Zugabe von 100 cm³ kolloidaler Eisenlösung (dialysiertes Eisen, 5%iges Fe_2O_3, Merck) und weiterem Eisessig (insgesamt 300 cm³) wird die Masse heiß filtriert und zum klaren Filtrat ein gleiches Volumen 95%igem Alkohol zugegeben. Zur Reinigung wird die Nucleinsäure in Alkali gelöst und mit Salzsäure gefällt.

Eigenschaften. Schonend hergestellte Thymonucleinsäure ist in wäßriger Lösung zu gestreckten Fadenmolekülen von einem Molekulargewicht größenordnungsmäßig zwischen 500000 bis 1000000 dispergiert[5]. In Form ihres Natriumsalzes zeigt sie stark gelatinierende Eigenschaften. Mit Fermentpräparaten aus Pankreas[6] wird die Thymonucleinsäure bis zu ihrem Tetranucleotid abgebaut, wobei gleichzeitig die gelatinierenden Eigenschaften verlorengehen.

Thymonucleinsäure ist in Wasser sehr schwer löslich, leicht in Alkali, Ammoniak, Alkalicarbonat und -acetat. — Thymonucleinsaures Natrium gibt bei trockenem Erhitzen im Röhrchen ein Sublimat von Thyminkrystallen. Beim Glühen an der Luft verkohlt es allmählich unter Aufblähen.

Einen Einblick in die *Konstitution* geben die folgenden Ergebnisse: Durch schwefelsaure Hydrolyse werden Guanin, Adenin, Cytosin und Thymin erhalten,

---

[1] BREDERECK, H., E. BERGER u. F. RICHTER: B. **74**, 338 (1941). — [2] SANDERS, F. K.: Quart. J. microscop. Sci. **87 III**, 347 (1946). — [3] FEULGEN, R., M. BEHRENS u. S. MAHDIHASSAN: H. **246**, 203 (1937). — [4] LEVENE, P. A., u. L. W. BASS: Biochem. Handlex. **14**, 869 (1933). — H.-Th. 379. — CERECEDO, L. R.: Ann. Rev. **4**, 171 (1935). — BREDERECK, H., u. G. CARO: H. **253**, 170 (1938). — BREDERECK, H., u. G. MÜLLER: B. **72**, 118 (1939). — [5] SIGNER, R., T. CASPERSSON and E. HAMMARSTEN: Nature **141**, 122 (1938). — ASTBURY, W. T., and F. O. BELL: Nature **141**, 747 (1938). — [6] FEULGEN, R.: H. **237**, 261 (1935); **238**, 105 (1935). — FISCHER, F. G., H. LEHMANN-ECHTERNACHT u. I. BÖTTGER: J. prakt. Chem. **158**, 79 (1941). — LEHMANN-ECHTERNACHT, H.: H. **269**, 187 (1941). — FISCHER, F. G., u. H. LEHMANN-ECHTERNACHT: H. **278**, 143 (1943).

die aber nach neueren Versuchen nicht in äquimolarem Verhältnis vorliegen[1]. Durch Einwirkung eines Ferments aus der Mucosa des Dünndarms[2] (s. Bd. 2, Physiologische Chemie der Verdauung) lassen sich Guanin-, Adenin-, Cytosin- und Thymin-desoxyribosid isolieren. Ein Fermentpräparat aus der Darmschleimhaut spaltet bei gleichzeitiger Anwesenheit von Arsenat (s. S. 836) die Thymonucleinsäure auf zu Desoxyribo-guanylsäure, Desoxyribo-adenylsäure, Desoxyribo-cytidylsäure und Desoxyribo-thymidylsäure. Durch Hydrolyse der Nucleoside konnte reine Desoxyribose gewonnen werden[3].

Für den Aufbau der Thymonucleinsäure ergibt sich das folgende vorläufige Schema:

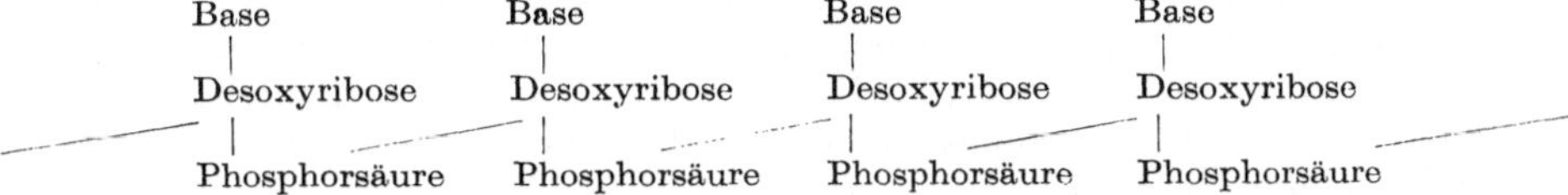

Nachweis. Die Nachweisreaktionen der Thymonucleinsäure betreffen die Erkennung der Desoxyribose. Sie werden ausgeführt nach vorangegangener schwefelsaurer Hydrolyse. Die Hydrolysenflüssigkeit zeigt: 1. Positive Fichtenspanreaktion (Grünfärbung); 2. Violettfärbung mit fuchsinschwefliger Säure („FEULGEN-Reaktion"); 3. Rotfärbung mit dem BIALschen Orcinreagens (s. S. 278). Siehe auch bei Thyminose S. 282.

γ) Pankreasnucleinsäure.

Pankreasnucleinsäure wurde zuerst von FEULGEN[4] (1919) aus einem von O. HAMMARSTEN aus dem Pankreas isolierten Protein gewonnen. Sie findet sich neben Thymonucleinsäure im Pankreas und läßt sich daraus direkt erhalten.

Pankreasnucleinsäure stellt ein in Wasser sehr schwer lösliches Pulver dar. Leicht löst sie sich in Alkali und Ammoniak.

Pankreasnucleinsäure ist aus folgenden Nucleotiden aufgebaut[5]: Guanylsäure, Adenylsäure, Cytidylsäure und Uridylsäure. Über das molare Verhältnis der Nucleotide[6], die Reihenfolge und die Art der Bindungen zwischen den einzelnen Nucleotiden sowie über die Molekülgröße ist noch nichts Sicheres bekannt.

6. Nucleinsäurespaltende Fermente (= Nucleasen[7–16]).

Unter der Bezeichnung Nucleasen faßt man die Fermente zusammen, die die Nucleinsäuren in ihre Grundbausteine Base (Purin, Pyrimidin), Kohlenhydrat (D-Ribose, 2-Desoxyribose) und Phosphorsäure zerlegen. Entsprechend dem Aufbau der Nucleinsäuren unterscheidet man bei den Nucleasen folgende Gruppen von Fermenten:

---

[1] CHARGAFF, E., VISCHER, E., R. DONIGER, CH. GREEN and F. MISANI: J. biol. Ch. **177** 405 (1949). — [2] LEHMANN-ECHTERNACHT, H.: H. **269**, 169, 201 (1941). — [3] KLEIN, WILLIBALD: H. **255**, 82 (1938). — [4] FEULGEN, R.: H. **106**, 249 (1919); **108**, 147 (1919/20). — [5] JORPES, E.: Acta med. scand. **68**, 503 (1928). — [6] VISCHER, E., u. E. CHARGAFF: J. biol. Ch. **176**, 715 (1948).

Zusammenfassende Darstellungen über Nucleasen: 7—16. [7] BREDERECK, H.: Ergebn. Enzymforsch. **7**, 105—117 (1938). — [8] STEUDEL, H., u. O. FLÖSSNER: Handb. Biochem. Erg.-W. **1**/A, 487—490 (1933). — [9] CHROMETZKA, F., u. A. SCHITTENHELM: Handb. biol. Arb.-Meth. Abt. IV, Teil 1, 711—748 (1938). — [10] ZIESE, W.: Handb. Pfl.-Analyse (KLEIN) **4**/2, 963 (1933). — [11] BREDERECK, H.: Nucleasen. Handb. Enzymol. (NORD-WEIDENHAGEN) **1**, 495—511 (1940). — [12] KLEIN, WILLIBALD: Das Enzymsystem Nuclease. Bamann-Myrbäck **2**, 1924—1939. — KUNITZ, M.: Kristallisierte Ribonuclease. Bamann-Myrbäck **2**, 1940—1941. — [13] FISCHER, F. G.: Zum enzymatischen Abbau und zur Struktur der Nucleinsäuren. Naturwiss. **30**, 377 (1942). — [14] LYNEN, F.: Nucleinsäuredehydrase. Bamann-Myrbäck **3**, 2359—2360 — [15] KRAUT, H., u. A. WEISCHER: Nucleasen. Handb. Katalyse (SCHWAB) **3**, 187—191 (1941). — [16] SCHLENK, F.: Chemistry and enzymology of nucleic acids. Adv. Enzymol. **9**, 456—535 (1949).

a) Polynucleotidasen (oder Nucleinasen), welche die Polynucleotide in die Oligonucleotide bzw. Nucleotide zerlegen.

b) Oligonucleotidasen, welche die Oligonucleotide in Mononucleotide zerlegen.

c) Nucleotidasen, welche die Nucleotide in Nucleoside und Phosphorsäure zerlegen.

d) Nucleosidasen, welche die Nucleoside in Base und Zucker zerlegen.

e) Nucleotid-N-ribosidasen, welche die Nucleotide in Base und Ribosephosphorsäure zerlegen.

Die vielfach zusammen mit den Nucleasen vorkommenden und in ihrer Wirkung eng mit dem biologischen Abbau der Nucleinsäuren gekoppelten *Amidasen* werden in Kapitel „Purinstoffwechsel" Bd. 2, behandelt. Ebenda wird auch die Adenyl-pyrophosphatase mitbesprochen werden. Siehe auch KRAUT-WEISCHER S. 1094.

Wie aus der obigen Einteilung hervorgeht, umfaßt das Enzymsystem der Nucleasen mehrere Fermentgruppen, von denen jede einem allgemein bekannten Fermentsystem, z. B. Carbohydrasen (d und e) und Phosphatasen (a, b, c), zugeordnet werden kann. Wenn daher auch anscheinend keine tiefere Berechtigung für eine gesonderte Behandlung des Nucleasesystems besteht, so ist es doch vorerst im Hinblick auf die Besonderheit des Substrates und seines Abbaues zweckmäßig, den Begriff Nucleasen aufrechtzuerhalten. Man wird aber dann sämtliche am Abbau der Nucleinsäuren beteiligten Fermente hinzurechnen müssen.

Die meisten der älteren Arbeiten befassen sich mit dem Ferment „Nuclease" — man wußte die einzelnen Gruppen des Nucleasesystems noch nicht zu unterscheiden. Diese Arbeiten, die im wesentlichen nur die Anwesenheit von „Nuclease" in den verschiedensten tierischen und pflanzlichen Stoffen beschreiben, sind daher für eine systematische Besprechung jeder einzelnen Gruppe des Nucleasesystems nur schwer auszuwerten. Darüber hinaus umfaßt in diesen Arbeiten der Begriff „Nuclease" oftmals nicht alle Gruppen des Nucleasesystems.

Eine weitere Verwirrung bringen die schon früher verschiedenen Bezeichnungen für Polynucleotidasen. Nachdem dazu erst in den letzten Jahren die Existenz einer besonderen Oligonucleotidase erkannt wurde, hat jetzt der frühere Begriff der Polynucleotidasen eine teilweise Einschränkung erfahren. Früher bezeichnete man als Polynucleotidasen die Fermente, die die Polynucleotide bis zu den Nucleotiden abbauen. Diese Definition trifft anscheinend auch heute noch für die die Hefenucleinsäure angreifende Ribopolynucleotidase zu, während die Desoxyribopolynucleotidase die Thymonucleinsäure nur zu den Tetranucleotiden abbaut. Das gemeinsame Merkmal der Polynucleotidasen ist somit die Spaltung von Polynucleotiden, sie unterscheiden sich jedoch im Grad des Abbaues. Auch heute noch birgt das Gebiet der Nucleasen zahlreiche ungelöste Fragen.

a) Polynucleotidasen.

Polynucleotidasen haben die Aufgabe, Polynucleotide zu spalten. Thymonucleinsäuredepolymerase wurde durch Änderungen der Viscosität in Rinderpankreasauszügen nachgewiesen[1]. Man kennt eine Polynucleotidase, die nur Thymonucleinsäure spaltet (= Desoxyribopolynucleotidase). Ob eine spezifische Ribopolynucleotidase existiert, ist nicht mit Sicherheit bekannt (s. unten). Eine weitere Polynucleotidase, die beide Polynucleotide angreift, soll hier als „unspezifische" Polynucleotidase bezeichnet werden.

---

[1] LASKOWSKY, M., and M. K. SEIDEL: Arch. Biochem. 7, 465 (1945).

Ribopolynucleotidase[1,3]. Für dieses Ferment findet sich die Bezeichnung Ribonuclease, Ribonucleinase und Ribonucleodepolymerase. Dabei handelt es sich sehr wahrscheinlich stets um das gleiche Ferment. Ribopolynucleotidase findet sich in Leber, Pankreas, Milz, Lunge, Darm und anderen Organen. Das p_H-Optimum liegt bei etwa 8,5. Das Ferment konnte aus Rinderpankreas in krystallisierter Form erhalten werden [2]. Das Ferment zeigt die bemerkenswerte Eigenschaft der Hitzebeständigkeit. Nach neueren Untersuchungen spaltet das krystallisierte Ferment Hefenucleinsäure bis zu den Mononucleotiden.

Desoxyribopolynucleotidase[4]. Dieses zuerst von FEULGEN im Pankreatin aufgefundene Ferment wurde zuerst „Nucleogelase" genannt, um damit anzudeuten, daß es in der Lage ist, die gelatinierende Thymonucleinsäure („a-Thymonucleinsäure") in die nichtgelatinierende Form („b-Thymonucleinsäure") überzuführen. Von FISCHER wurde das Ferment stark angereichert und näher untersucht. Das p_H-Optimum liegt bei 6,9 bis 8,4. Zum Unterschied von der Ribopolynucleotidase ist es nicht hitzestabil und kann so von ersterer unterschieden werden. Eine Trennung der beiden Fermente läßt sich so durchführen, daß man Rinderpankreas-Auszüge mit Ammonsulfat bis zu 30- bis 60%iger Sättigung versetzt. Dabei fällt die Desoxyribopolynucleotidase aus, bei 70- bis 80%iger Sättigung dann die Ribopolynucleotidase[5].

„*Unspezifische*" *Polynucleotidase*[6]. Ein aus pflanzlichem Material (Süßmandeln, Erbsen u. a.) hergestelltes Fermentpräparat enthält neben Nucleotidase (vielleicht auch Oligonucleotidase) auch eine Polynucleotidase, die in gleicher Weise Hefe- und Thymonucleinsäure spaltet. Das p_H-Optimum liegt bei 4,5 bis 5,5. Die gleiche Polynucleotidase dürfte ein aus Reiskleie gewonnenes Fermentpräparat enthalten.

Bestimmung. Die Bestimmungsmethoden gründen sich auf den mit der Hydrolyse der Polynucleotide einhergehenden Aciditätszuwachs sowie auf der Verflüssigung einer Gallerte nucleinsaurer Salze (thymonucleinsaures Natrium). Beide Verfahren befriedigen nicht ganz.

b) Oligonucleotidasen.

Oligonucleotidasen haben die Aufgabe, aus den Oligonucleotiden unter Sprengung der Zwischenbindungen die Nucleotide freizulegen[7]. Entsprechend dem Aufbau der Oligonucleotide handelt es sich um Phosphodiesterasen, und zwar von besonderer Spezifität. Oligonucleotidasen (die „Thymonucleinase"[8] dürfte gleichfalls eine Oligonucleotidase sein) sind bisher wenig untersucht. Sie sind in der Darmschleimhaut nachgewiesen worden, jedoch bisher noch nicht frei von Nucleotidasen erhalten worden. Die Wirkung der begleitenden Nucleotidase kann durch Zusatz von Arsenat ausgeschaltet werden[8].

c) Nucleotidasen.

Nucleotidasen haben die Aufgabe, in den Nucleotiden die am Zuckerhydroxyl haftende Phosphorsäure abzuspalten. *Nucleotidasen sind demnach auf alle Fälle Phosphatasen.*

[1] JONES, W.: Amer. J. Physiol. **52**, 203 (1920). — DUBOS, R. I., and R. H. S. THOMPSON: J. biol. Ch. **124**, 501 (1938). — MAKINO, K.: J. Biochem. **22**, 93 (1935). — SCHMIDT, G., and P. A. LEVENE: J. biol. Ch. **126**, 423 (1938). — KUNITZ, M.: Science, N. Y. **90**, 112 (1939). — [2] KUNITZ, M.: J. gen. Physiol. **24**, 15 (1940). — [3] ALLEN, F. W., u. I. J. EILER: J. biol. Ch. **137**, 757 (1941). — KAUSCHE, G. A., u. F. HAHN: Naturwiss. **33**, 188 (1946). — [4] FEULGEN, R.: H. **237**, 261 (1935). — FISCHER, F. G., H. LEHMANN-ECHTERNACHT u. I. BÖTTGER: J. prakt. Chem. **158**, 79 (1941). H. **271**, 246 (1941). — [5] FISCHER, F. G., I. BÖTTGER u. H. LEHMANN-ECHTERNACHT: H. **271**, 246 (1941). — FISCHER, F. G., u. H. LEHMANN-ECHTERNACHT: H. **278**, 143 (1943). — [6] BREDERECK, H., G. CARO u. F. RICHTER: B. **71**, 2389 (1938). — CONTARDI, C. A., e C. RAVAZZONI: Arch. ital. Biol. **92**, 64 (1934). — [7] LEHMANN-ECHTERNACHT, H.: H. **269**, 201 (1941). — [8] KLEIN, W.: H. **218**, 164 (1933).

Es erhebt sich die Frage, ob die Nucleotidasen identisch mit den gewöhnlichen Phosphatasen sind oder aber spezifische, auf Nucleotide als Substrate eingestellte Phosphatasen. Verschiedene Präparate aus Darmfistelsaft (vom Hund) spalten bei p_H 8,6 bis 8,7 gleichmäßig Glycerinphosphorsäure und Hefeadenylsäure[1]. Es handelt sich also wahrscheinlich um die ,,alkalische" Phosphatase, die in gleicher Weise Nucleotide und andere Phosphorsäureester spaltet. Für diese Identität sprechen auch die gleichen Hemmungs- und Aktivierungserscheinungen. Fermentpräparate aus Süßmandeln spalten bei p_H 4,5 bis 5,5 in gleicher Weise Nucleotide und Glycerinphosphorsäure[2]. Es ist daher auch diese im sauren Gebiet wirksame Nucleotidase wohl identisch mit der bei diesem p_H wirksamen ,,sauren" Phosphatase. Dafür sprechen auch wiederum die gleichen Hemmungs- und Aktivierungserscheinungen.

Es ist sehr wahrscheinlich, daß Ribo- und Desoxyribo-nucleotide von derselben Nucleotidase (d. h. Phosphatase) gespalten werden. Auch die hinsichtlich der Stellung der Phosphorsäure verschiedene Hefe- und Muskeladenylsäure wird von derselben Nucleotidase gespalten[3]. Darüber hinaus kommt im Nervengewebe, vor allem in der Netzhaut[4], ebenso im Gift verschiedener Schlangen[5] eine spezifische 5-Nucleotidase vor, die nur Muskeladenylsäure und Inosinsäure, aber nicht Hefeadenylsäure spaltet.

Vorkommen. Durch die Gleichsetzung von Nucleotidasen und Phosphatasen im allgemeinen darf man hinsichtlich des Vorkommens auf das Vorkommen der Phosphatasen verweisen (s. KRAUT-WEISCHER, S. 1090). Die schon im Kapitel ,,Polynucleotidasen" angeführten Stoffe enthalten meist gleichzeitig auch Nucleotidasen. Auf ihre spezielle Nucleotidasewirkung sind allerdings bisher nur wenige Präparate untersucht worden. Am besten untersucht sind Präparate aus Darm[6] und Leber, von denen die ersteren fast frei von Nucleosidase sind. Nucleotidase-Wirkung zeigen — entsprechend ihrem Gehalt an Phosphatasen — auch pflanzliche Materialien. Näher untersucht sind Präparate aus Süßmandeln, Luzernensamen, Kartoffeln u. a., die auch weitgehend frei von Nucleosidase sind. Bezüglich des Vorkommens der 5-Nucleotidase siehe oben.

Eigenschaften. Bei der Gleichsetzung von Nucleotidasen und Phosphatasen ergibt sich für beide auch das gleiche p_H-Optimum. Gearbeitet wurde im Falle der ,,alkalischen" Nucleotidase bei 8,7[7] bzw. 9,0 bis 9,2[8]. Durch Mg erfolgt eine Aktivierung, Arsenat[9] hemmt bereits in einer Konzentration von $1 \cdot 10^{-3}$ Mol/l. Für die ,,saure" Nucleotidase werden Optima von 4,5 bis 5,5 angegeben[10]. Sie wird durch Mg nicht aktiviert, durch NaF weitgehend gehemmt. Die p_H-Aktivitätskurve der 5-Nucleotidase aus Nervengewebe und Netzhaut zeigt ein Maximum bei 7,0 bis 7,5. Für die 5-Nucleotidase in Schlangengiften wird ein Optimum von 8,5 bis 9,0 angegeben.

Der *Nachweis* der Nucleotidasen erfolgt durch Bestimmung der abgespaltenen Phosphorsäure.

---

[1] LEVENE, P. A., and R. T. DILLON: J. biol. Ch. 88, 753 (1930). — [2] BREDERECK, H., H. BEUCHELT u. G. RICHTER: H. **244**, 102 (1936). — HARTMANN, M., u. W. BOSSHARD: Helv. **21**, 1554 (1938). — [3] KLEIN, W., u. A. ROSSI: H. **231**, 104 (1935). — [4] REIS, J.: Enzymologia **2**, 110 (1937). Bull. Soc. Chim. biol. **16**, 385 (1934). — [5] GULLAND, J. M., and E. M. JACKSON: Biochem. J. **32**, 590 (1938). — [6] LEHMANN-ECHTERNACHT, H.: H. **269**, 169, 201 (1941). — [7] DEUTSCH, W., u. K. RÖSLER: H. **185**, 146 (1929). — DEUTSCH, W.: H. **171**, 264 (1927). — [8] LEVENE, P. A., and R. T. DILLON: J. biol. Ch. 88, 753 (1930). — SCHMIDT, G.: H. **208**, 185 (1932). — KLEIN, W.: H. **207**, 125 (1932). — [9] KLEIN, W.: H. **218**, 164 (1933). — [10] BREDERECK, H., H. BEUCHELT u. G. RICHTER: H. **244**, 102 (1936). — OTANI, H.: Acta Scholae med. Kioto **17**, 323 (1935). — CONTARDI, C. A., e C. RAVAZZONI: Arch. ital. Biol. **92**, 64 (1934). — JONO, Y.: Acta Scholae med. Kioto **13**, 162, 182 (1930).

d) Nucleosidasen.

Nucleosidasen haben die Aufgabe, die glykosidische Bindung zwischen Base und Zucker zu sprengen, sie sind also auf alle Fälle *Glykosidasen*.

Es erhebt sich die Frage, ob die Nucleosidasen identisch mit anderen bekannten Glykosidasen (z. B. β-D-Glucosidase, α-D-Mannosidase) sind oder ob es sich um ein bzw. mehrere spezifisch auf Nucleoside eingestellte Fermente handelt. Fermentpräparate, die reich an den bekannten Glykosidasen sind (z. B. aus Süßmandeln), sind bei p_H 4,9, dem optimalen p_H der glykosidspaltenden Fermente, ohne Einfluß auf Nucleoside[1]. Andererseits greifen Nucleosidasepräparate auch Methylpentoside nicht an[2]. Es handelt sich daher bei den Nucleosidasen um *spezifisch auf Nucleoside eingestellte Glykosidasen*.

Während die früheren Ansichten dahin gingen, daß es lediglich eine Purinnucleosidase gibt, ist die Existenz einer *Pyrimidin-nucleosidase*[3] nunmehr sichergestellt. Die bisherigen Untersuchungen an Ribo- und Desoxyribo-purinnucleosiden zeigen, daß beide Nucleosidarten mit annähernd gleicher Geschwindigkeit gespalten werden[4]. Auch das kinetische Verhalten sowie die Hemmbarkeit läßt keine wesentlichen Unterschiede zwischen Ribo- und Desoxyribo-purinnucleosiden erkennen. Man darf daher annehmen, daß beide Arten von Purinnucleosiden von einem Ferment, der *Purinnucleosidase*, gespalten werden. Über die Pyrimidin-nucleosidase liegen entsprechende Untersuchungen noch nicht vor.

Was die *Einheitlichkeit* der Nucleosidasen anbetrifft, so ist Purinnucleosidase aus Milz identisch mit der aus Niere und Herzmuskel[4]. Die Nucleosidasen aus diesen drei Organen stimmen im Adsorptionsverhalten, in der Aktivierbarkeit, p_H-Optimum und Spezifität weitgehend überein.

Vorkommen. Nucleosidasen sind Organfermente, sie fehlen meist im Darm und Blut. In den verschiedensten Organen konnten sie nachgewiesen und daraus isoliert werden (Tab. 143). Dabei handelt es sich, abgesehen von den obenerwähnten Fällen, stets um die Purinnucleosidase. Die spezifische Pyrimidinnucleosidase wurde bisher am reichlichsten in der Niere, dann im Knochenmark und in der Milz aufgefunden[4]. In Pflanzen ist im allgemeinen der Gehalt an Nucleosidase nur gering. Nachgewiesen wurde sie in Farnen, Algen, Pilzen, Schimmelpilzen und Bakterien.

Tabelle 143. Gehalt der Organe an Purinnucleosidase.

Organ	Spaltung in %	Organ	Spaltung in %
Milz	52	Darmschleimhaut	3
Milz (Rind)	53	Darmschleimhaut, bes. Fall	15
Lunge	47	Pankreas	24
Lymphdrüse	20	Niere	22
Rotes Knochenmark	23	Hoden (Stier)	19
Rotes Knochenmark (Rind)	25	Herzmuskel	42
Leber	46	Skelettmuskel	24
Thymus	27	Gehirn	22
Magenschleimhaut	24		

Eigenschaften. Das p_H-Optimum der Purinnucleosidase liegt für das Reinferment bei 6,5 und zeigt einen steilen Abfall nach der sauren Seite, während

[1] BREDERECK, H., H. BEUCHELT u. G. RICHTER: H. **244**, 102 (1936). — [2] LEVENE, P. A., W. A. JACOBS and F. MEDIGRECEANU: J. biol. Ch. **11**, 371 (1912). — [3] DEUTSCH, W., u. R. LASER: H. **186**, 1 (1930). — KLEIN, W.: H. **231**, 125 (1935). — [4] KLEIN, W.: H. **231**, 125 (1935).

der Abfall nach der alkalischen Seite nur langsam verläuft[1]. Für weniger reines Ferment wird ein p_H von 7,5[2] bzw. 7,6[3] angegeben. Durch Entfernung von Verunreinigungen im Verlauf der Reinigung scheint das p_H-Optimum von 7,5 nach 6,5 verschoben zu werden.

Gegen alkalische Reaktion (p_H 10) ist das Ferment ziemlich beständig, empfindlicher gegen Säuren[3] (p_H 1,2). Das dialysierte Ferment ist unbeständig. Das Reinferment ist eiweiß- und phosphorfrei[1].

Die Purinnucleosidase[1] wird durch Arsenat, weniger gut durch Phosphat, aktiviert. Gehemmt wird sie am stärksten durch Hypoxanthin und Guanin, weniger durch Adenin, nur schwach durch Xanthin und Harnsäure. Ebenso hemmen Ribose und Desoxyribose nur schwach. Nucleotide hemmen nicht. Die Pyrimidin-nucleosidase[1] wird durch Phosphat besser als durch Arsenat aktiviert. Zum Unterschied von der Purinnucleosidase wird die Pyrimidinnucleosidase durch Guanin nicht gehemmt.

e) Nucleotid-N-ribosidasen.

In tierischen Geweben kommt neben den anderen Fermenten des Nucleasesystems ein als Nucleotid-N-ribosidase bezeichnetes Ferment vor, welches die Aufgabe hat, in den Purinnucleotiden ohne vorherige Abspaltung von Phosphorsäure die Glykosidbindung zu lösen[4]. Dabei entsteht Ribosephosphorsäure und die freie Purinbase.

Dieses bisher nur sehr wenig untersuchte Ferment zeigt als Rohferment ein p_H-Optimum von 7,5; nach mehrmaliger Reinigung verschiebt sich das Optimum nach 6,5. Zum Unterschied von Nucleosidase bedarf dieses Ferment für seine Wirkung nicht der Gegenwart von Phosphat bzw. Arsenat. Die Spaltung wird durch die Hydrolysenprodukte Purinbase und Ribosephosphorsäure gehemmt.

Die *Bestimmung* der N-Ribosidase erfolgt durch Ermittlung der gebildeten Ribose, des abgespaltenen Zuckers nach SHAFFER-HARTMANN, besser noch nach WILLSTÄTTER-SCHUDEL[1] oder der gebildeten Ribosephosphorsäure. Letztere wird erfaßt durch Bestimmung der organischen Phosphorsäure im Quecksilbersulfatfiltrat.

VII. Pyrrolfarbstoffe[5—39].

Von K. ZEILE und W. SIEDEL.

Inhaltsverzeichnis.

[1] Siehe Fußnote [4] S. 844. — [2] EULER, H. v., u. E. BRUNIUS: B. **60**, 1584 (1927). — [3] LEVENE, P. A., and I. WEBER: J. biol. Ch. **60**, 717 (1924). — [4] KOMITA, Y.: J. Biochem. **25**, 405 (1937); **27**, 23 (1938).

Zusammenfassende Darstellungen über Pyrrolfarbstoffe: 5—38. *Ältere Arbeiten:* [5] HAMMARSTEN, O.: Lehrbuch der physiologischen Chemie. 11. Aufl., S. 217—241. München 1926. — [6] REINBOLD, B. v.: Blutfarbstoffe. Gallenfarbstoffe. Biochem. Handlex. **6**, 188 bis 277, 277—292 (1911). — [7] REINBOLD, B. v.: Blutfarbstoffe. Gallenfarbstoffe. Biochem. Handlex. **9**, 331, 388 (1915). — [8] KÜSTER, W.: Tierische Farbstoffe. Pyrrolderivate. Biochem. Handlex. **10**, 1—38, 39—95 (1923). — [9] KÜSTER, W.: Die eisenhaltige Komponente des Blutfarbstoffes, ihr Nachweis und ihre Derivate. Handb. biol. Arb.-Meth. Abt. I, Teil 8, S. 201 (1922). — [10] FISCHER, H.: Farbstoffe mit Pyrrolkernen. Handb. Biochem. **1**, 351 bis 404 (1924). — [11] FISCHER, H.: Konstitution der eiweißfreien Farbstoffkomponenten und ihrer Derivate (Chlorophyll). Handb. Physiol. **6**/1, 164—202 (1928).

Neuere Arbeiten: [12] Stoll, A.: Einführung in die Chemie der Hämine. Exper. **4**, 6—22 (1948). — [13] Siedel, W.: Fortschritte der Chemie der Pyrrole. Chemie **56**, 169, 185 (1943). — [14] Fischer, H., u. A. Treibs: Farbstoffe mit Pyrrolkernen. Handb. Biochem. Erg.-Bd. 72—116 (1930). — [15] Fischer, H.: Farbstoffe mit Pyrrolkernen. Handb. Biochem. Erg.-W. **1**/A, 247—287 (1933). — [16] Zeile, K.: Häminhaltige Fermente. Ergebn. Physiol. **35**, 498 (1933). — [17] Treibs, A.: Blutfarbstoff und Chlorophyll. Angew. Chem. **47**, 294 (1934). — [18] Fischer, H., and F. W. Neumann: The chemistry of the animal pigments. Ann. Rev. **1**, 527—534 (1932). — [19] Mirsky, A. E., and M. L. Anson: Animal pigments. Ann. Rev. **1**, 535—550 (1932); **3**, 425—440 (1934). — [20] Roche, J.: Animal pigments. Ann. Rev. **5**, 463—484 (1936). — [21] Drabkin, D. L.: Animal pigments. Ann. Rev. **11**, 531—568 (1942). — [22] Lemberg, R.: Animal pigments. Ann. Rev. **7**, 421—448 (1938). — [23] Rimington, C.: Animal pigments. Ann. Rev. **12**, 425 (1943). — [24] Holden, H. F.: Animal pigments. Ann. Rev. **14**, 599—616 (1945). — [25] Fischer, H., and H. Orth: The structural chemistry of the animal pigments. Ann. Rev. **2**, 397—418 (1934). — [26] Lederer, E.: Biochemistry of the natural pigments. Ann. Rev. **17**, 495 (1948). — [27] Corwin, A. H.: The chemistry of porphyrins in Gilman, org. Chem. II, 1259—1292. — [28] Granick, S., and H. Gilder: Distribution, structure and properties of the tetrapyrroles. Adv. Enzymol. **7**, 305—368 (1947). — [29] Theorell, H.: Heme-linked groups and mod of action of some hemoproteins. Adv. Enzymol. **7**, 265—304 (1947). — [30] Vannotti, A.: Considerations cliniques sur le rôle des hémines. Exper. **4**, 133—139 (1948). — [31] Fischer, H. † u. W. Siedel: Pyrrolsynthesen und Gallenfarbstoffe. Fiat. Rev. **39**. Biochemie I S. 109—127 (1947). — [32] Fischer, H. † u. H. v. Dobeneck: Porphyrinsynthesen, Pentdyopent. Fiat. Rev. **39**. Biochemie I S. 129 bis 139 (1947). — [33] Fischer, H. † u. M. Strell: Chlororphyll. Fiat. Rev. **39**. Biochemie I S. 141—186 (1947). — [34] Kermack, W. O.: Sci. Progr. **37**, 693 (1949). —

Methodisches: [35] Fischer, H.: Neuere Methoden der Isolierung und des Nachweises von Porphyrinen. Handb. biol. Arb.-Meth. Abt. I, Teil 11/2, 169—216 (1926). — [36] Fischer, H.: Chlorophyll. Bamann-Myrbäck **1**, 60—67. Schrifttum über die Blattfarbstoffe siehe S. 946. — [37] Maurer, H.: Pyrrolderivate. Tierische Farbstoffe und synthetische Porphyrine. Gallenfarbstoffe. Biochem. Handlex. **14**, 340, 605, 776 (1933).

Monographien: [38] Fischer, H., u. H. Orth: Die Chemie des Pyrrols. Bd. 1: Pyrrol und seine Derivate. Mehrkernige Pyrrolsysteme ohne Farbstoffcharakter. Leipzig 1934. Bd. 2, 1. Hälfte: Porphyrine. Hämin. Bilirubin und ihre Abkömmlinge. Von H. Fischer und H. Orth. Leipzig 1937. Bd. 2, 2. Hälfte: Pyrrolfarbstoffe von H. Fischer und Adolf Stern. Leipzig 1940. In der Folge hier zitiert als „Fischer-Orth, Pyrrolchemie“. — [39] Lemberg, R., and I. W. L. Legge: Hematin Compounds and Bile Pigments, New York, London 1949.

Einleitung.

Zwei grundlegende chemische Vorgänge bilden die Voraussetzung für den Ablauf unseres gesamten organischen Lebens: die Speicherung der Energie des Sonnenlichts in Form von metastabilen Kohlenstoffverbindungen und die Nutzbarmachung der darin enthaltenen Energie durch gesteuerte Abbauvorgänge. An beiden Reaktionswegen sind Pyrrolfarbstoffe als Katalysatoren maßgebend beteiligt, der Blattfarbstoff bei der Assimilation der Kohlensäure und die Hämoproteide beim oxydativen Abbau. Zu den Hämoproteiden zählen die häminhaltigen respiratorischen Farbstoffe, insbesondere der weitverbreitete Typ des roten Blutfarbstoffs Hämoglobin, ferner die häminhaltigen Fermente, nämlich das sauerstoffübertragende Ferment der Atmung, die Cytochrome, Peroxydasen und Katalasen. Dazu kommen einige z. Z. noch weniger gut umschriebene Zellkatalysatoren und möglicherweise unspezifisch gebundenes Zellhämin.

Bemerkenswert ist die Vielseitigkeit in den Funktionen der Pyrrolfarbstoffe, die einem gemeinsamen Bauplan — vier in α-Stellung durch Kohlenstoffatome verknüpfte Pyrrolkerne — entspringt. Sie wird teils durch Abwandlung der chemischen Konstitution der Farbstoffe, teils durch die Bindung an spezifische Eiweißträger erreicht. So unterscheidet sich die Farbgruppe des Chlorophylls von der des Hämoglobins durch veränderte Bindungsverhältnisse im Molekülgerüst, durch Abwandlung der in der Anlage übereinstimmenden Seitenketten, durch den Einbau von Magnesium an Stelle von Eisen und durch die Verknüpfung mit dem lipophilen Alkohol Phytol. Andererseits sind z. B. unter den Hämoproteiden die Farbgruppen des Hämoglobins, einiger Peroxydasen und der Katalasen identisch und nur die besondere Proteinbindung ist für die Ausbildung der spezifischen Reaktionsfähigkeit verantwortlich. Soweit man sieht, sind die Komplexbindung an Metall und die Bindung an Protein allgemeine Voraussetzungen für die Ausprägung der katalytischen Eigenschaften der Pyrrolfarbstoffe. Das trifft auch für das Chlorophyll zu, das in der lebenden Zelle als Chromoproteid Chloroplastin vorliegt.

Außer den genannten Biokatalysatoren zählen zu den Pyrrolfarbstoffen noch die, wenn auch in geringen Mengen, weitverbreiteten metallfreien natürlichen Porphyrine und schließlich als Abbauprodukte, in nächster Beziehung zum Blutfarbstoff stehend, die Gallenfarbstoffe.

In der im folgenden gegebenen Darstellung stehen die Ergebnisse der Konstitutionsforschung der Pyrrolfarbstoffe, die mit den Methoden der organischen Chemie, vor allem in den meisterhaften und umfassenden Arbeiten HANS FISCHERs[1] und seiner Schule erzielt wurden, im Vordergrund. Sie bilden erfahrungsgemäß den Ausgangspunkt für weitere Fortschritte auch in der biologischen oder medizinischen Erforschung des Gebietes, sei es z. B. in der Aufklärung des Porphyrin- und Gallenfarbstoff-Stoffwechsels, im Verständnis der phylogenetischen Beziehungen der Farbstoffe untereinander oder in der praktisch-klinischen Methodik.

Da andererseits die Aufklärung der katalytischen Funktionen der Pyrrolfarbstoffe mit biochemischen und physikalisch-chemischen Methoden bedeutende Fortschritte erzielt hat — es sei hier die Kennzeichnung des sauerstoffübertragenden Ferments durch die glänzenden Untersuchungen WARBURGs erwähnt — und die Bindungsverhältnisse der Häminkomponente in den Chromoproteiden sich abzuzeichnen beginnen, werden auch diese Ergebnisse berücksichtigt. Die katalytische Leistung des Chlorophylls bei der Kohlensäureassimilation bleibt einer gesonderten Darstellung vorbehalten.

[1] ZEILE, K.: Das Lebenswerk HANS FISCHERS. Naturwiss. **33**, 289 (1946).

1. Blutfarbstoffe, Häminfermente und Zellhämine, natürliche Porphyrine.

Von K. Zeile.

a) Allgemeines über Porphyrine und Hämine.

Zunächst sollen einige allgemeine Betrachtungen über die chemischen und physikalischen Eigenschaften der Farbstoffe vorausgeschickt werden, die auch für das Verständnis der Nomenklatur zweckdienlich sind. *Den Verbindungen liegt das Molekülgerüst des Porphins (I) zugrunde,* dessen Formel mit der von H. Fischer bevorzugten fixierten Lage der Doppelbindungen wiedergegeben ist[1]. Rothemund[2] schlägt hingegen eine Formulierung vor, in der die Pyrrolkerne mit NH-Gruppen benachbart sind. Er stellte Porphinderivate her, denen er mit einer Bindungsverteilung, wie in (I), einen Isoporphintyp zuschreibt.

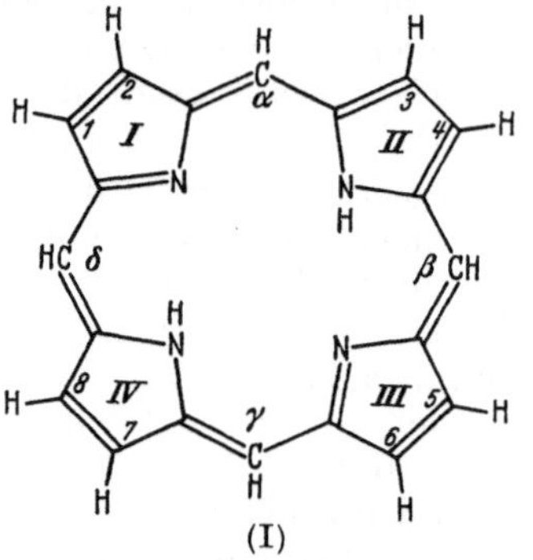

(I)
Porphin
($C_{20}H_{14}N_4$)

Zweifellos ist aber das Porphingerüst ein Resonanzsystem[3], bei dem die Doppelbindungen eine verschiedene Lage einnehmen können. Tatsächlich sind auch keine Bindungsisomerien bekannt[4], außerdem ist das chemische Verhalten der Porphinderivate aromatischen Verbindungen vergleichbar, denn sie lassen sich z. B. ohne Zerstörung halogenieren, sulfurieren und nitrieren. Wenn sich gewisse Substitutionsisomere (Formylverbindungen) im Absorptionsspektrum deutlich unterscheiden, was im Sinne einer fixierten Lage der Doppelbindungen gedeutet wurde[5], so mag dieser Unterschied ebenso mit der verschiedenen Stellung ungesättigter Substituenten zueinander erklärbar sein. Sicher geben ungesättigte Substituenten zu einer asymmetrischen Elektronenverschiebung Anlaß, die sich allerdings gegenwärtig noch nicht kennzeichnen läßt. In einer symmetrischen Resonanzformel haben die beiden zentralen Wasserstoffatome keinen den Stickstoffatomen gegenüber bevorzugten Platz. *Porphinderivate sind diamagnetisch*[6], das bedeutet, daß ungepaarte Elektronen, die einen Radikalcharakter bedingen würden, nicht vorliegen. Solange die Elektronenverteilung im Porphinring unbekannt und nicht experimentell gestützt ist, soll die von H. Fischer bevorzugte Schreibweise benützt werden.

In diesem Zusammenhang sei noch auf die dem Porphin analog gebauten Ringsysteme der synthetischen Phthalocyanin-Farbstoffe (II)[7], sowie der Mono-, Di- und Tetra-imidoporphyrine[8] hingewiesen (III).

1 Fischer, H.: B. **60**, 2611 (1927). — 2 Rothemund, P.: Am. Soc. **61**, 2912 (1939). — 3 Vgl. Endermann, F.: Z. physik. Chem. (A) **190**, 129 u. zwar 158 (1942). — 4 Vgl. Ball, R., G. Dorough and M. Calvin: Am. Soc. **68**, 2278 (1946). — Aus dem Spektrum von N-Methylätioporphyrin II schlossen J. Erdmann u. A. Corvin auf die Existenz von Isomeren. Die Lebenszeit der H-Isomeren sollte länger sein als die Absorption eines Photons und das Verlassen des angeregten Zustandes dauert. Bei der N-Methylverbindung wurde allerdings nur ein Isomeres isoliert. Am. Soc. **68**, 1885 (1946). — 5 Fischer, H., u. H. Walter: A. **549**, 56 (1941). — Fischer, H., u. F. Gerner: A. **553**, 146 (1942). — 6 Allgemeine Grundlagen siehe bei Klemm, W.: Magnetochemie. Leipzig 1936. — Müller, E.: Angew. Chem. **51**, 657 (1938). — Selwood, P. W.: Magnetochemistry. New York 1943. — 7 Linstead, R. P.: Soc. **1934**, 1016 ff. — Cook, A. H., and R. P. Linstead: Soc. **1937**, 933. — 8 Fischer, H., H. Haberland u. A. Müller: A. **521**, 122 (1936). — Fischer, H., u. W. Friedrich: A. **523**, 154 (1936). — Metzger, W., u. H. Fischer: A. **527**, 1 u. zwar 26 (1937). — Fischer, H., u. F. Endermann: A. **531**, 245 (1937); **538**, 172 (1939). — Endermann, F.: Z. physik. Chem. (A) **190**, 129 (1942).

Bei den hier zu betrachtenden Porphin-Farbstoffen handelt es sich durchwegs um Substitutionsprodukte des Porphins, bei denen die Substituenten in der β-Stellung stehen und die allgemein als Porphyrine bezeichnet werden. Die Bezifferung erstreckt sich nur auf die substituierbaren Pyrrolwasserstoffatome in der in der Formel angegebenen Reihenfolge. Zahlreiche Isomerien lassen sich durch entsprechende Anordnung verschiedener Substituenten voraussehen, die Natur bevorzugt jedoch eine verhältnismäßig eng begrenzte Auswahl.

Das Porphin selbst wurde synthetisch[1] dargestellt, allerdings lange nachdem Synthesen von substituierten Porphyrinen durch H. FISCHER bekanntgeworden waren.

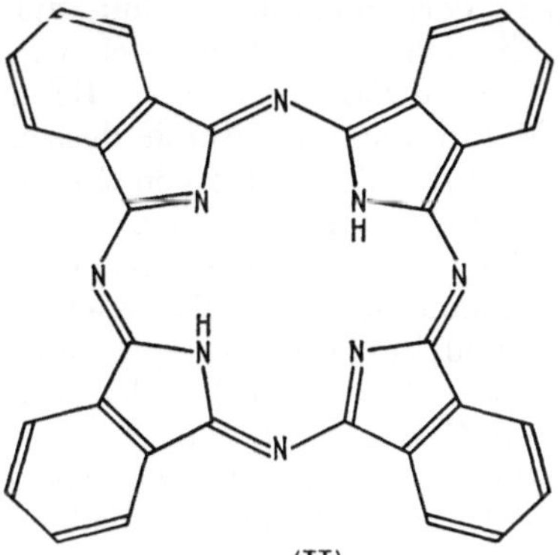

(II)
Phthalocyanin

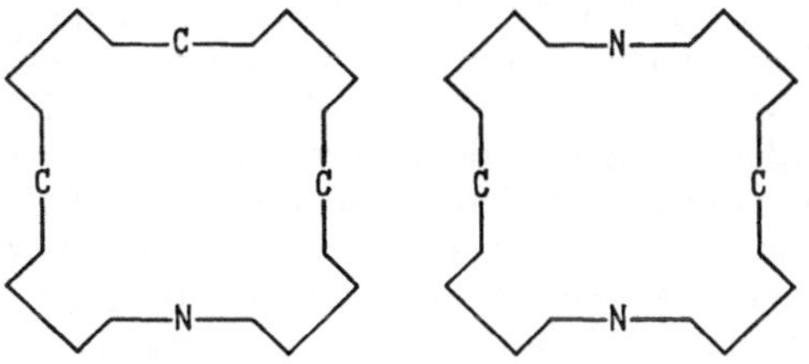

(III)
a) Monoimidoporphyrin b) Diimidoporphyrin

Farbstoffnatur. Durch die Struktur des Porphyringerüstes wird seine Eignung als Träger eines ausgeprägten Farbcharakters verständlich. Viele Derivate besitzen typische selektive Absorptionen im sichtbaren Teil des Spektrums, was für ihre Charakterisierung wertvoll ist und für die sich bestimmte Gesetzmäßigkeiten ergeben. Außerdem zeichnen sich die Porphyrine durch ihre intensive Rotfluorescenz bei der Ultraviolettbestrahlung aus. Auf diese Verhältnisse wird unten (S. 974) zusammenfassend eingegangen. Durch Reduktion lassen sich farblose Leukoverbindungen, Porphyrinogene, erhalten, die durch Luftsauerstoff zum Farbstoff reoxydierbar sind[2].

Elektrochemisches Verhalten. Zwei Stickstoffatome tragen basischen Charakter, in der Stärke dem Pyrrolenin vergleichbar[3], der sie zur Salzbildung mit starken Säuren befähigt. In der Regel liegt der Porphyrinrest in diesen Salzen, soweit es sich um wäßrige Medien handelt, als 2-wertiges Kation vor, nur unter bestimmten Bedingungen läßt sich die Stufe des einsäurigen Salzes erzeugen[4]. Die neutralen Porphyrine zeigen in organischen Lösungsmitteln ein Absorptionsspektrum mit 4 Hauptbanden, das der Porphyrin-Kationen in saurer Lösung ist zweibandig; es gehört einer symmetrischen Ringstruktur mit 4 Protonen im Zentrum zu. Außerdem wurden bei der Titration in Eisessig noch zwei sehr schwach basische Reste mit Pyrrolcharakter festgestellt[3]. Trägt ein Porphyrin Carboxylgruppen, so wird sein elektrochemischer Charakter amphoter. Von dem Salzbildungsvermögen der Porphyrine mit Salzsäure macht man zur Trennung von Porphyringemischen nach der Methode von WILLSTÄTTER und MIEG[5] weitgehend Gebrauch. Die meisten Porphyrine sind ätherlöslich und zeigen im allgemeinen beim Durchschütteln der ätherischen Lösung mit Salzsäure be-

[1] FISCHER, H., u. W. GLEIM: A. **521**, 157 (1936). Fischer-Orth, Pyrrolchemie **2**/1, S. 173. — ROTHEMUND, P.: Am. Soc. **57**, 2010 (1935); **58**, 625 (1936); **61**, 2912 (1939). — [2] FISCHER, H., u. E. LAKATOS: A. **506**, 123 (1933). — [3] CONANT, J. B., B. F. CHORO and E. M. DIETZ: Am. Soc. **56**, 2185 (1934). — [4] TREIBS, A.: A. **476**, 1 (1929). — [5] WILLSTÄTTER, R., u. W. MIEG: A. **350**, 1 (1906).

stimmter Konzentration eine verschiedene Tendenz unter Salzbildung in die wäßrig-saure Phase überzugehen. Als *Salzsäurezahl*, eine häufig gebrauchte empirische Größe, wird diejenige HCl-Konzentration in Prozenten bezeichnet, die bei einem Volumverhältnis Äther: Salzsäure = 1, $^2/_3$ des Porphyrins dem Äther entzieht. Ein rationelles Maß der Verteilung ist die *Halbierungszahl* (HCl-Konzentration bei einer Porphyrin-Verteilung 1:1)[1]. Das Verteilungsverhalten eines Porphyrins eignet sich zu seiner Charakterisierung.

Metallkomplexsalze. Die Stickstoffatome des Porphingerüstes sind zur Bildung von Metallkomplexsalzen befähigt; von zahlreichen Metallen, auch von den Alkalimetallen in wasserfreiem Medium[2], sind solche Salze bekannt. Beim Ersatz der beiden Protonen durch 2-wertiges Metall entsteht durch dessen Komplexbindung an alle 4 N-Atome, ähnlich wie bei der Zufügung von 2 Protonen in den Porphyrin-Kationen, eine symmetrische Resonanzstruktur. Die Absorptionsspektren sind im allgemeinen zweibandig. In der Natur überragen an Bedeutung und Menge die Eisen- und Magnesiumkomplexsalze alle anderen. Außer ihnen sind noch vereinzelt Kupfer-[3], Zink-[4] und Vanadin[5]-Komplexsalze aufgefunden worden. Eisen- und Kupferkomplexsalze, die in der Regel durch Umsetzung der Porphyrine mit den entsprechenden Metallacetaten in Eisessig erzeugt werden, verwendet man häufig zur Identifizierung. Durch Säuren lassen sich die Metalle aus den Komplexsalzen abspalten, wobei weitgehend verschiedene Grade von Beständigkeit zu beobachten sind. Fe^{+++}, Cu^{++}, Ni^{++}, Mn^{+++}, Co^{+++} sind sehr fest gebunden und benötigen zur Abspaltung konz. Schwefelsäure oder HBr-Eisessig, Mg^{++} und Pb^{++} sind mit verdünnten Säuren abzuspalten. Ein grundlegender Unterschied besteht auch in der Bindungsfestigkeit zwischen 3- und 2-wertigem Eisen; das letztere, bzw. das 3-wertige Eisen nach schonender Reduktion, z. B. mit Eisen(II)-acetat, läßt sich leicht mit verdünnten Säuren abspalten[6]. Von dieser Eigenschaft wird präparativ Gebrauch gemacht.

Von den Eisenkomplexsalzen sind wegen der Abwandelbarkeit ihrer Bindungsverhältnisse besonders zahlreiche Derivate bekannt. So ist auch die Vielseitigkeit der biokatalytischen Funktionen der Porphyrin-Eisenverbindungen zu verstehen. Die einfachste Verbindung, die 2-wertiges Eisen an die 4 Porphyrin-Stickstoffatome komplex gebunden enthält, wird als *Häm* bezeichnet; ist das Eisen 3-wertig und bindet mit einer positiven Überschußladung ein Halogenion, oder in alkalischer Lösung ein OH-Ion, so liegt ein *Hämin* bzw. ein *Hämatin (Oxyhämin)* vor.

Die Bezeichnung „Hämin" ist mehrdeutig: Hämine sind, wie eben erwähnt, die Eisen(III)-halogenid-Verbindungen der Porphyrine, als „das Hämin" schlechtweg bezeichnet man die Eisen(III)-chlorid-Verbindung des Protoporphyrins, die aus dem Hämoglobin gewonnen wird. Schließlich benutzt man die Bezeichnung Hämin im weitesten Sinn als Sammelnamen für Porphyrin-Eisenkomplexsalze ohne Rücksicht auf die Wertigkeitsstufe des Eisens oder die Art der mit dem Eisen verbundenen Liganden. Das anglo-amerikanische Schrifttum verwendet dafür meist die Bezeichnung „heme", während mit „haem" das deutsche „Häm" übersetzt wird. Da im deutschen Sprachgebrauch mit diesen letzteren Begriffen die spezielle Vorstellung von 2-wertigem Eisen verbunden ist, wird im folgenden die Bezeichnung Hämin auch in seinem weitesten Sinn verwendet.

---

[1] ZEILE, K., u. B. RAU: H. **250**, 197 (1937). — [2] FISCHER, H. u. W. NEUMANN: A. **494**, 225 (1932). — HILL, R.: Biochem. J. **19**, 341 (1925). — [3] FISCHER, H., u. J. HILGER: H. **138**, 49, 288, 298 (1924). — COULTER, C. B., and F. M. STONE: J. gen. Physiol. **14**, 583 (1931). — [4] WATSON, C. J., S. SCHWARTZ and V. HAWKINSON: J. biol. Ch. **157**, 345 (1945). — TURNER, W. J.: Arch. intern. Med., Chicago **61**, 762 (1938). — NESBITT, S., and C. H. WATKINS: Amer. J. med. Sci. **203**, 74 (1942). — [5] TREIBS, A.: Angew. Chem. **49**, 551, 682 (1930). — [6] FISCHER, H., A. TREIBS u. K. ZEILE: H. **195**, 1 (1931). — TREIBS, A.: H. **212**, 26 (1932).

Das im Porphinring durch die 4 Komplexbindungen festgehaltene Eisenatom, hat noch zu beiden Seiten der Ringebene je eine Koordinationsstelle frei, die durch geeignete Molekülgruppen, und zwar sauerstoffhaltige (H_2O, CO, O_2) und stickstoffhaltige (NH_3, Pyridin, Imidazol u. a. N-haltige Heterocyclen, Aminosäureester, Eiweiß) besetzt werden können[1]. Zum Beispiel sind im Häm in wäßrigem Medium zusätzlich 2 Moleküle Wasser koordinativ gebunden. Lagern sich zwei stickstoffhaltige Reste an die beiden verfügbaren Koordinationsstellen des 2-wertigen Hämeisens an, so entsteht ein *Hämochromogen*, mit 3-wertigem

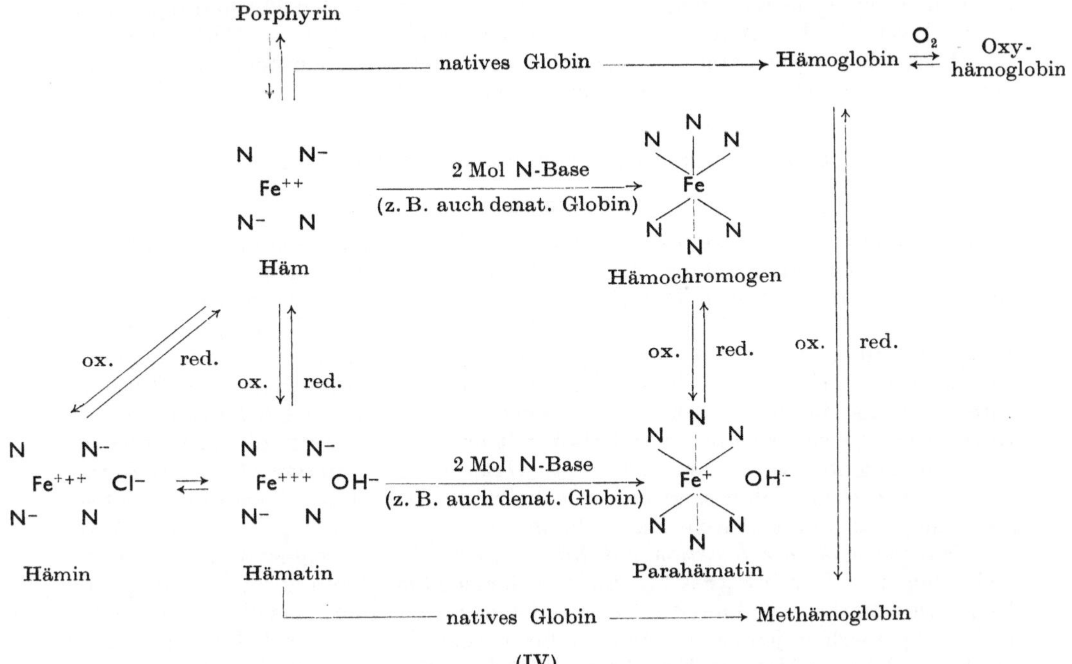

(IV)

Porphyrin-eisenkomplexverbindungen.

(Es sind nur die N-Atome der Porphinringe und N-haltigen Basen wiedergegeben. Ionenbindung: + —, kovalente Bindung: ——.)

Eisen ein *Parahämatin* (nach anderer Nomenklatur Ferri-Hämochromogen, Hämichromogen). Hämochromogen-Parahämatinsysteme sind reversible Redoxsysteme mit zu vernachlässigender Aktivierungsenergie für den Elektronenaustausch. Das Redoxpotential verändert sich in Abhängigkeit von der Bindungsfestigkeit der Stickstoffkomponenten, und zwar ist es bei größerer Affinität derselben zum Eisen(II) vergleichsweise höher als bei stärkerer Bindung an das Eisen(III)[2]. Hämochromogene sind leicht oxydierbar, auch durch molekularen Sauerstoff; sie besitzen ein typisches zweibandiges Absorptionsspektrum, das häufig zur Charakterisierung und quantitativen Bestimmung der Farbstoffe benützt wird. Allgemein reagieren die Porphyrin-Eisen(II)-Verbindungen leicht mit Kohlenoxyd, die Hämochromogene sogar unter Verdrängung eines Stickstoffrestes[3]; von

[1] Clark, W. M.: Potentiometric and spectrophotometric studies of metalloporphyrins in coordination with nitrogenous bases. Cold Spring Harbor Symp. quant Biol. **7**, 18 (1939). — King, E. J., and G. E. Delvry: Biochem. J. **39**, 111 (1945). — [2] Barron, E. S. G.: Cold Spring Harbor Symp. quant. Biol. **7**, 154 (1939). — Barron, E. S. G.: J. biol. Ch. **119**, VI (1937). — [3] Clark, W. M.: Cold Spring Harbor Symp. quant. Biol. **7**, 18 (1939).

Eisen(III)-Verbindungen ist eine bevorzugte Reaktion mit HCN bekannt. Beide Reaktionen sind häufig zur Unterscheidung der Eisen(II)- und Eisen(III)-Stufe, insbesondere unter biologischen Verhältnissen, herangezogen worden[1].

Häm, Hämatin und Hämin sind paramagnetisch, und zwar entspricht das magnetische Moment bei Hämatin und Hämin durchschnittlich 5,81 Magnetonen oder 5- ungepaarten Elektronen[2], wie sie bei ionogengebundenem 3-wertigem Eisen vorhanden sind, bei Häm 4 Elektronen. Hämochromogene sind diamagnetisch[2]; bei Pyridin-Parahämatin wurden 1,97 Magnetonen[3] entsprechend etwa einem ungepaarten Elektron bestimmt. In diesen beiden Verbindungstypen ist das Eisen also kovalent gebunden. Das nebenstehende Schema (IV) gibt einen Überblick über die wichtigsten Eisenkomplexverbindungen unter Einbeziehung der unten zu erörternden Hämoglobinabkömmlinge.

b) Die Farbstoffkomponente des Hämoglobins.

α) Vorkommen.

Der im Tierreich am weitesten verbreitete Typus eines respiratorischen Farbstoffs ist der des Hämoglobins. Bei den Wirbeltieren findet er sich in den roten Blutkörperchen, im übrigen Tierreich kommt er außer im Blut, in Geweben und Organflüssigkeiten vor. Für den Hämoglobintyp gelten folgende Hauptmerkmale: Das Gesamtmolekül ist ein Chromoproteid, das als prosthetische farbtragende Gruppe Protohäm (s. unten S. 858) mit 2-wertigem Eisen enthält; der Proteinanteil wird als Globin bezeichnet. Der Farbstoff kann sich nach Maßgabe eines Dissoziationsgleichgewichtes je Mol Häm mit einem Sauerstoffmolekül reversibel zu Oxyhämoglobin verbinden. *Bei dieser Oxygenierungsreaktion bleibt das Eisen 2-wertig.* Oxyhämoglobin zeigt ein charakteristisches zweibandiges Absorptionsspektrum, das sauerstofffreie Hämoglobin, ein diffus einbandiges. *Analoge Verhältnisse gelten für die Reaktion mit Kohlenoxyd.* Unter geeigneten Oxydationsbedingungen, z.B. mit $K_3[FeCN_6]$ bildet sich aus Hämoglobin unter Übergang zur Ferri-Stufe Methämoglobin (Ferri-Hämoglobin, Hämiglobin), das als solches nicht mehr oxygenierbar, jedoch zu Hämoglobin reduzierbar ist. Nach Denaturierung des Hämoglobins bildet sein Eiweißanteil mit dem Hämin ein gewöhnliches Eiweiß-Hämochromogen-Parahämatin-System mit den Eigenschaften eines Redoxsystems.

Der Globinanteil im Hämoglobin verschiedener Tiere ist artspezifisch[4]. Es können Unterschiede in Krystallform[5,6] und Löslichkeit, im Molekulargewicht, in der Aminosäurezusammensetzung[7] und damit im elektrochemischen Verhalten, sowie in den immunologischen Eigenschaften bestehen, auch geringe Unterschiede im Absorptionsspektrum treten auf. Dagegen hat sich in allen Fällen, auch wo außer der spektrometrischen Charakterisierung eine chemische vorgenommen wurde[8], keine Verschiedenheit in der Konstitution der abgespaltenen Farbgruppe ergeben.

---

[1] Warburg, O.: Schwermetalle als Wirkungsgruppen von Fermenten. Berlin 1946. — [2] Pauling, L., and C. D. Coryell: Proc. nat. Acad. Sci. USA **22**, 159, 210 (1936). Ferner berechnet nach Haurowitz, F., u. H. Kittel: B. **66**, 1046 (1933). — [3] Rawlinson, W. A.: Austral. J. exp. Biol. med. Sci. **18**, 185 (1940). — [4] Haurowitz, F.: Handb. Biochem. Erg.-W. **1**/A, 372 (1933). — [5] Reichert, E. T., and A. P. Brown: The Cristallography of Haemoglobin. Washington 1910. — [6] Vgl. Florkin, M.: Exper. **4**, 176 (1948). — [7] Roche, J., et G. Jean: Bull. Soc. Chim. biol. **16**, 769 (1934). — Roche, J., et M. Mourgue: Bull. Soc. Chim. biol. **23**, 1329 (1941). — [8] Zum Beispiel Fischer, H., u. A. Kirrmann: A. **475**, 266 u. zwar 273 (1929). — Kirrmann, A.: Bull. Soc. Chim. biol. **12**, 1147 (1930). — s. a. Granick, S., and H. Gilder: Adv. Enzymol. **7**, 305 (1947).

Das Molekulargewicht des Hämoglobins aus Wirbeltierblut[1] beträgt 68000, das Molekül setzt sich aus 4 Untereinheiten mit dem Molekulargewicht 17000 zusammen, deren jede eine Farbstoffgruppe enthält. In elektrolytreichen Lösungen kann das Hämoglobinmolekül in kleinere Einheiten vom Molekulargewicht 34000 aufgespalten werden[2].

Myoglobin[3], das Hämoglobin der roten Muskeln, trägt ebenfalls die mit dem Bluthämoglobin übereinstimmende Farbgruppe. Im nativen Zustand unterscheidet es sich von diesem durch eine geringe Rotverschiebung seiner Absorptionsbanden. Sein Molekulargewicht[4] ist 17000, entspricht also einer Untereinheit des Hämoglobins. In Tabelle 144 sind einige Hämoglobine von Wirbellosen aufgeführt, deren Molekulargewichte untersucht wurden; auch diese werden als Vielfache kleinerer Einheiten gedeutet.

Tabelle 144. Verschiedene Hämoglobinarten.

Hämoglobinart	Molekulargewicht
Wirbeltierhämoglobin	68000[5, 6]
Muskelhämoglobin, Myoglobin	17500[4]
Hämoglobin von Wirbellosen	
Lampetra (Rundmäuler)	19100[6, 7]
Chironomus (Insekt)	31500[6, 8]
Arca (Muschel)	33000[6]
Daphnia (Krebstier)	400000[6]
Planorbis (Schneckenart)	1540000[6]
Arenicola (Borstenwurm)	3000000[6]
Lumbricus (Regenwurm)	3000000[6]

Für die respiratorischen Farbstoffe der Wirbellosen ist im Hinblick auf manche Übereinstimmungen im Bau der Eiweißkomponente mit den Chlorocruorinen die Bezeichnung Erythrocruorine vorgeschlagen worden (R. LANKESTER, J. ROCHE, T. SVEDBERG)[9]; hier werden sie jedoch wegen der Identität der prosthetischen Gruppe mit dem Wirbeltierblutfarbstoff in Übereinstimmung mit KEILIN[10] und FLORKIN[9] den Hämoglobinen zugezählt.

Erwähnt sei in diesem Zusammenhang das Vorkommen von Hämoglobin in Paramäcien[11]. Ein Beispiel für das Vorkommen von Hämoglobin bei Pflanzen wurde durch KUBO[12, 13] gefunden: In den Wurzelknollen von Leguminosen, in denen die Stickstoffbindung durch Rhizobiumbakterien stattfindet. Auffallenderweise können weder die Bakterien allein, noch die Pflanzenwurzeln für sich das Hämoglobin erzeugen. Stickstoffbindung und Hämoglobinsynthese vollziehen sich nur in der Symbiose. Das Hämoglobin ist auf die Sauerstoffaufnahme der Knöllchen ohne Einfluß[14]. Hält man die Pflanzen im Dunkeln, so geht das hellrote Oxyhämoglobin in braunes Methämoglobin über[15].

Schneckenblut enthält den respiratorischen Farbstoff *Helicorubin*, dessen prosthetische Gruppe ebenfalls mit der des Hämoglobintyps übereinstimmt[16],

[1] ADAIR, G. S.: J. biol. Ch. **63**, 529 (1925). — SVEDBERG, TH., u. K. O. PEDERSEN: Die Ultrazentrifuge. Leipzig 1940. — SVEDBERG, TH., and K. O. PEDERSEN: The Ultracentrifuge. London 1940. — [2] ANDERSEN, K. J.: In SVEDBERG, TH., u. K. O. PEDERSEN: Die Ultrazentrifuge. Leipzig 1940. — [3] Über Myoglobin siehe: MÖRNER, K. A. H.: Nord. med. Ark. (Festband) **1897**. — KENNEDY, R. P., and G. H. WHIPPLE: Amer. J. Physiol. **76**, 685 (1926). — SCHUMM, O.: Strahlentherap. **28**, 142 (1928). — THEORELL, H.: B. Z. **252**, 1 (1932); **268**, 46, 55, 64, 73 (1934). — THEORELL, H., and CH. DE DUVE: Arch. Biochem. **12**, 113 (1947). — SCHÖNHEIMER, R.: H. **180**, 144 (1929). — MILLIKAN, G. A.: Physiol. Rev. **19**, 503 (1939). — [4] POLSON, A. G.: Thesis. Stellenbosch 1937. — [5] ADAIR, G. S.: J. biol. Ch. **63**, 529 (1925). — [6] SVEDBERG, TH., u. K. O. PEDERSEN: Die Ultrazentrifuge. Leipzig 1940. — SVEDBERG, TH., and K. O. PEDERSEN: The Ultracentrifuge. London 1940. — [7] ANSON, M. L., J. BARCROFT, A. E. MIRSKY and S. OINUMA: Proc. R. Soc. London (B) **97**, 61 (1924). — [8] KIRRMANN, A.: Bull. Soc. Chim. biol. **12**, 1147 (1930). — [9] Siehe FLORKIN, M.: Exper. **4**, 176 (1948). — [10] KEILIN, D., and Y. L. WANG: Biochem. J. **40**, 855 (1946). — [11] SATO, T., u. H. TAMIJA: Cytologia (Fujii Jub.-Bd.) **1937**, 1133. — [12] KUBO, H.: Acta phytochim., Tokyo **11**, 195 (1939). — [13] KEILIN, D., and Y. L. WANG: Nature **155**, 227 (1945). — SMITH, J. D.: Biochem. J. **44**, 585 (1949). — [14] SMITH, J. D.: Biochem. J. **44**, 591 (1949). — [15] VIRTANEN, A. I., and T. LAINE: Nature **157**, 25 (1946). — [16] ANSON, M. L., and A. E. MIRSKY: J. Physiol., London **60**, 221 (1925).

indes zeigt das Helicorubin selbst ein hämochromogenähnliches Absorptionsspektrum. Wie Hämoglobin ist es oxygenierbar.

Dem Hämoglobintyp nahe verwandt ist der des *Chlorocruorins*, dessen prosthetische Gruppe sich nur geringfügig vom Protohäm unterscheidet, seine Besprechung erfolgt unten S. 865. Andere respiratorische Farbstoffe wie Hämocyanin, Echinochrom, Hämerythrin gehören nicht zu den Verwandten des Blutfarbstoffs.

β) Bindungsart der Farbstoffkomponente im Hämoglobin.

Die Besonderheiten in der Reaktionsweise des Sauerstoffs mit dem Hämoglobin, die in biologischer Hinsicht von großer Bedeutung sind, gaben Anlaß zu eingehenden Untersuchungen der Bindungsverhältnisse des Eisens mit physikalisch-chemischen Methoden, nämlich spektrometrischen[1], potentiometrischen[2], magnetometrischen[3] und titrimetrischen[4]. Bei der überwiegenden Mehrzahl der Hämoglobinarten läßt sich die O_2-Bindung nicht durch eine einfache Dissoziationsformel ausdrücken, die bei Wiedergabe in einem Koordinatensystem (Abscisse: O_2-Druck, Ordinate: O_2-Sättigungsgrad) durch eine Hyperbel beschrieben würde, vielmehr zeigen die Sättigungskurven S-Formen, die einem größeren Unterschied im Sättigungsgrad zwischen hohen und niedrigen O_2-Partialdrucken entsprechen[5]. Das bedeutet, daß im Bereich hoher Sauerstoffdrucke, z. B. in der Alveolarluft, die Sauerstoff*beladung*, dagegen am Ort des Verbrauchs die Sauerstoff*abgabe* erleichtert wird. Voraussetzung für das Zustandekommen des Effektes ist die geeignete Anordnung von 4 Häm-Gruppen; bei einfach gebauten Hämoglobinen folgt die Sauerstoffsättigung einer Hyperbel. Zur Deutung des Effektes stehen sich im wesentlichen 2 Ansichten gegenüber: ADAIR[6] betrachtet die 4 Häm-Gruppen als geschlossene Einheit, die nach und nach mit veränderlicher Dissoziationskonstante mit 1 bis 4 O_2-Molekülen reagiert, während nach PAULING[7] das magnetische Verhalten nicht für eine Beziehung der 4 Häm-Reste untereinander spricht; die O_2-Affinität eines Häms wird jedoch durch den Sättigungsgrad benachbarter Häm-Reste beeinflußt.

Weiterhin zeigt sich im sog. BOHR-Effekt[8] eine Verminderung der Sauerstoffaffinität mit zunehmendem CO_2-Druck bzw. einer Erniedrigung des p_H. Das bedeutet unter biologischen Verhältnissen eine Erleichterung der Sauerstoffabgabe an den CO_2-reichen Orten der Verbrennung.

Nachstehend werden einige Ergebnisse der Untersuchungen über die Bindung der Häm-Gruppe im Hämoglobin erörtert.

Hämoglobin[9] und Methämoglobin[10] sind paramagnetisch, Oxyhämoglobin und CO-Hämoglobin diamagnetisch[9]. Das bedeutet, daß im Hämoglobin und Methämoglobin Ionenbindungen des Eisens vorliegen, in den anderen beiden Ver-

[1] AUSTIN, J. H., and D. L. DRABKIN: J. biol. Ch. **112**, 67 (1935). — [2] CONANT, J. B.: Harvey Lect. **28**, 159 (1932/33). — CONANT, J. B., and A. M. PAPPENHEIMER: J. biol. Ch. **98**, 57 (1932). — HAVEMANN, R., u. K. WOLFF: B. Z. **293**, 399 (1937). — HASTINGS, A. B., and J. F. TAYLOR: J. biol. Ch. **131**, 649 (1939). — [3] CORYELL, C. D., F. STITT and L. PAULING: Am. Soc. **59**, 633 (1937). — PAULING, L., and C. D. CORYELL: Proc. nat. Acad. Sci. USA **22**, 210 (1936). — CORYELL, C. D., and L. PAULING: J. biol. Ch. **132**, 769 (1940). — TAYLOR, D. S., and C. D. CORYELL: Am. Soc. **60**, 1177 (1938). — [4] GERMAN, B., and J. WYMAN jr.: J. biol. Ch. **117**, 533 (1937). — WYMAN, J. jr.: J. biol. Ch. **127**, 1, 581 (1939). — WYMAN, J. jr., and E. N. INGALLS: J. biol. Ch. **139**, 877 (1941). — THEORELL, H.: Ark. Kemi, Mineral. Geol. (A) **16**, Nr. 14 (1943). — [5] Siehe FLORKIN, M.: Exper. **4**, 176 (1948). — [6] ADAIR, G. S.: Proc. R. Soc. London (A) **109**, 292 (1925). — [7] PAULING, L.: Proc. nat. Acad. Sci. USA **21**, 186 (1935). — CORYELL, C. D., L. PAULING and R. W. DODSON: J. physic. Chem. **43**, 825 (1939). — [8] Siehe FLORKIN, M.: Exper. **4**, 176 (1948). — [9] PAULING, L., and C. D. CORYELL: Proc. nat. Acad. Sci. USA **22**, 210 (1936). — [10] TAYLOR, D. S., and C. D. CORYELL: Am. Soc. **60**, 1177 (1938).

bindungen kovalente, und weiterhin, daß bei der Oxygenierung sowohl die beiden unpaarigen Elektronen des Sauerstoffmoleküls als auch die vier unpaarigen des Eisen(II) sich paaren[1]. Offenbar verhindert diese Umordnung, die durch die Bindung an das Globin stabilisiert wird, den Übergang eines Elektrons zum Sauerstoff, d.h. seine Reduktion. Ähnliches gilt für die CO-Bindung. Allerdings findet die Ursache des spezifischen Stabilisierungseffektes damit vorläufig noch keine Erklärung.

Die Werte für die paramagnetische Suszeptibilität des Eisenatoms im Rinder-, Pferde-, Schaf- und Menschenhämoglobin betragen 12290, 12260, 12390, 11910 · 10^{-6} entsprechend magnetischen Momenten von 5,435, 5,43, 5,46 und 5,35 BOHRschen Magnetonen[2], das magnetische Moment des Myoglobins beträgt 5,46 Magnetonen[3]. Mit der genauen Bestimmung der paramagnetischen Suszeptibilität des Hämoglobins ist es auch möglich, die Konzentration von Hämoglobinlösungen mit großer Genauigkeit zu bestimmen.

Die p_H-abhängige Suszeptibilität des Methämoglobins zeigt in saurer Lösung 5, in alkalischer (unter Anwendung von Hilfshypothesen errechnet) 3 ungepaarte Elektronen an[3, 4].

Tabelle 145. Dissoziationsstufen hämingebundener Gruppen in Hämoglobinderivaten.

Methämoglobin	$p_{K_1} = 5,3$	$p_{K_2} = 6,65$	$p_{K_3} = 8,10$
Hämoglobin	$p_{K_1} = 5,25$	$p_{K_2} = 7,81$	
O_2-Hämoglobin, CO-Hämoglobin	$p_{K_1} = 5,75$	$p_{K_2} = 6,80$	

Als weiteres Ergebnis der obenerwähnten kombinierten Untersuchungsmethoden wurden beim Methämoglobin 3, beim Hämoglobin sowie seinen O_2- und CO-Derivaten 2 hämingebundene saure Gruppen ermittelt, deren Dissoziationsstufen durch die in Tabelle 145 aufgeführten p_K-Werte (negative Logarithmen der Dissoziationskonstanten) wiedergegeben sind[5].

Die Dissoziationswerte p_{K_1} (Gruppe I) und p_{K_2} (Gruppe II) in Hämoglobin und Oxyhämoglobin werden auf Grund der Übereinstimmung ihrer Dissoziationswärme mit der von Histidin-Imidazol durch WYMAN[6] Histidinresten zugeschrieben. PAULING nimmt an, daß die Gruppe I als Imidazoliumion vorliege und als solches zur koordinativen Bindung an das Eisen wenig geeignet sei. Gruppe II, auf der gegenüberliegenden Seite des Häminringes steht in fester Ionen- oder kovalenter Bindung mit dem Eisenatom. Demnach wären nur 5 Koordinationsstellen des Eisens normal besetzt und der Sauerstoff fände Gelegenheit an die schwach besetzte 6. Stelle zu treten. Die Verschiebung von $p_{K_2} = 7,81$ im Hämoglobin, auf 6,80 im Oxyhämoglobin, also die Erhöhung der Acidität durch die Oxygenierung, die gleichbedeutend mit dem inversen Ausdruck des BOHR-Effektes ist, wird mit einem Einfluß des Übergangs der ionogenen in die kovalente Bindung auf das Resonanzsystem des Imidazolkerns gedeutet. Die Gruppe III im Methämoglobin mit $p_K = 8,10$ ist das Eisenatom selbst, das mit einer Hydroxylgruppe im Dissoziationsgleichgewicht steht.

γ) Abtrennung und Konstitution der Farbstoffkomponente.

Hämoglobin besteht zu 96% aus Globin, die restlichen 4% gehören zur Farbgruppe. Eine Spaltung in Protein und Farbstoff gelingt leicht, z. B. in salzsaurem Aceton[7]. Das dabei erhaltene denaturierte Globin läßt sich durch Alkalibehandlung renaturieren und mit Hämin zu Methämoglobin, bzw. nach Reduktion zu krystallisierbarem Hämoglobin wiedervereinigen[7]. Die Ausbildung des Hämo-

[1] PAULING, L. and C. D. CORYELL: Proc. nat. Acad. Sci. USA **22**, 210 (1936). — [2] TAYLOR, D. S. and C. D. CORYELL: Am. Soc. **60**, 1177 (1938). — [3] TAYLOR, D. S.: Am. Soc. **61**, 2150 (1939). — [4] CORYELL, C. D., F. STITT and L. PAULING: Am. Soc. **59**, 633 (1937). — [5] Nach CORYELL, C. D., and L. PAULING: J. biol. Ch. **132**, 769 (1940). — [6] WYMAN, J. jr.: J. biol. Ch. **127**, 1, 581 (1939). — [7] ANSON, M. L., and A. E. MIRSKY: J. gen. Physiol. **13**, 469 (1930).

globintyps ist jedoch nicht an die Konstitution des natürlichen Hämins gebunden, auch andere Hämine (Meso-, Hämato-,[1] Diacetyldeutero-, Rhodohämin[2], s. S. 859, 860, 861, 952) können unter grundsätzlicher Erhaltung der Oxygenierungsfähigkeit, wenn auch mit einer gewissen Verminderung derselben, das natürliche Hämin ersetzen. Dagegen erwies sich das Eisenkomplexsalz eines Phorbinderivates (Phäophorbid b, s. S. 966) als ungeeignet[2].

Eine gebräuchliche Abscheideform der Farbkomponente ist das Chlorid der Ferristufe, das Hämin.

Nachweis und Darstellung des Hämins[3], $C_{34}H_{32}O_4N_4FeCl$. Behandelt man nach TEICHMANN[4] Blut mit kochsalzhaltigem Eisessig, so krystallisiert das Hämin in metallisch glänzenden, charakteristischen abgeschrägten Prismen (Auslöschungsschiefe etwa 34°) aus (Abb. 82). Diese Reaktion, die unter dem Mikroskop auszuführen ist, dient zum Nachweis neben der sehr empfindlichen und auf spektrophotometrischer Grundlage auch quantitativ verwertbaren Hämochromogenreaktion[5], bei der z. B. in Gegenwart von Pyridin und $Na_2S_2O_4$ das charakteristische zweibandige Absorptionsspektrum (s. Abbildung 86, S. 975) auftritt.

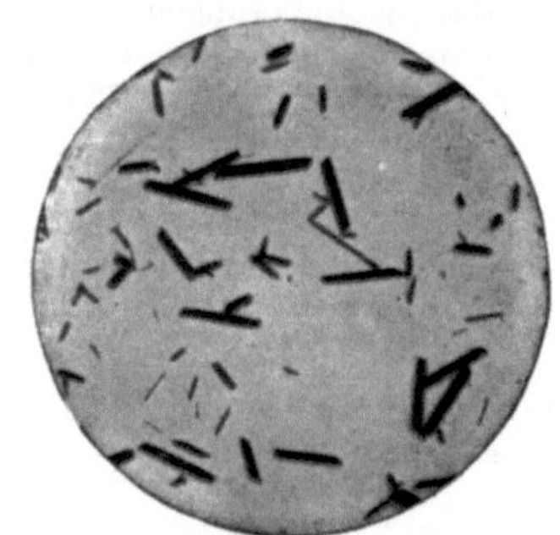

Abb. 82. Häminkrystalle nach TEICHMANN.

Für präparative Zwecke hat sich die Hämingewinnung nach SCHALFEJEW[6], die auf dem Prinzip der TEICHMANN-Reaktion beruht, bewährt. Hämin aus Rinderblut[7].

Das Verfahren von MÖRNER[8], das in einer Extraktion des durch Kochen koagulierten Blutfarbstoffes mit angesäuertem Alkohol besteht, führt zu einem teilweise veresterten Produkt. HAMSÍK[9] verwendet an Stelle der Mineralsäure Oxalsäure und faßt die Farbkomponente in erster Phase als „Oxyhämin“ (Hämatin) bzw. „Oxyhäminanhydrid“ auf. HAUROWITZ[10] geht von einer durch Hämolyse erzeugten Hämoglobinlösung aus. In jedem Fall gilt die positive TEICHMANNsche Probe als Zeichen der Unversehrtheit der Farbkomponente (α-Hämin), während zum Teil veränderte Präparate schlecht krystallisieren und abweichende Löslichkeitseigenschaften aufweisen (β- und ψ-Hämine[9]).

Formel V gibt die Konstitution des Hämins wieder, die schon von W. KÜSTER[11] im wesentlichen richtig gedeutet, vor allem durch die umfangreiche Experimentalarbeit H. FISCHERs aufgeklärt und durch Synthese erhärtet wurde.

Es ist die Eisen(III)-chlorid-Verbindung des Protoporphyrins, das durch Behandeln des Hämins mit Ameisensäure und Eisen zu erhalten ist[12]. Bei dieser Reaktion wirkt das zugesetzte Eisenpulver als Reduktionsmittel, durch das das komplexgebundene 3-wertige Hämineisen in den 2-wertigen Zustand übergeführt wird; in dieser Form ist es in stark saurer Lösung leicht abspaltbar. Durch Eingießen von Blut in konz. Salzsäure erhielten schon HOPPE-SEYLER und LAIDLAW[13] das Porphyrin.

---

[1] HILL, R., and H. F. HOLDEN: Biochem. J. **20**, 1326 (1926). — [2] WARBURG, O., u. E. NEGELEIN: B. Z. **244**, 9 (1932); **262**, 237 (1933). — [3] Fischer-Orth, Pyrrolchemie **2**/1, 377 (1937) u. **2**/2, 440 (1940). — Org. Syntheses **21**, 53 (1941). — KING, E. J., and G. E. DELORY: Biochem. J. **39**, 111 (1945). — [4] TEICHMANN, L. T. S.: Z. ration. Med. (2) **3**, 375 (1853); (2) 8, 141 (1857). — [5] Siehe z. B. bei SCHUMM, O.: Die Spektrochemische Analyse. Jena 1927. — [6] SCHALFEJEW, M.: B. **18**, 232 (Ref.) (1885). — Vgl. NENCKI, M., u. J. ZALESKI: H. **30**, 384 (1900). — [7] Gattermann-Wieland 33. Aufl., S. 373 (1948). — [8] MÖRNER, K. A. H.: Jber. Fortschr. Tierchem. **27**, 145 (1898). — KÜSTER, W.: H. **151**, 56 (1926). — [9] HAMSÍK, A.: H. **148**, 101 (1925); **182**, 117 (1929). — [10] HAUROWITZ, F.: H. **173**, 118 (1928). — HAMSÍK, A.: H. **176**, 173 (1928). — [11] KÜSTER, W.: H. **82**, 463 (1912). — Fischer-Orth, Pyrrolchemie **2**/1, 364. — [12] FISCHER, H., u. B. PÜTZER: H. **154**, 39 (1926). — [13] LAIDLAW, P. P.: J. Physiol., London **31**, 464 (1904).

Auch eine neuere Methode zur Darstellung reinen Protoporphyrins benützt Blut als unmittelbares Ausgangsmaterial. In Gegenwart von $FeSO_4$ wird die Spaltung mit Oxalsäure ausgeführt[1]. Die Abspaltung von Protoporphyrin unter reduzierenden Bedingungen aus Hämoglobin und seine Bestimmung im Fluorescenzlicht kann als besonders empfindlicher Hämoglobinnachweis verwendet werden[2].

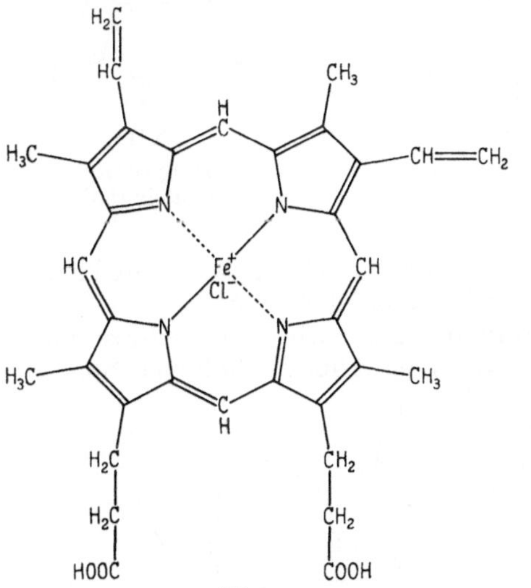

(V)
Hämin
($C_{34}H_{32}O_4N_4FeCl$)

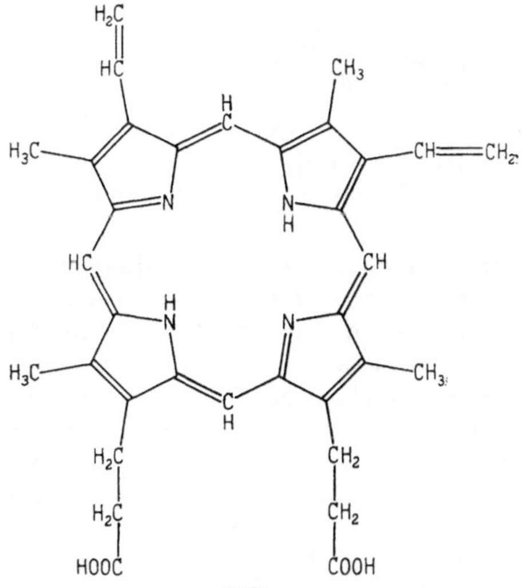

(VI)
Protoporphyrin
($C_{34}H_{34}O_4N_4$)

Rückwärts läßt sich aus Protoporphyrin durch Eiseneinführung das natürliche Hämin = *Proto*hämin gewinnen. Demnach fällt die Frage nach der Konstitution des natürlichen Hämins mit der des Protoporphyrins (VI) zusammen.

δ) Ergebnisse des Abbaues.

Pyrrolabkömmlinge. Über das Hämin als Pyrrolverbindung gab *der reduktive Abbau* nach Nencki, Piloty, Willstätter und H. Fischer Auskunft, bei dem Pyrrolbasen und -säuren als Spaltprodukte isoliert werden konnten[3] (VII—XI).

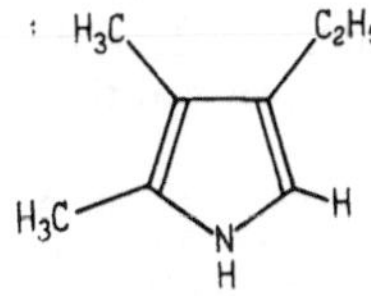

(VII) Hämopyrrol

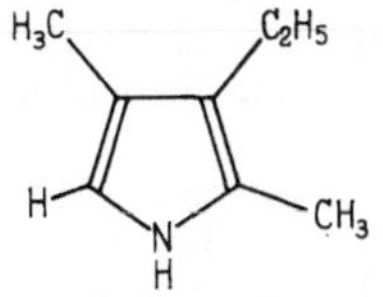

(VIII) Kryptopyrrol

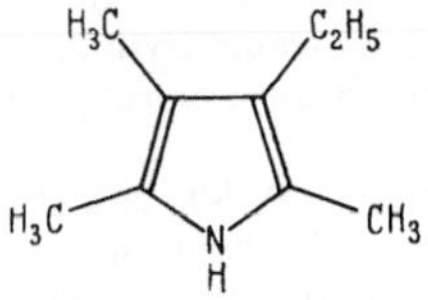

(IX) Phyllopyrrol

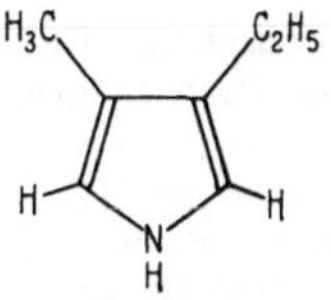

(X) Opsopyrrol

Der *oxydative Abbau mit Chromsäure* nach Küster[4] ergab Hämatinsäure (XII), die auch bei der Oxydation der Pyrrolcarbonsäuren erhalten wird. Analog entsteht bei der Oxydation des Pyrrolbasengemisches Methyläthylmaleinimid (XIII).

[1] Grinstein, M.: J. biol. Ch. **167**, 515 (1947). — [2] Brugsch, J.: Z. ges. inn. Med. **2**, 191 (1947). — [3] Zusammenfassung siehe Hahn, A.: Z. Biol. **64**, 141 (1914). — [4] Küster, W.: B. **35**, 2948 (1902); **40**, 2017 (1907).

Die *Verknüpfung der Pyrrolkerne* durch α-ständige Methinbrücken folgt aus der Konstitution der Bilirubinsäure bzw. Xanthobilirubinsäure, Spaltprodukten des Gallenfarbstoffes[1], dessen biologische Bildungsweise aus Blutfarbstoff fest-

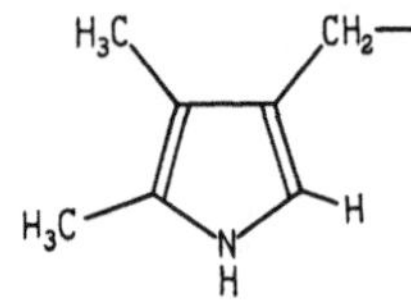

(XI)
Hämopyrrolcarbonsäure analog: Krypto-, Phyllo-, Opsopyrrolcarbonsäure

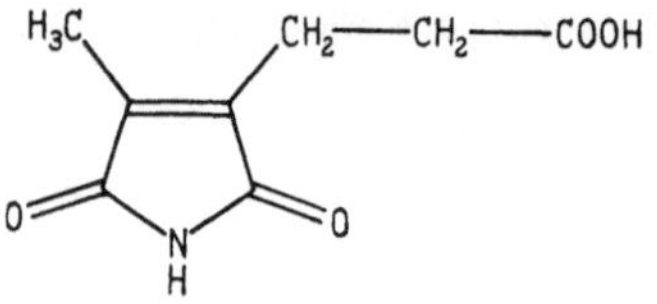

(XII)
Hämatinsäure

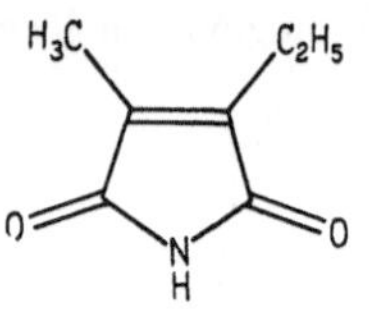

(XIII)
Methyl-äthyl-maleinimid

steht. Weitere Belege für diese Art der Verknüpfung brachten die zahlreichen synthetischen Versuche, die weiter unten (S. 863) angeführt sind.

Die Art der gesättigten *Seitenketten* im Hämin ergibt sich ohne weiteres aus der Konstitution der beim reduktiven und oxydativen Abbau erhaltenen Spaltstücke, nicht aber die der ungesättigten. Bei reduktiven Eingriffen gehen diese in gesättigte über, bei der Chromsäureoxydation sind jedoch die mit ihnen belasteten Pyrrolkerne nicht zu fassen.

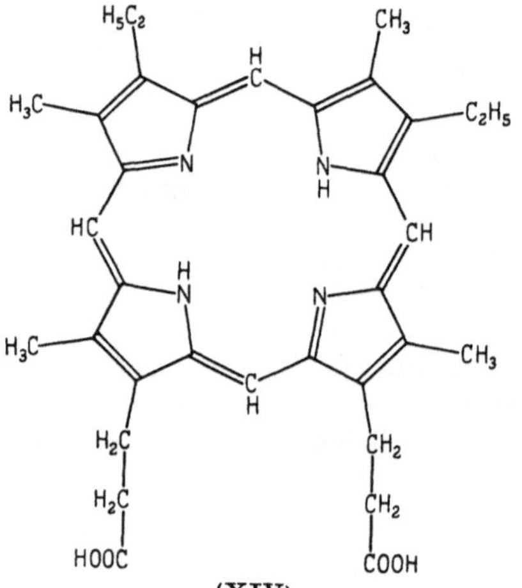

Porphyrine. Dagegen ergibt sich die Konstitution der ungesättigten Reste aus folgenden Umbau- und Abbaureaktionen: Die Einwirkung von Reduktionsmitteln (Jodwasserstoff[2], Alkoholate[3], Ameisensäure-Palladium[4], katalytisch erregter Wasserstoff[5]) auf Hämin führt zu **Mesohämin** bzw. **Meso-Porphyrin** mit der Isomerennummer IX[6], dessen Konstitution gemäß Formel (XIV) durch Synthese sichergestellt ist, und das beim oxydativen Abbau die an 2 Mol heranreichende Menge von Methyläthylmaleinimid ergibt[7]. Behandelt man Hämin oder Protoporphyrin (XV) mit Bromwasserstoff-Eisessig[8], so entsteht nach Hydrolyse des zunächst gebildeten HBr-Additionsproduktes (XVI) Hämatoporphyrin (XVII), was im Endergebnis einer Wasseranlagerung an die Vinylgruppen des Protoporphyrins gleichkommt. Durch Umsetzung des HBr-Additionsproduktes mit methylalkoholischem Kali wird Tetramethylhämatoporphyrin (XVIII) erhalten[9], in dem die beiden Carboxylgruppen des Hämatoporphyrins verestert, die beiden OH-Gruppen veräthert

(XIV)
Mesoporphyrin IX
($C_{34}H_{38}O_4N_4$)

[1] Fischer, H., u. H. Röse: H. **89**, 255 (1914). B. **46**, 439 (1913). — [2] Nencki, M., u. J. Zaleski: B. **34**, 997 (1901). — [3] Fischer, H., u. H. Röse: H. **88**, 9 (1913). — [4] Fischer, H., u. B. Pützer: H. **154**, 39 (1926). — [5] Fischer, H., u. A. Hahn: H. **91**, 181 (1914). — [6] In der Nomenklatur von H. Fischer dient jeweils die römische Ziffer hinter dem Trivialnamen der Tetrapyrrolverbindung zur Kennzeichnung der Isomerieverhältnisse (s. a. S. 862). Da der Schmelzpunkt des aus Hämin gewonnenen Mesoporphyrintetramethylesters meist unscharf ist und etwas niedriger gefunden wird (207°) als bei synthetischer Substanz (214°), hat H. Fischer [H. **209** I, (1939)] für das analytische Material, und damit auch für das Hämin, die Beimengung einer weiteren Isomeren in Betracht gezogen. Soweit aus dem Verhalten beim Schmelzen des Mesoporphyrinesters zu schließen ist, könnte es sich um Mesoporphyrinester II handeln, der der Ätioporphyrinreihe I (s. S. 862) angehört. Bis jetzt haben sich jedoch keine weiteren Anhaltspunkte dafür ergeben, daß etwa im natürlichen Hämin ein Isomerengemisch vorliegt. — [7] Fischer, H., A. Treibs u. G. Hummel: H. **185**, 38 (1929). — [8] Nenckis Werke II. Braunschweig 1904. — [9] Küster, W., u. H. Oesterlin: H. **136**, 235 (1924).

sind. Behandlung von Hämin mit Methylalkohol-Schwefelsäure führt zu Tetramethylhämatoporphyrin-Eisensalz[1], dem Hämin des Tetramethylhämatoporphyrins. Aus Hämatoporphyrin[1] und seiner Tetramethylverbindung[2] lassen sich Wasser bzw. Methylalkohol im Hochvakuum abspalten, und man gelangt zu Protoporphyrin, bzw. seinem Dimethylester zurück. Daß sich die angeführten Reaktionen tatsächlich an den fraglichen Seitenketten abspielen, geht aus dem Oxydationsergebnis des Tetramethylhämatoporphyrins, sowie seines Eisensalzes hervor: Neben 2 Mol Hämatinsäure entsteht das methoxylierte Imid[3] (XIX), und zwar in einer Ausbeute, die zwei gleichgebauten Pyrrolkernen entspricht. Das folgende Formelschema (XV—XIX) erläutert die besprochenen Reaktionen.

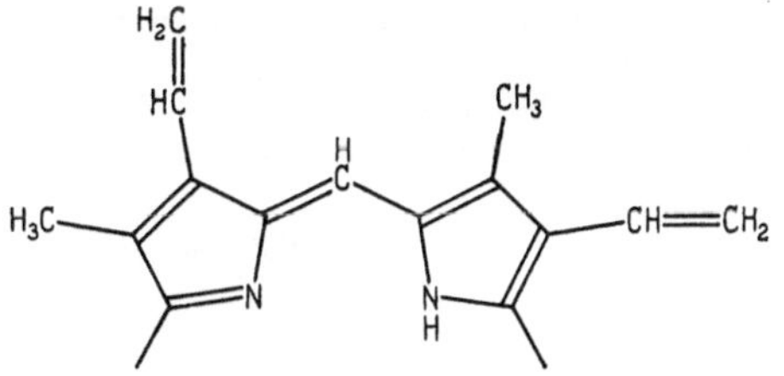

(XV)
Protoporphyrin

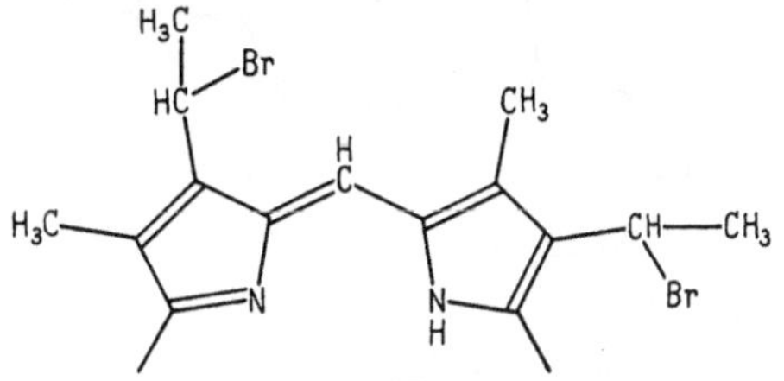

(XVI)
HBr-Addukt

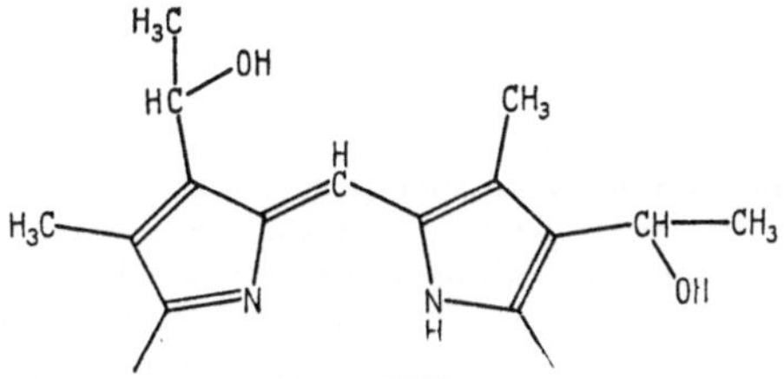

(XVII)
Hämatoporphyrin
($C_{34}H_{38}O_6N_4$)

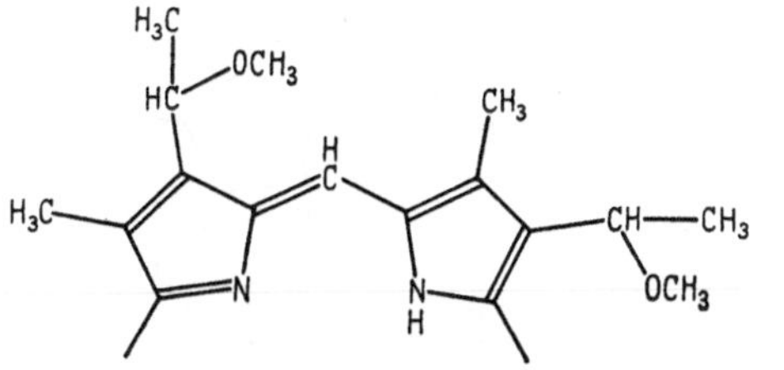

(XVIII)
Tetramethyl-hämatoporphyrin

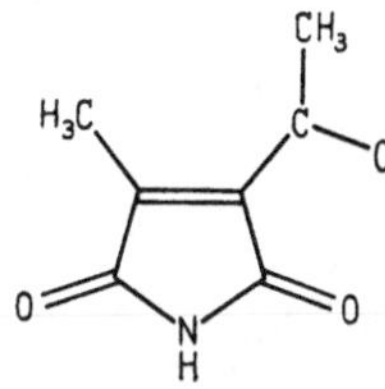

(XIX)

Eine aufschlußreiche Umsetzung ist die *Reaktion der Vinylgruppen des Protoporphyrins mit Diazoessigester*[4] wie sie in ähnlicher Weise zuerst an ungesättigten einfachen Pyrrolen beobachtet wurde[5]. Diazoessigester lagert sich an die Vinylgruppen an, wobei über die Stufe der Pyrazolinabkömmlinge unter gleichzeitiger N_2-Abspaltung das Cyclopropylderivat (XX) entsteht. Diese Reaktion ist wie die Hydrierung der Vinylgruppen von einer Blauverschiebung des Absorptionsspektrums begleitet; sie erwies sich als *spezifisch für Vinylgruppen* und namentlich in der Chlorophyllchemie zu deren Nachweis sehr geeignet. Die mit

[1] FISCHER, H., u. F. LINDNER: H. **142**, 146 (1925); **168**, 152 (1927). — [2] FISCHER, H., u. R. MÜLLER: H. **142**, 155 (1925). — [3] Siehe Fußnote [7] S. 859. — [4] FISCHER, H., u. H. MEDICK: A. **517**, 245 (1935). — [5] FISCHER, H., u. CH. E. STAFF: H. **234**, 97 (1935).

Diazoessigester erzeugten Derivate werden abgekürzt als D.E.E.-Verbindungen bezeichnet. Sie liefern bei der Oxydation das entsprechende Maleinimid (XXI).

Als labile Gruppen lassen sich die beiden ungesättigten Seitenketten auf verschiedene Weise vom Porphingerüst abtrennen.

Aus Blut, das der alkalischen Fäulnis überlassen worden war, isolierte H. FISCHER[1] das *Deuterohämin* (XXII), das an Stelle der beiden Vinylreste des Hämins Wasserstoffatome trägt. Die Resorcinschmelze nach SCHUMM[2] stellt eine bequeme präparative Gewinnungsmöglichkeit für Deuterohämin aus Hämin dar. Außerdem lassen sich die entsprechenden Seitenketten des Hämatoporphyrins und Tetramethylhämatoporphyrins leicht durch Brom ersetzen[3], ebenso wie die kernständigen Wasserstoffatome des Deuteroporphyrins[4]; aus dem Dibrom-deuteroporphyrin lassen sich die Bromatome nach BUSCH[5] reduktiv entfernen.

(XX)

(XXI)

Der *Abbau des Hämins zum Ätioporphyrin* (XXIII), der sich nach H. FISCHER[6] über das Mesoporphyrin

(XXII)
Deuterohämin
($C_{30}H_{28}O_4N_4FeCl$)

(XXIII)
Ätioporphyrin
($C_{32}H_{38}N_4$)

[1] FISCHER, H., u. F. LINDNER: H. **161**, 19 (1926). — [2] SCHUMM, O.: H. **178**, 1 (1928). — [3] FISCHER, H., u. F. KOTTER: B. **60**, 1861 (1927). — FISCHER, H., u. G. HUMMEL: H. **175**, 75 (1928). — [4] FISCHER, H., u. F. LINDNER: H. **161**, 18 (1926). — [5] FISCHER, H., u. G. HUMMEL: H. **181**, 107 (1929). — [6] FISCHER, H., u. R. MÜLLER: H. **142**, 120 (1925). — FISCHER, H., u. J. HILGER: H. **140**, 224 (1924). — FISCHER, H., u. A. TREIBS: A. **466**, 188 (1928). Der Abbau über Hämoporphyrin ist noch nicht völlig geklärt. — WILLSTÄTTER, R., u. M. FISCHER: H. **87**, 423 (1913).

durch Decarboxylierung des letzteren durchführen läßt, betrifft auch die Propionsäurereste; sie verlieren mit der CO_2-Abspaltung ihre saure Eigenschaft und liefern das zweite Paar der im Ätioporphyrin vorhandenen Äthylreste.

	1	2	3	4	5	6	7	8
I	CH_3	C_2H_5	CH_3	C_2H_5	CH_3	C_2H_5	CH_3	C_2H_5
II	CH_3	C_2H_5	C_2H_5	CH_3	CH_3	C_2H_5	C_2H_5	CH_3
III	CH_3	C_2H_5	CH_3	C_2H_5	CH_3	C_2H_5	C_2H_5	CH_3
IV	CH_3	C_2H_5	C_2H_5	CH_3	C_2H_5	CH_3	CH_3	C_2H_5

(XXIV)

Vom Ätioporphyrin sind 4 verschiedene Isomere möglich, die im Schema (XXIV) wiedergegeben sind (die Pyrrolkerne sind durch rechteckige Klammern angedeutet[1]).

Vom Meso- bzw. Proto- oder Deuteroporphyrin sind 15 Stellungsisomere möglich. Die Entscheidung, welches Isomere dem Hämin entspricht, wurde auf synthetischem Wege erbracht. Das dem natürlichen Hämin entsprechende Isomere des Ätioporphyrins trägt nach der Festlegung durch H. FISCHER die Bezeichnung III; *Proto-, Meso-, Deuteroporphyrin sind mit IX beziffert.* Vgl. Bilirubin IXa S. 915.

ε) Ergebnisse der Synthesen.

Dipyrrylverbindungen. Hand in Hand mit der analytischen Aufklärung der Häminkonstitution gingen synthetische Versuche. Von KNORR und HESS, PILOTY und H. FISCHER wurden die basischen und von H. FISCHER die *sämtlichen sauren reduktiven Spaltstücke synthetisiert*[2], wobei sich die Übertragung der GATTERMANNschen Aldehydsynthese in die Pyrrolreihe als sehr fruchtbar erwies[3]. KÜSTER führte die Synthese der *Hämatinsäure* durch[4]. Für die Auffassung von

(XXV)
Dipyrrylmethan

(XXVI)
Dipyrrylmethen

der Verknüpfung der Pyrrolkerne im Porphinmolekül war die Synthese mehrkerniger Pyrrolsysteme von Bedeutung. H. FISCHER fand, daß synthetisch gewonnene *Dipyrrylmethane* (XXV) sich beim Abbau dem Blut- und Gallenfarbstoff ganz analog verhalten[5]; damit war die Grundlage für die Annahme einer α-ständigen Verknüpfung der Pyrrolkerne im Porphingerüst gegeben.

Dipyrrylmethane wurden von COLACICCHI[6] durch Einwirkung von Formaldehyd auf trisubstituierte Pyrrole erhalten, PILOTY stellte Dipyrrylmethene (XXVI) durch Oxydation von Methanen[7] her, ferner durch Einwirkung von Chloroform-Kalilauge[8] und Glyoxal auf trisubstituierte Pyrrole. Ein wichtiges Verfahren zur Synthese von Methenen und

[1] Fischer-Orth, Pyrrolchemie **2**/1, 176 (1937). — [2] FISCHER, H.: Farbstoffe mit Pyrrolkernen. Handb. Biochem. **1**, 351—404 (1924). B. **60**, 2611 (1927). — [3] FISCHER, H., u. W. ZERWECK: B. **55**, 1943 (1922). — [4] KÜSTER, W., u. J. WELLER: B. **47**, 532 (1914). — [5] FISCHER, H., u. E. BARTHOLOMÄUS: H. **87**, 255 (1913). — [6] COLACICCHI, U.: Atti R. Accad. naz. Lincei, R. C. [5] **20 II**, 312 (1911); [C. **1912 I**, 143]. — [7] PILOTY, O., W. KRANNICH u. H. WILL: B. **47**, 2531 und zwar 2544 (1914). — [8] PILOTY, O., J. STOCK u. E. DORMANN: B. **47**, 400 (1914).

Methanen war die von H. FISCHER[1] aufgefundene und weitgehend ausgebaute Bromierungsreaktion[2] an tri- und tetrasubstituierten Pyrrolen. Trisubstituierte Pyrrole liefern bromierte Methene (XXVII), tetrasubstituierte Pyrrole, die in den α-Stellungen einen Methyl- und einen Carbäthoxyrest tragen, geben bei der Bromierung die Brommethylverbindung, die beim Verkochen mit Wasser oder Bromwasserstoff-Methylalkohol unter Formaldehydabgabe in

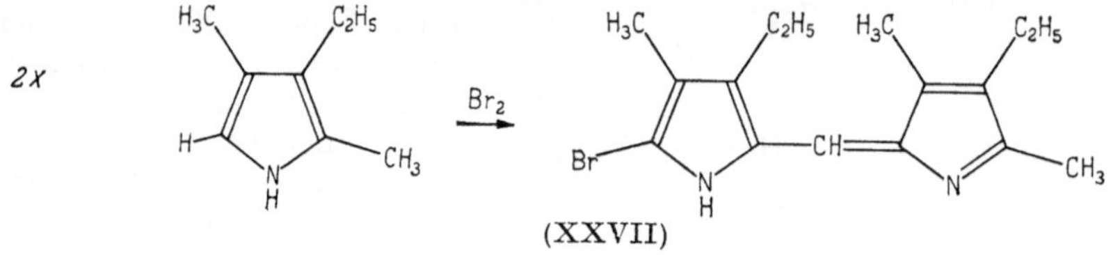

(XXVII)

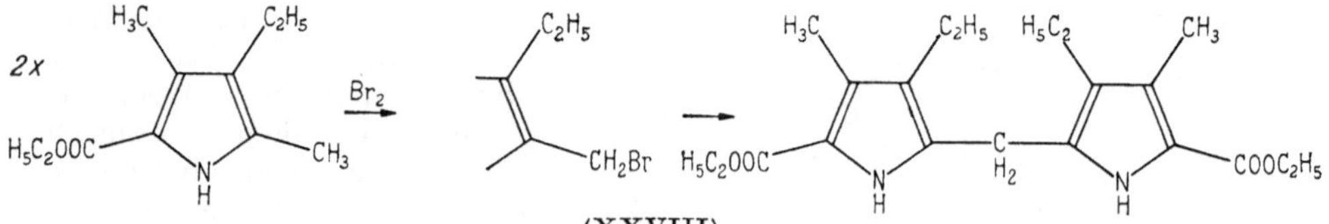

(XXVIII)

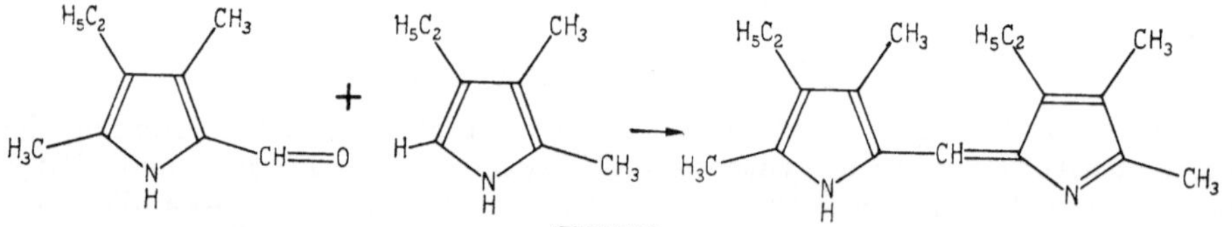

(XXIX)

die symmetrischen carbäthoxylierten Methane übergehen (XXVIII). Asymmetrisch gebaute, „gemischte" Methene lassen sich durch Kondensation eines α-freien Pyrrols mit einem α-Formylpyrrol aufbauen (XXIX).

Tetrapyrrylverbindungen. Von besonderer Bedeutung für die Formulierung des Porphinkerns war die

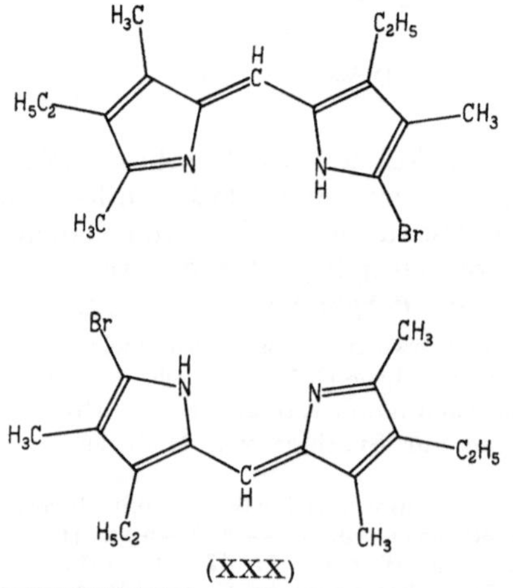

(XXX)

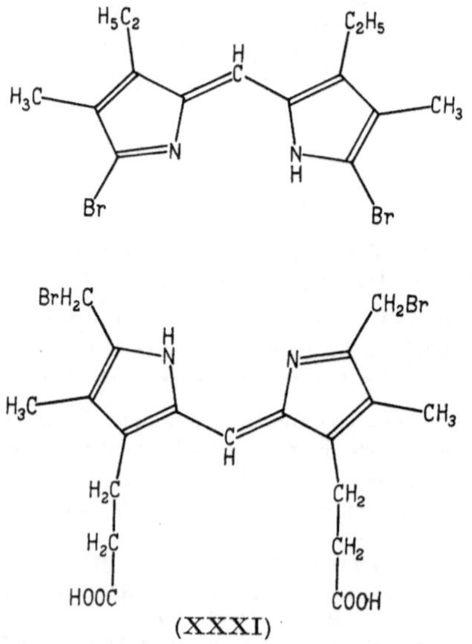

(XXXI)

[1] FISCHER, H.: B. **48**, 401 (1915). — [2] FISCHER, H., u. H. SCHEYER: A. **434**, 237 (1923); **439**, 185 (1924). — FISCHER, H., u. P. ERNST: A. **447**, 139 (1926). — FISCHER, H., u. P. HALBIG: A. **447**, 123 (1926).

Synthese von Systemen mit vier Pyrrolkernen. Die Anordnung der Kerne im Tetrapyrryläthan- und -äthylensystem, sowie in linearer Verknüpfung ergab jedoch keine Porphyrineigenschaften[1]. Die *erste Porphyrinsynthese* gelang H. FISCHER aus dem gebromten Methen des Kryptopyrrols[2], das mit konz. Schwefelsäure (präparativ mit Ameisensäure) Ätioporphyrin I ergab (vgl. Schema XXX). Das Reaktionsschema läßt sich auch auf zwei verschiedene Methenkomponenten anwenden.

Als präparativ wichtig erwies sich ferner Reaktionsschema XXXI[3]:

In guter Ausbeute vollzieht sich die Bildung des Porphinsystems aus αα'-Methandicarbonsäuren nach XXXII mit Ameisensäure[4].

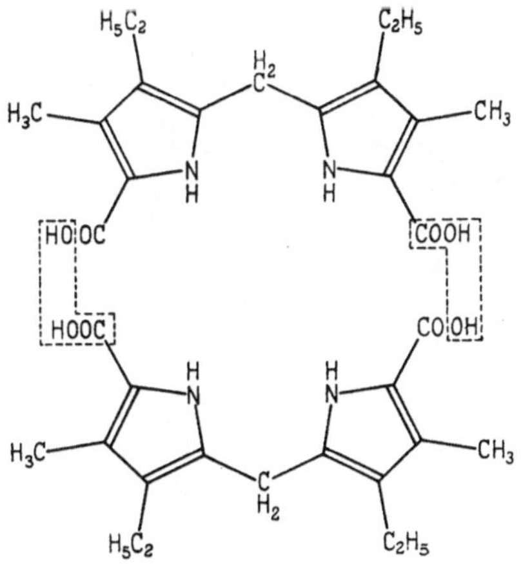

(XXXII)

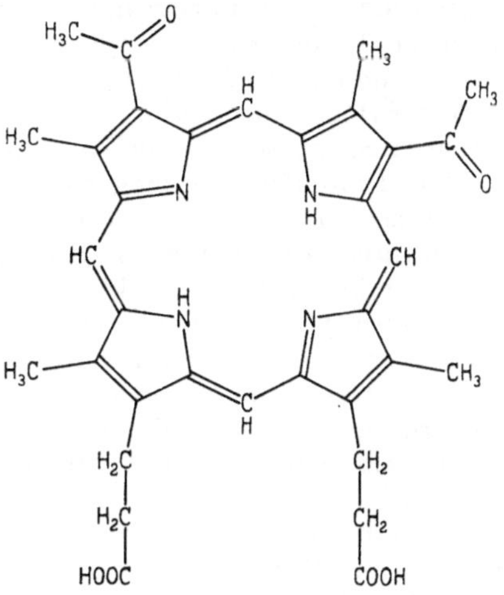

(XXXIII)
Diacetyldeuteroporphyrin

Die ergiebigste Synthese vom einkernigen Pyrrol ausgehend ist (spez. für Ätioporphyrine) die Schmelze von α-Oxymethyl-α'-carboxypyrrolen[5].

Schließlich sei noch die Bildungsweise von Porphyrinen aus α,α'-freien Pyrrolen, wie Opsopyrrol (s. S. 858) und Opsopyrrolcarbonsäure unter der Einwirkung von Ameisensäure erwähnt, woraus besonders deutlich die α-ständige Verknüpfung der 4 Pyrrolkerne durch Methingruppen folgt[6].

Bei allen diesen Synthesen treten die zur Ausbildung des Porphyrinsystems nötigen Wasserstoffverschiebungen — offenbar unter der Tendenz zur Ausbildung dieses Ringsystems — und unter Beteiligung des Reaktionsmediums (z. B. Bernsteinsäureschmelze) automatisch ein.

Von H. FISCHER und Mitarbeitern wurden in der Folgezeit zahlreiche Porphyrinsynthesen durchgeführt, wobei, abgesehen von Porphyrinen mit negativen Seitenketten, sich jede Stellungsisomerie als synthetisch zugänglich erwies.

Die *Synthese des natürlichen Hämins*[7] selbst gelang vom synthetisch zugänglichen Deuteroporphyrin[8] aus. In das Deuterohämin ließen sich mit Essigsäureanhydrid in Gegenwart von $SnCl_4$ 2 Acetylreste einführen; das Diacetyldeuteroporphyrin (XXXIII) lieferte bei der Reduktion mit alkoholischem Kali Hämatoporphyrin, wodurch zugleich die *Stellung der OH-Gruppen im Hämatoporphyrin*

[1] FISCHER, H.: B. **60**, 2611 (1927). — [2] FISCHER, H., u. J. KLARER: A. **448**, 178 (1926). — [3] FISCHER, H., P. HALBIG u. B. WALACH: A. **452**, 268 (1927). — [4] FISCHER, H., u. P. HALBIG: A. **448**, 193 (1926). — [5] SIEDEL, W., u. F. WINKLER: A. **554**, 162 (1943). — [6] FISCHER, H., u. A. TREIBS: A. **450**, 132 (1926). — [7] FISCHER, H., u. K. ZEILE: A. **468**, 98 (1929). — [8] FISCHER, H., u. A. KIRSTAHLER: A. **466**, 178 (1928).

festgelegt ist. Durch Wasserabspaltung wurde *Protoporphyrin* und durch Eiseneinführung schließlich das mit dem natürlichen Hämin übereinstimmende Hämin erhalten.

c) Die Farbstoffkomponente des Chlorocruorins; Spirographishämin und -porphyrin.

Das **Chlorocruorin** ist der respiratorische Farbstoff im Blutplasma einiger Annelidengruppen[1, 2]. Wie beim Hämoglobin beobachtet man im Absorptionsspektrum der Chlorocruorine verschiedener Herkunft kleinere Unterschiede, die auf Abweichungen im Protein zurückzuführen sind. Die Farbgruppen verschiedener Chlorocruorine geben ein übereinstimmendes Hämochromogenspektrum[2] (Hauptabsorptionsbande im sichtbaren Spektralgebiet bei 585 mμ; die des Protohämochromogens vergleichsweise bei 557 mμ); ebenso erhält man bei ihrer Vereinigung mit Rinderglobin übereinstimmende Spektren vom Chlorocruorintyp[3, 4], jedoch verschiedene bei der Verwendung verschiedener Globine[4]. Das Molekulargewicht des Chlorocruorins aus dem Borstenwurm Spirographis wird zu rund 3000000 angegeben[5].

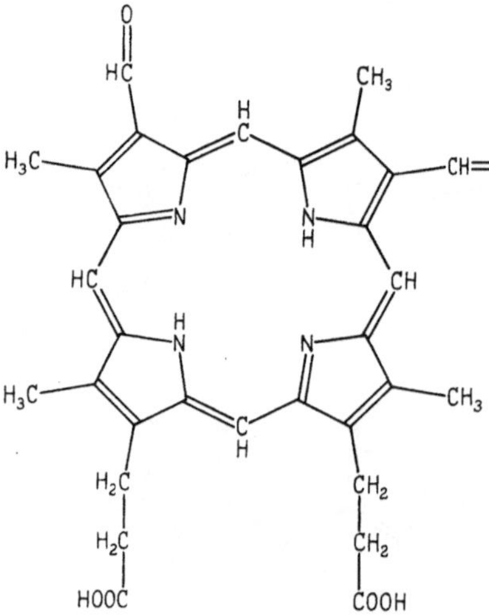

(XXXIV)
Spirographisporphyrin
($C_{33}H_{32}O_5N_4$)

Chlorocruorin liefert bei der Behandlung mit Kochsalz-Eisessig, ähnlich wie das Hämoglobin, ein krystallisiertes, vom Bluthämin verschiedenes Hämin, das nach dem meist verwendeten Ausgangsmaterial *Spirographishämin* genannt wird. Warburg, der Beziehungen zur Hämingruppe des Atmungsfermentes vermutete, unterzog das Spirographishämin, aus dem auch das Porphyrin dargestellt wurde, einer näheren Untersuchung[3]. Er stellte 5 Sauerstoffatome fest, eines als Carbonylsauerstoff durch Oximbildung. Durch H. Fischers Untersuchungen[6] ist dann die Konstitution im Sinne von Formel XXXIV aufgeklärt und durch Synthese[7] bestätigt worden.

Die Formylgruppe gibt Anlaß zur Bildung eines Oxims, welches mit Essigsäureanhydrid in ein Nitril übergeht. Auch kann aus der Formylgruppe durch Behandlung mit Jodwasserstoff-Luft eine Carboxylgruppe erzeugt werden, wodurch eine Tricarbonsäure entsteht. Die Vinylgruppe läßt sich mit Diazoessigester allerdings nicht direkt durch Blauverschiebung des Spektrums nachweisen, da auch der Formylrest in Reaktion tritt. Durch katalytische Reduktion wird die Formylgruppe zu Methyl, die Vinylgruppe zu Äthyl reduziert; die so erzeugte 1,2,3,5,8-Pentamethyl-4-äthylporphin-6,7-dipropionsäure war synthetisch erhalten worden. Bei der Resorcinschmelze des Spirographishämins werden Formyl- und Vinylrest abgespalten, es resultiert Deuteroporphyrin IX. Damit ist auch hier die Abstammung vom Ätioporphyrin-III-Typ bewiesen.

[1] Lankester, E. R.: J. Anat. Physiol., London **2**, 114 (1867). — [2] Fox, H. M.: Proc. R. Soc. London (B) **99**, 199 (1926); **111**, 356 (1932); **115**, 368 (1934). — [3] Warburg, O., u. E. Negelein: B. Z. **244**, 9 (1932). — [4] Roche, J.: C. R. Soc. Biol. **114**, 1190 (1933). — [5] Svedberg, T.: Proc. R. Soc. London (B) **127**, 1 (1939). — [6] Fischer, H., u. C. v. Seemann: H. **242**, 133 (1936); dortselbst Literatur. Angew. Chem. **49**, 461 (1936). — Fischer-Orth, Pyrrolchemie **2**/1, 464—468. — [7] Fischer, H., u. G. Wecker: H. **272**, 1 (1941/42).

Auf chemischem Weg läßt sich ein Übergang von Hämoglobin zu einem dem Spirographishämin ähnlichen Typus durchführen[1]: Bei der Behandlung von Hämoglobinnitrit mit H_2O_2 entsteht Verdoglobin NO_2. Das diesem Verdoglobin zugrunde liegende Porphyrin, das in krystallisiertem Zustand abgeschieden wurde, ist wahrscheinlich Iso-sprirographisporphyrin, das sich vom Spirographisporphyrin durch Vertauschung der Vinyl- und Formylgruppe unterscheidet.

d) Häminfermente, Zellhämine[2, 3].

Im Vergleich zum Hämoglobin und den übrigen respiratorischen Farbstoffen kommen die häminhaltigen Fermente nur in geringen Konzentrationen in der Zelle vor, wodurch sie sich lange Zeit der Auffindung entzogen haben. Während die aus Blutfarbstoff leicht gewinnbaren Häminmengen die systematische Konstitutionsaufklärung ermöglicht hatten, bestand das Problem bei den häminhaltigen Fermenten im Nachweis der Häminnatur der prosthetischen Gruppe und im Konstitutionsvergleich. Hierbei kam der Farbstoffcharakter, d. h. die Kennzeichnung durch typische Absorptionsspektren, insbesondere auch im sichtbaren Gebiet, methodisch sehr zustatten.

Dies war bei der Auffindung der Myo- bzw. Histohämatine der Fall, die schon 1885 durch MacMunn[4] beschrieben worden waren und 1925, als Cytochrom benannt, durch Keilin[5] erneut bearbeitet und in ihrer biologischen Bedeutung erkannt wurden. Warburg war es gelungen, nachdem er die Oxydationskatalyse in der lebenden Zelle als Eisenkatalyse aufgeklärt hatte[6], auf indirektem Weg, nämlich als Wirkungsspektrum das Absorptionspektrum des allgemeinverbreiteten „sauerstoffübertragenden Ferments der Atmung" aufzufinden und als das eines Hämins zu kennzeichnen. Schließlich wurden auch die Katalase (Zeile[7]) und die Peroxydase (Keilin[8], Theorell[9]) nach entsprechender Reinigung und Abtrennung der Wirkgruppe als Häminfermente erkannt.

α) Das sauerstoffübertragende Ferment der Atmung[10, 11].

Kennzeichnung als Häminferment durch das photochemische Wirkungsspektrum. Für die Erkennung dieses Ferments als Häminferment war das Studium der lichtreversiblen CO-Hemmung der Zellatmung von grundlegender Bedeutung. Dadurch erübrigte sich eine Abtrennung des Ferments von der Zellstruktur, die sich bis jetzt nicht experimentell verwirklichen ließ und vielleicht auch grundsätzlich unmöglich ist. Warburg fand, daß der Sauerstoffverbrauch von Hefezellen in einem CO/O_2-Gemisch geringer ist als in einem Gasgemisch, das an Stelle des Kohlenoxyds die gleiche Menge Stickstoff enthält. Bei Belichtung der Hefesuspension ist die Atmung größer als im Dunkeln[12]. Die Erscheinung wurde an zahlreichen anderen Zellarten festgestellt, wie an Blutplättchen, an stark atmenden roten Blutzellen bei Phenylhydrazinanämie, am Seeigelei, an Zellen aus Leber, Chorion, Netzhaut, Hühner- und Ratten-Embryonen, an Nerven,

[1] Kiese, M.: Naturwiss. **33**, 123 (1946). — Alslev, J., u. M. Kiese: A. e. P. P. **207**, 525 (1949). — [2] Zeile, K.: Ergebn. Physiol. **35**, 498 (1933). — Zeile, K.: Naturwiss. **29**, 172 (1941). — [3] Theorell, H.: Adv. Enzymol. **7**, 265 (1947). — Theorell, H.: Ergebn. Enzymforsch. **9**, 231 (1943). — [4] MacMunn, C. A.: Philos. Trans. R. Soc. London **177**, 267 (1885). J. Physiol., London **8**, 51 (1887). — Keilin, D.: Proc. R. Soc. London (B) **98**, 312 (1925); **100**, 129 (1926); **104**, 206 (1929); **106**, 418 (1930). — [6] Warburg, O.: Schwermetalle als Wirkungsgruppen von Fermenten. Berlin 1946. — [7] Zeile, K., u. H. Hellström: H. **192**, 171 (1930). — Zeile, K.: H. **195**, 39 (1931). — [8] Keilin, D., and T. Mann: Proc. R. Soc. London (B) **122**, 119 (1937). — [9] Theorell, H.: Ark. Kemi, Mineral. Geol. **14** B, Nr 20 (1940). — [10] Warburg, O.: Schwermetalle als Wirkgruppen von Fermenten. Berlin 1946. — [11] Siehe Zeile, K.: Das eisenhaltige Atmungsferment; Indophenol-Cytochromoxydase. Bamann-Myrbäck **3**, 2505—2527. — [12] Warburg, O.: B. Z. **177**, 417 (1926).

auch an einem Rattensarkom. Sie kommt dadurch zustande, daß durch Kohlenoxyd der beteiligte Atmungskatalysator zum Teil in einen unwirksamen Komplex übergeführt wird, der bei Belichtung wieder dissoziiert. Diese *Photodissoziation ist charakteristisch für Eisencarbonylverbindungen.* Sie war von HALDANE[1] beim CO-Hämoglobin beobachtet worden, später fand man sie beim Eisenpentacarbonyl[2, 3] beim Eisen(II)-cystein[3, 4] sowie bei CO-Häm[5] und CO-Hämochromogenen[3, 4]. Das Ausmaß der Dissoziation, meßbar als Atmungsanstieg, ist von der aufgenommenen Lichtenergie abhängig. Sie ist bei verschiedenen Wellenlängen verschieden und ergibt, graphisch gegen die Wellenlänge aufgetragen, ein Wirkungsspektrum der katalysierenden Substanz. Wenn jedes Lichtquant, unabhängig von der Wellenlänge, mit der es eingestrahlt wird, dieselbe chemische

Tabelle 146. Quantenausbeuten bei der photochemischen Spaltung von Carbonylverbindungen.

Hb in salzarmer Lösung .	$(FeCO)_4 + 4\,h\nu = Fe_4\,(CO)_3 + CO$
Hb in salzreicher Lösung .	$(FeCO)_2 + 2\,h\nu = Fe_2\,(CO)_1 + CO$
Pyridin-Hämochromogen .	$(FeCO)_1 + h\nu = Fe + CO$
Myoglobin	$(FeCO)_1 + h\nu = Fe + CO$

Wirkung hervorbringt, wird das Wirkungsspektrum identisch mit dem Absorptionsspektrum. Diese Übereinstimmung wurde an Modellsystemen, nämlich der durch Hämochromogene katalysierten Oxydation von Cystein[3] und der CO-Abspaltung aus CO-Eisen(II)-cystein[4] bei Bestrahlung mit Licht verschiedener Wellenlängen und Vergleich des Wirkungsspektrums mit dem bolometrisch ausgemessenen Absorptionsspektrum festgestellt. Darüber hinaus wurde an diesen Beispielen und an einem weiteren, nämlich dem Eisenpentacarbonyl[3], gefunden, daß die Quantenausbeute 1 ist, d. h. die Spaltung eines Moleküls der CO-Verbindung benötigt gerade 1 $h\nu$. Das Maß der Quantenausbeute erhält man als Quotient der im stationären Zustand der Belichtung in der Zeiteinheit zurückreagierenden Mole CO und der eingestrahlten Quantenanzahl, wobei sich die zurückreagierende CO-Menge aus der Geschwindigkeit des CO-Druckabfalls beim Abbruch des stationären Belichtungszustandes durch Verdunklung ergibt. Die Verhältnisse wurden durch Verfolgung der Spektraländerungen bei der Dissoziation durch rein optische Methoden bestätigt. Bei der photochemischen Spaltung des CO-Hämoglobins[6] zeigte sich eine Abhängigkeit der Quantenausbeute vom Aggregationszustand[7] der mit je einem Fe-Atom verbundenen Proteineinheit (Mol.Gew. 17.000), wie es in obenstehender Tabelle 146 zum Ausdruck kommt. Beim Myoglobin[6], wo keine solche Aggregation vorliegt, ist die Quantenausbeute je Fe-Atom, wie bei den anderen Eisen-CO-Verbindungen 1.

Überträgt man die an den Modellen studierten Verhältnisse auf das sauerstoffübertragende Ferment in der Zelle, so erhält man aus dem Atmungsanstieg durch Belichtung bei verschiedenen Wellenlängen das relative Absorptionsspektrum, aus der Geschwindigkeit des Atmungsanstiegs bei bekannter Quantenausbeute das molare oder absolute Absorptionsspektrum[8]. Setzt man die Quantenausbeute

[1] HALDANE, J., and J. L. SMITH: J. Physiol., London **20**, 497 (1896). — [2] DEWAR, J., and H. O. JONES: Proc. R. Soc. London (A) **76**, 558 (1905); **79**, 66 (1907). — [3] WARBURG, O., u. E. NEGELEIN: B. Z. **204**, 495 (1929). — [4] WARBURG, O., u. E. NEGELEIN: B. Z. **200**, 414 (1928). — [5] KREBS, H. A.: B. Z. **193**, 347 (1928). — [6] BÜCHER, TH., u. E. NEGELEIN: B. Z. **311**, 163 (1941/42). — [7] ANDERSEN, K. J.: In TH. SVEDBERG u. K. O. PEDERSEN: Die Ultrazentrifuge. Leipzig 1940. — [8] WARBURG, O., u. E. NEGELEIN: B. Z. **193**, 339 (1928); **214**, 64 (1929).

gleich 1 (und nicht etwa wie bei Hämoglobin gleich 0,25 oder 0,5), so ergibt sich tatsächlich die Höhe der Hauptabsorptionsquanten ähnlich denen des CO-Hämoglobins, wodurch der Wert 1 für die Quantenausbeute als gesichert erscheint.

Abb. 83 zeigt den Vergleich der Lage zweier typischer Absorptionsbanden der CO-Verbindung des Atmungsfermentes mit den entsprechenden der CO-Verbindungen anderer Hämineiweißverbindungen[1]. Phäo-b_6-hämoglobin, sowie Spirographishämoglobin wurden durch Kupplung der entsprechenden Häme mit nativem Globin aus Blutfarbstoff hergestellt. Über Phäoporphyrin b_6 siehe S. 966. (Beachte die Verschiedenheit von Chlorocruorin, dem genuinen respiratorischen Farbstoff, mit dem Kunstprodukt Spirographishämoglobin.) Nach dem Vergleich der Spektren würde das Fermenthämin dem Spirographishämin nahestehen; die Möglichkeit eines solchen Vergleiches hängt aber davon ab, daß das Absorptions-

605	439	CO-Chlorocruorin
598	435	CO-Phäohämoglobin b_6
594	434	CO-Spirographishämoglobin
590	433	CO-Ferment
570	420	CO-Bluthämoglobin

Abb. 83. Schematischer Vergleich der wichtigsten Absorptionsbanden von CO-Hämoglobinen mit denen des CO-Fermentes.

spektrum eines Farbstoffes in der Zelle nicht durch die Art des Verteilungszustandes eine Verschiebung gegenüber den Absorptionen der in wäßriger Lösung gemessenen Vergleichssubstanzen erfährt.

Nach Warburg war allerdings keine Maßnahme — Änderung des Aggregatzustandes, Adsorption, Koppelung mit Basen oder Eiweißstoffen — imstande die *Blut*häminbanden in die Nähe der *Ferment*banden zu verschieben, so daß eine Identität mit dem Bluthämin nicht anzunehmen ist.

Warburg unterscheidet je nach der Lösungsfarbe, d. h. nach der Lage der Absorptionsbanden, *rote*, *grüne* und *mischfarbene Hämine*. Zu den roten Häminen gehören das Bluthämin und seine nächsten Abkömmlinge, zu den grünen die Eisenkomplexsalze von Chlorophyllderivaten mit dem Chlorin- oder Phorbinring, ferner auch, obwohl konstitutionell davon verschieden, grüne Hämine, die sich aus Protohämin durch Einwirken von Hydrazin, Pyridin und Luftsauerstoff gewinnen lassen. Ein mischfarbenes Hämin ist Spirographishämin (vgl. S. 865) und Phäohämin b_6 (vgl. S. 966). Beide tragen Formylgruppen und sind durch Cystein in schwach alkalischer Lösung in rote Hämine überzuführen, was auf eine Reaktion des Cysteins mit der Formylgruppe zurückzuführen ist[2]. Nach der Lage der Absorptionsbanden gehört das Hämin des sauerstoffübertragenden Ferments zu den mischfarbenen Häminen.

Isolierung eines mischfarbenen Hämins. Negelein[3] hat aus Herzmuskeln ein mischfarbenes Hämin — sehr wahrscheinlich das aus dem Atmungsferment stammende — isoliert und als Pyridinhämochromogen krystallisiert. Sein niedriger Eisengehalt läßt auf einen zusätzlichen stickstofffreien Bestandteil vom Molekulargewicht etwa 300 schließen. Warburg weist darauf hin, daß z. B. eine Veresterung mit Phytol diese Verhältnisse, auch die Löslichkeit in organischen Lösungsmitteln, verstehen lassen würde. Das isolierte mischfarbene Hämin zeigt wie Spirographishämin die Reaktion mit Cystein.

[1] Warburg, O., u. E. Negelein: B. Z. **244**, 9 (1932). — [2] Fischer, H., u. J. Mittermair: A. **548**, 147 (1941). — Tyray, E.: A. **556**, 171 (1944). — [3] Negelein, E.: B.Z. **266**, 412 (1933).

Abgrenzung des Proteinanteils. Es ist möglich, aus der bei 283 mμ liegenden sog. ε-Bande des Ferments einen Schluß auf die Größe des Molekulargewichts zu ziehen, weil die Bande zu etwa einem Drittel durch die Absorption des Proteinanteils mit verursacht wird[1]. Da das Absorptionsspektrum als Wirkungsspektrum durch Messung der CO-Abspaltung aufgenommen ist, bedeutet das, daß die durch den Proteinanteil aufgenommene Lichtenergie an der Fe-CO-Bindung, also offenbar nur nach entsprechender Weiterleitung durch das Molekül, wirksam wird. Ähnliche Verhältnisse liegen beim CO-Hämoglobin vor, mit dem Unterschied, daß hier der Proteinanteil an der ε-Bande geringer ist, demnach muß der mit einem Hämin-Fe verbundene Proteinanteil kleiner sein als beim Ferment, vorausgesetzt, daß die Absorptionsverhältnisse in den Proteinen ähnlich sind. Durch Vergleich mit Hämoglobin ergibt sich ein Molekulargewicht von etwa 75000 für das Ferment[1]. Strenggenommen handelt es sich dabei um denjenigen Proteinanteil, der mit dem Fermenteisen im Energieaustausch steht.

Fermentpräparate. Neben der Messung des oxydationskatalytischen Vermögens an Zellen durch die Aufnahme molekularen Sauerstoffs wurde seit langem der Oxydasenachweis durch die Indophenolblaureaktion geführt. Aus p-Phenylendiamin, meist in Kombination mit α-Naphthol als SPITZERs Reagens oder Nadi-Reagens, bildet sich durch Luftoxydation, die durch die Oxydase katalysiert wird, Indophenolblau; deshalb wurde die Oxydase auch als *Indophenoloxydase* bezeichnet[2].

Die ersten Versuche zur Abtrennung der Oxydase aus Gewebe gehen auf BATTELLI und STERN[3] zurück, die aus zerriebenem Gewebematerial trübe Extrakte als kolloidale Suspensionen feinster Zellpartikel erhielten. Die später von KEILIN und HARTREE[4,5] gewonnenen Präparate unterscheiden sich nicht grundsätzlich von den früheren; Zusatz von gallensauren Salzen[6,7,8] wurde zur Klärung der Lösungen für optische Messungen und für die Abtrennung von Ballastsubstanzen empfohlen. Dagegen hat die Anwendung von Methoden mit dem Ziel einer Verkleinerung der Teilchen, wie Autolyse, Ultraschallbehandlung, hochtouriges Zentrifugieren nach den kritischen Untersuchungen von KEILIN nicht weitergeführt[9]; ebenso sind weitere Reinigungsversuche erfolglos geblieben.

KEILIN hatte gefunden, daß sich Oxydasepräparate in vitro in bezug auf die lichtreversible CO-Hemmung wie das sauerstoffübertragende Ferment in der Zelle verhalten, gleichgültig, ob das Substrat p-Phenylendiamin oder durch Cystein reduziertes Cytochrom *c* war[10], Versuche, die mehrfach bestätigt worden sind, und auch in quantitativer Hinsicht eine annähernde Übereinstimmung des photochemischen Effektes ergaben[2,9]. Wenn auch von den in vitro untersuchten Fermentpräparaten noch keine photochemischen Wirkungsspektren vorliegen, so kann doch an der Identität der Oxydase mit dem sauerstoffübertragenden Ferment der Atmung kein Zweifel sein.

Schließlich wurde festgestellt[5,11], daß das eigentliche Substrat der Oxydase Cytochrom *c* ist und die charakteristische p-Phenylendiaminoxydation nur unter

---

[1] WARBURG, O.: Naturwiss. **33**, 94 (1946). — WARBURG, O.: Schwermetalle als Wirkungsgruppen von Fermenten. S. 129, Berlin 1946. — [2] Siehe ZEILE, K.: Bamann-Myrbäck **3**, 2505. — [3] BATTELLI, F., u. L. STERN: B. Z. **46**, 317, 343 (1912). — [4] KEILIN, D.: Proc. R. Soc. London (B) **106**, 418 (1930). — [5] KEILIN, D., and E. F. HARTREE: Proc. R. Soc. London (B) **125**, 171 (1938); **129**, 277 (1940). — [6] STRAUB, F. B.: H. **268**, 227 (1941). — [7] YAKUSHIJI, E. Y., u. K. OKUNUKI: Proc. Imp. Acad. Tokyo **17**, 38 (1941). — [8] WAINIO, W. W., S. J. COOPERSTEIN, S. KOLLEN and B. EICHEL: J. biol. Ch. **173**, 145 (1948). — [9] HAAS, E.: J. biol. Ch. **148**, 481 (1943). — [10] KEILIN, D.: Proc. R. Soc. London (B) **104**, 206 (1929); **106**, 418 (1930). — [11] STOTZ, E., A. M. ALTSCHUL and R. T. HOGNESS: J. biol. Ch. **124**, 745 (1938).

Vermittlung der aus den Oxydasepräparaten schwer entfernbaren Cytochromspuren zustande kommt. Nach der Übung, ein Ferment nach seinem Substrat zu benennen, ist deshalb für das WARBURG*sche sauerstoffübertragende Ferment der Atmung* auch der Name *Cytochromoxydase* zutreffend.

β) Die Cytochrome.

Absorptionsspektrum. Das Absorptionsspektrum der Cytochrome zeigt sich in vielen Zellen z. B. in einer Hefesuspension oder im Brustmuskel der Biene, im allgemeinen als eine Folge von vier Absorptionsbanden bei 605, 563, 550 und 522 mμ. MACMUNN machte diese Beobachtung an stark atmenden tierischen Zellen[1]; KEILIN, der das Spektrum auch in vielen Pflanzen und Einzelligen fand[2,3], deutete es als eine Überlagerung von 3 Häminverbindungen *a*, *b* und *c* (vgl. Abb. 84, ausgezogene Linien). Für die Komponenten *b* und *c* ergibt sich ohne

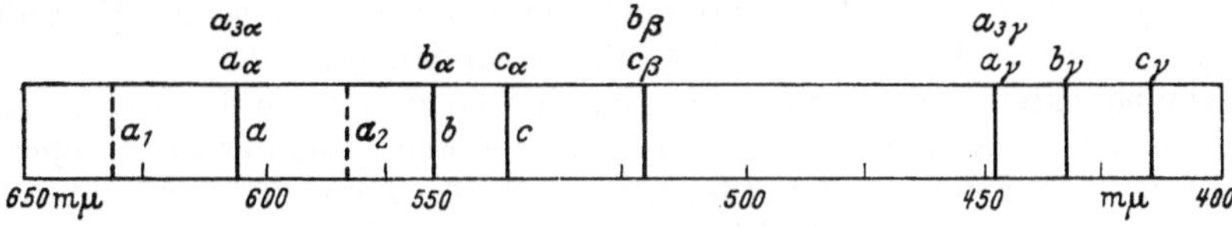

Abb. 84. Schema der Cytochromspektren.

weiteres aus dem Absorptionsspektrum ihre Natur als Hämochromogensysteme mit den Hauptabsorptionsbanden für das sichtbare Gebiet bei 563 mμ (*b*) und 550 mμ (*c*) und den Nebenabsorptionen (b_β und c_β) bei etwa 520 mμ. a_α ist die zur Komponente *a* gehörige langwelligste Bande; eine den beiden anderen Komponenten entsprechende a_β-Bande ist nicht vorhanden. Alle 3 Komponenten besitzen im nahen Violett die für Häminderivate charakteristische besonders hohe Absorptionsbande, die sog. SORET-Bande[4] (a_γ, b_γ, c_γ). Die Komponenten *a* und *c* sind nicht autoxydabel, im Gegensatz zu *b*, das diese Eigenschaft deutlich zeigt. In manchen Mikroorganismen sind Abweichungen von dem oben wiedergegebenen einfachsten Schema beobachtet worden, die sich hauptsächlich auf die Komponente *a* beziehen. Im wesentlichen handelt es sich dabei um die Verschiebung der a_α-Bande in die Gegend von 580 mμ oder von 630 mμ[5], wobei im Nomenklaturschema von KEILIN[3] im ersten Fall die Bande die Bezeichnung a_2, im anderen a_1 erhält. Hier liegen z. B. auch die in Essigbakterien bei 589 mμ[6] und in Azetobakter bei 632 mμ[7] beobachteten Absorptionsbanden. In Herzmuskelpräparaten wurde eine weitere Komponente a_3 festgestellt[3], deren α-Absorption bei 605 mμ mit der Komponente *a* zusammenfällt. Die γ-Absorptionen fallen ebenfalls zusammen, verhalten sich jedoch insofern verschieden, als *a* nicht autoxydabel ist und nicht mit CO und HCN reagiert, während a_3 autoxydabel ist und sich mit den beiden Reagentien umsetzt. Die Absorptionsbanden der CO-Verbindungen von a_3 stimmen mit den von WARBURG am eisenhaltigen Ferment ermittelten überein, woraus auf eine mögliche Identität von a_3 und dem

[1] MACMUNN, C. A.: Philos. Trans. R. Soc. London **177**, 267 (1885). J. Physiol., London 8, 51 (1887). — [2] KEILIN, D.: Proc. R. Soc. London (B) **98**, 312 (1925). — [3] KEILIN, D., and E. F. HARTREE: Proc. R. Soc. London (B) **127**, 167 (1939). — [4] WARBURG, O., u. E. NEGELEIN: B. Z. **233**, 486 (1931); **238**, 135 (1931). — [5] YAOI, H., u. H. TAMIYA: Proc. Imp. Acad. Tokyo **4**, 436 (1928). — FINK, H.: H. **210**, 197 (1932). — FUJITA, A., u. T. KODAMA: B. Z. **273**, 186 (1934). — FREI, W., L. RIEDMILLER u. F. ALMASY: B. Z. **274**, 253 (1934). — TAMIYA, H., u. S. YAMAGUTCHI: Acta phytochim., Tokyo **7**, 233 (1933). — [6] WARBURG, O., u. E. NEGELEIN: B. Z. **262**, 237 (1933). — WARBURG, O., E. NEGELEIN u. E. HAAS: B. Z. **266**, 1 (1933). — [7] NEGELEIN, E., u. W. GERISCHER: Naturwiss. **21**, 884 (1933). B. Z. **268**, 1 (1934).

WARBURGschen Ferment geschlossen wird. Es bleiben aber noch Zweifel offen, da sich unter anderem in vitro die zu erwartende Reaktion von a_3 mit Cytochrom c sowie die Lichtempfindlichkeit der CO-Verbindung nicht demonstrieren ließen. Das hier aufgeführte KEILINsche Nomenklaturschema wird von WARBURG dahingehend kritisiert, daß zu den Cytochromen nur die Pigmente gerechnet werden sollten, die fehlende Autoxydabilität und fehlende Reaktionsfähigkeit mit CO und HCN als typische Cytochromeigenschaften aufweisen. Deshalb rechnet er z. B. die in Essigbakterien und Azotobakter beobachteten Banden den Atmungsfermenten zu.

Die Komponenten a und b. *Versuche zur Reindarstellung* der Komponente a waren noch nicht erfolgreich; bisher beschriebene Präparate enthielten a und a_3 in Mischung[1]. Auch Cytochrom b gilt bisher als nicht von der Zelle abtrennbar[2]. Vermutlich ist die prosthetische Gruppe des typischen Cytochrom b mit seiner Absorption $b_\alpha = 563$ mμ sowie anderer Cytochrom b-ähnlicher Pigmente[3] ($b_\alpha = 557$ mμ) gewöhnliches Protohämochromogen, das durch seinen Verteilungszustand eine Verschiebung seiner Absorptionsbanden erfährt.

Die Komponente c. Die Komponente c ist im Gegensatz zu den Komponenten a und b bemerkenswert stabil und kann in reiner Form aus der Zelle abgetrennt werden, z. B. aus Rinder- oder Pferdeherz[4] durch Extraktion mit schwacher Trichloressigsäurelösung und fraktionierter Ammonsulfatfällung in einer Ausbeute von etwa 0,26 g/kg mit einem Hämin-Fe-Gehalt von 0,34%[5]. Durch elektrophoretische Reinigung[6] oder weiter gehende Ammonsulfatfraktionierung[7] wurde ein Grenzwert der Reinheit mit 0,43% Fe erreicht. Reines Cytochrom ist ein rotes Pulver; es ist gegen die Einwirkung von Hitze, Säure und Lauge verhältnismäßig stabil. Im ganzen p_H-Bereich zeigt es im reduzierten Zustand das typische Absorptionsspektrum eines Hämochromogens, das jedoch im Gegensatz zu allen bisher bekannten Hämochromogenen im p_H-Bereich zwischen 4 und 13 nicht autoxydabel ist[8]. Diese fehlende Autoxydabilität ist ein Kriterium für die Unversehrtheit von Cytochrom c-Präparaten.

Konstitution der Farbstoffkomponente und ihre Hauptvalenzbindung an das Protein. *Cytochrom c* ist ein *Chromoproteid*[9], *in dem die Häminkomponente chemisch, d. h. durch Hauptvalenzen, an einen Eiweißträger gebunden ist.* Das Molgewicht[10] beträgt etwa 13000. Mit HBr-Eisessig kann die Farbgruppe unter Eliminierung aller verknüpfenden Seitenketten abgetrennt werden[11]; sie wurde als Hämatoporphyrin bzw. nach Reduktion als Mesoporphyrin IX identifiziert[12]. *Die prosthetische Gruppe gehört demnach wie der gewöhnliche Blutfarbstoff der Ätio-III-Reihe an.* Der schonende Abbau des Cytochroms c mit wäßrigen Säuren liefert, im Gegensatz zur HBr-Eisessigspaltung, unter Erhaltung der charakteristischen Seitenketten, die die Verknüpfung mit dem Eiweiß vermitteln, ein Porphyrin mit ausgesprochen hydrophilen Eigenschaften[13, 14]. Nach dem Studium der Verknüpfungsmöglichkeiten von Porphyrin mit Eiweiß in Modellversuchen wurde schließlich für dieses hydrophile Porphyrin das als Tetramethylester

---

[1] STRAUB, F. B.: H. **268**, 227 (1941). — [2] Vgl. dazu YAKUSHII, E., u. T. MORI: Acta phytochim., Tokyo **10**, 113 (1937). — [3] BACH, S. J., M. DIXON and D. KEILIN: Nature **149**, 21 (1942). — HUSZÁK, I.: B. Z. **312**, 330 (1942). — [4] THEORELL, H.: B. Z. **285**, 207 (1936). — [5] KEILIN, D., and E. F. HARTREE: Proc. R. Soc. London (B) **122**, 298 (1937). — [6] THEORELL, H., and Å. ÅKESON: Am. Soc. **63**, 1804 (1941). — [7] KEILIN, D., and E. F. HARTREE: Biochem. J. **39**, 289 (1945). — [8] KEILIN, D.: Proc. R. Soc. London (B) **98**, 312 (1925). — THEORELL, H., and Å. ÅKESON: Am. Soc. **63**, 1812 (1941). — [9] ZEILE, K.: H. **236**, 212 (1935). — [10] THEORELL, H., and Å. ÅKESON: Am. Soc. **63**, 1804 (1941). — [11] HILL, R., and D. KEILIN: Proc. R. Soc. London (B) **107**, 286 (1930). — [12] ZEILE, K., u. F. REUTER: H. **221**, 101 (1933). — [13] THEORELL, H.: Enzymologia **4**, 192 (1937). — [14] ZEILE, K., u. H. MEYER: Naturwiss. **27**, 596 (1939). H. **262**, 178 (1939).

aus Cytochrom *c* gewonnen wurde, die Konstitution im Sinne eines *Dicystein-protoporphyrin-adduktes* bewiesen. Das Porphyrin ist optisch aktiv $[\alpha]^{17}_{\text{weißes Licht}} = -172°$ (Tetramethylester in 0,1% HCl). Eine stereoisomere Verbindung ($[\alpha] = 27°$) wurde synthetisch durch Umsetzung des Protoporphyrin-HBr-Adduktes oder Hämatoporphyrin-Hydrochlorid mit 1-Cystein-hydrochlorid gewonnen (XXXV). Es ist noch offen, ob im Naturprodukt die Cysteinreste am α-C-Atom der Seitenketten angegliedert sind wie im synthetischen Modell, oder am endständigen. Daß die Verknüpfung mit dem Eiweiß über die Cysteinreste (strenggenommen mindestens einen) erfolgt und nicht etwa eine peptidähnliche

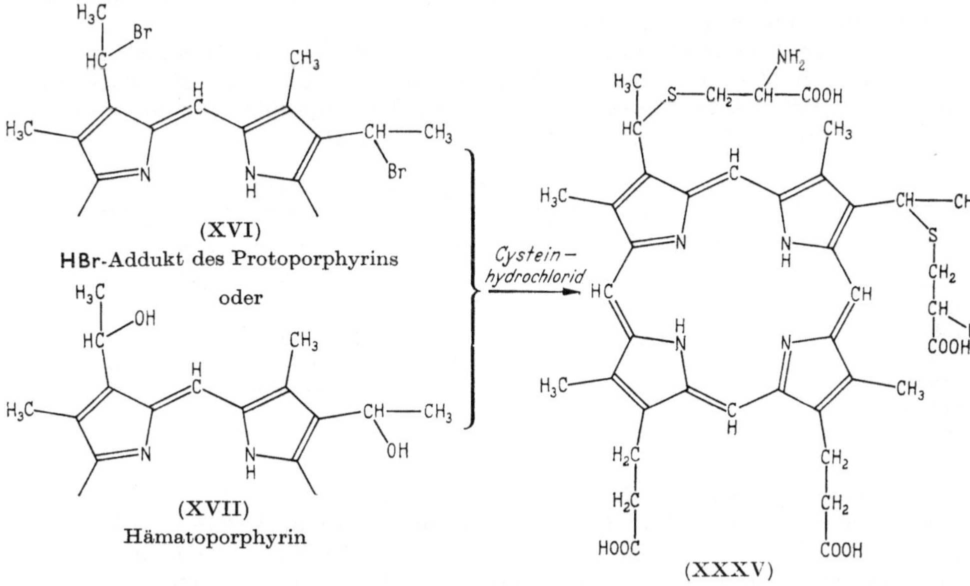

(XVI)
HBr-Addukt des Protoporphyrins

oder

(XVII)
Hämatoporphyrin

Cystein-hydrochlorid

(XXXV)

Bindung der Carboxylgruppen, ergibt sich aus dem Verhalten von Modellhäminen[1], in denen die Propionsäureseitenketten Aminosäurereste tragen; sie sind nicht wie das Cytochrom *c* durch HBr-Eisessig zu ätherlöslichem Porphyrin zu hydrolysieren.

Koordinative Bindung zwischen Eisen und Protein. Da Cytochrom *c* durch sein Absorptionsspektrum eindeutig als Hämochromogensystem gekennzeichnet ist, müssen, außer der chemischen Bindung an das Eiweiß, nach dem auf S. 852 über Hämochromogene Ausgeführten, zwei stickstoffhaltige Atomgruppierungen in koordinativer Bindung mit dem porphyringebundenen Eisenatom stehen. Die Frage nach der Art dieser stickstoffhaltigen Gruppen ist von besonderer Bedeutung im Hinblick auf die große Beständigkeit des Cytochrom *c*-Hämochromogens, sowie auf die fehlende Autoxydierbarkeit, die es von allen bisher bekannten künstlichen Hämochromogenen unterscheidet und zweifellos für die biologisch-katalytische Funktion ausschlaggebend ist. In zusammengesetzten Hämochromogensystemen, z. B. mit denaturiertem Globin als hämochromogenbildender Stickstoffbase besteht ein Dissoziationsgleichgewicht zwischen dieser und Häm; es können mehrere Häme um den hämochromogenbildenden Bezirk konkurrieren[2]. *Im Hämochromogensystem des Cytochrom c dagegen ist keine Dissoziation*

[1] ZEILE, K., u. P. PIUTTI: H. **218**, 52 (1933). — [2] ZEILE, K., u. G. GNANT: H. **263**, 147 (1940).

festzustellen, und keine fremde Hämkomponente kann mit der cytochromeigenen in Konkurrenz um den hämochromogenbildenden Bezirk treten. Auch wenn dieser durch schonende Entfernung des Hämeisens bloßgelegt ist, gelingt es nicht, mit einem fremden Häm ein Hämochromogen zu erzeugen. Demnach steht *der hämochromogenbildende Bezirk im Cytochrom c in ganz spezifischer Weise, offenbar aus räumlichen Gründen, nur dem eingebauten Häm zur Verfügung und ist als ein Teil des Trägerproteins selbst zu betrachten.* Ein einfaches Modell eines solchen Hämochromogens, das den hämochromogenbildenden Bezirk in fester Bindung an die Häminseitenketten selbst trägt, ist das obenerwähnte Di-cysteinaddukt (XXXV) (als Ester); hier spielen die Aminogruppen der Cysteinesterseitenketten die Rolle der Hämochromogenbildner.

Eine weitere Kennzeichnung der Bindungsverhältnisse des Hämineisens im Cytochrom *c* ergibt sich aus physikalisch-chemischen Daten unter Berücksichtigung der Zusammensetzung des Trägerproteins. Die Molzahlen der am Aufbau beteiligten Aminosäuren sind in Tabelle 147 aufgeführt[1].

Tabelle 147. Aminosäuren des Cytochrom *c*-Proteins.

	Mole/Molekül		Mole/Molekül
Histidin	3	Glutamin-, Asparaginsäure	19
Arginin	2	Leucin, Isoleucin, Phenylalanin	9
Lysin	22		
Cystein	2—3	Glykokoll, Alanin, Valin, Oxyprolin	33
Methionin	2		
Tyrosin	4		
Tryptophan	1		

Der hohe Lysingehalt ist die Ursache für den auffallend weit im Alkalischen liegenden isoelektrischen Punkt des Cytochroms *c* bei p_H 10,05[2, 3]. Überdies enthält das Molekül 31 oder 32 freie Aminogruppen, also 9 oder 10 mehr als den 22 Lysinresten entspricht, was auf mehrere kurze Peptidketten hindeutet.

In spektrophotometrischen Untersuchungen wurde die Existenz von 5 Eisen(III)-cytochrom-Typen nachgewiesen[4], die innerhalb bestimmter p_H-Bereiche auftreten (vgl. Tabelle 148).

Der Typ I zeigt das gleiche Absorptionsspektrum wie das freie Hämatin *c* in saurer Lösung, was bedeutet, daß in saurer Lösung außer der Komplexsalzbindung an das Porphyringerüst keine weiteren Bindungen des Eisens bestehen. Im Typ II dürfte analog dem Methämoglobin in saurer Lösung *eine* stickstoffhaltige Gruppe in koordinativer Bindung mit dem Eisenatom stehen und erst im Typ III, dem im physiologischen Bereich maßgebenden, ist das

Tabelle 148. Absorptionsspektren von Cytochrom *c* in verschiedenen p_H-Bereichen.

Typ	p_H-Bereich	p_K	Absorptionsmaxima ($m\mu$)
I	0,5		635, (580), 530, 510
		0,42	
II	um 1,5, gemischt mit I und III		622, 525, 497, 359, 275
		2,50	
III	4—8		695, (655), (565), 530, 408, 365, 280
		9,35	
IV	11—11,5		565, 537, 408, 355, 280
		12,76	
V	14		565, 536, 412, 350, 290

[1] THEORELL, H., and Å. ÅKESON: Am. Soc. **63**, 1804 (1941). — [2] THEORELL, H., and Å. ÅKESON: Am. Soc. **63**, 1804 (1941). — [3] ZEILE, K.: H. **236**, 212 (1935). — [4] THEORELL, H., and Å. ÅKESON: Am. Soc. **63**, 1812 (1941).

Parahämatinsystem mit zwei stickstoffhaltigen Gruppen voll ausgebildet. Eisen(II)-cytochrom zeigt über die ganze p_H-Skala das gleiche Absorptionsspektrum; da es jedoch in bestimmten p_H-Bereichen ($< p_H$ 4 und $> p_H$ 13) autoxydabel ist und sich mit CO verbindet ($< p_H$ 3 und $> p_H$ 12), ist anzunehmen, daß p_H-abhängige Änderungen in der Bindung des Eisens möglich sind.

Magnetische Messungen[1] am Eisen(III)-cytochrom ergaben mit steigendem p_H abnehmende Werte der magnetischen Suszeptibilität (zwischen p_H 0,7 und 13,5: $\chi_{mol} = 13060 \cdot 10^{-6}$ bis $1900 \cdot 10^{-6}$), was im sauren Bereich vorwiegend Ionenbindung, im alkalischen vorwiegend kovalente Bindung anzeigt. Auch im physiologischen p_H-Bereich (Typ III und IV) liegt mit $\chi_{mol} = 3300 \cdot 10^{-6}$ vorwiegend kovalente Bindung vor. Im Eisen(II)-cytochrom, seinen CO-Verbindungen im sauren und alkalischen Bereich sowie seiner alkalischen Cyanidverbindung ist das Eisen kovalent gebunden; die Verbindungen sind diamagnetisch.

Der Vergleich der Titrationskurven[2] von Eisen(III)- und Eisen(II)-cytochrom zeigt zwischen p_H 3,5 und 8 eine Differenz von einem Äquivalent je Mol, die der Bildung von einem H^+ gemäß: $Fe^{+++} + H \rightarrow Fe^{++} + H^+$ entspricht. Zwischen p_H 3,5 und 1,5 steigt die Differenz auf 2 Äquivalente an; das bedeutet, daß im Eisen(III)-cytochrom diejenige hämingebundene Gruppe titriert wird, die dem spektrophotometrisch bestimmten Wert p_K 2,5 entspricht. Der Verlauf der Titrationskurven im alkalischen Gebiet, wo sie sich bei p_H 9,6 überschneiden, wird mit der Existenz zweier weiterer hämingebundener Gruppen im Eisen(III)-cytochrom gedeutet, von denen der einen der spektrophotometrisch bestimmte p_K-Wert (III—IV) 9,35 zukommt, der anderen, symmetrisch zum Schnittpunkt, p_K 9,85. Für diesen Wert ergibt sich aus spektrometrischen Daten allerdings kein Anhaltspunkt. Zwischen p_H 5,5 und 8, dem normalen Titrationsbereich für Histidin-Imidazol, werden sowohl bei Eisen(III)- als Eisen(II)-cytochrom 2 Äquivalente titriert, die indes nach dem Verlauf der scheinbaren Dissoziationswärme in diesem Gebiet, teilweise noch sich überlappenden Dissoziationsresten von Amino- und Carboxylgruppen zugehören. Da demnach von den drei in der Aminosäureanalyse bestimmten Histidinresten nur noch einer in seinem normalen Titrationsbereich gefunden wird, nimmt THEORELL an, daß die beiden anderen durch koordinative Bindung an das Hämineisen eine Änderung ihrer Dissoziationsverhältnisse erfahren haben, d. h. *die Histidinreste wären die hämochromogenbildenden Gruppen im Cytochrom c.* Dann sollten in Analogie zu einem magnetometrisch untersuchten Imidazol-Methämoglobin-Komplex, in welchem eine hämingebundene Gruppe mit p_K 9,5 ermittelt worden war, möglicherweise die Iminogruppen der Imidazolkerne für die im Alkalischen liegenden p_K-Werte 9,35 und 9,85 verantwortlich sein.

Aus der Eiweißhämochromogennatur des Cytochrom *c* ergibt sich zwangsläufig eine Vorstellung von seinem *Aufbau*, dergestalt, daß *zwei Proteinreste den als Scheibe gedachten Häminring im Abstand der koordinativen Bindungen zum Eisenatom flankieren.* Ob dabei die Proteinreste unter sich zusammenhängen und der Häminring gewissermaßen in einem Schlitz steckt[3], oder ob sie getrennt sind, ist gegenwärtig noch nicht zu entscheiden. Jedenfalls ist aus allen Beobachtungen zu schließen, daß im physiologischen p_H-Bereich das Parahämatin-Hämochromogensystem des Cytochrom *c* verhältnismäßig stabil gebaut ist; nur im alkalischen und sauren Bereich tritt eine Lockerung der Bindungen ein. Das bedeutet, daß weder Kohlenoxyd noch Sauerstoff mit dem Eisen(II)-cytochrom und Blausäure mit dem Ferricytochrom reagieren können. Vermutlich wird auch aus räumlichen Gründen das Eisen des spezifischen Oxydationskatalysators, des

[1] THEORELL, H.: Am. Soc. **63**, 1820 (1941). — [2] THEORELL, H., and Å. ÅKESON: Am. Soc. **63**, 1818 (1941). — [3] THEORELL, H.: Handb. Enzymol. (NORD-WEIDENHAGEN) **1**, 861 (1940).

sauerstoffübertragenden Ferments, nicht in unmittelbaren Elektronenaustausch mit dem Cytochromeisen treten können. Dann müßten Elektronenleitungsmechanismen[1, 2, 3], die auch die peripheren Molekülbezirke mit einbeziehen, zur Verfügung stehen. Über solche Möglichkeiten bahnen sich heute erst unsere Erkenntnisse an (vgl. GRASSMANN-TRUPKE S. 675).

Zusammenwirken von sauerstoffübertragendem Ferment, Cytochromsystem und Zellsubstrat. Sowohl beim sauerstoffübertragenden Ferment als auch beim Cytochrom *c* handelt es sich um *eisenhaltige Redoxsysteme*, in denen das Eisen zwischen der 2- und 3-wertigen Form wechselt. Da Cytochrom *c* durch Vermittlung des sauerstoffübertragenden Ferments oxydiert werden kann, muß dessen Redoxpotential höher als das des Cytochroms liegen. Das Cytochrom *c* selbst vermag durch sein 3-wertiges Eisen Substrate zu oxydieren, deren Redoxpotentiale unter seinem eigenen liegen. Unter den thermodynamisch möglichen Substraten besteht allerdings eine Auswahl, die durch ihre chemische Konstitution bestimmt wird.

Das Zusammenwirken der 3 Cytochromkomponenten ist noch nicht völlig geklärt. Da nach dem Befund von HAAS praktisch die Gesamtatmung über Cytochrom *c* abläuft[4], kann nicht eine weitere Komponente mit ihm parallel geschaltet sein. Die nächstliegende Annahme wäre, daß die 3 Komponenten mit fallendem Redoxpotential[5] ($E'_{0a} = 0{,}29$ V, $E'_{0c} = 0{,}26$ V[6], $E'_{0b} = 0{,}04$ V) hintereinander geschaltet sind. Das würde bedeuten, daß die Komponente *a* noch zwischen Cytochromoxydase und Cytochrom *c* reagiert. Angesichts des in Oxydasepräparaten wohl stets vorhandenen Gehaltes an Cytochrom *a* ist diese Möglichkeit nicht auszuschließen, andererseits ist zu bedenken, daß bei den nahe zusammenliegenden Redoxpotentialen der Komponenten *a* und *c* bei passenden Konzentrationsverhältnissen auch die umgekehrte Reihenfolge möglich ist.

Bei Fermentpräparaten ist *die Sauerstoffaufnahme nicht nur von der Aktivität der Oxydase abhängig, sondern auch von den Konzentrationen des Cytochroms und des Substrates*[7, 8], *ferner von der katalytischen Wirksamkeit des Cytochroms*. Diese ist verschieden bei dem von vornherein in den Oxydasepräparaten enthaltenen Cytochrom und dem nach bekannten Vorschriften in löslicher Form aus der Zelle abgetrennten Pigment[7]. Im ersten Fall liegt es innerhalb der suspendierten Teilchen, wahrscheinlich in einer räumlich günstigen Anordnung zur Oxydase vor, während von dem gelösten Cytochrom verhältnismäßig sehr hohe Konzentrationen — zu einer 90%igen Sättigung der Oxydase eine Cytochrom *c*-Konzentration von etwa $3 \cdot 10^{-4}$ molar — benötigt werden. Andererseits ist das strukturgebundene Cytochrom in den Oxydasepräparaten, mit Ausnahme von p-Phenylendiamin, verhältnismäßig schwierig durch das Substrat erreichbar, so daß bei in-vitro-Versuchen die Abhängigkeit der Reaktionsgeschwindigkeit von den Diffusionsverhältnissen, die nur eine grobe Annäherung der räumlichen Abstimmung in der Zelle geben können, deutlich wird.

Über einige Substrate, die dem Cytochrom in der Zelle zur Verfügung stehen, gleichzeitig über die nötigen Reaktionsvermittler, gibt Tabelle 149 Auskunft. Die Reduktionswirkung der dort aufgeführten Substanzen gegenüber Cytochrom *c* ist in vitro erwiesen. Unter ihnen dürften die zur Dehydrierung vorbereiteten Endstufen des C_4-Carbonsäure- und Citronensäurecyclus die Hauptrolle spielen, nämlich Äpfelsäure und Bernsteinsäure, außerdem Isocitronensäure.

---

[1] WIRTZ, K.: Z. Naturforsch. **2**b, 94 (1947); **3**b, 131 (1948). — [2] SCHMITT, W.: Z. Naturforsch. **2**b, 98 (1947). — SCHMITT, W., u. R. PURRMANN: Z. Naturforsch. **3**b, 411 (1948). — [3] BÜCHER, TH.: Angew. Chem. **62**, 256 (1950). — [4] HAAS, E.: Naturwiss. **22**, 207 (1934). — [5] BALL, E. G.: B. Z. **295**, 262 (1938). — [6] Siehe THEORELL, H.: Adv. Enzymol. **7**, 265 (1947). — [7] STOTZ, E., A. E. SIDWELL jr. and T. R. HOGNESS: J. biol. Ch. **124**, 733 (1938). — STOTZ, E., A. M. ALTSCHUL and T. R. HOGNESS: J. biol. Ch. **124**, 745 (1938). — [8] SLATER, E. C.: Biochem. J. **44**, 305 (1949).

Tabelle 149. Substrate des Cytochrom c und ihre Katalysatoren.

Substrat	Zur Reaktion mit Cytochrom c erforderlich: Dehydrase	Co-Enzym	Überträger
Cystein, Ascorbinsäure	—	—	—
Adrenalin			
Glycerinphosphorsäure	substratspezifische Dehydrase	—	?
Bernsteinsäure		—	Zellhäminfaktor Cytochrom b
Triose, Triosephosphat		Codehydrase I	Diaphorase I
Milchsäure (Muskel)			
Äpfelsäure			
β-Oxybuttersäure			
Alkohol			
Hexosemonophosphorsäure		Codehydrase II	Diaphorase II

In allen Fällen, in denen die entsprechende Dehydrase Phospho-Pyridinnucleotid als Co-Ferment benötigt, ist ein „Co-Fermentfaktor" (GREEN[1]), von v. EULER[2] als Diaphorase bezeichnet, zur Reaktionsvermittlung mit Cytochrom c notwendig. Die Diaphorase gilt hier als das unmittelbare Substrat des Cytochrom c. Im Falle der Bernsteinsäuredehydrierung, die Co-dehydrase-unabhängig ist, ist außer den Komponenten a_3 und c auch der Bedarf der b-Komponente nachgewiesen worden[3, 4], die mit ihrem niedrigen Potential den Dehydrasen am nächsten steht. Ferner spielt ein Faktor als Vermittler zwischen der Komponente b und c eine Rolle, der ein noch nicht näher bestimmtes Zellhämin sein dürfte[5, 6]. Auch für die Reaktionsgeschwindigkeit zwischen Cytochrom und dem Bernsteinsäure-Dehydrasekomplex hat sich im Reagensglas die Bedeutung kolloider Faktoren zeigen lassen. Eine unseren heutigen Kenntnissen entsprechende Reaktionskette zwischen Zellsubstrat und molekularem Sauerstoff entspricht etwa folgendem Schema (der nach unten weisende Pfeil betrifft den speziellen Fall der Bernsteinsäure):

$$O_2 \rightarrow \left\{\begin{array}{l}\text{Atmungsferment} = \\ \text{Cytochromoxydase} = \\ \text{Cytochrom } a_3 \ (?)\end{array}\right\} \text{Cytochrom } c \begin{array}{l}\nearrow \text{Diaphorase} \rightarrow \text{Codehydrase} \rightarrow \text{Dehydrase} \rightarrow \text{Substrat} \\ \searrow \text{Zellhäminfaktor} \rightarrow \text{Cytochrom } b \rightarrow \\ \qquad \text{Bernsteinsäuredehydrase} \rightarrow \text{Bernsteinsäure}\end{array}$$

Der biologische Sinn der Hintereinanderschaltung der Häminfermente, oder allgemeiner von Redoxsystemen, dürfte nach der Auffassung WARBURGs darin bestehen, die Atmung der Zelle in weiten Grenzen unabhängig von der Konzentration des Sauerstoffs und der Substrate zu halten[7]. Zweifellos dient auch die Unterteilung des Oxydationsgefälles der Möglichkeit, die für den Stoffwechsel benötigte Energie in gekoppelten Reaktionen nutzbar zu machen.

Im großen ganzen findet man eine Abhängigkeit der Cytochromkonzentration in den Geweben von der Intensität ihres Oxydationsstoffwechsels. Vergleichbare Konzentrationen des Oxydaseeisens sind im allgemeinen nicht bekannt, doch besteht eine gewisse Parallelität auch mit Relativwerten der oxydatischen Wirksamkeit, die z. B. durch die Messung der Übertragungsgeschwindigkeit von Sauerstoff auf ein System Cytochrom c -Hydrochinon bestimmt wird (Tabelle 150).

[1] GREEN, D. E., D. M. NEEDHAM and J. G. DEWAN: Biochem. J. **31**, 2327 (1937). — [2] EULER, H. v., u. H. HELLSTRÖM: H. **252**, 31 (1938). — DEWAN, J. G., and D. E. GREEN: Biochem. J. **32**, 626 (1938). — STRAUB, F. B., H. S. CORRAN and D. E. GREEN: Nature **143**, 119 (1939). — [3] KEILIN, D., and E. F. HARTREE: Proc. R. Soc. London (B) **127**, 167 (1939). — [4] EULER, H. v., H. HELLSTRÖM, G. GÜNTHER, L. ELLIOT u. S. ELLIOT: H. **259**, 201 (1939). — [5] SLATER, E. C.: Nature **161**, 405 (1948). — [6] KEILIN, D., and E. F. HARTREE: Biochem. J. **44**, 205 (1949). — [7] WARBURG, O.: Naturwiss. **22**, 441 (1934).

In den nachstehenden Tabellen 150 bis 152 werden die Verhältnisse veranschaulicht.

Tabelle 150. Cytochrom-*c*-Konzentration in verschiedenen Geweben nach FUJITA[1] und PRADER[2].

Gewebe	Tier	mg%
Dunkelroter Muskel	„Katsuo" (japanische Fischart)	83,0
Roter Brustmuskel	Taube	69,9
	Taube	54,6
Herzmuskel	Pferd	31,8
	Rind	21,5
	Kaninchen	20,0
Niere	Kaninchen	5,8
Niere (Rinde)	Rind	1,44
Gehirn	Kaninchen	3,0
Muskel (rot)	Kaninchen	2,9
Leber	Kaninchen	2,1
	Rind	0,96
Milz	Rind	fast 0
Placenta	Mensch	fast 0
BROWN-PEARCE-Tumor	Kaninchen	2,69
BUSHFORD-Krebs	Maus	2,24
ROUS-Sarkom	Huhn	0,72
Uterusmyom	Mensch	fast 0

Auch zwischen dem Wachstum gewisser Gewebearten und ihrem Cytochrom-*c*-Gehalt bestehen Beziehungen. OPITZ und SAMLERT[4] haben festgestellt, daß der Cytochrom-*c*-Gehalt, die Atmungsintensität und das Wachstum von embryonalem

Tabelle 151. Vergleich des Oxydase- und Cytochrom-*c*-Gehaltes verschiedener Rattenorgane nach STOTZ[3].

Gewebe	Oxydaseeinheiten pro mg N der Substanz	mg Cytochrom *c* pro g Trockengew.
Herz	9,7	2,34
Niere	4,5	1,36
Gehirn	3,5	0,35
Skeletmuskel	2,3	0,68
Leber	1,7	0,24
Milz	1,6	0,21
Lunge	0,14	0,14
Tumor R-256	2,9	0,02
Spontantumor	2,4	0,01

Eine Oxydaseeinheit entspricht 10 mm^3 O_2-Verbrauch je Stunde.

Herz- und Nierengewebe parallel gehen. Wahrscheinlich läßt sich dieser Zusammenhang damit erklären, daß die Atmung, die selbst von der Cytochrom-*c*-Konzentration abhängt, die nötige Wachstumsenergie liefert. Lebergewebe regeneriert nach Teilhepatektomie bei Cytochrom-*c*-Verabfolgung schneller

[1] FUJITA, A., T. HATA, J. NUMATA u. M. AJISAKA: B. Z. **301**, 376 (1939). — [2] PRADER, A., u. A. GONELLA: Exper. **3**, 462 (1947). — [3] STOTZ, E.: J. biol. Ch. **131**, 555 (1939). — [4] OPITZ, E., u. H. SAMLERT: Pflügers Arch. **251**, 355 (1949).

(DRABKIN[1]). Im Hinblick auf die bekannten WARBURGschen Ergebnisse, nach denen in Tumoren die Atmungsleistung geringer ist als in normalem Gewebe, ist das Verhalten von Cytochrom im Carcinomstoffwechsel von besonderem Interesse. Tatsächlich gibt es Belege dafür, daß in malignen Tumoren das Oxydase-Cytochrom-System nicht voll funktionstüchtig ist[2]; insbesondere hat v. EULER beim JENSEN-Sarkom einen Mangel an Cytochrom-*c* und Diaphorase festgestellt und auch die Untersuchungen von PRADER[3] weisen auf einen allgemeinen Häminmangel (Hämoglobin, Cytochrom-c, Katalase) im Krebsorganismus und im Tumor hin. Häufig ist jedoch der Cytochromgehalt verhältnismäßig wenig vom Normalgewebe verschieden, wie es auch in der Tabelle 150 zum Ausdruck kommt, so daß es jedenfalls nicht möglich ist, allgemein den Cytochromgehalt als einen die Atmungsleistung begrenzenden Faktor im Tumorgewebe anzusprechen. Cytochrom *c* hat keinen Einfluß auf die Entwicklung von Benzpyrentumoren[4].

Tabelle 152. Vergleich des Sauerstoff-Verbrauchs und Cytochrom-*c*-Gehaltes einiger menschlicher Organe nach OPITZ[5].

Gewebe	O_2-Verbrauch cm^3/100 g/min.	Cytochrom-*c*-Gehalt mg-%
Großhirnrinde	5—7	2—3
Hirn: Weiße Substanz	1,4	1 und weniger
Herz (maximale Arbeit)	19,8	15 (linke Kammer)
		8—10 (rechte Kammer)
Skeletmuskel:		
Maximale Arbeit	7	5—8
Ruhe	0,4	
Leber	3,4	1—3

Therapeutische Versuche[6]. Da Cytochrom *c* auf verhältnismäßig einfache Weise präparativ zugänglich ist, liegt der Versuch seiner therapeutischen Verwendung nahe, und zwar in solchen Fällen, in denen eine Unterfunktion der Zellatmung angenommen werden kann. Zuerst berichtete KLAR[7] über Erfolge bei intravenösen Cytochromgaben in einigen Fällen schwerer Herzdekompensation, allerdings lassen die geringe Zahl der Fälle, die offenbar sehr kurze Beobachtungsdauer und die Nichtreproduzierbarkeit der Ergebnisse[8] vorerst keine endgültigen Schlüsse zu. Cytochrom *c* erwies sich in Tagesdosen bis über 500 mg als reaktionslos verträglich[9]. Im Serum konnte es spektroskopisch (nach Dosen von 500 mg) nur in den ersten 30 min nachgewiesen werden, nach Dosen von 200—250 mg im Harn innerhalb der ersten 3 h (vgl. dazu PROGER[10]). Bei Ratten wurden nach sehr hohen Dosen nur wenige Prozent des Farbstoffs im Harn wiedergefunden[11]. Auswirkungen von Cytochrom-*c*-Gaben sah man in Fällen von Sauerstoffmangelatmung. Die dadurch hervorgerufenen Änderungen des Elektrokardiogramms wurden durch vorherige Cytochrom-*c*-Gaben verhindert[10, 12, 13], die gesteigerte Atmungstätigkeit beruhigt, CHEYNE-STOKESsche Atmung normalisiert[14]. Günstige Wirkungen

[1] DRABKIN, D. L.: J. biol. Ch. **171**, 41 (1947). — [2] HOLMES, B. E.: Biochem. J. **20**, 812 (1926). — BREUSCH, F. L.: B. Z. **295**, 125; **297**, 24 (1938). — EULER, H. v., u. H. HELLSTRÖM: H. **255**, 159 (1938); **260**, 163 (1939). — EULER, H. v., G. GÜNTHER u. N. FORSMAN: Z. Krebsforsch. **49**, 46 (1939). — [3] PRADER, A., u. Y. GOBAT: Oncologia, Basel **1**, 53 (1948). — [4] SCHMIDT, H. W.: Z. Krebsforsch. **56**, 143 (1948). — [5] Siehe Fußnote [4] S. 877. — [6] Vgl. AMMON, R.: Pharmazie **5**, 6 (1950). — [7] KLAR, E.: Kli. Wo. **1941**, 1215. — [8] AMMON, R., u. H. FEDTKE: Med. Mschr. **2**, 141 (1948). — FEDTKE, H., u. R. AMMON: Kli. Wo. **1948**, 603. — [9] RABINOVITCH, R., K. A. C. ELLIOT and D. MCEACHERN: J. Lab. clin. Med. **33**, 294 (1948). — [10] PROGER, S., and D. DEKANEAS: Science, N. Y. **104**, 389 (1946). — PROGER, S., M. AISNER and R. SQUIRES: J. clin. Invest. **21**, 630 (1942). — PROGER, S., D. DEKANEAS and G. SCHMIDT: J. biol. Ch. **160**, 233 (1945). — [11] MICHEL, H. O., and I. H. SCHEINBERG: J. biol. Ch. **169**, 277 (1947). — [12] BAKST, H., and S. H. RINZLER: Proc. Soc. exp. Biol. Med. **67**, 531 (1948). — [13] RUFF, S., H. FEDTKE u. R. AMMON: Z. Kreislaufforsch. (im Druck). — [14] MATTHES, K., Kreislaufuntersuchungen am Menschen mit fortlaufenden registrierenden Methoden. Stuttgart (in Vorbereitung).

von Cytochrom c wurden ferner bei Entblutungskollaps[1] und bei CO-Vergiftungen[2, 3] beobachtet. Erfolge wurden über die Behandlung der Angina pectoris[4], der diphtherischen Myokarditis und stenokardischer Beschwerden berichtet.

Kritische Bemerkungen von POTTER[6] betreffen u. a. die Frage, ob nicht schon die Cytochrom-Oxydase in der Zelle mit Cytochrom c gesättigt sei und ob überhaupt das Cytochrom in die Zelle gelange. In diesem Zusammenhang verdient die Feststellung von SLATER (vgl. S. 875) besondere Beachtung, daß das zellgebundene Cytochrom katalytisch wirksamer sei als das gelöste.

γ) Peroxydasen[7, 8].

Außer der lange bekannten, durch WILLSTÄTTER eingehend untersuchten *Peroxydase aus Meerrettich* sind in neuerer Zeit *aus Leukocyten*[9] *und Milch*[10] *gut umschriebene Peroxydasenfermente* abgetrennt worden. Auch in *Hefe*[11] wurde eine, wie es scheint, spezifisch mit dem Cytochrom zusammenwirkende Peroxydase aufgefunden. Die *Peroxydasen katalysieren die Reaktion von Peroxydsauerstoff mit Chromogenen.* Das meist verwendete Substrat ist Pyrogallol, das durch H_2O_2-Oxydation in das tiefgefärbte Purpurogallin übergeführt wird, doch sind auch andere Chromogene, wie z. B. Leukomalachitgrün, Guajakol, o-Kresol, p-Phenylendiamin, α-Naphthol, ferner KJ als Substrat verwendet worden[7].

Ein Maß der auf das Enzymgewicht gezogenen Aktivität, d. h. der Reinheit, ist die Purpurogallinzahl[12] (PZ).

$PZ = \frac{\text{mg gebildetes Purpurogallin}}{\text{mg Enzym}}$ 500 cm³ Lösung, 1,25 g Pyrogallol, 12,5 mg H_2O_2, 20°, 5 min).

Meerrettichperoxydase.

Kennzeichnung als Häminferment. Die von WILLSTÄTTER und POLLINGER adsorptiv gereinigten Präparate zeigten PZ-Werte bis zu 4800; sie gaben bei einem Fe-Gehalt von 0,045 bis 0,064% keine Reaktion auf Eiweiß, Kohlenhydrate oder andere bekannte Körperklassen[12].

Die schon früh gestellte Frage nach der Bedeutung des Fe-Gehaltes für die Aktivität wurde erst durch KEILIN und MANN[13] durch Vergleich der Extinktion der charakteristischen Rotbande des gereinigten Enzyms mit der Enzymwirksamkeit im positiven Sinn entschieden. Auch aus dem Studium von Hemmungserscheinungen ergab sich der Zusammenhang zwischen peroxydatischer Aktivität und Hämin. Schließlich wurde die Hämoproteidnatur des Ferments durch THEORELL gesichert[14], dem es gelang, aus hochgereinigten Präparaten mittels HCl-Aceton das Hämin abzuspalten und unter Reaktivierung und Wiederherstellung des ursprünglichen Absorptionsspektrums wieder mit dem hochmolekularen Trägerprotein zu vereinigen. Die zurückgewonnene Aktivität betrug 74% des Ausgangswertes und war mit etwa 74% der ursprünglichen Häminmenge erreicht, während weiterer Häminzusatz wirkungslos war. Das bedeutet, daß die Reaktivierung, bezogen auf die Häminkomponente, 100%ig ist; wird das Protohämin durch Deutero- oder Mesohämin ersetzt, so ist sie trotz völliger Kupplung

[1] Siehe Fußnote [10] S. 878. — [2] Siehe Fußnote [6] S. 878. — [3] KLAR, E.: Med. Mschr. **6**, 433 (1949). — [4] „Editorial": Lancet **1947 I**, 28. — Vgl. Fußnote [12] S. 878. — [5] Siehe Fußnote [8] S. 878. — [6] POTTER, R.: Science, N. Y. **106**, 342 (1947). — [7] ZEILE, K.: Peroxydase. Bamann-Myrbäck **3**, 2598. — [8] THEORELL, H.: Einige neue Untersuchungen über Cytochrome, Peroxydasen und Katalasen. Ergebn. Enzymforsch. **9**, 231 (1943). — [9] AGNER, K.: Acta physiol. scand. **2**, Suppl. VIII (1941). — [10] THEORELL, H., u. Å. ÅKESON: Ark. Kemi, Mineral. Geol. **16** A, Nr. 8 (1942). — [11] ALTSCHUL, A. M., R. ABRAMS and T. R. HOGNESS: J. biol. Ch. **130**, 427 (1939). — [12] WILLSTÄTTER, R., u. A. STOLL: A. **416**, 21 (1918). — WILLSTÄTTER, R., u. A. POLLINGER: A. **430**, 269 (1932). — [13] KEILIN, D., and T. MANN: Proc. R. Soc. London (B) **122**, 119 (1937). — [14] THEORELL, H.: Ark. Kemi, Mineral. Geol. **14** B, Nr. 20 (1940).

nur 62- bzw. 53%ig. Hämatohämin kuppelt nicht und ist wirkungslos. Als wirkungslos erwiesen sich auch Pyrro-, Rhodo- und Phyllohämin[1], ferner die Eisenkomplexsalze von Phäophorbid und Chlorin e_6.

Bau des Ferments. Nach elektrophoretischer Reinigung und Ammonsulfatfraktionierung wurde die Meerrettichperoxydase von THEORELL[2] in krystallisiertem und einheitlichem Zustand erhalten. Der Hämingehalt der krystallisierten Peroxydase wurde zu 1,48% (0,127% Fe) gefunden, was in Übereinstimmung mit dem aus der Sedimentations- und Diffusionskonstante errechneten Werten[3] ein Molekulargewicht von 44000 ergibt. Im Fermentmolekül ist 1 Atom Eisen enthalten. Die Purpurogallinzahlen[5] wurden um 1000, zwischen 900 und 1100 gefunden. Da diese Werte erheblich unter denen von WILLSTÄTTER (4800) und auch von KEILIN und MANN (1500) liegen, wäre zu prüfen, ob bei adsorptiven Reinigungsverfahren, wie sie von WILLSTÄTTER angewandt wurden, etwa Teile des hochmolekularen Trägers abgespalten werden, die für die Enzymaktivität unwesentlich sind.

Bei der Darstellung der Peroxydase wird manchmal in geringer Menge ein Begleitstoff beobachtet[2, 4], der bei praktisch gleicher enzymatischer Aktivität abweichende Eigenschaften besitzt, und nach THEORELL als *Paraperoxydase* bezeichnet wird. Das Absorptionsspektrum ist mit seinem „Parahämatin"-Charakter auffallend verschieden von dem methämoglobinähnlichen des gewöhnlichen Ferments (vgl. Tabelle 153). Allem Anschein nach handelt es sich bei der Paraperoxydase um ein Umwandlungsprodukt der Peroxydase.

Meerrettichperoxydase hat folgende Elementarzusammensetzung: C 47,0%, H 7,25%, N 13,2%, S 0,43%, Fe (als Hämochromogen) 1,27%, O 32,0%; das entspricht je Molekül 416 Stickstoff-, 6 Schwefelatomen und 1 Eisenatom. Ferner wurden je Molekül 2 Mole Histidin, 12 Mole Lysin und 18 Mole Arginin analytisch bestimmt[5].

Offenbar handelt es sich beim Trägermolekül der Peroxydase nicht um reines Protein; wahrscheinlich ist ein Kohlenhydratanteil beigemengt. Dafür sprechen der hohe Humingehalt im Hydrolysat (18% des Gewichtes mit nur 0,76% N), sowie die niedrigen C- und N-Werte bei hohem O-Gehalt in der Elementarzusammensetzung[6]. Der isoelektrische Punkt der Peroxydase bei p_H 7,2 weist auf den sauren Charakter des huminbildenden Bestandteils hin. Der große Anteil an Hexonbasen würde sonst einen deutlich höheren Wert erwarten lassen.

In der Paraperoxydase ist der Gesamt-N-Wert mit 14,5% höher als in der Peroxydase; der isoelektrische Punkt liegt über p_H 10 beträchtlich weiter im Alkalischen. Das spricht für eine Abspaltung einer stickstoffarmen sauren Komponente bei der Entstehung der Paraperoxydase[6].

Mit den an krystallisierter Meerrettichperoxydase erhaltenen Analysenergebnissen stehen die früheren von WILLSTÄTTER im Widerspruch, nach denen Peroxydasepräparate keine Eiweißreaktionen zeigten. Vielleicht lassen sich diese Verhältnisse, wie auch die früher beobachteten höheren P.Z.-Werte, mit der Entfernung von Teilen des Enzymträgers durch die von WILLSTÄTTER angewandte adsorptive Reinigung erklären.

Absorptionsspektren. Die wichtigsten spektrometrischen Daten finden sich in der nachstehenden Tabelle 153, Absorptionskurven von Peroxydase und Paraperoxydase siehe bei THEORELL[7].

---

1 THEORELL, H., S. BERGSTRÖM u. Å. ÅKESON: Ark. Kemi, Mineral. Geol. **16** A, Nr. 13 (1943). — 2 THEORELL, H.: Ark. Kemi, Mineral. Geol. **16** A, Nr. 2 (1942). — 3 THEORELL, H.: Ark. Kemi, Mineral. Geol. **15** B, Nr. 24 (1942). — 4 THEORELL, H.: Ark. Kemi, Mineral. Geol. **14** B, Nr. 20 (1940). — 5 THEORELL, H., u. Å. ÅKESON: Ark. Kemi, Mineral. Geol. **16** A, Nr. 8 (1942). — 6 THEORELL, H.: Ergebn. Enzymforsch. **9**, 262 (1943). — 7 THEORELL, H.: Enzymologia **10**, 250 (1942). — THEORELL, H.: Ark. Kemi, Mineral. Geol. **16** A, Nr. 2 (1942).

Tabelle 153. Absorptionsspektren der Meerrettichperoxydase und ihrer Derivate (nach KEILIN und MANN[1] und THEORELL[2]).

	Absorptionsbanden (mμ)	
Peroxydase in schwach saurer Lösung	645, 583, 548, 498, 640, (550), 500, 402, 270	Rotbraune Lösung, methämoglobinähnliches Absorptionsspektrum. Bande 583 mμ rührt möglicherweise von Verunreinigung (Paraperoxydase ?) her.
Peroxydase in schwach alkalischer Lösung . .	583, 549	Rote Lösung.
Paraperoxydase	575, 540, 420, 370, 280	Parahämatinähnl. Absorptionsspektrum. Reduktion in schwach alkalischer Lösung ergibt Hämochromogenspektrum. Beim Ansäuern dieser Lösung entsteht reversibel Absorptionsspektrum der Eisen(II)-peroxydase.
Eisen(II)-peroxydase, Peroxydase $Na_2S_2O_4$.	594, 558	Rote Lösung. Zusatz von $Na_2S_2O_4$ zu aufgekochter Peroxydaselösung ergibt Hämochromogenspektrum: 557, 521 mμ.
Peroxydasederivate, Ferment mit Zusatz von:		
$Na_2S_2O_4$ + CO . . .	578, 545	Ähnlich CO-Hämoglobin.
KCN	(581), 542	Tiefrote Lösung, Eindruck einer einzigen Absorptionsbande, Ähnlichkeit mit CN-Methämoglobin.
NaF	615, 561, 529, 496	Bande 615 mμ besonders stark ausgeprägt.
NO	570, 539	Im THUNBERG-Röhrchen erzeugt; bleibt unverändert nach Oxydation von NO zu NO_2.
H_2S	(587), 549	Wird durch CO nicht beeinflußt.
H_2O_2*		
1 Mol: Verbindung I	658	Grünliche Lösung, geht rasch über in Verbindung II.
Verbindung II . . .	561, 530	Rote Lösung.
Überschuß: Verbindung III . . .	583, 545	Am deutlichsten mit etwa 100 Mol H_2O_2.
NaN_3 H_2O_2	590, 550	Ähnlich Eisen(II)-peroxydase, reagiert jedoch nicht mit CO.

* Die früher von KEILIN und MANN mit I und II bezeichneten Verbindungen erhalten von THEORELL die Nummern II und III, nachdem er festgestellt hatte, daß bei kleinen H_2O_2-Konzentrationen eine Primärverbindung mit 1 Mol H_2O_2 entsteht (I), die rasch in die früher von KEILIN u. MANN beschriebene Verbindung übergeht.

[1] KEILIN, D., and T. MANN: Proc. R. Soc. London (B) **122**, 119 (1937). — [2] THEORELL, H.: Ergebn. Enzymforsch. **9**, 264 (1943). — THEORELL, H.: Ark. Kemi, Mineral. Geol. **16** A, Nr. 2, Nr. 3 (1942). — THEORELL, H.: Enzymologia **10**, 250 (1942).

Deutung der Bindungsverhältnisse des Fermenteisens. Die Änderung des Spektrums der Peroxydase beim Übergang vom neutralen zum alkalischen Medium entspricht einer Dissoziationsstufe des Ferments[1] mit einem p_K 10,9.

Nach spektrophotometrischen Untersuchungen der Fluoride von Meerrettich- und Milchperoxydase bestehen Dissoziationsgleichgewichte zwischen Fermenthämin, OH- und F-Ionen[2]. Die Dissoziationskonstanten der Ferment-OH-Verbindung bei Meerrettich- und Milchperoxydase sind 10^{-9} (p_K 5,0) bzw. $10^{-10,04}$ (p_K 4,0); für die entsprechenden F-Verbindungen: $10^{-3,45}$, bzw. $10^{-5,1}$. Damit ist nachgewiesen, daß die untersuchten Peroxydasen eine an das Eisenatom gebundene Hydroxylgruppe mit den angeführten p_K-Werten enthalten.

Außerdem zeigten spektrophotometrische Untersuchungen an der Meerrettichperoxydase bei 655 mμ und verschiedenem p_H die Existenz einer hämingebundenen Gruppe mit $p_K = 4$. Die so ermittelte Dissoziationskurve stimmt mit der Aktivitäts-p_H-Kurve im Purpurogallintest zwischen p_H 3 und 7 überein. Demnach ist die ihrer Natur nach noch unbestimmte Gruppe mit $p_K = 4$ ein aktivitätsbestimmender Faktor[2].

In magnetischen Messungen[3] wurde die molare paramagnetische Suszeptibilität zwischen p_H 4 und 9 zu $12560 \cdot 10^{-6}$ und bis p_H 13 nach einer Dissoziationskurve auf etwa $3000 \cdot 10^{-6}$ absinkend gefunden, was einem Übergang der vorwiegend ionischen Eisenbindung in eine vorwiegend kovalente entspricht. Der magnetometrisch ermittelte p_K-Wert der Dissoziationskurve ist 11,7 (spektrophotometrisch bestimmt 10,9).' Die Peroxydase-Fluorid-Verbindung ergibt wie Methämoglobinfluorid den theoretischen Wert für 5 unpaarige Elektronen $\chi_{mol} = 14700 \cdot 10^{-6}$ ($\mu = 5,92$ Bohrsche Magnetonen). Das Eisen ist also ionisch gebunden. In der Cyanidverbindung, die ein Äquivalent Cyanid je Fe enthält, ist mit $\chi_{mol} = 2970 \cdot 10^{-6}$ das Eisen kovalent gebunden, dasselbe gilt für die SH-Peroxydase ($\chi_{mol} = 2440 \cdot 10^{-6}$).

Wie beim Hämoglobin ist auch *in der Eisen(II)-peroxydase das Eisen ionisch* gebunden, was sich in dem Wert $\chi_{mol} = 11410 \cdot 10^{-6}$, entsprechend 5,19 Magnetonen (d. i. etwa 4 ungepaarte Elektronen), ausdrückt. Durch Sättigen mit CO verschwindet der Paramagnetismus, die Bindung wird kovalent wie beim CO-Hämoglobin.

Differenztitrationen wurden an den nachfolgend erörterten 3 Vergleichssystemen ausgeführt[4]:

1. Eisen(II)-peroxydase und Eisen(II)-CO-Peroxydase. Die beiden Derivate geben identische Titrationskurven; demnach zeigt die Peroxydase nicht den sog. Bohr-Effekt des Hämoglobins, der darin besteht, daß bei Anlagerung von O_2 oder CO eine Verschiebung der Dissoziationskonstante des hämgebundenen Imidazolkerns eintritt. Da die beiden Peroxydasederivate andererseits auf Grund des magnetochemischen Verhaltens im Bindungstyp dem Hämoglobin und CO-Hämoglobin entsprechen, ist zu schließen, daß im Gegensatz zu Hämoglobin die hämingebundenen Gruppen nicht Imidazolreste sind.

2. Die Titrationsdifferenz zwischen Eisen(III)- und Eisen(II)-peroxydase müßte bei analogen Bindungsverhältnissen in der Eisen(III)- und Eisen(II)-stufe nach:

$$Fe^{+++} + H \longrightarrow Fe^{++} + H^+$$

durchweg 1 Äquivalent betragen. Das ist zwischen p_H 8 und 9,5 der Fall. Nach der alkalischen Seite hin nimmt die Differenz ab und beträgt bei p_H 11 noch 0,5 Äquivalente, was damit zu erklären ist, daß die Eisen(III)-peroxydase eine dissoziierende Gruppe mit p_K 11 besitzt, die offenbar der spektrometrisch und magnetometrisch bestimmten Gruppe entspricht. Auch nach der sauren Seite hin nimmt die Titrationsdifferenz ab und beträgt zwischen p_H 4 und 5,5 praktisch 0. Aus dem Verlauf der Abnahme ergibt sich eine dissoziierende Gruppe in der Eisen(II)-peroxydase mit p_K 7. Über die Natur dieser Gruppe läßt sich nichts aussagen; eine

[1] Theorell, H.: Ark. Kemi, Mineral. Geol. **16** A, Nr. 2 (1942); **16** A, Nr. 3 (1942). — [2] Theorell, H., u. K. G. Paul: Ark. Kemi, Mineral. Geol. **18** A, Nr. 12 (1944). — [3] Theorell, H.: Ark. Kemi, Mineral. Geol. **16** A, Nr. 3 (1942). — [4] Theorell, H.: Ark. Kemi, Mineral. Geol. **16** A, Nr. 14 (1943).

OH-Gruppe dürfte auszuschließen sein, da in den entsprechenden Verbindungen mit 2-wertigem Eisen ionisch gebundene OH-Gruppen unbekannt sind und keine Verdrängung durch CO beobachtet wird.

3. Die Titrationsdifferenz zwischen freiem Protein und resynthetisierter Peroxydase entspricht zwischen p_H 5,5 und 9 einem Mehr von zwei Säureäquivalenten im Häminferment. Der weitere Verlauf der Differenz zwischen p_H 9 und 11,4 mit einem Minimum bei 10,5 (1,56 Äquivalente) zeigt den p_K-Wert einer titrierbaren Gruppe im Protein bei etwa 10 an. Diese Gruppe ist nach der Resynthese mit Hämatin verschwunden, möglicherweise durch Kupplung mit einer Propionsäuregruppe.

Es lassen sich also bis jetzt folgende, mit dem Hämin in Beziehung stehende Gruppen erkennen: 1. die ionisch gebundene Hydroxylgruppe mit $p_K = 5$ für Meerrettichperoxydase ($p_K = 4$ für Milchperoxydase), die spektrophotometrisch durch das Verhalten der Fluoridverbindung charakterisiert werden konnte. 2. Eine Gruppe unbekannter Natur mit $p_K = 4$ in Meerrettichperoxydase, die sich aus der Aktivitäts-p_H-Kurve ergibt und spektrophotometrisch bei 665 mμ zu kennzeichnen ist. 3. Eine Gruppe mit $p_K = 11$ in Meerrettichperoxydase, die spektrophotometrisch, magnetometrisch und titrimetrisch feststellbar ist. 4. In der Eisen(II)-peroxydase eine Gruppe unbekannter Natur mit $p_K = 7$.

Mechanismus der peroxydatischen Reaktion. Bei der typischen Peroxydasereaktion bildet sich die in Tabelle 153 erwähnte grüne H_2O_2-Peroxydase vom Typ I, die sehr rasch mit dem Substrat weiter reagiert. Je Minute und Mol Hämin werden abhängig von der H_2O_2-Konzentration 10^5 bis 10^6 Mole H_2O_2 in Reaktion gebracht. Charakteristisch ist dieser Ablauf bei niedriger H_2O_2-Konzentration, höhere zerstört das Ferment. Deswegen und wegen der großen Reaktionsgeschwindigkeit mit dem Substrat kann es nicht zur Ausbildung der H_2O_2-Peroxydase vom Typ III kommen. CHANCE[1] benützte die HARTRIDGE-ROUGHTONsche Durchflußmethode zum Studium der Kinetik der katalysierten H_2O_2-Reaktion mit Acceptoren wie Ascorbinsäure und Leukomalachitgrün. Das Reaktionsschema wird wie folgt formuliert:

$$Fe + H_2O_2 \underset{k_2}{\overset{k_1}{\rightleftarrows}} Fe \cdot H_2O_2 \xrightarrow[A]{k_3} Fe + AO + H_2O_2$$

Fe bedeutet Peroxydaseeisen, A Acceptor. Es wurde gefunden:
$k_1 = 1{,}2 \cdot 10^4 \, l \cdot mol^{-1} \cdot sec^{-1}$,
$k_2 < 0{,}2 \, sec^{-1}$, k_3: wechselnd mit der Acceptorkonzentration fast 0 bis $> 5 \, sec^{-1}$.

Offenbar ist die als $Fe \cdot H_2O_2$ formulierte Verbindung identisch mit dem Typ I. In dieser grünen Verbindung dürfte das Eisen wie in der freien Peroxydase in Ionenbindung vorliegen, während der rote Typus III vermutlich kovalent gebundenes Eisen enthält, und langsam reagiert. Auch das vergleichsweise langsam reagierende H_2O_2-Hämoglobin ähnelt spektroskopisch III. Das Eisen bleibt während der peroxydatischen Reaktion im 3-wertigen Zustand, demnach wird die Katalyse durch typische Eisen^{III}-Komplexbildner gehemmt, wie CN^-, F^- usw., nicht aber durch CO.

Abweichend von der Übertragung von Peroxydsauerstoff auf Chromogene kann die Peroxydase bei der Übertragung von molekularem Sauerstoff auf die Dioxymaleinsäure mitwirken[2]. Die Reaktion hat eine oxydatische Phase mit Valenzwechsel am Eisen (Hemmung durch CO und HCN), außerdem eine peroxydatische, die sich in der Unterbindung der Reaktion durch Katalase infolge der Entfernung von H_2O_2 äußert. Es ist vorläufig nicht

[1] CHANCE, B.: J. biol. Ch. **151**, 553 (1943). — THEORELL, H.: Adv. Enzymol. **7**, 265 (1947). — [2] THEORELL, H., u. B. SWEDIN: Naturwiss. **27**, 95 (1939). — THEORELL, H.: Ergebn. Enzymforsch. **9**, 276 (1943).

zu entscheiden, inwieweit der Dioxymaleinsäureoxydation physiologische Bedeutung zukommt, da dieses Substrat wegen seiner Zersetzlichkeit im biologischen Material bis jetzt nicht nachgewiesen ist.

Cytochromperoxydase.

ALTSCHUL, ABRAMS und HOGNESS hatten 1939 aus Bäckerhefe ein wasserlösliches cytochromoxydierendes Ferment isoliert[1]. Dessen Peroxydasenatur wurde später[2] erkannt, als in Analogie zum Verhalten der Dioxymaleinsäure-Oxydase eine Aufhebung der Wirksamkeit in Gegenwart von Katalase, d. h. die notwendige Mitwirkung von Peroxydsauerstoff festgestellt war. Als Substrat für das Ferment dient Cytochrom *c*, das mit Pt-H_2 in Gegenwart von Luft reduziert worden ist und ausreichend H_2O_2 enthält. Unter diesen Umständen ist die Reaktionsgeschwindigkeit proportional der Ferment- und Cytochromkonzentration, die Oxydation des Ferrocytochroms wird durch Messung der Abnahme seiner Extinktion bei 550 mμ bestimmt. Das Ferment ist ein Protohämoproteid, das bislang mit einem Hämingehalt von etwa 1% dargestellt worden ist[3].

Tabelle 154. Absorptionsbanden der Cytochromperoxydase verglichen mit denen der Meerrettichperoxydase (eingeklammerte Werte).

	Absorptionsbanden (mμ)
Cytochromperoxydase . .	620, (640), 500, (500), 410, (402)
Reaktion mit $Na_2S_2O_4$ . .	560, (594), 437, (558)
H_2O_2-Verbindung	560, (561), 530, (530)

Die Absorptionsspektren des Ferments und einige seiner Derivate sind nebenstehend zusammengestellt (Tabelle 154), sie zeigen eine gewisse Ähnlichkeit mit den entsprechenden der Meerrettichperoxydase.

Die H_2O_2-Verbindung, anscheinend die einzige, enthält ein Mol H_2O_2 je Fe, die Dissoziationskonstante des Komplexes ist 10^{-6} mol/l. KCN hemmt in $3 \cdot 10^{-4}$ molarer Konzentration vollständig, auch Salze wie NaCl und Phosphat hemmen in molarer Konzentration zu 80 bis 85%.

Die physiologische Bedeutung der Cytochromperoxydase ist noch unklar. Von der Meerrettichperoxydase unterscheidet sich das Ferment dadurch, daß es im Purpurogallintest praktisch unwirksam ist, während umgekehrt jene nicht auf Cytochrom *c* anspricht. Jedenfalls kann die Cytochromperoxydase nur in katalasefreien Zellen wirken, eine Voraussetzung, die in der Bäckerhefe, wo die Katalaseaktivität 250mal geringer ist als die der Peroxydase, erfüllt ist.

Myeloperoxydase[4].

Die Peroxydase wurde 1941 von AGNER[5] aus leukocytenhaltigem Ausgangsmaterial, nämlich aus Eiter, aus den weißen Blutkörperchen eines Patienten mit myeloischer Leukämie und aus chloroleukämischen Infiltraten gewonnen. Die Peroxydase stammt aus den myeloischen Zellen, die lymphatischen enthalten keine. Verschiedene Chromogene wurden zur Aktivitätsbestimmung benützt; Hydrochinon, Brenzkatechin, Pyrrogallol, p-Phenylendiamin und Ascorbinsäure gaben starke Effekte, Resorcin und Benzidin schwache, Phenol, Tyrosin, Sulfamid und Äthanol gar keine. Die Purpurogallinmethode gibt bei zunehmenden Zeiten abnehmende Werte, schätzungsweise ist die Aktivität 10- bis 20mal geringer als

[1] ALTSCHUL, A. M., R. ABRAMS and T. R. HOGNESS; J. biol. Ch. **130**, 427 (1939). — [2] ALTSCHUL, A. M., R. ABRAMS and T. R. HOGNESS: J. biol. Ch. **136**, 777 (1940). — [3] ABRAMS, R., A. M. ALTSCHUL and T. R. HOGNESS: J. biol. Ch. **142**, 303 (1942). — [4] Diese Peroxydase wurde ursprünglich als Verdoperoxydase bezeichnet, später, nach Auffindung der ebenfalls grünen Milchperoxydase, umbenannt. — [5] AGNER, K.: Acta physiol. scand **2**, Suppl. VIII (1941).

in der Meerrettichperoxydase. Bei dem hohen Gehalt der Leukocyten an Peroxydase von 1—2% ist die Gesamtwirkung beträchtlich, nämlich etwa 6mal größer als in Meerrettichwurzeln. So erklären sich die lange bekannten auffälligen Farbreaktionen an Leukocyten mit Nadireagens und Benzidin, die zum Teil auch als oxydatische Reaktion gedeutet worden waren.

Die Myeloperoxydase ist am besten aus Eiter zugänglich. Sie wurde von AGNER durch Ammonsulfat-Alkohol-Fällungen und Elektrophorese gereinigt. Die reinsten, bräunlich grünen Präparate enthielten 17,15% N und 0,1% Fe (0,01% Cu als Verunreinigungen). Auffallend ist die Stabilität der Myeloperoxydase, die eine Temperatur von 80°C 10 min praktisch ohne Aktivitätsverlust aushält, ebenso Fällung mit Alkohol-Formalinmischungen (70 bzw. 10%). So war die Isolierung aus Alkohol-Formalin-konservierten Präparaten, die 29 Jahre lang aufbewahrt waren, möglich.

Tabelle 155. Absorptionsbanden der Myeloperoxydase und einiger Derivate.

	Absorptionsbanden (mμ)
Ferment	690, 625, 570, 495, 430, (370), 280
+ $Na_2S_2O_4$	637, 475, 380, 280
+ HCN (ox.)	634, 458
+ H_2NOH (ox.)	628, 460
+ NaN_3 (red.)	615, 460

Die Myeloperoxydase wird als Hämoproteid betrachtet, doch ist über die Konstitution des Hämins nichts bekannt. Die aktive Gruppe läßt sich im Gegensatz zur Meerrettichperoxydase nicht abspalten, auch sind die Absorptionsspektren beider Peroxydasen durchwegs voneinander verschieden (s. Tabelle 155). Zur Reduktion wird ein Äquivalent $Na_2S_2O_4$ je Fe verbraucht, wobei eine grüne Lösung entsteht. Auffallend ist, daß NaN_3 nur an der Eisen(II)-stufe angreift. Fluorid und CO verändern die Spektren weder der Eisen(III)- noch der Eisen(II)-stufe. Eisen(II)-Myeloperoxydase ist unterhalb p_H 5 autoxydabel, langsam bei höherer Alkalität. H_2O_2 oxydiert zur Eisen(III)-stufe, ein Überschuß bildet eine grüne H_2O_2-Verbindung mit einer Absorptionsbande bei 625 mμ. Die Verbindung ist instabil, es bildet sich Eisen(III)-peroxydase zurück. In Gegenwart von Hydrochinon ist nur die Absorption der Eisen(II)-stufe wahrzunehmen, während Hydrochinon zu einer roten Verbindung oxydiert wird.

Lactoperoxydase.

Dieses Ferment, das erstmals von ARNOLD[1] in Milch nachgewiesen wurde, galt meist als ein Bestandteil zerstörter Leukocyten. Indessen konnten THEORELL und ÅKESON[2] zeigen, daß es verschieden von der AGNERschen Leukocytenperoxydase[3] ist. Es ist, wie schon von ELLIOT vermutet, ein Hämoproteid, braungrün in der Eisen(III)-form, emeraldingrün, wie die Leukocytenperoxydase, jedoch mit verschiedenem Absorptionsspektrum, in der Eisen(II)-form. Demnach *gehören die beiden bekannten tierischen Peroxydasen einem grünen oder mischfarbenen Hämintyp an, während die aus dem Pflanzenreich stammenden, die Meerrettich- und Hefeperoxydase Protohäminabkömmlinge sind.*

Das Ferment wurde in krystallisiertem Zustand gewonnen[2, 4], sein Eisengehalt beträgt 0,085%; der isoelektrische Punkt liegt bei p_H 7,7, bei dem jedoch das Ferment wegen seines Albumincharakters nicht ausfällt.

Die in Tabelle 156 aufgeführten Absorptionsspektren wurden an einem nicht krystallisierten Präparat vom Reinheitsgrad 0,88 ermittelt.

[1] ARNOLD, C.: Arch. Pharmazie **219**, 41 (1881). — [2] THEORELL, H., u. A. ÅKESON: Ark. Kemi, Mineral. Geol. **17** B, Nr. 7 (1943). — [3] AGNER, K.: Acta physiol. scand. **2**, Suppl. VIII (1941). — [4] THEORELL, H., u. K. G. PAUL: Ark. Kemi, Mineral. Geol. **18** A, Nr. 12 (1944).

Tabelle 156. Absorptionsbanden der Lactoperoxydase und einiger Derivate.

	Absorptionsbanden mμ	
Lactoperoxydase	640, 600, 550, 500, 413, 280	
+ $Na_2S_2O_4$	645, 600, 575—557	In Luft reoxydierbar
+ NaF	(620), 590	Blaugrün
+ NaCN	595 (schmal), 560 (breit)	Gelbgrün
+ H_2O_2 (1 Äquiv.)	570, 538	Rötlich, beim Stehen kehrt das Fermentspektrum zurück
+ H_2O_2 (10 Äquiv.)		Bräunlich, beim Stehen kehrt das Fermentspektrum zurück
Hämochromogen (mit NaOH, Pyridin und $Na_2S_2O_4$)	567, 530	

Die Lage der Hämochromogenbanden zeigt eindeutig, daß das Lactoperoxydasehämin verschieden von Protohämin (Hämochromogenbande 557 mμ) ist. Unter denselben Bedingungen liefert die Myeloperoxydase überhaupt kein Hämochromogen.

Wie bei der Myeloperoxydase nimmt die im Purpurogallintest ermittelte Aktivität wegen der durch die hohe H_2O_2-Konzentration verursachten Enzymzerstörung mit der Zeit rasch ab. Bei Erniedrigung der H_2O_2-Konzentration auf 3 mg je 500 cm³ folgt die Reaktion der monomolekularen Form. Durch Umrechnung auf die in der Definition für die PZ geforderten H_2O_2-Konzentration von 12,5 mg je 500 cm³ erhält man für das reine Ferment eine PZ von 81,3. Über die Ermittlung einer Dissoziationsstufe mit p_K 4, siehe unter Meerrettichperoxydase S. 882.

δ) Katalasen[1, 2].

Die Frage, ob die enzymatische H_2O_2-Zersetzung eine Eisenkatalyse sei, wurde das erstemal in den Untersuchungen von HENNICHS[3] und von v. EULER[4] auf Grund präparativer und kinetischer Versuchsergebnisse erörtert. Nachdem KUHN[5] gezeigt hatte, daß Protohämin im Vergleich zu gewöhnlichen Eisensalzen eine beachtliche katalatische Aktivität besitzt, ein Befund, der durch v. EULER[6, 7] auch an anderen Häminen erhoben wurde, wiesen ZEILE und HELLSTRÖM[8] nach, daß Hämin auch die Wirkgruppe der katalatisch-*fermentativen* Reaktion ist. Die Wirksamkeit des Fermenthämins ist etwa 10^6mal größer als die des freien Hämins.

Kennzeichnung als Häminferment. Aus Fermentpräparaten, die frei von Begleithämin gewonnen und durch ihr hämatinähnliches Absorptionsspektrum gekennzeichnet worden waren, wurde bei alkalischer Reaktion das Hämin abgespalten und als Protohämochromogen spektrometrisch bestimmt. Der Nachweis, daß es sich bei dem aufgefundenen Hämin wirklich um die aktive Fermentgruppe handelt, wurde durch die Messung der Proportionalität zwischen Enzymwirksamkeit und Häminkonzentration bei verschieden behandelten Enzympräparaten erbracht, sowie durch den Vergleich der spektrometrisch bestimmten inaktiven HCN-Verbindung des Ferments mit der reaktionskinetisch ermittelten

[1] SUMNER, J. B.: Adv. Enzymol. **1**, 163 (1941). — [2] ZEILE, K.: Ergebn. Enzymforsch. **3**, 265 (1934). — [3] HENNICHS, S.: B. Z. **171**, 314 (1926). — [4] EULER, H. v., u. K. JOSEPHSON: A. **452**, 158 (1927). — [5] KUHN, R., u. L. BRANN: B. **59**, 2370 (1926). H. **168**, 27 (1927). — KUHN, R., L. BRANN, C. SEYFFERT u. M. FURTER: B. **60**, 1151 (1927). — [6] EULER, H. v., H. NILSSON u. D. RUNEHJELM: Svensk. kem. T. **41**, 85 (1929). — EULER, H. v., u. H. NILSSON: Ark. Kemi, Mineral. Geol. **10** B, Nr. 5 (1929). — [7] ZEILE, K.: H. **189**, 127 (1930). — [8] ZEILE, K., u. H. HELLSTRÖM: H. **192**, 171 (1930) — ZEILE, K.: H. **195**, 39 (1931).

Hemmung durch Blausäure, die einem einfachen Dissoziationsgleichgewicht zwischen 1 Atom Fermenthämin und 1 Mol HCN folgt. Auch eine Verbindung mit H_2S, der als Hemmkörper des Ferments bekannt ist, wurde spektrometrisch charakterisiert[1].

Die spektrometrischen Daten erwiesen sich bei Katalase aus Pferdeleber und aus Kürbiskeimlingen übereinstimmend, später wurden sie bei Katalasen anderer Herkunft, z. B. aus Hefe[2] und Bakterien[3] bestätigt. *Für Katalasehämin aus Pferdeleber wurde, wie für das Bluthämin, die Konstitution im Sinn der isomeren Reihe IX festgelegt*[4].

Katalytische Wirksamkeit und Bau des Ferments. Von SUMNER und DOUNCE[5] wurde das erstemal krystallisierte Katalase aus Rinderleber hergestellt. In der Folgezeit ist aus vielen anderen Materialien krystallisierte Katalase gewonnen worden; Angaben über die Wirksamkeit einer Auswahl solcher Präparate sind in Tabelle 157 aufgenommen. Vgl. THEORELL[6].

Tabelle 157. Wirksamkeit einiger krystallisierter Katalasepräparate.

Herkunft	Kat. f.	Hämatin %	$k/[FeP]$	Autoren
Leber:				
Pferd*	60000	0,80	4720	AGNER[7]
Mensch	45000	0,87	3000	BONNICHSEN[8]
Erythrocyten:				
Pferd	65000	1,08	3400	BONNICHSEN[9]
Mensch	63000	1,15	3100	HERBERT und PINSENT[10]
Bakterien:				
Mikrococcus lysodeikticus	99000	1,096	5100	HERBERT und PINSENT[11]
Kürbiskeimlinge **	—	—	8000	ZEILE und HELLSTRÖM[12]

* Biliverdingehalt 0,266%.
** Präparat nur in Lösung gewonnen.

Es bedeuten: Kat. f. $= \frac{k}{\text{mg Enzym}/50\ \text{cm}^3}$ mit k als der Konstanten der monomolekularen Reaktion der H_2O_2-Zersetzung[13]. Der Wert ist ein Maß für die Reinheit eines Enzympräparates. In $k/[FeP]$ bedeutet k die Reaktionskonstante, $[FeP]$ die Anzahl Milligramm porphyringebundenes Eisen im Liter[14]. Der Wert ist ein Maß für die katalytische Wirksamkeit des Katalaseeisens.

Wie aus der Tabelle hervorgeht, besitzt nach den bisherigen Feststellungen die krystallisierte Bakterienkatalase die höchste Wirksamkeit, bezogen auf das Fermentgewicht, während in der Kürbiskatalase das Eisen die stärkste katalatische Wirksamkeit entfaltet.

Bei der sauren Spaltung zahlreicher Katalasepräparate wurde neben Hämin auch *Biliverdin*[15-17] abgetrennt. Nach neueren Untersuchungen ist dieser

[1] Siehe Fußnote [8] S. 886. — [2] SUMNER, J. B., and E. B. SISLER: J. biol. Ch. **165**, 7 (1946). — [3] HERBERT, D., and A. J. PINSENT: Biochem. J. **43**, 193 (1948). Nature **160**, 125 (1947). — [4] STERN, K. G.: J. biol. Ch. **112**, 661 (1935/36). — [5] SUMNER, J. B., and A. L. DOUNCE: Science, N. Y. **85**, 366 (1937). J. biol. Ch. **121**, 417 (1937). — [6] THEORELL, H.: Adv. Enzymol. **7**, 265 (1947). — [7] AGNER, K.: Ark. Kemi Mineral. Geol. **16** A, Nr. 6 (1942). — [8] BONNICHSEN, R. K.: Acta chem. scand. **1**, 114 (1947). — [9] BONNICHSEN, R. K.: Arch. Biochem. **12**, 83 (1947). — [10] HERBERT, D., and J. PINSENT: Biochem. J. **43**, 203 (1948). — [11] HERBERT, D., and J. PINSENT: Biochem. J. **43**, 193 (1948). — [12] ZEILE, K.: H. **195**, 39 (1931). — [13] EULER, H. v., u. K. JOSEPHSON: B. **56**, 1749 (1923). — [14] ZEILE, K., u. H. HELLSTRÖM: H. **192**, 171 (1930). — [15] STERN, K. G.: J. biol. Ch. **112**, 661 (1935/36). — [16] LEMBERG, R., M. NORRIE and J. W. LEGGE: Nature **144**, 551 (1939). —LEMBERG, R., and R. H. WYNDHAM: J. Proc. R. Soc. N. S. Wales **70**, 343 (1937). — [17] SUMNER, J. B., und A. L. DOUNCE: J. biol. Ch. **127**, 439 (1939). — DOUNCE, A. L., and O. D. FRAMPTON: Science, N. Y. **89**, 300 (1939). — AGNER, K.: Ark. Kemi, Mineral. Geol. **16** A, Nr. 6 (1942). —

Farbstoff *ein bei der Aufarbeitung entstandenes Kunstprodukt*; wie durch die Herstellung biliverdinfreier Katalasepräparate aus Erythrocyten[1], aus menschlicher [2] und später auch aus Pferdeleber[3], ferner aus Bakterien[4] gezeigt wurde, läßt sich seine Bildung vermeiden. Er steht demnach im genuinen Ferment nicht zu der Aktivität in Beziehung.

Das Molekulargewicht von Katalase aus Pferde[5]- und Rinder[6]- Leber, aus menschlichen Erythrocyten[7] und Bakterien ergibt sich aus den nahe übereinstimmenden Sedimentationskonstanten ($11{,}0$—$11{,}3 \cdot 10^{-13}$) zu etwa 240000. Daraus folgt, daß ein Fermentmolekül 4 Hämingruppen enthält. Über die Aminsäurezusammensetzung des Proteins siehe THEORELL[8].

Absorptionsspektren. Tabelle 158 gibt spektrometrische Daten des Katalaseferments sowie einiger seiner Verbindungen wieder.

Tabelle 158. Absorptionsspektren der Katalase und ihrer Derivate[9, 10, 11, 12].

	Absorptionsbanden (mμ)	
Katalase:		
subjektive Messung . . .	629, 540, 500	Wird in neutraler Lösung durch $Na_2S_2O_4$ und CO nicht verändert.
objektive Messung	623, 536, 400, 280	
Zusatz von:		
HCN	589, 557	Nach Entfernung von HCN, bzw. H_2S oder bei entsprechender Verdünnung Rückkehr des Enzymspektrums.
H_2S	640, 580, Nachschatten bis 540	
NaF	622, 597	
NO	577, 538	Bei Abwesenheit von O_2. Nach Entfernung von NO, Rückkehr des Enzymspektrums.
NaN_3	Erste Bande des Enzymspektrums verstärkt und 5 mμ blauwärts verlagert	Beim Auswaschen auf dem Ultrafilter Rückkehr des Enzymspektrums.
NaN_3 + Peroxyde	587, 559	Bei Abwesenheit von O_2. Bei O_2-Zutritt Rückkehr des reinen Acidspektrums.
NaN_3 + Peroxyde + CO.	580, 545	
NH_2OH	Enzymbande bei 629 diffus, Schatten bei 580, im übrigen kein deutlicher Unterschied gegen das Enzymspektrum	Verhalten gegen Peroxyde ähnlich wie Azidkatalase.
NH_3	632, 588, 550	
C_2H_5OOH	570, 534	Nach Zerfall der Äthylperoxydverbindung Rückkehr des Enzymspektrums.

[1] Siehe Fußnote [9] S. 887. — [2] Siehe Fußnote [8] S. 887. — [3] Zit. nach THEORELL, H.: Exper. **4**, 100 (1948). — [4] Siehe Fußnote [10] S. 887. — [5] AGNER, K.: Biochem. J. **32**, 1702 (1938). — [6] SUMNER, J. B., and N. GRALÉN: J. biol. Ch. **125**, 33 (1938). — [7] CECIL, R., and A. G. OGSTON: Biochem. J. **43**, 205 (1948). — [8] THEORELL, H., u. Å. ÅKESON: Ark. Kemi, Mineral. Geol. **16** A, Nr. 6 (1942). — [9] ZEILE, K., u. H. HELLSTRÖM: H. **192**, 171 (1930). — [10] AGNER, K.: Ark. Kemi, Mineral. Geol. **16** A, Nr. 8 (1942). — [11] KEILIN, D., and E. F. HARTREE: Proc. R. Soc. London (B) **122**, 298 (1937). — [12] STERN, K. G.: J. biol. Ch. **114**, 473 (1936). — STERN, K. G., and D. DU BOIS: J. biol. Ch. **121**, 573 (1937).

Reaktions- und Bindungsverhältnisse des Fermenteisens. Die 2-wertige Stufe des Katalaseeisens wird nur unter besonderen Reaktionsbedingungen erreicht[1]. In der Katalase-H_2S-Verbindung läßt es sich reduzieren; nach Entfernung des Schwefelwasserstoffs im O_2-freien Gasstrom erhält man die Eisen(II)-stufe des Ferments, die mit molekularem Sauerstoff die Eisen(III)-stufe zurückbildet. Ferner bildet sich in einer eigenartigen Reduktionsreaktion durch verschiedene Peroxyde, wie H_2O_2, BaO_2, C_2H_5OOH, aus Azid- und Hydroxylaminkatalase ein Eisen(II)-derivat, das mit CO reagiert[2].

Die Reaktion des Fermenteisens mit Alkylperoxyd war durch STERN visuell spektrometrisch verfolgt worden[3]; neuerdings wurde durch CHANCE[4] in einer Durchflußapparatur nach HARTRIDGE-ROUGHTON auch die Reaktion mit H_2O_2 in hochverdünnten Lösungen (z. B. 4 μ-molare Fermentlösung, m-molare H_2O_2-Lösung) durch eine Erniedrigung der *Soret*bande bei 405 mμ spektrophotometrisch registriert. In der Katalase-HCN-Verbindung sind alle 4 Hämin-Fe-Atome mit HCN besetzt. Durch H_2O_2 wird ein HCN-Molekül abgedrängt, daraus wird geschlossen, daß die Katalase-H_2O_2-Verbindung 1 Mol H_2O_2 auf 4 Atome Fermenteisen enthält. Im Gegensatz dazu sind in den Alkylperoxydverbindungen alle 4 Fe-Atome durch Peroxyd besetzt. Es existieren zweierlei Alkylperoxyd-Katalaseverbindungen, ein primärer, grünlich gefärbter Typ und ein sekundärer, rötlich gefärbter, ähnlich wie bei den Peroxydasen.

Soviel sich aus den magnetischen Messungen[5] an einem Katalasepräparat mit 25% Biliverdin-Eisen entnehmen läßt, besteht bei dem Ferment, seiner Azid- und Fluoridverbindung (5,89 bzw. 5,86 und 5,89 Magnetonen) eine ionische Bindung des 3-wertigen Eisens mit fünf unpaarigen Elektronen, für die HCN-Katalase (mit 75% HCN-empfindlichem Eisen, 4,02 Magnetonen) die kovalente Bindung mit einem unpaarigen Elektron.

Durch spektrophotometrische und reaktionskinetische Messungen wurde die Existenz grünlicher Verbindungen der Katalase mit Anionen festgestellt[6]. Wie bei der Peroxydase haftet eine Hydroxylgruppe am Fermenteisen, um deren Bindung andere Anionen konkurrieren können. So erklärt sich eine steigende Enzymhemmung durch Anionen mit abnehmender Hydroxylionenkonzentration. Die Dissoziationskonstante für Katalasehydroxyl[3] beträgt 10^{-10}, der entsprechende Wert für das Formiation[5] 10^{-5}, für das Acetation[6] 10^{-2}. Gegenwärtig ist die Hydroxylgruppe die einzige, die als Ligand des Katalaseeisens bekannt ist.

Wirkungsweise der Katalase. Eine Aufklärung des katalatischen Reaktionsmechanismus, die über die bisher vertretenen hypothetischen Vorstellungen[7, 8] hinausgeht, ist von kinetischen Untersuchungen über die Reaktionszwischenstufen (CHANCE)[4] zu erwarten. Dabei ist zu berücksichtigen, daß, abgesehen von reiner H_2O_2-Zersetzung nach den Feststellungen von KEILIN und HARTREE[9], das Enzym auch die Übertragung von Peroxydsauerstoff auf gewisse Substrate, nämlich niedere Alkohole wie Methyl-, Äthyl-, n-Propyl-, Isobutyl-Alkohol, Colamin, Glykol katalysieren kann. Aus den vorliegenden kinetischen Daten ergibt sich, daß der spontane irreversible Zerfall der Katalase-H_2O_2-Verbindung, die im Gebiet sehr niedriger H_2O_2-Konzentrationen nachweisbar ist, im Vergleich zur Übertragung des Peroxydsauerstoffs auf Alkohol verhältnismäßig langsam abläuft. Das bedeutet, daß bei kleiner H_2O_2-Konzentration die peroxydatische Reaktion bei Anwesenheit eines geeigneten Substrats bevorzugt abläuft und die

[1] ZEILE, K., G. FAWAZ u. V. ELLIS: H. **263**, 181 (1940). — [2] Siehe Fußnote [11] S. 888. — [3] Siehe Fußnote [12] S. 888. — [4] CHANCE, B.: Acta chem. scand. **1**, 235 (1947). — S. a. THEORELL, H.: Exper. **4**, 100 (1948). — [5] THEORELL, H., u. K. AGNER: Ark. Kemi, Mineral. Geol. **16** A, Nr. 7 (1942). Siehe auch THEORELL, H.: Ergebn. Enzymforsch. **9**, 293 (1943). — [6] AGNER, K., u. H. THEORELL: Arch. Biochem. **10**, 321 (1946). — [7] KEILIN, D., and E. F. HARTREE: Proc. R. Soc. London (B) **124**, 397 (1938). — [8] SUMNER, J. B.: Adv. Enzymol. **1**, 163 (1941). — [9] KEILIN, D., and E. F. HARTREE: Proc. R. Soc. London (B) **119**, 41 (1936). Biochem. J. **39**, 293 (1945). —

eigentliche katalatische Reaktion, die Zersetzung überschüssigen Wasserstoffsuperoxyds, erst im Gebiet hoher H_2O_2-Konzentrationen zum Zug kommt. Wie diese besonders rasch ablaufende Reaktion zu formulieren ist, ist noch offen. Es dürfte feststehen, daß alle 4 Fe-Atome im Fermentmolekül gleichwertig sind; das ergibt sich aus dem gleichwertigen Verhalten bei der spektrometrisch verfolgten Titration mit HCN, sowie beim Umsatz mit Alkylperoxyden, die gleichmäßig alle 4 Fe-Atome besetzen, ferner aus magnetometrischen Daten.

Tabelle 159. Reaktionskinetische Werte von Katalaseverbindungen[1].

Substrat	Katalase-Substrat-Verbindung	Konstanten: Bildung $(l \cdot Mol^{-1} \cdot sec^{-1})$	spontaner irrevers. Zerfall (sec^{-1})	peroxyd. Reaktion $(l \cdot Mol^{-1} \cdot sec^{-1})$	Acceptor
H_2O_2	Kat.-H_2O_2	$3 \cdot 10^7$	0,02	$1 \cdot 10^3$	Äthanol
CH_3OOH . . .	Kat.-$(CH_3OOH)_4$	$1 \cdot 10^6$	0,02	$1,1 \cdot 10^3$	Äthanol
C_2H_5OOH . . .	Kat.-$(C_2H_5OOH)_4$	$2 \cdot 10^4$	0,04	$2,2 \cdot 10^3$	Äthanol
HCN	Kat.-$(HCN)_4$	$9 \cdot 10^5$			
H_2O_2 (katalat. Reaktion) . .	Kat.-H_2O_2	$3,5 \cdot 10^7$	10^9		H_2O_2

Dem Wesen nach sind beide Reaktionstypen nicht verschieden; bei der peroxydatischen Reaktion wird der Peroxydsauerstoff auf einen Alkohol übertragen, der dabei zum Aldehyd oxydiert wird, bei der katalatischen auf Wasserstoffsuperoxyd selbst, das unter Freisetzung von Sauerstoff zerfällt. Damit erscheint die biologische Katalasefunktion, die man bisher vor allem in der Zerstörung des bei der Oxydation im Gewebe auftretenden H_2O_2 gesehen hat, in neuem Lichte. Bei den unter biologischen Bedingungen niedrigen H_2O_2-Konzentrationen, die in manchen Organen hohen Enzymkonzentrationen gegenüberstehen, könnte die peroxydatische Reaktion zur Hauptreaktion werden. Zu klären bliebe die Frage, welche Substrate der Katalase in der Zelle zur Verfügung stehen.

ε) Weitere Häminfermente und Zellhämine.

Außer den hier besprochenen häminhaltigen Fermenten gibt es anscheinend noch eine Reihe weiterer, die zwar noch unvollkommen charakterisiert sind, deren Häminnatur sich aber aus Hemmungsreaktionen mit CO und HCN, den typischen koordinativen Liganden des Hämineisens erkennen läßt. Teilweise stehen sie nicht mit dem oxydativen Stoffwechsel in unmittelbarem Zusammenhang.

Stern und Melnick[2] haben in der Rattenretina die Pasteursche Reaktion, d. h. die Verminderung der Glykolyse durch Sauerstoff lichtreversibel durch CO hemmbar gefunden und mit der Warburgschen Methodik das relative Absorptionsspektrum des Pasteur-Ferments aufgenommen. Die Absorptionen liegen bei 450 mμ (Soret-Bande), 515 und 578 mμ; demnach, und da die Atmung unter den angewandten Versuchsbedingungen nicht durch CO beeinträchtigt wird, ist das Pasteur-Ferment verschieden vom sauerstoffübertragenden.

Hobermann und Rittenberg[3] wiesen in Proteus vulgaris ein Enzymsystem nach, das den Austausch von Deuterium- oder Wasserstoffmolekülen gegen den Wasserstoff in Wassermolekülen katalysiert; es ist lichtreversibel CO-hemmbar,

[1] Siehe Fußnote [4] S. 889. — [2] Stern, K. G., and J. L. Melnick: J. biol. Ch. **139**, 301 (1941). — [3] Hobermann, H. D., and D. Rittenberg: J. biol. Ch. **147**, 211 (1943).

HCN empfindlich und auch durch Sauerstoff hemmbar. Die Stickstoffbindung in den Wurzelknöllchen des Rotklees, ebenso in Azotobakter ist CO-hemmbar[1], CO-empfindlich ist auch die Reduktion von Nitrat zu Nitrit durch Haemophilus influencae[2, 3]. Ein anderer Influenzabacillenstamm (TURNER) benötigt auffallenderweise unter streng anaeroben Bedingungen Hämin für seine Vermehrung[4].

Häufig beobachtet man, daß das gesamte Zellhämin, das z. B. bei alkalischer Reaktion als Pyridinhämochromogen nachgewiesen wird, das in den Häminfermenten vorhandene Hämin mengenmäßig erheblich übertrifft. Das ist beispielsweise bei der Hefe[5], aus der Hämin in krystallisiertem Zustand dargestellt worden ist, beim Meerrettich[6], beim Steinpilz[7] festgestellt worden. Über die Bindungsart dieses überschüssigen, von KEILIN „unspezifisch" genannte Zellhämin an die Zellproteine ist nichts bekannt; nach dem oben Angeführten ist zu vermuten, daß sich unter diesen Zellhäminen weitere spezifische Katalysatoren befinden. In diesem Zusammenhang sei nochmals auf die *Überträgersubstanz* zwischen Cytochrom *b* und *c* hingewiesen (vgl. S. 876); auch das in vielen Mikroorganismen zu beobachtende Protohämochromogen, das mit seiner Absorptionsbande die Cytochrom *b*- und *c*-Banden zu einer einzigen verbreitert, ist hier zu nennen.

Ein eigenartiges Vorkommen von freiem Hämatin wird in besonderen Granula der Blutzellen von Urechis caupo[8] beobachtet; doch wird hier die Möglichkeit erörtert, daß dieses Hämatin ein Abbauprodukt des Blutfarbstoffes auf dem Wege zu seiner Ausscheidung sei.

e) Natürliche Porphyrine[9–14].

Die *Verbreitung der Porphyrine* in der Natur ist ebenso allgemein wie die ihrer Metallkomplexsalze in Form von Hämin- und Chlorophyllverbindungen, indessen kommen die freien Porphyrine nur in geringen Konzentrationen in der Natur vor. Verschieden vom Blutfarbstoff, von dem man mit Sicherheit nur eine der Ätio-III-Reihe (S. 862) entsprechende Anordnung der Seitenketten kennt, sind natürliche Porphyrine als Vertreter der Isomerenreihen I und III bekannt. Porphyrine findet man bei Mikroorganismen wie Diphtherie- und Tuberkelbacillen und Hefen, ferner bei vielen untersuchten höheren Pflanzen. Vom Menschen werden Porphyrine mit Kot und Harn ausgeschieden; sie wurden außerdem u. a. in Galle, Blut, Fruchtwasser, Mekonium, in der Mundschleimhaut und im Zahnbelag nachgewiesen. (Näheres siehe unten bei den betreffenden Porphyrinen und VANNOTTI[12].)

Über die *Aufgaben und den Stoffwechsel der Porphyrine* bestehen nicht immer gesicherte Anhaltspunkte; bei den Porphyrinen der Isomerenreihe III handelt

[1] LIND, C. J., and P. W. WILSON: Am. Soc. **63**, 3511 (1941). — [2] RAOUL, Y., et C. MARNAY: Bull. Soc. Chim. biol. **27**, 111, 502, 507 (1945). — [3] Vgl. dazu GRANICK, S., and H. GILDER: J. gen. Physiol. **30**, 1 (1946). — [4] GRANICK, S., and H. GILDER: Adv. Enzymol. **7**, 305 (1947). — [5] FISCHER, H., u. F. SCHWERDTEL: H. **175**, 248 (1928). — s. a. MAYER, R. M.: H. **177**, 47 (1928). — SCHUMM, O.: H. **159**, 192 (1926); **170**, 1 (1927). — [6] KEILIN, D., and T. MANN: Proc. R. Soc. London (B) **122**, 119 (1937). — [7] ZEILE, K.: H. **195**, 39 (1931). — [8] BAUMBERGER, J. P., and L. MICHAELIS: Biol. Bull. **61**, 417 (1931).

Zusammenfassende Darstellungen über Porphyrine: 9—14. [9] Fischer-Orth, Porphyrincarbonsäuren. Pyrrolchemie **2**/1, 318—364 (1937). — [10] WALDENSTRÖM, J.: Acta med. scand. Suppl. **82**, 3 (1937); **83**, 281 (1934). — [11] CARRIÉ, C.: Die Porphyrine, ihr Nachweis, ihre Physiologie und Klinik. Leipzig 1936. — [12] VANNOTTI, A.: Porphyrine und Porphyrinkrankheiten. Berlin 1937. — [13] DOBRINER, K., and C. P. RHOADS: The porphyrines in health and disease. Physiol. Rev. **20**, 416—468 (1940). — [14] BRUGSCH, J. TH.: Die sekundären Störungen des Porphyrinstoffwechsels. Ergebn. inn. Med. **51**, 86—124 (1936).

es sich manchmal eindeutig um Abbauprodukte des Blutfarbstoffes oder des Chlorophylls, obwohl auch festgestellt wurde, daß dieser Isomerentyp, nämlich im Falle des Koproporphyrins III bei Mikroorganismen, unmittelbar durch Synthese — also ohne Umweg über das Hämin — entstehen kann.

Porphyrine der Isomerenreihe I kommen als Abbaustufen des Blutfarbstoffs nicht in Betracht. Formal unterscheiden sich die beiden Formen I und III durch eine Drehung des Kernes IV im Porphingerüst, ein Umstand, der eine gegenseitige biologische Umwandlung dieser Formen vom chemischen Standpunkt aus als durchaus unwahrscheinlich erscheinen läßt, vielmehr zur Annahme getrennter Aufbauwege zwingt. Diese Vorstellung vom *Dualismus der Porphyrine* wurde von H. FISCHER begründet. Unter den Mikroorganismen ist die *Hefezelle* das klassische Objekt, das die Fähigkeit der Einzelzelle zur Porphyrinsynthese aus porphyrinfreien Nährstoffen zeigt und das zugleich auch ein Beispiel für den Dualismus der Porphyrine bildet. Hefezellen führen den Typus I als Koproporphyrin, daneben den Typus III, in Form von Hämin und Cytochrom *c*. Neben der verhältnismäßig großen Menge des nach III gebauten Blutfarbstoffes kommen im menschlichen Organismus Porphyrine vom Typus I vor, wenn auch nur in geringer Menge: im normalen Harn findet man Koproporphyrin I (neben III) unter pathologischen Verhältnissen auch Uroporphyrin I.

Diese Beispiele zeigen deutlich, daß Fortschritte in der Erkenntnis vom Stoffwechsel der Porphyrine in jedem Fall von der Klärung der Isomerenfrage abhängen. Da man bisher zur sicheren Identifizierung der Isomeren auf die Reindarstellung der Porphyrine in Substanz angewiesen ist, verlangt die Sichtung der umfangreichen Literatur[1–4] über Porphyrine und ihr Vorkommen im folgenden zunächst eine Berücksichtigung derjenigen Befunde, durch die Porphyrine in Substanz zumindest durch Schmelzpunkt charakterisiert wurden.

α) Beschreibung der Porphyrine.

Protoporphyrin, $C_{34}H_{34}O_4N_4$. Konstitution siehe Formel (VI), S. 858. Protoporphyrin ist das am weitesten verbreitete Porphyrin. Es wurde erstmals von H. FISCHER und KÖGL[5] aus gefleckten Eierschalen von im Freien brütenden Vögeln in krystallisiertem Zustand dargestellt (Ooporphyrin).

Man findet es im Eidotter[6], wo es sich gleichzeitig mit dem Embryo entwickelt und als Ausscheidung des Embryos auch im Eiweiß, so daß etwa 130 γ im Eiweiß eines fast voll entwickelten Embryos vorhanden sind[7]. Das Porphyrin ist in verhältnismäßig hoher Konzentration in der HARDERschen Drüse[8] bei Genus Mus enthalten, wo es sich unmittelbar bilden soll[9]. Vitamin A- und B_1-Mangel bringen es zum Verschwinden[10]. Bei Fehlen von Pantothensäure und Cholin soll das Porphyrin auch von den Talgdrüsen im Zusammenhang mit histologischen Veränderungen auf der ganzen Hautoberfläche ausgeschieden werden[11,12].

---

[1] GÜNTHER, H.: Die Bedeutung der Hämatoporphyrine in Physiologie und Pathologie. Ergebn. Path., Abt. I, **20**, 608—764 (1922). — [2] BORST, M., u. H. KOENIGSDOERFFER: Untersuchungen über Porphyrie. Leipzig 1929. — [3] FIKENTSCHER, R.: Z. Geburtsh. **111**, 164 (1935). — [4] BRUGSCH, J. TH.: Z. ges. exp. Med. **95**, 471, 482, 493 (1935); **98**, 49, 57 (1936). Ergebn. inn. Med. **51**, 86—124 (1936) (Zusammenfassung). — [5] FISCHER, H., u. F. KÖGL: H. **131**, 241 (1923); **138**, 262 (1924). — FISCHER, H., u. F. LINDNER: H. **142**, 142 (1925). — [6] GOUZON, B.: C. R. Soc. Biol. **116**, 925 (1934). — [7] HIJMANS VAN DEN BERGH, A. A., et W. GROTEPASS: C. R. Soc. Biol. **121**, 1253 (1936). — [8] DERRIEN, E.: C. R. Soc. Biol. **91**, 634, 637 (1924). — [9] FIGGE, F., and K. SALOMON: J. Lab. clin. Med. **27**, 1495 (1942). — [10] GRAFFLIN, G. L.: Amer. J. Anat. **71**, 53 (1942). — [11] GYÖRGY, P., and C. E. POLING: J. biol. Ch. **132**, 789 (1940). — [12] RAOUL, Y., and C. MARNAY: Bull. Soc. Chim. biol. **27**, 111, 502, 507 (1945).

Protoporphyrin wurde von HIJMANS VAN DEN BERGH und GROTEPASS[1] in den roten Blutkörperchen nachgewiesen. Mehr Porphyrin enthalten Reticulocyten und besonders die unreifen Blutzellen des roten Knochenmarks, die Normoblasten[2]. Das Porphyrin ist bei Eisenmangel auf das 10—20fache, bei Bleivergiftung bis auf das 40fache[3] vermehrt.

Verständlicherweise ist überall mit einem Auftreten des Porphyrins als Folge einer sekundären Eisenabspaltung aus dem Hämoglobin zur rechnen. Dieser Umstand ist auch in methodischer Hinsicht beim Nachweis des Porphyrins in den Blutkörperchen zu berücksichtigen, ferner dürfte damit die Porphyrinvermehrung in Erythrocyten bei hämolytischer Anämie[2] zu erklären sein. Im Kot kann Protoporphyrin nach Aufnahme bluthaltiger Nahrung oder nach Blutungen auftreten[4]; das Vorkommen im Harn[5] scheint auf Ikterusfälle beschränkt zu sein. Erwähnt sei noch der Nachweis in der grauen Ambra[6], vermutlich ebenfalls ein Beispiel für eine sekundäre Bildung. KÄMMERER[7] stellte nach Einwirkung von Bakterien auf Blut die Bildung des von H. FISCHER identifizierten Protoporphyrins fest. Es bildet sich ganz allgemein bei der Fäulnis von Blut und Fleisch, auch bei dessen steriler Autolyse[8]. Über die Synthese des Protoporphyrins siehe[9].

Nach neueren Befunden von JAKOB[10] sind auch zahlreiche *reine* Bakterienstämme zur Protoporphyrinbildung aus Blutfarbstoff fähig; er hält übrigens bei der Protoporphyrinbildung durch „sterile Autolyse“ die Mitwirkung von Bakterien für möglich, nachdem offenbar die einschränkenden Voraussetzungen eines ganz spezifischen Bakteriensynergismus nicht vorliegen. Als steril ist die Fleischautolyse nur insofern zu bezeichnen, als der Zutritt von fremden Bakterien bei der Präparierung durch aseptische Bedingungen ausgeschlossen ist. Das aseptisch entnommene Fleisch kann selbst wechselnden Gehalt an Bakterien, meist Aerobiern (Subtilis), aufweisen.

SCHREUS und CARRIÉ[11] wollen die Bildung von Protoporphyrin aus Hämoglobin und Hämatin durch Leberbrei einem speziellen Ferment (Hämatase) zuschreiben, doch ist unter den Versuchsbedingungen Bakterienwirkung wahrscheinlich.

Über das *Vorkommen im Pflanzenreich* (Erbsen, Mais, Brennesseln, Kartoffeln, Runkelrüben, Eschen-, Ahornblätter, Gerste, Hopfen, Malz, Treber) siehe bei SCHUMM[12] und H. FISCHER[13]. Zu erwähnen ist noch das Vorkommen in Hefe und Rhodovibriokulturen[14].

Ein anderes Protoporphyrin als das dem Ätioporphyrin III entsprechende IX ist bis jetzt in der Natur nicht beobachtet worden, allerdings hat man sich häufig nur mit dem spektroskopischen Nachweis begnügt.

Deuteroporphyrin, $C_{30}H_{30}O_4N_4$ [siehe Formel (XXII)[15], S. 861]. Über die Isolierung von Deutero*hämin* bei schwach alkalischer protrahierter Fäulnis von Blut wurde bereits S. 861 berichtet. Als „Kopratin“ (= Deuterohämin) bezeichnet,

---

[1] HIJMANS VAN DEN BERGH, A. A., u. W. GROTEPASS: Kli. Wo. **1933 I**, 586. — Fischer-Orth, Pyrrolchemie **2**/1, 390 (1937). — [2] WATSON, C. J.: Blood **1**, 99 (1948). — [3] SEGGEL, K. A.: Ergebn. inn. Med. **58**, 582 (1940). — [4] FISCHER, H., u. K. SCHNELLER: H. **130**, 302 (1923). — SCHUMM, O.: H. **133**, 308 (1924). — BOAS, I.: Kli. Wo. **1931 II**, 2311; **1932 I**, 1141, **II**, 1496; **1933 I**, 589. B. Z. **280**, 227 (1935). Vgl. hier Bd. 2, Physiologische Chemie des Kotes. — [5] BOAS, I.: Kli. Wo. **1933 I**, 589. — BRUGSCH, J.: Z. ges. inn. Med. **2**, 71 (1947). — [6] LEDERER, E., et R. TIXIER: Cr. **225**, 531 (1947). — [7] KÄMMERER, H.: Dtsch. Arch. klin. Med. **145**, 257 (1924). — FISCHER, H., u. F. LINDNER: H. **145**, 202 (1925). — [8] HOAGLAND, R.: J. agric. Res. **7**, 41 (1916) [C. **1916 I**, 76]. — FISCHER, H., H. KÄMMERER u. A. KÜHNER: H. **139**, 107 (1924). — [9] FISCHER, H., u. K. ZEILE: A. **468**, 98 (1929). — [10] JAKOB, A.: Kli. Wo. **1939 II**, 1024. — [11] SCHREUS, H. TH., u. C. CARRIÉ: Kli. Wo. **1934 II**, 1670. Z. klin. Med. **125**, 330 (1933). — [12] SCHUMM, O.: H. **152**, 147 (1926); **154**, 171 (1926). — [13] FISCHER, H., u. H. HILMER: H. **153**, 167 (1926). — FISCHER, H., u. F. SCHWERDTEL: H. **159**, 120 (1926). — [14] FISCHER, H., u. J. HASENKAMP: A. **519**, 42 (1935). — [15] Fischer-Orth, Pyrrolchemie **2**/1, 406.

wurde es von SCHUMM[1] in den Faeces bei blutreicher Kost und okkulten Blutungen wahrgenommen, ebenso das freie Deuteroporphyrin[2]. In einem Fall wurde es aus Kot als Deuteroporphyrin III identifiziert[3]. Aus den Faeces chlorophyllfrei ernährter, sowie mit Sulfonal und Blei vergifteter Kaninchen wurde (bei Fehlen von Koproporphyrin), neben Uroporphyrin I ein Deuteroporphyrin erhalten, das wahrscheinlich vom Ätioporphyrin I abstammt[4].

Deuteroporphyrin ist im Stuhl zu finden, wenn Blutfarbstoff in den Darmtractus gelangt. Seine relative Menge kann diagnostische Bedeutung für die Feststellung von okkulten Blutungen besitzen, jedoch ist die Diagnose maligner Vorgänge nach neueren Untersuchungen nicht möglich[5].

Mesoporphyrin IX, $C_{34}H_{38}O_4N_4$ (S. 859), wurde erstmals im Stuhl von Leberkranken gefunden[6] (siehe auch [7]), offenbar werden die Vinylgruppen des Hämins durch die Darmbakterien zu Äthylgruppen reduziert, ein Vorgang, der seine Parallele z. B. bei der Urobilinbildung (S. 929) und beim biologischen Abbau des Chlorophylls[8] hat.

Koproporphyrin, $C_{36}H_{38}O_8N_4$, das Porphyrin mit 4 Carboxylgruppen besitzt die in Formel (XXXVI) für die Isomerieform I angegebene Konstitution[9]. Wie

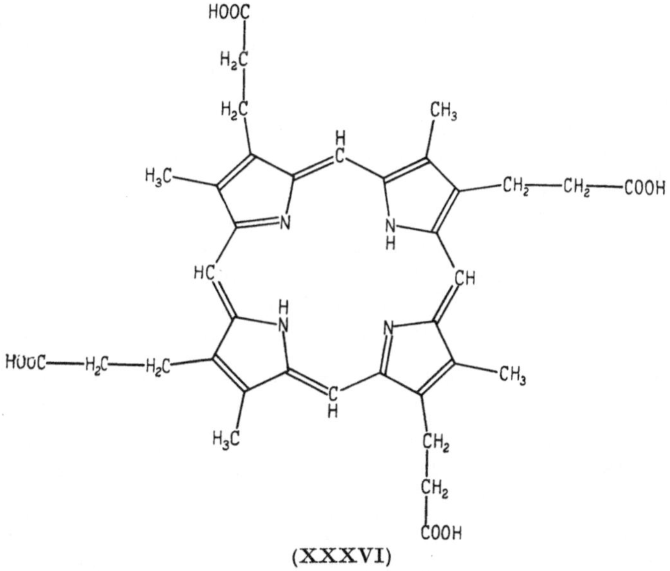

(XXXVI)
Koproporphyrin I
($C_{36}H_{38}O_8N_4$)

bei Ätioporphyrin sind 4 Isomere möglich [vgl. (XXIV), S. 862], die ebenso beziffert werden. In der Natur wurden die I. und III. Isomeren beobachtet.

Die Oxydation von Koproporphyrin ergibt Hämatinsäure, die reduktive Aufspaltung vorwiegend Hämopyrrolcarbonsäure, mit Kaliummethylat Phyllopyrrolcarbonsäure[10]. Die Koproporphyrine wurden als die ersten natürlichen Porphyrine synthetisch dargestellt[11].

[1] SCHUMM, O.: H. **149**, 1, 111 (1925). — SCHUMM, O., u. E. MERTENS: H. **156**, 61 (1926). [2] Vgl. dazu BOAS, I.: D. m. W. **1933 I**, 126. Kli. Wo. **1932 I**, 1141; **1933 I**, 589. — [3] WATSON, C. J.: H. **204**, 57 (1932). — [4] FISCHER, H., u. R. DUESBERG: A. e. P. P. **166**, 95 (1932). — [5] BECKERMANN, F., u. H. SCHÜLKE: Kli. Wo. **1937 II**, 1311. — Fischer-Orth, Pyrrolchemie **2**/1, 430. — [6] ZEILE, K., u. B. RAU: H. **250**, 197 (1937). — GROTEPASS, W., u. A. DEFALQUE: H. **252**, 155 (1938). — [8] FISCHER, H., u. F. STADLER: H. **239**, 167 u. zwar 170 (1936). — [9] Fischer-Orth, Pyrrolchemie **2**/1, 471. — [10] FISCHER, H.: H. **98**, 14 (1916/17). — [11] FISCHER, H., u. H. ANDERSAG: A. **450**, 201 (1926); **458**, 117 (1927). — FISCHER, H., K. PLATZ u. K. MORGENROTH: H. **182**, 265 (1929).

Koproporphyrin ist das Porphyrin des normalen Harnes und wurde hier von GARROD — von ihm als Hämatoporphyrin bezeichnet — entdeckt[1, 2]. Auch im Kot[3] findet es sich, bei rein vegetarischer Ernährung in verminderter Menge, bei blutreicher Kost vermehrt[4], ferner im Mekonium[5], in der Galle[6], im Fruchtwasser[7].

Koproporphyrin ist im normalen Serum nur vereinzelt[8] beobachtet worden (vgl. dazu E. MERTENS[9]), jedoch sehr häufig unter pathologischen Umständen (bei kongenitaler Porphyrie). Auch im Zahnbelag, im Speichel, in den Öffnungen der Talgdrüsen scheint es neben Protoporphyrin vorzukommen[10].

Aus Normalharn wurde *Koproporphyrin I* nach Anreicherung durch adsorptive Filtration von FINK[11] krystallisiert abgeschieden und durch Fluorescenzkurve und Mischschmelzpunkt charakterisiert. Daneben, nur schwieriger zu isolieren, kommt auch Koproporphyrin III im Harn[12] vor (siehe unten). Unter pathologischen Verhältnissen findet sich Koproporphyrin I häufig vermehrt; so konnte es in dem Fall der kongenitalen Porphyrie „*Petry*", H. FISCHER[13] erstmals krystallisiert gewinnen. Es war unter anderem in Harn, Kot, besonders auch im Knochenmark (zusammen mit Uroporphyrin) vorhanden. Aus dem Harn von Leberkranken wurde es in einer Menge von 0,1 mg/l isoliert[14], ferner aus dem Harn bei verschiedenen pathologischen Zuständen[15]. Auch aus Hefe wurde Koproporphyrin I krystallisiert gewonnen[16, 17]. Durch geeignete Züchtung gelingt es, die Hefe zu einer beträchtlich gesteigerten Koproporphyrinsynthese zu veranlassen[18]. Über Vorkommen in Pflanzen siehe H. FISCHER[19]. Neuerdings wurde Koproporphyrin I aus Hühnchenembryonen isoliert, wo es parallel mit der Hämoglobinbildung auftritt[20].

Koproporphyrin III findet sich, wie erwähnt, als zweite Koproporphyrinkomponente neben der Form I im normalen Harn, und zwar annähernd in gleicher Menge. Zu seiner einwandfreien Abscheidung wurden von GROTEPASS 10000 l Harn verarbeitet[21]. Es wurde im Fall von kongenitaler Porphyrie im Harn aufgefunden[22], besonders bei akuten Porphyrien bzw. Porphyrinurien, nach Sulfonal-

[1] GARROD, A. E.: J. Physiol., London **13**, 598 (1892). — FISCHER, H.: M. m. W. **1923 II**, 1143. — [2] FINK, H., u. W. HOERBURGER: Naturwiss. **22**, 292 (1934). H. **232**, 29 (1935). — FINK, H.: B. **70**, 1477 (1937). — Vgl. hier Bd. 2, Physiologische Chemie des Kotes. — [3] FISCHER, H., u. K. SCHNELLER: H. **130**, 306 (1923); **135**, 290 (1924). Vgl. auch FISCHER, H., u. W. ZERWECK: H. **132**, 12 (1924). — Bd. 2, Physiologische Chemie des Kotes. — [4] Vgl. SCHUMM, O.: H. **153**, 225 (1926). — FISCHER, H., H. HILMER, F. LINDNER u. B. PÜTZER: H. **150**, 47 (1925). — [5] SCHUMM, O.: H. **133**, 301 (1924); **136**, 247 (1924); **153**, 233 (1926) (spektroskopisch nachgewiesen). — WALDENSTRÖM, J.: H. **239**, III (1936) (kristallin aus Mekonium abgeschieden). — Bd. 2, Physiologische Chemie des Kotes. — [6] BRUGSCH, J. TH.: Z. ges. exp. Med. **95**, 471, 482, 493 (1935); **98**, 49, 57 (1936). — BRUGSCH, J. TH.: Die sekundären Störungen des Porphyrinstoffwechsels. Ergebn. inn. Med. **51**, 86—124 (1936). — [7] FIKENTSCHER, R.: Z. Geburtsh. **111**, 164 (1935) (spektroskopisch nachgewiesen). — [8] FISCHER, H., u. W. ZERWECK: H. **132**, 12 (1924). — FISCHER, H.: H. **138**, 307 (1924). — PAPENDIECK, A.: H. **136**, 298 (1923). — [9] MERTENS, E.: H. **250**, 57 (1937). — TURNER, W. J.: Arch. intern. Med., Chicago **61**, 762 (1938). — [10] Fischer-Orth, Pyrrolchemie **2**/1, 479. — [11] FINK, H., u. W. HOERBURGER: Naturwiss. **22**, 292 (1934). H. **232**, 29 (1935). — FINK, H.: B. **70**, 1477 (1937). — Bd. 2, Physiologische Chemie des Kotes. — [12] GROTEPASS, W.: H. **253**, 276 (1938). — [13] FISCHER, H.: H. **95**, 34 (1915); **96**, 148 (1915); **97**, 109, 148 (1916); **98**, 14, 78 (1916). — FISCHER, H., u. G. A. v. KEMNITZ: H. **96**, 309 (1915). — [14] ZEILE, K., u. B. RAU: H. **250**, 197 (1937). — [15] DOBRINER, K.: J. biol. Ch. **113**, 1 (1936). — [16] FISCHER, H., u. K. SCHNELLER: H. **135**, 253 (1924). — [17] FISCHER, H., u. J. HILGER: H. **138**, 49, 288, 298 (1924). — FISCHER, H., u. H. FINK: H. **144**, 102 (1925); **150**, 244 (1925). — FISCHER, H., u. F. SCHWERDTEL: H. **159**, 120 (1926). — [18] FINK, H.: B. Z. **211**, 65 (1929). — [19] Fischer-Orth, Pyrrolchemie **2**/1. 480. — [20] SCHØNHEYDER, F.: J. biol. Ch. **123**, 491 (1938). — [21] GROTEPASS, W.: H. **253**, 276 (1938). — [22] HIJMANS VAN DEN BERGH, A. A., REGNIERS u. MULLER: Arch. Verdgs.-Krankh. **42**, 302 (1928). — FISCHER, H., K. PLATZ u. K. MORGENROTH: H. **182**, 265 (1929).

und Bleivergiftung[1]. MERTENS beschreibt einen Fall von Bleivergiftung[2], bei dem eine Frau 50 g PbO zu sich genommen hatte; die Ausscheidung betrug bis 5 mg Porphyrin III je Tag. Das Auftreten von Koproporphyrin bei Bleivergiftung ist charakteristisch.

Koproporphyrin III wurde aus Trappenfedern isoliert[3].

Auch die direkte Synthese von Koproporphyrin III durch Mikroorganismen (24 von 28 untersuchten Aerobierarten) auf porphyrinfreien Nährböden wurde beobachtet und in 4 Fällen der Nachweis über das Cu-Salz des Esters durchgeführt[4]. Bei Diphtheriebakterien besteht ein Zusammenhang zwischen Porphyrin- und Toxinausscheidung[5]). Aus Kulturen kann präparativ Koproporphyrin III gewonnen werden; 130 l rohe Formoltoxoidlösung lieferten in einem Falle 429 mg Koproporphyrin-III-ester neben 7 mg Uroporphyrin-I-ester[6]). Obligate Anaerobier bilden kein Porphyrin. Im Gegensatz hierzu wurde in Hefe bisher nur Koproporphyrin I beobachtet.

Der *Kopro-III-tetramethylester* ist weniger krystallisationsfreudig als der Ester der Form I, wodurch gelegentlich das III-Isomere in biologischem Material übersehen wurden. Der Ester (F. 142 und 172°) zeigt Dimorphismus, der stets zum Nachweis mit herangezogen wird. Vgl. dazu die Angaben Tabelle **161** S. 977, ferner Fußnote [1] S. 908.

(XXXVII)
Uroporphyrin I
($C_{40}H_{38}O_{16}N_4$)

Uroporphyrin[7], $C_{40}H_{38}O_{16}N_4$ Dieses Porphyrin trägt 8 Carboxylgruppen, die, soweit es sich um das in der Natur beobachtete, bis jetzt noch nicht synthetisch zugängliche Uroporphyrin I handelt, wahrscheinlich nach Formel (XXXVII) angeordnet sind.

---

[1] FISCHER, H., u. R. DUESBERG: A. e. P. P. **166**, 96 (1932). — GROTEPASS, W.: H. **205**, 193 (1932). — WALDENSTRÖM, J.: Dtsch. Arch. klin. Med. **178**, 38 (1935). — [2] MERTENS, E.: Kli. Wo. **1937 I**, 61. — [3] VÖLKER, O.: H. **258**, 1 (1939). — [4] JAKOB, A.: Kli. Wo. **1939 II**, 1024. — [5] COULTER, C. B., and F. M. STONE: J. gen. Physiol. **14**, 583 (1931). — [6] GRAY, C. H., and L. B. HOLT: Biochem. J. **43**, 191 (1948). — [7] Fischer-Orth, Pyrrolchemie **2**/1, 504.

Durch Decarboxylierung geht das Porphyrin in Koproporphyrin I über[1], bei der Oxydation liefert es eine carboxylierte Hämatinsäure[2]. H. FISCHER hielt hierfür 3 Formeln (XXXVIII) für möglich:

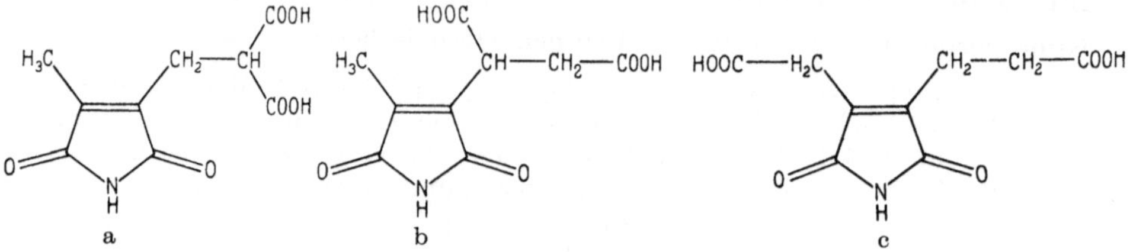

a b c

(XXXVIII)

von denen die Malonsäureanordnung (a) wegen der CO_2-Abspaltung zunächst als wahrscheinlichste betrachtet wurde. Durch Synthese[3] wurde dann ein Iso-uroporphyrin II dargestellt mit den Carboxylgruppen in der Malonsäureanordnung; es war spektroskopisch von natürlichem Uroporphyrin nur wenig verschieden. Auch das synthetisierte I-Isomere mit Malonsäureanordnung war nicht mit dem Naturstoff identisch[4], ebensowenig das synthetische Uroporphyrin, das gemäß b die Carboxylgruppen in der Bernsteinsäureanordnung trägt[5]. Die carboxylierte Hämatinsäure (XXXVIII) wurde synthetisiert und verschieden von der aus natürlichem Uroporphyrin erhaltenen gefunden[6]. Somit bleibt, falls man eine gleichartige Bindung der Carboxylgruppen annimmt, für Uroporphyrin als wahrscheinlichste eine Konstitution im Sinne von (XXXVII) übrig. Ein Tetraessigsäureporphin wurde synthetisch dargestellt; es läßt sich unter denselben Bedingungen wie Uroporphyrin decarboxylieren[7].

Uroporphyrin ist völlig unlöslich in Äther, in Wasser kann es kolloidale Lösungen bilden. Es läßt sich in eine krystallisierte Leukoverbindung überführen, die wieder zum Farbstoff oxydierbar ist. Das Eisenkomplexsalz enthält kein Chlor, hier übernimmt seine Rolle eine benachbarte Carboxylgruppe. Uroporphyrin zieht auf Knochen auf (Ochronose s. u.); es wirkt im Organismus stark sensibilisierend.

Uroporphyrin ist unter den natürlichen Porphyrinen am längsten bekannt. In krystallisiertem Zustand schied es zuerst HAMMARSTEN[8] ab. Im normalen Harn kommen höchstens Spuren von Uroporphyrin vor. Unter pathologischen Umständen, bei Porphyrien, kann es in großen Mengen auftreten; bei Sulfonalporphyrie wurden 0,87 g aus der Tagesharnmenge[9], beim Patienten Petry, dem klassischen Fall einer kongenitalen Porphyrie, bis zu 1 g gewonnen[10]. Hier wurde es noch besonders im Knochenmark, ferner in Leber, Niere und Serum gefunden.

Uroporphyrin „Petry“ (F. des Oktamethylesters 286°) wurde anfänglich als einheitliches Uroporphyrin I betrachtet. Mit Hilfe der chromatographischen Adsorption[11] gelang es jedoch, geringe Mengen eines als Uroporphyrin III angesprochenen Porphyrins (F. des Esters 261°) abzutrennen. H. FISCHER gibt als F. für den reinen Uroporphyrin-I-ester 302° an[12, 13].

[1] FISCHER, H., u. W. ZERWECK: H. **137**, 242 (1924). — [2] FISCHER, H.: H. **98**, 78 (1916/17). — [3] FISCHER, H., u. P. HEISEL: A. **457**, 83 (1927). — [4] FISCHER, H., u. R. SIEBERT: A. **483**, 1 (1930). — [5] FISCHER, H., u. E. v. HOLT: H. **229**, 94 (1934). — FISCHER, H., u. H. ZISCHLER: H. **245**, 123 (1937). — [6] FISCHER, H., u. H. J. HOFMANN: H. **246**, 15 (1937). — [7] FISCHER, H., u. A. MÜLLER: H. **246**, 31 (1937). — [8] HAMMARSTEN, O.: Skand. Arch. Physiol. **3**, 319 (1892). — [9] SALKOWSKI, E.: H. **15**, 286 (1891). — [10] FISCHER, H., H. HILMER, F. LINDNER u. B. PÜTZER: H. **150**, 44 (1925). — [11] WALDENSTRÖM, J.: Acta med. scand. **83**, 281 (1934). — [12] FISCHER, H., u. H. LIBOWITZKY: H. **241**, 220 (1936). — [13] FISCHER, H., u. H. J. HOFMANN: H. **246**, 15 (1937).

Bei Ochronose von Schlachttieren wurde Uroporphyrin in Knochen gefunden[1] und als Uroporphyrin I mit geringen Beimengungen von III bestimmt[2]. Bei akuter Porphyrie nach Schlafmittelmißbrauch fand H. FISCHER[3] im Harn vorwiegend Uroporphyrin I, in anderen Fällen von akuter Porphyrie wird über das Vorkommen beider Isomeren berichtet[4].

Die Isomerieverhältnisse bei Uroporphyrin, deren Studium von WALDENSTRÖM[5] an Fällen von akuter Porphyrie aufgegriffen wurde, erwiesen sich als sehr kompliziert; sie wurden in sorgfältigen Untersuchungen von WATSON[6] weitgehend geklärt. Nach WALDENSTRÖM läßt sich neben Uroporphyrin I ein Porphyrin mit dem F. 258—260° abtrennen, das von ihm als Uroporphyrin III betrachtet worden war. In den weiteren Reinigungsstufen von WATSON und Mitarbeitern erwies sich jedoch dieses Porphyrin nicht als einheitlich, sondern in einigen Fällen an der $CaCO_3$-Säule auftrennbar in Uroporphyrin-I-oktamethylester (F. 284°) und einen Heptamethylester vom F. 208°. Dieser Heptamethylester liefert bei der Decarboxylierung Koproporphyrin III (als Ester F. 148°) neben einem noch unbekannten Porphyrin (Ester F. 183°). In anderen Fällen — die Gründe für die Abweichung sind nicht bekannt — erwies sich das Ausgangsporphyrin (F. des Esters 258—260°) als nicht chromatographisch auftrennbar und lieferte bei der Decarboxylierung Koproporphyrin I (F. des Esters 250°) neben wenig Koproporphyrin III (F. des Esters 148°). Die Decarboxylierung von Uroporphyrin I bleibt stets auf einer Zwischenstufe mit 5 Carboxylgruppen stehen (nachgewiesen als Pentamethylester) und läßt sich erst von hier aus zu Koproporphyrin zu Ende führen. Außer der Heptacarbonsäure vom Typ III ließ sich eine Uroporphyrinoktacarbonsäure vom Typ III in den untersuchten Fällen nicht nachweisen. Dieser Umstand, zusammen mit der Beobachtung, daß die Decarboxylierung des Uroporphyrin I in 2 Stufen verläuft, stellt eine ungleichartige Bindung der Carboxylgruppen auch im 8fach carboxylierten Uroporphyrin I zur Erwägung. Alle früheren Angaben über Uroporphyrin III sind nach den Ergebnissen der chromatographischen Auftrennung durch WATSON und Mitarbeiter revisionsbedürftig geworden und ältere nicht übereinstimmende Schmelzpunktsangaben sind im Hinblick auf die Möglichkeit der Bildung von Molekülverbindungen und Metallkomplexsalzen sowie teilweise Verseifung der Estergruppen zu werten.

Das Vorkommen von Uroporphyrin unter physiologischen Bedingungen ist nur in einigen wenigen Fällen bekannt. Eine physiologische Porphyrinurie mit Uroporphyrin-I-Ausscheidung wurde beim Eichhörnchen (Sciurus niger) beobachtet[7], wo das Porphyrin auch in den Knochenmetaphysen und -epiphysen abgelagert ist. Ferner wurde aus Perlmuscheln Uroporphyrin I (Konchoporphyrin) isoliert[8, 9].

In den Schwungfedern afrikanischer Turakusarten kommt als roter Farbstoff das *Turacin* vor, ein Uroporphyrin-Cu-Komplexsalz, das erstmals von H. FISCHER[10] aus T. persa zenkeri isoliert und für Uroporphyrin I gehalten wurde. RIMINGTON[11] fand das Uroporphyrin aus dieser und zehn anderen Turakusarten nach Abbau zu Koproporphyrin als der III-Reihe zugehörig. Demnach sind bei Vögeln bis jetzt nur Porphyrine der III-Reihe nachgewiesen worden: Protoporphyrin (s. S. 892), Koproporphyrin (s. S. 896) und Uroporphyrin als Turacin[12].

---

[1] FINK, H.: H. **197**, 193 (1931). — FINK, H., u. W. HOERBURGER: H. **202**, 8 (1931); **232**, 77 (1935). — [2] RIMINGTON, C.: H. **259**, 45 (1939). — [3] Siehe Fußnote [12] S. 897. — [4] MERTENS, E.: H. **250**, 57 (1937). — TURNER, W. J.: Arch. intern. Med., Chicago **61**, 762 (1938). — [5] WALDENSTRÖM, J., H. FINK u. W. HOERBURGER: H. **233**, 1 (1935). — WALDENSTRÖM, J.: H. **239**, III (1936). — WALDENSTRÖM, J.: Acta med. scand. **83**, 281 (1934); Suppl. **82**, 3 (1937). Dtsch. Arch. klin. Med. **178**, 38 (1935). — [6] GRINSTEIN, M., S. SCHWARTZ and C. J. WATSON: J. biol. Ch. **157**, 323 (1944). — [7] TURNER, W. J.: J. biol. Ch. **118**, 519 (1937). — [8] FISCHER, H., u. K. JORDAN: H. **190**, 75 (1930). — FISCHER, H., u. H. J. HOFMANN: H. **246**, 23 (1937). — [9] FISCHER, H., u. E. HAARER: H. **204**, 101 (1932). — [10] FISCHER, H., u. J. HILGER: H. **138**, 49, 288, 298 (1924). — [11] RIMINGTON, C.: Proc. R. Soc. London (B) **127**, 106 (1939). — [12] VÖLKER, O.: Z. Naturforsch. **2**b, 316 (1947).

β) Physiologische Eigenschaften.

Unter den physiologischen Wirkungen der Porphyrine fallen die *photosensibilisierenden Eigenschaften* auf. Sie wurden zuerst von HAUSMANN[1] am Hämatoporphyrin (zusammen mit anderen fluorescierenden Farbstoffen) studiert. Die Wirkungen bei der Maus sind: je nach Art der Dosierung körperlicher Unruhe, Reizerscheinungen an der Haut, Ödeme, Nekrosen, Haarausfall; akute Lichtreaktion führt in wenigen Stunden zum Tode. Die Lichtreaktion ist abhängig von den Wellenlängen des eingestrahlten Lichtes, nach Maßgabe ihrer Übereinstimmung mit der Lage der Absorptionsmaxima des Sensibilisators. Sie ist bei Ultraviolettbestrahlung groß gegenüber der Wirkung bei langwelliger Bestrahlung. Während Warmblütler besonders auf carboxylreiche Porphyrine (Uroporphyrin) ansprechen[2], sind *Paramäcien* besonders gegen Meso- und Protoporphyrin empfindlich[3]; die carboxylreichen Porphyrine Kopro- und Uroporphyrin sind hier unwirksam, ebenso, wie die Metallkomplexsalze überhaupt. In einem kühnen *Selbstversuch* hat MEYER-BETZ[4] die photosensibilisierende Wirkung des Hämatoporphyrins nach Injektion von 0,2 g auch am Menschen gezeigt, die sich in starker Reaktion der der Bestrahlung durch Sonnenlicht ausgesetzten Haut — Ödembildung, Schwellung der Augenlider — äußerte. Ähnlich sind die Erscheinungen bei Fällen von Porphyrie, wenngleich hier eine Abhängigkeit der Lichteinwirkung von der Übereinstimmung der eingestrahlten Wellenlänge mit dem Absorptionsspektrum des Porphyrins vermißt wurde[5]. Beim *Falle Petry* z. B. traten die schwersten Veränderungen an Kopf und Händen auf. GAFFRON führt die Wirkung auf eine photooxydative Eiweißzerstörung zurück[6]. Auch über Lichtdermatosen als Folge einer gesteigerten Porphyrinbildung im Darm durch eine pathologische Darmflora bei fehlender Porphyrinsteigerung im Harn wird berichtet[7].

Verfüttert sind Porphyrine verträglich. In vitro-Versuche ergaben eine gesteigerte Sauerstoffaufnahme durch Erythrocyten[8] und Serum[6] unter dem Einfluß von Porphyrinen bei Bestrahlung und ein Zurückdrängen der aeroben Glykolyse bei Gewebskulturen[8]. Ratten sind gegen subcutan injiziertes Protoporphyrin unempfindlich[9].

Die Affinität von Porphyrinen zum Knochensystem ist bemerkenswert. Im ganzen Skelet von wachsenden Katzen, Ratten[10], Mäusen, Hasen und Meerschweinchen[11] wurde starke Porphyrinfluorescenz beobachtet. Bei der Ochronose der Schlachttiere[12], sowie bei Porphyriekranken kann eine starke braunrote Verfärbung des Skelets, die durch Porphyrinspeicherung verursacht ist, festgestellt werden. Experimentell ließ sich zeigen, daß sich Porphyrin besonders in den Zonen stärksten Knochenwachstums, auch im Knorpel an Stellen, an denen sich Verkalkungsvorgänge abspielen, ablagert[13]. Uroporphyrin zeigt die relativ größte Affinität zum Knochen. Auch in den Zähnen (Dentin) lagert sich verabreichtes Uroporphyrin ab[14].

---

[1] HAUSMANN, W.: Wien. klin. Wschr. **1909**, 1820. — HAUSMANN, W., u. M. SPIEGEL-ADOLF: Kli. Wo. **1927 II**, 2182. — HAUSMANN, W.: Strahlentherapie **28**, 81 (1928). — HÜHNERFELD, F.: Hippokrates **13**, 303 (1942). — [2] FISCHER, H., u. W. ZERWECK: H. **137**, 176 (1924). — [3] FISCHER, H., u. G. A. v. KEMNITZ: H. **96**, 309 (1916). — [5] MEYER-BETZ, FR.: Dtsch. Arch. klin. Med. **112**, 476 (1913). — [5] TURNER, W. J.: Arch. Derm. Syph., Chicago **37**, 549 (1938). — [6] GAFFRON, H.: B. Z. **179**, 157 (1926). — [7] URBACH, E.: Kli. Wo. **1938 I**, 304. — [8] WOHLGEMUTH, J., u. E. SZÖRÉNYI: B. Z. **264**, 389 (1933). Kli. Wo. **1933 II**, 1533. — [9] ZELIGMAN: Proc. Soc. exp. Biol. Med. **61**, 350 (1946). — [10] DERRIEN, E.: Bull. Soc. Chim. biol. **8**, 218 (1926). — [11] BORST, M., u. H. KÖNIGSDÖRFFER: Untersuchungen über Porphyrine. Leipzig 1929. — [12] FINK, H.: H. **197**, 193 (1931). — [13] FIKENTSCHER, R., H. FINK u. E. EMMINGER: Kli. Wo. **1931 II**, 2036. — [14] PFLÜGER, H.: Kli. Wo. **1931 I**, 572.

Über weitere Wirkungen der Porphyrine wie z. B. auf Darmmotorik, Kreislauf, Nervensystem ist bei VANNOTTI[1] und BRUGSCH[2] nachzulesen.

γ) Porphyrinstoffwechsel.

Die meisten Untersuchungen über den Porphyrinstoffwechsel beziehen sich auf den menschlichen Organismus, nur ganz vereinzelt sind bis jetzt Tierversuche herangezogen worden. Das im Organismus vorhandene Porphyrin kann nach seiner Herkunft in endogenes und exogenes, d. h. durch Nahrung aufgenommenes Porphyrin unterschieden werden; dabei kann das endogene Porphyrin entweder ein Produkt der direkten Synthese oder des Abbaus von Blutfarbstoff sein.

Ein besonderes Problem bildet die Isomerie. Wie S. 891 erwähnt, sind Porphyrine der I. und III. Isomerenreihe bekannt, die nach vollzogener Synthese einen getrennten Stoffwechsel besitzen müssen, da eine Umwandlung der isomeren Reihen ineinander als chemisch unmöglich zu betrachten ist. Als Abbauprodukt des Blutfarbstoffs kommen nur Angehörige der III-Reihe in Betracht. Von diesen sind bis jetzt bekannt Proto-, Meso- und Deuteroporphyrin. Die Frage, ob auch Koproporphyrin III sich aus Blutfarbstoff bzw. Protoporphyrin bilden kann, oder ob es auf einem Nebenweg der Blutfarbstoffsynthese entsteht, ist noch nicht entschieden, doch wäre ihre Beantwortung für die Klärung des Porphyrinstoffwechsels von erheblicher Bedeutung. HIJMANS VAN DEN BERGH und Mitarb.[3] haben zwar bei der Durchströmung überlebender Leber mit Protoporphyrin ein Porphyrin mit dem Absorptionsspektrum des Koproporphyrins erhalten, indes fehlt eine Identifizierung und es ist nicht ausgeschlossen, daß es sich z. B. um Hämatoporphyrin, das übereinstimmende Absorptionen zeigt, gehandelt hat.

Nach den bei porphyrinfreier oder -armer Kost ausgeführten Bestimmungen beträgt die Ausscheidung endogenen Porphyrins im Harn täglich normalerweise etwa $40\,\gamma$, im Stuhl 150 bis $400\,\gamma$; bei normaler porphyrinhaltiger Kost, also zuzüglich exogenen Porphyrins beträgt sie etwa $70\,\gamma$ im Harn und bis zu $1000\,\gamma$ im Kot[4]. Die aus der Nahrung direkt stammenden kleinen Mengen von freiem Porphyrin dürften den Darm ohne wesentliche Veränderung passieren; aus bluthaltiger Kost und Blut, das aus Blutungen im Magen-Darmkanal stammt, wird Porphyrin gebildet, das dem Proto-, Meso-, Deutero-Typ zugehört. Hierfür ist die Darmflora verantwortlich, nicht aber für die Ausscheidung von Koproporphyrin. Eine abnorme Darmflora dürfte das vermehrte Auftreten von Porphyrin im floriden Stadium der perniziösen Anämie und bei Gallengangverschluß mit gleichzeitiger porphyrinreicher Kost verursachen[5].

Nun erhält einerseits der Darminhalt Porphyrin aus der porphyrinhaltigen Galle zugeführt, andererseits wird vom Darm aus Porphyrin in den Blutkreislauf resorbiert. Die Gesamtmenge des Gallenporphyrins mit 200—$300\,\gamma$ ist mit der täglichen Gesamtausscheidung vergleichbar. Zwischen 63 und 83% des Gallenporphyrins wurden als Koproporphyrin gefunden, etwa 17% dem Proto-, Meso-, Deutero-Typ zugehörig. Bei porphyrinreicher Kost wurde ein Anstieg dieses letzteren Anteils auf 32% im Mittel gefunden. (Demnach kann allein der qualitative Nachweis von Proto-, Meso-, Deutero-Porphyrin im Stuhl nicht zur Diagnose auf Blutungen im Magen-Darmkanal, etwa an Stelle z. B. der Benzidinprobe

---

[1] VANNOTTI, A.: Porphyrine und Porphyrinkrankheiten. Berlin 1937. — [2] BRUGSCH, J.: Z. ges. exp. Med. **95**, 471, 482, 493 (1935); **98**, 49, 57 (1936). Ergebn. inn. Med. **51**, 86 (1936). — [3] HIJMANS VAN DEN BERGH, A. A., W. GROTEPASS u. F. E. REVERS: Kli. Wo. **1932 II**, 1534. — [4] BRUGSCH, J.: Z. ges. exp. Med. **95**, 471, 482, 493 (1935); **98**, 49, 57 (1936). Ergebn. inn. Med. **51**, 86 (1936). Z. ges. inn. Med. **2**, 71 (1947). — [5] BRUGSCH, J.: Z. ges. inn. Med. **2**, 71 (1947).

verwendet werden.) Bei Ratten steigt die Protoporphyrinausscheidung in den Fäces mit der Menge zugeführten Nahrungseiweißes etwas an[1]. Das aus der Galle stammende Koproporphyrin ist die wichtigste Quelle des Stuhl-Koproporphyrins I. Bei vollständigem Gallengangverschluß und porphyrinarmer Kost erscheint im Stuhl praktisch kein Porphyrin.

Das vom Darm aus resorbierte Porphyrin erscheint zum Teil im Harn; z. B. wurde eine vermehrte Ausscheidung nach peroraler Gabe von 1 mg Koproporphyrin beobachtet[2]. Im Harn von Kranken mit Gallengangverschluß wurde Protoporphyrin gefunden, das als rückgestautes Gallenporphyrin in den großen Kreislauf gelangt sein dürfte. Allgemein ist bei Störungen in der Leber erhöhte Harnporphyrinausscheidung zu beobachten[3]. Durch H_2O_2 oxydiertes Casein löst bei Ratten Porphyrinurie aus, nicht aber, wenn Methionin und Tryptophan zugesetzt ist[4].

Zweifellos spielt *die Leber als Organ für die Sammlung des Porphyrins aus dem Blut und die Weiterleitung in die Galle* eine wichtige Rolle, ob dabei auch eine Umwandlung des Protoporphyrins und Koproporphyrin erfolgt, ist auch durch die Stoffwechselbilanz vorläufig nicht bewiesen. Der Umstand, daß porphyrinreiche Kost den Nicht-Koproanteil im Gallenporphyrin erhöht, könnte dafür sprechen, daß die Leber nicht imstande ist, diese verhältnismäßig geringe Porphyrinmenge völlig zu Koproporphyrin umzubauen. Jedenfalls ist es sicher, daß das Koproporphyrin I der Galle nicht aus Blutfarbstoff, sondern aus einer eigenen Synthese stammt; eine parallel verlaufende Synthese von Koproporphyrin III hat ebensoviel Wahrscheinlichkeit für sich, so daß die Erklärung seiner Existenz nicht auf die Möglichkeit einer Entstehung aus Blutfarbstoff angewiesen ist.

Besonderes Interesse beanspruchen in diesem Zusammenhang die pathologischen Erscheinungen vermehrter Porphyrinausscheidung in ihren verschiedenen Formen. Man hat dabei zwischen den symptomatischen *Porphyrinurien* zu unterscheiden und den *Porphyrien*, die man wieder einteilt in die kongenitalen (GÜNTHERsche Krankheit) mit Veränderungen an der Haut und die akuten mit abdominalen Erscheinungen[5, 6, 7].

Zu *erhöhter Porphyrinausscheidung* im Sinne einer Porphyrinurie führen Vergiftungen durch Blei (Koproporphyrin III-Ausscheidung), Schlafmittel (Sulfonal, Trional, Amylenhydrat, Chloralhydrat, Paraldehyd, in geringerem Maß Barbitursäurederivate[3]), Alkohol, Urethan[8], Colchizin[8], Typhusvaccine, Serum- und Blutinjektionen, ferner wie z. T. bereits erwähnt, sekundäre Störungen des Porphyrinstoffwechsels: perniziöse und hämolytische Anämie, Leberstörungen, fieberhafte Zustände u. a.[5].

Von den Porphyrinurien unterscheiden sich die Porphyrien in der Regel durch das Auftreten von Uroporphyrin[5]. Klinisch sind die kongenitalen (cutanen) Porphyrien durch Lichtempfindlichkeit der Haut, wie sie oben S. 899 geschildert wurde, gekennzeichnet; die akuten Porphyrien, die meist intermittierend auftreten, sei es idiopathisch oder durch toxische Effekte, wie Schlafmittelgenuß, Chloroformnarkose u. ä. ausgelöst, gehen bei meist schlechter Prognose mit schweren abdominellen Krisen, Nervenlähmungen, Muskelatrophien und Psychosen, wie Tobsuchtsanfällen und Halluzinationen, einher[7].

---

[1] ORTEN, J. M., and J. M. KELLER: J. biol. Ch. **165**, 163 (1946). — [2] FISCHER, H., u. H. HILMER: H. **153**, 167 (1926). — [3] BRUGSCH, J.: Z. ges. inn. Med. **2**, 71 (1947). — [4] DENT, C. E., and C. RIMINGTON: Biochem. J. **41**, 253 (1947). — [5] WALDENSTRÖM, J., H. FINK u. W. HOERBURGER: H. **233**, 1 (1935). — [6] GRINSTEIN, M., S. SCHWARTZ and C. J. WATSON: J. biol. Ch. **157**, 323 (1944). — [7] REINWEIN, H.: Med. Klin. **1948**, 666. — [8] GRAFE, G.: Dtsch. Gesundh.-Wes. **3**, 50 (1948).

Für eine gemeinsame Erbanlage beider Porphyriearten haben sich keine Anhaltspunkte ergeben. Hinsichtlich der Porphyrinausscheidung unterscheiden sie sich durch die nachfolgend gegenübergestellten Merkmale[1], wobei besonders auf das unten zu besprechende Porphobilinogen[2], das bei der akuten Porphyrie auftritt, hinzuweisen ist. Dieser Stoff gibt zur Braunrotfärbung des Harns, häufig erst nach dem Stehen oder Kochen, Anlaß. Ähnliche Begleitpigmente sind schon früher unter dem Namen Skatolrot, Urorosein, Nephrorosein, Urofuscin, allerdings ohne nähere Charakterisierung beschrieben worden.

Tabelle 160. Merkmale der Porphyrien.

Kongenitale Porphyrie	Akute Porphyrie
Vollständige oder fast vollständige Ausscheidung als freies Porphyrin.	Vollständige oder fast vollständige Ausscheidung als Zn-Komplexsalz.
Verhältnismäßig große Mengen von Uro- und Koproporphyrin I.	Verhältnismäßig kleine Porphyrinmengen; Mischungen eines Porphyrins, F. 260°, mit Koproporphyrin I oder III oder beiden.
Porphobilinogen abwesend.	Viel Porphobilinogen und Porphobilin.
Urin rein rot.	Urin braunrot.

Das erwähnte *Porphobilinogen*[3] ist ein farbloses, in organischen Lösungsmitteln unlösliches Chromogen, das mit Hilfe der chromatographischen Adsorption aus Harn bei akuter Porphyrie in amorphem Zustand abgetrennt wurde. Das Molekulargewicht, das durch Bestimmung der Diffusionsgeschwindigkeit ermittelt wurde, beträgt etwa 250; der isoelektrische Punkt liegt bei $p_H = 4{,}1$. Das Chromogen gibt starke Rotfärbung mit dem Ehrlichschen Aldehydreagens (S. 927) (Abs. 570 bis 550, 530 bis 520 mμ), und ein stark gefärbtes Diazotierungsprodukt. Beim Kochen in alkalischer Lösung entsteht eine Substanz, die wie das Urobilinogen bei Zusatz von Ehrlichschem Reagens eine Absorptionsbande bei 570 bis 550 mμ (S. 927) besitzt, zum Unterschied von Urobilinogen aber unlöslich in Äther und Chloroform ist. Kochen mit Säuren erzeugt ein rotes Pigment — *Porphobilin* — mit urobilinähnlicher Absorption (500 mμ). Das rote Porphobilin hat ein Molekulargewicht von 750 bis 800, es ist wie das Chromogen in Äther und Chloroform unlöslich. Abgesehen von dem übereinstimmenden spektroskopischen Befund gibt das Porphobilin ähnlich dem Urobilin Biuretreaktion, sowie in reiner Lösung Fluorescenz mit Zinkacetat. Mit Na-Amalgam läßt es sich zu einer Substanz reduzieren, die sich gegen Ehrlichs Reagens wie Urobilinogen verhält. Beim Kochen einer weitgehend gereinigten sauren Porphobilinogenlösung entsteht neben Porphobilin ein Porphyrin, das zum größten Teil aus *Uroporphyrin III* (neben kleinen Mengen vermutlichen Uroporphyrins I) besteht. In Anbetracht des Molekulargewichtes und der übrigen Eigenschaften ist das Porphobilinogen als *eine Mischung zweier isomerer Dipyrryltetracarbonsäuren* zu betrachten, aus der sich sekundär Uroporphyrin III bilden kann. Das Porphobilin ist als eine urobilinähnliche Substanz mit 4 Pyrrolkernen anzusprechen. Bei akuter Porphyrie kommt in den Geweben wahrscheinlich nicht Uroporphyrin sondern nur Porphobilinogen vor.

δ) Zur Frage der biologischen Porphyrin- und Blutfarbstoffsynthese.

Die Frage umfaßt, allgemein gestellt, das weitverbreitete Vorkommen von Porphyrinfarbstoffen in der gesamten Natur, im besonderen außerdem die synthetische Phase des Stoffwechsels der Porphyrinverbindungen im menschlichen Organismus. Man wird, ehe nicht andere Erkenntnisse dazu Anlaß geben, die

[1] Watson, C. J., S. Schwartz and O. Hawkinson: J. biol. Ch. **157**, 345 (1945). — [2] Waldenström, J., u. B. Vahlquist: H. **260**, 186 (1939). — [3] Waldenström, J., u. B. Vahlquist: H. **260**, 189 (1939).

Synthese der Porphyrine und der Hämine unter gemeinsamen Gesichtspunkten zu betrachten haben. Grundsätzlich muß man allen Zellen mit einem oxydativen Stoffwechsel die Fähigkeit zur Synthese der Häminfarbstoffe zuschreiben. In einigen wenigen bekannten Fällen gewissen Trypanosomiden[1], Haemophilus influencae[2], und Strigomonasarten[3] sind die Zellen für ihr Wachstum auf die Zufuhr von Häminen angewiesen. Andererseits gibt es bei den höher organisierten Tieren Zellen, die über den Eigenbedarf an Hämoproteiden hinaus die Synthese der respiratorischen Farbstoffe, insbesondere des Hämoglobins, bestreiten. Bei den Wirbeltieren sind es die roten Blutzellen; die erste Hämoglobinbildung ist im Erythroblastenstadium im Knochenmark zu beobachten. Inwieweit bei der Synthese der Hämoproteide die Stufen: Porphyrin, Hämin, Hämoproteid voneinander unabhängig durchlaufen werden, ist nicht bekannt; als sicher ist nur zu betrachten, daß bei der Hämoglobinsynthese freies Porphyrin mit anfällt.

Borst und Königsdörffer[4] fanden Porphyrinfluorescenz in Erythroblasten, ferner bei Embryonen, im strömenden Blut und in den Blutbildungsstätten der Leber. Dabei ist die Placenta undurchlässig für Porphyrin[5]. Porphyrin findet sich im Skelett wachsender Tiere, sowie bei perniziöser Anämie im Knochenmark. Auch Watson weist auf den erhöhten Porphyringehalt im Stadium der Hämoglobinbildung in den Erythroblasten, bei neoblastischer Hyperplasie im Knochenmark und in den Reticulocyten hin[6]. Die Steigerung des Protoporphyringehalts in Erythrocyten auf das 10- bis 20fache bei Eisenmangelanämien legt eine Deutung in dem Sinne nahe, daß die Metallkomplexbindung gestört ist und die Synthese auf der Porphyrinstufe stehenbleibt. Dagegen mag eine Porphyrinvermehrung bei aregenerativer Anämie vielleicht auf Hämoglobinzerfall zurückgeführt werden[6].

Interessant ist in diesem Zusammenhang, daß Haemophilus influencae aus zugeführtem Protoporphyrin, aber nur aus diesem, Hämin bilden kann[7]. Diese bevorzugte Eignung des Protoporphyrintyps zur Eiseneinführung, die dadurch unterstrichen wird, daß dieser Organismus an Stelle von Protohämin auch andere Hämine für sein Wachstum verwenden kann, gibt vielleicht eine Erklärung für die Erfahrung, nach der andere Porphyrintypen, wie z. B. Kopro- und Uroporphyrin, nie als Eisenkomplexsalze in der Natur angetroffen wurden.

Vergleicht man die Konstitutionsbilder der natürlichen Porphyrine miteinander und im Zusammenhang mit dem des Blutfarbstoffs unter Berücksichtigung der Isomerieverhältnisse, so stellt sich die Frage nach ihren genetischen Beziehungen, nämlich nach dem *Ursprung der beiden isomeren Reihen* und ob die Porphyrintypen innerhalb einer isomeren Reihe unter biologischen Bedingungen ineinander umgebaut werden, oder wo gegebenenfalls ihre gemeinsame Vorstufe ist. Wie bereits erwähnt, ist nach dem gegenwärtigen Stand unserer Kenntnisse eine solche Umwandlung, also z. B. ein Übergang: Proto $\rightarrow$ Kopro $\rightarrow$ Uroporphyrin oder umgekehrt, einwandfrei experimentell nicht nachgewiesen. Indes ist die Abspaltung der Vinylgruppen aus Hämin zu Deuterohämin im Darm bekannt. Noch schwieriger zu beantworten ist die Frage nach der Entwicklung der einzelnen Porphyrintypen aus geeigneten Vorstufen. Den weitesten Vorstoß in dieser Richtung dürfte die Isolierung des Porphobilinogens durch

[1] Lwoff, A.: Zbl. Bakteriol. (I, Orig.) **130**, 498 (1933). — Lwoff, M.: Recherches sur le Pouvoir de Synthèse des Flagelles Trypanosomides. Paris 1940. — [2] Granick, S., and H. Gilder: J. gen. Physiol. **30**, 1 (1946). — [3] Granick, S., and H. Gilder: Adv. Enzymol. **7**, 305 (1947). — [4] Borst, M., u. H. Königsdörffer: Untersuchungen über Porphyrine. Leipzig 1929. — [5] Fränkel, E.: Virchows Arch. **248**, 125 (1924). — Borst, M.: Verh. dtsch. path. Ges. **23**, 347 (1928). — [6] Watson, C. J.: Blood **1**, 99 (1946). — [7] Granick, S., u. H. Gilder: Adv. Enzymol. **7**, 305 (1947).

WALDENSTRÖM bedeuten. Wie schon S. 902 auseinandergesetzt, müssen mindestens zwei verschiedene Porphobilinogen-Komponenten existieren, um das Auftreten der Uroporphyrin-Isomeren I und III verständlich zu machen. Wenn sich ganz allgemein Porphyrinsynthesen über zweikernige Zwischenstufen vollziehen, wie es im Fall des Uroporphyrins nachgewiesen ist, dann wird die Fragestellung auf die Biosynthese solcher Dipyrrylmethen-Abkömmlinge mit passenden Verknüpfungsstellen und entsprechender Anlage der Seitenketten zurückgeführt. Bis jetzt gibt es darüber nur hypothetische Vorstellungen[1]. Experimentell steht nach Versuchen mit ^{15}N-isotopenmarkierten Komponenten fest[2], daß Glykokoll die Stickstoffquelle des Porphinrings ist und daß sich dieser Isotopenstickstoff gleichmäßig auf alle 4 Pyrrolkerne verteilt[3]. Auch in einem Fall von kongenitaler Porphyrie ließ sich bei Verabreichung von ^{15}N-Glykokoll dessen bevorzugte Verwendung zur Kopro- und Uroporphyrinsynthese nachweisen. Dabei erscheint das isotopenmarkierte Koproporphyrin als erstes im Harn[4]. Essigsäure oder eine nahe damit verwandte Verbindung scheint außerdem an der Synthese teilzunehmen[5]. Demnach bedient sich die Synthese kleiner Bausteine.

ε) Nachweis und Bestimmung der Porphyrine.

Beim *Porphyrinnachweis*[6], insbesondere nach klinischen Gesichtspunkten, ist zu unterscheiden zwischen ätherunlöslichen Uroporphyrinen und den ätherlöslichen Porphyrinen, von denen im wesentlichen Kopro-, Proto- sowie Deutero- und Mesoporphyrin in Frage kommen. Zur Abtrennung der ätherlöslichen Porphyrine eignet sich ganz allgemein die *Extraktion*, bei der die auf Porphyrin zu untersuchende Flüssigkeit oder das betreffende Gewebe nach Zerkleinerung und gegebenenfalls Trocknung mit Eisessig-Äthergemisch ausgezogen wird. Zur Abtrennung aus Flüssigkeiten haben sich auch *Adsorptionsverfahren*, die zugleich die Uroporphyrine erfassen, bewährt. Speziell für die Isolierung der Uroporphyrine aus Harn kommt neben der erwähnten Adsorption noch die einfache *Fällung mit Essigsäure* in Frage; zur Extraktion aus festem Material eignet sich hier Salzsäure. Die Methoden zur *Porphyrinisolierung* müssen bei den kleinen Farbstoffmengen auf quantitative Erfassung abgestellt sein. Die Trennung von Porphyringemischen ist durch *besondere Verfahren*, die unten besprochen werden, möglich, die *quantitative Bestimmung* durch optische Methoden. Es folgen einige spezielle Angaben über die Abtrennung von Porphyrinen.

Ätherlösliche Porphyrine. Die hier vorangestellte Vorschrift H. FISCHERs[7] für die *Abtrennung des Koproporphyrins aus Harn* kann bei sinngemäßer Abänderung im wesentlichen auch für andere Flüssigkeiten und zerkleinerte Organe gelten.

1000 Teile Harn werden mit 3 Teilen Eiessig angesäuert und mit 1000 Teilen Äther ausgeschüttelt, der Äther 4mal mit je 20 Teilen Wasser gewaschen, dann mit 3 Teilen 25%iger Salzsäure ausgeschüttelt. Aus der Salzsäure wird das Porphyrin mit Na-Acetat und NaOH bei essigsaurer Reaktion in überschichteten Äther getrieben, die ätherische Lösung mehrmals ausgewaschen. Das Porphyrin kann in ätherischer Lösung oder in einem daraus bereiteten Salzsäureauszug (25% HCl) spektroskopiert werden.

[1] DOBRINER, K., and C. P. RHOADES: Physiol. Rev. **20**, 416 (1940). — TURNER, W. J.: J. Lab. clin. Med. **26**, 323 (1940). — ZEILE, K.: Dtsch. Arch. klin. Med. **195**, 357 (1949). — [2] SHEMIN, D., and D. RITTENBERG: J. biol. Ch. **159**, 567 (1945); **166**, 621 (1946). — [3] MUIR, H. M., and A. NEUBERGER: Biochem. J. **43**, LX (1948). — [4] GRAY, C. H., and A. NEUBAUER: Biochem. J. **44**, XLV (1949). — [5] BLOCH, K., and D. RITTENBERG: J. biol. Ch. **159**, 45 (1945). — [6] Fischer-Orth, Pyrrolchemie **2**/2, 400—403. — [7] FISCHER, H.: Neuere Methoden der Isolierung und des Nachweises von Porphyrinen. Handb. biol. Arb.-Meth. Abt. I, Teil 11/1, S. 169—216 (1926).

Die angegebenen Mengenverhältnisse haben verschiedentlich Abänderungen erfahren[1], wohl meist mit der Absicht, Emulsionsbildungen zu verhindern. Emulsionen vermögen unter Umständen Porphyrin zurückzuhalten; mehr Eisessig verhindert in der Regel die Bildung von Emulsionen bzw. zerstört sie.

Für die *quantitative Erfassung* der Porphyrine sind die Befunde von TROPP und HOFMANN[2] zu berücksichtigen, nach denen beim Neutralwaschen des Äthers Porphyrin mit dem Waschwasser entfernt wird, ein Umstand, der bisher zweifellos nicht genügend berücksichtigt wurde. Der Grund hierfür mag zum Teil darin zu suchen sein, daß sich in den eingeengten Waschwässern tatsächlich unter Umständen kein Porphyrin mehr nachweisen läßt (es kann durch Nebenreaktionen mit Verunreinigungen bei höherer Temperatur zerstört werden), wohl aber beobachteten die Autoren die Abnahme der *Rest*porphyrinmenge beim Auswaschen.

Der Verlust wurde, allerdings bei wesentlich höherer Ausgangskonzentration an Eisessig, bei einem Volumverhältnis Äther:Waschflüssigkeit = 2:1 zu 46,8%, bei einem Volumverhältnis 6:1 zu 5,7% gefunden, und zwar verteilt sich der Gesamtporphyrinverlust zu 75% auf die ersten beiden Auswaschungen, die restlichen 25% im wesentlichen auf die folgenden 2 Auswaschungen. Offenbar verursacht hoher Essigsäuregehalt hohe Auswaschverluste, bei weitgehender Neutralisation der Essigsäure müssen sie sich praktisch vermeiden lassen, was noch exakt zu prüfen ist. TROPP und HOFMANN geben folgende, gekürzt wiedergegebene Vorschrift:

75 cm³ frischer Harn + 15 cm³ Eisessig werden mit 200 cm³ Äther im Perforator (= Flüssigkeitsextraktor) auf dem Wasserbad $1^1/_2$ h lang extrahiert. Der Äther wird auf 300 cm³ aufgefüllt und bis zu möglichster Säurefreiheit 14- bis 18 mal mit je 50 cm³ Wasser ausgewaschen. Für die quantitative optische Bestimmung kann das Porphyrin in kleinen Portionen mit 5% HCl ausgezogen werden. Verlust 5,7%.

Wichtig ist es, besonders für nachfolgende fluorescenzanalytische Bestimmungen, die Porphyrine in möglichst optisch reinem Zustand zu erhalten. Von vornherein sind regelmäßig in *frischem* Harn die störenden Verunreinigungen (bläulichweiße Fluorescenz!) am geringsten. Mindestens ist der Harn möglichst lichtgeschützt und, um bakterielle Zersetzung zu vermeiden, unter Toluol aufzubewahren. Die Entfernung von Begleitpigmenten ist in der Regel weitgehend durch öfteres Hin- und Hertreiben zwischen Äther und Salzsäure möglich. Auf diese Weise dürften sich auch am sichersten Fehler vermeiden lassen, die durch das optisch nicht zu erfassende Porphyrinogen — die Leukostufe, die manchmal im Harn vorkommt — entstehen können.

Ausschüttelung der *salzsauren* Porphyrinlösung mit Chloroform, die ebenfalls störende Beimengungen entfernen kann, führt zwar nicht zu Verlusten an Koproporphyrin (chloroformunlöslich), wohl aber kann Protoporphyrin, unter Umständen auch Deuteroporphyrin mit dem Waschchloroform entfernt werden. Es sei hier noch darauf hingewiesen, daß die Peroxyde, die häufig im gewöhnlichen Äther vorkommen, zur Freisetzung von Chlor aus der Salzsäure und damit (bei längerem Stehen oder höherer Temperatur) zur Chlorierung der Porphyrine führen können, ein Vorgang, der durch grüne Verfärbung der Porphyrinlösungen kenntlich wird. Benutzung peroxydfreien Äthers, der durch Schütteln mit Eisen(II)-sulfat oder durch Aufbewahren über Natrium erhalten wird, vermeidet solche Fehlerquellen.

Für die *Isolierung von Porphyrin aus Kot* gibt H. FISCHER[3] an: 10 g Kot werden mit 10 cm³ Eisessig innig verrührt, dann mit Äther versetzt. Nach dem Filtrieren geschieht die Aufarbeitung wie oben bei Harn beschrieben. *Organbrei* wird mit einem Gemisch Eisessig-Äther 1:1 auf der Schüttelmaschine extrahiert. Weiterer Ätherzusatz hat vorsichtig zu

[1] VANNOTTI, A.: Porphyrine und Porphyrinkrankheiten. Berlin 1937. — [2] TROPP, C., u. A. HOFMANN: B. Z. **292**, 74 (1937). — [3] FISCHER, H.: Neuere Methoden der Isolierung und des Nachweises von Porphyrinen. Handb. biol. Arb.-Meth. Abt. I, Teil 11/1, S. 169—216 (1926).

geschehen, um Flockungen zu vermeiden. Aufarbeitung wie oben. Auch Pyridin eignet sich gelegentlich zur Extraktion.

Die ätherlöslichen Prophyrine können, auf Grund vorliegender Meßwerte, über das Verhalten bei der Verteilung durch Äther-Salzsäurefraktionierung getrennt werden[1]. Bei den meisten älteren Angaben über die Äther-Salzsäurefraktionierung ist der Grad der Trennung nur näherungsweise zu überblicken, auch erscheint die gelegentlich erwähnte Ausschüttelung des Protoporphyrins[2] aus stark salzsaurer Lösung in quantitativer Hinsicht nicht einwandfrei. Eine Möglichkeit zur Abtrennung des Koproporphyrins von den übrigen, klinisch wichtigen ätherlöslichen Porphyrinen beruht auf seiner Unlöslichkeit in Chloroform.

Nach ZEILE[3] ist z. B. die *Trennung eines Gemisches von Proto-, Deutero- und Koproporphyrin*, das in ätherischer Lösung vorliegt, auf folgendem Wege möglich:

Wird die Ätherlösung 4mal mit je $^1/_4$ ihres Volumens 0,54%iger äthergesättigter HCl ausgeschüttelt, so gehen praktisch das gesamte Deutero- (zu 95,7%) und Koproporphyrin in die Salzsäure, während Protoporphyrin praktisch (zu 95,4%) vollkommen im Äther bleibt. Aus diesem kann es durch 2maliges Ausschütteln mit dem 5. Teil des Volumens 8%iger HCl praktisch quantitativ für die optische Konzentrationsbestimmung ausgeschüttelt werden. Die salzsaure Lösung, die noch Kopro- und Deuteroporphyrin enthält, wird durch starke Natronlauge auf einen HCl-Gehalt von 0,1 bis 0,15% neutralisiert und mehrmals mit Chloroform erschöpfend ausgeschüttelt. Das Deuteroporphyrin, das quantitativ ins Chloroform übergeht, kann daraus mit 5%iger HCl für die optische Konzentrationsbestimmung ausgeschüttelt werden.

Nach einem ähnlichen Prinzip hat BRUGSCH umfangreiche Porphyrinbestimmungen ausgeführt. Methodik im Original[4]. Gelegentlich kann bei der Einwirkung starker Salzsäure im Laufe eines Aufarbeitungsganges aus Protoporphyrin Hämatoporphyrin entstehen, das weder durch das Absorptionsspektrum, noch durch die Salzsäurezahl einwandfrei von Koproporphyrin zu unterscheiden ist. Durch Kochen mit 90%iger Essigsäure läßt sich das Hämatoporphyrin unter Erhöhung der HCl-Zahl und Veränderung der fluorometrischen Werte, wobei sich ein Porphyrin vom Typ eines Monoacetylhämatoporphyrins bilden dürfte, von Koproporphyrin unterscheiden[5].

Über eine Mikromethode zur quantitativen Bestimmung der Koproporphyrinisomeren I und III siehe WATSON und Mitarbeiter[6].

Ätherunlösliche Uroporphyrine. Das *Uroporphyrin I* wurde früher entweder durch Stehenlassen des mit Essigsäure angesäuerten Harns ausgeflockt[7] oder bei essigsaurer Reaktion an Aluminiumoxydpaste adsorbiert[7], daraus mit NH_3 eluiert und nach Wiederholung des Verfahrens ebenfalls essigsauer ausgefällt. Auch Adsorption in alkalischem Medium an Bariumhydroxyd oder an die natürliche Phosphatfällung (GARROD, Lit. bei H. FISCHER[8]) des Harns wurde beschrieben. In jedem Fall wird schließlich der Uroporphyrinniederschlag verestert (siehe unten S. 908).

WALDENSTRÖM[9] bediente sich erstmals der chromatographischen Adsorptionsanalyse: Aus dem Harn wird bei essigsaurer Reaktion Koproporphyrin entfernt (siehe oben), dann wird an eine Aluminiumoxydsäule adsorbiert. Porphyrin und im wesentlichen die übrigen Harnpigmente setzen sich oben in der Säule ab. Mit Essigsäure verschiedener Stärke können Begleitpigmente fraktioniert ausgewaschen werden, schließlich wird mit viel Eisessig nachgewaschen. Die Elutionen sind porphyrinfrei oder porphyrinarm, gegebenenfalls wird getrennt aufgearbeitet. Das Uroporphyrin wird nunmehr nach Durchwaschen mit Wasser mit 12%igem Ammoniak herausgelöst und mit Essigsäure gefällt. Einzelheiten siehe Originalarbeiten.

---

[1] ZEILE, K., u. B. RAU: H. **250**, 197 (1937). — [2] BOAS, I.: Kli. Wo. **1932 I**, 1141; **1933 I**, 589. — [3] ZEILE, K., u. B. RAU: H. **250**, 197 (1937). — [4] BRUGSCH, J.: Z. ges. inn. Med. **2**, 71 (1947). — [5] BRUGSCH, J.: Z. ges. inn. Med. **2**, 645 (1947). — [6] SCHWARTZ, S., V. HAWKINSON, S. COHEN and C. J. WATSON: J. biol. Ch. **168**, 133 (1947). — [7] FISCHER, H.: Neuere Methoden der Isolierung und des Nachweises von Porphyrinen. Handb. biol. Arb.-Meth. Abt. I, Teil 11/1, S. 169—216 (1926). — [8] FISCHER, H.: Handb. Biochem. **1**, 351—404 (1924). — [9] WALDENSTRÖM, J.: Acta med. scand. Suppl. **82**, 3 (1937).

Uroporphyrin III läßt sich bei einem p_H 3 bis 3,2 aus Harn mit Essigester ausschütteln. Zweckmäßig wird diese Ausschüttelung an die Entfernung des Koproporphyrins mit Äther angeschlossen. Nach WALDENSTRÖM ist darauf zu achten, daß nicht Uroporphyrin als Porphyrinogen (s. S. 850) mit in den Äther verschleppt wird. Extraktion mit HCl und erneutes Überführen in Äther vermeidet diesen Fehler. Die Einstellung des p_H kann grob durch Zugabe von n/10 HCl bis zur blaugrauen Färbung von Kongopapier vorgenommen werden. Auch hier kann die Chromatographie mit Vorteil verwendet werden, besonders wenn schließlich die Reinigung mittels Essigesterausschüttelung vorgenommen wird.

WATSON und Mitarbeiter[1] benützen entsprechend der Originalvorschrift von TSWETT gefälltes $CaCO_3$ im Rohr nach ZECHMEISTER-CHOLNOKY zur direkten Trennung von Harn- und Stuhlporphyrinen sowie zur weiteren Aufspaltung des „Uroporphyrin III" von WALDENSTRÖM. Die Harnporphyrine werden aus dem auf p_H 3 bis 4 mit Eisessig angesäuerten Harn mit Talkum erschöpfend adsorbiert und als Adsorbate verestert. Die Adsorption auf der Säule geschieht aus einer Mischung von Benzol-Petroläther (Sdp. 30 bis 60°) 3:10, die Entwicklung mit einem Benzol-$CHCl_3$-Gemisch 10:1. Faecesporphyrine werden aus einer Benzol-Petroläthermischung 1 : 2 adsorbiert. Weitere chromatographische Trennungen siehe bei RIMINGTON[2], KENCH[3].

Identifizierung. Zur Charakterisierung der in einzelnen Fraktionen aufgefundenen Porphyrine können außer dem Löslichkeits- und Verteilungsverhalten das ja schon durch den Fraktionierungsgang beschrieben ist, weitere Kriterien mit verschiedenem Grad von Sicherheit herangezogen werden.

Das *Absorptionsspektrum* ist geeignet, gewisse Porphyrin*typen* auseinanderzuhalten; am raschesten und sichersten orientiert die Messung der I. Absorptionsbande (Rot) in ätherischer Lösung. So ist der Protoporphyrintypus, von dem bis jetzt stets nur die III. Isomere beobachtet worden ist, durch die Lage der I. Bande bei 632 mμ gekennzeichnet, der Deuterotypus durch die I. Bande bei 621 mμ. Kopro-, Meso-, Uro-, Hämato- und zahlreiche andere Porphyrintypen sind mit ihrer Bande bei 623 mμ nicht auseinanderzuhalten, doch kann z. B. Hämatoporphyrin daran erkannt werden, daß es in konz. Schwefelsäure im Verlauf von 20 min sein Spektrum um etwa 10 mμ nach rotwärts verschiebt (Protoporphyrinbildung). Koproporphyrin mit ähnlicher Salzsäurezahl kann diese Erscheinung nicht zeigen. Weitere Kriterien (Bromspektralprobe) siehe O. SCHUMM[4].

Die Aufnahme der *p_H-Fluorescenzkurve* eines Porphyrins nach FINK[5] gestattet häufig auch die Isomerenbestimmung. Die p_H-Fluorescenzkurve gibt die Fluorescenzintensität eines Porphyrins in Abhängigkeit vom p_H wieder. Im isoelektrischen Punkt hat die Fluorescenzintensität durchwegs ein Minimum. Die Aufnahme der Fluorescenzkurve ist mit Bruchteilen von mg Substanz möglich, sie erfordert jedoch weitestgehende Reinigung und genaue Einhaltung der Versuchsbedingungen für den optischen Vergleich. Über die Technik der Fluorescenzmikroskopie siehe[6].

Mit bestem Erfolg wurde in neuester Zeit auch das Röntgenbeugungsbild (DEBYE-SCHERRER-Diagramm) zur Identifizierung der Porphyrine herangezogen. In vielen Fällen können auch die Isomeren voneinander unterschieden werden[7].

---

[1] GRINSTEIN, M., and C. J. WATSON: J. biol. Ch. **147**, 667 (1943). — GRINSTEIN, M., S. SCHWARTZ and C. J. WATSON: J. biol. Ch. **157**, 323 (1944). — WATSON, C. J., S. SCHWARTZ and V. HAWKINSON: J. biol. Ch. **157**, 345 (1944). — [2] RIMINGTON, C.: Biochem. J. **37**, 443 (1943). — [3] KENCH, J. E.: Biochem. J. **37**, II (1943). — [4] SCHUMM, O.: Handb. biol. Arb.-Meth. Abt. I, Teil 8, 351—364 (1922); Abt. IV, Teil 4, 1439 — 1462 (1927). — [5] FINK, H., u. W. HOERBURGER: H. **218**, 181 (1933); **220**, 123 (1933); **225**, 49 (1934); **232**, 28 (1935). — [6] BORST, M., u. H. KÖNIGSDÖRFFER: Untersuchungen über Porphyrine. Leipzig 1929. — HAITINGER, M.: Fluoreszenzmikroskopie. Leipzig 1938. — [7] SIEDEL, W., u. F. WINKLER: A. **554**, 162 (1943).

Die bisher *sicherste Identifizierung* von Porphyrinen ist nach ihrer *Abscheidung in Substanz als Methylester*[1] durch Bestimmung des Schmelz- und Mischschmelzpunktes mit reiner Vergleichssubstanz möglich. Allerdings können 10—15% einer beigemengten Isomeren unerkannt bleiben. Der Erstarrungspunkt, kenntlich am Auftreten der Doppelbrechung, wird als besonders charakteristisch angegeben[1].

Man gewinnt das Porphyrin in fester Form durch Eindampfen der gereinigten ätherischen Lösung, wobei es häufig schon krystallisiert, oder durch Ausflocken aus wäßrigem Medium, z. B. durch Abstumpfen der salzsauren Lösung mit Na-Acetat. Das Porphyrin wird in einigen Kubikzentimetern mit Salzsäure gesättigtem, trockenem Methylalkohol gelöst und mehrere Stunden zur Veresterung stehengelassen. Nun wird mit reinem Chloroform aufgenommen und mit Wasser, dem, eventuell unter Kühlung, Soda oder Ammoniak bis zur deutlich alkalischen Reaktion zugesetzt wird, durchgeschüttelt. Dabei bildet sich unter Spektralwechsel aus dem Esterchlorhydrat der Porphyrinester und etwa Unverestertes wird als Salz der Chloroformschicht entzogen. Man wäscht die Chloroformlösung gründlich mit destilliertem Wasser aus, trocknet sie oberflächlich durch Filtration und engt sie auf ein geringes Volumen ein. Nach dem Zusatz von heißem Methylalkohol soll Krystallisation des Methylesters eintreten, die sich beim Stehenlassen vervollständigt.

Quantitative Bestimmung. Die quantitative Bestimmung der Porphyrine ist mit colorimetrischen, spektrocolorimetrischen, spektrophotometrischen und fluorescenzphotometrischen Methoden möglich. Die *colorimetrische Methode* setzt eine Porphyrinkonzentration voraus, die eine deutliche Rotfärbung der Lösung hervorruft, etwa 5 mg/l. Der colorimetrische Vergleich wird am besten in salzsaurer Lösung gegen einen Standard desselben Porphyrins in Salzsäure gleicher Konzentration vorgenommen. Diese Angleichung ist nötig, um Verschiebungen der Absorptionsspektren, die mit steigender Salzsäurekonzentration rotwärts wandern, zu vermeiden und dadurch völlige Farbgleichheit zu gewährleisten.

Die *spektrocolorimetrische Vergleichsmethode* arbeitet nach denselben Grundsätzen wie die colorimetrische, jedoch mit dem Unterschied, daß an Stelle des Okulars im Colorimeter ein Spektroskop tritt. Die Kante des Colorimeterprismas teilt das Bild des Spektrums in zwei den beiden Trögen entsprechende Hälften; die Absorptionsbanden sind durch Veränderung der Eintauchhöhe auf gleiche Intensität einzustellen. Durch diese Variation sind geringere Porphyrinkonzentrationen (etwa 1 mg/l) zu erfassen. Solche Bestimmungen sind von SCHREUS und CARRIÉ[2], WEISS[3], ZEILE[4] u. a. beschrieben.

Die *fluorescenzphotometrische Methode* (FINK[5], FIKENTSCHER[6]) vergleicht die Intensität des Fluorescenzlichtes einer Porphyrinlösung mit der eines Standards im Stufenphotometer. Die Fluorescenz der Porphyrinlösung wird durch das U.V.-Licht einer Quarzlampe erzeugt, das nach Filterung durch Kupfersulfat und ein Spezialfilter in die Cuvetten gelangt, zwischen diesen und dem Photometer sitzt ein Euphosfilter. Fluorescenzintensität und Porphyrinkonzentration sind nur in einem gewissen Konzentrationsbereich proportional. An Stelle des Porphyrinstandards, der in einer Konzentration von 0,05 bis 0,1 mg-% verwendet wird, kann auch ein geeichtes fluorescierendes Spezialglas verwendet werden.

---

[1] JOPE, E. M., and J. R. P. O'BRIEN: Biochem. J. **39**, 239 (1945). — CHU, E., JU-HUA: J. biol. Ch. **166**, 463 (1946). — [2] CARRIÉ, C.: Die Porphyrine, ihr Nachweis, ihre Physiologie und Klinik. Leipzig 1936. — [3] WEISS, M.: B. Z. **233**, 354 (1931). — [4] ZEILE, K., u. F. REUTER: H. **221**, 101 (1933). — [5] FINK, H., u. W. HOERBURGER: H. **218**, 181 (1933); **220**, 123 (1933); **225**, 49 (1934); **232**, 28 (1935). — [6] FIKENTSCHER, R.: B. Z. **249**, 257 (1932). — FIKENTSCHER, R., u. K. FRANKE: Kli. Wo. **1934 I**, 285; **II**, 992. — FIKENTSCHER, R.: Kli. Wo. **1935 II**, 1758.

VANNOTTI und NEUHAUS[1] verwenden die Methode mit seitlicher Anordnung der Lichtquelle. Für manche klinische Zwecke reicht auch der Vergleich von verschieden konzentrierten Porphyrinlösungen mit der Porphyrinprobe in Reagensgläsern unter der Quarzlampe aus oder die seitliche Beleuchtung der Eintauchgefäße eines Colorimeters, wobei durch Variierung der Schichthöhe im Okular auf gleiche Helligkeit eingestellt wird.

Bezüglich der Ausmessung von Porphyrinkonzentrationen im Spektralphotometer nach KOENIG-MARTENS oder mittels Spektrophotographie muß auf die Spezialliteratur[2] verwiesen werden.

2. Gallenfarbstoffe[3-10].

Von W. SIEDEL.

Allgemeiner Aufbau der Gallenfarbstoffe. Gallenfarbstoffe sind im weitesten Sinne Abbauprodukte des Blutfarbstoffes. Sie enthalten im Gegensatz zum letzteren die Pyrrolkerne nicht in ringförmiger, sondern in kettenförmiger Anordnung. Während man früher als Gallenfarbstoffe nur solche kannte, die sich aus 4 Pyrrolkernen aufbauen, wie z. B. das Bilirubin, nach dem man diese Farbstoffklasse als *Bilirubinoide* bezeichnet, wurde in letzter Zeit mit der Untersuchung der Mesobilifuscine und des Pentdyopents sowie ihrer Vorstufen, der Pro-mesobilifuscine und Propentdyopente der Begriff Gallenfarbstoffe auch auf zweikernige Pyrrolderivate ausgedehnt. Zum besseren Verständnis der Nomenklatur werden die wichtigsten Typen der Bilirubinoide in der Übersicht (XXXIX) wiedergegeben.

Vierkernige Blutfarbstoffabbauprodukte:

HO–(Pyrrol, NH)–CH_2 (α)–(Pyrrol, NH)–CH_2 (β = ms)–(Pyrrol, NH)–CH_2 (γ)–(Pyrrol, NH)–OH

Bilane: Urobilinogen = Mesobilirubinogen, Stercobilinogen — farblos

HO–(Pyrrolenin, N)=CH–(Pyrrol, NH)–CH_2–(Pyrrol, NH)–CH_2–(Pyrrol, NH)–OH

HO–(Pyrrol, NH)–CH_2–(Pyrrol, NH)–CH=(Pyrrolenin, N)–CH_2–(Pyrrol, NH)–OH

Biliene: Dihydromesobilirubine; Urobilin, Stercobilin — gelb

[1] VANNOTTI, A., u. E. NEUHAUS: Z. ges. exp. Med. **97**, 398 (1935). — [2] HEILMEYER, L.: Medizinische Spektrophotometrie. Jena 1933. — SCHEIBE, G.: Physikalische Methoden der analytischen Chemie. Hrsgb. W. BÖTTGER. Teil I. Leipzig 1933. — WEIGERT, F.: Optische Methoden der Chemie. Leipzig 1927.

Zusammenfassende Darstellungen über Gallenfarbstoffe: 3—10. [3] Fischer-Orth, Pyrrolchemie **2**/1, 621—733; **2**/2, 43. — [4] SIEDEL, W.: Gallenfarbstoffe. Fortschr. Chem. org. Naturstoffe **3**, 81—144 (1939); dort Literatur. — [5] SIEDEL, W.: Angew. Chem. **53**, 397 (1940). — [6] SIEDEL, W.: Chemie **56**, 185 (1943). — [7] SIEDEL, W.: B. **77** (A), 21—42 (1944). — [8] FISCHER, H. †, u. W. SIEDEL: FIAT Rev. **39**, Biochemie I 109 (1948). — [9] FISCHER, H. †, u. H. v. DOBENECK: FIAT Rev. **39**, Biochemie I 129 (1948). — [10] WATSON, C. J.: Handb. Hematol. (DOWNEY) Bd. IV, Abt. XXXV, S. 2447 (1938).

Das Grundgerüst der vier durch Kohlenstoffatome verbundenen Pyrrolkerne wird als *Bilan* bezeichnet[1, 2], wobei die CH_2-Gruppen charakteristische Brücken bilden. Die Bilirubinoide vom Typ des Bilans sind farblos (Leukoverbindungen), sie erhalten erst dann Farbstoffcharakter, wenn eine oder mehrere der Brückenbindungen dehydriert sind, was für die benachbarten Kerne die Ausbildung der Pyrroleninstruktur zur Folge hat. Solche Derivate werden als *Biliene, Bilidiene*

Bilidiene:

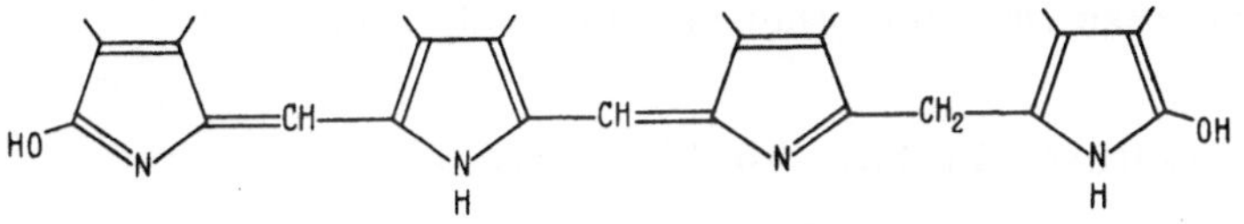

Mesobiliviolin = Kopro-mesobili-violin — violett

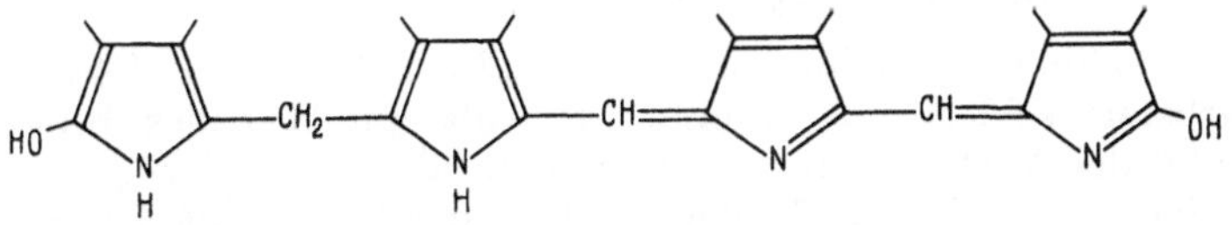

Mesobili-rhodin — rot

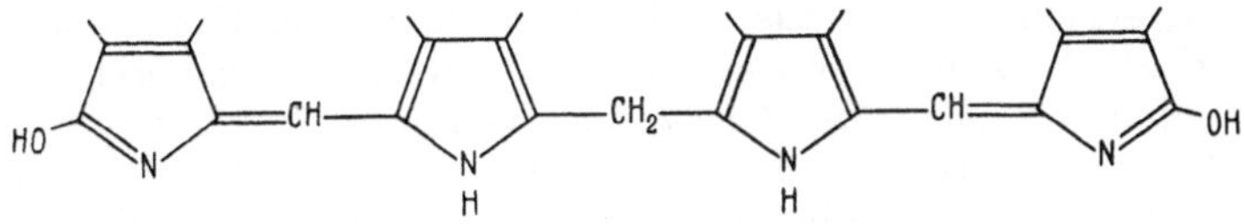

Bilirubin, Mesobilirubin — gelb

Bilitriene:

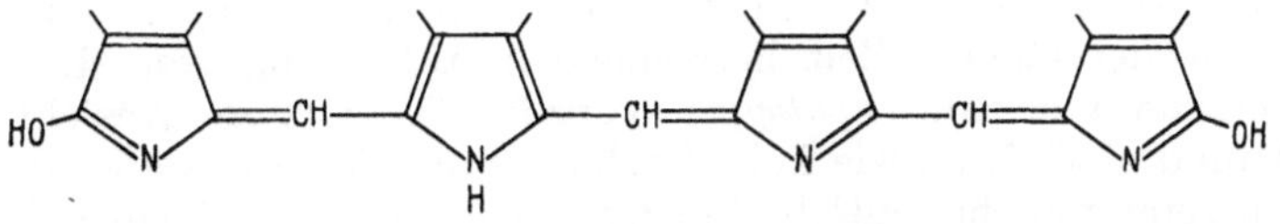

Glaukobilin, Biliverdin } blau-grün

Zweikernige Blutfarbstoffabbauprodukte:

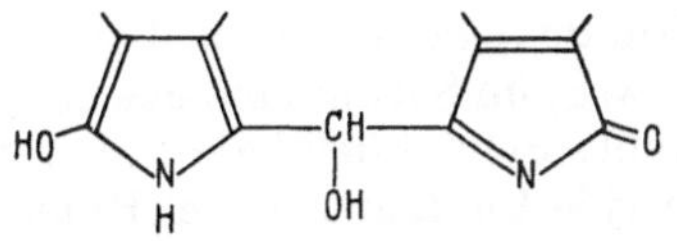

Pro-pentdyopent — farblos

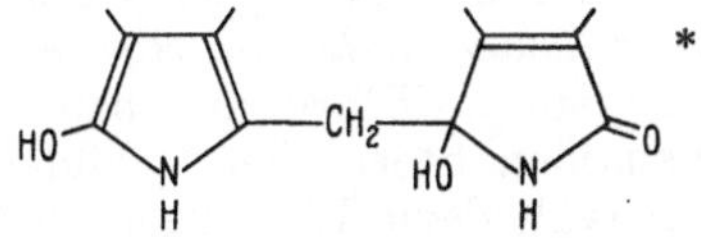

Pro-bilifuscin* = Bilileukan, Pro-mesobilifuscin = Meso-bilileukan — farblos

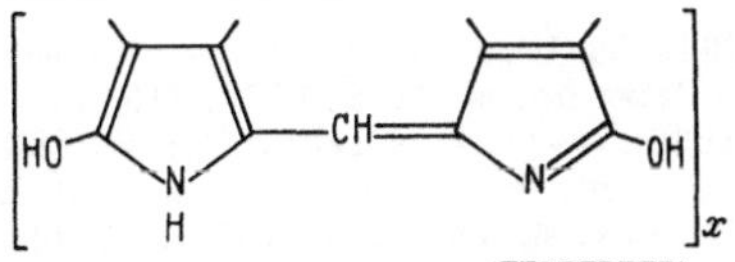

Bilifuscin, Mesobilifuscin — braun

(XXXIX)

* Vorläufige Strukturannahme.

und *Bilitriene* bezeichnet. Je nach der Lage der Doppelbindung lassen sich Isomere voraussehen, die sich, wie sich gezeigt hat, durch ihren Farbcharakter auffallend unterscheiden. Die Kennzeichnung der Pyrrolkohlenstoffatome erfolgt durch die Zahlen 1—8 (oben) und 1′—8′ (unten), die Brücken-C-Atome werden als α; β = ms

[1] FISCHER, H., u. H. W. HABERLAND: H. **232**, 240 (1935). — [2] SIEDEL, W.: H. **245**, 258 (1937).

(meso); γ bezeichnet. Im Gegensatz zu den Blut- und Blattfarbstoffderivaten sind die Absorptionsspektren der bilirubinoiden Farbstoffe im allgemeinen viel weniger selektiv, auch die Schmelzpunkte und Mischschmelzpunkte sind häufig wenig charakteristisch, so daß die Identifizierung und Kennzeichnung durch chemische Umsetzungen und durch Abbau besonders geboten erscheint. Anderseits zeichnen sich die Bilirubinoide durch verschiedene charakteristische Farb- und Fluorescenzreaktionen aus. In neuerer Zeit wurde auch das Röntgenbeugungsbild (DEBYE-SCHERRER-Diagramm) mit bestem Erfolg benutzt[1].

a) Vierkernige Blutfarbstoff-Abbauprodukte.

α) Bilirubin[2], $C_{33}H_{36}O_6N_4$.

Vorkommen, Bildung. *Bilirubin, (Cholepyrrhin, Biliphäin, Bilifulvin, Hämatoidin),* der Gallenfarbstoff schlechthin, kommt als Abbauprodukt des Blutfarbstoffes in der Galle der Vertebraten vor, besonders als Ca- und Mg-Salz in den Rindergallensteinen. Der Farbstoff findet sich in der Menschengalle, im Dünndarminhalt, im Blutserum, bei Ikterus im Harn, vermehrt im Kot[3] sowie im gelb gefärbten Gewebe[4]. Er kommt weiter vor im Harn des Neugeborenen[5] und im Stuhl des Säuglings[6]. Das *Hämatoidin,* das von VIRCHOW[7] in alten Blutextravasaten, Netz- und Dermoidcysten aufgefunden wurde, wurde von H. FISCHER und F. REINDEL[8] mit Bilirubin identifiziert. Damit ist die direkte und *extrahepatogene Bildungsmöglichkeit* von Bilirubin aus Blutfarbstoff aufgezeigt im Gegensatz zu der längere Zeit herrschenden Auffassung von MINKOWSKI und NAUNYN[9], die nur eine *hepatogene* vorsah. Die letztere Ansicht stützte sich auf den Befund, daß Gifte, wie Toluylendiamin und Arsenwasserstoff, die die Blutkörperchen zerstören, bei entleberten Gänsen keine Gallenfarbstoffbildung hervorrufen, während bei gesunden Tieren nach Vergiftung schwerster Ikterus auftritt. Indes wurde von WHIPPLE und HOOPER[10] nach intravenöser Injektion von hämolysiertem Blut an Hunden, deren Leber durch eine v. ECKsche Fistel aus dem Kreislauf ausgeschaltet war, im Serum eine ebenso große Bilirubinmenge wie beim normalen Tier festgestellt. Schließlich haben MANN und MAGATH[11] auch bei Säugetieren mit völlig exstirpierter Leber nach Hämoglobininjektion eine Vermehrung des Serumbilirubins gefunden. Nach den Untersuchungen von ASCHOFF[12] und seiner Schule ist das *reticuloendotheliale System* (*R.E.S.*), bzw. das strömende Blut[13] als die Bildungsstätte des Bilirubins anzusehen; die Leber, in der das Bilirubin in den KUPFFERschen Sternzellen gebildet wird, ist das Ausscheidungsorgan für das Bilirubin (vgl. dazu WOHLGEMUTH[14]).

---

[1] SIEDEL, W., u. H. MÖLLER: H. **264**, 64 bes. 73 (1940). — [2] Fischer-Orth, Pyrrolchemie **2**/1, 621ff. — FISCHER, H., u. H. PLIENINGER: H. **274**, 231 (1942). — [3] FISCHER, H., u. H. LIBOWITZKY: H. **258**, 255, 265 (1939). — LIBOWITZKY, H.: H. **263**, 267 (1940). — [4] HYMANS VAN DEN BERGH, A. A.: Der Gallenfarbstoff im Blute. 2. Aufl. Leipzig u. Leiden 1928. — REINBOLD, B. v.: Biochem. Handlex. **6**, 188, 277 (1911); **9**, 331—388 (1915). — KÜSTER, W.: Biochem. Handlex. **10**, 1, 39 (1923). — MAURER, H.: Biochem. Handlex. **14**, 340, 605, 776 (1933). — [5] ROYER, M., et J. C. BERTRAND: Rev. Soc. argent. Biol. **4**, 838 (1928). — [6] ZAMORANI, V.: Riv. Clin. pediatr. **23**, 9 (1925). — [7] VIRCHOW, R.: Virchows Arch. **1**, 379, 445 (1847). Über den Untergang von Erythrocyten. Vgl. hier Bd. 2, Blut. — [8] FISCHER, H., u. F. REINDEL: H. **127**, 300 (1923). — [9] MINKOWSKI, O., u. B. NAUNYN: A. e. P. P. **21**, 1 (1886). — [10] WHIPPLE, G. H., and C. W. HOOPER: J. exp. Med. **17**, 593 (1913). — [11] MANN, F. C., u. T. B. MAGATH: Ergebn. Physiol. **23**, 212 (1924). — MANN, F. C.. CH. CHLARD, J. L. BOLLMAN and E. J. BALDES: Amer. J. Physiol. **76**, 306 (1926); **77**, 219 (1926). — [12] ASCHOFF, L.: Kli. Wo. **1932 II**, 1620. M. m. W. **1922 II**, 1352. — [13] JONES, CH. M., and B. B. JONES: Arch. intern. Med., Chicago **29**, 669 (1922). — [14] WOHLGEMUTH, J.: Handb. Biochem. Erg.-W. **2**, 339 (1934).

Auch außerhalb des Körpers wurde Bilirubinbildung aus Blutfarbstoff beobachtet[1], so z. B. beim sterilen Aufbewahren oder bei der sterilen Autolyse von Blut, in lebenden Gewebekulturen, im Milzgewebe von Hühnerembryonen. Bei der Einwirkung von Leberbrei auf Hämoglobinlösungen wurde neben Protoporphyrin auch ein Gallenfarbstoff von Biliverdin-Eigenschaften erhalten[2]. Katalase hemmt diese Farbstoffbildung, was auf eine Beteiligung von Wasserstoffperoxyd schließen läßt. Hierzu stehen die Befunde von BINGOLD[3] in Parallele, nach denen nur in katalasefreiem Blut eine oxydative Ringöffnung in der Pentdyopentreaktion (s. S. 936) mit Wasserstoffperoxyd möglich ist.

BINGOLD führt die Ringöffnung des Blutfarbstoffes zum Gallenfarbstoff vom Pentdyopenttyp auf die Oxydationswirkung des als normales Stoffwechselprodukt betrachteten Wasserstoffperoxyds zurück. Die Katalase wird als Schutzenzym des Blutfarbstoffs aufgefaßt, das diesen vor der Zerstörung bewahrt bzw. seinen Abbau steuert. Für eine direkte Beteiligung von Enzymen an der oxydativen Ringöffnung bestehen keine Anhaltspunkte. Bei Krankheiten (perniziöse Anämie, gelbe Leberatrophie, Tubargravidität u. a.) kann der Blutfarbstoff auch zum Teil zum Hämatin abgebaut werden, das dann im Serum erscheint[4]. Unter gewissen Umständen scheint auch ein Abbau zu Porphyrinen möglich, doch dürften diese Substanzen nicht als Zwischenprodukte der Gallenfarbstoffbildung in Frage kommen. DUESBERG[5] konnte zeigen, daß im Körper nur Hämoglobin, nicht aber Hämatin nach Zufuhr zu Bilirubin abgebaut werden kann.

Darstellung. Die Gewinnung des Bilirubins, die erstmals von STÄDELER[6] aus Rindergallensteinen vorgenommen wurde, geschieht am besten nach der Vorschrift von H. FISCHER[7]. Das gelegentlich beobachtete Auftreten von Begleitstoffen (Choleprasin, Bilifuscin, Biliprasin) ist nach H. FISCHER auf Veränderungen bei langsamer Aufarbeitung zurückzuführen, wenn sie nicht, wie das *Bilifuscin*, bereits in den Gallensteinen enthalten sind (SIEDEL[8]). — Auch unmittelbar aus Galle ist Bilirubin in guter Ausbeute zugänglich[9]. Die Reinigung erfolgt zweckmäßig über das „*Bilirubinammonium*"[10], am besten jedoch, indem man eine Chloroformlösung von Rohbilirubin auf eine Säule von Al_2O_3 (standardisiert nach BROCKMANN) auflaufen läßt (SIEDEL)[11]. Die Beimischungen des Bilirubins werden in der obersten Zone der Säule adsorbiert, während das Bilirubin mit weiterem Chloroformzusatz durch die Säule getrieben werden kann. Man erhält so ein hellrotes Produkt.

Eigenschaften. Bilirubin bildet gelbrote Lösungen. In 5 mg-%iger Chloroformlösung ist eine Absorptionsbande bei $\underbrace{490 \text{ bis } 400}_{450}$ mμ zu messen[12], die sich jedoch normalerweise mit dem Taschenspektroskop nur als Endschatten zu erkennen gibt. Bilirubin ist unlöslich in Wasser, Alkohol und Säuren, schwer in Äther, Benzol, Nitrobenzol; löslich in Chloroform (1:567), leicht löslich in Alkali. *Krystallform:* Monokline Tafeln. Es ist vielleicht nicht ganz einheitlich, denn es existieren alkohollösliche Modifikationen.

---

[1] RICH, A. R.: Physiol. Rev. **5**, 182 (1925). — DOLJANSKI, L., u. O. KOCH: Virchows Arch. **291**, 379 (1933). — CZIKE, A. v.: Dtsch. Arch. klin. Med. **164**, 236 (1929). — M. ENGEL: Diss. med. Univ. Zürich 1935. — [2] SCHREUS, H. TH., u. C. CARRIÉ: Med. Welt **9**, 1135 (1935). Kli. Wo. **1934 II**, 1670. — LEMBERG, R., B. CORTIS-Jones and M. NORRIE: Biochem. J. **32**, 179 (1938). — [3] BINGOLD, K.: Dtsch. Arch. klin. Med. **177**, 230 (1935). — [4] SCHUMM, O.: Handb. biol. Arb.-Meth. Abt. I, Teil 8, 351 (1922); Abt. IV, Teil 4 (1927). — [5] DUESBERG, R.: A. e. P. P. **174**, 305 (1934). — [6] STÄDELER, G.: A. **132**, 325 (1864). — [7] FISCHER, H.: H. **73**, 204 (1911). — FISCHER, H., u. R. HESS: H. **194**, 209 (1931). — [8] SIEDEL, W., u. H. MÖLLER: H. **259**, 113 (1939). — [9] PORSCHE, J. D., E. F. PIKE and J. L. GABBY: A. P. Nr. 2166073 (11. 7. 1939) [C. **1940 I**, 936]. — [10] KÜSTER, W.: H. **94**, 136 (1915); **99**, 87 (1917). — KÜSTER, W., u. R. HAAS: H. **141**, 279 (1924). — [11] Unveröffentlicht. — [12] HEILMEYER, L.: B. Z. **232**, 229 (1931). — LAMBRECHTS, A., et G. BARAC: Bull. Soc. Chim. biol. **21**, 1171 (1939).

Nachweis. 1. GMELINsche *Reaktion*[1–4]. Dieser Test beruht auf der Oxydation des Bilirubins (bzw. Mesobilirubins, Biliverdins und Glaukobilins), bei der charakteristisch gefärbte *Dehydrierungsstufen* erhalten werden (vgl. S. 934). Dabei wird entweder eine Chloroformlösung des Farbstoffes mit nitrithaltiger konz. HNO_3 überschichtet, wobei sich die Chloroformschicht nacheinander grün, blau, violett, rot, orange und schließlich gelb färbt[5], oder es wird eine wäßrige Lösung (Harn, Bilirubin-Alkalisalzlösung) mit der Pipette mit nitrithaltiger HNO_3 unterschichtet, wobei an der Berührungsfläche Ringe in der angegebenen Reihenfolge der Farben von oben nach unten entstehen. Im Harn ist der grüne Ring charakteristisch, aber auch der rotviolette muß gleichzeitig vorhanden sein. Die Salpetersäure darf nicht zu viel salpetrige Säure enthalten, weil die Reaktion dann so rasch verläuft, daß sie nicht typisch wird. Alkohol darf nicht zugegen sein, weil er bekanntlich mit der Säure ein Farbenspiel in Grün oder Blau hervorrufen kann.

a) Die *Reaktion nach* HAMMARSTEN[6]: Sie ist eine abgeänderte GMELINsche Reaktion, bei der man vor der Ausführung 1 Vol. einer Mischung von 1 Vol. 25%iger Salpetersäure und 19 Vol. 25%iger Salzsäure mit 4 Vol. Alkohol versetzt und diesem Reagens einige Tropfen der zu untersuchenden Bilirubinlösung zusetzt. Das Reaktionsgemisch zeigt sofort eine Grünfärbung. Bei Zusatz steigender Mengen des Säuregemisches kann man langsam sämtliche Tönungen des GMELINschen Farbenspiels hervorrufen.

b) Die HUPPERT*sche Reaktion*: Wird eine Lösung von Bilirubinalkali mit Calciumchlorid und Ammoniak versetzt, so fällt Bilirubincalcium aus. Erhitzt man den Niederschlag nach Auswaschen mit Wasser im Reagensglas mit alkoholischer Salzsäure zum Sieden, so nimmt die Flüssigkeit die grüne bzw. blaugrüne Farbe des Biliverdins an.

c) Der HARRISON-*Test* für Bilirubin im Harn (modifiziert nach HAWKINSON, WATSON u. TURNER[7]): Er lehnt sich an die HUPPERTsche Reaktion an und besteht darin, daß man einen Streifen dicken Filtrierpapiers (Schleicher & Schüll Nr. 470) mit konz. $BaCl_2$-Lösung tränkt, trocknet und 30 bis 120 sec in den zu untersuchenden Harn taucht. Hierauf wird getrocknet und mit 2 bis 3 Tropfen FOUCHETs Reagens (25%ige Trichloressigsäure + 0,9% EisenIII-chlorid) anfeuchtet. Grünfärbung zeigt den positiven Ausfall der Reaktion an; sie beruht auf Dehydrierung des Bilirubins zum Biliverdin bzw. dessen EisenIII-chlorid-Molekülverbindung.

2. *Fluorescenzreaktion*. Bei Zugabe von alkoholischer Zinkacetatlösung und etwas Jod zu einer mit Hilfe von Ammoniak hergestellten und wieder neutralisierten alkoholischen Bilirubinlösung tritt Rotfluorescenz mit Zweibandenspektrum auf (I. 660 bis 615 mμ, Maximum 643 mμ); II. 585 mμ (schwächer). Bei zunehmender Verdünnung ist die Bande I vorherrschend[8]. Bei Weiteroxydation tritt allmählich Grünfluorescenz auf (Choletelinbildung vgl. S. 935). Diese wird bei niederem Bilirubingehalt und raschem Jodzusatz oft sofort erreicht. Die Reaktion ist sehr empfindlich. — Das Jod läßt sich auch durch Brom ersetzen[9, 10].

3. *Pentdyopent-Reaktion* von BINGOLD. Versetzt man 10 cm³ eines bilirubinreichen Harnes mit etwa 2 cm³ Kalilauge und gibt einige Tropfen 20%ige H_2O_2-Lösung hinzu, so tritt bei nachfolgendem Erhitzen mit einer kleinen Menge Natriumdithionit (= $Na_2S_2O_4$, Natriumhydrosulfit) Rotfärbung auf mit einer Bande bei 525 mμ (vgl. S. 937)[11].

4. *Kupplung des Bilirubins mit Diazoverbindungen* (siehe Bd. 2, Blut; sowie Leber und Galle): Diese Reaktion nach EHRLICH[12, 13] (S. 936), die durch eine Rotfärbung charakterisiert ist, wurde von HYMANS VAN DEN BERGH[14] besonders zum Nachweis und zur Bestimmung des Bilirubins im Serum herangezogen[15]. Er unterscheidet zwischen *direkt* (in 30 sec) mit

[1] Fischer-Orth: Pyrrolchemie **2**/1, 712. — [2] REINBOLD, B. v.: Biochem. Handlex. **6**, 188, 277 (1911). — [3] KÜSTER, W.: Biochem. Handlex. **10**/1, 39 (1923). — [4] SIEDEL, W., u. W. FRÖWIS: H. **267**, 37 (1940). — SIEDEL, W., u. E. GRAMS: H. **267**, 49 (1941). — [5] FISCHER, H., u. R. HESS: H. **194**, 193 (1931). — [6] HAMMARSTEN, O.: Skand. Arch. Physiol. **9**, 313 (1899). — [7] HAWKINSON, V., C. J. WATSON and R. H. TURNER: J. amer. med. Ass. **129**, 514 (1945). — [8] BARRENSCHEEN, H. K., u. O. WELTMANN: B. Z. **140**, 237 (1923). Vgl. auch AUCHÉ: C. R. Soc. Biol. **64**, 297 (1908). — [9] DHÉRÉ, CH.: C. R. Soc. Biol. **103**, 371 (1930). — [10] SIEDEL, W., u. E. GRAMS: H. **267**, 49 (1941). — [11] BINGOLD, K.: Kli. Wo. **1934**, 1451; **1935**, 1287; **1941**, 331. Vgl. auch S. 937. — [12] Fischer-Orth, Pyrrolchemie **2**/1, 717. — [13] EHRLICH, P.: Zbl. inn. Med. **4**, 721 (1883). — [14] HYMANS VAN DEN BERGH, A. A.: Der Gallenfarbstoff im Blut. Monographie. Leipzig 1918. B. Z. **77**, 90 (1916). — [15] ADLER, E.: Serum- und Plasmafarbstoffe. Handb. Physiol. **6**/1, 285—289 (1928). — HYMANS VAN DEN BERGH, A. A., u. P. MÜLLER: Nachweis der Gallenfarbstoffe im Blut. Handb. biol. Arb.-Meth. Abt. IV, Teil 4, 901—920 (1927).

Diazobenzolsulfosäure reagierendem und *indirekt* erst nach Zusatz von Alkohol (in 1 bis 10 min) reagierendem Bilirubin. Das durch Stauung in den Kreislauf gelangende hepatische Bilirubin gibt die direkte Reaktion, während reines Bilirubin und anhepatisch (z. B. bei perniziöser Anämie, bei hämolytischem Ikterus, in der Milz bei Blutergüssen) entstandenes Bilirubin „indirekt" reagiert.

Über den vermutlichen Grund des Unterschiedes zwischen direkt und indirekt reagierendem Bilirubin gibt es eine umfangreiche Literatur[1], ohne daß bis heute eine völlige Klärung erzielt wäre. Vom chemischen Standpunkt liegt kein Grund vor, den Unterschied in einer verschiedenen Struktur der Seitenketten des Bilirubins anzunehmen. Soweit man sehen kann, haben sie auf die Diazoreaktion keinen Einfluß; denn die Diazoreaktion ist eine Reaktion einer ganzen Farbstoffgruppe und greift an einer Brücke zwischen 2 Pyrrolkernen an. Die Extinktions- bzw. typischen Farbkurven der nach beiden Reaktionsarten erhaltenen Azofarbstoffe sind identisch[2]. Auch die Annahme eines verschiedenen Verteilungszustandes, die THANNHAUSER auf die Beobachtung stützt, daß indirekt kuppelndes Bilirubin durch Zusatz von desoxycholsaurem Natrium, Gallensäure-Fettgemischen u. a. in direkt kuppelndes übergeht, ebenso wie indirekt kuppelndes Serumbilirubin bei Stehen in direkt reagierendes übergehen kann, bietet keine umfassende Erklärungsmöglichkeit. H. FISCHER zeigte übrigens, daß bei der langsamen Kupplung des Gallensteinbilirubins, sowie anderer Bilirubinoide außer Alkohol auch Eisessig und Aceton beschleunigend wirken[3].

Besonders bemerkenswert ist in diesem Zusammenhang die Frage der *Bindung des Bilirubins an Eiweißkörper*. Es ist als sicher zu betrachten, daß das Serumbilirubin, und zwar sowohl direkt wie indirekt kuppelndes an Serumalbumin gebunden ist[4, 5, 6]; das ergibt sich aus Kataphoreseversuchen und aus der Bestimmung der Sedimentationskonstante in der Ultrazentrifuge[5]. Auch in der Galle ist das Bilirubin in hochmolekularer Form vorhanden, während im Harn und in wäßriger Lösung Bilirubin molekukardispers vorliegt[6].

Den Unterschied in der Kupplungsfähigkeit des Bilirubins lediglich von der Gegenwart oder Abwesenheit eines Eiweißkörpers abhängig zu machen, ist unzutreffend. Da das in beiden Fällen bei der Reaktion erhaltene Azoprodukt an Eiweiß gebunden ist, kann der Unterschied des direkten und indirekten Bilirubins nicht in der Lösung der Bindung an Eiweiß bestehen[7]. BENNHOLD[4] wie auch HEWITT[8] suchen die Ursache in einer verschiedenartigen Bindung des Bilirubins an das Blutalbumin. Aus neuen Elektrophorese- und Dialyseversuchen mit bilirubinreichen Seren schließen WESTPHAL und GEDIGK[9], daß das direkte Bilirubin an beiden Enden des Moleküls an Eiweiß gebunden ist, während die mittelständige Methylengruppe — im Gegensatz zum „indirekt" gebundenen Bilirubin — mit dem Diazoniumsalz reagiert. Nach anderen Autoren soll das indirekte Bilirubin eine intermediäre Vorstufe des Farbstoffes sein[7]; GRAY[10] lehnt die Bezeichnung direktes und indirektes Bilirubin überhaupt ab und betrachtet das zugehörige Problem als zu wenig erforscht. Er empfiehlt jedoch für klinische Zwecke die Bestimmung des D.I.Q. (direkt-indirekt-Quotienten) nach MALLOY

[1] WOHLGEMUTH, J.: Leber und Galle. Handb. Biochem., Erg.-W. **2**, 339 (1934). Weitere Literatur MAURER, H.: Biochem. Handlex. **14**, 780 (1933). — [2] HEILMEYER, L., u. W. KREBS: B. Z. **223**, 352 (1930). — [3] FISCHER, H., u. F. REINDEL: H. **127**, 299 (1923). — [4] Bennhold-Kylin-Rusznyak S. 246. Vgl. auch DIRR, K., u. N. SERESLIS: Z. ges. exp. Med. **104**, 337 (1938). — [5] PEDERSEN, K. O., u. J. WALDENSTRÖM: H. **245**, 152 (1937). — [6] SNAPPER, I., u. W. M. BENDIEN: Acta med. scand. **38**, 77 (1938). — [7] GARDIKAS, C., J. E. KENCH and J. F. WILKINSON: Nature **159**, 842 (1947). — [8] HEWITT, L. F.: Biochem. J. **19**, 171 (1925). — [9] WESTPHAL, U., u. P. GEDIGK: H. **283**, 161 (1948). — [10] GRAY, C. H., and J. WHIDBORNE: Biochem. J. **40**, 81 (1946); **41**, 155 (1947). — GRAY, C. H.: Quart. J. Med. **16**, 135 (1947). Nature **161**, 274 (1948).

und EVELYN[1]. Im übrigen wandeln Äthanol, Essigsäure, Aceton, Pyridin und Coffein das indirekte Bilirubin in direktes um, ohne dabei das Serumeiweiß zu fällen[2].

Quantitative Bestimmung. Die zahlreich beschriebenen Bestimmungsmethoden für Bilirubin haben die Rotfärbung durch Diazokupplung desselben zur Grundlage. Die quantitative Messung der Färbung geschieht colorimetrisch[3], zum Teil unter geeigneter Filterung des Lichtes[4], absolutcolorimetrisch[5] oder spektrophotometrisch[6]. Quantitative Bestimmung im Vollblut[7].

Konstitution des Bilirubins und Mesobilirubins.

Nach den experimentellen Ergebnissen H. FISCHERs und seiner Schule[8] ist die Konstitution des Bilirubins gemäß Formel XL wiederzugeben.

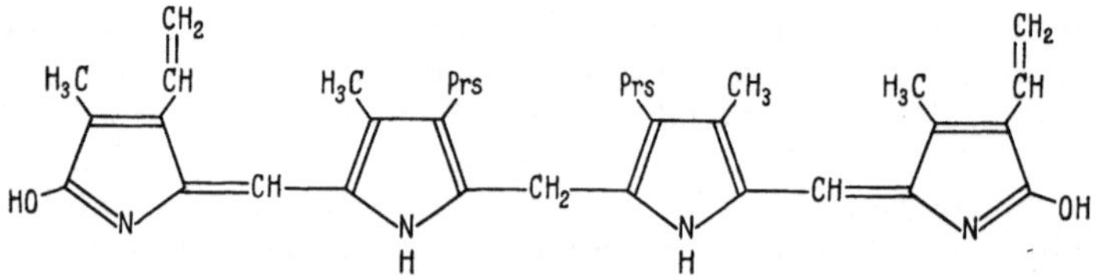

Prs = $CH_2 \cdot CH_2 \cdot COOH$ Bilirubin ($C_{33}H_{36}O_6N_4$) (XL)

Sie läßt deutlich die Beziehungen des Bilirubins zum Hämin III erkennen, von dem es sich durch oxydative Ringöffnung unter Eliminierung der α-CH-Brücke ableitet. Da der natürliche Blutfarbstoff die Isomerenbezeichnung IX trägt, wird Bilirubin (analog auch die anderen natürlichen Bilirubinoide) als Bilirubin IXα bezeichnet, wodurch die Reihenfolge der Substituenten eindeutig bestimmt ist (vgl. S. 916).

Der *oxydative Abbau des Bilirubins* mit HNO_3 liefert — wie das Hämin — Hämatinsäure[9]. Daneben konnte in neuerer Zeit als basisches Spaltprodukt auch das Methyl-vinyl-maleinimid isoliert werden[10].

Bilirubin ergibt bei der *katalytischen*[11] *Reduktion* mit Pd unter Aufnahme von 2 Molen H_2 *Mesobilirubin* IX α (XLI), das an Stelle der Vinylreste

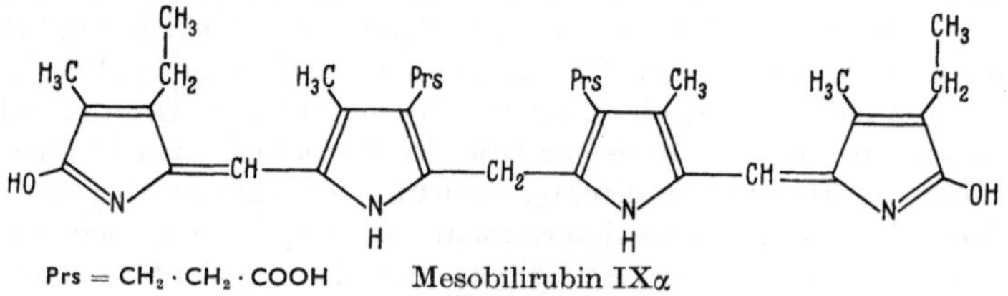

Prs = $CH_2 \cdot CH_2 \cdot COOH$ Mesobilirubin IXα ($C_{33}H_{40}O_6N_4$) (XLI)

[1] MALLOY, H. T., and K. E. EVELYN: J. biol. Ch. **119**, 481 (1937). — [2] Siehe Fußnote [7] S. 914. — [3] MERCK, E.: Med.-chem. Untersuch.-Meth. 5. Aufl. S. 43. 1942. — [4] KRUPSKI, A., u. F. ALMASY: B. Z. **279**, 424 (1935). — [5] THIEL, A., u. O. PETER: B. Z. **271**, 1 (1934). — [6] HEILMEYER, L.: B. Z. **232**, 229 (1931). Medizinische Spektrophotometrie. Jena 1933. — JENDRASSIK, L., u. P. GROF: B. Z. **296**, 71; **297**, 81 (1938). — [7] ENGEL, M.: H. **259**, 75 (1939). — [8] SIEDEL, W., u. H. FISCHER: H. **214**, 145 (1933). Dort weitere Literatur. — [9] KÜSTER, W.: H. **82**, 463 (1912). — [10] FISCHER, H., H. PLIENINGER u. O. WEISSBARTH: H. **268**, 197 bes. 205 (1941). — [11] FISCHER, H.: B. **47**, 2330 (1914). Z. Biol. **65**, 163 (1915).

Äthylreste trägt; bei Fortsetzung der katalytischen Hydrierung[1], sowie bei der Reduktion mit Na-Amalgam[2] wird aus Bilirubin und Mesobilirubin das farblose „Bilan" *Mesobilirubinogen*, $C_{33}H_{44}O_6N_4$, erhalten. Mesobilirubinogen unterscheidet sich vom Mesobilirubin wiederum durch einen Mehrgehalt von 2 Mol H_2. Mesobilirubin wird auch aus Bilirubin bei der Reduktion nach WOLFF-KISHNER[3], andererseits aus Mesobilirubinogen durch Dehydrierung mit Kaliummethylat bei 150° erhalten[4].

Mesobilirubin ist in den physikalischen Eigenschaften dem Bilirubin sehr ähnlich. In Bicarbonat und Soda ist es kaum, in NaOH leicht löslich; sehr schwer löslich in den gebräuchlichen organischen Lösungsmitteln mit Ausnahme von Pyridin und Chloroform. Aus Pyridin lange, gelbe, häufig zu Büscheln vereinigte Nadeln, aus Chloroform gelbe rhombische Blättchen, aus Essigester feine Nädelchen. F. 320° korr. (Zers.). EHRLICH-Diazo-R. positiv. GMELIN-R. positiv. Dimethylester (analyt.) F. 239,5 bis 240,5° korr., (synthet.) F. 240,5 korr.; Esterdihydrochlorid F. 197 bis 198° korr.[5].

Der *Abbau mit Jodwasserstoff-Eisessig* verläuft bei Bilirubinoiden anders als beim Hämin. Während letzteres in einkernige Bruchstücke zerfällt, erhält man aus Bilirubin und Mesobilirubin vorwiegend ein Gemisch von Dipyrrylmethanderivaten, die „*Bilirubinsäure*"[6, 7, 8] und nur als Nebenprodukte Kryptopyrrol und Kryptopyrrolcarbonsäure. Die Konstitution der Bilirubinsäure ergab sich aus den Abbaureaktionen[7] (Oxydation liefert Methyläthylmaleinimid und Hämatinsäure, Jodwasserstoff-Eisessig-Reduktion ergibt Kryptopyrrol und Kryptopyrrolcarbonsäure) und aus den Isomerenverhältnissen der *Neo-* und *Iso-neoxanthobilirubinsäure*[8].

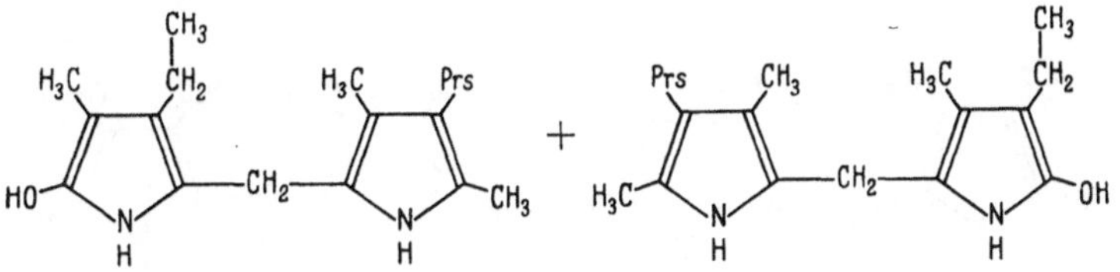

Prs = $CH_2 \cdot CH_2 \cdot COOH$ „Bilirubinsäure"

(XLII)

Das der Bilirubinsäure entsprechende Gemisch der Dipyrrylmethene wird durch die *Xanthobilirubinsäure* und *Iso-xanthobilirubinsäure*[8] (LXIII a u. b) dargestellt. Diese Xanthobilirubinsäuren entstehen aus den Bilirubinsäuren durch Permanganat-[9] oder Luftoxydation[10], desgleichen aus Bilirubin, Mesobilirubin und Mesobilirubinogen durch Einwirkung von Na-Alkoholat[11]. Die Carboxylgruppe konnte durch Veresterung, die Hydroxylgruppe durch Acetylierung festgelegt werden. Bei der *Resorcinschmelze*[12] des Mesobilirubins entsteht ein Gemisch von *Neoxanthobilirubinsäure* und *Iso-neoxanthobilirubinsäure*[8]. Die einzelnen Komponenten sind isoliert und synthetisiert[8] worden. Ihre Existenz bewies die *unsymmetrische Struktur des Bilirubins* und damit seine Entstehung durch einfache *Ringsprengung* des Häms (W. SIEDEL und H. FISCHER[8]) (XLIII c u. d).

[1] FISCHER, H., u. G. NIEMANN: H. **127**, 315 (1923). — [2] FISCHER, H.: H. **73**, 204 (1911). — [3] FISCHER, H., u. G. NIEMANN: H. **137**, 293 (1924). — [4] Siehe Fußnote [11] S. 915. — [5] SIEDEL, W.: H. **245**, 258 (1937). — [6] FISCHER, H., u. H. RÖSE: B. **45**, 1579 (1912). — PILOTY, O., u. S. J. THANNHAUSER: A. **390**, 191 (1912). — [7] FISCHER, H., E. BARTHOLOMÄUS u. H. RÖSE: H. **84**, 262 (1913). — [8] SIEDEL, W., u. H. FISCHER: H. **214**, 145 (1933). — SIEDEL, W.: H. **231**, 167 (1935). — [9] PILOTY, O., u. S. J. THANNHAUSER: B. **45**, 2393 (1912). — [10] FISCHER, H., u. G. NIEMANN: H. **127**, 315 (1923). — [11] FISCHER, H., u. H. RÖSE: B. **46**, 439 (1913). — [12] FISCHER, H., u. R. HESS: H. **194**, 193 (1931).

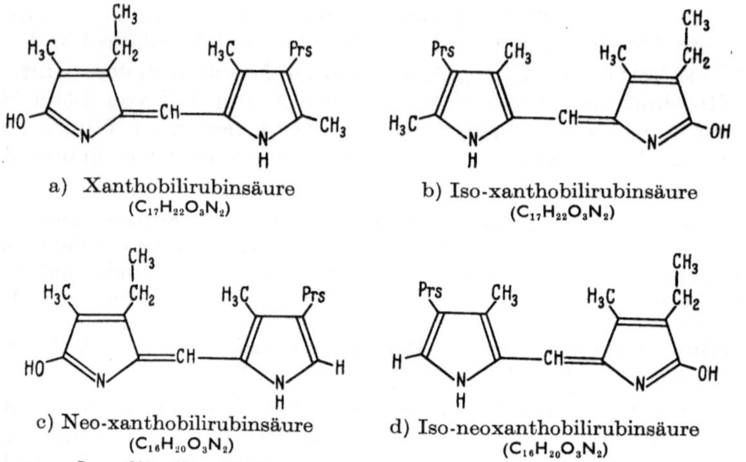

a) Xanthobilirubinsäure ($C_{17}H_{22}O_3N_2$)

b) Iso-xanthobilirubinsäure ($C_{17}H_{22}O_3N_2$)

c) Neo-xanthobilirubinsäure ($C_{16}H_{20}O_3N_2$)

Prs = $CH_2 \cdot CH_2 \cdot COOH$

d) Iso-neoxanthobilirubinsäure ($C_{16}H_{20}O_3N_2$)

(XLIII)

Derartige Oxypyrromethene sind allgemein durch Umsetzung der entsprechenden Brompyrromethene mit Alkoholat oder Na-Acetat zugänglich[1, 2, 3] oder durch Kondensation von bromierten Oxypyrrolen mit α-freien Komponenten (XLIV u. XLV)[4].

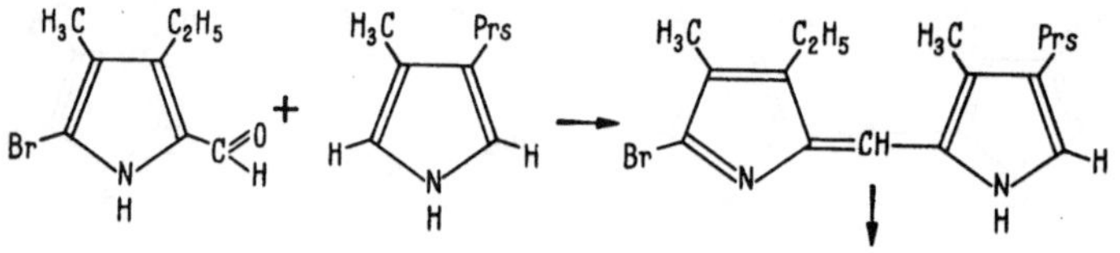

Neoxanthobilirubinsäure

(XLIV)

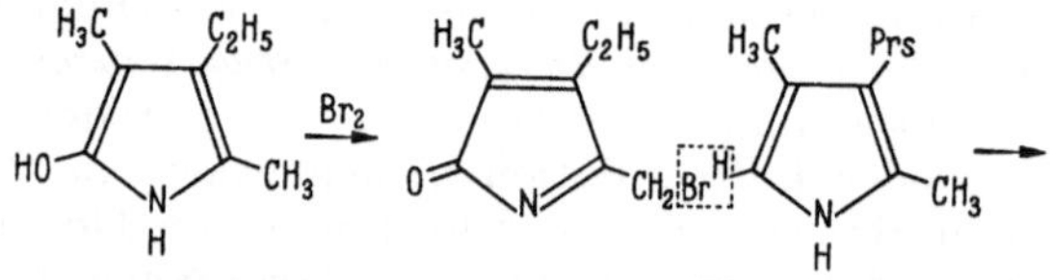

Prs = $CH_2 \cdot CH_2 \cdot COOH$

Kryptopyrrolcarbonsäure

Xanthobilirubinsäure

(XLV)

Durch Kondensation mit Aldehyden, speziell mit Formaldehyd, konnten 2 Moleküle Neoxanthobilirubinsäure zu einem Bilirubinoid, dem *symmetrischen Mesobilirubin-XIII, a* kondensiert werden[1, 5]. Diese symmetrischen Bilirubinoide zeigen alle Eigenschaften der entsprechenden unsymmetrisch gebauten der natürlichen Reihe.

---

[1] Fischer, H., u. E. Adler: H. **197**, 237 (1931); **200**, 209 (1931); **206**, 187 (1932); **210**, 139 (1932). — [2] Siedel, W.: H. **231**, 167 (1935). — [3] Siehe Fußnote [8] S. 915. — [4] Fischer, H., T. Yoshioka u. P. Hartmann: H. **212**, 146 (1932). — Fischer, H. u. P. Hartmann: H. **226**, 116 (1934). — [5] Fischer, H., u. R. Hess: H. **194**, 193 (1931).

Die **Synthese** des „*natürlichen*“ *Mesobilirubins-IX*, *a* wurde von SIEDEL[1,2] durchgeführt, und zwar durch Kondensation der synthetisch dargestellten *Oxymethyl-neoxanthobilirubinsäure* mit der ebenfalls synthetischen *Iso-neoxanthobilirubinsäure*[3] (Schema XLVI).

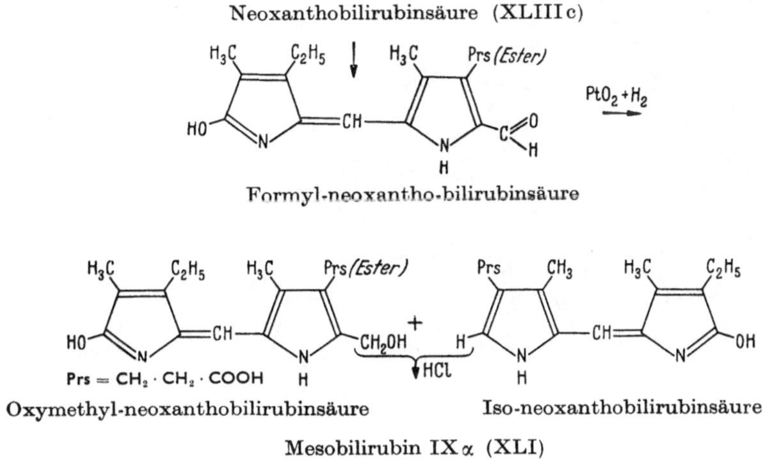

Neoxanthobilirubinsäure (XLIII c)

Formyl-neoxantho-bilirubinsäure

Prs = $CH_2 \cdot CH_2 \cdot COOH$

Oxymethyl-neoxanthobilirubinsäure Iso-neoxanthobilirubinsäure

Mesobilirubin IX α (XLI)

(XLVI)

Analog den Ergebnissen der Resorcinschmelze des Mesobilirubins wurde aus Bilirubin das vinylhaltige Oxypyrromethen (XLVII), die sog. „*Vinyl-neoxanthobilirubinsäure*“ erhalten, die als Baustein zur Synthese vinylgruppenhaltiger Bilirubinoide verwendet wurde[4].

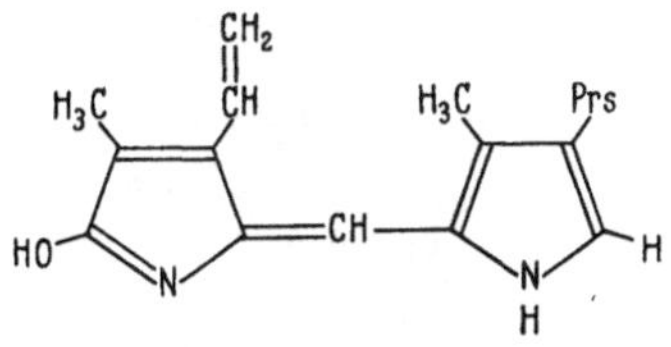

(XLVII)

Synthese des Bilirubins. Von FISCHER und PLIENINGER[5] ist die Totalsynthese des Bilirubins durchgeführt worden. Dabei werden die β-ständigen Vinylgruppen, ausgehend von Propionsäurehydrazid-Resten, über die Äthylurethan- und Äthylaminogruppen und deren HOFMANNschen Abbau gewonnen. Es wurde schließlich die „Vinylneoxanthobilirubinsäure“ dargestellt und diese nach Einführung der Formylgruppe mit der entsprechend synthetisierten Amino-iso-neoxanthobilirubinsäure zum vierkernigen Produkt kondensiert Nach erneutem HOFMANNschen Abbau (vorgenommen am Zinkkomplexsalz) und Veresterung mit Methanol-Chlorwasserstoffsäure wurde der Biliverdindimethylester erhalten. Die Reduktion desselben mit alkalischer Natriumdithionit-Lösung führte zum Bilirubin selbst.

---

[1] SIEDEL, W.: H. **245**, 258 (1937). — [2] SIEDEL, W.: H. **237**, 8 (1935). — [3] Siehe Fußnote [2] S. 917. — [4] FISCHER, H., u. H. REINECKE: H. **258**, 9 (1939). — [5] FISCHER, H., u. H. PLIENINGER: H. **274**, 231 (1942).

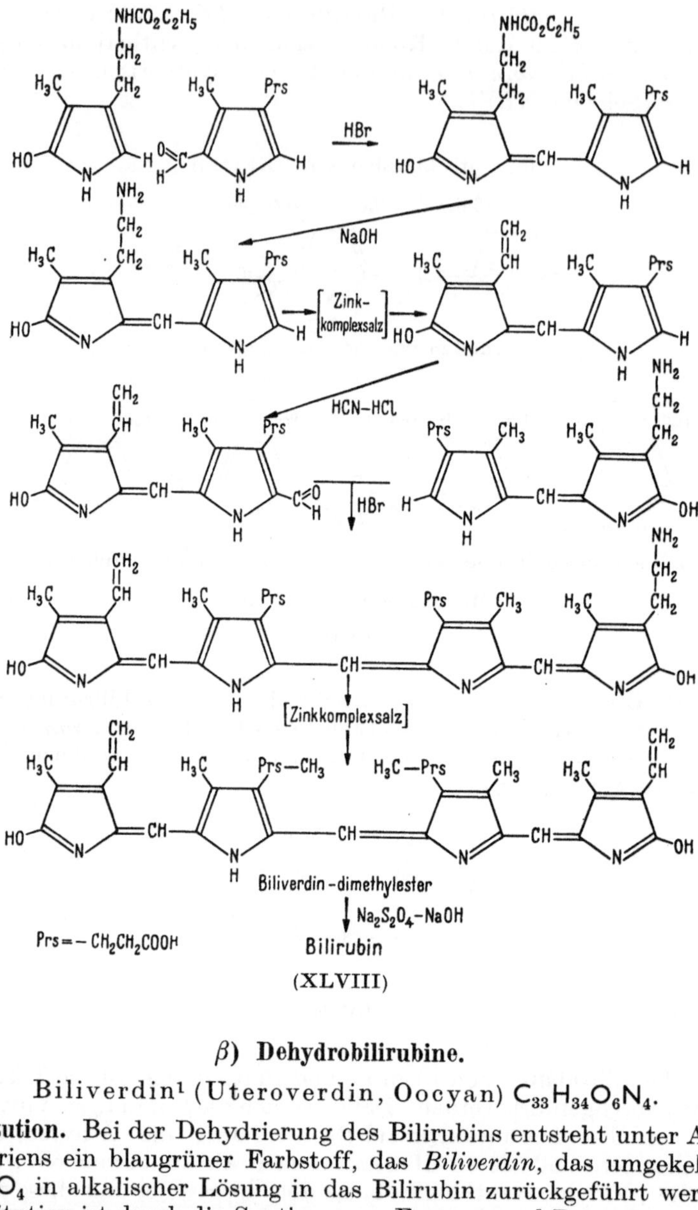

Biliverdin-dimethylester

$Na_2S_2O_4$–NaOH

Prs = $-CH_2CH_2COOH$

Bilirubin

(XLVIII)

β) Dehydrobilirubine.

Biliverdin[1] (Uteroverdin, Oocyan) $C_{33}H_{34}O_6N_4$.

Konstitution. Bei der Dehydrierung des Bilirubins entsteht unter Ausbildung eines Bilitriens ein blaugrüner Farbstoff, das *Biliverdin*, das umgekehrt wieder mit $Na_2S_2O_4$ in alkalischer Lösung in das Bilirubin zurückgeführt werden kann. Die Konstitution ist durch die Synthese von FISCHER und PLIENINGER[2] im Sinne der S. 915 angegebenen Formulierung bewiesen. Die eigentliche strukturelle Zuordnung geschah durch LEMBERG[3], und zwar von der Seite des *Uteroverdins* aus, das in den *grünen Säumen der Hundeplacenta* vorkommt und mit dem Biliverdin identifiziert werden konnte. Das Biliverdin selbst wurde von LEMBERG durch Einwirkung von Eisen III-chlorid auf Bilirubin dargestellt.

---

[1] Fischer-Orth, Pyrrolchemie **2**/1, 724. — [2] FISCHER, H., u. H. PLIENINGER: H. **274**, 231 (1942). — [3] LEMBERG, R., and J. BARCROFT: Proc. R. Soc. London (B) **110**, 361 (1932); dort ältere Literatur. — LEMBERG, R.: A. **499**, 25 (1932). Biochem. J. **29**, 978 (1934).

Vorkommen. Das Biliverdin findet sich in der Galle vieler Tiere, besonders der Vögel[1]. Es kommt im Meconium des Fetus[2] und des normalen Neugeborenen[3] vor, desgleichen in der Leichengalle[4]. Am auffälligsten ist sein Vorkommen (hierbei als Uteroverdin bezeichnet) in den Säumen der Hundeplacenta. Entdeckt wurde es dort von BERSCHET bereits 1830. — Als chemisches Individuum wird das Biliverdin, das von BERZELIUS den Namen erhalten hat, seit den Untersuchungen von STÄDELER[5], MALY[6] und THUDICHUM[7] angesehen.

Die Frage, ob der in den Vogeleierschalen häufig vorkommende blaugrüne Farbstoff, das *Oocyan*[8], mit dem Biliverdin identisch ist, ist noch nicht vollständig geklärt.

In Form eines Chromoproteids ist das Biliverdin von DINELLI[9] in den Eierschalen des Kasuars gefunden worden.

Darstellung. Das Biliverdin kann verhältnismäßig gut durch Einwirkung von Eisen(III)-chlorid in Eisessig auf Bilirubin über eine Molekülverbindung mit $FeCl_3$-HCl gewonnen werden[10]. Ebensogut wird es durch Dehydrierung von Bilirubin mit Chinon in Eisessiglösung erhalten[11]. — Die Gewinnung des Biliverdins aus der Hundeplacenta wird nach LEMBERG und BARCROFT[12] durchgeführt.

Die *Synthese des Biliverdins*[13] vgl. S. 918, Darstellung aus Hämin S. 922.

Eigenschaften. Aus Methanol umkrystallisiert bildet das Biliverdin in Form seines Dimethylesters feine Prismen von blaugrüner Farbe[11, 13] F: 206 bis 209°. Das Biliverdin selbst ist schwer löslich in Methanol, Chloroform und Äther. Es ist sehr empfindlich gegen Oxydationsmittel. Eine quantitative Biliverdinbestimmung wurde von ENGEL[14] ausgearbeitet.

Glaukobilin $C_{33}H_{38}O_6N_4$.

Darstellung. Läßt man auf Mesobilirubin in der Siedehitze Eisen(III)-chlorid in Eisessig einwirken, so erhält man eine Eisenchlorid-HCl-Molekülverbindung

Mesobilirubin-IX, α

$(-H_2)$ $FeCl_3$-$HCl/NaOH$

Glaukobilin-IX, α

$(-H_2O)$ HBr

Prs = $-CH_2CH_2COOH$

Formyl-neoxanthobilirubinsäure   Iso-neoxanthobilirubinsäure

(XLIX)

[1] Siehe Fußnote [1] S. 919. — [2] ZAMORANI, V.: Riv. Clin. pediatr. **23**, 9 (1925). — [3] ROYER, M., et J. C. BERTRAND: C. R. Soc. Biol. **100**, 130 (1929). — [4] WIELAND, H., u. G. REVEREY: H. **140**, 186 (1924). — [5] STÄDELER, G.: A. **132**, 325 (1864). — [6] MALY, R.: A. **175**, 76 (1874). — [7] THUDICHUM, J. L. W.: Soc. **1875**, 389. A. **181**, 242 (1876). — [8] LEMBERG, R.: A. **499**, 74 (1931). — FISCHER, H., u. F. LINDNER: H. **145**, 216 (1925). — [9] DINELLI, D.: Atti. R. Accad. naz. Lincei, R. C. **22**, 464 (1935). — [10] LEMBERG, R.: A. **488**, 36 (1933). — [11] FISCHER, H., u. H. REINECKE: H. **265**, 16 (1940). — [12] Siehe Fußnote [3] S. 919. — [13] Siehe Fußnote [2] S. 919. — [14] ENGEL, M.: H. **266**, 143 (1940).

eines Bilitriens, das sog. *Ferrobilin*[1]. Bei Behandlung mit Alkali wird dann das zugrunde liegende Bilitrien selbst erhalten, nämlich das tiefblaue *Glaukobilin.* Mit PbO_2, Chinon, nitrithaltiger HNO_3 ist es auch aus Mesobilirubinogen (vgl. S. 926) darstellbar[2]. Strukturell wird der Vorgang der Bildung des Glaukobilins aus Mesobilirubin durch das Schema (XLIX) dargestellt. Der endgültige Beweis der Konstitution wurde durch die *Totalsynthese* des Glaukobilins durch SIEDEL[3] erbracht. *Diese Synthese war gleichzeitig auch die erste Synthese eines asymmetrischen Bilirubinoids der natürlichen Reihe.* Sie wurde durch Kondensation der Formyl-neoxanthobilirubinsäure mit der Iso-neoxanthobilirubinsäure durchgeführt. Da die Kondensation von Neoxanthobilirubinsäure mit Formyl-isoneoxanthobilirubinsäure zu dem gleichen Produkt führte, ist die Lage der mittelständigen Doppelbindung nicht fixiert[3]. Es ist somit eine mesomere Form für die Bilitriene anzunehmen.

Eigenschaften[4]. Das *Glaukobilin (= Glaukobilin-IX, α)* krystallisiert in langen dünnen, rosettenartig verwachsenen Nadeln, die grün durchscheinend sind. F. 316 bis 318° (korr.), 210 bis 220° Sinterung. Die Lösungen in Chloroform oder Methanol sind rein blau. Es wird aus Methanol umkrystallisiert. Die sauren Lösungen sind grün gefärbt. Abs. Spektr.: verwaschene Abs. im Rot. I. 685 bis 650 mμ, II. sehr schwach 580 bis 560 mμ. Mit HCl grüne Chloroformlösung; Abs. im Rot bis 580 mμ, „Aufhellung" im Grün. — *Glaukobilin-dimethylester*[4]*:* Aus Chloroform-Methanol umkrystallisiert: linealförmige Prismen. Mit wachsender Dicke geht ihre Farbe von Blau in Violett über; sie besitzen violetten Oberflächenglanz; auffällig starken Dichroismus; zwischen gekreuzten Nicols ist keine Dunkelstellung zu erreichen. F. 232 bis 234° (korr.). — GMELIN-Reaktion: grün, blau, violett, rot, gelb. Glaukobilin gibt mit Zinkacetat keine Fluorescenz, jedoch nach Zusatz von Jod Rotfluorescenz mit dem Abs.-Spektrum: I. 641 bis 614 (Max. 627); II. 571; III. 509 mμ.

Ferrobilin[4]*:* $C_{33}H_{38}O_6N_4 \cdot FeCl_3 \cdot HCl$, aus Aceton-Eisessig grüne haarförmige dünne Krystalle, leicht löslich in Aceton, schwer löslich in Eisessig, unlöslich in Chloroform, F. 265° (korr.). — *Ferrobilin-dimethylester:* Aus Methanol-HCl umkrystallisiert: rhombische prismatische Stäbchen. F. 264° (korr.).

Über Glaukobilin aus den Phykobilinen vgl. S. 934.

Weitere Bilirubinoide vom Bilitrien Typ: Aus den Flügeln des Kohlweißlings isolierten WIELAND und TARTTER[5] das *Pterobilin*, einen blauen Farbstoff, der mit dem Biliverdin isomer ist. H. JUNGE[6] fand Farbstoffe vom Biliverdintyp in der Haut von Stab- und Laubheuschrecken und WILLSTAEDT[7] auf den Gräten bestimmter Seefische.

Aufspaltung des Porphyrinringes[8].

Mit der Überführung des *„grünen Hämins"* von WARBURG und NEGELEIN[9] in Biliverdin und Isolierung desselben wurde von LEMBERG[10] das Problem des *Überganges der Porphyrine in die Bilirubinoide* der Bearbeitung erschlossen. — Während von H. FISCHER und LINDNER[11] bei Einwirkung von Hefe oder Leberbrei auf eine Pyridinlösung von Hämin die Bildung blaugrüner Farbstoffe beobachtet worden war, fanden WARBURG und NEGELEIN, daß sich beim Einleiten von Sauerstoff in eine hydrazinhaltige Pyridinlösung von Hämin ein *„grünes Hämin"* bildet. Die gleiche Umwandlung stellten später KARRER, v. EULER u. HELLSTRÖM[12] bei Einwirkung von Ascorbinsäure auf Hämin fest. LEMBERG zeigte

[1] FISCHER, H., H. BAUMGARTNER u. R. HESS: H. **206**, 201 (1932). — [2] FISCHER, H., u. H. W. HABERLAND: H. **232**, 236 (1935). — [3] SIEDEL, W.: H. **237**, 8 (1935). — [4] SIEDEL, W.: H. **237**, 26 (1935). — [5] WIELAND, H., u. A. TARTTER: A. **545**, 197 (1940). — [6] JUNGE, H.: H. **268**, 179 (1941). — [7] WILLSTAEDT, H.: Enzymologia **9**, 260 (1941). — [8] STIER, E.: Z. ges. inn. Med. **2**, 257 (1947). Zusammenfassung. — [9] WARBURG, O., u. E. NEGELEIN: B. **63**, 1816 (1930). — [10] LEMBERG, R.: Biochem. J. **29**, 1322 (1935). — [11] FISCHER, H., u. F. LINDNER: H. **153**, 54 (1925). — [12] KARRER, P., H. v. EULER u. H. HELLSTRÖM: Ark. Kemi, Mineral. Geol. **11** B, Nr. 5, S. 6 (1933).

dann, daß diese „grünen Hämine“ mit Methanol-Salzsäure in einen Gallenfarbstoff vom Biliverdintyp übergehen. Analog konnte auch das Mesohämin in Glaukobilin aufgespalten werden, dessen Einheitlichkeit jedoch noch nicht sicher ist, da ja die Aufspaltung an verschiedenen Methinbrücken des Porphyrins möglich ist.

Um diese Schwierigkeiten, die bei den unsymmetrisch gebauten Farbstoffen des Typs IX grundsätzlich gegeben sind, zu umgehen, gingen FISCHER und LIBOWITZKY[1, 2, 4] bei ihren Aufspaltungsversuchen vom *Kopro I-tetramethylesterhämin* aus. Nach Überführung dieses Hämins mit Sauerstoff in Gegenwart von Ascorbinsäure in das grüne Derivat, das sog. *Verdohämochromogen*, konnte in guter Ausbeute der einheitliche *Koproglaukobilinester* I gewonnen werden (L).

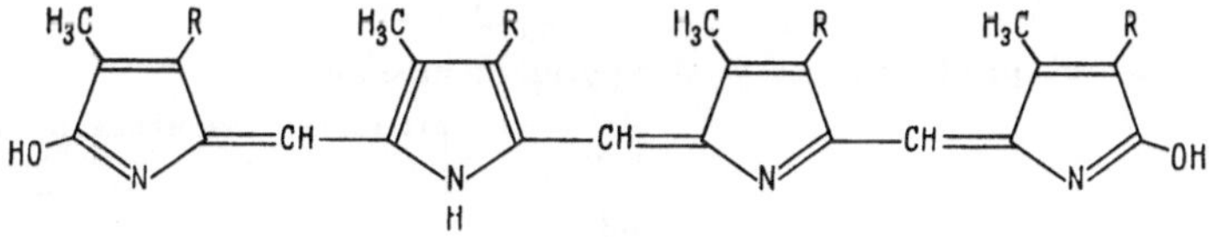

(L)

R = — $CH_2CH_2COOCH_3$: Kopro-glaukobilinester I, ($C_{39}H_{46}O_{10}N_4$)
R = — CH_2CH_3 : Ätioglaukobilin I, ($C_{31}H_{38}O_2N_4$)

Durch alle diese Versuche ist auch *in vitro der Übergang von der Blutfarbstoffreihe zu bilirubinoiden Farbstoffen* verwirklicht. Mit dem Ziel, Einblick in die ersten Phasen der oxydativen Ringöffnung zu gewinnen, wurde der Einfluß des Wasserstoffsuperoxyds auf Hämochromogene studiert[3, 4]; seine Mitwirkung bei der Bildung von Verdo-Verbindungen in biochemischen Versuchen lag wegen der Hemmbarkeit dieser Reaktion durch Katalase nahe. Wiederum erwies sich aus präparativen Gründen die Verwendung eines Hämochromogens des Typs I als vorteilhaft[4]. *Koprohämochromogen I-ester*, der Behandlung mit H_2O_2 unterworfen, liefert *Oxy-koprohämin I-ester*, der nach Enteisenung das entsprechende Porphyrin ergibt. Dieses Oxyporphyrin gibt auch die zugehörigen Acylderivate. — Vom Oxykoprohäminester gelangt man durch weitere Oxydation mit Sauerstoff in Pyridin zum entsprechenden „*grünen Hämin*“ oder *Verdohämochromogen*, das durch vorsichtige Behandlung mit Methanol-HCl in *KoproI-tetramethylester-verdochlorhämin* übergeht. Bei Einwirkung von Alkali und dann von methanolischer Salzsäure entsteht aus dem letzteren der *KoproglaukobilinI-tetramethylester*. — Nachdem STIER[5] die Überführung von Kopro-I-esterverdochlorhämin in Koproporphyrin I-tetramethylester durch Hydrierung mit Pd-H_2 in Ameisensäure gelungen ist, scheint es, daß bei dem Prozeß der Porphyrinaufspaltung in der Stufe des „grünen Hämins“, des Verdohämochromogens, noch das Porphyringerüst vorliegt.

Von STIER wurden diese Versuche auch noch auf *Deuterohämin*, *Hämatohämin*, *Mesohämin*, *Protohämin*, *Rhodohämin*, *Phyllohämin* und *Pyrrohämin* ausgedehnt. Bei der Aufspaltung des Pyrrohämins wurde zum ersten Male ein Gallenfarbstoff mit den Seitenketten des Mesochlorophylls isoliert.

Die Frage, an welcher Methinbrücke des Porphyrins die Oxydation zu den Verdoverbindungen einsetzt, ist noch ungeklärt; es ist sehr wahrscheinlich, daß aus unsymmetrisch substituierten Häminen isomere Glaukobiline entstehen.

---

[1] FISCHER, H., u. H. LIBOWITZKY: H. **251**, 198 (1938). — [2] LIBOWITZKY, H.: H. **265**, 191 (1940). — [3] LEMBERG, R., B. CORTIS-JONES and M. NORRIE: Biochem. J. **32**, 170 (1938). — [4] LIBOWITZKY, H., u. H. FISCHER: H. **255**, 209 (1938). — [5] STIER, E.: H. **272**, 239 (1942); **273**, 47 (1942); **275**, 155 (1942).

Kopro I-tetramethylester-hämin

↓ Pyridin

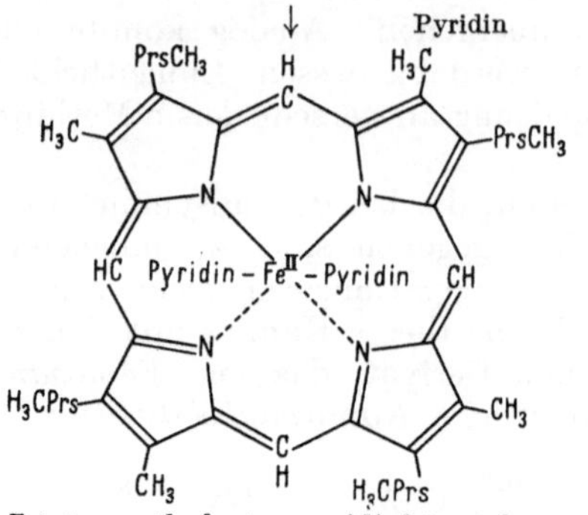

Kopro I-tetramethylester-pyridinhämochromogen

↓ (Hydrazin, Ascorbinsäure oder Hefe-O_2, bzw. H_2O_2, dann Behandlung mit 5%iger Methanol-HCl)

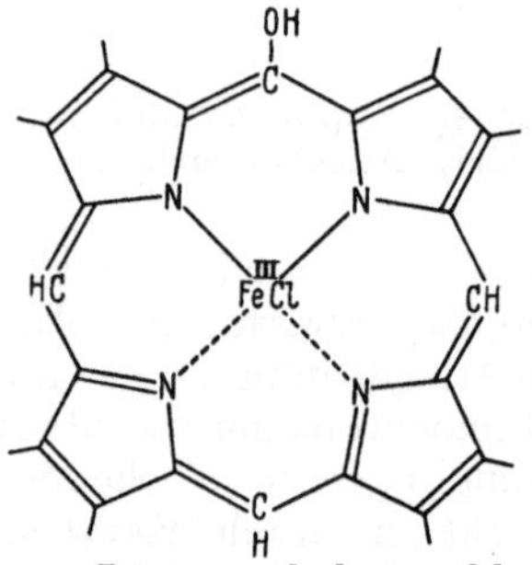

Oxy-kopro I-tetramethylester-chlorhämin

↓ O_2-Pyridin

Verdohämochromogen = „grünes Hämin"

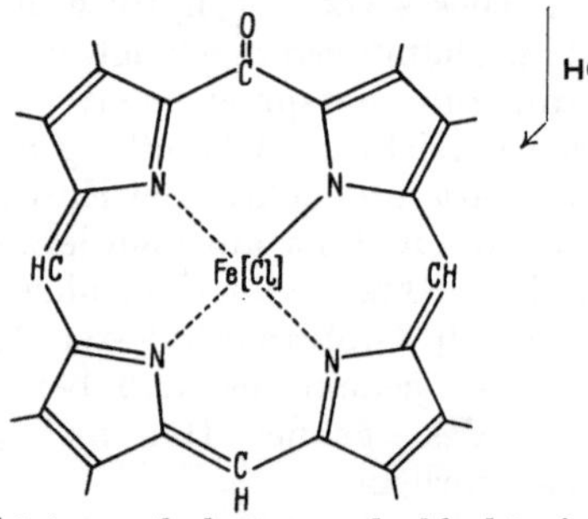

↓ HCl-Methanol

Kopro I-tetramethylester-verdochlorhämin

↓ KOH; Mineralsäure

Koproglaukobilin I-tetramethylester

(LI)

Verdoglobin (Verdohämoglobin)[1].

Analog dem im vorhergehenden geschilderten Abbaumechanismus dürfte sich auch in vivo die Ringsprengung des Hämoglobins vollziehen. Tatsächlich wird ja auch hier unter Umständen ein *„grünes Hämin"*, das *Verdoglobin* oder

[1] Stier, E.: Z. ges. inn. Med. **2**, 257 (1947) Zusammenfassung.

Verdohämoglobin, beobachtet, für das im Schrifttum auch die Bezeichnungen *Pseudohämoglobin*, *Sulfhämoglobin* und *Choleglobin* gebraucht werden. Daß bei der Gallenfarbstoffbildung die Umwandlung des Häms erfolgt, während es noch an Globin gebunden ist, geht aus den Versuchen von DUESBERG[1] hervor, der eine schnelle Umwandlung des im Ascites injizierten Hämoglobins in Gallenfarbstoff feststellte, dagegen keine Steigerung der Bilirubinausbeute bei Hämatininjektion fand. — Fußend auf den Versuchen von KARRER, v. EULER und HELLSTRÖM[2] ist von LEMBERG und Mitarbeitern[3] die gekoppelte Oxydation von Hämoglobin und Ascorbinsäure näher untersucht worden. Auch hierbei wurde Verdoglobin erhalten. Von KIESE[4] wurde das Auftreten von Verdoglobin vor allem beobachtet, wenn dem Organismus vermehrt Hämoglobin zum Abbau angeboten wurde. So konnte bei Versuchen am Hund nach Hämoglobininjektion (intravenös) ein Anstieg des Verdoglobins besonders in Milz- und Leberextrakten festgestellt werden.

Pathologisch vermehrt tritt das Verdoglobin im Blute auf bei Einwirkung verschiedener „Blutgifte", wie Phenylhydrazin, Sulfanilamiden, Hydroxylamin, Chlorat-ionen u. a. (HEUBNER[5], KIESE[6]).

Weitere Verdoglobine werden mittels $HCN\text{-}H_2O_2$; $H_2S\text{-}H_2O_2$; 2,4-Diaminotoluol-O_2; HNO_2 gewonnen. Sie wurden durch KIESE und Mitarbeiter[7] näher charakterisiert. Bei dem mit $H_2S\text{-}H_2O_2$ erhaltenen *Verdoglobin* S oder „*Sulfhämoglobin*"[10] machen neuere Untersuchungen[8] die Existenz von C=S-Brücken zwischen 2 Pyrrolkernen sehr wahrscheinlich. — Das „*Pseudohämoglobin*" oder die sog. „*Fraktion E*" des „*leicht abspaltbaren Bluteisens*", das BARKAN[9] aus Hämoglobinlösungen mit H_2O_2 in Gegenwart von Cyanid dargestellt hat, dürfte mit dem Verdoglobin identisch sein.

Eigenschaften des Verdoglobins. Die Verdoglobine lösen sich bei neutraler Reaktion (Dialyse) mit grüner Farbe in Wasser. Durch Ammonsulfat werden sie gefällt. Unter dem Einfluß von Salzsäure oder Essigsäure tritt Aufspaltung zu Biliverdinen ein. — Spektroskopisch: Absorptionsmaximum bei 670 und 630 mμ. Das Kohlenoxydadditionsprodukt des Verdoglobins hat nur die Absorptionsbande bei 630 mμ. Mit Hämochromogenbildnern: Pyridin, Hydrazin und CO usw. werden die entsprechenden Hämochromogene erhalten. Die Absorptionsmaxima derselben sind: Pyridin-Hämochromogen, 660 bis 670 und 620 mμ; Hydrazin-Hämochromogen, 617 und 630 mμ.

Quantitative Bestimmung. Von KIESE[10] wurde ein Verfahren mit dem HAVEMANNschen Photozellencolorimeter ausgearbeitet. Für normales Blut wurden folgende Durchschnittswerte an Verdoglobin ermittelt: Mensch 0,4%, Pferd 0,5%, Rind 0,3%, Hund 0,33%, Ratte 0,33% des Hämoglobins. — M. ENGEL[11] trennt zur quantitativen Bestimmung das Biliverdin vom Verdoglobin ab und bestimmt es stufenphotometrisch.

Sulfhämoglobin = Verdoglobin S.

Zahlreichen Beobachtungen zufolge wird *Sulfhämoglobin* oder *Verdoglobin S* nach Verabreichung von Phenacetin + Schwefel beim Menschen — besonders

[1] DUESBERG, R.: A. e. P. P. **174**, 305 (1934). — [2] KARRER, P., H. v. EULER u. H. HELLSTRÖM: Ark. Kemi, Mineral. Geol., **11** B, Nr. 5, S. 6 (1933). — [3] LEMBERG, R., J. W. LEGGE and W. H. LOCKWOOD: Biochem. J. **33**, 754 (1939); **35**, 328, 339 (1941). — LEGGE, J. W., and R. LEMBERG: Biochem. J. **35**, 353 (1941). — [4] KIESE, M.: Naturwiss. **30**, 587 (1942). — [5] HEUBNER, W.: Kli. Wo. **1940**, 265, 289. — HEUBNER, W., u. M. KIESE: Schweiz. med. Wschr. **1947**, 1337. — [6] KIESE, M., u. L. SEIPELT: A. e. P. P. **200**, 648 (1943). — [7] KIESE, M., u. H. KAESKE: B. Z. **312**, 121 (1942). — KIESE, M.: A. e. P. P. **204**, 385 (1947); **204**, 439 (1947). — [8] NIJVELD, H. A. W.: Recu. Trav. chim. Pays-Bas. **62**, 293 (1943). — KIESE, M.: A. e. P. P. **205**, 747 (1948). — HAUROWITZ, F.: J. biol. Ch. **137**, 771 (1941). — [9] BARKAN, G., u. O. SCHALES: H. **254**, 241 (1938). Vgl. auch H. **248**, 96 (1937); **253**, 83 (1938). — [10] KIESE, M.: Kli. Wo. **1942**, 565. Vgl. auch HAVEMANN, R.: Kli. Wo. **1941**, 543. B. Z. **208**, 1 (1949) — [11] ENGEL, M.: H. **266**, 135 (1940).

bei Leberschädigung — nachgewiesen[1], ebenso beim Einatmen von Schwefelwasserstoff und bei Störungen im Verdauungstrakt. Es bewirkt auch die blaugrüne Verfärbung der Bauchdecken und der Gedärme von Leichen. In den letzten Jahren ist es auch als unerwünschte Nebenerscheinung nach Sulfanilamidbehandlung[2] mitunter festgestellt worden. Absorptionsmaximum 620 $m\mu$; als Pyridin-Hämochromogen 612 $m\mu$.

Photochemische Aufspaltung des Porphyrinringes.

Daß bei Anwesenheit von Sauerstoff die Porphyrine nicht lichtbeständig sind, ist bekannt. Ein photosynthetisches Oxydationsprodukt ist in reiner Form erstmals von FISCHER und DÜRR[3] isoliert worden. *Ätioporphyrin* I konnten FISCHER und HERRLE[4] in pyridinischer Lösung mit Natriumalkoholat durch Belichten aufspalten. Aus den Reaktionsprodukten war Ätio-glaukobilin I darstellbar.

γ) Bilane: Urobilinogen, Stercobilinogen.

Das Bilirubin wird in der Galle und speziell im Darm zu Leukoverbindungen reduziert. Die Untersuchung dieser Leukoverbindungen oder Chromogene nahm ihren Ausgang von dem von JAFFE[5] in der Galle des Menschen und des Hundes (1868) sowie im Harn (1869) entdeckten Farbstoff *Urobilin*. Schon JAFFE nahm an, daß dieser Farbstoff ein Sekundärprodukt ist, entstanden durch Oxydation einer entsprechenden Leukoverbindung. In Übereinstimmung damit steht auch die Beobachtung von SAILLET[6], daß in frischem Harn gesunder Menschen regelmäßig nicht Urobilin, sondern nur das Chromogen desselben vorkommt und daß aus diesem erst unter der Einwirkung des Lichtes oder schwacher Oxydationsmittel Urobilin gebildet wird. LE NOBEL[7] führte für das Chromogen die Bezeichnung „*Urobilinogen*" ein.

Erst die Untersuchungen der neueren Zeit (FISCHER und Mitarbeiter, WATSON, SIEDEL und MEIER) ergaben, daß bei den Leukoverbindungen des Bilirubins ein Dualismus vorliegt und daß zwischen *Urobilinogen* und *Stercobilinogen* (Formeln S. 926 und 927) unterschieden werden muß.

Für die Aufklärung des Zusammenhanges dieser Farbstoffe mit dem Bilirubin ist der Versuch F. v. MÜLLERS[8] wichtig, der einem Patienten mit *totalem Choledochusverschluß* Bilirubin in Form von (urobilinfreier) Galle gab und im vorher urobilinfreien Harn, ebenso in den Faeces, nunmehr „Urobilin" fand. In vitro konnte KÄMMERER[9] mittels Darmbakterien aus Bilirubin Urobilin bzw. Stercobilin erzeugen. Dieser Theorie der *enterogenen* Bildung der Leukoverbindungen standen schon seit langem Befunde gegenüber, so von FISCHLER[10], nach denen Urobilin auch außerhalb des Darmes im intermediären Stoffwechsel gebildet werden kann. Hierher gehört auch die Annahme einer *hämatogenen* Urobilinbildung (HEILMEYER und OHLIG[11]) sowie einer *histogenen*. Eine weitgehende Klärung hat nunmehr das Problem durch die Untersuchungen BAUMGÄRTELS[12]

[1] JUNG, F.: A. e. P. P. **194**, 16 (1940). — BARKAN, G., u. O. SCHALES: H. **254**, 241 (1938). — HEUBNER, W.: Kli. Wo. **1940**, 265, 289. — KIESE, M., u. H. KAESKE: B. Z. **312**, 121 (1942). — KIESE, M., u. L. SEIPELT: A. e. P. P. **200**, 648 (1943). — [2] HEUBNER, W., u. M. KIESE: Schweiz. med. Wschr. **1947**, 1337. — RESTORFF, H. v.: A. e. P. P. **196**, 10 (1940). — [3] FISCHER, H., u. M. DÜRR: A. **501**, 107 (1933). — [4] FISCHER, H., u. K. HERRLE: H. **251**, 85 (1938). — [5] JAFFE, M.: Zbl. med. Wiss. **6**, 243 (1868); **7**, 177 (1869). J. prakt. Chem. **104**, 401 (1869). — [6] SAILLET, M.: Rev. Méd. **1897**, 109. — [7] LE NOBEL, C.: Pflügers Arch. **40**, 501 (1887). — [8] MÜLLER, FR. v.: Jber. schles. Ges. vaterl. Kultur (I) **70**, Nr. 8, 1—13 (1892). — [9] KÄMMERER, H., u. K. MILLER: Dtsch. Arch. klin. Med. **141**, 318 (1922/23). — [10] FISCHLER, F.: Physiologie und Pathologie der Leber. Berlin 1925. — FISCHLER, F., u. F. OTTENSOOSER: Dtsch. Arch. klin. Med. **146**, 305 (1925). — [11] HEILMEYER, L., u. W. OHLIG: Kli. Wo. **1936**, 1124. — [12] BAUMGÄRTEL, TR.: Kli. Wo. **1943**, 92, 297, 416, 457. Z. ges. exp. Med. **112**, 459 (1943).

erfahren, der fand, daß das Urobilinogen seine Entstehung allein einem cellulär-fermentativen Chemismus verdankt, während das Stercobilinogen enteral-bakteriell gebildet wird. BAUMGÄRTEL konnte auch zeigen, daß die Bilirubinreduktion mit dem bakteriellen Cystinabbau und dem Redoxsystem Cystin-Cystein verknüpft ist. Es scheint, daß die Dehydrase des Bact. coli den im Cystein locker gebundenen Wasserstoff auf das Bilirubin überträgt, nachdem das Cystein durch Hydrierung des Cystins im Coecum durch den Bac. verrucosus gebildet worden ist. Nach BAUMGÄRTEL findet sich in der Lebergalle noch kein Urobilinogen. Es soll erst in den extrahepatischen Gallenwegen, speziell in der Gallenblase gebildet werden, während das Stercobilinogen dann im Dünndarm entstehen soll. Durch Resorption aus dem Darm gelangen die Chromogene über die Pfortader in die Leber und werden von dort aus in die Niere abgeleitet. Im normalen Organismus kommt im Harn nur eine sehr geringe Menge an Chromogenen vor. Während WATSON[1], LEMBERG[2], H. FISCHER und LIBOWITZKY[3] gefunden haben, daß im Harn das Stercobilinogen der überwiegende Bestandteil ist, ist nach STICH[4] im Normalharn nur Stercobilinogen vorhanden. Im Darm überwiegt auch bei weitem das Stercobilinogen. Das Verhältnis von Harn- zu Stuhl-Stercobilinogen wird von HEILMEYER[5] als 1:100 angegeben.

Bei Scharlach, Malaria, Typhus, Diabetes, perniziöser Anämie, Blutergüssen in das Gewebe, Hämoglobinurie, hämolytischem Ikterus und Tetanus, also bei Erkrankungen, die einen erhöhten Zerfall von Erythrocyten zur Folge haben, entsteht die bilirubinreiche „pleiochrome“ Galle, die zu einer intensiven intestinalen Stercobilinbildung führt. Infolgedessen ist auch die Resorption erhöht und es tritt eine pathologische *Stercobilinogenurie* auf, ebenso beim Abklingen eines hepatocellulären Ikterus.

Urobilinogenurien treten auf bei allen Erkrankungen der Leber, so bei Stauungsleber, Lebercirrhose, katarrhalischem Ikterus, carcinomatösen Erkrankungen, sowie bei Vergiftungen, die sich auf die Leber auswirken, wie CO, Phosphor, Blei, Alkohol und Chloroform (Narkose).

Urobilinogenurie oder Urobilinurie treten auch auf bei mechanischer Behinderung des Gallenabflusses in den Darm, sei es durch Verlegung der extrahepatischen Gallenwege durch Steine, Tumoren oder durch Kompressionen. Bei totalem Choledochusverschluß verschwinden Stercobilinogen und Stercobilin vollständig aus Stuhl und Harn. Die Faeces werden grauweiß-acholisch[6].

Urobilinogen (= Mesobilirubinogen-IXα) $C_{33}H_{44}O_6N_4$.

Gewinnung. Das *Urobilinogen* ist erstmals von FISCHER und MEYER-BETZ[7] aus pathologischem Harn krystallisiert isoliert worden. Es erwies sich als identisch mit dem *Mesobilirubinogen*, das FISCHER durch Reduktion des Bilirubins mit

Urobilinogen (= Mesobilirubinogen-IX, α)

(LII)

Prs = $CH_2 \cdot CH_2 \cdot COOH$

[1] WATSON, C. J.: J. biol. Ch. **114**, 47 (1936). Amer. J. clin. Path. **6**, 458 (1936). Blood **1**, 99 (1946). — [2] LEMBERG, R., W. H. LOCKWOOD and R. A. WYNDHAM: Austral. J. exp. Biol. med. Sci. **16**, 169 (1938). — [3] FISCHER, H., u. H. LIBOWITZKY: H. **258**, 255 (1939). — [4] STICH, W.: D. m. W. **1946**, 137. Kli. Wo. **1948**, 365. — [5] HEILMEYER, L., u. W. OETZEL: Dtsch. Arch. klin. Med. **171**, 365 (1931). — [6] BAUMGÄRTEL, TR.: Kli. Wo. **1947**, 315. — [7] FISCHER, H., u. FR. MEYER-BETZ: H. **75**, 246 (1911).

Natriumamalgam[1] und ebenso durch katalytische Reduktion mit kolloidalem Palladium in n/10 Natronlauge[2] erhalten hat. Es kommt ihm die Formel (LII) zu, die auch durch die Totalsynthese von SIEDEL und MÖLLER[3] bewiesen ist. Das Urobilinogen geht durch Dehydrierung in *Urobilin* (= *Urobilin-IX, a*) über und kann aus diesem wieder durch Reduktion erhalten werden (vgl. S. 929). Konz. Schwefelsäure dehydriert zu Glaukobilin[4].

Eigenschaften. Das Urobilinogen tritt in einer aciden und einer nichtaciden Form auf, die sich dadurch unterscheiden, daß erstere in Bicarbonatlösung (unter CO_2-Entwicklung), aber auch in Essigester löslich ist, während die nichtacide Form darin schwer löslich ist. Der Lösung der aciden Form in Bicarbonat läßt sich mittels Chloroform wieder die nichtacide Modifikation entziehen. Letztere krystallisiert in derben, farblosen, monoklinen Prismen mit dem F: 197 bis 200°. Diese färben sich durch Dehydrierung zum Urobilin oberflächlich leicht rötlich, werden aber beim Waschen mit Essigester wieder farblos.

Stercobilinogen $C_{33}H_{48}O_6N_4$.

Gewinnung. Das *Stercobilinogen* wird am besten durch Reduktion des Stercobilins (vgl. S. 930) mit Natriumamalgam dargestellt[4]. Es kann aber auch aus normalen Faeces gewonnen werden[5, 6].

Konstitution: Stercobilinogen ist um 4 Wasserstoffatome reicher als Urobilinogen. Nach FISCHER und Mitarbeitern[4, 6] hat es — unter Zugrundelegung der Konstitutionsformel des Urobilinogens — folgende Struktur (vgl. auch S. 931).

Prs = $CH_2 \cdot CH_2 \cdot COOH$

Stercobilinogen

(LIII)

Eigenschaften. Das Stercobilinogen ist eine farblose Substanz, die bisher noch nicht krystallisiert erhalten werden konnte. Im Gegensatz zum Stercobilin ist es nicht optisch aktiv, bildet aber bei Dehydrierung optisch aktives Stercobilin zurück. Es bildet ein Eisen III-chlorid-Komplexsalz nach FISCHER und NIEMANN[7].

Nachweisreaktionen für Urobilinogen und Stercobilinogen. Zum Nachweis des Urobilinogens und des Stercobilinogens dient nach NEUBAUER[8] das sog. EHRLICHsche Reagens: p-Dimethylaminobenzaldehyd in salzsaurer Lösung (0,4 g p-Dimethylaminobenzaldehyd in 10 cm³ konz. $HCl + 10$ cm³ H_2O). Es gibt mit beiden Chromogenen eine intensive Rotfärbung in der Kälte (vgl. S. 928). Abs. Spektrum: I. 556; II. 505 mμ. Die Reaktion wird auch zur quantitativen Bestimmung des Chromogens angewandt[9]. Mit Hilfe von MOHRschem Salz können Urobilin und Stercobilin zu ihren Leukoverbindungen reduziert und in dieser Form quantitativ bestimmt werden. Klinische Bedeutung der Reaktion vgl. STICH[10].

[1] FISCHER, H.: H. **73**, 204 (1911). — [2] FISCHER, H., u. G. NIEMANN: H. **127**, 315 (1923). — [3] SIEDEL, W., u. H. MÖLLER: H. **264**, 64 (1940). — [4] FISCHER, H., u. H. HALBACH: H. **238**, 59 (1936). — [5] WATSON, C. J.: Proc. Soc. exp. Biol. Med. **32**, 534 (1935). H. **233**, 49 (1935). — [6] FISCHER, H., u. H. LIBOWITZKY: H. **258**, 255 (1939). — [7] FISCHER, H., u. G. NIEMANN: H. **137**, 308 (1924). — [8] NEUBAUER, O.: M. m. W. **1903 II**, 1846. — REINBOLD, B. v.: Biochem. Handlex. **6**, 188 (1911); **9**, 331 (1915). — [9] DHÉRÉ, CH., et J. ROCHE: Cr. **193**, 673 (1931). — WATSON, C. J.: Amer. J. clin. Path. **6**, 458 (1936). — HEILMEYER, L.: B. Z. **231**, 393 (1931). Z. ges. exp. Med. **76**, 220 (1931). — SCHEFF, G.: B. Z. **158**, 170 (1925). — [10] STICH, W.: Ärztl. Wschr. **1948**, 577.

Während man bisher angenommen hat, daß die in der Wärme mit EHRLICHs Reagens erzielte Rotfärbung des Harnes identisch mit der oben beschriebenen ist, haben neueste Untersuchungen von GÖSSNER[1] den Beweis erbracht, daß in dem mit normalem Harn in der Hitze entstehenden Farbstoff ein Kondensationsprodukt von *Indoxyl* mit p-Dimethylaminobenzaldehyd von folgender Konstitution vorliegt.

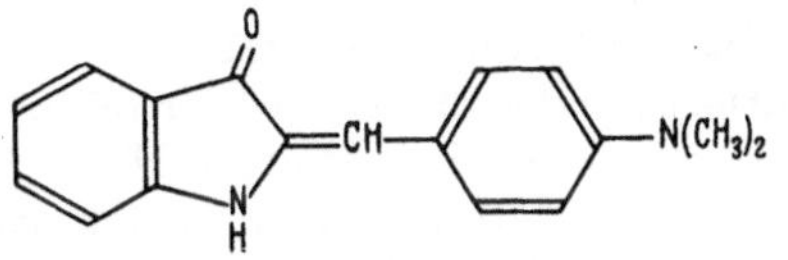

„Umgekehrte Urobilinogenreaktion“. Mitunter kann die EHRLICHsche Reaktion im Harn positiv ausfallen, obwohl kein Uro- bzw. Stercobilinogen vorhanden ist. Man hat dann die von HOESCH[2] beschriebene „umgekehrte“ Urobilinogenreaktion vor sich, die besonders dann deutlich ist, wenn man den Harn zum Reagens gibt. Die Reaktion ist an das Vorhandensein von Porphyrinogen im Harn geknüpft und ist deshalb das Kennzeichen einer Porphyrie, auch wenn diese latenter Art ist. Der entstehende rosa Farbstoff ist durch ein dreibandiges Spektrum charakterisiert mit den Absorptionen bei 550 bis 570; 525; 490 bis 500 mμ.

Bei chlorophyllreicher Ernährung kann im Harn auch eine positive EHRLICHsche Reaktion vorgetäuscht werden. Sie beruht nach BAUMGÄRTEL[3] darauf, daß das Chlorophyll zu *Phylloerythrinogen* reduziert wird, dieses durch teilweise Resorption in den Harn gelangt und dort eine positive EHRLICHsche Reaktion gibt. Die SCHLESINGER-Reaktion (S. 931) ist dabei aber negativ, ebenso die Pentdyopent-Reaktion (S. 936).

Reaktionen zur Unterscheidung von Urobilinogen und Stercobilinogen. a) Nach FISCHER[4] tritt bei Behandlung einer Urobilinogenlösung mit natronalkalischer oder ammoniakalischer Kupfersulfatlösung beim kurzen Erwärmen Violettfärbung mit 3 Absorptionsbanden (665; 600; 510—495 mμ) auf. Das Stercobilinogen zeigt bei dieser Reaktion nur eine Bande bei 530—500 mμ. Diagnostische Anwendung vgl. MEYER[5].

b) Während das Urobilinogen bei Behandlung mit Eisen(III)-chlorid in salzsaurer Lösung in violettes Mesobiliviolin (S. 932) (mit charakteristischem Spektrum und rotfluorescierendem Zinkkomplexsalz) übergeht, zeigt Stercobilinogen diese Reaktion nicht (WATSON[6], FISCHER und LIBOWITZKY[4], BAUMGÄRTEL[7], HOESCH[8]). *Ausführung.* Urobilinogen wird in 25%iger Salzsäure mit einigen Krystallen Eisen(III)-chlorid kurz erhitzt, mit dem fünffachen Volumen Wasser verdünnt und mit Chloroform ausgeschüttelt. Bei positivem Ausfall der Reaktion wird der Chloroformauszug violett. Spektrum: I. 618—601; II. 576—533 (verwaschen); III. 513—485 mμ; Intensitäten III, I, II. Stercobilinogen in der gleichen Weise behandelt, gibt eine bräunlich-rote Chloroformlösung mit dem Spektrum I. 523—438 mμ.

Urobilin (= Urobilin-IX, α) $C_{33}H_{42}O_6N_4$.

Vorkommen. Das Urobilin findet sich als Dehydrierungsprodukt des Urobilinogens überall dort, wo Urobilinogen mit oxydierenden Agentien in Berührung kommt. Es entsteht schon durch Einwirkung des Luftsauerstoffs auf Urobilinogen. So ist seine Entdeckung auf das engste mit derjenigen des Urobilinogens verknüpft (vgl. S. 925), und in den Fällen, in denen das Urobilinogen vermehrt vorkommt, kann auch eine Vermehrung des Urobilins zustande kommen

[1] GÖSSNER, W.: H. **282**, 262 (1947). — [2] HOESCH, K.: D. m. W. **1947**, 704. — [3] BAUMGÄRTEL, TR.: Med. Klinik **1947**, 231. — [4] FISCHER, H.: M. m. W. **1912**, 2555. Vgl. auch FISCHER, H., u. H. LIBOWITZKY: H. **258**, 276 (1939). — [5] MEYER, W. C.: Ärztl. Forsch. **1**, 51, 85 (1947). — [6] WATSON, C. J.: H. **233**, 39 (1935). — [7] BAUMGÄRTEL, TR.: Kli. Wo. **1946**, 184. — [8] HOESCH, K.: B. Z. **167**, 107 (1925).

und ist auch häufig zu beobachten. Entsprechend dem Vorkommen des Urobilinogens findet sich Urobilin normal in geringen Mengen in den Faeces und bei pathologischen Zuständen (vgl. S. 926) auch im Harn (Urobilinurie). Infolge der weitgehenden Ähnlichkeit ist früher das Urobilin mit dem Stercobilin der Faeces (S. 930) für identisch gehalten worden und wird erst seit der Isolierung des krystallisierten Stercobilins durch WATSON[1] und der Konstitutionsaufklärung des Urobilins[2] und Stercobilins[1, 2, 3] von dem letzteren unterschieden.

Konstitution und Synthese. Krystallisiertes Urobilin wurde einwandfrei erstmals von WATSON[4] aus einem pathologischen Harn (Stauungsleber) isoliert. Aus der Leukoverbindung, dem Urobilinogen, erhielt es WATSON durch Dehydrierung mit Luftsauerstoff in Eisessiglösung (vgl. auch SIEDEL und MEIER[2]). (Bei dem von HEILMEYER und Mitarbeitern[5] isolierten „Urobilin" dürfte es sich um Stercobilin gehandelt haben). — Die Konstitution des Urobilins wurde von SIEDEL und MEIER[2] durch die Totalsynthese aufgeklärt. Schema (LIV).

Das Urobilin ist ein Bilien mit einer Doppelbindung im Brückengerüst. Da seine chromophore Gruppe nur 2 Pyrrolkerne umfaßt, ist es nur gelb-orange gefärbt. Wie die Formeln zeigen, tritt beim Übergang des Urobilinogens in das Urobilin lediglich Dehydrierung an der mittleren Methenbrücke und der Iminogruppe eines der benachbarten Kerne ein. So ist Urobilin auch leicht durch Hydrierung (katalytisch oder mit Natriumamalgam) wieder in Urobilinogen überführbar.

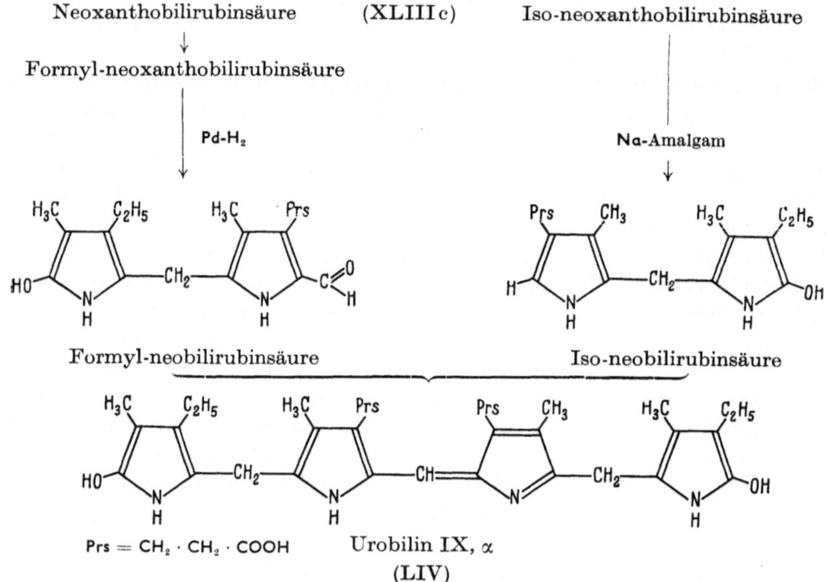

Eigenschaften[6]. *Urobilin IX,* α krystallisiert aus Aceton in feinen orangegelben Nadeln. F. (synthet. aus Aceton) 177° (korr.), (analyt. 174°, korr.). Es bildet ein Hydrochlorid. Löslichkeit: leicht in Chloroform, Methyl- und Äthylalkohol u. Eisessig, schwer löslich in Benzol, fast unlöslich in Äther und unlöslich in Petroläther.

[1] WATSON, C. J.: H. **204**, 57 (1932); **208**, 101 (1932); **221**, 145 (1933); **233**, 39 (1935). J. biol. Ch. **105**, 469 (1934); **114**, 47 (1936). Proc. Soc. exp. Biol. Med. **30**, 1210 (1933); **32**, 534, 1506, 1508 (1935). — [2] SIEDEL, W., u. E. MEIER: H. **242**, 101 (1936). — [3] FISCHER, H., H. HALBACH u. A. STERN: A. **519**, 254 (1935). — FISCHER, H., u. H. HALBACH: H. **238**, 60 (1936). — [4] WATSON, C. J.: J. biol. Ch. **114**, 47 (1936). — [5] RUDERT, H., u. L. HEILMEYER: B. Z. **261**, 336 (1933). — HEILMEYER, L., u. W. KREBS: H. **228**, 33 (1934). — [6] SIEDEL, W., u. E. MEIER: H. **242**, 101 (1936).

Absorptionsspektrum. Freies Urobilin in Chloroform und n/10 NaOH: Beschattung ab 510 mμ.

Hydrochlorid in Chloroform: $\underbrace{510 \text{ bis } 485}_{495}$ $\cdots$ 465; E. Abs. 400 mμ.

Hydrochlorid in Alkohol: $\underbrace{506 \text{ bis } 480}_{492}$ $\cdots$ 465; E. Abs. 400 mμ.

Zn-Komplexsalz in Alkohol: $\underbrace{516 \text{ bis } 500}_{508}$; E. Abs. 400 m$\mu$.

Nachweis und quantitative Bestimmung vgl. S. 932.

Stercobilin $C_{33}H_{46}O_6N_4$.

Vorkommen: So wie das Urobilin das Dehydrierungsprodukt des Urobilinogens darstellt, ist das Stercobilin das Dehydrierungsprodukt des Stercobilinogens. Es findet sich also überall dort, wo Stercobilinogen der Wirkung von oxydierenden Substanzen ausgesetzt ist und bildet sich bei der Isolierung des Stercobilinogens unter der Einwirkung des Luftsauerstoffes. Es wird am besten aus normalen Faeces isoliert[1], in denen es schon 1871 von Vanlair und Masius[2] entdeckt worden ist. Krystallisiert erhalten wurde das Stercobilin erstmals von Watson[1] 1932, und zwar aus normalem und pathologischem Stuhl.

Konstitution. Infolge von Schwierigkeiten bei der Reinigung und Analyse und bei der weitgehenden Übereinstimmung bei den üblichen Nachweis- und Bestimmungsverfahren (Fluorescenzreaktion, Ehrlichsche Reaktion) war die Abgrenzung des Stercobilins vom Urobilin lange Zeit unklar, zumal auch beide Farbstoffe oft gleichzeitig nebeneinander vorkommen. Erst die Entdeckung von Fischer, Halbach und Stern[3], daß Stercobilin im Gegensatz zum Urobilin *optisch aktiv* ist, erbrachte den Beweis einer Verschiedenheit beider Farbstoffe. Hinzu kam dann noch der Befund, daß Stercobilin 4 H-Atome mehr im Molekül enthält als Urobilin[4,5,6]. Die Konstitutionsaufklärung und Synthese des Urobilins[5,7] erbrachte gleichzeitig für das Stercobilin den Strukturbeweis für das Grundgerüst. Der Mehrgehalt von 4 Wasserstoffatomen beim Stercobilin führte Fischer und Halbach[4] zu der Annahme der Konstitutionsformel (LV).

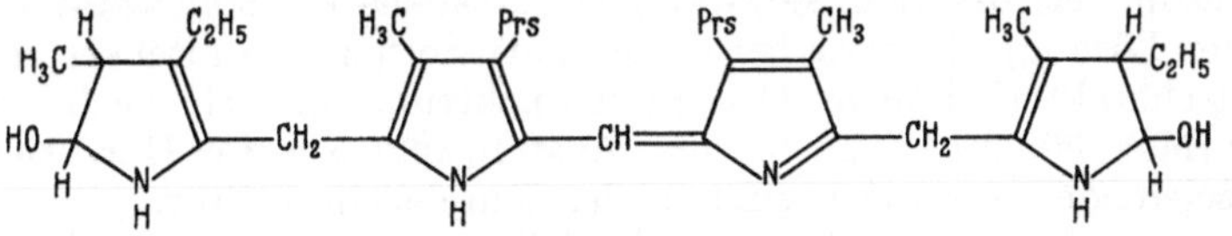

Stercobilin (Fischer und Halbach) Prs = $CH_2 \cdot CH_2 \cdot COOH$

(LV)

Die Asymmetriezentren sind in die beiden basischen Pyrrolkerne verlegt. In Übereinstimmung damit steht die Feststellung, daß bei Chromsäureoxydation des Stercobilins neben optisch aktiven sauren auch optisch aktive basische Spaltprodukte entstehen[6]. Auf Grund spezifischer reaktiver Eigentümlichkeiten der

[1] Watson, C. J.: H. **204**, 57 (1932); **208**, 101 (1932); **221**, 145 (1933); **233**, 39 (1935); J. biol. Ch. **114**, 47 (1936). — [2] Vanlair u. Masius: Zbl. med. Wiss. **1871**, 369. — [3] Fischer, H., H. Halbach u. A. Stern: A. **519**, 254 (1935). — [4] Fischer, H., u. H. Halbach: H. **238**, 59 (1936). — [5] Siedel, W., u. E. Meier: H. **242**, 101 (1936). — [6] Fischer, H., u. H. Libowitzky: H. **258**, 255 (1939). — [7] Siedel, W.: H. **237**, 19 (1935).

Bilirubinoide (vgl. Anlagerungsreaktionen S. 934) und im Hinblick auf die Unterschiede bei der $FeCl_3$-Oxydation von Urobilin und Stercobilin schlagen SIEDEL und GRAMS[1] für Stercobilin das Formelbild (LVI) vor, bei dem die vier „überzähligen" H-Atome sämtlich in α-Stellung stehen.

Stercobilin (SIEDEL und GRAMS)
(LVI)

Gewinnung. Das Stercobilin wird nach den Vorschriften von WATSON[2] oder von FISCHER und LIBOWITZKY[3] aus Faeces gewonnen. Aus normalem Stuhl können je Kilogramm durchschnittlich 50—100 mg Stercobilin oder Stercobilinogen erhalten werden. Bei hämolytischem Ikterus können bis zu 2 g aus 1 kg Stuhl isoliert werden.

Eigenschaften. Das Stercobilin erscheint aus Aceton in goldgelben unregelmäßigen Krystallen, F. 236°, aus Chloroform in schmalen Prismen[2, 4]. Das Hydrochlorid krystallisiert aus Aceton in spindelförmigen Plättchen, aus Chloroform in langen Nadeln; F. unscharf bei 165°. Stercobilin ist leicht löslich in Alkohol, Eisessig und Chloroform, löslich in Aceton, wenig in Äther, unlöslich in Petroläther. Es ist als Dicarbonsäure auch in Na-hydrogencarbonat, Ammoniak und Natronlauge löslich.

Optische Aktivität: $[\alpha]^{20}_{690-720}$:		100 cm³ Lsgm. 10 cm-Schicht:
Hydrochlorid in Chloroform	—1700°	[20 mg]
Stercobilin in Chloroform	—320°	[46,5 mg]
Stercobilin in Eisessig	—254°	[98,3 mg]
Stercobilin in Ameisensäure	+256°	[115,0 mg]
Stercobilin in n/10 NaOH	—140°	[100,6 mg]

Die Drehwerte sind stark abhängig von der Wellenlänge des Lichtes. Bei Reduktion zum Stercobilinogen verschwindet die optische Aktivität, wird aber bei Dehydrierung des Stercobilinogens wieder zurückerhalten. Stercobilin gibt im Gegensatz zu Urobilin eine Eisen(III)-chlorid-Komplexverbindung[2].

Nachweisreaktion für Urobilin und Stercobilin. Nachgewiesen werden beide Urobilinoide mittels des SCHLESINGERschen Reagens (= Zinkacetat in absolutalkoholischer Lösung). Es tritt bei beiden Farbstoffen eine intensiv grüne Fluorescenz mit charakteristischem Absorptionsspektrum auf (scharfe Bande bei 516 bis 500 mμ [Max. 508 mμ]; vgl. S. 930). Ausführungsform für Harn siehe RONA[5] Die fluorescierenden Lösungen sind in der Durchsicht hellrot.

Reaktionen zur Unterscheidung von Urobilin und Stercobilin. a) Während das Urobilin eine positive Pentdyopentreaktion gibt, ist diese beim Stercobilin nicht zu erzielen. Klinische Verwendung der Pentdyopentreaktion vgl. STICH[6].

b) Urobilin und Stercobilin unterscheiden sich hinsichtlich ihrer Stabilität gegen Eisen(III)-chlorid. Bei Einwirkung von $FeCl_3$ in 25%iger Salzsäure auf Urobilin in Methanol bei 100° tritt bereits nach 5 min die Bildung von *Mesobiliviolin* (S. 932) ein. Das Vorhandensein des violetten Mesobiliviolins wird besonders deutlich beim Ausschütteln des Reaktionsgemisches mit Chloroform. Stercobilin gibt nur eine bräunlich-rote Chloroformlösung. Spektren vgl. S. 933.

[1] SIEDEL, W., u. E. GRAMS: H. **267**, 62 (1940). — [2] WATSON, C. J.: H. **233**, 39 (1935). — [3] FISCHER, H., u. H. LIBOWITZKY: H. **258**, 255 (1939). — [4] SIEDEL, W., u. E. MEIER: H. **242**, 101 (1936). — [5] RONA, P.: Praktikum der physiologischen Chemie. Bd. II. Berlin 1929. — [6] STICH, W.: Kli. Wo. **1948**, 365.

So kann auch die Abtrennung des Stercobilins vom Urobilin über das Eisen-Komplexsalz des Stercobilins vorgenommen werden[1].

c) Hinsichtlich der Einwirkung von Kupfersulfat in alkalischer Lösung auf Urobilin und Stercobilin gilt das S. 928 für die Chromogene beschriebene Verhalten.

d) Rein physikalisch können Urobilin und Stercobilin durch die Untersuchung auf optische Aktivität unterschieden werden. Nur das Stercobilin dreht die Ebene des polarisierten Lichtes.

Quantitative Bestimmung der Urobilinoide. Urobilin und Stercobilin werden meist in Form ihrer Leukoverbindungen mit Hilfe der EHRLICHschen Farbreaktion quantitativ bestimmt. Die Methode ist von TERWEN auf colorimetrischer Grundlage[2], von CHARNAS auf spektrophotometrischer[3] und von HEILMEYER auf stufenphotometrischer[4] ausgebaut worden (vgl. auch SATO[5] und WATSON[6]).

ROYER[7] wendet die Fluorescenzreaktion des Urobilins bzw. Stercobilins zur quantitativen Bestimmung an, um Verluste bei der Reduktion zu vermeiden. Die *Chromogene* nach dieser Methode zu bestimmen, also nach Dehydrierung zu den Farbstoffen, empfiehlt sich jedoch nicht, da bei der Dehydrierung Verluste eintreten.

„3. Urobilinkörper".

Im Anschluß an die Urobilinoide sei noch auf ein ähnliches Bilirubinoid hingewiesen, daß von MEYER[8] in neuester Zeit beschrieben worden ist. Charakteristisch für die Substanz ist eine positive EHRLICHsche Reaktion, eine negative SCHLESINGER-Reaktion und eine Bande von 510—495 mμ bei der Kupferreaktion. MEYER hat dieser Substanz die Bezeichnung *3. Urobilinkörper* gegeben. Er fand sie in vivo stets im Duodenalsaft, besonders bei Leberschäden, erhöhtem Blutzerfall und Fieber. In vitro entsteht die Substanz in Darmbakterien-Kulturen mit Bilirubin neben Stercobilin. EISENREICH[9] konnte den Körper auch durch cellulär-fermentative Reduktion neben dem Urobilinogen erhalten und sein Vorkommen in der Blasengalle beweisen.

δ) Weitere Biliene und Bilidiene.

Dihydromesobilirubin $C_{33}H_{42}O_6N_4$.

Ein Isomeres des Urobilins ist das *Dihydromesobilirubin*[10], das aus den Mutterlaugen bei der katalytischen Hydrierung des Bilirubins isoliert werden kann. Struktur vgl. Schema S. 909. Die Substanz krystallisiert aus Alkohol in gelben Nadeln; F. 278 bis 284°. Mit EHRLICHs Reagens und GMELINs Reagens tritt Violettfärbung unter Dehydrierung zum Mesobiliviolin ein. Konz. H_2SO_4 oxydiert bis zum Glaukobilin. Diazokupplung wie bei Bilirubin und Mesobilirubin.

Mesobiliviolin, Mesobilirhodin, $C_{33}H_{40}O_6N_4$.

Mit $FeCl_3$ gibt *Urobilinogen* (= Mesobilirubinogen) ein schwerlösliches Doppelsalz, das mit HCl erhitzt in einen violetten Farbstoff „*Mesobiliviolin*" übergeführt wird[11]. Der Farbstoff läßt sich durch chromatographische Adsorption in eine

---

[1] BAUMGÄRTEL, TR.: Med. Klinik **1947**, 231. — [2] RONA, P.: Praktikum der physiologischen Chemie. Bd. II. Berlin 1929. — [3] CHARNAS, D.: B. Z. **20**, 401 (1909). — [4] HEILMEYER, L., u. W. KREBS: B. Z. **231**, 393 (1931). — [5] SATO, O.: Kli. Wo **1938 II**, 1108. — [6] WATSON, C. J.: Amer. J. clin. Path. **6**, 458 (1936). — [7] ROYER, M.: C. R. Soc. Biol. **117**, 1240 (1934). — [8] MEYER, W. C.: Ärztl. Forsch. **1**, 51, 85 (1947). — [9] EISENREICH, F.: D. m. W. **1948**, 506. — [10] FISCHER, H., u. H. BAUMGARTNER: H. **216**, 260 (1933). — [11] FISCHER, H., u. G. NIEMANN: H. **137**, 293 (1924).

violett-rote Komponente, *Mesobiliviolin*, und in eine braun-rote, *Mesobilirhodin*, zerlegen[1]. Mesobiliviolin wird als Begleiter des Stercobilins bei dessen Gewinnung angetroffen. Es ist dabei aus dem Urobilinogen bzw. Urobilin entstanden[2, 3]. Die Konstitution des Mesobiliviolins ist durch Totalsynthese (SIEDEL und MÖLLER[3]) im Sinne der Formel (LVII) bewiesen. Es entsteht aus dem Urobilin durch Dehydrierung an einer außenständigen Methylenbrücke und der Iminogruppe des benachbarten außenständigen Pyrrolkernes. Es besitzt den gleichen

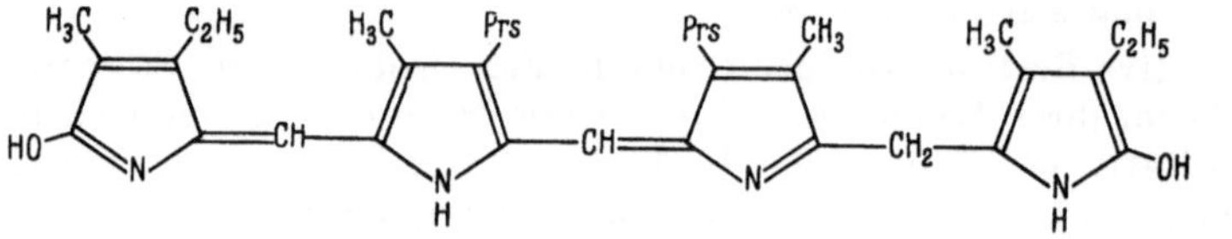

Mesobiliviolin-IX, α Prs = $CH_2 \cdot CH_2 \cdot COOH$

(LVII)

Chromophor wie die Mesobilipurpurine (S. 935), hat deshalb auch die gleiche Farbe und bildet ein entsprechendes Zinkkomplexsalz mit derselben Rotfluorescenz.

Bisher ist nur das Mesobiliviolin krystallisiert gewonnen worden.

Spektren: Mesobiliviolin: in Chloroform, violett:

$\underbrace{594 \text{ bis } 554}_{575,3}$ ..535; E. Abs. 405 mμ

Mesobiliviolin-hydrochlorid: (in 2 n-HCl) blau:

I. 621 bis 594; II. schwach 572 bis 547; E. Abs. 410 mμ.

Mesobiliviolin-Zn-Komplexsalz: rot fluorescierend,

in der Durchsicht Lösung hellblau:

I. 639 bis 621; II. schwach 580, 566; E. Abs. 400 mμ.

Mesobilirhodin: in Chloroform, rot

$\underbrace{590 \text{ bis } 558}_{575}$; Beschattung im Violett ab 486 mμ.

Mesobilirhodin-hydrochlorid: in 2 n-HCl violett:

I. $\underbrace{623 \text{ bis } 589}_{625}$; II. schwach $\underbrace{573 \text{ bis } 541}_{557}$; III. $\underbrace{518 \text{ bis } 476}_{496,6}$ mμ.

Mesobilirhodin-Zn-Komplexsalz: grünbraun fluorescierend:

I. schwach 633 bis 624; II $\underbrace{519 \text{ bis } 501}_{510}$; E. Abs. 396 mμ.

Chromoproteide der Rotalgen.

Die Chromoproteide der Rotalgen[4] stehen in enger Verwandtschaft zu den Gallenfarbstoffen. Es handelt sich im wesentlichen um das *Phykoerythrin* und die *Phykocyane*, rote und blaue Farbstoffe, die durch H. MOLISCH, H. KYLIN und Z. KITASATO krystallisiert erhalten worden sind[5]. Es sind hochmolekulare Chromoproteide, bei denen LEMBERG[6] durch Salzsäure die Chromogene vom Eiweiß abtrennen konnte.

Phykocyanobilin, die Farbkomponente des Phykocyanins, ist annähernd rein isoliert.

[1] SIEDEL, W.: H. **237**, 8 (1935). — [2] REINERT, H.: Z. ges. inn. Med. **3**, 241 (1948). — [3] SIEDEL, W., u. H. MÖLLER: H. **264**, 64 (1940). — [4] Fischer-Orth, Pyrrolchemie **2**/1, 732. — [5] FISCHER, H., u. A. TREIBS: Handb. Biochem., Erg.-Bd. 72—116 (1930). — [6] LEMBERG, R.: A. **461**, 46 (1928); **477**, 195 (1930).

Leicht löslich in Alkoholen, Chloroform und Eisessig, schwerer in Benzol, Petroläther, Ligroin, ziemlich schwer in Äther. Abs. Spektr.: Chloroform breites flaches Band, Max. 568 mμ, ε_{sp} 20,6; mit HCl: (schärfer) 606 mμ, ε_{sp} 33,4. Zn-Salz: Farbe grünblau, Fluorescenz rot. I. 632, II. 585 mμ.

Phykoerythrobilin war nicht eiweißfrei zu erhalten.

Die Chromoproteide liefern mit 10%igem methylalkoholischen Kali ein Dehydromesobilirubin = *Glaukobilin*[1]. *Damit ist festgestellt, daß die Phykobiline in die Reihe der Gallenfarbstoffe gehören.* Phykocyanobilin steht dem Mesobiliviolin nahe, Erythrobilin dem Mesobilirhodin. Röntgenographische Untersuchungen haben bewiesen, daß diese Farbstoffe sich vom Häm IX ableiten (W. SIEDEL[2]).

ε) Die Farbreaktionen der bilirubinoiden Farbstoffe.

Die schon früher erwähnten wichtigsten Farbreaktionen der Bilirubinoide, die GMELIN*sche Reaktion*, die *Diazoreaktion* und die EHRLICH*sche Reaktion* sind Gruppenreaktionen, die jeweils von einer ganzen Reihe analog gebauter bilirubinoider Farbstoffe erfüllt werden. Dieser Umstand hat zum Teil die Aufklärung des Reaktionsvorganges erleichtert, weil an präparativ besonders gut zu bearbeitenden Beispielen das Prinzip erkannt und von hier aus verallgemeinert werden konnte.

1. Die GMELIN*sche Reaktion*[3], die außer von Bilirubin auch von Mesobilirubin und seinen Isomeren und analog gebauten Bilirubinoiden, von Biliverdin und Glaukobilinen sowie auch von vierkernigen bilirubinoiden Farbstoffen mit aromatischen Resten gegeben wird, ist von SIEDEL und Mitarbeitern[4] dahingehend aufgeklärt worden, daß nach *Dehydrierung* des *Bilirubins* oder *Mesobilirubins* zum *Biliverdin* bzw. *Glaukobilin*[5] eine Anlagerungsreaktion stattfindet, die jeweils von dem benutzten Dehydrierungsmittel abhängig ist. — Bei der Ausführung der GMELINschen Reaktion mit Methanol-Brom (SIEDEL und GRAMS[4]) konnte so nach Überschreitung der Biliverdin- bzw. Glaukobilinstufe die *Anlagerung* zweier Methoxylgruppen an einer der außenständigen Doppelbindungen des Brückengerüstes festgestellt werden. Durch Einengung des chromophoren Teiles des Bilirubinoids auf nur 3 Pyrrol- bzw. Pyrroleninringe tritt dabei Farbaufhellung nach Violett-Rot ein, in voller Übereinstimmung mit der Farbe von synthetischen *Tripyrrenen*[4, 6]. Wird die GMELINsche Reaktion mit HNO_2-HNO_3 durchgeführt, so wird entsprechend HNO_2 angelagert. Dabei resultieren die *Bilipurpurine* bzw. *Mesobilipurpurine* als eine besondere Gruppe von Bilirubinoiden, die sich alle durch eine rote Farbe in neutralem Milieu, durch violette Farbe in saurem Milieu und durch intensiv *rot fluorescierende Zinkkomplexsalze* auszeichnen. Letztere haben eine sehr charakteristische Absorptionsbande im Rot; die Lage dieser Bande variiert je nach den angelagerten Gruppen und wird zweckmäßig dem Namen des Bilipurpurins angefügt. Bei dem Bilipurpurin, das mit HNO_2-HNO_3 erhalten wird, tritt leicht eine hydrolytische Abspaltung der Nitrosogruppe ein und eine anschließende Dehydratisierung zum entsprechenden Keton, das ebenfalls ein Bilipurpurin darstellt [vgl. Schema (LVIII)].

Die weitere Einwirkung des Oxydationsmittels der GMELINschen Reaktion besteht bei den Farbphasen Rot-Gelb in einer erneuten Anlagerung von HO-NO bzw. H_3CO-Radikalen an das Bilirubinoid, und zwar an die zweite außenständige Doppelbindung des Brückengerüstes. Es resultieren dabei durch die weitere

---

[1] LEMBERG, R.: A. **505**, 151 (1933). — [2] SIEDEL, W.: B. **77** (A), 21 (1944). — [3] Fischer-Orth, Pyrrolchemie **2**/1, 712. — [4] SIEDEL, W., u. W. FRÖWIS: H. **267**, 37 (1940). — SIEDEL, W., u. E. GRAMS: H. **267**, 49 (1940). — [5] FISCHER, H., u. E. ADLER: H. **206**, 187 (1932). — FISCHER, H., u. H. W. HABERLAND: H. **232**, 236 (1934). — [6] FISCHER, H., u. H. REINECKE: H. **259**, 83 (1939).

Einengung des Chromophors auf ein mittelständiges Pyrromethen gelbe Farbstoffe, die *Choleteline* bzw. *Mesocholeteline*. Entsprechend ihrer strukturellen Verwandtschaft mit dem Urobilin geben diese Bilirubinoide auch grünfluorescierende Zinkkomplexsalze.

Mesobilipurpurin (627 mμ) (rot)

Mesobilipurpurin (619 mμ) (rot)

Mesobilipurpurin (622 mμ) (rot)

Mesocholetelin (gelb)

(LVIII)

In der Ausführung mit Brom-Methanol nach SIEDEL und GRAMS stellt sich der Ablauf der GMELINschen Reaktion und das zugehörige Farbenspiel mit dem folgenden Formelschema (LIX) dar.

	Farbe:	Mischfarbe:
Mesobilirubin	gelb	
		grün
Glaukobilin	blau	
		violett
Mesobilipurpurin (627 mμ)	rot	
		orange
Mesocholetelin (515 mμ)	gelb	

(LIX)

2. Die *Kupplungsreaktion der Bilirubinoide mit Diazoverbindungen*[1,2] (vgl. S. 934) konnte am Beispiel des Mesobilirubins geklärt werden[3]. Dabei tritt eine Spaltung des Moleküls nach Schema (LX) ein; die eine Hälfte wird als Azofarbstoff ausgekuppelt, die andere reagiert unter Selbstkondensation zum symmetrischen Bilirubinoid. Bei unsymmetrisch gebauten Bilirubinoiden ist die Möglichkeit zur Bildung von zwei verschiedenen Azofarbstoffen gegeben, je nachdem die Aufspaltung nach der einen oder anderen Seite des Bilirubinoids erfolgt. Tatsächlich wurden schon früher[4] bei der Kupplung des Bilirubins, neuerdings auch bei der des Mesobilirubins, je 2 Azofarbstoffe aufgefunden.

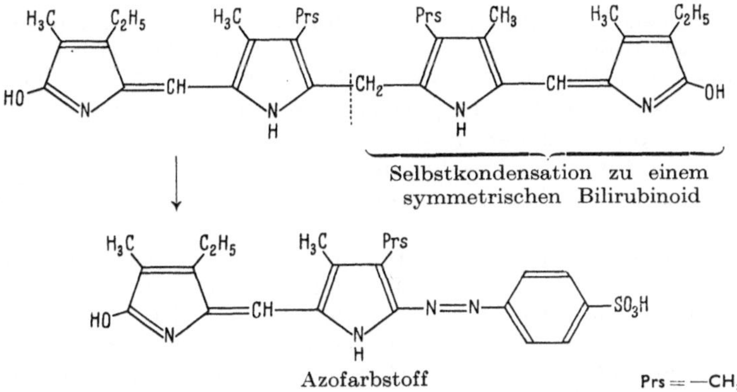

Selbstkondensation zu einem symmetrischen Bilirubinoid

Azofarbstoff

(LX)

Prs = $—CH_2 \cdot CH_2 \cdot COOH$

3. Die EHRLICH*sche Reaktion*[5] des Urobilinogens und des Stercobilinogens mit p-Dimethylaminobenzaldehyd, die (vgl. S. 927) zu einem rotvioletten Farbstoff führt, ist in ihrem Chemismus noch nicht geklärt.

Im übrigen geben mit wenigen Ausnahmen alle Pyrrole, die eine oder beide α-Stellungen unbesetzt haben, die EHRLICHsche Reaktion in ähnlicher Weise wie die obengenannten Bilirubinoide, ebenso zeigt auch die Neobilirubinsäure[6] die EHRLICHsche Reaktion.

Der beim Erhitzen des Harns mit p-Dimethylaminobenzaldehyd gebildete Farbstoff ist ein Kondensationsprodukt des Indoxyls (vgl. S. 928).

b) Zweikernige Blutfarbstoff-Abbauprodukte.

Dem Abbau des Blutfarbstoffes zu den vierkernigen Bilirubinoiden stehen 2 Mechanismen des Abbaues zu zweikernigen Produkten, Dipyrrylmethanen und Dipyrrylmethenen gegenüber, und zwar ist es der unter bestimmten Umständen von BINGOLD beobachtete *oxydative Abbau des Bilirubins* oder auch des *Häms* direkt zum *Propentdyopent* und der von SIEDEL und Mitarbeiter gefundene *oxydo-reduktive Abbau des Häms* und des *Bilirubins* zum *Pro-bilifuscin* oder *Bilileukan*, bzw. *Pro-mesobilifuscin* oder *Meso-bilileukan* und deren Aggregation oder Polymerisation zu den *Bilifuscinen* bzw. *Mesobilifuscinen.*

α) Propentdyopent, Pentdyopent („Pentdyopent-Reaktion").

Ausgehend von der Beobachtung, daß Pneumokokken auf der Kochblutplatte, wenn diese auf die je nach der Tierart spezifische Zerstörungstemperatur der

[1] Fischer-Orth, Pyrrolchemie **2**/1, 717. — [2] SIEDEL, W.: Fortschr. Chem. org. Naturstoffe **3**, 100 (1939). — [3] FISCHER, H., u. H. W. HABERLAND: H. **232**, 240 (1935). — [4] ORNDORFF, W. R., and J. E. TEEPLE: Am. Soc. **33**, 215 (1905). — [5] FISCHER-ORTH Pyrrolchemie **1**, 66; **2**/1, 716. — [6] FISCHER, H., u. E. ADLER: H. **206**, 199 (1932).

Katalase gebracht worden ist (72° bei menschlichem Blut), eine *völlige Entfärbung des Blutfarbstoffes* unter Abspaltung des Eisens in ionisierter Form bewirken, erkannte BINGOLD[1] erstmals die Bedeutung von Hydroperoxyd und Katalase für den Blutfarbstoffabbau. Als Endprodukt dieses Abbaues konnte BINGOLD[2] eine Substanz auffinden, die bei Reduktion mit Natriumdithionit (früher Natriumhydrosulfit genannt) in alkalischer Lösung eine Rotfärbung mit einer Absorptionsbande bei 525 mμ gibt. Dieses Substrat wurde dann von BINGOLD[2] auch bei der Reduktion von bilirubinreichen Harnen mit Natriumdithionit beobachtet. Die Reaktion wurde von ihm auf Grund der Lage der charakteristischen Absorptionsbande als „*Pentdyopentreaktion*" bezeichnet.

Wie BINGOLD feststellte, dürfte mit dieser Reaktion bzw. ihrem Endprodukt das von STOKVIS[3] 1870 nach Reduktion von pathologischen Harnen mit Schwefelammon, Zinn oder Zucker in alkalischem Medium erhaltene „reduzierbare Nebenprodukt" identisch sein.

Daß das Substrat der Pentdyopentreaktion sich vom Blutfarbstoff ableitet, konnte BINGOLD durch Oxydation von katalasefreien Blutlösungen, von Hämin selbst, sowie von Bilirubin, Mesobilirubin und Urobilin mit Hydroperoxyd in ammoniakalischer Lösung beweisen. Alle diese Lösungen zeigen die Pentdyopentreaktion.

Strukturchemisch wurde von FISCHER und MÜLLER[4] die Pentdyopentreaktion als Gruppenreaktion erkannt, der ein Pyrrolderivat vom Typ eines Dioxy-pyrromethens zugrunde liegt. Die Untersuchungen von FISCHER und v. DOBENECK[5] führten dann zu weiteren Einblicken in die Struktur des Pentdyopents und zur Isolierung des *Propentdyopents*, der farblosen Vorstufe der Reaktion (vgl. S. 938).

Vorkommen. Das *Propentdyopent* findet sich speziell im pathologischen Harn. Es wurde von BINGOLD[6] beobachtet bei allen Fällen von Ikterus (z. B. katarrhalischem Ikterus, hämolytischem Ikterus, Okklusionsikterus und Cholecystitis mit Ikterus), häufig bei infektiösem Ikterus und Stauungsikterus (als Folge von Herzstörungen) und bei gewissen Leberschädigungen (Lebercirrhose). — Aus menschlichen Gallensteinen ist es von v. DOBENECK isoliert worden. Das in vivo vorkommende Propentdyopent stammt im allgemeinen von Bilirubin ab. Jedoch konnte in einigen pathologischen Fällen (Arsenwasserstoffvergiftung, paroxysmale Hämoglobinurie) im hämoglobinurischen Harn ein Propentdyopent mit der Absorption 535 mμ (Pentdyopentreaktion) nachgewiesen werden; dies deutet auf einen direkten Abbau des Hämoglobins hin[7]. (Vgl. HULST und GROTEPASS[8].)

Bildung und Konstitution. Nach BINGOLD wird das Propentdyopent in der Niere gebildet, und zwar durch Oxydation des unter pathologischen Bedingungen ausgeschiedenen Bilirubins bzw. durch direkte Oxydation von Blutfarbstoff, dem durch die Niere der Schutz der Katalase entzogen wird, und der nunmehr der Einwirkung des intermediären Zell-Hydroperoxyds ausgesetzt ist. — Das Propentdyopent ist so als *oxydatives Abbauprodukt des Blutfarbstoffes* anzusehen. Auch der Abbau auf der Kochlutplatte wird durch die Peroxydbildung der Pneumokokken, Viridansstreptokokken, Enterokokken u. a. bewirkt.

Die Propentdyopente, die aus Blutfarbstoff entstanden sind, unterscheiden sich von denen aus Bilirubinoiden in der Konstitution und folglich auch

[1] BINGOLD, K.: Kli. Wo. **1928 I**, 928. M. m. W. **1928 II**, 1373. Zbl. Bakteriol. Orig. **119**, 97 (1930). — [2] BINGOLD, K.: Kli. Wo. **1934 II**, 1451; **1935 II**, 1287; **1938 I**, 289; **1941**, 331. Dtsch. Arch. klin. Med. **177**, 230 (1935). Z. ges. exp. Med. **99**, 325 (1936). — [3] STOKVIS, B. J.: Maandbl. Natuurwet. **1870**, Nr. 5; (**1871**), Nr. 2; B. **5**, 583 (1872). — [4] FISCHER, H., u. A. MÜLLER: H. **246**, 44 (1937). — [5] FISCHER, H., u. H. v. DOBENECK: H. **263**, 125 (1940). — DOBENECK, H. v.: H. **269**, 268 (1941); **270**, 223 (1941); **275**, 1 (1942). — [6] BINGOLD, K.: Ergebn. inn. Med. **60**, 1 (1941) Zusammenfassung. Kli. Wo. **1941**, 331. M. m. W. **1941**, 699. Med. Klinik **1946**, 475. — [7] BINGOLD, K., u. W. STICH: D. m. W. **1948**, 501. — [8] HULST, L. A., u. W. GROTEPASS: Kli. Wo. **1936**, 201.

in der Absorption ihrer roten Pentdyopente. So absorbieren Pentdyopente aus Hämoglobin, Hämin und Hämatin bei 525 mμ, diejenigen aus Bilirubin bei 529 mμ, aus Urobilinogen und Urobilin bei 522 mμ und aus Mesobilirubin bei 518 mμ. — Nicht abgebaut werden können Porphyrine und Stercobilin bzw. Stercobilinogen.

Die Konstitution des Propentdyopents aus Bilirubin wird durch Formel (LXI) wiedergegeben. Infolge der unsymmetrischen Struktur des Bilirubins muß das Propentdyopent ein Gemisch zweier Isomerer in dem angegebenen Sinne sein. Es wird als das „*natürliche*“ *Propentdyopent* bezeichnet und hat die Zusammensetzung $C_{16}H_{18}O_5N_2$. Die Formulierung des einen Sauerstoffatoms in Form einer Oxygruppe an der die Kerne verbindenden C-Brücke ist noch nicht

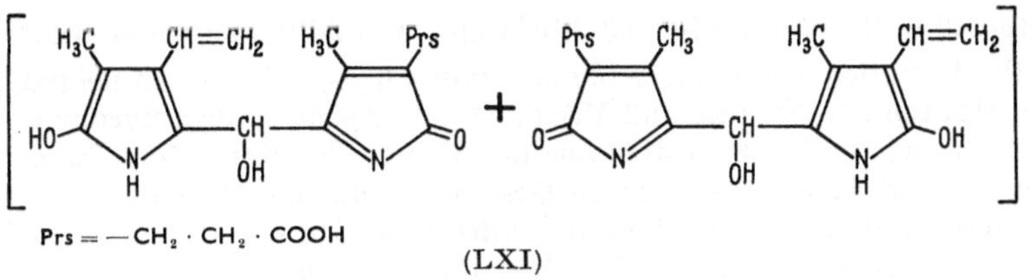

Prs = —$CH_2 \cdot CH_2 \cdot COOH$

(LXI)

sicher bewiesen (vgl. v. DOBENECK), ist aber sehr wahrscheinlich (vgl. SIEDEL und MÖLLER[1]). — Wird das Hämin der Oxydation mit H_2O_2 unterworfen, so sind 4 Möglichkeiten der Spaltung des Porphyrinringes in Pyrromethene gegeben. Es können drei saure und ein basisches Propentdyopent dabei entstehen. — Synthetisch sind verschiedene Propentdyopente dargestellt worden, und zwar durch Oxydation der Neoxanthobilirubinsäure mit Bleitetraacetat (SIEDEL und MÖLLER[1]), durch Einwirkung von Kaliumacetat auf 5,5'-Dibrompyrromethene und nachfolgende Behandlung mit Natronlauge sowie durch Oxydation von 5,5'-Dicarboxy-pyrromethenen in Natronlauge mit H_2O_2 (v. DOBENECK[2,3]). Aus Vinyl-neoxanthobilirubinsäure (S. 918) wurde auch eine Komponente des „natürlichen“ Propentdyopents dargestellt.

Eigenschaften. Das „natürliche“ Propentdyopent ist eine farblose krystallisierte Substanz mit dem Zersetzungspunkt 197° (unkorr.). Sie wird aus wäßrigen Lösungen mit Äther extrahiert und aus Aceton umkrystallisiert. Sie ist auch in Alkohol löslich. Bei der Pentdyopentreaktion (vgl. unten) liegt das Maximum der Absorptionsbande bei 529 mμ; bei dem Pentdyopent aus Hämoglobin bzw. Hämin liegt das Maximum tiefer (vgl. oben).

Pentdyopentreaktion. Zum Nachweis des Propentdyopents im Harn versetzt man diesen mit festem Natriumhydroxyd (um Verdünnung zu vermeiden) und erwärmt nach Zusatz einer kleinen Menge von Natriumdithionit über freier Flamme. Es tritt Rotfärbung des Reaktionsgemisches ein, dabei erscheint die typische Absorptionsbande. Lage der Absorptionsbanden bei den verschiedenen Pentdyopenten vgl. oben. Da das Bilirubin-Pentdyopent die gleiche Lage der Absorptionsbande hat wie das Erythrosin (Merck) und das Urobilinogen-Pentdyopent die gleiche wie das Eosin A (Merck), kann durch Benutzung von Standardlösungen[4] dieser Farbstoffe schnell die Abstammung des Propentdyopents bestimmt werden.

Eine bei hoher Konzentration des Propentdyopents bereits nach dem Zusatz des Natriumhydroxyds auftretende Rotfärbung darf nicht mit der Pentdyopentreaktion verwechselt werden.

[1] SIEDEL, W., u. H. MÖLLER: H. **259**, 113 (1939). — [2] DOBENECK, H. v.: H. **269**, 268 1941); **270**, 223 (1941). — [3] FISCHER, H., u. H. v. DOBENECK: H. **263**, 125 (1940). — DOBENECK, H. v.: H. **275**, 1 (1942).

Die Konstitution des roten Farbstoffes der Pentdyopentreaktion wird im Sinne der Formel (LXII) als die eines Alkalisalzes eines *Dioxypyrromethans* angenommen[1].

Die Pyrromethanstufe wird auch durch Hydrierung des Propentdyopents mit Platinoxyd-Wasserstoff erreicht und kann auch aus einer roten Pentdyopentlösung durch Ansäuern und Extraktion gewonnen werden.

HO—(Pyrrol, NH)—CH_2—(Pyrrol, NH)—OH

Na-Verbindung = Pentdyopent-Farbstoff

(LXII)

β) Myobilin; Mesobilifuscin und Bilifuscin; Mesobilileukan und Bilileukan.

Als Produkt des erhöhten Abbaues von *Myoglobin* bei Muskeldystrophie isolierten MELDOLESI, SIEDEL und MÖLLER[2] das *Myobilin* als amorphen, braunen, spontan fluorescierenden Farbstoff aus den Faeces der Patienten. Es erwies sich als *Chromoproteid*. Die prosthetische Gruppe ist mittels Methanol-Salzsäure abspaltbar und ist identisch mit dem *Mesobilifuscin*, das von SIEDEL und MÖLLER[3] erstmals rein dargestellt wurde. Das Mesobilifuscin entsteht seinerseits aus dem *Bilifuscin*, das ein ständiger Begleiter des Rohbilirubins aus Rindergallensteinen ist, durch Reduktion der Vinylgruppe zur Äthylgruppe. Mesobilifuscin und Bilifuscin stehen somit in dem gleichen Verhältnis zueinander wie Mesobilirubin zu Bilirubin, jedoch mit dem Unterschied, daß in den ersteren zweikernige Pyrrolderivate vorliegen. Allerdings sind diese zweikernigen Bausteine, *Dioxy-pyrromethene*, in einer noch nicht ganz geklärten Weise zu höhermolekularen Verbindungen aggregiert, (polymerisiert?) die als die eigentlichen Bilifuscine bzw. Mesobilifuscine betrachtet werden. Nach neuesten Feststellungen von SIEDEL, STICH und EISENREICH[4] bilden sich die Dioxypyrromethene aus einer *farblosen Vorstufe*, die im Falle des Mesobilifuscins als *Meso-bilileukan* oder *Pro-mesobilifuscin*, im Falle des Bilifuscins als *Bilileukan* oder *Probilifuscin* bezeichnet wird.

Wie das heute bereits festgestellte Vorkommen des Mesobilileukans und Mesobilifuscins[5] (vgl. S. 941, 940) zeigt, stehen diese neuen Abbauprodukte des Blutfarbstoffes mindestens *ebenbürtig* neben dem Stercobilinogen und Urobilinogen. Ihre künstliche Darstellung (vgl. S. 941, 940) beweist, daß sie *Produkte eines reduktiv-oxydativen Abbaues* des Bilirubins sind im Gegensatz zu den Chromogenen, die reine Reduktionsprodukte des Bilirubins darstellen. Die physiologische und pathologische Bedeutung der zweikernigen Abbauprodukte des Blutfarbstoffes ist noch ungeklärt. Da das Meso-bilileukan auch durch Reduktion des Propentdyopents entstehen kann, kann es z.B. im Harn in Gemeinschaft mit diesem vorkommen.

Myobilin.

Das Myobilin findet sich in den Faeces von primären Myopathikern und von Wöchnerinnen in den ersten Tagen nach der Geburt[2]. Auf chromatographischem Wege rein dargestellt[2], ist es ein in alkoholischer Lösung fluorescierendes amorphes, braunes Pigment, das nach Behandlung mit Methanol-HCl als prosthetische Gruppe den Methylester des Mesobilifuscins, F. 169—170° (korr. Mikroskop) liefert.

[1] Siehe Fußnote [2] S. 938. — [2] MELDOLESI, G., W. SIEDEL u. H. MÖLLER: H. **259**, 137 (1939). — [3] SIEDEL, W., u. H. MÖLLER: H. **259**, 113 (1939). — [4] SIEDEL, W., W. STICH u. F. EISENREICH: Naturwiss. **35**, 316 (1948). — [5] SIEDEL, W., W. v. PÖLNITZ u. F. EISENREICH: Naturwiss. **34**, 314 (1947).

Mesobilifuscin $(C_{16}H_{20}O_4N_2)_x$.

Vorkommen. Das Mesobilifuscin fällt als Nebenprodukt bei der Darstellung des Urobilinogens aus Rohbilirubin mittels Natriumamalgam an[1]. Es ist identisch mit dem von FISCHER[2] beschriebenen „*Körper II*" und entsteht aus dem Bilifuscin, das dem Rohbilirubin (aus Rindergallensteinen) anhaftet. Mesobilifuscin ist — auch bei fleisch- und chlorophyllfreier Ernährung — aus den normalen Faeces nach Behandlung mit Methanol-HCl isolierbar[3]. Auch nach Einwirkung von Salzsäure auf Ikterusharne[3] ist Mesobilifuscin (bzw. Bilifuscin) isolierbar. Mesobilifuscine bewirken oft die braune Farbe des Ikterusharnes, nicht Bilirubin, das in vielen Fällen auch nicht mehr nachweisbar ist. Wesentliche Mengen an Bilifuscin finden sich im Meconium.

Bildung und Synthese. Das Mesobilifuscin bildet sich beim Abbau des Mesohämins mit Ascorbinsäure-Sauerstoff und nachfolgender Methanol-HCl-Behandlung, desgleichen aus Bilirubin durch Einwirkung von Natriumamalgam-Sauerstoff[3]. Synthetisch dargestellt worden ist Mesobilifuscin von SIEDEL und MÖLLER[1] durch Oxydation von Neo- und Iso-neoxanthobilirubinsäure (S. 917) sowie von Mesobilirubinogen IX, α (= Urobilinogen) mittels Bleitetraacetat.

Konstitution. Der Grundbaustein des Mesobilifuscins ist ein *Dioxypyrromethen*. Da das Bilirubin beim Übergang in das Mesobilifuscin in zwei derartige

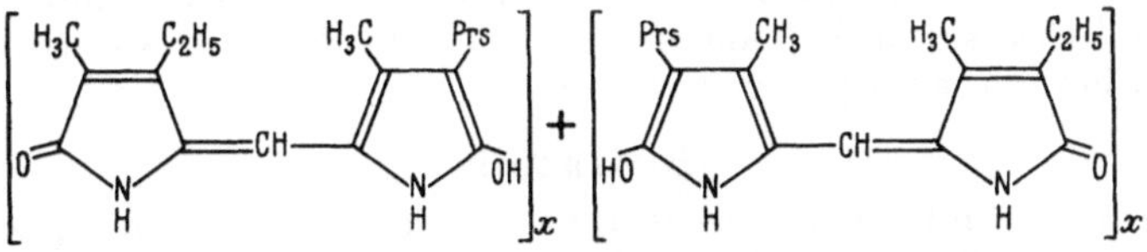

H3C C2H5 H3C Prs — CH — O N H — N H OH]x + [Prs CH3 H3C C2H5 HO N H — CH — N H O]x

Mesobilifuscin I Mesobilifuscin II

Mesobilifuscin

(LXIII)

Prs = —CH · CH · COOH

Pyrromethene zerfällt, muß das Mesobilifuscin ein Gemisch zweier Isomeren darstellen. Sie werden als *Mesobilifuscin I und II* bezeichnet (vgl. Formel)[1]. Die tiefe Farbe des Mesobilifuscins — wie der Bilifuscine überhaupt — verweisen, ebenso wie die amorphe Struktur, auf eine spezifische Konstitutionseigentümlichkeit, die nur in einer Aggregation (Assoziation oder Polymerisation) der zweikernigen Grundbausteine liegen kann[4]. Dafür spricht eindeutig die neuerdings erfolgte Aufteilung[5] der „natürlichen" Bilifuscine wie der künstlichen in 2 Hauptgruppen: *wasserlösliche* und *wasserunlösliche*. Die wasserunlöslichen Mesobilifuscine zeigen in Form ihrer Methylester wiederum verschiedene Löslichkeiten in organischen Solventien und gestatten die Unterteilung in: I. chloroformlösliche, II. methanollösliche, III. amylalkohollösliche und IV. unlösliche Typen. Die unter I. genannten werden je nach ihrer Eluierbarkeit aus der Aluminiumoxydsäule durch Chloroform, Methanol oder Eisessig mit A, B, C bezeichnet. Alle Unterschiede sind in verschiedenen Graden der Aggregation zu suchen. Daß diese Aggregation eine spezifische Eigenschaft auch anderer Pyrromethene ist — besonders auch 5,5'-unsubstituierter Pyrromethene —, konnte von SIEDEL[6] gezeigt werden. — Der Abbau des Mesobilifuscins führte oxydativ zum Methyläthyl-maleinimid und Hämatinsäure und reduktiv zu Opsopyrrolcarbonsäure.

[1] SIEDEL, W., u. H. MÖLLER: H. **259**, 113 (1939). — [2] FISCHER, H.: H. **73**, 204 (1911). — [3] SIEDEL, W., W. v. PÖLNITZ u. F. EISENREICH: Naturwiss. **34**, 314 (1947). — [4] SIEDEL, W.: Fortschr. Chem. org. Naturstoffe **3**, 128 (1939). — [5] SIEDEL, W., W. STICH u. F. EISENREICH: Naturwiss. **35**, 316 (1948). — [6] SIEDEL, W.: Angew. Chem. **53**, 397 (1940).

Endgültiger Konstitutionsbeweis für den zweikernigen Grundbaustein des Mesobilifuscins ist seine Synthese durch Umsetzung des entsprechenden 5,5'-Dibrompyrromethens mit Natriummethylat[1].

Eigenschaften[1]. Der Mesobilifuscin-methylester $C_{17}H_{22}O_4N_2$ fällt beim Versetzen seiner alkoholischen Lösung mit Petroläther in braunen, amorphen Flocken an, F. 172 bis 176° (korr. Mikroskop). Er ist nicht krystallisierbar. Er ist leicht löslich in Alkoholen, Essigester, Aceton, Pyridin und Eisessig, weniger löslich in Benzol und Chloroform und unlöslich in Petroläther, Ligroin und Äther. Die GMELINsche Reaktion, die EHRLICHsche Reaktion und diejenige mit Diazobenzolsulfosäure sind negativ. Mit Zink- und Kupfersalzen werden *schwer lösliche Komplexsalze* gebildet. — Die Chromatographie mit Aluminiumoxyd (nach BROCKMANN) gestattet die Auftrennung der in Chloroform löslichen Mesobilifuscin — „Polymeren" in mehrere Typen (vgl. S. 940)[2]. Durch Erhitzen mit Salzsäure wird im allgemeinen der „Polymerisationsgrad" erhöht. So können auch die wasserlöslichen Bili- und Mesobilifuscine in wasserunlösliche übergeführt werden.

Das *Mesobilifuscin (freie Säure)* gleicht dem Methylester weitgehend. Es ist im allgemeinen nur schwerer löslich. Mit Natriumamalgam ist es zu einer farblosen Stufe hydrierbar.

Nachweis. Charakteristisch für die Mesobilifuscine ist vor allem das Verhalten der Methyl- und Äthylester bei der Chromatographie an Al_2O_3. Aus einer Chloroform-Ätherlösung werden sie in der obersten Schicht der Säule adsorbiert. Nach Auswaschen der Bilirubinoide können dann durch Elution mit Chloroform, Methanol und Eisessig nacheinander die Typen A, B und C abgetrennt werden, sämtlich als braune, amorphe Farbstoffe.

Bilifuscin.

Das Bilifuscin (mit einer Vinylgruppe an Stelle der Äthylgruppe des Mesobilifuscins) wird am besten aus dem Rohbilirubin aus Rindergallensteinen isoliert[3]. Es gleicht in seinen Eigenschaften und in seinem Verhalten dem Mesobilifuscin.

Das Bilifuscin ist mit anderen Begleitpigmenten des Bilirubins (Choleprasin, Biliprasin, Bilihumin, Bilinigrin) schon von STÄDELER[4] dargestellt worden. Das *Kopronigrin* WATSONS[5] erwies sich nach neuesten Untersuchungen als in der Hauptsache aus Mesobilifuscin bestehend[6].

Mesobilileukan (= Pro-mesobilifuscin).

Das Mesobilileukan ist die farblose Vorstufe des Mesobilifuscins und ist 1948 von SIEDEL, STICH und EISENREICH[1] in normalen Faeces entdeckt worden. Es konnte aber auch aus normalem Harn extrahiert werden und wurde im Ikterusharn vermehrt beobachtet. Auch in Serum und Galle ist sein Vorkommen sichergestellt.

Gewinnung und Bildung. Am einfachsten wird das Mesobilileukan nach Entfernung des Uro- und Stercobilinogens (mit Petroläther) mit Wasser, schwacher Alkalilösung oder Aceton aus Stuhl extrahiert. Aus Harn kann es durch Ausschütteln mit Amylalkohol isoliert werden. — In vitro wird das Mesobilileukan durch reduktiv-oxydative Umsetzung (Natriumamalgam-Sauerstoff) von Hämoglobin, Hämin, Mesohämin, Bilirubin, Stercobilin und Urobilin erhalten, ebenso durch Reduktion des Propentdyopents mit Natriumamalgam. Das Mesobilileukan konnte noch nicht in Substanz isoliert werden, da es außerodentlich leicht, schon in schwachsaurem Milieu, in amorphes braunes Mesobilifuscin übergeht. Es ist löslich in Wasser, leichter in Alkalilösung, gut in Butyl- und Amylalkohol, schwerlöslich in Chloroform und Äther und unlöslich in Petroläther und Benzol.

---

[1] SIEDEL, W., u. H. MÖLLER: H. **259**, 113 (1939). — [2] SIEDEL, W., W. STICH u. F. EISENREICH: Naturwiss. **35**, 316 (1948). — [3] SIEDEL, W., u. E. GRAMS: Unveröffentlicht. — [4] STÄDELER, G.: A. **132**, 323 (1864). — [5] WATSON, C. J.: H. **204**, 57 (1932); **208**, 101 (1932). — [6] SIEDEL, W., u. W. STICH: Unveröffentlicht.

Konstitution. Entsprechend dem Propentdyopent und dem Mesobilifuscin muß auch das Mesobilileukan ein Isomerengemisch darstellen. Als farblose Substanz kann ihm nur eine Pyrromethanstruktur zukommen (vgl. S. 910). Der Übergang in Mesobilifuscin bei $p_H \lesssim 7$ wird durch eine Isomerisation und Aggregation erklärt. Diese Umwandlung ist auch der einfachste Nachweis für das Mesobilileukan.

Die physiologische Bildung des Mesobilileukans konnte in vitro durch Einwirkung von Leberbrei auf Bilirubin erzielt werden[1]. Das Vorhandensein von Mesobilileukan konnte auch in den durch *Bacterium viridans* entfärbten Teilen von Kochblutplatten nachgewiesen werden. In Übereinstimmung mit der Annahme, daß das Mesobilileukan im Darm aus Bilirubin und Stercobilinogen gebildet wird, steht der Befund, daß acholische Stühle kein Mesobilileukan enthalten, daß dieses aber sofort auftritt, wenn Bilirubin (bei totalem Choledochusverschluß) mit der Duodenalsonde gegeben wird[1].

Die Frage, ob physiologisch auch das *Bilileukan*, das Vinylisologe des Mesobilileukans vorkommt, ist noch nicht geklärt. Möglich ist das Vorkommen des Bilileukans nur in der Galle, im Harn und im Serum. Im Darm überwiegen die reduktiven Prozesse zu stark, als daß eine Vinylgruppe am Pyrromethan erhalten bliebe.

Die Untersuchungen über die Bildung des Mesobilileukans im Darm beweisen, daß es auch aus dem Stercobilinogen entstehen kann und daß damit alle auf die quantitative Bestimmung der Bilirubinoide und ihrer Chromogene aufgebauten Methoden zur Berechnung der Bilanz des Blutfarbstoffwechsels fraglich geworden sind. Quantitative Bestimmungen über die Menge an Mesobilileukan in den Faeces liegen noch nicht vor. Jedoch wird angegeben, daß schätzungsweise die Menge an zweikernigen Blutfarbstoff-Abbauprodukten derjenigen an vierkernigen gleich sein dürfte. Die leichte Umwandlung von Stercobilinogen (und Urobilinogen) durch den Fermentsynergismus des Darmtraktes in Mesobilileukan erklärt auch auf einfache Weise den großen scheinbaren Substanzverlust bei Versuchen mit enteral gegebenen Bilirubinoiden[2], ebenso die Substanzverluste bei der Aufspaltung des Porphyrinringes in vitro[3]. — Über die physiologische und pathologische Bedeutung der Bilileukane ist noch nichts bekannt. Weiteres vgl. S. 944/45. Es ist aber sehr wahrscheinlich, daß sie mit den Urochromen in nahen Beziehungen stehen.

In Zusammenhang mit der Aufspaltung des Porphyrinringes zu den Bilileukanen scheint auch der Befund von Haurowitz[4] zu stehen, daß bei der Oxydation des Leinöls oder seiner Fettsäuren durch den Luftsauerstoff in Gegenwart von Hämoglobin, Hämin oder Bilirubin diese Pyrrolverbindungen zu farblosen Produkten abgebaut werden, die keine der bekannten Pyrrol- und Gallenfarbstoffreaktionen mehr geben. Haurowitz hält es für wahrscheinlich, daß ein Teil des Blutfarbstoffes in vivo auf diese Weise abgebaut wird.

c) Übersicht über den Abbau des Blutfarbstoffes[5-9].

α) Die Mechanismen des Blutfarbstoffabbaus.

Die roten Blutkörperchen, und zwar die kernlosen des Menschen und der Säugetiere wie auch die kernhaltigen der Vögel werden ständig neu gebildet und gehen nach einer bestimmten Lebenszeit fortlaufend wieder zugrunde. Die Endprodukte dieser sog. „Blutmauserung“ oder des „Hämoglobinstoffwechsels“

[1] Siehe Fußnote [2] S. 941. — [2] Fromholdt, G.: Z. exp. Pathol. Therap. **7**, 716 (1907) [C. **1910 I**, 2130]; **9** 268 (1909) [C. **1911 II**. 1358]. — Fischer, H., u. H. Libowitzky: H. **258**, 267 (1939). — Watson, C. J.: Handb. Hemat. (Downey), Bd. IV, Abt. XXXV. 1938. — [3] Engel, M.: H. **266**, 135 (1940). — [4] Haurowitz, F., P. Schwerin and M. M. Yenson: J. biol. Ch. **140**, 353 (1941). — Yenson, M.: Bull. Fac. Med. Istanbul **7**, 4028 (1944). — [5] Siedel, W.: Fortschr. Chem. org. Naturstoffe **3**, 81 (1939). — [6] Engel, M.: Kli. Wo. **1940**, 1177. — [7] Watson, C. J.: Blood **1**, 92 (1946). [Schweiz. med. Wschr. **1947**, 296.] — [8] Watson, C. J.: Handb. Hematol. (Downey), Bd. IV, Abt. XXXV, S. 2447. 1938. — [9] Baumgärtel, Tr.: Med. Klinik **1947**, 31. — Bingold, K., u. W. Stich: D. m. W. **1948**, 501.

sind die Gallenfarbstoffe, ihre Leukoverbindungen sowie die zweikernigen Produkte, die sämtlich im vorhergehenden beschrieben worden sind.

Während früher vom quantitativen Standpunkt aus das Wesentliche des Blutfarbstoffabbaues in der Bildung von Urobilinogen und Stercobilinogen gesehen wurde und alle Berechnungen sich auf das Auftreten dieser Leukoverbindungen stützten, also auf das Vorherrschen *reduktiver* Vorgänge, ist in neuerer Zeit durch BINGOLDs Entdeckung des *oxydativen* Abbaus des Häms, des Bilirubins und anderer Bilirubinoide zum Propentdyopent (vgl. S. 936) ein neuer

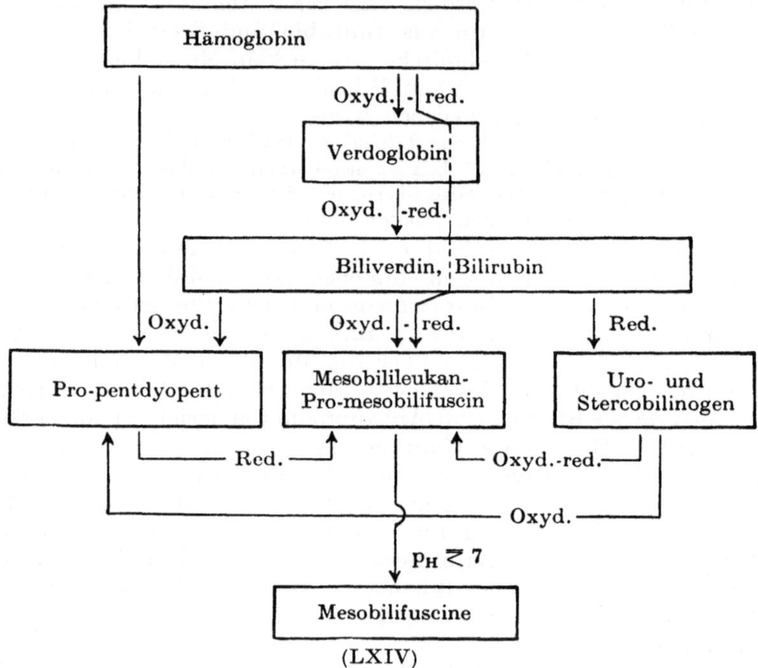

(LXIV)

Mechanismus, eben der der Oxydation, hinzugekommen. Durch die Untersuchungen von SIEDEL und MÖLLER, SIEDEL, STICH, EISENREICH und v. PÖLNITZ (vgl. S. 941) sind nun als dritter Mechanismus die *oxydo-reduktiven*[1] Prozesse beim Blutfarbstoffabbau in den Vordergrund gerückt worden. Es ist sogar wahrscheinlich, daß der oxydo-reduktive Abbau dem rein reduktiven quantitativ mindestens ebenbürtig ist. Über die Aufspaltung des Porphyrinringes zum Bilirubinoid greift er nach den neuesten Erkenntnissen weit hinaus und spaltet nicht nur das Bilirubin und Urobilinogen, sondern auch das Stercobilinogen zu zweikernigen Produkten auf, den Bilileukanen bzw. Mesobilileukanen, die in ihrer farblosen Stufe nur im alkalischen Milieu stabil sind und sich im neutralen wie im saueren Milieu zu den Bilifuscinen bzw. Mesobilifuscinen „polymerisieren". Das Schema (LXIV) veranschaulicht die Verhältnisse.

β) Die Orte des Blutfarbstoffabbaues und der Umwandlung der Gallenfarbstoffe[1–4].

Überall dort, wo die Zellen des *reticulo-endothelialen Systems* im Organismus vorkommen, so vor allem in den KUPFFER*schen Sternzellen* der *Leber*, aber auch

[1] SIEDEL, W.: Fortschr. Chem. org. Naturstoffe **3**, 81—144 (1939). — [2] BAUMGÄRTEL, TR.: Med. Klinik **1948**, 320. — [3] BINGOLD, K., u. W. STICH: D. m. W. **1948**, 501. — [4] EISENREICH, F.: D. m. W. **1948**, 506.

in den *Reticulocyten der Milz*, des *Knochenmarks* und der *Lymphknoten*, wird der Blutfarbstoff abgebaut, wenigstens soweit es die Öffnung des Porphyrinringes, die Bildung des Verdoglobins, des Biliverdins und dessen Übergang in das Bilirubin betrifft. Es ist somit zwischen einer *hepatischen* und *anhepatischen Bilirubinogenese* zu unterscheiden. Das gesamte der Leber zugeführte Bilirubin zeigt die ,,indirekte" Diazoreaktion. In der Leber wird es durch die *Gallensäuren* in kolloide Lösung gebracht und dadurch in ,,direkt" reagierendes Bilirubin umgewandelt, das im Gegensatz zum ,,indirekten" Bilirubin allein befähigt ist, die Nierenschwelle zu passieren. Von den Leberzellen wird das Bilirubin mit der Galle ausgeschieden, die in der Gallenblase ihre physiologische Stauung erfährt. Während sich die normale Lebergalle als urobilinogenfrei erweist, wird *cellulär-fermentativ* in der Blasengalle (Inhalt der Gallenblase) in geringem Maße Bilirubin zu Urobilinogen reduziert. (Ob dabei Mesobilirubin als Zwischenprodukt auftritt, ist noch nicht sicher bewiesen.) Das bilirubinreduzierende Ferment wird von der Leber produziert, kommt aber dort, infolge der raschen Ausscheidung des Bilirubins, nicht zur Wirkung, es sei denn bei starken Stauungen. (Wie Versuche mit Gewebebrei zeigen, ist die Bildung von Urobilinogen aus Bilirubin im Organismus als ubiquitär anzunehmen).

Das mit der Galle in den Darm ausgeschiedene ,,direkte" Bilirubin wird bei der Passage durch den Dünndarm wieder in ,,indirektes" verwandelt. Das Urobilinogen aus der Blasengalle wird im Duodenum resorbiert und gelangt über die Pfortader wieder in die Leber (enterohepatischer Kreislauf) und wird dort wahrscheinlich zu Mesobilileukan abgebaut, das sich immer in der Blasengalle findet; letzteres kann dort außerdem aus dem Urobilinogen gebildet werden.

Im Dickdarm wird das in ihn übertretende ,,indirekte" Bilirubin auf *bakteriell-fermentativem* Wege in der Hauptsache zu Stercobilinogen reduziert, daneben in geringer Menge *cellulär-fermentativ* (an den Darmwandungen) zu Urobilinogen. Von beiden Chromogenen wird ein großer Teil reduktiv-oxydativ zum Mesobilileukan aufgespalten, das mit den Chromogenen in den Faeces erscheint. Hier treten außerdem als Dehydrierungsprodukte des Stercobilinogens und des Urobilinogens Stercobilin und Urobilin auf und als Isomerisations- und Aggregationsprodukte des Mesobilileukans die Mesobilifuscine. Der sog. 3. Urobilinkörper (oder 3. Farbkörper) findet sich auf dem gesamten Wege von der Gallenblase bis zu den Faeces.

Das Stercobilinogen wird nicht über das Pfortadersystem resorbiert, sondern gelangt aus dem Dickdarm über den Plexus haemorrhoidalis über den großen Kreislauf in den Harn. Es sind aber immer nur kleine Mengen Stercobilinogen, die physiologisch im Harn auftreten. Der größte Teil des resorbierten Stercobilinogens scheint ebenfalls zu Mesobilileukan zu zerfallen, denn dieses ist im Harn in größerer Menge vorhanden. Auch die Harnfarbstoffe scheinen in Beziehung zu den Bilileukanen zu stehen. Rund ein Zehntel des Stercobilinogens wird resorbiert. Da die Leber das Stercobilinogen nicht angreift, wird es durch die Niere ausgeschieden.

Unter pathologischen Umständen, z. B. bei erhöhtem Erythrocytenzerfall (vgl. S. 926), entsteht eine bilirubinreiche Galle und dementsprechend ist die intestinale Bildung des Stercobilinogens und damit auch seine Resorption und die Ausscheidung im Harn erhöht. Eine Stercobilinogenurie wird auch beim hämolytischen Ikterus beobachtet. Ist der Gallenabfluß mechanisch behindert oder ist das Leberparenchym geschädigt (Leberkrankheiten, Vergiftungen, Infektionen), so tritt eine echte Urobilinogenurie auf. Wird unter diesen Umständen ein Teil der von den Leberzellen sezernierten Galle in die Blutbahn gelenkt, so führt dies zum Symptom des Ikterus, der in seiner manifesten Form mit einer Hyperbilirubinämie einhergeht und dementsprechend zu einer Bilirubinurie führt. Im Harn kann dann auch neben dem Mesobilileukan Bilileukan auftreten. Sind Stercobilinogen und Urobilinogen im Harn vorhanden, so werden daneben immer Stercobilin und Urobilin als leicht entstehende Dehydrierungsprodukte der Chromogene beobachtet.

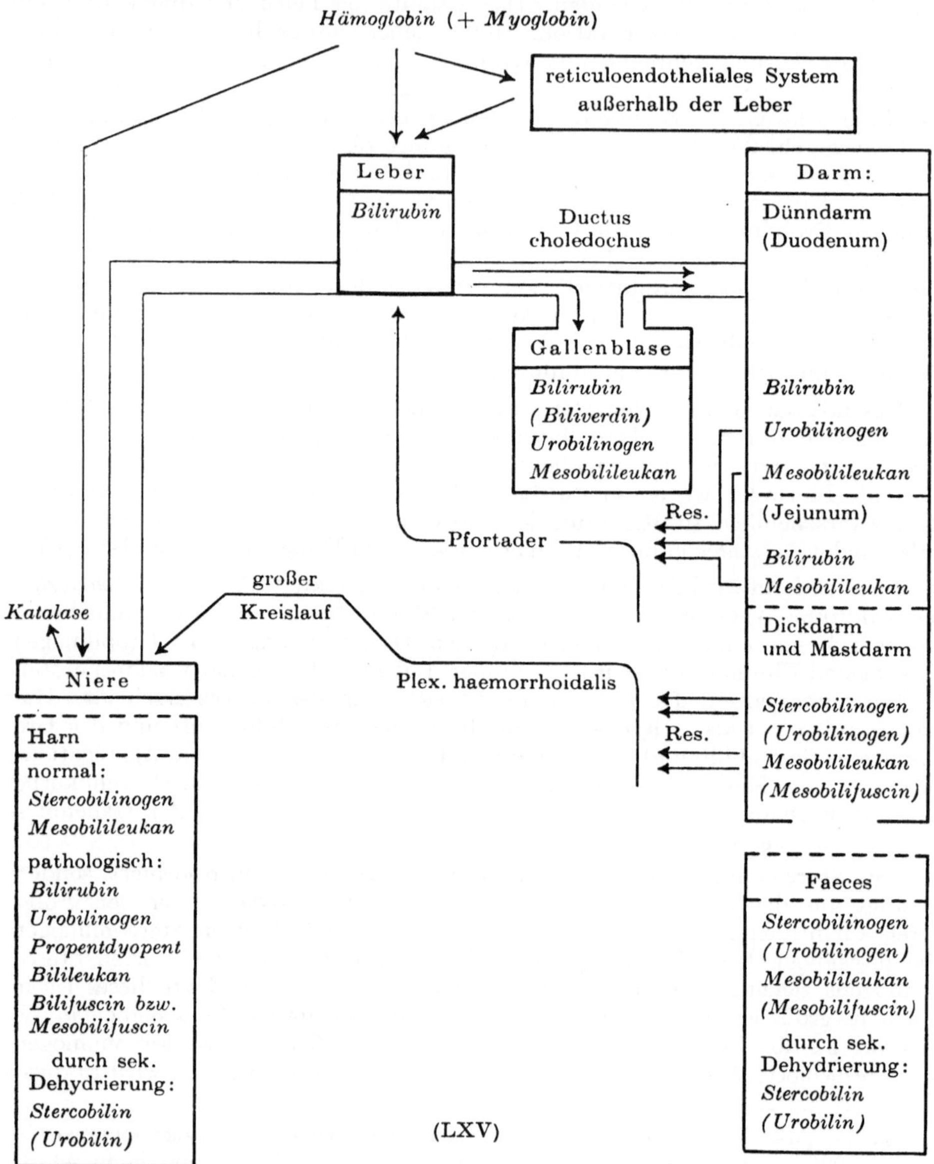

(LXV)

Tritt Bilirubin in den Harn über, so wird in vielen Fällen in diesem Harn auch Propentdyopent gefunden. Das Propentdyopent kann aber in der Niere auch direkt aus Hämoglobin gebildet werden, da dieses dort seines Katalaseschutzes entkleidet wird. Durch Reduktionsprozesse im Harn ist der Übergang des Propentdyopents in Bilileukan bzw. Mesobilileukan möglich, das schließlich in Mesobilifuscine übergehen kann. Diese allein bewirken oft die braune Farbe des „Ikterusharnes". Im Schema (LXV) sind alle Zusammenhänge nochmals skizziert.

γ) Bilanz des Blutfarbstoffwechsels.

Das Problem der *Blutmauserung*, der *Bilanz des Blutfarbstoffwechsels*, hat schon mehrfach eingehende Bearbeitung gefunden; zu nennen sind die Versuche von EPPINGER und CHARNAS[1], BRUGSCH und RETZLAFF[2], WATSON[3], HANSEN[4] und vor allem HEILMEYER und Mitarbeiter[5, 6]. Fußend auf der Feststellung, daß täglich etwa 150 mg Bilirubinoide zur Ausscheidung gelangen, nimmt HEILMEYER einen täglichen Abbau von 3,6 g Hämoglobin an. In Übereinstimmung mit der weiteren Feststellung[6] einer täglichen Bildung von 5 g Hämoglobin berechnet er, daß innerhalb von 180 Tagen der gesamte Bestand des Blutfarbstoffes erneuert wird. — Da jedoch die neuaufgefundenen Blutfarbstoff-Abbauprodukte Mesobilileukan, die Mesobilifuscine und das Propentdyopent noch nicht quantitativ erfaßt worden sind, dürften zukünftige Untersuchungen zur Bilanzfrage eine wesentlich kürzere Lebensdauer für den Erythrocyten ergeben. — In Übereinstimmung mit dieser Annahme stehen die Befunde von SHEMIN und RITTENBERG[7], die auf Grund von Versuchen mit dem ^{15}N-Isotop (durch Füttern mit ^{15}N-Glykokoll) am Häm des menschlichen Erythrocyten die Lebensspanne desselben auf 127 Tage berechnen.

3. Blattfarbstoffe[8—22].

Von **K. ZEILE.**

a) Vorkommen und Darstellung.

Vorkommen. Der grüne Blattfarbstoff findet sich nach den Untersuchungen von WILLSTÄTTER und STOLL[9], in denen etwa 200 Pflanzenarten analysiert wurden, in allen grünen Pflanzen, von den Algen bis zu den Blütenpflanzen. Die eigentlichen Träger des Blattgrüns, das im natürlichen Zustand an Eiweiß gebunden als „Chloroplastin" auftritt[14], sind die Grana der Chloroplasten (siehe Abb. 85)[23]. In den Chloroplasten erfolgt wahrscheinlich die Photosynthese der Stärke. Regelmäßig ist das Chlorophyll von Carotin und Xanthophyll begleitet. Normale grüne Blätter enthalten 0,6 bis 1,2% (gelegentlich bis 3%) des Trockengewichtes an Chlorophyll und 0,07 bis 0,2% Carotinoide. Das herbstliche Vergilben der Blätter beruht auf einem Abbau des Chlorophylls, so daß die übrigbleibenden Carotinoide mit ihrer Farbe hervortreten. Chlorophyll kommt in

[1] EPPINGER, H., u. D. CHARNAS: Z. klin. Med. **78**, 387 (1913). — [2] BRUGSCH, TH., u. K. RETZLAFF: Z. exp. Pathol. Therap. **11**, 508 (1912). — [3] WATSON, C. J.: Handb. Hemat. (DOWNEY) Bd. IV, Abt. XXXV, S. 2447. 1938. — [4] HANSEN, R.: Kli. Wo. **1938**, 521. — [5] HEILMEYER, L., u. W. OETZEL: Dtsch. Arch. klin. Med. **171**, 365 (1931). — [6] HEILMEYER, L., u. R. WESTHÄUSER: Z. klin. Med. **121**, 361, 378 (1932). — [7] SHEMIN, D., and D. RITTENBERG: J. biol. Ch. **166**, 627 (1946).

Zusammenfassende Darstellungen über Blattfarbstoffe: 8—22. [8] WILLSTÄTTER, R.: Chlorophyll. Biochem. Handlex. **6**, 1—22 (1911). — [9] WILLSTÄTTER, R., u. A. STOLL: Untersuchungen über Chlorophyll. Berlin 1913. — [10] TREIBS, A.: Chlorophyll. Handb. Pfl.-Analyse (KLEIN) **3**/2, 1351—1381 (1932). — [11] FISCHER, H.: A. **502**, 175 (1933) (über Chlorophyll). — [12] FISCHER, H.: Chlorophyll. Mikrochem., MOLISCH Festschr. **1936**, S. 67. — [13] SMITH, J. H. C.: Plant pigments. Ann. Rev. **6**, 489—512 (1937). — [14] STOLL, A., u. E. WIEDEMANN: Chlorophyll. Fortschr. Chem. org. Naturstoffe **1**, 159—254 (1938). — [15] BRUGSCH, J. TH.: Mensch und Chlorophyll. Ergebn. inn. Med. **56**, 614—656 (1939). — [16] FISCHER, H.: Fortschritte der Chlorophyllchemie. Naturwiss. **28**, 401 (1940). — [17] Fischer-Orth, Pyrrolchemie **2**/2, 1—478. — [18] MACKINNEY, G.: Plant pigments. Ann. Rev. **9**, 459—490 (1940). — [19] STEELE, C. C.: Chlorophyll. In Gilman, org. Chem. Bd. II, S. 1293—1314. — [20] STRAIN, H. H.: Chloroplast pigments. Ann. Rev. **13**, 591—610 (1944). — [21] BÜRGI, E.: Über pharmakologische und physiologische Wirkungen des Chlorophylls. Schweiz. med. Wschr. **1947**, 11. — [22] FISCHER, H. †, u. H. STRELL: Chlorophyll. Fiat Rev. **39**, Biochemie I S. 141—186 (1948).

[23] HEITZ, E.: Planta, Berlin **26**, 134 (1937), dortselbst siehe über die Entwicklung der Granalehre, die durch die neuen Ergebnisse des Autors gesichert wird.

2 Komponenten a und b vor. Das Verhältnis von a:b bei verschiedenen Pflanzen und bei verschiedenen Wachstumsbedingungen ist ziemlich konstant 2,9:1. Eine Ausnahme machen die Braunalgen, die mehr Carotinoide enthalten, unter denen sich zum größten Teil Fucoxanthin befindet. Neben Chlorophyll a sind hier nur geringe Mengen der b-Komponente enthalten.

Darstellung. Die Darstellung der Chlorophyllkomponenten in Substanz gelang erst verhältnismäßig spät, nachdem schon eine Anzahl wohldefinierter Abbauprodukte bekanntgeworden war. Das liegt zum Teil an den Schwierigkeiten der völligen Trennung der Chlorophyllkomponenten, in erster Linie aber an der leichten Veränderlichkeit des nativen Chlorophylls auch durch schonende chemische Eingriffe. So ist das „krystallisierte Chlorophyll", das von BORODIN[1] durch Behandlung von Schnitten grüner Blätter mit Alkohol erhalten wurde, bereits ein Umwandlungsprodukt (Chlorophyllid, s. unten). Zur präparativen Gewinnung extrahiert man nach WILLSTÄTTER Blattmehl z. B. von Brennesseln mit 80%igem Aceton oder 90%igem Alkohol; durch Anwendung geeigneter Gemische organischer Lösungsmittel kann Chlorophyll als Gemisch seiner Komponenten, schließlich auch weitgehend in die beiden Komponenten aufgetrennt, krystallinisch erhalten werden. Die chromatographische Methode führte endgültig zur völligen Trennung der Komponenten[2].

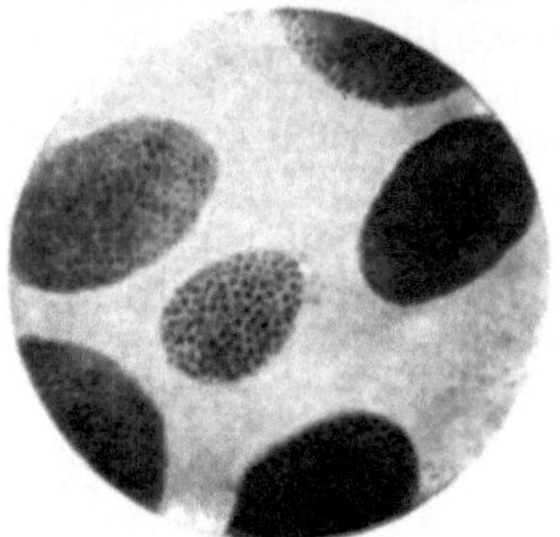

Abb. 85. Chloroplasten in einer Schwammparenchymzelle von Agapanthus umbellatus mit den chlorophyllführenden Grana. 960fach. [Nach HEITZ, E.: Planta, Berlin **26**, 134 (1937).]

Chlorophyll a ist leicht löslich in Äther, Methyl- und Äthylalkohol. Aceton, Chloroform, Schwefelkohlenstoff und Benzol, wenig in Petroläther. Die Farbe ist in Äthylalkohol blaugrün, in konz. Ätherlösung blau, in Schwefelkohlenstoff gelbstichig grün. Tiefrote Fluorescenz. Chlorophyll a bildet beim langsamen Eindunsten seiner ätherischen Lösung lanzettförmige Blättchen, F. 117 bis 120°. $[\alpha]_{720\,m\mu}^{25°} = -265°$ (Aceton).

Chlorophyll b ist etwas weniger löslich als a, es besitzt in Äther rein grüne, in Alkohol stumpfer grüne, in Schwefelkohlenstoff gelbgrüne Farbe. Braunstichig rote Fluorescenz. Blättchen, F. 120 bis 130°. $[\alpha]_{720\,m\mu}^{25°} = -265°$ (wie bei Chlorophyll a).

b) Chloroplastin.

Das in Substanz isolierte reine Chlorophyll unterscheidet sich vom Pigment, wie es im lebenden Blatt vorkommt, in charakteristischer Weise. Chlorophyll in Lösung ist äußerst empfindlich gegen Licht, Luftsauerstoff und Kohlensäure, während der native Farbstoff stärkste Belichtung und hohe CO_2-Konzentrationen verträgt, außerdem ist das Absorptionsspektrum des gelösten Farbstoffs um etwa 20 mμ blauwärts gegen das des Blattchlorophylls verschoben. Auf diese Unterschiede war schon früh von WILLSTÄTTER und STOLL[3] hingewiesen worden; 1921 gelang es LUBIMENKO aus Blättern von Aspidistra eleator, einer japanischen Liliacea, tiefgrüne wäßrige Lösungen mit den Eigenschaften des nativen Farbstoffs zu gewinnen[4]. Er vermutete, daß das Chlorophyll in diesen Lösungen wie im Blatt an Eiweiß gebunden sei, eine Auffassung, die VON BAAS-BECKING[5], der gleichzeitig eine Bindung an Lipoide wahrscheinlich machte, durch histologische Befunde gestützt und die durch die präparativen Untersuchungen von STOLL

[1] BORODIN, J.: Bot. Ztg. **40**, 608 (1882). — WILLSTÄTTER, R., u. M. BENZ: A. **358**, 267 (1907). — TSWETT, M.: B. Z. **10**, 414 (1908). — [2] WINTERSTEIN, A., u. G. STEIN: H. **220**, 263 (1933). — WINTERSTEIN, A., u. K. SCHÖN: H. **230**, 139 (1934). — GATTERMANN-WIELAND, 27. Aufl. S. 405 (1940). — [3] WILLSTÄTTER, R., u. A. STOLL: Untersuchungen über die Assimilation der Kohlensäure. Berlin 1918. — [4] LUBIMENKO, W. N.: Cr. **176**, 365 (1921). — [5] BAAS-BECKING, L. N. G.: VI. Int. Bot.-Kongr. Amsterdam, Proc. **2**, 265 (1935). — BAAS-BECKING, L. N. G., u. E. A. HANSON: Proc. Akad. Wet. Amsterdam **40**, 752 (1937).

und WIEDEMANN[1] bewiesen wurde. Nach STOLL wird das farbtragende Chloroplastenkolloid „*Chloroplastin*" genannt. Die Analogie zu anderen Chromoproteiden wie Hämoglobin, den Atmungsfermenten, Katalase, Peroxydase ist offensichtlich.

Die *Darstellung des nativen Blattchromoproteins* gelingt in Anlehnung an die Beobachtungen LUBIMENKOS aus den Blättern zahlreicher Pflanzen wie Spinat, Brennesseln, Weizen, Roggen, Gerste, Gras, Sonnenblumen, Klee, Bohnen-, Tomaten-, Gurkenpflanzen usw. durch Extraktion mit dest. Wasser oder Pufferlösungen unter Ausschluß von Metall und bei niedriger Temperatur. Die Reinigung erfolgt durch wiederholte fraktionierte Umfällung mit Ammonsulfat unter Pufferung und durch Dialyse z. B. gegen m/150 Phosphatpuffer p_H 6,8.

Gereinigte Lösungen von Chloroplastin sind tiefgrün gefärbt und zeigen das Absorptionsspektrum des nativen Chlorophylls:

$$\text{I}: \underbrace{690 \text{ bis } 642,}_{666} \qquad \text{II}: \underbrace{650 \text{ bis } 615,}_{623} \qquad \text{III}: \underbrace{600 \text{ bis } 570}_{585} \text{ (unscharf)},$$

$$\text{IV}: \underbrace{550 \text{ bis } 530}_{540} \text{ (unscharf)} \ldots \text{ E. Abs. } 520\ m\mu, \text{ Intensitäten I, II, III, IV,}$$

bei p_H 7,2—7,4 und bei niedriger Temperatur (2—4°) sind sie monatelang haltbar. Sie vertragen starke Belichtung (40000 Lux = etwa Sonnenlichtstärke während 25 h) bei Luftzutritt ohne nachweisbare Schädigung. Wasserentzug oder Erwärmen wirken denaturierend.

In neueren Untersuchungen wurden elektrophoretisch einheitliche Chloroplastine erhalten; im allgemeinen zeigten die Chloroplastine derselben Pflanzenfamilie, z. B. Solanaceen (Kartoffel und Tomate) die gleiche Wanderungsgeschwindigkeit. Indes weisen auch elektrophoretisch einheitliche Präparate keine einheitlichen, jedoch bevorzugte Teilchengrößen auf, wie sich aus Sedimentationsbestimmungen in der Ultrazentrifuge ergibt. Die Chloroplastinteilchen zeigen eine starke Tendenz zur Agglomeration, die sich beim Aspidistra-Chloroplastin auf die Ausbildung dreier Teilchengrößen beschränkt. In jedem Fall entspricht auch die kleinste Sedimentationskonstante einem Teilchengewicht von einigen Millionen.

Tabelle 161. Auftrennung von Chloroplastin.

Protein		
unlöslich . .	48,7 %	68,9 %
löslich . . .	20,2 %	
Lipoide einschließlich Farbstoffe		
verseifbar .	10,0 %	30,1 %
unverseifbar	20,1 %	
	Total	99,0 %
Farbstoffe		
Chlorophyll a + b . .		7,46 %
Carotin		0,40 %
Xanthophyll.		0,17 %

Während eine wäßrige Chloroplastinlösung beim Durchschütteln mit Äther keinen Farbstoff an das organische Lösungsmittel abgibt, gelingt durch Salzzusatz eine Spaltung des Chromoproteids. Dabei gehen außer Chlorophyll a und b auch Carotin und Xanthophyll, und zwar stets in ihrem natürlichen Verhältnis, in die Ätherphase über. Außerdem nimmt diese noch farblose Lipoide auf, während Protein von Globulincharakter, abhängig von den Versuchsbedingungen teils an der Phasengrenzfläche ausflockt, teils in der wäßrigen Lösung bleibt; auch ein geringer Kohlenhydratanteil ist nachgewiesen worden. Das Aspidistra-Chloroplastin ergab z. B. vorstehende Analysenwerte[2].

[1] STOLL, A., u. E. WIEDEMANN: X. Int. Congr. Chem. Rom, Atti 5, 206 (1939). — STOLL, A.: Fortschr. Chem. org. Naturstoffe 1, 159 (1938). — [2] STOLL, A.: Schweiz. med. Wschr. **1947**, 664.

c) Grundzüge der Konstitution von Chlorophyll a und b.

α) Konstitutionsformeln.

Die empirischen Formeln sind für Komponente a $C_{55}H_{72}O_5N_4Mg + \frac{1}{2} H_2O$, für b $C_{55}H_{70}O_6N_4Mg$. Die Konstitution der beiden Chlorophyllkomponenten ist heute weitgehend geklärt dank der umfassenden Bearbeitung durch WILLSTÄTTER, STOLL und WIEDEMANN, durch CONANT und Mitarbeiter und vor allem durch HANS FISCHER und seine Schule.

Die aus den experimentellen Befunden H. FISCHERs abgeleitete Strukturformel für Chlorophyll a ist die nebenstehende (LXVI)[1]. In einer früher durch H. FISCHER[2] und durch STOLL[3] mitgeteilten Konstitutionsformel war der Kern III teilweise hydriert angegeben.

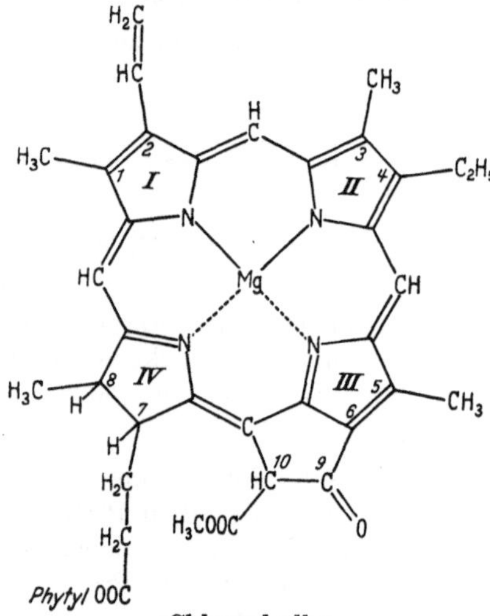

Chlorophyll a
($C_{55}H_{72}O_5N_4Mg$)
(LXVI)

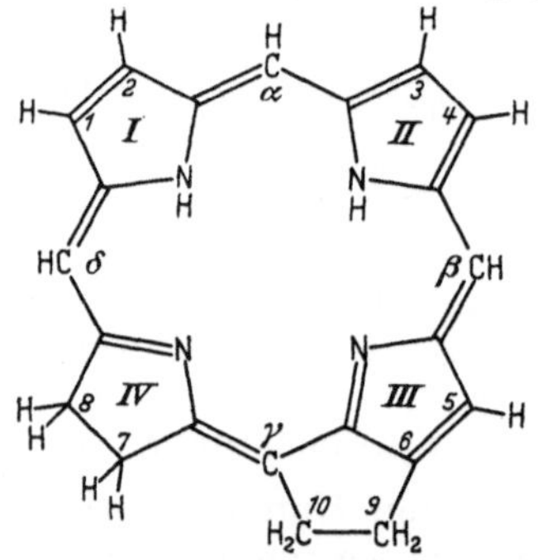

(LXVII)
Phorbinsystem.
(Das Chlorinsystem, das Chlorine, Rhodine und Purpurine tragen, unterscheidet sich vom Phorbinsystem nur durch das Fehlen des isocyclischen Ringes.)

In der Formel für *Chlorophyll b* ist lediglich die CH_3-Gruppe in der 3-Stellung durch den Formylrest $-C\langle^{H}_{O}$ zu ersetzen. Charakteristisch ist der Magnesiumgehalt und die Veresterung mit dem ungesättigten Alkohol Phytol (WILLSTÄTTER). Das Kerngerüst, das einen teilweise hydrierten Pyrrolkern (IV) trägt, wird als *Phorbinsystem* (LXVII) (im Gegensatz zum Porphin, Formel I) bezeichnet. Der Pyrrolinkern (IV) ist verantwortlich für die optische Aktivität, die alle Chlorophyllabkömmlinge mit dieser Anordnung zeigen (Phorbine, Chlorine, Rhodine, Purpurine, siehe unten).*

Als besonders reaktionsfähige Molekülteile haben sich die *Vinylgruppe*, ferner der an den Kern III angebaute *isocyclische Ring* und schließlich der partiell hydrierte Kern IV erwiesen. Im Chlorophyll b zählt dazu außerdem noch die *Formylgruppe*. Die zahlreichen chemischen Eingriffe, die an jeder dieser Molekülgruppen möglich sind, lassen, wenn sie wechselseitig mehrere gleichzeitig betreffen, eine im Vergleich mit dem Blutfarbstoff besonders große Zahl von Abkömmlingen des Chlorophylls voraussehen. Zahlreiche Derivate sind isoliert worden, ihre Aufklärung hat zur Aufstellung der Formel (LXVI) geführt.

* Inwieweit außerdem eine Asymmetrie des C-Atoms 10 an der optischen Aktivität beteiligt ist, ist bis jetzt nicht gesondert untersucht; vermutlich ist sie zwischen zwei Carbonylgruppen nicht beständig.

[1] FISCHER, H., u. H. WENDEROTH: A. **537**, 170 (1939). — [2] FISCHER, H., u. H. KELLERMANN: A. **519**, 209 (1935). — [3] STOLL, A.: VI. Int. Congr. Bot., Amsterdam, Proc. **2**, 263 (1935). Naturwiss. **24**, 53 (1936).

β) Verseifung, Umesterung, Abspaltung des Magnesiums.

Unter der Einwirkung eines in den Blättern vorkommenden Fermentes, der *Chlorophyllase* (siehe KRAUT, Esterasen, S. 1088), entstehen aus Chlorophyll in alkoholischer Lösung durch Umesterung die Alphylchlorophyllide, in wasserhaltiger Lösung durch Hydrolyse die *Chlorophyllide*[1].

Die Reaktionen werden durch keine andere Esterase katalysiert, umgekehrt ist die Wirkung der Chlorophyllase auf Chlorophyll und seine Derivate beschränkt, und zwar ausschließlich auf den Propionsäurerest [siehe (LXVI)]. (Über weitere einschränkende Reaktionsbedingungen für das Ferment siehe [2].)

Methylchlorophyllid a und b, in Methanol dargestellt, tragen an Stelle des Phytylrestes den Methylrest:

Methylchlorophyllid a: $[C_{32}H_{30}ON_4Mg](COOCH_3)_2 + \frac{1}{2} H_2O$,
b: $[C_{32}H_{28}O_2N_4Mg](COOCH_3)_2 + \frac{1}{2} H_2O$,

analog die Äthylchlorophyllide einen Äthylrest:

a: $[C_{32}H_{30}ON_4Mg](COOCH_3)(COOC_2H_5)$
b: $[C_{32}H_{28}O_2N_4Mg](COOCH_3)(COOC_2H_5)$.

Für die Reindarstellung der Äthylchlorophyllide ist die Einführung von Magnesium in die Phäophorbide besonders vorteilhaft[3].

In den Chlorophylliden ist bei der Verseifung eine freie Carboxylgruppe entstanden:

a: $[C_{32}H_{30}ON_4Mg](COOCH_3)(COOH)$
b: $[C_{32}H_{28}O_2N_4Mg](COOCH_3)(COOH)$

Unter dem Einfluß der reversibel wirkenden Chlorophyllase lassen sich die Chlorophyllide mit Phytol wieder zu Chlorophyll verestern[4].

Durch vorsichtige Säurebehandlung wird aus Chlorophyll Magnesium abgespalten, und zwar unter Erhaltung des Phytylrestes, es entstehen[1] *Phäophytin a und b*.

Phäophytin a: $[C_{32}H_{32}ON_4](COOCH_3)COO\underbrace{C_{20}H_{39}}_{\text{Phytyl}} + \frac{1}{2} H_2O$

und

Phäophytin b: $[C_{32}H_{30}O_2N_4](COOCH_3)COOC_{20}H_{39}$.

Einführung von Magnesium führt zu den Chlorophyllen zurück[5, 1].

Das Gemisch der Phäophytine wird aus Chlorophyllextrakten direkt gewonnen, durch rasche Salzsäurefraktionierung lassen sie sich trennen. Behandlung von Phäophytin mit konzentrierter Salzsäure spaltet auch den Phytylrest ab; übrig bleiben[1, 6] die *Phäophorbide a und b*.

a: $[C_{32}H_{32}ON_4](COOCH_3)(COOH)$
b: $[C_{32}H_{30}O_2N_4](COOCH_3)(COOH)$.

Mit Methylalkohol-Salzsäure entstehen die entsprechenden Methylester, die Methylphäophorbide. Da sie gut krystallisieren und sich durch Salzsäure-Ätherfraktionierung trennen lassen, bilden sie ein brauchbares Ausgangsmaterial für den getrennten Abbau der beiden Chlorophyllkomponenten.

Aus Phäophorbid läßt sich durch Veresterung mit Phytol Phäophytin resynthetisieren[7].

---

[1] WILLSTÄTTER, R., u. A. STOLL: Untersuchungen über Chlorophyll. Berlin 1913. — [2] FISCHER, H., u. R. LAMBRECHT: H. **253**, 253 (1938). — [3] FISCHER, H., u. G. SPIELBERGER: A. **510**, 156 (1934); **515**, 130 (1935). — [4] WILLSTÄTTER, R., u. A. STOLL: A. **380**, 148 (1911). — [5] WILLSTÄTTER, R., u. L. FORSÉN: A. **396**, 180 (1913). — [6] FISCHER, H., F. BROICH, ST. BREITNER u. L. NÜSSLER: A. **498**, 228 (1932). — [7] FISCHER, H., u. W. SCHMIDT: A. **519**, 244 (1935).

Einen Überblick über die Beziehungen zwischen den genannten Derivaten gibt Schema (LXVIII).

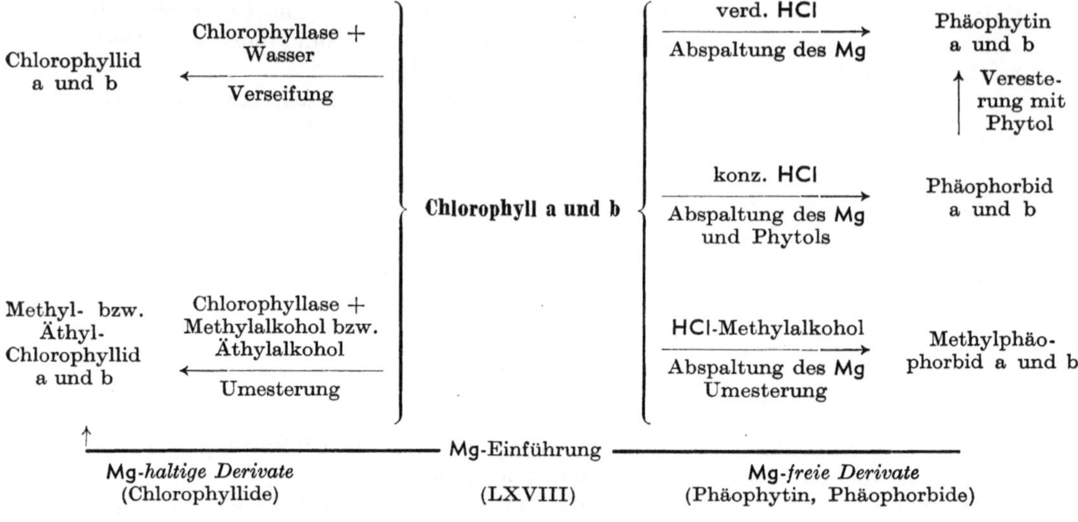

(LXVIII)

γ) Phytol.

Der Alkohol Phytol, der mit seiner langen Kohlenstoffkette die Lipoidlöslichkeit der Chlorophylle verursacht, läßt sich sowohl bei der alkalischen Verseifung des Phäophytins[1] wie auch durch Chlorophyllaseeinwirkung[2] präparativ gewinnen. Das Phytol wird ausgeäthert und nach Reinigung mit Tierkohle im Hochvakuum destilliert. Das quantitative Bestimmungsverfahren arbeitet nach demselben Prinzip.

Die *Konstitution* des Phytols, die durch F. G. FISCHER[3] aufgeklärt und durch *Synthese*[4] der optisch inaktiven Substanz erhärtet wurde, ist durch Formel (LXIX) wiederzugeben.

$$CH_3{-}\underset{\displaystyle CH_3}{\underset{|}{CH}}{-}CH_2{-}CH_2{-}CH_2{-}\underset{\displaystyle CH_3}{\underset{|}{CH}}{-}CH_2{-}CH_2{-}CH_2{-}\underset{\displaystyle CH_3}{\underset{|}{CH}}{-}CH_2{-}CH_2{-}CH_2{-}\underset{\displaystyle CH_3}{\underset{|}{C}} = CH{-}CH_2OH$$

(LXIX)
Phytol
($C_{20}H_{40}O$)

Bei der Oxydation mit CrO_3 entsteht durch Aufsprengung der Doppelbindung ein Keton $C_{18}H_{36}O$. Dasselbe Keton entsteht auch beim Ozonabbau; der Molekülrest wurde als Glyoxal-phenylosazon gefaßt. Die vermuteten Beziehungen zum Isopren, die sich in der Formel ausdrücken, waren richtunggebend bei der Synthese, die vom Farnesol aus durchgeführt wurde. F. G. FISCHER[5] diskutiert Methylcrotonaldehyd: $CH_3{-}\underset{\displaystyle CH_3}{\underset{|}{C}} = CH{-}\overset{\displaystyle H}{C} = O$ als möglichen Phytolbaustein, aus dem der Alkohol durch Aldolkondensation entstehen könnte. Im

[1] WILLSTÄTTER, R., F. HOCHEDER u. E. HUG: A. **371**, 1 (1909). — WILLSTÄTTER, R., u. A. OPPÉ: A. **378**, 1 (1910). Vgl. auch WILLSTÄTTER, R., u. A. STOLL: Untersuchungen über Chlorophyll. S. 316 (1913). — [2] Vgl. WILLSTÄTTER, R.: Untersuchungen über Enzyme. Bd. 1, S. 251—337. Berlin 1928. — FISCHER, H., u. R. LAMBRECHT: H. **253**, 253 (1938). — [3] FISCHER, F. G.: A. **464**, 69 (1928). — [4] FISCHER, F. G., u. K. LÖWENBERG: A. **475**, 183 (1929). — [5] FISCHER, F. G., L. ERTEL u. K. LÖWENBERG: B. **64**, 30 (1931). — FISCHER, F. G., u. A. MARSCHALL: B. **64**, 2825 (1931). — Vgl. BERNHAUER, K., u. E. WOLDAN: B. Z. **249**, 199 (1932).

übrigen ist die biologische Entstehungsweise ungeklärt. Das Phytol hat folgende *physikalischen Konstanten:*

$$Kp_{10}\ 202{,}5\text{—}204°;\ Kp_{0,3-0,5}\ 170\text{—}171°$$
$$d_4^{25}\ 0{,}4891;\ n_D^{25}\ 1{,}4623;\ n_{H\alpha}^{25}\ 1{,}460^1;\ n_{H\gamma}^{25}\ 1{,}4692.$$

Obige Formel zeigt im Phytol 2 asymmetrische Kohlenstoffatome. Zumeist werden die Phytolpräparate inaktiv gefunden, jedoch dreht das aus Phytol leicht erhältliche Phytadien deutlich rechts[1].

δ) Abbau zu einfachen Chlorophyllporphyrinen.

Für die Konstitutionsermittlung des Chlorophylls von großer Bedeutung war die Isolierung von *Porphyrinen* und ihren Mg-Komplexsalzen, den **Phyllinen**[2],

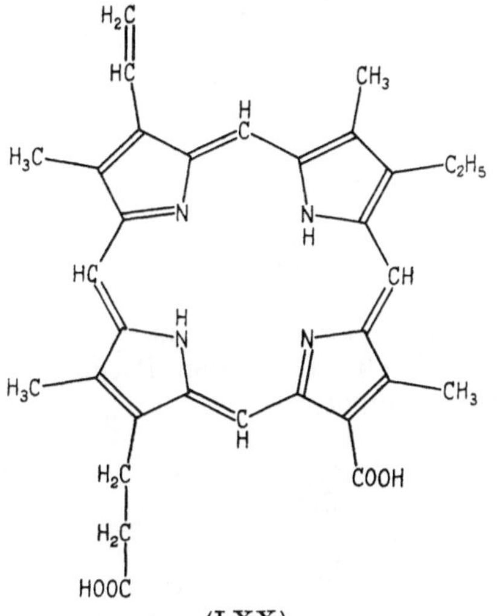

(LXX)
Vinylrhodoporphyrin
($C_{32}H_{32}O_4N_4$)

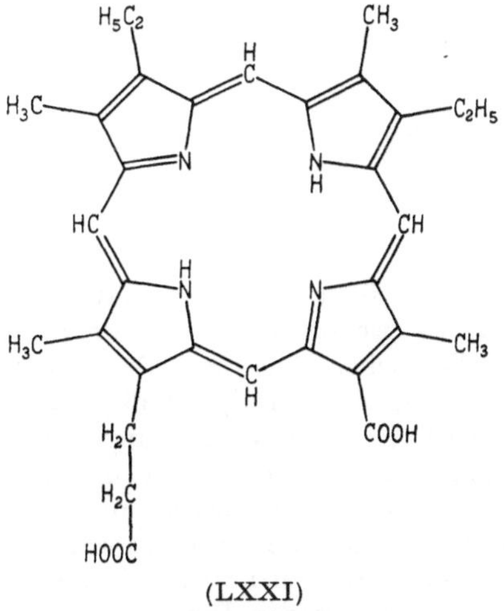

(LXXI)
Rhodoporphyrin
($C_{32}H_{34}O_4N_4$)

bei der tiefer gehenden Einwirkung von Alkalien auf Mg-freie und Mg-haltige Chlorophyllderivate[3]. Einesteils wurde dadurch die enge Beziehung des Phorbinsystems zum stabileren Porphinsystem offenkundig, weiterhin konnten aus der einfacheren Konstitution der erhaltenen Porphyrine wertvolle Schlüsse auf die Anordnung der Seitenketten im Chlorophyll gezogen werden. Dabei wurden aus der a- und b-Komponente dieselben Abbauprodukte erhalten, bei der b-Komponente allerdings in minimaler Ausbeute, insbesondere Phylloporphyrin; häufig dienten auch Gemische der Komponenten als Ausgangsmaterial (z. B. Phäophytin a + b). Der Abbau vollzieht sich stufenweise: bei 125° entsteht im wesentlichen „Verdoporphyrin"[4], das später[5] als ein Gemisch von Vinylrhodoporphyrin[6] (LXX) und Rhodoporphyrin (LXXI) aufgeklärt werden konnte; bei 150° bildet sich Rhodoporphyrin und bei noch höherer Temperatur Pyrro-

[1] Karrer, P., A. Geiger, H. Rentschler, E. Zbinden u. A. Kugler: Helv. **26**, 1741 (1943), sowie Karrer, P., H. Simon u. E. Zbinden: Helv. **27**, 313 (1944). — [2] Fischer-Orth, Pyrrolchemie **2**/1, 611. — [3] Willstätter, R., u. A. Stoll: Untersuchungen über Chlorophyll. Berlin 1913. — [4] Treibs, A., u. E. Wiedemann: A. **466**, 264 (1928); **471**, 146 (1929). — [5] Fischer, H., u. K. Kahr: A. **524**, 256 (1936). — [6] Fischer, H., u. G. Krauss: A. **521**, 261 (1936).

porphyrin (LXXII). Phylloporphyrin (LXXIII) bildet sich vorwiegend bei raschem Erhitzen auf 150°; es geht bei höherer Temperatur ebenfalls in Pyrro-

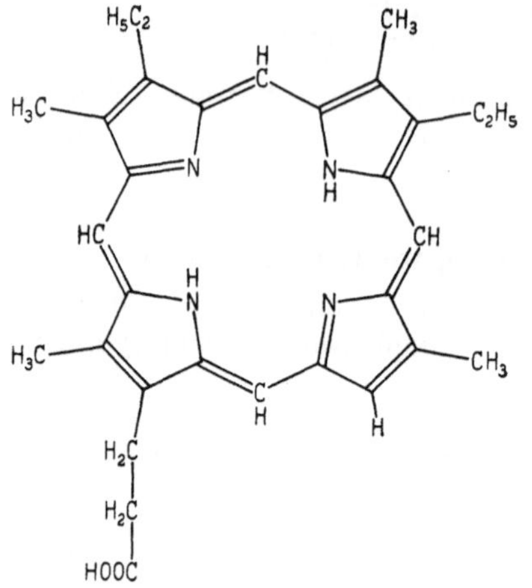

(LXXII)
Pyrroporphyrin
($C_{31}H_{34}O_2N_4$)

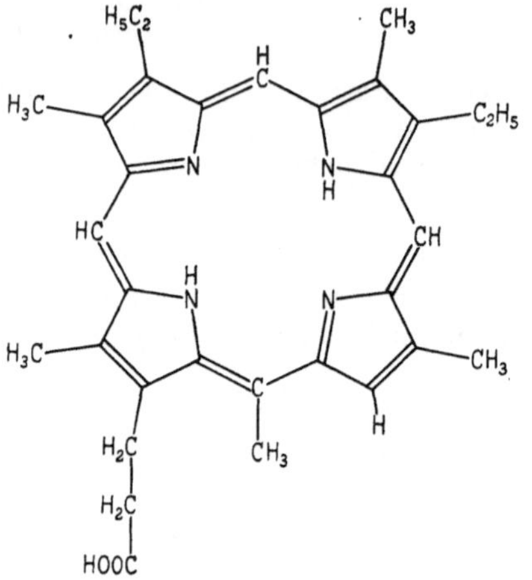

(LXXIII)
Phylloporphyrin
($C_{32}H_{36}O_2N_4$)

porphyrin über[1]. Durch Natronkalkdestillation[2] oder besser durch rasches trockenes Erhitzen im Vakuum[3] erhält man schließlich aus den Porphyrinen des alkalischen Abbaues die carboxylfreien Stammporphyrine: Phylloätio- und Pyrroätioporphyrin.

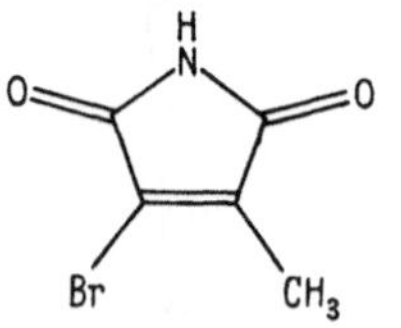

Die freie Kernmethingruppe (6) in Phyllo- und Pyrroporphyrin, sowie ihren carboxylfreien Derivaten, konnte durch Bromierung nachgewiesen werden[1]. Das Brom ersetzt das Wasserstoffatom der freien Methingruppe und bei der Chromsäureoxydation wird Brom-Citraconimid (LXXIV) erhalten.

(LXXIV)

Die Auffassung des Pyrroporphyrins als eine Tetramethyldiäthyl-porphinmonopropionsäure ließ theoretisch 24 Isomere voraussehen. Eine Auswahl unter diesen Möglichkeiten ergab sich dadurch, daß es gelang, in die freie Kernmethingruppe (6) einen Äthylrest einzuführen[4], wodurch eine Tetramethyl-triäthyl-porphinmonopropionsäure entstand. Sie war mit einer der 8 theoretisch möglichen, bereits früher[4, 5] synthetisierten „Monocarbonsäuren", und zwar der Isomeren III (LXXV), die sich vom Ätioporphyrin III, der Stammsubstanz des Blutfarbstoffs ableitet, identisch. *Somit ist die grundsätzliche Übereinstimmung der Seitenkettenanordnung im Blut- und Blattfarbstoff bewiesen.* Die noch offene Frage, ob der Äthylrest in die mögliche 2-, 4- oder 6-Stellung eingetreten war, wurde für die 6-Stellung entschieden durch die *Synthese des Rhodoporphyrins*[6] im Sinne von Formel (LXXI), das bei der Decarboxylierung

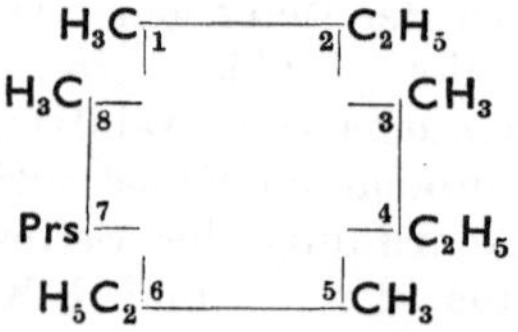

Prs = $CH_2 \cdot CH_2 \cdot COOH$
(LXXV)

[1] Treibs, A., u. E. Wiedemann: A. **466**, 264 (1928); **471**, 146 (1929). — [2] Willstätter, R., u. M. Fischer: A. **400**, 182 (1913). H. **87**, 423 (1913). — [3] Fischer, H., u. J. Hilger: H. **140**, 223 (1924). — Fischer, H., u. A. Treibs: A. **466**, 188 (1928). — [4] Fischer, H., K. Weichmann u. K. Zeile: A. **475**, 241 (1929). — [5] Fischer, H., H. Grosselfinger u. G. Stangler: A. **461**, 221 (1928). — [6] Fischer, H., H. Berg u. A. Schormüller: A. **480**, 109 (1930).

Pyrroporphyrin ergibt, sowie durch die *Synthese des Pyrroporphyrins*[1] selbst. In die freie 6-Stellung des Pyrroporphyrins bzw. -hämins konnte mit

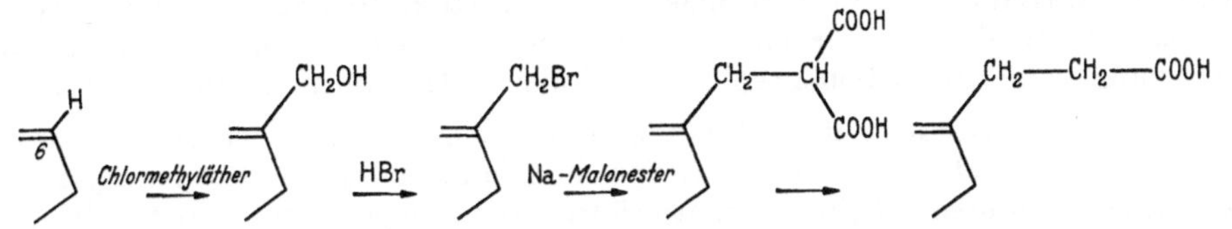

(LXXVI)

Chlormethyläther und Bromwasserstoff die —CH_2Br-Gruppe eingeführt werden. Das Porphyrin ergab nach Umsetzung mit Na-Malonester und Abspaltung einer Carboxylgruppe *Mesoporphyrin*[2] [siehe Schema (LXXVI)]. *Damit war zum erstenmal, wenn auch auf indirektem Weg, aus Blut- und Blattfarbstoff ein gemeinschaftliches Porphyrin erhalten worden.* Umgekehrt ist auch der *Abbau des Mesoporphyrins zu Pyrroporphyrin gelungen*[3]. Die Anzahl von 98 Isomeren, die von Phylloporphyrin möglich sind, wurde durch die Synthese des Pyrroporphyrins auf 4 eingeschränkt, die alle synthetisch dargestellt wurden[4,5]. Das Schema der Synthese des natürlichen Phylloporphyrins mit γ-ständiger Methylgruppe gibt Formel (LXXVII) wieder[4].

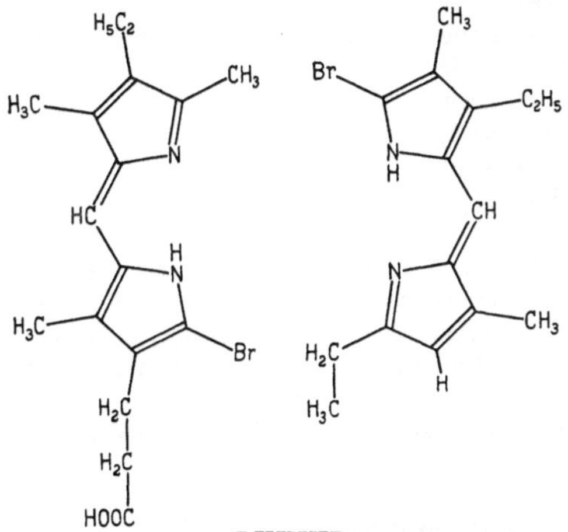

(LXXVII)
Phylloporphyrinsynthese

ε) Reduktiver und oxydativer Totalabbau.

Totalreduktion von Chlorophyllderivaten mit Jodwasserstoff-Eisessig oder Zinn und Salzsäure führt zu Pyrrolbasen- und -carbonsäuren. Die Aufspaltung verläuft jedoch nur an den Porphyrinen glatt. Aus dem „Hämopyrrol"-Gemisch wurden Hämopyrrol, Kryptopyrrol, Phyllopyrrol (S. 858) isoliert[6].

Die Totaloxydation von Chlorophyllporphyrinen mit PbO_2 oder CrO_3 hat zunächst die den Blutfarbstoffporphyrinen analogen Spaltstücke, im wesentlichen Hämatinsäure und Methyläthylmaleinimid, ergeben[7, 8, 9, 10]. Später ist nun ein besonderes Augenmerk auf die Oxydation solcher Chlorophyllderivate, die das Phorbin bzw. Chlorinsystem (S. 956) tragen, gerichtet worden. Aus den Ergebnissen der Totaloxydation wurden entscheidende Schlüsse hinsichtlich der Formulierung des Kernes IV[11] als Pyrrolinkern gezogen, nachdem früher Kern III[12] als partiell hydriert aufgefaßt worden war. Daß im Phorbin- bzw. Chloringerüst

[1] Fischer, H., u. H. J. Riedl: A. **486**, 178 (1931). — [2] Fischer, H., u. J. Ebersberger: A. **509**, 19 (1934). — [3] Fischer, H.: A. **502**, 175 (1933). — [4] Fischer, H., u. H. Helberger: A. **480**, 235 (1930). — [5] Fischer, H., W. Siedel u. L. Le Thierry d'Ennequin: A. **500**, 137 (1933). — [6] Fischer, H., A. Merka u. E. Plötz: A. **478**, 283 (1930). — [7] Fischer, H., u. A. Treibs: A. **466**, 188 (1928). — [8] Willstätter, R., u. Y. Ashahina: A. **373**, 227 (1910). — [9] Fischer, H., u. St. Breitner: A. **522**, 151 (1936). — [10] Fischer, H., u. J. Grassl: A. **517**, 1 (1935). — [11] Fischer, H., u. H. Wenderoth: A. **537**, 170 (1939). — [12] Fischer, H. u. H. Kellermann: A. **519**, 209 (1935).

ein Pyrrolinkern überhaupt vorhanden ist, ergibt sich unter anderem aus der Notwendigkeit der Formulierung asymmetrischer C-Atome angesichts der optischen Aktivität der Verbindungen. Das C-Atom 10 konnte, jedenfalls als ausreichende Bedingung für eine Asymmetrie, ausgeschlossen werden, da die Entfernung seiner Substituenten die optische Aktivität nicht aufhebt[1, 2].

Es wurde nun festgestellt, daß in allen untersuchten Fällen bei der Oxydation solcher Chlorophyllderivate, die auf Grund ihrer optischen Aktivität den Pyrrolinring enthalten müssen, keine Hämatinsäure als Spaltprodukt auftritt, die nur aus dem Kern IV stammen könnte. Dagegen liefern, wie oben erwähnt, die (optisch inaktiven) Porphyrine, die keinen Pyrrolinkern tragen, Hämatinsäure. Ganz analog ergeben Pyrrole bei der Chromsäureoxydation die Imide substituierter Maleinsäuren, nicht aber Pyrroline[3]. Diese Tatsachen geben Veranlassung, den Kern IV als Pyrrolinkern zu formulieren. Der definitive Beweis hierfür wurde durch Isolierung des optisch aktiven Hämotricarbonsäureimids (LXXVIII)[4] erbracht. In Bestätigung früherer Erfahrungen, die ergeben haben, daß Pyrrolkerne, die mit „negativen" Substituenten belastet sind (z. B. Vinyl-, Formyl-, Carboxyl-) bei der Oxydation der völligen Zerstörung anheimfallen (vgl. S. 859), wurde weiter festgestellt, daß solche Chlorophyllderivate, in denen die Vinylgruppe im Kern I zum Äthylrest reduziert worden ist, eine beträchtlich höhere Ausbeute an Methyläthylmaleinimid liefern als die Vinylkörper, bei denen nur Kern II für die Methyläthylmaleinimidbildung in Frage kommt. Dementsprechend geben die Vinylkörper der Chlorophyll b-Reihe, bei denen auch Kern II wegen der Formylsubstitution völlig zerstört wird, überhaupt kein Methyläthylmaleinimid.

H_3C H H CH_2—CH_2—COOH

O N O

H

(LXXVIII)

d) Die Einzelheiten des Molekülbaues.

Abbaustufen. Teils auf dem Abbauwege zu den eben besprochenen Chlorophyllporphyrinen, teils abseits davon liegt eine Anzahl von Derivaten des Chlorophylls, die erst einen genaueren Einblick in den Bau seines Moleküls erlauben. Bei dem ähnlichen Bau von Chlorophyll a und b sind die Resultate des schonenden Abbaues weitgehend analog, doch werden zweckmäßig die in beiden Reihen gewonnenen Ergebnisse unten getrennt behandelt.

Es ist durchwegs zwischen Derivaten, die noch den Kern IV als Pyrrolinkern enthalten, zu unterscheiden — zu diesen zählen *Phorbine, Chlorine, Rhodine, Purpurine,* die sämtlich, wie Chlorophyll selbst optisch aktiv sind[5] — und den stabileren, optisch inaktiven Porphyrinen. Chlorophyll und seine Derivate sind linksdrehend[6], mit Ausnahme derjenigen, die mit propylalkoholischem Kali (siehe unten S. 962) dargestellt werden. Die optisch aktiven Verbindungen lassen sich unter Erhaltung des Phorbin- bzw. Chlorinsystems unter ganz bestimmten Bedingungen racemisieren[7]. Inaktivierung tritt bei der Umlagerung zum Porphinsystem ein, z. B. auch bei der katalytischen Reduktion in *saurem* Medium, bei der die Leukoverbindungen der Porphyrine erzeugt werden[8].

---

[1] FISCHER, H., u. H. KELLERMANN: A. **519**, 209 (1935). — [2] FISCHER, H., u. A. STERN: A. **519**, 58 (1935). — [3] FISCHER, H., u. H. HÖFELMANN: H. **251**, 187 (1938). — [4] FISCHER, H., u. H. WENDEROTH: A. **545**, 140 (1940). — [5] FISCHER, H., u. A. STERN: A. **519**, 58 (1935); **520**, 88 (1935). Vgl. dazu FISCHER, H., O. SÜS u. G. KLEBS: A. **490**, 38 (1931). — [6] STOLL, A., u. E. WIEDEMANN: Helv. **16**, 307 (1933). — [7] FISCHER, H., u. H. GIBIAN: A. **550**, 208 (1942). — [8] FISCHER, H., u. K. BUB: A. **530**, 213 (1937).

Abbauwege. *Die wichtigsten chemischen Eingriffe*, die im folgenden erörtert werden, lassen sich unter nachstehenden Gesichtspunkten zusammenfassen:

1. Aufspaltung des isocyclischen Ringes unter Erhaltung des Pyrrolincharakters im Kern IV. In der a-Reihe führen die durch Aufspaltung des isocyclischen Ringes entstandenen Derivate die Bezeichnung *Chlorine*, in der b-Reihe *Rhodine*.

2. Isomerisierung des Phorbin- bzw. Chlorin- usw. -Systems zum Porphinsystem unter Wanderung zweier Wasserstoffatome des Pyrrolinkernes an die Vinylgruppe.

3. Oxydationsreaktionen am isocyclischen Ring, insbesondere am C-Atom 10.

4. Umbau der Vinylgruppe („Oxo"-Reaktion, Hydrierung, Anlagerung von Diazoessigester).

5. Bei Chlorophyll b Umbau der Formylgruppe (Blausäureanlagerung, Oximierung, Oxydation, Reduktion).

α) Chlorophyll a.

Chlorine[1]. Unterwirft man Phäophytin oder Phäophorbid als Gemisch der Komponenten a und b der kurz dauernden Verseifung (30 sec) mit methylalkoholischem Kali, so entstehen unter Öffnung des isocyclischen Ringes die Tricarbonsäuren Phytochlorin e und Phytorhodin g, kurz als Chlorin e und Rhodin g bezeichnet[2]. Die Bezeichnungen e und g dienten ursprünglich zur Kenntlichmachung unter anderen Abbauprodukten. Chlorin e, das in Ätherlösung olivstichig grüne Farbe aufweist, entspricht der Komponente a, Rhodin g, mit weinroter Ätherlösung, der Komponente b; beide können natürlich auch aus dem entsprechenden einheitlichen Ausgangsmaterial gewonnen werden.

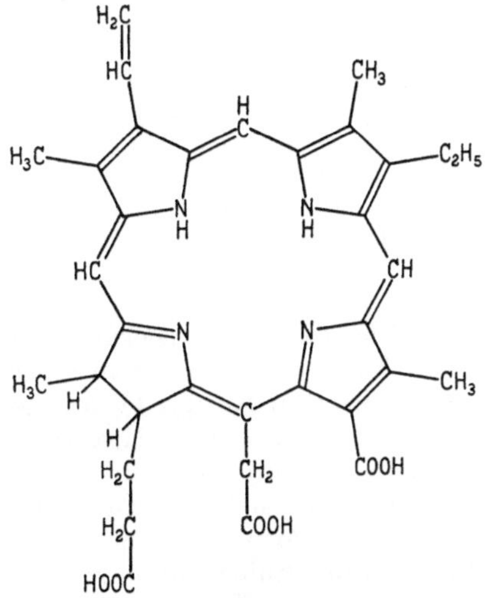

(LXXIX)
Chlorin e_6
($C_{34}H_{36}O_6N_4$)

Chlorin e besitzt eine Konstitution gemäß Formel (LXXIX). Es gibt einen gut krystallisierten Trimethylester, der mit Hilfe von Diazomethan leicht zugänglich ist[3]. Bemerkenswert ist, daß sich dieser Ester mit Diazomethan in Methylalkohol direkt aus Phäophorbid in glatter Reaktion erhalten läßt[4]. Auch ein Dimethylester[5] mit freier Kerncarboxylgruppe ist bekannt, desgleichen einer mit freier Propionsäure-carboxylgruppe[6]. Da Chlorin e 6 Sauerstoffatome trägt, wird es ausführlicher nach dem für einige Klassen der Chlorophyllderivate gültigen Nomenklaturprinzip der Charakterisierung durch den Sauerstoffgehalt als *Chlorin* e_6 bezeichnet. Durch Decarboxylierung in Pyridin geht es über in *Chlorin* e_4 (LXXX)[7].

[1] Fischer-Orth, Pyrrolchemie **2**/2, 81ff. — [2] Willstätter, R., u. A. Stoll: Untersuchungen über Chlorophyll. Berlin 1913. — [3] Treibs, A., u. E. Wiedemann: A. **471**, 146 (1929). — [4] Fischer, H., u. J. Riedmair: A. **506**, 107 (1933). — [5] Fischer, H., u. H. Siebel: A. **494**, 73 (1932); **499**, 84 (1932). — [6] Fischer, H., u. K. Kahr: A. **531**, 209 (1937). — [7] Fischer, H., J. Heckmaier u. E. Plötz: A. **500**, 215 (1933).

Umgekehrt läßt sich auch Chlorin e unter Ringschluß durch Erhitzen seines Trimethylesters in 10%igem methylalkoholischem Kali unter Stickstoff in Phäophorbid a überführen, eine Reaktion, die im Hinblick auf Syntheseprobleme Interesse besitzt[1].

Durchführung der Ringschlußreaktion in Pyridin-Soda liefert unter Decarbmethoxylierung *Pyro-phäophorbid* (LXXXI)[2], welches auch aus Phäophorbid durch Decarbmethoxylierung[2, 3] in siedendem Pyridin entsteht. Da bei dieser Reaktion die *Methyl*estergruppe aus dem Molekül eliminiert wird, ist darin ein *Beweis für das primäre Haften des Methylalkohols im Chlorophyll am* C-*Atom* 10 zu erblicken, zumal eine veresterte *Propionsäure*gruppe durch diese Behandlung nicht berührt wird; *für den Phytylrest bleibt nur die Propionsäuregruppe als Haftstelle.*

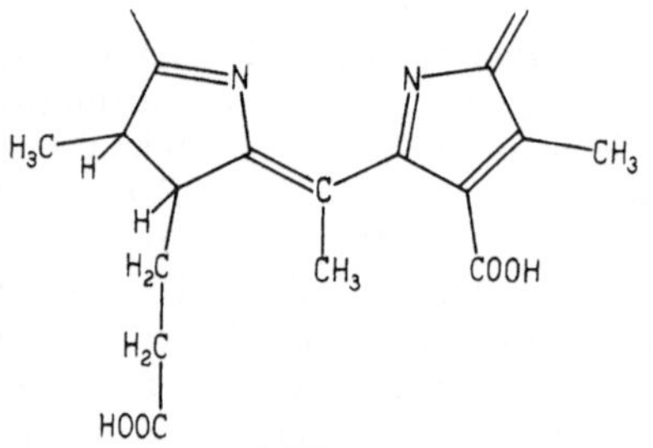

(LXXX)
Chlorin e_4
($C_{33}H_{36}O_4N_4$)

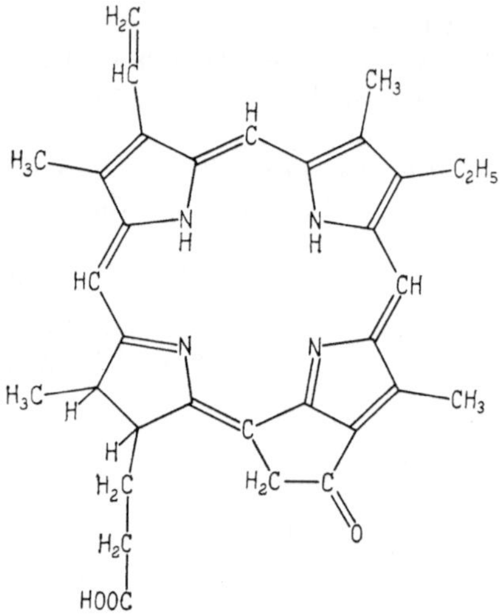

(LXXXI)
Pyro-phäophorbid
($C_{33}H_{34}O_3N_4$)

Isomerisierungsreaktion. Eine wichtige Reaktion ist die Isomerisierung des *Phorbin-* bzw. *Chlorin*systems zum *Porphin*system. Sie besteht formal in einer Verlagerung zweier Wasserstoffatome des teilweise hydrierten Kernes IV an die Vinylgruppe, also in einer intramolekularen H-Bewegung. Diese Reaktion, deren Wesen erst verhältnismäßig spät aufgeklärt werden konnte, hat ihr Vorbild im biologischen Abbau des Chlorophylls zu Phylloerythrin (siehe S. 964). Mit der Erkenntnis der Zugehörigkeit des Phylloerythrins zur Porphyrinreihe durch H. Fischer und Hilmer waren die engen Beziehungen des Chlorophylls zu den Porphyrinen erwiesen, während früher für die Entstehung von Porphyrinen (Phyllo-, Rhodo-, Pyrroporphyrin) durch die obenerwähnten tiefgreifenden Abbaumethoden auch sekundäre Ursachen in Betracht gezogen wurden (Willstätter und Stoll).

Für die Isomerisierung erwies sich die Einwirkung von Jodwasserstoff geeignet. Dabei handelt es sich nicht, wie aus den angewandten Reaktionsbedingungen zu schließen wäre, nur um eine Reduktion, vielmehr greift gleichzeitig Jod als Oxydationsmittel ein.

Dasselbe Ergebnis einer Isomerisierung wird erreicht durch katalytische Hydrierung von Phorbiden in saurem Medium zur Leukostufe der Porphyrine[4]

[1] Fischer, H., u. W. Lautsch: A. **528**, 265 (1937). Vgl. hierzu auch Fischer, H., u. A. Oestreicher: A. **546**, 49 (1941). — [2] Fischer, H., u. H. Siebel: A. **494**, 73 (1932); **499**, 84 (1932). — [3] Fischer, H., u. St. Breitner: A. **522**, 151 (1936). — [4] Fischer, H., u. K. Bub: A. **530**, 213 (1937).

und Reoxydation durch Luftsauerstoff in saurem Medium. Für die Aufklärung der Porphyrinbildung aus Phorbiden und Chlorinen im Sinne einer Isomerisierung war die Feststellung gleicher Analysendaten und gleicher Verbrennungswärmen[1] vor und nach der Isomerisierung von Wichtigkeit, ferner die Erkennung einer Vinylgruppe und die Formulierung eines hydrierten Pyrrolkerns auf Grund der optischen Aktivität in den Phorbiden und Chlorinen.

Die Stabilität der Chlorine gegen Jodwasserstoffsäure ist sehr verschieden; z. B. bedürfen Chlorine mit freier 6-Stellung einer Aktivierung der H-Atome im Kern IV, die sich durch Komplexsalzbildung mit Silber oder Kupfer erreichen läßt[2].

Phäoporphyrine[3]. Phäophorbid und ebenso Chlorophyllid und Chlorophyll [auch nach Allomerisation (s. u.)] lassen sich mit Eisessig-Jodwasserstoff sowie durch katalytische Reduktion in *Phäoporphyrin* a_5 (LXXXII) überführen[4].

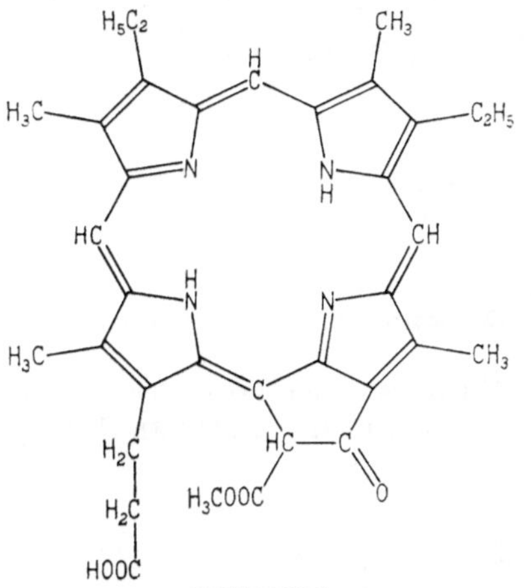

(LXXXII)
Phäoporphyrin a_5
($C_{35}H_{36}O_5N_4$)

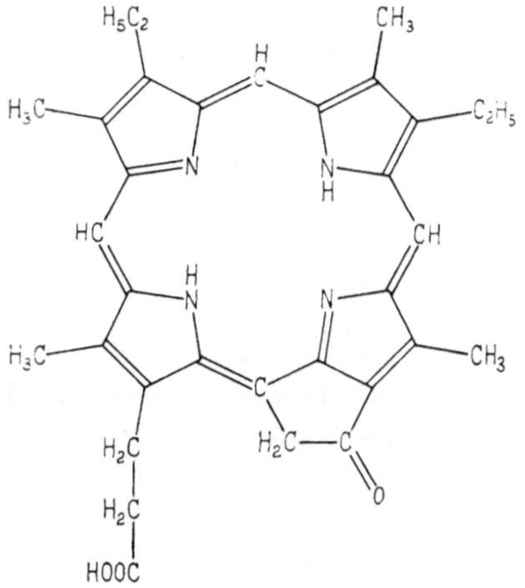

(LXXXIII)
Phylloerythrin
($C_{33}H_{34}O_3N_4$)

(Die Vorsilbe Phäo- kennzeichnet das Ausgangsmaterial, a die Zugehörigkeit zur a-Reihe, 5 die Anzahl der O-Atome.) Phäoporphyrin a_5 tritt immer als Monomethylester auf, der in 10-Stellung haftende Carbmethoxyrest ist schwer verseifbar. Es reagiert mit Ketonreagentien. Obwohl sich in 10-Stellung ein asymmetrisches Kohlenstoffatom befindet, ist Phäoporphyrin a_5 stets optisch inaktiv.

Phäoporphyrin a_5 läßt sich leicht mit Bromwasserstoff decarbmethoxylieren, wobei *Phylloerythrin* entsteht (LXXXIII)[5]. Phylloerythrin ist isomer mit Pyrophäophorbid a (LXXXI).

Phylloerythrin reagiert mit Ketonreagentien; es läßt sich zu Desoxophylloerythrin reduzieren (LXXXIV)[6], einer Monocarbonsäure, aus der durch Decarboxylierung Desoxophylloerythro-ätioporphyrin entsteht, die wahre Stammsubstanz des Chlorophylls[7]. Der isocyclische Ring des Phylloerythrins läßt sich mit Alkalien bei Gegenwart von Sauerstoff abbauen[8], wobei *Rhodo-*, *Phyllo-* und

[1] Stern, A., u. G. Klebs: A. **505**, 295 (1933). — [2] Fischer-Orth, Pyrrolchemie **2**/2, 85. — [3] Fischer-Orth, Pyrrolchemie **2**/2, 154ff. — [4] Fischer, H., u. R. Bäumler: A. **474**, 65 (1929). — [5] Fischer, H., u. O. Süs: A. **482**, 225 (1930). Vgl. Fischer, H., u. O. Moldenhauer: A. **481**. 132 (1930). — [6] Fischer, H., u. J. Riedmair: A. **490**, 91 (1931); **499**, 288 (1932). — [7] Fischer-Orth, Pyrrolchemie **2**/2, 206. — [8] Fischer, H., O. Moldenhauer u. O. Süs: A. **486**, 107 (1931).

Pyrroporphyrin entstehen, sowie *Rhodoporphyrin-γ-carbonsäure* (XCVI, S. 963), eine Tatsache, die für die Konstitutionsauffassung der genannten Porphyrine von entscheidender Bedeutung ist.

Die erste *Synthese*[1, 2] *des Phylloerythrins* gelang über die Stufe des Desoxophylloerythrins nach nebenstehendem Schema (LXXXV).

Mit schwefelhaltigem Oleum läßt sich *Desoxophylloerythrin zu Phylloerythrin* und Chloroporphyrin e_5[3] oxydieren.

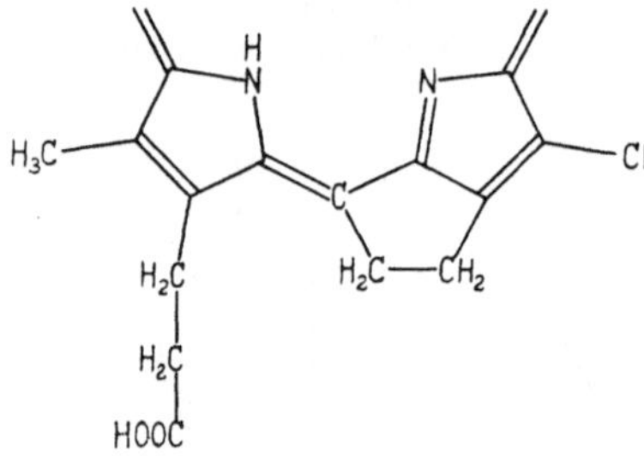

(LXXXIV)
Desoxophylloerythrin
($C_{33}H_{36}O_2N_4$)

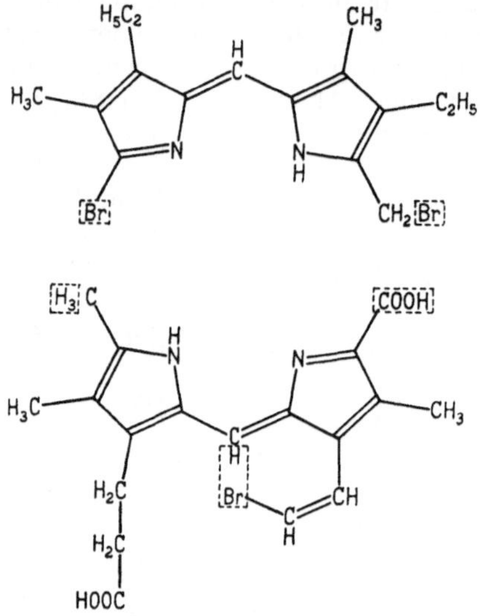

(LXXXV)
Desoxo-phylloerythrin-Synthese

Von anderen Bildungsweisen des Phylloerythrins sei hier noch der Aufbau aus Pyrroporphyrinmethylester mit Chloracetylchlorid in der FRIEDEL-CRAFTSschen Reaktion angeführt (LXXXVI)[4]:

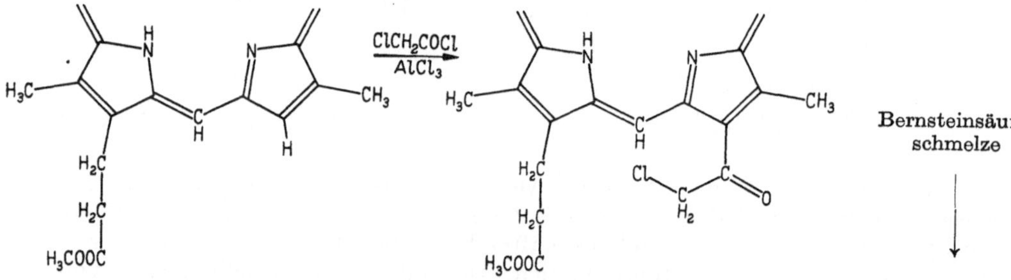

$ClCH_2COCl$ / $AlCl_3$

Bernsteinsäureschmelze

Pyrroporphyrinmethylester — 6-Chloracetyl-pyrroporphyrinmethylester — Phylloerythrinmethylester

(LXXXVI).

Chloroporphyrine[5]. Bei der Jodwasserstoff-Isomerisierung des Chlorin e (S. 956) erhält man Chloroporphyrine. Unter ihnen ist im Hinblick auf die Systematik der Chlorophyllderivate das *Chloroporphyrin* e_6[6] (als freie Tricarbonsäure isomer mit Chlorin e), das wichtigste (LXXXVII). Mit Pyridin-Soda läßt sich in ihm der Ring zu *Phäoporphyrin* a_5[7] schließen; methylalkoholisches Kali bewirkt den entgegengesetzten Übergang. *Auf diese Weise sind Chloro- und Phäoporphyrine miteinander reversibel verknüpft.*

[1] Siehe Fußnote [6] S. 958. — [2] FISCHER, H., J. HECKMAIER u. J. RIEDMAIR: A. **494**, 86 (1932). — FISCHER, H., u. J. RIEDMAIR: A. **497**, 181 (1932). — [3] Siehe Fußnote [8] S. 958. — [4] FISCHER, H., u. O. LAUBEREAU: A. **535**, 17 (1938). — [5] Fischer-Orth, Pyrrolchemie **2**/2, 207ff. — [6] FISCHER, H., u. O. MOLDENHAUER: A. **478**, 54 (1930). — [7] FISCHER, H., O. MOLDENHAUER u. O. SÜS: A. **486**, 107 (1931).

Chloroporphyrin e_6 ist ein Monomethylester mit der Estergruppe im γ-ständigen Essigsäurerest; die freie Tricarbonsäure ist nicht stabil, sie geht unter Decarboxylierung leicht über in Chloroporphyrin e_4 (LXXXVIII), welches seinerseits leicht durch Oxydation in Chloroporphyrin e_5 (LXXXIX) übergeht[1]. Das dürfte der

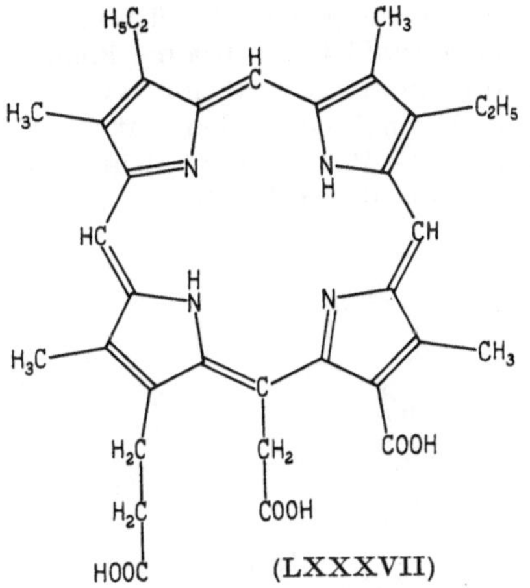

(LXXXVII)
Chloroporphyrin e_6
(als freie Tricarbonsäure)
($C_{34}H_{36}O_6N_4$)

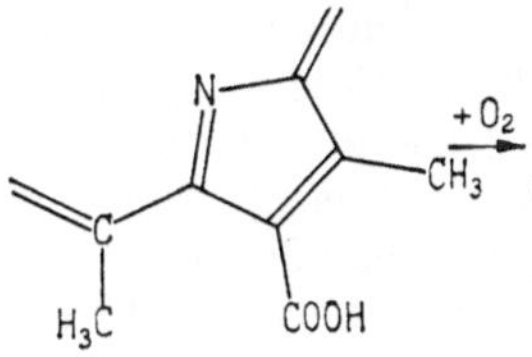

(LXXXVIII)
Chloroporphyrin e_4

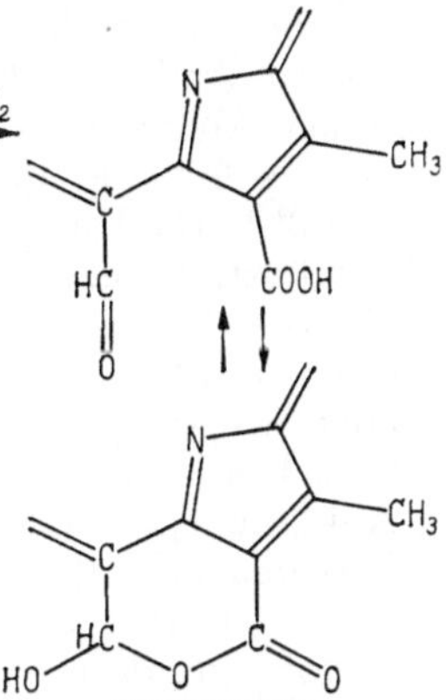

(LXXXIX)
Chloroporphyrin e_5

Grund sein, weshalb bei der Behandlung von Chlorin e mit HJ-Eisessig Chloroporphyrin e_5 erhalten[2] wird; Chloroporphyrin e_6 entsteht mit HJ-Eisessig aus Chlorin-e-trimethylester. Die Reaktionen des Chloroporphyrins e_5 sprechen für eine Tautomerie im Sinne von LXXXIX.

Im Hinblick auf die Synthese des wichtigen Phäoporphyrins a_5 ist der in dem Schema (XC) wiedergegebene Übergang aus der Chloroporphyrin- in die Phäoporphyrinreihe von Bedeutung. Das Problem ist demnach auf das der Synthese

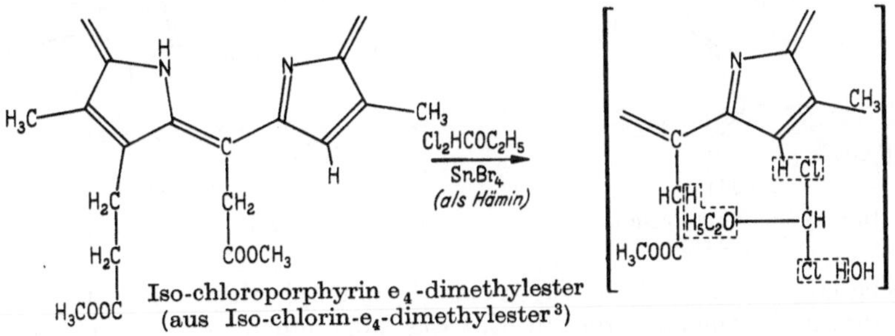

$Cl_2HCOC_2H_5$
$SnBr_4$
(als Hämin)

Iso-chloroporphyrin e_4-dimethylester
(aus Iso-chlorin-e_4-dimethylester[3])

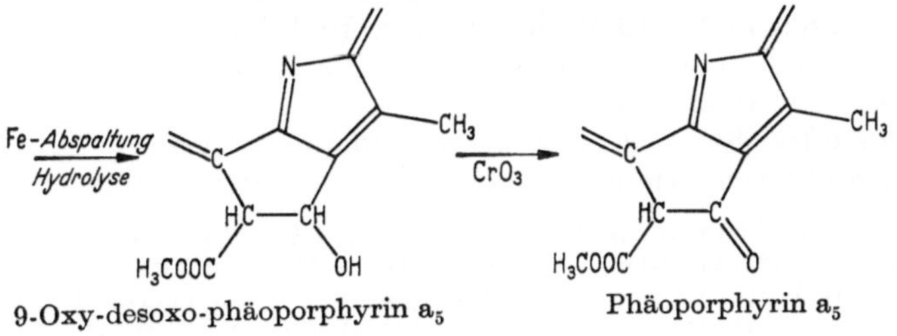

Fe-Abspaltung
Hydrolyse

CrO_3

9-Oxy-desoxo-phäoporphyrin a_5

Phäoporphyrin a_5

(XC)

[1] Fischer, H., J. Heckmaier u. W. Hagert: A. 505, 209 (1933). — [2] Fischer, H., u. O. Moldenhauer: A. 478, 54 (1930).

des Isochloroporphyrins e_4 zurückgeführt[1], das sich vom Chloroporphyrin e_4 durch die Stellung der Carboxylgruppe (6) am C-Atom 10 unterscheidet[2].

Oxydation am isocyclischen Ring. *,,Allomerisation''*, *Phasenprobe.* Intaktes Chlorophyll und Chlorophyllid geben in ätherischer Lösung beim Schütteln mit 30%igem methylalkoholischem Kali zunächst eine Braunfärbung (braune Phase), dann eine Grünfärbung. Diese von MOLISCH aufgefundene Reaktion wird als ,,Phasenprobe'' bezeichnet. Chlorophyllid, das in Alkohol gestanden hat, zeigt nach dem Abdampfen des letzteren die charakteristische Phasenprobe nicht mehr (es gibt sofort die grüne Phase), auch hat es seine Krystallisationsfähigkeit eingebüßt[3]. Die Umwandlung, die durch Alkali begünstigt, durch Säuren verhindert wird, wurde von WILLSTÄTTER als *Allomerisation* bezeichnet, tatsächlich ist sie *ein Oxydationsvorgang*, wie durch Messung des Sauerstoffverbrauches in Alkohol (CONANT[4] fand 1 Mol O_2-Aufnahme je Mol Chlorophyll) sowie durch Modellversuche mit Chinon[5] und durch das Studium der Abbaukörper bewiesen ist. Der Sauerstoff greift an dem besonders reaktionsfähigen Kohlenstoffatom 10 des isocyclischen Ringes ein, wobei durch Einlagerung von Sauerstoff und Verätherung mit dem Alkohol Purpurin-7-lacton-äthyläther (XCI) entsteht. Auch Phäophorbid und die ihm nahestehenden Porphyrine Phäoporphyrin a_5 und Chloroporphyrin e_6 unterliegen leicht oxydativen Veränderungen. Als geeignete Reagenskombinationen, die die Oxydation bewirken, haben sich, neben der Behandlung mit Luftsauerstoff in Alkohol oder Eisessig, Chinon, Jod-Alkohol, Jod-Natriumacetat

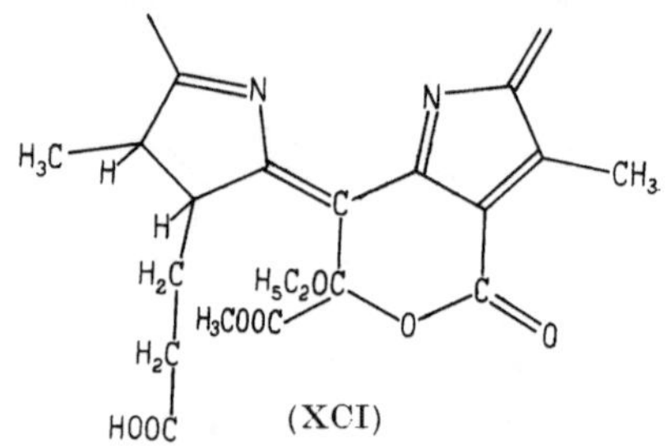

(XCI)

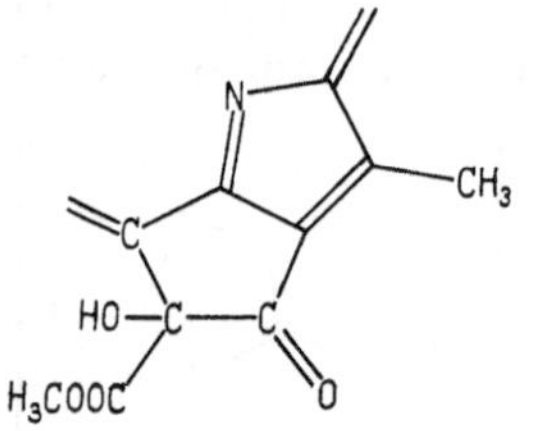

(XCII)
10-Oxyphäoporphyrin a_5
($C_{35}H_{36}O_6N_4$)

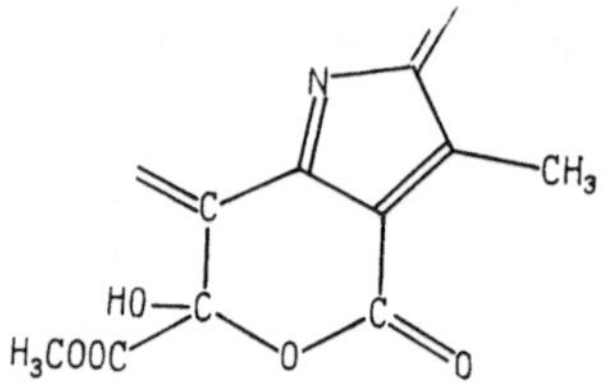

(XCIII)
Phäoporphyrin a_7
($C_{35}H_{36}O_7N_4$)

oder -carbonat erwiesen. Dem 10-Oxy-methylphäophorbid, das z. B. aus Phäophorbid durch Luftbehandlung in Eisessig zugänglich ist[6], entspricht in der Porphyrinreihe das 10-Oxy-phäoporphyrin a_5[7] (XCII) (früher als Neo-phäoporphyrin a_6 bezeichnet). 10-Methoxy- bzw. 10-Äthoxyphäoporphyrin a_5 lassen sich aus ,,Chinon-Alkohol-allomerisiertem'' Chlorophyllid gewinnen[8]. (Näheres siehe FISCHER und PFEIFFER[9].)

Ein sauerstoffreicheres Derivat ist das Phäoporphyrin a_7 (XCIII), das aus ,,Luft-Alkohol-allomerisiertem'' Chlorophyll entsteht. Es bildet sich auch aus

[1] FISCHER, H., E. STIER u. W. KANNGIESSER: A. **543**, 258 (1940). — FISCHER, H., u. H. KELLERMANN: A. **524**, 25 (1936). — FISCHER, H., u. O. LAUBEREAU: A. **535**, 17 (1938). — [2] FISCHER, H., u. H. KELLERMANN: A. **519**, 209 (1935). — [3] WILLSTÄTTER, R., u. M. UTZINGER: A. **382**, 129 (1911). — WILLSTÄTTER, R., u. A. STOLL: A. **387**, 317 (1912). — [4] CONANT, J. B., E. M. DIETZ, C. F. BAILEY and S. E. KAMERLING: Am. Soc. **53**, 2382 (1931). — [5] FISCHER, H., O. SÜS u. G. KLEBS: A. **490**, 38 (1931). — [6] FISCHER, H., u. W. HAGERT: A. **502**, 41 (1933). — [7] FISCHER, H., u. J. HECKMAIER: A. **508**, 250 (1934). — [8] FISCHER, H., O. SÜS u. G. KLEBS: A. **490**, 38 (1931). — [9] FISCHER, H., u. H. PFEIFFER: A. **555**, 94, und zwar S. 100 (1944).

10-Oxyphäoporphyrin a_5 durch Oxydation in komplizierter Reaktionsfolge, ebenso aus Chloroporphyrin e_6. Seine Gegenwart nach der Isomerisierung von Chlorophyllderivaten mit Jodwasserstoff-Eisessig ist immer ein Kriterium, und zwar ein schärferes als die Phasenprobe, für das Vorliegen von „allomerisiertem" Produkt.

Wesen der Phasenprobe: Chlorophyllderivate, die am C-Atom 10 eine Oxygruppe tragen, geben die MOLISCHsche Phasenprobe nicht. Daraus ist für den Mechanismus der Phasenprobe zu folgern, daß ein *bewegliches H-Atom in 10-Stellung* vorhanden sein muß, das zur *Enolisierung der Oxogruppe in* 9 befähigt

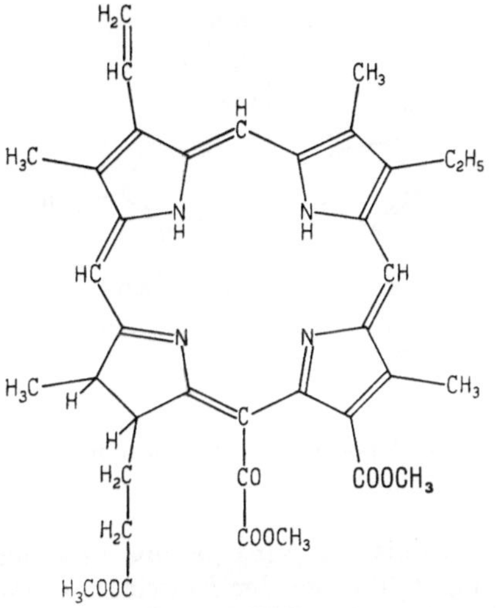

(XCIV)
Purpurin-7-trimethylester
($C_{37}H_{40}O_7N_4$)

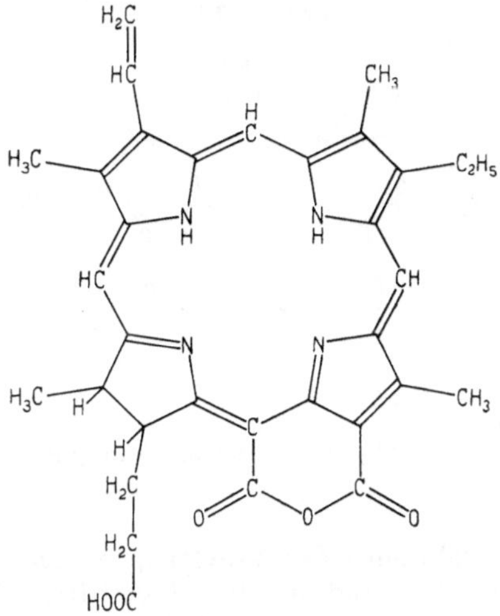

(XCV)
Purpurin 18
($C_{34}H_{32}O_5N_4$)

ist. (Vgl. auch die Bildung einer Monobenzoylverbindung von Phäophorbid a.)[1] Das Kaliumsalz dieser Enolverbindung verursacht die gelbe Phase; die nun zwischen 9 und 10 liegende Doppelbindung hat wahrscheinlich erhebliche Ringspannung zur Folge, die Veranlassung zur Ringöffnung, also zur Bildung des grünen Chlorins („grüne Phase") gibt.

Purpurine[2]. Behandelt man nach CONANT Phäophorbid, bzw. Phäophytin mit propylalkoholischem Kali, so entstehen über die Stufen unstabiler Chlorine unter weitgehender oxydativer Veränderung des isocyclischen Ringes, die Purpurine 7 und 18[3,4] (XCIV, XCV). Die Zahlen 7 und 18 bedeuten hier die Salzsäurezahlen (vgl. S. 851). Purpurin 7 entsteht auch aus Phäophorbid a durch Oxydation mit Silberoxyd in Pyridin-Alkohol in guter Ausbeute[5]. Purpurin 18 ist ein Dicarbonsäureanhydrid. Purpurin 18 und das aus ihm durch hydrolysierende Agentien zu erhaltende *Chlorin* p_6 sind mit den korrespondierenden Porphyrinderivaten Rhodoporphyrin-γ-carbonsäureanhydrid und Rhodoporphyrin-γ-carbonsäure nach dem Schema (XCVI) auf S. 963 verknüpft[6].

[1] STOLL, A., u. E. WIEDEMANN: Helv. **17**, 163 (1934). — [2] Fischer-Orth, Pyrrolchemie 2/2, 86 u. 110. — [3] CONANT, J. B., and W. W. MOYER: Am. Soc. **52**, 3013 (1930). — [4] FISCHER, H., W. GOTTSCHALDT u. G. KLEBS: A. **498**, 194 (1932). — [5] FISCHER, H., u. W. LAUTSCH: A. **528**, 247 (1937). — [6] FISCHER, H., W. GOTTSCHALDT u. G. KLEBS: A. **498**, 194 (1932). — FISCHER, H., u. K. KAHR: A. **524**, 251 (1936). — Siehe dazu FISCHER, H., K. KAHR, M. STRELL, H. WENDEROTH u. H. WALTER: A. **534**, 292 (1938). Der Index p_6 bezeichnet die Abkunft vom Purpurin und die Anzahl der O-Atome.

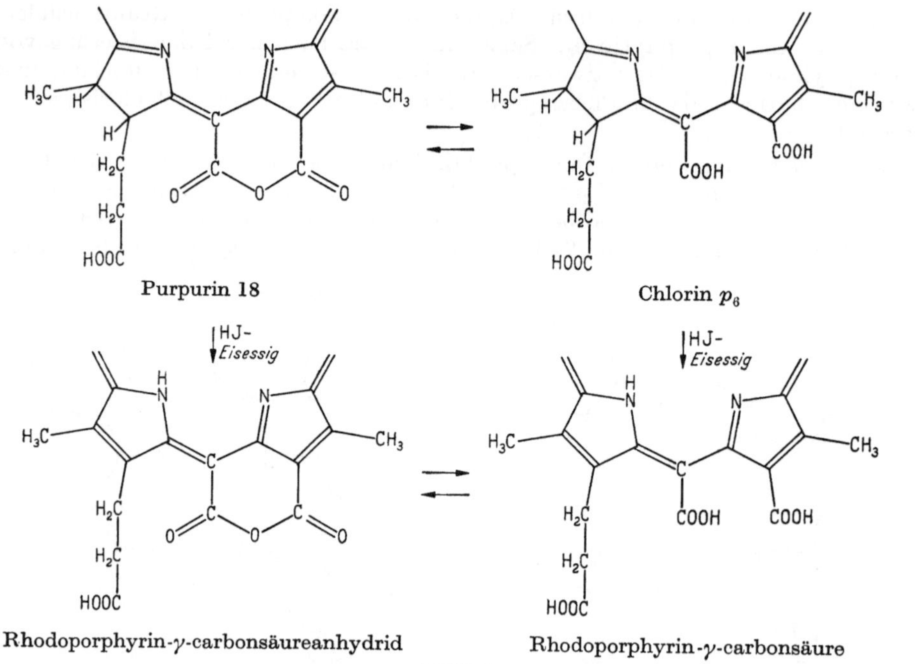

Purpurin 18 ⇄ Chlorin p_6

Rhodoporphyrin-γ-carbonsäureanhydrid ⇄ Rhodoporphyrin-γ-carbonsäure

(XCVI)

Reaktionen der Vinylgruppe. Der erste Nachweis der Vinylgruppe ließ sich durch das Studium der „Oxo“-Reaktion erbringen, die bei der Einwirkung von farblosem Jodwasserstoff in der Kälte auf Phorbide oder Chlorine abläuft[1]. Aus der Vinylgruppe entsteht eine Acetylgruppe nach folgendem Schema:

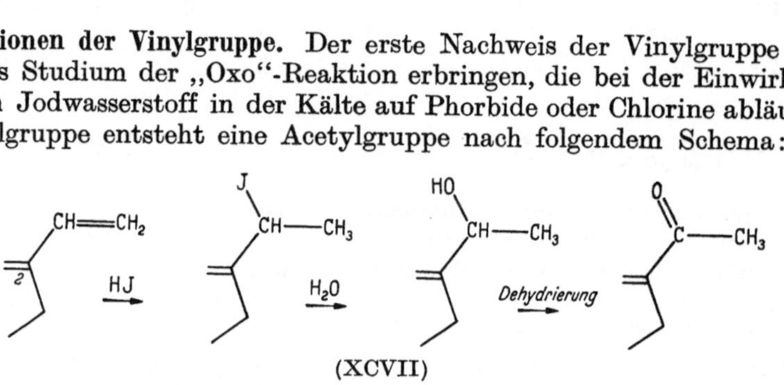

(XCVII)

Auffallenderweise ist die im Schema angegebene sekundäre Hydroxylverbindung instabil im Gegensatz zum Hämatoporphyrin; doch gelang es auch, Hämatoporphyrin zur entsprechenden „Oxoverbindung“ dem Diacetyl-deuteroporphyrin (XXXIII, S. 864) zu dehydrieren[2].

Nachdem der Nachweis der Vinylgruppe erbracht war, ließ sich eine Reihe von bekannten Reaktionen ohne weiteres erklären, so z. B. die Tatsache, daß Chlorophyll und seine Derivate 2 Atome Wasserstoff unter Bildung stabiler Verbindungen addieren. Wie Hämin durch katalytische Reduktion in Mesohämin und Protoporphyrin in Mesoporphyrin überführbar sind, lassen sich auch die Phorbide und Chlorine zu „Meso“-Verbindungen reduzieren[3]. Auch Bromwasserstoff und Methylalkohol[4] lassen sich analog wie beim Protoporphyrin anlagern, ebenso Diazoessigester. Auch hier bildet sich der Cyclopropanring

[1] FISCHER, H., J. RIEDMAIR u. J. HASENKAMP: A. **508**, 224 (1934). — [2] FISCHER, H., u. K. O. DEILMANN: A. **545**, 22 (1940). — [3] FISCHER, H., K. HERRLE u. H. KELLERMANN: A. **524**, 222 (1936). — [4] FISCHER, H., u. G. KRAUSS: A. **521**, 261 (1936).

und bei der Totaloxydation läßt sich dann Methylmaleinimidcyclopropancarbonsäure (XXI, S. 861) fassen.

Der *Nachweis für die 2-Stellung der Vinylgruppe*, sowie für die Acetylkonstitution der Seitenkette in den Oxo-porphyrinen wurde auf folgende Weise erbracht:

Oxo-phylloerythrin ließ sich mit konz. HCl im Druckrohr zu einem Pyrroporphyrin abbauen, das außer der Stellung 6 noch eine zweite freie Kernmethingruppe besitzt; durch *Synthese* dieses Porphyrins war diese als 2-Stellung erkannt[1]. Ebenso ließ sich mit HBr ein (Desäthyl)-desoxophylloerythrin[2] mit freier Kernmethingruppe (XCVIII) gewinnen, welches, ebenfalls durch Synthese bewiesen, die freie 2-Stellung trägt[3]. Ferner konnte aus Oxorhodoporphyrin der Acetylrest durch Brom und nachfolgende Hydrierung durch Wasserstoff ersetzt werden, wodurch ein 2-Desäthylrhodoporphyrin entstand. In letzteres ließ sich die Acetylgruppe (siehe S. 864) einführen, wodurch wieder „Oxo"rhodoporphyrin entstand.

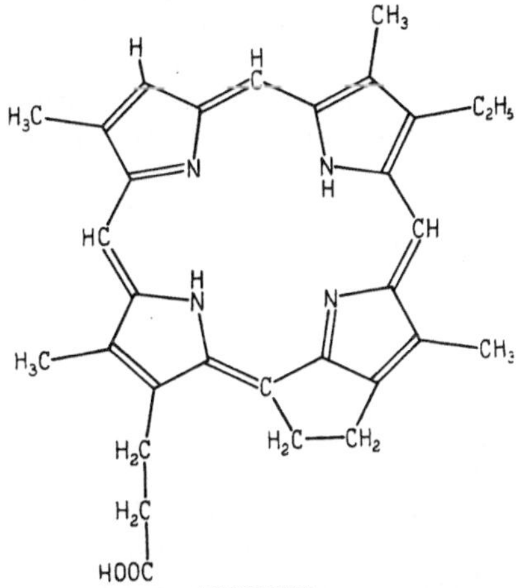

(XCVIII)
Desäthyl-desoxo-phylloerythrin
($C_{31}H_{32}O_2N_4$)

Schließlich ist auch die Abspaltung der Vinylgruppe durch Resorcinschmelze ähnlich wie in der Blutfarbstoffreihe möglich, und zwar zweckmäßig unter Verwendung der Eisenkomplexsalze[4]. Besonders glatt verläuft z. B. die Entfernung der Vinylgruppe beim Pyrophäophorbid-a-methylester (-hämin), aus dem das 2-Desvinyl-pyrophäophorbid zu erhalten ist. Auch aus Chlorinen läßt sich die Vinylgruppe eliminieren. Im allgemeinen tritt bei den Abspaltungsreaktionen teilweise Porphyrinbildung ein.

Biologischer Abbau[5]. Auf die Bedeutung der Ergebnisse des biologischen Abbaus für die Konstitutionsauffassung des Chlorophylls wurde schon S. 957 hingewiesen. Er führt zum Teil zu Porphyrinen, wodurch die nahen Beziehungen des Chlorophylls zum Porphin gesichert wurden, denn beim chemischen Abbau zu Porphyrinen (mit Alkoholat im Druckrohr) war angesichts der Reaktionsbedingungen, der Einwand einer sekundären Synthese nicht von der Hand zu weisen.

Phylloerythrin (S. 958) wurde von MARCHLEWSKY[6] aus *Kuhkot* isoliert; es erwies sich als identisch mit dem von LÖBISCH und FISCHLER[7] erstmals aus Rindergalle krystallisiert abgeschiedenen und als Gallenfarbstoffabkömmling betrachteten „Bilipurpurin", bzw. „Cholehämatin"[6, 8]. Von MARCHLEWSKY wurde auch im Tierversuch, an einem Schaf mit Gallenfistel, der Beweis für die Abstammung des Farbstoffes vom Chlorophyll erbracht; nur bei chlorophyllhaltiger Nahrung fand sich Phylloerythrin in der Galle. Phylloerythrin ist im Kot vieler Tiere, auch in Konkrementen aufgefunden worden. Bei Pflanzenfressern wurde es in großer Menge festgestellt, nicht aber bei Schwein, Hund

[1] FISCHER, H., u. S. BÖCKH: A. **516**, 177 (1935). — [2] FISCHER, H., u. J. HASENKAMP: A. **513**, 107 (1934). — [3] FISCHER, H., u. W. ROSE: A. **519**, 1 (1935). — [4] FISCHER, H., u. A. WUNDERER: A. **533**, 230 (1938). — [5] Fischer-Orth, Pyrrolchemie **2**/2, 389ff. — NOACK, K.: B. Z. **316**, 166 (1944); Forsch. u. Fortschr. **20**, 132 (1944). — [6] MARCHLEWSKI, L.: H. **43**, 464 (1904/05). — GOLDMANN, H., J. HETPER u. L. MARCHLEWSKI: H. **45**, 176 (1905). — [7] LÖBISCH, W. F., u. M. FISCHLER: Mh. Chem. **24**, 335 (1904). — [8] FISCHER, H.: H. **96**, 292 (1916). — FISCHER, H., u. H. HILMER: H. **143**, 1 (1925). — FISCHER, H., u. R. HESS: H. **187**, 133 (1930).

und Huhn. (QUIN, RIMINGTON und ROETZ; zitiert nach BRUGSCH[7].) Es trägt nicht mehr das Phorbin-, sondern das Porphingerüst, und es ist bemerkenswert, daß neben Phylloerythrin (und Purpurin 18) auch andere, weiter abgebaute Chlorophyllporphyrine (Rhodo- und Pyrroporphyrin) bereits im 3. und 4. Magen der Wiederkäuer auftreten[1].

Aus Schafkot[2, 3] wurden neben Phäophorbid a Mesophäophorbid und -pyrophäophorbid a sowie Mesophäophorbid b isoliert („*Probophorbide*"), wobei die *Reduktion der Vinyl- zur Äthylgruppe* bemerkenswert ist, mit der die Auffindung von Mesoporphyrin im Stuhl in Parallele steht (S. 894). Im *Seidenraupenkot* wurde „*Phyllobombycin*"[4] gefunden, das sich als ein Gemisch von Phäophorbid a und sekundär entstandenem Purpurin 7 und 18 erwies.

Vom Menschen[5] wird Chlorophyll zu denselben Phorbiden abgebaut, die auch im Schafskot gefunden wurden. Phylloerythrin läßt sich normalerweise in Stuhl und Galle nicht beobachten, auch im Harn wurde es nie gefunden. Unter besonderen Bedingungen — 10wöchige vegetarische Kost — wurden von H. FISCHER und HENDSCHEL[6] aus 400 g Trockenkot 2 mg Phylloerythrin isoliert. BRUGSCH[7] unterscheidet im Stuhl 4 Fraktionen von Chlorophyllabbaustoffen:

I. 10%-HCl-Fraktion Chlorintyp
II. 25%-HCl-Fraktion Stercophorbide (a und b)
III. 37%-HCl-Fraktion Phäophytin
IV. Äther-Restfraktion Chlorophyll a und b

Die Fraktionen wurden spektrometrisch eingehend charakterisiert und eine Anzahl Abbauprodukte wurden krystallisiert erhalten. Größere Mengen Chlorophyll passieren den Körper nahezu unverändert; von 400 mg Chlorophyll wurden im Kot 181 mg wiedergefunden. Mit der Galle wird ein für den menschlichen Stoffwechsel charakteristischer chlorinähnlicher Verbindungstyp ausgeschieden, der die Bedeutung der Leber dartut. Im Harn wurde nach Einnahme großer Chlorophyllmengen verschiedentlich ein roter Farbstoff beobachtet, den BRUGSCH[7] als urobilinähnlich mit einer Absorption in 5%iger HCl von 505 bis 481 mμ (aus Kaninchenharn) beschreibt. Auch fand er unter diesen Umständen in Kot, Harn und Galle 25%-HCl-lösliche Stoffe mit starker Rotfluorescenz[8], (Chlorophyllporphyrine), die beim mechanischen Ikterus deutlich vermehrt sind[7]. Ein Zusammenhang mit den 5%-HCl-löslichen Porphyrinen der Blutfarbstoffreihe wurde nicht beobachtet.

Zum Chlorophyllabbau im Blatt während des Vergilbens hat NOACK[9] eine biologisch mögliche Modellreaktion ausgearbeitet. Aus ihr wird geschlossen, daß der Chlorophyllabbau im wesentlichen eine oxydative Katalyse ist, die an den Spaltprodukten des Chlorophylls einsetzt und bei der das oxydierende Agens Wasserstoffsuperoxyd ist, welches bei abnehmender Katalasewirksamkeit angehäuft wird. Als Katalysator wird 3-wertiges Eisen (vermutlich kolloidales Eisen(III)-hydroxyd) betrachtet, das aus den Chloroplasten stammt.

β) Chlorophyll b[10].

Vergleich mit Chlorophyll-a-Derivaten und Reaktionen der Formylgruppe.

Chlorophyll b macht in der chemischen Bearbeitung erhebliche Schwierigkeiten.

[1] ROTHEMUND, P., and O. L. INMAN: Am. Soc. **54**, 4702 (1932). — ROTHEMUND, P., R. R. MCNARY and O. L. INMAN: Am. Soc. **56**, 2400 (1934). — [2] FISCHER, H., u. A. HENDSCHEL: H. **206**, 255 (1932). — [3] FISCHER, H., u. F. STADLER: H. **239**, 167 (1936). — [4] FISCHER, H., u. A. HENDSCHEL: H. **198**, 33 (1931); **206**, 255 (1932). — [5] Fischer-Orth, Pyrrolchemie **2**/2, 394ff. — [6] FISCHER, H., u. A. HENDSCHEL: H. **216**, 57 (1933). — [7] BRUGSCH, J.: Z. ges. inn. Med. **2**, 71 (1947). — [8] BRUGSCH, J.: Z. ges. exp. Med. **98**, 49 (1936). — [9] NOACK, K.: B. Z. **316**, 166 (1944). Forsch. u. Fortschr. **20**, 132 (1944). — [10] Fischer-Orth, Pyrrolchemie **2**/2, 234ff.

Es ist selbst außerordentlich schwierig rein darzustellen und die schlechten Ausbeuten an Abbauporphyrinen (S. 952 und 953) ließen zunächst den Einwand zu, daß diese beigemengter Komponente a entstammten. Erst nach langjährigen Untersuchungen stellte sich tatsächlich die völlige Übereinstimmung in bezug auf das Grundgerüst einschließlich des isocyclischen Ringes mit Chlorophyll a heraus. Der einzige Unterschied besteht in einem Formylrest an Stelle der Methylgruppe des C-Atoms 3. Es gelang Pyrophäophorbid b durch die WOLFF-KISHNER-Reduktion in Mesodesoxo- und Pyro-phäophorbid a überzuführen, womit auf direktem Weg die engste Verwandtschaft der Chlorophyll a- und der b-Reihe erwiesen war. Auch die gleiche Reihenfolge und sterische Anordnung der Substituenten wurde bewiesen[1].

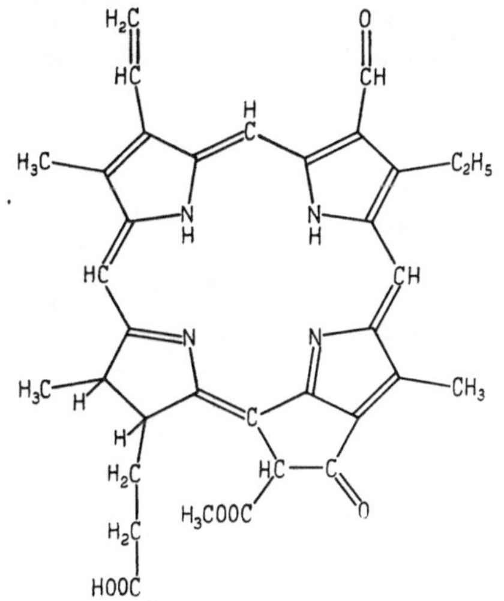

(XCIX)
Phäophorbid b
($C_{35}H_{34}O_6N_4$)

Formel (XCIX) entspricht dem *Phäophorbid b.* Tabelle 162 gibt eine Gegenüberstellung von analog gebauten Derivaten des Chlorophylls a und b, wobei auch die Umsetzungen an diesen Verbindungen im großen ganzen analoge sind. Zugleich ergeben sich daraus die für die Nomenklatur jeweils maßgebenden Gesichtspunkte; wegen des sauerstoffhaltigen Formylrestes sind die b-Derivate entsprechend mit einer um 1 höheren Zahl oder durch Vorsetzen des Buchstabens b bezeichnet.

Tabelle 162. Chlorophyllderivate.

a-Reihe	b-Reihe
Pyrophäophorbid a (S. 957)	Pyrophäophorbid b[2]
Chlorin e_6 (Di- und Triester) (S. 956)	Rhodin g_7 (Di- und Triester)[3, 4]
Chlorin e_4 (S. 957)	Rhodin g_5[5]
Phäoporphyrin a_5 (S. 958)	Phäoporphyrin b_6[6, 7]
Phylloerythrin (S. 958)	Phäoporphyrin b_4[2]
10-Oxy-phäoporphyrin a_5 (S. 961)	10-Oxy-phäoporphyrin b_6[7]
Chloroporphyrin e_6 (S. 960)	Rhodinporphyrin g_7[8]
Chloroporphyrin e_4 (S. 960)	Rhodinporphyrin g_5[5]
Phäopurpurin 7 (S. 962)	b-Phäopurpurin 7[5]
Phäopurpurin 18 (S. 962)	b-Phäopurpurin 18[5]
Chlorin p_6 (S. 962, 963)	b-Chlorin p_6[5]

Bemerkt sei, daß sich das *Rhodin g_7* (C) analog dem Chlorin e_6 der a-Reihe ebenfalls direkt durch Ringöffnung mit Diazomethan in Methylalkohol als Triester gewinnen läßt; allerdings geht die Reaktion nur zu 50% in dieser Richtung (70% mit Diazoäthan)[8]. Ebenso ist ein Dimethylester mit freier

[1] FISCHER, H., u. H. GIBIAN: A. **552**, 153 (1942). — [2] FISCHER, H., u. ST. BREITNER: A. **511**, 183 (1934). — [3] WILLSTÄTTER, R., u. A. STOLL: Untersuchungen über Chlorophyll. Berlin 1913. — [4] TREIBS, A., u. E. WIEDEMANN: A. **466**, 264 (1928); **471**, 146 (1929). — [5] FISCHER, H., u. K. BAUER: A. **523**, 235 (1936). — [6] WARBURG, O., u. W. CHRISTIAN: B. Z. **235**, 240 (1931). — WARBURG, O., u. E. N. NEGELEIN: B. Z. **244**, 9 (1932). — [7] FISCHER, H., u. J. GRASSL: A. **517**, 1 (1935). — [8] FISCHER, H., A. HENDSCHEL u. L. NÜSSLER: A. **506**, 83 (1933).

Kerncarboxylgruppe bekannt. Der Ringschluß zu Phäophorbid b verläuft ganz ähnlich wie bei Chlorin e^1.

Eine **Carbonylgruppe im Chlorophyll b** war von WARBURG[2] durch Oximbildung, von CONANT[3] durch Bildung eines Semicarbazons festgelegt. Beweisstücke für das Vorliegen einer *zweiten Carbonylgruppe* neben der Ketogruppe des isocyclischen Ringes waren die Bildung eines Acetals und eines Oxynitrils am Phäophorbid b, Reaktionen, die am Phäophorbid a nicht eintreten[4]. Rhodin g_7 mit geöffnetem isocyclischem Ring bildet ein Oxynitril[5] und ein Monoxim, schließlich wurde auch aus Methylphäophorbid b ein Dioxim erhalten[5]. Für die Formulierung der *Carbonylgruppe als Formylrest*, und zwar in 3-Stellung,

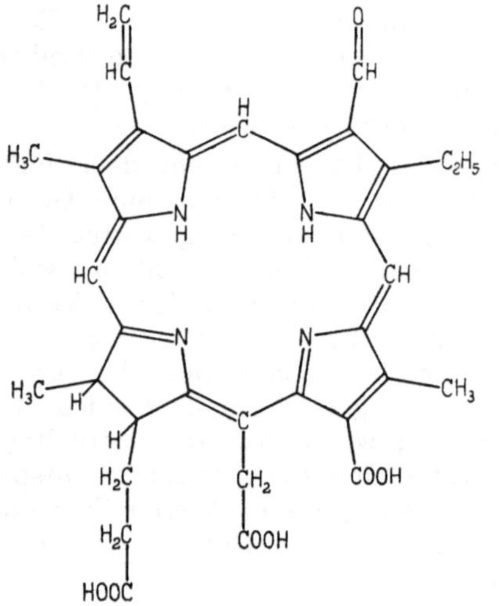

(C)
Rhodin g_7
($C_{34}H_{34}O_7N_4$)

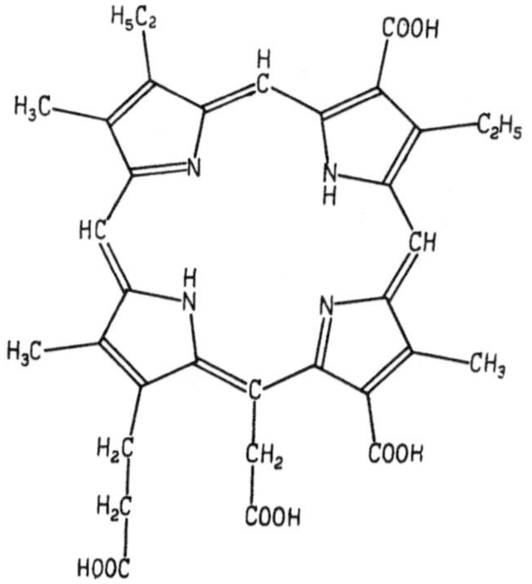

(CI)
Rhodinporphyrin g_8
($C_{34}H_{34}O_8N_4$)

war dann die Oxydation zur Carboxylgruppe und deren Eliminierung von entscheidender Bedeutung. Beim Versuch der Übertragung der „Oxo"-Reaktion in die b-Reihe[6] ergab Rhodinporphyrin g_7 (als Eisenkomplexsalz) eine Tetracarbonsäure: *Rhodinporphyrin g_8* (CI), welches durch Ringschluß mit Pyridin-Soda in *Phäoporphyrin b_7* übergeführt werden konnte, analog der Ringschlußreaktion bei Rhodinporphyrin g_7 (mit der Formylgruppe in 3-Stellung), bzw. Chloroporphyrin e_6 in der a-Reihe. Phäoporphyrin b_7 lieferte bei der 2maligen Decarboxylierung in 3- und 10-Stellung ein *Desoxophylloerythrin* mit freier Kernmethingruppe. Die Konstitution des letzteren, mit freier 3-Stellung, war durch Synthese festgelegt[7].

Auch im Phäophorbid b selbst[8] läßt sich der Formylrest zu -COOH oxydieren, wodurch Phäophorbid b_7 entsteht. Daraus ist das entsprechende *Pyrophäophorbid b_5* durch Decarbmethoxylierung in 10-Stellung, sowie das isomere

[1] FISCHER, H., u. W. LAUTSCH: A. **528**, 265 (1937). — Vgl. auch FISCHER, H., u. A. ÖSTREICHER: A. **546**, 49 (1941). — [2] WARBURG, O., u. E. NEGELEIN: B. Z. **244**, 9 (1932). — WARBURG, O., u. W. CHRISTIAN: B. Z. **235**, 240 (1931). — [3] CONANT, J. B., E. M. DIETZ and T. H. WERNER: Am. Soc. **53**, 4436 (1931). — [4] FISCHER, H., ST. BREITNER, A. HENDSCHEL u. L. NÜSSLER: A. **503**, 1 (1933). — [5] STOLL, A., u. E. WIEDEMANN: Helv. **17**, 456 (1934). — [6] FISCHER, H., u. ST. BREITNER: A. **510**, 183 (1934). — [7] FISCHER, H., u. W. ROSE: A. **519**, 1 (1935). — [8] FISCHER, H., u. W. LAUTENSCHLÄGER: A. **528**, 9 (1937).

Phäoporphyrin b_5 zugänglich; zweifache Decarboxylierung in Ameisensäure liefert *3-Des-formyl-pyrophäophorbid b.*

Von den **Reaktionen an der Vinylgruppe** der b-Derivate verläuft die Anlagerung von Diazoessigester im wesentlichen analog der a-Reihe. Für die Festlegung der Vinylgruppe in der 2-Stellung war beweisend, daß das *Diazoessigesterderivat* des Phäophorbids b, in welchem sich die noch intakte Formylgruppe durch Oximbildung nachweisen ließ, nach der Isomerisierung bei der CrO_3-Oxydation das Cyclopropylderivat (XXI) ergab. Bei der katalytischen *Hydrierung der Vinylgruppe* zeigte sich eine interessante Abhängigkeit vom Hydriermedium[1]. In Dioxan entstehen die analogen „*Meso*"-*Derivate*, in Aceton wird auch die Formylgruppe angegriffen, wodurch die primäre Alkoholgruppe erzeugt wird [*Methanolderivate* (CII)].

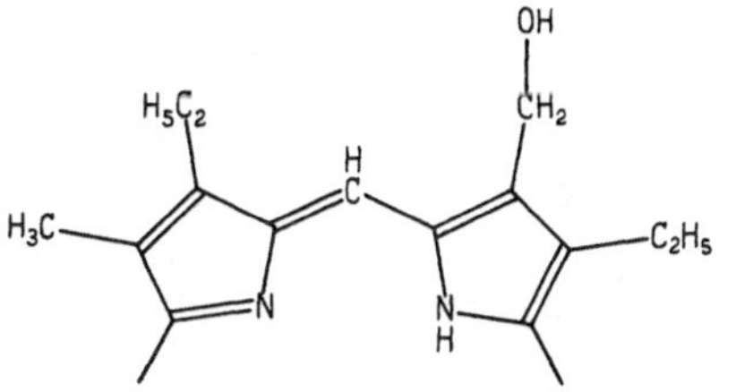

(CII)

Die Vinylgruppe und die Formylgruppe lassen sich gleichzeitig aus dem Chlorophyll b-System entfernen, wenn man z. B. Pyro-phäophorbid-b-methylester als Hämin der Resorcinschmelze unterwirft[2].

e) Bacteriochlorophyll[3, 4].

Die assimilatorisch tätigen Purpurbakterien (Thiocystis, Rhodovibrio, s. Bd. 2, Biochemie der Mikroorganismen) führen ein Pigment, das auf Grund seiner chemischen Verwandtschaft mit dem Chlorophyll als Bacteriochlorophyll bezeichnet wird.

Bei der Assimilation dieser Bakterien wird kein Sauerstoff entbunden wie bei der höheren Pflanze, ein Umstand, der die Fähigkeit zur Assimilation in Frage stellte, bis schließlich die Zusammenhänge zwischen CO_2-Reduktion und H_2S-Dehydrierung gesichert werden konnten. *Formal wirkt hier* H_2S *als* H_2-*Donator, bei den höheren Pflanzen dagegen das Wasser.*

Der chlorophyllähnliche, Magnesium und Phytol tragende Farbstoff, der sich *analog der Darstellungsvorschrift für Chlorophyll* nach WILLSTÄTTER und STOLL gewinnen läßt[5, 6], zeigt in der violett gefärbten und rot fluorescierenden Ätherlösung nur eine einzige Absorptionsbande bei 578 mμ, in Methylalkohol bei 603 mμ. Bei der Gewinnung wurden zwei verschiedene Farbstoffe beobachtet, von denen der eine nur in geringer Menge nachzuweisen ist.

In der Annahme, daß die Hauptkomponente dem Chlorophyll b sehr nahestehe, bezeichnete sie SCHNEIDER, der zuerst das Bacteriochlorophyll untersuchte, als b-Komponente; nach der Konstitutionsaufklärung durch H. FISCHER besteht ein solcher Zusammenhang nicht, vielmehr ist es mit Chlorophyll a verwandt, deshalb wird die Hauptkomponente nach H. FISCHER mit a bezeichnet. Die in geringer Menge vorhandene Farbstoffkomponente (von SCHNEIDER mit a bezeichnet) ist vielleicht ein bei der Aufarbeitung entstandenes Sekundärprodukt (Näheres siehe unten).

Wie gewöhnliches Chlorophyll läßt sich Bacteriochlorophyll durch die in den Bakterien vorhandene Chlorophyllase oder durch die Chlorophyllase höherer Pflanzen (aus Stechapfel) unter Phytolabspaltung in *Bacteriochlorophyllid* überführen[7]; durch Magnesiumabspaltung erhält man aus dem Bakteriochlorophyll

[1] Siehe Fußnote [8] S. 967. — [2] FISCHER, H., u. A. WUNDERER: A. **533**, 230 (1938). — [3] Fischer-Orth, Pyrrolchemie **2**/2, 305ff. — [4] MITTENZWEI, H.: H. **275**, 93 (1942). — [5] SCHNEIDER, E.: H. **226**, 221 (1934). — Vgl. NOACK, K., u. E. SCHNEIDER: Naturwiss. **21**, 835 (1933). — [6] FISCHER, H., u. J. HASENKAMP: A. **515**, 148 (1935); **519**, 42 (1935). — [7] FISCHER, H., u. R. LAMBRECHT: H. **249**, I (1937). — FISCHER, H., R. LAMBRECHT u. H. MITTENZWEI: H. **253**, I (1938).

Bacteriophäophytin[1], dessen Absorptionsspektrum folgende Werte aufweist:

$$\text{I. } 653{,}0;\ \text{II. } \underbrace{628{,}4-611{,}2}_{619{,}8};\ \text{III. } 573{,}9;\ \text{IV. } \underbrace{544-506{,}4}_{525{,}2};\ \text{V. } \underbrace{499{,}6-481{,}5}_{490{,}6};\ \text{VI. } \underbrace{465{,}7-453{,}5}_{459{,}6};$$

E. Abs. 436,0. Intensitäten: IV, I, V, II, VI, III.

Das *Bacterio-methylphäophorbid a*, das mit Methanol-HCl aus Bakteriophäophytin zu gewinnen ist[1,2], besitzt im wesentlichen dieselben Absorptionen wie das Phäophytin, es krystallisiert in blauen Rauten, die bei 226° (205°, SCHNEIDER) schmelzen. Die Konstitution wird durch Formel CIII wiedergegeben. Beim tiefgreifenden Abbau ließen sich die bekannten Chlorophyllporphyrine *Phyllo- und Pyrroporphyrin* spektroskopisch nachweisen[1]. Behandlung des Phäophorbids mit Diazomethan liefert einen *Bacteriochlorin-trimethylester* (F. 205°) mit einem dem oben angegebenen sehr ähnlichen Absorptionsspektrum[2, 3]. Aus dem Bacteriomethylphäophorbid a erhält man unter Bedingungen, unter denen die „Oxo"-Reaktion *nicht* eintritt, durch Dehydrierung der 2 H-Atome im Ring IV, *Oxophäoporphyrin* a_5 (CIV). Zur Begründung der gegenüber Chlorophyll wasserstoffreicheren Formulierung mit 2 Pyrrolinkernen in den Ringen II und IV ist, abgesehen von den Analysendaten, die Tatsache anzuführen, daß sich das Bacteriomethylphäophorbid a in einer quantitativ verfolgten Dehydrierungsreaktion am

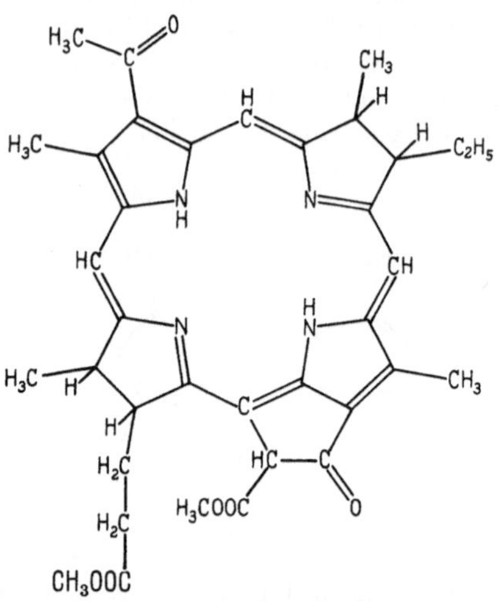

(CIII)
Bacterio-methylphäophorbid a
($C_{36}H_{40}O_5N_4$)

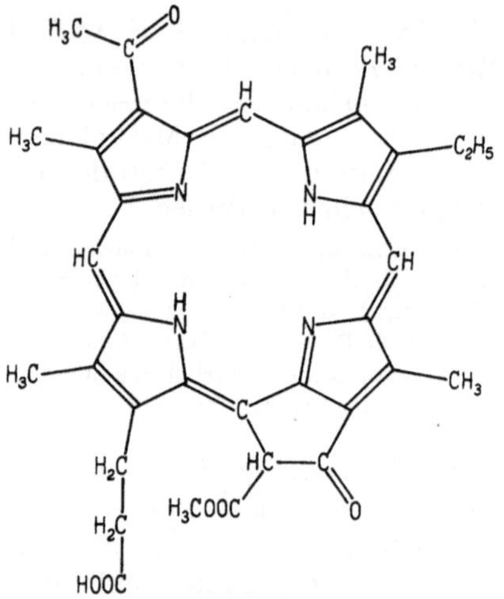

(CIV)
Oxo-phäoporphyrin a_5
($C_{35}H_{34}O_6N_4$)

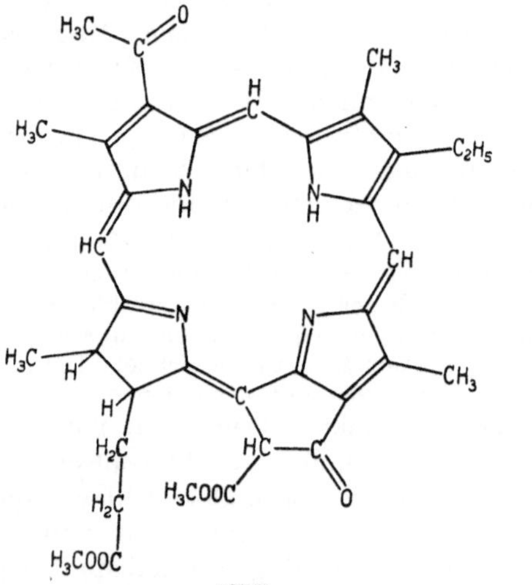

(CV)
2-(Desvinyl)-acetyl-phäophorbidmethylester
($C_{36}H_{38}O_6N_4$)

---

[1] SCHNEIDER, E.: H. **226**, 221 (1934). — Vgl. NOACK, K., u. E. SCHNEIDER: Naturwiss. **21**, 835 (1933). — [2] FISCHER, H., u. J. HASENKAMP: A. **515**, 148 (1935); **519**, 42 (1935). — [3] NIEL, C. B. VAN, u. W. ARNOLD: Enzymologia **5**, 244 (1938).

Ring II mit Schwefelsäure-Sauerstoff zu *2-(Desvinyl)-acetylphäophorbid a* umsetzen läßt[1]. Der mit Diazomethan daraus erhältliche Methylester (CV) ist identisch mit dem von SCHNEIDER bei der Umesterung von Bacteriophäophytin als „a-Komponente" bezeichneten Nebenprodukt. Wenn einerseits die Möglichkeit einer sekundären Bildung dieses Körpers bei der Aufarbeitung nicht von der Hand zu weisen ist, so erscheint es andererseits nicht ausgeschlossen, daß der Dehydrierungsvorgang, der sich beim Phyllin im Licht sehr leicht vollzieht, eine Rolle bei der Assimilation spielt[2]. Vielleicht liegt das 2-(Desvinyl)-acetylphäophorbid a auch dem „Bacterioviridin" der grünen Bakterien (Chlorobakterien) zugrunde[1].

Die Stellung des zweiten Paares der Pyrrolinwasserstoffatome im Kern II des Bacteriophäophorbids wird durch das Ergebnis der Totaloxydation von Bacteriochlorin mit Chromsäure bewiesen[3]. Da Kerne, die mit negativen Substituenten belastet sind (z. B. Acetylgruppen) wie Kern I und III nach allen Erfahrungen der völligen oxydativen Zerstörung anheimfallen, andererseits in der *basischen* Fraktion der Oxydationsprodukte, die demnach nur von Kern II stammen kann, optische Aktivität beobachtet wurde (Rechtsdrehung), wird eben diesem Kern II Pyrrolinstruktur zuzuschreiben sein. Die *saure* Fraktion, aus dem anderen Pyrrolinkern IV stammend, zeigte Linksdrehung.

Dem Bacteriophäophorbid a, bzw. Bacteriochlorophyll muß dann das in der Formel (CIII) wiedergegebene Isophorbinsystem zugeschrieben werden, was auch die große Verschiedenheit des Absorptionsspektrums von dem des Chlorophylls a erklärt.

Die im übrigen sehr engen Beziehungen zwischen Chlorophyll a und Bacteriochlorophyll ergeben sich unter anderem aus der Überführung des Chlorin e_6-trimethylesters [Vgl. (LXXIX), S. 956] in das 2-(Desvinyl)-Acetylphäophorbid a, bzw. dessen Methylester[4] nach dem Reaktionsschema (CVI) und in umgekehrter

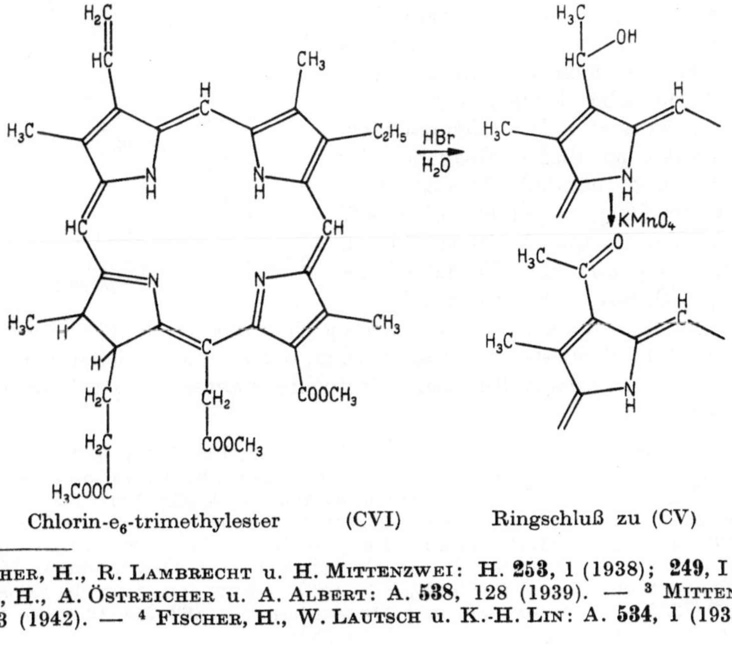

Chlorin-e_6-trimethylester (CVI) Ringschluß zu (CV)

[1] FISCHER, H., R. LAMBRECHT u. H. MITTENZWEI: H. **253**, 1 (1938); **249**, I (1937). — [2] FISCHER, H., A. ÖSTREICHER u. A. ALBERT: A. **538**, 128 (1939). — [3] MITTENZWEI, H.: H. **275**, 93 (1942). — [4] FISCHER, H., W. LAUTSCH u. K.-H. LIN: A. **534**, 1 (1938).

Überführung von Bacteriochlorophyll in Phäophorbid a[1]. Eine dem Chlorophyll b analog gebaute Komponente des Bacteriochlorophylls konnte bis jetzt nicht aufgefunden werden[2, 3].

f) Protochlorophyll[3, 4].

Pflanzen, die im Dunkeln aufgezogen sind, führen in geringer Menge einen grünen Farbstoff mit Rotfluorescenz, dessen Absorptionsspektrum von dem des Chlorophylls verschieden ist. Bei Belichtung verschwindet er und wird anscheinend in Chlorophyll umgewandelt (PRINGSHEIM 1874, NOACK[5]). NOACK und KIESSLING[6] haben den Farbstoff näher untersucht, zu dessen Gewinnung mittels der WILLSTÄTTERschen Methodik sich die inneren grünen Häute der Kürbissamen eignen.

Im Farbstoff ist Magnesium nachgewiesen, wahrscheinlich enthält er auch Phytol; er zeigt in Chloroform-Pyridin folgendes Spektrum:

I. 641 ... 637 bis 621 ... 619; II. 586 ... 583 bis 567 ... 562; III. 540 bis 521 mμ; Intensitäten: I, II, III; Fluorescenzspektrum in Methylalkohol 653 bis 633 mμ.

Mit Säuren (z. B. Ameisensäure-Eisen) entsteht unter Abspaltung von Magnesium ein von NOACK als „Protophäophytin" bezeichneter Farbstoff, dessen Absorptionsspektrum jedoch *Porphyrincharakter* zeigt:

(Chloroform-Pyridin) I. 648 bis 638; II. 606 bis 586; III. 576 bis 563; IV. 537 bis 520; Intensitäten III, II, IV, I.

Mit methylalkoholischer Salzsäure wurde daraus ein Trimethylester („Protochlorintrimethylester") ebenfalls mit Porphyrincharakter erhalten (F. 234 bis 236°).

Spektrum in Chloroform-Pyridin: I. 637 bis 630; II. 593 bis 576; III. 558 bis 549; IV. 525 bis 507; Intensitäten: IV, III, II, I.

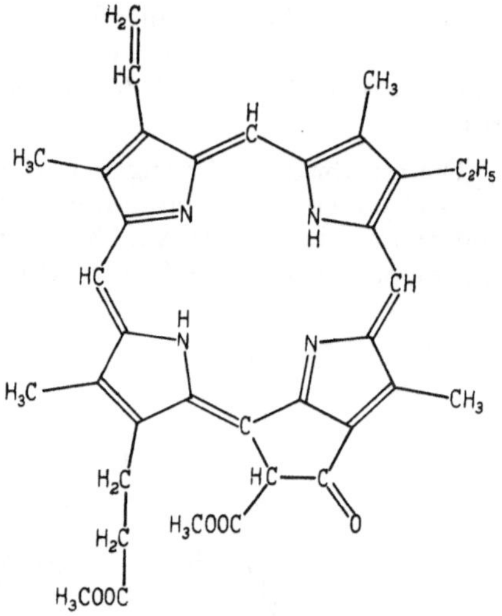

Der durch die — mit Oxalsäure besonders leicht verlaufende — Mg-Abspaltung erhaltene Farbstoff erwies sich in seiner Hauptmenge als spektroskopisch identisch mit 2-Vinyl-phäoporphyrin a_5 (CVII)[7, 8], welches sich aus Methylphäophorbid a durch Behandlung mit Ameisensäure-Eisen gewinnen läßt. (Eigenartigerweise vollzieht also dieses Reagens hier eine Dehydrierung, nämlich die des Phorbinsystems zum Porphinsystem, vgl. S. 957 *ohne* daß die Vinylgruppe hydriert wird in Übereinstimmung mit dem Verhalten des Hämins, vgl. S. 857.) Aus diesem Vinylphäoporphyrin konnte durch Ringöffnung das entsprechende Vinyl-chloroporphyrin als Trimethylester erhalten werden, der in seinen Eigenschaften ebenfalls mit dem von NOACK für den „Protochlorintrimethylester" angegebenen übereinstimmte[9].

(CVII)
2-Vinyl-phäoporphyrin a_5-Dimethylester
($C_{36}H_{36}O_5N_4$)

[1] FISCHER, H., H. MITTENZWEI u. D. B. HEVÉR: A. **545**, 154 (1940). — MITTENZWEI, H.: H. **275**, 93 (1942). — [2] STOLL, A., u. E. WIEDEMANN: Fortschr. Chem. org. Naturstoffe **1**, 227 (1938). — [3] FISCHER, H., A. OESTREICHER u. A. ALBERT: A. **538**, 128 (1939). — [4] Fischer-Orth, Pyrrolchemie **2**/2, 321ff. — [5] NOACK, K.: B. Z. **316**, 166 (1944). — [6] NOACK, K., u. W. KIESSLING: H. **182**, 13 (1929); **193**, 97 (1930). — NOACK, K., u. W. KIESSLING: Angew. Chem. **44**, 93 (1931). — [7] FISCHER, H., H. MITTENZWEI u. A. OESTREICHER: H. **257**, IV (1939). — SEYBOLD, A.: Planta, Berlin **26**, 712 (1937). — SEYBOLD, A., u. K. EGLE: Planta, Berlin **29**, 120 (1938). — [8] FISCHER, H., u. A. OESTREICHER: H. **262**, 243 (1939). — [9] FISCHER, H., A. OESTREICHER u. A. ALBERT: A. **538**, 128 (1939).

Nach diesen Befunden ist es wohl sicher, daß das Protochlorophyll als Hauptkomponente das Mg-Komplexsalz (Phyllin) des Vinyl-phäoporphyrins a_5 enthält. Es würde sich dann vom Chlorophyll a nur durch den Mindergehalt von 2 H-Atomen am Kern IV unterscheiden.

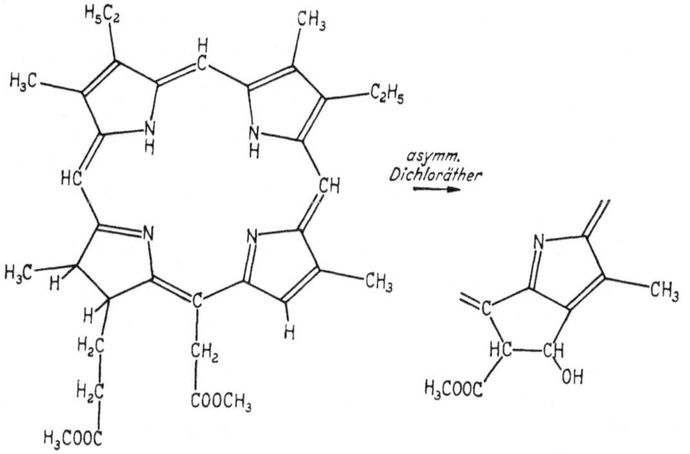

asymm. Dichloräther

(CVIII) Meso-isochlorin-e_4-dimethylester

(CIX) 9-Oxy-desoxy-meso-methylphäophorbid

Durch neuere Untersuchungen von SEYBOLD[1] ist übrigens die Nichteinheitlichkeit des Protochlorophylls durch chromatographische Auftrennung dargetan worden, die zweite Komponente wird als b-Komponente bezeichnet.

g) Das Problem der Chlorophyllsynthese.

Nachdem sich die Veresterung von Phäophorbid mit Phytol zu Phäophytin auf rein chemischem Wege als durchführbar erwiesen hat[2] S. 950), und angesichts der bestehenden Möglichkeit zur Einführung von Magnesium in Phäophytin zur Bildung von Chlorophyll, ist das Problem der Totalsynthese des Chlorophylls mit dem der Synthese des Phäophorbids gleichzusetzen. Phäophorbid a wird wegen seines im Vergleich zur b-Reihe einfacheren Baues das erste Ziel sein müssen.

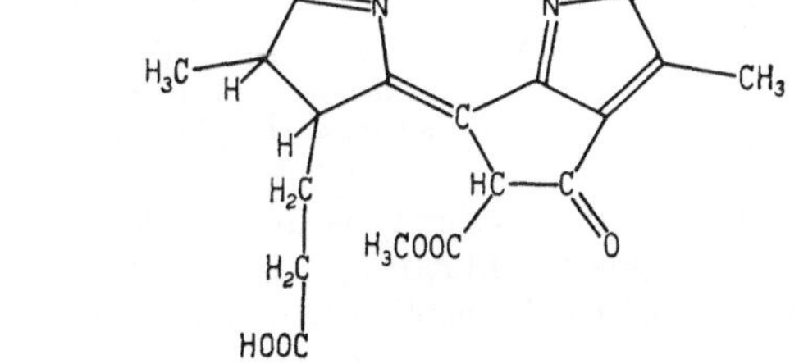

Chinon-Eisessig

(CX) Meso-phäophorbid a

Ein wesentlicher Schritt in der Synthese ist die Umwandlung des Porphingerüstes in das Phorbingerüst. Das bedeutet die Hydrierung eines Pyrrolkernes, im besonderen Fall der Chlorophyllabkömmlinge des Kernes IV, wobei zwei asymmetrische Kohlenstoffatome entstehen, zu denen bei den Vertretern mit geschlossenem iso-

[1] SEYBOLD, A., u. K. EGLE: Planta, Berlin **29**, 119 (1938). Dagegen FISCHER, H., u. A. OESTREICHER: H. **262**, 243 (1939). — [2] FISCHER, H., u. W. SCHMIDT: A. **519**, 244 (1935). —

cyclischem Ring möglicherweise noch ein drittes (C-Atom 10) kommt. Sieht man zunächst von der Trennung der optischen Isomeren ab, so ist andererseits zum Zweck der Identifizierung von Zwischenstufen bei der Synthese mit solchen des Abbaus die Racemisierung der letzteren zu fordern. In verschiedenen Versuchen, die bei der Einwirkung von Reduktionsmitteln auf Porphyrine Chlorine oder chlorinähnliche Substanzen ergaben, erwies sich bis jetzt allein synthetisches Meso-phyllochlorin (CXI a), S. 973 mit analytisch gewonnenem Material als identisch. Das synthetische Produkt ist aus Phylloporphyrin[1] oder Phyllohämin[2] durch Einwirkung von alkoholischem Kali, bzw. Isoamylalkohol-Natrium[3] zugänglich, das analytische aus Phyllochlorin durch die Reaktion nach WOLFF-KISHNER mit Na-methylat-hydrazinhydrat[4], wobei gleichzeitig Reduktion der Vinylgruppe und Racemisierung eintritt. Anscheinend ist die Anwesenheit des Substituenten an der Methingruppe für den Eintritt der Reaktion im gewünschten Sinne, nämlich Hydrierung des Kernes IV in der 7-8-Stellung nötig.

Nach den vorliegenden Erfahrungen erwies es sich als notwendig die Angliederung des isocyclischen Ringes und der Vinylgruppe am bereits fertig gebildeten Phorbinsystem vorzunehmen. Unter vorläufiger Vermeidung der durch die Vinylgruppe verursachten zusätzlichen Schwierigkeiten gelang H. FISCHER[5] die Teilsynthese von Meso-phäophorbid a (CX) gemäß folgendem Reaktionsschema, ausgehend vom Mesoisochlorin-e_4-dimethylester (CVIII)[6]:

Die optisch inaktive Substanz ist spektroskopisch mit Meso-phäophorbid aus Chlorophyll a identisch und ergibt wie dieses mit Jodwasserstoff Phäoporphyrin a_5. Zur Totalsynthese fehlt nur noch die Synthese des Mesoisochlorin-e_4-dimethylesters, die bis zur Stufe des Meso-pyrrochlorin-γ-glykolsäure-dimethylesters[7] (CXI d) gelungen ist; auch dessen Reduktion zu Meso-isochlorin-e_4 ist nach dem spektroskopischen Befund erreicht[3]. Die präparative Durchführung ist nur noch eine Materialfrage.

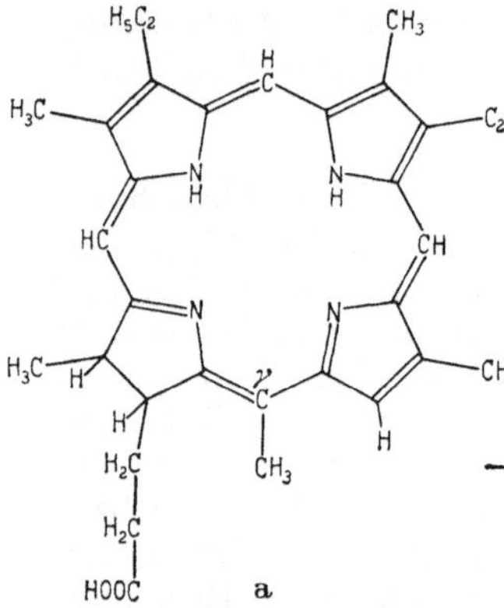

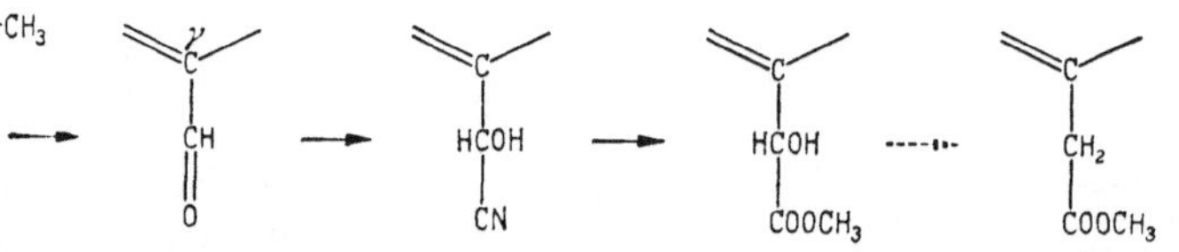

a meso-Phyllochlorin; b; c; d (CXI) Meso-pyrrochlorin-glykolsäure-dimethylester; (CVIII) Meso-iso-chlorin-e_4-dimethylester

Für eine Synthese des Phäophorbid a selbst (mit Vinylgruppe in 2-Stellung) scheint sich die entsprechende Vinylverbindung, das Isochlorin e_4, als Ausgangsmaterial nicht zu eignen. Dagegen ist nach den spektroskopischen Beobachtungen

[1] TREIBS, A., u. E. WIEDEMANN: A. **471**, 146 (1929). — [2] FISCHER, H., u. J. H. HELBERGER: A. **471**, 285 (1929). — [3] FISCHER, H., u. F. LAUBEREAU: A. **535**, 17 (1938). — [4] FISCHER, H., u. H. GIBIAN: A. **550**, 208 (1942). — [5] FISCHER, H., u. F. GERNER: Naturwiss. **33**, 59 (1946). A. **559**, 77 (1948). — [6] FISCHER, H., u. H. KELLERMANN: A. **519**, 209 (1935). — [7] FISCHER, H., u. M. STRELL: A. **556**, 224 (1944).

die Ringkondensation mit dem Carbinol bzw. der Acetylverbindung möglich; der Übergang von hier zur Vinylverbindung ist bekannt[1]. Somit wäre die Totalsynthese von Chlorophyll a zurückgeführt auf die des Acetyl-desvinyl-isochlorin e_4.

h) Vergleichende Betrachtung von Blut- und Blattfarbstoffderivaten.

α) Physikalisches.

Wegen der charakteristischen Spektralerscheinungen im sichtbaren Gebiet und ihrer Bedeutung für das analytische und präparative Arbeiten sind zahlreiche spektrometrische Daten von Pyrrolfarbstoffen niedergelegt[2]. Insbesondere sind durch STERN und Mitarbeiter[3] quantitative Messungen von Absorptionsspektren unter vergleichbaren Bedingungen bekanntgeworden, die auch eine Betrachtung unter einheitlichen Gesichtspunkten erlauben. Nachfolgend sind einige Regeln aufgeführt.

Unter den Porphyrinen kann man drei verschiedene Typen erkennen, den Ätio-, Rhodo- und Phyllo-Typ, die sich durch die Extinktionshöhe der 4 Hauptbanden des sichtbaren Gebietes unterscheiden. Der Ätiotyp zeigt steigende Extinktionen in der Reihenfolge I, II, III, IV (von rot nach blau); im Rhodotyp ist die III. Bande vergleichsweise schwächer, im Phyllo-Typ stärker. Das unsubstituierte Porphin gehört zum Phyllo-Typ, mit zunehmender Substitution wird der Ätio-Typ ausgebildet, zu dem alle natürlich vorkommenden Porphyrine gehören.

In den voll substituierten Porphyrinen ist Stellungsisomerie der Substituenten (ausgenommen C=O-Gruppen) ohne Einfluß auf das Absorptionsspektrum; nicht chromophore Gruppen, wie Methyl-, Äthyl-, Essigsäure-, Propionsäurereste können meist ohne spektralen Effekt gegeneinander ausgetauscht werden. Substituenten mit Lückenbindungen (—CH=O, —CH=CH_2, —COOH) verschieben die Absorptionsbanden einschließlich der im Violett liegenden Hauptabsorptionsbande (*Soret*bande) ins Langwellige in der angegebenen Reihenfolge, und zwar durchgehend in den Porphyrinen, Chlorinen und Phorbinen, ihren sauren Formen und Metallkomplexsalzen. Der Rhodo-Typ kommt durch Substitution mit CH=O oder CN-Gruppen in γ-Stellung zustande, wie z. B. im Spirographisporphyrin mit der CH=O-Gruppe in 2-Stellung. Ketongruppen (CH_3CO, C_3H_7CO) haben ähnliche Effekte. Substitution mit einem zweiten carbonyltragenden Substituenten verstärkt den Rhodo-Typ, sofern sie am gegenüberliegenden Ring erfolgt; tritt der zweite Carbonylrest in den Nachbarkern ein, so wird der Rhodo-Typ aufgehoben. Da die Substitution an gegenüberliegenden Kernen den gleichsinnigen Effekt hervorruft, werden diese in der von H. FISCHER bevorzugten Schreibweise gleich formuliert, und zwar, da auch in anderen Pyrrolderivaten, z. B. Methenen, die Pyrroleninstruktur als farbtragendes Prinzip erkannt ist, als Pyrroleninkerne.

Tragen Porphyrine zwischen dem γ-C-Atom und der 6-Stellung eine Brücke, wie sie Chlorophyllderivaten eigen ist, so gehören sie, wenn diese im einfachsten Fall eine Äthanbrücke wie im Desoxophylloerythrin ist, zum Phyllo-Typ. Im Phylloerythrin (LXXXIII) (S. 958) und Phäoporphyrin a_5 (LXXXII) (S. 958) mit CO-Gruppen in Konjugation zum Resonanzsystem gilt der Rhodo-Typ.

[1] FISCHER, H., H. MITTENZWEI u. D. B. HEVÉR: A. **545**, 154 (1940). — [2] FISCHER, H., u. A. TREIBS: Tab. biol. period. **3**, 339 (1926). — KIRSTAHLER, A.: Tab. biol. period. **7**, 48, 232 (1931). — [3] STERN, A., u. H. WENDERLEIN: Z. physik. Chem. (A) **170**, 337 (1934); **174**, 81, 321 (1935); **175**, 405 (1935); **176**, 81 (1936). — STERN, A., H. WENDERLEIN u. H. MOLVIG: Z. physik. Chem. (A) **177**, 48 (1936). — STERN, A., u. H. MOLVIG: Z. physik. Chem. (A) **176**, 209 (1936); **177**, 365 (1936); **178**, 161 (1937). — STERN, A., u. M. DEŽELIĆ: Z. physik. Chem. (A) **179**, 275 (1937). — STERN, A., u. F. PRUCKNER: Z. physik. Chem. (A) **178**, 420 (1937); **180**, 321 (1937); **182**, 117 (1938). — PRUCKNER, F.: Z. physik. Chem. (A) **187**, 257 (1940); **188**, 41 (1941); **190**, 101 (1942).

Teilweise Hydrierung des Ringes IV, wie in den Chlorinen, Phorbinen, Rhodinen, bringt einen grundlegenden Wechsel im Spektraltypus hervor (vgl. Abb. 86). Der Chlorin-Typ ist 5-bandig. Die Anknüpfung von Methyl-, Essigsäure- und Carbomethoxyresten am γ-C-Atom ändert das Spektrum nicht, sind jedoch Doppelbindungen in diesen Substituenten in Konjugation zum Ringsystem (nicht als COOH-Gruppen), so tritt Verschiebung der Banden zu längeren Wellen unter

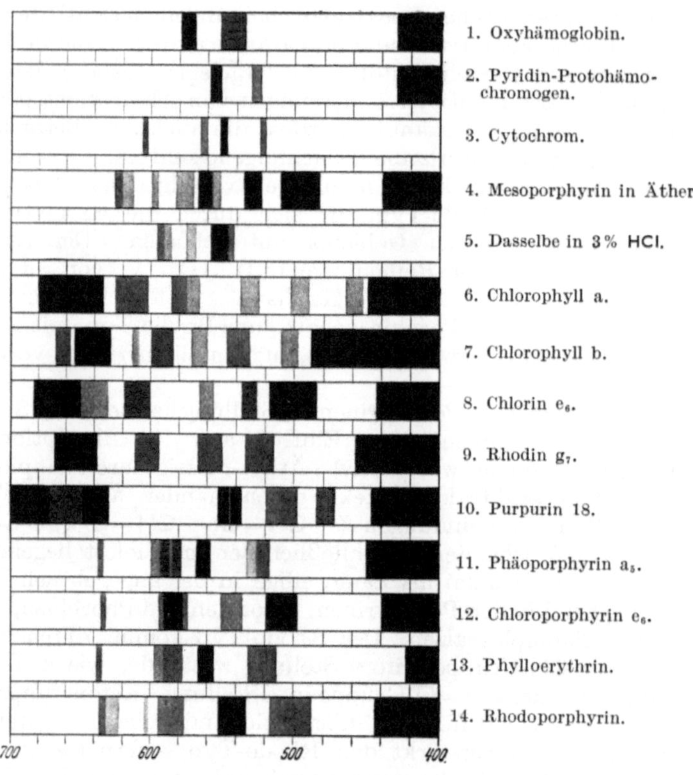

Abb. 86. Absorptionsspektren einiger Blut- und Blattfarbstoffderivate. (6. bis 14. in Äther.)

gleichzeitigen Intensitätsänderungen zum Purpurin-Typ ein. Ein isocyclischer Ring vom γ- zum 6-C-Atom mit einer Ketogruppe in 9-Stellung, wie im Chlorophyll, verschiebt das Chlorinspektrum rotwärts. Eine Formylgruppe in 3-Stellung, wie im Chlorophyll b, verändert den Chlorin-Typ zum Rhodin-Typ, nicht jedoch, wenn sie in Ring I oder III steht.

Die Tabellen 163 und 164 (S. 977 u. 978) enthalten physikalische Daten einiger Blut- und Blattfarbstoffderivate; Abb. 86 ist eine schematische Wiedergabe der Absorptionsspektren, wie sie sich im Spektroskop zeigen.

Über die *Fluorescenzerscheinungen* bei Blut- und Blattfarbstoffderivaten liegen zahlreiche Untersuchungen vor[1] (Literatur[2]), neuere systematische Messungen von A. STERN[3] sowie PRUCKNER[4].

---

[1] BORST, M., u. H. KÖNIGSDÖRFFER: Untersuchungen über Porphyrine. Leipzig 1929. — DHÉRÉ, CH.: Nachweis der biologisch wichtigen Körper durch Fluorescenz und Fluorescenzspektren. Handb. biol. Arb.-Meth. Abt. II, Teil 3/1, 3097—3306 (1934). — DHÉRÉ, CH.: La spectrochimie de fluorescence dans l'étude des produits biologiques. Fortschr. Chem. org. Naturstoffe **2**, 301—341 bes. 317 (1939). — [2] FIKENTSCHER, R.: Z. Geburtsh. **111**, 164 (1935). — [3] STERN, A., u. H. MOLVIG: Z. physik. Chem. (A) **175**, 38 (1935). — [4] s. [3] S. 974.

Über *photochemische Wirkungen* (Kohlensäureassimilation)[1] siehe KUHN S. 51 ff., Bd. 2, Vergleich. Physiolog. Chemie der Pflanzen.

β) Formale und genetische Beziehungen zwischen Blut- und Blattfarbstoff.

Die enge Verwandtschaft zwischen Blut- und Blattfarbstoff wird deutlich beim Vergleich der Konstitutionsformeln des wichtigsten Blutfarbstoffporphyrins,

(VI)
Protoporphyrin
($C_{34}H_{34}O_4N_4$)

(LXXXII)
Phäoporphyrin a_5
(als Dicarbonsäure geschrieben)
($C_{34}H_{34}O_5N_4$)

des Protoporphyrins, und des entsprechenden aus der Chlorophyllreihe, des Phäoporphyrins a_5 (LXXXII, S. 958). Man kann sich das letztere vom Protoporphyrin abgeleitet denken durch β-Oxydation des Propionsäurerestes zur Ketosäure in 6-Stellung und Ausbildung einer Bindung zwischen C-Atom 10 und der γ-Methinbrücke unter Dehydrierung, außerdem werden die Vinylgruppen abgesättigt (siehe Phorbinsystem S. 949). Zur Erläuterung siehe Formel (VI) und (LXXXII).

(CXII)

Zweifellos ist der Hämintyp entwicklungsgeschichtlich älter als Chlorophyll, wobei allerdings vorläufig offenbleibt, ob das Hämin des sauerstoffübertragenden Ferments, für das WARBURG[2] eine Struktur nach (CXII) für möglich hält, oder das Protohämin am Anfang steht. Die Verbreitung beider in allen aeroben Zellen ist wohl gleich allgemein, wie es als einfachster Nachweis für das Atmungsferment die Indophenolreaktion, für den Protohämintyp die Fähigkeit zur enzymatischen H_2O_2-Zersetzung, anzeigt.

[1] Fischer-Orth, Pyrrolchemie 2/2, 364—389. — [2] WARBURG, O.: Schwermetalle als Wirkungsgruppen von Fermenten. S. 144. Berlin 1946.

Bakterien, wie z. B. Rhodovibrio[1] können nebeneinander Hämin- und Chlorophyllderivate in Form von Cytochrom und Bakteriochlorophyll enthalten, und dieses Nebeneinander der beiden Farbstoffreihen findet sich durchgängig auch bei den höheren Pflanzen mit gewöhnlichem Blattgrün. Erinnert sei hier z. B. an den Nachweis von *Kopro-* und *Protoporphyrin* (siehe S. 895 u. 893), von Katalase in Kürbiskeimlingen, von *Peroxydase* im Meerrettich. Nimmt man mit H. FISCHER[2] eine mögliche Entwicklungsreihe Hämin → Bacteriochlorophyll → Chlorophyll a an, so wäre die Erzeugung des Acetylrestes des Bakteriochlorophylls so vorstellbar, daß der durch Wasseranlagerung aus der Vinylgruppe 2 des Hämins erzeugte sekundäre Alkohol dehydriert wird unter Verwendung des verfügbar gewordenen Wasserstoffs für Hydrierungsreaktionen, z. B. am Kern II; die Bildung der Vinylgruppe des Chlorophylls a aus Bakteriochlorophyll würde sich auf umgekehrtem Wege aber in ähnlicher Weise vollziehen. Daß die Chlorophyll b-Komponente bei manchen niederen Organismen fehlt (sie wurde beim Bacteriochlorophyll vermißt, ferner im Chlorophyll einiger Algen), spricht für ihre spätere Entwicklung.

Im Hinblick auf die Zusammenhänge zwischen Blut- und Blattfarbstoff ist auch das *Vorkommen von Blut- und Blattfarbstoff-Abbauprodukten in Materialien verschiedenen geologischen*

Tabelle 163. Physikalische Daten einiger Blutfarbstoffderivate.

	HCl-Zahl	F. des Methylesters °C	Lösungsmittel	Wichtigste Absorptionsmaxima (In Klammern Reihenfolge der Intensität der Banden)
Proto-pyridin-hämochromogen	—	—	Pyridin-Wasser + Na-Hydrosulfit	I. 557,0; II. 525,2; (I., II.)
Meso-pyridin-hämochromogen	—	—	desgl.	I. 547,5; II. 517,9; (I., II.)
Cytochrom	—	—	Wäss. Suspension (Bienenmuskel)	I. 604; II. 566; III. 550; IV. 521. (III., II., I., IV.)
Protoporphyrin	2	235	Äther	I. 632,5; II. 575,8; III. 536,8; IV. 501,9. (IV., I., III., II.)
Mesoporphyrin	0,60	216	„	I. 623,3; II. 567,6; III. 528,6; IV. 494,9. (IV., I., III., II.)
Deuteroporphyrin	0,36	223	„	I. 621,7; II. 566,8; III. 525,9; IV. 494,1. (IV., I., III., II.)
Koproporphyrin	0,08	I. 252 III.* {A 142, B 172}	„	I. 623,9; II. 568,2; III. 529,3; IV. 497,9. (IV., I., III., II.)
Uroporphyrin	—	I. 302 III. 261	Ester in Chloroform	I. 626,1; II. 570,5; III. 534,7; IV. 500,8. (IV., III., I., II.)
Diacetyldeuteroporphyrin	etwa 6	236	Äther	I. 639,7; II. 583,0; III. 547,4; IV. 515,7. (IV., III., II., I.)
Porphin	1,7	—	„	I. 616,8; II. 564,4; III. 518,2; IV. 486,7. (IV., II., III., I.)

* Dimorphie; beim Erhitzen lagert sich die niedrigschmelzende in die hochschmelzende Form um.

[1] FISCHER, H., R. LAMBRECHT u. H. MITTENZWEI: H. **253**, 1 (1938). — FISCHER, H., u. R. LAMBRECHT: H. **249**, 1 (1937).

Tabelle 164. Physikalische Daten einiger Chlorophyllderivate.

	HCl-Zahl	F. des Methylesters °C	$[\alpha]_{20°}$	Absorptionsspektrum in Äther (teilweise mit Pyridingehalt) (In Klammern Reihenfolge der Intensität der Banden)
Chlorophyll a		117—120[1]	Aceton —173° (Chlorophyll a und b)	I. 678—643; II. 624—601; III. 586—565; IV. 539—524; V. 504—499; VI. 462—455; VII. 439—427. (VII., I., VI., II., III., IV., V.)
Chlorophyll b		(86—92 Sintern) 120—130[1]		Schatten um 685; I. 669—659; II. 654—630; III. 614—610; IV. 600—584 V. 572—560; VI. 546—530; VII. 507—497; VIII. 468—447—433; IX. 433—428—407. (VIII., II., IX., I., IV., VI., V., VII., III.)
Chlorin e_6	3	215[2]	—141° Pyridin	I. 682—648 ... 630 ...; II. 610; III. 559,5; IV. 532,0; V. 515—485. (I., V., II., IV., III.)
Rhodin g_7	9	251[2]	—166°[2] Aceton	I. 653,5; II. 599,0; III. 562,5; IV. 525,0. (I., IV., II., III.)
Purpurin 18	18	278		I 716,0—676,5 ... 645,7—628,7; II. 544,4; III. 508,9; IV. 480,1. (I., II., III., IV.)
Phäoporphyrin a_5	9	272	—	I. 636,6; II. 587,7; III. 563,7; IV. 523,0. (III., II., IV., I.)
Phäoporphyrin a_7	4	263	—	I. 631,0; II. 575,0; III. 556,0; IV. 515,0. (III., I., IV., II.)
Chloroporphyrin e_6	1	255	—	I. 632,4; II. 582,8; III. 543,6; IV. 508,5. (IV., II., III., I.)
Phylloerythrin	9	266	—	I. 636,8; II. 589,4; III. 560,8; IV. 521,8. (III., II., IV., I.)
Desoxophylloerythrin	1,5	264	—	I. 621,0; II. 576,9; III. 567,2; IV. 506,4. (IV., I., III., II.)
Phäoporphyrin b_6		268	—	I. 648,5; II. 598,5; III. 569,5; IV. 529,6. (III., II., IV., I.)
Rhodoporphyrin	4	268	—	I. 634,3; II. 573,6; III. 534,4; IV. 505,0. (III., IV., II., I.)
Phylloporphyrin	0,5	235	—	I. 630,7; II. 574,9; III. 536,0; IV. 500,5. (IV., III., II., I.)
Pyrroporphyrin	1,3	241	—	I. 622,5; II. 567,5; III. 526,2; IV. 493,1. (IV., III., II., I.)

[1] Phytyl-Methylester. — [2] Trimethylester.

Ursprungs[1] interessant. In *Ölschiefer* der oberen Trias (Stinkschiefer) aus dem Karwendel fand TREIBS *Desoxophylloerythrin* und das entsprechende carboxylfreie Porphyrin *Desoxophylol-ätioporphyrin*, Porphyrine, die durch ihren isocyclischen Ring als Chlorophyllderivate gekennzeichnet sind, daneben in geringen Mengen *Mesoporphyrin* als Vertreter der Blutfarbstoffreihe. In zahlreichen *Erdölen* verschiedenen Ursprungs, auch in *Asphalten*, wurden diese Porphyrine als Komplexsalze, und zwar durchweg das der Chlorophyllreihe angehörige Desoxophylloätioporphyrin als dominierende Komponente gefunden. In *bituminösem Mergel* von Meride fand sich bis 0,33% das *Vanadiumkomplexsalz* dieses Porphyrins. Daraus ist zu schließen, daß chlorophyllführende Pflanzen am Aufbau der Bitumina und Erdöle maßgeblich beteiligt sind, vorausgesetzt, daß der Vanadiumgehalt tatsächlich durch sekundäre Komplexsalzbildung zustande gekommen ist. [Tunicaten (Manteltiere) enthalten Vanadium, doch ist nicht bekannt, in welcher Bindung.] In Kohlen wurde gelegentlich ein dem Deuteroätio- und ein dem Deuteroporphyrin ähnliches Porphyrin festgestellt. Die bei den Ausgrabungen im Geiseltal gefundenen *Koprolithen*[2] von Krokodilen enthielten ein dem Mesoporphyrin sehr ähnliches[3], jedoch nicht damit identisches Porphyrin, außerdem ein Porphyrin, das auf Grund seiner spektroskopischen Daten, abweichend von den bekannten natürlichen Porphyrinen, als nur tetrasubstituiert anzusprechen ist.

4. Prodigiosin[4].

Von K. ZEILE.

Dieser Pyrrolfarbstoff läßt keine unmittelbar verwandtschaftlichen Beziehungen zu den bisher betrachteten erkennen. Er ist der rote Farbstoff des Bacillus prodigiosus, der das bekannte „Wunder der blutenden Hostie“ erzeugt. Seine Konstitution wurde durch WREDE aufgeklärt[5].

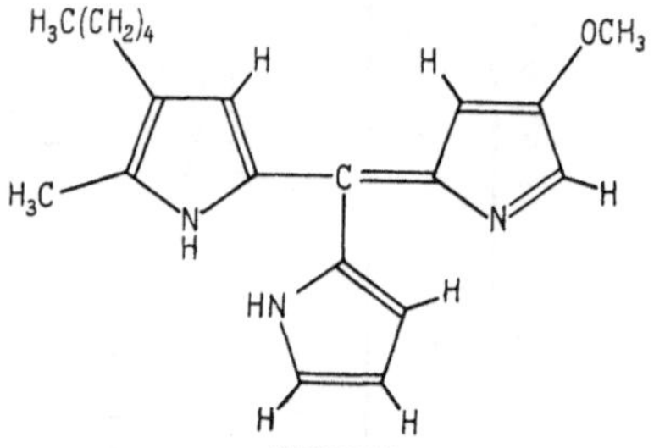

Die Gewinnung des Farbstoffes in den zum Abbau nötigen Mengen erfolgte aus Plattenkulturen durch Aufschluß der Zellen mit NaOH. Aufnahme des Farbstoffs mit Petroläther und Fällung als Chlorhydrat, das sich über das gut krystallisierte Perchlorat in die reine freie Farbstoffbase überführen läßt.

(CXIII)

Das freie Prodigiosin, das in metallisch glänzenden Schuppen zu gewinnen ist, krystallisiert nicht. Es ist unlöslich in Wasser, leicht in Alkohol, Äther, Chloroform, Bromoform, Benzol. Seine Lösungen sind sauer rot, alkalisch gelb. Es gibt gut definierte Salze mit Perchlorsäure, Pikrinsäure, Salicylsäure, Benzoesäure.

Perchlorat: metallisch glänzende Nadeln, bis zu mehreren Millimetern lang, F. 228°. Mäßig löslich in Alkohol und Chloroform, wenig in Äther und Benzol. Lösung in Alkohol: intensiv rot; Spektrum: I. 537,5; II. 501,0 mμ.

Zn-*Komplexsalz:* braungrünlich glitzernde Krystalle, F. 176°; unlöslich in Wasser, löslich in heißem Alkohol, Äther, Petroläther und Chloroform. Spektrum in Äther: I. 550,8 bis 517,3; II. 504,4 bis 490,8: E. Abs. 400 mμ.

Die *Konstitution des Prodigiosins* ergab sich aus dem Abbau gemäß Formel (CXIII).

[1] TREIBS, A.: A. **509**, 103 (1934); **510**, 42 (1934); **517**, 172 (1935). Angew. Chem. **49**, 682 (1936). — Fischer-Orth, Pyrrolchemie **2**/2, 8. — [2] FIKENTSCHER, R.: Zool. Anz. **103**, 289 (1933). — [3] ZEILE, K., u. B. RAU: H. **250**, 197 (1937). — [4] Fischer-Orth, Pyrrolchemie **2**/1, 153—158. — [5] WREDE, F., u. O. HETTCHE: B. **62**, 2678 (1929). — WREDE, F.: H. **210**, 125 (1932). — WREDE, F., u. A. ROTHHAAS: H. **215**, 67 (1933); **219**, 267 (1933); **222**, 203 (1933); **226**, 95 (1934).

Es ist eine einsäurige Base. Kern I liefert bei der Natronkalk- und Zinkstaubdestillation sowie beim Jodwasserstoffabbau das Pyrrol (CXIV), das in bezug auf die Stellung der Substituenten nach Hydrierung zum entsprechenden Pyrrolidin näher charakterisiert werden konnte und das nach Chromsäureoxydation zum Maleinderivat, durch Hydrierung in das entsprechend substituierte Succinimid (CXV) übergeführt wurde. Die Natur der Amylseitenkette ergab sich aus der Isolierung von n-Capronsäure bei der Permanganatoxydation des Maleinderivates. Schließlich wurden das Succinimidderivat und das Pyrrol selbst synthetisch gewonnen. Kern II liefert bei der CrO_3-Oxydation des Prodigiosins Methoxymaleinimid, Kern III Maleinimid. Bei der Permanganatoxydation des völlig hydrierten Prodigiosins wurde (unter Einbeziehung des zentralen C-Atoms) aus Kern III Prolin und als Pyrrolidinoxydationsprodukt Bernsteinsäure, sowie aus Kern I das oben erwähnte, dem Pyrrol (CXIV) entsprechende Pyrrolidinderivat gefaßt.

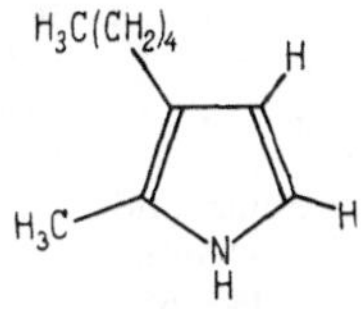

(CXIV) 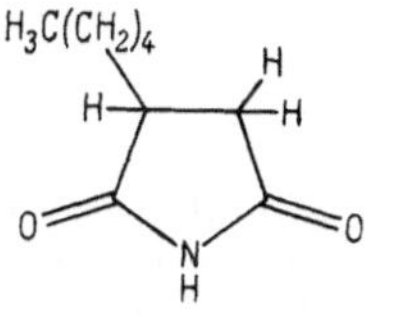 (CXV)

Durch Isotopenversuche wurde nachgewiesen, daß zur Prodigiosinsynthese, wie zum Aufbau des Blutfarbstoffs, der Stickstoff des Glykokolls verwendet wird[1].

VIII. Enzyme.

Von W. Grassmann, H. Kraut, H. Müller, Th. Ploetz, T. Thunberg, J. Trupke, R. Weidenhagen und Ä. Weischer.

„In den Lebensprozessen wirken sie (die Fermente) zusammen in genau regulierter Weise, so daß wir das Leben als ein System derart zusammenwirkender enzymatischer Reaktionen auffassen können."
R. Willstätter[2].

Inhaltsverzeichnis.

[1] Hubbard, R., and C. Rimington: Biochem. J. 44, L (1949). — [2] Zit. nach Walden, P.: Chem. Ztg. 52, 746 (1928).

1. Allgemeiner Teil.

Von W. GRASSMANN und J. TRUPKE.

Inhaltsverzeichnis.

a) Einleitung[1-31].

α) Baustoffe und Wirkstoffe.

An den Aufbau-, Abbau- und Umbauprozessen, die den chemischen Teil des Geschehens in Tier und Pflanze ausmachen, finden wir zwei funktionell

Zusammenfassende Darstellungen: 1—31. [1] AMBARD, L., u. S. TRAUTMANN: Mécanisme des réactions fermentaires. Paris 1937. — [2] AMMON, R., u. W. DIRSCHERL: Fermente, Hormone, Vitamine und die Beziehungen dieser Wirkstoffe zueinander. 2. Aufl. Leipzig 1948. —

ziemlich scharf geschiedene und in sehr ungleicher Menge vorhandene Hauptgruppen von Stoffen beteiligt. Auf der einen Seite die große Menge derjenigen Substanzen, die den chemischen Umwandlungsprozessen in der lebenden Zelle unterliegen und durch ihre Umsetzungen das Material für den *Aufbau des Körpers* und die von ihm benötigte *Energie* liefern, also die *Substrate des biologischen Geschehens*, wie z. B. die Kohlenhydrate, die Fette, Eiweißkörper und die ,,Mineralien", kurz die *Baustoffe und Energiestoffe des Organismus*. Ihnen steht eine große Zahl meist nur in minimaler Konzentration anwesender Verbindungen gegenüber, welche die chemischen Umsetzungen der ersteren Stoffgruppe, aber auch z. B. komplexe physiologische Vorgänge auslösen oder steuern und regulieren. Zu diesen *biologischen Wirkstoffen* oder ,,*Ergonen*[32, 33]", in denen wir die eigentlichen chemischen Reagentien und Feinwerkzeuge des Organismus erblicken müssen, gehören die Enzyme, Hormone, Vitamine, Wuchsstoffe, Antibiotika, Toxine und Antitoxine, ferner die Gene und in gewissem Sinne auch die Viren. Aus der großen Zahl der genannten biologischen Wirkstoffe grenzen wir als ,,*Enzyme*" oder ,,*Fermente*" diejenigen ab, die wir als *Katalysatoren* chemischer Reaktionen kennzeichnen können.

β) Abgrenzung des Fermentbegriffes.

Als ,,Enzyme" oder ,,Fermente" — beide Bezeichnungen werden heute als völlig gleichwertig gebraucht (s. unten) — definieren wir also die von Lebewesen hervorgebrachten organischen Katalysatoren (s. unten S. 988).

[3] BALDWIN, E.: Dynamic Aspects of Biochemistry. Cambridge 1949. — [4] BERSIN, TH.: Kurzes Lehrbuch der Enzymologie. 2. Aufl. Leipzig 1939. — [5] BERTHO, A., u. W. GRASSMANN: Biochemisches Praktikum. Berlin u. Leipzig 1936. — [6] EULER, H. v.: Chemie der Enzyme. 3 Teile. München. Bisher erschienen: I, 1925; II/1, 3. Aufl. 1928; II/2, 1927; II/3, 1934. — [7] FRANKENBURGER, W.: Katalytische Umsetzungen in homogenen und enzymatischen Systemen. Leipzig 1937. — [8] GRASSMANN, W.: Neue Methoden und Ergebnisse der Enzymforschung. München 1928. Ergebn. Physiol. **27**, 407—551 (1928). — [9] HALDANE, J. B. S.: Enzymes. London 1930. — HALDANE, J. B. S., u. K. G. STERN: Allgemeine Chemie der Enzyme. Dresden u. Leipzig 1932. — [10] LANGENBECK, W.: Die organischen Katalysatoren. 2. Aufl. Berlin, Göttingen, Heidelberg 1949. — [11] MITTASCH, A.: Über Katalyse und Katalysatoren in Chemie und Biologie. Berlin 1936. — [12] Ergebn. Enzymforsch. Hrsg. NORD, F., u. R. WEIDENHAGEN. Bd. 1—, Leipzig 1932—. — [13] Adv. Enzymol. Hrsg. NORD, F. F., and C. H. WERKMAN. Bd. 1—, New York 1942—. — [14] NORTHROP, J. H.: Crystalline Enzymes; the Chemistry of Pepsin, Trypsin and Bacteriophage. New York 1939. — [15] SCHÄFFNER, A.: Allgemeines über Biokatalyse. Handb. Katalyse (SCHWAB) **3**, 1—46 (1941). — [16] OPPENHEIMER, C.: Die Fermente und ihre Wirkungen. 5. Aufl., Bd. 1—4. Leipzig 1924—1929 und Suppl. 2 Bde. 1936—1938. — [17] RONA, P.: Praktikum der physiologischen Chemie. Bd. I. Fermentmethoden. 2. Aufl. Berlin 1931. — [18] SUMNER, J. B., and K. MYRBÄCK: The Enzymes. New York Bd. I/1 1950, Bd. I/2 1951. — SUMNER, J. B., and G. F. SOMERS: Chemistry and Methods of Enzymes. 2. Aufl. New York 1947. — [19] WAKSMAN, S. A., and W. C. DAVISON: Enzymes, Properties, Distribution, Methods and Applications. Baltimore 1926. — [20] WALDSCHMIDT-LEITZ, E.: Die Enzyme, Wirkungen und Eigenschaften. Braunschweig 1926. — [21] WARBURG, O.: Schwermetalle als Wirkungsgruppen von Fermenten. Berlin 1946. — [22] WILLSTÄTTER, R.: Untersuchungen über Enzyme. 2 Bde. Berlin 1928. — [23] JENSEN, H., and L. E. TENNENBAUM: The influence of hormones on enzymatic reactions. Adv. Enzymol. **4**, 257—267 (1944). — [24] GREEN, D. E.: Enzymes and trace substances. Adv. Enzymol. **1**, 177—198 (1941). — [25] KURSSANOV, A. L.: Untersuchung enzymatischer Prozesse in den lebenden Pflanzen. Adv. Enzymol. **1**, 329—370 (1941). — [26] GREEN, D. E.: Biochemistry from the standpoint of enzymes. Green's Currents biochem. Res. S. 149—164. — [27] HILDEBRANDT, F. M.: Recent progress in industrial fermentation. Adv. Enzymol. **7**, 557—615 (1947). — [28] Actualités Biochimiques Nr. 10. Aspects actuels de l'enzymologie, un symyosion dans le cadre du VIIe congrès de Chimie Biologique à Liège. Paris 1946. — [29] SEIFRIZ, W.: The properties of protoplasm, with special reference of the influence of enzymic reactions. Adv. Enzymol. **7**, 35—64 (1947). — [30] TAUBER, H.: Enzyme Technology. New York 1943. — [31] TAUBER, H.: Enzyme Chemistry. New York 1937.

[32] EULER, H. v.: Ergebn. Vit.- u. Hormonforsch. **1**, 159 (1938). — [33] Oppenheimer, Fermente **1**, 7 (1925).

Daß die Gesamtheit der chemischen Umsetzungen im Organismus und damit der Lebensvorgang überhaupt nicht ohne die Mitwirkung von Katalysatoren erfolgen kann, ergibt sich ohne weiteres aus den Bedingungen, unter denen diese Umsetzungen ablaufen. Die Hydrolyse von Fetten oder Polysacchariden, die Aufspaltung von Eiweißkörpern in ihre Bausteine, die gesamten Verbrennungsprozesse und die anaeroben Abbaureaktionen, ebenso auch die entsprechenden Aufbauvorgänge, erfolgen in vivo mit beträchtlichen Geschwindigkeiten bei gewöhnlicher Temperatur, in wäßrigen und annähernd neutralen Medien, also unter Bedingungen, unter denen sie in vitro und ohne Mitwirkung von Reaktionsbeschleunigern nicht oder höchstens mit minimaler Geschwindigkeit ablaufen würden. Daß die gesamten Umsetzungen in der belebten Welt durch Katalysatoren ausgelöst und gesteuert sind, hat, fußend auf den Befunden und Entdeckungen über Katalyse von THÉNARD, DAVY, DOEBEREINER, MITSCHERLICH u. a., am klarsten BERZELIUS (1837) ausgesprochen. Er hat damit die Grundlage zu einer wissenschaftlichen Enzymchemie gelegt.

In seiner Abhandlung[1] „über eine bei der Bildung organischer Verbindungen wahrscheinlich wirksame, bis jetzt wenig bekannte Kraft", gelangt er zu dem Ergebnis, „daß in den lebenden Pflanzen und Tieren Tausende von katalytischen Prozessen zwischen den Geweben und Flüssigkeiten vor sich gehen und die Menge ungleichartiger chemischer Zusammensetzungen hervorbringen, von deren Bildung wir bisher niemals eine annehmbare Ursache einsehen konnten, und die wir künftig vielleicht in der katalytischen Kraft des organischen Gewebes, woraus die Organe des lebenden Körpers bestehen, entdecken werden". Von dieser durch BERZELIUS ausgesprochenen Erkenntnis hätte die Enzymforschung einen geraden und einfachen Weg bis zu unseren modernen Ansichten über Enzyme und ihre Bedeutung in den Lebensprozessen nehmen können, wie sie beispielsweise in den diesem Kapitel vorangestellten Sätzen von WILLSTÄTTER niedergelegt sind. Wenn dies nicht der Fall war, so vor allem deshalb, weil die Schwierigkeiten, Enzyme von der Zelle abzutrennen und ihre Wirkung unabhängig von den Lebensprozessen zu studieren, von Fall zu Fall stark variieren.

Die etwa um jene Zeit zwar nicht in reiner, aber doch in zellfreier und wasserlöslicher Form gewonnenen Enzyme Emulsin (ROBIQUET 1830, LIEBIG und WÖHLER 1837), Malzamylase (PAYEN und PERSOZ 1833; vgl. a. KIRCHHOFF 1814), Pepsin (SCHWANN 1836) konnten ohne Schwierigkeit in den *Katalysatorbegriff* eingeordnet werden. Dies gilt aber nicht von den vielleicht noch eindrucksvolleren Fermentprozessen bei der alkoholischen und der milchsauren Gärung. Für diese war durch SCHWANN 1837 sowie durch KÜTZING und CAGNARD-LATOUR gezeigt worden[2], daß ihr Ablauf an die Anwesenheit und den Stoffwechsel *lebender Zellen* geknüpft ist; diese von LIEBIG und WÖHLER[3] auf das schärfste bekämpfte Erkenntnis ist später von PASTEUR[4] (1857) mit absoluter Sicherheit bewiesen worden. Damit schien die Notwendigkeit gegeben, zwischen den sog. **„ungeformten Fermenten"**, also den in zellfreier Form gewinnbaren und unabhängig von der Zelle wirkenden *Enzymen* einerseits, und den **„geformten Fermenten"**, d. h. lebenden Organismen als Träger fermentartiger Wirkungen andererseits, zu unterscheiden. Die später auch von LIEBIG verfolgte und durch die Gewinnung des rohrzuckerspaltenden Enzyms aus Hefe einigermaßen gestützte Vermutung, daß auch die Gärungsprozesse auf die Wirkung von

[1] BERZELIUS, J.: Lehrbuch der Chemie. 3. Aufl., Bd. 3, S. 24. Übersetzt von L. WÖHLER. Dresden u. Leipzig 1837. — [2] SCHWANN, TH.: Ann. Physik **41**, 184 (1837). — KÜTZING, F.: J. prakt. Chem. **11**, 385 (1837). — CAGNARD-LATOUR: Ann. Chim. Physique **68**, 206 (1838). — [3] WINDLER, S. C. H. (F. WÖHLER): Anonym. Ann. Pharmaz. **29**, 100 (1839). — [4] PASTEUR, L.: Cr. **45**, 913, 1032 (1857). Ann. Chim. Physique (3) **58**, 323 (1860).

Katalysatoren innerhalb der Zelle, also von „Endoenzymen" zurückzuführen seien[1], war aber so lange nicht zu beweisen, als das Enzymsystem der Gärung nicht außerhalb der Hefezelle zur Wirkung gebracht werden konnte.

Erst mit der *Gewinnung zellfreier gärungsaktiver Hefepreßsäfte* durch E. Buchner[2] (1897) ist diese Lücke geschlossen, die Unterscheidung zwischen „geformten Fermenten" und „Enzymen" beseitigt und die Einheitlichkeit des Fermentbegriffes wieder hergestellt worden. Seitdem ist es weiter in erstaunlichem Umfang gelungen, Fermentprozesse, deren Ablauf früher mit Notwendigkeit an die Lebenstätigkeit der Zelle gebunden zu sein schien, in übersichtlichen und zellfreien Systemen zu verwirklichen. Trotzdem soll auch heute nicht übersehen werden, daß die *aus den Zellen freigelegten Enzymsysteme* in manchen Fällen stark verändert und gewissermaßen *nur Bruchstücke* sein werden, mit denen der Ablauf des chemischen Zellgeschehens vielfach nur unvollständig und lückenhaft nachgeahmt werden kann. Die Frage, ob es aussichtsreicher und richtiger ist, Enzymreaktionen *am Zellsystem selbst* (überlebende Organe, Gewebeschnitte, Suspensionen von Blutkörperchen, Mikroorganismen usw.) oder an *zellfreien und möglichst weitgehend gereinigten Enzympräparaten* zu untersuchen, ist, dem jeweiligen Stand der Forschung entsprechend, immer sehr verschieden beurteilt worden[3]. Tatsächlich ist die eine Forschungsrichtung so notwendig wie die andere.

Im Gegensatz zu C. Oppenheimer[4] halten wir es für unmöglich und unzweckmäßig, eine Grenze zwischen „*Fermentprozessen*" und „*Stoffwechselprozessen*" zu ziehen. Natürlich gibt es chemische Umsetzungen im Organismus, die überhaupt nicht katalytischer Natur sind oder die unter dem Einfluß nicht enzymatischer Katalysatoren (Schwermetalle, $H^{\cdot}$, OH^{-} usw.) verlaufen. Die übergroße Mehrzahl aller chemischen Umsetzungen des Stoffwechsels ist aber ohne Zweifel enzymatischer Natur und es wird nur eine Frage der fortschreitenden Entwicklung sein, die dafür verantwortlichen Enzyme als solche zu kennzeichnen und gegebenenfalls zu isolieren. Das gilt auch für die gekoppelten Reaktionen und Aufbauprozesse.

Die *Bezeichnungen „Ferment" und „Enzym"*[5] weisen beide auf die Hefegärung als einen der eindruckvollsten katalytischen Naturvorgänge hin. „Fermentatio" (von fervere = wallen, sieden) heißt Gärung oder Fäulnis, das Wort „fermentum", womit schon die Alchimisten den „Stein der Weisen" zu bezeichnen pflegten, bedeutet soviel wie „Gärungserreger" oder „umwandelndes Agens" im allgemeinen. ζύμη ist das griechische Wort für Hefe, „Enzym" also ein Inhaltsstoff der Hefe, ein Stoff, der aus der Hefe gewonnen werden kann.

γ) Nomenklatur.

Die Bezeichnungen der Enzyme werden in der Regel so gebildet, daß man an den Namen desjenigen Substrates, das von dem betreffenden Enzym verändert wird, die *Endung „ase"* anhängt (Duclaux 1883). Es ist also „Esterase" ein Enzym, das Ester spaltet, „Saccharase" ein Enzym, das Saccharose spaltet, „Hyaluronidase" ein Enzym, das Hyaluronsäure angreift.

Häufig wird in der Bezeichnung nicht nur die Natur des Substrates zum Ausdruck gebracht sondern auch die Art der bewirkten chemischen Reaktion. In dieser Weise entstehen Bezeichnungen wie Hydrolase, Dehydrase (oder im englischen Sprachgebrauch Dehydrogenase), Oxydase, Oxydo-Redukase, Dismutase.

Die Übertragung bestimmter Gruppen von einem Substrat auf das andere wird üblicherweise durch die der Enzymbezeichnung vorangestellte Vorsilbe

[1] Traube, M.: Theorie der Fermentwirkungen. Berlin 1858. — [2] Buchner, E.: B. **30**, 117 (1897). — [3] Siehe z. B. Warburg, O.: Über die katalytischen Wirkungen der lebendigen Substanz. S. 1. Berlin 1928; dagegen Warburg, O.: Chemische Konstitution von Fermenten. Ergebn. Enzymforsch. **7**, 210 (1938). — [4] Oppenheimer, Fermente. — [5] Kühne, W., 1878 zit. nach Walden, P.: Geschichte der organischen Chemie seit 1880. S. 115, Anm. [1]. Berlin 1941.

„Trans“ zum Ausdruck gebracht. So sind Trans-phosphorylasen (Trans-phosphatasen) Enzyme, die Phosphorsäureester übertragen, Trans-aminasen Enzyme, die Aminostickstoff übertragen.

Durch Kombination dieser Nomenklaturprinzipien kann mitunter die Art der von dem betreffenden Ferment katalysierten speziellen Reaktion sehr genau gekennzeichnet werden. Es entstehen damit Wortbildungen wie: Succino-dehydrase (oder Succino-dehydrogenase) für ein Enzym, das Bernsteinsäure dehydriert, oder Glutaminsäure-Brenztraubensäure-Transaminase für ein Enzym, das die Aminogruppe der Glutaminsäure auf Brenztraubensäure überträgt[1].

Von WARBURG ist eine Nomenklatur vorgeschlagen für Fälle, in denen die Natur der prosthetischen Gruppe der Fermente bekannt und die feinere Spezifität vom Proteinteil bestimmt ist. Sie bezeichnet im Wesentlichen die Zusammensetzung des Fermentes, und kennzeichnet die Spezifität des Proteids durch einen entsprechenden Index also z.B. Triphospho-pyridin-proteid$_{\text{Robison-Ester}}$.

Bezeichnungen wie „Katalase“, „Tryptase“, „Zymase“, „Ptyalin“ sind demnach nicht wissenschaftlich richtig gebildet, trotzdem teilweise seit langem eingeführt und mehr oder weniger zweckmäßig. Historische Bezeichnungen wie „Pepsin“, Trypsin“, „Erepsin“, „Emulsin“ werden bis auf weiteres beizubehalten sein. Es hat sich aber die sehr zweckmäßige Übung eingebürgert, mit diesen Bezeichnungen das gesamte Enzymsystem eines bestimmten Organs oder dgl., nicht dessen durch spezifische Wirkungen charakterisierte Einzelkomponenten, zu kennzeichnen. „Trypsin“ oder noch deutlicher „Trypsinsystem“[1, 2] ist also das eiweißspaltende Enzym*system* der Pankreasdrüse; es *enthält* als Komponenten Proteinasen, Dipeptidasen, Polypeptidasen usw. Vgl. dazu [1, 3].

Der Vorschlag, synthetisierende Enzyme zu benennen durch Anhängen der *Endung „ese“* an die Bezeichnung derjenigen Substanz, die durch enzymatische Synthese gebildet wird („Esterese“ = esterbildendes Enzym), ist nicht konsequent durchführbar, da bei Gleichgewichtsreaktionen *dasselbe* Enzym sowohl Synthese wie Abbau katalysieren muß (vgl. S. 990). Wie wir heute wissen, ist der Weg biologischer Aufbauprozesse im allgemeinen ein anderer als der des Abbaus (vgl. S. 996).

δ) Vorkommen und Bildung der Enzyme.

Enzyme finden sich in allen lebenden Zellen. Zum Teil üben sie ihre Wirkung normalerweise nur im Innern der Zelle aus (Endoenzyme), zum Teil treten sie in die Sekrete über (Exoenzyme; vgl. S. 1024). Im übrigen sind einzelne Enzyme sehr streng in bestimmten Organen lokalisiert, andere mehr oder weniger in jeder Zelle anzutreffen. So findet sich z.B. das Pepsin nur in der Magenschleimhaut, das Trypsin in der Hauptsache nur in der Pankreasdrüse, während z.B. Lipase und Amylase zwar besonders reichlich in der Pankreasdrüse, darüber hinaus aber in fast allen Zellen des Tier- und Pflanzenreiches gefunden werden. Die Leber ist u. a. durch besonderen Reichtum an Katalase und Arginase ausgezeichnet, während Urease außer von zahlreichen Bakterien und Schimmelpilzen vor allem von der Sojabohne und ganz besonders von der Jackbohne gebildet wird.

Die wichtige Aufgabe, bestimmte histologisch umrissene Zellen oder Zellgruppen als Bildungs- oder Speicherungsgruppen bestimmter Enzyme nachzuweisen (vgl. Abb. 87), hat in neuerer Zeit eine umfangreiche Bearbeitung gefunden[4]. Wesentliche Aufschlüsse darüber verdankt man den mit einer

[1] HOFFMANN-OSTENHOF, O.: Enzymologia **14**, 72 (1950). — [2] LIPMANN, F.: Unveröffentlicht. — [3] HELFERICH, B.: Ergebn. Enzymforsch. **7**, 83 (1938). — [4] DOUNCE, A. L.: Cytochemical foundations of enzyme chemistry. In Sumner-Myrbäck, Enzymes. I/1, S. 187 und zwar S. 244f. 1950. — GLICK, D.: Technics of Histo- and Cytochemistry. New York 1949.

bewunderungswürdigen Mikromethodik durchgeführten histochemischen Studien von K. LINDERSTRØM-LANG[1]. Über die Lokalisation reduzierender und oxydierender Fermente können mitunter Anhaltspunkte aus der histologischen Verwendung von Redoxfarbstoffen, z. B. Methylenblau, Tetrazol usw. gewonnen werden[2].

Ebenso ist die Verteilung der Enzyme *innerhalb* der Zellen heute schon ausführlich untersucht[3]. Die Esterase der Meerschweinchenleber findet sich fast ausschließlich im Cytoplasma, während die Arginase der Kaninchenleber etwa gleichmäßig auf Cytoplasma und Kern verteilt ist[4-6]. Von den strukturierten Bestandteilen des Plasmas sind die Mitochondrien wahrscheinlich die Träger der Atmungsenzyme[3].

Die Fähigkeit, bestimmte Enzyme zu bilden, ist — wie insbesondere BEADLE und Mitarbeiter[7] zeigten — an bestimmte *Gene* geknüpft[3, 8]. Auf einen durch Fehlen bestimmter Erbfaktoren bedingten Mangel notwendiger Enzyme sind vererbliche Stoffwechselanomalien, wie z. B. Alkaptonurie, Albinismus zurückzuführen. Bei Schimmelpilzen gelingt es durch Bestrahlung mit Röntgenstrahlen, den Ausfall bestimmter, für die Bildung einzelner Enzyme verantwortlicher Gene künstlich herbeizuführen und so den normalen Ablauf des Aufbaues oder Abbaues lebenswichtiger Verbindungen, z.B. von Aminosäuren, Vitaminen oder Wuchsstoffen an bestimmten Stellen zu unterbinden. Diese neuartige Methodik verspricht wichtige Aufschlüsse über den Verlauf des Zwischenstoffwechsels und die an ihm beteiligten Enzyme (BEADLE[7]).

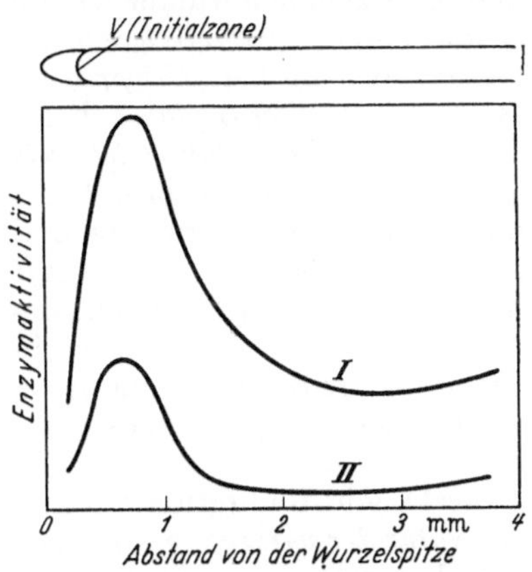

Abb. 87. Peptidaseverteilung in der Primordialwurzel.

Die Bildung der Enzyme, die hervorzubringen ein bestimmter Organismus an sich überhaupt imstande ist, kann je nach den physiologischen Erfordernissen in breiten Grenzen gesteigert oder eingeschränkt werden, insbesondere können zahlreiche Mikroorganismen durch „adaptive Fermentbildung" in weitem Maße die Fähigkeit zur Verwertung bestimmter Nährstoffe erwerben[7-10].

ε) Systematik der Enzyme.

Solange eine Einteilung der Enzyme auf Grund ihrer chemischen Konstitution nicht allgemein durchführbar ist, wird man der Systematik im wesentlichen noch die *Wirkungsweise der Enzyme* zugrunde zu legen haben. In diesem Sinne unterscheidet man seit langem zwischen den Hauptgruppen der hydrolysierenden Enzyme oder *Hydrolasen* und den Enzymen der Oxydation und Reduktion, den

[1] LINDERSTRØM-LANG, K., u. H. HOLTER: Ergebn. Enzymforsch. **3**, 309 (1934). C. R. Lab. Carlsberg **21**, Nr. 2 (1935). — HOLTER, H., u. K. LINDERSTRØM-LANG: Handb. Enzymol. (NORD-WEIDENHAGEN) S. 65—114. — LINDERSTRØM-LANG, K.: Harvey Lect. **34**, 214 (1938/39). — [2] LAKON, G.: Ber. dtsch. bot. Ges. **57**, 191 (1937). — KUHN, R., u. D. JERCHEL: B. **74**, 941 (1941). — HAYEK, H. v.: Naturwiss. **37**, 262 (1950). — [3] Siehe auch [4]. — [4] BEHRENS, M.: H. **258**, 27 (1939). — [5] DOUNCE, A. L.: J. biol. Ch. **147**, 685 (1943). — [6] LAN, T. H.: J. biol. Ch. **151**, 171 (1943). — [7] BEADLE, G. W.: Sci. in Progr. 1947. Ann. Rev. Physiol. **10**, 17 (1948). Physiol. Rev. **25**, 643 (1948). — BEADLE, G. W., and E. L. TATUM: Proc. nat. Acad. Sci. USA. **27**, 499 (1941); **28**, 234 (1942). — KUHN, R.: Angew. Chem. **61**, 1 (1949). — [8] GULICK, A.: Adv. Enzymol. **4**, 1 (1946). — SEVAG, M. G., J. S. GOTS and E. STEERS: In Sumner-Myrbäck, Enzymes. I/1. S. 115. — KARSTRÖM, H.: Ergebn. Enzymforsch. **7**, 350 (1938). — LINDERSTRØM-LANG, K.: Handb. Enzymol. (NORD-WEIDENHAGEN) S. 1121—1128. — [9] MONOD, J.: Growth **11**, 223 (1947). — [10] SPIEGELMANN, S.: In Sumner-Myrbäck, Enzymes l. c. S. 267.

Oxydo-Reduktionsenzymen oder *Redoxasen*. Der Versuch, „Übertragende Enzyme" als eine besondere Hauptgruppe abzugrenzen[1, 2, 3], erscheint in manchen Fällen bestechend, ist aber kaum konsequent durchführbar. So wird die Esterhydrolyse und die Übertragung, d. h. die Umesterung, im allgemeinen von den gleichen Enzymen bewirkt, ja man kann jede Hydrolasewirkung als „Übertragung" auffassen. Auch sind alle Oxydationsenzyme „Überträger" von Elektronen bzw. Wasserstoff (s. unten).

Während eine Gliederung der *hydrolysierenden Enzyme* nach ihrer Wirkungsweise ohne weiteres möglich ist, stößt eine entsprechende Einteilung der *Oxydo-Reduktionsenzyme* auf sehr erhebliche Schwierigkeiten. Viele dieser Enzyme können mit mehr oder weniger Recht als wasserstoffbewegende oder wasserstoffaktivierende Enzyme angesprochen werden, und es ist ziemlich willkürlich, ob man eine Trennung nach „*sauerstoffaktivierenden*" und „*wasserstoffaktivierenden*" Enzymen innerhalb dieser Gruppe vornimmt oder aus der großen *Gruppe der Redoxenzyme* bestimmte Einzelenzyme, wie z. B. *Katalase*, *Peroxydase*, *Polyphenoloxydasen* u. dgl. als besondere Gruppen herausgliedert. *Oxydation ist stets Abgabe, Reduktion Aufnahme von Elektronen;* jeder Oxydo-Reduktionsprozeß besteht also in einer *Übertragung von Elektronen* und die beteiligten Fermente sind letzten Endes *Elektronenüberträger* [1, 4]. Tatsächlich scheint aber für den Angriff fast eines jeden einzelnen reduzierbaren (hydrierbaren) oder oxydierbaren (dehydrierbaren) Substrates oder doch sehr kleiner Gruppen solcher Substrate ein spezifisches Enzymsystem erforderlich zu sein. Dabei hängt die oft erstaunlich hoch entwickelte Spezifität teils von der prostethischen Gruppe, teils vom Proteinteil ab (vgl. S. 1039f.).

Glücklicherweise liegen aber heute im Bereiche der Oxydo-Reduktionsenzyme schon so weitgehende Kenntnisse über die *chemische Natur der wirksamen Gruppen* vor, daß eine Systematik nach der Natur der Wirkungsgruppen möglich ist.

Von OPPENHEIMER war vorgeschlagen worden, die Gesamtheit aller an den energieliefernden Abbauprozessen, also an den Vorgängen der Atmung und Gärung im weitesten Sinne, beteiligten Enzyme, als „*Desmolasen*" zu bezeichnen. In Anlehnung an SUMNER[2] halten wir es für richtiger, *die Bezeichnung „Desmolasen" zu beschränken auf Enzyme, deren Funktion in der Lösung von* C—C-*Bindungen* („Desmolyse", von *δέσμω* = ich binde und *λύω* = ich löse) bzw. in der Katalyse der entsprechenden synthetisierenden Vorgänge besteht.

Demgemäß sind die folgenden Hauptgruppen zu unterscheiden:

I. Die hydrolysierenden Enzyme oder Hydrolasen.

II. Die Oxydo-Reduktionsenzyme (auch Redoxenzyme oder Redoxasen).

III. Die Desmolasen.

Im einzelnen ergibt sich folgende Gliederung:

I. Hydrolasen.

1. *Esterasen* und Enzyme, welche die Spaltung oder Bildung der Ester organischer oder anorganischer Säuren katalysieren (Formel I). Neben den eigentlichen

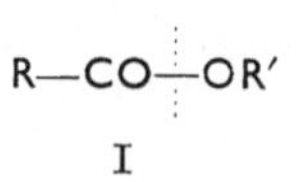

R—CO—OR′

I

H—C—O—R′
R O

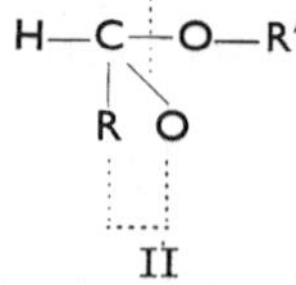

II

[1] HOFFMANN-OSTENHOF, O.: Enzymologie **14**, 72 (1950). — [2] SUMNER, J. B., and G. F. SOMERS: Chemistry and Methods of Enzymes. 2. Aufl. New York 1947. — [3] BALDWIN, E.: Dynamic Aspects of Biochemistry. Cambridge 1949. — [4] Vgl. dazu MICHAELIS, L.: Sci. in Progr. S. 119. 1947.

Esterasen, Phosphatasen und Sulfatasen sind zu dieser Gruppe auch die Enzyme der Phosphorylyse sowie sämtliche phosphatübertragende Enzyme zu zählen.

2. *Glykosidasen*, eingestellt auf die Hydrolyse der Glykosidbindung in zusammengesetzten Zuckern oder in Glykosiden (Formel II).

3. *Säureamidasen*, eingestellt auf die Hydrolyse der Amidbindung (Formel III), unter ihnen als wichtigste Untergruppe die *Proteasen*, eingestellt auf die Hydrolyse der Peptidbindung (Formel IV).

$$\mathrm{R{-}CO{-}N{<}} \qquad \text{III}$$

$$\mathrm{R{-}CO{-}\underset{\displaystyle H}{\underset{|}{N}}{-}\underset{\displaystyle R'}{\underset{|}{CH}}{-}CO\cdots\cdots} \qquad \text{IV}$$

II. Oxydo-Reduktionsenzyme.

1. *Eisenhaltige Enzyme*, z. B. Katalase, Peroxydase, Atmungsferment, Cytochrome usw.

2. *Kupferhaltige Enzyme*, z. B. Tyrosinase und andere Phenoloxydasen; Ascorbinsäureoxydase.

3. *Dehydrasen*, welche Coenzym I und II als Wirkungsgruppe enthalten (*Pyridinfermente)*.

4. *Gelbe Fermente*, d. h. Enzyme, welche Lactoflavinphosphorsäure als Wirkungsgruppe enthalten.

5. *Nucleindesaminasen*.

6. Weitere Dehydrasen mit unbekannter Wirkungsgruppe.

III. Desmolasen.

Zum Beispiel:

1. *Aldolase, Zymohexase*.

2. *Carboxylase* und weitere Enzyme, welche Aneurinpyrophosphat (Cocarboxylase) als Wirkungsgruppe enthalten.

3. *Aminosäuredecarboxylasen* und andere Enzyme, welche Pyridoxal als Wirkungsgruppe enthalten.

b) Die Enzyme als Katalysatoren.

α) Dynamik der Enzymreaktionen.

Abgrenzung des Katalysatorbegriffes[1]. Unter Katalysatoren verstehen wir ganz allgemein Stoffe, die durch ihre bloße Anwesenheit den Ablauf von Reaktionen beschleunigen, ohne dabei selbst dauernd verändert oder verbraucht zu werden. Nach W. OSTWALD (1894) ist ein katalytischer Vorgang dadurch gekennzeichnet, daß „eine für sich in einer bestimmten Zeit verlaufende chemische Reaktion durch die Gegenwart eines fremden Stoffes, der am Ende der Reaktion im selben Zustande ist wie am Anfang, eine Änderung ihres zeitlichen Verlaufes erfährt".

Es sei betont, daß die Definition des Katalysatorbegriffes in der Literatur keine einheitliche ist[2]. So umfaßt die Definition von OSTWALD nicht nur *reaktionsbeschleunigende* Stoffe, sondern auch Stoffe, die den Ablauf einer Reaktion *verlangsamen*; in diesem Sinne unterscheidet OSTWALD zwischen „positiven"

[1] Vgl. hier KUHN, W.: S. 100. — MÉTADIER, J.: La théorie de la catalyse vue d'ensemble et essai de synthèse. Paris 1946. — Jber. Berzelius **15**, 237, 242 (1836). — [2] Vgl. hierzu z. B. MITTASCH, A.: Katalyse und Determinismus. Ein Beitrag zur Philosophie der Chemie. Berlin 1938. Ergebn. Enzymforsch. **7**, 377 (1938).

und „negativen Katalysatoren". Allgemein pflegt man heute wohl nur Reaktions*beschleuniger* als Katalysatoren zu bezeichnen; jedenfalls sind alle Enzyme Reaktionsbeschleuniger oder „positive" Katalysatoren im Sinne OSTWALDs.

Übrigens ist der Wirkungsmechanismus der Hemmungskörper (vgl. auch S. 1006) oder „*negativen Katalysatoren*" ein ganz anderer als derjenige der „positiven Katalysatoren". Ihre Wirkung ist nämlich an die Voraussetzung geknüpft, daß die zu hemmende Reaktion selbst katalytisch beschleunigt ist oder über angeregte Moleküle verläuft. Der Hemmungskörper wirkt dann auf dem Wege einer Reaktion mit dem Katalysator oder durch Abfangen angeregter Moleküle bzw. Abbruch von Reaktionsketten. Wenn die beteiligten Substratmoleküle unmittelbar miteinander reagieren, kann zwar durch geringfügige Mengen eines Katalysators die Reaktionsgeschwindigkeit stark erhöht, aber nicht meßbar erniedrigt werden, weil die zugesetzte kleine Menge des „negativen Katalysators" nicht imstande ist, einen nennenswerten Bruchteil der reagierenden Moleküle unwirksam zu machen[1].

Katalytische Auslösung und Lenkung von Reaktionen. Es ist verschiedentlich mit Recht darauf hingewiesen worden, daß in sehr vielen Fällen durch den Katalysator eine Reaktion nicht nur beschleunigt, sondern erst ermöglicht oder ausgelöst wird. Dies gilt vor allem auch für die biologischen Katalysen: Bei den meisten Katalysen durch Enzyme liegen die Verhältnisse so, daß die betreffenden Reaktionen in Abwesenheit von Katalysatoren *praktisch* nicht, d. h. mit unmeßbar geringer Geschwindigkeit ablaufen würden.

Schließlich ist zu erwähnen, daß durch die Gegenwart eines Katalysators von mehreren „möglichen" Reaktionsweisen eine allein katalytisch ausgelöst und dadurch die Reaktion in eine bestimmte Bahn gelenkt werden kann. Das eindruckvollste Beispiel dafür stellen im Gebiete der katalytisch bedingten biologischen Prozesse die verschiedenen Gärungsformen dar, wobei aus ein und derselben Ausgangssubstanz, dem Zucker, je nach der Beschaffenheit des mitwirkenden Enzymsystems die verschiedensten Abbauprodukte, wie Alkohol, CO_2, Milchsäure, Glycerin, Buttersäure, Methan usw., gebildet werden können.

Nach MITTASCH (1933) *ist demnach Katalysator „ein Stoff, der, obgleich an einer Reaktion nicht unmittelbar beteiligt, diese hervorruft oder beschleunigt oder in bestimmte Bahnen lenkt".*

Katalyse und chemisches Gleichgewicht; umkehrbare Enzymreaktionen. Die Aussage, daß ein Katalysator eine Reaktion nur zu „beschleunigen", also nur auf die Geschwindigkeit einer *für sich schon verlaufenden Reaktion* einzuwirken vermag (OSTWALD), ist, wie wir gesehen haben, nur richtig, wenn wir auch diejenigen Reaktionen einschließen, die ohne Katalysator „unmeßbar langsam" verlaufen würden. Damit verliert aber der Satz in dieser Form seinen experimentell nachprüfbaren Inhalt. Sein wesentlicher Sinn ist ein thermodynamischer und besagt, daß ein Katalysator nur solche Reaktionen beschleunigt, die thermodynamisch freiwillig, d. h. unter Verlust an freier Energie verlaufen. Das bedeutet wiederum, daß die katalysierte Reaktion nur in der Richtung nach dem thermodynamischen Gleichgewicht hin verlaufen kann. *Die Gleichgewichtslage einer chemischen Reaktion kann also durch einen Katalysator nicht verschoben werden.* Wäre das Gegenteil der Fall, so wäre damit, wie leicht einzusehen ist, die Möglichkeit gegeben, freie Energie im Widerspruch zum zweiten Hauptsatz der Thermodynamik zu gewinnen. Für Reaktionen, die auch ohne Katalysator mit endlicher Geschwindigkeit zu einem Gleichgewicht führen, folgt daraus, *daß die Geschwindigkeit der Reaktion sowohl in der einen wie in der anderen Richtung durch den Katalysator um das gleiche Vielfache gesteigert werden muß.*

[1] Vgl. hierzu TAUBER, H.: Ergebn. Enzymforsch. 4, 43 (1935). — WEBER, K.: Inhibitorwirkungen. Stuttgart 1938.

Da demnach die Gleichgewichtskonstante der Reaktion nicht von der An- oder Abwesenheit, sowie von der Art des Katalysators abhängt, muß selbstverständlich auch die *Temperaturabhängigkeit des Gleichgewichtes* unabhängig vom Katalysator sein.

Bekanntlich kann man *aus der Temperaturabhängigkeit eines Reaktionsgleichgewichtes* mit Hilfe der VAN'T HOFFschen Reaktionsisochore die *Wärmetönung* der Reaktion *berechnen*. Es muß demnach selbstverständlich auch aus der Temperaturabhängigkeit des unter Katalysatorwirkung resultierenden Gleichgewichtes die Reaktionswärme berechnet werden können und mit der aus thermischen Daten abgeleiteten in Übereinstimmung gefunden werden (vgl. dazu u. a. P. OHLMEYER[1]).

Umkehrbare Enzymreaktionen, an denen diese Folgerungen nachgeprüft und zum größten Teil bestätigt werden konnten, sind *in großer Zahl bekannt*.

Enzymatische Synthesen und Reaktionskoppelung. Die Annahme, daß es *besondere*, von den entsprechenden spaltenden Enzymen verschiedene *synthetisierende* Fermente oder Fermentsysteme gibt, ist wiederholt geäußert, aber bisher in allen genauer untersuchten Fällen *widerlegt* worden. Es ist deshalb auch unzweckmäßig, besondere Bezeichnungen für synthetisierende Enzyme einzuführen (vgl. S. 985), weil dann notwendigerweise für ein und dasselbe Enzym zwei Bezeichnungen gebraucht werden müßten. In vielen Fällen erklären sich enzymatische Synthesen als einfache Folgerungen thermodynamischer Grundsätze. So ist eine Umkehr hydrolytischer Reaktionen im Sinne der Synthese zu erwarten und in vielen Fällen beobachtet worden, wenn in Medien von stark vermindertem Wassergehalt, also in sehr konzentrierten Lösungen bzw. in Gegenwart hoher Konzentrationen von Alkohol, Aceton oder dergleichen gearbeitet wird.

$$A + H_2O \rightleftarrows C + D$$

$$\frac{(C) \cdot (D)}{(A) \cdot (H_2O)} = k$$

Auf dieser Grundlage beruhen zahlreiche enzymatische Synthesen von Estern[2], Glykosiden[3], zusammengesetzten Zuckern und Cyanhydrinen[4], vgl. auch [5].

Auch bei zahlreichen, neuerdings aufgefundenen und biologisch vielfach sehr wichtigen Enzymgleichgewichts-Reaktionen entsprechen die Ergebnisse durchaus denen, die auf Grund des Massenwirkungsgesetzes zu erwarten sind. Als

[1] OHLMEYER, P.: Z. Naturforsch. **1**, 30 (1946). — [2] TAYLOR, A. E.: J. biol. Ch. **2**, 87 (1906). Z. physik. Chem. **69**, 585 (1909). — POTTEVIN, H.: Cr. **136**, 767 (1903). Bull. Soc. chim. France (3) **35**, 693 (1906). — JALANDER, Y. W.: B.Z. **36**, 435 (1911). — KASTLE, J. H., and A. S. LOEVENHART: Amer. chem. J. **24**, 491 (1900). — BODENSTEIN, M., u. W. DIETZ: Z. Elektrochem. **12**, 605 (1906). — DIETZ, W.: Z. physik. Chem. **52**, 279 (1907). — SCHREIBER, J.: H. **276**, 56 (1942). — [3] HILL, A. C.: Soc. **1898**, 634. Proc. chem. Soc. **17**, 184 (1901). Soc. **1903**, 578. — BOURQUELOT, E., et M. BRIDEL: Ann. Chim. Physique (8) **28**, 145 (1913). Cr. **165**, 728 (1917); **168**, 253, 1016 (1919). — BOURQUELOT, E.: Ann. Chim. (9), **3**, 287 (1915); **7**, 153 (1917). Cr. **165**, 567 (1917). — BOURQUELOT, E., H. HERISSEY et M. BRIDEL: Cr. **156**, 481 (1913). — BOURQELOT, E., et A. AUBRY: Cr. **164**, 443, 521 (1917). — [4] BAYLISS, W. M.: J. Physiol., London **46**, 236 (1913). — ROSENTHALER, L.: B.Z. **14**, 238 (1908); **17**, 257 (1909). — KRIEBLE, V. K., and W. A. WIELAND: Am. Soc. **43**, 164 (1921). — NORDEFELDT, E.: B.Z. **118**, 15 (1921); **131**, 390 (1922). — [5] HILL, A. C.: Soc. **1898**, 634. — EMMERLING, O.: B. **34**, 600, 3810 (1901). — ARMSTRONG, P. B.: J. cellul. comp. Physiol. **22**, 1 (1943). — HENRY, T. A., and J. M. AULD: Proc. R. Soc. London (B) **76**, 568 (1905). — KASTLE, J. H., and A. S. LOEVENHART: Am. Soc. **24**, 491 (1900). — POTTEVIN, H.: Cr. **138**, 378 (1904). — BOURQUELOT, E., et M. BRIDEL: Cr. **154**, 944, 1375 (1912); **155**, 86, 437 (1912). J. Pharmacie Chim. (7) **4**, 385 (1911). — BOURQUELOT, E., et J. COIRRE: Cr. **156**, 643 (1913). — BOURQUELOT, E., et E. VERDEN: Cr. **156**, 1264, 1638 (1913). — BOURQUELOT, E., et A. LUDWIG: Cr. **158**, 1037 (1914). — HÄMÄLÄINEN, J.: B. Z. **52**, 409 (1913). — SYM, E. A.: Enzymologia **1**, 156 (1936).

besonders eingehend untersucht seien unter Hinweis auf die folgenden Kapitel die nachstehenden Beispiele angeführt[1]:

Fumarsäure + 2 H ⇄ Bernsteinsäure (Bernsteinsäure-dehydrase[2]), vgl. S. 1189.
Fumarsäure + H_2O ⇄ Äpfelsäure (Fumarase[3]), vgl. S. 1198.
Fumarsäure + NH_3 ⇄ Asparaginsäure (Aspartase[4]), vgl. S. 1201.
Hexosediphosphorsäure ⇄ 2 Triosephosphorsäure (Aldolase[5]).
Adenosintriphosphorsäure + 2 Kreatin ⇄ 1 Adenylsäure + 2 Kreatinphosphorsäure[6].

Wenn in anderen Fällen scheinbar *Abweichungen* festgestellt worden sind, so konnten diese meistens *auf Besonderheiten des reagierenden Systems zurückgeführt* werden. Folgende Möglichkeiten kommen dabei in erster Linie in Frage:

1. *Die Enzymreaktion kommt vorzeitig*, d. h. vor Erreichung des thermodynamischen Gleichgewichtes *zum Stillstand*, weil das Enzym unter den Bedingungen der Reaktion zerstört oder in eine unwirksame Bindung, z. B. an eine adsorbierende Oberfläche, übergeführt, oder von einem der entstehenden Reaktionsprodukte gehemmt oder vergiftet wird. Unter Umständen genügt schon die bei einer Reaktion, z. B. bei einer Esterverseifung eintretende Aciditätsverschiebung, um die Enzymreaktion zum Stehen zu bringen. Solche „*falsche Gleichgewichte*" sind dadurch gekennzeichnet, daß kein übereinstimmendes Gleichgewicht erhalten wird, wenn man von der rechten oder linken Seite der Reaktionsgleichung ausgeht und daß im allgemeinen die Lage des scheinbaren Gleichgewichtes von der Art und Menge des angewandten Katalysators abhängig gefunden wird.

2. Es kann *am Ende der Reaktion* ein mehr oder weniger großer Bruchteil der an der Reaktion beteiligten *Substrate* an das Enzym oder an Begleitstoffe, die mit dem Enzympräparat in das Reaktionssystem eingeführt wurden, *gebunden* und damit der Gleichgewichtsreaktion entzogen sein.

3. *Bei Reaktionen in mehrphasigen Systemen* muß selbstverständlich die *Verteilung der reagierenden Substratmoleküle* zwischen den einzelnen Phasen entsprechend berücksichtigt werden; dies gilt z. B. bei der Verseifung von Fetten oder anderen wasserunlöslichen Estern.

4. Bei der Umsetzung von Substraten, deren elektrochemischer Zustand sich mit der H-*Ionenkonzentration* ändert, wird man eine übereinstimmende Lage des Gleichgewichtes nur bei gleichem p_H erwarten können. Die Hydrolyse von Estern oder Peptiden z. B. wird also im allgemeinen zu verschiedenen Gleichgewichtslagen führen, je nachdem man sie mit Säuren oder Alkalien oder aber mit Enzymen in annähernd neutraler Lösung durchführt.

Selbstverständlich wird eine umkehrbare Reaktion dann im Sinne der Synthese verlaufen, wenn das Produkt der Synthese entfernt wird. Dies kann unter anderem am Beispiel der Urease gezeigt werden. Unter normalen Bedingungen wird Harnstoff von dem Enzym Urease so vollständig zu CO_2 und NH_3 aufgespalten, daß die Reaktion sogar einer genauen quantitativen Bestimmungsmethode für Harnstoff zugrunde gelegt werden kann. Trotzdem gelingt es,

---

[1] Zusammenfassung der wichtigsten Ergebnisse bei Borsook, H.: Reversible and reversed enzymatic reactions. Ergebn. Enzymforsch. **4**, 1—41 (1935). — [2] Wishart, G. M.: Biochem. J. **17**, 103 (1923). — Quastel, J. H., and M. B. Whetham: Biochem. J. **18**, 519 (1924). — Thunberg, T.: Skand. Arch. Physiol. **46**, 339 (1925). — Lehmann, J.: Skand. Arch. Physiol. **58**, 173 (1930). — Borsook, H., and H. F. Schott: J. biol. Ch. **92**, 535, 559 (1931). — [3] Jacobsohn, K. P.: B. Z. **274**, 167, 464 (1934). — Jacobsohn, K. P., F. B. Pereira u. J. Tapadinhas: B. Z. **254**, 112 (1932). — Krebs, H. A., D. H. Smyth and E. A. Evans: Biochem. J. **34**, 1041 (1940). — Ohlmeyer, P.: Z. Naturforsch. **1**, 30 (1946). — [4] Quastel, J. H., and B. Woolf: Biochem. J. **20**, 545 (1926). — Cook, R. P., and B. Woolf: Biochem. J. **22**, 474 (1928). — Borsook, H., and H. M. Huffmann: J. biol. Ch. **99**, 663 (1933). — Woolf, B.: Biochem. J. **23**, 472 (1929). — [5] Meyerhof, O., u. K. Lohmann: B. Z. **271**, 89 (1934); **275**, 430 (1935). — Meyerhof, O., K. Lohmann u. Ph. Schuster: B. Z. **286**, 319 (1936). — Meyerhof, O.: B. Z. **277**, 77 (1935). — Meyerhof, O., u. W. Kiessling: B. Z. **279**, 40 (1935); **280**, 99 (1935). — [6] Meyerhof, O., u. K. Lohmann: B. Z. **253**, 431 (1932). — Lohmann, K.: B. Z. **271**, 264 (1934). — Meyerhof, O., u. H. Lehmann: Naturwiss. **23**, 337 (1935). — Lehmann, H.: B. Z. **286**, 336 (1936). — Parnas, J. K., P. Ostern u. T. Mann: B. Z. **272**, 64 (1934). — Meyerhof, O., W. Schulz u. Ph. Schuster: B. Z. **293**, 309 (1937).

aus Ammoniumcarbonat in Gegenwart von Urease Harnstoff in beträchtlichen Mengen zu synthetisieren, wenn der gebildete Harnstoff fortlaufend aus dem Reaktionssystem entfernt und für Aufrechterhaltung der geeigneten Wasserstoffionenkonzentration gesorgt wird[1].

Von BERGMANN und Mitarbeitern ist eine Anzahl von Peptidsynthesen unter Bedingungen durchgeführt worden, bei denen das schwerlösliche Produkt der Synthese sich abscheidet und dadurch dem Gleichgewicht entzogen wird. So entsteht z. B. bei der Umsetzung von Benzoyl-L-leucin mit L-Leucinanilid in Gegenwart von aktiviertem Papain das Benzoyl-L-leucylleucinanilid[2]; in entsprechender Weise können aus Carbobenzoxyglycin und Anilin oder aus Benzoyl-L-leucin und Anilin die betreffenden schwerlöslichen Anilide enzymatisch synthetisiert werden (vgl. S. 573).

Analoge Mechanismen sind aber auch im Organismus anzunehmen, denn es ist sicher, *daß im Organismus wirkliche Gleichgewichte sich fast niemals einstellen*, weil ein Teil der Reaktionsprodukte sofort weiterverändert oder sonstwie dem Gleichgewicht entzogen wird, z. B. durch Abtransport, Ausscheidung, Überführung in andere Phasen, Anlagerung an vorgebildete Grenzflächen (Eiweißsynthese) usw.

Soweit in solchen Fällen das „Fortschaffen" der Reaktionsprodukte entgegen dem osmotischen Gefälle erfolgt, wird dafür Energie benötigt, die von anderen, gleichzeitig verlaufenden energieliefernden Reaktionen zur Verfügung gestellt werden muß.

Die außerordentliche Leichtigkeit, mit der energieliefernde Reaktionen mit energieverbrauchenden verknüpft werden können, ist eine der wichtigsten und merkwürdigsten Eigenschaften im katalytischen Geschehen der lebenden Zelle. Es ist möglich, daß die Energieleitung und Energiewanderung, wie man sie in Analogie zur Energieleitung in Krystallphosphoren[3] auch in Eiweißsystemen und insbesondere in Fermentproteiden anzunehmen hat[4], für derartige Mechanismen von besonderer Bedeutung ist. Bei den zur Zeit am besten untersuchten Systemen handelt es sich aber nicht um eine „Reaktionskoppelung" in dem Sinne, daß zwei Reaktionsvorgänge, ein energieliefernder und ein energieverbrauchender, an *ein und demselben Katalysatorsystem* unter *unmittelbarer* Energieübertragung verknüpft werden. Der Weg, auf dem diese „Energieübertragung" zustande kommt, besteht vielmehr in der Verknüpfung mehrerer, normalerweise an verschiedenen Enzymen ablaufender Gleichgewichtsreaktionen, in Verbindung mit der Einschaltung energiereicher Zwischenprodukte. Als solche sind neuerdings die organischen Phosphorsäureverbindungen erkannt worden, deren entscheidende Rolle für die gesamte biologische Energetik erst durch Untersuchungsergebnisse der letzten Zeit voll herausgestellt worden ist.

---

[1] KAY, H. D.: Biochem. J. **17**, 277 (1923). — Vgl. auch HAND, D. B., unveröffentlicht, zit. nach SUMNER, J. B., and G. F. SOMERS: Chemistry and Methods of Enzymes. 2. Aufl., und zwar S. 34. New York 1947. — [2] BERGMANN, M., and H. FRAENKEL-CONRAT: J. biol. Ch. **124**, 1 (1938). — [3] RIEHL, N.: Ann. Physik (5) **29**, 640 (1937). Angew. Chem. **51**, 300 (1938). — RIEHL, N., u. M. SCHÖN: Z. Physik **114**, 682 (1939). — [4] JORDAN, P.: Naturwiss. **26**, 693 (1938). — MÖGLICH, F., u. M. SCHÖN: Naturwiss. **26**, 199 (1938). — MÖGLICH, F., R. ROMPE u. N. W. TIMOFÉEF-RESSOVSKY: Naturwiss. **30**, 409 (1942). — RIEHL, N.: Naturwiss. **28**, 601 (1940). — SZENT-GYÖRGY, A.: Science, N. Y. **93**, 609 (1941). — FRÖHLICH, P., u. H. MISCHUNG: Kolloid-Z. **108**, 30 (1944). — SCHMIDT, O.: Naturwiss. **30**, 644 (1942). — DENBIGH, K. G.: Nature **154**, 642 (1944). — BÜCHER, TH., u. J. KASPERS: Naturwiss. **32**, 93 (1946). Biochim. biophysica Acta, N. Y. **1**, 21 (1947). — WIRTZ, K.: Z. Naturforsch. **2** b, 94 (1947). — SCHMITT, W.: Z. Naturforsch. **2** b, 97 (1947). — EVANS, M. G., u. J. GERGELY: Biochim. biophysica Acta, N. Y. **3**, 188 (1949). — BÜCHER, TH.: Angew. Chem. **62**, 256 (1950).

Die besondere Bedeutung organischer Phosphorsäureverbindungen für die Gleichgewichtslage umkehrbarer Reaktionen und damit für die Energetik synthetischer Reaktionen erscheint auf Grund folgender Betrachtungen verständlich (F. LIPMANN)[1]:

Die physiologisch wichtigen Phosphorsäureverbindungen können eingeteilt werden in

1. Verbindungen mit energiearmer Phosphorsäurebindung;
2. Verbindungen mit energiereicher Phosphorsäurebindung.

Zu der ersteren Gruppe gehören solche Verbindungen, in denen die Phosphorsäure esterartig an eine alkoholische Hydroxylgruppe gebunden ist, also z. B. Hexosephosphate, Triosephosphate und die Phosphorsäureester des Glycerins. Die bei der Hydrolyse dieser Verbindungen frei werdende Energie ($-\Delta F^\circ$) entspricht etwa 2000 bis 4000 cal/Mol.

Zur zweiten Gruppe gehören Verbindungen, in denen die Phosphorsäure gebunden ist

a) an einen anderen Phosphorsäurerest (Pyrophosphate)

$$-\overset{\overset{\displaystyle O}{\|}}{\underset{\underset{\displaystyle OH}{|}}{P}}-O-\overset{\overset{\displaystyle O}{\|}}{P}(OH)_2$$

c) an einen Guanidinrest

$$HN{=}\underset{\underset{\displaystyle NH_2}{|}}{C}-\overset{\overset{\displaystyle H}{|}}{N}-\overset{\overset{\displaystyle O}{\|}}{P}(OH)_2$$

b) an eine Carboxylgruppe

$$-\overset{\overset{\displaystyle O}{\|}}{C}-O-\overset{\overset{\displaystyle O}{\|}}{P}(OH)_2$$

d) an eine saure Enolgruppe

$$HOOC-\overset{\overset{\displaystyle CH_2}{\|}}{C}-O-\overset{\overset{\displaystyle O}{\|}}{P}(OH)_2$$

Die bei der Hydrolyse dieser Verbindungen freiwerdende Energie beträgt größenordnungsmäßig 10 bis 12000 cal/Mol (MEYERHOF[2], LIPMANN[1]). Eine Zwischenstellung zwischen solchen Gruppen dürfte Verbindungen zukommen, in denen der Phosphorsäurerest acetal- oder halbacetalartig an eine Aldehydgruppe gebunden ist (1,3-Diphosphoglycerinaldehyd, s. unten; Cori-Ester).

Es ist leicht zu überschlagen, wie sich die energetischen Verhältnisse auf die Lage des Gleichgewichts auswirken werden. Die Gleichgewichtskonstante einer Reaktion steht zur Veränderung der freien Energie in folgender Beziehung:

$$\Delta F^\circ = -R\,T \ln K = -4{,}58\;T \log K. \tag{1}$$

Nimmt man die Energie für die Aufspaltung einer „energiearmen" Phosphatbindung (oder einer anderen energiearmen Bindung, z. B. der Glucosidbindung) zu rund 3000 cal an, so ergibt sich für $t = 25^\circ$ C:

$$-3000 = -4{,}58 \cdot 298 \log K, \quad \text{daraus} \quad K = 158.$$

Für den Fall einer Hydrolyse in rein wäßrigem Medium

$$A + H_2O \rightleftarrows C + D; \quad K = \frac{(C)\cdot(D)}{(A)\cdot(H_2O)}. \tag{2}$$

ergibt sich, da hier $(C) = (D)$ und $(H_2O) = 56$* wird,

$$K = \frac{(C)^2}{56\,(A)} \quad \text{oder} \quad (C) = \sqrt{56 \cdot K \cdot (A)} = 7{,}5 \cdot 12{,}6 \cdot \sqrt{(A)}.$$

* 1 Liter Wasser enthält 1000/18 = 56 Mol H_2O.

[1] LIPMANN, F.: Metabolic generation and utilisation of phosphate bond energy. Adv. Enzymol. 1, 99 (1941). Vgl. SUMNER, J. B., and G. F. SOMERS: Chemistry and Methods of Enzymes. 2. Aufl., und zwar S. 120. New York 1947. — [2] MEYERHOF, O.: Ann. N. Y. Acad. Sci. 45, 357 (1944).

Setzt man beispielsweise $(A) = 0{,}001$ Mol/Liter, so wird $(C) = 2{,}87$ Mol/Liter, d. h. die Konzentration der hydrolytischen Spaltstücke C und D ist im Gleichgewicht nahezu 3000mal höher als die von A. Man würde also sehr hohe Konzentrationen von C und D benötigen, um nennenswerte Beträge von A zu synthetisieren. Bei der Hydrolyse einer energiereichen Phosphorsäureverbindung würde gemäß Gl. (1) das Gleichgewicht noch stärker nach der Seite der Hydrolyse verschoben sein.

Dies gilt für Hydrolysen in wäßriger Lösung. Bei Reaktionen, an denen das Wasser nicht beteiligt ist (Umphosphorylierungen; Phosphorylyse), liegen aber die Verhältnisse wesentlich anders.

In einer Reaktion

$$A + B \rightleftharpoons C + D; \quad K = \frac{(C) \cdot (D)}{(A) \cdot (B)} \tag{3}$$

ergibt sich, wenn wieder $\Delta F^\circ = -3000$ cal gesetzt wird, $K = 158$.

Nimmt man an, daß $(A) = (B)$ und $(C) = (D)$ ist, dann folgt $(C) = 12{,}6 \cdot (A)$.

In diesem Falle würde also in beträchtlichem Umfang A und B aus C und D gebildet werden. Für $\Delta F^\circ = -8000$ cal aber würde sich K zu etwa $7 \cdot 10^5$ ergeben. In diesem Falle würde, falls wieder $(A) = (B)$ und $(C) = (D)$ ist, die Konzentration von C oder D rund 850mal größer sein als diejenige von A oder B, d. h., das Gleichgewicht würde völlig nach der rechten Seite gelegen sein.

Das wesentliche Ergebnis dieser Betrachtung geht dahin, daß, wenn eine energiereiche Verbindung auf der linken Seite einer Reaktionsgleichung erscheint, das Gleichgewicht beträchtlich nach rechts verschoben wird, verglichen mit derjenigen Gleichgewichtslage, die sich bei Beteiligung einer entsprechenden energieärmeren Verbindung ergeben würde. Im Gegensatz zu der gemäß Gl. (2) verlaufenden Rohrzuckerhydrolyse ist also z. B. die dem Reaktionsschema (3) folgende Phosphorylyse des Rohrzuckers

$$\text{Rohrzucker} + H_3PO_4 \rightleftharpoons \text{Cori-Ester} + \text{Fructose}$$

umkehrbar a) weil an Stelle des in hoher Konzentration vorhandenen Wassers die auf jeden Fall in geringerer Konzentration vorhandene Phosphorsäure getreten ist, und b) weil bei der hydrolytischen Aufspaltung von Rohrzucker mehr Energie frei wird als bei der Phosphorylyse unter Bildung des energiereichen Cori-Esters.

Energiereiche Verbindungen, wie z. B. die oben diskutierten energiereichen Phosphorsäureverbindungen, können auftreten als Ergebnis energieliefernder freiwilliger Reaktionen (z. B. von Oxydations-Reduktions-Reaktionen), aber auch im Verlauf photochemischer Prozesse. Ein besonders sorgfältig untersuchtes Beispiel für den erstgenannten Mechanismus bietet die Verknüpfung zwischen der Dehydrierung der Triosephosphorsäure durch Co-Zymase (Pyridinproteid) und der Aufnahme von anorganischem Phosphat durch das freie Adenylsäuresystem (vgl. Bd. 2, Kohlenhydratstoffwechsel). Nach O. Meyerhof[1] ist die freiwillig verlaufende Oxydation des Phosphoglycerinaldehyds zu Phosphoglycerinsäure (1) mit der endothermen, energieverbrauchenden Phosphorylierungsreaktion (2) zu der Gesamtreaktion (3) verbunden. Die Wärmetönungen der Gesamtreaktion und ihrer Teilvorgänge konnten experimentell ermittelt werden.

[1] Meyerhof, O.: Naturwiss. **25**, 443 (1937). — Meyerhof, O., u. W. Kiessling: B. Z. **281**, 249 (1935). — Meyerhof, O., W. Kiessling u. W. Schulz: B. Z. **292**, 25 (1937). — Meyerhof, O., W. Schulz u. Ph. Schuster: B. Z. **293**, 309 (1937). — Meyerhof, O., P. Ohlmeyer u. W. Möhle: B. Z. **297**, 90, 113 (1938). Vgl. auch Needham, D. M., and R. K. Pillai: Biochem. J. **31**, 1837 (1937).

Triosephosphorsäure + Co-Zymase = Phosphoglycerinsäure + Dihydro-Co-Zymase (1)
Adenosindiphosphosäure + Phosphorsäure = Adenosintriphosphorsäure (2)
Triosephosphorsäure + Co-Zymase + Adenosindiphosphorsäure + Phosphorsäure ⇄
Phosphoglycerinsäure + Dihydro-Co-Zymase + Adenosintriphosphorsäure (3)

Nach O. WARBURG, der die an diesen Umsetzungen beteiligten Fermente und Co-Fermente isolieren und ihre Wirkung in vitro getrennt feststellen konnte[1], handelt es sich bei dem Triosephosphat, durch dessen Oxydation die Energie geliefert wird, um 3-Phosphoglycerinaldehyd (FISCHER-ESTER)[2]. FISCHER-ESTER steht aber mit Dioxyaceton-phosphorsäure in einem Gleichgewicht, dessen Einstellung durch das Enzym Isomerase katalysiert wird und das sehr zuungunsten des FISCHER-Esters liegt.

Dioxy-aceton-phosphorsäure ⇄ 3-Phosphoglycerinaldehyd (4)

In Gegenwart von Isomerase wird also das Gleichgewicht (1) wesentlich weiter nach links liegen als wenn man 3-Phosphoglycerinaldehyd mit Pyridinproteid + Fermentprotein umsetzt.

Die Verknüpfung mit der Phosphorylierung des Adenosinsystems ergibt sich nach WARBURG aus folgenden Zwischenreaktionen: 3-Phosphoglycerinaldehyd reagiert mit Pyridinproteid nicht direkt; der mit Pyridinproteid unmittelbar reagierende Stoff ist vielmehr 1,3-Diphosphoglycerinaldehyd, der in Gegenwart von Phosphat aus dem 3-Phosphoglycerinaldehyd gebildet und von Pyridinproteid zu 1,3-Phosphoglycerinsäure dehydriert wird. 1,3-Phosphoglycerinsäure ist ein gemischtes Säureanhydrid (aus 3-Phosphoglycerinsäure und Phosphorsäure) und als solches sehr energiereich (s. oben); seine Entstehung wird ermöglicht durch die Energie der Oxydation des Glycerinaldehyds zu Glycerinsäure. Das energiereiche Säureanhydrid 1,3-Diphosphoglycerinsäure ist nun seinerseits imstande, einen Phosphorsäurerest unter Erhaltung des darin verankerten Energiebetrages an die Adenosindiphosphorsäure abzugeben und diese damit in die gleichfalls energiereiche Adenosintriphosphorsäure zu verwandeln.

Die Gl. (1) und (2) sind also wie folgt aufzulösen:

3-Phosphoglycerinaldehyd + H_3PO_4 ⇄ 1,3-Diphosphoglycerinaldehyd (1a)
1,3-Diphosphoglycerinaldehyd + Pyridinproteid ⇄ 1,3-Diphosphoglycerinsäure + Dihydropyridinproteid (1b)
Adenosindiphosphat + 1,3-Diphosphoglycerinsäure ⇄ 3-Phosphoglycerinsäure + Adenosintriphosphat (2a)

Die biologische Bedeutung der Reaktionen (1) bis (3) ergibt sich aus folgenden Umständen:

In Gegenwart von Acetaldehyd wird die gebildete Dihydro-Co-Zymase durch ein anderes Fermentsystem, das „reduzierende" Gärungsferment, zu Co-Zymase dehydriert nach Gl. (5)

H_2—Co-Zymase + CH_3CHO ⇄ Co-Zymase + CH_3CH_2OH. (5)

In Gegenwart von Brenztraubensäure gilt das Entsprechende für deren Übergang in Milchsäure.

Man erhält also eine gemischte Dismutation, wobei die Aldehydgruppe des (phosphorylierten) FISCHER-Esters zur Carboxylgruppe oxydiert, die Carbonylgruppe des Acetaldehyds (bzw. der Brenztraubensäure) zur Alkoholgruppe des Äthylalkohols (bzw. der Milchsäure) reduziert wird. Diese Dismutation wird nicht durch *ein* Ferment bewirkt, sondern durch *zwei* Fermente mit gemeinsamer prosthetischer Gruppe (Co-Zymase). Die bei der Dismutation gewonnene Energie dient dabei letzten Endes der Überführung der Adenosindiphosphorsäure in die energiereiche Adenosintriphosphorsäure.

Eine Synthese organischer Phosphorverbindungen kann nicht nur in Verbindung mit den anaeroben energieliefernden Disproportionierungsprozessen der

[1] WARBURG, O., u. W. CHRISTIAN: B. Z. **286**, 81; **287**, 291 (1936). — NEGELEIN, E., u. H. BRÖMEL: B. Z. **301**, 135 (1939). — [2] WARBURG, O., u. W. CHRISTIAN: B. Z. **303**, 40 (1939/40).

Gärung und der Glykolyse stattfinden; auch die aerobe Verbrennung, z. B. von Glucose[1], Alkohol[2] oder von Fettsäuren[3], ist mit Phosphorylierungsvorgängen verknüpft.

Adenosintriphosphorsäure, das „energieüberführende Co-Ferment"[4], oder andere energiereiche Phosphorsäureverbindungen, z. B. Kreatinphosphorsäure, Acetylphosphorsäure, dürften als Energiespender von größter Bedeutung sein für zahllose energiefordernde synthetische Reaktionen im Organismus, so für die Synthese von Nucleotiden[5], Oligo-[6] und Polysacchariden[7], Peptiden[8] und anderen amidartigen Verbindungen[9]. Vor allem aber ist das Adenosintriphosphat auch Energiespender für die Muskelkontraktion[10], wahrscheinlich auch für Vorgänge im Nervensystem[11]. Auch die Umkehrbarkeit der Decarboxylierungsreaktionen, die enzymatische Carboxylierung[12], der eine zentrale Stellung für die neueren Theorien der Kohlensäureassimilation in der grünen Pflanze zukommt[13], ist nur durch Mitbeteiligung energiereicher Phosphorsäureverbindungen verständlich. Eine ähnliche Rolle für synthetische Reaktionen wird wahrscheinlich der von Lynen[14] aufgefundenen in energiereicher Bindung an Schwefel vorliegenden Acetylgruppe zukommen.

Nach den vorliegenden Ergebnissen bewirken also energiereiche Phosphorsäureverbindungen die Koppelung (vgl. dazu auch S. 50 u. 96) zwischen den energieverbrauchenden synthetischen Reaktionen und den energieliefernden Dissimilationsprozessen, wie sie vor allem im Zuge des Abbaus der Kohlenhydrate vor sich gehen. *Letzten Endes ist der Abbau der Kohlenhydrate die Energiequelle für die gesamten energieverbrauchenden Vorgänge des biologischen Geschehens.*

Die Bildung der Kohlenhydrate selbst aber erfolgt bekanntlich unter Ausnützung der Energie des Sonnenlichtes bei der Assimilation der grünen Pflanze (s. Bd. 2, Vgl. Physiol. Chemie der Pflanzen). Diese ist demnach nicht nur die stoffliche, sondern auch die energetische Grundlage für den Aufbau der Organismenwelt (zusammen mit einigen biologisch analogen Vorgängen, die im Stoffwechsel niederer Organismen, z. B. der Schwefelbakterien, eine entsprechende Bedeutung haben).

[1] Kalckar, H.: Enzymologia **2**, 47 (1937); **5**, 365 (1939). — Colowick, S. P., H. Calckar and C. F. Cori: J. biol. Ch. **137**, 343 (1941). — Colowick, S. P., M. Welch and C. F. Cori: J. biol. Ch. **133**, 359, 641 (1940). — Belitzer, V. A.: Enzymologia **6**, 1 (1939). Biochimia, Moskau **4**, 519 (1939). — Banga, I., S. Ochoa and R. Peters: Biochem. J. **33**, 1980 (1939). — Ochoa, S.: J. biol. Ch. **138**, 751 (1941). — Potter, V. R.: Arch. Biochem. **6**, 439 (1945). J. biol. Ch. **169**, 17 (1947). — Stadtman, E. R., and H. A. Barker: J. biol. Ch. **174**, 1039 (1948). — [2] Lynen, F.: A. **546**, 120 (1941); **563**, 213 (1949). — [3] Lehninger, A. L.: J. biol. Ch. **161**, 437 (1945); **162**, 333 (1946). — [4] Bücher, Th.: Angew. Chem. **62**, 256 (1950). — [5] Parnas, J.: Ergebn. Enzymforsch. **6**, 64 (1937). — [6] Barker, H. A., W. Z. Hassid and M. Doudoroff: Am. Soc. **66**, 1416 (1944). — Doudoroff, M., and R. O'Neal: J. biol. Ch. **159**, 585 (1945). — [7] Cori, C. F., S. P. Colowick and G. T. Cori: J. biol. Ch. **121**, 465 (1937). — Cori, C. F., G. Schmidt and G. T. Cori: Science, N. Y. **89**, 464 (1939). — Kiessling, W.: Naturwiss. **27**, 129 (1939). — Hanes, C. S.: Nature **145**, 348 (1940). — [8] Borsook, H., and W. Dubnoff: J. biol. Ch. **168**, 397 (1947). — Cohen, P. P., and R. W. MacGivery: J. biol. Ch. **169**, 119; **171**, 121 (1947). — [9] Lipmann, F.: J. biol. Ch. **160**, 173 (1945). — Speck, J. F.: J. biol. Ch. **168**, 403 (1947). — [10] Meyerhof, O., u. K. Lohmann: B. Z. **253**, 431 (1932). — Vgl. auch Szent-Györgyi, A.: Chemistry of Muscular Contraction. New York 1947. — [11] Nachmansohn, D.: Vitamins & Hormones **3**, 337 (1945). — [12] Wood, H. G., and C. H. Werkman: Biochem. J. **30**, 48 (1936). — Utter, M. F., F. Lipmann and C. H. Werkman: J. biol. Ch. **158**, 521 (1945). — Lipmann, F., and L. C. Tuttle: J. biol. Ch. **158**, 505 (1945). — Kluyver, A. J.: Chem. Wbl. **43**, 1 (1947). — Carson, S. F.: Cold Spring Harbor Symp. quant. Biol. **13**, 75 (1948). — [13] Ochoa, S., and E. Weiss-Tabori: J. biol. Ch. **159**, 245 (1945). — Ochoa, S.: Green's Currents biochem. Res. S. 165. — Bonner, D. W. jr., and J. Bonner: Amer. J. Bot. **35**, 113 (1948). — Brown, A. H., E. W. Fager and H. Gaffron: Arch. Biochem. **19**, 407 (1948). — Pirson, A.: Naturwiss. **37**, 241 (1950). — Vgl. Burk, D., u. O. Warburg: Naturwiss. **37**, 560 (1950). Z. Naturforsch. **6**b, 12 (1951). — [14] Lynen, F., u. E. Reichert: Angew. Chem. **63**, 47 (1951).

Aktivierte Zustände und Aktivierungswärmen. Für das Verständnis aller katalytischen Reaktionen ist die Tatsache wesentlich, daß auch bei thermodynamisch freiwillig, d. h. unter Abgabe von freier Energie verlaufenden Reaktionen im allgemeinen Zwischenzustände durchschritten werden, die energiereicher sind als der Ausgangs- und Endzustand *(aktivierter Zustand)*. Wenn z. B. zwei homöopolare Moleküle AB und NM sich in einer exothermen Reaktion zu AM + NB umsetzen, so müssen bei der Annäherung der beiden Moleküle zunächst abstoßende Kräfte überwunden werden, bevor die der angeführten Austauschreaktion entsprechende Neuordnung der Valenzbindungen vollzogen wird. Es wird also nicht jeder Zusammenstoß zwischen AB und NM zur Umsetzung führen, sondern nur derjenige, dessen Energie groß genug ist, um die abstoßenden Kräfte zu überwinden und den energiereichen „aktivierten Zustand" zu durchlaufen. Je größer die zur Erreichung des aktivierten Zustandes notwendige Energie, die sog. „*Aktivierungswärme*" der Reaktion, ist, desto geringer wird unter sonst gleichen Bedingungen der Bruchteil der erfolgreichen, d. h. zur Umsetzung führenden Zusammenstöße sein. Die energetischen Beziehungen zwischen dem Ausgangszustand, dem aktivierten Zustand und dem Endzustand einer Reaktion sind aus dem in Abb. 87 wiedergegebenen Schema ersichtlich.

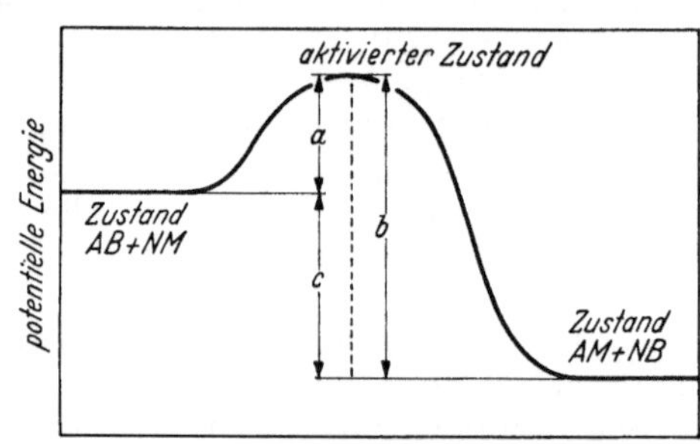

Abb. 88. Energetische Beziehung zwischen Ausgangszustand, aktiviertem (*a*) und Endzustand (*c*) (TH. BERSIN[1], S. 18).

Der *Wert der Aktivierungswärme* (A) kann, wenn die Temperaturabhängigkeit der Reaktions*geschwindigkeit* bekannt ist, experimentell ermittelt werden mit Hilfe der Beziehung:

$$A = RT^2 \frac{d \ln k}{d T}; \quad A = \frac{\lg k_2 - \lg k_1}{0{,}4343} \cdot R \frac{T_2 T_1}{T_2 - T_1},$$

worin k_1 und k_2 die Geschwindigkeitskonstanten für die Temperaturen T_1 und T_2 bedeuten.

Es ist eine *gemeinsame Eigenschaft der Katalysatoren*, daß durch ihre Anwesenheit die Aktivierungswärme der beeinflußten Reaktion herabgesetzt, der zu überschreitende „Energieberg" also erniedrigt wird. Durch Enzyme geschieht dies meist in höherem Maße als durch andere Katalysatoren, vgl. Tabelle 165, S. 998 (nach H. LINEWEAVER[2]).

Der Temperaturkoeffizient $= \frac{\text{Geschwindigkeit bei } T^\circ + 10^\circ}{\text{Geschwindigkeit bei } T^\circ}$ hat für die meisten Enzymreaktionen Werte zwischen 1,4 und 2,0. Nach der obigen Gleichung würde einem Temperaturkoeffizienten (zwischen 20 und 30° C) von 1,25 eine Aktivierungswärme von 3900 cal, einem Temperaturkoeffizienten von 1,50 eine Aktivierungswärme von 7100 cal, einem Temperaturkoeffizienten von 2,0 aber eine solche von rund 12000 cal entsprechen. In dieser Weise sind *Aktivierungswärmen* enzymatischer Reaktionen vielfach *errechnet* worden[3]. Wenn auch die errechneten Werte wahrscheinlich mit größerer Vorsicht beurteilt werden müssen als bei einfacheren und besser bekannten Systemen, so bestätigen sie doch die

[1] Bersin, Enzymologie. — [2] LINEWEAVER, H.: Am. Soc. **61**, 403 (1939). — [3] Vgl. z. B. MOELWYN-HUGHES, E. A.: Ergebn. Enzymforsch. **2**, 1 (1933). Sumner-Myrbäck I/1, S. 28 u. zwar S. 65. — STEARN, A. E.: Ergebn. Enzymforsch. **7**, 1 (1938). — SIZER, I. W.: J. gen. Physiol. **21**, 695 (1938).

erwartete Erniedrigung der Aktivierungswärme gegenüber derjenigen der nichtenzymatischen Reaktion.

Eingehende quantenmechanische Betrachtungen und Berechnungen über die bei der Hydrolyse von C—N- und C—O-Bindungen, also von Peptid- und Esterbindungen, durchlaufenen Energiezustände und über deren Beeinflussung durch H'- und OH'-Ionen sowie durch Dipole, die als Bestandteile prosthetischer Gruppen von Enzymen angenommen werden können, hat A. E. STEARN[1] durchgeführt.

Eine anschauliche Interpretation der Aktivierungswärme bei Oxydationsvorgängen und Oxydationskatalysen ergibt sich aus grundsätzlich wichtigen

Tabelle 165. Aktivierungsenergie einiger Fermente.

Reaktion	Katalysator	*E* cal/Mol
H_2O_2-Zersetzung	ohne	18000
	Kolloidales Platin	11000
	Leberkatalase	5500
Rohrzucker-Inversion.	Wasserstoffionen	26000
	Hefeinvertase	11500
	Malzinvertase	13000
Casein-Hydrolyse	HCl	20600
	Trypsinkinase	14400
	Trypsin	12000
	Kryst. Trypsin	12000
	Kryst. Chymotrypsin	12000
Äthylbutyrat-Hydrolyse	Wasserstoffionen	13200
	Pankreaslipase	4200

neuen Betrachtungen von MICHEALIS[2]. Praktisch alle Oxydationen und Reduktionen an *organischen* Verbindungen verlaufen unter Aufnahme bzw. Abgabe von *zwei* Elektronen. Da eine *gleichzeitige* Aufnahme bzw. Abgabe von zwei Elektronen im allgemeinen nicht möglich ist, muß als Zwischenzustand eine radikalartige und dementsprechend energiereiche Verbindung durchlaufen werden, die durch Aufnahme bzw. Abgabe von *einem* Elektron aus den Ausgangssubstanzen gebildet wird. Die Aktivierungswärme ist in diesem Fall — wenigstens im wesentlichen — die zur Ausbildung des radikalartigen Zwischenstadiums erforderliche Energie. Ihrer Höhe nach hängt sie vom Energiegehalt (Resonanzenergie) des als Zwischenprodukt fungierenden Radikals ab.

β) Kinetik der Enzymreaktionen[3].

1. Allgemeines.

Schon eine oberflächliche Feststellung zeigt, daß auch bei anscheinend sehr einfachen Enzymreaktionen, beispielsweise bei einfachen enzymatischen Hydrolysen, ein recht verschiedenartiger Reaktionsverlauf erfolgen kann. Nicht selten findet man die Reaktionsgeschwindigkeit bis zur fast völligen Umsetzung des Substrates konstant, also linearen Reaktionsverlauf; in anderen Fällen scheint die Reaktion in mehr oder weniger guter Annäherung monomolekular zu sein und schließlich gibt es Fälle, in denen die Reaktionsgeschwindigkeit weit rascher absinkt als es dem monomolekularen Verlauf entsprechen würde.

[1] STEARN, A. E.: J. gen. Physiol. **18**, 171, 301 (1935). Ergebn. Enzymforsch. **7**, 1 (1938). — [2] MICHAELIS, L.: Sci. in Progr. S. 119. 1947. Biol. Bull. **96**, 293 (1949). — [3] SLYKE, D. D. VAN: Adv. Enzymol. **2**, 33 (1942). — MOELWYN-HUGHES, E. A.: Ergebn. Enzymforsch. **2**, 1 (1933); **6**, 23 (1937). Handb. Enzymol. (NORD-WEIDENHAGEN) I, S. 220. Sumner-Myrbäck I/1, S. 28.

2. Die Theorie von MICHAELIS und MENTEN.

a) Abhängigkeit von der Substratkonzentration; Affinitätskonstante. Die erste brauchbare kinetische Theorie der Enzymreaktionen stammt von L. MICHAELIS und M. L. MENTEN[1]. Sie geht aus von der schon früher entwickelten [2] Annahme, daß je ein Molekül des Enzyms und des Substrates sich zu einer labilen Zwischenverbindung („Enzymsubstratverbindung") vereinigen, die ihrerseits in die Endprodukte der Reaktion und das freie Enzym zerfällt. Bei der Zerlegung der Saccharose (S) in Glucose (G) und Fructose (F) unter dem Einfluß eines Enzyms (E) würden also z. B. die folgenden Reaktionen ablaufen:

$$E + S \rightleftarrows ES \tag{1}$$

$$ES + H_2O \rightarrow E + G + F^*. \tag{2}$$

Dabei wird zunächst vereinfachend angenommen und in vielen Fällen durch die Erfahrung bestätigt, daß die Geschwindigkeit der Zerfallsreaktion (2) klein gegen die Geschwindigkeit der Reaktion (1) ist, so daß das Gleichgewicht (1) tatsächlich zur Einstellung kommt. Die beobachtete Umsetzungsgeschwindigkeit ist dann abhängig einerseits von der Konzentration der Enzymsubstratverbindung ES, andererseits von der Geschwindigkeit, mit der ihr Zerfall in Glucose und Fructose unter Rückbildung des freien Enzyms nach (2) erfolgt.

Die Konzentration von ES ist nun bestimmt durch die Gleichgewichtsbedingung

$$E_{\mathrm{fr}} + S_{\mathrm{fr}} \rightleftarrows [ES] \quad (1\mathrm{a}) \quad \text{bzw.} \quad \frac{[S_{\mathrm{fr}}]\cdot[E_{\mathrm{fr}}]}{[ES]} = \frac{[S_{\mathrm{fr}}]\cdot[E_{\mathrm{fr}}]}{[E_{\mathrm{geb}}]} = K. \tag{1b}$$

Darin bedeutet $[E]$ die gesamte Konzentration des Fermentes, $[E_{\mathrm{geb}}]$ die Konzentration des an das Substrat gebundenen und $[E_{\mathrm{fr}}]$ die Konzentration des freien Enzyms, während $[S_{\mathrm{fr}}]$ den freien, nicht an das Substrat gebundenen Anteil des Substrates wiedergibt.

K ist die *Dissoziationskonstante der Enzymsubstratverbindung* („MICHAELIS-Konstante"), ihr reziproker Wert $\frac{1}{K} = A$ ein Maß für die Affinität des Enzyms zum Substrat *(„Affinitätskonstante")*.

Mit $[E]$, der Konzentration des gesamten vorhandenen Enzyms, ist E_{fr} verbunden durch die Beziehung:

$$[E] = [E_{\mathrm{geb}}] + [E_{\mathrm{fr}}] = [ES] + [E_{\mathrm{fr}}]; \quad [E_{\mathrm{fr}}] = [E] - [ES]. \tag{3}$$

Da die Konzentration des Enzyms und damit auch von ES wohl in allen Fällen gegenüber derjenigen des Substrates vernachlässigt werden kann, darf gesagt werden

$$[S_{\mathrm{fr}}] = [S]. \tag{4}$$

Wir fragen, in welcher Weise die Konzentration von ES und damit die Reaktionsgeschwindigkeit von der Konzentration des Substrates $[S]$ abhängt. Gl. (1b) unter Berücksichtigung von (3) und (4) ergibt

$$\frac{[S]\cdot([E] - [ES])}{[ES]} = K, \tag{1c}$$

und eine einfache Umformung dieser Gleichung führt zu

$$[ES] = [E]\frac{[S]}{K + [S]} \quad \text{bzw.} \quad \frac{[ES]}{[E]} = \frac{[S]}{K + [S]}. \tag{5}$$

---

* Von der möglichen Umkehrbarkeit der Zerfallsreaktion (2) (enzymatische Synthese) der bei anderen Enzymreaktionen, z. B. Esterverseifungen, unter Umständen Bedeutung zukommen kann, wird im folgenden abgesehen.

[1] MICHAELIS, L., u. M. L. MENTEN: B. Z. **49**, 333 (1913). — BRIGGS, G. E., and J. R. S. HALDANE: Biochem. J. **19**, 338 (1925). — MOELWYN-HUGHES, E. A.: Sumner-Myrbäck I/1, S. 28, u. zwar S. 56f. — [2] BROWN, A. J.: Soc. **81**, 373 (1902). Proc. chem. Soc. **18**, 41 (1902). — BAYLISS, W. H.: The Nature of Enzyme Action. 5. Aufl. London 1925. — HENRI, V.: Lois générales de l'action des diastases. Paris 1903.

Da die beobachtete Umsetzungsgeschwindigkeit v unter konstanten Bedingungen (p_H, Temperatur usw.) der Konzentration von ES proportional ist, kann man schreiben

$$\frac{v}{v_{\max}} = \frac{[S]}{K + [S]} \quad \text{oder}^1 \quad \frac{1}{v} = \frac{1}{v_{\max}} + \frac{K}{v_{\max}} \cdot \frac{1}{[S]}, \tag{6}$$

worin v die der jeweiligen Substratkonzentration $[S]$ entsprechende und $v_{\max}$ die bei vollständiger Bindung des Enzyms an das Substrat beobachtete Umsetzungsgeschwindigkeit (Grenzwert der Umsetzungsgeschwindigkeit für hohe Substratkonzentration) bedeuten.

Der *graphische Ausdruck dieser Gleichung*, der formal der Dissoziationskurve einer Säure entspricht (vgl. S. 115), sind Kurven der in Abb. 89 wiedergegebenen Art, welche die Abhängigkeit der Spaltungsgeschwindigkeit vom Logarithmus der reziproken Substratkonzentration (p_s) wiedergeben.

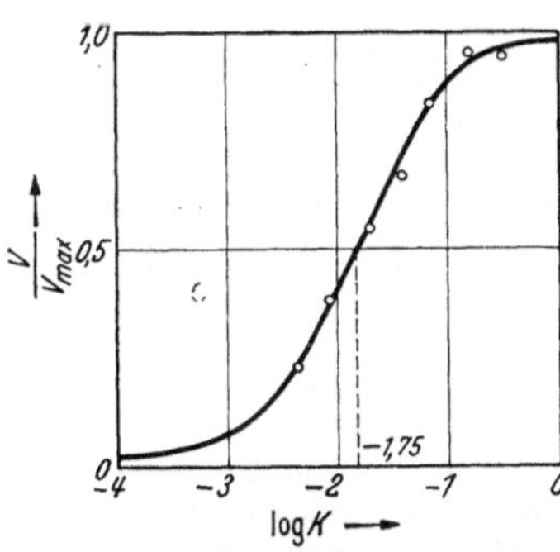

Abb. 89. Aktivitäts-p_s-Kurve der Saccharase nach MICHAELIS und MENTEN (W. GRASSMANN).

Mit Hilfe der Gl. (6), d. h. durch Messung der Anfangsgeschwindigkeit der Umsetzung bei variierter Substratkonzentration kann offenbar K, die Dissoziationskonstante der Enzymsubstratverbindung, experimentell bestimmt werden, am einfachsten auf Grund der Überlegung, daß für $\frac{v}{v_{\max}} = \frac{1}{2}$ (Hälfte der maximalen Umsetzungsgeschwindigkeit) $K = [S]$ bzw. $\lg K = \lg [S]$ werden muß. Diejenige Substratkonzentration, bei der die Hälfte der maximalen Umsetzungsgeschwindigkeit erreicht ist (Wendepunkt der Aktivitäts-p_s-Kurve), gibt die *Dissoziationskonstante der Enzymsubstratverbindung* an.

Die Dimension der Dissoziationskonstanten ist, wie am leichtesten aus Gl. (1b) (S. 999) entnommen werden kann, diejenige einer Konzentration, also z. B. Mol/Liter.

b) Hemmung durch Umsatzprodukte; Hemmungen 1. und 2. Art[2]. Im allgemeinen gilt die Regel, daß die Umsatzprodukte die Geschwindigkeit der Enzymreaktion hemmen. Dies erklärt die Theorie von MICHAELIS und MENTEN mit der Annahme, daß die Spaltstücke, die ja ähnliche chemische Gruppierungen aufweisen wie das Substrat, gleichfalls Affinität zum Enzym haben, also einen mehr oder weniger großen Teil des Enzyms binden und der Reaktion entziehen.

Ähnliches gilt für *Hemmungsstoffe*, die zwar nicht Umsatzprodukte der enzymatischen Reaktion sind, aber dem Substrat oder auch einem beteiligten Co-Enzym chemisch nahestehen. So wird die Wirkung der Succinodehydrase durch Malonat und zahlreiche Substanzen von ähnlichem Bau[3], die Wirkung von Flavinenzymen durch Atebrin, Plasmochin, Chinin usw.[4] antagonistisch gehemmt. Vgl. dazu die Bedeutung des Antagonismus in der Chemotherapie.

In den geschilderten Fällen treten neben das in der Gl. (1b) (S. 999) wiedergegebene Gleichgewicht noch die entsprechenden Gleichgewichte

$$E_{fr} + U_1 \rightleftarrows EU_1 \quad \text{und} \quad E_{fr} + U_2 \rightleftarrows EU_2 \tag{7}$$

bzw.

$$\frac{[E_{fr}] \cdot [U_1]}{[EG]} = K_{U_2} \quad \text{und} \quad \frac{[E_{fr}] \cdot [U_2]}{[EF]} = K'_{U_2}, \tag{7a}$$

die zu den katalytisch unwirksamen Verbindungen des Enzyms mit den Umsatzprodukten (U_1, U_2) führen.

Die Abnahme der Umsetzungsgeschwindigkeit im Laufe der Spaltung ist also einerseits auf die Abnahme der Konzentration des ungespaltenen Substrates, andererseits auf die hemmende Wirkung der gebildeten Spaltprodukte

---

[1] LINEWEAVER, H., and D. BURK: Am. Soc. **56**, 658 (1934). — [2] WOOLLEY, D. W.: Adv. Enzymol. **6**, 129 (1946). — MOELWYN-HUGHES, E. A.: Sumner-Myrbäck I/1, S. 28, u. zwar S. 60f. — MASSART, L.: Sumner-Myrbäck I/1, S. 307. — [3] QUASTEL, J. H., and W. R. WOOLDRIDGE: Biochem. J. **22**, 689 (1928). — [4] WRIGHT, C. J., and J. C. SABINE: J. biol. Ch. **155**, 315 (1944). — HELLERMAN, L., A. LINDSAY and M. R. BOVARNICK: J. biol. Ch. **163**, 553 (1946).

zurückzuführen. Es ist leicht einzusehen, daß dabei ein recht verschiedenartiges Bild der Reaktionskinetik sich ergeben kann. Folgende Grenzfälle sind auf Grund der folgenden vorwiegend qualitativen Betrachtungen leicht verständlich:

1. *Es sei* $[S] \gg K$ (hohe Affinität des Enzyms zum Substrat), zugleich sei die Affinität zu den Spaltstücken klein oder jedenfalls gegenüber derjenigen zum Substrat zu vernachlässigen. Der Quotient $\frac{[S]}{[S]+K}$ in den Gl. (6) und (7) nähert sich dann dem Grenzwert 1 und es gilt angenähert $[ES] = [E]$ bzw. $v = v_{\max}$. Es ist in diesem Falle bis zu einem sehr weitgehenden Spaltungsgrad das gesamte vorhandene Enzym an das Substrat gebunden, die Konzentration des geschwindigkeitsbestimmenden Komplexes $[ES]$ also konstant. Die Umsetzungsgeschwindigkeit ist bis zum weitgehenden Verbrauch des Substrates (nämlich so lange, als die Annahme $[S] \gg K$ gültig bleibt) konstant: *linearer Reaktionsverlauf, Reaktion nullter Ordnung.*

2. *Es sei umgekehrt* $K \gg [S]$ (geringe Substratkonzentration, weitgehende Dissoziation der Enzymsubstratverbindung); die Affinität zu den Spaltprodukten soll wieder geringfügig sein. In diesem Fall kann in Gl. (4) in der Summe $K + [S]$ das Glied S vernachlässigt werden und es folgt: $[ES] = [E]\frac{[S]}{K}$. Die Konzentration des reaktionsvermittelnden Komplexes $[ES]$ und damit die Umsetzungsgeschwindigkeit ist dann bei gegebener Enzymmenge der jeweils vorhandenen Substratkonzentration $[S]$ proportional. Dies ist nichts anderes als die Bedingung des *monomolekularen Reaktionsverlaufes.*

Die gleiche Abhängigkeit der Umsatzgeschwindigkeit von der Konzentration des Substrats und des Enzyms ergibt sich aber z. B. auch, wenn — entgegen der obigen Grundannahme von MICHAELIS — die Geschwindigkeit der Reaktion (2) groß ist gegenüber der der Reaktion (1), d. h., wenn die Enzym-Substratverbindung so rasch im Sinne der Reaktion (2) zerfällt, daß sie überhaupt nicht angehäuft wird. Die Umsatzgeschwindigkeit ist dann proportional der Häufigkeit der Zusammenstöße zwischen Enzym und Substrat, d. h. dem Produkt aus $[E]$ und $[S]$.

3. Ist schließlich die Affinität zum Substrat gering, diejenige zu den Spaltstücken bzw. zu einem von ihnen) groß, dann wird durch die hemmende Wirkung der Reaktionsprodukte im Verlauf der Spaltung sehr bald eine starke Hemmung der Reaktionsgeschwindigkeit eintreten, die berechneten Reaktionskonstanten 1. Ordnung werden abfallen.

Man erkennt aus diesen Beispielen, daß je nach der angewandten Anfangskonzentration und nach den Affinitäten des Enzyms zum Substrat einerseits, zu seinen Spaltstücken andererseits alle Übergänge zwischen einem praktisch linearen und einem stark „gekrümmten“ Reaktionsverlauf verwirklicht sein können.

Diese Betrachtungen gelten für den Fall, daß im Laufe der Reaktion als Spaltprodukt ein Hemmungskörper *auftritt,* der durch die gleichen Gruppen des Enzyms gebunden wird wie das Substrat oder, anders ausgedrückt, der mit dem Substrat um die substratbindenden Gruppen des Enzymmoleküls konkurriert. Man kann aber auch die Frage erörtern, wie ein solcher Hemmungskörper (z. B. Fructose im Falle der enzymatischen Rohrzuckerspaltung) auf die *Anfangsgeschwindigkeit* der Reaktion einwirkt, wenn er dem Spaltungsansatz vom Beginn an zugesetzt wird.

Qualitativ ist sehr leicht einzusehen, was geschehen wird: in Gegenwart eines mit dem Substrat um das Enzym konkurrierenden Hemmungskörpers X wird eine höhere Substratkonzentration notwendig sein, um denjenigen Bruchteil des Enzyms an das Substrat zu binden, der in Abwesenheit des fremden Stoffes gebunden werden würde. Macht man aber bei konstanter und gegebener Konzentration des Hemmungskörpers die Substratkonzentration genügend groß, so wird schließlich auch hier der Punkt erreicht werden, wo das *gesamte* Enzym an das Substrat gebunden sein und die Wirkung des Hemmungskörpers ausgeschaltet, d. h. die gleiche Umsatzgeschwindigkeit wie in Abwesenheit des Hemmungskörpers erreicht sein wird. Bei genügend großer Substratkonzentration wird also der „Hemmungskoeffizient“

$$h = \frac{v_0 - v}{v_0} \,^*$$

* v_0 = Reaktionsgeschwindigkeit ohne Zusatz, v = Reaktionsgeschwindigkeit in Gegenwart des Hemmungskörpers.

Null werden; der Grenzwert der Geschwindigkeit für maximale Substratkonzentration [v_{max}, Gl. (5)] bleibt unverändert, aber er wird erst bei höherer Substratkonzentration erreicht als in Abwesenheit von X. Die Durchrechnung ergibt (MICHAELIS, a. a. O.), daß durch den Zusatz eines solchen Hemmungskörpers die Aktivitäts-p_s-Kurve einfach nach rechts, d. h. in das Gebiet höherer Substratkonzentration verschoben wird. An Stelle der wirklichen Dissoziationskonstanten K_s der Enzymsubstratverbindung wird eine größere scheinbare Dissoziationskonstante $K'_s = K_s\left(\frac{H}{K_x}+1\right)$ gefunden, wenn [X] die Konzentration des Hemmungskörpers und K_x die Dissoziationskonstante der Enzymhemmungskörperverbindung ist. Daraus folgt u. a., daß die Umsatzgeschwindigkeiten für zwei *verschiedene* Substrate des *gleichen* Enzyms durch einen Hemmungskörper verschieden stark herabgesetzt werden können, wenn diese Substrate eine verschiedene Affinität zum Enzym haben (Theorie der „Zeitwertquotienten")[1].

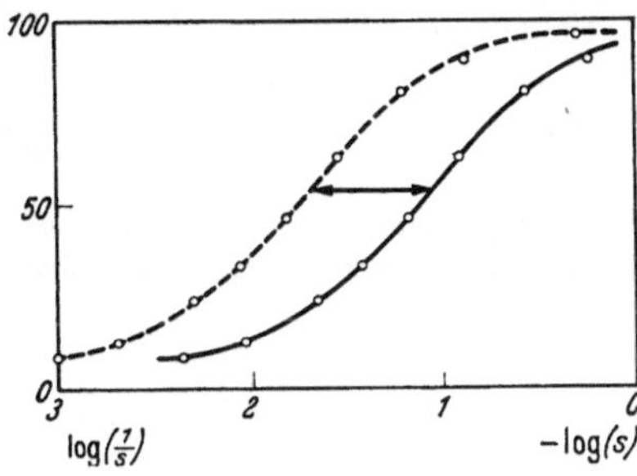

Abb. 90a. Hemmung durch Affinitätsbeanspruchung.

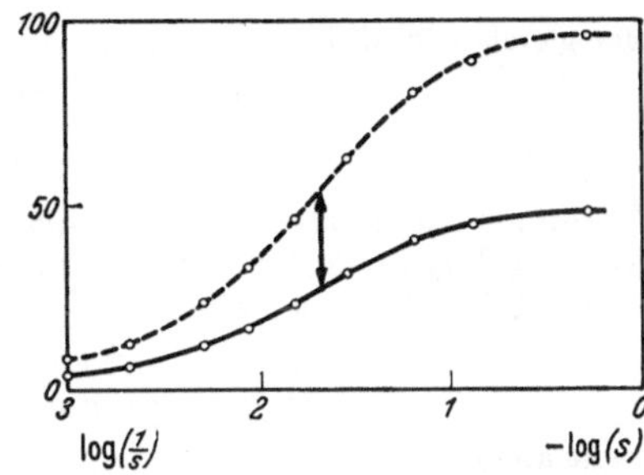

Abb. 90b. Hemmung der Zerfallsgeschwindigkeit.

(W. GRASSMANN[2], S. 47.)

Auf Grund der von MICHAELIS[3] angegebenen Gleichung

$$K_x = \frac{[X]\cdot K_s}{([S]+K_s)\left(\frac{v_0}{v}-1\right)}; \qquad [X]\cdot\frac{v}{v_0-v} = K_x + \frac{K_x}{K_s}\cdot[S] \tag{8}$$

kann die Dissoziationskonstante der Enzymhemmungskörperverbindung K_x berechnet werden, wenn K_s, v_0 und v aus Messungen bekannt sind.

Diesem als **„Hemmung 1. Art"** („kompetitive Hemmung", „Hemmung durch Affinität") bezeichneten Hemmungsmechanismus ist ein zweiter Typus von Hemmungen gegenüberzustellen, die im allgemeinen, wenn auch nicht ganz erschöpfend, durch die Annahme gedeutet werden, daß der Hemmungskörper den *Zerfall der Enzymsubstratverbindung verlangsamt*, ohne das Enzymsubstratgleichgewicht zu beeinflussen. Diese Art der Hemmung („Hemmung 2. Art") wird durch folgende Eigenschaften charakterisiert: K_s bleibt unverändert. Der Hemmungskoeffizient h ist von der Substratkonzentration unabhängig. Die Ordinaten der Aktivitäts-p_s-Kurven werden durch bestimmte Mengen des Hemmungskörpers um gleiche prozentuale Beträge erniedrigt; im selben Verhältnis ist natürlich auch die Grenzgeschwindigkeit für $[S] = \infty$ herabgesetzt. Eine hemmende Wirkung dieser Art übt z. B. das Glycerin auf die enzymatische Rohrzuckerspaltung aus. In Abb. 90a u. b sind die beiden Hemmungstypen anschaulich gegenübergestellt.

In Wirklichkeit beruht wohl auch diese Art der Hemmung auf einer Reaktion des Hemmungskörpers mit dem Enzym, also auf „Affinität". Sie wird im allgemeinen dadurch

---

[1] WILLSTÄTTER, R., u. R. KUHN: H. **125**, 1, 28 (1922). — Oppenheimer, Fermente **1**, S. 29. — [2] GRASSMANN, W.: Neue Methoden und Ergebnisse der Enzymforschung. München 1928. Ergebn. Physiol. **27**, 407 (1928). — [3] S. a. HUNTER, A., and C. E. DOWNS: J. biol. Ch. **157**, 427 (1945).

zustande kommen, daß sich der Hemmungskörper X an einer Haftstelle, die mit der Substratbindung nichts Unmittelbares zu tun hat, an E oder auch an ES anlagert, entsprechend den Gleichgewichten

$$X + E \rightleftarrows XE \tag{9}$$

$$XE + S \rightleftarrows XES \tag{9a}$$

$$ES + X \rightleftarrows XES, \tag{10}$$

wobei XES entweder gar nicht oder langsamer als ES in die Reaktionsendprodukte zerfällt.

In diesem Falle ist anzunehmen, daß E in gleicher Weise mit dem Substrat sich verbindet, unabhängig davon, ob es mit X verbunden ist oder nicht; es muß also die Lage der beiden Gleichgewichte:

$$E + S \rightleftarrows ES \tag{1}$$

$$XE + S \rightleftarrows XES \tag{9a}$$

einander gleich sein, d. h. es muß gelten:

$$\frac{[E]\cdot[S]}{[ES]} = \frac{[XE]\cdot[S]}{[XES]} = K_s. \tag{11}$$

Die Dissoziationskonstante der Enzymsubstratverbindung wird also durch die Anwesenheit des Hemmungskörpers zweiter Art oder durch Änderungen seiner Konzentration *nicht beeinflußt.* Aus (10) ergibt sich weiter:

$$\frac{[E]}{[ES]} = \frac{[XE]}{[XES]} \quad \text{und} \quad \frac{[E]}{[XE]} = \frac{[ES]}{[XES]};$$

damit gilt auch

$$\frac{[E]\cdot[X]}{[EX]} = \frac{[ES]\cdot[X]}{[XES]} \tag{12}$$

Gl. (11) besagt, daß auch die Lage der beiden Gleichgewichte

$$E + X \rightleftarrows EX \tag{9}$$

und

$$ES + X \rightleftarrows XES \tag{10}$$

einander gleich sein muß, mit anderen Worten, daß der Anteil, in dem sich E an den Hemmungskörper bindet, unabhängig davon ist, ob E frei oder an das Substrat gebunden vorliegt; das Ausmaß der Hemmung wird also unabhängig von der Substratkonzentration sein.

Die geschilderten, durch die Gl. (10) und (11) wiedergegebenen Verhältnisse besagen, daß bei der Hemmung 2. Art die Reaktion des Enzyms mit dem Substrat einerseits, mit dem Hemmungskörper X andererseits an zwei voneinander *unabhängigen*, also wahrscheinlich räumlich weit voneinander entfernten Orten des Enzymmoleküls erfolgt, während andererseits trotzdem die Umsetzung des Substrates am Reaktionsort durch den Hemmungskörper noch beeinflußt, nämlich verlangsamt werden soll. Es handelt sich also bei der Hemmung 2. Art um einen eigentlich unwahrscheinlichen und in reiner Form sicher gar nicht häufigen *Grenzfall*, der den bei der Hemmung 1. Art vorliegenden Verhältnissen, wo X und S um *dieselbe* Gruppe des Enzyms konkurrieren, gerade entgegengesetzt ist. Es ist ohne weiteres einzusehen, daß es *Übergänge zu beiden Typen* der Hemmung geben wird, wie sie tatsächlich oft beobachtet werden.

Die Gültigkeit der Theorie von Michaelis und Menten ist oft experimentell geprüft und in sehr vielen Fällen bestätigt gefunden worden. Es gibt aber auch zahlreiche Abweichungen und Besonderheiten, die durch Hilfsannahmen gedeutet werden müssen. Beispielsweise findet man nicht selten, daß die Reaktionsgeschwindigkeit mit der Substratkonzentration zunächst ansteigt, um beim Übergehen zu noch höheren Substratkonzentrationen wieder abzufallen.

3. Die Theorie von Langenbeck.

Langenbeck hat darauf hingewiesen[1], daß der Zerfall der Rohrzucker-Enzymverbindung in Fructose, Glucose und freies Enzym, wie er in der zweiten Teilreaktion der Grundgleichung von Michaelis gefordert wird, offenbar ebenso unwahrscheinlich sei, wie Dreierstöße, bei denen gleichzeitig 3 Moleküle aufeinander prallen. Es sei daher wahrscheinlicher, daß eine solche Drillingsreaktion in zwei bimolekulare Reaktionen zerlegt werden muß. Der Verlauf einer einfachen Spaltungsreaktion

$$AB \rightarrow A + B$$

unter dem Einfluß des Enzyms E wird daher, wie Langenbeck an Modellversuchen mit organischen Katalysatoren (siehe S. 1012) wahrscheinlich gemacht hat, besser durch die folgenden *drei* Teilvorgänge zum Ausdruck gebracht:

$$AB + E \rightleftarrows ABE \qquad \text{(a)}$$
$$ABE \rightleftarrows AE + B \qquad \text{(b)}$$
$$AE \rightleftarrows A + E. \qquad \text{(c)}$$

Unter Fortlassung des labilen Zwischenproduktes ABE (der „Enzym-Substratverbindung" von Michaelis) kann man diese Reaktionsfolge zusammenziehen zu dem Schema:

$$AB + E \underset{k_2}{\overset{k_1}{\rightleftarrows}} AE + B$$
$$AE \underset{k_4}{\overset{k_3}{\rightleftarrows}} A + E,$$

wobei im Falle einer praktisch nicht umkehrbaren Spaltungsreaktion k_4 gegen k_3 zu vernachlässigen ist.

Unter der Annahme, daß die Zersetzungsgeschwindigkeit des Zwischenstoffes (v_3) nach dem Massenwirkungsgesetz proportional seiner Konzentration

$$v_3 = k_3\,[AE]$$

und die Gesamtkonzentration des Enzyms

$$[E'] = [E] + [AE]$$

ist, gelangt man zu folgender Geschwindigkeitsgleichung:

$$v_3 = \frac{k_3\,[E']\,[AB]}{k_2/k_1 + k_2/k_1\,[B] + [AB]}.$$

Eine formal vollkommen analoge Gleichung läßt sich aber, wie Langenbeck gezeigt hat[2], auch mit den Grundannahmen von Michaelis ableiten, nur haben die Konstanten eine andere Bedeutung.

4. Anwendung der Adsorptionsisotherme von Langmuir.

Die Theorie von Michaelis und Menten sowohl wie diejenige von Langenbeck beruhen auf der Annahme, daß der Reaktion des Enzyms mit seinem Substrat oder dessen Spaltprodukten vom Massenwirkungsgesetz geregelte und stöchiometrischen Verhältnissen entsprechende Reaktionsgleichgewichte zugrunde liegen. Die Tatsache, daß alle Enzyme Kolloide sind und die zahlreichen Analogien, die zwischen ihnen und ausgesprochenen Oberflächenkatalysatoren

[1] Langenbeck, W.: Die organischen Katalysatoren und ihre Beziehungen zu den Fermenten. 2. Aufl. Berlin, Göttingen, Heidelberg 1949. Ergebn. Enzymforsch. **2**, 314 (1933). Lehrbuch der organischen Chemie. 7. Aufl. Dresden 1948. Fermentmodelle. Bamann-Myrbäck **3**, 2745—2751. — Schwab, G. M., u. F. Rost: Fermentmodelle. Handb. Katalyse (Schwab) **3**, 545—582 (1941). — [2] Langenbeck, W.: Die organischen Katalysatoren und ihre Beziehungen zu den Fermenten. S. 67. Berlin 1935.

angetroffen werden, lassen aber prinzipiell eine Behandlung der Enzymreaktionen vom Standpunkt der mikroheterogenen Katalyse als ebenso berechtigt erscheinen. Das Gleichgewicht zwischen dem freien und dem an das Enzym gebundenen Substrat müßte dann aber ebensogut rechnerisch behandelt werden können, wenn man die Annahme macht, daß die reagierenden Substratmoleküle an der katalytisch wirksamen Enzymoberfläche adsorbiert werden.

Bei Anwendung der Adsorptionsisotherme von FREUNDLICH würde man zu Ergebnissen gelangen, die den experimentell gefundenen im allgemeinen widersprechen. Anders liegt es, wie gezeigt wurde[1], bei Zugrundelegung der Adsorptionsisotherme von LANGMUIR, die unter der Annahme einer Adsorption in monomolekularer Schicht abgeleitet wird.

Bezeichnet man die mit Substratmolekülen bedeckte Oberfläche des Katalysators mit φ_s, seine gesamte Oberfläche mit φ, so lautet die Formel für die LANGMUIRsche Adsorptionsisotherme:

$$q = \frac{\varphi_s}{\varphi} = \frac{k_1 \cdot c}{k_2 + k_1 \cdot c}. \tag{13}$$

Darin bedeutet q den von Molekülen besetzten Bruchteil der adsorbierenden Enzymoberfläche, k_1 und k_2 Konstanten und c die Konzentration des gelösten Substrates nach Einstellung des Gleichgewichtes. Vernachlässigt man auch hier, ähnlich wie in der Ableitung von MICHAELIS und MENTEN, das an die Katalysatoroberfläche gebundene Substrat gegenüber dem Gesamtsubstrat (S), dann gilt

$$c = [S]$$

und mithin

$$\frac{\varphi_s}{\varphi} = \frac{k_1 \cdot [S]}{k_2 + k_1 \cdot [S]}. \tag{13a}$$

Offenbar wird die maximale Umsatzgeschwindigkeit v_{max} dann erreicht, wenn die gesamte Katalysatoroberfläche φ von Substrat bedeckt ist. Der bei teilweiser Bedeckung der Katalysatoroberfläche mit Substrat zu erwartende Bruchteil dieser maximalen Umsatzgeschwindigkeit ist gegeben durch die Beziehung

$$q = \varphi_s : \varphi = v : v_{\mathrm{max}}$$

mithin unter Berücksichtigung von Gl. (12a)

$$q = \frac{\varphi_s}{\varphi} = \frac{v}{v_{\mathrm{max}}} = \frac{k_1 \cdot [S]}{k_2 + k_1 \cdot [S]}$$

oder

$$\frac{v}{v_{\mathrm{max}}} = \frac{[S]}{k_2/k_1 + [S]}.$$

Man überzeugt sich leicht, daß diese Gleichung der oben auf Grund des Massenwirkungsgesetzes abgeleiteten Gl. (6) (S. 1000) vollkommen analog ist.

Sowohl unter Zugrundelegung der Annahme von MICHAELIS und MENTEN, wie derjenigen von LANGENBECK, wie auch unter Verwendung der LANGMUIRschen Adsorptionsisotherme, werden also für die Abhängigkeit der Umsatzgeschwindigkeit von der Substratkonzentration identische und im allgemeinen mit den experimentellen Befunden übereinstimmende Beziehungen erhalten. Eine Entscheidung zwischen den drei Theorien ist also auf diesem Wege nicht zu treffen.

5. Enzymreaktionen als Kettenreaktionen.

In einzelnen Fällen wird angenommen, daß die Enzymreaktionen Kettenreaktionen seien. Beispielsweise haben F. HABER und R. WILLSTÄTTER[2] den

[1] HITCHCOCK, D. I.: Am. Soc. **48**, 2870 (1926). — SCHWAB, G. M.: Ergebn. exakt. Naturwiss. **7**, 276 (1928). Z. physik. Chem. (A) **187**, 313 (1940). — WEIDENHAGEN, R., u. E. LANDT: Z. Ver. dtsch. Zuckerind. **80**, 25 (1930). — Vgl. a. LANGMUIR, I.: Soc. **1916**, 2221. — [2] HABER, F., u. R. WILLSTÄTTER: B. **64**, 2844 (1931).

folgenden Mechanismus der Katalasewirkung vorgeschlagen:

$$1.\ H_2O_2 + Fe^{+++} \longrightarrow {}^{-}O \cdot OH + Fe^{++} + H^+$$
$$2.\ {}^{-}O \cdot OH + H_2O_2 \longrightarrow O_2 + OH^- + H_2O$$
$$3.\ OH^- + H_2O_2 \longrightarrow H_2O + {-O} \cdot OH \quad \text{usw.}$$

Nach dieser Auffassung wird also die Reaktion dadurch eingeleitet, daß das 3-wertige Eisen dem Molekül des H_2O_2 ein Elektron und ein H-Ion entzieht; das dabei gebildete Peroxydradikal —O · OH reagiert dann mit weiteren Molekülen H_2O_2 in einer Kettenreaktion weiter. Einen etwas anderen Mechanismus hat STERN[1] vorgeschlagen. Ähnliche Reaktionsmechanismen werden auch für Xanthinoxydase, Luciferase und andere Oxydationsenzyme angenommen (vgl. [2]). Obwohl das Auftreten radikalartiger Zwischenprodukte bei Oxydationskatalysen wahrscheinlich sein dürfte (vgl. [3]), liegt zur Zeit ein sicherer Beweis für derartige Kettenreaktionen bei enzymatischen Vorgängen noch nicht vor.

6. Hemmungskörper der Enzymwirkung: Enzymgifte[4].

Während S. 1000ff. Hemmungen durch Stoffe behandelt sind, die den Substraten chemisch nahestehen und mit ihnen um die substratbindende Gruppe des Enzyms konkurrieren, sollen hier die meist als eigentliche Enzymgifte bezeichneten Hemmungskörper (vgl. a. Tabelle 173, S. 1034) *(Inhibitoren)* von anderem Mechanismus besprochen werden. Enzymgifte dieser Art sind z. B. H_2S, HCN, Schwermetallionen [besonders die Ionen des Hg, Ag, Cu, organische Kationen (Farbstoffe, Alkaloide)], ferner — bei Enzymen, deren Wirkung an Grenzflächen gebunden ist — oberflächenaktive Narkotica[5] u. dgl. Die für weitgehende oder vollständige Hemmung erforderliche Konzentration des Hemmungsstoffes ist im wesentlichen abhängig von seiner Affinität zum Enzym, die wie die Substrataffinität[6] durch reaktionskinetische Messungen bestimmt werden kann. Wenn aber die Verbindung mit dem Enzym praktisch undissoziiert ist und der Hemmungsstoff ausschließlich mit den aktiven Gruppen des Enzyms reagiert, dann genügen schon stöchiometrische, also sehr kleine Giftmengen zur Hemmung. In solchen Fällen können aus Vergiftungsversuchen Anhaltspunkte über die absolute Konzentration des Enzyms in Enzympräparaten bzw. über die Menge ihrer aktiven Gruppen gewonnen werden (vgl. z. B. [7]). Darüber hinaus geben solche Versuche vielfach erste Anhaltspunkte über die Natur der reaktionsvermittelnden Gruppen eines Enzyms. So weist Hemmbarkeit durch HCN, H_2S, CO, Fluorid auf Anwesenheit von bestimmten Metallen in der Wirkungsgruppe des Enzyms, Hemmbarkeit durch Aldehyde u. a. auf mögliche Beteiligung von Aminogruppen, Hemmbarkeit durch schwache Oxydationsmittel auf Anwesenheit reduzierender Gruppen, z. B. von SH-Gruppierungen, im Enzym hin. Für Sulfhydrylgruppen, deren Bedeutung für die Wirksamkeit der Enzyme in zahllosen Beispielen sichergestellt ist[4], ist außerdem die Hemmbarkeit durch Schwermetalle, Jod- und Bromacetat, Lostkörper, Jodoso- und p-Chlormercuribenzoate sowie durch organische As(III)-Verbindungen und andere Stoffe charakteristisch. Wichtig ist die Tatsache, daß die Wirkung spurenweise vorhandener Hemmungskörper in vielen Fällen durch geeignete Zusätze aufgehoben werden kann. So kann die hemmende Wirkung von in den Ansätzen vorhandenen Schwermetallspuren auf das Enzym Urease durch Blausäure, Cystein u. dgl. ausgeschaltet und das Enzym damit „aktiviert" werden. Die Blausäureaktivierung des Papains hat KREBS[8] auf Ausschaltung hemmender Schwermetalle,

[1] STERN, K. G.: H. **209**, 176 (1932). — OPPENHEIMER, C., and K. G. STERN: Biological Oxidation. S. 46. New York 1939. — Vgl. dagegen HALDANE, J. B. S.: Nature **130**, 61 (1932). — ALBERS, H.: H. **218**, 113 (1933). — [2] MOELWYN-HUGHES, A. E.: Ergebn. Enzymforsch. **6**, 23 (1937). — [3] MICHAELIS, L.: Sci. in Progr. S. 119. 1947. — [4] MASSART, L.: Sumner-Myrbäck I/1, S. 307. — [5] WARBURG, O.: Schwermetalle als Wirkungsgruppen von Fermenten. Berlin 1946. — [6] Vgl. z. B. MYRBÄCK, K.: H. **158**, 4, 160 (1926). — [7] SUMNER, J. B., u. K. MYRBÄCK: H. **189**, 218 (1930). — [8] KREBS, H. A.: B. Z. **220**, 281 (1930); **238**, 174 (1931).

GRASSMANN[1] auf reduktive Aufspaltung von Disulfidbindungen zurückgeführt. Wahrscheinlich bestehen beide Deutungen zu Recht; bei ihrer Gegenüberstellung[2] sollte man die einfache Erklärung heranziehen, daß Papain als Sulhydrylenzym sowohl schwermetallempfindlich wie auch durch Oxydation inaktivierbar, durch Reduktion aber aktivierbar sein muß.

Von diesen niedermolekularen Inhibitoren sind gewisse spezifische Hemmungskörper zu unterscheiden, die von Organismen zum Zwecke der Ausschaltung oder Regulierung von Enzymfunktionen gebildet werden können. So bilden Darmparasiten, wie z. B. die Ascariden, antipeptische und antitryptische Hemmungskörper[3], um sich vor den Verdauungsenzymen des Wirtes zu schützen. Durch pflanzliche Proteasen, wie Papain und Ficin (nicht aber durch Hurain[4]), werden die lebenden Parasiten verdaut, da entsprechende Hemmungskörper fehlen[5].

Durch KUNITZ und NORTHROP[6] ist ein krystallisierter proteinartiger Hemmungskörper des Trypsins aus der Pankreasdrüse, durch HERRIOTT[7] ein Hemmungskörper des Pepsins isoliert worden. Weitere Hemmungskörper des Trypsins wurden aufgefunden im Blutplasma[8], in der Sojabohne[9] sowie im Eieralbumin[10]. Einzelne dieser Hemmungskörper, die wohl alle Eiweißnatur haben, sind krystallisiert worden (KUNITZ[11]). Ihre Wirkung dürfte im allgemeinen spezifisch gegen ein bestimmtes Enzym gerichtet sein, so wirkt der Hemmungskörper aus Blutplasma auf krystallisiertes Trypsin, aber nicht auf Chymotrypsin.

Es ist lange bekannt[12], daß nach parenteraler Injektion von Enzymen spezifische Antikörper gebildet werden. Sie wirken häufig als Hemmungskörper des Enzyms; in anderen Fällen besitzen die Antigen-Antikörper-Niederschläge nahezu die gleiche Wirksamkeit wie das Enzym an sich.

7. Aktivatoren der Enzyme; Co-Enzyme.

Stoffe, welche die Geschwindigkeit des enzymatischen Umsatzes *erhöhen*, können ganz allgemein als *Aktivatoren* (vgl. a. Tabelle 173, S. 1034) bezeichnet werden, ohne daß damit eine bestimmte Aussage über den Mechanismus ihrer Wirkung verknüpft ist. Häufig handelt es sich dabei nur um eine Steigerung der an sich vorhandenen Enzymwirkung, deren Ausmaß je nach den Umständen in weitesten Grenzen schwanken kann; in vielen Fällen ist aber die Gegenwart des Aktivators *notwendig*, damit die Enzymreaktion überhaupt, wenigstens in meßbarem Umfange, ablaufen kann.

Als Aktivatoren kommen Stoffe von sehr verschiedenartiger chemischer Natur in Betracht, wobei im wesentlichen 3 Gruppen unterschieden werden können:

1. Einfache, anorganische Ionen, und zwar sowohl Anionen, z. B. Chlorid, Nitrat, Phosphat usw. (Amylase, Peptidase); Sulfide und Cyanide (Papain, Kathepsin); wie auch Kationen, z. B. Calcium (Lipasen); Magnesium, Mangan, Cobalt (Peptidasen, Arginase, Phosphatasen und Phosphorylasen); Eisen, Kupfer (Oxydasen) usw.

---

[1] GRASSMANN, W.: Angew. Chem. **44**, 105 (1931). — HANSCHKE: Diss. München 1932. — Vgl. a. S. 1159. — [2] WARBURG, O.: Schwermetalle als Wirkungsgruppen von Fermenten. Berlin 1946, u. zwar S. 59. — [3] WEINLAND, E.: Z. Biol. **44**, 1 (1903). — MENDEL, L. D., and A. F. BLOOD: J. biol. Ch. **8**, 177 (1910). — COLLIER, H. B.: Canad. J. Res. **19**, 91 (1941). — HARNED, B. K., and T. P. NASH: J. biol. Ch. **97**, 443 (1932). — [4] JAFFE, W. G.: J. biol. Ch. **149**, 1 (1943). — [5] ROBBINS, B. H.: J. biol. Ch. **87**, 251 (1930). — ROBBINS, B. H., and P. D. LAMSON: J. biol. Ch. **106**, 725 (1934). — MENDEL, L. D., and A. F. BLOOD: J. biol. Ch. **8**, 177 (1910). — [6] KUNITZ, M., and J. H. NORTHROP: J. gen. Physiol. **19**, 991 (1936). — [7] HERRIOTT, R. M.: J. gen. Physiol. **24**, 325 (1941). — HERRIOTT, R. M.: Bamann-Myrbäck **2**, 2045. — [8] SCHMITZ, A.: H. **2**, **255**, 234 (1938). — [9] HAM, W. E., and R. M. SANSTEDT: J. biol. Ch. **154**, 505 (1944). — BOWMAN, D. E.: Proc. Soc. exp. Biol. Med. **57**, 139 (1944). — [10] BALLS, A. K., H. LINEWEAVER and R. R. THOMPSON: Science, N. Y. **86**, 379 (1937). — [11] KUNITZ, M.: Science, N. Y. **101**, 668 (1945). — [12] BAYLISS, W. M.: The Nature of Enzyme Action. New York 1925. — SEVAG, M. S.: Immunocatalysis. Springfield, Ill. 1945. — MARRACK, J. R.: Sumner-Myrbäck I/1, S. 343.

2. Organische Verbindungen von mittlerer Molekulargröße und bekannter Struktur, wie z. B. Cystein, Glutathion, Pyridinnucleotide (Co-Zymase, Co-Dehydrase) sowie die Phosphorsäureester des Lactoflavins, Aneurins und Pyridoxals. Zu diesen Stoffen, denen auf Grund ihrer Konstitution zum Teil eine unmittelbare Mitwirkung beim enzymatischen Umsatz zugeschrieben werden kann, gehören die eigentlichen „Co-Enzyme" im engeren Sinne (s. S. 1036).

3. Hochmolekulare Stoffe von eiweiß- oder enzymartiger Natur (Enterokinase, Thrombokinase usw.); ihre Wirkung dürfte darauf beruhen, daß sie entweder ein unwirksames Proenzym (Zymogen) katalytisch in das wirksame Enzym umwandeln oder sich mit ihm zum wirksamen Enzym vereinigen.

Der Enzymaktivierung kann ein sehr verschiedener Mechanismus zugrunde liegen. Außer durch Ausschaltung von Hemmungskörpern (s. S. 1006) können Aktivierungen zustande kommen durch Änderung der Dispersitätsverhältnisse von Enzym oder Substrat, Erhöhung der Zerfallsgeschwindigkeit des Enzym-Substratkomplexes, elektrische Aufladung oder Umladung der an der Reaktion beteiligten Kolloide, Bildung von Komplexen mit erhöhter Reaktionsfähigkeit, Stabilisierung des unter den Reaktionsbedingungen unbeständigen Enzyms (Schutzkolloid- oder Protektorwirkung) usw. Aktivierungen können auch auf einer Reaktion des Zusatzstoffes mit dem *Substrat* beruhen (z. B. Aktivierung der Glyoxalase durch Glutathion[1]).

Die Bezeichnung Co-Enzym sollte auf solche Fälle beschränkt werden, wo ein (meist niedermolekularer Hilfsstoff (X) sich mit dem an sich unwirksamen Enzymkolloid (E) in umkehrbarer Reaktion zu der katalytisch wirksamen Verbindung (EX) vereinigt und als „Wirkungsgruppe" des Gesamtenzyms an der katalytischen Reaktion unmittelbar beteiligt ist. Der Hinweis, daß viele Co-Enzyme in Wahrheit als Substrate aufzufassen seien, ist an sich zutreffend. Die von HOFFMANN-OSTENHOF[2] diskutierte Problematik des Katalysatorbegriffes tritt aber notwendigerweise immer in Erscheinung, sobald man statt einer Gesamtreaktion deren Teilreaktionen ins Auge faßt (vgl. dazu die Teilgleichungen nach MICHAELIS oder LANGENBECK, S. 999 und 1004).

8. Einfluß der Wasserstoffionenkonzentration.

Außer von der Enzym- und Substratkonzentration sowie von der Anwesenheit von Hemmungskörpern bzw. Aktivatoren ist die Geschwindigkeit enzymatischer Umsätze in vielfacher und oft unübersichtlicher Weise abhängig von den im System vorhandenen Ionen. *Unter allen Ionen, welche die Geschwindigkeit von Enzymreaktionen beeinflussen, sind die Wasserstoffionen am wichtigsten.*

Es ist das Verdienst von S. P. L. SØRENSEN[3] sowie von L. MICHAELIS[4] den entscheidenden Einfluß der Wasserstoffionenkonzentration für die Aktivität der Enzyme erkannt zu haben.

Trägt man die Abhängigkeit der Umsatzgeschwindigkeit vom p_H-Wert in ein Diagramm ein, so erhält man die *Aktivitäts-p_H-Kurve* (Abb. 91), die bei allen Enzymen ein Optimum bei einem bestimmten p_H-Wert aufweist. Die Annahme, daß die Gestalt der p_H-Kurve, insbesondere die Lage ihres Optimums, als charakteristische Konstante für ein gegebenes Enzym betrachtet werden dürfe, hat jedoch im Laufe der Zeit mancherlei Einschränkungen erfahren. Auch ist es im allgemeinen nicht ohne weiteres möglich, eindeutige Beziehungen zwischen der Lage des p_H-Optimums und dem Verhalten der Enzymteilchen im elektrischen Feld bei wechselnden p_H-Werten herzustellen. Sehr häufig findet man die p_H-Kurve abhängig von der Art des angewandten Puffers, sowie von der

[1] CHOWETT, M., and J. H. QUASTEL: Biochem. J. **27**, 486 (1933). — [2] HOFFMANN-OSTENHOF, O.: Enzymologia **14**, 61 (1950). — [3] SØRENSEN, S. P. L.: B. Z. **21**, 131 (1909). — [4] MICHAELIS, L.: Die Wasserstoffionenkonzentration, 2. Aufl. Berlin 1922.

Substratkonzentration (z. B. Urease[1]). In vielen Fällen erweist sich die *Aktivitäts-p_H-Kurve* als *entstellt durch die Anwesenheit aktivierender oder hemmender Begleitstoffe*, deren Wirkung in verschiedenen Bereichen der p_H-Skala in unterschiedlichem Maße in Erscheinung tritt.

So zeigt die rohe *Magenlipase* ein Wirkungsoptimum im schwach sauren Bereich (etwa p_H 5,5), die *Pankreaslipase* im schwach alkalischen Gebiet. Es konnte indessen gezeigt werden, daß die Lage des p_H-Optimum im sauren Gebiet bei der Magenlipase vorgetäuscht ist durch die Anwesenheit eines vorzugsweise im alkalischen Bereich wirksamen hemmenden *Begleitstoffes*, dessen Abtrennung bei fortschreitender Reinigung des Enzyms zu einer Verschiebung des p_H-Optimums nach der alkalischen Seite und damit zu einer weitgehenden Aufhebung des zwischen Magen- und Pankreaslipase gefundenen Unterschiedes führt[2].

In anderen Fällen ist die *Lage des p_H-Optimums* nicht oder nicht nur vom Enzym, sondern in erster Linie *vom Substrat bestimmt*. Dies gilt vor allem für die eiweiß- und peptidspaltenden Enzyme, deren Substrat sich ja je nach dem p_H-Wert in verschiedenem elektrochemischem Zustand befinden.

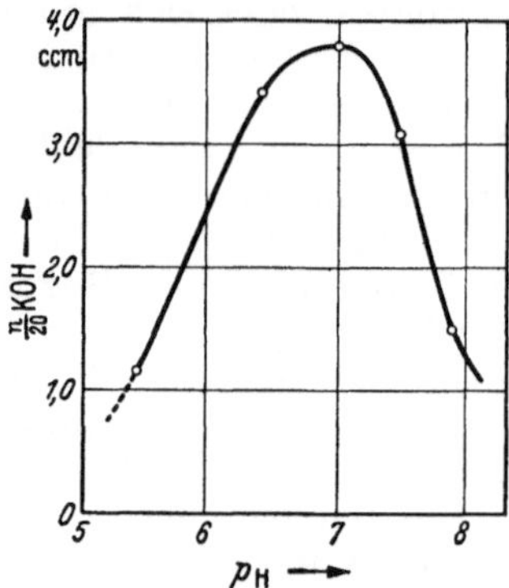

Abb. 91. pH-Abhängigkeit der Hefepolypeptidase (W. Grassmann[3], S. 217).

Ergebnisse von J. H. Northrop[4] haben es wahrscheinlich gemacht, daß das im sauren Medium wirkende *Pepsin* ausschließlich mit Eiweißkationen, die Pankreasproteinase (*Trypsin*) dagegen — entsprechend ihrem alkalischen Wirkungsbereich — ausschließlich mit Eiweißanionen, die Gruppe des *Papains* und *Kathepsins* mit isoelektrischen Eiweißkörpern reagiert[5].

In vielen Fällen kann die *Aktivitäts-p_H-Kurve* von Enzymen *durch einfache Annahmen* über den elektrochemischen Zustand der an der Reaktion beteiligten Moleküle gedeutet

Tabelle 166. p_H-Optima einiger Enzyme.

Enzym	Quelle	Substrat	pH-Optimum	I. P.
Lipase[6]	Magen (ungereinigt)	Tributyrin	5,0—6,0	
Lipase[7]	Pankreas	Äthylbutyrat	7,0	
Maltase[8]	Hefe	Maltose	6,6	
Saccharase[9]	Hefe	Saccharose	4,6—5,0	8,25
Amylase[10]	Malz	Stärke	5,2	
Amylase[10]	Pankreas	Stärke	6,0	
Dipeptidase[11]	Hefe	Einfachste Dipeptide	7,8	
Pepsin[12]	Magen	Verschiedene Proteine	1,5—2,5	2,85
Papain[13]	Carica papaya	Gelatine	5,0	
Kathepsin[14]	Säugetiergewebe	Gelatine	4,0	
Trypsin[12]	Pankreas	Verschiedene Proteine	8,0—11,0	7,50
Urease	Leguminosensamen	Harnstoff	6,6	5,05
Succinodehydrase[15]	B. coli	Succinat	8,5—9,0	
Katalase[16]	Leber	Wasserstoffsuperoxyd	7,0	5,58

[1] Howell, S. F., and J. B. Sumner: J. biol. Ch. **104**, 619 (1934). — [2] Willstätter, R., u. F. Memmen: H. **133**, 247 (1924). — [3] Grassmann, W.: H. **167**, 202 (1927). — [4] Northrop, J. H.: J. gen. Physiol. **5**, 263 (1922/23). Naturwiss. **11**, 713 (1923). — [5] Willstätter, R., W. Grassmann u. O. Ambros: H. **151**, 307 (1926). — [6] Haurowitz, F., u. W. Petrou: H. **144**, 68 (1925). — [7] Platt, B. St., and E. R. Dawson: Biochem. J. **19**, 860 (1925). — [8] Michaelis, L., u. P. Rona: B. Z. **57**, 70 (1913). — [9] Nelson, J. M., and G. Bloomfield: Am. Soc. **46**, 1025 (1924). — [10] Myrbäck, K.: H. **159**, 1 (1926). — [11] Willstätter, R., u. W. Grassmann: H. **153**, 250 (1926). — [12] Northrop, J. H.: J. gen. Physiol. **5**, 263 (1922). — [13] Willstätter, R., u. W. Grassmann: H. **138**, 184 (1924). — [14] Waldschmidt-Leitz, E., u. W. Deutsch: H. **167**, 285 (1927). — [15] Cook, R. P., and R. S. Alcock: Biochem. J. **25**, 523 (1931). — [16] Sørensen, S. P. L.: B. Z. **21**, 131 (1909).

und *rechnerisch behandelt* werden[1]. So ist z. B. die p_H-Abhängigkeit des Invertins und anderer zucker- und glykosidspaltender Enzyme damit erklärt worden, daß das Enzym selbst ein Ampholyt ist, der in der Neutralform (Zwitterion), nicht aber in der anionischen und kationischen Form katalytisch wirksam ist. Zur theoretischen Deutung dieses — in seiner Verallgemeinerung wohl kaum gesicherten — Zusammenhanges vgl. [2].

Das *Wirkungsoptimum der Enzyme* fällt in vielen Fällen, jedoch keineswegs immer, mit derjenigen Reaktion zusammen, bei der das Enzym auch unter physiologischen Verhältnissen im Organismus seine Wirkung entfaltet. Eine Übersicht über die gefundenen p_H-Optima einiger Enzyme ist in Tabelle 166 gegeben. *Andere „Milieubedingungen"*, welche die Wirksamkeit von Enzymen beeinflussen, sind die Temperatur, in manchen Fällen auch Redoxpotential, Strahlungseinwirkungen u. dgl.

9. Quantitative Bestimmung von Enzymen[3]: Einheiten von Enzymmenge und Enzymkonzentration.

Nur in seltenen Fällen kann das Enzym selbst bzw. seine Wirkungsgruppe unmittelbar quantitativ bestimmt werden, beispielsweise durch Farbreaktionen, spezifische Absorptionsbanden u. dgl.

In allen übrigen Fällen wird die in irgendwelchen Enzymmaterialien vorliegende Menge des Enzyms in *relativen Werten* auf Grund der von ihm bewirkten katalytischen Leistung bestimmt. Hierzu ist eine Berücksichtigung aller Faktoren notwendig, welche den zeitlichen Ablauf enzymatischer Umsetzungen beeinflussen. Man geht dabei grundsätzlich so vor, daß man alle Bedingungen, welche die enzymatische Umsetzungsgeschwindigkeit beeinflussen können, soweit wie irgend möglich fixiert, also insbesondere Substratkonzentration, Temperatur, p_H-Wert, Art und Konzentration von Aktivatoren und Hemmungskörpern, sowie der Puffer und eventuell sonst anwesender Elektrolyte. Diejenige Enzymmenge, die unter solchen Standardbedingungen eine bestimmte Umsatzgeschwindigkeit bewirkt, wird als Einheit festgelegt.

Im einzelnen hängt die Festlegung der *Enzymeinheiten* weitgehend von der jeweiligen Kinetik der Enzymreaktion ab, die unter den festgelegten Messungsbedingungen beobachtet wird. So kann als Maß der Enzymmenge die monomolekulare Reaktionskonstante verwendet werden, wenn der Reaktionsverlauf monomolekular ist (Dipeptidase der Darmschleimhaut[4], Pankreasamylase[5], Katalase); diese Voraussetzung ist aber, wie S. 998 besprochen, nur selten erfüllt. Bei linearem Reaktionsverlauf kann die Spaltungsgeschwindigkeit, bei annähernd linearem die auf die Zeit 0 extrapolierte Anfangsgeschwindigkeit der Reaktion bei entsprechender Konstanthaltung aller Faktoren als proportional der Enzymmenge angesehen werden.

In vielen Fällen wird als Enzymeinheit eine Enzymmenge angesehen, die unter bestimmten festgelegten Bedingungen nach einer bestimmten Reaktionszeit einen bestimmten, willkürlich festgelegten Umsatz bewirkt. So gilt z. B. als Ureaseeinheit diejenige Enzymmenge, die bei 20° C und p_H 7 usw. in 5 min 1 Milligramm NH_3—Stickstoff bildet[6]; als Trypsineinheit diejenige Menge, die unter entsprechend festgelegten Bedingungen der Konzentration, des p_H usw. innerhalb 20 min bei 30° C eine Carboxylmenge entsprechend 1,05 cm³ 0,2 n KOH in Freiheit setzt.

Weitgehend unabhängig von der jeweiligen Form der Zeit-Umsatzkurve ist die Regel, daß (wiederum unter festgelegten Bedingungen des p_H-Wertes, der

[1] MICHAELIS, L.: B. Z. **33**, 182 (1911). — [2] MOELWYN-HUGHES, E. A.: Sumner-Myrbäck Bd. I/1, S. 28, u. zwar S. 64. — [3] Bamann-Myrbäck. — Sumner-Myrbäck. — [4] WALDSCHMIDT-LEITZ, E., u. A. SCHÄFFNER: H. **151**, 31 (1926). — [5] WILLSTÄTTER, R., WALDSCHMIDT-LEITZ, E., u. A. R. F. HESSE: H. **126**, 143 (1923). — [6] SUMNER, J. B., and D. B. HAND: J. biol. Ch. **76**, 149 (1928).

Temperatur, der Ionenkonzentration und der Aktivierung) die zur Erzielung eines bestimmten Umsatzes (z. B. der 50%igen Spaltung eines Substrates oder der Inversion von Rohrzucker bis zur 0-Drehung) *benötigte Zeit der vorhandenen Enzymmenge umgekehrt proportional*, das Produkt aus Enzymmenge und Zeit also konstant ist. Abweichungen von dieser Regel treten im allgemeinen nur dann auf, wenn die Menge des vorhandenen Katalysators sich während der Reaktion ändert (Zerstörung oder Neubildung von Enzym oder dgl.).

Um die Reinheit eines Enzympräparates zu kennzeichnen, wird angegeben, wie viel Enzymeinheiten in der Gewichtseinheit (also beispielsweise in 1 g oder 1 mg) des Enzympräparates enthalten sind. So definierte Angaben der enzymatischen Konzentration werden auch als „Enzymwert", „Zeitwert", „Spaltungsfähigkeit" oder dgl. bezeichnet. Für in reiner Form isolierte Enzyme können diese Angaben auf den absoluten Enzymgehalt umgerechnet werden.

γ) Vergleich der Enzyme mit nichtenzymatischen Katalysatoren.

Für das Verständnis der Enzyme und ihrer Wirkungen ist die Kenntnis anderer, meist besser bekannter Katalysatoren wesentlich. Tatsächlich haben sich viele an anderen Katalysatoren entwickelte Erfahrungen und Theorien auf die Enzyme übertragen lassen und umgekehrt. Innerhalb der großen Zahl anderer Katalysatoren nehmen aber die Enzyme eine Sonderstellung ein, die durch die folgende Gegenüberstellung näher erläutert werden soll.

1. Katalytische Wirkung anorganischer Ionen.

Es ist bekannt, daß eine Reihe von anorganischen Ionen katalytische Wirkungen auf die verschiedenartigsten Reaktionen ausüben. $H^{\cdot}$- und OH'-Ionen katalysieren unter anderem die Spaltung von Estern, Amiden, Peptiden, Glykosiden (bei entsprechender Lage des thermodynamischen Gleichgewichtes natürlich auch die entsprechenden synthetischen Reaktionen), sie beschleunigen außerdem eine Reihe von Umlagerungs-, Kondensations- und Polymerisationsvorgängen. Schwermetallionen, wie die Ionen von Fe[1], Cu, Co, Ni, Mn kennen wir als Beschleuniger von Oxydations- und Reduktionsvorgängen, mitunter auch von Polymerisationsprozessen. Auch katalytische Wirkungen des Jod-[2] und des Cyanidions[3] sind beschrieben. Derartige katalytische Wirkungen einfacher Ionen kommen auch im Organismus vor und es ist sicher, daß ihnen auch biologische Bedeutung zukommt. Von solchen einfachen anorganischen Katalysatoren sind aber die Enzyme als *organische* Katalysatoren nach Eigenschaften, Wirksamkeit und Wirkungsweise scharf unterschieden.

An *komplexen Verbindungen der Schwermetalle* finden wir die katalytische Wirkung zum Teil völlig verschwunden, zum Teil aber auch stark erhöht. So erklärt sich die verstärkte Oxydasewirkung von Systemen, welche z. B. Oxysäuren, Thiosäuren oder Ketosäuren neben Eisen enthalten[4].

[1] Zum Mechanismus der Oxydationskatalyse durch Fe-Ionen s. u. a. MANCHOT, W., u. J. HERZOG: Z. anorg. Chem. **27**, 404 (1901). — MANCHOT, W.: A. **325**, 102 (1902). — MANCHOT, W., u. W. PFLAUM: Z. anorg. Chem. **211**, 1 (1933). — WIELAND, H., u. W. FRANKE: A. **464**, 101 (1928); **457**, 1 (1927); **475**, 1, 19 (1929). — WIELAND, H., u. K. BOSSERT: A. **509**, 1 (1934). — WIELAND, H., u. E. STEIN: Z. anorg. Chem. **236**, 361 (1938). — CHRISTIANSEN, J. A., u. H. A. KRAMERS: Z. physik. Chem. **104**, 451 (1923). — LANGENBECK, W.: Die organischen Katalysatoren. 2. Aufl. Berlin, Göttingen, Heidelberg 1949. — WARBURG, O.: Schwermetalle als Wirkungsgruppen von Fermenten. Berlin 1946. — [2] BREDIG, G., u. J. H. WALTER jr.: Z. Elektrochem. **9**, 114 (1903). Z. physik. Chem. **47**, 185 (1904). — [3] STERN, E.: Z. physik. Chem. **50**, 513 (1905). — [4] WIELAND, H., u. W. FRANKE: A. **464**, 101 (1928); **475**, 19 (1929).

In physiologischer und theoretischer Hinsicht am wichtigsten sind die *komplexen Verbindungen des Eisens mit Porphyrinen.* Hämoglobin zeigt die Wirkungen der Katalase und der Peroxydase, Hämin zeigt Katalase- sowie Oxydase-Wirkung gegenüber verschiedenen Substraten. Die Katalysen des Hämins und seiner Derivate bilden den *Übergang von der Katalyse durch einfache Schwermetallkomplexe zu den eigentlichen Fermentwirkungen.* Denn wir wissen heute, daß Hämineisen die wirksame Gruppe wichtiger Enzyme, nämlich des WARBURGschen Atmungsferments, der Katalase (S. 886) und des Cytochroms (S. 870) und der Peroxydase (S. 879) ist. Die Assimilation der Kohlensäure erfolgt unter Mitwirkung des Chlorophylls, also einer Porphyrin-Mg-Verbindung. Polyphenoloxydase, Tyrosinase und Ascorbinsäureoxydase sind Kupferproteide[1]. Bei einer Reihe von Peptidasen, Phosphatasen, Phosphorylasen sowie bei Arginase sprechen zahlreiche Befunde dafür, daß an ihrer Wirkungsgruppe bestimmte 2-wertige Metalle, wie z. B. Mg, Mn, Zn, Co, beteiligt sind. Die Versuche von BURK[2] lassen es in gewissem Maße als wahrscheinlich erscheinen, daß Mo ein wesentlicher Bestandteil des katalysierenden Systems für die Stickstoffassimilation (S. 218) durch Azotobacter ist. *Die biologische Bedeutung vieler im Organismus oft nur in Spuren anwesender Metalle erscheint damit verständlich.*

Für einen quantitativen Vergleich der katalytischen Wirkung von Metallionen, metallischen Komplexverbindungen und Fermenten eignet sich die ,,Umsatzzahl" (turnover number), das ist diejenige Zahl von Substratmolekülen, die in 1 min durch 1 Molekül des Katalysators bzw. durch 1 Atom eines katalytisch wirkenden Metalls usw. umgesetzt wird. Die folgende Gegenüberstellung zeigt, daß die katalytische Wirkung der Hämine diejenige des Fe-Ions bei weitem übertrifft, ohne diejenige eines Enzyms annähernd zu erreichen; z. B. zersetzt bei 0° C und in wäßriger Lösung

1 Mol Fe^{II} bzw. Fe^{III}	$6 \cdot 10^{-4}$ Mole H_2O_2 in 1 min,
1 Mol Hämin bzw. Mesohämin	$6 \cdot 10^{-1}$ Mole H_2O_2 in 1 min,
1 Mol Katalase	$5 \cdot 10^{6}$ Mole H_2O_2 in 1 min.

Dieses Beispiel zeigt, daß die an sich vorhandene katalytische Fähigkeit des Metallatoms durch eine bestimmte Bindungsweise am Katalysatormolekül um Größenordnungen gesteigert werden kann.

2. Katalytische Wirkung niedermolekularer organischer Stoffe.

Als *wichtigste Beispiele* der zum Teil schon lange bekannten, aber erst neuerdings eingehend studierten katalytischen Wirkungen niedermolekularer metallfreier organischer Verbindungen mögen die folgenden erwähnt sein[3] (s. Tab. 167).

Die gegebene Übersicht zeigt, daß die eine oder andere der angeführten katalytischen Reaktionen auch für Vorgänge im Organismus Bedeutung haben wird. Auch wenn dies der Fall ist, rechnen wir jedoch derartige einfache organische Katalysatoren aus Gründen, die unten noch näher besprochen werden, nicht zu den Fermenten. Ihre eingehende Untersuchung, die man vor allem den

[1] KUBOWITZ, F.: B. Z. **292**, 221 (1937); **293**, 308 (1937); **299**, 32 (1938). — GRAUBARD, M., and J. M. NELSON: J. biol. Ch. **112**, 135 (1935/36). — KEILIN, D., and T. MANN: Proc. R. Soc. London (B) **125**, 187 (1938). — JENSEN, H., and L. E. TENENBAUM: J. biol. Ch. **147**, 737 (1943). — DALTON, H. R., and J. M. NELSON: Am. Soc. **61**, 2946 (1939). — POWERS, W. H., S. LEWIS and C. R. DAWSON: J. gen. Physiol. **27**, 167 (1944). — MATSUKAWA, D.: J. Biochem. **32**, 257 (1940). — RAMASARMA, B., N. C. DATA and N. S. DOCTOR: Enzymologia 8, 108 (1940). — STOTZ, E.: J. biol. Ch. **133**, C (1940). — TADOKORO, T., and H. TAKASUGI: J. chem. Soc. Jap. **60**, 188 (1939). — [2] BURK, D.: Ergebn. Enzymforsch. **3**, 23, und zwar S. 46 (1934). — [3] Vgl. LANGENBECK, W.: Die organischen Katalysatoren. Berlin 1935. 2. Aufl. Berlin, Göttingen, Heidelberg 1949.

Tabelle 167. Katalytische Wirkungen organischer Stoffe.

Reaktionen	Beschleunigt durch
Kondensation von Aldehyden mit Methylenverbindungen[1]	organische Basen
Anlagerung von HCN an Aldehyde[2]	NH_3, organische Basen
Anlagerung von Wasser an Dicyan[3]	Aldehyde, z. B. Acetaldehyd
Esterverseifung[4]	aktive Alkohole, z. B. Benzoylcarbinol und Derivate
Spaltung von α-Ketosäuren[5]	primäre Amine
Spaltung von β-Ketosäuren[6]	organische Basen
Addition von O_2 an ungesättigte Verbindungen[7]	freie Radikale
Autoxydationen, z. B. von ungesättigten Fettsäuren und Phenolen[8]	organische Basen, z. B. $\alpha\alpha'$-Dipyridyl; Prolin. Zahlreiche autoxydable Verbindungen, z. B. Thiole, Carotinoide, Sterine, Polyphenole
Dehydrierung von Aminosäuren durch O_2 oder Methylenblau[9]	Alloxan
Vulkanisation des Kautschuks[10]	zahlreiche organische Basen, z. B. Guanidinderivate, Hexamethylentetramin; S-Verbindungen, z. B. Thioharnstoffe und Mercaptane u. a.

Arbeiten von LANGENBECK verdankt[11], hat aber große Bedeutung für die Theorie der Fermentwirkung erlangt.

Gemeinsam ist allen diesen Katalysen, daß sie über wohldefinierte, valenzmäßig formulierbare und in vielen Fällen isolierte Zwischenverbindungen verlaufen. Die folgenden Reaktionsgleichungen sollen dies erläutern:

a) Anlagerung von Wasser an Dicyan

$$\begin{array}{c} N{\equiv}C \\ | \\ N{\equiv}C \end{array} + \begin{array}{c} HOCH{=}CH_2 \\ \\ HOCH{=}CH_2 \end{array} \longrightarrow \begin{array}{c} HN{=}C{-}O{-}CH{=}CH_2 \\ | \\ HN{=}C{-}O{-}CH{=}CH_2 \end{array} \longrightarrow$$

Dicyan — Vinylalkohol — Oxaliminodivinyläther (unbeständig)

[1] HANTZSCH, A.: B. 18, 2579 (1885). — KNOEVENAGEL, E.: A. 281, 25, 29 (1894). — [2] KILIANI, H.: B. 21, 916 (1888). — BREDIG, G., u. P. S. FISKE: B. Z. 46, 7 (1912). — LAPWORTH, A.: Soc. 1903, 995; 1904, 1206. — [3] LIEBIG, J. v.: A. 113, 15, 246 (1860). — LIEBEN, A.: A. 43, Supl. 1, 114 (1861). — [4] HENRIQUES, R.: Angew. Chem. 1898, 338. — KREMANN, R.: Mh. Chem. 26, 783 (1905); 29, 23 (1908). Weitere Literatur siehe PFANNL, M.: Mh. Chem. 31, 301 (1910). — [5] SIMON, L.: Ann. Chim. Physique (7) 9, 517 (1896). — BOUVEAULT, L.: Cr. 122, 1543 (1896). — MAUTHNER, F.: B. 42, 188 (1909). — [6] WOHL, A., u. C. OESTERLIN: B. 34, 1139 (1901). — WOHL, A.: B. 40, 2282 (1907). — CLAUSSNER, P.: Diss. Danzig 1907. — BREDIG, G., u. R. W. BALCOM: B. 41, 740 (1908). — BREDIG, G., u. R. A. JOYNER: Z. Elektrochem. 24, 285 (1918). — CREIGHTON, H. J. M.: Z. physik. Chem. 81, 543 (1912). — PASTANOGOW, W.: Z. physik. Chem. 112, 448 (1924). — [7] ZIEGLER, K., u. L. EWALD: A. 504, 162 (1933). — ZIEGLER, K., L. EWALD u. PH. ORTH: A. 479, 277 (1930). — ZIEGLER, K., u. PH. ORTH: B. 65, 628 (1932). — [8] FRANKE, W.: A. 498, 129 (1932). — RONA, P., R. ASMUS u. H. STEINECK: B. Z. 250, 149 (1932). — LANGECKER, H.: A. e. P. P. 129, 202 (1928). — [9] STRECKER, A.: A. 123, 363 (1862). — TRAUBE, W.: B. 44, 3145 (1911). — [10] GOTTLOB, K.: Gummi-Ztg. 30, 303, 326 (1916). — [11] Zusammengefaßt in LANGENBECK, W.: Die organischen Katalysatoren. 2. Aufl. Berlin, Göttingen, Heidelberg 1949. Untersuchungen über die chemische Natur der Fermente (ohne die häminhaltigen Fermente). Ergebn. Physiol. 35, 470—497 (1933). Lehrbuch der organischen Chemie. 7. Aufl. Dresden 1948.

$$\xrightarrow{2\,H_2O} \begin{array}{l} HN{=}C{-}O{-}CH{=}CH_2 \\ \quad\;\; | \\ O{=}C{-}NH_2\cdot H_2O \end{array} + OHC\cdot CH_3$$

Oxaliminomonovinyläther (beständig) Acetaldehyd

$$\begin{array}{l} HN{=}C{-}O{-}CH{=}CH_2 \\ \quad\;\; | \\ O{=}C{-}NH_2 \end{array} \xrightarrow{H_2O} \begin{array}{l} O{=}C{-}NH_2 \\ \quad\; | \\ O{=}C{-}NH_2 \end{array} + OCH\cdot CH_3$$

Oxaliminomonovinyläther Oxamid Acetaldehyd

b) Addition von O_2 *an ungesättigte Verbindungen* in Gegenwart von Radikalen

$$R{-} + O_2 = R{-}O{-}O{-}$$
$$R{-}O{-}O{-} + R{-}R = R{-}O{-}O{-}R + R{-}$$
$$R{-}O{-}O{-} + Acc = AccO_2 + R{-}$$

c) Dehydrierung von Aminosäuren durch O_2 (oder Methylenblau) in Gegenwart von Isatin

$$\underset{\text{Alanin}}{CH_3{-}\underset{NH_2}{\underset{|}{CH}}{-}COOH} + 2\,\underset{\text{Isatin}}{\text{Isatin}} \rightarrow \text{(Isatin-Dimer mit zwei C–OH)} + CH_3{-}\underset{NH}{\underset{\|}{C}}{-}COOH \qquad \text{(I)}$$

$$CH_3{-}\underset{NH}{\underset{\|}{C}}{-}COOH \xrightarrow{H_2O} CH_3{-}CHO + NH_3 + CO_2 \qquad \text{(II)}$$

$$\text{(Isatin-Dimer mit zwei C–OH)} + {}^1\!/_2O_2 = H_2O + 2\,\text{Isatin} \qquad \text{(III)}$$

d) Decarboxylierung von α-Ketosäuren durch Amine

$$C_6H_5{-}CO{-}COOH + C_6H_5NH_2 \rightarrow C_6H_5{-}\underset{N-C_6H_5}{\underset{\|}{C}}{-}COOH + H_2O$$

$$C_6H_5{-}\underset{N-C_6H_5}{\underset{\|}{C}}{-}COOH \rightarrow C_6H_5{-}\underset{N-C_6H_5}{\underset{\|}{CH}} + CO_2$$

$$C_6H_5{-}\underset{N-C_6H_5}{\underset{\|}{CH}} + C_6H_5{-}CO{-}COOH \rightarrow C_6H_5{-}CHO + C_6H_5{-}\underset{N-C_6H_5}{\underset{\|}{C}}{-}COOH$$

Benzalanilin Phenylglyoxylsäure Benzaldehyd Phenylglyoxylsäure-anil

Die meisten der angeführten organischen Katalysatoren sind, verglichen mit den Enzymen, nur außerordentlich wenig wirksam. Es ist aber prinzipiell wichtig, daß die katalytische Wirkung der in ihnen enthaltenen „aktiven Gruppe“, d. h. der unmittelbar mit dem Substrat in Reaktion tretenden Atomgruppierung, durch systematische Abwandlung des Katalysatormoleküls bzw. durch Einführung „aktivierender Gruppen“ in dasselbe, beträchtlich gesteigert werden kann.

In welchem Maße dies möglich ist, zeigt am *Beispiel der Decarboxylierung von α-Ketosäuren* (Carboxylasemodell) die folgende Übersicht, in der die erste Zahl die von 1 Mol

Katalysator in den ersten 5 min umgesetzte Menge Phenylglyoxylsäure (in Molen), die in Klammer beigefügte Zahl die Versuchstemperatur bedeutet. Ausgehend von dem katalytisch nur wenig wirksamen Methylamin ist durch Abwandlung des Moleküls im 6-Methyl-3-aminonaphthoxindol schließlich ein Katalysator erhalten worden, dessen Wirksamkeit (unter Berücksichtigung des Temperaturkoeffizienten der Reaktion) ungefähr das 4000fache von derjenigen der Ausgangssubstanz beträgt.

Tabelle 168. Steigerung der Decarboxylierung von Phenylglyoxylsäure mit abgewandelten Aminen nach LANGENBECK.

		Umsatz in Mol. (1 min)	Versuchs-temp. $t°$ C
$CH_3—NH_2$	Methylamin	0,05	137
$C_6H_5—NH_2$	Anilin	0,33	137
$CH_2—NH_2$ / $COOH$	Glykokoll	1,33	137
$C_6H_5—CH—NH_2$ / $COOH$	Phenylaminoessigsäure	1,48 0,64	137 100
(Benzolring)—CH—NH$_2$ / CO / NH	3-Amino-oxindol	14,80 1,30	100 70
(Naphthalinring)—CH—NH$_2$ / CO / NH	3-Amino-α-naphthoxindol	2,44 0,13	70 37
H_3C—(Naphthalinring)—CH—NH$_2$ / CO / NH	6-Methyl-3-amino-α-naphthoxindol	0,32	37

Diese Beispiele zeigen, daß die katalytische Wirksamkeit einfacher organischer Atomgruppierungen durch Veränderung ihrer molekularen Umgebung um Größenordnungen geändert werden kann.

Die Ergebnisse von LANGENBECK gewinnen besondere Bedeutung durch die Feststellung von K. LOHMANN[1], daß die wirksame Gruppe der Carboxylase gleichfalls ein primäres Amin, das Aneurin, ist (vgl. S. 1036, 1039 sowie Bd. 2, Kohlenhydratstoffwechsel).

Auch die katalatische und peroxydatische Leistung des Hämins kann durch Bindung an geeignete cyclische N-Basen wie Pyridin, Imidazol oder Histidin beträchtlich gesteigert werden[2].

[1] LOHMANN, K., u. PH. SCHUSTER: B. Z. **294**, 188 (1937). — [2] KUHN, R., u. L. BRANN: B. **59**, 2370 (1926). H. **168**, 27 (1927). — LANGENBECK, W., R. HUTSCHENREUTER u. W. ROTTIG: B. **65**, 1750 (1932). — STERN, K. G.: H. **215**, 35 (1933); **219**, 105 (1933).

3. Katalysen an Oberflächen.

Die sehr eingehende theoretische Bearbeitung, welche die Kontaktkatalysen, also vor allem die Katalysen an Metallen wie Pt oder Pd (Wasserstoffaktivierung) und an Metalloxyden (Ammoniaksynthese, Methanolsynthese) in den letzten Jahrzehnten im Hinblick auf ihre wissenschaftliche wie technische Bedeutung gefunden haben, hat zu der Kenntnis geführt, daß bei diesen Katalysen die *Adsorption* der reagierenden Moleküle an der Katalysatoroberfläche eine notwendige, aber keineswegs ausreichende *Voraussetzung für das Zustandekommen der katalytischen Reaktion* ist. Vielmehr besteht der wichtigste Teilprozeß der Oberflächenkatalyse darin, daß *die adsorptiv angelagerten Moleküle* unter dem Einfluß der Valenzkräfte der Oberfläche *Änderungen ihres inneren Aufbaues und damit Steigerungen ihrer Reaktionsfähigkeit erfahren.* Von wesentlicher Bedeutung ist dabei, „daß die chemische ‚Aktivierung' der Substratmoleküle vielfach nur an einzelnen diskreten, durch ihre spezifische Zusammensetzung und Struktur besonders geeigneten Bezirken („aktiven Stellen") der Kontaktoberfläche zu erfolgen vermag"[1-3]. Die Abwanderung der gebildeten Reaktionsprodukte von den Reaktionsstellen und ihre Desorption von der Katalysatoroberfläche schließen den katalytischen Vorgang ab.

Die weitgehenden *Analogien*, die *im Verhalten der Kontaktkatalysatoren und der Fermente* bestehen, sind bemerkenswert und oft betont worden, wenn auch die Frage, ob ihnen im einzelnen wirklich wesentliche oder mehr formale Bedeutung zukommt, noch nicht vollkommen geklärt ist.

Sowohl von den Fermenten wie von den Kontaktkatalysatoren genügen schon sehr kleine Mengen zur Umsetzung sehr großer Substratmengen.

Allerdings wird die *Leistungsfähigkeit der Enzyme* auch von den anorganischen Kontakten offenbar nicht erreicht; so ist z. B. die Katalasewirkung von kolloidalem Pt nach BREDIG mindestens 6 bis 8 Zehnerpotenzen geringer als diejenige reiner Katalase und kaum von der gleichen Größenordnung wie die des Hämins.

Die *Wirkung gewisser anorganischer Katalysatoren* zeigt ähnliche Abhängigkeit von der Substrat- und der Wasserstoffionenkonzentration wie diejenige der Fermente. Kontaktstoffe werden inaktiviert durch Stoffe, die auch als Enzymgifte bekannt sind, wie z. B. H_2S, HCN, Hg-Verbindungen usw., wobei oft schon Spuren des Kontaktgiftes zur Inaktivierung ausreichen. Schließlich können Kontaktkatalysatoren oft durch Überhitzen inaktiviert werden, wenn auch ihre Temperaturbeständigkeit im allgemeinen weit größer ist als diejenige der Enzyme.

Besonders hervorzuheben ist als gemeinsames Merkmal der Kontaktstoffe und der Fermente die *Verstärkbarkeit und Lenkbarkeit ihrer katalytischen Leistungen in ganz bestimmten Richtungen* durch Kombination mit Zusatzstoffen oder Aktivatoren. Die mit „*Mehrstoffkatalysatoren*" erzielbaren hohen und spezifischen Wirkungen sind die Grundlage der wichtigsten technischen Kontaktprozesse geworden (NH_3-Synthese mit $Fe + Al_2O_3$; Methanolsynthese mit $ZnO + Cr_2O_3$). Der Grund für diese Leistungssteigerungen dürfte darin zu suchen sein, daß in der Oberfläche solcher „Mischkatalysatoren" die Ausbildung von Phasengrenzlinien und anderen „Unstetigkeitsstellen" des Krystallgitters begünstigt ist, die als Reaktionszentren in Betracht kommen können.

In enger Beziehung zu den beispielsweise aus mehreren Metalloxyden gebildeten Mehrstoffkatalysatoren stehen diejenigen katalytischen Systeme, die durch *Einbau von Metallionen oder an sich katalytisch wirksamen Atomgruppen*

[1] SCHWAB, G. M.: Ergebn. exakt. Naturwiss. **7**, 276 (1928). Katalyse. Berlin 1931. — [2] FRANKENBURGER, W.: Ergebn. Enzymforsch. **3**, 1, und zwar S. 4 (1934). — [3] GRIFFITH, R. H.: The Mechanism of Contact Catalysis. 2. Aufl. London 1946.

in mehr oder weniger indifferente Grenzflächen erhalten werden. Die hohe Steigerung, welche die Wirksamkeit katalytisch schwacher Katalysatoren durch Aufbringung auf bestimmte Träger in vielen Fällen erfährt, bildet in gewissem Sinne ein Gegenstück zu der „Aktivierung", welche bei den Wirkgruppen organischer Katalysatoren durch den Einbau in oder durch die Bindung an geeignete größere Moleküle erreicht werden kann. An Kohle adsorbiertes Hämin besitzt etwa die 200fache Leistung, an Kohle- oder Graphitoberfläche adsorbierte Fe-Ionen zeigen sogar eine 100000fach höhere Wirkung als im freien Zustand in wäßriger Lösung[1].

Dies gilt nicht nur für metallische Katalysatoren. Auch durch *Bindung anderer reaktionsvermittelnder Stoffe an Kolloide* können wirksame Katalysatoren von zum Teil enzymähnlichen Eigenschaften erhalten werden.

So erhält man[2] durch Einführung einer Diäthylaminogruppe in ein natürliches Kolloid, nämlich Cellulose (Baumwollfaser) einen sehr wirksamen Katalysator, mit dem CO_2 aus Bromcamphercarbonsäure abgespalten und Mandelsäurenitril aus Benzaldehyd und Blausäure synthetisiert werden konnte. Der Katalysator zeigt optische Spezifität, ähnlich wie die natürlichen Enzyme.

In diesem Zusammenhang sei auch die wichtige Feststellung von SCHWAB[3] erwähnt, wonach an einem *anorganischen Kontaktstoff mit asymmetrischem Gitter*, nämlich an den mit Cu bedeckten Oberflächen von Rechts- und Linksquarz, optisch auswählende Katalysen (Dehydratisierung von DL-Butylalkohol unter Bevorzugung einer der beiden optisch aktiven Formen) durchgeführt werden können.

4. Quantitative katalytische Leistungsfähigkeit der Enzyme.

Aus dem Vorhergehenden ergibt sich, daß jede der drei besprochenen Gruppen von Katalysatoren Eigenschaften aufweist, die in vielerlei Hinsicht denen der Enzyme nahekommen. Es muß aber betont werden, daß *die Enzyme gegenwärtig noch durch sehr beachtliche, mindestens durch größenordnungsmäßige quantitative Unterschiede von fast allen als Fermentmodellen diskutierten bekannten Katalysatoren getrennt sind.*

Dies gilt zunächst, wie schon kurz erwähnt, von der *quantitativen katalytischen Leistungsfähigkeit*. Ergänzend zu dem oben besprochenen Beispiel der Katalase sei beispielsweise noch angeführt, daß ein hochaktives *Saccharase*präparat je Sekunde rund 10mal sein eigenes Gewicht an Rohrzucker invertiert[4], daß ein hochgereinigtes *Peroxydase*präparat je Sekunde rund das 80fache seines Gewichtes an Purpurogallin[5] und reinste *Amylase* ihr 40faches Eigengewicht an Maltose bildet. Berücksichtigt man das sicher hohe Molekulargewicht des Enzyms und den Umstand, daß die verwandten Enzympräparate bestimmt noch nicht rein waren, so errechnet sich, daß 1 Mol des Enzyms wohl mindestens 1000 bis 10000mal je Sekunde unter Umsetzung des Substrates reagiert. Allerdings ist die absolute Wirksamkeit anderer Enzyme, besonders solcher aus der Gruppe der Amidasen und Proteasen, erheblich geringer. Die krystallisierte Urease von SUMNER vermag in der Sekunde bei 20° nur etwa $^3/_4$ ihres eigenen Gewichtes an Harnstoff zu zersetzen[6].

In Tabelle 169 sind die katalytischen Leistungen von Fermenten denjenigen anderer Katalysatorsysteme gegenübergestellt. Als Maßstab dient die Umsatz-

---

[1] FRANKENBURGER, W.: Ergebn. Enzymforsch. 3, 1, und zwar S. 8 (1934). — [2] BREDIG, G., u. F. GERSTNER: B. Z. **250**, 414 (1932). — [3] SCHWAB, G. M., u. L. RUDOLPH: Naturwiss. **20**, 363 (1932). — [4] WILLSTÄTTER, R., K. SCHNEIDER u. E. WENTZEL: H. **151**, 1 (1926). — [5] WILLSTÄTTER, R., u. A. POLLINGER: A. **430**, 269 (1923). — [6] SUMNER, J. B.: J. biol. Ch. **69**, 435 (1926). — SUMNER, J. B., and D. B. HAND: J. biol. Ch. **76**, 149 (1928).

Tabelle 169. Umsatzzahlen von Fermenten und anderen Katalysatoren.

Katalysator	Reaktion	Temp. °C	Umsatzzahl	Literaturstelle
Fe^{II} bzw. Fe^{III}	Zersetzung von H_2O_2	0	$6 \cdot 10^{-4}$	KUHN, R., u. L. BRAUN: B. **59**, 2370 (1926). H. **168**, 27 (1927).
Kohle bzw. Graphit	$H_2 + Br_2 \rightarrow 2HBr$		$3 \cdot 10^{-1}$	HOFMANN, U.: Angew. Chem. **61**, 39 (1949). —
Kolloidales Platin	Zersetzung von H_2O_2		10^{-2}	FRANKENBURGER, W.: Ergebn. Enzymforsch. **3**, 1 (1934), und zwar S. 6.
Fe-Ion, an Kohle adsorbiert	Zersetzung von H_2O_2		10^{0}	FRANKENBURGER, W.: Ergebn. Enzymforsch. **3**, 1 (1934), und zwar S. 8.
Eisen	Cystein + O_2	20	$6{,}5 \cdot 10^{0}$	KREBS, A. H.: B. Z. **204**, 343 (1929).
Mangan	Cystein + O_2	20	etwa $7{,}5 \cdot 10^{3}$	WARBURG, O.: Schwermetalle als Wirkungsgruppen von Fermenten. Berlin 1946.
3-Aminooxindol	Decarboxylierung von Phenylglyoxylsäure	70	$1{,}3 \cdot 10^{0}$	LANGENBECK, W.: Die organischen Katalysatoren. 2. Aufl. Berlin, Göttingen, Heidelberg 1949.
3-Amino-α-naphthoxindol	Decarboxylierung von Phenylglyoxylsäure	37	$1{,}3 \cdot 10^{-1}$	
6-Methyl-3-amino-α-naphthoxindol	Decarboxylierung von Phenylglyoxylsäure	37	$3{,}2 \cdot 10^{-1}$	
Hämin bzw. Mesohämin	Zersetzung von H_2O_2	0	$6 \cdot 10^{-1}$	KUHN, R., u. L. BRAUN: B. **59**, 2370 (1926). H. **168**, 27 (1927).
Hämin, an Kohle adsorbiert	Zersetzung von H_2O_2		$2 \cdot 10^{0}$	FRANKENBURGER, W.: Ergebn. Enzymforsch. **3**, 1 (1934), und zwar S. 8.
Altes gelbes Ferment (Alloxazin-Proteid)	Sauerstoffübertragung		$5 \cdot 10^{1}$	WARBURG, O., u. W. CHRISTIAN: B. Z. **266**, 377 (1933).
Aldolase	Hexosediphosphat → 2 Triosephosphat	38	$7 \cdot 10^{3}$	WARBURG, O., u. W. CHRISTIAN: B. Z. **314**, 149 (1943).
Polyphenoloxydase (Kupfer)	Cystein + O_2	25	etwa $7 \cdot 10^{3}$	WARBURG, O.: Ergebn. Enzymforsch. **7**, 210 (1938). Vgl. auch Schwermetalle l. c.
Carboxypolypeptidase				ANSON, M. L.: J. gen. Physiol. **20**, 663 (1936). — ANSON, M. L.: Science, N. Y. **81**, 467 (1935).
Saccharase	Inversion von Rohrzucker		etwa $4 \cdot 10^{4}$	WILLSTÄTTER, R., K. SCHNEIDER u. E. WENZEL: H. **151**, 1 (1926).
Urease	Zersetzung von Harnstoff		$4{,}6 \cdot 10^{5}$	SUMNER, J. B., and G. F. SOMERS: Chemistry and Methods of Enzymes. S. 159. New York 1947.
Katalase	Zersetzung von H_2O_2	0	$5 \cdot 10^{6}$	MOUNFIELD, J. D.: Biochem. J. **30**, 1778 (1936).

zahl (s. oben). Bei Fermenten mit bekannter prosthetischer Gruppe sowie bei Hämin ist sie in Tabelle 169 grundsätzlich auf eine prosthetische Gruppe bezogen, auch in Fällen, in denen das Fermentmolekül, wie z. B. bei Katalase (vgl. S. 1031), mehrere prosthetische Gruppen enthält.

5. Spezifität der Enzyme.

Auch die außerordentlich hoch gesteigerte Spezifität der Enzyme, die unten an einer Reihe von Beispielen belegt werden soll, wird von keinem Katalysator aus den bisher besprochenen Gruppen erreicht. Während $H^{\cdot}$- und OH'-Ionen z. B. die Spaltung von Estern, Amiden, Glykosiden und zahlreiche andere Umsetzungen katalysieren, bildet die Zelle für die Spaltung jeder dieser Stoffe nicht nur jeweils besondere Gruppen von Enzymen aus, sondern auch innerhalb dieser Gruppen gibt es zahlreiche Einzelkatalysatoren von zum Teil außerordentlich streng und eng abgegrenzter Spezifität.

So werden z. B. nahe verwandte amidartige Verbindungen, wie Harnstoff, Arginin, Asparagin und Glycinamid (vgl. S. 1102ff.), mit Sicherheit von verschiedenen Enzymen zerlegt. Urease spaltet ausschließlich Harnstoff, aber keines der daraus durch Substitution hervorgegangenen Derivate (vgl. S. 1113). Selbst die Spaltung von Asparagin und Glutamin wird von verschiedenen Enzymen bewirkt. Die Asparaginase spaltet von allen untersuchten Derivaten des Asparagins nur noch die β-Amidgruppe im Asparaginsäurediamid ab, aber es werden weder Isoasparagin noch Oxyasparagin, Fettsäuren- oder Bernsteinsäureamide, Peptide des Asparagins usw.[1] von ihr angegriffen (vgl. S. 1110).

In der Raffinose wird die Bindung zwischen Glucose und Fructose durch die Saccharase der Hefe, die Bindung zwischen Galaktose und Glucose aber durch ein in Emulsinpräparaten vorhandenes Enzym (Melibiase) zerlegt[2].

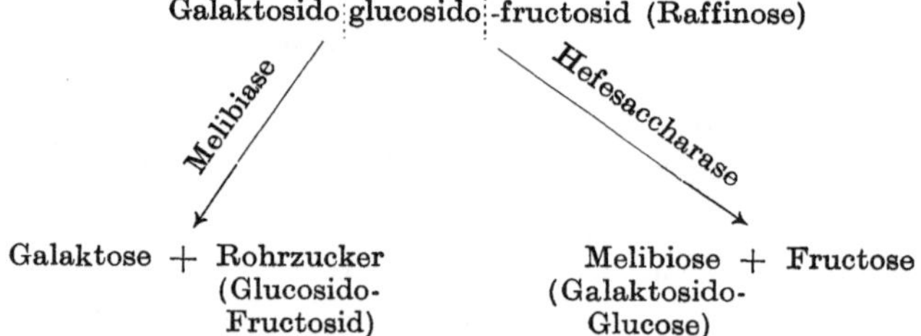

Ähnliche Beispiele lassen sich in beinahe beliebiger Zahl für andere hydrolysierende Enzyme anführen. In gleicher Weise kann die außerordentlich hoch entwickelte Spezifität hydrierender und dehydrierender Enzyme der sehr allgemein oxydationskatalytischen Wirkung etwa des Eisens und seiner Verbindungen einschließlich des Hämins, oder der nahezu unspezifischen Wasserstoffaktivierung durch Platin oder Palladium gegenübergestellt werden. Allerdings ist schon bei den technischen Mischkatalysatoren die Spezifität weit stärker entwickelt und auch auf dem Gebiete der rein organischen Katalysatoren sollten sich Beispiele einer scharf ausgebildeten Strukturspezifität auffinden lassen, wenn man von einer wirklich weitgehenden Analogie zwischen diesen Katalysatoren und den Fermenten sprechen will.

Wirkungs- und Substratspezifität. Es ist üblich geworden, die Spezifität von Enzymen nach Wirkungs- und Substratspezifität zu unterscheiden. Gleiche *Wirkungsspezifität* zeigen Enzyme, die auf die Umwandlung chemisch gleicher Gruppen eingestellt sind, also z. B. die Esterasen, da sie die Hydrolyse von

[1] GRASSMANN, W., u. O. MAYR: H. **214**, 185 (1933). — [2] NEUBERG, C.: B. Z. **3**, 519 (1907). — KUHN, R.: H. **125**, 28 (1923).

Esterbindungen bewirken, die Säureamidasen und Proteasen, die auf die Spaltung der Gruppe —CO—N < eingestellt sind usw. Die Unterteilung der Enzyme in große Hauptgruppen, also z. B. die Unterteilung der Hydrolasen in Esterasen, Amidasen und Glykosidasen, erfolgt also auf Grund der Wirkungsspezifität.

Unter *Substratspezifität* ist demgegenüber die feinere Einstellung eines Enzyms auf den gesamten chemischen und sterischen Bau seines Substrates zu verstehen. α- und β-Glykosidase oder Dipeptidase und Aminopolypeptidase zeigen also gleiche Wirkungs- aber verschiedene Substratspezifität.

Tabelle 170. β-Glucosidase-Werte des Emulsins.

Aglucon*	β-Glucosidase-Werte
Methanol	0,034
n-Butanol	0,300
Phenol	0,330
Saligenin	1,700
o-Kresol	4,300
m-Kresol	0,550
p-Kresol	0,120
o-Oxybenzaldehyd	8,600
Caffeesäure	8,400
Protocatechualdehyd	10,000
Isovanillin	11,000
Vanillin	13,000

Bei Fermentproteiden (s. unten) scheint die Wirkungsspezifität von der prosthetischen Gruppe, die Substratspezifität vom Proteinteil bestimmt zu sein (vgl. S. 1039f.).

Von „*relativer Spezifität*" spricht man, wenn verschiedene Substrate von demselben Enzym mit unterschiedlicher Geschwindigkeit umgesetzt werden. Als Beispiel für die großen Unterschiede der Spaltungsgeschwindigkeit bei der Hydrolyse verschiedener Substrate durch dasselbe Enzym sind in Tabelle 170 die β-Glucosidasewerte von Emulsin angeführt (nach B. HELFERICH[1]).

Sterische Spezifität der Enzyme[2,3]. Unter sterischer Spezifität verstehen wir die Eigenschaft der Enzyme, daß sie sich als Katalysatoren verschieden verhalten gegenüber Substraten, die sich nur in bezug auf ihren räumlichen Bau voneinander unterscheiden. Sterische Spezifität in diesem allgemeineren Sinne liegt also z. B. auch dann vor, wenn ein Enzym sich gegenüber zwei Substraten unterschiedlich verhält, die sich, etwa wie Glucose und Galaktose, nur in bezug auf ein oder mehrere Asymmetriezentren unterscheiden, ohne sich wie Bild und Spiegelbild zueinander zu verhalten. Im engeren Sinne versteht man unter sterischer Spezifität das unterschiedliche Verhalten gegenüber den beiden spiegelbildlichen Antipoden, also der D- und der L-Form einer asymmetrisch aufgebauten und daher optisch aktiven Verbindung. Soweit bekannt, wirken alle Enzyme sterisch spezifisch, aber das Verhältnis der Geschwindigkeiten, mit der die D- und die L-Form einer Verbindung umgesetzt werden, kann in weiten Grenzen verschieden sein. Bei den esterspaltenden Enzymen herrscht der Fall der sog. „*relativen sterischen Spezifität*" vor, d. h. D- und L-Form werden mit zwar unterschiedlicher, aber doch meist nicht sehr stark verschiedener Geschwindigkeit gespalten. Dieser bedingt auslesenden sterischen Spezifität der Esterasen scheint eine scharfe Spezifität, z. B. bei den Amidasen und Peptidasen, gegenüber zu stehen. So kann die lange bekannte sterische Spezifität des Histozyms ausgenutzt werden, um die Racemate acylierter Aminosäuren aufzutrennen (vgl. S. 506). Zwar hat sich die schon früher durch gelegentliche abweichende Befunde[4] durchbrochene Annahme nicht bestätigt, wonach von racemischen Peptiden jeweils nur die L-Komponenten gespalten werden, die Wirkung des Enzyms also nach 50%iger Aufspaltung zum Stillstand kommen sollte. Vielmehr steht fest, daß

* Aglucon ist die Verbindung, welche in Vereinigung mit β-D-Glucose das Glucosid ergibt.

[1] HELFERICH, B.: Ergebn. Enzymforsch. **7**, 83 (1938). — [2] LETTRÉ, H.: Ergebn. Enzymforsch. **9**, 1 (1943). — [3] WOOLLEY, D. W.: Biological antagonisms between structurally related compounds. Adv. Enzymol. **6**, 129 (1946). — [4] WILLSTÄTTER, R., W. GRASSMANN u. O. AMBROS: H. **152**, 160 (1926), und zwar 161—162.

auch Peptidasen des normalen Organismus, namentlich in Gegenwart von Aktivatoren (Mn, Cystein + Mn, Co) in vielen Fällen eine weitgehende Spaltung auch des D-Anteils racemischer Peptide bewirken können[1, 2]. Da aber durch verschiedene Maßnahmen (Erhitzen von Organen[3], Autolyse[4], Acetonfällung[5]) die Wirkung gegen einen der beiden Antipoden zum Verschwinden gebracht werden kann, muß man annehmen, daß hier Mischungen zweier Peptidasen von streng unterschiedlicher sterischer Spezifität vorhanden sind. Sicher liegt ein solcher Fall vor bei der oxydativen Desaminierung der D- und L-Aminosäuren.

Die Annahme, daß D-Peptidasen spezifisch zum Abbau der im Krebsgewebe enthaltenen Peptide und Aminosäuren der D-Reihe (F. Kögl[6]) vom Organismus gebildet werden und daher ihr Vorkommen eine Krebsdiagnose ermöglichen könnte (E. Waldschmidt-Leitz[7]), hat sich nicht bestätigt, da von verschiedenen Seiten (z. B. E. Maschmann[8], E. Bamann[9], H. v. Euler[10], H. Bayerle[11], D. Albers[12]) das ubiquitäre Vorkommen von D-Peptidasen in höheren Tieren und Pflanzen sichergestellt werden konnte (vgl. S. 1134 u. 1169).

Auf jeden Fall ist die sterische Spezifität der meisten Enzyme viel schärfer ausgeprägt, als bei den oben beschriebenen optisch auswählenden organischen Katalysatoren und Kontaktstoffen, von denen optische Antipoden zwar mit unterschiedlicher, aber meist gar nicht sehr stark verschiedener Geschwindigkeit umgesetzt werden.

Sterische Spezifität einer Katalysatorwirkung in dem oben definierten *engeren* Sinne kann nur zustande kommen, wenn der Katalysator selbst optisch aktiv ist. Die Enzyme, oder doch mindestens ihre große Mehrzahl, müssen daher *optisch-aktive* Katalysatoren sein.

Dabei ist es zunächst prinzipiell gleichgültig, ob die mit dem Substrat unmittelbar in Reaktion tretenden Gruppen des Enzymmoleküls optisch aktiv sind, oder ob, ähnlich wie in den oben beschriebenen Fällen asymmetrischer Katalyse durch heterogene Katalysatoren, eine an sich katalytisch wirksame, aber symmetrisch gebaute Gruppierung durch Bindung an eine asymmetrische Oberfläche bzw. einen optisch aktiven „Träger" die Eigenschaften eines optisch aktiven Katalysators annimmt. Derartige Unterschiede werden aber für den Grad des optischen Auswahlvermögens von erheblicher Bedeutung sein können.

Die *asymmetrische Katalyse* kommt grundsätzlich in der Weise zustande, daß beim Zusammentreffen des optisch aktiven Katalysators (X_L) mit der D- und L-Form des Substrates (S_L und S_D), zwei „Verbindungen" X_LS_D und X_LS_D gebildet werden, die nicht im Verhältnis von Bild und Spiegelbild zueinander stehen, sondern in bezug auf die Gesamtheit ihrer chemischen und physikalischen Eigenschaften (soweit sie nicht, wie z. B. das Molekulargewicht ausschließlich von der Molekülmasse bedingt sind), voneinander verschieden sind (diastereomere Verbindungen). Es wird also sowohl die Geschwindigkeit und Affinität, mit der die „Zwischenverbindung" gebildet wird, wie auch die Geschwindigkeit ihres Zerfalles für die D- und L-Form des Substrates verschieden groß sein. Zu bemerken

---

[1] Maschmann, E.: Naturwiss. **29**, 691 (1941). B. Z. **311**, 252 (1941/42). Vgl. auch Naturwiss. **28**, 765 (1940). — [2] Bamann, E., u. O. Schimke: B. Z. **310**, 119 (1941/42). — [3] Bamann, E., u. O. Schimke: Naturwiss. **29**, 558 (1941). — [4] Bayerle, H., u. R. Rieffert: B. Z. **311**, 73 (1941/42). — [5] Maschmann, E.: Naturwiss. **29**, 709 (1941). — [6] Kögl, F., u. H. Erxleben: H. **258**, 57 (1939); **261**, 154 (1939). — Kögl, F., H. Erxleben u. A. M. Akkermann: H. **261**, 141 (1939). — Kögl, F., H. Erxleben u. H. Herken: H. **263**, 107 (1940). — Kögl, F., H. Erxleben u. G. J. van Veersen: H. **277**, 251 (1943). — Vgl. dagegen Bamann, E.: Naturwiss. **29**, 515 (1941). — [7] Waldschmidt-Leitz, E., Karl Mayer u. R. Hatschek: H. **263**, I (1940). — [8] Maschmann, E.: Naturwiss. **29**, 518 (1941). — [9] Bamann, E., u. O. Schimke: Naturwiss. **29**, 516 (1941). — [10] Euler, H. v., u. B. Skarzynski: Ark. Kemi, Mineral. Geol. (B) **14**, Nr. 4 (1940). — [11] Bayerle, H., u. G. Borger: B. Z. **307**, 159 (1941/42). — [12] Albers, D.: B. Z. **310**, 54 (1940/41).

ist dabei, daß bei Betrachtung dieser Verhältnisse der Begriff der „Verbindung" im allerweitesten Sinne zu verstehen ist, so daß auch z. B. die Anlagerung an Oberflächen oder die Bildung ganz loser Additionsverbindungen mit umfaßt wird.

Sehr eingehend sind, insbesondere auch in reaktionskinetischer Hinsicht, die recht komplizierten Erscheinungen der (relativen) sterischen Spezifität bei den *Esterasen* untersucht[1] (s. a. S. 1076). Vergleicht man die Esterasen verschiedener Tierarten und verschiedener Organe in ihrem Verhalten gegenüber verschiedenen optisch aktiven Estern, so stellt man fest, daß scheinbar ziemlich regellos das eine Enzym die D-Form, das andere die L-Form bevorzugt spaltet, ohne daß sich etwa die von einem bestimmten Enzyme bevorzugten Antipoden einer bestimmten sterischen Reihe zuordnen ließen. Das optische Auswahlvermögen ändert sich ferner dem Grade und sogar dem Vorzeichen nach in Abhängigkeit von den Versuchsbedingungen, wie Substratkonzentration, Vorgeschichte des Enzyms, Anwesenheit von Begleitstoffen usw. Auch kann z. B. bei der Spaltung eines Racemates die D-Form bevorzugt angegriffen werden, während man die L-Form des gleichen Esters rascher spaltbar findet, wenn man jeden der beiden Antipoden für sich allein der enzymatischen Spaltung unterwirft. Eine *reaktionskinetische Deutung* vieler dieser Befunde gelingt durch die Zerlegung des Gesamtvorganges in die Teilvorgänge, z. B. auf der von L. Michaelis und Menten (s. S. 999) gegebenen Grundlage, wenn man die Annahme macht, daß einerseits die Affinität zwischen Enzym und Substrat, andererseits die Zerfallsgeschwindigkeit der Enzymsubstratverbindung in verschiedener Weise von der Konfiguration des Substrates abhängen.

Durch die Tatsache, daß die Enzyme als optisch aktive Katalysatoren von stark ausgesprochener sterischer Spezifität Aufbau- und Abbaureaktionen in asymmetrischem Sinne zu katalysieren vermögen, wird die *ständige Bildung optisch aktiver organischer Verbindungen im biologischen Geschehen erklärt.* Da also die Synthese optisch aktiver Verbindungen im Organismus, ebenso wie die weitaus meisten Methoden, die dem Chemiker für diesen Zweck zur Verfügung stehen, auf gegebene optisch aktive Hilfsstoffe angewiesen ist, hat man vielfach die *Frage* diskutiert, *auf welchem Wege überhaupt optisch aktive Verbindungen erstmals in der belebten Natur gebildet worden seien.* Hierzu kommen, wenn man von der Möglichkeit eines einmaligen Aktes[2] im Werdegang organischer Verbindungen absieht, im Prinzip nur zwei nicht gerade wahrscheinliche Wege in Betracht:

1. die asymmetrische Katalyse unter dem *Einfluß zirkular polarisierten Lichtes*[3] oder
2. die *Katalyse an den Oberflächen asymmetrischer Krystalle,* wie z. B. von Rechts- und Linksquarz (s. S. 1017).

Beide Wege führen letzten Endes zurück auf *asymmetrische Verhältnisse in der anorganischen Natur.*

Wenn die Enzyme reine Katalysatoren sind, also das thermodynamische Gleichgewicht nicht verschieben oder, was dasselbe ist, bei umkehrbaren Reaktionen die Reaktion in beiden Richtungen im gleichen Verhältnis beschleunigen, dann ist zu erwarten, daß auch die enzymatisch katalysierte Reaktion zum gleichen Endzustand führt wie die nicht katalysierte. Es muß also auch die enzymatische Umsetzung eines Racemates schließlich wieder zu einem racemischen Zustand führen. Die Bildung optisch aktiver Reaktionsprodukte bei Enzymreaktionen scheint dem zu widersprechen; tatsächlich entspricht sie nicht dem stabilen Endzustand einer Reaktion. Vielmehr können optisch aktive Stoffe bei reiner Katalyse, wie W. Kuhn[3] in einer sorgfältigen thermodynamischen Studie des Problems gezeigt hat, nur dann mit beträchtlicher Reinheit und auf längere Zeit gebildet werden,

[1] Siehe dazu insbesondere Ammon, R.: Cholinesterase. Ergebn. Enzymforsch. **4**, 102 (1935). — Schwab, G. M., E. Bamann u. P. Laeverenz: H. **215**, 121 (1933). Dort auch ältere Literatur. — [2] Jordan, P.: Naturwiss. **32**, 309 (1944). Eiweiß-Moleküle, S. 65. Stuttgart 1947. — [3] Kuhn, W., u. E. Braun: Naturwiss. **17**, 227 (1929). — Kuhn, W., u. E. Knopf: Naturwiss. **18**, 183 (1930). Z. physik. Chem. (B) **7**, 292 (1930). — Mitchell, St.: Soc. **1930**, 1829. — Karagunis, G., u. G. Drikos: Z. physik. Chem. (B) **26**, 428 (1934). Vgl. hier Kuhn, W.: S. 82 und 171. — [4] Kuhn, W.: Ergebn. Enzymforsch. **5**, 1 (1936).

wenn die Reaktionseigenschaften für die Umsetzung der D- und L-Form stark verschieden sind und das Gleichgewicht der Reaktion stark zugunsten der entstehenden Stoffe liegt (vgl. S. 83).

c) Die stoffliche Natur der Enzyme; die Enzyme als Kolloide und Eiweißkörper.

α) Allgemeines.

Die in den vorausgehenden Abschnitten besprochenen Erfahrungen an enzymatischen und nichtenzymatischen Katalysatoren zeigen in ihrer Gesamtheit, daß *katalytische Wirkungen von einfach gebauten anorganischen oder organischen Atomen* bzw. *Ionen oder Atomgruppierungen ausgehen*, wobei mindestens in vielen Fällen valenzmäßig formulierbare *Zwischenverbindungen* zwischen dem Substrat und einer katalysierenden Gruppe als reaktionsvermittelnde Systeme auftreten. Sie zeigen weiterhin, *daß die katalytische Wirkung solcher einfacher Gruppierungen durch bestimmte Einflüsse ihrer molekularen Umgebung in hohem Maße modifiziert*, also z. B. *gesteigert oder in ihrer Spezifität verändert* werden kann. Diese Beeinflussung kann ebensowohl von benachbarten Gruppierungen desselben Moleküls ausgehen wie auch durch chemische oder adsorptive Bindung an Oberflächen bzw. Kolloide zustande kommen.

Kolloidaler Träger und aktive Gruppen.

Die Tatsache der außerordentlich strengen Spezifität der Enzyme weist darauf hin, daß die mit den Substraten in unmittelbare Reaktion tretenden Gruppen der Fermente, die „*Reaktionsorte*" der enzymatischen Katalysatoren, strukturchemisch definierte Gruppierungen von keineswegs sehr großer Ausdehnung sein müssen; denn nur unter dieser Voraussetzung ist die streng konstitutive und konfigurative Zuordnung zwischen Enzym und Substrat, wie sie etwa durch E. FISCHERs Bild von „Schloß" und „Schlüssel" veranschaulicht wird, denkbar. Andererseits sind die Enzyme ihrem gesamten stofflichen Verhalten nach Kolloide, d. h. sie können unter Erhaltung ihrer katalytischen Wirksamkeit nur zu Teilchen von kolloider Größenordnung dispergiert werden. Dieser bei allen Betrachtungen über die Natur der Enzyme immer wieder in Erscheinung tretende Gegensatz wird überbrückt durch die *Vorstellung*, „*daß das Molekül des Enzyms aus einem kolloiden Träger und einer rein chemisch wirkenden aktiven Gruppe besteht*" (WILLSTÄTTER[1]). Diese erstmals von MATHEWS und GLENN[2] geäußerte, später und unabhängig davon von R. WILLSTÄTTER entwickelte und aus zahlreichen Versuchen abgeleitete und inzwischen für zahlreiche Enzyme sicher bewiesene Vorstellung erklärt in befriedigender Weise die Tatsache, daß die Enzyme eine Zwischenstellung zwischen den im molekulardispersen Zustand wirkenden *homogenen* Katalysatoren und den *heterogenen* Oberflächenkatalysatoren einnehmen. Die Betrachtung der Enzyme als *mikroheterogene Katalysator*systeme scheint auch in reaktionskinetischer Hinsicht am besten zu befriedigen.

Die kolloide Natur der Enzyme bedingt eine Reihe von Eigenschaften, deren Kenntnis, namentlich für die präparative Enzymchemie, von Bedeutung ist.

β) Löslichkeit der Enzyme[3].

Nur ein kleiner Teil der von der Zelle gebildeten und in ihr wirkenden Enzyme wird unter normalen Lebensbedingungen von der Zelle an das umgebende Medium

---

[1] WILLSTÄTTER, R.: B. **55**, 3601 (1922). Vgl. hier S. 1041. — [2] MATHEWS, A. P., and T. H. GLENN: J. biol. Ch. **9**, 51 (1911). — Vgl. a. PERRIN, J.: J. Chim. physique **3**, 102 (1907). — [3] BROOKS, S. L.: Permeability and enzyme reactions. Adv. Enzymol. **7**, 1 (1947).

abgegeben. Dies gilt sowohl für den höheren Tier- und Pflanzenorganismus wie auch für Mikroorganismen, z. B. für Hefen, Schimmelpilze oder Bakterien.

Dementsprechend ist z. B. das (rasch und schonend von Zellelementen befreite) *Blutserum* soweit bekannt außerordentlich arm an gelösten Enzymen. *Bakterien* oder *Schimmelpilze* sezernieren im allgemeinen nur einzelne und ganz bestimmte Enzyme an das umgebende Medium, wobei mitunter sehr scharfe und spezifische Unterschiede zwischen verschiedenen Arten der Mikroorganismen einerseits, zwischen den verschiedenen Enzymen des gleichen Organismus andererseits bestehen.

Zum Beispiel beruht die in der Bakteriologie vielfach gebräuchliche Unterscheidung zwischen *glatineverflüssigenden* und *nicht gelatineverflüssigenden Bakterienstämmen* nicht etwa darauf, ob der betreffende Organismus eiweißspaltende Enzyme *besitzt* oder nicht, sondern darauf, ob er sie in das Nährmedium *abgibt*. Wiederholt ist beobachtet worden, daß von Bakterien Proteinasen in den Nährboden abgegeben, die Peptidasen dagegen im Zellinnern zurückgehalten werden. Das Eiweißsubstrat wird offenbar in diesem Falle extracellulär bis zu Peptonen verdaut, aber die Endverdauung zu den Aminosäuren erfolgt erst im Zellinnern[1]. *Gasbrandbacillen* geben ein gelatinespaltendes Enzym ,,Kollagenase'' nach außen ab, während ein clupeinspaltendes Enzym ,,Anaerobiase'' nur im Zellinnern angetroffen wird[2]. Parasitisch oder saprophytisch auf Pflanzen oder Pflanzenteilen wachsende *Pilze* scheiden cellulose- und hemicellulosespaltende Enzyme ab, was für das Eindringen in den Organismus der Wirtspflanze wesentlich ist[3]. Die Hydrolyse des Rohrzuckers oder die Vergärung von Stärken durch die Hefe dagegen erfolgt stets in der Weise, daß das Zuckermolekül als solches resorbiert und im Zellinnern umgesetzt wird; die beteiligten Enzyme verlassen dabei die Hefezelle nicht[4].

Enzyme, die unter normalen physiologischen Bedingungen nur im Innern der Zelle wirksam sind, werden als **„Endoenzyme“**, solche, die von der Zelle nach außen sezerniert werden, als **„Exoenzyme“** bezeichnet*. Diese unter rein empirischen und praktischen Gesichtspunkten getroffene Einteilung hat sich zunächst bei Mikroorganismen eingebürgert und bewährt. Sie kann ohne weiteres auf die Enzyme des höheren Tier- und Pflanzenreiches übertragen werden. Die Enzyme des Speichels (soweit sie nicht an Zellen gebunden sind), des Magen-, Darm- und Pankreassekrets, oder z. B. die sezernierten Proteasen fleischfressender Pflanzen können gleichfalls als Exoenzyme, die in den Zellen und Geweben selbst wirkenden als Endoenzyme betrachtet werden.

Die Unterscheidung zwischen Exo- und Endoenzymen betrifft zunächst mehr die physiologische Funktion und nicht unmittelbar die Löslichkeit der Enzyme. Natürlich werden Exoenzyme immer wasserlöslich sein. Aber ein Endoenzym braucht nicht wasserunlöslich zu sein; es kann in der Zelle in wasserlöslichem Zustand vorliegen und nur deswegen nicht nach außen gelangen, weil es nicht durch die Zellmembran hindurchzutreten vermag. Dieser anscheinend recht häufige Fall liegt beispielsweise beim rohrzuckerspaltenden Enzym der Hefe vor. Von der lebenden Zelle wird es nicht nach außen abgegeben, auch von der abgetöteten nicht, solange die Zellwand erhalten und Abbauvorgänge nicht eingetreten sind. Dagegen kann das Enzym rein mechanisch durch vollkommene Zertrümmerung der Zellwand praktisch vollkommen in Lösung gebracht werden.

---

* Die von M. Bergmann eingeführte Unterscheidung zwischen Endopeptidasen und Exopeptidasen betrifft einen vollkommen anderen Sachverhalt! Vgl. S. 1120.

[1] Gorini, C., W. Grassmann u. H. Schleich: H. **205**, 133 (1932). — Gorbach, G.: Arch. Mikrobiol, Berlin **1**, 537 (1930). — Virtanen, A., u. J. Tarnanen: Naturwiss. **19**, 397 (1931). — [2] Maschmann, E.: B. Z. **295**, 351 (1937); **297**, 286 (1938). — [3] Newcombe, F.: Ann. Bot., London **13**, 49 (1899). — [4] O'Sullivan, J.: Soc. **1892**, 593. — Euler, H. v., u. S. Kullberg: H. **71**, 29 (1911). — Willstätter, R., u. F. Racke: A. **425**, 1 (1921). — Vgl. auch Nelson, J. M.: Chem. Rev. **12**, 1 (1933).

Um den *Löslichkeitszustand* eines Enzyms zunächst *in seiner ursprünglichen in der Zelle vorliegenden Form* zu kennzeichnen, sind die Bezeichnungen **„Desmoenzym"** und **„Lyoenzym"** eingeführt worden (R. WILLSTÄTTER[1]). Als „Desmoenzyme" (von δέσμω, ich binde) werden Enzyme bezeichnet, die an unlösliche Protoplasmabestandteile gebunden und daher unlöslich (z. B. in Wasser oder Glycerin) sind, als „Lyoenzyme" (von λύω ich löse), diejenigen, die in der Zelle in löslichem Zustand vorhanden, also an lösliche Träger gebunden sind. Es mag allerdings zweifelhaft sein, ob schon rein definitionsgemäß der Lösungszustand eines Enzyms im Zellinnern durch diese einfachen Begriffe hinlänglich gekennzeichnet werden kann; denn von der festen chemischen oder adsorptiven Bindung an wirklich unlösliche Zellbestandteile, wie etwa die Membran einer Hefezelle, über die durch ganz schwache Restvalenzen oder VAN DER WAALsche Kräfte vermittelte lose Bindung an mehr oder weniger labile Gelstrukturen des Protoplasmas bis zum wirklich gelösten Zustand dürften alle Übergänge in der Zelle verwirklicht sein. Es ist aber experimentell außerordentlich *schwierig und unsicher, den genuinen Lösungszustand eines Enzyms in der Zelle zu bestimmen,* weil nahezu jeder experimentelle Weg, der hierzu beschritten werden kann, mit Änderungen der für die Löslichkeit der Enzyme wesentlichen Kolloidaggregate der Zelle verbunden sein wird. Die umfangreichen Untersuchungen über den Lösungszustand der verschiedensten Zellenzyme (z. B. in Hefen, Leukocyten und Organzellen[2]) haben als wichtigstes Ergebnis gerade zu der Erkenntnis geführt, daß die *Löslichkeit von Enzymen weitgehend abhängig ist von der Bindung an Zellkolloide,* die ihrerseits nach der Abtötung der Zelle und bei der Gewinnung von Enzympräparaten verschiedenartigen Veränderungen unterliegen. Die durch Verknüpfung hochmolekularer Naturstoffe, sei es durch rein chemische oder Adsorptionskräfte gebildeten *zusammengesetzten Systeme* werden nach einem Vorschlag von R. WILLSTÄTTER[3] als **„Symplexe"** bezeichnet, und zwar umfaßt dieser Begriff sowohl die Systeme, die aus einer prosthetischen Gruppe und einem hochmolekularen Träger bestehen, wie auch diejenigen, die sich aus mehreren hochmolekularen Komponenten zusammensetzen. *Bestimmend für die Löslichkeitsverhältnisse* (und für viele andere im folgenden zu besprechende Eigenschaften) *eines Enzyms ist demnach der Symplex, an dem die katalytisch wirksame Gruppe verankert ist.*

Die für die Löslichkeit maßgebenden Veränderungen, denen der Enzymsymplex nach dem Absterben der Zelle und bei fast allen präparativen Schritten unterliegen kann, sind sehr mannigfaltiger Art, z. B. Bildung löslicher oder unlöslicher salzartiger Verbindungen, Denaturierung von Proteinbestandteilen, hydrolytischer Abbau durch anwesende Enzyme, Aufladung oder Umladung durch anwesende Ionen, Auflösung bestehender Verknüpfungen z. B. durch Adsorptionsverdrängung und Bildung neuer „Symplexe" mit zufällig anwesenden Begleitstoffen usw. *Die Löslichkeit ist daher, solange ein Enzym noch mit fremden Stoffen vergesellschaftet ist, alles andere als eine konstante Eigenschaft des Enzyms.*

---

[1] WILLSTÄTTER, R., u. M. ROHDEWALD: H. **203**, 206 (1931). — BAMANN, E.: Isolierung und Charakterisierung von lyo- und desmo-Enzymen. Bamann-Myrbäck **2**, 1410—1425 (1941). — [2] WILLSTÄTTER, R., u. M. ROHDEWALD: H. **203**, 189 (1931); **208**, 258 (1932); **209**, 33, 38 (1932); **218**, 77 (1933); **221**, 13, 202 (1933); **225**, 103 (1934); **229**, 241, 255 (1934). Enzymologia **1**, 213 (1936). — BAMANN, E., u. P. LAEVERENZ: H. **223**, 1 (1934). — BAMANN, E., u. J. N. MUKHERJEE: H. **229**, 1 (1934). — Vgl. die Zusammenfassung von BAMANN, E., u. W. SALZER: Lyo- und Desmo-Enzyme. Ergebn. Enzymforsch. **7**, 28—49 (1938). — [3] WILLSTÄTTER, R., u. M. ROHDEWALD: H. **225**, 103 (1934).

Die Gesamtheit der Veränderungen, welchen das Zellsystem nach dem Zelltod unterliegt, faßt man unter der Bezeichnung **Autolyse**[1] zusammen. Der Abbau der vorhandenen Substrate, z. B. der Eiweißkörper, Kohlenhydrate und Fette, durch die gleichzeitig anwesenden Enzyme ist *in der lebenden Zelle* durch einen im wesentlichen noch unbekannten Mechanismus gesteuert und auf das den physiologischen Bedürfnissen entsprechende Ausmaß herabgesetzt. Unmittelbar *nach dem Absterben der Zelle* dagegen setzt eine Vielheit lebhafter und ungeregelter Abbauprozesse ein, in deren Verlauf ein großer Teil der Zellbestandteile in *lösliche Abbauprodukte* übergeführt wird. Im Laufe dieser postmortalen Abbauvorgänge wird ein großer Teil der Enzyme nach außen abgegeben, einerseits dadurch, daß die Zellwände, welche die nicht sezernierten Lyoenzyme in der Zelle zurückhielten, aufgelöst oder für Enzyme durchlässig werden, andererseits dadurch, daß Desmoenzyme durch Abbau ihrer hochmolekularen und wasserunlöslichen Trägerbestandteile in lösliche Form übergehen, also in „Lyoenzyme" umgewandelt werden. Durch Einhaltung bestimmter Bedingungen wie p_H, Temperatur, Zusatz von Elektrolyten und schließlich auch durch Zusatz von bestimmten Abbauenzymen kann man den Verlauf der *Autolyse oft in ganz bestimmte Richtung führen* und Zusammensetzung und Abbaugrad der in Lösung gehenden Stoffe weitgehend beeinflussen, wodurch in vielen Fällen auch das Mengenverhältnis zwischen den in Lösung gehenden Enzymen und ihren Begleitstoffen und damit der Reinheitsgrad der erhaltenen Enzymlösungen erheblich verbessert werden kann. Mitunter können auch *Zerlegungen von Enzymgemischen* durch geeignete Wahl der Bedingungen und durch entsprechende Fraktionierung bei der Autolyse erreicht werden[2].

Beispiele für allein durch eine bestimmte Durchführung der „*Enzymfreilegung*" erreichbare *Steigerungen des Reinheitsgrades* bietet die Reinigung der Peroxydase[3] aus Meerrettich und diejenige verschiedener Hefeenzyme, insbesondere des Invertins[4].

Andererseits können je nach den Bedingungen der Autolyse die mit den Fermenten vergesellschafteten *Proteine sehr weitgehend verändert* werden. Wenn solche durch Autolyse freigelegte Enzympräparate weiter gereinigt werden, findet man, wie vor allem WILLSTÄTTERs Erfahrungen bei der Reinigung der Hefeenzyme zeigen, die erhaltenen Enzyme mit sehr wechselnden Mengen und ihrer Zusammensetzung nach sehr verschiedenen Eiweißkörpern vergesellschaftet. *Einheitliche und krystallisierte Fermentproteine* sind indessen auf diesem Wege nicht erhalten worden, sondern meist *unter Bedingungen der Freilegung, bei denen der autolytische Abbau auf ein Mindestmaß herabgesetzt ist.*

Nach dem Gesagten wird es in vielen Fällen schwierig und nur unter völligem Ausschluß von autolytischen Abbauprozessen möglich sein, den *ursprünglichen Lösungszustand eines Enzyms in der Zelle* zu ermitteln. Die gesamten vorliegenden Erfahrungen zeigen aber sicher, daß in dieser Hinsicht erhebliche und charakteristische Unterschiede zwischen verschiedenen Enzymen bestehen. Man findet z. B. in der *Pankreasdrüse* die Amylase fast vollständig, die Proteinase zu 70 und 80%, die Lipase dagegen nur zu etwa 3% in wasserfreiem Glycerin löslich. Auch das *Pepsin* ist in der Magenschleimhaut zum größten Teil in unlöslicher Form verankert und die schon lange bekannten Verfahren zu seiner Gewinnung, wie sie unter anderem zur technischen Herstellung des Enzyms dienen, beruhen auf einer Freilegung durch autolytische Abbauprozesse. Von den *Amylasen der Leukocyten* ist ein viel kleinerer Anteil löslich als von der Pankreasamylase.

---

[1] Zur Geschichte der Autolyse, entdeckt von E. SALKOWSKI 1889, siehe LIEBEN, F.: Geschichte der physiologischen Chemie. S. 385. Leipzig-Wien 1935. — [2] GRASSMANN, W., u. H. DYCKERHOFF: H. **179**, 41 (1928). — [3] WILLSTÄTTER, R., u. A. STOLL: A. **416**, 21 (1918). — HILLSTÄTTER, R.: A. **422**, 47 (1921). — [4] WILLSTÄTTER, R., K. SCHNEIDER u. E. BAMANN: H. **147**, 248 (1925).

Ricinuslipase (WILLSTÄTTER und WALDSCHMIDT-LEITZ[1], Chlorophyllase (WILLSTÄTTER und STOLL[2]) und WARBURGsches Atmungsferment sind Beispiele von Enzymen, die überhaupt nicht in wäßrige Lösung übergeführt, aber trotzdem bis zu einem gewissen Grade gereinigt (Chlorophyllase, Ricinuslipase) und in ihrer Struktur sogar in wesentlichen Punkten aufgeklärt (Atmungsferment) werden konnten. Auch von den drei Cytochromen konnte bisher nur die c-Komponente in Lösung erhalten werden. Diesen Enzymen kann in gewissem Sinne das Chlorophyll an die Seite gestellt werden, das — nach dem derzeitigen Stande — nur in Bindung an Strukturelemente der Zelle wirksam zu sein scheint (vgl. dazu[3,4].)

γ) Kolloid-Eigenschaften gelöster Enzyme[5].

1. Aussalzbarkeit und Fällbarkeit.

Einmal in wäßriger Lösung erhalten, zeigen die Enzyme den Charakter lyophiler Kolloide. Die meisten Enzyme werden nur durch stark polare *organische Lösungsmittel,* wie die mehrwertigen Alkohole Glycerin und Glykol gelöst. Im übrigen sind nahezu alle Enzyme in organischen Lösungsmitteln, auch den mit Wasser mischbaren, bei Abwesenheit von Wasser unlöslich, was in einfacher Weise ihre Abtrennung von Lipoiden und die Gewinnung von Trockenpräparaten durch Fällung mit Alkohol, Aceton, Dioxan usw. ermöglicht.

Von Elektrolyten, insbesonders von Ammonsulfat, Natriumsulfat und Magnesiumsulfat, in hoher Konzentration werden die meisten Enzyme zusammen mit Eiweißfraktionen *ausgesalzen*, wobei die Fällungskonzentration von Enzym zu Enzym und je nach den p_H-Bedingungen stark schwanken kann. Ein Teil der Enzyme ist nur in Gegenwart von Elektrolyten wasserlöslich; solche Enzyme werden bei der Dialyse zusammen mit globulinartigen Eiweißfraktionen niedergeschlagen. Mehr oder weniger stark ist die Löslichkeit der meisten Enzyme von der Wasserstoffionenkonzentration abhängig; viele von ihnen können, namentlich in höheren Reinheitsgraden, bei bestimmter $H^{\cdot}$-Konzentration (isoelektrischer Punkt, S. 120 u. 622) aus ihren wäßrigen Lösungen abgeschieden werden, erforderlichenfalls in Gegenwart aussalzend wirkender Elektrolyte.

Von *Schwermetallsalzen* (Pb, Hg, Ag usw.), sowie von *hochmolekularen Säuren* (Phosphorwolframsäure, Tannin usw.) werden die Enzyme vielfach aus ihren Lösungen niedergeschlagen, wobei in vielen Fällen nicht ohne weiteres zu entscheiden ist, ob es sich um eine Fällungsreaktion des Enzyms selbst oder um Adsorption an die durch Begleitstoffe bedingten Niederschläge handelt. *Im ganzen steht das beschriebene Löslichkeitsverhalten der Enzyme demjenigen der Eiweißkörper außerordentlich nahe.*

2. Elektrische Ladung.

Sowohl die Abhängigkeit der Enzymwirkung vom p_H-Wert wie auch ihr Verhalten im elektrischen Feld zeigen, daß die Enzyme Träger elektrischer Ladungen sind. Im allgemeinen, z. B. bei Malzamylase[6], Trypsin[7] und Katalase[6], beobachtet man positive Ladung bei saurer, negative Ladung bei alkalischer Reaktion, während in einem dazwischenliegenden p_H-Bereich die Enzymteilchen weder anodisch noch kathodisch wandern (isoelektrischer Bereich). Dies ist das Verhalten amphoterer Kolloide, wie es in gleicher Weise auch die Eiweißkörper

[1] WILLSTÄTTER, R., u. E. WALDSCHMIDT-LEITZ: H. **134**, 161 (1924). — Vgl. dagegen LORBERBLATT, I., and K. G. FALK: Am. Soc. **48**, 1655 (1926). — [2] WILLSTÄTTER, R., u. A. STOLL: Untersuchungen über Chlorophyll. Berlin 1913. — [3] WARBURG, O.: Schwermetalle als Wirkungsgruppen von Fermenten. Berlin 1946, und zwar S. 170. — [4] PIRSON, A.: Naturwiss. **37**, 21 (1950). — [5] Allgemeine Verfahren für Enzymanreicherungen und Enzymtrennungen s. Bamann-Myrbäck **2**, 1426—1486. — [6] MICHAELIS, L.: B. Z. **17**, 231 (1909). — [7] MICHAELIS, L., u. H. DAVIDSOHN: B. Z. **30**, 481 (1911).

dank der gleichzeitigen Anwesenheit saurer und basischer Gruppen zeigen. Beweisend für eine Eiweißnatur der Enzyme wäre aber dieses Verhalten für sich allein noch nicht; denn auch andere Kolloide können ihren Ladungssinn in Abhängigkeit von der Zusammensetzung des Mediums ändern, indem sich ihre Oberfläche durch Aufnahme oder Abgabe von Ionen, insbesonders z.B. von $H^{\cdot}$- oder OH'-Ionen auflädt.

Nicht nur durch die Richtung der Wanderung im elektrischen Feld bei verschiedenen p_H-Werten, sondern auch durch die Größe der Wanderungsgeschwindigkeit unterscheiden sich die Enzyme charakteristisch voneinander wie auch von vielen der sie begleitenden Eiweißkörper. Die Überführung im elektrischen Feld (Kataphorese) ist daher eine der brauchbarsten neueren Methoden, um Enzyme zu reinigen oder zu trennen oder gereinigte Enzyme auf ihre Einheitlichkeit zu prüfen (s. S. 630).

Die *p_H-Abhängigkeit der Enzymwirkung* kann, wie oben gezeigt wurde, in vielen Fällen unter der Annahme verstanden werden, daß nur eine der möglichen elektrochemischen Zustandsformen — meistens offenbar das Zwitterion (vgl. S. 1010) — des Enzyms katalytisch wirksam ist. Doch besteht namentlich bei unreinen Enzymen meist kein unmittelbarer Zusammenhang zwischen der p_H-Abhängigkeit der Wirkung und der Wanderung im elektrischen Feld. Für die p_H-Abhängigkeit der Enzymwirkung dürfte nämlich die Salzbildung *bestimmter*, den aktiven Zentren des Enzymmoleküls unmittelbar nahestehender saurer und basischer *Gruppen* verantwortlich sein, während die *Richtung der Wanderung* im elektrischen Feld durch den nach außen wirkenden *Ladungsüberschuß* des gesamten in seiner Zusammensetzung veränderlichen Enzym*symplexes* bedingt ist. Unreines Invertin wandert in schwach essigsaurer Lösung fast rein anodisch, gereinigtes vorwiegend kathodisch, in ungefährer Übereinstimmung mit dem Adsorptionsverhalten; die p_H-Abhängigkeit der Wirkung wird jedoch im Gange der Reinigung nicht verändert.

3. Verfahren zur Reinheitssteigerung der Enzyme; Adsorptionsverhalten.

Besonders wichtig sowohl für die *Wirkung der Enzyme* als auch für ihre Reinigung und Isolierung ist ihre Eigenschaft, an Grenzflächen adsorbiert zu werden und andererseits selbst gelöste Stoffe zu adsorbieren. Der Abbau unlöslicher Substrate (Proteine, Polysaccharide, Fette) wird wohl immer durch die Adsorption des Enzyms an die Substratoberfläche eingeleitet. Auch die Reaktion der Enzyme mit niedermolekularen wasserlöslichen Substraten kann man, wie gezeigt wurde (s. oben, S. 1004), in ihrem ersten Teilprozeß unter bestimmten Voraussetzungen als Adsorptionsvorgang betrachten, ohne mit den reaktionskinetischen Erfahrungen in Widerspruch zu kommen.

Besondere Bedeutung hat das Adsorptionsverhalten der Enzyme für ihre *Anreicherung und Trennung* erlangt. Da — abgesehen von der meist erst bei schon weitgehend gereinigten Enzymen in Frage kommenden Krystallisation — die große Mehrzahl der für die Reinigung und Trennung niedermolekularer organischer Stoffe entwickelten Methoden, insbesonders die Trennung mit Hilfe von organischen Lösungsmitteln, Destillation und Sublimation, auf Enzyme nicht übertragen werden können, waren für die Anreicherung, Trennung und Isolierung von Fermenten neue Methoden zu entwickeln, unter denen die Adsorptionsmethode lange Zeit die einzige einer allgemeineren Anwendung fähige gewesen ist.

Geschichtliches zur Adsorptionsmethode. Der Versuch, Enzyme aus ihren Lösungen durch Bindung an Stoffe von großer Oberflächenentwicklung *abzuscheiden* und aus ihren so erhaltenen „*Adsorbaten*" wieder freizulegen, zu „*eluieren*", ist mit Erfolg gelegentlich schon in einem sehr frühen Stadium der Enzymchemie unternommen worden (TH. SCHWANN[1], A. VOGEL[2], F. BRÜCKE[3], A. DANILEWSKY[4], J. COHNHEIM[5], O. HAMMARSTEN[6], vgl. R. WILLSTÄTTER[7]). Systematische Versuche beginnen mit einer Untersuchung von L. MICHAELIS und M. EHRENREICH „Die Adsorptionsanalyse der Fermente[8]", denen sich etwas später die gründliche und erfolgreiche Ausgestaltung der Adsorptionsmethodik in den Arbeiten R. WILLSTÄTTERS[9] und seiner Schule anschloß.

Während in den Untersuchungen von MICHAELIS die Anwendung saurer und basischer Adsorbentien vor allem als Hilfsmittel für die Kennzeichnung des elektrochemischen Charakters der Enzyme dient, ist von WILLSTÄTTER an einem großen Versuchsmaterial gezeigt worden, daß das Verhalten der Enzyme gegenüber adsorbierenden Stoffen nicht ausschließlich auf Grund der *elektrischen Ladung* und der *Oberflächenentwicklung* der Adsorbentien beschrieben werden kann, sondern daß daneben wesentlich *spezifischere und wohl chemische Affinitäten* zwischen Enzym und Adsorbens angenommen werden müssen. Dabei ist aber das an unreinen Enzymlösungen beobachtete Adsorptionsverhalten niemals eine konstante Eigenschaft des Enzyms selbst, sondern es ist wesentlich mitbestimmt durch die *Anwesenheit von Begleitstoffen*, die entweder mit dem Enzym mehr oder weniger fest zum „Enzymsymplex" verknüpft sind, oder mit ihm um die adsorbierende Oberfläche konkurrieren[10]. Der Einfluß der Begleitstoffe kann so weit gehen, daß ein Enzym sein Adsorptionsverhalten im Gange der Reinigung grundsätzlich verändert.

Adsorbentien. Enzyme können im Prinzip an alle Stoffe von großer Oberflächenentwicklung adsorbiert werden, insbesonders z. B. an Gele von Aluminium- oder Eisenhydroxyd Kieselsäuren usw., an Kaolin, Kieselgur, ebenso auch an anorganische oder organische Niederschläge, die in der Enzymlösung selbst erzeugt werden (Bleiphosphat, Calciumcarbonat, Eiweißniederschläge). Die Annahme einer chemischen Affinitätsbeziehung zwischen Enzym und Adsorbens führte dazu, die Adsorptionsmittel, unter ihnen insbesonders die am meisten gebrauchten *Aluminiumhydroxyde*, chemisch besser zu kennzeichnen. Als Tonerdegele von einheitlicher Zusammensetzung und gut reproduzierbaren Eigenschaften sind unter anderem zu nennen die Tonerden C_α und C_γ der Formel $Al(OH)_3$, das Meta-Aluminiumhydroxyd $AlOOH$, sowie die durch Wasserabspaltung aus ein oder mehreren Molekülen Orthohydroxyd gebildeten Di-, Tri- und Polyaluminiumhydroxyde (Tonerden *A* und *B*, Baeyerit[11]). Auch ist mit Erfolg versucht worden, natürlich vorkommende einheitliche und krystallisierte Oxyde oder Oxydhydrate des Aluminiums (z. B. Bauxit Al_2O_3 $2\ H_2O$; Diaspor $Al_2O_3 + H_2O$) und des Eisens (Hämatit Fe_2O_3) als Adsorptionsmittel zu verwenden.

Um eine *Freilegung der Enzyme aus ihren Adsorbaten (Elution)* herbeizuführen, genügt in vielen Fällen schon ein einfacher Wechsel der Wasserstoffionenkonzentration; beispielsweise lassen sich viele Enzyme im schwach sauren Gebiet adsorbieren, während ihre Elution im alkalischen ausgeführt wird, vielfach in Gegenwart mehrwertiger Anionen (z.B. von Phosphaten), die sich mit dem Adsorptionsmittel entweder chemisch umsetzen oder selbst adsorbierbar

---

[1] SCHWANN, TH.: Arch. Anat. Physiol. **1836**, 90. — [2] VOGEL, A.: J. Pharmacie Chim. (3) **2**, 273 (1842). — [3] BRÜCKE, F.: S.-B. Akad. Wiss. Wien **43**, 601 (1861). — [4] DANILEWSKY, A.: Virchows Arch. **25**, 279 (1862). — [5] COHNHEIM, J.: Virchows Arch. **28**, 241 (1863). — [6] HAMMARSTEN, O.: Upsala Läk.-Fören. Förh. **8**, 63 (1872). Jber. Fortschr. Tierchem. **2**, 118 (1874). — [7] WILLSTÄTTER, R.: Untersuchungen über Enzyme. Bd. 1, S. 66. Berlin 1928. — [8] MICHAELIS, L., u. M. EHRENREICH: B. Z. **10**, 283 (1908). — Vgl. auch MICHAELIS, L.: B. Z. **7**, 488 (1908); **12**, 26 (1908). — [9] Vgl. WILLSTÄTTER, R.: Untersuchungen über Enzyme. 2 Bde. Berlin 1928. — GRASSMANN, W.: Neue Methoden und Ergebnisse der Enzymforschung. Enzymchemische Untersuchungen aus dem Laboratorium R. WILLSTÄTTERS. München 1928. — [10] Vgl. dazu die Untersuchungen von KRAUT, H., u. E. WENZEL: Über Enzymadsorption. H. **133**, 1 (1924); **142**, 71 (1925). — KRAUT, H., u. E. BAUER: H. **164**, 10 (1927). — KRAUT, H.: Habilationsschrift. München 1925. — [11] Vgl. dazu z. B. KRAUT, H.: Kolloid-Z. **49**, 353 (1929). — KRAUT, H., u. H. HUMME: B. **64**, 1697 (1931).

sind und dadurch adsorptionsverdrängend wirken. In anderen Fällen führt man die Adsorption z. B. in wäßrig-alkoholischer Lösung, die Elution in reinem Wasser aus usw.

Auch die „*chromatographische Adsorptionsanalyse*" (s. S. 144 u. 558) ist neuerdings gelegentlich zur Reinigung von Enzymen[1], insbesonders auch zur Isolierung von Co-Enzymen[2] herangezogen worden[3].

Im *adsorbierten Zustand* behalten manche Enzyme ihre *Wirksamkeit* voll bei (Beispiel: Invertin an Kaolin oder Tonerde), in anderen Fällen ist das Enzym im Adsorbat zwar nicht zerstört, aber wirkungsunfähig (Pankreaslipase an Cholesterin oder Tristearin); zwischen beiden Grenzfällen bestehen zahlreiche Übergänge. Diese Beobachtungen zeigen, daß die Bindung der Enzyme an adsorbierende Systeme in verschiedener Weise erfolgt, wobei die spezifisch wirksamen Gruppen des Enzyms intakt bleiben oder festgelegt werden können.

Durch systematische *Anwendung der Adsorptionsmethoden* ist in vielen Fällen eine recht erhebliche *Steigerung des Reinheitsgrades* (bei Peroxydase auf das 12000fache, bei Hefesaccharase auf das etwa 3500- bis 4000fache gegenüber dem Ausgangsmaterial) und in vielen Fällen eine Trennung verschiedener Enzyme voneinander, also eine Zerlegung von Enzymgemischen erreicht worden. Eine *Reindarstellung* krystallisierter Enzyme ist jedoch auf diesem Wege *nicht gelungen*. Dies war anderen, vorwiegend *der Proteinchemie entnommenen Verfahren vorbehalten*, die in zunehmendem Maße neben den Adsorptionsmethoden Eingang in die präparative Enzymchemie gefunden haben (fraktionierte Aussalzung unter bestimmten p_H-Bedingungen, Ultrazentrifugierung, Überführung im elektrischen Feld [Elektrophorese], Abscheidung schwerlöslicher Salze mit Schwermetallen oder Säuren, isoelektrische Umfällung, Krystallisation, meist in Gegenwart aussalzend wirkender Elektrolyte). Vgl. hierzu S. 597ff., 617ff. u. 629ff.

4. Teilchengröße der Enzyme.

Die Bestimmung der Teilchengrößen gelöster Enzyme ist, solange die Enzyme nicht in reiner Form vorliegen, schwierig und ungenau. Da *die osmotischen* und die davon abgeleiteten *Methoden* bei unreinen Enzymen ausscheiden, kommt praktisch hauptsächlich die Auswertung von *Diffusionsmessungen* in Frage. Ältere Messungen dieser Art an mehr oder weniger weitgehend gereinigten Enzympräparaten ergeben Teilchengrößen, die etwa zwischen 10000 und 400000 liegen, also von kolloidaler Größenordnung sind. Für das Invertin wurden in dieser Weise von EULER und Mitarbeitern[4] Teilchengrößen zwischen 19600 und 28000 ermittelt, die aber als Mindestwerte zu betrachten und wohl sicher zu niedrig sind. Weitere ältere Messungsergebnisse dieser Art an verschiedenen Enzymen sind bei R. KUHN[5] zusammengestellt.

Erheblich zuverlässigere Bestimmungen konnten an rein dargestellten und krystallisierten Enzymen durchgeführt werden, wobei neben der Bestimmung der Diffusionskonstanten vor allem die von THE SVEDBERG[6] entwickelten Methoden der Teilchenbestimmung mit der *Ultrazentrifuge* (Ermittlung der

[1] AGNER, K.: Biochem. J. **32**, 1702 (1938). — YOUNG, J. H., and R. J. HARTMAN: Proc. Indiana Acad. Sci. **48**, 79 (1939). — SUMNER, J. B., A. L. DOUNCE and V. L. FRAMPTON: J. biol. Ch. **136**, 343 (1940). — [2] EULER, H. v., u. F. SCHLENK: H. **246**, 64 (1937). — [3] Vgl. TURBA, F.: Z. Vit.-, Horm.-Ferm.-Forsch. **2**, 49 (1948/49). — [4] EULER, H. v., u. S. KULLBERG: H. **73**, 335 (1911). — EULER, H. v., A. HEDELIUS u. O. SVANBERG: H. **110**, 190 (1920). — EULER, H. v., K. JOSEPHSON u. K. MYRBÄCK: H. **130**, 87 (1923). — EULER, H. v., u. G. ERICSON: Kolloid-Z. **31**, 3 (1922). — EULER, H. v., u. A. HEDELIUS: Z. anorg. Chem. **113**, 59 (1920). — [5] KUHN, R.: Oppenheimer, Fermente **1**, 98 (1925). — [6] SVEDBERG, THE: Naturwiss. **22**, 225 (1934). — WYCKOFF, R. W.: Naturwiss. **25**, 481 (1937).

Sedimentationsgeschwindigkeit und des Sedimentationsgleichgewichts) entscheidende Dienste leisten (vgl. S. 644). In Tabelle 171 sind die nach verschiedenen Methoden erhaltenen Molekulargewichte des Pepsins zusammengestellt, die Molekulargewichte einer größeren Anzahl krystallisierter Enzyme, meist nach der SVEDBERGschen Methode bestimmt, finden sich in Tabelle 173, S. 1034/5.

Tabelle 171. Molekulargewicht des Pepsins.

Aus osmotischen Daten	35000
Aus dem Diffusionskoeffizienten	36000
Aus dem P-Gehalt	40000 (1 Atom P/Mol)
Aus dem Cl-Gehalt	35000 (2 Atome Cl/Mol)
Aus dem S-Gehalt	36000 (10 Atome S/Mol)
Aus der Sedimentationsgeschwindigkeit . . .	35000

Daß die Molekulargewichte der Enzyme einheitlich und chemisch definiert sind, ergibt sich nicht nur aus der guten Übereinstimmung der nach verschiedenen Methoden erhaltenen Werte, sondern auch daraus, daß diese Werte durchwegs mit chemischen Daten gut vereinbar sind.

Für Katalase ist ein Teilchengewicht von 248000 bestimmt worden (SUMNER und GRALÉN[1]). Aus dem Eisengehalt, der für das krystallisierte Enzym zu 0,09% gefunden ist, berechnet sich ein Mindestmolekulargewicht von 62000. Katalase enthält also 4 Atome Eisen im Molekül.

Das Molekulargewicht des gelben Fermentes ist unter der Annahme, daß 1 Fermentmolekül 1 Alloxazinnucleotid enthält, von H. THEORELL[2] zu 75000 berechnet, das Teilchengewicht durch Messung der Sedimentations- und Diffusionskonstante von R. W. KEKWICK und K. O. PEDERSEN[3] zu 80000 ermittelt worden. Das Molekulargewicht des Cytochroms c beträgt nach THEORELL[4] in Übereinstimmung mit dem Eisengehalt 16500.

Es folgt aus diesen Ergebnissen, daß eine *Gleichsetzung von Teilchengewicht und Molekulargewicht erlaubt ist.* Weiterhin ergibt sich, daß *die gefundenen Molekulargewichte den für Eiweißkörper ermittelten entsprechen.*

Dialyse und Ultrafiltration. Die gefundenen Teilchengrößen machen es verständlich, daß Enzyme durch Membranen nicht oder nur außerordentlich langsam diffundieren. Damit ist die Möglichkeit gegeben, die Enzyme durch *Ultrafiltration*, *Dialyse* oder *Elektrodialyse* von allen begleitenden niedermolekularen Bestandteilen zu befreien. Durch Abtrennung indifferenter niedermolekularer Begleitstoffe kann so in vielen Fällen eine beträchtliche *Steigerung des Reinheitsgrades*, durch Abtrennung von Co-Enzymen und ähnlichen Wirkstoffen eine *Zerlegung der Enzymsysteme* selbst bewirkt werden.

Ultrafiltrationsversuche, mit Membranen von verschiedenem Porendurchmesser die Teilchengröße der Enzyme zu ermitteln, haben keine wesentlichen Ergebnisse erbracht.

5. Verhalten der Enzyme beim Erhitzen.

Durch Erhitzen ihrer Lösungen auf höhere Temperaturen werden die Enzyme mehr oder weniger rasch inaktiviert. Diese *Hitzeempfindlichkeit* ist eine so allgemein beobachtete Eigenschaft der Enzyme, daß wir gewohnt sind, sie als *abgrenzendes Merkmal der Enzyme gegenüber anderen „nicht enzymatischen" Katalysatoren der Zelle* zu verwenden. Allerdings darf nicht übersehen werden, daß dieses *Merkmal einigermaßen unbestimmt* ist. Während die meisten Enzyme beim Erhitzen ihrer Lösungen oberhalb etwa 60° rasch inaktiviert werden, gibt

[1] SUMNER, J. B., and N. GRALÈN: J. biol. Ch. **125**, 33 (1938). — [2] THEORELL, H.: B. Z. **272**, 155 (1934); **275**, 37, 344; **278**, 263 (1935). — [3] KEKWICK, R. A., and K. O. PEDERSEN: Biochem. J. **30**, 2201 (1936). — [4] THEORELL, H.: B. Z. **279**, 463 (1935); **285**, 207 (1936).

es zahlreiche Beispiele erheblich höherer, aber auch geringerer Temperaturbeständigkeit. Verhältnismäßig hitzebeständig sind z. B. das Papain[1], die Takaamylase[2] und ein Teilenzym des phosphorylierenden Systems der Glykolyse[3], das sogar kurzes Erhitzen auf 100° verträgt, ohne zerstört zu werden. Auch das Glykoproteide spaltende Lysozym aus Eiereiweiß (vgl. S. 1164) ist durch eine ähnlich hohe Temperaturbeständigkeit ausgezeichnet[4], ebenso Ribonuclease, krystallisiertes Trypsin in n/10 HCl und hochgereinigte Meerrettichperoxydase. Die Existenz kochbeständiger Zellkatalysatoren, die in allen übrigen Eigenschaften „wirkliche" Enzyme sind, liegt also im Bereich des Möglichen, ebenso wie es ja *auch kochbeständige Proteine* gibt. Ganz allgemein sind trockene Enzympräparate weit temperaturbeständiger als Enzymlösungen; auch sollen unreine Enzymlösungen im allgemeinen weniger hitzeempfindlich sein als weitgehend gereinigte. Der Verlauf der Enzyminaktivierung ist in allen untersuchten Beispielen monomolekular gefunden worden (Emulsin[5], Pepsin, Lab, Trypsin[6]).

Tabelle 172. Aktivierungsenergien und Inaktivierungstemperaturen.

Enzym	A (Cal/Mol)	T_c°
Malzamylase[7]	42500	57
Trypsin[8]	42000	65
Pepsin[9]	75000	65
Lab[9]	90000	46
Saccharase[9, 10]	101000	59
Peroxydase[11]	189000	69
Hämoglobin (Denaturierung)[12]	77500	63
Ovalbumin (Denaturierung)[13]	130000	76

Die auffallendste Eigenart der Hitzeinaktivierung der Enzyme ist ihr *enorm großer Temperaturkoeffizient*. Praktisch wirkt sich dies dahin aus, daß die Hitzeinaktivierung unterhalb einer bestimmten Temperatur nur außerordentlich langsam, wenige Grade höher aber schon fast momentan verläuft. Es sieht also so aus, wie wenn ein bestimmter Inaktivierungs*punkt* existieren würde. Dies ist aber ebensowenig der Fall wie bei der *Hitzedenaturierung der Proteine*, die *der Hitzeinaktivierung der Enzyme analog* und wie diese eine Reaktion von abnorm hohen Temperaturkoeffizienten ist. Als *kritische Inaktivierungstemperatur* T_c° eines Enzyms wird diejenige Temperatur bezeichnet, bei der das Enzym innerhalb 1 h die Hälfte seiner Aktivität einbüßt.

Die *Hitzedenaturierung der Proteine ist keineswegs*, wie man lange geglaubt hat, *eine grundsätzlich irreversible Reaktion*; vielmehr kann unter geeigneten Bedingungen denaturiertes Protein wieder in natives zurückverwandelt werden (s. S. 668). Ein ähnlicher Fall liegt bei der Hitzeinaktivierung des Trypsins vor; es besteht hier, wie ANSON und MIRSKY[14] gezeigt haben, ein von der Temperatur abhängiges Gleichgewicht zwischen der nativen aktiven und der denaturierten inaktiven Form des Enzyms.

Aus dem Temperaturkoeffizienten der Hitzeinaktivierung hat man unter Verwendung der oben (S. 997) angeführten, von *Arrhenius* abgeleiteten Formel die

[1] WILLSTÄTTER, R., u. W. GRASSMANN: H. **138**, 184 (1924). — [2] MIYAKE, K., and M. ITO: J. Biochem. **3**, 177 (1924). — [3] MEYERHOF, O., P. OHLMEYER, W. GENTNER u. H. MAIER-LEIBNITZ: B. Z. **298**, 396 (1938). — [4] MEYER, K., R. THOMPSON, J. W. PALMER and D. KHORAZO: J. biol. Ch. **113**, 303 (1936). — [5] TAMANN, G.: Z. physik. Chem. **18**, 426 (1895). — [6] MADSEN, T., u. L. E. WALBUM: Nach ARRHENIUS, S.: Immunochemie, S. 57. Leipzig 1907. — [7] LÜERS, H., u. W. WASMUND: Fermentforsch. **5**, 169 (1922). — [8] PACE, J.: Biochem. J. **24**, 606 (1930). — [9] ARRHENIUS, S.: Immunochemistry. Application of the Principles of Physical Chemistry to the study of the Biological Antibodies. London 1907. — [10] EULER, H. v., u. I. LAURIN: H. **108**, 64 (1919/20). — [11] ZILVA, S. S.: Biochem. J. **8**, 656 (1914). — [12] LEWIS, P. S.: Biochem. J. **20**, 965 (1926). — [13] LEWIS, P. S.: Biochem. J. **20**, 978 (1926). — [14] ANSON, M. L., and A. E. MIRSKY: J. gen. Physiol. **17**, 393 (1934).

Aktivierungswärme dieser Reaktion zu berechnen und ziemlich weitgehende Schlüsse im Hinblick auf den Mechanismus der Enzyminaktivierung zu ziehen versucht. In Tabelle 172 sind die kritische Inaktivierungstemperatur (T_c°) sowie die errechnete Aktivierungswärme (A) der Reaktion für einige Enzyme und für die Denaturierung einiger Eiweißkörper zusammengestellt[1,2]. Die gefundenen Aktivierungsenergien der Enzyme sind außerordentlich hoch und entsprechen größenordnungsmäßig denen der Proteine. Dies bedeutet, daß mit der Hitzeinaktivierung eine außerordentlich große Zunahme der Entropie verbunden ist. Man muß annehmen, daß der Zusammenbruch der geordneten Struktur mit der Auflösung einer großen Zahl von Bindungen verknüpft ist[2].

Katalase- und lipasehaltige Lösungen zeigen nach Gefrieren und Auftauen gesteigerte Wirkung[3].

6. Isolierung krystallisierter Enzyme; die Fermente als zusammengesetzte Proteine.

Die im vorausgehenden geschilderten Eigenschaften der Enzyme scheinen wohl *vereinbar* mit der Annahme, daß *die Enzyme Eiweißkörper* sind, aber sie sind *nicht beweisend* für sie. Während es E. Fischer als wahrscheinlich angesehen hatte, daß die Enzyme den Eiweißkörpern angehören, hat die Untersuchung der hochgereinigten, wenn auch noch nicht einheitlichen oder krystallisierten Enzyme R. Willstätters hierfür keine Anhaltspunkte ergeben. Allerdings enthielten auch die gereinigten Enzympräparate Willstätters stets Stickstoff, und zwar zum Teil in ähnlicher Menge wie die Proteine und in vermutlich peptidartiger Bindung.

Die endgültige Entscheidung hat die Reindarstellung der Enzyme in krystallisierter Form gebracht. 1926 hat J. B. Sumner[4] die Urease in krystallisierter Form isoliert; sie zeigt alle Eigenschaften eines Proteins. Das gleiche gilt von den in den folgenden Jahren isolierten Enzymen Pepsin, Trypsin, Chymotrypsin (Northrop und Kunitz[5]) und Carboxypeptidase[6]. Gegen die Auffassung der amerikanischen Forscher, daß in diesen krystallisierten Proteinen die einheitlichen Enzyme selbst vorliegen, sind anfangs Einwände erhoben worden[7], die aber gegenüber dem umfangreichen Versuchsmaterial, das im allgemeinen für Einheitlichkeit der isolierten Fermentproteine spricht, doch wohl nicht genügend durchschlagend waren. Seitdem ist es gelungen, eine große Zahl von Enzymen in krystallisiertem und einheitlichem Zustand zu isolieren.

In Tabelle 173 sind die wichtigsten bisher krystallisiert gewonnenen Enzyme zusammengestellt. Alle bisher in reiner Form erhaltenen Enzyme sind Proteine, viele von ihnen enthalten außerdem noch bestimmte prosthetische Gruppen, die unmittelbar an der katalytischen Wirkung beteiligt sind.

---

[1] Haldane, J. B. S., u. K. G. Stern: Allgemeine Chemie der Enzyme. S. 86. Dresden 1932. — Bersin, Th.: Kurzes Lehrbuch der Enzymologie, 2. Aufl., S. 29. Leipzig 1939. — Vgl. Moelwyn-Hughes, E. A.: Ergebn. Enzymforsch. **2**, 1 (1933). — [2] Stearn, A. E.: Ergebn. Enzymforsch. **7**, 1 (1938). — Sizer, J. W.: Adv. Enzymol. **3**, 35 (1943). — [3] Kiermeier, Fr.: B.Z. **318**, 275 (1948). — Nord, F. F.: Ergebn. Enzymforsch. **2**, 23 (1933). — [4] Sumner, J. B.: J. biol. Ch. **69**, 435 (1926). Ergebn. Enzymforsch. **1**, 295 (1932). — [5] Northrop, J. H.: J. gen. Physiol. **13**, 739 (1929/30). — Northrop, J. H., and M. Kunitz: J. gen. Physiol. **16**, 267 (1932). — Kunitz, M., and J. H. Northrop: J. gen. Physiol. **18**, 433 (1935). — Northrop, J. H., and M. Kunitz: Ergebn. Enzymforsch. **2**, 104 (1933). — Northrop, J. H.: Crystalline Enzymes. The Chemistry of Pepsin, Trypsin and Bacteriophage. New York 1939. — [6] Anson, L. M.: Science, N. Y. **81**, 467 (1935). J. gen. Physiol. **20**, 663, 777, 781 (1937). — [7] Tauber, H.: J. biol. Ch. **87**, 625 (1930). — Waldschmidt-Leitz, E., u. F. Steigerwaldt: H. **195**, 260 (1931). — Dyckerhoff, H., u. G. Tewes: H. **215**, 93 (1933).

Tabelle 173. Krystallisierte Enzyme.

Enzym	Mol. Gew.	Chem. Natur	Aktivator, Inhibitor	Kryst. Darst. Jahr
α-Amylase Pankreas (Schwein[1], Mensch[2]). . . . Speichel (Mensch[3]) Bac. subtilis[4]. . .	45000 (Schwein)	globulinartiges Protein	Akt.: Chloride Inh.: Schwermetalle	1946—1948
β-Amylase[5] (Batate) .		Protein		1948
Lysozym.	18000[6]	Bas. Protein[7, 8a], Avidin + Biotin[8] (?)	Inh.: Peroxyd, Jodion Kupfer-(I)-ion	1937[9]
Leberesterase . . .				1948[10]
Phosphorylase (anim.)	340000 bis 400000[11]	Protein mit Adenylsäure als Co-Enzym	Akt.: Reduktionsmittel Inh.: Glucose[12]	1942[13]
Transphosphorylase .		Protein		1942[14]
Hexokinase			Akt.: Magnesium	1946[15]
Ribonuclease	15000[16]	Lösliches Albumin		1939[17]
Urease	483000[18]	Globulin; vermutl. Sulfhydrylgruppen[19], kein Co-Enzym	Inh.: Schwermetallionen wie Ag, Hg, Cu, Cd, Pb; Fluorid, Halogen, Formaldehyd, H_2O_2	1926[20]
Pepsin.	35500[21]	Phosphor- und chlorhaltiges Globulin	Inh.: Natrium-Laurylsulfonat[22]	1930[23]
Lab		Globulin[24]		1942[25]
Trypsin	34000[26]	Protein	Akt.: Enterokinase Inh.: Spezif. Hemmungskörper	1931[27]
Chymotrypsin . . .		Protein		1933[28]
Carboxypeptidase . .		Protein	Akt.: Cystein	1935[29]
Papain	27000	Protein	Akt.: HCN; Reduktionsmittel wie Cystein, H_2S[30] Inh.: H_2O_2, Jodessigsäure	1937[31]
Ficin		Protein	Akt.: Cystein, H_2S, HCN	1936[32]
Katalase (Rinderleber)	248000[33]	Protein mit 4 Fe-haltigen prosthetischen Gruppen (Hämatin u. Biliverdin[34])	Inh.: HCN, H_2S, Hydroxylamin, Natriumazid	1937[35]
Katalase (Rindererythrocyten	248000[33]	Protein mit 4 Fe-haltigen prosthetischen Gruppen (Hämatin)[36]		1941[37]
Peroxydase	44000	Protein mit Fe-haltigem Co-Enzym (Hämatin)[38]		1940[38]
Tyrosinase		Protein mit etwa 0,2% Kupfer[39]	Inh.: HCN; Thioharnstoff u. Derivate[40]	1938[41]
Ascorbinsäure-oxydase		Protein mit etwa 0,25% Kupfer[42]	Inh.: HCN	1939[43]
Alkoholdehydrogenase		Protein mit Co-Enzym I als prosthetische Gruppe[44]	Akt.: Pyrrol, Adrenalin[45]	1937[46]
Milchsäuredehydrogenase		Protein mit Co-Enzym I als prosthetische Gruppe[47]	Inh.: Pyridin-3-sulfosäure[48]	1940[49]
Glycerinaldehyddiphosphatdehydrogenase		Protein mit Co-Enzym I als prosthetische Gruppe	Inh.: Jodessigsäure	1939[50]

Tabelle 173 (Fortsetzung).

Enzym	Mol. Gew.	Chem. Natur	Aktivator, Inhibitor	Kryst. Darst. Jahr
Gelbes Enzym . . .	80000[51]	Protein mit Riboflavinphosphat als Co-Enzym[52]	Inh.: Atebrin; bas. Farbstoffe[53]	1934[54]
Aldolase (Muskel)	100000[55]	Vielleicht identisch mit Myogen A[56]		1943[57]
Kohlensäure-anhydrase		Protein mit 0,2 bis 0,34% Zink[58]	Inh.: CO, HCN, Na_2S; Natriumazid; Schwermetallionen; Sulfonamide[59]	1942[60]
Enolase		Metallproteid[61]	Akt.: Mg^{++}, auch Mn^{++}. Zn[61] Inh.: Fluorid[61]	1941[62]

Literatur zu Tabelle 173:

[1] MEYER, K. H., ED. H. FISCHER et P. BERNFELD: Exper. 2, 362 (1946); 3, 106 (1947). Arch. Biochem. 14, 149 (1947). Helv. 30, 64 (1947). — FISCHER, ED. H., et P. BERNFELD: Helv. 31, 1831, 1839 (1948). — [2] MEYER, K. H., ED. H. FISCHER, P. BERNFELD and F. DUCKERT: Arch. Biochem. 18, 203 (1948). — FISCHER, ED. H., F. DUCKERT et P. BERNFELD: Helv. 33, 1060 (1950). — [3] MEYER, K. H., ED. H. FISCHER, P. BERNFELD et A. STAUB: Exper. 3, 455 (1941). Helv. 31, 2158, 2165 (1948). — [4] MEYER, K. H., M. Fuld et P. BERNFELD: Exper. 3, 411 (1947). — [5] BALLS, A. K., R. R. THOMPSON and M. K. WALDEN: J. biol. Ch. 163, 571 (1946). — [6] ABRAHAM, J.: Biochem. J. 33, 622 (1939). — [7] MEYER, K., R. THOMPSON, J. W. PALMER and D. KHORAZO: J. biol. Ch. 113, 303 (1936). — [8] LAURENCE, W. L.: Science, N.Y. 99, 392 (1944). — ALDERTON, G., J. C. LEWIS and H. L. FENOLD: Science, N.Y. 101, 151 (1945). — [8a] ALDERTON, G., W.H. WARD and H.L. FENOLD: J. biol. Ch. 157, 43 (1945). — [9] ABRAHAM, E. P., and R. ROBINSON: Nature 140, 24 (1937). — [10] MOHAMED, M. S.: Acta chem. scand. 2, 90 (1948). — [11] ONCLEY, J. L.: J. biol. Ch. 151, 27 (1943). — [12] HANES, C. S.: Proc. R. Soc. London (B) 128, 421 (1939/40). — CORI, G. T., and C. F. CORI: J. biol. Ch. 135, 733 (1940). — [13] GREEN, A. A., G. T. CORI and C. F. CORI: J. biol. Ch. 142, 447 (1942). — [14] BÜCHER, T.: Naturwiss. 30, 756 (1942). — [15] BERGER, L., M. W. SLEIN, S. P. COLOWICK and C. F. CORI: J. gen. Physiol. 29, 141 (1946). — KUNITZ, M., and M. R. McDONALD: J. gen. Physiol. 29, 143 (1946). — [16] KUNITZ, M.: J. gen. Physiol. 24, 15 (1940). — [17] KUNITZ, M.: Science, N. Y. 90, 112 (1939). — [18] SUMNER, J. B., N. GRALÉN and I. B. ERIKSSON-QUENSEL: J. biol. Ch. 125, 37 (1938). — [19] SUMNER, J. B., and L. O. POLAND: Proc. Soc. exp. Biol. Med. 30, 553 (1933). — [20] SUMNER, J. B.: J. biol. Ch. 69, 435 (1926). — [21] PHILPOT, J. ST. L., and I. B. ERIKSSON-QUENSEL: Nature 132, 932 (1933). — [22] SHOCK, D., and S. J. FOGELSEN: Proc. Soc. exp. Biol. Med. 50, 304 (1942). — [23] NORTHROP, J. H.: J. gen. Physiol. 13, 739 (1929/30). — [24] HANKINSON, C. L., and L. S. PALMER: J. Dairy Sci. 25, 277 (1942). — [25] HANKINSON, C. L.: Proc. west. Div. amer. Dairy Sci. Ass. 1942. — [26] NORTHROP, J. H.: Crystalline Enzymes. New York 1939, und zwar S. 96. — [27] NORTHROP, J. H., and M. KUNITZ: Science, N. Y. 73, 262 (1931). — [28] KUNITZ, M., and J. H. NORTHROP: Science, N. Y. 78, 558 (1933). — [29] ANSON, M. L.: Science, N. Y. 81, 467 (1935). J. gen. Physiol. 20, 663 (1936/37). — [30] WILLSTÄTTER, R., u. W. GRASSMANN: H. 138, 184 (1924). — [31] BALLS, A. K., and H. LINEWEAVER: J. biol. Ch. 130, 669 (1939). — BALLS, A. K., H. LINEWEAVER and R. R. THOMPSON: Science, N. Y. 86, 379 (1937). — [32] WALTI, A.: Am. Soc. 60, 493 (1938). — [33] SUMNER, J. B., and N. GRALÉN: J. biol. Ch. 125, 33 (1938). — [34] SUMNER, J. B., and A. L. DOUNCE: J. biol. Ch. 121, 417 (1937). — SUMNER, J. B., A. L. DOUNCE and V. L. FRAMPTON: J. biol. Ch. 136, 343 (1940). J. Dairy Sci. 26, 53 (1943). — Vgl. a. S. 886ff. — [35] SUMNER, J. B., and A. L. DOUNCE: J. biol. Ch. 121, 417 (1937). — [36] LASKOWSKI, M., and J. B. SUMNER: Science, N. Y. 94, 615 (1941). — [37] DOUNCE, A. L.: Unveröffentlicht. — LASKOWSKI, M., and J. B. SUMNER: Science, N. Y. 94, 615 (1941). — [38] THEORELL, H.: Ark. Kemi, Mineral. Geol. (B) 14, Nr. 20, 1 (1940). — [39] JENSEN, H., and L. E. TENENBAUM: J. biol. Ch. 147, 737 (1943). — DALTON, H. R., and J. M. NELSON: Am. Soc. 61, 2946 (1939). — [40] DU BOIS, K. P., and W. F. ERWAY: J. biol. Ch. 165, 711 (1946). — [41] DALTON, H. R., and J. M. NELSON: Am. Soc. 60, 3085 (1938). — [42] POWERS, W. H., S. LEWIS and C. R. DAWSON: J. gen. Physiol. 27, 167 (1944). — STOTZ, E.: J. biol. Ch. 133, C (1940). — [43] TADOKORO, T., and N. TAKASUGI: J. chem. Soc. Jap. 60, 188 (1939). — [44] QUIBELL, T. H.: H. 251, 102 (1938). — [45] MIZUSAWA, H.: J. Biochem. 18, 243 (1933). — [46] NEGELEIN, E., u. H. J. WULFF: B. Z. 289, 436 (1936); 293, 351 (1937). — [47] ANDERSON, B.: H. 225, 57 (1934). — Vgl. auch SZENT-GYÖRGYI, A. v.: B. Z. 157, 50 (1925). — [48] EULER, H. v.:

Wie aus Tabelle 173 hervorgeht, handelt es sich bei einem großen Teil der isolierten Fermente um zusammengesetzte Proteine (Proteide), d. h. um Eiweißkörper, die mit einer nicht eiweißartigen niedermolekularen Gruppierung als prosthetische Gruppe verknüpft sind. Offenbar spielt sich die wesentliche chemische Reaktion an dieser prosthetischen Wirkungsgruppe ab.

Bisher sind folgende *Wirkungsgruppen als Bestandteile von Fermenten* nachgewiesen:

1. Eisen, in Bindung an Pyrrolfarbstoffe im WARBURGschen Atmungsferment (WARBURG und NEGELEIN[1]), in Katalase (ZEILE und HELLSTRÖM; STERN[2]), Peroxydase (R. KUHN und Mitarbeiter; KEILIN und Mitarbeiter[3]) und den Cytochromen (THEORELL[4]).

2. Riboflavin-phosphorsäure (Formel I) (WARBURG und CHRISTIAN; R. KUHN und Mitarbeiter[5]) und Flavin-adenin-dinucleotid (Formel II, WARBURG und CHRISTIAN[6]) in den gelben Atmungsfermenten.

3. Co-Enzym I (Co-Zymase; Formel III, WARBURG und CHRISTIAN; MYRBÄCK; EULER und Mitarbeiter[7]) und Co-Enzym II (Co-Dehydrase; Formel IV, WARBURG und Mitarbeiter[8]) als Co-Enzyme wasserstoffübertragender Katalysatoren.

4. Aneurinpyrophosphorsäure (Formel V) als Co-Enzym der Carboxylase (AUHAGEN; LOHMANN und SCHUSTER[9]).

5. Pyridoxalpyrophosphorsäure (Formel VI, GUNSALUS und Mitarbeiter[10]) als Co-Enzym gewisser bakterieller Decarboxylasen und Transaminasen.

B. **75**, 1876 (1942). — [49] STRAUB, F. B.: Biochem. J. **34**, 483 (1940). — [50] WARBURG, O., u. W. CHRISTIAN: B. Z. **301**, 221 (1939). — [51] KEKWICK, R. A., and K. O. PEDERSEN: Biochem. J. **30**, 2201 (1936). — [52] THEORELL, H.: B. Z. **275**, 344 (1934); **278**, 263 (1935); **290**, 293 (1937). — KUHN, R., u. H. RUDY: B. **69**, 2557 (1936). — KUHN, R., u. P. DESNUELLE: H. **251**, 19 (1938). — [53] WRIGHT, C. J., and J. C. SABINE: J. biol. Ch. **155**, 315 (1944). — HELLERMAN, L., A. LINDSAY and M. R. BOVARNIK: J. biol. Ch. **163**, 553 (1946). — [54] THEORELL, H.: B. Z. **272**, 155 (1934). — [55] GRALÉN, N.: Biochem. J. **33**, 1342 (1939). — [56] ENGELHARDT, W. A.: Yale J. Biol. Med. **15**, 21 (1942/43). — BARANOWSKI, T., and T. R. NIEDERLAND: J. biol. Ch. **180**, 543 (1949). — [57] WARBURG, O., u. W. CHRISTIAN: B. Z. **314**, 149 (1943). — [58] SCOTT, D. A.: J. biol. Ch. **142**, 959 (1942); **143**, 959 (1942). — SCOTT, D. A., and A. M. FISHER: Fed. Proc. **1**, 133 (1942). J. biol. Ch. **144**, 371 (1942). — KEILIN, D., and T. MANN: Biochem. J. **34**, 1163 (1940). Nature **144**, 442 (1939). — [59] MANN, T., and D. KEILIN: Nature **146**, 164 (1940). — KREBS, H. A.: Biochem. J. **43**, 525 (1948). — [60] SCOTT, D. A., and A. M. FISHER: J. biol. Ch. **144**, 371 (1942). — [61] WARBURG, O., u. W. CHRISTIAN: B. Z. **310**, 384 (1942). — [62] WARBURG, O., u. W. CHRISTIAN: Naturwiss. **29**, 589 (1941).

[1] WARBURG, O., u. E. NEGELEIN: B. Z. **202**, 202 (1928). — KUBOWITZ, F., u. E. HAAS: B. Z. **255**, 247 (1932). — [2] ZEILE, K., u. H. HELLSTRÖM: H. **192**, 171 (1930). — STERN, K. G.: J. biol. Ch. **112**, 661 (1935/36). — SUMNER, J. B., and A. L. DOUNCE: Science, N. Y. **85**, 366 (1937). — [3] KUHN, R., B. D. HAND u. M. FLORKIN: H. **201**, 255 (1931). — ELLIOT, K. A. C., and D. KEILIN: Proc. R. Soc. London (B) **114**, 210 (1934). — KEILIN, D., and T. MANN: Proc. R. Soc. London (B) **122**, 119 (1937). — [4] THEORELL, H.: B.Z. **279**, 463 (1935); **285**, 207 (1936). — Vgl. auch KEILIN, D., and E. F. HARTREE: Proc. R. Soc. London (B) **122**, 298 (1937). — [5] WARBURG, O., u. W. CHRISTIAN: Naturwiss. **20**, 980 (1932). — KUHN, R., H. RUDY u. TH. WAGNER-JAUREGG: B. **66**, 1950 (1933). Vgl. auch THEORELL, H.: B. Z. **272**, 155 (1934); **275**, 37, 344 (1935); **278**, 263 (1935). Ergebn. Enzymforsch. **6**, 111 (1937). — [6] WARBURG, O., u. W. CHRISTIAN: Naturwiss. **26**, 201, 235 (1938). B. Z. **295**, 261 (1938). — [7] WARBURG, O., u. W. CHRISTIAN: B. Z. **285**, 156 (1936); **286**, 81 (1936); **287**, 291 (1936). Helv. **19**, E 79 (1936). — MYRBÄCK, K.: Ergebn. Enzymforsch. **2**, 139 (1933). — EULER, H. v., H. ALBERS u. F. SCHLENK: H. **234**, I; **237**, I (1935); **240**, 113 (1936). — [8] WARBURG, O., u. W. CHRISTIAN: B. Z. **274**, 112 (1934); **275**, 112, 464 (1935); **282**, 221 (1935). — WARBURG, O., W. CHRISTIAN u. A. GRIESE: B. Z. **279**, 143 (1935). — [9] AUHAGEN, E.: H. **204**, 149 (1932); **209**, 20 (1932). — LOHMANN, K., u. PH. SCHUSTER: Naturwiss. **25**, 26 (1937). B. Z. **294**, 188 (1937). — [10] GUNSALUS, I. C., and W. D. BELLAMY: J. biol. Ch. **155**, 357, 367 (1944). — GUNSALUS, I. C., BELLAMY, W. D., and W. W. UMBREIT: J. biol. Ch. **155**, 685 (1944). — UMBREIT, W. W., and I. C. GUNSALUS: J. biol. Ch. **159**, 333 (1945). — UMBREIT, W. W., W. D. BELLAMY and I. C. GUNSALUS: Arch. Biochem. **7**, 185 (1945).

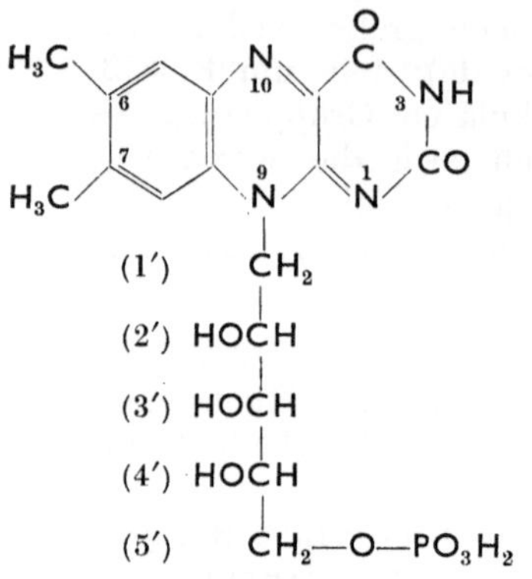

(I) Riboflavinphosphorsäure

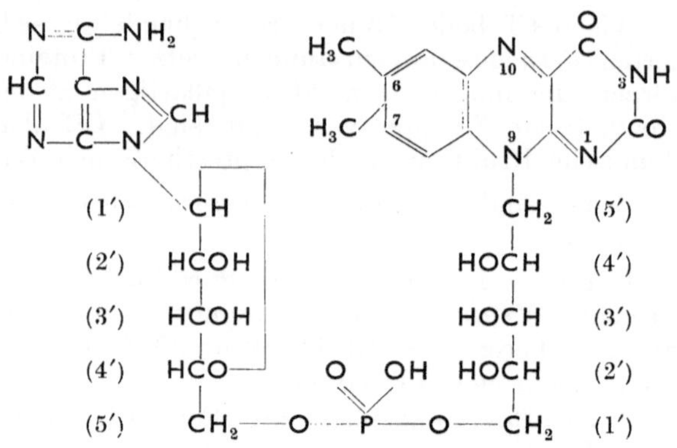

(II) Flavin-adenin-dinucleotid

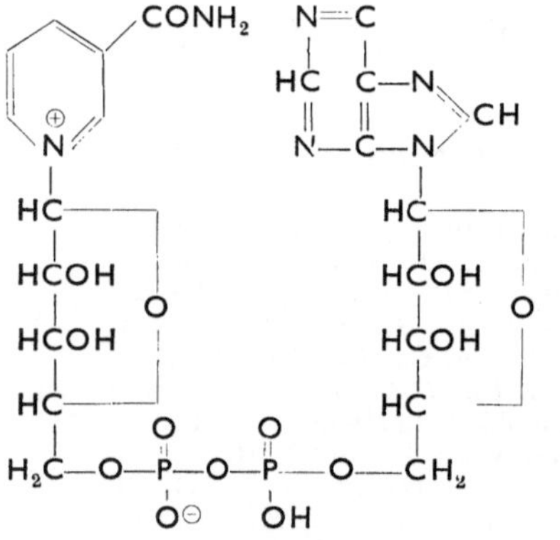

(III) Co-Enzym I

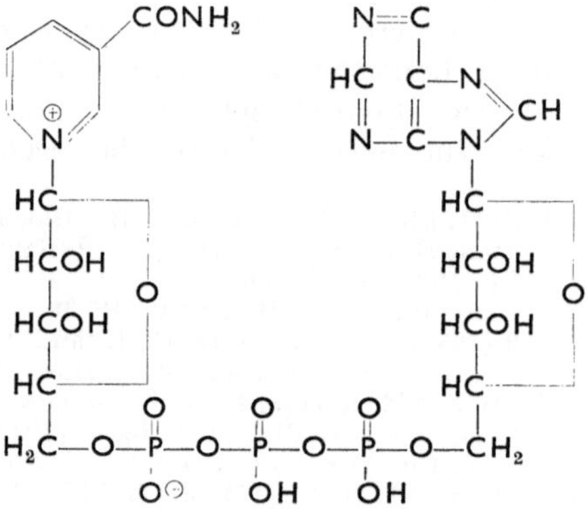

(IV) Co-Enzym II

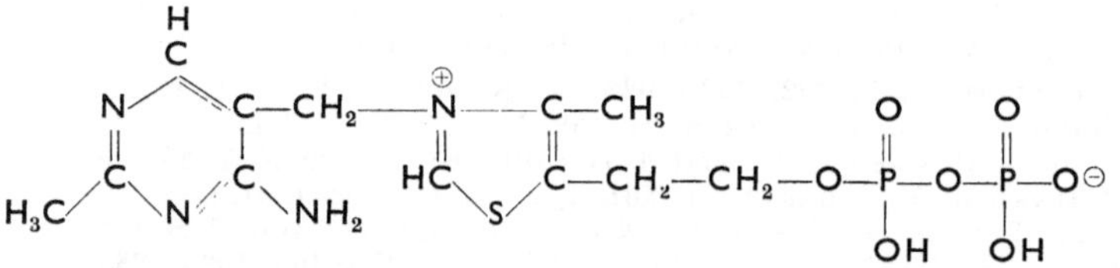

(V) Aneurinpyrophosphorsäure

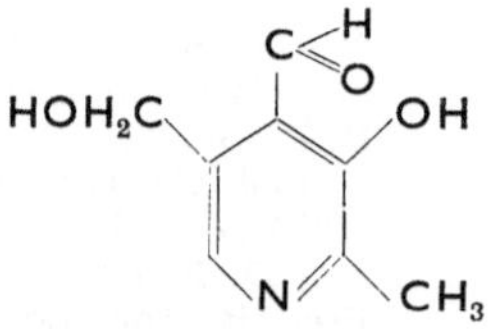

(VI) Pyridoxal *

7. Ferner sind in vielen Fällen (Enolase, Polyphenoloxydase, Ascorbinsäureoxydase) Metalle in nicht näher bekannter Weise an das Fermentprotein gebunden und für die Wirkung wesentlich.

Die vermutete Co-Enzymfunktion des Inosits gegenüber der Amylase[1] ist umstritten.

---

* Die Stellung des Pyrophosphorsäurerestes in der Pyridoxalpyrophosphorsäure ist noch unsicher.

[1] Williams, R. J., F. Schlenck and M. A. Eppright: Am. Soc. **66**, 896 (1944). — Lane, R. L., and R. J. Williams: Arch. Biochem. **19**, 329 (1948). — Fischer, Ed. H., et P. Bernfeld: Helv. **32**, 1146 (1949) u. zw. S. 1148.

Das Aktivierungsverhalten zahlreicher, bisher noch nicht in reiner Form isolierter Enzyme (Peptidasen, Amidasen, Phosphatasen, Phosphorylasen) macht es wahrscheinlich, daß auch an ihrer Wirkung Metallionen, und zwar vermutlich 2-wertige Ionen, wie Magnesium, Zink, Kobalt, Mangan, beteiligt sind.

Die Bindung der prosthetischen Gruppe an das Fermentprotein kann dabei relativ fest sein [Häminfermente oder Kupferproteide (Polyphenol- und Ascorbinsäureoxydase)], oder mehr oder weniger leicht dissoziierbar sein, wie z. B. bei den Pyridinfermenten und einigen Fermentproteiden, die leicht abtrennbare Metalle enthalten. Die gelben Fermente nehmen eine Zwischenstellung ein. Falls die Wirkungsgruppe locker und dissoziierbar gebunden ist, wird bei der Dialyse und Ultrafiltration, aber auch bei manchen anderen präparativen Maßnahmen eine *Auftrennung* in die niedermolekulare „*prosthetische Gruppe*" und das *Fermentprotein* stattfinden, die, jede für sich allein enzymatisch unwirksam, bei ihrer Wiedervereinigung *aktives Ferment* ergeben. Das ist aber nichts anderes als die lange bekannte Erscheinung der *Co-Fermentwirkung*.

Unter Co-Fermenten versteht man ganz allgemein alle diejenigen Substanzen, die — ohne selbst meßbare Enzymwirkung zu besitzen — den für sich allein gleichfalls unwirksamen hochmolekularen Bestandteil eines Enzyms zum katalytisch wirksamen Ferment ergänzen (vgl. S. 1008).

Das klassische Beispiel für eine derartige Aufteilung eines Fermentsystems in zwei für sich allein unwirksame Anteile ist das *Fermentsystem der alkoholischen Gärung*. Es läßt sich, wie HARDEN und YOUNG 1905 gezeigt haben (s. S. 293), in einen niedermolekularen, als „*Co-Zymase*" bezeichneten Anteil und eine hochmolekulare Kompenente zerlegen, die sich wieder zum katalytisch wirksamen Gesamtsystem vereinigen lassen. Nach einem Vorschlag von C. NEUBERG und H. v. EULER[1] wird das seiner niedermolekularen Komponente beraubte Fermentsystem als „*Apoferment*" (Apozymase, Apodehydrase, Apocarboxylase usw.), das wirksame Gesamtenzym als „*Holoferment*" oder „Holoenzym" (von ὅλος, ganz, vollständig) bezeichnet.

Die Bezeichnung *Holoferment* bedeutet lediglich eine schärfere Abgrenzung gegenüber den Komponenten des dissoziationsfähigen Systems, ist aber im übrigen *identisch mit* „*Ferment*" oder „*Enzym*". Es erscheint *nicht zweckmäßig*, *Teile* des katalytischen Systems, die noch irgendeiner „Aktivierung" durch zusätzliche Faktoren bedürfen, um wirken zu können, als Fermente oder Enzyme zu bezeichnen, denn unter Ferment oder Enzym verstehen wir definitionsgemäß nur das, was katalytisch wirksam ist.

Das Gleichgewicht

$$\text{Co-Ferment} + \text{Apoferment} \rightleftharpoons \text{Holoferment } (= \text{Ferment})$$

oder

$$\text{Agon} + \text{Pheron} \rightleftharpoons \text{Enzymsymplex}^{2}$$

wird also in den Fällen, in denen die hochmolekulare Komponente (Träger, Pheron*) als Protein und das Co-Ferment (Agon) als dessen prosthetische Gruppe gekennzeichnet ist, entsprechend dem Vorschlage WARBURGS[3], in bestimmterer Form durch die folgende Formulierung auszudrücken sein:

$$\text{Prosthetische Gruppe} + \text{Fermentprotein} \rightleftharpoons \text{Fermentproteid } (= \text{Ferment}).$$

In vielen Fällen besteht eine sehr nahe chemische Beziehung zwischen den prosthetischen Gruppen der Fermente und bekannten Vitaminen. Der Pyrophosphor-

* Die Bezeichnung „Träger" oder „Pheron" entspricht nicht der entscheidenden Mitwirkung des Proteins für Zustandekommen und Spezifität der Enzymreaktionen (HELFERICH, B.: Sumner-Myrbäck Bd. I/1, S. 79 u. zwar S. 107).

[1] NEUBERG, C., u. H. v. EULER: B. Z. **240**, 245 (1931). — [2] Nach dem Vorschlag von KRAUT, H., u. W. v. PANTSCHENKO-JUREWICZ: B. Z. **275**, 114 (1935). — [3] WARBURG, O.: Chemische Konstitution von Fermenten. Ergebn. Enzymforsch. **7**, 210 (1938).

säureester des Vitamins B_1 ist die Wirkungsgruppe der Carboxylase, die Phosphorsäureverbindung des Vitamins B_2 diejenige des gelben Ferments; das Vitamin Nicotinsäureamid ist eine Komponente der Co-Zymase, Biotin soll eine Komponente des Lysozyms, Pantothensäure eine Komponente eines acylierenden Systems[1] sein; Pyridoxin (Vitamin B_6, Adermin) geht durch Dehydrierung und Phosphorylierung in Pyridoxalpyrophosphorsäure über, die Bestandteil von Carboxylasen und Transaminasen ist. Man kann annehmen, daß die *Vitamine ganz allgemein notwendige Baustoffe von Enzymen und anderen lebenswichtigen, aber nur in kleinster Menge im Organismus vorhandenen Stoffen (z. B. Hormonen usw.) sind.* Entsprechendes gilt von den Spurenelementen als Bestandteilen metallhaltiger Fermente.

7. Die Funktion der prosthetischen Gruppe.

Die grundsätzliche Funktion der prosthetischen Gruppe ist in vielen der angeführten Fälle leicht verständlich. Fe und Cu z. B. wirken als Oxydationskatalysatoren durch Elektronenübertragung ihrer in mehreren Oxydationsstufen existierenden Ionen. Die Gruppierung des Nicotinsäureamids und des Isoalloxazins sind zur reversiblen Aufnahme und Abgabe von Wasserstoff befähigt.

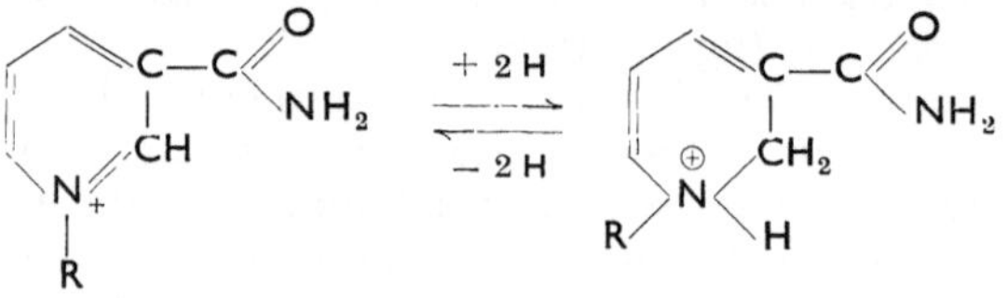

Nicotinsäureamid

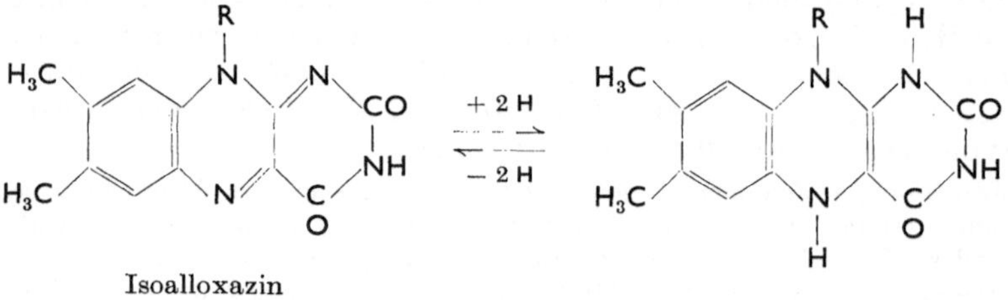

Isoalloxazin

Im Falle der Decarboxylierung von α-*Keto*säuren könnte die Aminogruppe der Co-Carboxylase auf Grund ihrer Reaktion mit der Ketogruppe des Substrats im Sinne der Versuche von LANGENBECK als Wirkungsgruppe in Betracht kommen (vgl. S. 1015). Eine entsprechende Vorstellung wäre bei der Decarboxylierung von *Amino*säuren bezüglich der Aldehydgruppe des Pyridoxals möglich (vgl. S. 514).

Die Wirkungsgruppe bestimmt die allgemeine Wirkungsweise (Wirkungsspezifität, s. oben, S. 1020) *eines Enzyms*, sie macht es zur Dehydrase, Carboxylase oder, wie man analog wird annehmen dürfen, zur Glucosidase, Esterase oder Amidase usw.

8. Die Funktion des Proteinteils.

Bei allen Erörterungen dieser Art ist jedoch zu beachten, daß die prosthetischen Gruppen *für sich allein, also ohne die Bindung an ihre spezifischen Proteine* normalerweise überhaupt *nicht mit ihren natürlichen Substraten reagieren*, mindestens nicht mit praktisch in Betracht kommender Geschwindigkeit. Man hat anzunehmen, daß z. B. die Elektronen- oder Wasserstoffübertragung von

[1] LIPMANN, F., u. Mitarb.: J. biol. Ch. **162**, 743 (1946); **174**, 37 (1948); **186**, 235 (1950). Am. Soc. **72**, 4838 (1950).

den Substraten auf die vom Eiweiß abgetrennten prosthetischen Gruppen eine Reaktion ist, die einer relativ hohen Aktivierungsenergie bedarf. Nun sind in den vorausgehenden Abschnitten zahlreiche Beispiele dafür gegeben worden, daß die katalytische Fähigkeit einfacher Atomgruppierungen durch bestimmte Einflüsse ihrer molekularen Umgebung oder durch Adsorption an die Oberfläche irgendeines „Trägers" bedeutend gesteigert werden kann, was auf eine Herabsetzung der in Frage kommenden Aktivierungsenergien hinweist. Es liegt nahe, die Rolle der Fermentproteine damit in Analogie zu setzen.

Die Überlegenheit, welche die spezifischen Fermentproteine offenbar gegenüber anderen „Katalysatorträgern" aufweisen, beginnt auf Grund neuerer Auffassungen über Struktur und Reaktionsweise der Proteine verständlich zu werden. Wir sehen heute in den Eiweißkörpern hochgeordnete, hochmolekulare und zu mesomeren Umlagerungen befähigte Systeme, in denen die Weiterleitung von Elektronen, vielleicht auch von Protonen, über große Bereiche des ausgedehnten Moleküls mit sehr geringem Energieaufwand möglich erscheint (GRASSMANN-TRUPKE, S. 674 ff.). Es sollte daher mit der Anlagerung der aktiven Gruppe an das Protein, die etwa durch Wasserstoffbrücken vermittelt werden könnte, eine entscheidende Verringerung der Aktivierungswärme für Umlagerungen, Wasserstoff- oder Elektronenanlagerung oder -abgabe innerhalb der prosthetischen Gruppe verbunden sein.

Man wird annehmen dürfen, daß auch die außerordentlich feine und bisher rätselhafte *Substratspezifität* der Fermente auf den Bau und die Funktion der Eiweißkörper zurückzuführen ist und mit weiterschreitender Erkenntnis derselben auch einer Klärung entgegengehen wird. Es steht fest, daß *die Substratspezifität der Fermente* — im Gegensatz zu ihrer allgemeinen Wirkung (s. oben) — im wesentlichen *nicht in der prosthetischen Gruppe ihren Sitz hat, sondern im Proteinteil.* So läßt sich jedes der Pyridinnucleotide mit mehreren spezifischen Proteinen kombinieren und in jeder dieser Bindungen zeigt die prosthetische Gruppe eine andere Spezifität. Gebunden an das krystallisierte Fermentprotein von NEGELEIN bewirkt das Diphosphopyridinnucleotid die Dehydrierung von Alkohol bzw. die Hydrierung von Acetaldehyd, gebunden an ein anderes Protein dehydriert es Kohlenhydrat[1]. Triphosphopyridinnucleotid bewirkt in Gegenwart eines bestimmten Hefeproteins (sog. „Zwischenferment" von E. NEGELEIN[2]) die Dehydrierung von ROBISON-Ester zu Phosphohexonsäure, in Gegenwart eines weiteren spezifischen Proteins wird Phosphohexonsäure oxydiert, ein drittes spezifisches Protein bewirkt einen noch weiter gehenden oxydativen Abbau usw.

Das Problem der Enzymspezifität kann nur verstanden werden in Verbindung mit den neueren Ergebnissen der Proteinchemie, welche einen streng geordneten und zugleich außerordentlich variationsfähigen Aufbau der Proteine wahrscheinlich machen und die Ausbildung regelmäßig strukturierter Proteinoberflächen möglich erscheinen lassen, die etwa mit den Grenzflächen von Krystallgittern vergleichbar, aber viel variations- und reaktionsfähiger sind als diese (GRASSMANN-TRUPKE, S. 489, 678).

Nach einem Vorschlag von WARBURG soll die *Spezifität des Proteinteils* durch einen Index gekennzeichnet werden, der das mit dem betreffenden Fermentproteid reagierende Substrat angibt. Damit ergeben sich Formulierungen, die zugleich das Wesentliche über den chemischen Aufbau und die Spezifität angeben, vgl. S. 985.

Auch die Herkunftsspezifität der Enzyme ist mit dem Proteinteil in Verbindung zu bringen. Triphospho-Pyridin-Proteid$_{\text{Robison-Ester}}$ aus Hefe und aus

[1] WARBURG, O., u. W. CHRISTIAN: B. Z. **286**, 81; **287**, 291 (1936). — [2] NEGELEIN, E., u. W. GERISCHER: B. Z. **284**, 289 (1936). — NEGELEIN, E., u. H. WULF: B. Z. **289**, 436 (1937); **293**, 351 (1937), bzw. WARBURG, O., u. W. CHRISTIAN: B. Z. **303**, 40 (1939).

roten Rattenblutkörperchen sind chemisch verschieden, was den Proteinteil des Fermentes anlangt, ebenso wie Hämoglobin vom Pferd und vom Rind in bezug auf ihren Eiweißteil verschiedene Substanzen sind. Man wird erwarten müssen, daß auch *quantitative* Unterschiede der Spezifität zwischen solchen entsprechenden Enzymen verschiedener Zellarten bestehen werden. Da nach allen Erfahrungen der Eiweißchemie von verschiedenen Tier- und Pflanzenarten wohl niemals *völlig* übereinstimmende Eiweißkörper aufgebaut werden, wird es auch *wahrscheinlich keine strenge Identität zwischen Enzymen verschiedener Herkunft geben,* sondern nur eine Übereinstimmung entsprechender Teile des Moleküls und damit weitgehende Ähnlichkeit in bezug auf Wirksamkeit und Eigenschaften.

Der streng *spezifische Proteinteil,* der in den bisher isolierten Fermenten vorliegt, ist nicht ohne weiteres gleichzusetzen mit dem von R. WILLSTÄTTER angenommenen *kolloiden Träger der Fermente.* Denn einer der Gründe, welche WILLSTÄTTER zur Annahme kolloider Träger geführt haben, war ja gerade der, daß im Gange der Freilegung und Reinigung von Enzymen Wirksamkeit und Spezifität erhalten bleiben, andere offenbar dem Trägerkolloid zukommende Eigenschaften der Enzyme, wie Löslichkeit, Adsorbierbarkeit, elektrische Ladung usw., aber ausgesprochen *veränderlich* sein können. Man wird daher entweder annehmen müssen, daß das Fermentprotein selbst, ohne in seinem wirksamen Teil verändert oder zerstört zu werden, Abwandlungen erfahren kann (z. B. durch Abbau) — eine Annahme, die möglich, aber vorerst kaum durch experimentelle Befunde gestützt ist — oder man gelangt zu der auch aus den Ergebnissen WILLSTÄTTERs abgeleiteten Vorstellung, daß der notwendige und spezifische Fermentträger (das Fermentprotein WARBURGs) in wechselnder Weise mit anderen hochmolekularen Stoffen verknüpft sein kann[1]. Dieser *gesamte* Kolloidverband des Enzyms, also „Holoferment" plus damit verknüpfte weitere Kolloide kann als „*Enzymsymplex im weiteren Sinne*" bezeichnet werden.

Bei vielen und wichtigen Fermenten, darunter auch bei den in reiner Form isolierten und eingehend untersuchten eiweiß-, peptid- und amidspaltenden Enzymen, ist über die Natur ihrer Wirkungsgruppen noch nichts bekannt. Manche von ihnen, wie z. B. das Papain und die ihm verwandten Enzyme (Kathepsin, Ficin, Asclepain), Carboxypeptidase, werden durch SH-Verbindungen und Blausäure aktiviert, durch Metalle in vielen Fällen gehemmt, andere, wie Dipeptidase und Aminopolypeptidase, Phosphatasen, Phosphorylasen, werden durch Komplexbildner gehemmt und durch gewisse 2-wertige Metalle (Magnesium, Mangan, Kobalt) aktiviert und es ist denkbar, daß diese Metalle als Wirkungsgruppen angesprochen werden können. Bei einer dritten Gruppe (Pepsin, Trypsin, Chymotrypsin) ist über charakteristische Aktivierungen und Hemmungen durch Metalle oder Komplexbildner nichts Näheres bekannt; die rein dargestellten Fermentproteine sind aber auf jeden Fall nicht metallhaltig. Auch für diese Enzyme ist indessen die Annahme unvermeidlich, daß die spezifische Bindung und die Umsetzung der Substrate innerhalb eng begrenzter Bereiche von spezifischem Bau erfolgt. Es ist wahrscheinlich und in einzelnen Fällen sicher, daß bestimmte Gruppierungen des Proteins, insbesondere SH-Gruppen, für die Wirkung notwendig sind. Auf jeden Fall sollte man sich darüber im klaren sein, daß die bisher bekanntgewordenen „aktiven Gruppen" nur eine und nicht einmal die rätselvollste Seite der Enzyme betreffen und daß die eigentlichen Geheimnisse ihrer Wirkung und Spezifität im Proteinteil zu suchen sind.

---

[1] WILLSTÄTTER, R., u. M. ROHDEWALD: H. **204**, 187 (1932).

2. Spezieller Teil.

Von W. GRASSMANN, H. KRAUT, H. MÜLLER, TH. PLOETZ, T. THUNBERG, R. WEIDENHAGEN und Ä. WEISCHER.

a) Hydrolasen.

α) Carbohydrasen [1–19].

Von TH. PLOETZ und R. WEIDENHAGEN.

Inhaltsverzeichnis.

Zusammenfassende Darstellungen über Carbohydrasen: 1—19. [1] PIGMAN, W. W., Specifity, classification and mechanism of action of the glycosidases. Adv. Enzymol. 4: 41—74 (1944). — Chemie der Zucker: s. BRIGL-PLOETZ, S. 255. Chemie der Polysaccharide: s. PLOETZ-FREUDENBERG, S. 326. — [2] KRAUT, H., u. M. ROHDEWALD: Carbohydrasen. Handb. Katalyse (SCHWAB) 3, 53—129 (1941). — [3] WEIDENHAGEN, R.: Carbohydrasen. Handb. Enzymol. (NORD-WEIDENHAGEN) S. 512—572 (1940). — Carbohydrasen. Bamann-Myrbäck 2, 1723—1923. — [4] WEIDENHAGEN, R.: Spezifität und Wirkungsmechanismus der Carbohydrasen. Ergebn. Enzymforsch. 1, 168—208 (1932). — [5] WEIDENHAGEN, R.: Chemische Konstitution und enzymatische Hydrolyse der Kohlehydrate. Stuttgart 1932. — [6] WEIDENHAGEN, R.: Carbohydrasen. Handb. biol. Arb.-Meth. Abt. IV, Teil 2, 2051—2088 (1936). — BERTHO, A., u. W. GRASSMANN: Biochemisches Praktikum. S. 116—130. Berlin u. Leipzig 1936. — [7] WEIDENHAGEN, R.: Carbohydrasen. Handb. Biochem. Erg.-W., 1/A, 444—460 (1933). — [8] WEIDENHAGEN, R.: Carbohydrasen. Fortschritte der Physiol. Chemie seit 1929—1934. S. 144. Berlin 1934. Aus: Angew. Chem. 47, 451 (1934). — [9] Oppenheimer, Fermente. Suppl. 1, Carbohydrasen, S. 175—201; Polyasen, S. 328—343 (1936). — [10] WOHLGEMUTH, J.: Carbohydrasen. Handb. biol. Arb.-Meth. Abt. IV, Teil 1, 463—494 (1936). — s. a. die zusammenfassenden Darstellungen über Carbohydrasen in Ann. Rev.: [11] WALDSCHMIDT-LEITZ, E.: Carbohydrases. 1, 78—80 (1932); 3, 48—51 (1934). — [12] SUMNER, J. B.: Carbohydrases. 4, 49—50 (1935). — [13] QUASTEL, J. H.: Carbohydrases. 5, 48—50 (1936). — [14] LINDERSTRØM-LANG, K.: Carbohydrases. 6, 57—60 (1937). — [15] MYRBÄCK, K.: 8, 67—72 (1939). — [16] GLICK, D.: 11, 51—61 (1942). — [17] MANN, T., and C. LUTWAK-MANN: 13, 33 (1944). — [18] LINEWEAVER, H., and E. F. JANSEN: 14, 77—83 (1945). — [19] MYRBÄCK, K.: 18, 70 (1949).

1. Allgemeiner Teil.

a) Begriff und Einteilung. Als Carbohydrasen faßt man eine große *Gruppe von Enzymen* zusammen, *welche bestimmte halbacetalartige Bindungen in der Kohlenhydratreihe hydrolysieren.* Sie zerlegen Glykoside in Zucker und Aglykon sowie Oligo- und Polysaccharide in die einfachen Zuckerbausteine. Zuckeresterbindungen greifen sie nicht an. Der Bedeutung ihrer Wirkung entsprechend sind die Carbohydrasen *in tierischen und pflanzlichen Zellen* außerordentlich *weit verbreitet. Ihre Erforschung* ist durch besondere Umstände begünstigt gewesen. Erstens können die Carbohydrasen von den vielen übrigen Zellbestandteilen meist ausgezeichnet abgetrennt werden. Zweitens läßt sich ihre Wirkung auf polarimetrischem Wege oder aus dem Reduktionsvermögen der auftretenden Zuckerspaltstücke verhältnismäßig einfach quantitativ verfolgen. Nicht zuletzt kennt die Zuckerchemie (S. 268ff.) schon seit langem die Substrate, die von den Carbohydrasen zerlegt werden. Gerade deren jeweilige Konstitution und Konfiguration hat eine klare Forschungsrichtung vorgezeichnet. Die Frage, welche engeren Grenzen für die Anpassung eines Enzyms an das Substrat angenommen werden müssen, mit anderen Worten, welchen *Substratbereich* die einzelnen Vertreter der Carbohydrasen umfassen, ist allerdings auch heute noch nicht ganz zu beantworten. In ihren Grundzügen ist die Spezifität der zuckerspaltenden Enzyme bereits von EMIL FISCHER[1] erkannt worden. Sein bekannter Vergleich von Schlüssel und Schloß bezieht sich besonders auf die dieser Enzymgruppe eigentümlichen Verhältnisse.

Nach den gesicherten Erkenntnissen über den glykosidischen Aufbau der Polysaccharide sind auch die polysaccharidspaltenden Enzyme als Glykosidasen aufzufassen. Damit steht die Einheitlichkeit aller Carbohydrasen wenigstens hinsichtlich ihrer Grundwirkung außer Zweifel. Es ist dabei gleichgültig, ob manche dieser Glykosidasen vorwiegend Vertreter mit kurzer, andere hauptsächlich solche mit großer Kettenlänge hydrolysieren.

Aus dieser Tatsache ergibt sich zwangsläufig eine **Einteilung der Carbohydrasen,** die sich eng an die Gliederung ihrer Substrate (siehe Kohlenhydrate, S. 258) anschließt.

Tabelle 174. Einteilung der Carbohydrasen.

I. Oligasen (= einfache Glykoside und Oligosaccharide spaltende Enzyme).
1. Fructosidasen.
2. α-Glucosidasen.
3. β-Glucosidasen.
4. α-Galaktosidasen.
5. β-Galaktosidasen.
6. Anhang: α-Mannosidase, Thioglucosidase, Pentosidasen, Chitobiase.

II. Polyasen (= Polysaccharide spaltende Enzyme).
1. α-Glucanasen (Amylasen).
2. β-Glucanasen (Cellulase, Lichenase).
3. Fructanasen (Inulinase).
4. Cytasen (Xylanase, Mannanase usw.).
5. Polyuronidasen (Pektinase, Alginase).
6. Mucinasen (Chitinase usw.).

In der Natur kommen die Carbohydrasen meist in Gesellschaft ihrer Substrate vor, so daß zur Isolierung der letzteren erst die Enzyme zerstört werden müssen. Die für die Verzuckerung der Stärke verantwortlichen Amylasen und die Maltase besitzen von allen Carbohydrasen die größte technische Bedeutung.

[1] FISCHER, E.: B. **27**, 2992 (1894).

b) Wirkungsmechanismus, Hemmungs- und Aktivierungseffekte[1, 2]. Der *Reaktionsmechanismus der Carbohydrasen* beruht nach LANGENBECK[3] auf einer Umacetalisierung bzw. Umätherung, die von einer Hydrolyse des Zwischenprodukts gefolgt ist:

1. $>C{-}O{-}C< \; + \; \text{Enz}{-}OH \rightarrow \; >C{-}O{-}\text{Enz} \; + \; HOC<$

Glykosidische Bindung — Enzym — Enzymglykosid — 1. Spaltstück

2. $>C{-}O{-}\text{Enz} + HOH \rightarrow \; >C{-}OH \; + \; \text{Enz}{-}OH$

2. Spaltstück — Enzym

Die *Wirkungsgruppe der Carbohydrasen* soll nach mehrfacher Ansicht Kohlenhydratcharakter besitzen. So hat LETTRÉ[4] für die Wirkungsgruppe der β-Glucosidase auf Grund seiner Untersuchungen über partielle Racemie die folgende Formel aufgestellt.

```
                          H
                          |    OH
          H   OH        1C
           \  /           |   OH
            C3 ---------- C2 -H
           /               \
[Träger]—O—C4     H          O
           \5  /            /
     H      C ------------ C
            |             / \
           OH            H   H
```

Auch HELFERICH, GRÜNLER und GNÜCHTEL[5] haben die Arbeitshypothese entwickelt, daß zunächst im besonderen bei der β-Glucosidase des Süßmandelemulsins die Haftgruppe des Ferments, die das Substrat zur gerichteten Anlageenzymverbindung bindet, kohlenhydratähnlich sei. Auf Grund von Hemmungsreaktionen ist schon früher der prosthetischen Gruppe der β-h-Fructosidase die Struktur eines Kohlenhydrats mit freien Aldehydgruppen zugesprochen worden. Es darf aber nicht außer acht gelassen werden, daß alle diese Vorstellungen vorerst nur theoretische Bedeutung haben und daß eine endgültige Entscheidung dieser Fragen nur von der präparativen Isolierung der Wirkgruppe der Carbohydrasen erwartet werden kann.

Der *Wirkungsmechanismus der Carbohydrasen* geht, wie sich immer mehr herausstellt, nach den Gesetzen der normalen chemischen Katalyse vor sich (vgl. W. KUHN, S. 100 und GRASSMANN-TRUPKE, S. 988ff.).

Bereits im Jahr 1913 haben MICHAELIS und MENTEN[6] das *für* **homogene** *Katalysen geltende Massenwirkungsgesetz* auf die enzymatische Hydrolyse des Rohrzuckers angewandt. Dabei sollen Enzym und Substrat unter Einstellung eines Gleichgewichtes zu einer *Enzym-Substratverbindung* zusammentreten, deren Zerfall in Enzym und chemisch verändertes Substrat das Tempo des Gesamtumsatzes reguliert. Unter solchen Voraussetzungen gelangt man zu einem Ausdruck, der in formaler Übereinstimmung mit dem Dissoziationsrest einer Säure steht. Die Tatsache, daß die Dissoziationsrestkurve einen Wendepunkt besitzt, gibt die Möglichkeit zur zahlenmäßigen Ermittlung der Dissoziationskonstanten der hypothetischen Enzymsubstratverbindung. Dieser ursprünglich in mehreren Fällen konstant gefundene Wert zeigte aber später bei Vergrößerung des Untersuchungsmaterials sehr erhebliche Schwankungen. Es ergeben sich aber genau die gleichen mathematischen Beziehungen, wenn man annimmt, daß die Vereinigung des Substratmoleküls mit dem Ferment nicht durch das Massenwirkungsgesetz geregelt wird, sondern als *adsorptive Anlagerung*, also im Sinne einer **heterogenen** *Katalyse* verläuft. (Siehe S. 1016.) Die bei der homogenen Katalyse als Dissoziationskonstante fungierende Größe wird dabei

---

[1] WEIDENHAGEN, R.: Ergebn. Enzymforsch. **1**, 168—208 (1932). — [2] FRANKENBURGER, W.: Die Fermentreaktionen unter dem Gesichtspunkt der heterogenen Katalyse. Ergebn. Enzymforsch. **3**, 1—22 (1934). Die katalytischen Umsetzungen in homogenen und enzymatischen Systemen. Leipzig 1937. — [3] Bersin, Enzymologie 2. Aufl., S. 58. — [4] LETTRÉ, H.: Angew. Chem. **50**, 581 (1937). — [5] HELFERICH, B., S. GRÜNLER u. A. GNÜCHTEL: H. **248**, 85 (1937). — [6] MICHAELIS, L., u. M. L. MENTEN: B. Z. **49**, 333 (1913).

zum Quotienten der beiden in der LANGMUIRschen Beziehung auftretenden Konstanten, die weitgehend von den Milieubedingungen abhängen, und damit die beobachteten Schwankungen verständlicher erscheinen lassen.

Hemmung durch Umsatzprodukte. Die in großem Umfange beobachteten Hemmungserscheinungen lassen sich auf Grund der eben angeführten Voraussetzungen verstehen. Es läßt sich zeigen, daß gewisse Hemmungen dadurch zustande kommen, daß der *Hemmungsstoff das Fermentmolekül blockiert* und damit für die Substratmoleküle unzugänglich macht (Hemmung durch Affinität, *kompetitive Hemmung*). Weiterhin kann eine Hemmung auch dadurch zustande kommen, daß der Hemmungsstoff nicht im Sinne einer Aktivitätsbeanspruchung wirkt, dafür aber die *Zerfallsgeschwindigkeit der Enzymsubstratverbindung verzögert*. Hierbei ist das Maß der Reaktionsverzögerung bei konstantem Zusatz des Hemmungskörpers von der Substratkonzentration unabhängig *(nicht kompetitive Hemmung)*. Auch die Gesetzmäßigkeiten solcher durch Hemmungsstoffe modifizierter Fermentreaktionen lassen sich sowohl unter der Annahme eines homogenen als auch eines heterogenen Verlaufs der Fermentkatalyse ableiten.

Aktivatoren. Verhältnismäßig einfach sind gegenüber den Hemmungsstoffen die *Wirkungsweisen der Aktivatoren* zu deuten. Meistens beeinflussen sie die Fermentreaktionen lediglich im Sinne einer *Geschwindigkeitserhöhung*. Dabei kann sich der Aktivator sowohl an das Ferment als auch an das Substrat, in manchen Fällen vielleicht auch an beide anlagern und die Wechselwirkung der Reaktionspartner begünstigen. Es werden aber auch Aktivierungsprozesse beobachtet, bei denen der Aktivator den *Wirkungsbereich des biologischen Katalysators erweitert* in dem Sinne, daß die Enzyme nach Zusatz der Aktivatoren katalytische Leistungen zeigen, zu denen sie ohne Gegenwart des Aktivators nicht fähig sind. Besonders das Gebiet der enzymatischen Polysaccharidspaltungen ist reich an solchen Erscheinungen. Infolge der mangelnden Kenntnisse über die chemische Zusammensetzung der Carbohydrasen wird es jedoch noch einiger Zeit bedürfen, bis eine vollständige Deutung ihrer Wirkungsweise und der sich bei ihrer Wirkung abspielenden Hemmungs- und Aktivierungsvorgänge möglich ist (s. a. S. 1006ff.).

c) Spezifitätstheorien[1]. α) Spezifität der Oligasen. Die Fülle der für das Studium der Carbohydrasenspezifität zur Verfügung stehenden Substrate hat seit langem zu einem intensiven Studium angeregt. Zur Deutung der erzielten Ergebnisse wurden verschiedene Theorien entwickelt. Eine widerspruchsfreie Auslegung des gesamten Versuchsmaterials ist aber bis heute noch nicht gelungen.

Das Fehlen einwandfrei definierter, also krystallisierter Enzympräparate mag eine wesentliche Ursache dieser ungeklärten Situation sein. Die jüngsten Krystallisationserfolge (s. S. 1033) sind im Hinblick auf diese Tatsache besonders bedeutungsvoll.

Ursprünglich bestand die Auffassung, daß für die Spaltung eines jeden glykosidischen Substrats ein eigenes spezifisches Enzym erforderlich sei. Allmählich setzte sich dann die Anschauung durch, daß wenigstens alle β-Glucoside, unabhängig von der Natur des Aglykons, von *einer* β-Glucosidase gespalten werden. Unterschiede der Spaltungs*geschwindigkeit* wurden durch wechselnde Enzymsubstrat-Affinitäten erklärt (relative Spezifität). Diese Auffassung wurde in der Folge auch auf α-Glucoside analog ausgedehnt.

---

[1] Siehe zusammenfassende Darstellungen 1—19, S. 1042. — JOSEPHSON, K.: Physikal. Chemie der Fermente. Handb. Biochem. Erg.-W. 1/B, 669—695 (1933). — JOSEPHSON, K.: Theorie der Spezifität der Fermente. Handb. Biochem. Erg.-W. 1/B, 695—707 (1933).

Befunde über die enzymatische Spaltung gewisser Disaccharide, z. B. der Saccharose, wurden so erklärt, daß für diese Substrate je zwei substratspezifische Enzyme vorhanden sind, die außerdem auf je einen der Disaccharidbausteine spezifisch eingestellt sind[1]. Man kann die Befunde aber auch so deuten, daß ein und dasselbe Ferment für die beiden Zuckerkomponenten des zu spaltenden Disaccharids zwei getrennte Affinitätsstellen besitzt[2]. Die Spezifitätstheorie von WEIDENHAGEN[3] versucht, die nach obigen Vorstellungen sehr große Zahl von Enzymindividuen zu verringern und unter gemeinsamen Merkmalen zu ordnen. Sie macht über die *absolute Spezifität* der Carbohydrasen folgende Aussagen:

1. Nur *Derivate der natürlich auftretenden optischen Isomeren* (z. B. D-Glucose, L-Arabinose) werden gespalten. Nicht dagegen Derivate ihrer Antipoden (L-Glucose, D-Arabinose).

2. *Die sterische Anordnung der glykosidischen Verknüpfung* bedingt absolute Spezifität. α-Glykoside werden nicht von β-Glykosidasen gespalten und umgekehrt.

3. Nur die in der Natur gefundene Ringform des betreffenden Zuckers ist angreifbar. Bei Fructose also die Furanose, bei den Aldosen die Pyranosen.

4. Soweit sich bis jetzt feststellen läßt, bedingt in der α-Reihe auch die *Konfiguration des Zuckers* eine absolute Spezifität. In der β-Reihe können jedoch Derivate mehrerer Zucker von einem Enzym gespalten werden.

5. Aus diesen theoretischen Vorstellungen nicht ableitbar ist die bei Oligosacchariden zu beobachtende abolute Spezifität bezüglich der *Molekülgröße des Substrats*. Oligosaccharide aus mehr als 6 Einzelzuckern werden von den gewöhnlichen Glykosidasen nicht mehr gespalten. Sie bedürfen besonderer Polyasen, die ihrerseits gegen die niedermolekularen Substrate unwirksam sind. Die Spezifitätsbereiche können sich etwas überschneiden. Eine Ausnahme machen die Polyfructosane, für die kein spezifisches Ferment angenommen werden muß.

Sieht man von den in 5. erwähnten Polyasen zunächst ab, so ergibt sich aus 1. bis 4. für die wichtigsten Oligasen und ihre Substrate folgende Tabelle:

Tabelle 175. Die wichtigsten Oligasen und ihre Substrate.

1. α-*Glucosidase* zerlegt alle	α-Glucoside (α-Heteroglucoside, Maltose, *Saccharose*, Turanose, Melezitose).
2. β-*Glucosidase* zerlegt alle	β-Glucoside (β-Heteroglucoside, Cellobiose, Gentiobiose).
3. α-*Galaktosidase* zerlegt alle . . .	α-Galaktoside (α-Heterogalaktoside, Melibiose, Raffinose).
4. β-*Galaktosidase* zerlegt alle . . .	β-Galaktoside (β-Heterogalaktoside, Lactose).
5. β-h-*Fructosidase* zerlegt alle . . .	β-h-Fructoside (*Saccharose*, Raffinose, Gentianose, Inulin, Irisin).

Nach dieser Auffassung ist die Natur des glykosidischen Paarlings (ob Zucker oder Aglykon) ohne Einfluß auf die grundsätzliche Spaltbarkeit. Sie macht sich jedoch in der relativen Spaltbarkeit bemerkbar, die sich vornehmlich in einer unterschiedlichen Spaltungsgeschwindigkeit ausdrückt.

Disaccharide aus zwei verschiedenen Zuckern, die beide über ihre glykosidische OH-Gruppe miteinander verknüpft sind, müssen nach dieser Anschauung von zwei verschiedenen Enzymen spaltbar sein, je nachdem, welchen Zucker man

[1] WILLSTÄTTER, R., u. R. KUHN: H. **129**, 57 (1923). — KUHN, R., u. H. MÜNCH: H. **150**, 220 (1925). — LEIBOWITZ, J.: H. **149**, 184 (1925). — LEIBOWITZ, J., u. P. MECHLINSKI: H. **154**, 64 (1926). — [2] EULER, H. v.: H. **143**, 79 (1925). Chemie der Enzyme, Teil 2, S. 186. München 1928. — [3] Siehe zusammenfassende Darstellungen 3—8, S. 1042.

als „glykosidischen" betrachtet. Dementsprechend erscheint die Saccharose in obiger Tabelle als Substrat sowohl der α-Glucosidase als auch der β-h-Fructosidase.

Die absolute spezifische Einstellung der α- oder β-Glykosidasen läßt verstehen, warum gerade die natürlichen Glykoside, meist β-Glucoside, bei Mensch und Tier so wirksam sind. Letztere besitzen nämlich nur sehr schwach wirksame β-Glucosidasen. Würden die Glykoside in den tierischen Zellen leicht gespalten, so wären sie wohl biologisch unwirksam.

Leider hat sich die WEIDENHAGENsche Spezifitätstheorie nicht als allgemeingültig erwiesen[1]. Nach neueren Arbeiten, in welchen eine Trennung spezifischer Glykosidasen erreicht wurde[2], scheint die volle Gültigkeit der Theorie auf das Enzymsystem der Hefe beschränkt zu sein. Die durch die Theorie eingeschränkte Zahl der Enzymindividuen wird bei einer Häufung solcher Befunde wieder ins Ungemessene anschwellen.

β) Spezifität der Polyasen. Die Frage nach der Spezifität der polysaccharidspaltenden Fermente ist ungleich schwieriger zu beantworten als bei den Oligasen. Einer Klärung dieses Problems steht vor allem die geringe Zahl definierter Substrate störend im Wege.

Soweit sich bis jetzt überblicken läßt, sind aber jene vier Merkmale (s. S. 1046), die über die absolute Spezifität der Oligasen entscheiden, auch für die Polyasen bindend, d. h. also, in bezug auf den einzelnen Polysaccharidbaustein: seine optische Zugehörigkeit, die sterische Lage der glykosidischen Bindung, die Spannweite des Lactolringes und die Konfiguration. Darüber hinaus beanspruchen die Polyasen noch eine gewisse Mindestgröße des Substratmoleküls.

Ob nun mit diesen fünf Forderungen der Spezifitätsbereich einer Polyase umrissen ist, läßt sich deshalb nur schwer entscheiden, weil nur in wenigen Fällen mehrere Substrate bekannt sind, die ihrerseits diese Forderungen erfüllen. So kannte man bis vor kurzem nur ein Polysaccharid, das mit Sicherheit ausschließlich aus β-1,4-verknüpften Glucopyranosen besteht, die Cellulose. Sie und ihre höhermolekularen Abbauprodukte werden von der Cellulase gespalten, die somit, in diesem engen prüfbaren Bereich, die gestellten Forderungen erfüllt.

Der enzymatische Abbau anderer, neuerdings bekanntgewordener β-Glucosane (vgl. PLOETZ-FREUDENBERG, S. 343) hat ergeben, daß man mit der Annahme von nur einer β-Glucanase für alle diese Substrate auskommen kann.

Eine Untersuchung von TH. PLOETZ und P. POGACAR[3] über den enzymatischen Abbau von vier verschiedenen β-verknüpften Glucosepolysacchariden (Cellulose, β-1,4; Lichenin, β-1,4 und β-1,6; Hefeglucan, β-1,3; Luteose, β-1,6) mit Schneckenferment ergab den Abbau aller Substrate. Bei verschiedenen Reinigungsstufen des Ferments traten starke relative Verschiebungen in den Spaltungsgeschwindigkeiten der Substrate auf. Damit wäre das gewohnte Argument für die Anwesenheit substratspezifischer Fermente gegeben. Die Verfasser konnten jedoch zeigen, daß sich das richtige Verhältnis der Reaktionskonstanten auch ergibt bei Annahme von nur 1 Polyase und 1 Oligase, die zusammen für den Abbau aller Substrate verantwortlich sind, deren relative Spezifitäten bei den einzelnen Substraten zwar konstant aber wertmäßig verschieden sind.

Da die Fructosane Inulin und Irisin von demselben Ferment hydrolysiert werden, erscheint auch hier die Spezifitätsforderung, soweit geprüft, erfüllt.

---

[1] WEIDENHAGEN, R.: Z. Ver. dtsch. Zuckerindustr. **78**, 788 (1928). — HELFERICH, B., S. WINKLER, R. GOOTZ, O. PETERS u. E. GÜNTHER: H. **208**, 91 (1932). — HELFERICH, B., H. APPEL u. R. GOOTZ: H. **215**, 277 (1933). — KARSTRÖM, H.: B. Z. **231**, 399 (1931). — VIRTANEN, A. I.: B. Z. **235**, 490 (1931). — MYRBÄCK, K.: H. **198**, 196 (1931); **205**, 248 (1932). — WEIDENHAGEN, R.: B. Z. **233**, 318 (1931). H. **200**, 279 (1931); **216**, 255 (1933). — HOFMANN, E.: B. Z. **272**, 417 (1934); **275**, 320 (1935). — TAUBER, H., and I. S. KLEINER: J. biol. Ch. **105**, XCI (1934). — [2] LEIBOWITZ, J., and S. HESTRIN: Nature **143**, 333 (1939). — HESTRIN, S.: Enzymologia **8**, 193 (1940). — ZECHMEISTER, L., G. TÓTH u. P. FÜRTH: Enzymologia **9**, 155 (1941). — HALDANE, J. B. S.: Enzymes. London 1930. Monographs on Biochemistry. No. 95. — [3] PLOETZ, TH., u. P. POGACAR: A. **562**, 36 (1949).

Es konnte gezeigt werden, daß die β-h-Fructosidase, die zur Rohrzucker- und Raffinosespaltung befähigt ist, auch die Spaltung von Inulin und Irisin bis zur Fructosestufe bewirkt. Allerdings ist die Spaltungsgeschwindigkeit, mit der die fermentative Hydrolyse des Inulinmoleküls vor sich geht, etwa 5000mal kleiner als bei Rohrzucker und bei dem unsymmetrisch aufgebauten Irisin ist die Reaktionsgeschwindigkeit nochmals um das 50fache herabgesetzt.

Die für das Spezifitätsproblem wichtige Frage, ob es berechtigt ist, bei so großen Differenzen in der Reaktionsgeschwindigkeit noch das gleiche Enzym für die Spaltung verantwortlich zu machen, ist zu bejahen. Im vorliegenden Fall, bei der die Spaltung im gleichen Verhältnis auch bei vielfacher Reinheitssteigerung des Enzyms erhalten geblieben ist, sind keinerlei Gründe vorhanden, an der Einheitlichkeit der fructosidspaltenden *β-h-Fructosidase* zu zweifeln. Immerhin ist mit Rücksicht auf die Befunde bei der Cellulosespaltung eine Aufspaltung in *Poly- und Oligofructosidase* ins Auge zu fassen, wenn auch zur Zeit dafür keine experimentellen Gründe vorliegen.

Die α-Glucane Stärke und Glykogen werden erwartungsgemäß von denselben Fermenten angegriffen. Im Gegensatz zu den bei der β-Glucanase angetroffenen Verhältnissen scheint hier jedoch eine strenge Bindungsspezifität zu bestehen. Die in den beiden α-1,4-Glucanen eingestreuten α-1,6-Bindungen werden nämlich nicht oder nur ungleich langsamer angegriffen[1].

Dies zeigt sich besonders deutlich beim Angriff der α-Glucanasen auf Bakterien-Dextran (PLOETZ-FREUDENBERG, S. 343). Hier werden nur die im Molekül eingestreuten α-1,4-Bindungen gelöst, während die α-1,6-Bindungen (= Hauptmenge) unangetastet bleiben[2].

Spezielle Schimmelpilz-Dextranasen greifen dagegen nur α-1,6-glucosidische Polysaccharidbindungen an und zeigen keine Wirkung auf Stärke[3].

Die verschiedenen α-1,4-Glucanasen unterscheiden sich durch ihre Wirkungsspezifität, auf die bei den einzelnen Fermenten näher eingegangen wird.

Aus dieser Sachlage ergibt sich zwanglos folgende *Einteilung der Polyasen und ihrer Substrate* (nach einem Vorschlag von TH. PLOETZ):

Tabelle 176. Einteilung und Substrate der Polyasen.

Enzym	Substrat
α-1,4-Glucanasen	
Amylasen	
(Dextrinogen-A., α-A.)	Stärke, Glykogen
(Saccharogen-A., β-A.)	
(Macerans-A.)	
α-1,6-Glucanasen	Dextran
β-Glucanasen	
(Cellulase)	Cellulose, Lichenin, Hefeglucan, Luteose.
β-Fructanasen	Inulin, Irisin, Polylaevan
Cytasen	
(Xylanase)	Xylan
(Mannanase)	Mannan
(Arabanase)	Araban
Polyuronidasen	
(Pektinase)	Pektin
(Alginase)	Alginsäure
Mucinasen	
(Chitinase)	Chitin
(Hyaluronidase)	Uronsäurehaltige Polysaccharide

[1] MYRBÄCK, K.: J. prakt. Chem. **162**, 29 (1943). — [2] PLOETZ, TH., u. M. SCHÖNENBERGER: Unveröffentlicht. — [3] PLOETZ, TH.: Unveröffentlicht. — NORDSTRÖM, L., u. E. HULTIN: Svensk kem. T. **60**, 283 (1948).

2. Spezieller Teil.

Eine Beschreibung der einzelnen Carbohydrasen aus tierischen Organen und Säften kann zur Zeit nur sehr lückenhaft sein. Die meisten vorliegenden Arbeiten entstammen einer Zeit, der die Methoden der modernen Enzymchemie nicht zur Verfügung standen. Vielfach ist man gezwungen, die an Pflanzenfermenten gewonnenen Ergebnisse auf die tierischen Carbohydrasen zu übertragen. Es ist zu hoffen, daß die Zusammenarbeit von Chemikern und Ärzten diese Lücke bald ausfüllen wird. Im medizinischen Schrifttum halten sich auch heute noch hartnäckig alte Bezeichnungen für Fermente, wie Ptyalin, Diastase, die jetzt als Gemische erkannt sind. Systematische Untersuchungen der zuckerspaltenden Fermente des Speichels, Pankreas- und Darmsaftes des Menschen fehlen. Zum Vergleich werden die Verdauungssäfte von Hunden und Herbivoren u. a. herangezogen. Oft werden die Ergebnisse, die an den Verdauungsdrüsen gewonnen worden sind, verwendet, um die Natur der Sekrete zu erklären. Alle diese Auswertungen sind mit Vorsicht aufzunehmen. Neue Forschungen sind hier nötig.

Vorkommen, Isolierung, Nachweis und Bestimmung von Carbohydrasen in den Verdauungssäften werden im Kapitel Verdauung geschildert (s. Bd. 2, Physiol. Chem. der Verdauung). Über die Bildung von Carbohydrasen in den Organen und ihr weiteres Schicksal ist fast nichts bekannt.

Es wird daher hier versucht, das gesicherte Wissen über die einzelnen Carbohydrasen von Pflanze und Tier kurz darzustellen. Das im allgemeinen Teil Ausgeführte sollte dazu eine Grundlage liefern.

a) Oligasen[1]. Normalbedingungen, Maßeinheiten[2]. Um einen Vergleich von Menge und Reinheit der einzelnen Carbohydrasen untereinander zu ermöglichen, ist es zweckmäßig, bei ihrer *Bestimmung* äquivalente Substratmengen und konstante Milieubedingungen anzunehmen.

Als *Normalbedingungen* sind anzusehen, wenn 2,500 g Maltose oder die äquivalente Menge eines anderen Substrates bei optimalem p_H und 30° C in 50 cm³ Gesamtvolumen der enzymatischen Hydrolyse unterworfen werden.

Als *Zeitwert* wird die Zeit in Minuten bezeichnet, in der 1 g Enzymmaterial 50% des Substrates unter Normalbedingungen spaltet.

Die *Enzymeinheit* wird definiert als der reziproke Zeitwert, ist also die Enzymmenge, die unter Normalbedingungen die Spaltung in 1 min bewirkt.

Der *Enzymwert* ist die Zahl der Enzymeinheiten in 1 g Trockensubstanz.

Standardsubstrat. Bei Versuchen, die lediglich zum Vergleich der einzelnen Enzyme dienen sollen, ist es zweckmäßig, von den möglichen Substraten ein besonders bequemes herauszunehmen und als Standardsubstrat zu verwenden. Aus folgenden *Tabellen* ergeben sich die *Substratmengen*, die *bei Normalbedingungen* in 50 cm³ gelöst werden müssen und die den einzelnen Enzymen entsprechenden Standardsubstrate. Dabei ist berücksichtigt, daß die Melezitose zwei α-glucosidische und das Amygdalin zwei β-glucosidische Bindungen besitzt. Demzufolge sind hier nur die halben Äquivalentmengen eingesetzt worden.

Bei der *quantitativen Auswertung* von Enzymversuchen muß immer berücksichtigt werden, daß der Enzymgehalt der einzelnen Materialien in weiten Grenzen schwankt (β-Glucosidasegehalt von Hefe und Emulsin wie 1:10—20000) und daß andererseits die gleiche Enzymmenge verschiedene Substrate mit sehr großen Geschwindigkeitsunterschieden hydrolysiert. (Geschwindigkeit der Inulin- und Rohrzuckerspaltung durch β-h-Fructosidase wie 1:5000.)

---

[1] OPPENHEIMER, C.: Carbohydrasen. Oppenheimer, Fermente 1, 524—639 (1925). Siehe Bersin, Enzymologie S. 57, 2. Aufl. (1939). — [2] Siehe zusammenfassende Darstellungen, S. 1042.

Tabelle 177. Standard-Substrate des Oligasen.

Maltose + H_2O	2,500 g	Cellobiose	2,375 g
Saccharose	2,375 g	Amygdalin + 3 H_2O	1,7743 g
Melezitose + 2 H_2O	1,875 g	Salicin	1,986 g
α-Methylglucosid	1,347 g	Lactose + H_2O	2,500 g
Raffinose + 5 H_2O	4,125 g	Melibiose + 2 H_2O	2,625 g.

Enzym	Standardsubstrat
α-Glucosidase	Maltose
β-Glucosidase	Salicin
α-Galaktosidase	Melibiose
β-Galaktosidase	Lactose
β-h-Fructosidase	Saccharose.

α) Fructosidasen[1, 2]. *Der wichtigste Vertreter der Fructosidasen ist die β-h-Fructosidase* (Saccharase, Invertin). Ihre Haupttätigkeit liegt in der Spaltung der fructosidischen Bindung des Rohrzuckers. Da aber auch die α-Glucosidase (vgl. S. 1052) zur Rohrzuckerspaltung befähigt ist, sind die Namen Saccharase, Invertin nicht mehr eindeutig und sollten tunlichst vermieden werden. Das *Substrat der β-h-Fructosidase* ist ganz überwiegend pflanzliches Stoffwechselprodukt. *Das Vorkommen der β-h-Fructosidase ist daher auf das Pflanzenreich beschränkt.* Die Spaltung des aufgenommenen Rohrzuckers erfolgt bei Mensch und Tier offenbar durch die zunächst nur für die Maltose bereitgestellte α-Glucosidase. Gelegentliches Vorkommen in Plasma von Pferdeblut hat wahrscheinlich alimentäre Ursachen[3].

Allerdings ist über die Resorption von pflanzlichen Fermenten bis jetzt noch nichts bekannt.

Die β-h-Fructosidase gehört zu den beständigsten Enzymen und ist daher für präparative Isolierungsversuche besonders geeignet. Als günstigstes *Ausgangsmaterial* ist nach wie vor die *Hefe*[4] anzusehen, deren Enzymgehalt durch Stimulation mit kleinen Zuckermengen am besten bei starker Lüftung noch um den 10fachen Betrag gesteigert werden kann[5]. Eine befriedigende Erklärung kann für diese Ertragssteigerung[6] noch nicht gegeben werden, obwohl sie für das Verständnis[7] der Enzymbildung wesentlich wäre. Die enzymatische Freilegung des Enzyms (Autolyse) besteht nicht in einem Angriff auf das Enzymsystem, sondern auf die Zellmembran, so daß die β-h-Fructosidase als *Endoenzym* anzusehen ist. Die *Abtrennung der β-h-Fructosidase* von der ebenfalls in der Hefe vorkommenden α-Glucosidase (siehe dort) gehört heute zu den bestbeherrschten Enzymtrennungen und wird in zahlreichen biochemischen Praktiken als Lehrbeispiel durchgeführt[8]. Die *Reinheit des Enzyms* konnte bis zu hohen Stufen gesteigert werden[9] bis zum Saccharasewert[10] 14,7. Die aktivsten Präparate enthalten noch etwa 7% Kohlenhydrate[11].

[1] Weidenhagen, R.: Handb. Enzymol. (Nord-Weidenhagen) **1**, 539 (1940). — Weidenhagen, R.: β-h-Fructosidase, (Sacharase, Invertin). Bamann-Myrbäck **2**, 1725—1744. — [2] Schneider, K.: Saccharase. Oppenheimer, Fermente **3**, 765—854 (1929). — [3] Weidenhagen, R.: Z. Ver. dtsch. Zuckerind. **82**, 316 (1932). — [4] Darstellung und Reinigung von Hefesaccharase: Bertho-Grassmann, Biochemisches Praktikum. S. 117. Berlin, Leipzig 1936.— Svanberg, O.: Die Methoden zur Darstellung von Saccharase- (Invertin-) Präparaten. Handb. biol. Arb.-Meth. Abt. IV, Teil 1, 249 (1936). — [5] Weidenhagen, R., u. L. Schriever: Z. Ver. dtsch. Zuckerindustr. **84**, 402 (1934). — [6] Karström, H.: Enzymatische Adaptation bei Mikroorganismen. Ergebn. Enzymforsch. **7**, 350—376 (1938). — [7] Kuhn, R.: Saccharasen. Oppenheimer, Fermente **1**, 252—278 (1925). — [8] Bertho-Grassmann, Biochem. Praktikum S. 126. Berlin, Leipzig 1936. — [9] Willstätter, R.: Untersuchungen über Enzyme. I. Zur Kenntnis des Invertins I—XII. Berlin 1928. — [10] Albers, H., u. I. Meyer: H. **228**, 122 (1934). — [11] Adams, M., and C. S. Hudson: Am. Soc. **65**, 1359 (1943).

Tryptophan als Bestandteil der β-h-Fructosidase. Eine längere Diskussion hat sich an die Entdeckung des Tryptophans auch in gereinigten Präparaten angeschlossen. Nach neuesten Untersuchungen[1] ist sogar in reinsten Präparaten, die nach der colorimetrischen Methode als tryptophanfrei erkannt wurden, auf Grund spektroskopischer Messungen die Aminosäure noch vorhanden, doch steht ihre Menge offensichtlich in keinem Verhältnis zur Wirksamkeit der Präparate. Bei der Inaktivierung der Enzympräparate tritt eine Verschiebung der Lichtabsorptionskurven zu höheren Absorptionskoeffizienten hin auf. Diese Verschiebung wird einer Aggregation des hochmolekularen Trägermoleküls der Fructosidase zugeschrieben, mit der eine Änderung oder Maskierung der aktiven Gruppe Hand in Hand geht. Mittels konzentrierter Harnstofflösung soll das Enzym in Apo- und Co-Ferment zerlegbar sein[2].

Wirkungsbereich. Das wichtigste Substrat der β-h-Fructosidase ist der Rohrzucker, der ja ebenso als β-h-Fructosid wie als α-Glucosid aufgefaßt werden kann. Gemäß der Forderung der WEIDENHAGENschen Spezifitätstheorie erwies sich die früher beschriebene[3] Trennung von Saccharase und Maltase aus Hefe als eine Trennung von β-h-Fructosidase und α-Glucosidase.

Infolge der Schwierigkeit, welche die Herstellung synthetischer β-h Fructofuranoside bereitet, wurde die Spezifität des Enzyms bisher nur an natürlichen Substraten geprüft. Rohrzucker, Raffinose, Stachyose (siehe S. 320, 325, 326) und Inulin sowie Irisin (siehe S. 344, 346) werden gespalten, die beiden Polysaccharide allerdings mit wesentlich verminderter Geschwindigkeit (siehe S. 1048). Melezitose (siehe S. 325) wird nicht angegriffen.

Enzymatische Rohrzuckersynthese. Der Mißerfolg zahlreicher Bemühungen zeigt, daß es nicht gelingt, die Spaltung des Rohrzuckers durch Saccharase auch in umgekehrter Richtung, also als Synthese des Disaccharids aus Glucose und Fructose zu lenken. In neuerer Zeit gibt nur D. J. SSAPOSHNIKOW[4] an, daß es ihm gelungen sei, diese Reaktion in H_2O-freiem Medium (Glycerin) durchzuführen. Andere Bearbeiter sind übereinstimmend der Auffassung, daß die Saccharosesynthese an die Anwesenheit eines phosphatübertragenden Enzyms gebunden ist[5]. Nach A. KURSSANOV[6] sind an der Synthese des Rohrzuckers in vivo 3 Enzyme beteiligt. Sie verläuft nach folgendem Schema:

$$\text{Fructose} + H_3PO_4 \underset{\text{Hexosemono-phosphatase}}{\rightleftarrows} \text{Fructosemonophosphat}$$

$$\text{Fructose-monophosphat} + \text{Glucose} \underset{\text{Saccharase}}{\rightleftarrows} \text{Phosphosaccharose} \underset{\text{Phospho-saccharase}}{\rightleftarrows} \text{Saccharose} + H_3PO_4.$$

Amerikanische Forscher erhielten erstmalig krystalline Saccharose aus den Produkten der Einwirkung einer Bakterienphosphorylase auf Glucose-1-phosphat und Fructose[7].

Nach C. E. HARTT[8] verläuft die Synthese der Saccharose im Zuckerrohr über einen Phosphorylierungsprozeß. Sie findet bei Dunkelheit in den Blättern statt.

α-h-Fructosidase. An der Spaltung von α-Methylfructofuranosid erkannten SCHLUBACH und RAUCHALLES[9] eine α-h-Fructosidase aus Aspergillus oryzae. Das Enzym ist noch nicht näher untersucht.

---

[1] Siehe Fußnote [10] S. 1050. — [2] WILENSKI, W. A., T. L. KASSTORSKAJA u. K. I. STRATSCHITZKI: Biochimia, Moskau **5**, 115 (1940) [C. **1940 II**, 1157]. — [3] WILLSTÄTTER, R., u. E. BAMANN: H. **151**, 273 (1936). — [4] SSAPOSHNIKOW, D. I.: J. Chim. gén. (russ.) **9** (71), 2126 (1939) [C. **1940 II**, 213]. — [5] OPARIN, A., u. A. KURSSANOV: B. Z. **239**, 1 (1931). — NELSON, J. M., and R. AUCHINCLOSS: Am. Soc. **55**, 3769 (1933). — BURKARD, J., u. C. NEUBERG: B. Z. **270**, 229 (1934). — [6] KURSSANOW, A.: Adv. Enzymol. **1**, 329 (1941). — [7] HASSID, W. Z., M. DOUDOROFF and H. A. BARKER: Am. Soc. **66**, 1416 (1944). — HASSID, W. Z., M. DOUDOROFF, H. A. BARKER and W. H. DORE: Am. Soc. **68**, 1465 (1946). — [8] HARTT, C. E.: Hawaian Planters' Rec. **48**, 31 (1944). — [9] SCHLUBACH, H. H., u. G. RAUCHALLES: B. **58**, 1842 (1925).

β) α-Glucosidasen (Maltasen, Saccharasen)[1, 2, 3]. Gemäß der im allgemeinen Teil gegebenen Übersicht ist die α-Glucosidase befähigt, neben den einfachen *α-Glucosiden* eine ganze Reihe weiterer α-glucosidisch verknüpfter Substrate zu spalten, wie *Maltose*, *Saccharose* und *Melezitose*.

In pflanzlichen Materialien ist die α-Glucosidase sehr häufig mit der β-h-Fructosidase vergesellschaftet. In Hefeautolysaten hat sich durch Adsorptionsmethoden eine Trennung der beiden Anteile verwirklichen lassen.

Die *Bestimmung der beiden rohrzuckerspaltenden Enzyme* nebeneinander[4] ist nur durch besonders günstige Umstände, die in den verschiedenen optimalen Milieubedingungen begründet liegen, möglich. Die α-Glucosidase aus Hefe hat das Wirkungsoptimum in der Nähe des Neutralpunktes und ist bei einem p_H von 4,7, das für die Fructosidase optimal ist, völlig wirkungslos (vgl. die Aktivitäts-p_H-Kurven der beiden Enzyme). Man führt zweckmäßig im Hefeautolysat die Abtrennung der α-Glucosidase mit wenig gealtertem Al-Hydroxyd B präparativ so weit durch, daß sie bei einem p_H von 4,7 keine Rohrzuckerspaltung mehr zeigt. Das bedeutet, daß die Fructosidase aus dem Enzymgemisch verschwunden ist. Diese fructosidasefreie α-Glucosidase zeigt nunmehr beim Neutralpunkt wieder Rohrzuckerinversion, die etwa doppelt so schnell verläuft wie die Maltosespaltung entsprechend einer offenbar höheren Affinität des Enzyms zur Saccharose als zur Maltose.

Die rohrzuckerspaltende Wirkung der α-Glucosidase kommt übrigens auch in der ursprünglichen Hefe zum Ausdruck. Die *Fructosidase* (gewöhnliche Hefeinvertase) zeigt am Neutralpunkt auf Grund ihrer p_H-Aktivitätskurve etwa 40% der optimalen Wirksamkeit. Dazu addiert sich die Tätigkeit der *α-Glucosidase* in voller Höhe, so daß man bei einer untergärigen Bierhefe am Neutralpunkt etwa 60% an Stelle von 40% der optimalen Inversionsfähigkeit vorfindet. Dieser Befund hätte schon viel früher auf das Vorhandensein eines zweiten rohrzuckerspaltenden Fermentes schließen lassen.

In *pflanzlichen Materialien* ist das Enzym weit verbreitet in Hefe[5], Gerstenmalz, Taka, Aspergillus oryzae. Das Hefeferment ist außerordentlich unbeständig, während das aus Malz und Schimmelpilzen isolierte wesentlich beständiger ist. Die α-Glucosidase der Hefe ist mehr als Endoenzym zu betrachten, da sie bereits bei einfacher Autolyse in die wäßrige Lösung übergeht. Zur präparativen Herstellung wird käufliche Takadiastase verarbeitet.

Mit der einheitlichen α-Glucosidase läßt sich auch die *Spaltung der Melezitose* in zwei Moleküle Glucose und ein Molekül Fructose nachweisen, da auch der Turanoseteil[6] dieses Trisaccharids die Glucose in der α-Konfiguration enthält. *Raffinose* wird infolge der Maskierung der Glucoseseite des Rohrzuckers durch den Galaktoserest von α-Glucosidase nicht hydrolysiert.

Das *rohrzuckerspaltende Ferment des Tierkörpers*, das besonders in *Leukocyten*[7] und im *Darmsaft* angetroffen wird, ist unwirksam auf Raffinose. Es ist demnach nicht identisch mit der β-h-Fructosidase, sondern *wohl identisch mit der α-Glucosidase*, der physiologisch die Rolle der Maltosespaltung zukommt, die aber infolge der gleichen α-glucosidischen Konfiguration den Rohrzucker mitspaltet. Es können also die „tierische Saccharase" und die „tierische Maltase" als α-Glucosidasen aufgefaßt werden. Am wichtigsten dürfte die α-Glucosidase des Darmsaftes sein. Fein zerriebener Dünndarm bzw. wäßrige Auszüge davon spalten in der Nähe des Neutralpunktes Rohrzucker und Maltose.

Daß nach neueren Befunden[8] Darmmaltase α-Methylglucosid nicht spaltet, bedeutet keinen ernsthaften Widerspruch, da dieses Substrat infolge seiner geringen Affinität zum Enzym besonders schlecht für Spezifitätsbestimmungen geeignet ist[9].

[1] BAMANN, E.: Maltase. Oppenheimer, Fermente **3**, 855 (1929). — WEIDENHAGEN, R.: α-Glucosidase (Maltase). Bamann-Myrbäck **2**, 1745—1758. — [2] WEIDENHAGEN, R.: Handb. Enzymol. (NORD-WEIDENHAGEN) **1**, 543 (1940). — [3] NEUBERG, C., and IRENE S. ROBERTS: Invertase. New York 1946. — [4] WEIDENHAGEN, R.: Ergebn. Enzymforsch. **2**, 90 (1933). — [5] SUMNER, J. B., and D. J. O'KANE: The chemical nature of yeast saccharase. Enzymologia **12**, 257 (1948). — [6] Beilstein **31**, 454 Turanose = α-Glucosidofructose. — Siehe BRIGL-PLOETZ, S. 325. — [7] WILLSTÄTTER, R., u. M. ROHDEWALD: H. **209**, 33 (1932). — [8] MYRBÄCK, K., u. S. MYRBÄCK: Svensk. kem. T. **48**, 66 (1936). — [9] HELFERICH, B., S. WINKLER, R. GOOTZ, O. PETERS u. E. GÜNTHER: H. **208**, 91 (1932). — WEIDENHAGEN, R.: H. **216**, 255 (1933).

Eine α-glucosidatische Wirkung ist im Schweinedünndarm[1, 2] im Darmsaft der Seidenraupe[3] (Bombyx mori) sowie in den Eingeweiden vom Seeohr[4] (Haliotis gigantea) festgestellt worden.

Außer im Darm fand man α-Glucosidase gelegentlich noch im Speichel[5], im Blut[6], im Blutserum[6] von Schwein, Hund, Pferd und Hammel und im Harn[6] von Menschen.

In den zwei letztgenannten Fällen soll die α-Glucosidase zum Teil dem Pankreas, zum Teil dem Darm entstammen und im Hunger[6] vorübergehend vermehrt sein.

Die bei parenteraler Zufuhr von Rohrzucker im *Blutserum* festzustellende Eigenschaft des Abbauvermögens gegenüber dem Disaccharid ist hinsichtlich des dabei auftretenden spezifischen Ferments bisher nicht näher untersucht worden. Wie ABDERHALDEN fand, scheiden Hunde nach wiederholten subcutanen Injektionen von Rohrzucker und Milchzucker diese nicht mehr wie am Anfang in den Harn aus[7]. Der Tierkörper muß allmählich die Spaltung dieser sonst nur im Darmkanal zerlegbaren Disaccharide, vielleicht durch Neubildung von Fermenten, erlernt haben. Diese Feststellung einer „Gewöhnung" an zunächst zellfremde Verbindungen verdient das besondere Interesse der Enzymforscher.

Das *Hauptsubstrat der α-Glucosidase* dürfte die *Maltose* sein, die im tierischen Organismus sowohl bei der Verdauung der Polysaccharide als auch bei der Mobilisierung der Reservekohlenhydrate durch die entsprechenden Amylasen als Endprodukt der Spaltung auftreten soll und durch die α-Glucosidase in Traubenzucker zerlegt wird. In den Zellen, besonders in den Leukocyten, liegt sie als Desmoenzym, teilweise aber auch als Lyoenzym vor[8]. Die systematische Erforschung der α-Glucosidase in den tierischen Säften und Geweben steht noch aus.

Die Bestimmung der α-Glucosidase in den tierischen Organen und Säften läßt sich nicht immer unter „Normalbedingungen" durchführen. Wegen der geringen Aktivität des tierischen Enzyms ist man häufig gezwungen, kleine Mengen von Maltose bzw. anderen α-glucosidischen Substraten unter optimalen Bedingungen der Enzymwirkung auszusetzen. Der eintretende Zuwachs an reduzierendem Zucker wird nach BERTRAND[9] bestimmt.

Der Nachweis der *synthetischen Wirkung* der α-Glucosidase wurde mit Hefeferment geführt[10].

γ) β-Glucosidasen (Emulsin)[11], Glucuronidasen[12]. Mit Emulsin[13] bezeichnet man seit mehr als hundert Jahren das aus Mandeln, Pflaumen-, Kirsch-, Aprikosenkernen usw. extrahierbare Gemisch glykosidspaltender Fermente,

---

[1] WEIDENHAGEN, R.: Ergebn. Enzymforsch. **1**, 168—208 (1932). — [2] MYRBÄCK, K., u. S. MYRBÄCK: Svensk Kem. T. **48**, 64 (1936). [C. **1937 I**, 2387]. — [3] SHINODA, O.: Biochem. J. **11**, 345 (1930). — [4] OSHIMA, K.: Bull. agric. chem. Soc. Jap. **7**, 17 (1931) [C. **1932 II**, 553]. — [5] TAUBER, H., and I. S. KLEINER: J. gen. Physiol. **16**, 767 (1933). — [6] KOKURYO, T.: Jap. J. med. Sci. II. Biochem. **2**, 115 (1933). [C. **1935 I**, 2195]. — [7] ABDERHALDEN, E.: Abwehrfermente. Ergebn. Enzymforsch. **6**, 189—200 (1937). — ABDERHALDEN, E., u. S. BUADZE: Fermentforsch. **13**, 228, 291 (1932). — [8] WILLSTÄTTER, R., u. M. ROHDEWALD: H. **209**, 33 (1932). — [9] KUSUMOTO, CH.: B. Z. **14**, 247 (1908). — WILLSTÄTTER, R., u. E. BAMANN: H. **151**, 242 (1926). — [10] HILL, A. C.: Soc. **1898**, 634. — BOURQUELOT, E.: Ann. Chim. Paris (9) **3**, 287 (1915). — PRINGSHEIM, H., u. J. LEIBOWITZ: B. **57**, 1576 (1924). — VINTILESCU, J., C. JONESCU et A. KIZYK: Bul. Chim. Românià **17**, 131 (1935). — MICHLIN, D., u. P. KOLESNIKOW: C. R. Acad. Sci. URSS [N. S.] **15**, 199 (1937) [C. **1938 I**, 1991]. — [11] VEIBEL, ST.: β-Glucosidase. Bamann-Myrbäck **2**, 1759—1786. — [12] VEIBEL, ST.: Glucuronidase. Bamann-Myrbäck **2**, 1828—1834. — [13] TAUBÖCK, K.: Emulsin. Handb. biol. Arb.-Meth. Abt. IV, Teil 2, 2249—2293 (1936).

als deren Hauptvertreter die *β-Glucosidase* anzusprechen ist. So hatte es sich eingebürgert, unter Emulsin die β-Glucosidase im weitesten Sinne zu verstehen. In letzter Zeit ist es jedoch gelungen, das Enzymgemisch der verschiedenen Emulsintypen mehr und mehr zu entwirren und die Spezifität der einzelnen Vertreter gegeneinander abzugrenzen.

Es ist deshalb vorgeschlagen worden[1], nunmehr „*Emulsin*" nur noch als *Oberbegriff für alle glykosidspaltenden Fermentpräparate* gelten zu lassen. Der alleinige Name Emulsin soll also in Zukunft nicht mehr verwandt werden, um damit eine bestimmte Wirkung, z. B. die β-D-glucosidatische, auszudrücken. Zur Kennzeichnung der Herkunft der rohen glykosidspaltenden Enzymgemische sollen Namen, wie *Mandelemulsin, Luzerneemulsin, Hefeemulsin* usw. verwendet werden. Um eine bestimmte Wirkung solcher Emulsine zu bezeichnen, ist aber der systematische Name gegebenenfalls unter Zusatz des Herkunftspräparates, z. B. Mandelemulsin-β-Glucosidase, zu wählen.

Die β-Glucosidase ist *neben der β-h-Fructosidase das wichtigste Enzym der Carbohydrasen.*

Der *Substratkreis* der β-Glucosidase ist durch die β-glucosidisch verknüpften Disaccharide *Cellobiose* und *Gentiobiose* sowie durch die große Gruppe der natürlichen meist pflanzlichen *β-Glucoside* sehr weit gezogen.

Für *die Spaltung des Amygdalins*[2, 3], hat sich verhältnismäßig leicht der Anschluß an die neuen Vorstellungen über Spezifität herstellen lassen[2]. Es zeigte sich, daß die scheinbar in einer monomolekularen Reaktion verlaufende Gesamtspaltung des Amygdalins dahin aufzulösen ist, daß zunächst die Disaccharidbindung mit erheblich größerer Geschwindigkeit gespalten wird als die Zucker-Aglykonbindung, so daß die *Gentiobiosespaltung* wesentlich schneller abläuft als die *Prunasinspaltung*. Ein Hintereinanderlaufen der beiden Spaltungskurven ist offenbar deswegen nicht möglich, weil die Konzentration des erst im Verlaufe der Spaltung entstehenden Prunasins zunächst außerordentlich klein ist. Weiterhin dürften aber die verschiedenen Affinitäten mit ausschlaggebend sein. Die *β-Glucosidase der Hefe* hat sich bezüglich der Amygdalinspaltung als identisch mit der β-Glucosidase des Mandelemulsins erwiesen.

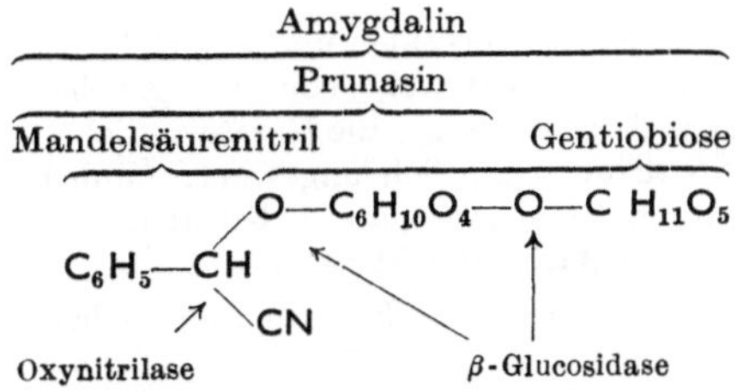

Eine eingehende Untersuchung über den weiteren *Wirkungsbereich der Emulsinfermente* verdanken wir HELFERICH[4] und Mitarbeitern. Dabei haben sich interessante Einzelheiten über die Wirkung der verschieden konstituierten Aglykone auf die *relative* Spezifität der einzelnen Glykosidasen ergeben. Besonders eingehend ist in diesem Zusammenhang die Frage nach der eventuellen Identität der β-Glucosidase und β-Galaktosidase des Emulsins studiert worden. Das Ergebnis dieser Prüfung läßt nach HELFERICH bei Mandelemulsin die einfachste *Annahme, daß* ein *Enzym Glucoside und Galaktoside spaltet*, durchaus möglich erscheinen. Das würde bedeuten, daß ein Konfigurationswechsel an den nichtglykosidischen C-Atomen, im vorliegenden Falle am vierten C-Atom hinsichtlich der Enzymspezifität nicht dieselbe Bedeutung besitzt, wie etwa der Konfigurationswechsel am ersten C-Atom, der die sicher als absolut anzusprechende α-β-Spezifität im Gefolge hat. Es ist denkbar, daß *vielleicht* die *Zuckerspezifität* (vgl. S. 1046) *überhaupt nicht streng absolut* ist, sondern daß eine

[1] HELFERICH, B., u. F. VORSATZ: H. **237**, 254 (1935). — [2] Oppenheimer, Fermente **1**, S. 604 (1925). — KUHN, R., u. H. SOBOTKA: B. **57**, 1767 (1924). — [3] Siehe auch LEHNARTZ, E.: Einführung in die chemische Physiologie. 9. Aufl. S. 271 (1949). — [4] Zusammenfassungen: HELFERICH, B.: Die Spezifität des Emulsins. Ergebn. Enzymforsch. **2**, 74—89 (1933); Emulsin. Ergebn. Enzymforsch. **7**, 83—104 (1938). — BONHOEFFER, K. F.: Glucosidspaltungen durch Emulsin in schwerem Wasser. Ergebn. Enzymforsch. **6**, 54 (1937). — PIGMAN, W. W.: Adv. Enzymol. **4**, 41 (1944).

ganze Reihe von Änderungen im Zuckeranteil nur eine Verschiebung der relativen Spezifität bedingt. In Emulsinen anderen Ursprungs können diese Verhältnisse jedoch wieder wesentlich anders liegen[1].

Während Mandelemulsin *Glucoside* mit einer wesentlich größeren Geschwindigkeit als die entsprechenden *Galaktoside* spaltet, fanden sich in Milchzuckerhefe, Hagebutten und Mandarinen Fermentgemische der umgekehrten Wirkung. Bei gewissen Bakterien und bei Sojabohnen fand sich sogar nur Galaktosidase, während wiederum Mucor javanicus nur Glucoside angreift. Auch im Luzerneemulsin[2] zeigten sich Verhältnisse, die für eine Selbständigkeit der beiden Enzymwirkungen sprechen.

Ein unerwartetes Verhalten zeigt auch die β-Glucosidase aus Hefe, welche zwar β-Glucoside und Gentiobiose angreift, nicht aber Cellobiose[3].

Die große *Gruppe der Heteroglucoside*, der pflanzlichen Glucoside, wird sicher in den meisten Fällen von dem gleichen Enzym, welches auch die Disaccharide angreift, zerlegt.

Einige wenige Fälle, die auf eine Verschiedenheit der für die Holosid- bzw. für die Heterosidspaltung verantwortlichen β-Glucosidase sprechen, können kaum als Beweis dafür angezogen werden, daß wir ganz allgemein zwischen einer β-Holo- und einer β-Heteroglucosidase zu unterscheiden haben. Viel wahrscheinlicher dürfte sein, daß es sich immer um dasselbe Enzym mit der gleichen Wirkgruppe handelt, und daß nur der Trägeranteil bei den verschiedenen Enzymmaterialien wechselt, hier eine Erweiterung, dort eine Begrenzung des Wirkungsbereiches der β-Glucosidase verursachend.

So ist es auch am einfachsten zu verstehen, daß die den β-D-Glucosiden und β-D-Galaktosiden entsprechenden *Pentoside der β-D-Xylose* und α-L-*Arabinose* wohl von den gleichen Fermenten des Emulsins gespalten werden. Allerdings verläuft auch hier die Geschwindigkeit der Spaltung entsprechend der veränderten relativen Spezifität wesentlich langsamer. Ähnlich steht es auch mit den anderen Pentosidspaltungen durch Emulsinpräparate, bei denen die Frage der relativen und absoluten Spezifität noch nicht ausreichend geklärt ist.

Andererseits ist als absolut sicher eine andere *Hexosidspaltung* der Emulsine anzusehen, die einer α-*Mannosidase* zugeschrieben werden muß.

Bei den *Pflanzen* sind die β-Glucosidasen verhältnismäßig *weit verbreitet*. Ihre wichtigste Quelle sind nach wie vor die Rosaceensamen, darüber hinaus finden sie sich aber in Hefen, Schimmelpilzen und Bakterien.

Im Tierreich finden sie sich bei Wirbellosen, soweit man sie sucht. *Bei Wirbeltieren* findet man β-Glucosidase in Leber, Darmschleimhaut und Nieren von Schwein, Pferd und Rind. Mit Ausnahme des Enzyms aus Pferdeniere greifen diese Extrakte *Phloridzin* nur sehr schwach an[4]. Gut wirksame β-Glucosidase findet man auch in Niere und Leber der Kaninchen. Lungen, Milz, Muskeln und Testes zeigen dagegen nur ganz schwache Wirkung[5]. Die pharmakologische Wirkung der pflanzlichen Glykoside, z. B. der herzwirksamen Glykoside, wurde schon S. 1047 mit der geringen Aktivität der Wirbeltier-β-Amylase in Zusammenhang gebracht.

Eine wesentliche *Anreicherung des Enzyms* ist bisher nur beim Mandelemulsin erzielt worden. Die älteren Methoden auf diesem Gebiet sind durch neue Arbeitsweisen überholt worden, die insbesondere die Fällbarkeit des Fermentes durch Tannin bzw. Silberoxyd ausnutzen[6]. Diese hochwertigen Präparate sind gegenüber den Rohpräparaten nicht übermäßig

---

[1] HOFMANN, E.: B. Z. **253**, 462; **256**, 462 (1932); **265**, 209; **267**, 309 (1933); **272**, 133, 426; **273**, 198 (1934); **281**, 438 (1935); **285**, 429 (1936). — NEUBERG, C., u. E. HOFMANN: B. Z. **256**, 450 (1932); **281**, 431 (1935). — [2] HILL, K.: Ber. sächs. Akad. Wiss. **86**, 115 (1934). — HELFERICH, B., u. H. SCHEIBER: H. **226**, 272 (1934). — [3] ADAMS, M., N. K. RICHTMYER and C. S. HUDSON: Am. Soc. **65**, 1369 (1943). — [4] HOFMANN, E.: B. Z. **285**, 429 (1936). — [5] AIZAWA, K.: J. Biochem. **30**, 89 (1939). — [6] HELFERICH, B., S. WINKLER, R. GOOTZ, O. PETERS u. E. GÜNTHER: H. **208**, 95 (1932). — HELFERICH, B., u. S. WINKLER: H. **209**, 272 (1932).

beständig. Alle zeigen noch Proteinreaktionen. Im Gegensatz zum Süßmandelemulsin[1] läßt sich Bittermandelemulsin in Apo- und Co-Ferment zerlegen[2].

Die Disaccharide Cellobiose und Gentiobiose, sowie eine größere Anzahl von Glucosiden konnten mit Hilfe von β-Glucosidase *synthetisch* gewonnen werden.

Die Gruppe der *Glucuronidasen*[3] erweckt besonderes Interesse, da bei Entgiftungsreaktionen die Glucuronsäure mit den verschiedensten Stoffwechselprodukten gepaart wird. Die stereochemische Natur dieser Glucosidbindungen ist noch nicht eindeutig festgestellt. Wahrscheinlich liegt β-Bindung vor. Zunächst hat man angenommen, die β-Glucosidase spalte die Glucuronide ebenso wie die β-Glucoside[4]. HELFERICH[5] zeigte, daß die Spaltung des L-Menthol-β-D-Glucuronids bei der Reinigung von Emulsin nicht mit der des L-Mentholglucosids parallel läuft. Er nimmt eine spezifische, von der β-Glucosidase verschiedene Glucuronidase an. Inzwischen fand man auch in tierischen Organen glucuronidspaltende Enzyme.

MASAMUNE[6] beschrieb eine β-Glucuronidase aus Ochsennieren, OSHIMA[7] eine aus der Milz von Stieren. Neuerdings wurde sie auch in Rindermilz und Kaninchenhaut[8] nachgewiesen. HOFMANN[9] konnte mit Fermentpräparaten aus Leber, Niere vom Pferd, Kaninchen und Schwein β-Naphthol-glucuronsäure zerlegen.

Seine Präparate wirkten wie die normale β-Glucosidase, denn sie zerlegten auch Salicin und β-Phenol-D-xylosid. L-Mentholinjektion erhöht den Glucuronidasewert in der Leber, nicht aber in der Niere[10]. Auch in Rattenorganen wurde das Enzym aufgefunden[11]. FISCHMAN fand in einigen menschlichen Carcinomen die Glucuronidase vermehrt[12]. Die Frage nach der Spezifität der Glucuronidasen ist heute noch nicht eindeutig zu beantworten. Pflanzliche Glucuronide[13] scheinen spezifischer Glucuronidasen zu bedürfen. Die enzymatische Synthese des Borneol-β-D-glucuronids gelang kürzlich HOUET, DUCHATEAU und FLORKIN [4].

δ) **α-Galaktosidasen**[15] **(Melibiase).** Die α-Galaktosidase ist bei Mensch und Tier bisher nicht beobachtet worden.

Die α-Galaktosidase[16] ist *von geringerer Bedeutung*, weil ihr Hauptsubstrat, die *Melibiose*, gar nicht natürlich vorkommt, sondern lediglich ein Spaltstück der Raffinose (S. 324/325) darstellt, aus der es durch β-h-Fructosidasewirkung entsteht. Die α-Galaktosidase wird in verhältnismäßig geringer Konzentration in der untergärigen *Bierhefe* und in verschiedenen *Emulsinpräparaten* angetroffen. Hinsichtlich ihres Wirkungsbereiches ist zu sagen, daß sie neben der Melibiosebindung im freien und maskierten Zustand (Raffinose) auch die *Heteroside der α-Galaktose* zerlegt. Ebenso spaltet sie auch die *β-L-Arabinoside*, denn die Pentose entspricht konfigurativ genau der α-D-Galaktose. Nicht ganz eindeutig liegen in dieser Beziehung die Verhältnisse bei α-galaktosidatisch wirksamen Präparaten aus *Malz* und *Takadiastase*. Doch dürften auch hier die früher bezüglich der Wirkung des Trägers und der Begleitstoffe erörterten Verhältnisse zutreffen, um so mehr als die α-Galaktosidasewirkung dieser Präparate außergewöhnlich schwach ist.

ε) **β-Galaktosidasen**[17] **(Lactase).** Das wichtigste *Substrat* der β-Galaktosidase ist der *Milchzucker*, die Lactose (siehe BRIGL-PLOETZ, S. 323.)

[1] HELFERICH, B., R. HILTMANN u. W. W. PIGMAN: H. **259**, 150 (1939). — [2] MALAGUZZI-VALERI, C.: Arch. Sci. biol., Napoli **25**, 261 (1939). — [3] VEIBEL, ST.: Glucuronidase. Bamann-Myrbäck **2**, 1828—1834. — [4] Oppenheimer, Fermente **1**, 602 (1925). — [5] HELFERICH, B., u. G. SPARMBERG: H. **221**, 92 (1933). — [6] MASAMUNE, H.: J. Biochem. **19**, 353 (1934). — [7] OSHIMA, G.: J. Biochem. **23**, 305 (1936). — [8] MEYER, K., E. CHAFFEE, G. L. HOBBY and M. H. DAWSON: J. exp. Med. **73**, 309 (1941). — GRAHAM, A. F.: Biochem. J. **40**, 603 (1946). — LEVVY, G. A.: Nature **160**, 54 (1947). — MILLS, G. T.: Nature **160**, 638 (1947). — [9] HOFMANN, E.: B. Z. **281**, 438 (1935). — [10] KERR, LYNDA M. H., and G. A. LEVVY: Nature **160**, 463 (1947). — [11] TOLALAY, P., W. H. FISHMAN, CH. HUGGINS: J. biol. Ch. **166**, 757 (1946). — [12] FISHMAN, W. H.: Science, N. Y. **105**, 646 (1947). J. biol. Ch. **127**, 367 (1939); **131**, 225 (1939). — [13] WEIDENHAGEN, R.: Handb. Enzymol. (NORD-WEIDENHAGEN) **1**, 551 (1940). — [14] HOUET, R., G. DUCHATEAU et M. FLORKIN: C. R. Soc. Biol. **135**, 412 (1941). — [15] WEIDENHAGEN, R.: Handb. Enzymol. (NORD-WEIDENHAGEN) **1**, 552 (1940). — [16] WEIDENHAGEN, R., u. A. RENNER: Z. Wirtsch.-Gruppe Zuckerindustr. **86**, 22 (1936). — [17] WEIDENHAGEN, R.: Handb. Enzymol. (NORD-WEIDENHAGEN) **1**, S. 555 (1940). — VEIBEL, ST.: Galaktosidasen. Bamann-Myrbäck **2**, 1787—1792.

Im *Pflanzenreich* findet sich das Enzym vor allem in *Milchzuckerhefen*, in *Takadiastase*, im *Emulsin* der Mandeln und verwandter Rosaceen, aber auch in vielen Bakterien.

Die Beziehungen des Enzyms zur β-D-Glucosidase sind bereits besprochen worden. Da eine Lactase auf die β-Galaktosidase zurückgeführt werden konnte, die in ihrer Spezifität auf die glykosidisch verknüpfte β-D-Galaktose beschränkt ist, wird verständlich, daß beispielsweise *bei Phanerogamen*, die niemals Milchzucker enthalten, lactosespaltende Enzyme beobachtet werden. *Die Spezifität dieser Enzyme erstreckt sich eben nur auf β-galaktosidische Bindungen als solche, und der Milchzucker ist gar nicht ihr natürliches Substrat.*

Demzufolge wird auch die *Vicianose*[1], eine 6-α-L-Arabinosidoglucose von der β-Galaktosidase hydrolysiert. Dagegen ist die *Isolactose* EMIL FISCHERS, die er durch biochemische Synthese erhielt, noch nicht einmal chemisch aufgeklärt, so daß über ihre enzymatische Spaltung nichts ausgesagt werden kann.

Im Tierreich kommt die β-Galaktosidase in Sekreten und Organen vor. Bei der Bildung der Cerebroside und bestimmter galaktosehaltiger Proteine dürfte die Galaktosidase eine Rolle spielen. Leider ist bisher die sterische Verknüpfung der Galaktose in diesen Verbindungen noch ungeklärt.

Die *Synthese*[2] *des Milchzuckers* aus Glucose und Galaktose gelang mit Milchdrüsenschnitten, in denen die β-Galaktosidase zellgebunden ist. Über den Aufbau des Milchzuckers in der Milchdrüse ist bisher nur wenig bekannt (s. Bd. 2, Milchdrüse und Milch). Da bei Milchstauungen der Milchzucker über den Blutweg in den Harn ausgeschieden werden kann (Lactosurie), dürfte in Blut und Niere keine β-Galaktosidase vorkommen. Die Natur der nach parenteraler Gabe von Milchzucker[3] im Blut und Harn auftretenden „Lactase" ist unerforscht.

Die β-Galaktosidase zerlegt auch die *Allolactose*, eine 6-β-Galaktosidoglucose, die zunächst synthetisch[4] gewonnen, später[5] mit einem weiteren in der Frauenmilch aufgefundenen Disaccharid identifiziert werden konnte.

Gesichert ist das Vorkommen von β-Galaktosidase im Pankreassaft. Sie findet sich in erster Linie im Darmtractus junger Säugetiere, aus dem sie im späteren Entwicklungsstadium verschwindet. Mit Fermenten aus Leber und Niere konnte Milchzucker und seine Harnstoffverbindung, das Lactoseureid, gespalten werden[6].

Die Bestimmung der β-Galaktosidase erfolgt mit Milchzucker als Substrat unter Normalbedingungen[7].

ζ) Anhang. Im Emulsin wird noch eine spezifische *Mannosidase*[8] angetroffen, die synthetische α-Heteroside der Mannose hydrolysiert. Über ein natürliches Substrat dieser Mannosidase ist nichts bekannt. Vielleicht spielt dieses Enzym eine Rolle im Stoffwechsel der Mannane in den Pflanzen. Die Mannosidase spaltet auch Glykoside der α-D-Lyxose, welche sich konstitutionell von der Mannose ableitet, in der Natur aber nicht vorkommt[9]. Eine spezifische Glykosidase findet sich noch in dem durch Wasserextraktion aus Senfsamen zu erhaltenen Enzymgemisch *Myrosin*[10]. Es handelt sich um eine *Thioglucosidase*[11], die aus dem Thioglucosid Merosinigrin[10], unter Abspaltung der Isocyanatgruppe, Thioglucose freisetzt. Jedoch ist dieses Enzym noch wenig untersucht. Wenig erforscht ist

[1] HELFERICH, B., u. H. BREDERECK: A. **465**, 166 (1928). — [2] PETERSEN, W. E., and J. C. SHAW: Science, N. Y. **86**, 398 (1937). — [3] Vgl. ABDERHALDEN, E., u. S. BUADZE: Fermentforsch. **13**, 291 (1932). — MICHLIN, D., u. M. LEWITOW: B. Z. **271**, 448 (1934). — [4] HELFERICH, B., u. H. RAUCH: B. **59**, 2655 (1926). — HELFERICH, B., u. G. SPARMBERG: B. **66**, 806 (1933). — [5] POLONOWSKI, M., et A. LESPAGNOL: Cr. **195**, 465 (1932). — [6] NEUBERG, C., u. E. HOFMANN: B. Z. **281**, 431 (1935). — [7] HOFMANN, E.: B. Z. **275**, 324 (1935). — [8] VEIBEL, ST.: Mannosidase. Bamann-Myrbäck **2**, 1793—1795. — [9] PIGMAN, W.: Am. Soc. **62**, 1371 (1940). — [10] NEUBERG, C., u. O. v. SCHOENEBECK: B. Z. **265**, 223 (1933). Naturwiss. **21**, 404 (1933). — [11] WREDE, F.: Thioglucosidase (Myrosin, Myrosinase, Sinigrase). Bamann-Myrbäck **2**, 1835—1836. Thioglykoside. Bamann-Myrbäck **1**, 166—172.

auch der Spezifitätsbereich der Chitobiase, welche ZECHMEISTER und TOTH[1] von Chitinase abtrennen konnten. Das Enzym zerlegt die niedermolekularen Spaltstücke des Chitins in die einzelnen N-Acetylglucosamin-Bausteine. — Entsprechend den Forderungen der WEIDENHAGENschen Spezifitätstheorie ist das Enzym auch zur Spaltung von N-Acetyl-β-phenylglucosamin befähigt. Die Chitobiase wurde bis jetzt in Emulsin[1, 2], Helixsaft[1, 3] und in Testes[2] aufgefunden.

Zu den *Pentosidasen* gehören die Nucleosidasen, die BREDERECK S. 844 beschreibt.

b) Polyasen[4]. Während bei den Oligasen keine für das jeweilige Oligosaccharid streng spezifischen Carbohydrasen gefunden worden sind, ist das bei den Polyasen zum Teil der Fall. Hier hängt die Spezifität eng mit dem Bau der Polysaccharide zusammen. Es ist dies im allgemeinen Teil S. 1047 behandelt.

α) α-Glucanasen (Amylasen)[5–11]. Die Stärke bzw. Glykogen spaltenden Enzyme werden unter dem Namen Amylasen zusammengefaßt. Ihre Unterteilung kann nach verschiedenen Gesichtspunkten erfolgen.

Betrachtet man zunächst *die Verhältnisse in der lebenden Zelle*[12], so ergibt sich, daß die Substrate der Amylasen im besonderen Maße zur *Symplexbildung mit den Proteinen* des Plasmas neigen. In diese Symplexe werden auch die Enzyme zum Teil miteinbezogen.

Eine ausgedehnte *Bearbeitung dieser Probleme*, nämlich das Verhalten der intracellulären Amylasen gegenüber diesen *Symplexen von Polyose und Protein* ist von v. PRZYŁĘCKI[13] und seiner Schule vorgenommen worden. Es besteht kein Zweifel, daß eine große Reihe von Stoffen vornehmlich von Proteinnatur auch auf den Aktivitätszustand der Amylase von maßgeblichem Einfluß sind. Besonders bei der Keimung der Getreidearten kommt diesen Substanzen auch eine physiologische Rolle zu. Von CHRZASZCZ[14], der diese Verhältnisse eingehend untersucht hat, werden diejenigen Stoffe, die eine paralysierende Wirkung auf die Amylase ausüben, als *Sistoamylasen* bezeichnet, während diejenigen Substanzen, welche den Paralysatoren entgegenarbeiten, *Eleutoamylasen* genannt werden. Die Wirkung der Amylasen ist von der Möglichkeit abhängig, in einen Zustand von großer Dispersion überzugehen. In der Natur findet nun ein Wechselspiel zwischen den Sistosubstanzen statt, welche bestrebt sind, das Enzym in einen unlöslichen Zustand überzuführen und den Eleutosubstanzen, welche das Enzym aus der unlöslichen Form in Lösung bringen bzw. in Lösung zu halten suchen. Diese Verhältnisse wirken sich naturgemäß aus, wenn man versucht, aus dem natürlichen Material die Amylase in Lösung überzuführen[15].

Nach WILLSTÄTTER und ROHDEWALD[16] sind in diesem Sinne *Lyo- und Desmoamylasen*[17] zu unterscheiden, von denen die Lyoamylasen bei der Freilegung

[1] ZECHMEISTER, L., and G. TÓTH: Enzymologia **7**, 165 (1939). — ZECHMEISTER, L., G. TÓTH and É. VAJDA: Enzymologia **7**, 170 (1939). — [2] EAST, M. E., J. MADINAVEITIA and A. R. TODD: Nature **147**, 418 (1941). Biochem. J. **35**, 872 (1941). — [3] NEUBERGER, A., and R. v. PITT RIVERS: Biochem. J. **33**, 1580 (1939). — [4] WEIDENHAGEN, R.: Handb. Enzymol. (NORD-WEIDENHAGEN) **1**, 556 (1940). — KLINKENBERG, G. A. VAN: Das Spezifitätsproblem der Amylasen. Ergebn. Enzymforsch. **3**, 73—94 (1934). — [5] MYRBÄCK, K., u. B. ÖRTENBLAD: Phyto-Amylasen. Bamann-Myrbäck **2**, 1837—1861. — PURR, A.: Zoo-Amylasen. Bamann-Myrbäck **2**, 1862—1888. Unterscheidung der verschiedenen Amylasen. Bamann-Myrbäck **2**, 1889—1899. — Zusammenfassende Darstellung: MYRBÄCK, K.: J. prakt. Chem. **162**, 29 (1942/43). — [6] HOPKINS, R. H.: Adv. Enzymol. **6**, 389 (1946). — [7] GEDDES, W. F.: Adv. Enzymol. **6**, 415 (1946). — [8] ANDERSON, A.: Enzyms and their Role in Wheat Technology. London 1946. — [9] WYNNE, A. M.: Ann. Rev. **15**, 60 (1946). — [10] SUMNER, J. B.: Ann. Rev. **17**, 37 (1948). — [11] MYRBÄCK, K.: Ann. Rev. **18**, 70 (1949). — [12] Siehe auch OPARIN, A.: Die Wirkung der Fermente in der lebenden Zelle. Ergebn. Enzymforsch. **3**, 57—72 (1934). — [13] PRZYŁĘCKI, ST. J. v.: Über die intracelluläre Regulierung der Enzymreaktionen mit besonderer Berücksichtigung der Amylasewirkung. Ergebn. Enzymforsch. **4**, 111—146, bes. Speicheldrüse, Leber, Muskel 140—146 (1935). — [14] CHRZASZCZ, T., u. J. JANICKI: B. Z. **260**, 354; **263**, 250; **264**, 192; **265**, 260 (1933); **272**, 402; **274**, 274 (1934); **278**, 112 (1935). — SABALITSCHKA, TH.: Amylase. Handb. biol. Arb.-Meth. Abt. IV, Teil 2, 2470 (1936). — [15] Vgl. hierzu MYRBÄCK, K., u. B. ÖRTENBLAD: Enzymologia **7**, 176 (1939); **9**, 43 (1940). — [16] WILLSTÄTTER, R., u. M. ROHDEWALD: H. **203**, 189 (1931); **221**, 13, 202 (1933); **229**, 255 (1934). — [17] Siehe auch BAMANN, E., u. W. SALZER: Lyo- und Desmo-Enzyme. Ergebn. Enzymforsch. **7**, 28—49, bes. Amylasen, S. 36 (1938).

ohne weiteres in die üblichen Lösungsmittel übergehen, während die Desmoamylasen dadurch definiert sind, daß sie chemisch an das Protoplasma gebunden sind und aus dieser Bindung nur auf chemischem Wege gelöst werden können. In der Gerste liegen z. B. gebundene und freie Amylase nebeneinander vor[1]. Ihr Verhältnis kann bei den einzelnen Sorten in weiten Grenzen schwanken[2].

Geläufiger und von größerer Bedeutung ist jedoch die *Unterscheidung der Amylasen nach ihrer Wirkungsspezifität.* Sie führt zu einer Unterteilung in *α-und β-Amylasen*[3]. Diese Bezeichnung rührt daher, daß die β-Amylase aus ihrem Substrat Maltose in der β-Form (s. BRIGL-PLOETZ S. 319) freilegt, während die α-Amylase aus demselben Substrat α-Maltose bildet. Die Ursache für diese Konfigurationsänderung — denn um eine solche muß es sich handeln, da in der natürlichen Stärke β-Bindungen nicht vorliegen — ist noch völlig unbekannt. Auch bei einem krystallisierten, durch Abbau mit Pankreasamylase erhaltenen Spaltprodukt der Stärke, einer Amylohexaose[4], ergab sich derselbe Unterschied: sie wird durch β-Amylase in drei Moleküle β-Maltose, durch α-Amylase in drei Moleküle α-Maltose zerlegt.

Außer dem eben gekennzeichneten Unterschied der beiden Amylasen in der Konfiguration der freigelegten Maltose weisen sie aber noch andere Wirkungsverschiedenheiten auf, die auch zu der Bezeichnung *Dextrinogen-(= α-) und Saccharogen-(= β)-Amylase* geführt haben. Reine *Saccharogen-(= β)-Amylase* spaltet ein Polysaccharid, dessen Moleküle nur aus unverzweigten α-1,4-verknüpften Glucoseresten bestehen, zu 100% in β-Maltose. Auch kleinere Moleküle dieses Bauprinzips werden abgebaut, bis einschließlich des Tetrasaccharids. Tri- und Disaccharid (Maltose) werden nicht angegriffen.

Es ist interessant, daß das schon erwähnte Hexasaccharid dieser Reihe durch einfache α-Glucosidase nicht angegriffen wird. Die Wirkungsbereiche von Oligasen und Polyasen überschneiden sich also in dieser Reihe nicht so weit, wie in der β-Reihe, wo bekanntlich die β-Glucosidase noch zum Abbau des Hexasaccharids befähigt ist.

Aus nativer Stärke erzeugt β-Amylase dagegen nur etwa 60% Maltose. Der unangegriffene Rest ist ein hochmolekulares Dextrin, das β-Dextrin.

Der Abbau der Stärke mit *Dextrinogen-(= α)-Amylase* führt demgegenüber zu keinen hochmolekularen Reaktionsprodukten. Das Polysaccharid zerfällt vielmehr in ein Gemisch niedermolekularer Dextrine, das im Verlauf der Enzymeinwirkung langsam weiter verzuckert wird. Nur unverzweigte Bruchstücke unterliegen hierbei dem völligen Abbau zu Maltose, während aus den verzweigten ein niedermolekulares „Grenzdextrin“ entsteht, das schließlich in etwa 30%iger Ausbeute hinterbleibt.

Diese Befunde lassen sich nach den heutigen Vorstellungen vom Bau der Stärke folgendermaßen erklären[5]:

Pflanzliche Stärke ist, ziemlich unabhängig von ihrer Herkunft, ein Gemisch verschiedener Polysaccharide, die sich neben ihrer Molekülgröße vor allem durch ihren Bau unterscheiden[6]. Sie enthält neben der unverzweigten Amylose, die keinen Kleister bildet und ein reines α-1,4-Glucan darstellt, auch mehr oder weniger stark verzweigte Moleküle. Letztere, das Amylopektin, machen den Hauptteil der Stärke aus. Über den Grad der Verzweigung lassen sich heute noch keine gesicherten Aussagen machen. Wahrscheinlich kommen alle Übergänge von nicht bis stark verzweigt vor. Sicher sind aber die Verzweigungs-

[1] Siehe [15] S. 1058. — [2] ELIZAROVA, S. S.: C. R. Acad. Sci. URSS **26**, 698 (1940). — [3] KUHN, R.: A. **443**, 1 (1925). — [4] WALDSCHMIDT-LEITZ, E., u. M. REICHEL: H. **223**, 76 (1934). — [5] Zusammenfassende Darstellung: MYRBÄCK, K.: J. prakt. Chem. **162**, 29 (1942/43). — [6] Siehe PLOETZ-FREUDENBERG S. 335.

stellen, zumindest in der Hauptsache, Träger einer weiteren Bindungsart, der α-1,6-*Verknüpfung* (= *Isomaltosebindung*). Daneben liegen im Amylopektin auch die Fremdbestandteile der Stärke gebunden vor, insbesondere Phosphorsäure.

Bei der ganz allgemein zu beobachtenden ausgeprägten Spezifität der Polyasen macht nun die Annahme keine Schwierigkeit, daß die β-Amylase spezifisch zur Spaltung von α-1,4-Glucan befähigt ist und daß alle Störungsstellen („Anomalien" nach MYRBÄCK) des Moleküls den Abbau zum Stillstand bringen.

Veresterungen und Verzweigungen sind als solche Störungsstellen anzusehen. Daß ein Tetrasaccharid-mono-phosphorsäure-ester von Pankreasamylase erst nach Zusatz einer Phosphatase gespalten wird, hat POSTERNAK gezeigt[1].

Der β-amylatische Abbau beginnt sowohl bei Amylose als auch bei Amylopektin an den nichtreduzierenden Molekülenden[2]. Während aber bei der Amylose der schrittweise Abbruch von Maltoseresten ungehindert bis zum andern Molekülende durchlaufen kann, nähert er sich beim Amylopektin bald irgendeiner Störungsstelle und kommt zum Stillstand. Hier entsteht also ein nicht weiter angreifbares Grenzdextrin, das an seinen zahlreichen Molekülenden die enzymatisch freigelegten Störungsstellen trägt. Entsprechend seiner größeren Anzahl Endgruppen wird dabei das verzweigte Amylopektin wesentlich rascher abgebaut als die unverzweigte Amylose[3].

Wesentlich schwieriger zu deuten ist demgegenüber der *Abbau mit Malz-α-Amylase.* Während K. H. MEYER[4] annimmt, daß dieses Enzym alle Bindungen, die nur weit genug von den Enden des Moleküls entfernt sind, mit gleicher Wahrscheinlichkeit spaltet, konnte K. MYRBÄCK[5] zeigen, daß die Amylosespaltung durch α-Amylase deutlich *in zwei Phasen* zerfällt, in deren ersten[6] das Molekül mit großer Geschwindigkeit in niedermolekulare Bruchstücke zerfällt, die zur Hauptsache aus 6 bis 8 Glucoseeinheiten bestehen. MYRBÄCK konnte die Zusammensetzung dieses Spaltzuckergemisches verständlich machen[7] durch die Annahme, daß mit Annäherung an die Kettenenden die Glucosidbindungen der enzymatischen Spaltung immer schwerer zugänglich werden. Dabei wirkt sich der Einfluß des reduzierenden und des nicht reduzierenden Kettenendes verschieden aus. In der zweiten Phase wird dann das entstandene Spaltzuckergemisch mit 50- bis 100mal kleinerer Geschwindigkeit weiter in Maltose zerlegt. Dasselbe Bild liefert auch der Abbau der Stärke. Hier entsteht kein hochmolekulares Dextrin, sondern der Abbau in Hexa- bis Oktasaccharide vollzieht sich ohne Rücksicht auf die Natur der innerhalb dieser Bruchstücke eventuell vorliegenden Störungsstellen. Diese machen sich vielmehr erst in der zweiten Phase des Abbaus bemerkbar, in dem nur jene Bruchstücke total verzuckert werden, die frei sind von Störungsstellen. Bei den anderen macht auch hier der Abbau vor den Störungsstellen halt. Die dadurch in etwa 30% Ausbeute entstehenden Grenzdextrine sind also im Gegensatz zu den β-Dextrinen niedermolekular. Die Abbaugrenze ist aber meist nicht sehr scharf ausgeprägt. Die Verzuckerung schreitet vielmehr bei langer Enzymeinwirkung langsam weiter. Obwohl die α-Amylase ebenso wie das β-Enzym Maltose und Maltotriose nicht angreift,

[1] POSTERNAK, TH., et H. POLLACZEK: Arch. Sci. physiques natur. (5) **22**, 234 (1940); Helv. **24**, 921 (1941). — [2] MYRBÄCK, K., u. G. NYCANDER: B. Z. **311**, 234 (1941/42). — [3] MEYER, K. H., et H. P. BERNFELD: C. R. Soc. Physique Hist. natur. **57**, 89 (1940). — [4] MEYER, K. H., u. P. BERNFELD: Helv. **24**, 389 (1941). — MEYER, K. H., E. PREISWERK et R. JEANLOZ: Helv. **24**, 1395 (1941). — MEYER, K. H., et P. BERNFELD: Helv. **24**, 1400 (1941). — MEYER, K. H., et M. FULD: Helv. **24**, 1404 (1941); **24**, 1408 (1941). — [5] MYRBÄCK, K., u. W. THORSELL: Svensk kem. T. **54**, 50 (1942). — [6] SAMEC, M.: H. **263**, 17 (1940). — [7] SILLÉN, L. G., u. K. MYRBÄCK: Svensk kem. T. **56**, 142 (1944).

findet sich in diesen Verzuckerungslösungen freie Glucose[1], deren Menge mit der Enzymkonzentration zunimmt[2]. Die Erklärung hierfür ist vielleicht in einem Befund von MEYER und BERNFELD[3] zu suchen, nach dem die Maltotriose mit α-Amylase doch, wenn auch sehr langsam, in Glucose und Maltose zerfällt.

Der Befund, daß der α-amylatische Abbau keinen scharfen Endpunkt aufweist, läßt sich verschieden deuten. Am einfachsten ist die Annahme, daß das Enzym noch geringe Beimengungen dextrinspaltender Fermente enthält[4]. Darin liegt auch die Erklärung für die Feststellung von WEIDENHAGEN und WOLF[5], daß sich die Grenzdextrine bei großem Enzymüberschuß mit unverminderter Geschwindigkeit zu Ende spalten lassen. Die von PRINGSHEIM[6] vermutete Rolle von Aktivatoren konnte nicht bestätigt werden[7, 5]. Offen ist dagegen noch die Erklärungsmöglichkeit, daß die α-Amylase keine solch ausgeprägte Spezifität wie die β-Amylase besitzt, und somit auch die Störungsstellen, wenn auch mit stark reduzierter Geschwindigkeit, zu spalten vermag. Mit gewissen Amylasepräparaten konnte MYRBÄCK auch Isomaltosebindungen spalten[4].

Der Verlauf des enzymatischen Abbaues von Stärke bzw. Glykogen mit α- oder β-Amylase zeigt, daß beide Enzyme die sog. „Fehlerstellen" ihrer Substrate, d. h. also vor allem die eingestreuten α-1,6-Bindungen wenn überhaupt, dann nur mit ungleich geringerer Geschwindigkeit spalten. Die Frage, ob für diesen Vorgang, falls er stattfindet, spezifische Enzyme anzunehmen sind, wurde im Zusammenhang mit der Stärke noch nicht geprüft.

PLOETZ und SCHÖNENBERGER[8] haben die Einwirkung von Malz- und Speichelamylase, Takadiastase und Helixferment auf ein Bakteriendextran untersucht und gefunden, daß die Wirkung dieser Enzyme bei einem maximalen Abbau von 10% zum Stillstand kam. Das als Substrat dienende Dextran bestand zur Hauptsache aus α-1,6-verknüpften Glucoseresten, enthielt aber noch 11 bis 12% α-1,4-Bindungen, welche vermutlich die in gleicher Menge vorhandenen Verzweigungsstellen bildeten. Der Umfang des amylatischen Abbaus ließ vermuten, daß die Enzyme nur die α-1,4-Bindungen gelöst hatten. In diesem Fall mußte das Endprodukt des amylatischen Abbaus unverzweigt sein, eine Annahme, die durch die chemische Untersuchung des Spaltungsproduktes bestätigt wurde. Damit ist für die untersuchten Amylasen eine sehr enge Bindungsspezifität bewiesen.

Dieser Befund wurde noch erhärtet durch die Auffindung spezifischer α-1,6-Glucanasen[9], die ihrerseits α-1,4-Bindungen nicht angreifen. Über diese Enzyme ist noch nichts Näheres bekannt.

Die β-Amylase ist ein typisches Ferment der grünen Pflanzen. α-Amylase ist dagegen im Pflanzen- und Tierreich gleich verbreitet. Die aus natürlichen Materialien gewinnbaren Amylasepräparate sind meist Gemische von α- und β-Amylase. Außerdem enthalten sie häufig noch andere Carbohydrasen sowie Phosphatasen. Entsprechend der großen Bedeutung ihrer Substrate bei allen Stoffwechselvorgängen sind die Amylasen in der Natur sehr weit verbreitet. Man findet sie überall, wo Stärke oder Glykogen im Tier- und Pflanzenreich auf- oder abgebaut werden.

---

[1] MYRBÄCK, K.: B. Z. **307**, 140 (1940/41). — [2] SOMOGYI, M.: J. biol. Ch. **134**, 301 (1940). — [3] MEYER, K. H., et P. BERNFELD: Helv. **24**, Sonder-Nr. 359 E (1941). — [4] MYRBÄCK, K., u. K. AHLBORG: B. Z. **311**, 213 (1941/42). — [5] WEIDENHAGEN, R., u. A. WOLF: Z. Ver. dtsch. Zuckerindustr. **80**, 866 (1930). — [6] PRINGSHEIM, H., u. W. FUCHS: B. **56**, 1762 (1923). — PRINGSHEIM, H., u. G. OTTO: B. Z. **173**, 399 (1926). — PRINGSHEIM, H., H. BORCHARDT u. H. HUPFER: B. Z. **238**, 476 (1931); **250**, 109 (1932). — [7] HOLMBERGH, O.: H. **134**, 96 (1924). — [8] PLOETZ, TH., u. M. SCHÖNENBERGER: Unveröffentlicht. — [9] PLOETZ TH.: Unveröffentlicht. — NORDSTRÖM, L., u. E. HULTIN: Svensk kem. T. **60**, 283 (1948

Bei höheren Pflanzen sind Amylasen in sämtlichen Organen von den Blättern bis zu den Samen[1, 2] anzutreffen. Die eigentlichen Stärkezellen des Gerstenkorns sind amylasefrei. Diese findet sich vielmehr lokalisiert in einer dünnen Schicht proteinreicher Stärkezellen, welche sich zwischen den ersteren und dem Aleuron befindet[3]. In Spinatblättern wiederum findet sich die Amylase ausschließlich in den Chloroplasten[4]. Aber auch *in Hefen*[5], *Schimmelpilzen, Algen* und *Bakterien* finden sich Amylasen.

Besonders ergiebige Ausgangsmaterialien für die Gewinnung von Amylasen sind keimende Gerste (Malzamylase) und Schimmelpilze (Takadiastase aus Aspergillus oryzae).

Neben Aspergillus oryzae enthält nur noch Rhizopus japonicus α- und β-Amylase gemeinsam[6]. Alle anderen untersuchten Schimmelpilze enthalten nur α-Amylase.

In ungekeimtem Getreidesamen findet sich fast ausschließlich β-Amylase[7], nach der Keimung auch α-Amylase[1].

Bei *Tier und Mensch* kommt Amylase im Speichel[8], im Pankreas, im Darm, in der Leber und Muskeln, in Lympho- und Leukocyten[9], im Blut[10], in der Cerebrospinalflüssigkeit[11] und schließlich in den Ausscheidungen[12] vor.

Die tierische Amylase ist vorwiegend die α-Amylase, daneben soll sie geringe Mengen von β-Amylase enthalten. Nur im Schweinepankreas[13] ist die α-Amylase mit neuester Methodik als einheitliches Enzym frei von β-Amylasen sicher festgestellt.

Die *Anreicherung* der pflanzlichen Amylase und der Amylase des Pankreas[10] läßt sich besonders die der letzteren zu hohen Reinheitsstufen durchführen. Bei den Amylasen der übrigen tierischen Organe, besonders bei der Leberamylase[14], stößt die Reinigung auf erhebliche Schwierigkeiten.

Die Trennung von α- und β-Amylase wurde zuerst von OHLSSON[15] bei der Malzamylase durchgeführt:

Zerlegung von Malzamylase. Bringt man Malzextrakt bei 0° während 15 min auf p_H 3,3, und setzt dann sekundäres Natriumphosphat bis zum p_H 6 zu, so findet man nur noch 1—2% der ursprünglichen Dextrinbildung, dagegen 70—80% der *Zuckerbildung.* Umgekehrt wird durch Erhitzen während 15 min auf 70° bei p_H 6,5 das zuckerbildende Vermögen stark herabgesetzt, während das *Dextrinbildungsvermögen* bis zu 75% bestehen bleibt.

Auch durch Dialyse einer Malzlösung sowie auf adsorptivem Weg wurden Trennungen erreicht[16].

Eine neue, für das gesamte Amylasenproblem erfolgversprechende Situation ist in jüngster Zeit dadurch entstanden, daß es K. H. MEYER und seinen

---

[1] SUESSENGUTH, K.: Über das Wirksamwerden pflanzlicher Enzyme. Ergebn. Enzymforsch. **1**, 364—369 (1932). — [2] GRÜSS, J.: Handb. biol. Arb.-Meth. Abt. IV, Teil 1, 165—248 (1936). — [3] LINDERSTRØM-LANG, K.: Bull. N.Y. Acad. Med. (2) **15**, 719 (1939). — [4] KROSSING, G.: B. Z. **305**, 359 (1940). — [5] ENDERS, C., u. S. WINDISCH: Brauwelt **1947**, 392. — [6] LEOPOLD, H., u. M. P. STARBANOW: B. Z. **314**, 232 (1943). — [7] Lit. WEIDENHAGEN, R.: Handb. Enzymol. (NORD-WEIDENHAGEN) **1**, 562 (1940). — [8] NINOMIYA, H.: J. Biochem. **31**, 69 (1940). — [9] BARNES, J. M.: Brit. J. exp. Path. **21**, 264 (1940). — [10] WOHLGEMUTH, J.: Handb. Biochem., Erg.-W. **2**, 94 (1934). — LARSEN, J., and C. F. POE: J. biol. Ch. **132**, 129 (1939/40). — [11] KAPLAN, I., D. J. COHN, A. LEVINSON and B. STERN: J. Lab. clin. Med. **24**, 1150 (1939). — [12] TAMAI, M.: J. Biochem. **31**, 471 (1940). — [13] BLOM, J., A. BAK u. BEN BRAAE: H. **250**, 104 (1937). — [14] CORI, G. T., and C. F. CORI: Proc. Soc. exp. Biol. Med. **39**, 337 (1938). — [15] OHLSSON, E.: C. R. Lab. Carlsberg **16**, Nr. 7, 1 (1926). H. **189**, 17 (1930). — [16] WALDSCHMIDT-LEITZ, E., M. REICHEL u. A. PURR: Naturwiss. **20**, 254 (1932). — WALDSCHMIDT-LEITZ, E., u. A. PURR: H. **213**, 63 (1932).

Mitarbeitern gelang, die *α-Amylasen aus Pankreas, Speichel und Bakterien krystallisiert* zu erhalten[1].

Die Reinigung der Pankreasamylase wurde sehr erschwert durch die Instabilität des Ferments gegenüber den verschiedensten Agentien, selbst allein in wäßriger Lösung. Die Reinigung mußte sich daher auf die wiederholte Anwendung weniger Verfahren beschränken.

Frisches Schweinepankreas wurde entfettet, gemahlen und mit Aceton-Äther entwässert. Das trockene Mehl bewahrt bei 0° seine Aktivität über lange Zeit. Mit 0,5 n Na-Acetatlösung (p_H 6,6—7,2) wird bei 3° in 35 h ein roher Fermentauszug gewonnen. Außerhalb des p_H-Bereichs 6,5—9 tritt rasche Inaktivierung ein. Die weitere Reinigung verläuft über wiederholte Fällungen mit verschiedener Acetonkonzentration, Fällungen mit Ammonsulfat bei verschiedenen Sättigungsgraden, Eiweißdenaturierungen mit Chloroform-Amylalkohol[2], Austausch der SO_4-Ionen durch Acetationen mittels Wofatit und abermalige Fällung mit Aceton.

Die Aktivität des Niederschlags ließ sich dann durch weitere Manipulationen nicht mehr erhöhen. Sie war gegenüber dem Rohferment auf das 23fache angereichert. Die elektrophoretische Prüfung ergab, daß ein einheitliches Protein vorlag (14,9% N; 0,62% P; 0,0% S). Aus 50%ig wäßrigem Aceton krystallisiert die Substanz in wenigen Tagen. Auf der Ultrazentrifuge ergab sich ein M. G. von 45000[3].

Die Pankreas-Amylase verliert in wäßeriger Lösung, insbesondere bei Dialyse, sehr rasch an Aktivität. Dieser Vorgang muß als *Zerfall in Apo- und Co-Ferment* gedeutet werden. Man kann nämlich den Aktivitätsverlust verhindern durch Zusatz von konzentriertem, gekochtem Dialysat (= Co-Ferment). Durch Dialyse bereits inaktivierte Amylase wird jedoch durch Zusatz von Co-Ferment nicht mehr reaktiviert. Man muß wohl annehmen, daß die Trennung des Holoferments in Co- und Apoferment von einer Denaturierung des letzteren begleitet ist.

Bestimmungsmethoden, Maßeinheiten[4, 5]. Für die Ermittlung des Amylasegehaltes sind eine sehr große Zahl von Methoden vorgeschlagen worden, welche die verschiedenen Äußerungen der Amylasewirkung zur Messung heranziehen. Die Methoden zur Messung der Viscositätsabnahme[6], der Trübungsabnahme[7] und der Veränderung der Jodfärbung[8] sind in ihren Ergebnissen stark vom Zustand und der Zusammensetzung der verwendeten Stärke abhängig. Eine Methode zur Bestimmung von β- Amylasen[9] aus Malz verwendet Kartoffelamylopectin als Substrat und Dinitro-3,5-salicylsäure[10] zum Nachweis der gebildeten Maltose.

Die Zunahme des Reduktionsvermögens in der Abbaulösung mißt eine Methode von WILLSTÄTTER, WALDSCHMIDT-LEITZ und HESSE[11]. Dabei wird die Hydrolyse von 0,25 g Stärke unter Zusatz von Puffer und Enzym im Gesamtvolumen von 37 cm³ bei 37° unter den jeweils optimalen p_H-Bedingungen verfolgt. Die gebildete Maltose wird nach der streng stöchiometrischen Hypojodittitration gemessen und bezieht sich entsprechend dem 75%igen Grenzabbau bei 0,25 g Stärke auf 0,1875 g Substrat als Anfangskonzentration. Die Enzymmengen werden so gewählt, daß die nach monomolekularem Reaktionsverlauf berechnete Konstante zwischen 0,001 und 0,03 liegt. Die *Amylaseeinheit* soll das Hundertfache der-

[1] MEYER, K. H., ED. H. FISCHER et P. BERNFELD: Helv. **30**, 64 (1947). Exp. **3**, 106 (1947). — MEYER, K. H., M. FULD et P. BERNFELD: Exp. **3**, 411 (1947). — MEYER, K. H., Ed. H. FISCHER, P. BERNFELD et A. STAUB: Exp. **3**, 455 (1947). — [2] SEVAG, M. G.: B. Z. **273**, 419 (1934). — [3] DANIELSSON, C.-E.: Nature **160**, 899 (1947). — [4] SABALITSCHKA, TH.: Amylase. Handb. biol. Arb.-Meth. Abt. IV, Teil 2, S. 893—1070 (1936); ebda Nachtrag S. 2466 bis 2550. — Über Zooamylasen: WALDSCHMIDT-LEITZ, E.: Oppenheimer, Fermente **3**, 885—897 (1929). — [5] BERTHO, A., u. W. GRASSMANN: Messung der Amylasewirkung. Biochemisches Praktikum. S. 129. Berlin u. Leipzig 1936. — Klinische Bestimmung: WOHLGEMUTH, J.: Oppenheimer, Fermente **3**, 1498—1501. — [6] OLSSON, U.: H. **126**, 29 (1923). — JÓZSA, S., and H. GORE: Industr. engng. Chem. (II) **2**, 26 (1930). — CHRZASZCZ, T.: B. Z. **242**, 130 (1931). — CHRZASZCZ, T., und J. JANICKI: **256**, 252 (1932). — [7] KRIJGSMAN, B. J.: H. **230**, 190 (1934). — REMESOW, I. A.: Arch. Sci. biol. (russ.) **37**, 425 (1935). — [8] WOHLGEMUTH, J.: B. Z. **9**, 1 (1908). — BLOM, J., A. BAK u. B. BRAAE: H. **250**, 104 (1937). — [9] NOELTING, G., et P. BERNFELD: Helv. **31**, 286 (1948). — [10] SUMNER, J. B.: J. biol. Ch. **62**, 287 (1924/25). — [11] WILLSTÄTTER, R., E. WALDSCHMIDT-LEITZ u. A. R. F. HESSE: H. **126**, 143 (1923).

jenigen Enzymmenge sein, für die sich unter den angegebenen Versuchsbedingungen diese Konstante zu 0,01 ergibt. Damit drückt die Reaktionskonstante zugleich die Zahl der Amylaseeinheiten in der Amylasenprobe aus. Das Maß für den enzymatischen Reinheitsgrad *(Amylasewert)* ist die Zahl der Amylaseeinheiten in 10 mg der enzymhaltigen Substanz.

Über die für den *Zuckerstoffwechsel* so wichtige Leberamylase und ihre Beziehungen zum Diabetes mellitus sind wir verhältnismäßig schlecht unterrichtet. Zwischen Blutamylase und Diabetes findet SOMOGYI[1] einen reziproken Gang. Bei der GIERKEschen Erkrankung, die durch eine gesteigerte Glykogeneinlagerung charakterisiert ist, findet sich keine Beeinflussung der Leberamylase, wohl aber der alkalischen Phosphatase[2] (vgl. Glykogensynthese, Bd. 2, Kohlenhydratstoffwechsel). Eine ausführlichere Untersuchung von WILLSTÄTTER[3] über das *glykogenolytische System der Leber* und über die schon seit langer Zeit bekannte Beeinflussung der Glykogenspaltung durch Insulin und Adrenalin hat ergeben, daß der Glykogenabbau in der Leber sowohl durch Insulin als auch durch Adrenalin enthemmt, gehemmt oder nicht beeinflußt wird, je nachdem die Amylase gehemmt, aktiviert oder an Wirkstoffen verarmt, angetroffen wird. Diese Tatsache steht offenbar wieder mit der bereits erwähnten Neigung der Amylase zur Symplexbildung mit Proteinen und Kohlenhydraten in Zusammenhang. Demzufolge befindet sich die Amylase in den Zellen in ganz verschiedenen Zustandsformen. Besonders deutlich zeigt sich das bei den *Leukocyten* aus Pferdeblut, in denen *acht verschiedene Amylasen*, nämlich je vier *Lyo- und Desmoamylasen* angetroffen werden[4]. Im Gegensatz zu den Oligasen ist bei den Amylasen vor allem noch die *Elektrolytwirkung*[5] zu beachten. Die pflanzlichen Vertreter sind ohne Gegenwart von Neutralsalzen bereits wirksam, während die tierischen Vertreter ohne Neutralsalze nur eine sehr geringe Aktivität aufweisen und erst durch diese zur maximalen Aktivität gebracht werden. Von den untersuchten Ionen ist das Chlorion[6] das wirksamste. Bezüglich der Hemmbarkeit der Amylasen durch Salze und andere Zusätze ergibt das bisher vorliegende Material, das mit Amylasen verschiedenster Herkunft und Reinheitsgrades erworben wurde, noch kein klares Bild. Über eine Stimulierung von Hefeamylase durch infrarote und sichtbare Strahlen berichtet MURAKAMI[7]. Blut- und Harnamylase werden häufig für diagnostische Zwecke in der Klinik bestimmt[8]. Der Blutamylasewert[9] hängt offenbar von der Insulinwirkung ab. Bei Diabetes mellitus ist der Amylasewert im Blut sowohl erhöht[10] als auch erniedrigt[11] gefunden worden, nach Insulingabe[10] sinkt er zur Norm zurück. Ein pankreasgesunder Mensch scheidet ziemlich gleichmäßige Amylasemengen in den Harn aus. Bei Anregung der Sekretion oder Erkrankungen des Pankreas wird die Harnamylase vermehrt[12].

Macerans-Amylase. Der eigenartige Verlauf der ersten Phase des α-amylatischen Stärkeabbaus, der in der Zerlegung des Makromoleküls in ein vorwiegend Hexa- bis Oktasaccharide enthaltendes Spaltzuckergemisch besteht, besitzt eine Parallele im *Abbau der Stärke durch den Bacillus macerans.* Dabei entstehen in einer Ausbeute bis zu 40% krystallisierte Dextrine, die nach ihrem Entdecker

[1] SOMOGYI, M.: J. biol. Ch. **134**, 315 (1940). — [2] THANNHAUSER, S. J., S. Z. SOSKIN and N. F. BONCODDO: J. clin. Invest. **19**, 681 (1940). — [3] WILLSTÄTTER, R., u. M. ROHDEWALD: Enzymologia **1**, 213 (1936). — HODGSON, TH. H.: Biochem. J. **30**, 542 (1936). — [4] WILLSTÄTTER, R., u. M. ROHDEWALD: H. **203**, 189 (1931); **221**, 13, 202 (1933); **229**, 255 (1934). — [5] TAUBER, H.: Ergebn. Enzymforsch. **4**, 64 (1935). — [6] Lit. EULER, H. v.: Chemie der Enzyme, Teil 1, S. 188. München 1925. — TAUBER, H.: Activators and inhibitors of amylases. Ergebn. Enzymforsch. **4**, 64 (1935). — [7] MURAKAMI, R.: Bull. agric. chem. Soc. Jap. **15**, 92, 93 (1939). — [8] AMMON, R., u. E. CHYTREK: Die Bedeutung der Enzyme in der klinischen Diagnostik. Ergebn. Enzymforsch. **8**, 91—134, bes. 107 (1939). — [9] REID, CH., and B. NARAYANA: Quart. J. exp. Physiol. **20**, 305 (1930). — [10] REID, E.: J. biol. Ch. **97**, L (1932). — [11] SOMOGYI, M.: J. biol. Ch. **134**, 315 (1940). — [12] JORNS, G.: Med. Klinik **25**, 1696 (1929). — HENNING, N., u. E. BACH: Dtsch. Arch. klin. Med. **168**, 374 (1930).

„SCHARDINGER-Dextrine“[1] heißen. Die chemische Untersuchung[2] dieser Produkte hat ergeben, daß hier Substanzen vorliegen, in denen 6, 7 und 8 Glucosen zu einem Ring verknüpft sind. Da diese Dextrine auch mit sterilen Enzympräparaten[3] entstehen, kann es sich nicht um sekundäre Stoffwechselprodukte handeln. In der Stärke sind aber diese Ringe unmöglich vorgebildet. Ihre Entstehung ist also nur so zu deuten, daß das Enzym zunächst Ketten aus etwa 6 Glucoseeinheiten aus der Stärke abspaltet und hierauf durch enzymatische Synthese die Enden dieser Ketten zum Ring verknüpfen kann[4]. Den Beweis für diese Fähigkeit der Maceransamylase erbrachte SAMEC[5]. Er zeigte, daß Maceransenzym auch aus α-Dextrinen aus Amylose ebenfalls SCHARDINGER-Dextrine bildet. Hier wurden also die kurzen Ketten auf anderem Wege erzeugt und das Maceransenzym besorgte nur den Ringschluß.

Gemeinsam ist somit der α-Amylase und der Macerans-Amylase die Fähigkeit, die Stärke zunächst in größere Bruchstücke von etwa 6 Einheiten zu zerlegen. Man hat versucht, diese Tatsache am Raummodell des Stärkemoleküls zu begründen[6].

Zu einem höhermolekularen Dextrin (durchschnittlich 36 Glucoseeinheiten) führt schließlich der *Stärkeabbau mit einer Amylophosphatase aus Gerste und Malz*[7]. Der Abbau ist von einer völligen Abspaltung der gebundenen Phosphorsäure begleitet.

Enzymatische Synthese von α-Glucosanen. Ein Nachweis der Umkehrbarkeit des *amylatischen* Stärke- bzw. Glykogenabbaus in Richtung der Synthese ist bis heute noch nicht gelungen. Ein Grund dafür ist das Freiwerden von Energie (Wärme) bei der Spaltung durch Amylasen. Es müssen daher zur Synthese beträchtliche Energiemengen zugeführt werden, was mit Amylasen allein nicht gelingt. Zuerst wurde mit Hefefermenten die Synthese jodfärbender Polysaccharide aus einfachen Zuckern oder niedermolekularen Dextrinen erreicht[8].

Auf Grund neuerer Ergebnisse mit Fermenten sowohl pflanzlicher als auch tierischer Herkunft ist jedoch anzunehmen, daß es sich in keinem dieser Fälle um Amylasen, sondern ausschließlich um *Phosphatasen,* genannt Phosphorylasen, handelt, welche die Einstellung des Gleichgewichts

Glucose-1-phosphorsäure (= Cori-Ester) $\rightleftharpoons$ Polysaccharid + anorgan. Phosphat katalysieren[9].

Die auf diesem Wege synthetisierte Stärke ähnelt sehr dem Amyloseanteil der natürlichen Stärke. Sie unterscheidet sich von ihm nur durch eine geringere Kettenlänge. Über das synthetische Glykogen liegen noch keine Untersuchungen vor.

Es ist somit unwahrscheinlich, daß bei der Stärke- bzw. Glykogensynthese in vivo (z. B. bei der ersten Phase der Gärung oder beim Abbau von Glucose zu Milchsäure) überhaupt Amylasen beteiligt sind.

Bei dieser Sachlage interessiert die Frage, welche Bedeutung dann den Amylasen für den Abbau ihrer Substrate in vivo zukommt. Auch hier sind in neuester Zeit die Phosphorylasen stark in den Vordergrund getreten. Neben ihnen soll

---

[1] SCHARDINGER, F.: Wien. klin. Wschr. **1904**, 207. — [2] Siehe PLOETZ-FREUDENBERG S. 341. — [3] Darst. u. Reinigung vgl. BLINC, M.: Arch. Mikrobiol. **12**, 183 (1941). Kolloid-Z. **101**, 126 (1942). — TILDEN, E. B., and C. S. HUDSON: Am. Soc. **61**, 2900 (1939). — [4] BLINC, M., u. M. SAMEC: H. **282**, 149 (1947). — [5] SAMEC, M.: B. **75**, 1758 (1943). — [6] FREUDENBERG, K., E. SCHAAF, G. DUMPERT u. TH. PLOETZ: Naturwiss. **27**, 850 (1939). [7] WALDSCHMIDT-LEITZ, E., u. KARL MAYER: H. **236**, 168 (1935). — [8] HILL, A. C.: Soc. **1898**, 634. — NISHIMURA, S.: B. Z. **223**, 161; **225**, 264 (1930); **232**, 156 (1930/31); **237**, 133 (1931). — MINAGAWA, T.: Proc. Imp. Acad., Tokyo **8**, 244 (1932); **9**, 97 (1933); **11**, 17 (1935). — NISHIMURA, S., u. T. MINAGAWA: Proc. Imp. Acad., Tokyo **7**, 258 (1931). — Siehe auch SAMEC, M.: Kolloid-Beih. **53**, 453 (1941). — [9] Siehe KRAUT-WEISCHER S. 1096.

z. B. in der Leber durch die Amylase höchstens 15% des gesamten Glykogenabbaus bewerkstelligt werden[1]. Für den Glykogenabbau im Muskel wird die Teilnahme einer Amylase überhaupt bestritten[2]. Da außerdem für zwei Amylasen aus Leukocyten[3], für eine Amylase aus Leber[4] und für eine solche aus Hefe[5] die Gegenwart von Phosphat als notwendig erkannt wurde, müssen wir heute annehmen, daß einige der bisher für Amylasen gehaltenen Fermente in Wirklichkeit Phosphorylasen sind und daß letzteren auch für den Ab- und Umbau von Stärke und Glykogen in vivo eine ähnliche überragende Bedeutung zukommt wie für den Aufbau.

β) *β*-Glucanasen (Cellulasen). Die in der Natur in größtem Umfange sich vollziehende bakterielle Cellulosezersetzung wird von einer enzymatischen Hydrolyse eingeleitet. Die hierfür wirksame, sehr labile Bakteriencellulase konnte H. Pringsheim[6] isolieren. Ergiebigere Enzymquellen sind jedoch der Darmsaft von Helix pomatia[7], sowie Aspergillus oryzae[8] und Gerstenmalz[9]. Das Enzym ist aber auch in anderen Getreidesamen, in Kryptogamen, sowie bei Schnecken, Würmern und Raupen verbreitet. Pflanzenfressende Säugetiere besitzen keine eigene Cellulase. Die Celluloseverdauung vollzieht sich bei ihnen über den Stoffwechsel der ihren Verdauungskanal besiedelnden Bakterien.

Die enzymatische Angreifbarkeit der Cellulose ist stark von ihrem kolloidchemischen Zustand und von der Beschaffenheit ihrer Oberfläche abhängig. Umgefällte Cellulosen werden rascher abgebaut als native. Mit einem Enzympräparat aus Aspergillus oryzae[10] konnten Cellulose und ihre Abbauprodukte bis einschließlich der Hexasaccharidstufe gespalten werden. Hier begegnen sich die Spezifitätsbereiche der Cellulose und der Cellobiase, welch letztere ebenfalls noch zur Spaltung der Hexasaccharidstufe befähigt ist.

Soweit geprüft, sind die Cellulasepräparate auch immer zur Licheninspaltung befähigt. Das Helixferment greift auch Hefeglucan und Luteose[11] an (andere Fermente wurden nicht geprüft). Im Lichte der neuen Theorie von Ploetz und Pogacar (s. S. 1047) bedürfen die früheren Befunde über eine Verschiedenheit von Cellulase und Lichenase beim Hausschwamm[12], bei Aspergillus oryzae und bei Helix pomatia[13] einer Nachprüfung.

Die begleitende Cellobiase kann durch verschiedene Reinigungsoperationen entfernt werden. Da sie geringere Stabilität besitzt, werden die Präparate auch durch Altern allmählich cellobiasefrei.

Ein wirksames Enzympräparat aus Aspergillus oryzae ist unter dem Namen „Luizym" im Handel. Es findet in der Therapie von Darmstörungen Verwendung[14].

γ) Fructanasen. Wie bei der *β*-Fructosidase schon erwähnt wurde, besteht bis heute kein zwingender Grund, für die enzymatische Spaltung der pflanzlichen Fructosane eine (oder mehrere) spezifische Fructanase anzunehmen. Der Wirkungsbereich der *β*-Fructosidase scheint diese Polysaccharide einzuschließen.

---

[1] Ostern, P., D. Herbert and E. Holmes: Biochem. J. **33**, 1858 (1939). — [2] Parnas, J. K.: Ergebn. Enzymforsch. **6**, 57 (1937). — Mystkowski, E. M.: Enzymologia **2**, 152 (1937). — Cori, G. T., S. P. Colowick and C. F. Cori: J. biol. Ch. **127**, 771 (1939). — [3] Willstätter, R., u. M. Rohdewald: H. **203**, 189 (1931); **221**, 13 (1933). — Rohdewald, M.: Naturwiss. **33**, 314 (1946). — [4] Willstätter, R., u. M. Rohdewald: H. **229**, 255 (1934). — [5] Schäffner, A., u. H. Specht: Naturwiss. **26**, 494 (1938). — [6] Pringsheim, H.: H. **80**, 376 (1912). — [7] Karrer, P., M. Staub u. I. Staub: Helv. **7**, 159 (1924). — [8] Grassmann, W., R. Stadler u. R. Bender: A. **502**, 20 (1933). — [9] Pringsheim, H., u. K. Seifert: H. **128**, 284 (1923). — [10] Grassmann, W., L. Zechmeister, G. Tóth u. R. Stadler: A. **503**, 167 (1933). — [11] Siehe Ploetz-Freudenberg S. 343. — [12] Ploetz, Th.: H. **261**, 183 (1939). — [13] Freudenberg, K., u. Th. Ploetz: H. **259**, 19 (1939). — [14] Grassmann, W., u. H. Rubenbauer: M. m. W. **1931 II**, 1817. Süddtsch. Apoth.-Ztg. **75**, 723 (1935). — Weidenhagen, R.: Handb. Enzymol. (Nord-Weidenhagen) **1**, 568 (1940).

Die durch verschiedene Bakterien synthetisierten Lävane (S. PLOETZ-FREUDENBERG S. 345) sind jedoch, soweit geprüft, gegen β-Fructosidase resistent. Eine spezifische *Lävanase* wurde in B. subtilis aufgefunden[1].

Die genannten Lävane werden auch durch bakterienfreie Enzympräparate synthetisiert (Substrat Saccharose). Dieser Vorgang ist wahrscheinlich als Umglucosidierung aufzufassen (S. PLOETZ-FREUDENBERG S. 341). Über die Natur der Enzyme ist noch nichts Näheres bekannt[2].

δ) Cytasen. Als Substrate der Cytasen gelten jene uronsäure- und aminozuckerfreien Polysaccharide, die keiner der vorangehenden Gruppen angehören. Viele dieser Polysaccharide sind in ihrem chemischen Aufbau noch weitgehend ungeklärt, einige sind in neuester Zeit genauer untersucht worden, z. B. Xylan und Mannan[3]. Die ebenfalls benutzte Bezeichnung „Hemicellulasen" ist weniger umfassend, da unter „Hemicellulosen" nur das in der verholzten Faser neben Cellulose und Pektin vorliegende Polysaccharidgemisch zu verstehen ist.

Entsprechend der mangelhaften Kenntnis der Substrate ist auch über die Spezifität und sonstigen Eigenschaften der einzelnen Cytasen wenig bekannt.

Xylanasen wurden im Helixsaft[4], im Malz[5] und in Schimmelpilzen[6] aufgefunden. Das Aspergillusenzym wurde von seinen Begleitern getrennt.

In denselben Quellen, sowie in Hefe finden sich auch *mannanspaltende Fermente*. Nach Inaktivierung der Mannosidase spaltet Malz-mannanase Salepmannan zu Mannobiose auf[7].

In technischer Takadiastase wurde ein arabanspaltendes Ferment nachgewiesen[8]. Arabanasen finden sich stets als Begleiter der pektinspaltenden Fermente.

Im Blut von Kaninchen wird intravenös zugeführtes *Galaktogen*[9] abgebaut[10].

Die biologische Bedeutung[11] der Cytasen liegt in der Aufschließung der Polysaccharide bei der Samenkeimung oder bei der Verdauung von Nahrungsstoffen durch Mikroben oder Wirbellose.

ε) Polyuronidasen. Der enzymatische Abbau des Pektins[12] in der Natur (z. B. bei der Keimung der Samen, der Fruchtreife, durch Bakterien und Schimmelpilze, bei der Verdauung durch Avertebraten) sowie bei technischen Prozessen (Hanf- und Flachsröste, Fermentierung von Tabak und Kaffee) vollzieht sich über mehrere Stufen, an denen verschiedene Enzyme beteiligt sind.

Eines dieser Enzyme, die *Pektase*, ist eine Esterase, welche den mit der Polygalakturonsäure veresterten Methylalkohol abspaltet[13].

Ob für die Auslösung des zunächst meist in unlöslicher Form vorliegenden Pektins (Protopektin) ein eigenes Ferment *(Protopektinase)* angenommen werden muß, ist noch unklar[14], da auch über die Natur des Protopektins noch keine begründeten Aussagen gemacht werden können.

Eine echte Carbohydrase ist dagegen die *Pektinase*, welche die Polygalakturonsäurekette des Pektins in ihre einzelnen Bausteine zerlegt. Inwieweit das Ferment für dieses Substrat spezifisch ist, läßt sich noch nicht entscheiden. Für seine Gewinnung kommen verschiedene technische Enzympräparate sowie der Schimmelpilz, Penicillium Ehrlichii in Frage[15].

[1] DOUDOROFF, M., and R. O'NEAL: J. biol. Ch. **159**, 585 (1945). — [2] HESTRIN, S., S. AVINERI-SHAPIRO and M. ASCHNER: Biochem. J. **37**, 450 (1943). — [3] Siehe PLOETZ-FREUDENBERG S. 350, 346. — [4] EHRENSTEIN, M.: Helv. **9**, 332 (1926). — [5] LÜERS, H., u. W. VOLKAMER: Wschr. Brauerei **45**, 83 (1928). — [6] GRASSMANN, W., L. ZECHMEISTER, G. TÓTH u. R. STADLER: A. **503**, 167 (1933). — [7] PRINGSHEIM, H., u. A. GENIN: H. **140**, 299 (1924). — [8] EHRLICH, F., u. F. SCHUBERT: B.Z. **203**, 343 (1928). — [9] Siehe PLOETZ-FREUDENBERG S. 347. — [10] MAY, F., u. H. WEINBRENNER: Z. Biol. **100**, 119 (1940). — [11] GRASSMANN, W., u. H. RUBENBAUER: M. m. W. **1931 II**, 1817. — [12] Siehe PLOETZ-FREUDENBERG S. 352. — [13] LINEWEAVER, H., and E. F. JANSEN: Ann. Rev. **14**, 76 (1945). — [14] Vgl. BOCK, H.: Bamann-Myrbäck **2**, 1918. — [15] EHRLICH, F.: Enzymologia **3**, 185 (1937). — DEUEL, H., u. F. WEBER: Helv. **28**, 1089 (1945).

Bei höheren Tieren wurden Pektinfermente noch nicht angetroffen. Die Pektinverdauung vollzieht sich hier über die Bakterien der Darmflora.

Eine natürliche Polymannuronsäure, die Alginsäure[1], wird von Pektinase nicht angegriffen. Ein für dieses Substrat spezifisches Ferment wurde in algenfressenden Meerestieren sowie in Bakterien aufgefunden[2].

ζ) Mucinasen[3]. Die im tierischen Organismus verbreiteten Mucopolysaccharide und Glykoproteide (s. BLIX S. 751) enthalten als integrierenden Bestandteil Polysaccharide, welche entweder frei vorliegen, oder über Carboxylgruppen (von Uronsäuren) salzartig mit Proteinen verknüpft sind. In den Glykoproteiden sind Polysaccharide und Protein wahrscheinlich hauptvalenzmäßig verknüpft.

Die hierhergehörigen Polysaccharide sind meist aus verschiedenen Bausteinen zusammengesetzt. Nach deren Natur kann man zwei Gruppen zusammenfassen:

1. Neutrale Polysaccharide, wie z. B. das Chitin, das bei der Hydrolyse ausschließlich N-Acetylglucosamin liefert, sowie viele Bakterienpolysaccharide, die neben Aminozuckern noch gewöhnliche Zucker enthalten.

2. Saure Polysaccharide. Diese enthalten darüber hinaus noch Uronsäuren. Eine Unterteilung der sauren Polysaccharide ist noch dadurch möglich, daß ein Teil von ihnen außerdem noch H_2SO_4 gebunden enthält (Chondroitin-Schwefelsäure, Mucoitin-H_2SO_4, Heparin).

Die Fermente Emulsin, Malzamylase und Takadiastase greifen diese Substrate nicht an.

Die *uronsäurehaltigen,* jedoch *sulfatfreien Polysaccharide* werden gespalten durch Carbohydrasen, die aus verschiedenen Bakterien gewonnen werden konnten. Im autolytischen Enzym von Pneumokokken wurde von K. MEYER und Mitarbeitern[4] zuerst eine Mucinase gefunden. Analoge Präparate konnten dann aus Streptococcus haemolyticus und Clostridium Welchii gewonnen werden[5].

Einen Einblick in die biologische Wirkungsweise der Mucinasen erbrachte der Befund von CHAIN und DUTHIE[6], daß die die Permeabilität der Capillaren erhöhende Substanz aus Säugetiersperma („spreading factor" = *Hyaluronidase*) Mucine zu spalten vermag. Obgleich sich bei späteren Reinigungsversuchen[7] ergab, daß keine Parallelität besteht zwischen Diffusionsaktivität und mucolytischer Wirkung, so fand man doch, daß alle spreading-Faktoren der verschiedensten Herkunft Mucinasewirkung besaßen. Damit wurden als Mucinasequellen erkannt Streptokokken (in Abhängigkeit von ihrer Virulenz), Staphylokokken, virulente Pneumokokken, Gasbrandbacillen, maligne Gewebe, Blutegelextrakte sowie Spinnen- und Schneckengifte[8]. Auch bestimmte Virusarten (Mumps-Influenza-Gruppe) zeigen eine Hyaluronidasewirkung[9]. Hyaluronidase fehlt in den Testes von Reptilien[10].

---

[1] Siehe PLOETZ-FREUDENBERG. S. 352. — [2] Vgl. BOCK, H.: Bamann-Myrbäck 2, 1918. — [3] Zusammenfassende Darstellung: WALLENFELS, K.: Angew. Chem. **54**, 234 (1941). — MEYER, K.: Mucolytic enzymes: Green's Currents biochem. Res. S. 277. — LINEWEAVER, H., and E. F. JANSEN: Ann. Rev. **14**, 85 (1945). — [4] MEYER, K., R. DUBOS and E. M. SMYTH: J. biol. Ch. **118**, 71 (1936/37). — [5] MEYER, K., G. L. HOBBY, E. CHAFFEE and M. H. DAWSON: J. exp. Med. **71**, 137 (1940). — [6] CHAIN, E., and E. S. DUTHIE: Nature **144**, 977 (1939). — [7] MADINAVEITIA, J., A. R. TODD, A. L. BACHARACH and M. R. A. CHANCE: Nature **146**, 197 (1940). — [8] DURAN-REYNALS, F.: J. exp. Med. **58**, 161 (1933). — MCCLEAN, D.: J. Path., Bacteriology **42**, 47 (1937). — DURAN-REYNALS, F., and F. W. STEWART: Amer. J. Cancer **15**, 2790 (1931). — BOYLAND, E., and D. MCCLEAN: J. Path., Bacteriology **41**, 553 (1935). — DURAN-REYNALS, F.: J. exp. Med. **69**, 69 (1939). — CLAUDE, A.: J. exp. Med. **66**, 353 (1937). — MASCHMANN, E.: B. Z. **295**, 351 (1937); **297**, 284 (1938); **300**, 89 (1938/39). — FAVILLI, G.: Nature **145**, 866 (1940). — [9] BURNET, F., J. MCCREA and S. ANDERSON: Nature **160**, 404 (1947). — [10] SWYER, G. I. M.: Nature **160**, 433 (1947).

Die Wirkung der Mucinase auf ihr Substrat weist deutlich zwei Phasen auf. In der ersten erleiden die hochviscosen Mucinlösungen einen raschen Viscositätsverlust, der von keiner merklichen Zunahme an reduzierender Substanz begleitet wird. Erst bei längerer Einwirkung des Enzyms wird die Hydrolyse merklich und verläuft schließlich bis zu den Einzelbausteinen. Für die Annahme, daß diese zwei Phasen durch zwei verschiedene Fermente bewirkt würden, besteht bisher kein Anhaltspunkt (vgl. die Wirkung der Dextrinogenamylase auf Stärke). Wohl scheint aber die Spaltung der entstehenden Aldobionsäure durch ein eigenes Ferment zu erfolgen. Bei einem Ferment aus Stierhoden wurde eine Trennung von Polyase und Oligase erreicht[1]. Die Polyasewirkung bleibt auf der Disaccharidstufe stehen. Erst die Oligase spaltet weiter zu Glucuronsäure und N-Acetylglucosamin.

Azoproteine[2] sowie Vitamin C[3,4] bewirken einen der Mucinase analogen Viscositätsabfall, doch fehlt hier die nachfolgende Hydrolyse.

Wie schon erwähnt, erstreckt sich die Wirkung der hier besprochenen Mucinasen ausschließlich auf die Gruppe der sauren sulfatfreien Mucinpolysaccharide (wo eine Wirkung auf andere Polysaccharide, wie z. B. Stärke, gefunden wird, ist die Einheitlichkeit des Enzyms nicht sichergestellt). Neutrale (z. B. Chitin) sowie sulfathaltige saure Mucinpolysaccharide werden nicht angegriffen. Trotzdem also Mucinasen verschiedener Herkunft an ihrer Wirkung gegenüber der Gruppe der sauren sulfatfreien Mucinpolysaccharide nicht unterscheidbar sind, zeigt doch ihr serologisches Verhalten, daß sie keineswegs identisch sind. Die mucolytische Wirkung von Bakterienenzymen wird nämlich durch entsprechende Antisera völlig gehemmt. Diese Hemmung ist aber in den meisten Fällen streng spezifisch, d. h. das Antiserum hemmt nicht die Mucinase anderer Bakterien. Diese Unterschiede der einzelnen Mucinasen beziehen sich aber wohl nur auf das Trägerprotein. Aus Bac. Clostridium perfringens wurde eine Mucinase von beschränkter Spezifität isoliert[3].

Die vollständige enzymatische Abspaltung der Schwefelsäure aus *Polysacchariden der sauren sulfathaltigen Gruppe* ist begleitet von einer weitgehenden Hydrolyse des Polysaccharids. Enzyme dieser Art wurden von C. NEUBERG und Mitarbeitern[5] aus Bac. fluorescens non-liquefaciens isoliert. Eine Trennung des hier offensichtlich vorliegenden Enzymgemisches wurde jedoch noch nicht durchgeführt. Nach neueren Ergebnissen sollen auch die Mucinasen Sulfatasewirksamkeit zeigen[1,6]. Blutegelhyaluronidase greift aber Chondroitinschwefelsäure nicht an[7], so daß die Einheitlichkeit jener Mucinasen, die beide Wirkungen zeigen, zweifelhaft bleibt.

In der *Gruppe der neutralen, Aminozucker enthaltenden Polysaccharide* wurden verschiedene spezifische Carbohydrasen aufgefunden. Am besten untersucht ist hier die Chitinase, deren Substrat das Chitin (s. PLOETZ-FREUDENBERG S. 348), in Pilzen und Flechten vorkommt und als Gerüststoff vieler Wirbelloser besonders verbreitet ist. Das Enzym wurde von KARRER und HOFMANN[8] im Schneckensaft entdeckt. Später fand man es noch in Aspergillus oryzae, im Mandelemulsin und in verschiedenen Bodenbakterien. Auch in der Häutungsflüssigkeit von Bombyx mori wurde es (neben Amylase) nachgewiesen. Die

[1] HAHN, L.: B. Z. **318**, 123, 138 (1947). — [2] CLAUDE, A.: J. exp. Med. **62**, 229 (1935). — [3] ROBERTSON, W. VAN B., M. W. ROPES and W. BAUER: J. biol. Ch. **133**, 261 (1940). — [4] MCCLEAN, D., and C. HALE: Nature **145**, 867 (1940). — [5] Zusammenfassende Darstellung: FROMAGEOT, CL.: Ergebn. Enzymforsch. **7**, 76 (1938). — [6] MEYER, K., E. CHAFFEE, C. L. HOBBY and M. H. DAWSON: J. exp. Med. **73**, 309 (1941). — [7] MEYER, K.: Physiol. Rev. **27**, 335 (1947). — [8] KARRER, P., u. A. HOFMANN: Helv. **12**, 616 (1929).

Chitinase des Emulsins konnte von der β-Glucosidase getrennt werden[1], und ist also nicht mit dieser identisch. Weiterhin gelang aber noch die Zerlegung der Emulsin- und der Schneckenchitinase in zwei Teilenzyme[2] eine Chitobiase, die nur Abbauprodukte des Chitins zu spalten vermag, und eine am nativen Material wirksame Chitinase. Das Gemisch beider Enzyme baut Chitin bis zum monomeren N-Acetylglucosamin ab, wobei, ähnlich wie bei der Cellulose, umgefälltes Material leichter angreifbar ist als natives.

Das Polysaccharid der Blutgruppe A, das außer N-Acetylglucosamin noch Galaktose enthält, wird ebenfalls vom Schneckenferment hydrolysiert; außerdem aber noch von Speichel und vom Filtrat von Clostridium Welchii[3]. Auch zahlreiche Bakterienpolysaccharide und Mucoide nichtpathogener Bakterien werden von spezifischen Fermenten hydrolysiert[4].

β) Esterasen[5–20].

Von H. Kraut und Ä. Weischer.

Inhaltsverzeichnis.

[1] Grassmann, W., L. Zechmeister, R. Bender u. G. Tóth: B. 67, 1 (1934). — Zechmeister, L., G. Tóth u. M. Bálint: Enzymologia 5, 302 (1938). — [2] Zechmeister, L., u. G. Tóth: Enzymologia 7 165 (1939). — Zechmeister, L., G. Tóth u. É. Vajda: Enzymologia 7, 165, 170 (1939). — [3] Schiff, F.: Kli. Wo. 1935 I, 750. — Witebsky, E., and E. Neter: J. exp. Med. 62, 589 (1935). — [4] Dubos, J. R.: J. exp. Med. 71, 173 (1940). — Fleming, A.: Proc. R. Soc. London (B) 93, 306 (1922). — Meyer, K., R. Thompson, J. W. Palmer and D. Khorazo: J. biol. Ch. 113, 303 (1935/36).

Zusammenfassende Darstellungen über Esterasen: 5—20. [5] Bersin, Th.: Kurzes Lehrbuch der Enzymologie. 2. Aufl., S. 47—57. Leipzig 1939. — [6] Ammon, R.: Esterasen. Handb. Enzymol. (Nord-Weidenhagen) 1, 350—407 (1940). — [7] Kraut, H., u. Ä. Weischer: Esterasen. Handb. Katalyse (Schwab) 3, 129—187 (1941). — [8] Oppenheimer, C.: Esterasen. Oppenheimer, Fermente 1, 465—523 (1925), Suppl. 1, 4—174 (1936). — [9] Kuhn, R.: Kinetik. Oppenheimer, Fermente 1, 229—252 (1925). — [10] Bamann, E.: Handb. Biochem. Erg.-W. 1/A,

Definition und Einteilung der Esterasen. Unter der Bezeichnung Esterasen faßt man alle Enzyme zusammen, die Esterbindungen lösen und knüpfen. Sie lassen sich nach den Substraten, auf die sie einwirken, folgendermaßen einteilen:

1. Esterasen, wirksam auf *Ester organischer Säuren.*
   a) *Lipasen:* Substrate sind allgemein die Ester ein- oder mehrwertig r Alkohole mit organischen Säuren.
      α) Lipasen im eigentlichen Sinn: Ester mehrwertiger Alkohole werden bevorzugt gespalten.
      β) Esterasen im eigentlichen Sinn: Ester einwertiger Alkohole werden bevorzugt gespalten.
   b) *Lecithasen:* Substrate sind Fettsäureester der Glycerophosphorsäure.
   c) *Cholinesterase:* Substrate sind Ester des Cholins.
   d) *Cholesterinesterase:* Substrate sind Cholesterinester.
   e) *Tannase:* der Säureanteil des Substrats ist eine Gerbsäure.
   f) *Chlorophyllase:* der Säureanteil des Substrats ist Chlorophyllid.
2. Esterasen, wirksam auf *Ester anorganischer Säuren.*
   a) *Phosphatasen:* Substrate sind Phosphorsäureester[1].
      Phospho-monoesterasen, Phospho-diesterasen, Pyrophosphatasen, Metaphosphatase, Adenylpyrophosphatase, Phytase.
   b) *Sulfatasen:* Substrate sind Schwefelsäureester.
      Phenol-, Gluco-, Chondro-, Myro-sulfatase.

1. Esterasen, deren Substrate Ester organischer Säuren sind.

a) Lipasen. α) Übersicht, Einteilung, relative Spezifität. Die Lipasen sind im Tier- und Pflanzenreich allgemein verbreitet (Zoo- und Phytolipasen) und gehören zum enzymatischen Rüstzeug der Zellen. In ihrem Verhalten unterscheiden sie sich auf charakteristische Weise von den anderen großen Gruppen der Fermente[2].

Sie sind unter allen Fermenten diejenigen, die am meisten von ihren Begleitstoffen im Sinne von Aktivierung oder Hemmung beeinflußt werden. Der Einfluß der Begleitstoffe ist oft so groß, daß er die sonst als charakteristisch betrachteten Enzymeigenschaften, die Spezifität, den Reaktionsmechanismus, die p_H-Abhängigkeit der Wirkung verändert oder verdeckt. Es ist daher bei allen Esterspaltungen das Milieu, in dem sie vorsichgehen, aufs genaueste zu kennzeichnen. Von ihnen gilt ganz besonders, daß die außerhalb des pflanzlichen oder tierischen Organismus beobachteten Vorgänge sich nicht oder nur mit großer Vorsicht auf die im Organismus selbst verlaufenden enzymatischen Prozesse übertragen lassen. Denn jede postmortale Veränderung beeinflußt das Milieu, von dem die Wirksamkeit der Lipasen so sehr abhängig ist.

422—444 (1933). — [11] Waldschmidt-Leitz, E.: Lipasen. Oppenheimer, Fermente **3**, 700—725 (1929). — In Ann. Rev.: [12] Myrbäck, K.: Nonproteolytic enzymes. **8**, 59—80 (1939). — [13] Tauber, H.: Nonproteolytic enzymes. **10**, 47—64 (1941). — [14] Glick, D.: Hydrolytic enzymes. Nonproteolytic. **11**, 51—76 (1942). — [15] Sumner, I. B.: Nonoxidative enzymes. **17**, 44 (1948).

Methodisches. [16] Bamann-Myrbäck **2**, 1547—1722. — [17] Hoyer, E.: Fermente in der Fettindustrie. Bamann-Myrbäck **3**, 2816—2827. — [18] Substrate der esterspaltenden Enzyme. Bamann-Myrbäck **1**, 11—115. — [19] Bamann, E.: Einfache, synthetische Substrate der Lipasen. Bamann-Myrbäck **1**, 11—19. — [20] Bauer, K. H.: Natürlich vorkommende Glyceride. Bamann-Myrbäck **1**, 20—27.

[1] Die Phosphagen (Kreatinphosphorsäure) spaltende Phosphamidase wird unter den Säureamidasen bei Grassmann u. Müller S. 1108, behandelt. — [2] Lineweaver, H., and E. F. Jansen: Ann. Rev. **14**, 75 (1945).

Der zweite große Unterschied der Lipasen gegenüber den anderen Gruppen der Hydrolasen betrifft ihre *Spezifität*. Während bei den Carbohydrasen jedes Enzym nur auf ganz bestimmte Substrate, z. B. auf Glucoside oder Fructoside in einer bestimmten Verknüpfung, z. B. der α- oder der β-glucosidischen eingestellt ist, spalten alle Lipasen (von den unter 1b bis 1f beschriebenen Ausnahmen abgesehen) grundsätzlich alle überhaupt der Spaltung zugänglichen Ester organischer Säuren. Es bestehen jedoch in der *Geschwindigkeit*, mit der verschiedene Ester aufgespalten werden, die größten Unterschiede. Man spricht daher von einer *sehr abgestuften relativen Spezifität* der Lipasen. Vor allem gibt die *Wertigkeit des Alkohols* in den Estern Anlaß zu einer scharfen Trennung der Lipasen in 2 Untergruppen: gewisse Enzyme spalten bevorzugt die Ester einwertiger Alkohole; man nennt sie daher *Esterasen im eigentlichen Sinne*. Andere Enzyme bevorzugen dagegen die Ester mehrwertiger Alkohole, besonders die Fette. Diese Enzyme bezeichnet man daher als die *Lipasen im eigentlichen Sinne*. Die Unterschiede der Spaltungsgeschwindigkeiten sind sehr groß.

R. WILLSTÄTTER und F. MEMMEN[1] verglichen die Wirksamkeit von Leberesterase, dem Vorbild der Esterasen im eigentlichen Sinne, mit der von Pankreaslipase, dem Vorbild der eigentlichen Lipasen, gegenüber Methylbutyrat und Olivenöl. Sie fanden ihr Pankreaspräparat bei der Spaltung des Methylbutyrats 2,5mal weniger wirksam als das verwendete Leberpräparat, aber 10000mal wirksamer bei der Spaltung des Glycerinesters im Olivenöl.

Während die Carbohydrasen und Amidasen von den optischen und geometrischen Antipoden stets nur den einen anzugreifen vermögen, sind die *Lipasen auf beide Isomere eingestellt*. Aber auch hier ist die Spaltungsgeschwindigkeit verschieden. Es besteht also auch eine *relative Konfigurationsspezifität* der Lipasen.

Der *Wirkungsbereich der Lipasen* umfaßt eine sehr große Anzahl von Estern, aber keineswegs alle Ester. Die Säurekomponente reicht von der Ameisensäure bis zu den hohen Fettsäuren der natürlichen Fette, von der Benzoesäure bis zu den kompliziertesten Ringsystemen. Auch Ester mehrbasischer Säuren werden gespalten. Die sauren Ester der Dicarbonsäuren werden bei benachbarter Stellung der Carboxylgruppen schwächer gespalten, als wenn diese Gruppen weiter voneinander entfernt sind[2].

Alle Esterasen spalten Ester der einfachen Alkohole vom Methanol bis zum Hexadecanol[3]. Auch Ester des Benzylalkohols werden von Leber- und Pankreaslipase gespalten[4]. Ebenso sind Ester 2- und mehrwertiger Alkohole der Spaltung zugänglich. So wird z. B. Mannitdistearat von Pankreaslipase hydrolysiert. Allerdings ist die Geschwindigkeit der Spaltung sehr verschieden. Die Pankreaslipase spaltet die Esterbindungen in den Triglyceriden in 3 Schritten. Die erste Bindung wird am schnellsten zerlegt, die zweite weniger schnell, die dritte nur sehr langsam. Daraus folgt, daß die Affinität der Pankreaslipase zu Glyceriden mit freien OH-Gruppen wesentlich geringer ist[5].

β) Vorkommen. *Alle tierischen Organe enthalten Lipasen.* Es ist kein Zweifel, daß die Lipasen überall da im Körper mitwirken, wo Ester abgebaut oder synthetisiert werden, so beim Abbau des Nahrungsfettes und beim Aufbau des Körperfettes aus seinen Bestandteilen.

Meist wird angenommen, daß der Resorption von Nahrungsfett im Darm seine Spaltung vorangehen muß (s. Bd. 2, Resorption). FRAZER dagegen ist der Ansicht, daß auch eine Resorption von emulgiertem, ungespaltenem Fett

[1] WILLSTÄTTER, R., u. F. MEMMEN: H. **138**, 216 (1924). — [2] BAMANN, E., u. E. RENDLEN: H. **238**, 133 (1936). — [3] PRZYŁĘCKI, ST. J., u. E. A. SYM: Enzymologia **6**, 135 (1939). — [4] BALLS, A. K., and M. B. MATLACK: J. biol. Ch. **125**, 539 (1938). — [5] DESNUELLE, P., M. NAUDET et J. ROUZIER: C. R. Soc. Biol. **141**, 1242 (1947).

stattfinde[1]. Sehr reichlich mit Lipasen ausgestattet ist der *Verdauungsapparat*, dessen Enzyme bevorzugt Fette spalten (vgl. Bd. 2, Physiol. Chem. der Verdauung). Sie unterscheiden sich durch das Milieu, in dem sie ihre optimale Wirksamkeit entfalten. So wirkt Magenlipase am besten im sauren, Pankreas- und Darmlipase im alkalischen Gebiet.

Von den übrigen Organen besitzen Leber und Lunge den reichlichsten Gehalt, etwas weniger Hoden, Niere, Gehirn. Am wenigsten oder gar keine Lipase wird in den Muskeln (vgl. Bd. 2, Muskel) gefunden, dagegen regelmäßig geringe Mengen in der Haut. Das Fettgewebe enthält stets Lipasen, aber in wechselnder Menge.

Wie bei Pankreas und Leber festgestellt wurde, ist die Lipase in den Organen zum Teil an unlösliche Zellbestandteile verankert, *Desmo-lipase*[2]. Nur ungefähr 1% liegt als *Lyo-lipase* vor. Durch Autolyse wird nach dem Tode die Desmolipase allmählich in Lyo-lipase umgewandelt.

Der *Lipasegehalt des Blutes* wurde besonders häufig untersucht. Das Spaltungsvermögen für Fette und Ester einwertiger Alkohole ist wechselnd, vermutlich, weil im Blut mehrere Lipasen vorkommen. Das Serum besitzt nur geringes Spaltungsvermögen für Triolein, während in den Leukocyten eine Lipase im speziellen Sinne vorkommt (s. Bd. 2, Blut). Die Lipase der roten Blutkörperchen ist wahrscheinlich ebenso wie die des Serums eine Esterase. Die Höhe des Lipasegehaltes im Serum hängt mit Verdauungsvorgängen zusammen. Bei Fettbelastung ist er erhöht, bei Kohlenhydratbelastung vermindert.

Die *Lymphe* und alle *serösen Flüssigkeiten* sind lipasehaltig. Im normalen *Harn* kommt keine oder wenig Lipase vor (s. Bd. 2, Niere und Harn). Sie ist vermehrt bei Krankheiten (Fieber, Leukocytenzerfall, Leber- und Nierenerkrankungen, Verschluß des Ductus pancreaticus). Die menschliche *Milch* ist stets lipasehaltig. Das Vorkommen von Lipase in der Kuhmilch ist früher öfters bestritten worden. Neuerdings wird allgemein anerkannt, daß Kuhmilch ein fettspaltendes Enzym enthält, das für das Auftreten freier Fettsäuren beim Aufbewahren roher Milch verantwortlich ist[3] (s. Bd. 2, Milchdrüse und Milch).

Die *Lipasen der höheren Pflanzen*, die *Phyto-lipasen*, nehmen eine Sonderstellung ein. Sie sind nicht nur wie die *Desmo-lipasen* der Tiere in der Zelle an das Protoplasma verankert, sondern *überhaupt nicht in Lösung zu bringen*. Sie finden sich hauptsächlich in den Samen. Die Spermato-lipase der Ricinussamen geht bei der Keimung in eine andere Modifikation, die Blasto-lipase über. Die Phyto-lipasen spalten im allgemeinen besser Fette als Ester einwertiger Alkohole.

Die Lipasen der *Schimmel-* und *Sproßpilze* und der *Bakterien* sind wie die tierischen glycerin- und wasserlöslich. In bezug auf ihre Spezifität sind sie zum Teil Esterasen im speziellen Sinne, zum Teil auch Lipasen. So verhält sich Taka-esterase[4] aus Aspergillus oryzae ähnlich der Leberesterase, während Lipase aus Aspergillus niger[5] Fette bevorzugt. Lipasen aus Penicillium oxalicum und aus Aspergillus flavus spalten die Ester ein- und dreiwertiger Alkohole ungefähr mit der gleichen Geschwindigkeit[6] (vgl. hierzu Bd. 2, Biochemie der Mikroorganismen).

γ) Kinetik der Esterspaltung[7]. Zur Beurteilung des Mechanismus der Esterasewirkung hat sich die Vorstellung bewährt, daß sich zuerst eine Verbindung zwischen Enzym und Substrat bildet, die dann unter Aufnahme von Wasser in Alkohol, Säure und Enzym zerfällt.

---

[1] FRAZER A. C., J. SCHULMANN and H. STEWART: J. Physiol., London **103**, 306 (1944). — FRAZER, A. C., and H. G. SAMMONS: Biochem. J. **39**, 122 (1945). — FRAZER, A. C.: Chem. & Industr. **1947**, 379. — s. a.: KERMACK, W. O.: Sci. Progr. **35**, 688 (1947). — [2] BAMANN, E., u. W. SALZER: Ergebn. Enzymforsch. **7**, 28 (1938). — [3] HERRINGTON, B. L., and V. N. KRUKOVSKY: J. Dairy Sci. **22**, 127 (1939) [C. **1939 I**, 5068]. — [4] WILLSTÄTTER, R., u. H. KUMAGAWA: H. **146**, 151 (1925). — [5] SCHENKER, R.: B. Z. **120**, 164 (1921). — [6] KIRSH, D. J. biol. Ch. **108**, 421 (1935). — [7] KUHN, RICH.: Oppenheimer, Fermente **1**, 229—250 (1925).:

Diese Vorstellung erklärt mühelos die Beobachtung, daß manche schwer spaltbare Substrate, z. B. Ketocarbonsäureester[1], die Spaltung anderer Ester hemmen. Man nimmt an, daß sie zwar eine große Affinität zum Enzym, aber nur eine geringe Spaltungsgeschwindigkeit besitzen, so daß sie einen großen Teil des Enzyms für sich beschlagnahmen.

Die Kinetik der Esterspaltung wird sehr von den Begleitstoffen der Lipasen beeinflußt. In einigen Versuchen wurde beim p_H-Optimum Proportionalität der Spaltung mit der Enzymkonzentration und der Spaltungszeit beobachtet. Dies entspricht einem Reaktionsverlauf nullter Ordnung und deutet darauf hin, daß die Affinität der Enzyme zu den Substraten so groß, die zu den Spaltprodukten so klein war, daß auch bei weitgehender Spaltung die Enzyme noch praktisch vollständig an die Substrate gebunden waren.

δ) Optimale Wasserstoffionenkonzentration der Lipasewirkung. Im allgemeinen gilt das p_H-Optimum der Wirksamkeit für eines der sichersten Charakterisierungsmerkmale von Enzymen. Aber die Lipasen werden auch hierin von ihren Begleitstoffen beeinflußt.

Pankreas- und Blutlipasen wirken optimal bei p_H 7 bis 8, Leberesterase bei p_H 7 bis 9. Dagegen spaltet die Magenlipase mancher Tiere, z. B. der Hunde, Raubtiere, Hasen, Kaninchen und die des Menschen stärker im sauren Gebiet[2]. Die Optima liegen zwischen p_H 4 bis 6, was zum Teil auf Unterschiede der Begleitstoffe zurückgeführt wird. Den erstaunlichsten Einfluß der Begleitstoffe konnten aber R. Willstätter und F. Memmen[3] aufdecken. Mit fortschreitender Reinigung der Magenlipase verschob sich nämlich das p_H-Optimum nach der alkalischen Seite, bis es schließlich nach Abtrennung eines bei alkalischer Reaktion hemmenden Stoffes mit dem p_H-Optimum der Pankreaslipase übereinstimmte.

Auch bei den Lipasen der niederen Pilze zeigen sich große Unterschiede der optimalen Wasserstoffionenkonzentration. Takaesterase spaltet optimal bei p_H 8,6, Lipase aus Penicillium oxalicum und Aspergillus flavus bei p_H 5,0.

ε) Synthesen mit Lipasen[4]. Bei den Lipasen ist schon früh beobachtet worden[5], daß sie nicht nur die Spaltung, sondern auch die Synthese von Estern zu katalysieren vermögen. Hier handelt es sich oft um echte Gleichgewichtseinstellungen[6]. So wird bei der Spaltung von Triolein und bei seiner Synthese aus Ölsäure und Glycerin in Gegenwart von Ricinuslipase dasselbe Endstadium erreicht[7], ebenso bei der Spaltung und Synthese von Butylbutyrat mit Pankreaslipase[8]. Wie die Geschwindigkeit der Spaltung, so ist auch die der Synthese von der Konstitution der Alkohol- und Säurekomponente abhängig[9].

ζ) Aktivierung und Hemmung. Unter den Aktivatoren und Hemmungskörpern der Lipasen verdienen in erster Linie diejenigen Beachtung, mit denen die Enzyme im lebenden Organismus zusammentreffen. Ganz besonders von Begleitstoffen abhängig sind die *Lipasen des Verdauungsapparates*. So wird die Wirksamkeit der Pankreaslipase im alkalischen Gebiet sowohl gegenüber Glycerinestern, wie gegenüber den Estern einwertiger Alkohole durch *Natriumglykocholat* und *Taurocholat*, durch *Calciumsalze*, vor allem die der höheren Fettsäuren, und durch *Albumin* aktiviert, ebenso durch größere Konzentrationen von *Glycerin* und von Gummi arabicum[10]. Besonders wirksam ist die *Kombination mehrerer Aktivatoren*, z. B. Calciumchlorid und Albumin oder Albumin und Natriumglykocholat oder Calciumoleat und Glycerin[11]. Die wirksamste Mischung ist

[1] Willstätter, R., R. Kuhn, O. Lind u. F. Memmen: H. **167**, 303 (1927). — [2] Willstätter, R., F. Haurowitz u. W. Petrou: H. **144**, 68 (1925). — [3] Willstätter, R., u. F. Memmen: H. **133**, 247 (1924). — [4] Ammon, R.: Synthetisierende Wirkung der esterspaltenden Enzyme. Bamann-Myrbäck **2**, 1717—1722. — [5] Kastle, J. H., and A. S. Loevenhart: Amer. chem. J. **24**, 491 (1900).— Pottevin, H.: Bull. Soc. Chim. France [3] **35**, 693 (1906). — [6] Dietz, W.: H. **52**, 279 (1907). — [7] Jalander, Y. W.: B. Z. **36**, 435 (1911). — [8] Rona, P., u. R. Ammon: B. Z. **249**, 445 (1932). — [9] Rona, P., u. O. Mühlbock: B. Z. **223**, 130 (1930). — [10] Fodor, P. J.: Nature **158**, 375 (1946). — [11] Willstätter, R., E. Waldschmidt-Leitz u. F. Memmen: H. **125**, 93 (1923). — Bamann, E., u. P. Laeverenz: H. **223**, 1 (1934).

Kalkseife und Albumin; sie ist z. B. imstande, die Wirkung der nicht aktivierten Lipase zu versechsfachen. Auch einige *Aminosäuren*, z. B. Alanin und Peptide, darunter in ganz besonderem Maße das Leucylglycylglycin, aktivieren[1]. Es ist wahrscheinlich, daß diese Aktivierungen bei der Verdauung eine wichtige Rolle spielen.

WILLSTÄTTER und MEMMEN wiesen nach, daß die Aktivierung nicht auf der Umwandlung eines Lipasezymogens in das fertige Enzym beruht. Nach ihrer Auffassung werden sowohl das Enzym wie das Substrat an den Aktivatoren, z.B. an den Kalkseifen zu einem komplexen Adsorbat vereinigt und zur Reaktion gebracht. Die Steigerung beim Zusammenwirken mehrerer Aktivatoren wird durch gekoppelte Adsorption erklärt, z. B. von Fett an die Calciumoleatkomponente, von Lipase an die Albuminkomponente der aus Calciumoleat und Albumin gebildeten Additionsverbindung. In Versuchen mit wasserlöslichen Substraten konnten K. KRÄHLING und H. H. WEBER[2] jedoch feststellen, daß weder Gallensäure noch fettsaure Salze einen Einfluß auf die Ferment-Substrat-Affinität ausüben. In jedem Fall bestand die Hemmung in einer Herabsetzung, die Aktivierung in einer Steigerung der Zerfallsgeschwindigkeit der Ferment-Substrat-Verbindung. Nach K. HOLWERDA[3] besteht der aktivierende Einfluß geringer Mengen von Glykocholat in einer Aufhebung der hemmenden Wirkung der abgespaltenen Fettsäuren. Größere Mengen von Glykocholat aktivieren nur bei Anwesenheit der Salze höherer Fettsäuren. Nach seiner Auffassung handelt es sich um verwickelte Vorgänge der Verdrängung von Enzym und Spaltstücken an der Oberfläche der Substrate.

Im sauren Gebiet sind Calciumsalze ohne Wirkung. Ölsäure, Glykocholsäure und Albumin wirken hemmend auf die *Pankreaslipase*, wahrscheinlich, indem sie nur das Enzym oder nur das Substrat adsorbieren. Ebenso wirken Oxysäuren, besonders Citronensäure[4].

Auch *Magenlipase*[5] wird von Gallensäure im sauren Gebiet gehemmt und im alkalischen Gebiet aktiviert. Eine noch größere Rolle spielt ein natürlicher Begleitstoff der Magenlipase, der im alkalischen Gebiet ihre Wirksamkeit stark beeinträchtigt. Wird er bei der Reinigung entfernt, so ist das Verhalten der Magenlipase gegenüber Aktivatoren und Hemmungskörpern dem der Pankreaslipase völlig entsprechend. Im sauren Gebiet wirkt Albumin nur gelegentlich hemmend auf unreine Magenlipase, da sie schon weitgehend durch Protein gehemmt ist.

Die *Leber*- und die *Serumesterase* sind im allgemeinen nicht aktivierbar. Taurocholsäure soll in ganz kleinen Konzentrationen die Leberesterase aktivieren[6]. Nur mit Citronensäure wurde eine starke Aktivierung der Tributyrinspaltung durch Esterase aus Blutplasma, Erythrocyten, Leber und Nebennieren beobachtet[7]. Dieselben Präparate wurden durch Chloralhydrat gehemmt. In größeren Konzentrationen wirken Cholate, ebenso Natrium- und besonders Calciumoleat hemmend auf die Spaltung von Glycerinestern, während sie die von Estern einwertiger Alkohole nicht beeinflussen. Glycerin und Albumin sind ohne Einfluß.

Für die *Phytolipasen* ist kein Aktivator bekannt. Die Taka-esterase unterscheidet sich von der Leberesterase dadurch, daß sie von Albumin stark gehemmt, von Calciumsalzen, Oleaten und Cholaten nicht beeinflußt wird[8].

Außer den natürlichen Begleitstoffen beeinflußt eine große Anzahl von Verbindungen der verschiedensten chemischen Zusammensetzung die Wirksamkeit der Lipasen, deren Gemeinsames ihre *Wirkung auf die Oberflächenspannung* ist. Nach D. GLICK und C. G.

[1] ABDERHALDEN, E., u. W. GEIDEL: Fermentforschung **13**, 156 (1932). — [2] KRÄHLING, K., u. H. H. WEBER: B. Z. **298**, 227 (1938). — [3] HOLWERDA, K.: B. Z. **296**, 1 (1938). — [4] PAMFIL, G., u. M. MAXIM: Kli. Wo. **1938 II**, 1651. — [5] WILLSTÄTTER, R., u. F. MEMMEN: H. **133**, 247 (1924). — [6] PARFENTJEV, I. A., W. C. DEVRIENT and B. F. SOKOLOFF: J. biol. Ch. **92**, 33 (1931). — [7] SCOZ, G.: Enzymologia **7**, 82 (1939); **9**, 1 (1940). — [8] WILLSTÄTTER, R., u. H. KUMAGAWA: H. **146**, 151 (1925).

KING[1] ist die Aktivierung der Pankreaslipase durch diese Verbindungen im sauren Gebiet um so stärker, je mehr sie die Oberflächenspannung herabsetzen. Dagegen findet E. TRIA[2] ein ausgeprägtes Maximum der Aktivierung bei einer bestimmten Oberflächenspannung. Es ist bemerkenswert, daß diese Verbindungen in derselben Reihenfolge hemmend auf die Leberesterase einwirken. Auffallend ist, daß in Versuchen von B. S. GOULD[3] Saponin die Pankreaslipase hemmte, während Digitonin sie, wie erwartet, beschleunigte. Beide Substanzen vermindern die Oberflächenspannung sehr stark.

Von *Halogensalzen* werden die Lipasen in ganz geringer Konzentration öfters aktiviert, in größeren Konzentrationen gehemmt, und zwar in der Reihenfolge $NaCl < NaBr < NaJ < NaF$. Die Hemmung durch Natriumfluorid ist besonders stark bei saurer Reaktion[4]. *Schwermetallsalze* hemmen die Lipasen, während sie durch *Kaliumcyanid*, in gewissen Konzentrationen auch von *Cystein, Thiosulfat* und *Thioglykolsäure* aktiviert werden.

Alkaloide: Eine besondere Rolle spielt die von P. RONA und Mitarbeitern[5] aufgefundene Hemmung der Lipasen durch *Alkaloide* und andere organische *Verbindungen mit starker Giftwirkung*, da sich hierin eine besondere Mannigfaltigkeit im Verhalten der verschiedenen Lipasen zeigte.

So wird die Esterase des Serums durch *Chinin und Atoxyl* schon in geringen Konzentrationen vollständig gehemmt, während Leber-, Nieren- und andere Organesterasen nicht von Chinin, aber zum Teil sehr stark von Atoxyl beeinflußt werden. Pankreaslipase wird wohl von Chinin, nicht aber von Atoxyl vergiftet. *Cocain* hemmt nur die Magenlipase. Anfangs glaubte man hierin eine Eigenschaft der Enzymmoleküle selbst sehen zu dürfen und sie dadurch unterscheiden zu können. Es hat sich aber herausgestellt, daß auch dieses Verhalten von den Begleitstoffen beeinflußt wird. Die Cocainempfindlichkeit der Magenlipase verschwindet bei der Reinigung, ebenso die Atoxylempfindlichkeit der Schweinemagenlipase und der Leberesterase, während Hundeleberesterase überhaupt unempfindlich gegen Atoxyl ist[6].

Hormone: Bemerkenswert ist, daß auch zwei *Hormone* starke Hemmungen verursachen, nämlich *Thyroxin* für Leber- und Pankreaslipase, *Kallikrein* für Serumlipase[7].

η) Stereochemische Spezifität[8]. Aufbauend auf der Beobachtung von H. D. DAKIN, daß Schweineleberlipase bei der Einwirkung auf das racemische Gemisch der beiden Mandelsäure-äthylester die D-Form rascher als die L-Form spaltet, stellten R. WILLSTÄTTER und F. MEMMEN[9] fest, daß das Auswahlvermögen der Lipasen gegenüber den Gemischen optischer Antipoden bei verschiedenen Organen und Tierarten wechselt. So spaltet Schweinepankreaslipase L-Mandelsäure-äthylester rascher als den D-Ester, Leberesterase von Schwein und Rind rascher die D-Form, diejenige des Menschen die L-Form.

Als man nun die Spaltungsgeschwindigkeiten der reinen D- und L-Formen bestimmte, ergab sich die überraschende Tatsache, daß derjenige Ester, der für sich allein rascher gespalten wird, nicht notwendig auch im Gemisch bevorzugt werden muß. So spaltet Schweineleberesterase den reinen L-Mandelsäureäthylester rascher als den D-Ester, im racemischen Gemisch aber rascher den D-Ester.

Zur Erklärung dieses widersprechenden Verhaltens nehmen R. WILLSTÄTTER, R. KUHN und E. BAMANN[10] an, daß sich die optische Spezifität der Esterasen

[1] GLICK, D., and C. G. KING: J. biol. Ch. **97**, 675 (1932). — [2] TRIA, E.: Atti R. Accad. naz. Lincei, R. C. (6) **23**, 372 (1936). — [3] GOULD, B. S.: Proc. Soc. exp. Biol. Med. **36**, 290 (1937). — [4] DUFAIT, R., et L. MASSART: Enzymologia **7**, 337 (1939). — [5] RONA, P., u. R. PAVLOVIĆ: B. Z. **130**, 225 (1922). — [6] GYOTOKU, K.: B. Z. **217**, 279 (1930). — [7] KEESER, E.: A. e. P. P. **179**, 310 (1935). — [8] RONA, P., u. R. AMMON: Ergebn. Enzymforsch. **2**, 50 (1933). — BAMANN, E., u. R. AMMON: Die stereochemische Spezifität der esterspaltenden Enzyme. Bamann-Myrbäck **2**, 1704—1716. — AMMON, R.: Ergebn. Physiol. **37**, 366 (1935). — [9] WILLSTÄTTER, R., u. F. MEMMEN: H. **138**, 216 (1924). — [10] WILLSTÄTTER, R., R. KUHN u. E. BAMANN: B. **61**, 886 (1928).

aus 2 Komponenten zusammensetzt, nämlich aus dem Verhältnis, in dem die Affinitäten zwischen dem Enzym und den beiden optischen Antipoden zueinander stehen und aus dem Verhältnis der Spaltungsgeschwindigkeiten der beiden Enzymesterverbindungen.

Im allgemeinen übt die Darstellung und Reinigung der Lipasen keinen Einfluß auf das optische Auslesevermögen aus. Zwei Ausnahmen sind im Abschnitt: Struktur der Lipasen (S. 1078) erwähnt.

ϑ) Darstellung und Bestimmung der Lipasen[1]. *1. Pankreaslipase.* Zur *Darstellung* eignet sich die Extraktion von Schweine-pankreastrockenpulver (hergestellt mit Aceton und Äther) mit 87%igem Glycerin nach R. WILLSTÄTTER und E. WALDSCHMIDT-LEITZ[2]. Die Reinigung kann durch Adsorption an Kaolin oder Aluminiumhydroxyd C erfolgen. Letzteres Verfahren dient zugleich zur Trennung von Amylase und Trypsin. Durch wiederholte Adsorption an Tonerde, Cholesterin oder Tristearin kann der *Reinheitsgrad* auf das 300fache der getrockneten Drüse gesteigert werden.

Zur *Bestimmung der Pankreaslipase* benützten R. WILLSTÄTTER, E. WALDSCHMIDT-LEITZ und F. MEMMEN[3] die Spaltung von Olivenöl unter ausgleichender Aktivierung mit Calciumchlorid und Albumin. H. STEUDEL[4] setzt dem Spaltungsansatz Calciumlactat zu. Bei der Spaltung fällt fettsaures Calcium aus. Die gebildete Milchsäure wird titriert.

Eine sehr empfindliche, rasch und mit kleinen Enzymmengen auszuführende Methode ist die stalagmometrische Bestimmung der Tributyrinspaltung nach P. RONA und L. MICHAELIS[5]. Neuerdings verwendet man als wasserlösliches Substrat Sorbitmonolaurat (= Tween 20)[6]. Über *Lipaseeinheiten* siehe [5, 6] und [7].

2. Leberesterase. Die Leberesterase gewinnt man am besten durch Extraktion des mit Aceton und Äther getrockneten Organs (meist von Schweinen) mit n/40 Ammoniak[8]. Im Gegensatz zur Pankreaslipase sind diese Lösungen unter Toluol oft monatelang haltbar. Die reinsten Präparate wurden durch Voradsorption und nachfolgende Hauptadsorption an Bleiphosphat und Elution mit verdünntem Ammoniak[9] dargestellt. Ihr optimaler Reinheitsgrad beträgt das 80fache von getrockneter Leber.

Die *Bestimmung*[10] erfolgt meist durch Methylbutyratspaltung. Ausgleichende Aktivierung ist nicht erforderlich. Über *Esteraseeinheiten* siehe Fußnote [11].

3. Die Lipasen des Blutes. Für die *Bestimmung der Lipasen* in Blut und Serum arbeiteten P. RONA und L. MICHAELIS die stalagmometrische Methode der Tributyrinspaltung aus. Die Serumlipase stellten P. RONA und H. PETOW[12] durch Fällung mit Ammonsulfat dar. Eine weitere Reinigung ist von H. PERSIEL durch Dialyse und Adsorption an Aluminiumhydroxyd erreicht worden[13]. Der Reinheitsgrad stieg dadurch auf das 6- bis 16fache des Serums. So dargestellte Serumesterase besitzt ein sehr geringes Spaltungsvermögen für Olivenöl, ein wesentlich größeres für Tributyrin. Sie ist durch Zusätze nicht aktivierbar, dagegen hemmbar durch Natriumoleat.

---

[1] WALDSCHMIDT-LEITZ, E.: Oppenheimer, Fermente **3**, 700—725 (1929). — KLEINMANN, H.: Oppenheimer, Fermente **3**, 726—732 (1929). — [2] WILLSTÄTTER, R., u. E. WALDSCHMIDT-LEITZ: H. **125**, 132 (1923). — [3] WILLSTÄTTER, R., E. WALDSCHMIDT-LEITZ u. F. MEMMEN: H. **125**, 93 (1923). — [4] STEUDEL, H.: B. Z. **318**, 205 (1948). — [5] RONA, P., u. L. MICHAELIS: B. Z. **31**, 345 (1911). — WILLSTÄTTER, R., u. F. MEMMEN: H. **129**, 1 (1923). — [6] ARCHIBALD, R. M., and P. ORTIZ: J. biol. Ch. **165**, 443 (1946). — BOISSONNAS, R. A.: Helv. **31**, 157, 1577 (1948). — [7] WILLSTÄTTER, R., E. WALDSCHMIDT-LEITZ u. F. MEMMEN: H. **125**, 93 (1923). — [8] GYOTOKU, K.: B. Z. **217**, 279 (1930). — [9] KRAUT, H., u. W. v. PANTSCHENKO-JUREWICZ: B. Z. **275**, 114 (1935). — [10] WILLSTÄTTER, R., u. F. MEMMEN: H. **133**, 229 (1924). — [11] WILLSTÄTTER, R., u. E. WALDSCHMIDT-LEITZ: H. **134**, 161 (1924). — [12] RONA, P., u. H. PETOW: B. Z. **146**, 144 (1924). — [13] PERSIEL, H.: Diss. München, 1925.

Indessen ist die *Lipase des Serums wohl kaum einheitlich.* Man vermutet, daß sie in wechselndem Umfang von Organlipasen begleitet wird, vielleicht überhaupt aus den Organen stammt.

Das Vorkommen einer *Lipase in den Leukocyten*, das lange umstritten war, ist von W. FLEISCHMANN bestätigt worden[1] (s. Bd. 2, Blut).

4. Ricinuslipase. Die Ricinuslipase ist in Wasser und Glycerin unlöslich und kann daher nur in ihrer Verankerung an das Öl der Samen verwandt werden. In fettfreiem Zustand wird sie sofort wirkungslos. Die Isolierung besteht daher nur in einer Anreicherung der Fettbestandteile der Ricinussamen[2, 3]. Die Wirksamkeit wird durch Olivenölspaltung beim p_H-Optimum von 4,7 bestimmt. Die optimale Reinigung gelang bis zu 16facher Wirkung der Ricinussamen. Der Ricinuslipase sehr ähnlich ist die Sojalipase[4].

Bei der Keimung geht die Spermatolipase der Ricinussamen in die *Blastolipase* über, die man auf demselben Weg gewinnt, und deren p_H-Optimum bei 7,0 liegt. Infolge ihrer größeren Beständigkeit läßt sie sich durch Extraktion von Fett befreien. Die Umwandlung von Spermato- in Blastolipase kann auch durch Behandlung mit Pepsin bewirkt werden.

ι) Struktur der Lipasen. Die von R. WILLSTÄTTER vertretene Anschauung, daß die Enzyme aus der Vereinigung einer rein chemisch wirkenden aktiven Gruppe („Agon") und einem kolloiden Träger („Pheron") zu einem durch Nebenvalenzen zusammengehaltenen „Symplex" bestehen, gibt bei den Esterasen Anlaß zu der Frage, wieweit Unterschiede der Spezifität und des Reaktionsmechanismus auf Unterschiede des Agons oder des Pherons zurückzuführen seien.

Nach G. M. SCHWAB, E. BAMANN und P. LAEVERENZ[5] übt möglicherweise dieselbe katalytisch aktive Gruppe, je nach ihrer Lage an demselben kolloidalen Träger verschiedenartige Feldwirkungen aus. Auf Grund der von ihnen beobachteten Änderungen der optischen Spezifität durch Autolyse oder durch Erwärmen von Trockenpräparaten stellten E. BAMANN und P. LAEVERENZ[6] die Arbeitshypothese auf, daß diese Unterschiede in der wechselnden Verknüpfung des Agons mit spezifischen, die katalytisch wirksame Gruppe tragenden und beeinflussenden Körpern ihre Ursache haben. H. KRAUT und W. v. PANTSCHENKO-JUREWICZ[7] nehmen ein Gleichgewicht zwischen dem Agon und Pheron der Lipasen und dem allein katalytisch wirksamen Symplex an und schreiben dem Pheron den hauptsächlichen Einfluß auf die Spezifität zu. Sie sehen hierin eine Erklärung für den überraschenden Befund von A. I. VIRTANEN und P. SUOMALAINEN[8], daß Einspritzung von Pankreaslipase in die Blutbahn von Kaninchen einen Zuwachs an Leberesterase hervorruft.

Lipase und C-Vitamin. Nachdem schon 1924 A. PALLADIN[9] eine Verminderung der Blutlipase bei skorbutischen Erkrankungen gefunden hatte, beobachteten W. v. PANTSCHENKO und H. KRAUT[10] an Meerschweinchen eine Zunahme der Blut- und Leberesterase bei Zufuhr von Ascorbinsäure. Ihre Vermutung, daß ein Umwandlungsprodukt der Ascorbinsäure Bestandteil der Esterase sein könne, ließ sich zwar nicht bestätigen[11], aber die Steigerung der Blutesterase bei Zufuhr[12] von Vitamin C, die Verminderung der Esterase in Blut,

---

[1] FLEISCHMANN, W.: B. Z. **200**, 25 (1928). — [2] WILLSTÄTTER, R., u. E. WALDSCHMIDT-LEITZ: H. **134**, 161 (1924). — [3] HOYER, E.: H. **50**, 414 (1906/07). — [4] GORBACH, G.: Fette u. Seifen **48**, 308 (1941). — [5] SCHWAB, G. M., E. BAMANN u. P. LAEVERENZ: H. **215**, 121 (1933). — [6] BAMANN, E., u. P. LAEVERENZ: B. **64**, 897 (1931). — [7] KRAUT, H., u. W. v. PANTSCHENKO-JUREWICZ: B. Z. **275**, 114 (1935). — [8] VIRTANEN, A. I., u. P. SUOMALAINEN: H. **219**, 1 (1933). — [9] PALLADIN, A., u. P. NORMARK: B. Z. **152**, 420 (1924). — [10] PANTSCHENKO-JUREWICZ, W. v., u. H. KRAUT: B. Z. **285**, 407 (1936). — [11] KERTESZ, Z. I.: Ark. Kemi., Mineral. Geol. **12** (B), Nr. 57 (1938). — KRAUT, H., u. Ä. WEISCHER: B. Z. **305**, 94 (1940). — [12] RAABE, S.: B. Z. **299**, 141 (1938). — KRÜGER, W.: Kli. Wo. **1939 I**, 19. — ENTIN, I. B.: Biochem. J., Kiev **13**, 275 (1939). — GAJDOS, A.: C. R. Soc. Biol. **131**, 59 (1939).

Leber, Niere bei C-Avitaminose, ihre Vermehrung bei der Heilung[1] wurde seither von zahlreichen Forschern festgestellt. B. SCHOLZ[2] bringt die Vermehrung des Enzyms in Zusammenhang mit der günstigen Wirkung des C-Vitamins auf den Verlauf von tuberkulösen Erkrankungen.

κ) Beziehungen der Lipasen zu pathologischen Zuständen. Bei schweren *Erkrankungen des Pankreas* (Diabetes, Pankreatitis usw.) leidet die Fettverdauung bis zum völligen Versagen. Dies wird ausschließlich von dem Ausfall der Lipasesekretion hervorgerufen[3]. Bei Sprue ist die Fettverdauung ebenfalls gestört. Gelegentlich ist bei solchen Erkrankungen das Auftreten einer atoxylfesten Lipase im Blut beobachtet worden, als deren Ursprung man das Pankreas annahm. Es ist aber möglich, daß diese Lipase aus den Leukocyten stammt, da von R. WILLSTÄTTER, E. BAMANN und M. ROHDEWALD[4] die Übereinstimmung der proteolytischen Enzyme von Pankreas und Leukocyten aufgefunden und die Möglichkeit erörtert wurde, daß die Leukocyten überhaupt die Pankreasfermente liefern (s. Bd. 2, Blut).

Bei *Magenerkrankungen* wird öfters eine Verminderung der Magenlipase festgestellt[5].

Das Auftreten einer chininfesten Lipase im Serum wird mit Krankheiten und Vergiftungen der *Leber* in Zusammenhang gebracht. Sie findet sich fast regelmäßig bei akuten diffusen Lebererkrankungen, während sie bei chronischen Leiden vermißt wird. Die bei vielen Krankheiten beobachtete Verminderung der Lipasen im Serum ist oft nur der Ausdruck eines allgemeinen *Darniederliegens des Stoffwechsels*, vor allem dann, wenn auch der Gehalt der übrigen Serumfermente entsprechend abnimmt. Eine andere Ursache der Verminderung wurde in der *Zunahme des Cholesterins* im Blut aufgefunden[6], das die Serumlipase hemmt. Sie soll auch für die Abnahme der Serumlipase während der *Schwangerschaft* verantwortlich sein. Vermehrung der Serumlipase ist gelegentlich bei *Adipositas*, *Nephritis*, *Arteriosklerose* und *Rachitis* beobachtet worden.

Die zahlreichen Untersuchungen über die Zusammenhänge zwischen *Tuberkulose und Serumlipase* gehen von dem Gedanken aus, daß der Körper zur Bekämpfung der Tuberkelbacillen sie zuerst ihrer Fetthülle entkleiden müsse. Ein hoher Lipasegehalt des Serums sollte gegen die Erkrankung schützen, oder mindestens für einen gutartigen Verlauf sprechen, während bei niedrigen Serumlipasegehalten eine ungünstige Prognose zu stellen sei. Aus den vielen widersprechenden Angaben läßt sich soviel entnehmen, daß ein ursächlicher Zusammenhang zwischen Serumlipase und Heilung der Tuberkulose nicht existiert[7].

H. KRAUT und H. BURGER[8] prüften, wieweit überhaupt die Substanzen der *Fetthülle der Tuberkelbacillen* durch Lipase angreifbar sind. Diese Hülle besteht aus dem Gemisch eines Wachses und einer kohlenhydrathaltigen Phosphatidfraktion mit Estern höherer Fettsäuren, die in Aceton löslich ist. Für

[1] HIMMELREICH, E.: Biochem. J., Kiev **12**, 63 (1940). — HARRER, C. J., and C. G. KING: J. biol. Ch. **138**, 111 (1941). — [2] SCHOLZ, B.: Beitr. Klin. Tuberk. **97**, 620 (1942). — [3] LICHT, H., u. A. WAGNER: Kli. Wo. **1927 II**, 1982. — NOTHMANN, M., u. H. WENDT: A. e. P. P. **162**, 472 (1931); **164**, 266 (1932). — [4] WILLSTÄTTER, R., E. BAMANN u. M. ROHDEWALD: H. **185**, 267 (1929); **188**, 107 (1930). — [5] DELHOUGNE, F.: Dtsch. Arch. klin. Med. **152**, 166 (1926). — [6] SCHEMANN, E.: Z. Kinderheilkde. **46**, 210 (1928). — [7] Für einen Zusammenhang sprechen u. a. KOLLERT, V., u. A. FRISCH: Beitr. Klin. Tuberk. **43**, 305 (1920). — FRISCH, A., u. V. KOLLERT: Beitr. Klin. Tuberk. **47**, 146 (1921). — NICOLAU, I., et O. ANTINESCU: Arch. roum. Path. exp. **1**, 437 (1928). — DELHOUGNE, F.: Dtsch. Arch. klin. Med. **165**, 371 (1929). — ALTSCHULER, M. M.: Beitr. Klin. Tuberk. **74**, 479 (1930); dagegen u. a. BEUMER, H., u. FONTAINE: Mschr. Kinderheilkde. **19**, 524 (1921). — MARTINI, A. DE: Riforma med. **38**, 961 (1922). — HENSCHKE, E., u. H. ZWERG: Beitr. Klin. Tuberk. **58**, 324 (1924). — OORDT, A. VAN: D. m. W. **1936 II**, 2047. — [8] KRAUT, H., u. H. BURGER: H. **209**, 49 (1932); **253**, 105 (1938).

die Wachsfraktion ist noch kein spaltendes Ferment aufgefunden worden. Das acetonlösliche Fett wird von Serum- und Leberesterase nur sehr langsam und unvollständig gespalten. Dagegen bewirkt Pankreaslipase eine normale Spaltung, in Übereinstimmung damit, daß diese Fraktion des Tuberkelfettes hauptsächlich den Ester eines mehrwertigen Alkohols, des Disaccharides Trehalose, mit Tuberkulostearinsäure und Phthionsäure enthält[1]. Wahrscheinlich üben auch die weißen Blutkörperchen und das sie enthaltende Gesamtblut eine Spaltung aus.

Der *Lipasegehalt von malignen Tumoren* wird meist als niedrig angegeben. Auf jeden Fall gehören sie nicht zu den lipasereichen Organen, aber sie enthalten einen auffallend hohen Prozentsatz an atoxylfester Lipase[2]. N. WATERMAN[3] fand bei steriler Autolyse von Carcinomen einen Aktivator der Lipasen, der durch Reduktion unwirksam wird. Er sieht hierin einen Zusammenhang zwischen der Lipolyse und den Oxydations- und Reduktionsvorgängen im Körper.

Das *Serum von Carcinomatösen* enthält im Anfangsstadium der Krankheit manchmal mehr als normale Lipasemengen. Meist wird ein verminderter Gesamtlipasegehalt gefunden. Nach FR. BERNHARD und K. KÖHLER[4] ist es aber für diese Sera charakteristisch, daß die atoxylfeste Lipase gegenüber der Norm vermehrt ist.

b) Die Lecithasen[5–10]. Im Lecithin ist das Glycerin mit 2 Fettsäuren verestert, von denen eine ungesättigt ist. Die dritte OH-Gruppe des Glycerins ist dagegen mit Phosphorsäure verestert, diese außerdem noch mit Cholin. Im α-Lecithin steht die Cholinphosphorsäure an einem endständigen C-Atom des Glycerins (α- oder α'-Stellung), im β-Lecithin an dem mittleren (β) C-Atom. Es gibt daher verschiedene Spaltungsmöglichkeiten des Lecithins und tatsächlich auch verschiedene Enzyme, die auf das Lecithin spaltend einwirken.

Die *Lecithase A* spaltet nur eine Fettsäure, und zwar die ungesättigte, aus dem Molekül des Lecithins ab. Sie findet sich hauptsächlich in Schlangen- und Bienengift (s. S. 1250), aber auch in Pankreas, Speicheldrüsen und vielen anderen Organen von Säugetieren. Das p_H-Optimum der Wirksamkeit liegt beim Neutralpunkt. Durch die Abspaltung der ungesättigten Fettsäure entsteht das *Lysocithin*, eine sehr interessante Substanz, die eine starke Hämolyse der roten Blutkörperchen hervorruft. Synthetisch hergestelltes, gesättigtes Lecithin, z. B. Distearyllecithin, wird von Schlangengift nicht angegriffen, ist also kein Substrat der Lecithase A. Schlangengiftsera wirken hemmend auf dieses Enzym (s. a. Bd. 2, Immunochemie).

In der Reiskleie fand man ein Enzym, *Lecithase B*, das aus Lysocithin die zweite, gesättigte Fettsäure abspaltet, so daß der nicht mehr hämolysierende Glycerin-phosphorsäure-cholinester entsteht. Die Lecithase B wurde später auch in Aspergillus oryzae und in vielen tierischen Organen nachgewiesen. Wahrscheinlich wirkt sie nicht nur auf Lysocithin, sondern auch auf unverändertes Lecithin, indem sie beide Fettsäurereste abspaltet.

---

[1] ANDERSON, R. J., and M. S. NEWMAN: J. biol. Ch. **101**, 499 (1933); — vgl. KLENK S. 382. — [2] KÖHLER, K.: Enzymologie der Tumorzelle. Ergebn. Enzymforsch. **6**, 157—188 (1937). — [3] WATERMAN, N.: Z. Krebsforsch. **34**, 313 (1931). — [4] BERNHARD, FR., u. K. KÖHLER: Dtsch. Z. Chir. **248**, 72 (1936).

Zusammenfassendes über Lecithasen: 5—10. [5] ERCOLI, A.: Lecithasen. Handb. Enzymol. (NORD-WEIDENHAGEN) **1**, 480—494 (1940). — [6] BELFANTI, S., A. CONTARDI u. A. ERCOLI: Ergebn. Enzymforsch. **5**, 213—232 (1936). — [7] Vgl. KLENK S. 373. — BELFANTI, S., A. ERCOLI u. M. FRANCIOLI: Phosphatide und ihre Spaltprodukte. Bamann-Myrbäck **1**, 80—110. — FRANCIOLI, M., u. A. ERCOLI: Bamann-Myrbäck **2**, 1685—1694. — [8] OPPENHEIMER, C.: Oppenheimer, Fermente Suppl. **1**, 86—94 (1936). — [9] REŽEK, A.: Enzymologia **12**, 59 (1946). — s. a. Ann. Rev.: [10] SUMNER, J. B.: **17**, 47 (1948). — MYRBÄCK, K.: **18**, 61 (1949). — WYNNE, A. M.: **15**, 61 (1946).

Der verbleibende Rest (Glycerinphosphorsäure oder Cholinphosphorsäure) ist der Einwirkung von Monophosphatase zugänglich, wodurch die Aufspaltung des Lecithins in seine sämtlichen Komponenten vollzogen wird.

Lecithase B ist durch Physostigmin hemmbar, Lecithase A dagegen nicht.

c) Cholinesterasen[1, 2, 3]. Dem Acetylcholin (KLENK S. 379, sowie Bd. 2, die Kapitel „Blut" und „Innere Sekretion") wird neben seiner gefäßerweiternden und blutdrucksenkenden Wirkung noch eine viel allgemeinere Aufgabe zugeschrieben, nämlich diejenige der Übertragung der Erregung im vegetativen Nervensystem von Neuron zu Neuron, im parasympathischen und im willkürlichen Nervensystem auch von den Endplatten auf die Erfolgsorgane. H. DALE und seine Mitarbeiter[4] wiesen nach, daß bei Reizung die Nervenenden von willkürlichen Muskeln Acetylcholin abgeben, und daß die Einspritzung von Acetylcholin in die zuführende Arterie eines normalen Säugetiermuskels eine starke Kontraktion hervorruft. Curare hindert die Wirkung des Acetylcholins ebenso wie die des Nervenreizes. Physostigmin wandelt die Wirkung des maximalen Nervenreizes von einer einfachen Zuckung zu einem anhaltenden Tetanus. Sie schließen hieraus, daß Acetylcholin die Erregung vom Nerv auf den Muskel übertrage.

Neuerdings unterscheidet man im tierischen Organismus zwei voneinander verschiedene Enzyme, die beide fähig sind, Acetylcholin zu hydrolysieren, und für die zweckmäßige Namen von AUGUSTINSSON und NACHMANSOHN vorgeschlagen wurden[5]:

1. *Acetylcholinesterase*, die bevorzugt Acetylcholin und mit gleicher oder etwas geringerer Geschwindigkeit Propionylcholin spaltet, viel langsamer dagegen oder gar nicht Butyrylcholin[6, 7].

2. *Cholinesterase*, die Cholinester mit längerer Acylkette rascher spaltet als Acetylcholin[8].

Die beiden Enzyme unterscheiden sich ferner dadurch, daß die ACh-esterase ein ausgeprägtes Maximum der Aktivitäts-p_S-Kurve besitzt, d. h. also durch höhere Substratkonzentrationen gehemmt wird, während Cholinesterase kein solches Maximum aufweist. Beim Maximum ihrer Wirksamkeitskurve spaltet ACh-esterase das Acetylcholin rascher als jede andere Esterase. Die ACh-esterase findet sich in roten Blutkörperchen[9], in Gehirn und Nervengewebe[6, 7], die Cholinesterase in Serum, Pankreas und verschiedenen anderen Geweben[8].

Auch die gewöhnlichen Serum- und Pankreasesterasen spalten Cholinester, aber mit geringerer Geschwindigkeit als andere Ester wie z. B. Triacetin, während umgekehrt die Cholinesterasen Triacetin langsamer spalten als Cholinester.

Zusammenfassendes über Cholinesterase: [1] AMMON, R.: Cholinesterase. Handb. Enzymol. (NORD-WEIDENHAGEN) **1**, 394—400 (1940). Die Hemmungskörper der Cholinesterase. Ergebn. Enzymforsch. **9**, 35—69 (1943). Cholinesterase. Bamann-Myrbäck **2**, 1585—1589 (1941). Acetylcholin. Bamann-Myrbäck **1**, 28—30 (1941). — Oppenheimer, Fermente Suppl. **1**, 91—94 (1936). — WERLE, E.: Körpereigene kreislaufaktive Stoffe. Handb. Biochem. Erg.-W. **3**, 1111 (1936). — NACHMANSOHN, D.: Chemical Control of Nervous Activity. A. Acetylcholine. Pincus-Thimann, Hormones II. S. 515, 1950. — [2] STRELITZ, F.: Biochem. J. **38**, 86 (1944). — [3] S. a. in Ann. Rev.: LINEWEAVER, H., and E. F. JANSEN: **14**, 73—75 (1945). — WYNNE, A. M.: **15**, 63 (1946). — SUMNER, J. B.: **17**, 40 (1948). — MYRBÄCK, K.: **18**, 62 (1949). — COHEN, PH., P., and R. W. MCGILVERY: **19**, 52 (1950). — [4] BROWN, G. L., H. H. DALE and W. FELDBERG: J. Physiol., London **87**, 394 (1936). — [5] AUGUSTINSSON, K. B., and D. NACHMANSOHN: Science, N. Y. **110**, 98 (1949). — [6] ZELLER, E. A., u. A. BISSEGGER: Helv. **26**, 1619 (1943). — [7] NACHMANSOHN, D., and M. A. ROTHENBERG: Science, N. Y. **100**, 454 (1944). — [8] AUGUSTINSSON, K. B.: Nature **156**, 303 (1945). — [9] RICHTER, D., and P. G. CROFT: Biochem. J. **36**, 746 (1942).

Es leuchtet ein, daß zur Wiederherstellung der Tätigkeitsbereitschaft des Muskels die Erregung nur ganz kurze Zeit dauern darf. Das von den Nervenendigungen freigesetzte Acetylcholin muß in dem kurzen Intervall der Refraktärperiode wieder beseitigt werden. Diesem Zweck dient die *Acetylcholin-esterase* (abgekürzt ACh-esterase), die das Acetylcholin fast augenblicklich in Essigsäure und das nur noch sehr schwach gefäßerweiternd wirkende Cholin spaltet[1] (s. Bd. 2, Blut). Die ACh-esterase hat also die Aufgabe, die Wirkung des Acetylcholins zeitlich und räumlich zu begrenzen[2]. Von einigen Autoren wird allerdings bezweifelt, daß die ACh-esterase im Mechanismus der Acetylcholinwirkung eine wesentliche Rolle spiele, da ein mit Diisopropylfluorophosphat vergifteter Froschnerv noch Impulse ausführte[3], ebenso ein Katzenskeletmuskel[4].

Immerhin sind *Vorkommen des Acetylcholins und der ACh-esterase* weitgehend miteinander verknüpft und richten sich meist nach dem Gehalt der betreffenden Organe an Nervenfasern. Acetylcholin und ACh-esterase finden sich im Zentralnervensystem, in Nervenfasern, Ganglien, Haut[5] und Muskeln von Wirbeltieren. Sie sind aber auch bei Wirbellosen, bei Mollusken[6], in den Gehirnganglien von Spinnen und anderen Insekten[7] nachgewiesen worden. Cholinesterase kommt auch im Blut[8], sowie im Schlangengift[9] vor, aber nur im Gift der Colubridae, nicht der Viperidae[10]. Das Gift der Cobra spaltet nicht nur Acetylcholin, sondern auch andere Ester[11]. Am höchsten ist die Aktivität der Cholinesterase im elektrischen Organ des Zitterrochens, das bemerkenswerterweise durch Acetylcholin erregbar ist[12]. Die pflanzlichen Organe und die niederen Organismen sind frei von Cholinesterase[13, 14].

In den einzelnen Teilen des Zentralnervensystems ist die Konzentration der ACh-esterase verschieden, in der grauen Hirnsubstanz höher als in der weißen[15], angereichert in den Zellen und in den Synapsen[16]. Die Konzentration der ACh-esterase im ganzen Muskel würde bei weitem nicht ausreichen, das bei Reizung auftretende Acetylcholin während der Refraktärperiode zu beseitigen; es konnte aber nachgewiesen werden, daß die Endplatten ungefähr 1000mal mehr ACh-esterase enthalten als der ganze Muskel[17]. Auch hängt der Enzymgehalt vom Funktionszustand des Muskels ab; durch tetanische Reizung wird er erheblich erhöht[18]. Die Muskeln von Embryonen und jungen Tieren haben, entsprechend ihrem höheren Gehalt an Nervenelementen, ein Mehrfaches an ACh-esterase gegenüber denen von älteren Tieren[19]. Wird ein Nerv durchschnitten, so nimmt der ACh-esterasegehalt des zugehörigen Muskels ab[20]. Auch im Nerv selber sind Veränderungen festzustellen. Intakte Ischiadicusnerven vom Meerschweinchen enthalten sowohl ACh- als auch Cholinesterase. Nach Durchschneidung des Ischiadicus findet man in ihm in wenigen Tagen einen Verlust von

[1] LOEWI, O., u. E. NAVRATIL: Pflügers Arch. **214**, 678 (1926). — [2] FELDBERG, W., and A. VARTIAINEN: J. Physiol., London **83**, 103 (1934). — [3] BOYARSKI, L. L., F. M. TOBIAS and R. W. GESARD: Proc. Soc. exp. Biol. Med. **64**, 106 (1947). — [4] RIKER, W. F. jr., and W. C. WESCOE, J. Pharmacol. exp. Therap. **88**, 58 (1946). — [5] THOMPSON, R. H. S., and V. P. WHITTAKER: Biochem. J. **38**, 295 (1944). — [6] VINCENT, D., et A. JULLIEN: C. R. Soc. Biol. **127**, 628 (1938). — [7] CORTEGGIANI, E., et A. SERFATY: C.R. Soc. Biol. **131**, 1124 (1939). — [8] ENGELHART, E., u. O. LOEWI: A. e. P. P. **150**, 1 (1930). — [9] IYENGAR, N. K., K. B. SEHRA, B. MUKERJI and R. N. CHOPRA: Current Sci. **7**, 51 (1938). — [10] ZELLER, E. A.: Exper. **3**, 375 (1947). — [11] BOVET NITTI, F.: Exper. **3**, 283 (1947). — [12] NACHMANSOHN, D.: Yale J. Biol. Med. **12**, 565 (1940). — [13] SCHALLER, K.: Z. klin. Med. **141**, 565 (1942). — [14] BULLOCK, TH., and D. NACHMANSOHN: J. cellul. comp. Physiol. **20**, 239 (1942). — [15] PIGHINI, G.: Biochim. Terap. sperim. **25**, 347 (1938). — [16] NACHMANSOHN, D.: C. R. Soc. Biol. **127**, 894 (1938). — [17] MARNAY, A., and D. NACHMANSOHN: J. Physiol., London **92**, 37 (1938). — [18] SEIDLITZ, O. V.: Bull. Biol. Méd. exp. URSS **6**, 179 (1938). — [19] NACHMANSOHN, D.: J. Physiol., London **95**, 29 (1939). — [20] MARTINI, E., u. C. TORDA: Kli. Wo. **1937 I**, 824.

bis zu 60% der Acetylcholinesterase, wogegen die Menge der Cholinesterase unverändert bleibt. Zwei Drittel der Acetylcholinesterase scheinen vom Achsenzylinder sezerniert zu werden[1]. Über selektive Hemmung der Cholinesterase in vivo siehe [2]. Dem reichlichen Gehalt des Zentralnervensystems und der motorischen Nerven an Acetylcholin und ACh-esterase steht der minimale Gehalt der sensiblen Nerven an ACh-esterase und das völlige Fehlen des Acetylcholins gegenüber[3]. Acetylcholin dient also nicht zur Reizübertragung in den sensiblen Nerven.

Man bestimmt die ACh-esterase biologisch an Hand der Wirksamkeit des noch ungespaltenen Acetylcholins auf Herz, Darm, Blutdruck, auf den Froschrectus oder den Rückenmuskel des Blutegels, chemisch durch Titration[4] oder colorimetrische Bestimmung[5] der abgespaltenen Essigsäure oder mit Hilfe der WARBURGschen manometrischen Methode durch Messung der aus Natriumhydrogencarbonatlösung durch die Essigsäure ausgetriebenen Kohlensäure[6, 7]. Potentiometrische Mikrobestimmung von Cholinesterase des Blutserums, der Blutkörperchen und der Gewebe siehe[8, 9]. Cholinesterase aus Serum und Acetylcholinesterase aus Blutkörperchen siehe [10].

Die Acetylcholinesterase spaltet außer Acetylcholin auch die Propionyl-, Butyryl- und Pyruvoylester des Cholins[11], ferner mit noch erhöhter Geschwindigkeit das Acetylthiocholin. Zur Spaltung ist die Anwesenheit einer quaternären Ammoniumgruppe erforderlich; Acetylcolamin wird nicht gespalten. Cholinesterase aus Serum wurde als S- und P-freies Mucoprotein krystallisiert erhalten[12].

Eingehende Spezifitätsuntersuchungen sind mit der Cholinesterase des Kobragiftes[13] angestellt worden. Das Enzym aus Kobragift wirkt nicht nur auf Cholinester, sondern auch auf verschiedene Acetylester wie Methyl-, Äthyl-, Propyl-, Butyl-, Isoamylacetat. Je kleiner das Molekulargewicht ist, um so stärker ist die Spaltung. Ferner werden Acetylester des Glykols und des Glycerins angegriffen. Cholinester, deren Säuren mehr als 4 C enthalten, werden nicht hydrolysiert. Ester mit Ketten von C_{10} an werden nicht nur nicht hydrolysiert, sondern wirken sogar hemmend auf andere Cholinesterspaltungen. Durch Einführung einer Urethangruppe in die Säurekomponente (z. B. Carbaminoyl-β-methylcholin) wird die Spaltbarkeit aufgehoben.

D. GLICK[14] fand, daß Einlagerungen von Schwefel und Halogenen die Spaltbarkeit erhöhen. Die Ester von Thiocholin und von β-Methylthiocholin werden rascher gespalten als ihre Sauerstoffanalogen. Ersetzt man den Stickstoff des Acetylcholins durch Phosphor oder durch Arsen, so tritt ebenfalls noch eine Spaltung ein. Gegenüber Acetyl-β-methylthiocholin erwies sich die ACh-esterase stereochemisch spezifisch. Nur die r-Form dieses Substrats wurde angegriffen.

Daß die Cholinesterase des Serums von der Acetylcholinesterase des Gehirns und der Erythrocyten verschieden ist, konnte auch mit Hilfe von Hemmungsreaktionen gezeigt werden. Cholinesterase wird durch Isopropylantipyrin[15] und Coffein merklich, Acetylcholinesterase dagegen nur schwach gehemmt.

---

[1] SAWYER, C. H.: Amer. J. Physiol. **146**, 246 (1946). — [2] HAWKINS, R. D., and J. M. GUNTER: Biochem. J. **40**, 192 (1946). — [3] LOEWI, O., u. H. HELLAUER: Pflügers Arch. **240**, 769 (1938). — [4] STEDMAN, E., E. STEDMAN and L. H. EASSON: Biochem. J. **26**, 2056 (1932). — [5] ABDON, N. O., u. B. UVNÄS: Skand. Arch. Physiol. **76**, 1 (1937). — [6] AMMON, R.: Pflügers Arch. **233**, 486 (1934). — [7] PAYOT, P.: Schweiz. med. Wschr. **1946**, 1159. — [8] DELAUNOIS, A. L., et H. CASIER: Exper. **2**, 67, 147, (1946). — [9] SANZ, M. C.: Exper. **2**, 111 (1946). Helv. physiol. Acta **2**, C 29 (1944). — [10] CASIER, H., et A. L. DELAUNOIS: Exper. **2**, 180 (1946). — [11] EASSON, L. H., and E. STEDMAN: Proc. R. Soc. London (B) **121**, 142 (1936). — [12] BADER, R., F. SCHÜTZ and M. STACEY: Nature **154**, 183 (1944). — FABER, M.: Acta med. scand. **114**, 72 (1943). — [13] BOVET NITTI, F.: Exper. **3**, 283 (1947). — [14] GLICK, D.: J. biol. Ch. **130**, 527 (1939). — [15] NACHMANSOHN, D., M. A. ROTHENBERG and E. A. FELD: Arch. Biochem. **14**, 197 (1947).

Physostigmin hemmt nicht die Tributyrinspaltung, wohl aber die von Acetyl-β-methylcholin[1]. Ferner wird die Cholinesterase stark durch Diisopropylfluorophosphat gehemmt. Zu ihrer Hemmung wird eine erheblich geringere Dosis benötigt als zur Hemmung der Acetylcholinesterase. Es ist sogar möglich, in einer Mischung beider Cholinesterasen die eine zu hemmen, ohne die andere in ihrer Aktivität zu beeinflussen[2]. Paludrin hemmt stark die Cholinesterase, nicht die Acetylcholinesterase[3].

Eine weitere streng spezifische Cholinesterase fand D. NACHMANSOHN[4] in den Nerven. Sie zerlegt Acetylcholin und Phosphokreatin. G. W. RAPP[5] bereitete das Ferment aus dem Ischiasnerv der Frösche und fand, daß es seine Wirksamkeit nur entfaltet, wenn beide Substrate anwesend sind. Procain hemmt vollständig. Der Verfasser nennt das Enzym Acetylcholin-phosphocreatinase.

Die ACh-esterase wirkt optimal[6, 7] bei p_H 8,5. Enzymhaltige Extrakte verlieren durch Dialyse ihre Wirksamkeit und werden durch Zusatz von Salzen wieder aktiv, wobei Natrium- und Kaliumionen viel weniger wirksam sind als die Ionen 2-wertiger Metalle[8, 9]. Vermutlich ist das Calciumion ein physiologischer Aktivator der ACh-esterase[10]. Oxalate, Fluoride, Citrate, Arsenite und Pyrophosphate hemmen[11]. Charakteristisch für die ACh-esterase ist ihre große Hemmbarkeit durch Physostigmin[12]. Es wirkt schon in minimalen Dosen. So wird z. B. die Acetylcholinspaltung von 2 cm^3 Pferdeblut durch 1 γ Physostigmin vollständig aufgehoben[13]. Sehr stark hemmt auch Prostigmin, stark Muscarin, Atropin, Chinin und andere Alkaloide und N-haltige Substanzen, wie Cholin und viele Narkotica[14, 15, 16]. Bei der Hemmung des Enzyms durch Physostigmin und Prostigmin sind 2 Mol Hemmstoff für jede aktive Gruppe des Enzyms erforderlich[17]. Auf der Hemmung der ACh-esterase beruht die Steigerung der parasympathischen Erregbarkeit durch Physostigmin, die sich auch bei der folgenden Injektion von Acetylcholin bemerkbar macht. Mit Hilfe von Physostigmin kann man die Bildung von Acetylcholin bei der Muskeltätigkeit nachweisen. Glutathion aktiviert[15] und reaktiviert durch Jod unwirksam gemachte ACh-esterase, woraus man auf das Vorhandensein einer SH-Gruppe im Fermentsystem schließen kann[18]. Besondere Bedeutung hat Diisopropylfluorophosphat (D. F. P.) als Inhibitor der ACh-esterase erlangt[19–21]. Es hat einen gewissen therapeutischen Erfolg bei Myasthenia gravis[22] und wirkt, vorsichtig angewendet, gerade durch die Hemmung der ACh-esterase als unschätzbares Heilmittel gegen Darmparalyse nach Operationen[21, 25]. Es wirkt auch auf das Zentralnervensystem erregend[23]. Analog wirkt auch Hexaäthyltetraphosphat[24].

[1] MENDEL, B., D. B. MUNDELL and H. RUDNEY: Biochem. J. **37**, 473 (1943). — [2] HAWKINS, R. D., and B. MENDEL: Brit. J. Pharmacol. **2**, 173 (1947). — [3] BLASCHKO, H., T. C. CHOU and I. WAJDA: Brit. J. Pharmacol. **2**, 116 (1947). — [4] NACHMANSOHN, D., R. T. COX, C. W. COATES and A. L. MACHADO: Proc. Soc. exp. Biol. Med. **52**, 97 (1943). — [5] RAPP, G. W.: Arch. Biochem. **12**, 13 (1947). — [6] GLICK, D.: Biochem. J. **31**, 521 (1937). — [7] WERLE, E., u. H. UEBELMANN: A. e. P. P. **189**, 421 (1938). — [8] MENDEL, B., D. MUNDELL and F. STRELITZ: Nature **144**, 479 (1939). — [9] NACHMANSOHN, D.: Nature **145**, 513 (1940). — [10] MASSART, L., et R. DUFAIT: Enzymologia **6**, 282 (1939). — [11] MASSART, L., et R. DUFAIT: Bull. Soc. Chim. biol. **21**, 1039 (1940). — [12] LOEWI, O., u. E. NAVRATIL: Pflügers Arch. **214**, 689 (1926). — [13] ENGELHART, E., u. O. LOEWI: A. e. P. P. **150**, 1 (1930). — [14] KWIATKOWSKI, H.: Fermentforsch. **15**, 138 (1936). — [15] KEESER, E.: Kli. Wo. **1938 II**, 1811. — [16] GENUIT, H., u. K. LABENZ: A. e. P. P. **198**, 369 (1941). — [17] EADIE, G. S.: J. biol. Ch. **146**, 85 (1942). — [1] NACHMANSOHN, D., et E. LEDERER: Bull. Soc. Chim. biol. **21**, 797 (1939). — [19] McCOMBIE, H., and B. C. SAUNDERS: Nature **157**, 287 (1946). — [20] ADRIAN, E. D., W. FELDBERG and B. A. KILBY: Nature **158**, 625 (1946). — [21] HEYMANS, C.: Exper. **2**, 260 (1946). — [22] GADDUM, J. H., and A. WILSON: Nature **159**, 680 (1947). — [23] CHENELLS, MARY, and S. WRIGHT: Nature **160**, 503 (1947). — [24] BURGEN, A. S. v., C. A. KEELE and MARY CHENNELLS; J. DEL CASTILLO, W. F. FLOYD, D. SLOME and S. WRIGHT: Nature **160**, 760 (1947). — [25] DALE, H.: Nature **160**, 280 (1947).

Eine große Anzahl von weiteren Beobachtungen über die Hemmung der Cholinesterasen durch Farbstoffe, Vitamine und Hormone, Kresylphosphate, Narcotica wurden veröffentlicht, die zum Teil zur Unterscheidung von ACh-esterase und Cholinesterase dienen können. Eine kritische Übersicht und systematische Einleitung gab R. AMMON[1].

Während man früher glaubte, daß die ACh-esterase nicht nur zur Spaltung, sondern auch zur Synthese von Acetylcholin befähigt sei, nimmt man jetzt an, daß die beiden Reaktionen durch zwei verschiedene Enzyme katalysiert werden, durch *Cholinacetylase* und ACh-esterase. Die erstere bildet Acetylcholin aus Cholin und Acetat unter anaeroben Bedingungen in Gegenwart von Adenosintriphosphat. Dieses Enzym findet sich im Gehirn und Taubenherzmuskel, ferner im Meerschweinchenskeletmuskel und im Nervengewebe. Für die Acetylcholinsynthese sind Kaliumionen, Adenosintriphosphat[2], Citrat und ein aus Gehirn, Leber, Herz oder Hefe gewonnenes Co-Enzym[3, 4] unbedingt erforderlich. Wahrscheinlich liefern diese Substanzen ein aktives Acetat, welches das Cholin acetyliert. Als weitere Aktivatoren dienen Cystein und Glutaminsäure[3], Vitamin C und besonders Vitamin B_1[5], Co-carboxylase[6], Magnesiumionen und Manganionen. Diisopropylfluorophosphat inaktiviert die Acetylase nicht[7].

Eine Methode zur Darstellung der Acetylcholinesterase beschreibt H. SCHREINER[8]. Menschen- oder Rinderblut wird durch Zentrifugieren vom Plasma befreit, die Zellen mit 1%iger Salzsäure gewaschen. Der entstehende Niederschlag, der 95 bis 100% der Aktivität enthält, wird in 1%iger Natriumhydrogencarbonatlösung gelöst. Anschließend wird das Präparat im Vakuum getrocknet. Seine Aktivität ist jahrelang konstant. O. KRAUPP und G. WERNER[9] konnten Cholinesterase aus Pferdeserum durch Elektrophorese in freies Agon (Co-Ferment) und Pheron (Trägergruppe) trennen. Da das Agon bei p_H 3,9 noch anodisch wandert, wird es vermutlich Säurenatur besitzen. Pheron und Symplex dagegen haben beide ihren isoelektrischen Punkt bei p_H 5,3.

MENTHA, SPRING und BARNARD[10] geben eine Methode zur Extraktion von ACh-esterase aus menschlichen Erythrocyten an. Die gekühlten Erythrocyten werden 3 h lang mit Natriumchloridlösung (p_H 8,3) extrahiert. Das in der Flüssigkeit enthaltene Enzym ist bei tiefen Temperaturen unbeschränkt haltbar.

Cholinesterase wird aus Pferdeserum[11] durch Fällen mit Ammoniumsulfat gewonnen. Durch anschließende Dialyse und darauffolgendes Trocknen erhält man ein Präparat, das 5000mal stärker aktiv ist als das Ausgangsprodukt. Das trockene Präparat ist in Wasser löslich. Die Lösung behält in der Kälte wochenlang ihre Aktivität.

B. MENDEL und D. B. MUNDELL[12] reinigen Cholinesterase aus Hundepankreas, das mit kaltem Wasser bei 2° extrahiert wurde, durch fraktionierte Fällung mit Ammoniumsulfat, Adsorption an Kieselgur und Elution mit Ammoniumsulfatlösung. Das erhaltene Präparat ist 2000mal wirksamer als der Ausgangsextrakt.

Neuere Untersuchungen beschäftigen sich mit den *Beziehungen zwischen ACh-esterase und Vitamin* B_1. Aneurin hemmt die Wirkung der ACh-esterase[13, 14], während das phosphorylierte Vitamin, die Co-carboxylase, fast ohne Einfluß

[1] AMMON, R.: Ergebn. Enzymforsch. **9**, 35 (1943). — [2] NACHMANSOHN, D., and H. M. JOHN: J. biol. Ch. **158**, 157 (1945). — [3] NACHMANSOHN, D., and M. BERMAN: J. biol. Ch. **165**, 551 (1946). — [4] LIPTON, M. A., and E. S. G. BARRON: J. biol. Ch. **166**, 367 (1946). — [5] REGGIANINI, D.: Boll. Soc. ital. Biol. sperim. **22**, 982 (1946). — [6] MINZ, B.: Proc. Soc. exp. Biol. Med. **63**, 280 (1946). — [7] BODANSKY, O., and A. MEZUR: Fed. Proc. **5**, 123 (1946). — [8] SCHREINER, H.: C. R. Soc. Biol. **142**, 36 (1948). — [9] KRAUPP, O., et G. WERNER: Arch. int. Pharmacodyn. Thérap. **75**, 288; **76**, 1 u. 13 (1948). — [10] MENTHA, I., H. SPRING and R. D. BARNARD: J. biol. Ch. **167**, 623 (1947). — [11] STRELITZ, F.: Biochem. J. **38**, 86 (1944). — [12] MENDEL, B., and D. B. MUNDELL: Biochem. J. **37**, 64 (1943). — [13] GLICK, D., and W. ANTOPOL: J. Pharmacol. exp. Therap. **65**, 389 (1939). — [14] SÜLLMANN, H., u. H. BIRKHÄUSER: Schweiz. med. Wschr. **69**, 648 (1939). — SÜLLMANN, H.: Exper. **1**, 25 (1945).

ist. Umgekehrt wird Cholinesterase wenig durch Aneurin, aber stark durch Co-carboxylase gehemmt[1]. Bei B_1-avitaminotischen Tauben ist der Gehalt des Serums an Cholinesterase bedeutend erhöht und wird durch Aneurinzufuhr in wenigen Tagen zur Norm zurückgeführt[2]. Doch ist die Veränderung durch die B_1-Avitaminose in den verschiedenen Organen nicht gleichsinnig. Während im Dünndarm ebenfalls eine starke Vermehrung der Cholinesterase nachgewiesen wurde, fand man in der Leber[3, 4], im Gehirn, Rückenmark und in Nerven von beriberikranken Tauben eine Verminderung[5]. Cholinesterase spaltet auch den Acetylester des Aneurins[6]. Die Spaltung des Acetylaneurins wird ebenso wie die des Acetylcholins durch Physostigmin gehemmt[7].

Zu Hormonen wurden mehrfache Beziehungen der Cholinesterase aufgefunden. Nach H. BIRKHÄUSER und E. A. ZELLER[8] enthält die Leber reifer Rattenweibchen viel mehr Cholinesterase als die von Männchen und von jugendlichen Weibchen. Kastration senkt, Einspritzung von Östradiol und Progesteron steigert den Gehalt an Cholinesterase.

In der *Schwangerschaft* erreicht die Cholinesterase der Leber den höchsten bisher gemessenen Wert. Die Höhe des Cholinesterasegehaltes im Blut steht im Zusammenhang mit der Schilddrüsenfunktion[9, 10].

Die Feststellung des Cholinesterasewertes im Serum hat differentialdiagnostische Bedeutung. Zwar treten schon bei Gesunden große Schwankungen der Cholinesterasewerte auf, aber bei manchen Krankheiten sind die Abweichungen so stark, daß Zusammenhänge zwischen dem Cholinesterasewert und diesen Krankheiten angenommen werden müssen. So bietet die Feststellung des Cholinesterasewertes ein Hilfsmittel bei der Kennzeichnung der Gelbsucht[11]. Besonders niedrige Werte findet man bei Leberkranken[12, 13], Anämie, Krebs und Unterernährung[12, 14]. Ebenso erniedrigt sich der Cholinesterasegehalt im Verlauf einer Lungentuberkulose[15]. Bei jedem Ekzem ist der Cholinesterasegehalt vermindert. Bestrahlung mit ultraviolettem Licht führt zu einer Steigerung des Esterasegehaltes[16]. Erhöhte Cholinesteraseaktivität ist bei Angstzuständen, Depressionszuständen, sowie bei Zuständen nach psychischer Erschütterung festzustellen[17]. Anormal erhöht ist der Cholinesterasegehalt bei lebhaften, besonders tief dagegen bei ruhigen Schizophreniekranken[18]. Lokale Verbrennungen verursachen eine Steigerung der Aktivität im Blutserum[19]. Starkes Fallen der Aktivität ist nach operativen Eingriffen, Blutentnahme und Narkose zu beobachten[20]. Bei experimenteller Erfrierung ist die ACh-esterase im Gesamtblut vermindert, die Cholinesterase im Serum vermehrt[21]. Nach Blutentnahme steigt der Cholinesterasegehalt im arteriellen und venösen Blut an. Damit ist eine Gefäßverengung verbunden, die als Abwehr gegen weiteren Blutverlust anzusehen

[1] ROCA, J., u. R. LLAMAS: An. Inst. biol. Mexico **14**, 321 (1943). — [2] BRÜCKE, F. T. v., u. H. SARKANDER: A. e. P. P. **196**, 213 (1940). — [3] ZELLER, E. A., u. H. BIRKHÄUSER: Helv. **23**, 1457 (1940). — [4] ANTOPOL, W., S. GLAUBACH and D. GLICK: Proc. Soc. exp. Biol. Med. **42**, 679 (1939). — [5] PIGHINI, G.: Biochim. Terap. sperim. **26**, 260 (1939). — [6] MASSART, L., et R. DUFAIT: Enzymologia **7**, 384 (1939). — [7] BIRKHÄUSER, H., u. H. SÜLLMANN: Schweiz. med. Wschr. **1940**, 34. — [8] BIRKHÄUSER, H., u. E. A. ZELLER: Helv. **23**, 1460 (1940); **24**, 120 (1941). — [9] WERLE, E., u. G. STÜTTGEN: Kli. Wo. **1942 I**, 821. — [10] ANTOPOL, W., L. TUCHMAN and A. SCHIFRIN: Proc. Soc. exp. Biol. Med. **36**, 46 (1937). — [11] PICCOLI, R., e G. LONGO: Arch. Ostetr. Ginec. **52**, 168 (1947). — [12] FABER, M.: Acta med. scand. **114**, 59 (1943). — [13] WESCOE, W. C., C. C. HUNT, W. F. RIKER and I. C. LITT: Amer. J. Physiol. **149**, 549 (1947). — [14] MCCANCE, R. A., E. M. WIDDOWSON and A. O. HUTCHINSON: Nature **161**, 56 (1948). — [15] VIDAL, I., P. PASSOUANT, C. BENEZECH et I. ZISSMAN: Sem. Hôp. **24**, 12 (1948). — [16] STÜTTGEN, G.: Kli. Wo. **1947**, 758. — [17] RICHTER, D., and M. LEE: J. mental Sci. **88**, 428 (1942). — [18] PLATANIA, S., e P. PAPPALARDO: Acta neurol. ital. **2**, 714 (1947). — [19] SCHÜMMELFELDER, N.: A. e. P. P. **204**, 567, 626 (1947). — [20] SCHÜMMELFELDER, N.: A. e. P. P. **204**, 454 (1947). — [21] SCHÜMMELFELDER, N.: A. e. P. P. **204**, 466 (1947).

ist[1]. Bei plötzlichem Entzug von Barbitursäure bei epileptischen Anfällen erreicht die Anzahl der Anfälle ein Maximum. Dabei erniedrigt sich der Cholinesterasegehalt. Steigt dieser Gehalt wieder an, so ist ein Verschwinden der Anfälle festzustellen, wenn der enzymatische Normalwert wieder erreicht ist[2].

Eine enge Beziehung zwischen Serumcholinesterase und Serumalbumin ist bei Untersuchungen des Serums von Patienten mit schwankendem Albumingehalt festgestellt worden. Beide Stoffe werden wahrscheinlich von der gleichen Zelle abgegeben. Der Proteingehalt der Nahrung, der Schwankungen im Serumalbumingehalt bewirken kann, beeinflußt gleichsinnig den Cholinesterasegehalt des Serums[3]. Die Leber ist als erster Bildungsort für Serumcholin anzusehen; denn nach Verabreichung von Diisopropylfluorophosphat tritt bei Leberkranken weniger schnell eine Regeneration der Cholinesteraseaktivität ein[4]. Man nimmt an, daß in der Leber ein beträchtlicher Bestand vorgebildet liegt und im Bedarfsfalle schnell ins Plasma eintreten kann.

d) Tannase[5–7]. Die Tannase spaltet Gerbstoffe, und zwar Gallotannin, Chebulinsäure, Protochatechinsäure u. a., aber auch einfache Ester der Gallussäure, wie Gallussäuremethylester. Bedingung für die Substrate der Tannase ist das Vorhandensein von mindestens zwei phenolischen Hydroxylgruppen in der Säurekomponente, die zur Carboxylgruppe nicht in Orthostellung stehen dürfen. Die Hydrolyse des Methylgallats wird zur Bestimmung der Tannase verwendet. Die Tannase findet sich in Schimmelpilzen, und zwar in Aspergillus-, Penicillium- und Citromycesarten. Sie wird meist aus Aspergillus niger dargestellt, der auf Myrobalanenextrakt, einem Rohgerbstoff, gezüchtet wird. Das p_H-Optimum ist vom Reinheitsgrad abhängig. Es liegt in den Extrakten[8] zwischen p_H 4,4 und 4,8, bei reineren Präparaten zwischen 5 und 6. Die Tannase ist nicht nur zur Spaltung, sondern auch zur Synthese von Depsiden[9] befähigt.

e) Cholesterinesterasen[10]. Das Cholesterin kommt im menschlichen und tierischen Organismus teils frei vor, teils ist es an seiner Hydroxylgruppe verestert mit Fettsäuren, vor allem mit Palmitinsäure und Ölsäure. Sowohl die Spaltung, wie die Synthese der Cholesterinfettsäureester werden durch Enzyme, die Cholesterinesterasen, bewirkt.

Für die Spaltung der Cholesterinester verwendet der Tierkörper zwei nach Ursprung und p_H-Optimum der Wirksamkeit verschiedene Enzyme: eine im sauren Bereich wirksame Esterase findet sich in Leber, Milz, Niere und Darmschleimhaut. Die andere, nur im Pankreas vorkommende Esterase spaltet optimal bei neutraler Reaktion[11]. Im Serum findet man beide Esterasen nebeneinander[12].

Die Spaltung durch das Ferment aus Pankreas wird durch Gallensäure sehr beschleunigt; kolloidal gelöste Ester werden in vitro sogar nur bei Gegenwart von Gallensäuren gespalten. Am stärksten aktivieren gallensaure Salze, dann in abnehmendem Umfang Salze der gepaarten Gallensäuren, der Ölsäure, der Linolsäure, der Desoxycholsäure[13].

---

[1] Pirolli, M.: Boll. Soc. ital. Biol. sperim. **17**, 437 (1942). — [2] Schütz, F.: Quart. J. exp. Physiol. **33**, 35 (1944). — [3] Faber, M.: Acta med. scand. **114**, 59 (1943). — [4] Brauer, R. W., and M. A. Root: Amer. J. Physiol. **149**, 611 (1947).

Zusammenfassendes über Tannase: 5—7. [5] Schneider, F.: Enzyme der Gerberei. Ergebn. Enzymforsch. **7**, 124—162 (1938). — [6] Ammon, R.: Tannase. Handb. Enzymol. (Nord-Weidenhagen) **1**, 404—405 (1940). Tannasen. Oppenheimer, Fermente Suppl.-Bd. **1**, 95—96 (1935). — [7] Schmidt, O. Th.: Gallotannine und die einfachen Substrate der Tannase. Bamann-Myrbäck **1**, 31—59. Tannase. Bamann-Myrbäck **2**, 1590—1598. — S. a.: S. 272 [4].

[8] Dyckerhoff, H., u. R. Armbruster: H. **219**, 38 (1933). — [9] Freudenberg, K.: Oppenheimer, Fermente **3**, 733—738 (1929). — [10] S. a. Ann. Rev.: Lineweaver, H., and E. F. Jansen: Ann. Rev. **14**, 73 (1945). — Wynne, A. M.: **15**, 62 (1946). — Cohen, Ph. P., and R. W. McGilvery: **19**, 55 (1950). — [11] Nedswedski, S. W.: H. **236**, 69 (1935). — [12] Klein, W.: H. **254**, 1 (1938). — [13] Klein, W.: H. **259**, 268 (1939).

Eine Veresterung von freiem Cholesterin und Fettsäuren mit Hilfe von Pankreasextrakten wurde zuerst von J. H. MUELLER[1] beobachtet. Daß im Serum ein esterifizierendes bei p_H 8 maximal wirksames Ferment enthalten ist, wurde von W. M. SPERRY[2] erwiesen. Es wird von Gallensalzen gehemmt und ist verschieden von dem esterifizierenden Ferment der Leber, dessen Wirkungsbereich nur im sauren Gebiet liegt[3]. Das esterspaltende und das veresternde Prinzip des Serums sind nach den Untersuchungen von W. M. SPERRY und V. A. STOYANOFF[4] als zwei verschiedene Enzyme zu betrachten.

Die Existenz zweier entgegengesetzt wirkender Esterasesysteme, des Cholesterinester spaltenden und des synthetisierenden wird in Verbindung gebracht mit der schon früher vermuteten Rolle des Cholesterins bei der Resorption der Fette aus dem Darm und bei dem Transport der Fette durch den Blutstrom zu den Zellen[5]. Nach G. SCHRAMM und A. WOLFF[6] kann man sich von dem Zusammenwirken der beiden Systeme folgendes Bild machen. Im Darmlumen wird das Fett gespalten. Die Fettsäuren werden durch das synthetisierende Enzym aus Pankreas mit Cholesterin verestert, wobei Gallensäuren aktivieren. Auf der Innenseite der Membran werden die Cholesterinester gespalten, Cholesterin nach außen abgegeben und neu verestert. Ebenso wird im Serum das Cholesterin verestert, so daß sein Durchtritt durch die Zellmembran möglich wird. In der Zelle werden die Fettsäuren abgespalten und mit Glycerin zu den Fetten vereinigt, das Cholesterin aber an das Serum zurückgegeben. Dies wird als Grund dafür angesehen, daß man in vivo nur 70% des Cholesterins im Serum verestert findet, während beim Stehen des Serums weitere 20% des Cholesterins mit Fettsäuren verestert werden. Das Cholesterin scheint also das Transportmittel für die Fettsäuren im tierischen Organismus zu sein.

Im Gehirn, das von allen Organen am meisten Cholesterinester enthält, konnte weder ein spaltendes, noch ein synthetisierendes Enzym nachgewiesen werden[7].

f) Chlorophyllase [8-15]. R. WILLSTÄTTER und A. STOLL[12, 13] fanden in den chlorophyllhaltigen Blättern aller Pflanzen ein Enzym, das bei der Behandlung der Blätter mit Alkohol eine Alkoholyse des Chlorophylls bewirkt. Phytol wird abgespalten. Der verwendete Alkohol tritt im Chlorophyll an seine Stelle. Mit Methyl- und Äthylalkohol entstehen durch Umestern Methyl- bzw. Äthylchlorophyllid. Die Wirksamkeit des Enzyms ist in wasserhaltigem Alkohol günstiger, am besten in 80%igem. Die Chlorophyllase ist nicht nur zur Alkoholyse sondern auch zur Hydrolyse befähigt. Man führt dann die Reaktion in wasserhaltigem Äther oder Aceton aus. Das entstandene freie Chlorophyllid läßt sich mittels der Chlorophyllase wieder mit Phytol verestern, ein Hinweis auf die biologische Bedeutung der Chlorophyllase. Ein durch Extraktion von Heracleumblättern und Acetonfällung gereinigtes Chlorophyllasepräparat zeigte ein scharfes p_H-Optimum der Wirksamkeit bei 5,9.

---

[1] MUELLER, J. H.: J. biol. Ch. **22**, 1 (1915). — [2] SPERRY, W. M.: J. biol. Ch. **111**, 467 (1935). — [3] SPERRY, W. M., and F. C. BRAND: J. biol. Ch. **137**, 377 (1941). — [4] SPERRY, W. M., and V. A. STOYANOFF: J. biol. Ch. **126**, 77 (1938). — [5] BLOOR, W. R.: J. biol. Ch. **25**, 577 (1916). Physiol. Rev. **19**, 557 (1939). — [6] SCHRAMM, G., u. A. WOLFF: H. **263**, 73 (1940). — [7] SPERRY, W. M., and F. C. BRAND: J. biol. Ch. **137**, 377 (1941).

Zusammenfassendes über Chlorophyllase. 8—15. [8] Siehe auch ZEILE, Blattfarbstoffe S. 950. — [9] FISCHER, H.: Chlorophyll. Bamann-Myrbäck **1**, 60—67. — [10] LAMBRECHT, R.: Chlorophyllase. Bamann-Myrbäck **2**, 1599—1604. — [11] AMMON, R.: Chlorophyllase. Handb. Enzymol. (NORD-WEIDENHAGEN) **1**, 406—407 (1940). — Oppenheimer, Fermente Suppl. **1**, 97—98 (1936). — [12] WILLSTÄTTER, R., u. A. STOLL: A. **378**, 18 (1910). — [13] WILLSTÄTTER, R.: Oppenheimer, Fermente **3**, 739—742 (1929). — [14] ZIESE, W.: Handb. Pfl.-Analyse (KLEIN) **4**/2, 839—860 (1933). — [15] WEHMER, C., u. M. HADDERS: Systematische Verbreitung und Vorkommen der Enzyme. Handb. Pfl.Analyse (KLEIN) **4**/2, 861—907 (1933).

Von den beiden Chlorophyllen wird a stets rascher als b von Chlorophyllase gespalten. Außer den Chlorophyllen sind noch die magnesiumfreien *Phäophytine* (ZEILE, S. 950) Substrate der Chlorophyllase.

Auch Bakteriochlorophyll wird von Chlorophyllase gespalten[1].

2. Esterasen, deren Substrate Ester anorganischer Säuren sind.

a) Phosphatasen[2-11]. α) Übersicht. Die Enzyme, die Ester anorganischer Säuren spalten, unterscheiden sich grundsätzlich von den Lipasen, auf deren Substrate sie ohne Wirkung sind und umgekehrt. Unter ihnen überragt die Gruppe der Phosphatasen die anderen in bezug auf ihre *physiologische Bedeutung*. Die wichtigsten Stoffwechselvorgänge, wie Resorption, Aufbau und Abbau der Kohlenhydrate, der Fette, der Phosphatide, der Eiweißkörper, das Knochenwachstum, die Harnsekretion sind mit der Bildung und Spaltung von Phosphorsäureestern verknüpft und daher auch mit der Wirksamkeit der Phosphatasen. Die bessere Reaktionsfähigkeit der phosphorylierten Verbindungen beruht darauf, daß bei der Phosphorylierung Energie gespeichert wird, die bei der Spaltung wieder in Freiheit gesetzt wird[10-12]. Auch an der Assimilation und Atmung der Pflanzen sind Phosphatasen beteiligt. Leider entspricht der Zunahme unserer Kenntnisse über die Bedeutung der Phosphatasen seit ihrer *Auffindung*[13] im Jahre 1911 nicht auch ein gesichertes Wissen über die Phosphatasen selbst, über ihre Zahl, über den Verlauf ihrer Wirkung und über den Einfluß von äußeren Faktoren auf diese enzymatischen Vorgänge. Schuld hieran sind die besonderen Schwierigkeiten der Untersuchung. Es handelt sich bei der physiologischen Rolle der Phosphatasen meist nicht um einfache und leicht überblickbare chemische Prozesse, sondern um komplizierte Stufenreaktionen, deren Endprodukte oft die Mitwirkung der Phosphatasen an einer Teilreaktion nicht erkennen lassen. Sodann hat man es bei der weiten, fast allgemeinen *Verbreitung* der Phosphatasen meist mit Gemischen von mehreren Phosphatasen zu tun, deren Trennung eine Voraussetzung für die Erkennung der Wirksamkeit der einzelnen Glieder ist. Schließlich erschwert die leichte *Zerstörbarkeit* vieler Phosphatasen die Erkennung der Zusammenhänge, ja oft schon die einfache Bestimmung ihrer Aktivität. Es gibt daher wohl einige gute Methoden der *Bestimmung*[14] von einzelnen Phosphatasewirkungen, aber noch keine auf genügender Kenntnis aller mitwirkenden Faktoren beruhenden Definitionen von *Phosphataseeinheiten*. Die *Bestimmung der Phospho-monoesterasen*[15] kann erfolgen durch das Ausmaß der Hydrolyse von Phosphorsäureestern des Glycerins, Phenyls, Phenolphthaleins[16], Fluoresceins

---

[1] FISCHER, H., R. LAMBRECHT u. H. MITTENZWEI: H. **253**, 1 (1938).

Zusammenfassende Darstellungen über Phosphatasen: 2—11. [2] ALBERS, H.: Phosphatasen. Handb. Enzymol. (NORD-WEIDENHAGEN) **1**, 408—479 (1940). — [3] ROBISON, R.: Bone Phosphatase. Ergebn. Enzymforsch. **1**, 280—294 (1932). — [4] FOLLEY, S. J., and H. D. KAY: The Phosphatases. Ergebn. Enzymforsch. **5**, 159—212 (1936). Phosphatasen. Oppenheimer, Fermente Suppl. **1**, 99—170 (1936). — [5] BAMANN, E.: Phosphatasen. Handb. Biochem. Erg.-W. **1**/A, 438—442 (1933). — [6] BAMANN, E., u. M. MEISENHEIMER: Nachweis der phosphatatischen Wirksamkeit. Bamann-Myrbäck **2**, 1605—1619. Die tierischen Phosphatasen. Bamann-Myrbäck **2**, 1620—1654. — [7] SCHÄFFNER, A.: Die pflanzlichen Phosphatasen. Bamann-Myrbäck **2**, 1663—1680 (1941). — KRAUT, H., u. Ä. WEISCHER: Phosphatasen. Handb. Katalyse (SCHWAB) **3**, 163 (1941). — [9] HACKENTHAL, E., u. M. KOBEL: Einfache Ester der Phosphorsäuren. Bamann-Myrbäck **1**, 68—73. — [10] LIPMANN, FRITZ: Metabolic generation and utilization of phosphate bond energy. Adv. Enzymol. **1**, 99—162 (1941). — [11] KALCKAR, H. M.: Aspects of the biological function of phosphate in enzymatic syntheses. Nature **160**, 143 (1947).

[12] GREEN, A. A., and S. P. COLOWICK: Ann. Rev. **13**, 155 (1944). — [13] NEUBERG, C., u. L. KARCZAG: B. Z. **36**, 60 (1911). — [14] NEUBERG, C., u. E. SIMON: Oppenheimer, Fermente **3**, 743—755 (1929); Suppl. **1**, 99—170 (1936). — [15] NEUMANN, H.: Exper. **4**, 74 (1948). — [16] HUGGINS, C., and P. TALATAY: J. biol. Ch. **159**, 399 (1945).

oder des *4-Methyl-7-oxycumarins*. Meist bestimmt man die Abspaltung von anorganischem Phosphat aus α- oder β-Glycerophosphorsäure, wobei auf die verschiedene Spaltungsgeschwindigkeit der beiden Isomeren zu achten ist[1]. Für Mikrobestimmungen eignet sich besser die Spaltung von Di-natriumphenylphosphat als die von β-Glycerophosphat[2]. Kleinere Phosphatasemengen lassen sich bequem messen, indem das durch Phosphatase aus p-Nitrophenylphosphorsaurem Natrium in Freiheit gesetzte Nitrophenol colorimetrisch bestimmt wird[3].

β) Einteilung und Spezifität. Drei Merkmale dienen hauptsächlich dazu, die Phosphatasen einzuteilen: die Substratspezifität, das p_H-Optimum und die Aktivierung und Hemmung ihrer Wirksamkeit durch Zusätze.

Nach der Substratspezifität unterscheidet man:

1. Phospho-mono-esterasen; sie hydrolysieren praktisch alle Ester der Orthophosphorsäure, soweit sie nur mit einer Alkoholgruppe verestert sind, wahrscheinlich einschließlich der Nucleotide (siehe Bredereck, Nucleinsäuren, S. 822). Die durch Phosphomonoesterasen katalysierte Spaltung verläuft nach dem Schema:

$$RO{-}P(=O)(OH)_2 + H_2O \rightleftharpoons R{-}OH + H_3PO_4.$$

Die Phospho-mono-esterasen sollen auch imstande sein, Diester der Phosphorsäure zu zerlegen[4], wenn zwei verschiedene Alkohole mit demselben Phosphorsäuremolekül verestert sind. S. Uzawa[5] nimmt allerdings in diesen Fällen ein Gemisch von Phosphatasen an.

2. *Phospho-di-esterase;* sie spaltet aus Diestern der Phosphorsäure nur eine Alkoholgruppe ab. Sie ist unwirksam gegenüber Mono- und Triestern der Phosphorsäure, wird aber in der Natur, zum Beispiel in der Reiskleie, fast immer von Phospho-mono-esterasen begleitet, die dann die zweite Esterbindung spalten. Im Schlangengift fand S. Uzawa[5] eine wirkungsreine Phospho-di-esterase. Die katalytische Spaltung durch Phospho-di-esterasen verläuft folgendermaßen:

$$RO{-}P(=O)(OH){-}OR + H_2O \rightleftharpoons RO{-}P(=O)(OH){-}OH + ROH.$$

Zu den Phospho-di-esterasen gehören:

die Nucleasen[6], Fermente, die hochmolekulare Polynucleotide zu Tetranucleotiden depolymerisieren. Substrate dieser Fermente sind Ribonucleinsäure und Desoxyribonucleinsäure. Beide sind Polymere von Mononucleotiden, die durch Esterbindung zwischen der Phosphatgruppe eines Nucleotids und der Zuckermolekel der benachbarten Nucleotide verkettet sind. Sie sind also Diester der Phosphorsäure (s. a. Bredereck, S. 823 u. 843).

Nach G. Schmidt und S. J. Thannhauser[7] existiert eine alkalische Phosphatase, die beide Bindungen von Diphenylphosphat spaltet.

3. *Pyrophosphatasen;* sie spalten Pyrophosphorsäureester in Orthophosphorsäureester und Phosphorsäure nach dem Schema:

$$RO{-}P(=O)(OH){-}O{-}P(=O)(OH){-}OH + H_2O \rightleftharpoons RO{-}P(=O)(OH){-}OH + H_3PO_4.$$

---

[1] Robison, R.: Biochem. J. **17**, 286 (1923). — [2] Kay, H. D.: Biochem. J. **20**, 791 (1926). — [3] Beney, O., O. Lowry and M. Brock: J. biol. Ch. **164**, 321 (1946). — [4] Hotta, R.: J. Biochem. **20**, 343 (1934). — [5] Uzawa, S.: J. Biochem. **15**, 1, 19 (1932). — [6] Kunitz, M.: Science, N. Y. **90**, 112 (1939). — [7] Schmidt, G., and S. J. Thannhauser: J. biol. Ch. **149**, 369 (1943).

Sie spalten nicht nur Pyrophosphorsäureester, sondern auch das 3 Phosphorsäuremoleküle enthaltende Adenosintriphosphat. Ein spezifisch auf anorganische Pyrophosphate eingestelltes Enzym wurde in Aspergillus niger gefunden[1].

Eine spezifische Pyrophosphatase ist die Hexokinase. Sie katalysiert folgende Reaktion:

$$\text{Hexose} + \text{Adenosintriphosphat} \rightleftarrows \text{Hexose-6-phosphat} + \text{Adenosindiphosphat}.$$

Dieses Enzym konnte in krystallisierter Form aus Hefe hergestellt werden. Das Molekulargewicht[2] beträgt etwa 96000.

4. Die *Metaphosphatase;* sie besitzt merkwürdigerweise nur anorganische Substrate, die Salze der Metaphosphorsäure, die sie in Orthophosphate verwandelt. Sie wurde in Hefe und in Taka aufgefunden[3], außerdem wird noch ein besonderes triphosphorsäurespaltendes Enzym beschrieben[4]. T. MANN[1] stellte aus Aspergillus niger eine Metaphosphatase her, die Meta- und Pyrophosphate in gleichem Maße hydrolysiert.

5. Die *Adenylpyrophosphatase* ist ein besonderes und notwendiges Enzym für die Spaltung der Adenylpyrophosphorsäure des Muskels. Sie spaltet aus Adenosintriphosphat Phosphorsäure ab. Inosintriphosphat hydrolysiert sie, wenn auch langsam, zu Inosinsäure[5].

6. Ein besonderes Enzym ist die *Phytase*, die den Phosphorsäureester des Inosits (siehe BRIGL-PLOETZ, S. 317) zerlegt[6,7]. Sie findet sich in Schimmelpilzen und in Samen, z.B. im Malz[8]. Die alkalische Phosphomonoesterase tierischen Ursprungs, die saure des Harns und der Takaesterase hydrolysieren Monophosphorsäureester des Inosits, viel schwerer die Triphosphorsäureester des Inosits. Die Ester der Tetra-, Penta- und Hexaphosphorsäure werden nicht angegriffen[9].

7. Neuerdings wurde eine spezifische Phosphatase in Froscheiern gefunden, die auf Phosphoproteine wirkt[10], und eine in Karotten, die Phospholipoide spaltet[11].

8. Die Phosphorylase, früher Heterophosphatase genannt, katalysiert die Aufnahme anorganischen Phosphats in organische Verbindungen. Sie katalysiert den ersten Schritt im Abbau der Polysaccharide (Stärke oder Glykogen) oder bei der umgekehrten Reaktion, der Synthese, den letzten Schritt.

Der Polysaccharidabbau verläuft folgendermaßen:

$$\text{Polysaccharid} + \text{anorganisches Phosphat} \rightleftarrows \text{Glucose-l-phosphat}$$

die Polysaccharidbildung

$$\text{Glucose-l-phosphat} + \text{terminale Glucose} \rightleftarrows \text{maltosidische Kettenbildung} + \text{anorganisches Phosphat}^{12}.$$

Ferner ist die Phosphorylase an der Umesterung der Phosphobrenztraubensäure in Hexosephosphorsäure beteiligt[13].

Gewisse Bakterienarten enthalten eine Disaccharid-Phosphorylase; sie spaltet Rohrzucker in Glucose-l-phosphat und Fructose. Diese Reaktion ist reversibel[14].

---

[1] MANN, T.: Biochem. J. **38**, 339 (1944). — [2] BERGER, L., W. SLEIN, S. P. COLOWICK and C. CORI: J. gen. Physiol. **29**, 379 (1946). — KUNITZ, M., and M. R. McDONALD: J. gen. Physiol. **29**, 393 (1946). — [3] KITASATO, T.: B. Z. **201**, 206 (1928). — [4] NEUBERG, C., u. H. A. FISCHER: Enzymologia **2**, 241 (1937/38). — [5] KALCKAR, H. M.: J. biol. Ch. **153**, 355 (1944). — [6] LÜERS, H.: Phytase. Oppenheimer, Fermente **3**, 756—759 (1929). — [7] POSTERNAK, TH.: Inositphosphorsäuren. Bamann-Myrbäck **1**, 74—79. Phytase. Bamann-Myrbäck **2**, 1681—1684. — [8] LÜERS, H., u. K. SILBEREISEN: Wschr. Brauerei **44**, 263 (1927). — [9] COURTOIS, I., et G. JOSEPH: Bull. Soc. Chim. biol. **29**, 951 (1947). — [10] HARRIS, D. J.: J. biol. Ch. **165**, 541 (1946). — [11] HANAHAN, D. J., and I. L. CHAIKOFF: J. biol. Ch. **169**, 699 (1947). — [12] CORI, C. F., G. T. CORI and A. A. GREEN: J. biol. Ch. **151**, 39 (1943). — [13] OHLMEYER, P.: H. **282**, 1 (1947). — [14] DOUDOROFF, M., N. KAPLAN and W. Z. HASSID: J. biol. Ch. **148**, 67 (1943). — KAGAN, B. O., S. N. LATKER u. E. M. ZFASMAN: Biochimia, Moskau **7**, 93 (1942).

Die *Muskelphosphorylase* wurde durch Dialyse bei p_H 6,8 krystallisiert dargestellt. Für ihre Wirkung sind Mn-Ionen und Adenosintriphosphat erforderlich[1] Cystein und Adenosinmonophosphat vermehren die Aktivität des krystallisierten Enzyms. Die Hemmung der Phosphorylase durch Glucose, Phlorrhizin oder Ammoniumsulfat wird durch geringe Mengen von Adenylsäure unterbunden[2].

Im folgenden werden die wichtigsten Gruppen der Phosphatasen, nämlich Monoesterasen, Pyrophosphatasen und Adenylpyrophosphatase ausführlicher besprochen.

γ) Phospho-mono-esterasen. Man teilt die Phospho-mono-esterasen nach dem p_H-Optimum ihrer Wirksamkeit und nach ihrem Verhalten gegen Aktivatoren und Hemmungskörper in 4 Typen ein.

Der *Typus 1* besitzt ein Optimum der Wirksamkeit bei p_H 9—10. Dies ist die bestbekannte Phosphatase[3], die sog. *alkalische Phosphatase*. Man findet sie in fast allen tierischen Geweben, im Pflanzenreich besonders in fetthaltigen Samen. Von den tierischen Organen[4] enthalten am meisten Darmschleimhaut und Niere, dann folgen Leber, Gehirn[5], Pankreas, Milz und Knochen. Die Muskeln enthalten nichts oder fast nichts von der „alkalischen" Phosphatase, wohl aber „saure" Phosphatase[6]. Auch im Blutplasma[7], in den Erythrocyten[8] und in der Milch[9] ist die alkalische Phosphatase enthalten. Ascaris lumbricoides enthält alkalische Phosphatase[10], nachgewiesen durch Spaltung von Glycerinphosphorsäure[11].

Charakteristisch für diese Phosphatase ist ihre starke Aktivierung durch Magnesium-[12,13,14] und Manganosalze[15,16] und ihre reversible Hemmung durch Alloxan[17]. Ein großer Teil des Enzyms ist an Zellbestandteile verankert, also *Desmo-phosphatase*. Die *Lyo-phosphatase*[18,19] ist wesentlich stärker durch Magnesiumsalze aktivierbar als die Desmo-phosphatase. Vermutlich sind es die mit dem Übergang von Desmo- in das Lyoenzym verbundenen Änderungen am Symplex, die die höhere Aktivierbarkeit bedingen. β-Glycerophosphat wird von diesem Typus rascher gespalten als α-Glycerophosphat.

Aus Rinderleberautolysat konnte das Enzym durch fraktionierte Acetonfällung krystallisiert erhalten werden. Die Krystalle sind bei p_H 9,2 stark wirksam auf Phosphorsäuremonoester, spalten aber auch etwas Pyrophosphorsäureester[20].

Der 2. Typus von Monophosphatasen mit einem Wirkungsoptimum um p_H 6 findet sich in der Hefe und in den roten Blutkörperchen neben geringen Mengen der alkalischen Phosphatase[21]. Er wird durch Magnesium- und Mangansalze aktiviert[22] und spaltet α-Glycerophosphat rascher als die β-Form. Auch im

[1] Green, A. A., G. T. Cori and C. F. Cori: J. biol. Ch. **142**, 447 (1942). — Green, A. A., and G. T. Cori: J. biol. Ch. **151**, 21, 31 (1943). — Cori, G. T. and C. F. Cori: J. biol. Ch. **151**, 57 (1943). — [2] Cori, C. F., G. T. Cori and A. A. Green: J. biol. Ch. **151**, 39 (1943). — Shapiro, B., and E. Wertheimer: Biochem. J. **37**, 397 (1943). — [3] Robison, R.: Ergebn. Enzymforsch. **1**, 280 (1932). — [4] Über Verteilung in Geweben siehe Tab. 1 bei Folley, S. J., and H. D. Kay: The Phosphatases. Ergebn. Enzymforsch. **5**, 159—212 (1936). — [5] Fleischhacker, H. H.: J. mental Sci. **84**, 947 (1938). — [6] Knoevenagel, Cl.: B. Z. **305**, 337 (1940). — [7] Mulay, A. S., and S. Hurwitz: J. Lab. clin. Med. **23**, 1117 (1938). — [8] Roche, J., et E. Bullinger: C. R. Soc. Biol. **131**, 398 (1939). — [9] Ravazzoni, C. e L. Osella: Int. Congr. Chim. 10. Rom. **4**, 540 (1938). — [10] Rogers, W. P.: Nature, **159**, 374 (1947). — [11] Gomori, G.: Proc. Soc. exp. Biol. Med. **42**, 23 (1939). — [12] Erdtman, H.: H. **172**, 182 (1927); **177**, 211 (1928). — [13] Jenner, H. D., and H. D. Kay: J. biol. Ch. **93**, 733 (1931). — [14] Bamann, E., u. E. Riedel: H. **229**, 125 (1934). — [15] Cloetens, R.: Naturwiss. **27**, 806 (1939). — [16] Bamann, E.: Naturwiss. **28**, 142 (1940). — [17] Burgen, A. S. V., and J. I. Lorch: Biochem. J. **41**, 223 (1947). — [18] Bamann, E., E. Riedel u. K. Diederichs: H. **230**, 175 (1934). — [19] Thoai Nguyen-van, et J. Raymond: C. R. Soc. Biol. **139**, 814 (1945). — [20] Thoai Nguyen-van, J. Roche et L. Sartori: C. R. Soc. Biol. **138**, 47 (1944). — [21] Gutman, A. B., and E. B. Gutman: Proc. Soc. exp. Biol. Med. **38**, 470 (1938). — [22] Massart, L., u. L. Vandendriessche: Naturwiss. **28**, 143 (1940).

menschlichen Speichel (Submaxillarissekret) kommt die 2. Phosphatase vor, doch ist sie stets von anderen Phosphatasen begleitet, die aus Mikroorganismen stammen[1, 2].

Der 3. Typus von Phosphatasen besitzt ein p_H-Optimum zwischen 5 und 6. Er unterscheidet sich von dem 2. Typus hauptsächlich dadurch, daß er von Magnesiumsalzen nicht aktiviert wird. Er kommt in tierischen Geweben wie Leber, Niere, Pankreas, Milz, sowie in der Prostata[3, 4] und in der Samenflüssigkeit[5] und im Harn[4] vor. Er spaltet β- rascher als α-Glycerophosphat. Die Prostataphosphatase kann von der sauren Phosphatase des Serums durch ihre größere Labilität unterschieden werden. Sie wird durch Äthanol bei p_H 5 bis 7 vollständig zerstört, während die Aktivität der Serumphosphatase davon nicht beeinflußt wird[6].

Das Vorkommen der sauren Phosphatase ist für den Muskel charakteristisch[7]. Am meisten enthält der Herzmuskel. Im Pflanzenreich findet sie sich in der Reiskleie[8], in Blättern und Früchten der süßen Mandeln[9], in weißen Senfkörnern und in Aspergillus oryzae[10].

Prostataphosphatase[11] aus Harn und Prostata katalysiert die Synthese von α-Glycerinphosphorsäure aus Glycerin und Phosphorsäure. Mg-Salz aktiviert. Das Ferment spaltet aus Adenosintriphosphorsäure die gesamte Phosphorsäure ab.

Sie ist mehrere tausend Mal wirksamer als die „alkalische“ Serumphosphatase. In 100 cm^3 menschlichem Samen werden anorganischer (= 100 mg-%) P und 250—400 mg Cholin gefunden, im ganz frischen Samen sind nur 10 mg-% P. Die Annahme, daß Cholinphosphorsäure, aus Lecithin stammend, sehr rasch durch die Prostataphosphatase gespalten wird, ist gut begründet[12].

Prostataphosphatase ist ein Metallproteid, es enthält Magnesium[13].

Schließlich findet sich eine *vierte Phosphatase* mit dem *extrem sauren p_H-Optimum von ungefähr 3* in Aspergillus oryzae, in Hefe und im Hepatopankreas von Helix[14]. Beim p_H-Optimum soll sie β-Glycerophosphat bevorzugen, bei etwas höherem p_H dagegen α-Glycerophosphat. Auch soll die Spaltung von α-Glycerophosphat durch Magnesiumsalze aktiviert, die von β- dagegen gehemmt werden. Wie so oft bei den Phosphatasen, ist es auch hier nicht sicher, ob wirklich einheitliche Enzympräparate zu den Versuchen verwendet worden sind. Die vierte Phosphatase ist weit verbreitet in grünen Gemüsen und anderen Pflanzen[15]. Ihre Gegenwart wird aber häufig infolge der Anwesenheit von natürlichen Inhibitoren übersehen. Diese lassen sich durch Dialyse oder Adsorption entfernen. Die Phosphatase wird durch Magnesium bei p_H 3 bis 4 stark gehemmt.

Pyrophosphatase. Das Vorkommen einer Pyrophosphatase ist zuerst von K. KURATA[16] erwiesen worden. Die tierische Pyrophosphatase ließ sich in 3 isodyname Formen mit den p_H-Optima von 8, 6 und 4 trennen[17]. Alle 3 Formen sind durch Magnesiumsalze aktivierbar, während von den Monophosphatasen diejenige mit dem sauren p_H-Optimum von Magnesiumsalzen nicht beeinflußt wird. Im Blut ist die alkalische Pyrophosphatase nachgewiesen worden[18].

---

[1] DEMUTH, F.: B. Z. **159**, 415 (1925). — [2] GLOCK, G. E., M. M. MURRAY and P. PINCUS: Biochem. J. **32**, 2096 (1938). — [3] REIS, J.: Enzymologia **5**, 251 (1938). — [4] OHLMEYER, P.: Z. Naturforsch. **1**, 18 (1946). — [5] GUTMAN, A. B., and E. B. GUTMAN: Endocrinology **28**, 115 (1941). — [6] HERBERT, F. K.: Biochem. J. **38**, XXIII (1944). — [7] KNOEVENAGEL, CL.: B. Z. **305**, 337 (1940). — [8] UZAWA, S.: J. Biochem. **15**, 1 (1932). — [9] COURTOIS, J., et P. DENIS: Enzymologia **5**, 288 (1938); **6**, 325 (1939). — [10] COURTOIS, J.: Bull. Soc. Chim. biol. **20**, 1359, 1376 (1938). — [11] OHLMEYER, P.: Z. Naturforsch. **1**, 18 (1946). — [12] LUNDQUIST, FR.: Nature **158**, 710 (1946). — [13] KUTSCHER, W., u. H. WÜST: B. Z. **310**, 292 (1941/42). — OHLMEYER, P.: Naturwiss. **30**, 508 (1942). — Über Wärmemessung bei Phosphatasereaktionen OHLMEYER, P.: Z. Naturforsch. **1**, 30 (1946). — [14] KARRER, P., u. R. FREULER: TSCHIRCH-Festschrift 1926, S. 421. — [15] THOAI NGUYEN-VAN: Cr. **216**, 91 (1943). — [16] KURATA, K.: J. Biochem. **14**, 25 (1931). — [17] BAMANN, E., u. H. GALL: B. Z. **293**, 1 (1937). — [18] SJÖBERG, K.: Acta physiol. scand. **1**, 220 (1940).

Auch im Pflanzenreich, in Keimen der Gerste, süßen Mandeln[1], in Hefen[2] und in Bakterien[3] wurden Pyrophosphatasen aufgefunden. Wie bei den Monophosphatasen sind auch bei den Pyrophosphatasen die Lyoformen stärker aktivierbar als die Desmoformen. Wichtig ist, daß auch der Pyrophosphorsäureester des Aneurins, die Co-carboxylase, von Hefephosphatase gespalten wird[4]. Allerdings wird das Holoferment, die Carboxylase, wesentlich langsamer gespalten als die Cocarboxylase[5, 6].

Adenylpyrophosphatase[7]. Seit man annimmt, daß der Zerfall der Adenosintriphosphorsäure (ATP) in Adenosindiphosphorsäure (ADP), Adenylsäure (AS) und Phosphorsäure der erste energieliefernde chemische Vorgang der Muskelkontraktion ist, muß man der Adenosintriphosphatase oder Adenylpyrophosphatase des Muskels eine große physiologische Bedeutung beimessen. Man hat das auf die Abspaltung nur eines Phosphorsäurerestes aus ATP eingestellte Ferment als ATPase bezeichnet und unterscheidet von ihm die Apyrase[8], die beide Pyrophosphatbindungen spaltet, also aus ATP und ADP Adenylsäure bildet. Die Apyrase kommt in der Leber[9] sowie in Kartoffeln[10] vor. Während die Bindung von Phosphorsäure und Alkohol in einfachen Phosphorsäureestern verhältnismäßig wenig energiereich ist, wird bei der Abspaltung eines Phosphorsäurerestes aus Pyrophosphorsäureverbindungen ein großer Energiebetrag frei[11]. Über die „energiereiche" Phosphatbindung s. S. 992ff., Bd. 2, „Kohlenhydratstoffwechsel" und „Endoxydation". Da die Pyrophosphatasewirkung im Muskel stets das contractile Element, das Myosin begleitet, wurde vermutet, daß Myosin und Adenylpyrophosphatase identisch sein könnten. B. D. POLIS und O. MEYERHOF[12] gelang es aber durch Adsorption an basisches Lanthansalz, die Adenylpyrophosphatase aus gereinigtem Myosin auf das 3fache anzureichern. Es ist daher wahrscheinlicher, daß das Enzym eine dem Eiweiß des Myosins ähnliche Struktur hat oder daß es mit ihm leicht eine stabile Verbindung eingeht.

Die Adenylpyrophosphatase hat ein ausgeprägtes p_H-Optimum[13] ihrer Wirksamkeit bei p_H 9,0; ein zweites weniger ausgeprägtes Optimum findet sich bei p_H 6,2. A. MEISTER[14] vermutet, daß das Optimum im sauren Gebiet einer begleitenden zweiten Pyrophosphatase zugeschrieben werden könne.

Während die Hydrolyse der einfachen Phosphorsäureester durch Phosphatasen unter gewissen Bedingungen reversibel ist, ist diejenige von ATP durch Adenylpyrophosphatase irreversibel[11]. Dies findet in dem großen bei der Hydrolyse freiwerdenden (und bei der Muskelkontraktion verwendeten) Energiebetrag eine plausible Erklärung. Im intermediären Stoffwechsel wird ATP mit Hilfe von Phosphobrenztraubensäure regeneriert.

Oxydierende Substanzen hemmen das Ferment. Die Hemmung wird einer Sulfhydrylgruppe im Fermentmolekül zugeschrieben. Durch Glutathion kann das gehemmte Enzym reaktiviert werden[15]. Spuren von Cu hemmen. Dieser Hemmungseffekt kann durch Cyanid aufgehoben werden[16]. Phlorrhizin hemmt nur

[1] FLEURY, P., u. J. COURTOIS: Enzymologia **5**, 254 (1938). — [2] BAUER, E.: H. **239**, 195 (1936). — [3] PETT, L. B., and A. M. WYNNE: Biochem. J. **27**, 1660 (1933). — [4] WESTENBRINK, H. G. K., D. A. VAN DORP, M. GRUBER u. H. VELDMAN: Enzymologia **9**, 73 (1940). — [5] WESTENBRINK, H. G. K., A. F. WILLEBRANDS u. Chr. E. KOMMINGA: Enzymologia **9**, 228 (1940). — [6] ENGELHARDT, V. A., u. T. W. WENKSTERN: Biochimia, Moskau 8, 97 (1943). — [7] ENGELHARDT, V. A.: Adenosintriphosphatase properties of myosin. Adv. Enzymol. **6**, 147 (1946). — KIELLEY, W. W., and O. MEYERHOF: J. biol. Ch. **174**, 387 (1948). — [8] MEYERHOF, O.: J. biol. Ch. **157**, 105 (1945). — [9] JACOBSEN, E.: B. Z. **242**, 292 (1931). — [10] KALCKAR, H. M.: J. biol. Ch. **148**, 127 (1943). — KRISHNAN, P. S.: Arch. Biochem. **16**, 474 (1948). — [11] NEEDHAM, D. M.: Biochem. J. **36**, 113 (1942). — [12] POLIS, B. D., and O. MEYERHOF: J. biol. Ch. **169**, 389 (1947). — [13] MOMMARTS, W. F. H. M., and K. SERAIDARIAN: J. gen. Physiol. **30**, 401 (1947). — [14] MEISTER, A.: Science, N. Y. **106**, 167 (1947). — [15] SINGER, T. P., and E. S. G. BARRON: Proc. Soc. exp. Biol. Med. **56**, 120 (1944). — [16] BINKLEY, F., S. M. WARD and C. L. HOAGLAND: J. biol. Ch. **155**, 681 (1944).

bei saurer Reaktion[1]. Eine stark konzentrierte KCl-Lösung hat ebenfalls hemmenden Einfluß[2]. Merkliche Aktivierung ruft $Ca^{..}$ hervor. Die $Ca^{..}$-Konzentration für optimale Aktivität ist abhängig von der Substratkonzentration[3]. Fluorid vernichtet vollständig den aktivierenden Einfluß der $Ca^{..}$, hat aber keinen Einfluß auf die Aktivität, wenn keine $Ca^{..}$ vorhanden sind[1]. In niedrigen Konzentrationen aktivieren Sulfhydrylgruppen[4].

Das Enzym ist streng spezifisch auf Triphosphate eingestellt. Es spaltet aus Adenosin- und Inosin-triphosphat und aus anorganischem Phosphat je eine endständige Phosphorsäure ab. Die verbleibenden Reste ADP, IDP und Diphosphorsäure werden von ihm nicht mehr angegriffen. Soweit dies in biologischen Präparaten geschieht, ist die Gegenwart anderer Phosphatasen anzunehmen.

δ) Hemmung. Alle Phosphatasen werden durch anorganische Phosphate gehemmt[5]. Die Hemmung setzt sich aus zwei Komponenten zusammen, aus einer absoluten Komponente, nämlich der spezifischen Hemmung durch die Verwandtschaft der Phosphate zu den Phosphatasen und aus einer relativen Komponente, die von dem Verhältnis des Substrates zum Phosphat abhängig ist.

Die meisten Phosphatasen, insbesondere die „sauren", werden von Fluorid gehemmt[6]. Die Hemmung wird als eine Metallkomplexbildung mit den aktivierenden Metallen Mg und Mn aufgefaßt[7]. NaF hemmt die durch Mg aktivierte Phosphatase mehr als die durch Co und Mn aktivierte, da der MgF_2-Komplex stabiler ist[8]. Durch Dialyse der durch Fluorid vergifteten Enzymlösung können die natürlichen Komponenten des Enzymmoleküls wieder freigelegt werden, womit die Affinität des Enzyms zum Substrat wieder hergestellt ist[9]. Ähnlich wie Fluoride hemmen auch Citrate, Oxalate, Tartrate und Cyanide. Die alkalische Phosphatase wird durch Borate[10], Selenite und Selenate[11] gehemmt. Von komplexen Mineralsäuren bewirken Molybdän-, Wolfram- und Phosphor-wolframsäure eine deutliche Hemmung[12]. Die Fluoridhemmung der Prostataphosphatase wird durch $Mg^{..}$ verstärkt, wahrscheinlich unter Bildung eines wirkungslosen Phosphatase-MgF_2-Moleküls nach der Gleichung: Phosphatase $+ Mg^{..} + 2 F' =$ Phosphatase $\cdot MgF_2$. Das inaktive Enzympräparat wird durch Dialyse wieder aktiv nach Zugabe von Mg. Es wird vermutet, daß das Enzymmolekül einen dissoziierbaren Komplex aus Metall und Enzymprotein darstellt. Erschöpfend dialysiertes Ferment wird auch ohne Zusatz von Mg-Salz durch Fluorid gehemmt. Wahrscheinlich dient das dem Ferment eigene Metall, das dissoziierbar ist, zur Fluoridhemmung. Daß das Metall ein Bestandteil des Enzyms ist, geht daraus hervor, daß eine Aschelösung des Enzyms ebenfalls die Fluoridhemmung vergrößert[13]. Gelegentlich wurden aber auch geringe Aktivierungen durch Fluorid beobachtet, z. B. bei der Phosphatase aus Rinderhirn[14]. Vielleicht beruht die Aktivierung auf der Beseitigung eines hemmenden Überschusses von Calciumionen. Die Phosphatübertragung wird durch Metallionen, wie Mn^{II}, Co, Ni, Zn, Fe^{II}, Cd gesteigert[15]. Merkwürdig ist das Verhalten der natürlich vorkommenden -SH- und -S-S-Verbindungen. Cystein[16] hemmt beim p_H-Optimum in einer langsam verlaufenden

[1] ENGELHARDT, W. A., u. M. N. LJUBIMOVA: Biochimia, Moskau **7**, 205 (1942). — [2] MEHL, I. W., u. E. L. SEXTON: Proc. Soc. exp. Biol. Med. **52**, 38 (1943). — [3] BAILEY, K.: Biochem. J. **36**, 121 (1942). — [4] POLIS, B. D. and O. MEYERHOF: J. biol. Ch. **169**, 389 (1947). — [5] MARTLAND, M., and R. ROBISON: Biochem. J. **21**, 665 (1927). — [6] KUTSCHER, W., u. H. WÜST: B. Z. **310**, 292 (1941/42). — [7] MASSART, L., u. R. DUFFAIT: Naturwiss. **27**, 806 (1939). — [8] MASSART, L., u. R. DUFAIT: H. **272**, 157 (1942). — [9] THOAI NGUYEN-VAN, J. ROCHE et M. ROGER: C. R. Soc. Biol. **139**, 823 (1945). — [10] ZITTLE, C. A.: J. biol. Ch. **167**, 297 (1947). — [11] HOITINK, A. W. J. H.: Arch. néerl. Physiol. **26**, 323 (1942). — [12] COURTOIS, J., et C. ANAGNOSTOPOULOS: Cr. **226**, 523 (1948). — [13] OHLMEYER, P.: H. **282**, 1 (1945). — [14] Siehe auch Bd. 2, Gehirn und Nerven. — [15] DUFAIT, R., u. L. MASSART: Naturwiss. **29**, 651 (1941). — CLOETENS, R.: B. Z. **308**, 37 (1941). — [16] SCHÄFFNER, A., u. E. BAUER: H. **225**, 245 (1934).

Reaktion, während Cystin[1] weniger, aber augenblicklich hemmt. Agentien mit stärkerem Oxydations-Reduktionspotential wirken stark hemmend. Diese Hemmung kann durch Dialyse oder Zusatz eines geeigneten Reduktanden wieder aufgehoben werden. Aus Studien über das UV-Absorptionsspektrum kann man schließen, daß das Tyrosin, nicht das Tryptophan, der Teil des Enzymmoleküles ist, welcher auf die oxydierenden Agentien einwirkt[2]. Glutathion hemmt Nierenphosphatase nicht. Die starke Hemmung der Pflanzenphosphatase durch Ascorbinsäure ist an die Anwesenheit von Spuren von Kupfersalzen gebunden. Sie wird durch Glutathion, Schwefelwasserstoff und Blausäure aufgehoben[3]. $Fe^{\cdot\cdot\cdot}$ oder komplex an Dehydroascorbinsäure gebundenes Fe haben hemmenden Einfluß. Dagegen wirkt $Fe^{\cdot\cdot}$ aktivierend[4].

Neuerdings sind Hemmungen durch Glykoside[5] wie Phlorrhizin (S. 269), Salipurposid u. a. beobachtet worden. Glycin hemmt Knochen- und Darmphosphatase[6]. Die Hemmung durch Glykokoll wird durch Veresterung der COOH-Gruppe auf die Hälfte reduziert[6].

Alloxan und andere Ureide inaktivieren die alkalische Phosphatase stark[7]. N-Derivate des Aminoäthanols haben auf alkalische Phosphatasen aktivierenden Einfluß[8].

ε) Synthesen. An zahlreichen Beispielen ist gefunden worden, daß die Phosphatasen ebenso in der Lage sind, die Synthese von Phosphorsäureestern zu katalysieren, wie ihre Spaltung. Es wurde häufig derselbe Gleichgewichtszustand erreicht, ob man von Estern oder von ihren Spaltprodukten ausging. Nierenphosphatase bildet bei der Synthese von Glycerophosphat ein Gemisch von 80% α- und 20% β-Ester. Mandelphosphatase hat nur geringe synthetisierende Wirkung, wobei anscheinend ausschließlich α-Glycerophosphat entsteht[9]. Das Prostataferment katalysiert die Synthese von Glycerinphosphorsäure aus Glycerin und Phosphorsäure. Die Synthese tritt ein bei p_H 6. Aus Gleichgewichtsversuchen schließt man, daß das HPO_4^{--} die Reaktionsform der Phosphorsäure in der enzymatischen Synthese ist[10]. Alanin, verschiedene Peptide und Adenylsäure fördern die Synthese von Glycerophosphat durch eine alkalische Phosphatase, die ihres natürlichen Aktivators beraubt ist[11].

Die Spezifität der Phosphatasen beruht nicht auf Verschiedenheiten des dialysablen Anteils sondern auf solchen des Fermentproteins[12]. Zweiwertige Kationen reaktivieren vollständig eine gereinigte alkalische Phosphatase aus Hundeeingeweiden, die durch Dialyse vollständig inaktiviert wurde, nach Inkubation des Präparats mit Alanin[13].

Die Annahme besonderer synthetisierender Phosphatasen, sog. „Phosphatesen", ist daher fast allgemein aufgegeben worden, obwohl sich gelegentlich noch Unterschiede zwischen der Enzymwirkung bei der Spaltung und der Synthese herausgestellt haben. So wird z. B. die Spaltung durch Phosphomonoesterase gehemmt von Glutathion und Cystein, während die Synthese wenig beeinflußt wird[14].

---

[1] Albers, H.: B. **68**, 1443 (1935). — [2] Sizer, I. W.: J. biol. Ch. **145**, 405 (1942). — [3] Giri, K. V.: H. **254**, 126 (1938). Biochem. J. **33**, 309 (1939). — [4] Morel, A., A. Josserand, J. Enselme et P. Chenevon: Ann. Inst. Pasteur **73**, 688 (1947). — [5] Rabaté, J., et J. Courtois: Bull. Soc. Chim. biol. **23**, 184 (1941). — [6] Bodansky, O.: J. biol. Ch. **165**, 605 (1946). — [7] Burgen, A. S. V., and J. I. Lorch: Biochem. J. **41**, 223 (1947). — [8] Granger, R., et K. Traux: Trav. Soc. Pharmacie Montpellier **6**, 93 (1946). — [9] Courtois, J.: Bull. Soc. Chim. biol. **20**, 1393 (1938). J. Pharmacie Chim. [8] **29** (131), 343 (1939). — [10] Kay, H. D.: Biochem. J. **22**, 855 (1928). — [11] Roche, J., Thoai Nguyen-van et E. Danzas: C. R. Soc. Biol. **139**, 807 (1945). — [12] Roche, J., Thoai Nguyen-van et O. Michel-Lila: Cr. **218**, 249 (1944). — [13] Thoai Nguyen-van, J. Roche et M. Roger: Cr. **222**, 246 (1946). Biochim. biophysica Acta **1**, 61 (1947). — [14] Waldschmidt-Leitz, E., u. A. Schäffner: Naturwiss. **20**, 122 (1932).

ζ) Natur der Phosphatasen. D. ALBERS ist es gelungen, die alkalische Nierenphosphatase in Protein und prosthetische Gruppe (Apoferment und Co-Ferment) durch Dialyse zu zerlegen[1]. Damit ist auch bei einem Ferment aus der Gruppe der Hydrolasen die dualistische Natur erwiesen. An die prosthetische Gruppe ist das aktivierende Metall komplex gebunden[2]. Der Proteinanteil des Komplexes wird durch UV-Strahlen rasch zerstört. Dadurch verliert das Holoferment seine Wirksamkeit. Durch das Absorptionsmaximum des reinen Nierenferments im kurzwelligen UV-Bereich konnte der Beweis erbracht werden, daß die Eiweißkomponente den Albuminen bzw. Globulinen nahesteht oder mit diesen identisch ist[3].

η) Bedeutung der Phosphatasen. Die Rolle der Phosphatasen im Kohlenhydratstoffwechsel wird im Zusammenhang mit der Glykolyse (S. 294) erörtert. Die phosphathaltigen Zwischenstufen des Zuckerabbaues werden S. 293, 301 u. 304, sowie Bd. 2 im Kapitel Kohlenhydratstoffwechsel geschildert.

Knochenphosphatase. Die Mitwirkung der Phosphatasen beim *Knochenwachstum* ist eingehend studiert worden[4] (Bd. 2, Mineralstoffwechsel). Knochenwachstum tritt nur ein, wenn infolge der Spaltung von Phosphorsäureestern durch Phosphatasen das Löslichkeitsprodukt des Calciumphosphats in der Umgebung des Knochens überschritten wird. Hauptsächlich in den jungen Knochen[5] und nur in den ossifizierenden Knorpeln finden sich Phosphatasen, aber nicht in den Knorpeln des nicht ossifizierenden Typus. Auch enthalten andere verknöchernde Organe, z.B. die Trachea von alternden Ratten, Katzen und Hunden Phosphatasen. Die Zähne enthalten ebenso wie die Knochen reichliche Mengen von Phosphatase[6]. Der maximale Gehalt wird schon vor der vollständigen Verkalkung erreicht[7]. Die Rolle der Phosphatase scheint daher in der Anreicherung von Phosphat in den Zahnanlagen zu bestehen.

Bei Knochenbrüchen steigert sich die Aktivität der Phosphatase nicht nur im neugebildeten Callus, sondern auch in den knöchernen Teilen des gebrochenen Knochens. Außerdem nimmt aber auch die Phosphatase in den normalen Knochen zu. Das gesamte Knochensystem bildet also eine biologische Einheit, die auf einen Knochenbruch mit einer allgemeinen Steigerung der Phosphataseaktivität reagiert[8]. Störungen des Knochenwachstums durch *D-Hypervitaminose* und *Hyperparathyreoidismus* sind von einer Abnahme der Knochenphosphatase begleitet. Aber die Gegenwart von Phosphorsäureestern, Calciumsalz und Phosphatase allein ist noch nicht ausreichend zu normalem Knochenwachstum. So tritt in der Darmschleimhaut und in der Milchdrüse trotz Vorhandenseins der drei Komponenten keine Verknöcherung ein. Bei *Rachitis* ist häufig der Phosphatasegehalt in den Knochen und Knorpeln normal oder reichlich, und doch ist die Ossifikation gestört. Andere Autoren beobachten Abnahme der Phosphatase im Knochen und eine Zunahme im Serum[9]. ROBISON nimmt daher an, daß außer der Phosphatase noch ein zweiter Faktor in den verknöchernden Geweben vorhanden sein muß, dessen Natur noch nicht bekannt ist. Er ist stabiler gegen Temperaturerhöhung, aber sonst empfindlicher als die Phosphatasen. So wird er durch Fluorid und Jodessigsäure in Konzentrationen gehemmt, die auf

[1] ALBERS, D.: H. **261**, 43, 269 (1939). — EULER, H. v., u. L. HAHN: Exper. **3**, 412 (1947). — [2] CLOETENS, R.: B. Z. **307**, 352 (1940/41). — [3] ALBERS, D.: B. Z. **306**, 143 (1940). — [4] ROBISON, R.: Bone phosphatase. Ergebn. Enzymforsch. **1**, 280 (1932). — ROBISON, R.: Die Knochenphosphatase. Bamann-Myrbäck **2**, 1655—1662. — ROCHE, J.: La phosphatase des os et le mécanisme général de l'ossification. Exper. **2**, 325 (1946). — [5] ROCHE, J., A. FILIPPI et A. LEANDRI: Bull. Soc. Chim. biol. **19**, 1314 (1939). — [6] MARTLAND, M., and R. ROBISON: Biochem. J. **21**, 665 (1927). — [7] ROCHE, J., et M. MOURGUE: C. R. Soc. Biol. **136**, 325 (1942). — [8] ROCHE, J., et A. FILIPPI: C. R. Soc. Biol. **129**, 322 (1938). — [9] LECOQ, R.: Cr. **224**, 421 (1947).

die Phosphatase noch ohne Einfluß sind. Bei florider Rachitis ist fast immer die Serumphosphatase erhöht. Reichliche Zufuhr von Vitamin D (Stoßtherapie) bewirkt erst ein rasches Absinken der Serumphosphatase, dann einen allmählichen Übergang auf normale Werte[1]. Die Entfernung der Nebenniere hat eine starke Verminderung der Serumphosphatasen zur Folge, die durch Injektion von Desoxycorticosteron teilweise behoben werden kann[2]. Die Aktivität der sauren und alkalischen Leberphosphatase ist bei an Diabetes erkrankten Ratten um etwa 30% erhöht. Die Behandlung mit Insulin führt die Phosphataseaktivität auf den normalen Wert zurück[3]. Die Phosphatase befindet sich in allen Teilen der Haut. Bei Hautausschlag ist die phosphatatische Aktivität vermehrt[4]. Bei skorbutischen Meerschweinchen ist die Wirksamkeit der Knochenphosphatase merklich herabgesetzt. Bei der Behandlung mit Ascorbinsäure beobachtet man ein Steigen des Gehalts an Serum- und Knochenphosphatase[5].

Bei myeloischer Leukämie vermehren sich im Blut die Leukocyten, die große Mengen von Phosphatase enthalten. Man findet daher im Blut, im Serum und später auch im Harn eine Vermehrung der Phosphatase[6].

Die *Plasmaphosphatase* ist bei Rachitis, Osteomalacie, Ostitis fibrosa generalisata und Ostitis deformans erhöht[7]; wirksame therapeutische Maßnahmen senken sie bis auf die Norm.

Der hohe *Phosphatasegehalt der Nieren* wird vermutlich mit der Phosphatausscheidung im Harn in einem biologischen Zusammenhang stehen (s. Bd. 2, Niere u. Harn). Allerdings ist es nicht sicher, ob die Spaltung von Phosphorsäureestern der Phosphatausscheidung direkt vorangeht, denn die Phosphatausscheidung im Harn ist parallel dem Gehalt des Blutes an anorganischem Phosphat. Vielleicht besteht eine Aufgabe der Phosphatasen in der Mitwirkung bei der Rückresorption der Glucose aus den Tubuli. So nimmt LUNDSGAARD an, daß die Verhinderung der Phosphorylierung der Glucose durch Phlorrhizin die Ursache der Zuckerausscheidung bei der Phlorrhizinvergiftung sei[8]. Manche Störungen der Nierenfunktion, z. B. chronische Nephritis und die durch Uranylsalze hervorgerufene experimentelle Nephritis gehen mit Verminderung der Nierenphosphatase einher.

Bei *Lungentuberkulose* ist im Sputum sowohl die *Phosphatase* wie die *Pyrophosphatase* vermehrt; auch die *Plasmaphosphatase* scheint etwas erhöht zu sein. Pankreasphosphatase, Darmphosphatase, siehe dort.

Tumoren enthalten *Phosphatasen* besonders in parenchymatösem Gewebe, daher nehmen sie mit fortschreitender Nekrose ab. Nach K. KÖHLER[9] ist die Anreicherung von *Blutphosphatase* und besonders ihre erhöhte Aktivierbarkeit durch Magnesium charakteristisch für das Vorhandensein von malignen Tumoren.

D. ALBERS[10] stellte fest, daß bei Carcinomkranken im Durchschnitt wesentlich mehr *Serumphosphatase* vorhanden ist als bei Gesunden. Er drückt die Wirksamkeit in mg P_2O_5 aus, die in seinem Versuchsansatz durch 100 cm^3 Serum aus β-glycerinphosphorsaurem Natrium abgespalten werden und findet, daß das Serum von Carcinomkranken in 85% der Fälle mehr, das der Gesunden in 69% der Fälle weniger als 17 mg-% P_2O_5 abspaltet. Sera von Carcinomkranken mit sicheren Metastasen lagen sogar in 97% der Fälle über dieser Grenze. Besonders

[1] YIEH, u. H. WISSLER: Ann. paediatr., Basel **152**, 348 (1939). — [2] KUTSCHER, W., u. H. WÜST: H. **273**, 235 (1942). — [3] DRABKIN, D. L., and J. B. MARSH: J. biol. Ch. **171**, 455 (1947). — [4] FISCHER, I., and D. GLICK: Proc. Soc. exp. Biol. Med. **66**, 14 (1947). — [5] GOULD, B. S., and H. SHWACHMAN: Amer. J. Physiol. **135**, 485 (1942). — [6] IWATSURU, R., u. K. NANJO: B. Z. **300**, 422 (1938/39). — [7] KAY, H. D.: Brit. J. exp. Path. **10**, 253 (1929). — [8] LUNDSGAARD, E.: Skand. Arch. Physiol. **72**, 265 (1935). — [9] KÖHLER, K.: Enzymologie der Tumorzelle. Ergebn. Enzymforsch. **6**, 157 (1937). — [10] ALBERS, D.: Z. ges. exp. Med. **104**, 146 (1939). —

hohe Werte zeigen osteoblastische Knochensarkome[1]. Der Phosphatasegehalt ist in krebskranken Geweben erhöht[2]. Die Serumphosphatase Krebskranker läßt sich nicht durch $Zn^{··}$ aktivieren. Nach Wegnahme des Tumors erlangt diese Phosphatase ihre Aktivierbarkeit durch $Zn^{··}$ zurück[3]. Die Prostataphosphatase tritt bei malignen Tumoren und vor allem bei Knochenmetastasen der Prostata in das Serum über. Der Gehalt des Serums an diesem Enzym ist ein Maß für die Schwere des betreffenden Falls[4].

b) Sulfatasen[5–12]. Enzyme, die Ester der Schwefelsäure zerlegen, nennt man Sulfatasen.

Die *Phenolsulfatase*[6] wurde zuerst entdeckt. Sie ist ausschließlich auf aromatische Ester der Schwefelsäure eingestellt. Sowohl natürlich vorkommende Schwefelsäuren, wie Indoxylschwefelsäure (Bd. 2, Niere und Harn), als auch Ester der Naphthole und der halogenierten und nitrierten Phenole und des Oxychinolins werden gespalten. Zur quantitativen Bestimmung dient meist phenolesterschwefelsaures Kalium als Substrat. Zur colorimetrischen Bestimmung wird p-Nitrophenylsulfat benutzt[13]. Die Phenolsulfatase findet sich in Aspergillus oryzae, in niederen Tieren und in vielen Organen der Säugetiere, besonders in Niere, Gehirn und Leber[14]. Das p_H-*Optimum* liegt beim Neutralpunkt[15]. Zu seiner Aufrechterhaltung setzt man den Spaltungsansätzen häufig Calcium- oder Bariumcarbonat zu, da die Erdalkalien ohne Einfluß auf die Wirksamkeit sind. Dagegen hemmen Magnesiumsalze und Phosphate[16]. Takasulfatase ist fluoridempfindlich[17].

Die *Glucosulfatase*[18] und die *Chondrosulfatase*[19] gehören zur zweiten Gruppe von Sulfatasen, die auf Schwefelsäureester der Zucker und Aminozucker eingestellt sind. Die Glucosulfatase mit dem p_H-*Optimum* 5 findet sich in Mollusken und in Schnecken, besonders in deren Lebern, und spaltet die Schwefelsäureester von Mono- und Disacchariden und, wenn auch langsamer, die der entsprechenden Hexite. Die Chondrosulfatase mit dem p_H-*Optimum* von 7 spaltet die *Chondroitinschwefelsäure* der Knorpel und die *Mucoitinschwefelsäure* der Schleimsubstanzen. Sie kann auch die Schwefelsäureester gewöhnlicher Zucker zerlegen, während Glucosulfatase nicht in der Lage ist, Chondroitin- und Mucoitinschwefelsäure anzugreifen, also ein gesondertes Ferment darstellt. Die Chondrosulfatase ist bisher ausschließlich in Bakterien, so in Bacillus proteus, pyocyaneus und fluorescens non liquefaciens gefunden worden.

Das *Sinigrin*, der Schwefelsäureester des Allyl-senfölglucosids wird von keiner der bisher erwähnten Sulfatasen gespalten. In vielen tierischen Organen, besonders

---

[1] Cade, St., N. F. Maclagan and R. F. Townsend: Lancet **238**, 1074 (1940). — [2] Enselme, I., A. Josserand, J. Traeger et Y. Carraz: J. Méd. Lyon **29**, 81 (1948). — [3] Roche, I., L. Cornil, G. Desruisseaux, N. Baudoin et S. Long: C. R. Soc. Biol. **141**, 1251 (1947). — [4] King, E. J.. and G. E. Delory: Biochem. J. **39**, IV (1945). —

Zusammenfassendes über Sulfatasen: 5—12. [5] Ammon, R.: Sulfatasen. Handb. Enzymol. (Nord-Weidenhagen) **1**, 391—394 (1940). — [6] Hackenthal, E., u. M. Kobel: Einfache Ester der Schwefelsäure. Bamann-Myrbäck **1**, 111—115 (1941). — [7] Soda, T.: Sulfatasen. Bamann-Myrbäck **2**, 1695—1703 (1941). — [8] Oppenheimer, Fermente Suppl.**1**, 171—173 (1936). — [9] Fromageot, Cl.: Sulfatases. Ergebn. Enzymforsch. **7**, 50—82 (1938). — [10] Neuberg, C., u. E. Simon: Sulfatasen und ihre Substrate. Ergebn. Physiol. **34**, 896 bis 906 (1932). — [11] Neuberg, C., u. F. Wagner: Oppenheimer, Fermente **3**, 760—761 (1929). — [12] Bamann, E.: Sulfatasen. Handb. Biochem., Erg.-W. **1**/A, 422—444 (1933).

[13] Huggins, C., and D. R. Smith: J. biol. Ch. **170**, 391 (1947). — [14] Neuberg, C., u. E. Simon: Sulfatase B. Z. **156**, 365 (1925). — [15] Hommerberg, C.: H. **200**, 69 (1931). — [16] Fujuta, Sh., u. Y. Hosoda: Sulfatase, Arb. 3te Abt. anat. Inst. Kyoto (C). H. **4**, 130 (1933) [Ber. Physiol. **77**, 323 (1934)]. — [17] Tanaka, Seii: J. Biochem. **28**, 119 (1938). [18] Soda, T., u. Ch. Hattori: Proc. Imp. Acad. Tokyo **7**, 269 (1931). Bull. Soc. chim. Japan **6**, 258 (1931). — [19] Neuberg, C., u. E. Hofmann: Naturwiss. **19**, 484 (1931). B. Z. **234**, 345 (1931).

in der Leber, befindet sich aber ein Enzym, die *Myrosulfatase*[1], die aus dem Sinigrin den Schwefelsäurerest abspaltet. Das Enzym ist von einer Thioglucosidase begleitet, die das entstandene Myrosinigrin in Glucose und Allylsenföl zerlegt. Beide Enzyme zusammen wurden früher als *Myrosinase* bezeichnet. Auch in Cruciferen ist die Myrosulfatase nachgewiesen worden. Macerationssäfte der tierischen Organe enthalten das Enzym nicht sondern nur der Organbrei selbst. Es scheint danach ein ausgesprochenes Desmo-enzym zu sein. Ein anderes Substrat als Sinigrin ist nicht beobachtet worden.

Schwefelsäureester von hydroaromatischen Alkoholen und von aliphatischen Alkoholen außer den Hexiten werden von keiner Sulfatase angegriffen.

γ) Amidasen.

Von W. GRASSMANN und H. MÜLLER.

Inhaltsverzeichnis.

[1] NEUBERG, C., u. J. WAGNER: B. Z. **174**, 457 (1926). Z. ges. exp. Med. **56**, 334 (1927).

1. Begriffsbestimmung.

Zu den *Amidasen* zählen wir alle *Enzyme, die die hydrolytische Aufspaltung der Bindung zwischen Kohlenstoff und Stickstoff katalysieren.*

Danach sind also nicht etwa nur Säureamide und deren Abkömmlinge die Substrate dieser Enzyme, sondern auch Aminoverbindungen verschiedener Art. Die Bezeichnung Amidasen ist daher nicht für alle Enzyme der großen Gruppe, die dieser Name umfaßt, ganz treffend. Nach der Substratspezifität der einzelnen Enzyme läßt sich folgende Einteilung durchführen:

2. Einteilung.

a) Aminasen. Diese Enzyme bewirken die *hydrolytische Aufspaltung von Aminoverbindungen* der Art $R \cdot NH_2$, oder $R \cdot NH \cdot R'$, wobei Ammoniak bzw. ein Amin oder eine Aminosäure entstehen. Hierzu zählen die Enzyme:

1. *Arginase.* Substrat: *Arginin u. a.*

Wirkungsweise:
$$R{-}HN{-}C\begin{matrix}\diagup NH\\ \diagdown NH_2\end{matrix} + H_2O \longrightarrow R{-}NH_2 + CO\begin{matrix}\diagup NH_2\\ \diagdown NH_2\end{matrix}$$

2. *Histidase.* Substrat: *Histidin.*

Wirkungsweise:
$$\begin{matrix}HC{-}NH\\ \| \qquad \diagdown\\ \| \qquad \diagup\\ {-}C{-}N\end{matrix}\!\!CH + 2\,H_2O \longrightarrow \begin{matrix}OC{-}NH\\ |\\ {-}CH_2\end{matrix}\!\diagdown C\begin{matrix}\diagup O\\ \diagdown H\end{matrix} + NH_3$$

3. *Nucleindesaminasen.* Substrat: *Purine.*

Wirkungsweise:
$$=\underset{|}{C}{-}NH_2 + H_2O \longrightarrow =\underset{|}{C}{-}OH + NH_3$$

4. *Phosphaminasen.* Substrat: *Phosphagene (Kreatin-, Arginin-phosphorsäure).*

Wirkungsweise:
$$\begin{matrix}HO\diagdown\\ HO\diagup\end{matrix}P\begin{matrix}\diagup O\\ \diagdown\end{matrix}NH{-}\underset{|}{C}=NH + H_2O \longrightarrow H_3PO_4 + H_2N{-}\underset{|}{C}=NH$$

5. Grundsätzlich sind dieser Gruppe auch noch zuzuzählen die *Nucleosidasen,* welche die Hydrolyse der Bindung zwischen Purin-N und Pentose aufspalten, sowie diejenigen Enzyme, welche den Stickstoff von Aminosäuren unter Dehydrierung und Bildung der entsprechenden Ketosäuren abspalten *(Aminosäuredehydrasen; Aminopherase).* Diese Enzyme werden an anderer Stelle (s. Bd. 2, Eiweißstoffwechsel) behandelt.

b) Acylamidasen[1]. Die Enzyme dieser Gruppe bewirken die *hydrolytische Spaltung von Säureamidbindungen* der Art $R \cdot CO \cdot NH_2$, oder $R \cdot CO \cdot NH \cdot R'$,

[1] TROLLE, B.: Einfache Amidasen, Azylasen. Bamann-Myrbäck 2, 1942—1948.

wobei Ammoniak bzw. Aminoverbindungen und Säuren entstehen. Hierzu zählen die Enzyme:

1. *Einfache Amidasen.*
Wirkungsweise: $—CO—NH_2 + H_2O \longrightarrow — COOH + NH_3$.
Die *Substrate* sind einfache Amide wie Acetamid, Oxamid, Benzamid und Amide von Aminosäuren, z. B. Leucinamid.

2. *Asparaginase.*
Substrat: *Asparagin.*

3. *Glutaminase.*
Substrat: *Glutamin.*

4. *Urease.*
Substrat: *Harnstoff.*

5. *Acylasen.* Diese Enzyme bewirken die *hydrolytische Aufspaltung der Kohlenstoff-Stickstoffbindung acylierter, also sekundärer Amide* der Art R · CO · NH · R′, wobei eine Abspaltung des Säurerestes stattfindet. Der Molekülrest R′ enthält zumeist eine freie Carboxylgruppe. Zum Unterschied von den Peptiden *besitzt der Acylrest* R *keine freie Aminogruppe.* Die Substrate können acylierte Aminosäuren und acylierte Peptide sein. Dipeptide werden nicht gespalten. Diese Enzyme bilden einen *Übergang zu den Proteasen,* die ja auch sekundäre Amidbindungen lösen.

Das Vorbild dieser Gruppe ist das Ferment *Histozym* oder die *Hippurikase,* das die Spaltung von Benzoylglycin u. a. bewirkt.

c) Proteasen. Die Enzyme dieser Gruppe bewirken die *hydrolytische Spaltung der Peptidbindungen der Eiweißstoffe und Eiweißabbaustufen.*

Für ihre Wirkung ist die Gruppierung ... NH · CHR · CO · NH · CHR′ · CO ... des Substrates wesentlich, die unter Freisetzung äquivalenter Carboxyl- und Aminogruppen zerlegt wird. Obwohl die Proteasen formal gleichfalls zu den Acylamidasen gerechnet werden können, hat sich ihre Behandlung als Sondergruppe aus dem umfangreichen Material, dem in sich abgeschlossenen Aufbau und ihrer besonderen biologischen Bedeutung ergeben.

Einteilung der Proteasen:

1. *Proteinasen.*
Substrate: *Eiweiß neben gewissen synthetischen Peptiden.*

2. *Peptidasen.*
Substrate: *Eiweißabbauprodukte: Peptide.*
   a) *Polypeptidasen.*
   b) *Dipeptidasen.*
   c) *Andere Peptidasen.*

3. Die einfachen Amidasen.

a) *Arginase*[1–9].

Im *Pflanzen- und Tierreich weit verbreitet* findet sich das von KOSSEL und DAKIN[10] entdeckte Enzym *Arginase,* das die hydrolytische *Aufspaltung des*

Zusammenfassende Darstellungen über Arginase: 1—9. [1] LEUTHARDT, FR.: Bamann-Myrbäck **2**, 1963—1974. — [2] KRAUT, H., u. E. KOFRÁNYI: Handb. Katalyse (SCHWAB) **3**, 280 (1941). — [3] Oppenheimer, Fermente Suppl. **1**, 560—580 (1936). (Arginase). — [4] BERGMANN, M., and J. S. FRUTON: The specifitiy of proteinases. Adv. Enzymol. **1**, 63—98 (1941). — [5] LINEWEAVER, H., and E. F. JANSEN: Ann. Rev. **14**, 71 (1945). — [6] WYNNE, A. M.: Ann. Rev. **15**, 42 (1946). — [7] GREENBERG, D. M., and T. WINNICK: Ann. Rev. **14**, 56 (1945). — [8] MYRBÄCK, K.: Ann. Rev. **18**, 76 (1949). — [9] QUAGLIARELLO, G.: Enzymologia **12**, 142 (1947).

[10] KOSSEL, A., u. H. D. DAKIN: H. **41**, 322 (1904). — Arginase aus Jackbohnen: ANDERSON, A. B.: Biochem. J. **39**, 139 (1945). —

Guanidinrestes der Aminosäure L-*Arginin* unter Bildung von Harnstoff und Ornithin katalysiert:

$$\begin{array}{l} CH_2\text{—}NH\text{—}C{=}NH \\ \quad | \qquad\qquad\quad | \\ CH_2 \qquad\quad NH_2 \\ \quad | \\ CH_2 \\ \quad | \\ H\text{—}C\text{—}NH_2 \\ \quad | \\ COOH \end{array} + H_2O \longrightarrow \begin{array}{l} CH_2\text{—}NH_2 \\ \quad | \\ CH_2 \\ \quad | \\ CH_2 \\ \quad | \\ H\text{—}C\text{—}NH_2 \\ \quad | \\ COOH \end{array} + \begin{array}{l} \quad NH_2 \\ C{=}O \\ \quad NH_2 \end{array}$$

Arginin — Ornithin — Harnstoff

Vorkommen und physiologische Bedeutung. Als ein Ferment der biologischen Harnstoffsynthese[1] findet sich *Arginase* besonders überall dort, wo Harnstoff gebildet wird, so in der Leber der Säugetiere[2].

Die *Entgiftung der Zelle* von dem durch Desaminierungen entstandenen *Ammoniak* geschieht durch dessen Umwandlung zu Harnstoff. *Die Bildung des Harnstoffs in der Leber aus Ammoniak und Kohlensäure* verläuft über katalytisch wirksame Zwischenverbindungen. Ammoniak und Kohlensäure reagieren mit der Aminosäure *Ornithin* zum *Citrullin*, das durch weitere Reaktion mit Ammoniak in *Arginin* übergeht. Hier greift nun die *Arginase* ein unter Bildung des Harnstoffs und *Rückbildung von Ornithin*, das dann erneut als „*Zwischenkatalysator*" die Reaktion mit weiterem Ammoniak und Kohlensäure vermittelt (vgl. GRASSMANN, SCHNEIDER u. TRUPKE, S. 550, sowie Bd. 2, Eiweißstoffwechsel).

Vögel und *Reptilien*, bei denen die Endstufe des Stickstoff-Stoffwechsels nicht Harnstoff, sondern Harnsäure ist, produzieren dementsprechend in der Leber *keine* Arginase. Spuren des Fermentes finden sich bei Vögeln in der Niere[3].

Weiter kommt dort besonders viel *Arginase* vor, wo Arginin als Eiweißbaustein in größerer Konzentration vorliegt, z. B. in dem argininreichen Eiweiß der *Zellkerne*. Bei allen mit Kernteilungen verbundenen Vorgängen gehen Umsetzungen an den Kernproteinen vor sich. Die Arginase ist am Umbau solcher argininreichen *Protamine* und *Histone* der Zellkerne[4] beteiligt, und es ist daher natürlich, daß bei *Wachstumsvorgängen*[5] (embryonales Gewebe, Granulationsgewebe, Tumoren[6,7]) und in *Keimdrüsen*[2,8] eine besonders starke Arginasewirkung festzustellen ist. Analog findet sich bei den Pflanzen die Arginase vor allem in den Samen, besonders reich daran ist die Jackbohne; auch zahlreiche Streptokokkenarten weisen Arginase auf[9].

p_H-Optimum. Die enzymatische Spaltung des Arginins[10] verläuft optimal bei p_H 9,3 bis 9,8. In Gegenwart von Aktivatoren findet man das p_H-Optimum verschoben, nämlich in Anwesenheit von Kobalt- und Nickelsalzen nach p_H 7,2 bis 7,6, in Gegenwart von Mangansalzen[11] nach p_H 10,0.

Substratspezifität. Bevorzugtes Substrat ist das natürlich vorkommende L(+)-Arginin. Eine meßbare Spaltung von D-Arginin wird nur in Gegenwart

[1] KREBS, H. A., u. K. HENSELEIT: Kli. Wo. **1932 I**, 757. H. **210**, 33 (1932). — [2] EDLBACHER, S., u. P. BONEM: H. **145**, 69 (1925). — [3] HUNTER, A., and J. A. DAUPHINEE: Proc. R. Soc. London (B) **97**, 227 (1924). — [4] DOUNCE A. L., G. H. TISHKOFF, S. R. BARNET and R. M. FREER: J. gen. Physiol. **33** 629 (1950). — [5] POLLER, H.: Z. Biol. **86**, 309 (1927). — [6] EDLBACHER, S., u. K. W. MERZ: H. **171**, 252 (1927). — EDLBACHER, S., J. KRAUS u. F. LEUTHARDT: H. **217**, 89 (1933). — EDLBACHER, D., u. F. KOLLER: H. **227**, 99 (1934). — [7] KLEIN, G., u. W. ZIESE: H. **222**, 187 (1933). — [8] EDLBACHER, S., u. H. RÖTHLER: H. **148**, 273 (1925). — [9] NIVEN, C. F., K. L. SMILEY and J. M. SHERMAN: J. Bacteriology **43**, 651 (1942). — [10] EDLBACHER, S., u. P. BONEM: H. **145**, 69 (1925). — EDLBACHER, S., u. A. ZELLER: H. **242**, 253 (1936). — [11] HELLERMAN, L., and C. CH. STOCK: Am. Soc. **58**, 2654 (1936). J. biol. Ch. **125**, 771 (1938).

von sehr hohen Enzymmengen beobachtet[1]. Wie Arginin, kann auch Carbaminoarginin gespalten werden, und zwar in Ornithin und Carbaminsäure[2]. Andere Veränderungen an der Guanidinogruppe heben die Spaltbarkeit auf, z. B. Nitrierung, Methylierung, Benzoylierung[3]. Erforderlich ist für die Spaltung die Anwesenheit einer freien Carboxylgruppe; so werden Ester des Arginins nicht gespalten[4] und beim Arginyl-arginin wird nur der die freie Carboxylgruppe besitzende Anteil angegriffen[5].

Methylarginin[6], *Argininsäure* (γ-Oxy-δ-guanidinovaleriansäure[7]) und *δ-Guanidinovaleriansäure*[8] werden nur langsam bzw. von großen Enzymmengen gespalten. Ebenso wird das L-Octopin (L-Arginin-N-α-propionsäure), eine in Tintenfischmuskeln und in anderen Meerestieren aufgefundene, nach dem Tode des Tieres entstehende Verbindung (vgl. GRASSMANN-SCHNEIDER-TRUPKE, S. 550 u. ACKERMANN. S. 790), von Arginase gespalten[9,10]. Wahrscheinlich ist auch das als *Canavanase* bezeichnete Ferment der Leber[11], welches das im Sojabohnenmehl aufgefundene *Canavanin* zu *Canalin*[12] aufspaltet, mit Arginase identisch[13].

$$\begin{array}{ccc} \mathrm{NH_2} & & \\ | & & \\ \mathrm{C{=}NH} & & \\ | & & \\ \mathrm{CH_2{-}NH} & & \\ | & & \\ \mathrm{CH_2} & & \\ | & & \\ \mathrm{CH_2}\quad\ \mathrm{CH_3} & & \\ |\qquad\quad | & & \\ \mathrm{H{-}C{-}NH{-}CH} & & \\ |\qquad\quad | & & \\ \mathrm{COOH}\ \ \mathrm{COOH} & & \end{array}$$

Octopin

$$\mathrm{H_2N{-}C({=}NH){-}NH{-}O{-}CH_2{-}CH_2{-}CH(NH_2){-}COOH} \longrightarrow \mathrm{H_2N{-}O{-}CH_2{-}CH_2{-}CH(NH_2){-}COOH}$$

Canavanin Canalin

Ob die enzymatische Spaltung des *Glykocyamins* (Guanidoessigsäure; vgl. S. 790) in Harnstoff und Glycin[14] ebenfalls durch Arginase oder ein anderes spezifisches Enzym bewirkt wird, ist noch nicht geklärt.

Da die Arginase nur Argininderivate mit freier Carboxylgruppe zerlegt, kann man sie zur *Bestimmung von Argininresten* am Carboxylende von Peptidketten verwenden. Beispiele dafür bieten die Untersuchungen von WALDSCHMIDT-LEITZ über den enzymatischen Abbau der Protamine (S. 591, 715) sowie die beim Abbau[15] von Gelatine, Casein, Eieralbumin und Edestin gewonnenen Ergebnisse.

Aktivierung und Hemmung. Die Wirkung der Arginase wird entscheidend durch die aktivierende Wirkung von Schwermetallen[16] (Co, Ni, Mn, V, Cd) beeinflußt. Ferner aktivieren bzw. hemmen Redoxverbindungen, je nach dem Reinheitsgrad der Enzymlösung in uneinheitlicher Weise. Natriumsalicylat

---

[1] Siehe Fußnote [11] S. 1103. — [2] HUNTER, A.: Biochem. J. **32**, 826 (1938). — [3] FELIX, K., H. MÜLLER u. K. DIRR: H. **178**, 192 (1928). — [4] CALVERY, H. O., and W. D. BLOCK: J. biol. Ch. **107**, 155 (1934). — HUNTER, A., and H. E. WOODWARD: Biochem. J. **35**, 1298 (1941). — [5] EDLBACHER, S., u. H. BURCHARD: H. **194**, 69 (1931). — Vgl. a. FINKELSCHERER, H.: Diss. München 1928. — [6] FELIX, K., u. H. SCHNEIDER: H. **255**, 132 (1938). — [7] CALVERY, H. O., and W. O. BLOCK: J. biol. Ch. **107**, 155 (1934). — [8] HELLERMAN, L., and C. CH. STOCK: Am. Soc. **58**, 2654 (1936). J. biol. Ch. **125**, 771 (1938). — [9] AKASI, S.: J. Biochem. **26**, 129 (1937). — [10] MOHR, M.: H. **255**, 190 (1938). — [11] GUGGENHEIM, A.: Die biogenen Amine. 3. Aufl., S. 213. Basel, New York 1940. — [12] TAMIYAMA, T.: J. biol. Ch. **111**, 45 (1935). — ARCHIBALD, R. M., and P. B. HAMILTON: J. biol. Ch. **150**, 155 (1943). — [13] DAMODARAN, M., and K. G. A. NARAYANAN: Biochem. J. **34**, 1449 (1940). — Bestimmung von Canavanin: ARCHIBALD, R. M.: J. biol. Ch. **165**, 169 (1947). — [14] KARASHIMA, J.: H. **177**, 42 (1928). — [15] KRAUS-RAGINS, I.: J. biol. Ch. **123**, 765 (1938). — [16] HELLERMAN, L., and M. E. PERKINS: J. biol. Ch. **112**, 175 (1935/36). — EDLBACHER, S., u. H. BAUR: H. **254**, 275 (1938). — ROBERTS, E.: J. biol. Ch. **176**, 213 (1948).

hemmt[1], Blausäure inaktiviert vollständig[2]. Vielleicht enthält das Enzym, ähnlich wie auch bei Papain angenommen wird, eine durch Thiole aktivierbare Aminogruppe[3]. Sauerstoff scheint das Enzym zu hemmen, Thiole und andere negative Redoxsysteme üben dagegen eine Art Schutzwirkung aus. Cystein-Eisen[4] und Schwermetallsulfhydrylkomplexe[5] aktivieren, Silber, Quecksilber, Borat, Citrat, zeigen Inhibitorwirkung[6]. WEIL und RUSSELL konnten zeigen, daß die Aktivierung durch Metallsalze reversibel ist[7]. Adrenalektomie führte zu einer Abnahme der Aktivität der Arginase in Leber und laktierender Milchdrüse[8], auch Manganmangel in der Nahrung setzte die Arginaseaktivität der Leber herab[9]. Die gereinigte Leberarginase folgt in Gegenwart von Mn- und Co-Ionen einer Reaktion erster Ordnung[10].

Der chemische Aufbau der Arginase. Wahrscheinlich befindet sich an einem kolloidalen Träger (Eiweiß) als natürliches Co-Enzym ein Schwermetall (*Mangan*)[11]. Das Mangan läßt sich z. B. durch verdünnte Salzsäure oder Elektrodialyse aus dem Enzymsymplex entfernen unter Inaktivierung, die nach Zugabe der eingeengten Außenflüssigkeit oder durch Zusatz von Mangan-ionen wieder aufgehoben wird.

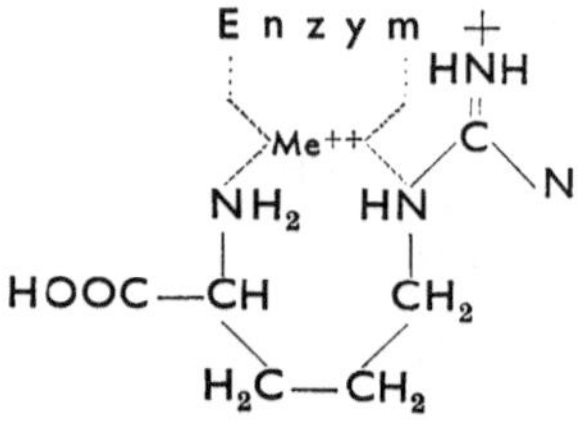

Es wurde unter anderem vorgeschlagen, die Arginasewirkung als Reaktion eines Metallamins von Eiweißnatur (Enzym) mit dem Substrat aufzufassen, wobei nach koordinativer Bindung des Substrates an das Ferment eine Auflockerung des Substratmoleküls und schließlich dessen Hydrolyse erfolgen sollen[12].

Enzym-Substrat-Verbindung. Arginase-Arginin (nach HELLERMAN[12]).

Darstellung der Arginase[13, 14]. Arginase aus Ochsenleber krystallisiert hexagonal[14, 15].

Die *Bestimmung der Arginasewirkung* geschieht durch Ermittlung des nicht umgesetzten Arginins mit Flaviansäure[16], durch Titration[17] oder durch Messung des freiwerdenden Harnstoffes[18–20]. Dieser wird durch Urease zersetzt und das entstehende Ammoniak bestimmt[20].

Als *empirische Einheit* geben EDLBACHER und RÖTHLER[21] diejenige Enzymmenge an, die aus 10 cm³ 1%iger Arginincarbonatlösung mit Glykokollpuffer bei p_H 9,5 und 38° C in 1 h eine Harnstoffmenge, entsprechend 1 cm³ 0,02 n-Ammoniak, freimacht.

---

[1] HUNTER, A., and C. E. DOWNS: J. biol. Ch. **173**, 31 (1948). — [2] ROSSI, A., e A. RUFFO: Boll. Soc. ital. Biol. sperim. **14**, 227 (1939). — [3] EDLBACHER, S., u. A. Zeller: H. **245**, 65 (1937). — [4] WEIL, L.: J. biol. Ch. **110**, 201 (1935). — [5] PURR, A., and L. WEIL: Biochem. J. **28**, 740 (1934). — WALDSCHMIDT-LEITZ, E., u. A. PURR: H. **198**, 260 (1931). — [6] MOHAMED, M. S., and D. M. GREENBERG: Arch. Biochem. **8**, 349 (1945). — [7] WEIL, L., and M. A. RUSSELL: J. biol. Ch. **106**, 505 (1934). — [8] FOLLEY, S. J., and A. L. GREENBAUM: Nature **160**, 364 (1947). Biochem. J. **40**, 46 (1946). — FRAENKEL-CONRAT, H., M. E. SIMPSON and H. M. EVANS: J. biol. Ch. **147**, 99 (1943). — [9] BOYER, P. D., J. H. SHAW and P. H. PHILLIPS: J. biol. Ch. **143**, 417 (1942). — [10] GREENBERG, D. M., and M. S. MOHAMED: Arch. Biochem. **8**, 365 (1945). — Vgl. dagegen EDLBACHER, S., u. H. BURCHARD: H. **194**, 69 (1931). — GROSS, E. R.: H. **112**, 236 (1921). — [11] EDLBACHER, S., u. H. BAUR: Naturwiss. **26**, 268 (1938). — [12] HELLERMAN, L.: Physiol. Rev. **17**, 454—484, und zwar S. 477 (1937). — [13] THOMPSON, C. B.: Science, N. Y. **104**, 576 (1946). — [14] MOHAMED, M. S., and D. M. GREENBERG: Arch. Biochem. **8**, 349 (1945). — MOHAMED, M. S.: Acta chem. scand. **3**, 56, 988 (1949). — [15] BACH, S. J.: Nature **158**, 376 (1946). — GREENBERG, D. M., and M. S. MOHAMED: Arch. Biochem. **8**, 365 (1945). — [16] EDLBACHER, S., J. KRAUS u. F. LEUTHARDT: H. **217**, 89 (1933). — [17] LINDERSTRØM-LANG, K., L. WEIL u. H. HOLTER: H. **233**, 174 (1935). — [18] FOLIN, O.: H. **37**, 161 (1902/03). — [19] KREBS, H. A., u. K. HENSELEIT: H. **210**, 33 (1932). — [20] SLYKE, D. D. VAN, and R. M. ARCHIBALD: J. biol. Ch. **165**, 293 (1946). — FOLLEY, S. J., and GREENBAUM, A. L.: Biochem. J. **41**, 261 (1947). — [21] EDLBACHER, S., u. H. RÖTHLER: H. **148**, 264 (1925).

b) *Histidase*[1–4].

Die von EDLBACHER und GYÖRGYI entdeckte[5] Histidase findet sich in der Leber des Menschen, der Säugetiere, sowie bei Huhn, Taube und Frosch. Das Ferment bewirkt die hydrolytische Aufspaltung der Aminosäure *Histidin* (I), wobei als Endstoffe *Glutaminsäure* (IV), *Ammoniak* und *Ameisensäure* entstehen[6, 7]. Die bei p_H 8—9 *optimal* verlaufende enzymatische Reaktion beruht auf der Abspaltung eines Stickstoffatoms als Ammoniak aus dem Imidazolring des Histidins. Das entstehende Spaltstück (II) soll sich dann über hypothetische Zwischenstufen zu dem unbeständigen *ω-Formyl-glutamin* (III) umlagern, das in saurer oder alkalischer Lösung weiter in die Endprodukte zerfällt.

```
HC—NH
‖    \
‖     CH                     HC—NH    H
‖    //                      ‖     \ /
C—N                          COH    C      + NH3
|            +2H2O           |       \\
CH2       ————————→          CH2       O              ————→
|          Histidase         |
CH—NH2                       CH—NH2
|                            |
COOH                         COOH
(I) Histidin                 (II)

HO·C—NH   H          OC—NH   H                         COOH      + NH3
   ‖    \ /           |    \ /                         |
   CH    C            CH2   C                          CH2       + HCOOH
   |      \\          |      \\                        |           Ameisensäure
   CH2     O  ←——→    CH2     O   + 2H2O               CH2
   |                  |          (NaOH oder HCl)       |
   CH—NH2             CH—NH2                 ———→      CH—NH2
   |                  |                                |
   COOH               COOH                             COOH
(III) Enolform      (IIIa) Ketoform                    IV Glutaminsäure
          Formylglutamin
```

Substratspezifität. Die Spezifität des Enzyms ist eng auf das L-Histidin begrenzt. Strukturell ähnliche Verbindungen, wie z.B. *Histamin, Imidazolylmilchsäure,* oder das optisch isomere D-*Histidin* sind unspaltbar und wirken deutlich *hemmend* auf die Histidase. Anscheinend *blockieren* derartige Substrate das Enzym, indem sie von demselben wohl gebunden, aber nicht gespalten werden können[8]. Ferner wird in *frisch* bereiteten *Ratten*leberextrakten die Histidasewirkung sehr stark durch *Brenztraubensäure* und einige andere Ketosäuren gehemmt[8]. Histidase wird inaktiviert durch Dialyse; Cu-, Cd- und Zn-Ionen hemmen schon in geringen Konzentrationen[9].

Eine *Hemmung* der Histidasewirkung findet auch durch das gonadotrope Hormon *Prolan* statt. Diese Tatsache erklärt das Auftreten von Histidin im Harn gravider Frauen[10].

Das p_H-Optimum liegt bei 8—9. Die Bestimmung[11] der Histidasewirkung geschieht durch Ermittlung der gebildeten Ammoniakmenge nach FOLIN. Als

---

Zusammenfassende Darstellungen über Histidase: 1—4. [1] LEUTHARDT, F.: Histidase. Bamann-Myrbäck **2**, 1974—1976. — [2] KRAUT, H., u. E. KOFRÁNYI: Handb. Katalyse (SCHWAB) **3**, 286 (1941). — [3] Oppenheimer, Fermente Suppl. **1**, 580—583 (1936). — [4] EDLBACHER, S.: Histidase und Urocaninase. Ergebn. Enzymforsch. **9**, 131 (1943).

[5] EDLBACHER, S.: H. **157**, 106 (1926). — GYÖRGY, P., u. H. RÖTHLER: B. Z. **173**, 334 (1926). — [6] EDLBACHER, S., u. J. KRAUS: H. **191**, 225 (1930); **195**, 267 (1931). — [7] EDLBACHER, S., u. M. NEBER: H. **224**, 261 (1934). — [8] EDLBACHER, S., H. BAUR u. M. BECKER: H. **265**, 61 (1940). — [9] EDLBACHER, S., H. BAUR u. G. KÖBNER: H. **259**, 171 (1939). — [10] KAPELLER-ADLER, R., u. G. BOXER: B. Z. **293**, 207 (1937). — [11] EDLBACHER, S., u. J. KRAUS: H. **195**, 267 (1931).

Einheit (HE) definiert man die Enzymmenge, die bei 38° und p_H 8,0 in 6 h aus 2 cm^3 n/5 Histidinhydrochloridlösung eine Ammoniakmenge entsprechend 8 cm^3 n/50 H_2SO_4 entwickelt.

Der *biologische Abbau des Histamins* wird durch ein besonderes Ferment, die *Histaminase*, bewirkt[1], wobei der Imidazolkern oxydativ abgebaut wird; das Ferment ist wahrscheinlich identisch mit der Diaminooxydase und wird an anderer Stelle behandelt (S. 1209).

c) *Nucleindesaminasen*[2, 3].

Die Nucleindesaminasen sind Organfermente und kommen weitverbreitet vor, entsprechend ihrer Bedeutung für den Stoffwechsel der Nucleinstoffe der *Zellkerne*. Besonders verwickelt und reichhaltig ist das Enzymsystem der *Leber*, einfacher das des *Muskels*.

Der *Abbau der Nucleinstoffe* führt meist zur Harnsäure und weiter zu Allantoin als Endstufen (vgl. S. 807, 812, sowie Bd. 2, Purinstoffwechsel). Die Purinbausteine der Nucleinstoffe werden also nach vorangehender Desaminierung oxydiert. Diese *Desaminierung* wird von Enzymen hoher Spezifität bewirkt, die man als *Nucleindesaminasen (Purindesaminasen)* bezeichnet. Es handelt sich um eine große Zahl streng spezifischer Einzelenzyme, die sich durch ihre spezifische Einstellung auf die verschiedenen Aminopurine (Adenin, Guanin, Cytidin) bzw. deren Pentoseverbindungen (Nucleoside) und Pentosephosphorverbindungen (Nucleotide) unterscheiden.

```
 N=C—NH2              N=C—OH                N=C—NH2               N=C—OH
 |  |                 |  |                  |  |                  |  |
HC  C—N         →    HC  C—N               HC  C—N          →    HC  C—NH
 ‖  ‖   \CH           ‖  ‖   \CH            ‖  ‖   \CH            ‖  ‖    \CH
 N—C—NH/              N—C—NH/               N—C—N/                N—C——N/
   Adenin              Hypoxanthin              /                     /
                                            HC———|                HC———|
      N=C—OH               N=C—OH            |    |                |    |
      |  |                 |  |           (HCOH)2 |             (HCOH)2 |
 H2N—C  C—N        →   HO—C  C—N             |    |                |    |
      ‖  ‖   \CH           ‖  ‖   \CH       HCO———|              HCO———|
      N—C—NH/              N—C—NH/           |                     |
        Guanin               Xanthin        H2COH                 H2COH
                                           Adenosin           Hypoxanthosin
```

Folgende Einzelenzyme sind beschrieben:

α) **Adenase.** Desaminierung von Adenin zu Hypoxanthin[4, 5, 6]. Das Ferment fehlt beim Menschen; es findet sich in Rindermuskel und Kuhmilch[7], ist aber im übrigen im Tierreich selten; im allgemeinen wird im Organismus nicht freies Adenin desaminiert, sondern Adenosin oder Adenylsäure (s. unten).

β) **Guanase.** Desaminierung von Guanin zu Xanthin. Vorkommen in zahlreichen tierischen Organen, wie Leber, Pankreas, Milz und Niere[4, 5], sowie in Lupinensamen[4, 5]. Sie greift Guanosin nicht an[8].

---

[1] WERLE, E.: Fermentforsch. **17**, 103 (1942). — MCHENRY, E. W., and G. GAVIN: Biochem. J. **26**, 1365 (1932).

Zusammenfassende Darstellungen über Nucleindesaminasen: [2] KLEIN, W.: Nucleindesaminasen. Bamann-Myrbäck **2**, 1955—1961. — [3] KRAUT, H., u. E. KOFRÁNYI: Handb. Katalyse (SCHWAB) **3**, 287 (1941).

[4] SCHITTENHELM, A.: H. **43**, 228 (1904/05); **45**, 152 (1905); **46**, 354 (1905); **63**, 248, 289 (1909). — [5] SCHITTENHELM, A., u. J. SCHMID: H. **50**, 30 (1906/07). Z. exp. Path. Therap. **4**, 432 (1907). — [6] SCHMIDT, G.: H. **179**, 243 (1928); **208**, 185 (1932). — [7] MORGAN, E. J., C.P. STEWART and F. G. HOPKINS: Proc. R. Soc. London (B) **94**, 109 (1922/23). — [8] WAKABAYASI, Y.: J. Biochem. **28**, 185 (1938); vgl. dagegen SCHMIDT, G.: H. **208**, 185 (1932).

γ) **Adenosindesaminase.** Desaminierung von Adenosin (Adeninribosid) zu Hypoxanthosin (Hypoxanthinribosid). Weitverbreitet in Muskel[1], Leber[2], Milz, Pankreas, Darmschleimhaut, Nervengewebe usw.[3], aktivierbar durch Cyanid, Semicarbazid und Hydroxylamin[4].

δ) **Guanosindesaminase.** Desaminierung von Guanosin zu Xanthinribosid. Von Guanase abtrennbar durch Adsorption[5] mit Aluminiumhydroxyd Cγ. Vorkommen in Gehirn, Pankreas, Leber, Milz[1, 5].

ε) **Adenylsäuredesaminase.** *1. Muskeladenylsäuredesaminase.* Desaminierung von Muskeladenylsäure. Vorkommen im Säugetiermuskel[1, 6]. Unwirksam gegen Hefeadenylsäure, Adenosin, Adenin, Guanosin, Guanin, Adenosintriphosphat und Co-Zymase[1, 7]. *2. Hefeadenylsäuredesaminase.* Desaminierung von Hefeadenylsäure. In Milz, Niere und Leber von Kaninchen und Katze soll nach Wakabayasi[8] ein Enzym vorhanden sein, das Hefeadenylsäure zu desaminieren vermag.

ζ) **Guanylsäuredesaminase.** Desaminierung von Guanylsäure. Vorkommen in Kaninchenleber[9], hemmbar durch Natriumfluorid.

η) **Cytidindesaminase.** Desaminierung von Cytidin (Cytosinribosid) zu Uridin (Uracylribosid)[9].

Die *Wirkungsbestimmung* beruht auf der Ermittlung des gebildeten Ammoniaks, der nach Destillation und titrimetrischer Messung bestimmt werden kann[10, 11]. Reindarstellungen dieser Enzyme sind noch nicht gelungen.

d) Phosphaminasen[12, 13].

In den *Muskeln* der Wirbeltiere findet sich *Kreatinphosphorsäure* und in denen der Wirbellosen *Argininphosphorsäure*. Die *Stickstoff-Phosphorbindung* dieser als „*Phosphagene*" bezeichneten Verbindungen wird durch ein spezifisches Enzym, die *Phosphaminase(n)* (*Phosphoamidase*) unter Freisetzung von Phosphorsäure *gelöst*.

```
NH—P(=O)(OH)(OH)          NH—P(=O)(OH)(OH)
|                         |
C=NH                      C=NH
|                         |
N—CH3                     CH2—NH
|                         |
CH2                       CH2
|                         |
COOH                      CH2
                          |
                          CH—NH2
                          |
                          COOH
```

Kreatinphosphorsäure   Argininphosphorsäure

Das Enzym findet sich in Reiskleie, Aspergillus oryzae (Taka), Niere und vor allem im Muskel, wo es bei p_H 6,7 optimal wirksam ist. Reizung oder Zerschneiden des Muskels, vielleicht auch Muskeldystrophie infolge Vitamin-E-Mangel[14] beschleunigt den enzymatischen Zerfall der Kreatinphosphorsäure in Kreatin und Phosphorsäure. Aufgekochter Muskelextrakt ist enzymatisch unwirksam, wäßrige Extrakte spalten verlangsamt; durch Stehen bei Zimmertemperatur erfolgt reversible Inaktivierung, die durch Adenosintriphosphat oder Adenylsäure aufge-

---

[1] Schmidt, G.: H. **179**, 243 (1928). — [2] Klein, W.: Nucleindesaminasen. Bamann-Myrbäck **2**, 1955—1961. — [3] Conway, E. J., and R. Cooke: Biochem. J. **33**, 479 (1939). — [4] Firket, H.: Acta biol. belg. **2**, 222 (1942). — [5] Wakabayasi, Y.: J. Biochem. **28**, 185 (1938). — [6] György, P., u. H. Röthler: B. Z. **187**, 194 (1927). — [7] Barrenscheen, H. K., u. W. Filz: B. Z. **250**, 281 (1932). — [8] Wakabayasi, Y.: J. Biochem. **29**, 247 (1939). — [9] Schmidt, G.: H. **208**, 185 (1932). — [10] Embden, G., M. Carstensen u. H. Schumacher: H. **179**, 186 (1928). — [11] Klein, W.: H. **224**, 244 (1934).

Zusammenfassende Darstellungen: 12—13. [12] Schäffner, A.: Phosphaminase. Bamann-Myrbäck **2**, 1977—1981. — [13] Oppenheimer: Fermente Suppl. **1**, 583—586 (1936).
[14] Carey, M. M., and D. D. Dziewiatkowski: J. biol. Ch. **179**, 119 (1949).

hoben werden kann. Bei der Muskelkontraktion ist der Vorgang der Phosphagenumsetzung, bei dem Adenylsäure als katalytisch wirksame, Phosphorsäure übertragende Verbindung in Reaktion tritt[1], von großer Wichtigkeit (vgl. GRASSMANN-TRUPKE, S. 523; Bd. 2, Muskel).

Auch in Emulsin[2] wurde Phosphaminase nachgewiesen, die Phenylphosphorsäureanilid bei p_H 4,9 optimal spaltet; Pankreastrypsinlösungen spalten sowohl bei p_H 5 als bei p_H 8 Phosphorsäure-p-chloranilid[2] (diese Verbindungen dienen als künstliche Substrate, s. unten). Nach FALCONER[3] ist in Schlangengiften (Vip. russelli; Agkistrodon piscivorus) eine Phosphoaminase enthalten, welche die in der Hefenucleinsäure zum Teil an die Aminogruppe des Guanins gebundene Phosphorsäure abspaltet. Demgegenüber fand WINNICK[4], daß Phosphokreatin durch alkalische Phosphatasen verschiedenster Herkunft und Reinheit hydrolysiert wird, daß es also Phosphaminasen nicht geben soll.

Die Wirkung der Phosphaminase wurde auch noch an verschiedenen *synthetischen Substraten*, z. B. Phenylphosphorsäureanilid und Phosphorsäure-parachloranilid studiert, wobei Enzymlösungen aus Niere, Reiskleie und Aspergillus oryzae angewandt wurden[5]. ISHIHARA unterscheidet drei *Phosphaminasetypen:* das Nierenferment, das zwei Optima aufweist, bei p_H 3 und p_H 9, das Enzym der *Reiskleie*, das zwischen p_H 4,8 und 5,6 optimal wirksam ist und das *Takaferment* mit dem p_H-Optimum p_H 3,2.

Darstellung. Aus *Nierenextrakt* läßt sich Phosphaminase frei von Phosphoesterase[5] durch Behandlung mit Kaolin und Dialyse gewinnen[6].

Bestimmung. Die enzymatische Wirkung läßt sich durch Messung der freiwerdenden Phosphorsäure bestimmen.

4. Acylamidasen.

a) Allgemeines.

Bei dieser Fermentgruppe handelt es sich wahrscheinlich um eine *größere Zahl verschiedener*, noch sehr *wenig untersuchter Enzyme* mit zum Teil engem Spezifitätsbereich.

Es ist noch nicht sicher entschieden, ob die *einfachen Fettsäureamide* durch Enzyme der tierischen Gewebe und der Schimmelpilze gespalten werden. Dagegen finden sich in verschiedenen *Bakterien*[7] und in *Torula utilis*[8] Enzyme, die zur Hydrolyse von einfachen Amiden, z. B. Acetamid, Propionsäureamid, aber anscheinend nicht Formamid und Benzamid befähigt sind. Eine enzymatische Synthese von Benzamid aus Benzoesäure und Ammoniak durch Suspensionen oder Glycerinextrakte von Pferdeniere ist durch WAELSCH und BUSZTIN beschrieben[9]. Das Enzym wirkt optimal bei p_H 7,3 und wird durch Blausäure und Schwefelwasserstoff vollständig gehemmt.

Viel weiter verbreitet sind Enzyme, die die hydrolytische Spaltung von *Aminosäureamiden* und decarboxylierten Peptiden, wie z. B. Leucyldecarboxyglycin, bewirken. Sie finden sich in fast allen *Organextrakten*, in rohen Erepsinpräparaten[10] und in Polypeptidasepräparaten der Hefe[10]. Bemerkenswert ist, daß

---

[1] LOHMANN, K.: B. Z. **271**, 264 (1934); vgl. auch z. B. BALDWIN, E.: Dynamic aspects of biochemistry. Cambridge 1947. — HOFFMANN-OSTENHOF, O.: Enzymologia **14**, 72 (1950). — [2] BREDERECK, H., u. E. GEYER: H. **254**, 222 (1938). — [3] FALCONER, R., I. M. GULLAND, G. J. HOBDAYA and E. M. JACKSON: Soc. **1939**, 907. — [4] WINNICK, TH.: Arch. Biochem. **11**, 209 (1947). — [5] Vgl. dazu auch WALDSCHMIDT-LEITZ, E., u. F. KÖHLER: B. Z. **258**, 360 (1933). — [6] ICHIHARA, M.: J. Biochem. **18**, 87 (1933). — [7] Vgl. LINDERSTRØM-LANG, K.: Ann. Rev. **8**, 37—58, und zwar S. 53 (1939). — [8] GORR, G., u. J. WAGNER: B. Z. **245**, 1 (1932); **266**, 96 (1933). — [9] WAELSCH, H., u. A. BUSZTIN: H. **249**, 135 (1937). — [10] WALDSCHMIDT-LEITZ, E., W. GRASSMANN u. A. SCHÄFFNER: B. **60**, 359 (1927).

die Spaltung an das Vorhandensein einer Aminogruppe in α-Stellung gebunden ist. Dies legt auch die Vermutung nahe, daß diese enzymatische Spaltung eine Nebenwirkung der Aminopolypeptidase sein könnte[1, 2].

b) *Asparaginase*[3–7].

In *höheren Pflanzen*, *Schimmelpilzen*, *Hefen* und *Bakterien*, sowie im *Tierreich* (Darm und Leber) findet sich ein ganz spezifisch auf die hydrolytische *Spaltung von Asparagin* eingestelltes Ferment, die *Asparaginase*[8]. Das tierische und pflanzliche Enzym zeigen keine wesentlichen Unterschiede.

$$\begin{array}{c} CO\cdot NH_2 \;+\; H_2O \\ | \\ CH_2 \\ | \\ H-C-NH_2 \\ | \\ COOH \end{array} \longrightarrow \begin{array}{c} COOH \\ | \\ CH_2 \\ | \\ H-C-NH_2 \\ | \\ COOH \end{array} + NH_3$$

Substratspezifität[9, 7]. Die Wirkung ist streng spezifisch auf L-β-Asparagin eingestellt. α-Asparagin, sowie der optische Antipode des natürlichen L-Asparagins, das D-β-Asparagin[10], ferner die Amide der Oxy-asparaginsäure werden nicht angegriffen; Asparaginsäure-diamid wird halbseitig gespalten. Auch das homologe Glutamin wird von gereinigter Asparaginase nicht gespalten[11, 12]. Nicht zerlegt werden auch Peptide des Asparagins[13]. Wichtig für den Angriff des Enzyms ist, daß die Amino- und die Amidgruppe des Asparagins frei sind. Das Enzym ist also spezifisch auf folgende Substratstruktur eingestellt.

$$\cdots OC-\overset{\displaystyle H}{\underset{\displaystyle NH_2}{C}}-CH_2-CO\cdot NH_2$$

In Eiweiß eingebautes Asparagin ist daher für Asparaginase nicht spaltbar.

Eine weitgehende *Reinigung* dieses Enzyms ist noch nicht durchgeführt worden.

GRASSMANN und MAYR[7] konnten aus Hefe nach fraktionierter Autolyse bei etwa p_H 8 mit Toluol- oder Diammoniumphosphatzusatz[14] eine fast dipeptidasefreie Lösung gewinnen, die aber noch Aminopolypeptidase enthält; die Asparaginase kann durch Adsorption an Tonerde bei etwa p_H 5 teilweise getrennt und in der alkalischen Elution angereichert werden.

Eigenschaften. Das Enzym wirkt optimal bei p_H 8; durch Hg-, Ag- und Cu-Ionen wird es gehemmt. Durch Aceton und in saurer Lösung wird die Asparaginase zerstört (weitgehend bei p_H 5 und 0° in 30 min)[7]. Gegen Blausäure und Schwefelwasserstoff ist das Ferment relativ unempfindlich und unterscheidet sich dadurch von der Dipeptidase.

Als *Einheit* wird die Enzymmenge angegeben, die 0,5 Millimol Asparagin (66 mg) bei p_H 8 und 40° im 10 cm³-Spaltansatz in 2 h zu 50% spaltet[7]. Das entstehende Ammoniak

---

[1] GRASSMANN, W., u. H. DYCKERHOFF: B. **61**, 656 (1928). — [2] LINDERSTRØM-LANG, K.: C. R. Lab. Carlsberg **19**, Nr. 3, 1 (1931).

Zusammenfassende Darstellungen über Asparaginase: 3—7. [3] GRASSMANN, W., u. P. STADLER: Glutaminase. Asparaginase. Bamann-Myrbäck **2**, 1948—1954 (1941). — [4] Oppenheimer, Fermente Suppl. **1**, 588—590 (1936). — [5] BERSIN, TH.: Handb. Enzymol. (NORD-WEIDENHAGEN) **1**, 588 (1940). — [6] KRAUT, M., u. E. KOFRÁNYI: Handb. Katalyse (SCHWAB) **3**, 278 (1941). — [7] GRASSMANN, W., u. O. MAYR: H. **214**, 185 (1933).

[8] GONNERMANN, M.: Pflügers Arch. **89**, 493 (1902). — GEDDES, W. F., and A. HUNTER: J. biol. Ch. **77**, 197 (1928). — [9] GRASSMANN, W.: Untersuchungen über die Spezifität proteolytischer Pflanzenenzyeme. Hab.-Schr. München 1928, u. zw. S. 94. Ergebn. Enzymforsch. **1**, 129 (1932), u. zw. S. 149. — [10] GROVER, C. E., and A. CH. CHIBNALL: Biochem. J. **21**, 857 (1927). — [11] KREBS, H. A.: Biochem. J. **29**, 1951 (1935). — [12] DAMODARAN, M.: Biochem. J. **26**, 235 (1932). — [13] GREENBERG, D. M., and T. WINNICK: Enzymes that hydrolyse the carbone-nitrogen bound. Ann. Rev. **14**, 31—68 (1945). — WYNNE, A. M.: Nonoxidative enzymes. Ann. Rev. **15**, 35 (1946). — [14] Vgl. dazu WILLSTÄTTER, R., u. E. BAMANN: H. **151**, 242 (1926).

wird abdestilliert, in Säure aufgefangen und titrimetrisch bestimmt, z. B. nach dem Verfahren von PARNAS und HELLER[1].

Beim enzymatischen Abbau bestimmter Proteine, die Asparagin vorgebildet enthalten, kann dieses als Hydrolysespaltstück auftreten[2] (vgl. S. 589).

c) *Glutaminase*[3–6, 7].

Das Homologe des Asparagins, das L-Glutamin, wird ebenfalls durch ein besonderes Enzym, die *Glutaminase*, die von der Arginase verschieden ist (s. oben), gespalten. Bei der enzymatischen *Hydrolyse des Glutamins* entstehen Glutaminsäure und Ammoniak:

$$\begin{array}{c} CO\cdot NH_2 \\ | \\ CH_2 \\ | \\ CH_2 \\ | \\ CH\cdot NH_2 \\ | \\ COOH \end{array} \quad \underset{-\,H_2O}{\overset{+\,H_2O}{\rightleftarrows}} \quad \begin{array}{c} COOH \\ | \\ CH_2 \\ | \\ CH_2 \\ | \\ CH\cdot NH_2 \\ | \\ COOH \end{array} \quad + NH_3$$

Das im *Pflanzenreich weit verbreitete* Ferment findet sich auch in *Organen von Wirbeltieren*, z. B. in Niere, Retina, Gehirnrinde und in der Leber, scheint aber auf die Herbivoren beschränkt zu sein.

In Gegenwart von Brenztraubensäure werden Glutamin und Asparagin von wäßrigen Rattenleberextrakten viel stärker desaminiert, vielleicht weil intermediär ein Dehydropeptid

$$R\cdot CO\cdot NH_2 + R'\cdot CO\cdot COOH \rightarrow R\cdot CO\cdot N\colon C(COOH)\cdot R' \rightarrow$$
$$R\cdot COOH + NH_3 + R\cdot CO\cdot COOH$$

entsteht, das dann in Fettsäure, Ammoniak und Brenztraubensäure gespalten wird[8].

Von großer Bedeutung ist der Befund von KREBS[7], der die Umkehr der Hydrolyse in Gewebeschnitten, also die *Synthese von Glutamin* nachweisen konnte. Damit wurde die schon lange vermutete[9] synthetisierende Fähigkeit einfacher Amidasen erstmals aufgefunden. Bei einem p_H-*Optimum* 7,2 bis 7,4 findet *in Nierenschnitten* vom Kaninchen und Meerschweinchen, sowie *in Retina und Hirnrinde* die Bildung von Glutamin aus glutaminsaurem Ammonium statt. Die Synthese erfordert Energie, die der Spaltung von Adenosintriphosphorsäure entstammt[10]. In Gewebsextrakten ist dagegen keine Synthese festzustellen, sondern lediglich Hydrolyse des Glutamins, wobei die entstehende Glutaminsäure hemmend auf das Enzym einwirkt. Auch D-Glutaminsäure wirkt hemmend. Glutaminase aus Leber erfährt durch Glutaminsäure keine Hemmung.

Für Glutaminase aus Leber bzw. Gehirn und Niere wurden zwischen p_H 7,2 und 8,8 zwei *verschiedene Optima* der Glutaminhydrolyse festgestellt[11]. Ob auf

---

[1] PARNAS, J. K., u. J. HELLER: B. Z. **152**, 1 (1924). — PARNAS, J. K., u. A. KLISIECKI: B. Z. **173**, 224 (1926). — PARNAS, J. K.: B. Z. **274**, 158 (1934). — [2] DAMODARAN, M.: Biochem. J. **26**, 235 (1932).

Zusammenfassende Darstellungen über Glutaminase: 3—6. [3] GRASSMANN, W., u. P, STADLER: Glutaminase. Bamann-Myrbäck **2**, 1954. — [4] Oppenheimer, Fermente Suppl. **1**, 590—592 (1936). — [5] BERSIN, Th.: Handb. Enzymol. (NORD-WEIDENHAGEN) **1**, 590 (1940). — [6] KRAUT, H., u. E. KOFRÁNYI: Handb. Katalyse (SCHWAB) **3**, 279 (1940).

[7] KREBS, H. A.: Biochem. J. **29**, 1951 (1935). — LINEWEAVER, H., and E. F. JANSEN: Ann. Rev. **14**, 72 (1945). — [8] GREENSTEIN, J. P., and CH. F. CARTER: J. biol. Ch. **165**, 741 (1947). — [9] EULER, H. v., u. K. MYRBÄCK: in Euler, Enzyme II/2, 375 (1927). — [10] SPECK, J. F.: J. biol. Ch. **179**, 1387, 1405 (1949). — SPECK, J. F.: J. biol. Ch. **168**, 403 (1947). — ELLIOTT, W. H.: Nature **161**, 128 (1948). — [11] KREBS, H. A.: Biochem. J. **29**, 1951 (1935).

Grund der genannten Unterschiede auf verschiedene Glutaminasetypen geschlossen werden kann, ist fraglich.

d) Aspartase[1-2].

In das System der Amidasen schlecht einzuordnen ist das Enzym *Aspartase*, das zuerst von QUASTEL und WOOLF[3] beschrieben wurde. Obwohl sie *keine echte Amidase* ist, soll sie wegen der nahen Verwandtschaft der spezifischen Substrate beider Enzyme im Anschluß an die Asparaginase behandelt werden.

Das Enzym findet sich in *Pflanzen*, *Bakterien* und *Hefen*[4]. Seine Wirkung, die z. B. in zellfreien Lösungen von Bact. coli untersucht wurde[5], läßt sich als eine, bei p_H *7,1 optimal* verlaufende *anaerobe Regelung des Gleichgewichtes zwischen Fumarsäure (I) und Ammoniak und* L-*Asparaginsäure (II)* beschreiben:

$$\begin{array}{ccc} COOH & & COOH \\ | & & | \\ CH & +NH_3 & CH_2 \\ \| & \rightleftharpoons & | \\ CH & -NH_3 & HCNH_2 \\ | & & | \\ COOH & & COOH \\ \text{I} & & \text{II} \end{array}$$

Spezifität. Das Enzym ist spezifisch auf L-Asparaginsäure eingestellt. An Stelle von Ammoniak können auch andere Stickstoffverbindungen in Reaktion treten, z. B. Methylamin, Hydroxylamin, Methylhydrazin u. a.[6,7].

Vielleicht liegt die biologische Bedeutung dieses noch sehr wenig gekennzeichneten Enzyms in einer besonderen Form der Aminosäuresynthese. Die Umsetzung zwischen Fumarsäure und Hydroxylamin könnte außerdem möglicherweise als Reaktionsweg bei der Stickstoffassimilation von Bedeutung sein (vgl. S. 512 und Bd. 2, Biochemie der Mikroorganismen).

e) Hippuricase (Histozym)[8-10].

Vor allem in der *Niere*, dann aber auch in *Leber*, *Pankreas* und *Muskeln* und in *anderen Organen* von *Wirbeltieren*, ferner in *Bakterien*[11] und *Schimmelpilzen*[12] findet sich ein Enzym, das die hydrolytische Spaltung von *Hippursäure (Benzoylglycin)* in *Benzoesäure* und *Glycin* katalysiert und vom Entdecker O. SCHMIEDEBERG als *Histozym (Hippuricase)* bezeichnet wurde[13].

Die *Spezifität* des Enzyms ist schwer abgrenzbar, da eine große Zahl benzoylierter und acylierter Aminosäuren als Substrate bekannt sind[14] und außerdem wohl eine Vielzahl von Enzymen mit verwandter Spezifität existiert. Substitution des Benzolrings der Hippursäure, z. B. Halogenierung, Nitrierung und Methylierung, beeinflußt lediglich die Spaltungsgeschwindigkeit, und zwar werden m-Derivate rascher, o-Derivate langsamer gespalten als die unsubstituierten Verbindungen, während p-Substitution keinen wesentlichen Einfluß hat[15]. Nicht gespalten werden Verbindungen, die β-Aminosäuren oder D-α-Aminosäuren als Bestandteile enthalten. Das Ferment nimmt eine *Zwischenstellung* ein zwischen den Amidasen im engeren Sinne und den Peptidasen. Seine Substrate können als *„Desaminopeptide"* (R · CO—NH · CH · R' · COOH, wobei

Zusammenfassende Darstellungen über Aspartase: 1—2. [1] ERKAMA, J., u. A. I. VIRTANEN: Aspartase. Bamann-Myrbäck **3**, 2589—2597. — [2] Oppenheimer, Fermente Suppl. **1**, 592 bis 593 (1936).

[3] QUASTEL, J. H., and B. WOOLF: Biochem. J. **20**, 545 (1926). — [4] HAEHN, H., u. H. LEOPOLD: B. Z. **292**, 380 (1937). — [5] VIRTANEN, A. I., u. J. TARNANEN: Naturwiss. **19**, 397 (1931). B. Z. **250**, 193 (1932). — [6] SOARES, M.: C. R. Soc. Biol. **124**, 1030 (1937). — [7] JACOBSOHN, K. P., et M. SOARES: C. R. Soc. Biol. **124**, 1026 (1937). Enzymologia **1**, 183 (1936).

Zusammenfassende Darstellungen über Hippuricase: 8—10. [8] TROLLE, B.: Hippurikase. Bamann-Myrbäck **2**, 1982—1986. — [9] Oppenheimer, Fermente Suppl. **1**, 594—595 (1936). — [10] KRAUT, H., u. E. KOFRÁNYI: Handb. Katalyse (SCHWAB) **3**, 272 (1941).

[11] SEO, Y.: A. e. P. P. **58**, 440 (1907/08). — REIS, J., u. A. SVENSSON: Ber. Physiol. **64**, 183 (1932). — [12] DOX, A. W.: J. biol. Ch. **6**, 461 (1909). — [13] SCHMIEDEBERG, O.: A. e. P. P. **14**, 288, 379 (1881). — [14] SMORODINZEW, I. A.: H. **124**, 123 (1923). — [15] ELLIS, S., and B. S. WALKER: J. biol. Ch. **142**, 291 (1942).

R = Radikal ohne NH_2-Gruppe) aufgefaßt werden[1]. Zum Unterschied von der *Carboxypolypeptidase* bedarf die Hippuricase keiner freien Carboxylgruppe im Substrat als Haftstelle. Amidester werden sogar gut gespalten.

Einige Untersuchungen weisen darauf hin, daß die Hippuricase ein Sulfhydryl- bzw. Disulfidgruppen enthaltendes *Redoxsystem* darstellen könnte und es ist angegeben worden, daß unter dem Einfluß von Oxydationsmitteln die katalytische Reaktion nach der Seite der Synthese umgestellt werden sollte[2]. Dabei wurde auch über die Bildung von Hippursäure aus Glykokoll und Benzylalkohol berichtet. Die Energie für die Hippursäuresynthese wird aber nicht durch derartige Oxydationsvorgänge geliefert, sondern — ähnlich wie in verschiedenen anderen Fällen — durch Spaltung von Adenosintriphosphatase[3]. Zur Frage der Hippursäuresynthese s. weiterhin GRASSMANN-TRUPKE S. 996[3]. So wurde die Bildung von Hippursäure aus Glykokoll und Benzylalkohol nachgewiesen. Es ist anzunehmen, daß die physiologische Funktion der Hippuricase in der Synthese und nicht in der Spaltung der Hippursäure liegt.

Das Enzym ist *noch nicht in reiner Form erhalten.* Seine Natur und Spezifität ist daher noch unerforscht. Das *Optimum* der Hydrolyse liegt bei p_H *6,8 bis 7,0,* ohne deutlichen Unterschied hinsichtlich verschiedener Substrate.

Bestimmung. Um die Wirkung der Hippuricase zu messen, kann man am geeigneten Substrat die entstehende Benzoesäure mit Petroläther extrahieren und gravimetrisch bestimmen[3] oder die freigesetzten Aminogruppen bzw. Carboxylgruppen titrimetrisch bestimmen.

f) Urease[4–7].

Die altbekannte Erscheinung der bakteriellen *Harnstoffzersetzung* im Harn (VAN HELMONT 1682) unter Bildung von Ammoniak und Kohlensäure als Endprodukten ist zurückzuführen auf die Wirkung des Enzyms *Urease.* Das Enzym findet sich in zahlreichen Bakterien und Schimmelpilzen, sowie in höheren Pflanzen; unter ihnen sind am enzymreichsten die Samen der Leguminosen, unter denen die Jackbohne (Schwertbohne, Canavalia ensiformis) als das weitaus ergiebigste Material hervorragt. Vorkommen als extracellulares Ferment höherer Pflanzen s. KUPREWITSCH[8]. Auch im höheren und niederen Tierreich[9] sowie beim Menschen[10] ist das Enzym nachgewiesen. Über Magenurease und deren mögliche Bedeutung für die Magenacidität vgl.[11].

Substratspezifität. Urease katalysiert streng spezifisch nur die Spaltung von *Harnstoff* in Ammoniak und Kohlensäure, Harnstoff*derivate* werden *nicht* angegriffen. Die behauptete Spaltbarkeit von Biuret hat sich nicht bestätigt[12]. Die enzymatische Wirkung geht wohl unter Bildung von einem Molekül Ammoniak

---

[1] Siehe Fußnote [14] S. 1112. — [2] OTANI, H.: Acta Scholae med. Kioto **17**, 330 (1935). — So, T.: J. Biochem. **12**, 107 (1930). — MAZZA, F. P., e L. PANNAIN: Atti R. Accad. naz. Lincei, R. C. (6) **19**, 97 (1934). — [3] COHEN, P. P., and R. W. MCGILVERY: J. biol. Ch. **171**, 89 (1947). — GRASSMANN, W., u. K. P. BASU: H. **198**, 247 (1931).

Zusammenfassende Darstellungen über Urease: 4—7. [4] SUMNER, J. B.: Crystalline Urease. Ergebn. Enzymforsch. **1**, 295—301 (1932). — [5] SUMNER, J. B.: Urease. Bamann-Myrbäck **2**, 1987—1990. — [6] Oppenheimer Fermente Suppl. **1**, 596—610 (1936). — [7] KRAUT, H., u. E. KOFRÁNYI: Handb. Katalyse (SCHWAB) **3**, 274 (1941).

[8] KUPREWITSCH, W. F.: Bot. J. (russ.) **34**, 613 (1949) [C. **1950 I**, 1986]. Ber. Akad. Wiss. USSR. [N. S.] **68**, 953 (1949) [C. **1950 II**, 306]. — [9] LOEB, L., and O. BODANSKY: J. biol. Ch. **67**, 79 (1926); **72**, 415 (1927). — ROBINSON, W., and F. C. BAKER: J. Parasitology **25**, 149 (1939). — LUCK, J. M., and T. N. SETH: Biochem. J. **19**, 357 (1925). — LINDERSTRØM-LANG u. A. SOEBORG-OHLSEN: Enzymologia **1**, 92 (1936/37). — [10] STREHLER, E.: Schweiz. med. Wschr. **1943**, 1492. — FOSSEL, M.: H. **282**, 164 (1947). — [11] DAVIES, R. E., and H. L. KORNBERG: Biochem. J. **47**, II (1950). — FITZGERALD, O., and PH. MURPHY: Irish J. med. Sci. [6] **1950**, 97 [C. **1950 II**, 1585]. — [12] SHAW, W. H. R., and G. B. KISTIAKOWSKI: Am. Soc. **72**, 634, 2817 (1950).

nur bis zum *Carbaminat,* das dann von selbst weiter zerfällt[1].

$$OC\begin{matrix}NH_2\\NH_2\end{matrix} \xrightarrow[H_2O]{\text{Urease}} \left[OC\begin{matrix}NH_2\\O\cdot NH_4\end{matrix}\right] \xrightarrow[H_2O]{} CO_2 + 2\,NH_3$$

Das Wirkungs*optimum*[2] ist von der Art des Puffers und von der Enzymkonzentration abhängig. Für 1% Urease und m/8-Citratpuffer gilt p_H 6,7 als optimal, für Phosphatpuffer dagegen etwa 7,6.

Zur Messung der Ureasewirkung kann entweder das gebildete Ammoniak (titrimetrisch oder mittels NESSLERs Reagens[3]) oder die entwickelte Kohlensäure (manometrisch[4]) bestimmt werden. Die Spaltung folgt einer Reaktion nullter Ordnung. Als Ureaseeinheit bezeichnet SUMNER[5] die Enzymmenge, die 1 mg Ammoniakstickstoff aus dem 1,5% Harnstoff enthaltenden Reaktionsansatz in 5 min bei 20° und p_H 7,0 bildet. Die *Kinetik* läßt sich im Sinne einer monomolekularen Reaktion beschreiben[6].

Hemmung und Aktivierung. Das gereinigte Enzym ist äußerst empfindlich gegen *Schwermetalle*[7, 8], von denen schon Spuren, wie z. B. im destillierten Wasser vorkommendes Kupfer, inaktivieren. Am stärksten wirksam sind Ag, Hg, Cu, Cd und Pb. Weiterhin hemmen Fluoride, Sulfite[8], Monojodessigsäure[9], p-Chlormercuribenzoat[18], Phenylisocyanat[10], Formaldehyd und Borate sowie Oxydationsmittel[11], beispielsweise H_2O_2, Halogene und Chinone, wie die Naphthochinone mit Vitamin-K-Charakter[12]. Die Hemmung durch Harnstoffderivate[13] erklärt sich durch Blockierung des Enzyms am untauglichen Substrat; auch die Hemmung durch Harnstoffüberschuß kann auf die Bildung katalytisch unwirksamer Anlagerungsverbindungen zurückgeführt werden[14]. Hemmung durch Penicillin s. TURNER[15]. Die Hemmung durch Schwermetalle und Oxydationsmittel kann, wenn sie nicht zu weit gegangen war[16], aufgehoben werden durch Blausäure sowie durch Sulfhydrylverbindungen (H_2S, Thiole), ferner auch durch Zusatz von Gummi arabicum, Aminosäuren, hydrophilen Kolloiden u. a.

Mit der Feststellung, daß Sulfhydrylgruppen einen wesentlichen Bestandteil der Urease selbst ausmachen[16–18], finden die Hemmungs- bzw. Aktivierungsvorgänge eine Erklärung, indem man sie als Mercaptidbildung (Schwermetalle), als Disulfidbildung (Oxydationsmittel) oder als Alkylierung auffaßt, wobei in den beiden ersten Fällen eine Rückbildung der SH-Gruppen durch Sulfhydrylverbindungen bewirkt werden kann. Nach HELLERMAN[18, 19] sowie DESNUELLE[10] sind nicht die „aktiven", sondern die „maskierten" (vgl. GRASSMANN-TRUPHE S. 667) SH-Gruppen für die Wirkung notwendig.

[1] SUMNER, J. B., and D. B. HAND: Proc. Soc. exp. Biol. Med. **27**, 292 (1930). — SUMNER, J. B., D. B. HAND and R. G. HOLLOWAY: J. biol. Ch. **91**, 333 (1931). Vgl. dazu auch MACK, E., and D. S. VILLARS: Am. Soc. **45**, 505 (1923). — FEARON, W. R.: Biochem. J. **17**, 84, 800 (1923). J. biol. Ch. **70**, 785 (1926). — [2] HOWELL, ST. F., and J. B. SUMNER: J. biol. Ch. **104**, 619 (1934). — [3] VAN SLYKE, D. D., and G. E. CULLAN: J. biol. Ch. **19**, 211 (1914). — [4] VAN SLYKE, D. D.: J. biol. Ch. **73**, 695 (1927). — VAN SLYKE, D. D., and R. M. ARCHIBALD: J. biol. Ch. **154**, 623 (1944). — [5] SUMNER, J. B., and D. B. HAND: J. biol. Ch. **76**, 149 (1928). — [6] LAIDLER, K. J., and J. P. HOARE: Am. Soc. **71**, 2699 (1949). — HOARE, J. P.: Am. Soc. **72**, 2487 (1950). — LAIDLER, K. J.: Am. Soc. **72**, 2489 (1950). — PETERSON, J., K. M. HARMON and C. NIEMANN: J. biol. Ch. **176**, 1 (1948). — KISTIAKOWSKY, G. B., and R. LUMRY: Am. Soc. **71**, 2006 (1949). — [7] JACOBY, M.: B. Z. **76**, 275 (1916); **140**, 158 (1923). — SCHMIDT, E. G.: J. biol. Ch. **78**, 53 (1928). — [8] KISTIAKOWSKI, G. B., and R. LUMRY: Am. Soc. **71**, 2006 (1949). — AMBROSE, J. F., J. B. KISTIAKOWSKY and A. G. KRIDL: Am. Soc. **71**, 1898 (1949). — [9] BERSIN, TH., u. H. KÖSTER: Z. ges. Naturwiss. **1**, 230 (1935). — [10] DESNUELLE, P., et M. ROVERY: Biochim. biophysica Acta, N. Y. **3**, 26 (1949). — [11] PERLZWEIG, W. A.: Science, N. Y. **76**, 435 (1932). J. biol. Ch. **100** LXXVII (1933). — [12] SCHOPFER, W. H., u. E. C. GROB: Helv. **32**, 829 (1949). — [13] TAKEUCHI, T.: J. Biochem. **17**, 47 (1933). — [14] LAIDLER, K. J., and J. P. HOARE: Am. Soc. **71**, 2699 (1949). — [15] TURNER, J. C., F. K. HEATH and B. MAGASANIK: Nature **152**, 326 (1943). — [16] SUMNER, J. B., and L. O. POLAND: Proc. Soc. exp. Biol. Med. **30**, 553 (1933). — [17] PERLZWEIG, W. A.: Science, N. Y. **76**, 435 (1932). J. biol. Ch. **100**, LXXVII (1933). — [18] HELLERMAN, L., F. P. CHINARD and V. R. DEITZ: J. biol. Ch. **147**, 443 (1943). — [19] HELLERMAN, L.: Cold Spring Harbor Symp. quant. Biol. **7**, 165 (1939).

Die Wirksamkeit krystallisierter Urease ist abhängig vom Redoxpotential. Maximale Wirkung findet man bei $E_h = + 150$ mV; sowohl in oxydierendem wie in stark reduzierendem Medium ist die Wirkung gehemmt[1].

BERSIN und KÖSTER[2] haben als Arbeitshypothese den *Wirkungsmechanismus* der Urease so ausgelegt, daß die aktivierende SH-Gruppe durch *Dipolinduktion* eine Aminowirkgruppe des Enzyms zu *Umamidierungen* befähigt:

$$H_2N \cdot CO \cdot NH_2 + H_2N \cdot \underbrace{\boxed{\overset{\overset{CH_2 \cdot SH}{|}}{CH \cdot X}}}_{\text{Enzym}} \longrightarrow H_2N \cdot CO \cdot NH \cdot \boxed{\overset{\overset{CH_2 \cdot SH}{|}}{CH \cdot X}} + NH_3$$

$$H_2N \cdot CO \cdot NH \cdot \boxed{\overset{\overset{CH_2 \cdot SH}{|}}{CH \cdot X}} + H_2O \longrightarrow H_2N \cdot COOH + H_2N \cdot \underbrace{\boxed{\overset{\overset{CH_2 \cdot SH}{|}}{CH \cdot X}}}_{\text{Enzym}}$$

Demgegenüber deutet BRANDT[3], der die Harnstoffspaltung durch Urease in schwerem Wasser untersuchte und dabei im zeitlichen Reaktionsverlauf Unterschiede im Vergleich zur Reaktion im gewöhnlichen Wasser feststellte, den Wirkungsmechanismus als eine *Umesterung*, wobei also eine Hydroxylgruppe die Funktion der aktiven Gruppe übernimmt:

$$H_2N \cdot CO \cdot NH_2 + HO\text{-Ferment} \longrightarrow H_2N \cdot COO \cdot \text{Ferment} + NH_3$$
$$H_2N \cdot COO \cdot \text{Ferment} + H_2O \longrightarrow H_2N \cdot COOH + HO\text{-Ferment}.$$

Keine von beiden Hypothesen ist bewiesen.

Die Urease wurde 1926 von SUMNER[4, 5] als *erstes Enzym in krystallisierter Form erhalten.* Das in mikroskopischen, oktaedrischen Krystallen anfallende Enzymeiweiß hat die Eigenschaften eines Globulins mit einem Molekulargewicht[6] von 483000. Das Absorptionsspektrum der krystallisierten Urease entspricht demjenigen anderer Proteine; das Spektrum der photochemischen Enzymzerstörung stimmt mit dem Absorptionsspektrum überein[7].

Darstellung. Jackbohnenmehl (Canavalia ensiformis) wird mit 31,6%igem reinem Aceton bei 25 bis 27° C einige Minuten verrieben und im Eisraum langsam filtriert. Nach 20 bis 30 h werden die im Filtrat entstandenen oktaedrischen Krystalle abzentrifugiert. Umkrystallisation aus verdünnten Acetonlösungen in Gegenwart von Phosphat- bzw. Citratpuffer (vgl. SUMNER[8] und DOUNCE[9]). Der Enzymgehalt der Bohnen kann stark wechseln und so niedrig sein, daß die Darstellung von krystallisierter Urease nicht möglich ist. Einen anderen Darstellungsweg für krystallisierte Urease beschreibt HELLERMAN[10]. Die Wirkungsstärke des krystallisierten Enzyms entspricht einer Erhöhung um das 700- bis 1400fache gegenüber dem Ausgangsmaterial. Krystallisierte Urease enthält etwa 133000 Einheiten je Gramm; die Umsatzzahl (s. oben, S. 1002) ist 460000.

Die *Analyse* eines doppelt umkrystallisierten Präparates ergab: C 51,6; H 7,1; N 16,0; S 1,2% und Asche 1 bis 2%. Der Schwefel ist zum Teil in Form von SH-Gruppen vorhanden, wobei auf jedes 6. Atom Schwefel eine Sulfhydrylgruppe zu entfallen scheint. Der *isoelektrische Punkt* des Enzymproteins liegt bei p_H 5,0 bis 5,1.

Nach den vorliegenden Befunden ist das krystallisierte Protein mit dem Enzym identisch. Pepsin[11] und aktiviertes Papain[11] inaktivieren durch proteolytischen Abbau des Enzymproteins, während Trypsin[12] kaum einwirkt.

[1] SIZER, I. W., and A. A. TYTELL: J. biol. Ch. **138**, 631 (1941). — [2] BERSIN, TH., u. H. KÖSTER: Z. ges. Naturwiss. **1**, 230 (1935). — [3] BRANDT, W.: B. Z. **291**, 99 (1937). — [4] SUMNER, J. B.: J. biol. Ch. **69**, 435 (1926). — [5] SUMNER, J. B.: Crystalline urease. Ergebn. Enzymforsch. **1**, 295 (1932). — [6] SUMNER, J. B., N. GRALÉN and J. B. ERIKSSON-QUENSEL: J. biol. Ch. **125**, 37 (1938). — [7] KUBOWITZ, F., u. E. HAAS: B. Z. **257**, 337 (1933). — ITHO, R.: J. Biochem. **24**, 297 (1936). — [8] SUMNER, J. B.: J. biol. Ch. **70**, 97 (1926). — [9] DOUNCE, A. L.: J. biol. Ch. **140**, 307 (1941). — [10] Siehe Fußnote [18], S. 1114; vgl. auch Fußnote [10], S. 1114. — [11] SUMNER, J. B., J. S. KIRK and S. F. HOWELL: J. biol. Ch. **98**, 543 (1932). — [12] SUMNER, J. B., and A. L. DOUNCE: J. biol. Ch. **117**, 713 (1937). — SUMNER, J. B., u. J. S. KIRK: H. **205**, 219 (1932).

Die *allgemeine Bedeutung der pflanzlichen Urease* liegt in der Bereitstellung von assimilationsfähigem Ammoniak für die Pflanze durch Aufspaltung des zunächst wertlosen Harnstoffes aus dem Eiweißabbau. Das Vorkommen großer Mengen Urease in den eiweißreichen, besonders argininhaltigen Samen nimmt nicht wunder, wenn man bedenkt, daß hier Harnstoff durch die Wirkung der Arginase reichlich zur Verfügung gestellt wird. Faulender Harn riecht nach Ammoniak infolge Harnstoffzerlegung durch bakterielle Urease. So ist die Urease am Kreislauf des Stickstoffes in der Natur wesentlich beteiligt.

Analytisch ist die Urease von erheblicher praktischer Bedeutung für die quantitative Bestimmung des Harnstoffs im Blut und Urin. Sie kann in Form von Sojabohnenmehl, Jackbohnenmehl oder krystallisierter Urease verwendet werden[1]. Bei Verwendung unreiner Enzympräparate ist die Möglichkeit der NH_3-Bildung aus anderen Quellen als Harnstoff zu berücksichtigen[2].

In den *Säugetierkörper* injizierte Urease wirkt sehr giftig, weil sie aus dem Harnstoff der Gewebe und des Blutes das für die tierische Zelle schädliche Ammoniak freisetzt. So tritt nach intravenöser Injektion von Ureaselösung rasch der Tod ein[3], bei nichttödlichen Dosen ist Auftreten und Zunahme des Ammoniaks im Blut deutlich feststellbar. Intraperitoneal und vor allem subcutan eingeführt, wirkt Urease schwächer. Nach TAUBER[4] sind 0,09 Einheiten je Gramm Körpergewicht für Mäuse tödlich. Für Hühner, deren Blut kaum Harnstoff enthält, ist Urease ungiftig[5].

Antiurease[6]. Nach wiederholter Einführung subletaler Ureasemengen gelingt *Immunisierung*[7]. Die intraperitoneal beigebrachte Urease wirkt als *Antigen*, indem sie die Ausbildung eines Antifermentes, einer *Antiurease* (Antikörper) hervorruft[8]. Derartig immunisierte Tiere vermögen dann die 1000fache tödliche Menge Urease an einem Tage zu ertragen. Durch ultraviolettes Licht irreversibel zerstörte Urease hat ihre antigenen Eigenschaften verloren, nicht dagegen die durch milde Oxydation reversibel inaktivierte Urease, die im Tierkörper regeneriert wird[9]. Die Vereinigung der Antiurease mit der Urease (Antigen) führt zu einer enzymatisch und biologisch unwirksamen, also unschädlichen, schwerlöslichen Verbindung. Noch in einer Verdünnung von 1:600000 gibt Urease mit Antiurease versetzt eine sichtbare Trübung.

Die im Blute als Antikörper erzeugte Antiurease läßt sich mit Urease ausfällen. Die in der Enzym-Antikörperverbindung enthaltene Urease kann mit verdünnter Salzsäure denaturiert und im isoelektrischen Punkt ausgeflockt werden, wobei gereinigte Antiurease in Lösung bleibt. Die so erhaltene *Antiurease* ist ein Proteid mit einem hohen Gehalt an Kohlenhydrat. Sie ist durch Pepsin und Papain unter Inaktivierung spaltbar.

g) Allantoinase, Allantoicase.

Bei Amphibien und Fischen wird Allantoin durch das Enzym Allantoinase abgebaut[10, 11]. Die Auffassung, daß das Enzym nur in Gegenwart von Sauerstoff wirkt und Allantoin in Harnstoff und Oxalsäure umwandelt[10], ist unzutreffend. Vielmehr wird wahrscheinlich rein hydrolytisch zunächst Allantoinsäure gebildet,

[1] MATEER, J. G., and E. K. MARSHALL jr.: J. biol. Ch. **25**, 297 (1916). — SUMNER, J. B., and B. SIZLER: Arch. Biochem. **4**, 207 (1944). — [2] HOWELL, S. F.: J. biol. Ch. **129**, 641 (1939). — [3] RIGONI, M.: Arch. Sci. biol., Napoli **14**, 203 (1930); **15**, 29, 342 (1930). — [4] TAUBER, H., and I. S. KLEINER: J. biol. Ch. **92**, 177 (1931). — [5] HOWELL, S. F.: Proc. Soc. exp. Biol. Med. **29**, 759 (1932). — [6] SUMNER, J. B.: Antienzyme. Bamann-Myrbäck **3**, 2741—2744. — [7] SUMNER, J. B., and J. S. KIRK: Science, N. Y. **74**, 102 (1931). — KIRK, J. S., and J. B. SUMNER: J. biol. Ch. **94**, 21 (1931); **97**, LXXXVII (1932). — [8] SUMNER, J. B.: Antiurease. Ergebn. Enzymforsch. **6**, 201 (1937). — [9] PILLEMER, L., E. E. ECKER, V. C. MYERS and E. MUNTWYLER: J. biol. Ch. **123**, 365 (1938). — [10] PRZYŁĘCKI, ST. J.: Arch. int. Physiol. **24**, 238, 317 (1925); **26**, 33 (1926); **27**, 159 (1926). — [11] STRANSKY, E.: B. Z. **266**, 287 (1933).

die dann weiter zu Glyoxylsäure und Harnstoff aufgespalten wird[1]. Ob die beiden Stufen der Reaktion durch zwei verschiedene Enzyme (Allantoinase und die Allantoinsäure spaltende Allantoicase) oder durch ein einziges bewirkt werden, ist nicht sicher entschieden.

```
H2N  O  H                 H2N          NH2                              NH2
 |   ||  |                 |            |                                |
O=C  C—N                  O=C  CO·OH   C=O       CO·OH                  C=O
 |   |    >C=O  --H2O-->   |    |       |  --H2O-->  |          + 2      |
H—N—C—N/                  H—N—C--------NH           C=O                 NH2
     H  H                      H                    H
  Allantoin                Allantoinsäure          Glyoxyl-             Harn-
                                                    säure               stoff
```

h) Kreatinase.

Von gewissen Bakterien wird in Kreatin enthaltenden Nährböden adaptiv ein Enzym gebildet, welches Kreatin unter Wasserabspaltung in Kreatinin umwandelt[2]. Der Abbau des Kreatinins führt dann zu Harnstoff, Ammoniak und anderen Produkten.

5. Proteasen, allgemeiner Teil[3-5].

a) Allgemeine Kennzeichnung der Proteasen.

Die Proteasen sind die wichtigsten biologischen Katalysatoren des Eiweißstoffwechsels. Ihre Wirkung besteht in der Aufspaltung und Knüpfung von Peptidbindungen. Substrate sind die *Eiweißstoffe und deren Abbaustufen*, die Peptide. Nur in seltenen Fällen ist man in der Lage, die *synthetischen Leistungen* der Proteasen unter biologischen Bedingungen zu wiederholen. Im wesentlichen erstreckt sich die Untersuchung dieser Enzyme auf ihre abbauende *proteolytische Wirkung*, die postmortal als *Autolyse* in Erscheinung tritt und in vitro leicht reproduzierbar ist. Entsprechend den chemischen und physikalischen Verschiedenheiten der Eiweißstoffe ist ihre enzymatische Angreifbarkeit unterschiedlich.

Das Eiweiß besteht, wie schon EMIL FISCHER feststellte, aus einer großen Zahl verschiedener Aminosäuren, die durch die Peptidbindungen, —CO · NH— amidartig miteinander zu einer hochmolekularen Verbindung verkettet sind. Dabei ergibt sich an dem einen Ende einer solchen Polypeptidkette eine freie Aminogruppe, am anderen eine freie Carboxylgruppe:

```
        R1                        Rx
        |                         |
       CH      NH       CO        CH
H2N  /    \CO/    \CH/    \NH/       \COOH
                   |
                   R2
```

Vgl. hierzu die ausführliche Behandlung im Eiweißkapitel, S. 586ff.

Bei der hydrolytischen Aufspaltung der Peptidbindungen durch die Proteasen werden saure und basische Gruppen in Freiheit gesetzt, und zwar, soweit bisher festgestellt, ausnahmslos in äquivalenter Menge (vgl. Eiweißteil, S. 587, 592).

---

[1] FOSSE, R., et A. BRUNEL: Cr. **188**, 426, 1067 (1929). — [2] DUBOS, R. J., and B. F. MILLER: Proc. Soc. exp. Biol. Med. **35**, 335 (1936); **39**, 65 (1938). J. biol. Ch. **121**, 429 (1937). — GRASSMANN, W.: Ergebn. Enzymforsch. **1**, 129 (1932).

Zusammenfassende Darstellungen über Proteasen: 3—5. [3] GRASSMANN, W., u. F. SCHNEIDER: Ergebn. Enzymforsch. **5**, 79 (1936). — SCHÄFFNER, A.: Naturwiss. **29**, 639 (1941). — KRAUT, H., u. E. KOFRÁNYI: Proteasen. Handb. Katalyse (SCHWAB) **3**, 191 bis 271 (1941). Amidasen. Handb. Katalyse (SCHWAB) **3**, 271—291 (1941). — [4] BERGMANN, M.: Adv. Enzymol. **2**, 49 (1942). — WYNNE, A. M.: Ann. Rev. **15**, 35 (1946). — FRUTON, J. S.: Proteolytic enzymes. Ann. Rev. **16**, 35 (1947). — [5] MERTEN, R.: Ergebn. inn. Med. N. F. **2**, 49 (1951). — SMITH, E. L.: Ann. Rev. **18**, 35 (1949). — Sumner-Myrbäck **1/2**, 793—872.

Für die analytische Verfolgung des hydrolytischen Eiweiß- und Peptidabbaus ist daher die quantitative Bestimmung der vorgebildeten sauren und basischen Gruppen die wichtigste chemische Methode. Man benützt dazu:

a) die Bestimmung der freien Carboxylgruppen mittels Titration in alkoholischer Lösung nach WILLSTÄTTER und WALDSCHMIDT-LEITZ[1] (S. 520) oder auch die ältere Methode der Formoltitration nach SØRENSEN, vgl. S. 520, 613;

b) die Bestimmung der freien Aminogruppen mit HNO_2 nach VAN SLYKE[2], vgl. S. 519, 613;

c) die Bestimmung der in Freiheit gesetzten Aminogruppen und anderen basischen Gruppen durch Titration mit Säure in acetonischer Lösung nach LINDERSTRØM-LANG[3], vgl. S. 521.

Für die analytische Bestimmung der freien Aminosäuren, die beim Eiweißabbau gebildet werden, stehen noch andere Methoden zur Verfügung, z.B. die colorimetrische[4] oder manometrische[5] Bestimmung mittels Ninhydrin sowie die colorimetrische Bestimmung einzelner Aminosäuren, z. B. des Tyrosins (vgl. ANSON[6]; siehe dazu Aminosäure-Kapitel, S. 517, 522ff.).

Die Wirkung der Proteinasen kann auch auf Grund der Veränderung oder des Verschwindens des Substrates nach zahllosen Methoden messend verfolgt werden (Tanninfällung nach HEDIN[7], viscosimetrische[8], refraktrometrische und interferometrische[9] sowie nephelometrische[10] Methoden. Colorimetrische Bestimmung auf Grund der Bindung anionischer Farbstoffe an Proteine[11].)

Bei der physiologischen *Eiweißverdauung* wird erst durch das Zusammenwirken einer großen Zahl eiweißspaltender Enzyme eine ziemlich vollständige Hydrolyse erreicht[12]. Wieweit im Zuge des *Umbaus von Eiweißkörpern im Organismus* größere Bruchstücke erhalten bleiben oder Aminosäuren gebildet werden, ist bisher nicht geklärt.

Der stufenweise Abbau der Proteine mittels einheitlicher Proteinasen und Peptidasen führt zu dem Ergebnis, daß jedes der spezifischen Einzelenzyme aus der Gesamtheit der vorhandenen Peptidbindungen der Eiweißkörper jeweils nur einen bestimmten Bruchteil zu spalten vermag. Die bei solchen Abbaustudien beobachteten ganzzahligen Verhältnisse der proteolytischen Leistung der Einzelenzyme (vgl. GRASSMANN-TRUPKE, insbesondere Tabelle 99 S. 592) sind als Hinweis auf den auch aus anderen Gründen wahrscheinlichen (vgl. S. 590) periodischen Aufbau der Eiweißkörper zu betrachten.

---

[1] WILLSTÄTTER, R., u. E. WALDSCHMIDT-LEITZ: B. **54**, 2988 (1921). Vgl. GRASSMANN, W., u. P. STADLER: Bestimmung der COOH- und NH_2-Gruppen der Aminosäuren und Peptide durch Titration. Bamann-Myrbäck **1**, 1096—1106. — [2] VAN SLYKE, D. D.: B. **43**, 3170 (1910). — [3] LINDERSTRØM-LANG, K.: H. **173**, 32 (1928). — [4] MOORE, ST., and W. H. STEIN: J. biol. Ch. **176**, 367 (1948). — RUHEMANN, S.: Soc. **97**, 1438, 2025 (1910); **99**, 792, 1486 (1911). — [5] SLYKE, D. D. VAN, and R. T. DILLON: Proc. Soc. exp. Biol. Med. **34**, 362 (1936). — MASON, M. F.: Biochem. J. **32**, 719 (1938). — SLYKE, D. D. VAN, D. A. MACFADYEN and P. HAMILTON: J. biol. Ch. **141**, 671 (1941). — [6] ANSON, M. L., and J. MIRSKY: J. gen. Physiol. **16**, 33, 59 (1932). — ANSON, M. L.: J. gen. Physiol. **22**, 79 (1938). — Vgl. auch MERTEN, R., u. H. RATZER: Dtsch. Z. Verd.- u. Stoffw.-Krankh. **10**, 87 (1950). — [7] HEDIN, S. G.: H. **20**, 186 (1895); **21**, 155 (1895/96). — [8] NORTHROP, J. H.: J. gen. Physiol. **16**, 41 (1933). — Oppenheimer, Fermente Suppl. **1**, 713 (1936). — [9] Vgl. z. B. REISS, E.: Hofmeisters Beitr. **4**, 150 (1904). A. e. P. P. **51**, 18 (1904). — ROBERTSON, T. B.: J. biol. Ch. **22**, 233 (1915). — STARLINGER, W., u. K. HARTL: B. Z. **157**, 283; **160**, 113 (1925). — OCHIAI, K.: J. orient. Med., Dairen **5**, 66 (1926). — GRASSMANN, W.: Kolloid-Z. **77**, 205 (1936). — [10] LOONEY, J. M., and A. I. WALSH: J. biol. Ch. **127**, 117; **130**, 635 (1939). — RONA, P.: Praktikum der physiologischen Chemie. Teil 1, S. 30. Berlin 1926. — Oppenheimer, Fermente Suppl. **1**, 716 (1936). — PLÖTNER, K.: B. Z. **286**, 128 (1936). — MAWSON, C. A.: Biochem. J. **36**, 273 (1942). — [11] CARROL, B.: Science, N. Y. **111**, 387 (1950). — [12] Vgl. auch GRASSMANN, W., K. MAYER u. E. WALDSCHMIDT-LEITZ: Ärztl. Forsch. **4**, I, 17 (1950).

b) Einteilung der Proteasen.

Mangels einer chemischen Kennzeichnung hat man lange Zeit *die Herkunft der Enzyme als wesentliches Unterscheidungsmerkmal* herangezogen. Danach waren etwa die folgenden, eingehender untersuchten Enzymsysteme abzugrenzen:

a) Die Enzyme des tierischen Verdauungstraktes: Pepsin des Magens, Trypsin der Pankreasdrüse; Erepsin der Darmschleimhaut.

b) Die Enzyme der tierischen Gewebe.

c) Die Enzymsysteme der Pflanzen, von denen die Enzyme der höheren Pflanzen, der Hefen, der Schimmelpilze und schließlich auch der Bakterien näher untersucht wurden.

Diese biologischen Enzymsysteme stellen aber jedes für sich komplizierte Gemische dar, deren Auflösung durch selektive Adsorption der einzelnen Enzyme gelungen ist (vgl. S. 1149). So wurde die Trennung der Enzyme des Proteasensystems der Bauchspeicheldrüse[1], des Dünndarms[2] und der Hefe[3, 4] durchgeführt und durch die Untersuchung der Einzelenzyme eine gesicherte Grundlage für eine *Einteilung der Proteasen nach ihrer Wirkung* gewonnen.

Schon frühzeitig war erkannt worden, daß einzelne proteolytische Enzyme, insbesondere das Pepsin, hochmolekulare Eiweißkörper angreifen und zu Peptonen abbauen, ohne daß dabei freie Aminosäuren in wesentlicher Menge gebildet werden. Umgekehrt war das Erepsin der Dünndarmschleimhaut[5] nicht oder kaum befähigt, Eiweißkörper anzugreifen, wohl aber vermochte es Peptone oder auch synthetische Peptide zu Aminosäuren aufzuspalten. Das Trypsin der Pankreasdrüse schließlich schien, wenigstens in gewissem Maße, die Fähigkeit zur Aufspaltung hochmolekularer Eiweißkörper und niedermolekularer Peptide zu vereinigen. Mit der durch die WILLSTÄTTER-Schule durchgeführten Auflösung der natürlichen Proteasengemische (ab 1925) schien die Zweiteilung in eiweißspaltende und in peptidspaltende, erepsinähnliche Enzyme noch wesentlich schärfer hervorzutreten. Das Pankreastrypsin ist ein Gemisch aus einer eiweißspaltenden Komponente (Pankreasproteinase: Trypsin im engeren Sinne) und dem sog. „Pankreaserepsin", das — gegen Eiweißkörper unwirksam — Peptone und Peptide zu Aminosäuren aufspaltet. Ähnliche Trennungen wurden an fast allen wichtigen natürlichen Proteasensystemen, z. B. den Enzymgemischen der Darmschleimhaut, der tierischen Organe, der Hefe, der höheren Pflanzen und der Schimmelpilze sowie der Bakterien durchgeführt.

In der Folgezeit ist es dann gelungen, zuerst bei der Hefe (GRASSMANN[6]), dann bei den übrigen der genannten Enzymgemische (Pankreasdrüse und Darmschleimhaut[7]; Leber und Milz[8]), den ereptischen Anteil in Peptidasen verschiedener Spezifität aufzuteilen und diese in ihrer Wirksamkeit gegenüber Substraten genau bekannter Konstitution zu kennzeichnen. Obwohl es niemals ernstlich zweifelhaft war, daß auch die das hochmolekulare Eiweiß angreifenden Enzyme ausschließlich Peptidbindungen spalten[9], scheint es doch berechtigt,

---

[1] WALDSCHMIDT-LEITZ, E., u. A. HARTENECK: H. **147**, 286 (1925); **149**, 203 (1925). — [2] WALDSCHMIDT-LEITZ, E., u. A. SCHÄFFNER: H. **151**, 31 (1926). — [3] WILLSTÄTTER, R., u. W. GRASSMANN: H. **153**, 250 (1926). — [4] GRASSMANN, W.: H. **167**, 202 (1927). — [5] COHNHEIM, O.: H. **33**, 451 (1901). — [6] GRASSMANN, W.: H. **167**, 202 (1927). — [7] WALDSCHMIDT-LEITZ, E., A. K. BALLS u. J. WALDSCHMIDT-GRASER: B. **62**, 956 (1929). — WALDSCHMIDT-LEITZ, E., u. A. PURR: B. **62**, 2217 (1929). — [8] WALDSCHMIDT-LEITZ, E., A. SCHÄFFNER, J. J. BEK u. E. BLUM: H. **188**, 17 (1930). — [9] Im Gegensatz zu den früheren Annahmen von K. OPPENHEIMER und M. BERGMANN; vgl. dagegen: BERGMANN, M.: Adv. Enzymol. **2**, 49 (1942).

diese in ihrer Wirkung scharf abgegrenzten Enzyme als *Proteinasen*[1] zu unterscheiden von den *Peptidasen* im engeren Sinne, also den „erepsinähnlichen" Fermenten, die wohl Peptide mittleren oder niederen Molekulargewichts, nicht aber Eiweiß selbst anzugreifen vermögen. Erst in den neueren Arbeiten BERGMANNs[2] ist es gelungen, strukturchemisch genau bekannte Peptide oder Peptidderivate aufzufinden, die von Proteinasen gespalten werden. BERGMANN erblickt auf Grund einleuchtender Experimente und Erwägungen den wesentlichen Unterschied zwischen den „Proteinasen" und den „Peptidasen" (im Sinne der Nomenklatur von W. GRASSMANN) darin, daß jene die Ketten der Eiweißmoleküle an einzelnen, durch die Nachbarstellung bestimmter Aminosäuren gekennzeichneter Bindungen in der Mitte der Kette angreifen, während von den „Peptidasen" schon aus den früheren Untersuchungen von GRASSMANN[3] und von WALDSCHMIDT-LEITZ[4] bekannt war, daß ihr Angriff auf Polypeptide an den freien Kettenenden unter Abspaltung einzelner Aminosäuren einsetzt. Die von BERGMANN[2] vorgeschlagene Bezeichnung dieser Hauptgruppen als „*Endopeptidasen*" (= Proteinasen) und „*Exopeptidasen*" (= Peptidasen im engeren Sinne) ist jedoch deswegen nicht sehr glücklich, da man seit langem als „Endoenzyme" die nur innerhalb der Zellen wirkenden Fermente von den „Exoenzymen", d. h. von den Zellen sezernierten Enzymen unterscheidet.

α) Spezifität und Einteilung der Peptidasen. In den Versuchen von GRASSMANN sowie von WALDSCHMIDT-LEITZ war gezeigt worden, daß die dipeptidspaltenden Enzyme (Dipeptidasen[5]) verschieden sind von denen, die Tri- und höhere Peptide angreifen (Polypeptidasen[6]). Dieser Spezifitätsunterschied ist aber eigentlich nicht eine Frage der Größe des Substrats, sondern eng verknüpft mit der Angriffsstelle und dem Angriffsmechanismus der Peptidase am Substratmolekül. Die *Dipeptidasen* greifen Peptidbindungen dann an, wenn ihnen sowohl eine *freie Aminogruppe*, wie *auch* eine *freie Carboxylgruppe* in der für Dipeptide der natürlichen α-L-Aminosäuren charakteristischen Anordnung benachbart ist[2]. Unter den *Polypeptidasen* aber gibt es *zwei Typen*, die verschiedene Angriffsmechanismen repräsentieren: die *Aminopolypeptidasen* lagern sich an die freie Aminogruppe an und spalten die am Aminoende der Kette befindliche Aminosäure ab; eine freie Carboxylgruppe in Nachbarstellung zu der zu spaltenden Peptidbindung ist dem Angriff hinderlich, Dipeptide werden dementsprechend nicht angegriffen, wohl aber deren Ester, Amide usw.[3]. Die *Carboxypolypeptidasen*[6] hingegen reagieren umgekehrt mit der Carboxylgruppe des Substrats unter Abspaltung der am Carboxylende befindlichen Aminosäure; Nachbarstellung freier Aminogruppen zur Peptidbindung hindert den Angriff. Wird die endständige *Amino*gruppe des Peptids substituiert, z. B. durch Acylierung, so wird es durch die *Amino*polypeptidase nicht angegriffen[2]. Das gleiche gilt für die *Carboxypolypeptidase*, wenn die endständige *Carboxylgruppe* substituiert ist[7].

[1] GRASSMANN, W.: Ergebn. Enzymforsch. **1**, 129 (1932), und zwar S. 132. Handb. Biochemie. Erg.-Bd. S. 175. — [2] BERGMANN, M.: Adv. Enzymol. **2**, 49 (1942). — [3] GRASSMANN, W., u. H. DYCKERHOFF: H. **175**, 18 (1928). B. **61**, 656 (1928). — GRASSMANN, W.: Habil.-Schr. München 1928. Ergebn. Enzymforsch. **1**, 129 (1932). — [4] WALDSCHMIDT-LEITZ, E., A. K. BALLS u. J. WALDSCHMIDT-GRASER: B. **62**, 956 (1929). — WALDSCHMIDT-LEITZ, E.: Physiol. Rev. **11**, 358 (1931). — [5] Siehe Fußnote [6] S. 1119. — [6] Vgl. dagegen: BERGMANN, M., L. ZERVAS, L. SALZMANN and H. SCHLEICH: H. **224**, 17 (1934). — HOFMANN, K., and M. BERGMANN: J. biol. Ch. **134**, 225 (1940). — FRUTON, J. S., G. W. IRVING jr., and M. BERGMANN: J. biol. Ch. **138**, 249 (1941). — SMITH, E. L., and M. BERGMANN: J. biol. Ch. **138**, 789 (1941). — LINDERSTRØM-LANG, K.: H. **188**, 48 (1930). — BERGER, J., M. J. JOHNSON and W. H. PETERSON: J. biol. Ch. **124**, 395 (1938). — BERGER, J., and M. J. JOHNSON: J. biol. Ch. **130**, 641, 655 (1939); **133**, 157 (1940). — BERGER, J., M. J. JOHNSON and C. A. BAUMANN: J. biol. Ch. **137**, 389 (1941). — [7] WALDSCHMIDT-LEITZ, E., u. A. PURR: B. **62**, 2217 (1929). — WALDSCHMIDT-LEITZ, E., A. SCHÄFFER, J. J. BECK u. E. BLUM: H. **188**, 17 (1930).

Eine weitere wichtige Voraussetzung für die Wirkung der meisten Peptidasen ist das Vorhandensein von Peptidwasserstoff. BERGMANN nimmt daher an, daß die Peptidbindung I in ihrer Iminohydrinform II enzymatisch hydrolysiert wird (s. S. 1132).

$$\underset{\text{I}}{R{-}CO{-}NH{-}R'} \rightleftharpoons \underset{\text{II}}{R{-}\overset{\overset{\displaystyle OH}{|}}{C}{=}N{-}R'} \xrightarrow{\text{Enzym} + H_2O} R{-}\overset{\overset{\displaystyle OH}{|}}{C}{=}O + H_2N{-}R'$$

Außerdem ist die sterische Anordnung des Substratmoleküls für seine Angreifbarkeit durch die einzelnen Peptidasen wesentlich (vgl. a. S. 1132f.)

Unter Berücksichtigung dieser Gesichtspunkte wurde eine Anzahl von Peptidasen unterschieden:

Dipeptidase. Das Enzym braucht als Haftpunkte sowohl eine freie Carboxylgruppe als auch eine freie Aminogruppe, die sich in sterischer Nähe befinden müssen. Ob eine oder mehrere Dipeptidasen existieren ist zweifelhaft[1, 5].

Aminopolypeptidase. Der Angriff des Enzyms ist auf die aminoendständige Aminosäure natürlicher Konfiguration gerichtet und führt zu ihrer Abspaltung. Eine benachbarte Carboxylgruppe hebt die Wirkung auf. Die Substrate sind im allgemeinen Polypeptide (vom Tripeptid aufwärts), aber auch Dipeptidderivate mit blockierter Carboxylgruppe werden angegriffen. Peptidwasserstoff ist erforderlich.

Carboxypolypeptidase. Die Affinität des Enzyms ist auf die carboxylendständige Aminosäure des Peptids gerichtet. Eine benachbarte freie Aminogruppe verhindert den Angriff. Auch Dipeptide sind spaltbar, wenn die Aminogruppe substituiert und damit ihr hemmender Einfluß ausgeschaltet ist; doch ist auch die Spaltung freier Dipeptide gelegentlich beobachtet[2]. Peptidwasserstoff ist erforderlich.

Prolinase und Prolidase. Die Hydrolyse der Peptidbindung zwischen der Carboxylgruppe des Prolins und der Aminogruppe einer anderen Aminosäure wird durch die Prolinase[3] katalysiert. Auf die Spaltung der peptidartigen Bindung zwischen der sekundären Aminogruppe des Prolins und der Carboxylgruppe einer Aminosäure ist die Prolidase[4] eingestellt.

BERGMANN[5], der die Spezifität der Peptidasen an einem sehr großen und mannigfaltigen Material inzwischen zugänglich gewordener synthetischer Peptide geprüft hat, hält allerdings ohne Nachprüfung der Versuche von GRASSMANN an Hefedipeptidase, die Existenz einer spezifisch auf Dipeptide eingestellten Dipeptidase für nicht voll gesichert, während JOHNSON[6] dazu neigt, die Existenz mehrerer dipeptidspaltenden Enzyme anzunehmen. Von BERGMANN wird in diesem Zusammenhang darauf hingewiesen, daß krystallisierte Carboxypolypetidase auch das Dipeptid L-Tyrosyl-L-tyrosin zu zerlegen vermag[2] und daß aus Milz[7] wie Darmschleimhautextrakt[8], beispielsweise durch Fällung mit Aceton und anschließende Fraktionierung mit Ammoniumsulfat, Enzympräparate erhalten werden können, die gegen die Dipeptide Glycylglycin und Alanylglycin unwirksam sind, während sie andererseits das Dipeptid Leucylglycin wie das Tripeptid Leucylglycylglycin und das Leucinamid spalten. Die erstere Beobachtung betrifft die Spezifität der Carboxypeptidase, nicht die der Dipeptidase;

[1] SMITH, E. L.: J. biol. Ch. **173**, 571 (1948). — [2] BERGMANN, M., L. ZERVAS, L. SALZMANN u. H. SCHLEICH: H. **224**, 17 (1934). — HOFMANN, K., and M. BERGMANN: J. biol. Ch. **134**, 225 (1940). — [3] GRASSMANN, W., H. DYCKERHOFF u. O. v. SCHÖNEBECK: B. **62**, 1307 (1932). — GRASSMANN, W., O. v. SCHÖNEBECK u. G. AUERBACH: H. **210**, 1 (1932). — ABDERHALDEN, E., u. O. ZUMSTEIN: Fermentforsch. **12**, 341 (1930/31). — FODOR, A., M. FRANKEL u. S. KUK: B. Z. **229**, 28 (1930). — Vgl. dagegen JOHNSON, M. J.: J. biol. Ch. **122**, 89 (1937). — [4] BERGMANN, M., and J. S. FRUTON: J. biol. Ch. **117**, 189 (1937). — SMITH, E. L., and M. BERGMANN: J. biol. Ch. **153**, 627 (1944). — [5] BERGMANN, M.: Adv. Enzymol. **2**, 49 (1942), und zwar S. 52. — [6] BERGER, J., and M. J. JOHNSON: J. biol. Ch. **133**, 639 (1940). — [7] FRUTON, J. S., G. W. IRVING jr., and M. BERGMANN: J. biol. Ch. **138**, 249 (1941). — [8] SMITH, E. L., and M. BERGMANN: J. biol. Ch. **138**, 789 (1941).

die zweite scheint die Beobachtungen von LINDERSTRØM-LANG[1] sowie von JOHNSON und Mitarbeitern[2] über das Vorkommen einer *Leucylpeptidase,* d. h. eines Enzyms, das spezifisch den am Aminoende der Kette befindlichen Aminosäurerest abspaltet, und zwar unabhängig von deren Kettenlänge, zu bestätigen. Dieses Enzym findet sich nach JOHNSON[3] außer in der Darmschleimhaut in zahlreichen Tieren, Pflanzen und Bakterien, jedoch nicht in Schimmelpilzen und in Hefen. Allerdings ist nach GRASSMANN[4] die Affinität zum Leucylglycin erheblich größer als diejenige zum Alanylglycin und rund 1000mal größer als die zum Glycylglycin. Im Sinne der Theorie der Zeitwertquotienten von R. KUHN[5] (vgl. S. 1002) ist daher zu erwarten, daß Hemmungskörper, aber auch jeder andere Einfluß der die „scheinbare" Affinität zum Substrat vermindert, die Wirkung gegen Glycyl- und Alanylpeptide weit stärker herabsetzen als gegen Leucylpeptide. Die Existenz so hoher Unterschiede in den MICHAELIS-Konstanten der Enzym-Substrat-Verbindungen, die weder von BERGMANN[6] noch von JOHNSON[7] ausreichend berücksichtigt werden, bringt gegenwärtig erhebliche Unsicherheiten in das Spezifitätsproblem der eiweiß- und peptidspaltenden Enzyme. Aus neueren Befunden ergibt sich übrigens, daß die spezifische Wirkung der „Leucylpeptidase" sich nicht nur auf den Leucylrest, sondern auf zahlreiche andere aliphatische Aminosäuren erstreckt[8].

Besondere Bedeutung für das Wesen und die spezifische Wirkung der Peptidasen dürfte deren oft sehr charakteristischer Aktivierbarkeit durch Metallionen (vgl. S. 1131) zukommen, auf die erstmals von JOHNSON[9] und MASCHMANN[10] hingewiesen wurde. So wird z. B. die Leucylpeptidase von JOHNSON durch Mg- und Mn-Ionen, eine von JOHNSON beschriebene[11] Aminopeptidase aus Hefe, die der Aminopolypeptidase von GRASSMANN[12] zumindest sehr nahestehen dürfte, durch Zn-Ionen und Cl-Ionen (vgl. SCHNEIDER[13]) aktiviert. Vgl. dazu auch SMITH[14]. Bei der Hydrolyse von Glycylglycin durch tierische Dipeptidase findet man starke Aktivierung durch Co[15]. Für die Spaltung von Leucylglycin ist Aktivierung durch Fe und Dioxyphenylalanin beschrieben[16].

β) Spezifität und Einteilung der Proteinasen. Solange synthetische Substrate der Proteinasen („Endopeptidasen" nach BERGMANN) noch nicht bekannt waren, wurde der Systematik dieser Enzyme im wesentlichen das p_H-Optimum sowie das Verhalten gegen Aktivatoren zugrunde gelegt. Danach waren zunächst 3 Haupttypen abzugrenzen mit ihren wichtigsten Vertretern, nämlich:

1. *Pepsin des Magens*[17], Wirkungsoptimum etwa p_H 2; Protein-Kationen angreifend.

2. *Papain der höheren Pflanzen*[18] *und Kathepsin der tierischen Zellen und Gewebe*, Wirkungsoptimum zwischen etwa p_H 4 und p_H 7; isoelektrische Proteine angreifend; durch Blausäure oder SH-Gruppen aktivierbar.

---

[1] LINDERSTRØM-LANG, K.: H. **182**, 151 (1929); **188**, 48 (1930). — LINDERSTRØM-LANG, K., u. M. SATO: H. **184**, 83 (1929). — [2] JOHNSON, M. J., G. H. JOHNSON and W. H. PETERSON: J. biol. Ch. **116**, 515 (1936). — BERGER, J., and M. J. JOHNSON: J. biol. Ch. **130**, 641, 655 (1939); **133**, 157 (1940). — ABDERHALDEN, E., u. H. HANSON: Fermentforsch. **16**, 67 (1938). — MASCHMANN, E.: Naturwiss. **28**, 765 (1940). — [3] JOHNSON, M. J., and J. BERGER: Adv. Enzymol. **2**, 69 (1942), und zwar S. 79. — [4] GRASSMANN, W., u. L. KLENK: H. **186**, 26 (1930). — [5] KUHN, R.: In Oppenheimer, Fermente **1**, 178—187 (1925). — [6] BERGMANN, M.: Adv. Enzymol. **2**, 49 (1942), und zwar S. 56ff. — [7] JOHNSON, M. J., and J. BERGER: Adv. Enzymol. **2**, 69 (1942), und zwar S. 72. — [8] SMITH, E. L., and W. J. POLGLASE: J. biol. Ch. **180**, 1209 (1949). — [9] BERGER, J., M. J. JOHNSON and W. H. PETERSON: J. biol. Ch. **124**, 395 (1938). — BERGER, J., and M. J. JOHNSON: J. biol. Ch. **130**, 641, 655 (1939): **133**, 157 (1940). — BERGER, J., M. J. JOHNSON and C. A. BAUMANN: J. biol. Ch. **137**, 389 (1941). — [10] MASCHMANN, E.: B. Z. **300**, 89 (1938/39); **302**, 332 (1939); **308**, 359 (1941). Naturwiss. **26**, 791 (1938). — [11] JOHNSON, M. J.: J. biol. Ch. **137**, 575 (1941). — [12] GRASSMANN, W.: H. **167**, 202 (1927). — GRASSMANN, W., u. H. DYCKERHOFF: H. **179**, 41 (1928). — GRASSMANN, W., O. v. SCHOENEBECK u. G. AUERBACH: H. **210**, 1 (1932). — GRASSMANN, W., L. EMBDEN u. H. SCHNELLER: B. Z. **271**, 216 (1934). — [13] SCHNEIDER, F., u. E. GRAEF: B. Z. **307**, 249 (1940/41). — SCHNEIDER, F.: B. Z. **307**, 415 (1940/41); **308**, 247 (1941). — ABDERHALDEN, E.: B. Z. **308**, 439 (1941). — [14] SMITH, E. L.: J. biol. Ch. **176**, 9 (1948). — [15] SMITH, E. L.: J. biol. Ch. **176**, 21 (1948). — [16] SCHALES, O., and R. M. ROUX: J. biol. Ch. **182**, 569 (1950). — [17] NORTHROP, J. H.: J. gen. Physiol. **5**, 263 (1922/23). Naturwiss. **11**, 713 (1923), und zwar S. 717. — [18] GRASSMANN, W., u. F. SCHNEIDER: Ergebn. Enzymforsch. **5**, 79 (1932), und zwar S. 87.

3. *Trypsin*[1] (Pankreasproteinase), Wirkungsoptimum etwa p_H 8; Proteinanionen angreifend; durch Enterokinase aktivierbar.

Zu diesen Enzymen treten noch das *Labenzym oder Chymosin* des Kälbermagens, dessen einzige bekannte Wirkung in der Umwandlung des Caseinogens zu Casein besteht, sowie das *Chymotrypsin* der Pankreasdrüse, das gleichfalls Milch zum Gerinnen bringt, aber auch Eiweißkörper und verschiedene synthetische Substrate angreift.

Tabelle 178 gibt eine Übersicht über Vorkommen und Eigenschaften der wichtigsten Proteinasen in ihren natürlichen Gemischen mit Peptidasen.

Die *Proteinasen der Bakterien* und vieler anderer Mikroorganismen lassen sich in ihrer systematischen Stellung noch nicht festlegen.

Tabelle 178. Übersicht über p_H-Abhängigkeit, Aktivierbarkeit und Vorkommen der wichtigsten Proteasen.

Optimum bei p_H	Proteinasen	Peptidasen	Verhalten gegen Aktivatoren und Hemmungskörper	Vorkommen
2	Pepsin	—	Pepsinogen $\xrightarrow[\text{Pepsin}]{(H^{\cdot})}$ Pepsin Pepsin-Inhibitor als Hemmungskörper	Sekret der Magenschleimhaut
4—5	Papain Kathepsin	Katheptische Carboxypolypeptidase	HCN, H_2S, Sulfit, Thiole, Ascorbinsäure-Fe aktivieren, Oxydationsmittel hemmen. Enterokinase ohne Wirkung	Zellen und Gewebe des Pflanzen- bzw. Tierreiches
8	Trypsin	Tryptische Carboxypolypeptidase	Enterokinase aktiviert. HCN, H_2S, Thiole wirkungslos oder hemmend	Pankreasdrüse, Verdauungstrakt der höheren Tiere, Leukocyten
7—8	—	Aminopolypeptidase Dipeptidase	HCN, H_2S, Thiole hemmen stark. Enterokinase ohne Wirkung	Zellen und Gewebe des Tier- und Pflanzenreiches, Pankreas, Darmschleimhaut

Synthetische Peptidderivate als Substrate für Proteinasen (Endopeptidasen). Inzwischen ist es gelungen, auch die Proteinasen durch ihre Wirkung auf synthetisch zugängliche, in ihrer Konstitution eindeutig festgelegte Verbindungen zu kennzeichnen. BERGMANN und Mitarbeiter[2-6] fanden, daß eine ganze Reihe synthetischer Peptide und Peptidabkömmlinge auch von Proteinasen gespalten wird und eröffneten damit eine Möglichkeit zur besseren Kennzeichnung der Spezifität dieser Enzyme. Auch im Falle der Proteinasen ist die *enzymatische Angreifbarkeit einer Peptidbindung verschieden, je nachdem, welche Aminosäuren an ihrer Knüpfung beteiligt sind und welchen Einflüssen die Bindung unterliegt.* Der Angriff erfolgt nicht in der Nachbarschaft freier endständiger Carboxyl- oder Aminogruppen; Substrate sind also entweder längere Polypeptidketten — die dann an einer in der Mitte gelegenen Peptidbindung angegriffen werden — oder Peptid-*Derivate*, in denen die endständigen sauren oder basischen Gruppen substituiert sind.

[1] WILLSTÄTTER, R., u. W. GRASSMANN: H. **138**, 184 (1924). — [2] BERGMANN, M., L. ZERVAS and J. S. FRUTON: J. biol. Ch. **111**, 225 (1935); **115**, 593 (1935). — [3] Substrate für Papainasen: z. B. BERGMANN, M., and L. ZERVAS: J. biol. Ch. **114**, 711 (1936). — [4] Für Trypsinasen: z. B. BERGMANN, M., and W. F. ROSS: Am. Soc. **58**, 1503 (1936). — [5] Für Pepsinasen: FRUTON, J. S., and M. BERGMANN: Science, N. Y. **87**, 557 (1938). J. biol. Ch. **127**, 627 (1939). — [6] HOFMANN, K., and M. BERGMANN: J. biol. Ch. **130**, 81 (1939).

So wird z. B. vom *Carbobenzoxy-L-glutaminyl-L-tyrosin* durch *Pepsin* *L-Tyrosin* abgespalten, nicht aber durch Trypsin oder Chymotrypsin. Dagegen spaltet *Trypsin* vom *Benzoyl-L-argininamid* Ammoniak ab, wozu weder Pepsin noch Chymotrypsin befähigt sind. *Chymotrypsin* spaltet aber vom *Benzoyl-L-tyrosyl-glycinamid* das *Glycinamid* ab und das *Papain* spaltet *Benzoylglycinamid.*

Tabelle 179. Synthetische Substrate für Proteinasen.

Enzym	Substrat
Pepsin	Carbobenzoxy-L-glutaminyl-¦-L-tyrosin*
Trypsin	Benzoyl-L-arginin-¦-amid
	Benzoyl-glycyl-L-lysin-¦-amid
Chymotrypsin . . .	Benzoyl-L-tyrosyl-¦-glycinamid
Papain	Benzoyl-glycin-¦-amid

* Die punktierte Linie bezeichnet die Stelle enzymatischen Angriffs.

Diese Spezifität der Proteinasen konnte noch an einem anderen Beispiel eindrucksvoll belegt werden, nämlich an dem synthetischen Substrat *Carbobenzoxy-L-glutaminyl-L-tyrosyl-glycinamid*(I), das dem enzymatischen Angriff von *Pepsin* und *Chymotrypsin* zugänglich ist. Jede der Proteinasen spaltet nur eine Peptidbindung auf, und zwar jeweils an einer anderen Stelle (I).

(I)

$$\text{Cbzo}^*\text{—NH}\cdot\underset{|}{\text{CH}}(\text{CH}_2\text{CH}_2\text{COOH})\cdot\mathbf{CO—NH}\cdot\text{CH}(\text{CH}_2\text{C}_6\text{H}_4\text{OH})\cdot\mathbf{CO—NH}\cdot\text{CH}_2\cdot\text{CO}\cdot\text{NH}_2$$

↑ Pepsin (zwischen CO—NH der Glutaminylbindung) ↑ Chymotrypsin (zwischen CO—NH der Tyrosylbindung)

Durch Veränderung gewisser Atomgruppen, die der zu spaltenden Peptidbindung benachbart sind, kann auch hier die spezifische Angreifbarkeit gegenüber bestimmten Enzymen modifiziert werden. Nach Entfernung der Carbobenzoxygruppe aus dem Carbobenzoxy-L-glutaminyl-L-tyrosyl-glycinamid findet nämlich keine Spaltung durch Pepsin mehr statt, wohl aber noch durch Chymotrypsin (II). Liegt im Substrat die freie Carboxylgruppe des Glycins vor, so geht die Affinität des Chymotrypsins zum Substrat verloren, nicht aber die des Pepsins (III).

(II)

$$\text{H}_2\text{N}\cdot\text{CH}(\text{CH}_2\text{CH}_2\text{COOH})\cdot\text{CO—NH}\cdot\text{CH}(\text{CH}_2\text{C}_6\text{H}_4\text{OH})\cdot\mathbf{CO—NH}\cdot\text{CH}_2\cdot\text{CO}\cdot\mathbf{NH_2}$$

↑ Chymotrypsin

(III)

$$\mathbf{Cbzo}^*\text{—NH}\cdot\text{CH}(\text{CH}_2\text{CH}_2\text{COOH})\cdot\mathbf{CO—NH}\cdot\text{CH}(\text{CH}_2\text{C}_6\text{H}_4\text{OH})\cdot\text{CO—NH}\cdot\text{CH}_2\cdot\mathbf{COOH}$$

↑ Pepsin

* Carbobenzoxy-Gruppe = Cbzo = C_6H_5—$\text{CH}_2\cdot\text{O}\cdot\text{CO}$ —.

Nach diesen Ergebnissen ist also ein *entscheidender Einfluß basischer oder saurer Gruppen auch auf die Wirkung der Proteinasen in ähnlicher Weise anzunehmen, wie dies bei den Peptidasen festgestellt werden konnte.*

Aus dem vorliegenden Versuchsmaterial darf gefolgert werden, daß das Pepsin Bindungen im Inneren der Peptidkette spaltet, an denen Tyrosin oder Phenylalanin mit ihrer Aminogruppe, das Chymotrypsin solche, an denen die gleichen Aminosäuren mit ihrer Carboxylgruppe beteiligt sind. Dem Angriff des Trypsins scheinen Peptidbindungen zu unterliegen, an denen Aminosäuren mit einer freien zweiten basischen Gruppe wie Lysin oder Arginin mit ihren Carboxylgruppen teilhaben. Das gegenwärtig vorliegende Material dürfte aber noch nicht ausreichen, um die spezifische Wirkung der einzelnen Proteinasen eindeutig zu umreißen, so daß die in dieser Richtung unternommenen Versuche von H. KRAUT und von M. BERGMANN (vgl. Tabellen 180 u. 181)[1, 2] noch vorläufigen Charakter haben.

Bemerkenswert scheint dabei die Feststellung von BERGMANN, daß beispielsweise in dem Komplex des Kathepsins aus Milz und Niere mehrere spezifische Peptidasen (Kathepsin I und II) anzunehmen sind, deren Spezifitätsbereich sich mit demjenigen des Pepsins bzw. des Trypsins deckt, von denen die betreffenden Enzyme aber nach Vorkommen und p_H-Abhängigkeit verschieden sind (isodyname Enzyme, vgl. S. 1020). Wenn BERGMANN in diesem Zusammenhang hervorhebt, daß die Milzpepsinase (Kathepsin I) Carbobenzoxy-glutamyltyrosin optimal bei p_H 5,4, krystallisiertes Pepsin aber bei p_H 4,0 spalte, wobei die Wirkung des krystallisierten Pepsins quantitativ weit hinter der einer nur mäßig gereinigten Milzpepsinase zurückbleibt, so wird man fragen müssen, ob nicht beide Wirkungen in Wirklichkeit einem Kathepsin zuzuschreiben sind, das nach den Ergebnissen von BUCHS[3] auch in krystallisierten Pepsinpräparaten anzunehmen ist; denn ein wirkliches Pepsin sollte nach allen vorliegenden Erfahrungen doch bei etwa p_H 2 wirken. In der folgenden Tabelle 181 nach BERGMANN werden durch Unterstreichung diejenigen Gruppen innerhalb der Peptidkette hervorgehoben, deren Anwesenheit für den Angriff des betreffenden Enzyms wesentlich ist. Die Bedeutung der spezifitätsbestimmenden Seitenkette *R* ist dabei jeweils in der 3. Tabellenspalte erläutert.

Tabelle 180. Einteilung der proteolytischen Enzyme nach H. KRAUT[1].

<table>
<tr><th colspan="4">Proteasen, öffnen Peptidbindungen</th></tr>
<tr><td colspan="2">Peptidasen
spalten Peptone und synthetische Peptide; benötigen endständige NH_2- bzw. COOH-Gruppen</td><td colspan="2">Proteinasen
spalten Proteine und synthetische Peptide; benötigen zwei benachbarte —CONH-Gruppen</td></tr>
<tr><td>Carboxypeptidasen
benötigen: COOH-Gruppen; Abwesenheit von NH_2-Gruppen</td><td>Aminopeptidasen
benötigen: NH_2-Gruppen; Abwesenheit von COOH-Gruppen</td><td>Papainasen
benötigen: Abwesenheit von NH_2-Gruppen; bevorzugen Peptide mit seitenständiger Carboxylgruppe</td><td>Trypsinasen
benötigen: seitenständige NH_2-Gruppen von Diaminomonocarbonsäuren</td></tr>
<tr><td colspan="2">Dipeptidasen
benötigen sowohl NH_2- als auch COOH-Gruppen</td><td colspan="2">Pepsinasen
benötigen Tyrosin oder Phenylalanin; benötigen freie COOH-Gruppen; bevorzugen Peptide mit seitenständiger COOH-Gruppe</td></tr>
</table>

[1] KRAUT, H., u. E. KOFRÁNYI: Proteasen. Handb. Katalyse (SCHWAB) **3**, 191—271 (1941). Amidasen. Handb. Katalyse (SCHWAB) **3**, 271—291 (1941). — [2] BERGMANN, M.: Science, N.Y. **81**, 180 (1935). A Classification of proteolytic enzymes. Adv. Enzymol. **2**, 49 (1942). — BERGMANN, M., and J. S. FRUTON: J. biol. Ch. **118**, 405 (1937). — BERGMANN, M., and C. NIEMANN: J. biol. Ch. **118**, 781 (1937). — [3] BUCHS, S.: Die Biologie des Magenkathepsins. Basel-New York 1947, und zwar S. 56.

Nach diesen Befunden benötigen wahrscheinlich die *Papainasen* die Anwesenheit von Monoamindicarbonsäuren mit freier zweiter Carboxylgruppe,

die *Trypsinasen* die Anwesenheit von Diaminomonocarbonsäuren mit freier zweiter Aminogruppe,

die *Pepsinasen* die Anwesenheit von Tyrosin oder Phenylalanin.

Tabelle 181. Einteilung der proteolytischen Enzyme nach M. BERGMANN[1].

Enzyme	Erforderliche Gruppen im „backbone" des Substrats und Mechanismus der katalysierten Reaktion[2]	Erforderliche Gruppen in den Seitenketten der Substrate R =
1. Peptidasen (Exopeptidasen)		
A. Aminopeptidasen, z. B. Leucinaminopeptidase aus Darmschleimhaut, Aminopeptidase aus Milz und Niere (Kathepsin III) usw.	$H_2N \cdot CH(R) \cdot CO—NH—$ ⇄ $H_2N \cdot CH(R) \cdot CO \cdot OH + NH_2—$	$(H_3C)_2 CH \cdot CH_2—$
B. Carboxypeptidasen, z. B. Carboxypeptidase aus Pankreas, Carboxypeptidasen aus Milz und Niere (Kathepsin IV) usw.	$—CO—NH \cdot CH(R) \cdot CO \cdot OH$ ⇄ $—CO \cdot OH + H_2N \cdot CH(R) \cdot CO \cdot OH$	$HO—C_6H_4—CH_2—$ oder $C_6H_5—CH_2—$
2. Proteinasen (Endopeptidasen)		
A. Pepsin und Pepsinasen aus Milz und Niere (Kathepsin I)	$—CO—NH \cdot CHR \cdot CO—NH \cdot CH(R)—$ ⇄ $—CO—NH \cdot CHR \cdot CO \cdot OH + H_2N \cdot CH(R)—$	$HO—C_6H_4—CH_2—$ oder $C_6H_5—CH_2—$
B. Trypsin und Trypsinasen aus Milz und Niere (Kathepsin II)	$—CO—NH \cdot CH(R) \cdot CO—NH—$ ⇄ $—CO—NH \cdot CH(R) \cdot CO \cdot OH + H_2N—$	$H_2N \cdot CH_2 \cdot CH_2 \cdot CH_2 \cdot CH_2—$ oder $(H_2N)(HN{=})C \cdot NH \cdot CH_2 \cdot CH_2 \cdot CH_2—$
C. Chymotrypsin	$—CO—NH \cdot CH(R) \cdot CO—NH—$ ⇄ $—CO—NH \cdot CH(R) \cdot CO \cdot OH + H_2N—$	$HO—C_6H_4—CH_2—$ oder $C_6H_5—CH_2—$

[1] BERGMANN, M.: Adv. Enzymol. 2, 49 (1942). — [2] Die unterstrichenen Teile zeigen die Gruppen im „backbone" (vgl. S. 665) an, welche für unentbehrlich angesehen werden.

Enzymatische Spaltbarkeit cyclischer Peptidderivate. Solange synthetische Polypeptide als Substrate der Proteinasen nicht bekannt waren, war es naheliegend, nach anderen, aus Aminosäuren aufgebauten Strukturen zu suchen, die als Substrate der Proteinasen in Betracht zu ziehen wären. Hier war in erster Linie an die Diketopiperazine, d. h. die cyclischen Anhydride der Dipeptide zu denken, denen man lange Zeit, wenn auch wahrscheinlich zu Unrecht, eine entscheidende Rolle beim Aufbau der Proteine zugeschrieben hat. Bezüglich der enzymatischen Spaltbarkeit von Diketopiperazinen sind widersprechende Befunde und Meinungen in der Literatur vertreten worden[1].

Es dürfte heute feststehen, daß eine enzymatische Hydrolyse von Diketopiperazinen aus Monoamino-monocarbonsäuren nicht vorkommt.

Nach Befunden japanischer Forscher[2–5] sollen dagegen Diketopiperazine von der Form des Glycyl-asparaginsäureanhydrids (I) vom Trypsin und Papain gespalten werden, während Diketopiperazine mit basischer Seitenkette, wie das *Glycyl-diaminopropionsäureanhydrid* (II) vom Pepsin angegriffen werden sollen.

$$\mathrm{HOOC\cdot H_2C\cdot HC}\begin{matrix}\diagup \mathrm{NH{-}CO}\diagdown \\ \diagdown \mathrm{CO{-}NH}\diagup\end{matrix}\mathrm{CH_2} \qquad \mathrm{H_2N\cdot H_2C\cdot HC}\begin{matrix}\diagup \mathrm{NH{-}CO}\diagdown \\ \diagdown \mathrm{CO{-}NH}\diagup\end{matrix}\mathrm{CH_2}$$

I II

Die genannten Autoren suchen auf Grund dieser Ergebnisse die Proteinasen als *„Carboxyl-cyclopeptidasen“* und *„Amino-cyclopeptidasen“* zu unterscheiden. Nach den bisherigen Erfahrungen der Eiweiß- und Enzymchemie kommt der Anwesenheit cyclischer Strukturen im Eiweiß und damit derartiger besonderer Enzyme wenig Wahrscheinlichkeit zu; die Nachprüfung der Befunde konnte in mehreren Fällen keine Bestätigung bringen, auch Diketopiperazine der genannten Art erwiesen sich als unspaltbar[6].

Auf Grund vorwiegend theoretischer Erwägungen über die Proteinstruktur kommt neuerdings P. Jordan[7] zu der Annahme, daß ringförmige Systeme aus *drei* Aminosäureresten („Tripeptole“) wesentliche Aufbauelemente der Proteine und zugleich *die* Substrate der Proteinasen seien, und er versucht auf Grund dieser Annahmen sogar die von Waldschmidt-Leitz und anderen beim enzymatischen Abbau gefundenen ganzzahligen Verhältnisse (vgl. S. 591f.) zu deuten. Die Darstellung von Cyclopeptiden der genannten Art, obwohl grundsätzlich sicher möglich, ist bisher nicht gelungen, so daß eine Nachprüfung der Hypothese von Jordan aussteht. Es muß aber jedenfalls festgehalten werden, daß die *bisher bekannten* synthetischen Substrate der Proteinasen nicht cyclische Anhydride, sondern Peptide oder Peptidderivate mit offener Kette sind.

c) *Synthetische Wirkungen der Proteasen*[8–11].

Obwohl die Eiweißkörper, wie lange bekannt ist, und neuerdings durch Versuche nach der Isotopenmethode bestätigt wurde[12], ständigen Abbau- und Resynthesevorgängen unterworfen sind, ist der Mechanismus ihres biologischen Aufbaus aus Aminosäuren noch weitgehend ungeklärt. Da die Proteasen als Katalysatoren grundsätzlich die Reaktion im Sinne des Aufbaus wie des Abbaus

[1] Abderhalden, E., u. K. Goto: Fermentforsch. **7**, 169 (1923). — Waldschmidt-Leitz, E. u. A. Schäffner: B. **58**, 1356 (1925). — Abderhalden, E., u. E. Schwab: H. **171**, 78 (1927). — [2] Ishiyama, T.: J. Biochem. **17**, 285 (1932/33). — [3] Matsui, J.: J. Biochem. **17**, 253 (1933). — [4] Shibata, K.: Acta phytochim., Tokyo **8**, 173 (1934). — [5] Tazawa, Y.: Acta phytochim., Tokyo **8**, 331 (1935). — [6] Abderhalden, E.: Fermentforsch. **16**, 182 (1940). — Waldschmidt-Leitz, E., u. M. Gärtner: H. **244**, 221 (1936). — [7] Jordan, P.: Eiweißmoleküle. S. 39 ff. Stuttgart 1947. — [8] Rondoni, P.: Der Aufbau der Eiweißkörper im tierischen Organismus. Ergebn. Enzymforsch. **10**, 65 (1949). — [9] Fruton, J. S.: Yale J. Biol. Med. **1950**, 263. — [10] Brenner, M., H. R. Müller u. R. W. Pfister: Helv. **33**, 568 (1950). — [11] Vgl. a. S. 572f. — [12] Schoenheimer, R.: The Dynamic State of Body Constituents. Cambridge (Mass.) 1946.

katalysieren sollten, ist anzunehmen, daß sie auch an der Eiweißsynthese irgendwie beteiligt sind, und es hat nicht an Versuchen gefehlt, derartige synthetische Wirkungen in vitro nachzumachen. Derartige zum Teil schon weit zurückliegende Versuche haben immer noch nicht zu einer abschließenden Klärung geführt. Wie die Dinge auch im einzelnen liegen mögen, auf jeden Fall ist anzunehmen, daß für den biologischen Aufbau der Eiweißstoffe neben den enzymatischen Katalysatoren vor allem das schon vorhandene Eiweiß — wahrscheinlich in Verbindung mit Nucleinsäuren — maßgebend ist, das dem neuentstehenden Eiweiß seine Struktur aufprägt (vgl. Eiweißkapitel). Ähnlich scheinen die Dinge auch bei der Synthese der Stärke zu liegen (vgl. Enzyme, Allgemeiner Teil).

DANIELEWSKI[1] beobachtete 1886 bei der Einwirkung von Pepsin auf konzentrierte Peptonlösungen die Bildung eines eiweißartigen Niederschlages, für den von SAWJALOV[2] später die Bezeichnung „Plastein" vorgeschlagen wurde. Die Erscheinung ist neuerdings von verschiedenen Autoren[3] wieder untersucht worden. Da bei der Plasteinbildung ein Verschwinden freier Amino- und Carboxylgruppen festgestellt wurde, dürfte es sich auf jeden Fall um echte Kondensationsvorgänge handeln, ob aber eine Synthese wirklicher Eiweißkörper vorliegt, scheint zweifelhaft. Das Molekulargewicht der aus Zein erhaltenen Plasteine wird neuerdings von VIRTANEN[4] zu etwa 2500—6000 angegeben. Auch Synthesen eiweißartiger Stoffe durch Einwirkung von Enzymen auf Eiweißabbauprodukte unter hohen Drucken (2000—6000 at) sind beschrieben worden[5].

Da das Gleichgewicht zwischen Peptiden und ihren Spaltprodukten im allgemeinen weit nach der Seite der Hydrolyse gelegen ist, hat man vielfach nach besonderen Mechanismen der Eiweiß-Synthese gesucht, bei denen auch der Energiebedarf der Synthese durch geeignete Zwischenprodukte auf dem einen oder anderen Wege gedeckt sein sollte. So sind Synthesen auf dem Wege über Ketoaldehyde[6], Säureamide[7], Acylphosphate[8], Acetylaminosäuren[9] oder über Ester von Aminosäuren[10] in Betracht gezogen worden. Obwohl die Bedeutung energiereicher Phosphorsäureverbindungen[8] für Synthesen bekannt ist, wurde experimentell auf diesem Wege bisher nur die enzymatische Synthese von Säureamiden, nicht aber von eigentlichen Peptiden (vgl. dagegen[11]), verwirklicht. So kann die Synthese von Hippursäure[12] und die Acetylierung aromatischer Amine in Gegenwart von Adenosintriphosphat und Acetat[13] sowie die Synthese von Glutamin[14] nach der Gleichung

$$\text{Glutaminsäure} + \text{ATP} + NH_3 \longrightarrow \text{Glutamin} + \text{ADP} + H_3PO_4$$

durch Enzyme aus tierischen Geweben[14], Bakterien und Pflanzen[15] erreicht werden. NH_3 kann in der Gleichung durch Hydroxylamin, Methylamin und Hydrazin ersetzt werden.

---

[1] DANIELEWSKI: Zit. nach HENRIQUES, V., u. I. K. GJALDBÄK: H. **71**, 485 (1911). — [2] SAWJALOW, W. W.: Pflügers Arch. **85**, 171 (1901). — [3] WASTENEYS, H., and H. BORSOOK: Physiol. Rev. **10**, 110 (1930). — SALTER, W. T., and O. H. PEARSON: J. biol. Ch. **112**, 579 (1935/36). — COLLIER, H. B.: Canad. J. Res. **18**, (B) 272 (1940). — [4] VIRTANEN, A. I., H. K. KERKKONEN, T. LAAKSONEN u. M. HAKALA: Acta chem. scand. **3**, 520 (1949). — VIRTANEN, A. I., H. KERKKONEN, M. HAKAL u. T. LAAKSONEN: Naturwiss. **37**, 139 (1950). — [5] BRESSLER, Ss. JE.: C. R. Acad. Sci. URSS. (N.S.) **55**, 145 (1947) [C. **1947**, 1584]. BRESSLER, Ss. JE., u. M. W. GLIKINA: Biochimia, Moskau **12**, 389 (1947) [C. **1948 II**, 740]. — [6] LINDERSTRØM-LANG, K.: Ann. Rev. **8**, 37 (1939). — [7] BERGMANN, M., and J. S. FRUTON: Ann. N. Y. Acad. Sci. **45**, 409 (1944). — [8] LIPMANN, Fr.: Adv. Enzymol. **1**, 99 (1941). — [9] RITTENBERG, D., and D. SHEMIN: Ann. Rev. **15**, 247 (1946). — [10] BRENNER, v. M., H. R. MÜLLER u. R. W. PFISTER: Helv. **33**, 568 (1950). — FRANTZ, I. D., and R. B. LOFTFIELD: Fed. Proc. **9**, 172 (1950). — [11] WIELAND, TH.: Angew. Chem. **61**, 491 (1949). — [12] BORSOOK, H., and J. W. DUBNOFF: J. biol. Ch. **168**, 397 (1947). — COHEN, P. P., and R. W. MCGILVERY: J. biol. Ch. **171**, 89, 121 (1947). — [13] LIPMANN, Fr.: J. biol. Ch. **160**, 173 (1945). Fed. Proc. **8**, 597 (1949). — [14] SPECK, J. F.: J. biol. Ch. **168**, 403 (1947); **179**, 1387, 1405 (1949). — ELLIOTT, W. H.: Nature **161**, 128 (1948). — [15] ELLIOTT, W. H., and E. F. GALE: Nature **161**, 129 (1948).

Der Befund, daß Papain und Kathepsin als hauptsächlichste Vertreter der Zellproteinasen durch Sulfhydrylgruppen, nicht aber durch Disulfide aktiviert werden, legt den Gedanken eines Zusammenhangs zwischen Redoxpotential und Eiweißabbau nahe (GRASSMANN[1]), der später von WALDSCHMIDT-LEITZ, VOEGTLIN, BERSIN, MOTHES, REISS u. a. weiterverfolgt wurde[2]. Nach VOEGTLIN, der diese Frage vor allem bei der Autolyse studiert hat, soll bei hoher Sauerstoffkonzentration und in Gegenwart von genügend Eiweißspaltstücken und von Thiolen (z. B. Cystein, Glutathion) als Aktivatoren, die dabei in Disulfide übergehen, nicht nur eine *Hemmung der Autolyse*, sondern sogar auch eine Synthese von Eiweiß beobachtet werden. Dies konnte von WALDSCHMIDT-LEITZ nicht bestätigt werden, nach dem im Gegenteil sowohl die abbauende wie die synthetisierende Wirkung des Papains der aktivierenden Wirkung durch Sulfhydrylgruppen bedarf. Eine Beeinflussung der Eiweißsynthese ist wohl eher durch die mit ihnen gekoppelte Synthese von Adenosintriphosphorsäure zu erklären, deren Spaltung die Energie für die intrazelluläre Eiweißsynthese liefert[3]. Die Bedeutung des Redoxpotentials für die Eiweißsynthese zeigten u. a. MOTHES[4] an der Einführung von Aminosäuren in lebende Pflanzen durch Vakuuminfiltration und FISCHER[5] an der Beeinflussung des Eiweißstoffwechsels von Gewebszellen in vitro durch Cystin. Es ist verständlich, daß in diesem Zusammenhang auch immer wieder eine mögliche Beteiligung des Glutathions in Betracht gezogen wird[6], dessen Funktion trotz seiner allgemeinen Verbreitung in fast allen Zellen immer noch im Dunkeln liegt. Neue Versuche von HANES, HIRD und ISHERWOOD[7] erweisen zwar nicht einen synthetischen Aufbau höherer Peptide unter Mitwirkung des Glutathions, wohl aber die Möglichkeit des Aufbaus verschiedener Peptide auf dem Wege der *Transpeptidation*, z. B. nach der Gleichung

Glutathion + Phenylalanin ⟶ γ-Glutamylphenylalanin + Cysteinylglycin.

Statt Phenylalanin können andere Aminosäuren, wie Leucin oder Valin, in die Austauschreaktion einbezogen werden. Durch Penicillin werden sowohl diese Übertragungsreaktionen wie auch die enzymatische Hydrolyse[8] des Glutathions weitgehend gehemmt, ein Befund, der unter Umständen im Hinblick auf den Wirkungsmechanismus des Penicillins von Bedeutung sein könnte. Weitere Beispiele der Transpeptidation s. [9].

Einfacher zu übersehen sind enzymatische Synthesen, die M. BERGMANN an bestimmten Peptiden mit Papain und Chymotrypsin als Katalysatoren ausgeführt hat. Dabei handelt es sich um Fälle, in denen das Reaktionsprodukt schwer löslich ausfällt und dem Gleichgewicht entzogen wird; die Synthese ist also eine notwendige Folge des Massenwirkungsgesetzes (vgl. S. 992).

Folgende Synthesen konnten ausgeführt werden:

1. *Papain* als Katalysator:

Hippursäureamid + Anilin ⟶ Hippursäureanilid + NH_3
Hippursäure + Anilin ⟶ Hippursäureanilid.

[1] GRASSMANN, W., H. DYCKERHOFF u. O. v. SCHOENEBECK: H. **186**, 183 (1930). — [2] WALDSCHMIDT-LEITZ, E., I. J. BEK u. J. KAHN: Naturwiss. **17**, 85 (1928/29). — WALDSCHMIDT-LEITZ, E., A. SCHARIKOVE u. A. SCHÄFFNER: H. **214**, 75 (1932/33). — VOEGTLIN, C., M. E. MAVER and J. M. JOHNSON: J. Pharmacol. exp. Therap. **48**, 243 (1933). — MAVER, M. E., J. M. JOHNSON and C. VOEGTLIN: Nat. Inst. Health, Bull. **1935**, Nr. 164, 29. — MAVER, M. E., and C. VOEGTLIN: Enzymologia **6**, 219 (1939). — BERSIN, TH., u. H. KÖSTER: H. **233**, 59 (1935). — [3] FRANTZ, I. D., jr., P. C. ZAMECNIK, J. W. REESE and M. L. STEPHENSON: J. biol. Ch. **174**, 773 (1948). — BLOCH, J.: J. biol. Ch. **179**, 1245 (1949). — [4] MOTHES, K.: Flora, Jena **28**, 58 (1933). Planta, Berlin **19**, 117 (1933). — [5] FISCHER, A.: Naturwiss. **30**, 665 (1942). — [6] WAELSCH, N., and D. RITTENBERG: J. biol. Ch. **139**, 761 (1941). — [7] HANES, C. S., F. J. R. HIRD and F. A. ISHERWOOD: Nature **166**, 288 (1950). — [8] KIMMEL, J. R., C. K. OLSON, D. OKESON and F. BINKLEY: Fed. Proc. **9**, 190 (1950). — [9] BERGMANN, M., and H. FRAENKEL-CONRAT: J. biol. Ch. **119**, 707 (1937); **124**, 1 (1938). — FRUTON, J. S.: Yale J. Biol. Med. **22**, 263 (1950). — JOHNSTON, R. B., M. J. MYCEK and J. S. FRUTON: J. biol. Ch. **185**, 629 (1950).

Carbobenzoxyglycin + Anilin → Carbobenzoxyglycylanilid.
Benzoyl-phenylalanin + Leucin-anilid → Benzoyl-phenylalanylleucin-anilid.
Acetyl-phenylalanyl-glycin + Glycyl-leucin → Acetylphenylalanyl-glycyl-glycyl-leucin.

2. *Chymotrypsin* als Katalysator:

Benzoyl-tyrosin + Leucin-anilid → Benzoyl-tyrosyl-leucin-anilid.
Benzoyl-tyrosin + Glycin-anilid → Benzoyl-tyrosyl-glycin-anilid.

Die durch Papain katalysierten Synthesen gelingen nur mit acylierten Aminosäuren, Cystein wirkt aktivierend. In D,L-Gemischen werden *nur die L-Aminosäuren* mit Anilin verknüpft. Auf Grund der zuletzt genannten Tatsache wurde ein neues Verfahren zur *Trennung von Aminosäure-racematen* ausgearbeitet[1].

Möglicherweise liegen bei der Eiweißsynthese im Organismus ähnliche Verhältnisse vor wie in den Syntheseversuchen BERGMANNS. Die durch Synthese gebildeten Polypeptide werden vermutlich dadurch dem Gleichgewicht entzogen, daß sie sich in die Krystallgitter bzw. Oberflächen schon vorhandener Proteine einordnen.

d) *Natur und Wirkungsweise der Proteasen.*

Krystallisierte Proteinasen. Nachdem im Jahre 1926 von J. B. SUMNER[2] Urease krystallin erhalten worden war, sind von J. H. NORTHROP[3] und Mitarbeitern seit dem Jahre 1930 auch das Pepsin und in den darauffolgenden Jahren das Trypsin und das Chymotrypsin sowie Vorstufen dieser Enzyme (Pepsinogen, Trypsinogen, Chymotrypsinogen) in krystallisierter Form dargestellt worden. Die erhaltenen Krystalle sind Eiweißstoffe, nach den Versuchen NORTHROPS scheinen sie einheitlich und mit dem Enzym selbst identisch zu sein. Die grundsätzliche Bedeutung dieser Befunde ist an anderer Stelle besprochen (S. 1033).

Es sei nicht unerwähnt, daß gewisse Versuchsresultate anderer Autoren der Auffassung NORTHROPS zu widersprechen scheinen insbesondere hinsichtlich der Einheitlichkeit des Pepsins. So sind Versuche unternommen worden, die aktive Gruppe des Pepsins durch *Adsorption an ein anderes Eiweiß,* z. B. Edestin, von ihrem spezifischen Träger zu trennen[4]. Nach NORTHROP[5] besteht allerdings Grund zur Annahme, daß hierbei das gesamte Enzymeiweiß von dem fremden Eiweiß adsorbiert wurde, denn es gelang z. B. aus dem Adsorbat das gesamte Pepsin unverändert abzutrennen[5] und zu krystallisieren.

Es ist möglich auch krystallisiertes Pepsin unter *Abtrennung von Ballaststoffen* in gewissem Maße noch weiter zu reinigen, sowie durch Adsorption[6] oder Elektrophorese[7] zu fraktionieren. Löslichkeitsbestimmungen des Pepsins und des Pepsinogens sprechen ebenfalls nicht für dessen Einheitlichkeit[8]. Ferner konnten Pepsinpräparate erhalten werden, die wirksamer waren als das krystallisierte Pepsin NORTHROPS[9], sodaß sich bei guter Aktivität *kein Eiweiß* nachweisen ließ[10]. Vgl. dazu S. 1142 sowie 1125. Zu vielen Einwänden hat NORTHROP[11] Stellung genommen.

---

[1] FRUTON, J. S., G. W. IRVING jr. and M. BERGMANN: J. biol. Ch. **133**, 703 (1940). — DEKKER, C. A., and J. S. FRUTON: J. biol. Ch. **173**, 471 (1948). — [2] SUMNER, J. B.: J. biol. Ch. **69**, 435 (1926). — SUMNER, J. B., and D. B. HAND: J. biol. Ch. **76**, 149 (1928). — SUMNER, J. B., and R. G. HOLLOWAY: J. biol. Ch. **79**, 489 (1928). — [3] NORTHROP, J. H.: J. gen. Physiol. **13**, 739, 767 (1930); **14**, 713 (1931); **18**, 433 (1935); **19**, 991 (1936); **21**, 501 (1938). — [4] DYCKERHOFF, H., u. G. TEWES: H. **215**, 93 (1933). — [5] NORTHROP, J. H.: J. gen. Physiol. **17**, 165 (1933). — [6] HOLTER, H.: H. **196**, 1 (1931). — [7] ÅGREN, G., u. E. HAMMARSTEN: Enzymologia **4**, 49 (1937). — TISELIUS, A., G. E. HENSCHEN and H. SVENSSON: Biochem. J. **32**, 1814 (1938). — WIEDEMANN, E.: Sci. pharmaceut., Wien **17**, 45 (1949). — [8] STEINHARDT, J.: J. biol. Ch. **123**, CXV (1938); **129**, 135 (1939). — DESREUX, V., and R. M. HERRIOTT: Nature **144**, 287 (1939). — HERRIOTT, R. M., V. DESREUX and J. H. NORTHROP: J. gen. Physiol. **24**, 213 (1941). — [9] BORGSTROEM, E., u. F. C. KOCH: Proc. Soc. exp. Biol. Med. **52**, 131 (1943). — [10] WILLSTÄTTER, R., u. M. ROHDEWALD: H. **208**, 258 (1932). — SUNDBERG, C.: H. **9**, 319 (1885). — KLEINER, I. S., and H. TAUBER: J. biol. Ch. **104**, 267 (1934). — KRAUT, H., u. E. TRIA: B. Z. **290**, 277 (1937). — [11] NORTHROP, J. H., M. KUNITZ and R. M. HERRIOTT: Crystalline Enzymes. 2. Aufl. New York 1948.

Peptidasen als Metallproteide. An Peptidasen sind zahlreiche Befunde gewonnen worden, die auf die Abtrennbarkeit niedermolekularer Hilfsstoffe hindeuten. Hier ist hinzuweisen auf Beobachtungen über kochbeständige Hilfsstoffe bei den Peptidasen des tierischen Verdauungstraktes[1]; auf die Abtrennung eines Hilfstoffes durch Adsorption[2] und Tonerde C_γ bei $p_H = 5$ oder durch Dialyse[3], auf den Nachweis eines im Hefekochsaft vorkommenden thermostabilen und dialysierbaren Faktors[4], der zusammen mit einfachen Anionen die Aminopolypeptidase der Hefe zur Dipeptidspaltung befähigt[5]. Die meisten der erwähnten Befunde dürften mit der inzwischen bekanntgewordenen und eingehend untersuchten Aktivierbarkeit der Peptidasen durch Metalle[6], wie Mn, Mg, Zn, Co, Fe, zu erklären sein.

Carboxypolypeptidase enthält Mg in ziemlich stabiler komplexer Bindung; ihre Hemmung durch Cyanide, Sulfhydrylverbindungen, Oxalat und Citrat beruht auf Blockierung des Metalls[7]; Aminopeptidase ist ein relativ leicht dissociierendes Manganproteid[8], die Glycylglycin solatende Dipeptidase ein Cobaltproteid[9], das Glycyl-L-Glycin spaltende Enzym des menschlichen Uterus erfordert Zn^{++}, das

Ac—NH—CH(R)—C(=O)—⋮—NH—CH(R′)—COO⁻ ; Mg ; Protein

(I)

H_2N—CH(R)—C(=O)—⋮—NH—CH_2—CO—NH— ; Mn ; Protein

(II)

der Darmschleimhaut des Hundes Mn^{++}. Beide werden durch Ca^{++} gehemmt[10]. Die Hefepolypeptidase soll durch Zn^{++} und Co^{++}[11] und Halogenionen[11, 12] aktiviert werden.

HO—C(=O)—CH_2—N(H)—⋮—C(=O)—CH_2—NH_2 ; Co ; Protein

(III)

SMITH[13] faßt die Enzym-Substrat-Verbindung der Peptidasen als Cholatkomplexe auf, in denen (mindestens) zwei Koordinationsvalenzen des Metallions mit dem Fermentprotein, zwei andere mit zwei Haftgruppen des Substrats verknüpft sind, die sich zu beiden Seiten der zu spaltenden Peptidbindung befinden müssen, wenn Hydrolyse eintreten soll. Das Mg der Carboxypolypeptidase soll an Carboxylgruppe und Peptidsauerstoff (I), das Metall der Aminopeptidasen an Aminogruppe und Peptidstickstoff (II) und das der Dipeptidase nach (III) komplex gebunden sein. Der für die quantitative und qualitative Spezifität wesentliche Einfluß der Reste R und R′ wird auf deren spezifische Affinität zum Proteinteil des Fermentes zurückgeführt.

---

[1] ABDERHALDEN, E., u. E. v. EHRENWALL: Fermentforsch. **13**, 262 (1932); **14**, 118 (1933). — [2] GRASSMANN, W., W. VOLMER u. V. WINDBICHLER: B. Z. **298**, 8 (1938). — [3] SCHNEIDER, F.: B. Z. **307**, 415, 427 (1940/41). — SCHNEIDER, F., u. E. GRAEF: B. Z. **307**, 249 (1940/41). — Vgl. dazu auch ABDERHALDEN, E., u. E. v. EHRENWALL: Fermentforsch. **13**, 262 (1932); **14**, 118 (1933). — [4] GRASSMANN, W.: Angew. Chem. **50**, 913 (1937). — [5] SCHNEIDER, F., u. E. GRAEF: B. Z. **307**, 249 (1940/41). — SCHNEIDER, F.: B. Z. **307**, 415, 427 (1940/41). — [6] MASCHMANN, E.: B. Z. **300**, 89 (1938/39). Naturwiss. **26**, 791 (1938); **28**, 765 (1940). — BERGER, J., and M. J. JOHNSON: J. biol. Ch. **130**, 641 (1939). — BAMANN, E., u. O. SCHIMKE: B. Z. **308**, 130 (1941). Naturwiss. **29**, 365 (1941). — [7] SMITH, E. L., and H. T. HANSON: J. biol. Ch. **176**, 997 (1948); **179**, 802 (1949). — [8] SMITH, E. L., and M. BERGMANN: J. biol. Ch. **138**, 789 (1941); **153**, 627 (1944). — SMITH, E. L.: J. biol. Ch. **163**, 15 (1946). — [9] SMITH, E. L.: J. biol. Ch. **173**, 553, 571 (1948); **176**, 21 (1948). — [10] SMITH, E. L.: J. biol. Ch. **176**, 9 (1948). — [11] JOHNSON, M. J.: J. biol. Ch. **137**, 575 (1941). — [12] SCHNEIDER, F.: Habil.-Schr. Dresden 1940. B. Z. **307**, 415 (1940/41); **308**, 247 (1941). — SCHNEIDER, F., u. E. GRAEF: B. Z. **307**, 249 (1940/41). — [13] SMITH, E. L.: Sumner-Myrbäck 1/2, S. 793ff.

Für den Wirkungsmechanismus der sicher metallfreien Proteinasen kann eine entsprechende Deutung zur Zeit nicht gegeben werden. Es ist jedoch sicher, daß bestimmte Gruppen des Fermentproteins z. B. beim Pepsin die Tyrosingruppe[1], bei Papain, Kathepsin usw. die Sulfhydrylgruppen des Cysteins[2] für die Wirkung wesentlich sind.

6. Proteasen, spezieller Teil.

a) Peptidasen.

α) Dipeptidasen[3-11]. Sie sind weit im *Tier- und Pflanzenreich* verbreitet. Besonders reichlich finden sie sich im *Dünndarm*, in der *Niere*, in den Fundusdrüsen des *Magens*, in der *Hefe* und in *Schimmelpilzen*, im *Malz* usw. In Kuhmilch kommt Dipeptidase nicht vor, während sie sich in Frauenmilch[12] durch die Spaltung von Glycyl-L-tryptophan nachweisen läßt und auf diese Weise eine Unterscheidung dieser beiden Milcharten gestattet (vgl. Bd. 2, Milchdrüse und Milch). Auch im Blutserum findet sich Dipeptidase zusammen mit Aminopolypeptidase, und zwar in besonders hohem Maße bei fieberhaften Erkrankungen und bei Schwangerschaft[13].

Substratspezifität. Tierische und pflanzliche Dipeptidasen sind in ihrer *Wirkung und Spezifität* ausführlich untersucht (vgl. dazu S. 1120 u. 1131). Es hat sich gezeigt, daß ein Substrat, das durch Dipeptidase spaltbar sein soll, in α-Stellung zur Peptidbindung sowohl eine *freie Carboxylgruppe* als auch eine *Aminogruppe* besitzen muß[14]. Die H-Atom ein α- und α'-Stellung müssen in bestimmter räumlicher Anordnung vorliegen[15]; die Aminogruppe kann durch eine Methylgruppe substituiert sein, ohne daß die Spaltbarkeit verlorengeht (SMITH)[16], nicht aber durch zwei Methylgruppen oder durch Säure- bzw. Aminosäurereste. Der Wasserstoff der Peptidbindung darf nicht substituiert sein. Die daraus von BERGMANN gezogene Schlußfolgerung, daß das Substrat in der Iminohydrin-Form vorliegen muß, wird wohl besser durch die allgemeine Aussage zu ersetzen sein, daß eine von der Peptidbrücke vermittelte Wasserstoffbindung vorhanden sein muß[17]. Bei Dipeptiden des Tyrosins wird die Angreifbarkeit durch Phosphorylierung der phenolischen OH-Gruppe aufgehoben[18];

Raumisomerie und enzymatische Spaltung. Unter der sehr plausiblen Annahme, daß die Carboxyl- und Aminogruppe sich auf Grund ihrer gegensätzlichen elektrochemischen Natur anziehen, ergibt sich die in den folgenden Formelbildern wiedergegebene räumliche Anordnung für ein aus zwei Aminosäuren der L-Reihe aufgebautes Dipeptid. Diese Anordnung

---

[1] HERRIOTT, R. M., and J. H. NORTHROP: J. gen. Physiol. **18**, 35 (1934/35). — HERRIOTT, R. M.: J. gen. Physiol. **21**, 501 (1938); **25**, 185 (1941). — PHILPOT, J. ST. L., and P. A. SMALL: Biochem. J. **32**, 542 (1938). Proc. R. Soc. London (A) **170**, 62 (1939); B **127**, 23 (1939). — TRACEY, A. H., and W. F. ROSS: J. biol. Ch. **146**, 63 (1942). — [2] BERSIN, TH.: Thiolverbindungen und Enzyme. Ergebn. Enzymforsch. **4**, 68—101 (1935).

Zusammenfassende Darstellungen über Peptidasen: 3—11. [3] MAYER, K.: Peptidasen. Bamann-Myrbäck **2**, 1991—2009. — MERTEN, R.: B. Z. **318**, 167—184 (1948). — [4] KRAUT, H., u. E. KOFRÁNYI: Handb. Katalyse (SCHWAB) **3**, 227 (1941). — [5] ABDERHALDEN, E.: Fermentforsch. **16**, 486 (1942). — [6] JOHNSON, M. J., and J. BERGER: The enzymatic properties of peptidases. Adv. Enzymol. **2**, 69—92 (1942). — [7] BERGMANN, M., and J. B. FRUTON: The spezifity of proteinases. Adv. Enzymol. **1**, 63—98 (1941). — [8] BERGMANN, M.: A classification of proteolytic enzymes. Adv. Enzymol. **2**, 49—68 (1942). — [9] FRUTON, J. S.: Proteolytic enzymes. Ann. Rev. **16**, 35—54 (1947). — [10] WALDSCHMIDT-LEITZ, E.: d-Peptidasen. Erg. Enzymforsch. **9**, 193—206 (1943). — [11] MAYER, KARL: d-Peptidasen. Bamann-Myrbäck **2**, 2002.

[12] ABDERHALDEN, R.: Fermentforsch. **15**, 302 (1937). — [13] GRASSMANN, W., u. W. HEYDE: H. **188**, 69 (1930). — [14] GRASSMANN, W.: Habil.-Schr. München 1928 (und zwar S. 28). — [15] BERGMANN, M., u. L. ZERVAS: H. **224**, 11 (1934). — [16] SMITH, E. L.: J. biol. Ch. **176**, 21 (1948). — [17] BERGMANN, M., L. ZERVAS, H. SCHLEICH u. F. LEINERT: H. **212**, 72 (1932). — [18] POSTERNAK, TH., u. S. GRAFL: Helv. **28**, 1258 (1945).

ist dadurch gekennzeichnet, daß die beiden α-Wasserstoffatome auf der einen (oberen), die beiden R- und R′-Reste auf der anderen (unteren) Seite des Moleküls zu liegen kommen. Diese räumliche Lagerung ist offenbar notwendig für den Angriff des Enzyms. Diesen kann man sich etwa so vorstellen, daß das Enzym an das Dipeptidmolekül von der oberen Seite her herantritt (vgl. a. S. 1131). Ersetzt man eine oder wie in Formel II zwei der beteiligten Aminosäuren durch Aminosäuren der D-Reihe, so würden die nunmehr auf der oberen Seite des Moleküls befindlichen Reste R und R′ die auf dieser Seite erfolgende Annäherung des Enzyms behindern.

α H, R, NH_2 — C — C(OH)=N — C — HOOC, α′ H, R′

I

R, H α, NH_2 — C — C(OH)=N — C — HOOC, R′, H α′

II

Diese Vorstellung erklärt in anschaulicher Weise das Verhalten der meisten Dipeptidasen gegen D-*Peptide*, die von normaler Dipeptidase nicht oder höchstens sehr wenig gespalten werden (s. u.).

Eigenschaften. Die Dipeptidase ist verhältnismäßig empfindlich. Durch Glycerin läßt sie sich in wäßriger Lösung haltbar machen. Schwefelwasserstoff und Blausäure hemmen das Enzym vollkommen und sind schon in sehr geringer Konzentration wirksam[1]; auch Formaldehyd, Anilin und Phenylhydrazin hemmen.

Eingehend untersucht ist das Verhalten gegen Metallionen. Während z. B. Hg^{++}, Ca^{++}, hemmen, hat sich ergeben, daß andere Metalle, nämlich Co, Mn, Mn + Cystein, Zn, Mg, Fe^{++}, V, als Aktivatoren der Dipeptidasen und anderer Peptidasen wichtig sind. Von SMITH[2] wird eine Glycylglycin spaltende Dipeptidase, die spezifisch durch Co^{++} und unvollkommen durch Mn^{++} aktiviert wird, von den für die Spaltung anderer einfacher Dipeptide, z. B. von Glycyl-L-Leucin, verantwortlichen Enzymen unterschieden. Die Glycylleucin spaltenden Fermente verschiedener Herkunft werden durch Zn^{++} bzw. Mn^{++} aktiviert (vgl. S. 1131). Eine sichere Spezifitätsabgrenzung dieser Enzyme sowie der sogenannten „Leucylpeptidase“ (s. S. 1122 u. 1134) wird nur durch Isolierung zu erreichen sein.

Kinetik. Die Kinetik der Dipeptidase ist vielfach untersucht worden, wobei teils Annäherungen an einen Reaktionsverlauf nullter Ordnung, teils an einen monomolekularen Reaktionsverlauf festgestellt wurde[3–5]. Nach GRASSMANN[3] ist die Kinetik abhängig sowohl von der Herkunft des Enzyms wie von der Natur des Substrates. Die nach MICHAËLIS ermittelte Affinität zum Substrat fällt in der Reihe Leucylglycin > Alanylglycin > Glycylglycin, und in der gleichen Reihenfolge findet man eine Änderung der Kinetik vom linearen zu mehr oder weniger gekrümmten Reaktionsverläufen. Durch anwesende Ionen, Aminosäuren, Verunreinigungen und Begleitstoffe wird die Kinetik beeinflußt[6].

Einheitlichkeit der Dipeptidase. Die Ansicht, es gäbe eine einzige Dipeptidase (und Aminopolypeptidase), scheint durch neuere Arbeiten[4, 7, 8] in Frage gestellt. Möglicherweise besteht eine spezifische Einstellung auf bestimmte Aminosäuren

[1] GRASSMANN, W., u. H. DYCKERHOFF: H. **179**, 41 (1928). — GRASSMANN, W., H. DYCKERHOFF u. O. v. SCHÖNEBECK: H. **186**, 183 (1930). — GRASSMANN, W., O. v. SCHÖNEBECK u. G. AUERBACH: H. **210**, 1 (1932). — [2] SMITH, E. L.: J. biol. Ch. **173**, 553 (1948). — [3] GRASSMANN, W., u. L. KLENK: H. **186**, 26 (1930). — [4] Siehe Fußnote [4] S. 1132. — [5] MESCHKOWA, N. P., u. S. J. SSEWERIN: Biochimia, Moskau **12**, 260 (1947). — [6] S. dazu auch FODOR, A.: Ergebn. Enzymforsch. **1**, 39 (1932), und zwar S. 45ff. — [7] Vgl. z. B. MASCHMANN, E.: B. Z. **308**, 359 (1941); **311**, 374 (1942); **313**, 151, 156 (1942); **315**, 1 (1943). — [8] MERTEN, R.: B. Z. **318**, 167 (1948).

(s. u. sowie S. 1121 f.). Daß die Spezifität in vielen Fällen durch anwesende Aktivatoren beeinflußt wird, zeigen unter anderem auch Versuche von F. SCHNEIDER[1]: Dipeptidasefreie Aminopolypeptidasepräparate aus Hefe erlangen Dipeptidasewirksamkeit nach Hinzufügen eines Hilfsstoffes (Hefekochsaft + Cl'). Die so erhaltene Dipeptidase unterscheidet sich von der normalen Dipeptidase durch ihre Reaktionskinetik und ihre quantitative Spezifität. Gegen Schwefelwasserstoff und Cystein ist das Enzym etwas weniger empfindlich.

Darstellung von Dipeptidasen. Die wichtigsten Quellen für die Darstellung von Dipeptidasen sind Hefe und Darmschleimhaut. Aus Hefe läßt sich gereinigte Dipeptidase nach GRASSMANN[2] gewinnen. Nach Freilegung des Enzyms durch Autolyse werden Begleitstoffe und Aminopolypeptidase mittels Tonerde C_γ bei p_H 5 adsorbiert, im Filtrat die gereinigte Dipeptidase mit Aceton fraktioniert gefällt und als Trockenpulver gewonnen. Aus der sehr peptidasereichen Darmschleimhaut[3] (Schweinedünndarm) lassen sich Extrakte gewinnen und durch Essigsäurefällung vorreinigen. Die ereptischen Enzyme werden hierauf bei schwachsaurer Reaktion an Tonerde C_γ adsorbiert und in ammoniakalischer Lösung eluiert. Die Dipeptidase wird dann bei p_H 4 an Eisen(III)-hydroxyd adsorbiert, durch sekundäres Phosphat eluiert und so von der Aminopolypeptidase getrennt.

Die *Bestimmung der Dipeptidase*[4] der Hefe geschieht durch Messung der enzymatischen Hydrolyse von D,L-Leucylglycin bei p_H 7,8 und 40°.

Als *Enzymeinheit* gilt die Enzymmenge, die unter den genannten Bedingungen in 1 h das in 0,225 g D,L-Peptid enthaltene L-Peptid zu 50% spaltet. Die gebildeten Carboxylgruppen werden mit alkoholischer Kalilauge titriert. Auch die Dipeptidase tierischen Ursprungs mißt man an der Spaltung von Leucyl-glycin titrimetrisch, mit gewissen Änderungen und unter Berücksichtigung einer anderen Formulierung der Enzymeinheit[5, 6].

Leucylpeptidase. Darmschleimhaut[7] enthält wahrscheinlich ein von der gewöhnlichen Dipeptidase verschiedenes Enzym, das Leucyldiglycin, Leucylglycin und Leucinamid hydrolysiert und demzufolge als „Leucylpeptidase" (Leucinaminopeptidase) bezeichnet wurde (vgl. auch S. 1122 sowie[8, 9]). Peptide, welche den Glycyl- oder Alanylrest am Aminoende enthalten, werden nicht gespalten (vgl. dagegen[10]). Die Leucylpeptidase wird durch Mg- und Mn-Ionen aktiviert[11]. Die von BERGMANN als Kathepsin III bezeichnete Aminopeptidase aus Milz und Niere scheint mit der Leucylpeptidase in ihrer Spezifität übereinzustimmen.

Über die *Spaltung von Dipeptiden der D-Reihe* bzw. über das *Vorkommen von D-Peptidasen* sind in den letzten Jahren ausführliche Untersuchungen angestellt worden. Die ursprünglich von E. WALDSCHMIDT-LEITZ und Mitarbeitern[12] entwickelte Vorstellung, wonach das Auftreten von D-Peptidasen spezifisch für das Vorliegen von Carcinomen sein sollte (vgl. dazu S. 1169), läßt sich nicht aufrechterhalten. Nach dem derzeitigen Stand ist vielmehr anzunehmen, daß Peptide der D-Reihe durch spezifische D-Peptidasen gespalten werden, die von den normalen L-Peptidasen verschieden sind und von ihnen abgetrennt werden können[13, 14].

---

[1] SCHNEIDER, F.: Habil.-Schr. Dresden 1940. — [2] GRASSMANN, W., u. W. HAAG: H. **167**, 188 (1927). Vgl. auch SCHNEIDER, F.: B.Z. **307**, 427 (1940/41). — [3] BALLS, A. K., u. F. KÖHLER: B. **64**, 34 (1931). — [4] WILLSTÄTTER, R., u. W. GRASSMANN: H. **153**, 250 (1926), und zwar S. 263. — [5] WALDSCHMIDT-LEITZ, E., u. A. SCHÄFFNER: H. **151**, 31 (1926). — [6] WALDSCHMIDT-LEITZ, E., u. W. DEUTSCH: H. **167**, 285 (1927). — [7] LINDERSTRØM-LANG, K.: H. **188**, 48 (1930). — [8] JOHNSON, M. J., G. H. JOHNSON and W. H. PETERSON: J. biol. Ch. **116**, 515 (1936). — [9] SMITH, E. L., and W. J. POLGLASE: J. biol. Ch. **180**, 1209 (1949). Fed. Proc. **8**, 252 (1949). — SMITH, E. L., and N. B. SLONIM: J. biol. Ch. **176**, 835 (1948). — SMITH, E. L., and M. BERGMANN: J. biol. Ch. **138**, 789 (1941); **153**, 627 (1944). — [10] SMITH, E. L., and W. J. POLGLASE: J. biol. Ch. **180**, 1209 (1949). — [11] BERGER, J., and M. J. JOHNSON: J. biol. Ch. **130**, 641, 655 (1939). — [12] WALDSCHMIDT-LEITZ, E., u. KARL MAYER: H. **262**, IV (1939/40). — [13] BAMANN, E., u. O. SCHIMKE: B. Z. **308**, 130 (1941). — MASCHMANN, E.: Naturwiss. **29**, 709 (1941). — BAYERLE, H., u. R. RIEFFERT: B. Z. **311**, 73 (1941/42). — [14] Vgl. dagegen WALDSCHMIDT-LEITZ, E., u. M. EXNER: H. **282**, 120 (1947).

Diese D-Peptidasen sind im Tier[1]- und Pflanzenreich[2] weit verbreitet, ihre normalerweise schwache Wirkung läßt sich durch geeignete Aktivatoren, wie Mn^{++}, Co^{++}, Mg^{++}, verstärken und deutlich machen.

β) **Aminopolypeptidasen**[3, 4]. Sie hydrolysieren Polypeptide vom Aminoende des Moleküls her und finden sich weitverbreitet im Tier- und Pflanzenreich, unter anderem in Dünndarmschleimhaut[5], Pankreas, Leber, Milz, Niere, Serum[6, 7], Hefe[8], sowie zahlreichen Bakterien[9] und Schimmelpilzen[10]. Aminopolypeptidase kann am besten aus Hefe oder Darmschleimhaut gewonnen werden.

Im *Blutserum* konnte eine Erhöhung des Polypeptidasegehaltes bei fieberhaften Erkrankungen (Angina, Sepsis), sowie bei fieberfreien Wöchnerinnen beobachtet werden[6]. Niedriger Peptidasegehalt des Serums wurde dagegen in Fällen unbehandelter, progressiver Paralyse festgestellt[6]. Über Aminopolypeptidasen im Serum vgl. weiter MASCHMANN[11].

Substratspezifität. Die Annahme, daß für den Angriff des Enzyms eine freie Aminogruppe im Substrat notwendig sei (GRASSMANN) ist nach JOHNSON ungenau. Das Enzym erfordert ein basisches Stickstoffatom, das noch mindestens ein Wasserstoffatom trägt. Monomethylierte Peptide, sowie nach JOHNSON[12] Prolylglycylglycin sind demnach angreifbar, nicht dagegen dimethylierte oder acylierte Peptide. Bei der Hydrolyse von Peptiden wird die der *freien α-Aminogruppe benachbarte Peptidbindung gelöst*[8] und dabei die aminoendständige L-Aminosäure abgespalten. Die *Nähe einer freien Carboxylgruppe* ist dem enzymatischen Angriff *hinderlich*[13, 14]; freie Dipeptide und acylierte Polypeptide sind daher unangreifbar, nicht dagegen Dipeptidester und Dipeptidamide[15]. Durch Formaldehyd wird die Wirkung des Enzyms gehemmt bzw. aufgehoben[16], offenbar durch Ausschaltung der als Haftstelle wirkenden freien Aminogruppe des Substrates. *Freier Peptidwasserstoff* ist notwendig[17].

Das Tripeptid *Glutathion* (I) ist nicht durch Aminopolypeptidase zerlegbar, da die freie Aminogruppe der Glutaminsäure nicht in α-Stellung, sondern in γ-Stellung zur Peptidbindung steht[18]. Die Tripeptide L-Asparagyl-diglycin[19] (II), D,L-Asparagyl-L-dialanin[20] (III) und Diglycyl-diamino-propionsäure[21] (IV) werden erwartungsgemäß nicht von Aminopolypeptidase, sondern von Dipeptidase gespalten, da die der Peptidbindung benachbarte freie Carboxylgruppe den Angriff der Aminopolypeptidase stört. Die drei letztgenannten Peptide

---

[1] MASCHMANN, E.: Naturwiss. **29**, 518 (1941). — BAMANN, E., u. O. SCHIMKE: B. Z. **310**, 131 (1941/42). — ALBERS, D.: B. Z. **310**, 54 (1941/42). — [2] BAMANN, E., u. O. SCHIMKE: Naturwiss. **29**, 365 (1941). Vgl. dazu auch WILLSTÄTTER, R., W. GRASSMANN u. O. AMBROS: H. **152**, 160 (1926), und zwar S. 161—162.

Zusammenfassende Darstellungen: 3—4. [3] MAYER, KARL: Bamann-Myrbäck **2**, 1997. — [4] KRAUT, H., u. E. KOFRÁNYI: Handb. Katalyse (SCHWAB) **3**, 212 (1941). — JOHNSON, M. J., and J. BERGER: Adv. Enzymol. **2**, 69 (1942).

[5] WALDSCHMIDT-LEITZ, E., A. K. BALLS u. J. WALDSCHMIDT-GRASER: B. **62**, 956 (1929). WALDSCHMIDT-LEITZ, E., u. A. K. BALLS: B. **63**, 1203 (1930). — BALLS, A. K., u. F. KÖHLER: B. **64**, 294 (1931). H. **205**, 157 (1932); **219**, 128 (1933). — JOHNSON, M. J.: J. biol. Ch. **122**, 89 (1937). — [6] GRASSMANN, W., u. W. HEYDE: H. **188**, 69 (1930). — [7] WEIL, L., and M. A. RUSSELL: J. biol. Ch. **126**, 245 (1938). — [8] GRASSMANN, W., u. H. DYCKERHOFF: H. **175**, 18 (1928). — [9] MASCHMANN, E.: B. Z. **307**, 1 (1940/41). — [10] JOHNSON, M. J.: H. **224**, 163 (1934). — JOHNSEN, M. J., and W. H. PETERSON: J. biol. Ch. **112**, 25 (1935). — [11] MASCHMANN, E.: B. Z. **308**, 359 (1941). — [12] JOHNSON, M. J.: J. biol. Ch. **122**, 89 (1937). — [13] BALLS, A. K., u. FR. KÖHLER: H. **219**, 128 (1933). — [14] SCHNEIDER, F.: B. Z. **298**, 130 (1938). — [15] GRASSMANN, W.: Habil.-Schrift, München 1928. — WALDSCHMIDT-LEITZ, E., u. W. KLEIN: B. **61**, 640 (1928). — GRASSMANN, W., u. H. DYCKERHOFF: B. **61**, 656 (1928). — SCHNEIDER, F.: B. Z. **298**, 130 (1938). — [16] ANSON, M. L.: Science, N. Y. **81**, 467 (1935). — [17] BALLS, A. K., u. F. KÖHLER: B. **64**, 294 (1931). H. **205**, 157 (1932). — BERGMANN, M., and J. S. FRUTON: J. biol. Ch. **117**, 189 (1937). — [18] GRASSMANN, W., H. DYCKERHOFF u. H. EIBELER: H. **189**, 112 (1930). — [19] GRASSMANN, W., u. F. SCHNEIDER: B. Z. **273**, 452 (1934). — [20] GRASSMANN, W., u. H. BAYERLE: B. Z. **268**, 214 (1934). — [21] SCHNEIDER, F.: B. Z. **298**, 130 (1938).

sind vom enzym-chemischen Standpunkt aus nicht Tripeptide, sondern Dipeptide, die in der Seitenkette durch weitere Aminosäurereste substituiert sind.

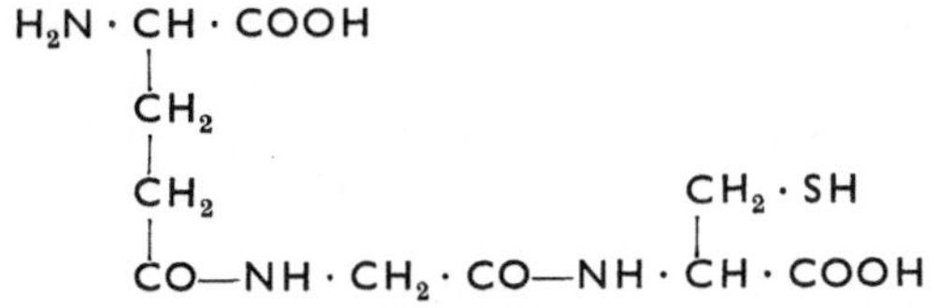

```
H2N · CH · COOH
      |
      CH2                                        H2N · CH · CO—NH · CH2 · COOH
      |                                                |
      CH2                 CH2 · SH                     CH2
      |                   |                            |
      CO—NH · CH2 · CO—NH · CH · COOH                  CO—NH · CH2 · COOH
              Glutathion                               L-Asparagyl-diglycin
                 (I)                                        (II)

H2N · CH · CO—NH · CH · COOH
      |            |
      CH2     CH3  CH3                 H2N · CH2 · CO—NH · CH · COOH
      |       |                                             |
      CO—NH · CH · COOH                H2N · CH2 · CO—NH · CH2
  DL-Asparagyl-L-dialanin              Diglycyl-diamino-proprionsäure
          (III)                                  (IV)
```

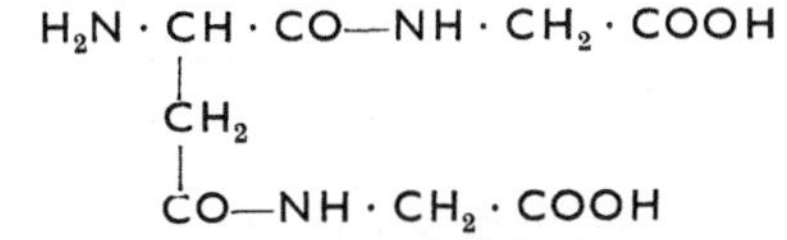

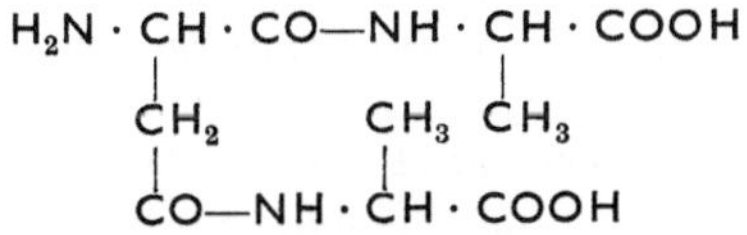

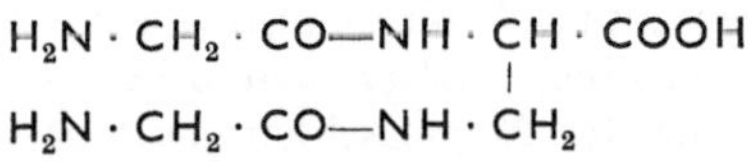

Das *Wirkungsoptimum* der Aminopolypeptidase liegt zwischen p_H 7 bis 8, in Abhängigkeit vom Substrat[1].

Aktivierung und Hemmung. Schwefelwasserstoff und Blausäure sowie Schwermetallsalze wirken hemmend bzw. zerstörend auf das Enzym ein [vgl. dagegen das Verhalten von Aminopolypeptidase anaerober Bakterien (S. 1166)].

Durch *Hefekochsaft* lassen sich Aminopolypeptidasepräparate aus Trockenhefe aktivieren[2]. Bemerkenswert ist besonders der Befund, daß durch Hefekochsaft bzw. einen darin enthaltenen Aktivator oder durch gewisse einwertige Anionen (besonders Halogene) oder besser durch beide Hilfsstoffe zusammen, die gegen Dipeptide (z. B. Leucylglycin) wirkungslosen Aminopolypeptidasepräparate eine deutliche *Dipeptidasewirkung* erlangen[3] (vgl. auch S. 1122, 1134). Auch die Spaltung von Tripeptiden durch Aminopolypetidase ist chloridabhängig[4].

Darstellung. Aus Hefe läßt sich Aminopolypeptidase durch Autolyse, anschließende Fällungen mit Essigsäure, Natriumacetat, Ammonsulfat und Dialyse, weitgehend gereinigt und befreit von begleitenden Enzymen, gewinnen[5]. Aus der peptidasereichen Darmschleimhaut läßt sich das Enzym in guter Ausbeute darstellen[6, 7]. Aus Pylorusschleimhaut gewann Ågren[8] gereinigtes Enzym. Das Enzym läßt sich aus dem Enzymgemisch des Pankreas abtrennen und reinigen[9]. Durch Adsorption mit Tonerde C_γ wird das Enzym von der Proteinase abgetrennt, hierauf Elution, schließlich trennt die nachfolgende Adsorption mit Eisen(III)-hydroxyd von der Dipeptidase. Johnson[10] isolierte Aminopolypeptidase aus Aspergillus parasiticus.

Die Bestimmung der Aminopolypeptidase gelingt durch titrimetrische Verfolgung (alkoholische Kalilauge) der Hydrolyse von D,L-Leucyl-glycyl-glycin bei p_H 7,0 und 40°[11]. Für die Bestimmung von Aminopolypeptidase im Blut ist eine Mikromethode ausgearbeitet[12, 13].

Als *Enzymeinheiten* wurden definiert für die Bestimmung der Aminopolypeptidase der Hefe die 5fache Menge derjenigen Enzymmenge, die unter den genannten Bedingungen in 1 h 50% des L-Peptids spaltet, für die Bestimmung der Aminopolypeptidase im Erepsin die 1000fache Menge der Enzymmenge für die der Quotient aus Umsatz (je Kubikzentimeter 0,5-n KOH) und Reaktionszeit (Minuten) zu 0,001 gefunden wurde.

---

[1] Waldschmidt-Leitz, E., A. K. Balls u. J. Waldschmidt-Graser: B. **62**, 956 (1929). — [2] Grassmann, W., W. Volmer u. V. Windbichler: B. Z. **298**, 8 (1938). — [3] Schneider, F., u. E. Graef: B. Z. **307**, 249 (1940/41). — Schneider, F.: B. Z. **307**, 415 (1940/41). **308**, 247 (1941). — [4] Abderhalden, E.: B. Z. **308**, 439 (1941). — [5] Grassmann, W., L. Emden u. H. Schneller: B. Z. **271**, 217 (1934). — [6] Waldschmidt-Leitz, E., u. A. K. Balls: B. **63**, 1203 (1930). — [7] Balls, A. K., u. F. Köhler: B. **64**, 294 (1931). H. **219**, 128 (1933). — [8] Ågren, G.: H. **246**, 280 (1937). — [9] Waldschmidt-Leitz, E., u. A. Purr: B. **62**, 2217 (1929). — [10] Johnson, M. J.: H. **224**, 163 (1934). — [11] Grassmann, W., u. H. Dyckerhoff: H. **179**, 41 (1928). — [12] Grassmann, W., u. W. Heyde: H. **188**, 69 (1930). — [13] Weil, L., and M. A. Russell: J. biol. Ch. **126**, 245 (1938).

JOHNSON[1] hat aus Hefe eine weitgehend gereinigte „Hefepolypeptidase" dargestellt, die sich von den gleichfalls weitgehend angereicherten Hefepolypeptidasepräparaten von GRASSMANN[2] vor allem dadurch unterscheidet, daß sie auch Dipeptide spaltet. Das Enzym kann bisher in seiner Spezifität weder von der Aminopolypeptidase GRASSMANNs, noch von der „Aminotripeptidase" (Lymphopeptidase)[3] der amerikanischen Schule, noch auch von der „Leucylpeptidase" JOHNSONs (s. oben S. 1122 und 1134) scharf abgegrenzt werden. Das Enzym hat ein Molekulargewicht von 700000, verhält sich bei der Elektrophorese und in der Ultrazentrifuge homogen und ist nicht krystallisiert.

Der für die Blutbildung wichtige, im Magen gebildete Ergänzungsfaktor *(intrinsic factor*[4], *Hämopoetin)* soll nach MAZZA und MIGLIARDI[5] ein Enzym sein, das bevorzugt Prolinpeptide (sowohl den Typus des Prolylglycins wie den des Glycylprolins) spalten soll und als Hämopoidase bezeichnet wird. Das Enzym wird aus der Magenschleimhaut gewonnen und gereinigt. Nach Befunden von ÅGREN[6] könnte der „intrinsic"-Faktor mit Aminopolypeptidase identisch sein. (Weiteres s. Bd. 2, Vitamine.)

γ) Carboxypolypeptidasen[7–8]. Während die Aminopolypeptidase die Aufspaltung der Peptide von den Aminoenden her bewirkt, greifen die Carboxypolypeptidasen die Polypeptide vom Carboxylende her an. Von der eingehend untersuchten *tryptischen Carboxypolypeptidase* wird die ziemlich unbeständige und noch wenig gekennzeichnete *katheptische Polypeptidase* aus Milz und Niere (Kathepsin IV nach BERGMANN[9]) unterschieden. Die tryptische Carboxypolypeptidase findet sich als inaktive Vorstufe in der Pankreasdrüse, als aktives Enzym im Darm, und ist darüber hinaus im Tier- und Pflanzenreich weit verbreitet. Sie läßt sich durch geeignete Adsorptionsverfahren aus dem Proteasengemisch des Darmes und der Bauchspeicheldrüse gewinnen und kann verhältnismäßig leicht in krystallisiertem Zustand erhalten werden.

Die optimale Wirksamkeit der tryptischen Carboxypolypeptidase liegt bei p_H 7,4 bis 8,4, je nach Substrat. Die katheptische Carboxypolypeptidase[10], deren *Wirkungsoptimum* gegen Benzoyl-glycylglycin bei p_H 4,3 liegt, findet sich vor allem in *tierischem Gewebe* als Begleitenzym des Kathepsins. Auch in *Hefe* wurde eine sehr unbeständige katheptische Carboxypolypeptidase aufgefunden[11].

Kennzeichnend ist für die tryptische und katheptische Carboxypolypeptidase, daß sie in wesentlichen Eigenschaften (p_H-Optimum, Aktivierbarkeit) mit den zugehörigen Proteinasen (Trypsin bzw. Kathepsin) übereinstimmen. So wird die Vorstufe der tryptischen Carboxypolypeptidase durch Trypsin oder durch den spezifischen Aktivator des Trypsins, die Enterokinase, in das aktive Enzym umgewandelt, während die katheptische Carboxypolypeptidase durch Aktivatoren des Kathepsins bzw. Papains, wie Blausäure und Thiole, aktiviert wird.

---

[1] JOHNSON, M. J.: J. biol. Ch. **137**, 575 (1941). — [2] GRASSMANN, W., L. EMDEN u. H. SCHNELLER: B. Z. **271**, 217 (1934). — [3] FRUTON, J. S., V. A. SMITH and P. E. DRISCOLL: J. biol. Ch. **173**, 457 (1948). — [4] CASTLE, W. B.: Cold Spring Harbor Symp. quant. Biol. **5**, 1937. — [5] MAZZA, F. P., u. C. MIGLIARDI: Schweiz. med. Wschr. **1941**, 344. — [6] ÅGREN, G.: Ark. Kemi, Mineral. Geol. (B) **17**, 1 (1943). Nature **154**, 430 (1944). — ÅGREN, G., u. J. WALDENSTRÖM: Acta med. scand. **119**, 167 (1944); **128**, 432 (1947). — Vgl. auch ANDERSEN, J., u. M. FABER: Nord. Med. **29**, 1379 (1946). — LEDERER, E., et M. LOURAU: Biochim. biophysica Acta **2**, 278 (1948).

Zusammenfassende Darstellungen: 7—8. [7] ANSON, M. L.: Crystalline carboxypeptidase. Ergebn. Enzymforsch. **7**, 118—123 (1938). — [8] ANSON, M. L.: Kristallisierte Karboxypeptidase. Bamann-Myrbäck **2**, 2010—2013.

[9] BERGMANN, M.: Adv. Enzymol. **2**, 49 (1942). — [10] WALDSCHMIDT-LEITZ, E., A. SCHÄFFNER, J. J. BECK u. E. BLUM: H. **188**, 17 (1930). — [11] GRASSMANN, W., u. F. SCHNEIDER: Proteasen. Ergebn. Enzymforsch. **5**, 79—116 (1936).

Substratspezifität. Die *Spezifitätsabgrenzung* der tryptischen Carboxypolypeptidase erscheint weitgehend abgeschlossen und es hat entgegen früheren Auffassungen nicht den Anschein, als ob sich verschiedene Carboxypolypeptidasen mit auf verschiedene Aminosäuren gerichteter Aktivität unterscheiden ließen (Leucin-, Tyrosin-, Arginin-Carboxypolypeptidase[1-3]).

Für die Substratspezifität der Carboxypolypeptidase gilt folgendes: 1. Die endständige Aminosäure muß eine freie Carboxylgruppe besitzen und der L-Reihe[4] angehören. Sie ist für die Spaltungsgeschwindigkeit hauptsächlich verantwortlich, die in der Reihenfolge Phenylalanin > Tyrosin > Tryptophan > Leucin > Alanin > Glykokoll abnimmt[5]. 2. Freier Peptidwasserstoff ist, entgegen früheren Befunden[6], nicht notwendig, seine Substitution setzt indessen die Spaltbarkeit sehr stark herab[7]. 3. Eine freie Aminogruppe hemmt im allgemeinen, nach SMITH[8] deswegen, weil sie an Stelle des Carboxyl- bzw. Carbonylsauerstoffs in die Komplexbindung mit dem Schwermetall (Mg; vgl. S. 1131) eintritt. Freie Dipeptide sind daher meistens unspaltbar, während höhere Peptide sowie acylierte Dipeptide gespalten werden.

Spaltbar sind aber auch schon acylierte Aminosäuren, wie z. B. Chloracetyl-L-tyrosin (WALDSCHMIDT-LEITZ), Phenylpyruvyl-aminosäuren[9] usw., in einzelnen Fällen erweisen sich auch gewisse freie Dipeptide (z. B. Tyrosin-dipeptide) als spaltbar[10].

Darstellung. Die *tryptische Carboxypolypeptidase* wurde von ANSON[11] als *krystallisiertes Enzym* isoliert. Die Darstellung erfolgt aus gefrorenem Rinderpankreas durch Extraktion mit verdünnter Kochsalzlösung, fraktionierte Fällung mit Ammonsulfat bei $p_H = 5{,}3$, Auflösen in Barytlösung und Wiederausfällung bei schwach saurer Reaktion. Auflösen der Enzymfällung in Natronlauge und anschließende Neutralisation ermöglichen ein Umkrystallisieren des recht beständigen Enzyms. Es ist unlöslich in Wasser zwischen p_H 4,0 und 7,5; isoelektrischer Punkt 4,4 (KUNITZ)[12]. Das krystallisierte Enzym ist ein Globulin, für das die folgende Zusammensetzung gefunden wurde: C 52,6; N 14,4; H 7,2; S 0,47; Asche 0,68% (großenteils Mg-Verbindungen)[13]. Eine Modifikation dieser Methode beschreibt W. M. DALE[14]. Aus der Sedimentationskonstaten $S_{20} = 3{,}07 \cdot 10^{-13}$ und aus den Diffusionsdaten ergibt sich nach SMITH[15] ein Molekulargewicht von 33800, während PUTNAM und NEURATH[16] durch Viskositäts- und Diffusionsmessungen 31600 fanden. Elektrophoretisch und in der Ultrazentrifuge ist das Enzym einheitlich[15-17]. Carboxypeptidase wird stark gehemmt durch Jodacetat, Cu^+ und Pb^{++} (Sulfhydrylgruppen), Sulfid, Cyanid, Oxalat, Citrat (Komplexbildung mit Mg)[13], nicht durch Formaldehyd.

Kinetik und Bestimmung. Die Spaltung von Chloracetyl-L-tyrosin (WALDSCHMIDT-LEITZ) sowie von Carbobenzoxy-glycyl-L-phenylalanin (IRVING, FRUTON und BERGMANN[18]) folgt einem monomolekularen Reaktionsverlauf; in Stickstoffatmosphäre in Gegenwart von Cystein werden nach BERGMANN wesentlich höhere Werte gefunden als in Sauerstoff.

---

[1] ABDERHALDEN, E., u. E. SCHWAB: Fermentforsch. **12**, 432, 559 (1931). — [2] BALLS, A. K., u. F. KÖHLER: B. **64**, 383 (1931). — [3] BERGMANN, M., L. ZERVAS and J. S. FRUTON: J. biol. Ch. **111**, 225 (1935). — BERGMANN, M. L. ZERVAS and W. F. ROSS: J. biol. Ch. **111**, 245 (1935). — BERGMANN, M., and W. F. ROSS: J. biol. Ch. **111**, 659 (1935). — HOFMANN, K., and M. BERGMANN: J. biol. Ch. **134**, 225 (1940). — [4] NEURATH, H.: J. biol. Ch. **170**, 221 (1947). — [5] SMITH E. L.: Sumner-Myrbäck I/2, S. 793ff., u. zw. S. 806. — [6] BERGMANN, M., L. ZERVAS u. H. SCHLEICH: H. **224**, 45 (1934). — [7] SMITH, E. L.: J. biol. Ch. **175**, 39 (1948). — [8] SMITH, E. L.: Sumner-Myrbäck I/2, S. 793ff., u. zw. S. 834f. — [9] FRUTON, J. S., and M. BERGMANN: J. biol. Ch. **166**, 449 (1946). — [10] BERGMANN, M., L. ZERVAS, L. SALZMANN u. H. SCHLEICH: H. **224**, 17 (1934). — HOFMANN, K., and M. BERGMANN: J. biol. Ch. **134**, 225 (1940). — [11] ANSON, M. L.: Science, N. Y. **81**, 467 (1935). J. gen. Physiol. **20**, 663 (1937). Bamann-Myrbäck **2**, 2010. — Vgl. auch NEURATH, H., E. ELKINS and S. KAUFMAN: J. biol. Ch. **170**, 221 (1947). — [12] KUNITZ, H.: Zit. nach M. L. ANSON: Ergebn. Enzymforsch. **7**, 119 (1938). — [13] SMITH, E. L., and H. T. HANSON: J. biol. Ch. **176**, 997 (1948); **179**, 802 (1949). — [14] DALE, W. M.: Biochem. J. **34**, 1367 (1940). — [15] SMITH, E. L., D. M. BROWN and H. T. HANSON: J. biol. Ch. **180**, 33 (1949). — [16] PUTNAM, F. W., and H. NEURATH: J. biol. Ch. **166**, 603 (1946). — [17] ÅGREN, G., u. E. HAMMARSTEN: J. Physiol., London **90**, 330 (1937). — [18] IRVING, G. W., J. S. FRUTON and M. BERGMANN: J. biol. Ch. **144**, 161 (1942).

Zur Bestimmung wird nach WALDSCHMIDT-LEITZ[1] Chloracetyl-L-tyrosin in Gegenwart von Enterokinase, nach HOFMANN und BERGMANN[2] Carbobenzoxyl-glycylphenylalanin und nach ANSON[3] Chloracetyltyrosin oder ein peptisches Verdauungsgemisch aus Edestin verwendet. Jeder der genannten Autoren hat andere Einheiten definiert.

Als *Enzymeinheit* definiert WALDSCHMIDT-LEITZ das 1000fache derjenigen Enzymmenge, für die unter den genannten Bedingungen die Konstante der monomolekularen Reaktion sich zu 0,001 errechnet.

Zur *Bestimmung der katheptischen Carboxypolypeptidase*[4] mißt man die Spaltung von Benzoyl-glycyl-glycin bei p_H 4,2 und 30°. Vollkommene Aktivierung des Enzyms durch Schwefelwasserstoff, Blausäure oder Cystein ist notwendig. Die Reaktion verläuft fast linear. Als *Enzymeinheit* gilt das 100fache derjenigen Enzymmenge, für die sich bei den festgelegten Bedingungen der Quotient aus der Menge der gebildeten Aminogruppen (ausgedrückt in Kubikzentimeter Lauge) und der entsprechenden Zeit (in Stunden) zu 0,01 ergibt.

Procarboxypolypeptidase. In *frischem Pankreas* kommt nach ANSON[5] eine *inaktive Form des Enzyms* vor, die Procarboxypolypeptidase, die durch Einwirkung von Trypsin oder Enterokinase zur Carboxypolypeptidase aktiviert wird.

δ) Protaminase[6]. Als Protaminase ist von WALDSCHMIDT-LEITZ und KOLLMANN[7] ein Teilenzym des pankreatischen Proteasengemisches bezeichnet worden, welches Protamine unter Abspaltung eines am Carboxylende befindlichen Argininrestes angreift. Das Enzym kann demnach als *Arginincarboxypolypeptidase* aufgefaßt werden. Von anderen Autoren[8] wird seine Wirkung dem Trypsin oder Chymotrypsin oder neuerdings der pankreatischen Carboxypeptidase[9] zugeordnet. Das Enzym wirkt optimal bei p_H 7,0 (MAYER[10]) und wird durch Enterokinase nicht beeinflußt. Es kann durch Adsorption von der Pankreasproteinase abgetrennt werden[11].

ε) Andere Peptidasen[10]. Für die Hydrolyse von Peptidbindungen, an denen Prolin beteiligt ist, werden zwei spezifische Peptidasen verantwortlich gemacht. Für die peptidartige Verknüpfung einer Aminosäure mit Prolin bestehen zwei Möglichkeiten, nämlich die der Form des *Prolyl-glycins* (I) und die des *Glycyl-prolins* (II).

I (Pyrrolidinring, N–H)—CO—NH · CH_2 · COOH   II (Pyrrolidinring)—COOH, N—CO · CH_2 · NH_2 ($H_2N \cdot CH_2 \cdot CO$)

1. Prolinase. Frische Extrakte aus Darmschleimhaut spalten Prolylglycin und Prolyldiglycin, während diese Wirkung in gereinigten Präparaten der Aminopolypeptidase und der Dipeptidase fehlt. Die Wirkung wird daher einem besonderen Enzym, das als „Prolinase" bezeichnet wird[12], zugeschrieben. Vgl. dagegen[13]. Prolin muß in der natürlichen L-Form vorliegen[14] und die Iminogruppe

[1] WALDSCHMIDT-LEITZ, E., u. A. PURR: B. **62**, 2217, 2222 (1929). — [2] HOFMANN, K., and M. BERGMANN: J. biol. Ch. **134**, 225 (1940). — STAHMANN, M. A., J. S. FRUTON and M. BERGMANN: J. biol. Ch. **164**, 753 (1946). — [3] Siehe Fußnote [11] S. 1138. — [4] WALDSCHMIDT-LEITZ, E., A. SCHÄFFNER, J. J. BEK u. E. BLUM: H. 188, 17 (1930). — [5] ANSON, M. L.: J. gen. Physiol. **20**, 777, 781 (1937).

Zusammenfassende Darstellung: [6] MYRBÄCK, K.: Protaminase. Bamann-Myrbäck **2**, 2033.

[7] WALDSCHMIDT-LEITZ, E., u. T. KOLLMANN: H. **166**, 262 (1927). — PORTIS, R. A., and K. I. ALTMANN: J. biol. Ch. **169**, 203 (1947). — [8] PORTIS, R. A., and K. I. ALTMANN: J. biol. Ch. **169**, 203 (1947). — WEIL, L.: J. biol. Ch. **105**, 291 (1934). — [9] SMITH, E. L.: Sumner-Myrbäck I/2, S. 793f., u. zw. S. 828. — [10] MAYER, K.: Peptidasen. Bamann-Myrbäck **2**, 2001—2006. — [11] WALDSCHMIDT-LEITZ, E., u. E. KOFRANYI: H. **222**, 148 (1933). — WALDSCHMIDT-LEITZ, E., F. ZIEGLER, A. SCHÄFFNER u. L. WEIL: H. **197**, 219 (1931). — WEIL, L.: J. biol. Ch. **105**, 291 (1934). — [12] GRASSMANN, W., H. DYCKERHOFF u. O. v. SCHOENEBECK: B. **62**, 1307 (1929). — [13] JOHNSON, M. J.: J. biol. Ch. **122**, 89 (1937/38). — [14] ABDERHALDEN, E., u. S. BUADZE: Fermentforsch. **13**, 185 (1932).

muß frei sein[1]. Das Enzym findet sich auch in Milz, Niere und Lunge, wirkt optimal bei p_H 7,6 wird durch Silber-Ionen gehemmt, ist aber relativ unempfindlich gegen Blausäure (GRASSMANN[1]).

2. Prolidase. Auf die Zerlegung der peptidartigen Bindung zwischen Prolinstickstoff und Carboxylgruppe der nächsten Aminosäure, also für Verbindungen von der Form des *Glycyl-prolins,* ist nach BERGMANN[2] ein ebenfalls in der *Darmschleimhaut* vorgefundenes Enzym, die *Prolidase,* spezifisch eingestellt. Beim enzymatischen Angriff dieser Bindung kann sich keine Iminohydrinform ausbilden, da der Peptidwasserstoff fehlt. Auch entstehen in diesem Falle nicht wie sonst den Carboxylgruppen äquivalente Aminogruppen, sondern Iminogruppen, die sich nach VAN SLYKE nicht erfassen lassen. Das Enzym ist unwirksam gegen Carbobenzoxy-glycyl-L-prolin, erfordert also eine freie Aminogruppe (BERGMANN[3]). Es wird aktiviert durch Mn^{++}, nicht jedoch durch Mg^{++}; Co^{++}, Cu^{++} und Zn^{++} hemmen (SMITH und BERGMANN[4]), Blausäure jedoch nur wenig.

3. Dehydropeptidasen[5]. Von BERGMANN und Mitarbeitern[6] ist eine in der Niere vorkommende Dipeptidase aufgefunden worden, die spezifisch auf die Spaltung von dehydrierten Peptiden eingestellt ist. Das Enzym, das sich auch in anderen tierischen und pflanzlichen Geweben findet (PRICE und GREENSTEIN[7]), spaltet neben anderen dehydrierten Peptiden z. B. das Glycyl-dehydrophenylalanin, wobei als Spaltstück die instabile α-Iminopropionsäure nachgewiesen werden konnte[8]. Reinigung s. SHACK[9], zur Spezifität vgl. PRICE und GREENSTEIN[10]. Dehydropeptidase aus Rattenniere wird durch Cystein, Cyanid und Sulfid gehemmt[11], bei Präparaten aus Schweineniere konnte Aktivierung durch Zink festgestellt werden, ohne daß dabei geklärt werden konnte, ob es sich bei dem Enzym um ein Zinkproteid handelt[12]. Der Dehydropeptidase soll eine Teilreaktion in einem *besonderen Abbauweg von Eiweißspaltstücken* nach folgendem Schema zukommen[6].

$$\underset{\displaystyle NH_2}{R_1\cdot \overset{}{CH}}\cdot CO{-}NH\cdot \underset{\displaystyle \underset{\displaystyle R_2}{CH_2}}{CH}\cdot COOH \xrightarrow{-2\,H} \underset{\displaystyle NH_2}{R_1\cdot CH}\cdot CO{-}NH\cdot \underset{\displaystyle \underset{\displaystyle R_2}{CH}}{\overset{}{C}}{-}COOH \quad \text{(C=CH) Dehydropeptid}^{13}$$

$$\xrightarrow[\text{Dehydropeptidase } +2\,H_2O]{} \underset{\displaystyle NH_2}{R_1\cdot CH}\cdot COOH + \underset{\displaystyle \underset{\displaystyle R_2}{CH_2}}{CO}\cdot COOH + NH_3$$

Neben der Aufspaltung der Peptidbindung findet also gleichzeitig eine „oxydative“ Desaminierung statt. Inwieweit dieser Vorgang von biologischer Bedeutung ist, ist noch nicht bekannt. Spektrophotometrische Bestimmung der Dehydropeptidasenaktivität[14].

---

[1] GRASSMANN, W., O. v. SCHOENEBECK u. G. AUERBACH: H. **210**, 1 (1932). — [2] BERGMANN, M., L. ZERVAS, H. SCHLEICH u. F. LEINERT: H. **212**, 72 (1932). — BERGMANN, M., L. ZERVAS u. H. SCHLEICH: B. **65**, 1747 (1932). — [3] BERGMANN, M., and J. S. FRUTON: J. biol. Ch. **117**, 189 (1937). — [4] SMITH, E. L., and M. BERGMANN: J. biol. Ch. **153**, 627 (1944). — [5] GREENSTEIN, J. P.: Adv. Enzymol. **8**, 117 (1948). — [6] BERGMANN, M., u. H. SCHLEICH: H. **205**, 65 (1932). H. **207**, 235 (1932). — BERGMANN, M.: Kli. Wo. **1932 II**, 1569. — BERGMANN, M., V. SCHMIDT u. A. MIEKELEY: H. **187**, 264 (1930). — [7] PRICE, V. E., and J. P. GREENSTEIN: J. biol. Ch. **171**, 477 (1947). — [8] SHACK, J.: Arch. Biochem. **17**, 199 (1948). — DUNN, F. W., and K. DITTMAR: Science, N. Y. **111**, 173 (1950). — [9] SHACK, J.: J. biol. Ch. **180**, 411 (1948). — [10] PRICE, V. E., and J. P. GREENSTEIN: J. biol. Ch. **173**, 337 (1948). — FODOR, P. J., V. E. PRICE and J. P. GREENSTEIN: J. biol. Ch. **180**, 193 (1949). — LEVINTOW, L., and J. FU SHOU CHENG: J. biol. Ch. **184**, 633 (1950). — BERGMANN, M., and J. S. FRUTON: The specifity of proteinases. Adv. Enzymol. **1**, 63 (1941). — [11] YUDKIN, W. H., and J. S. FRUTON: J. biol. Ch. **169**, 521 (1947). — [12] YUDKIN, W. H., and J. S. FRUTON: J. biol. Ch. **170**, 421 (1947). — [13] BERGMANN, M., u. K. GRAFE: H. **187**, 187 (1930). — [14] CARTER, Ch. E., and J. P. GREENSTEIN: J. biol. Ch. **165**, 725 (1946).

b) Proteinasen[1].

α) **Pepsin**[2–4]. *Pepsin ist das proteolytische Enzym des Magens der Wirbeltiere.* 1836 entdeckte es SCHWANN[5] in Auszügen der Magenschleimhaut mit Salzsäure und gab ihm den Namen.

1882 zeigte LANGLEY, daß in der Magenschleimhaut eine inaktive Vorstufe des Pepsins, Pepsinogen oder Propepsin, enthalten ist, die durch Säureeinwirkung in Pepsin übergeht.

Von NORTHROP ist das Pepsin als eines der ersten Enzyme 1930 in krystallisierter Form erhalten worden (s. unten). Auch die Krystallisation des Pepsinogens ist gelungen.

Das Enzym findet sich im Magensaft von Säugetieren, Vögeln, Reptilien und Fischen; auch Amphibien besitzen ein ähnliches Enzym.

Mit ihren schönen histochemischen Mikroverfahren konnten LINDERSTRØM-LANG und HOLTER[6] als *Bildungsstätten* des Pepsins die *Hauptzellen der Drüsen in der Fundusschleimhaut des Magens* endgültig feststellen. Die Salzsäure des Magensaftes wird von den Deckzellen ausgeschieden. Die gleichen Forscher wiesen ferner am Schweinemagen nach, daß das Pepsin sich vor allem im Fundus findet, wohingegen Cardia und Pylorus, ebenso wie auch die BRUNNERschen Zellen des Duodenums, nur sehr wenig Pepsin enthalten[7].

Das Enzym liegt in den Drüsenzellen zum großen Teil in der Desmo-Form[8] vor, d. h. mit dem Protoplasma fest verbunden, in schwer lösbarem Zustand. Deshalb müssen bei der Gewinnung von Pepsinextrakten auch wirksame Verfahren angewandt werden, um das Enzym freizulegen (Anwendung von Salzsäure, Autolyse). Das sezernierte Pepsin stellt die leicht wasserlösliche Lyoform dar.

Darstellung des Pepsins. Brauchbare Darstellungsmethoden für gereinigtes Pepsin sind schon von PEKELHARING[9] und von BRÜCKE[10] angegeben worden. Magensaft wurde bei 0° 20 h dialysiert und die abgeschiedene, das Enzym enthaltende, körnige Masse abzentrifugiert. Nach Halbsättigung mit Ammonsulfat und Dialyse läßt sich eine zweite Fraktion Pepsin gewinnen. Von NORTHROP[11] wurde *reines Pepsin als krystallisiertes Eiweiß* dargestellt. KRAUT[12] hat Befunde mitgeteilt, die darauf hinweisen, daß das von BRÜCKE angereicherte Pepsin mit dem Pepsin NORTHROPs nicht identisch ist.

Als Ausgangsstoff diente ein hochwirksames Handelspepsin (PARKE und DAVIS 1:10000) aus Schweinemagen. 500 g Pepsin werden in 500 cm³ Wasser gelöst und mit 500 cm³ n Schwefelsäure versetzt. Zu der sauren Lösung gibt man 1000 cm³ gesättigte Magnesiumsulfatlösung; der Niederschlag wird abfiltriert, mit $^2/_3$ gesättigter Magnesiumsulfatlösung gewaschen, dann mit Wasser zu einem dicken Brei angerührt und bis zur Lösung mit 0,5 n Natronlauge so versetzt, daß der p_H-Wert unter p_H 5 bleibt und kein örtlicher Überschuß an Lauge auftritt. Zu der Lösung wird hierauf 0,5 n Schwefelsäure bis etwa p_H 3 gegeben, wobei ein dicker Niederschlag ausfällt, der nach einigen Stunden abgesaugt und schließlich

---

[1] TURBA, F., u. A. SCHÄFFNER: Proteinasen. Übersichtsreferat. Fermentforsch. **17**, N. F, **10**, 63—93 (1942), vgl. S. 1117, Fußnoten [3–5].

Zusammenfassende Darstellungen über Pepsin: 2—4. [2] NORTHROP, J. H.: Crystalline pepsin. Ergebn. Enzymforsch. **1**, 302—324 (1932). — [3] MYRBÄCK, K.: Bamann-Myrbäck **2**, 2015—2021. — Oppenheimer, Fermente Suppl. **2**, 836—862 (1939). — [4] KRAUT, M., u. E. KOFRÁNYI: Handb. Katalyse (SCHWAB) **3**, 258 (1941).

[5] SCHWANN, TH.: Arch. Anat. Physiol., wiss. Med. **1836**, 90. — [6] LINDERSTRØM-LANG, K., u. H. HOLTER: Ergebn. Enzymforsch. **3**, 309 (1934). Bamann-Myrbäck **1**, 1132. — [7] LINDERSTRØM-LANG, K., u. H. HOLTER: C. R. Lab. Carlsberg (II) **23**, 134 (1940). — [8] WILLSTÄTTER, R., u. M. ROHDEWALD: H. **208**, 258 (1932). — [9] PEKELHARING, C. A.: H. **22**, 233 (1896); **35**, 8 (1902). — PEKELHARING, C. A., and W. E. RINGER: H. **75**, 282 (1911). — [10] BRÜCKE, E. v.: Vorlesungen über Physiologie, 2. Aufl., Bd. 1, S. 299. 1875. — Vgl. auch SUNDBERG, C.: H. **9**, 319 (1885). — SCHRUMPF, P.: Hofmeisters Beitr. **6**, 396 (1905). — [11] NORTHROP, J. H.: J. gen. Physiol. **13**, 739 (1930). — NORTHROP, J. H., M. KUNITZ and R. M. HERRIOTT: Crystalline Enzymes. 2. Aufl. New York 1948. — [12] KRAUT, H., u. E. TRIA: B. Z. **290**, 277 (1937).

mit Wasser, unter Zusatz von NaOH, wie vorher wieder in Lösung gebracht wird. Die klare Lösung läßt man in einem großen Wasserbad von 45° 3 bis 4 h langsam abkühlen. Bei 30 bis 35° entsteht ein dicker Krystallbrei, den man noch 24 h bei 20° hält und dann absaugt. Danach wird unter vorsichtigem Zusatz von NaOH wie oben und Wiederausfällen mittels H_2SO_4 umkrystallisiert. Dieses Pepsin kann unter gesättigter Magnesiumsulfatlösung bei 5° aufbewahrt werden. Modifizierte Darstellungsweisen[1]. Darstellung von krystallisiertem Pepsin aus dem Magensaft des Rindes[2].

Das krystallisierte Pepsin hat die Eigenschaften eines Globulins und enthält 2% Tryptophan, 10% Tyrosin und wenig basische Aminosäuren[3]. Der *isoelektrische Punkt* liegt bei $p_H = 2{,}7$. Vgl. dagegen [4]. Das Molekulargewicht beträgt nach verschiedenen Methoden 35000 bis 39000[5]. Pepsin enthält ein Mol Phosphor je Mol[6].

Verschiedene Befunde sprechen dafür, daß NORTHROPs krystallisiertes Pepsin aus Schweinemagen eine Mischung aus mehreren Komponenten mit unterschiedlicher Aktivität ist, vgl. S. 1130. STEINHARDT hat gezeigt[7], daß die Löslichkeit des krystallisierten Pepsins von der Menge der festen Phase abhängt, auch Löslichkeitsversuche[8] scheinen zu zeigen, daß Pepsin mehrere verschiedene Komponenten enthält. Durch Elektrophorese[4] lassen sich auch in gewöhnlichem krystallisierten Pepsin drei Komponenten unterscheiden und zugleich inaktive Verunreinigungen abtrennen, wodurch die Wirksamkeit um etwa 30 bis 70% gesteigert werden kann. Auch aus dem Magensaft von Rindern konnte krystallisiertes Pepsin erhalten werden[2], es stimmt in bezug auf Krystallform, Drehung und quantitative Wirksamkeit mit Schweinepepsin überein; mit Schweinepepsin gesättigte Lösungen vermögen aber noch Rinderpepsin aufzulösen, was darauf hindeutet, daß es sich um zwei verschiedene Enzyme handelt. Fischpepsin[9] ist mit Schweinepepsin nicht identisch. Das aus dem Magen des Salms krystallisiert erhaltene Produkt[10] unterscheidet sich vom Schweinepepsin in bezug auf Krystallform und zahlreiche andere Eigenschaften. Die Befunde[11] über ein hitze- und säureresistentes und anscheinend niedermolekulares Pepsin verdienen Nachprüfung (vgl. dazu[12]).

Wirksame Gruppe des Pepsins. Im Gegensatz zu den Peptidasen enthält Pepsin keinerlei Metallion und, abgesehen von Phosphorsäure, keine prosthetische Gruppierung. Interessant ist das Verhalten des krystallisierten Pepsins bei fortschreitender *Acetylierung* mittels Keten. Hierbei entstehen krystallisierende Stoffe von der gleichen Krystallform wie das nichtbehandelte Pepsin, aber von verschiedener Aktivität[13, 14], wie folgt:

1. Nur das an den primären Aminogruppen acetylierte Pepsin mit 4 Acetylgruppen ist voll aktiv. 2. Pepsin, 7 Acetylgruppen enthaltend, ist zu 60% aktiv, und 3. Pepsin, 20 bis 30 Acetylgruppen enthaltend, ist nur zu 10% aktiv.

---

[1] NORTHROP, J. H.: J. gen. Physiol. **30**, 177 (1946). — HERRIOTT, R. M.: J. gen. Physiol. **21**, 501 (1938). — PHILPOT, J. ST. L.: Biochem. J. **29**, 2458 (1935). — [2] NORTHROP, J. H.: J. gen. Physiol. **16**, 615 (1933). — [3] CALVERY, H. O., R. M. HERRIOTT and J. H. NORTHROP: J. biol. Ch. **113**, 11 (1936). — [4] ÅGREN, G., u. E. HAMMARSTEN: Enzymologia **4**, 49 (1937). — TISELIUS, A., G. E. HENSCHEN and H. SVENSSON: Biochem. J. **32**, 1814 (1938). — HERRIOTT, R. M., V. DESREUX and J. H. NORTHROP: J. gen. Physiol. **23**, 439 (1940). Science, N. Y. **92**, 456 (1940). — [5] NORTHROP, J. H.: J. gen. Physiol. **16**, 615 (1933). Crystalline Enzymes. S. 49. New York 1939. — PHILPOT, J. ST. L., and I.-B. ERIKSSON-QUENSEL: Nature **132**, 932 (1933). — TISELIUS, A., G. E. HENSCHEN and H. SVENSSON: Biochem. J. **32**, 1814 (1938). — [6] NORTHROP, J. H.: J. gen. Physiol. **13**, 739, 767 (1930); **14**, 713 (1930). — [7] STEINHARDT, J.: J. biol. Ch. **123**, CXV (1938); **129**, 135 (1939). Cold Spring Harbor Symp. quant. Biol. **6**, 301 (1938). — [8] DESREUX, V., and R. M. HERRIOTT: Nature **144**, 287 (1939). — [9] ISSUPOW, W. Ss.: Fischereiwirtsch. (russ.) **26**, 38 (1950). — [10] NORRIS, E. R., and D. W. ELAM: Science, N. Y. **90**, 309 (1939). J. biol. Ch. **134**, 443 (1940). — [11] ALBERS, D., H. A. SCHNEIDER u. I. POHL: B. **75**, 1859 (1942). H. **277**, 205 (1943). — [12] NORTHROP, J. H.: J. gen. Physiol. **30**, 177 (1946). — [13] HERRIOTT, R. M., and J. H. NORTHROP: J. gen. Physiol. **18**, 35 (1934). — [14] HERRIOTT, R. M.: J. gen. Physiol. **19**, 283 (1935).

Aus dem Produkt mit 7 Acetylgruppen ließen sich durch Säure oder Alkali 3 Acetylgruppen abspalten und damit volle Wirksamkeit wieder herstellen. Zugleich wurde die Folin-Reaktion auf Phenole wieder positiv. Daraus ist zu schließen, daß die *Hydroxylgruppen des Tyrosins zu den aktivierenden Gruppen des Pepsins* zählen.

Auf der Veränderung der phenolischen Gruppen beruht auch die Inaktivierung nach Jodbehandlung[1] sowie bei Umsetzung mit Malonester[2]. Methylierung und Diazotierung verändern ausschließlich die primären Aminogruppen; die Aktivität wird dabei verringert[3]. Auch Laurylsulfonat wirkt hemmend[4]; vgl. auch WISS[5]. Hemmung durch Carbonylreagenzien[6].

Das Wirkungsoptimum des Enzyms schwankt etwas, je nach der Herkunft und der Natur des Substrates, und liegt bei etwa p_H 2,2.

Bestimmung und Einheit. Zur Bestimmung der Pepsinwirkung können die entstehenden Carboxyl- und Aminogruppen titrimetrisch oder letztere auch nach VAN SLYKE gemessen werden (s. S. 519f., 613). Die Ergebnisse sind in gewissem Grade abhängig von der Art und Konzentration des Substrates (z. B. *Casein*) und von dem Reinheitszustand des Enzympräparates. Nach der Methode von M. L. ANSON u. A. E. MIRSKY[7]), die auch für andere Proteinasen Anwendung findet (s. S. 1149), dient denaturiertes *Hämoglobin* als Substrat, wobei man unverdautes Eiweiß ausfällt und dann colorimetrisch mit einem Phenolreagenz[8] (Blaufärbung mit Tyrosin und Tryptophan) die entstandenen Spaltprodukte auswertet. Auf diese Weise vermeidet man auch die gleichzeitige Messung einer sekundären Hydrolyse der Spaltprodukte durch beigemengte Peptidasen. Auch Bestimmungsmethoden auf nephelometrischer Basis wurden vorgeschlagen[9].

J. N. NORTHROP[10] bezeichnet als Pepsin-Einheit (P. U.) jene Enzymwirkung, die in 1 min einen Zuwachs von 1 Milliäquivalent formoltitrierbaren Carboxyls aus 6 cm^3 5%iger Caseinlösung bei p_H 2,5 und 35,5° ergibt. Kinetik der Enzymwirkung vgl. CASEY[11].

Pepsin greift nur *Eiweißkationen* an, denn bei p_H 2 sind alle Eiweißkörper positiv aufgeladen. Das Enzym selbst läßt sich nach seinen Eigenschaften als einwertiges Anion auffassen, das an der Oberfläche von Eiweiß leicht adsorbiert wird[12].

Substratspezifität. Gegen Pepsin ist fast kein Eiweiß widerstandsfähig. Es werden auch jene Faserproteine angegriffen, die sonst gegen Proteinasen völlig beständig sind, z. B. *Kollagen, Elastin* und in sehr *geringem* Umfange auch *Keratin.* Man muß aber beachten, daß bei der stark sauren Reaktion, bei der Pepsin wirkt, im Gefüge der Eiweißstoffe auch nichtenzymatische Veränderungen stattfinden, die das Substrat für einen fermentativen Angriff zugänglich machen. So ist für den Angriff des Pepsins auf Kollagen eine Änderung am nativen Zustand durch die Salzsäurequellung eine unerläßliche Voraussetzung[13]. Nicht angegriffen werden Seidenfibroin, Spongin, Conchiolin. Völlig unzerlegbar durch Pepsin soll das Mucin des Magens sein, das wohl auch den Magen vor Selbstverdauung schützt, wenngleich lebendes Gewebe durch Proteinasen an sich schwer angreifbar ist. Auch Ovomucoid wird nicht gespalten.

---

[1] HERRIOTT, R. M.: J. gen. Physiol. **20**, 335 (1937); **25**, 185 (1941). — [2] TRACEY, A. H., and W. R. ROSS: J. biol. Ch. **146**, 63 (1942). — [3] PHILPOT, J. ST. L., and P. A. SMALL: Biochem. J. **32**, 542 (1938). — [4] SHOCK, D., and S. J. FOGELSON: Proc. Soc. exp. Biol. Med. **50**, 304 (1942). — [5] WISS, O.: Helv. **29**, 237 (1946). — [6] SCHALES, O., A. M. SUTHON, R. M. ROUX, E. I. LLOYD and S. S. SCHALES: Arch. Biochem. **19**, 119 (1948). — [7] ANSON, M. L., and A. E. MIRSKY: J. gen. Physiol. **16**, 59 (1932). — ANSON, M. L.: J. gen. Physiol. **22**, 79 (1938). — MERTEN, R., u. H. RATZER: Dtsch. Z. Verd.- u. Stoffw.-Krankh. **10**, 87 (1950). — [8] FOLIN, O., and V. CIOCALTEU: J. biol. Ch. **73**, 627 (1927). — [9] RIGGS B. C., and A. C. STADIE: J. biol. Ch. **150**, 463 (1943). — [10] NORTHROP, J. H.: J. gen. Physiol. **16**, 41 (1932). — [11] CASEY, E. J.: Am. Soc. **72**, 2159 (1950). — [12] NORTHROP, J. H.: J. gen. Physiol. **7**, 603 (1925). — [13] GRASSMANN, W.: Kolloid-Z. **77**, 205 (1936). — Vgl. dazu SIZER, W.: Enzymologia **13**, 288 (1949). — SHESTAKOVA, I. S.: Legkaya Prom. **1949**, 13 [J. Soc. Leath. Trad. Chem. **34**, 203 (1950)].

Auf Grund der Theorie von NORTHROP könnte die Unangreifbarkeit des Mucins durch Pepsin dahin verstanden werden, daß das Mucin als stark saurer Körper (Mucoitinschwefelsäure!) bei p_H 1,8 nicht in kationischer Form vorliegt. Endgültig entschieden ist allerdings die Nichtangreifbarkeit des „Mucins" noch nicht.

Die Hydrolyse des Eiweißes durch unreines Pepsin kann bei längeren Spaltungszeiten anscheinend sehr weit gehen, denn unter den Spaltstücken finden sich Polypeptide bis herunter zum Tripeptid, nach CALVERY sollen sogar Dipeptide und freies Tyrosin entstehen[1]. Es ist aber zu beachten, daß rohes Pepsin ein Gemisch ist, in dem neben dem eigentlichen Pepsin noch Gelatinase und Kathepsin enthalten sind.

Pferdeglobin wird bei der Hydrolyse mit krystallisiertem Pepsin nach DESNUELLE[2], zuerst in Dodekapeptide zerlegt, wobei an den gelösten Peptidbindungen vorzugsweise Alanin, Phenylalanin, Leucin und Serin mit ihren Aminogruppen teilhatten. Dann folgt ein weiterer Abbau bis zur Tetra- und Tri-peptidstufe. Bei der Spaltung von Eieralbumin entstehen gleich niedrigere Peptide.

Nach allgemeiner Annahme soll Pepsin nur hochmolekulare Substrate angreifen. Die Beständigkeit von z. B. Clupein gegenüber Pepsin will man mit der relativ niedrigen Molekülgröße dieses Substrates erklären. Jedoch zerlegt krystallisiertes Pepsin auch synthetische Peptide mit niedrigem Molekulargewicht, z. B. Carbobenzoxy-L-glutaminyl-L-phenylalanin, Carbobenzoxy-L-glutaminyl-L-tyrosin[3] sowie Cysteyl-tyrosin und Tyrosyl-cystein sowie deren Carbobenzoxyderivate[4]. Eine freie Aminogruppe im Substrat ist nicht erforderlich, aber auch nicht störend.

Die Zerlegung der genannten synthetischen Substrate erfolgt, abweichend von der Proteinasewirkung des Pepsins, optimal bei etwa p_H 4. Dieser Umstand sowie die Tatsache, daß das krystallisierte Pepsin aus dem Magen des Salms nach NORRIS und ELAM[5] gegen die genannten synthetischen Substrate unwirksam ist, läßt den Verdacht zu, daß deren Spaltung nicht dem Pepsin zuzuschreiben ist, sondern dem Kathepsin, das nach BUCHS auch in den krystallisierten Pepsinpräparaten stets vorhanden ist.

Die Diskussion über Natur und Wirkung des Pepsins und seine Abgrenzung gegenüber anderen, in der Magenschleimhaut und im Magensekret vorhandenen Enzymen, ist neuerdings in Fluß gekommen durch Arbeiten von E. FREUDENBERG[6] und BUCHS[7], aus denen hervorgeht, daß das reine Magensekret sowie alle Pepsinpräparate, einschließlich des krystallisierten Pepsins nach NORTHROP, neben der eigentlichen Pepsinwirkung in sehr erheblichem Ausmaß die Wirkung des Kathepsins sowie eine Lab- (Parachymosin-)wirkung zeigen. Nach BUCHS[7] soll es nicht gelingen, die Träger dieser Wirkungen durch irgendwelche präparative Maßnahmen, beispielsweise durch Adsorptionsmethoden oder auf Grund einer fraktionierten Hitzeinaktivierung, abzutrennen; wohl aber können die Wirkungen selbst scharf unterschieden werden. So unterscheidet sich das Kathepsin des Magens von Pepsin durch sein anderes Wirkungsoptimum (p_H 3,3); man erhält demzufolge p_H-Kurven mit 2 Gipfeln (p_H 2,2 und 3,3, die nach BUCHS[7] von den bisherigen Untersuchern[8] übersehen worden sind. Die Kathepsinwirkung

---

[1] Vgl. dazu NORTHROP, J. H.: J. gen. Physiol. **7**, 603 (1925). — [2] DESNUELLE, P., M. ROVERY et G. BONJOUR: Biochim. biophysica Acta **5**, 116 (1950). — [3] FRUTON, J. S., and M. BERGMANN: Science, N.Y. **87**, 557 (1938). J. biol. Ch. **127**, 627 (1939). — [4] HARINGTON, C. R., and R. V. RIVERS: Biochem. J. **38**, 417 (1744). — [5] NORRIS, E. R., and D. L. ELAM: Science, N. Y. **90**, 309 (1939). J. biol. Ch. **134**, 443 (1940). — [6] FREUDENBERG, E.: Ann. paediatr., Basel **156**, 124 (1942). — [7] BUCHS, S.: Die Biologie des Magenkathepsins. Basel, New York 1947. Enzymologia **13**, 208 (1949). B.Z. **320**, 247 (1950). — Siehe auch SPRINGER, G. F.: B. Z. **321**, 107 (1950). — [8] SØRENSEN, S. P. L.: B. Z. **21**, 131 (1909). — MICHAELIS, L., u. A. MENDELSON: B. Z. **65**, 1 (1914). — RONA, P., u. H. KLEINMANN: B. Z. **150**, 444 (1924).

unterscheidet sich außerdem von der Pepsinwirksamkeit durch ihr höheres Temperaturoptimum sowie ihre Aktivierbarkeit durch Blausäure und Schwefelwasserstoff. Umgekehrt kann das Kathepsin im Gegensatz zum Pepsin durch Aluminiumionen und durch Uranylacetat (unter Fällung) inaktiviert werden, wodurch die reine Pepsinwirkung zur Beobachtung gebracht werden kann.

Diese Ergebnisse verdienen bei der Beurteilung aller in der Literatur beschriebenen Pepsinwirkungen, einschließlich der an krystallisiertem Pepsin gewonnenen, große Beachtung. Die Frage freilich, ob zwei in Wesen und Eigenschaften so verschiedene Enzyme, wie Pepsin und Kathepsin, wirklich, wie dies BUCHS annimmt, untrennbar auf einem Trägerprotein haften, oder ob ihre Trennung doch mit geeigneten Methoden möglich sein sollte, scheint durch die von BUCHS mitgeteilten Ergebnisse noch nicht entschieden und verdient weitere Bearbeitung[1].

Es ist auch sicher zutreffend, wenn auf Grund dieser Ergebnisse dem Kathepsin eine wesentliche Rolle bei der Eiweißverdauung im Magen und in den oberen Darmabschnitten zugeschrieben wird. In diesem Zusammenhange wird darauf hingewiesen[2, 3], daß wegen der puffernden Wirkung, die der Speisenbrei gegenüber dem sauren Magensekret ausübt, ein für die Entfaltung der Pepsinwirkung geeigneter p_H-Wert erst in der Schlußphase der Magenverdauung erreicht werde, wenn der Hauptteil der Speisen den Magen verlassen hat, und es wird angenommen, daß die Aufgabe des Pepsins auf die Verdauung der dann noch zurückgebliebenen bindegewebsreichen und relativ schwer angreifbaren Eiweißbestandteile beschränkt sei. Diese Schlußfolgerungen dürften indessen zu weit gehen. Die p_H-Bestimmungen von FREUDENBERG und BUCHS sind an dem gesamten Mageninhalt vorgenommen und berücksichtigen nicht ausreichend die von GRÜTZNER[4] entdeckte Schichtung des Inhalts, die es ermöglicht, daß in den Randbereichen des Speisebreis eine stark saure, für die Pepsinwirkung geeignete, und in dessen Innere eine schwach saure oder neutrale Reaktion nebeneinander bestehen können. Die Ergebnisse von GRÜTZNER erscheinen auf Grund einiger methodischer Einwände von BUCHS zwar weniger beweiskräftig, aber nicht widerlegt.

Die *Pepsinsekretion* ist schwer übersehbar, da sie einen Teil der Magensekretion darstellt. Diese unterliegt aber auch der nervösen Beeinflussung durch Sympathicus und Parasympathicus. Von den die Magensekretion beeinflussenden Arzneimitteln unterscheiden sich zwei in ihrer grundsätzlichen Wirkung. *Histamin* regt, wenn nicht schwere Erkrankungen des Magens (Gastritis, Carcinom) vorliegen, eine verstärkte Abscheidung des Magensaftes und damit des Pepsins an. *Pilocarpin* dagegen steigert die Bildung des Enzyms in den Drüsen. Übermäßige Säure- und Pepsinkonzentration oder mangelnde Mucinbildung können zu pathologischen Veränderungen führen (Ulcera).

Pepsinvorstufe, Pepsinogen, Propepsin. Die Annahme einer inaktiven Vorstufe des Pepsins ist schon alt[5]. LANGLEY[6] zeigte, daß in den Zellen der Magendrüsen das Pepsin in einer inaktiven, alkalibeständigen Form, als Pepsinogen, vorliegt, das er frei von Pepsinwirkung erhielt[7]. Die intracelluläre Vorstufe der Proteinase, das Pepsinogen (Propepsin), erfährt durch H-Ionen oder durch

[1] Nach unveröffentlichten Ergebnissen von R. MERTEN, W. GRASSMANN, K. HANNIG u. G. SCHRAMM kann Pepsin elektrophoretisch vollständig vom begleitenden Kathepsin getrennt werden. — [2] FREUDENBERG, E.: Ann. paediatr., Basel **156**, 124 (1941). — BUCHS, S.: Die Biologie des Magenkathepsins. Basel, New York 1947. — [3] MEYER, G.: Süddtsch. Apoth.-Ztg. **90**, 459, 683 (1950). — [4] GRÜTZNER, P.: Pflügers Arch. **106**, 463 (1905). — [5] EBSTEIN u. GRÜTZNER (1854): Zit. nach GILLESPIE, A. L.: The Natural History of Digestion. S. 16. 1898. — [6] LANGLEY, J. N.: J. Physiol., London **3**, 269 (1882). — [7] LANGLEY, J. N., and J. S. EDKINS: J. Physiol., London **7**, 371 (1886).

Spuren von Pepsin eine autokatalytische Umwandlung in Pepsin[1]. Bei p_H 5 ist Pepsinogen gerade noch beständig, bei niedrigerem p_H-Wert erfolgt dann immer schneller Pepsinbildung, die bei p_H 2 ihren Höhepunkt erreicht. Der Aktivierungsvorgang durch Spuren Pepsin oder H-Ionen wird kompliziert dadurch, daß ein hemmender Reaktionsanteil entsteht, welcher sich mit dem eben gebildeten Pepsin verbindet. Sowohl das Pepsinogen (HERRIOTT und NORTHROP)[2] wie der Inhibitor[3] konnten krystallisiert erhalten werden. Eine ähnliche Art Enzym-Inhibitorverbindung ist auch beim Trypsin bekannt und hergestellt worden. Die, ebenso wie Pepsin selbst, alkaliempfindliche, inaktive Inhibitorverbindung ist dialysierbar und löslich in 2,5%iger heißer Trichloressigsäure. *Aktivierung und Hemmung* können etwa wie folgt dargestellt werden[4]:

$$\text{Pepsinogen} \xrightarrow[\text{(H)}]{\text{Pepsin}} \text{Pepsin-Inhibitorverbindung} \rightleftarrows \text{Pepsin} + \text{Inhibitor}^{5}.$$

Darstellung des krystallisierten Pepsinogens. Mit m/10 Natriumhydrogencarbonatlösung wird ein Extrakt aus Schweinemagenschleimhaut gewonnen, der durch fraktionierte Fällung mit Ammonsulfat und Kupferhydroxyd gereinigt wird. Aus 0,4fach gesättigter Ammonsulfatlösung läßt sich das Proenzym bei 10° und p_H 6 krystallin erhalten. Das krystallisierte Eiweiß hat ein Molekulargewicht von etwa 42000 und einen *isoelektrischen Punkt* bei p_H 3,6. Der krystallisierte Inhibitor ist ein Polypeptid vom ungefähren Molekulargewicht 5000.

Gelatinase. In Rohpräparaten und auch in den ersten Krystallisaten nach NORTHROP ist das Pepsin von einem die Verflüssigung der Gelatine fördernden Enzym, der Gelatinase[6,7] begleitet. Dieses Enzym läßt sich durch Adsorption an Tonerde oder durch mehrfaches Umkrystallisieren des Pepsins entfernen. Seine Wirkung soll nicht in der gleichen Weise wie die des Pepsins durch chemische Erfassung von Reaktionsprodukten meßbar, sondern lediglich physikalisch durch viscosimetrische Verfolgung der Gelatineverflüssigung nachweisbar sein.

Mucinasen. Das Vorkommen der Mucine ist nicht etwa nur auf den Magen beschränkt. Es gibt auch ganz spezifische Enzyme, welche diese aus Eiweiß und sauren Polysacchariden (Polyuronsäuren) aufgebauten Verbindungen spalten können[8]. Unter den Bezeichnungen Mucinasen, Hyaluronidasen, Diffusionsfaktor (spreading-Factor) sind sie auf Grund der wichtigen Rolle, die sie im Zusammenhang mit der Ausbreitung von Infektionen, mit der Wirkung von Bakterien-, Schlangen- und Insektentoxinen sowie im Hinblick auf den Befruchtungsvorgang besitzen, vielfach untersucht worden. Sie werden in dem Abschnitt über kohlenhydratspaltende Enzyme behandelt (s. S. 1068).

β) Chymase (Labferment, Chymosin[9], Rennin). Allen Proteinasen, auch dem Pepsin[10], kommt eine gewisse labende, Milch zur Gerinnung bringende Wirkung zu, die auf einer proteolytischen Veränderung des Caseins (nach englischer Nomenklatur Caseinogen) der Milch beruht.

[1] EGE, R., u. J. OBEL: B. Z. **280**, 265 (1935). — HERRIOTT, R. M.: J. gen. Physiol. **21**, 501 (1938); **22**, 65 (1938). — [2] HERRIOTT, R. M.: J. gen. Physiol. **21**, 501 (1938). — HERRIOTT, R. M., and J. H. NORTHROP: Science, N. Y. **83**, 469 (1936). — [3] HERRIOT, R. M.: J. gen. Physiol. **24**, 325 (1941). Bamann-Myrbäck **2**, 2045. — [4] NORTHROP, J. H.: Crystalline Enzymes. New York 1939. — [5] HERRIOTT, R. M.: J. gen. Physiol. **20**, 335 (1937). — [6] NORTHROP, J. H.: J. gen. Physiol. **13**, 739 (1930); **15**, 29 (1932). — [7] MASCHMANN, E.: Ergebn. Enzymforsch. **9**, 155 (1943), bezeichnet als „Gelatinase" das Gelatine spaltende Enzym pathogener Anaerobier (vgl. S. 1165). — [8] WALLENFELS, K.: Angew. Chem. **54**, 234 (1941).

Zusammenfassende Darstellungen über Chymase: [9] HOLTER, H.: Bamann-Myrbäck **2**, 2081—2090. Oppenheimer, Fermente Suppl. **2**, 863—879 (1939). — BEAU, H.: Ergebn. Enzymforsch. **4**, 173 (1935). — BERRIDGE, N. J.: Sumner-Myrbäck I/2, 1079.

[10] BUCHS, S.: Die Biologie des Magenkathepsins. Basel, New York 1947.

Es ist eine sehr alte Erfahrung, daß die Schleimhaut des vierten (wahren) Magens des Kalbes Milch zum Gerinnen bringt, ein Vorgang, der bei der Käsebereitung von technischer Bedeutung ist. Von HAMMARSTEN[1] wurde nachgewiesen und in der Folgezeit bestätigt, daß diese Gerinnung durch ein spezifisches, vom Pepsin verschiedenes Enzym bewirkt wird, dem der Name *Labferment* oder *Chymosin* gegeben wurde. Der Gerinnungsvorgang findet bei so schwach saurer Reaktion statt (p_H 5 bis 6), daß Pepsin kaum wirksam ist (siehe Bd. 2, Milchdrüse und Milch).

Die demgegenüber von PAWLOW und seinen Schülern vertretene Annahme, daß ein und dasselbe Enzym bei p_H 2 als Pepsin, bei p_H 5 als Lab wirksam sei, findet in den Ergebnissen von BUCHS[2] erneut eine gewisse Stütze. Diese Wirkung hat aber, wie heute feststeht, mit derjenigen des eigentlichen Labfermentes aus dem Kälbermagen nichts zu tun und wird von ihr zweckmäßig durch die Bezeichnung „Parachymosinwirkung" unterschieden. Das Vorkommen eines spezifischen Labenzyms ist im 4. Magen des Kalbes gesichert; der Magen anderer junger Säugetiere soll nach HOLTER und ANDERSEN[3] normales Pepsin enthalten, das sich nicht von demjenigen erwachsener Tiere unterscheidet.

Das Enzym wird in den Zellen der Magenschleimhaut aus einer Vorstufe, dem *Prochymosin*[4], gebildet und im Magensaft aktiviert. Durch fraktionierte Fällung von Extrakten aus dem vierten *Kälbermagen* im isoelektrischen Punkt[4], sowie durch chromatographische Adsorption[5] konnte das Chymosin weitgehend gereinigt und frei von Pepsin erhalten werden. Es greift im Unterschied zum Pepsin Ovalbumin nicht an, besitzt dagegen ausgesprochene spezifische Labwirkung.

Nach H. HOLTER[6] beruht der Vorgang der Milchflockung in seinem ersten Stadium auf einem proteolytischen Abbau eines schutzkolloidartig wirkenden Teilproteins des Casein-Symplexes, worauf dann in einem zweiten, rein kolloidchemischen Vorgang das entstandene *Paracasein* (nach englischer Bezeichnung Casein) in Gegenwart von Calciumionen ausflockt, und das Milchfett fein dispergiert einhüllt.

Zu einem tiefgreifenden Abbau kommt es dabei nicht. Bei Gegenwart einer anderen Proteinase geht die Spaltung leicht über das Stadium des Paracaseins hinaus und die Ausfällung bleibt aus. Das Wirkungsoptimum ist bei p_H 5,4 ermittelt[7], übereinstimmend mit dem isoelektrischen Punkt des Chymosins[8]; bei p_H 7 ist Labenzym (im Gegensatz zum Chymotrypsin, siehe unten) praktisch unwirksam[9]. Vom Pepsin unterscheidet sich das Lab durch seine höhere Alkali- und geringere Hitzebeständigkeit[9].

Für die *Bestimmung* des Chymosins dient seine labende Wirkung als Maß, indem man die Zeit feststellt, nach welcher die Gerinnung der Milch einsetzt, wobei allerdings eine Unsicherheit in dem nicht immer gleichbleibenden Substrat (Milch) besteht[10]. Vorzuziehen ist die Verwendung von calciumfreiem Caseinogen nach LINDERSTRØM-LANG[11].

---

[1] HAMMARSTEN, O.: J. prakt. Chem. **6**, 371 (1872). H. **121**, 261 (1922); **130**, 55 (1923). Vgl. auch H. **94**, 291 (1915); **108**, 243 (1919/20). — [2] Siehe Fußnote [10] S. 1146. — [3] HOLTER, H., u. B. ANDERSEN: B. Z. **269**, 285 (1934). — [4] KLEINER, I. S., and H. TAUBER: J. biol. Ch. **96**, 745 (1932); **106**, 501 (1934). — TAUBER, H., and I. S. KLEINER: J. biol Ch. **96**, 745 (1932). — TAUBER, H.: J. biol. Ch. **107**, 161 (1934). — [5] SCHÖBERL, A., u. P. RAMBACHER: B. Z. **305**, 223 (1940). — [6] HOLTER, H.: B. Z. **255**, 160 (1932). — [7] KLEINER, I. S., and H. TAUBER: J. biol. Ch. **96**, 745 (1932). — [8] RICHARDSON, G. A., and L. S. PALMER: J. physic. Chem. **33**, 557 (1929). Siehe auch BERSIN, TH.: Handb. Enzymol. (NORD-WEIDENHAGEN) **1**, 616 (1940). — [9] HAMMARSTEN, O.: H. **121**, 261 (1922); **130**, 55 (1923). — [10] SOXHLET, F.: Milchztg. **1877**, 513. — [11] LINDERSTRØM-LANG, K.: H. **176**, 76 (1928). — LUNDSTEEN, E.: B. Z. **295**, 191 (1938). Vgl. auch HANKINSON, C. L., and L. S. PALMER: J. Dairy Sci. **25**, 277 (1942).

Reinigung. Eine sehr weitgehende Reinigung von Rennin und Prorennin ist von TAUBER und KLEINER[1] durchgeführt worden. Von den besten Präparaten koagulierte 1 Teil in 10 min 4,5 Millionen Teile Milch; das gereinigte Enzym ist unwirksam gegen Eieralbumin und scheint eine Thioprotease zu sein. Noch wirksamer sind die gereinigten Präparate von HANKINSON und PALMER[2], von denen ein Teil in 10 min 72 Millionen Teile Milch zu koagulieren vermag. Das gereinigte Enzym soll ein Globulin mit dem isoelektrischen Punkt 4,5 sein.

Neuerdings ist Rennin krystallisiert erhalten worden, auf verschiedenen Wegen und mit verschiedenen Eigenschaften von HANKINSON[3] und BERRIDGE[4]. Die gereinigten Präparate von HANKINSON und PALMER[2] sind praktisch frei von Pepsinwirkung; krystallisiertes Rennin nach BERRIDGE spaltet optimal Hämoglobin, bei p_H 3,7 nicht wie Pepsin bei p_H 2,0.

γ) **Trypsingruppe**[5-8]. *1. Trypsin* und *Trypsinogen.* Das eiweißspaltende Enzym der Pankreasdrüse, das den Physiologen schon in der ersten Hälfte des vergangenen Jahrhunderts bekannt war (PURKINJE und PAPPENHEIM[9]; BERNARD und CORVISART[10]), ist von KÜHNE 1867 als „Trypsin" bezeichnet worden[11].

Im Darm findet sich das Trypsin als eiweißverdauendes Enzym zusammen mit Chymotrypsin und Peptidasen. Sein Wirkungsoptimum entspricht dem der Darm- und Pankreassekrete (7,5—10,2)[12]. Der Darminhalt, der mit saurer Reaktion aus dem Magen in den Dünndarm gelangt, wird aber erst allmählich neutralisiert und alkalisiert und zeigt dementsprechend erst in den untersten Abschnitten alkalische Reaktion. Das Trypsin wird von der Bauchspeicheldrüse, in der es als inaktive Vorstufe (Trypsinogen) vorliegt, in den Dünndarm sezerniert und dort durch einen speziellen Aktivator, die Enterokinase, aktiviert. NORTHROP konnte die inaktive Vorstufe des Trypsins[13] sowie das Trypsin selbst krystallin darstellen.

Auch die Parotis sezerniert Trypsin. In den Leukocyten des Hundes ist das Trypsin, das dort vorwiegend in der Desmo-Form vorliegt, vollaktiv. In den Leukocyten von Pflanzenfressern (Pferd) ist es dagegen inaktiv und wird erst durch autolytische Veränderungen oder durch Enterokinase aktiviert[14].

Nach SCHMITZ[15] enthält Blutplasma Trypsin in Verbindung mit einem Hemmungskörper, von dem es durch Fällung mit Trichloressigsäure getrennt werden kann. Auch in der menschlichen Haut ist eine dem Trypsin nahestehende Proteinase enthalten[16]. Das Pankreastrypsin des Frosches ist nicht wesentlich verschieden von dem der Säugetiere[17]. Ob echtes Trypsin bei Wirbellosen und im Pflanzenreich vorkommt, ist unsicher (vgl. dazu z. B. das Hurain[18], Solanain[19] Euphorbain[20]).

[1] TAUBER, H., and I. S. KLEINER: J. biol. Ch. **96**, 745 (1932); **104**, 259 (1934). — [2] HANKINSON, C. L., and L. S. PALMER: J. Dairy Sci. **25**, 277 (1942). — [3] HANKINSON, C. L.: Am. Dairy Sci. Assoc. **1942**. J. Dairy Sci. **26**, 53 (1943). — [4] BERRIDGE, N. J.: Nature **151**, 473 (1943). Biochem. J. **39**, 179 (1945). Dort auch Abbildung der Krystalle.

Zusammenfassende Darstellungen über Trypsin: 5—7. [5] NORTHROP, J. H., and M. KUNITZ: Isolation and properties of crystalline trypsin Ergebn. Enzymforsch. **2**, 104—117 (1933). — [6] MYRBÄCK, K.: Bamann-Myrbäck **2**, 2021—2031. OPPENHEIMER, Fermente Suppl. **2**, 784 (1939). — [7] KRAUT, H., u. E. KOFRÁNYI: Handb. Katalyse (SCHWAB) **3**, 246 (1941). — [8] NEURATH, H., and G. W. SCHWERT: Chem. Rev. **46**, 49 (1950).

[9] PURKINJE u. PAPPENHEIM (1836), Zit. nach Oppenheimer, Fermente **2**, 894. — [10] CORVISART (1856), Zit. nach Oppenheimer, Fermente **2**, 894. — [11] KÜHNE, W., Zit. nach Oppenheimer, Fermente **2**, 894. — [12] NORTHROP, J. H., and M. KUNITZ: J. gen. Physiol. **16**, 295 (1932). — [13] KUNITZ, M., and J. H. NORTHROP: J. gen. Physiol. **19**, 941 (1936). — [14] WILLSTÄTTER, R., E. BAMANN u. M. RHODEWALD: H. **185**, 267 (1929). — [15] SCHMITZ, A.: H. **250**, 37 (1937). — [16] BELOFF, A., and R. A. PETERS: J. Physiol., London **103**, 2 (1944). — [17] MARDASCHEW, S. R.: B.Z. **273**, 321 (1934). — [18] JAFFÉ, W. G.: J. biol. Ch. **149**, 1 (1943). — [19] BODANSKY, A.: J. biol. Ch. **61**, 365 (1924). — GREENBERG, D. M., and T. WINNICK: J. biol. Ch. **135**, 761, 775 (1940). — [20] CASTAÑEDA, M., M. R. BALCAZAR and F. F. GAVARRÓN: An. Escu. nac. Cienc. biol. Mexico **3**, 65 (1943). Zit. nach Annu. Rev. **14**, 44, 47 (1945).

Zur *Bestimmung* des Trypsins mißt man z. B. nach WILLSTÄTTER und WALDSCHMIDT-LEITZ titrimetrisch bei p_H 8 die hydrolysierende Wirkung des Fermentes auf Gelatine oder Casein als Substrat[1] in Gegenwart von Enterokinase. Während die Bestimmung des krystallisierten Enzyms keinen Kinasezusatz erfordert, ist dieser bei Rohpräparaten notwendig, um den Einfluß unvollkommener Aktivierung und hemmender Begleitstoffe auszuschalten. Als Einheit der Trypsinwirkung wurde diejenige Enzymmenge bezeichnet, die nach Aktivierung mit Enterokinase bei der Einwirkung auf 300 mg Casein im Volumen von 10 cm³ in Gegenwart von 0,2 n Ammoniak-Ammoniumchloridpuffer (1:1) in 30 min bei 30° eine Spaltung entsprechend einem Aciditätszuwachs von 1,05 cm³ n/5 KOH bewirkt. Trypsin kann nach ANSON[2] auch colorimetrisch (Abspaltung von Tyrosin aus Hämoglobin) bestimmt werden.

Trennung des Trypsingemisches. Was man früher unter „*Trypsin*" verstand, war ein System verschiedener Proteasen des Pankreas, deren Trennung mit Hilfe des von WILLSTÄTTER in die Enzymchemie eingeführten Adsorptionsverfahrens gelang[1,3]. Durch Anwendung von Tonerde und Kaolin als Adsorptionsmittel ist eine Entfernung der Lipase und Amylase möglich. WALDSCHMIDT-LEITZ[4,5] schied das Proteasensystem durch selektive Adsorption an Tonerde C_γ bei p_H 4,7 zunächst in zwei große Gruppen, den „tryptischen" Anteil (Proteinase, Carboxypolypeptidase, Protaminase), und den „ereptischen" Anteil (Dipeptidase, Aminopolypeptidase). Im tryptischen Anteil werden dann noch die Carboxypolypeptidase und die Protaminase von der Proteinase Trypsin abgetrennt.

Tabelle 182. Trennung des Trypsingemisches aus Pankreassaft.

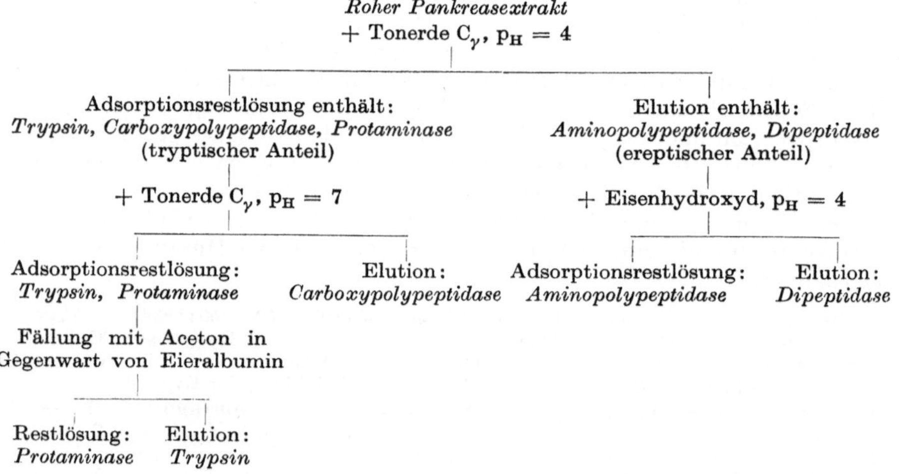

Heute stehen bei der Reindarstellung der proteolytischen Enzyme der Bauchspeicheldrüse die Verfahren von NORTHROP im Vordergrund, die zu krystallisierten Fermentpräparaten führen.

---

[1] WILLSTÄTTER, R., E. WALDSCHMIDT-LEITZ, S. DUNAITURRIA u. G. KÜNSTNER: H. **161**, 191 (1926). — [2] ANSON, M. L.: J. gen. Physiol. **22**, 79 (1938). — [3] Zum Beispiel WILLSTÄTTER, R.: B. **55**, 3601 (1922). — Vgl. hierzu die Übersicht bei KRAUT, H. in Oppenheimer, Fermente **3**, 445 (1929). — [4] WALDSCHMIDT-LEITZ, E., u. A. HARTENECK: H. **147**, 286 (1925). — [5] WALDSCHMIDT-LEITZ, E., u. A. PURR: B. **62**, 2217 (1929).

Darstellung krystallisierten Trypsins und Chymotrypsins und deren Vorstufen aus frischem Rinderpankreas[1]. In der Hauptsache beruht die Darstellung auf der Anwendung fraktionierter Fällung mit Ammonsulfat unter verschiedenen Bedingungen.

Darstellung von Chymotrypsinogen. Das sofort nach dem Schlachten entnommene Pankreas wird in eiskalte 0,25 n Schwefelsäure gelegt, Fett und Bindegewebe werden entfernt und die Drüsen dann zerkleinert. Der Drüsenbrei wird im doppelten Volumen 0,25 n Schwefelsäure bei 5° C während 24 h suspendiert und die Suspension durch Gazefilter abgeseiht. Dieser Extrakt wird mit festem Ammonsulfat bis 0,4fach gesättigt, der Niederschlag verworfen, das Filtrat bis 0,7fach gesättigt und der neue Niederschlag während 24 h bei 5° C absitzen gelassen. Der Niederschlag wird in der gleichen Weise umgefällt, dann in 0,25fach gesättigter Ammonsulfatlösung gelöst, die Lösung auf p_H 5 eingestellt und 2 Tage bei 25° C stehengelassen. Dieser Niederschlag enthält das krystalline Chymotrypsinogen (S. 1154). Verarbeitung des Filtrates siehe unten.

Darstellung von Chymotrypsin. Zur Gewinnung des reinen krystallisierten Chymotrypsins wird das rohe Chymotrypsinogen noch 8mal bei p_H 5 umkrystallisiert, in 0,02 n Schwefelsäure gelöst, die Lösung auf p_H 7,6 gebracht und unter Einwirkung einer Spur Trypsin bei 5° C 2 Tage zur Aktivierung stehengelassen. Dann fällt man bei p_H 4 mit Ammonsulfat (0,7 gesättigt). Den Niederschlag löst man in 0,01 n Schwefelsäure und läßt bei 25° C krystallisieren (Chymotrypsin).

Darstellung von Trypsinogen. Aus Filtrat und Waschflüssigkeit der Chymotrypsinogendarstellung läßt sich *Trypsinogen* und daraus *Trypsin* gewinnen. Das Filtrat wird auf p_H 3 eingestellt, mit Ammonsulfat werden die Begleitstoffe fraktioniert ausgefällt, aus dem gereinigten Filtrat wird dann mit Ammonsulfat das Proenzym abgeschieden und mit gesättigter Magnesiumsulfatlösung schnell gewaschen. Der Niederschlag wird bei 5° C in Boratpuffer (p_H 9) gelöst und die Lösung auf p_H 8 gebracht. Dazu gibt man ein gleiches Volumen gesättigter Magnesiumsulfatlösung und läßt in 2 bis 3 Tagen bei 5° C das Trypsinogen auskrystallisieren.

Darstellung von Trypsin. Aus dem Trypsinogen wird krystallisiertes Trypsin durch autokatalytische Aktivierung dargestellt. Die Trypsinogenlösung wird bei 25° C mit festem Magnesiumsulfat gesättigt, der Niederschlag abfiltriert und in 0,4 m Boratpuffer (p_H 9) gelöst. Nach etwa Halbsättigung mit Magnesiumsulfat und bei p_H 8 krystallisiert das Trypsin nach 2 bis 3tägigem Stehen bei 5° C aus. Zur Isolierung des krystallisierten Trypsins aus aktivem Pankreasextrakt vgl[2].

Enterokinase und Mechanismus der Trypsinaktivierung. Die spezifisch aktivierende Wirkung von Dünndarmsekret haben PAWLOW und SCHEPOWALNIKOW entdeckt und auf einen *Aktivator des Dünndarms*, die *Enterokinase*, zurückgeführt[3].

Auch die *Bauchspeicheldrüse* enthält *Kinase*, allerdings in einer unwirksamen Vorstufe, als *Prokinase*[4], die erst im Dünndarm in die wirksame Form übergeht. Das Auftreten aktiver Kinase im Pankreas hätte durch die Bildung von aktivem Trypsin verheerende Folgen. Die fast immer tödliche Pankreasnekrose[5] führt man auf Selbstverdauung des Pankreas zurück.

Die *Bildung des aktiven Trypsins* aus einer unwirksamen Vorstufe schien nach der Auffassung von J. HAMBURGER und E. HECKMA[6] und späteren Ergebnissen von WALDSCHMIDT-LEITZ[7] auf einer stöchiometrischen Vereinigung einer

[1] NORTHROP, J. H.: J. gen. Physiol. **16**, 323, 339 (1932). Bamann-Myrbäck **2**, 2046. — NORTHROP, J. H., and M. KUNITZ: J. gen. Physiol. **16**, 267, 295 (1932). — KUNITZ, M., and J. H. NORTHROP: J. gen. Physiol. **18**, 433 (1935); **19**, 991 (1936). — [2] NORTHROP, J. H.: Bamann-Myrbäck **2**, 2055. — [3] SCHEPOWALNIKOW, N. P.: Jber. Tierchem. **29**, 378 (1900). Diss. Ing. St. Petersburg 1899. Vgl. dazu auch KÜHNE, W., u. R. HEIDENHAIN, zit. nach Oppenheimer, Fermente **2**, 915 (1926). — [4] WALDSCHMIDT-LEITZ, E., u. J. WALDSCHMIDT-GRASER: H. **166**, 247 (1927). — [5] Siehe z. B. KATSCH, G.: In Lehrb. inn. Med. (ASSMANN u. a.) 6./7. Aufl., Bd. 1, S. 870. 1949. — [6] HAMBURGER, J., u. E. HEKMA: J. Physiol. Path. gén. **4**, 805 (1902). — [7] WALDSCHMIDT-LEITZ, E.: H. **132**, 181 (1924); **142**, 217 (1925).

enzymatisch inaktiven Vorstufe des Trypsinogens, mit dem spezifischen Aktivator, der *Enterokinase*, zur aktiven *Trypsinkinase*, zu beruhen. Auch die Ausschaltung eines das Trypsinogen begleitenden spezifischen Hemmungskörpers ist in Betracht gezogen worden[1]. Die weitere Bearbeitung an krystallisiertem Trypsinogen und hochgereinigter Enterokinase durch NORTHROP führte aber zu einer anderen Auffassung.

Die *Aktivierung durch Enterokinase* ist nach J. H. NORTHROP und M. KUNITZ[2], und in Bestätigung der früheren Auffassung von PAWLOW (s. S. 1150), SCHEPOWALNIKOW sowie von BAYLISS und STARLING[3] als eine *enzymatische Hydrolyse des Trypsinogens* zu deuten, wobei die Kinase als ein Ferment aufzufassen ist[4]. Die Umwandlung des Trypsinogens in aktives Trypsin kann im p_H-Bereich von 5 bis 8 katalytisch durch Enterokinase, sowie bei p_H 2,5 bis 4 durch eine aus Schimmelpilzen gewonnene Kinase[5] bewirkt werden. Aber auch fertiges Trypsin selbst vermag die Umwandlung von Trypsinogen in Trypsin zu bewirken; auf diese Weise kommt es bei Anwesenheit von Trypsinspuren in einer autokatalytischen Reaktion zur *Spontanaktivierung des Trypsinogens*, die man schon lange sowohl in der Drüse wie in ihren Auszügen kennt[6]. Die autokatalytische Aktivierung von Trypsinogen führt im allgemeinen nicht zu einer ebenso hohen Aktivität wie die Aktivierung durch Darm- oder Schimmelpilzkinase. Dies beruht nach NORTHROP und KUNITZ darauf, daß das Trypsin einen Teil des Trypsinogens in ein unwirksames Protein umwandelt, aus dem kein aktives Enzym durch die beiden Kinasen mehr gebildet werden kann. In Gegenwart von Ca-Ionen kann jedoch das gesamte Trypsinogen in Trypsin verwandelt werden[7].

Darstellung von Enterokinase. Die Enterokinase läßt sich aus der Schleimhaut des Schweinedünndarmes gewinnen. Nach WALDSCHMIDT-LEITZ[8] wird mit Aceton-Äther ein Trockenpulver bereitet, aus dem zuerst mit schwacher Säure Peptidasen und dann mit verdünntem Ammoniak die Enterokinase extrahiert werden. Durch Ausfällung der Enterokinase mit Uranylacetat oder Tannin und Wiederauflösen in alkalischer Phosphatlösung oder verdünntem Ammoniak und anschließende Fällung mit Alkohol läßt sich die Kinase reinigen. Adsorption an Kaolin und Elution.

Eine andere Reinigung wurde von LINDERSTRØM-LANG und STEENBERG[9] beschrieben, ebenfalls vom Trockenpräparat ausgehend. Nach einer Vorreinigung durch Alkoholfällung wird mit Tonerde C_γ behandelt, dann mit Phosphatpuffer eluiert, dialysiert, mit Tannin gefällt, wobei Ballaststoffe entfernt werden, und die Enterokinase schließlich in essigsaurer Lösung ausgefällt.

Auch eine Reinigung durch fraktionierte Fällung mit Ammonsulfat bei verschiedenen p_H-Einstellungen ist beschrieben (KUNITZ[10]).

Enterokinase ist eine hochmolekulare Substanz von enzymähnlichem Charakter. Sie wird bei 60° C leicht zerstört (vgl. dazu PACE[11]). Die reinsten Präparate sind etwa 5000 bis 50000mal wirksamer als das Ausgangsmaterial. Sie enthalten Eiweiß, Kohlenhydrate und Glucosamin in wechselnder Menge.

Hemmung der Trypsinwirkung. Die Aufklärung des Verlaufes der Trypsinaktivierung ist erschwert worden durch den Umstand, daß sich diesem Vorgange,

---

1 DYCKERHOFF, H., H. MIEHLER u. V. TADSEN: B. Z. **268**, 17 (1933/34). — 2 KUNITZ, M., and J. H. NORTHROP: Science, N. Y. **78**, 558 (1933); **80**, 505 (1934). J. gen. Physiol. **18**, 433 (1935); **19**, 991 (1936). — KUNITZ, M.: J. gen. Physiol. **21**, 601 (1938). Zusammenfassung: KUNITZ, M.: Enzymologia **7**, 1 (1939). — 3 BAYLISS, W. M., and E. H. STARLING: J. Physiol. London **30**, 61 (1903). — 4 KUNITZ, M.: J. gen. Physiol. **22**, 429, 447 (1939). — 5 KUNITZ, M.: J. gen. Physiol. **21**, 601 (1938). — 6 HEIDENHAIN, R.: Pflügers Arch. **10**, 557 (1875). — WALDSCHMIDT-LEITZ, E.: H. **132**, 181 (1924). — WALDSCHMIDT-LEITZ, E., u. A. HARTENECK: H. **149**, 221 (1925). — 7 McDONALD, M. R., and M. KUNITZ: J. gen. Physiol. **25**, 53 (1941). — 8 WALDSCHMIDT-LEITZ, E.: H. **132**, 181 (1924); **142**, 217 (1925). — 9 LINDERSTRØM-LANG, K., u. E. M. STEENBERG: C. R. Lab. Carlsberg **17**, Nr. 16 (1929). — 10 KUNITZ, M.: J. gen. Physiol. **22**, 447 (1939). — 11 PACE, J.: Biochem. J. **25**, 1 (1931).

namentlich im ungereinigten Enzymsystem, komplizierte Hemmungserscheinungen überlagern können. Trypsin wird beispielsweise von Albumin, insbesondere von Eieralbumin, schon in relativ kleiner Konzentration, gehemmt[1]. Natürliche Hemmungskörper des Enzyms enthalten außerdem Pankreasextrakte[2], Leukocyten[3], Blutserum bzw. Plasma[4] sowie Sojabohnen (s. unten)[5,6].

NORTHROP gelang es, aus Pankreas eine inaktive *Trypsin-Inhibitor-Verbindung* krystallisiert zu gewinnen. Sie besteht zu 80% aus Trypsin, zu 20% aus Inhibitor; beide sind chemisch miteinander verbunden. Mit Trichloressigsäure läßt sich aus der Trypsin-Inhibitor-Verbindung das Trypsin reversibel denaturiert ausfällen und im Filtrat wird der *hitzebeständige* Inhibitor krystallisiert erhalten. Bei neutraler Reaktion vereinigt sich krystallisiertes Trypsin mit stöchiometrischen Mengen des Inhibitors rasch zu der inaktiven Trypsin-Inhibitor-Verbindung, die bei saurer Reaktion ($p_H = 1$) in ihre Komponenten dissoziiert, ein Vorgang, der beliebig oft wiederholt werden kann. Die Reaktion:

$$\underset{\text{(inaktiv)}}{\text{Trypsin — Inhibitor}} \underset{p_H = 7}{\overset{p_H = 1}{\rightleftarrows}} \underset{\text{(aktiv)}}{\text{Trypsin + Inhibitor}}$$

ermöglicht dem Körper also eine Regelung der Enzymaktivität. Der Inhibitor ist ein Polypeptid mit einem Molekulargewicht von etwa 6000.

Weitere Inhibitoren. Ein krystallinischer globulinähnlicher Hemmungskörper aus Sojabohnen wurde durch KUNITZ[6] isoliert. Trypsin wird ferner durch kleine Mengen von *Cystein* oder *Pyrophosphat* gehemmt, und zwar dann, wenn es mit Enterokinase unzulänglich versehen ist. In Gegenwart von überschüssigem Aktivator erträgt das Enzym ohne Abschwächung seiner Wirksamkeit weit größere Mengen der genannten Hemmungskörper[7].

Das *krystallisierte Trypsin* hat ein Molekulargewicht von etwa 34000. Die Elementaranalyse ergab: C 50,2; H 6,6; N 16,13; S 1,1%. Der *isoelektrische Punkt* liegt bei p_H 7. Das Enzym ist optisch aktiv, $[\alpha]_D$ je Milligramm N = —0,26°. Bei p_H 2 wird das Enzym durch kurzes Erhitzen auf 100° denaturiert und unwirksam, gewinnt aber die ursprüngliche Krystallform und die volle Aktivität beim Abkühlen wieder[8]. Zwischen dem aktiven und inaktiven Ferment bzw. zwischen dem aktiven und denaturierten Protein besteht ein reversibles, von der Temperatur abhängiges Gleichgewicht. Oberhalb 60° ist nur die inaktive, unterhalb 20° nur die aktive Form des Enzyms beständig.

Substratspezifität des Trypsins. Trypsin greift *genuine Proteine* an, und zwar wie es sich in einigen Fällen gezeigt hat, an anderen Stellen des Moleküls als Pepsin. Auch *Protamine* sind spaltbar. *Ovalbumin* und *Serumproteine* werden nur sehr langsam verdaut; eine ganz geringe Vorverdauung mit Pepsin oder Denaturierung dieser Proteine erhöhen jedoch die Spaltbarkeit sofort (vgl. S. 183). Lebendes Gewebe, lebende Bakterien, lebende Ascariden, werden durch Trypsin in der Regel nicht angegriffen, wohl aber, wenn das Gewebe beispielsweise durch Histamin geschädigt ist (DRAGSTEDT[9]). Der von RUNNSTRÖM[10] berichtete Aktivierungs-

---

[1] WALDSCHMIDT-LEITZ, E., u. K. LINDERSTRØM-LANG: H. **166**, 241 (1927). — [2] KUNITZ, M., and J. H. NORTHROP: J. gen. Physiol. **19**, 991 (1936). Bamann-Myrbäck **2**, 2051. — [3] WILLSTÄTTER, R., E. BAMANN u. M. ROHDEWALD: H. **188**, 107 (1930). — [4] SCHMITZ, A.: H. **255**, 234 (1938). — [5] DESIKACHAR, H. S. R., and S. S. DE: Biochim. biophys. Acta **5**, 285 (1950). — [6] KUNITZ, M.: Science, N. Y. **101**, 668 (1945). Vgl. hierzu auch WORK, E.: Biochem. J. **42**, XLIX (1948). — HEINTZE, K., u. I. FRÄNZ: Dtsch. Lebensm.-Rdsch. **45**, 222 (1949). — LIENER, I. E., and H. L. FEVOLD: Arch. Biochem. **21**, 395 (1949). — [7] GRASSMANN, W., H. DYCKERHOFF u. O. v. SCHOENEBECK: H. **186**, 183 (1930). — [8] NORTHROP, J. H.: Crystalline Enzymes. S. 90. New York 1939 u. 1948. — ANSON, M. L., and A. E. MIRSKY: J. gen. Physiol. **17**, 151 (1933/34). Vgl. dazu auch MELLANBY, J., and V. J. WOOLEY: J. Physiol., London **47**, 339 (1913) und EDIE, E. S.: Biochem. J. **8**, 84 (1914). Vgl. auch PETERS, R. A., and R. W. WAKELIN: Biochem. J. **43**, 45 (1948/49). — [9] DRAGSTEDT, C. A.: Science, N. Y. **98**, 131 (1943). — [10] RUNNSTRÖM, J.: Ark. Zool. (A.) **40**, Nr. 17 (1948). — RUNNSTRÖM, J., L. MONNÉ and E. WICKLUND: J. Colloid. Sci. **1**, 421 (1946).

effekt auf unbefruchtete Seeigeleier dürfte nicht auf Trypsin selbst, sondern auf einen im Handelstrypsin vorhandenen Begleitstoff zurückzuführen sein (JENSEN[1]).

Nahezu *unspaltbar* ist *Keratin*, auch natives *Kollagen* und *Elastin* sind sehr resistent, beim Kollagen zeigt sich besonders eindrucksvoll die Beziehung zwischen intaktem Gefüge der Faserstruktur und Verdaubarkeit; geschrumpftes (denaturiertes) Kollagen ist gut verdaulich[2]. Die Umwandlung des Elastins der Aortenwand in lösliche Form durch Pankreasauszüge wird einem vom Trypsin verschiedenen elastolytischen Enzym „Elastase" zugeschrieben[3].

Trypsin bringt *Blut zum Gerinnen*, und zwar nach EAGLE und HARRIS[4] dadurch, daß es das *Prothrombin* in *Thrombin* (vgl. Bd. 2, Blutgerinnung) umwandelt, analog der durch Trypsin bewirkten Umwandlung von Chymotrypsinogen in Chymotrypsin (vgl. S. 1154).

Das früher „Trypsin" (siehe S. 1153) genannte Enzymgemisch baut natürliche Proteine bei langen Einwirkungszeiten sehr weitgehend, bis zu den Aminosäuren ab, da Peptidasen mitbeteiligt sind. Aber auch die durch Adsorption abgetrennten, amorphen, gereinigten Trypsinpräparate enthalten anscheinend doch noch gewisse Peptidasen und spalten Proteine weitergehend als reines krystallisiertes Trypsin.

Tabelle 183. Eiweißspaltung durch aufeinanderfolgende Einwirkung von Pepsin und Trypsin*.

	Casein	Zuwachs	Gelatine	Zuwachs
Ursprüngliche Proteinlösung	9,0	—	4,0	—
Nach Pepsin allein	27,0	18,0	11,5	7,5
Nach Trypsin allein	18,0	9,0	11,0	7,0
Trypsin nach Pepsin	36,0	27,0	19,0	15,0

* Die Werte bedeuten formoltitierbaren Stickstoff in Prozent, nach NORTHROP und KUNITZ[5].

Die Zahlen der durch die einzelnen Enzyme gelösten Peptidbindungen stehen in einem ganzzahligen Verhältnis, entsprechend den von WALDSCHMIDT-LEITZ sowie CALVERY gefundenen Beziehungen (vgl. S. 592).

An *synthetischen Substraten des reinen krystallisierten Trypsins* sind bisher aufgefunden worden[6]: Benzoyl-lysyl-amid, Benzoyl-glycyl-lysyl-amid, Benzoyl-arginyl-amid, Benzoyl-glycyl-arginyl-amid, die unter Abspaltung von Ammoniak zerlegt werden. Auch 1-Benzoyl-L-argininmethylester und α-p-Toluolsulfonyl-L-argininmethylester werden von krystallisiertem Trypsin zerlegt[5], und zwar etwa 60mal rascher als die entsprechenden Amide[7].

Gespalten werden also Bindungen, an denen eine Diaminomonocarbonsäure mit ihrer Carboxylgruppe beteiligt ist. Der Angriff unterbleibt, wenn die zweite basische Gruppe substituiert ist.

Auch die *bei enzymatischem Eiweißabbau* gewonnenen Ergebnisse lassen als *Angriffspunkt des Trypsins die basischen Aminosäuren* erkennen. So werden

[1] JENSEN, A. B.: Nature **162**, 931 (1948). — [2] GRASSMANN, W.: Kolloid-Z. **77**, 205 (1936). — GUSTAVSON, K. H.: J. amer. Leather Chem. Ass. **44**, 392 (1949). — SIZER, I. W.: Enzymologia **13**, 293 (1949). — [3] BALÓ, J., and I. BANGA: Biochem. J. **46**, 384 (1950). — [4] EAGLE, H., and T. N. HARRIS: J. gen. Physiol. **20**, 543 (1937). — Vgl. auch DYCKERHOFF, H.: Fermentforsch. **17**, 94 (1942). — [5] NORTHROP, J. H., and M. KUNITZ: Isolation and properties of crystalline trypsin. Ergebn. Enzymforsch. **2**, 104—117 (1933). — [6] BERGMANN, M., and W. F. ROSS: Am. Soc. **58**, 1503 (1936). — BERGMANN, M., J. S. FRUTON and H. POLLOK: Science N.Y. **85**, 410 (1937) — HOFMANN, K., and M. BERGMANN: J. biol. Ch. **130**, 81 (1939). — SCHWERT, G. W., H. NEURATH, S. KAUFMAN and J. E. SNOKE: J. biol. Ch. **172**, 221 (1948). — [7] Die Spaltbarkeit von Aminosäure- bzw. Peptidestern durch Peptidasen ist schon vor längerer Zeit durch GRASSMANN auch bei Aminopeptidase festgestellt worden.

bei der Spaltung des *Clupeins* nach WALDSCHMIDT-LEITZ (vgl. hier GRASSMANN-TRUPKE S. 591; FELIX S. 715) durch Trypsin jeweils die zwischen zwei Argininresten befindlichen Bindungen aufgelöst.

In die gleiche Richtung weist eine leider nicht mit gereinigtem oder einheitlichem Trypsin durchgeführte Untersuchung[1], aus der hervorgeht, daß *durch die Einwirkung von Trypsin* auf Eiweißkörper entweder das gesamte *Arginin* (Casein) oder doch der größte Teil desselben (Gelatine, Eieralbumin, Edestin) *für Arginase angreifbar* wird. Für die Arginasewirkung aber ist Voraussetzung (vgl. S. 1104), daß die Carboxylgruppe des Arginins frei ist.

Aus Untersuchungen von DESNUELLE[2] an Pferdeglobin scheint hervorzugehen, daß Trypsin, Chymotrypsin sowie auch Pepsin eine besondere Affinität zu den Alanin- und Phenylalaninbindungen dieses Globins besitzen.

Die Andauung von Gewebsschnitten mit Trypsin, Pepsin oder Enzymen des Penicillium glaucum wird neuerdings unter Ausnutzung der unterschiedlichen Anfärbbarkeit von normalen und proteolyseresistenten entarteten Zellen zur Erkennung bösartiger Geschwülste vorgeschlagen[3].

2. Chymotrypsin[4, 5] *und Chymotrypsinogen*[6]. Im Verlaufe der NORTHROPschen Arbeiten zur Reindarstellung des Trypsins wurde noch ein weiteres Enzym, das *Chymotrypsin* und dessen inaktive Vorstufe, *Chymotrypsinogen*, aufgefunden und in krystalliner Form dargestellt[7]. VERNON[8] hatte bereits früher neben dem Trypsin noch eine spezifische, milchkoagulierende Protease in der Pankreasdrüse beschrieben. Ähnlich wie das Trypsinogen wird auch das Chymotrypsinogen durch aktives Trypsin in Chymotrypsin umgewandelt. Im Gegensatz zum Trypsinogen ist jedoch die Enterokinase ohne Wirkung. Chymotrypsin zeigt anders als Trypsin eine kräftige milchkoagulierende Wirkung, umgekehrt unterscheidet es sich vom Trypsin dadurch, daß es Blut nicht zur Gerinnung bringt.

Der Reaktionsverlauf der Überführung des Chymotrypsinogens in Chymotrypsin entspricht dem einer monomolekularen Reaktion, wobei die Geschwindigkeitskonstante proportional der Trypsinmenge und unabhängig von der Chymotrypsinogenkonzentration ist. Die p_H-Abhängigkeit des Aktivierungsvorganges ist die gleiche, wie sie für Trypsin aufgefunden wurde (Optimum bei p_H 8). Sie läßt auf eine proteolytische, also Peptidbindungen auflösende Wirkung des Trypsins schließen. Nach dem Aktivierungsvorgang sind aber keine Eiweißabbaustufen feststellbar, obwohl das Auftreten von 6 Aminogruppen je Molekül Chymotrypsinogen beobachtet wird. Das Molekulargewicht des entstandenen Chymotrypsins ist vielmehr von dem seiner Vorstufe nicht wesentlich verschieden. Es liegt daher die Vermutung nahe, daß der *Aktivierung* die *Öffnung einer Ringbindung* zugrunde liegen könnte.

Die Wirkung des Chymotrypsins erstreckt sich auf zahlreiche Eiweißkörper sowie vor allem auf Abbauprodukte, die durch Pepsin- oder Trypsinwirkung gebildet sind. Es zerlegt Casein weitergehend und an anderen Molekülstellen als Trypsin[9], in Gegenwart von Trypsin wird offenbar die Stufe des leicht ausflockenden Caseins schnell überschritten und die Ausflockung herabgesetzt.

---

[1] KRAUS-RAGINS, I.: J. biol. Ch. **123**, 765 (1938). — [2] DESNUELLE, P., M. ROVERY et G. BONJOUR: Biochim. biophysica Acta **5**, 116 (1950). — ROVERY, M., P. DESNUELLE et G. BONJOUR: Biochim. biophysica Acta **6**, 166 (1950). — [3] SCHRÖDER-IVENFLETH, J.: Z. Krebsforsch. **54**, 414 (1944).

Zusammenfassende Darstellungen: 4—6. [4] MYRBÄCK, K.: Bamann-Myrbäck **2**, 2029 bis 2031. — [5] NORTHROP, J.: Bamann-Myrbäck **2**, 2048. — [6] JACOBSEN, C. F.: C. R. Lab. Carlsberg (II) **25**, 325 (1947).

[7] KUNITZ, M., and J. H. NORTHROP: Science, N. Y. **78**, 558 (1933). J. gen. Physiol. **18**, 433 (1935). — [8] Vgl. z. B. VERNON, H. M.: J. Physiol., London **29**, 302 (1903). — [9] KUNITZ, M., and J. H. NORTHROP: J. gen. Physiol. **18**, 433 (1935).

Das p_H-*Optimum* des Chymotrypsins liegt wie das des Trypsins bei p_H 8,0; der *isoelektrische Punkt* ist bei p_H 4,5. Das Enzym ist gegen Säuren viel empfindlicher als Trypsin. Sedimentationskonstante[1]. Bestimmungsmethode[2, 3]. Molekulargewicht (osmometrisch) etwa 40000. Chymotrypsin und Chymotrypsinogen sind elektrophoretisch einheitlich.

Tabelle 184.

Als *synthetische Substrate des Chymotrypsins* sind aufgefunden* (siehe auch BERGMANN[4], vgl. auch S. 1126, Tabelle 181).

Carbobenzoxy-tyrosyl⁝glycin,
Carbobenzoxy-tyrosyl⁝glycyl-amid,
Carbobenzoxy-glycyl-tyrosyl⁝glycyl-amid,
Glycyl-tyrosyl⁝glycyl-amid,
Carbobenzoxy-glycyl-phenylalanyl⁝glycyl-amid,
Carbobenzoxy-L-glutamyl-L-tyrosyl⁝glycyl-amid,
Carbobenzoxyglycyl-L-tyrosin⁝äthylester[5],
Carbobenzoxyglycyl-D,L-phenylalanin⁝äthylester[5]

* Die punktierte Linie bezeichnet die Stelle des Angriffs.

Nicht spaltbar[6] sind dagegen z. B. Carbobenzoxy-glycyl-tyrosin und zahlreiche unter Beteiligung von Lysin, Glutaminsäure und einfachen Monoaminosäuren aufgebaute Peptide. Auch gegenüber dem Chymotrypsin verhalten sich demnach Peptidester[7] analog den entsprechenden Amiden, ähnlich wie bei Trypsin und Aminopolypeptidase (s. o. S. 1135 u. 1153).

Für den *Angriff des Enzyms* ist demnach, ähnlich wie für den des Pepsins (vgl. S. 1144), die *Anwesenheit von Tyrosin oder Phenylalanin notwendig.* Während aber das Pepsin solche Bindungen angreift, an denen die genannten Aminosäuren mit ihrer Aminogruppe beteiligt sind, zerlegt das Chymotrypsin offenbar Bindungen, in denen die Carboxylgruppe der beiden aromatischen Aminosäuren verknüpft ist, wobei diese Bindung eine Peptid-, Amid- oder Esterbindung sein kann. Die Aminogruppe der aromatischen Aminosäuren muß peptidartig verknüpft sein[8].

β- und γ-Chymotrypsin. Stehen wäßrige Chymotrypsinlösungen längere Zeit bei 5° und p_H 7,6 bis 8,6, so finden Veränderungen am Enzymeiweiß statt, die zur Bildung eines Gemisches von drei neuen Eiweißstoffen führen[9]. Einer dieser Eiweißstoffe ist inaktiv, die anderen beiden, als *β- und γ-Chymotrypsin* bezeichnet, sind enzymatisch aktiv und konnten in krystalliner Form dargestellt werden. Vom ursprünglichen Chymotrypsin unterscheiden sich die veränderten Stoffe durch eine andere Löslichkeit, durch ein niedrigeres Molekulargewicht, andere Krystallform und veränderte Beständigkeit gegen Säuren und Laugen. Die *Molekulargewichte* des β-Chymotrypsins und des γ-Chymotrypsins betragen 30000 bzw. 27000. Die *proteolytische Wirkung* ist im Vergleich zum ursprünglichen Chymotrypsin *unverändert* geblieben, es könnte also nur ein Verlust eines für die enzymatische Wirkung unwesentlichen Molekülbestandteils eingetreten sein. Über δ-Chymotrypsin, das nach JACOBSEN[10] in zwei Komponenten aufspaltbar sein soll, vgl. auch[11].

Neuerdings ist eine weitere krystallisierte Protease der Chymotrypsingruppe (Protein B) und das dazugehörige Trypsinogen beschrieben worden, das sich in

---

[1] SCHWERT, G. W., and S. KAUFMANN: J. biol. Ch. **180**, 517 (1949). — [2] KUNITZ, M.: J. gen. Physiol. **18**, 459 (1935). Ferner ISELIN, B. M.: Am. Soc. **72**, 1729 (1950). — ISELIN, B. M., H. T. HUANG and C. NIEMANN: J. biol. Ch. **183**, 403 (1950). — [3] Siehe Fußnote [6] S. 1154. — [4] BERGMANN, M., J. S. FRUTON and H. POLLOK: Science, N. Y. **85**, 410 (1937). — [5] SCHWERT, G. W., H. NEURATH, S. KAUFMANN, and J. E. SNOKE: J. biol. Ch. **172**, 221 (1948). — KAUFMANN, S., G. W. SCHWERT and H. NEURATH: Arch. Biochem. **17**, 203 (1948). — [6] BERGMANN, M., and J. S. FRUTON: J. biol. Ch. **118**, 405 (1937). — [7] SNOKE, J. E., and H. NEURATH: J. biol. Ch. **182**, 577 (1950). — [8] SNOKE, J. E., and H. NEURATH: Arch. Biochem. **21**, 351 (1949). — [9] KUNITZ, M.: J. gen. Physiol. **22**, 207 (1938). — [10] JACOBSEN, C. F.: C. R. Lab. Carlsberg **25**, 325 (1947). — [11] SCHWERT, G. W., and S. KAUFMAN: J. biol. Ch. **180**, 517 (1949).

bezug auf Spezifität und andere Eigenschaften vom Chymotrypsin sowie auch vom Trypsin unterscheidet (LASKOWSKI[1]). Nach den bisherigen Untersuchungen scheinen also sechs verschiedene Formen des Chymotrypsins zu existieren.

3. Zusammenwirken der Trypsinfermente. Die Proteinasen der Bauchspeicheldrüse und des Darmes, Trypsin und Chymotrypsin, unterliegen nach den vorstehenden Darstellungen einer komplizierten *Aktivierung und Hemmung.* Durch die Möglichkeiten autokatalytischer Aktivierung, ferner einer Aktivierung durch andere Proteinasen oder durch Kinasen, sowie durch reversible Hemmung mit einem spezifischen Inhibitor weist diese Gruppe proteolytischer Enzyme mannigfaltig regelbare Wirkungen auf. Im folgenden Schema soll versucht werden, die bis heute bekannten Beziehungen der Proteinasen dieser Enzymgruppe und ihrer Vorstufen untereinander wiederzugeben (Tabelle 185).

Tabelle 185. Zusammenspiel der Trypsinfermente.

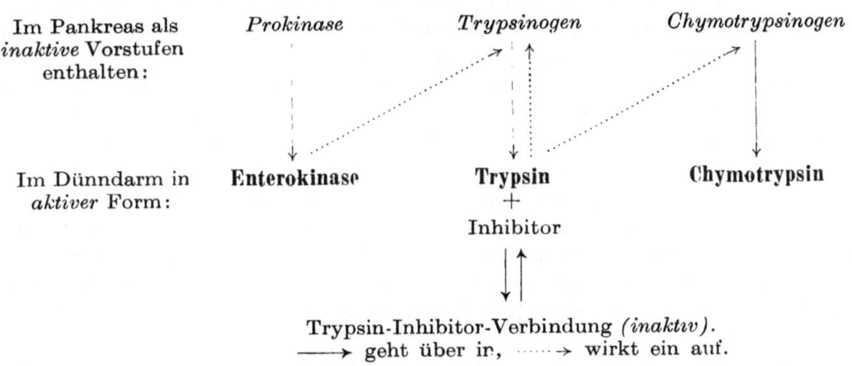

4. Steuerung der Trypsinsekretion. Eine Beeinflussung der Sekretion des Trypsins erfolgt, wie die Sekretion der Pankreasdrüse überhaupt, einmal durch *nervöse* Einwirkung und zum anderen auf *humoralem* Wege[2]. Vom Großhirn aus findet eine über den Parasympathicus geleitete, die Sekretion sowohl fördernde, wie auch hemmende Steuerung statt.

Der nervöse Einfluß kann bei übermäßigem Reiz die Bildung neuen Enzyms bis zur Schädigung der Zellen steigern. Bei der Reizung des Nervus vagus z. B. durch *Acetylcholin*[3] oder *Pilocarpin* ist eine Vermehrung der Sekretion und Enzymbildung zu erreichen. Bemerkenswert ist anderseits die Hemmung der Sekretion durch *Atropin.*

Die sekretionssteigernde Wirkung des *Histamins* ist wohl die Folge einer erhöhten Magensaftsekretion, indem mehr saurer Chymus in den Darm gelangt; denn im Duodenum selbst ist Histamin wirkungslos.

Secretin[4]. Die physiologische humorale Steuerung der Sekretion bewirkt ein Hormon, das *Secretin,* das in der Darmschleimhaut aus dem *Prosecretin* gebildet wird. Das Secretin geht in die Blutbahn über und bewirkt von da aus in der Drüse eine Steigerung der Ausschüttung des Enzyms. Außer der Pankreassekretion wird durch das Secretin auch die Sekretion des Pylorus und des oberen

---

[1] LASKOWSKI, M.: J. biol. Ch. **166**, 555 (1946). — KEITH, C. K., A. KAZENKO and M. LASKOWSKI: J. biol. Ch. **170**, 227 (1947). — BROWN, K. D., R. E. SHUPE and M. LASKOWSKI: J. biol. Ch. **173**, 99 (1948). — KUBACKI, V., K. D. BROWN and M. LASKOWSKI: J. biol. Ch. **180**, 73 (1949). — FRUTON, J. S.: J. biol. Ch. **173**, 109 (1948). — [2] WOHLGEMUTH, J.: Sekretin. Handb. Biochem. Erg.-W. **2**, 328 (1934). — [3] VILLARET, M., L. JUSTIN-BESANÇON et R. EVEN: C. R. Soc. Biol. **101**, 7 (1929). — [4] Oppenheimer, Fermente Suppl. **2**, 833 (1939). — S. a. Bd. 2, Verdauung.

Duodenums ausgelöst. Vgl. dazu ÅGREN[1]. Durch einen Bestandteil des Plasmas (Secretinase) wird Secretin inaktiviert[2].

Reines Secretin, frei von anderen begleitenden Wirkstoffen, konnte krystallin dargestellt werden[3]. Es ist ein basisches Polypeptid mit dem ungefähren Molekulargewicht 5000 (siehe GRASSMANN-TRUPKE, S. 698 und Bd. 2, Physiologische Chemie der inneren Sekrete). Von Carboxypolypeptidase wird Secretin nicht angegriffen, von Aminopolypeptidase dagegen ohne Wirksamkeitsverluste partiell hydrolysiert. Trypsin bewirkt Abbau unter Inaktivierung[4].

δ) **Papainasen**[5]. Zu den Papainasen zählen 1. das *Papain* und verwandte Proteinasen *pflanzlicher* Zellen und Milchsäfte; 2. das *Kathepsin*, die Proteinase der tierischen Zellen. Am längsten bekannt ist das Papain. Beide Proteinasen sind im Gegensatz zu den sezernierten Enzymen Pepsin, Trypsin, Chymotrypsin, typische *intracelluläre Endoenzyme*. Im Wirkungsoptimum, das zwischen dem des Pepsins und dem des Trypsins gelegen ist, sowie im *Aktivierungsverhalten* sind sich beide Proteinasen *sehr ähnlich*. Ihre physiologische Bedeutung dürfte in der *Regulierung des Eiweißstoffwechsels der Zellen* liegen, wohingegen Pepsin und Trypsin in erster Linie Verdauungsenzyme sind.

1. Papain und verwandte Pflanzenproteinasen[6]. *Vorkommen*. Die Proteinase Papain findet sich in den Zellen höherer und niederer Pflanzen, sowie in pflanzlichen Säften. Am meisten untersucht ist das Vorkommen im Milchsaft des tropischen Melonenbaumes, Carica Papaya L., dessen schon sehr lange bekannte[7] Proteinase den Namen „Papain" erhielt. In den wesentlichen Eigenschaften mit dem Papain übereinstimmend, erwiesen sich die Proteinasen der Ananasfrucht *(Bromelin)*[8], der Asclepiaceen *(Asclepain)*[9], des Malzes[10], des Milchsaftes der Ricinussamen[11], der Ficusarten *(Ficin)*[12], von Tabak- und anderen Blättern[13] usw. Auch die Proteinasen der Hefe[14] und vieler Schimmelpilze[15] gehören der Papaingruppe an.

Darstellung. Der eingetrocknete Milchsaft der Carica papaya enthält zwei verschiedene Enzyme, von denen das eine von BERGMANN[16] als Papainpeptidase 1, das zweite als Papainpeptidase 2 oder Chymopapain[17] bezeichnet wurde. Aus frischem Milchsaft haben BALLS und LINEWEAVER[18] krystallisiertes Papain (Papainpeptidase 1) erhalten. Das Verfahren beruht auf fraktionierter Fällung mit Ammonsulfat bei verschiedenen p_H-Einstellungen. Die Krystallisation

---

[1] ÅGREN, G.: Ark. Kemi, Mineral. Geol. **16** B, 1 (1942). — [2] GREENGARD, H., J. W. STEIN and A. C. IVY: Amer. J. Physiol. **133**, 121 (1941). — [3] ÅGREN, G.: J. Physiol., London **94**, 553 (1938/39). — [4] ÅGREN, G., and E. HAMMARSTEN: J. Physiol., London **90**, 330 (1937).

Zusammenfassende Darstellung über Papainasen: [5] KRAUT, H., u. E. KOFRÁNYI: Handb. Katalyse (SCHWAB) **3**, 236 (1941).

Zusammenfassende Darstellungen über Papain: [6] GRASSMANN, W., u. HERBERT MÜLLER: Papain und ähnliche pflanzliche Proteinasen. Bamann-Myrbäck **2**, 2058—2068. Phytoproteinasen. Oppenheimer, Fermente Suppl. **2**, 938—946 (1939).

[7] GRIFFITH, H.: Natural History of Barbados. S. 181. London 1750. — PATRIK, BROWNE: Civil and Natural History of Jamaica. S. 310. London 1756. — VINES, S, H.: Ann. Botany **18**, 213 (1910). — [8] WILLSTÄTTER, R., W. GRASSMANN u. O. AMBROS: H. **151**, 286 (1926). — BALLS, A. K., R. R. THOMPSON and M. W. KIES: Industr. engng. Chem. **33**, 950 (1941). — [9] GRASSMANN, W., u. W. HEYDE: H. **183**, 32 (1929). — WINNICK, TH., A. R. DAVIS and D. M. GREENBERG: J. gen. Physiol. **23**, 275, 289, 301 (1940). — [10] AMBROS, O., u. A. HARTENECK: H. **184**, 93 (1929). — [11] ROTINI, O. T.: Ann. Lab. Spallanzani **1**, 161 (1930). [Ber. Physiol. **70**, 771 (1933).] — [12] ROTINI, O. T.: Ann. Lab. Spallanzani **2**, 299 (1931). [Ber. Physiol. **70**, 772 (1933).] — [13] TRACEY, M. V.: Biochem. J. **42**, 281 (1948). — [14] GRASSMANN, W., u. H. DYCKERHOFF: H. **179**, 41 (1928). — [15] OSHIMA, K.: J. Coll. Agric., Sapporo **19**, 135 (1928). [Ber. Physiol. **46**, 776 (1928).] — [16] BERGMANN, M., L. ZERVAS and J. S. FRUTON: J. biol. Ch. **115**, 593 (1936). — BERGMANN, M., J. S. FRUTON and H. FRAENKEL-CONRAT: J. biol. Ch. **119**, 35 (1937). — [17] JANSEN, E. F., and A. K. BALLS: J. biol. Ch. **137**, 459 (1941). — [18] BALLS, A. K., H. LINEWEAVER and R. R. THOMPSON: Science, N. Y. **86**, 379 (1939). — BALLS, A. K., and H. LINEWEAVER: J. biol. Ch. **130**, 669 (1939).

erfolgt beim Abkühlen aus stark konzentrierter Lösung, wobei sich feine Krystallnädelchen bilden. Bei langsamer Krystallisation bilden sich hexagonale Krystalle. Auch Chymopapain[1], Ficin[2], Asclepain[3], Mexicain[4] sowie eine Proteinase aus Aspergillus oryzae[5] sind krystallisiert erhalten worden.

Krystallisierte Papainpeptidase I enthält 15,5% Stickstoff und 1,2% Schwefel, aber keinen Phosphor. Das Molekulargewicht ist osmometrisch zu 40000 bestimmt. Der *isoelektrische Punkt* liegt bei p_H 8. Das Enzym ist leicht aussalzbar und erinnert durch seine Löslichkeit in wasserhaltigen Alkoholen an die Prolamine.

Die *Reinigung des Enzyms* des getrockneten, im Handel befindlichen Milchsaftes (Succus Caricae papayae) ist schwierig und führt nur zu geringen Anreicherungen[6]. Die meisten älteren Untersuchungen sind mit den nicht oder wenig gereinigten Handelspräparaten ausgeführt. Aus *Hefe* läßt sich die Proteinase durch fraktionierte Autolyse unter bestimmten Bedingungen fast frei von Peptidasen gewinnen, indem das leichtere Inlösunggehen des Enzyms ausgenützt wird[7].

Papain ist durch eine verhältnismäßig *hohe Beständigkeit* sowohl beim Aufbewahren in wäßriger Lösung als auch beim Erhitzen ausgezeichnet, ein Umstand, der mitunter eine Trennung von den weniger beständigen begleitenden Peptidasen ermöglicht. Trockenen Papaya-Milchsaft kann man ohne Wirksamkeitsverlust mehrere Stunden auf 100° erhitzen. Lösungen werden erst bei Temperaturen zwischen 80 und 100° rasch inaktiviert.

p_H-Abhängigkeit. Das *p_H-Optimum* des Papains und verwandter Pflanzenproteasen schwankt je nach Substrat und Versuchsbedingungen in ziemlich weiten Grenzen, scheint aber in der Nähe des I. P. des jeweiligen Substrates gelegen zu sein[8]. Papain und Kathepsin greifen daher mit großer Wahrscheinlichkeit das Substrat im isoelektrischen Zustand (als Zwitterion) an, im Gegensatz zu Pepsin und Trypsin (vgl. S. **1143**, **1149**). Daneben beeinflussen noch andere Faktoren, wie Quellung oder Löslichkeit der Substrate, Salzeinflüsse und Adsorptionsvorgänge den Verlauf der Aktivitäts-p_H-Kurve aller Proteinasen.

Bestimmung des Papains durch titrimetrische Messung der Gelatinehydrolyse bei p_H 5 und zwar unter Aktivierung mit Blausäure oder gegebenenfalls anderen Aktivatoren (s. u.)[9].

Aktivierung und Hemmung. Es ist ein besonderes Merkmal des Papains und aller verwandten Enzyme, daß sie *durch Blausäure, Schwefelwasserstoff* und *Thiole* aktiviert werden. Die Aktivierbarkeit des Papains durch Blausäure und Schwefelwasserstoff ist schon früh[10, 11] aufgefunden und später[2, 12] eingehend untersucht worden. GRASSMANN[13] fand dann die Aktivierung durch organische Sulfhydrylverbindungen wie Cystein und Glutathion und konnte die sog. *Phytokinase*[14] und die von WALDSCHMIDT-LEITZ[15] aufgefundene „*Zookinase*“ (vgl. S. 1161), also die natürlichen Aktivatoren des Papains und Kathepsins, mit Glutathion bzw. ähnlichen Cysteinpeptiden identifizieren. Weiterhin wird ein aktivierender Papainbegleitstoff beschrieben[16].

---

[1] Siehe Fußnote [17] S. 1157. — [2] WALTI, A.: Am. Soc. **60**, 493 (1938). — [3] CARPENTER, D. C., and F. E. LOVELACE: Am. Soc. **65**, 2364 (1943). — [4] CASTANEDA, M., H. A. HERNANDEZ, F. LOAEZA and W. SALAZAR: J. biol. Ch. **159**, 751 (1945). — [5] CREWTHER, W. G., and F. G. LENNOX: Nature **165**, 680 (1950). — [6] KRAUT, H., u. E. BAUER: H. **164**, 10 (1927). — [7] GRASSMANN, W., u. H. DYCKERHOFF: H. **179**, 41 (1928). — [8] WILLSTÄTTER, R., W. GRASSMANN u. O. AMBROS: H. **151**, 307 (1926). — [9] WILLSTÄTTER, R., u. W. GRASSMANN: H. **138**, 184 (1924). — [10] VINES, S. H.: Ann. Botany **17**, 597 (1903). — [11] MENDEL, L. B., and A. F. BLOOD: J. biol. Ch. **8**, 177 (1910). — [12] WILLSTÄTTER, R., W. GRASSMANN u. O. AMBROS: H. **151**, 286 (1926). — [13] GRASSMANN, W., H. DYCKERHOFF u. O. v. SCHOENEBECK: H. **186**, 183 (1930). — GRASSMANN, W., O. v. SCHOENEBECK u. H. EIBELER: H. **194**, 124 (1931). — GRASSMANN, W., u. H. DYCKERHOFF: H. **179**, 41 (1928). — [14] AMBROS, O., u. A. HARTENECK: H. **181**, 24 (1929). — BASU, K. P., and M. C. NATH: J. ind. chem. Soc. **13**, 34 (1936). — [15] WALDSCHMIDT-LEITZ, E., J. J. BEK u. J. KAHN: Naturwiss. **17**, 85 (1929). — WALDSCHMIDT-LEITZ, E., A. SCHÄFFNER, J. J. BEK u. E. BLUM: H. **188**, 17 (1930). — WALDSCHMIDT-LEITZ, E., A. PURR u. A. K. BALLS: Naturwiss. **18**, 644 (1930). — [16] MASCHMANN, E.: H. **228**, 141 (1934).

Theorien über den Vorgang dieser Aktivierung (vgl. S. 1007) wurden verschiedentlich geäußert[1]. Die Auffassung, daß im Substrat enthaltene, das Enzym vergiftende *Schwermetalle durch* die genannten *Aktivatoren gebunden* und damit beseitigt würden[2], trifft möglicherweise in vielen Fällen zu, erklärt aber nur einen und kaum den wesentlichen Teil der Erscheinungen. GRASSMANN hat darauf hingewiesen, daß bei der Einwirkung von Blausäure auf Papain die SH-Reaktion auftritt[3]. Vgl. dagegen KREBS[4] sowie WARBURG[5]. Da fast alle Aktivatoren des Papains oxydieren [z. B. H_2O_2, J_2, $K_3Fe(CN_6)$] sowie durch Jodacetat das Papain inaktiviert wird[6, 7], erscheint die Vorstellung[6, 8, 9, 10] begründet, das aktive Papain enthalte SH-Gruppen, die für die Wirkung unentbehrlich seien. Überführung in die Disulfidform würde der Inaktivierung, Rückbildung der Thiolform der Aktivierung entsprechen. Da Blausäure Disulfidbindungen unter Freilegung von SH-Gruppen aufspaltet[11, 12], kann auch die HCN-Wirkung dieser Betrachtung ohne Schwierigkeit untergeordnet werden.

Die Vorstellung von BERSIN erscheint durch eine Reihe von Beobachtungen gestützt. So findet BERSIN[12], daß das *Jodbindungsvermögen von Papain*präparaten mit deren Aktivität parallel geht und daß Zusatz von Jod in stöchiometrischer Reaktion die Wirkung des Papains verhindert. Auch durch biologische Systeme von *Wasserstoffacceptoren bzw. -donatoren* kann eine reversible Inaktivierung bzw. Aktivierung des Enzyms bewirkt werden[13]. Diese Auffassung findet eine wirksame Stütze durch Versuche, die von WINNICK[14] an krystallisiertem Ficin durchgeführt wurden. Das einmal aktive Enzym behält seine Wirksamkeit, wenn Blausäure oder Schwefelwasserstoff unter anaeroben Bedingungen entfernt werden. Bei aerober Dialyse jedoch wird das Enzym vollständig inaktiviert und kann dann durch Zusatz von Schwefelwasserstoff oder Blausäure reaktiviert werden.

Schwefelgehalt des Papains. Ältere Bestimmungen über Menge und Funktion des Schwefels im Papain[15], die an amorphen und nicht einheitlichen Enzymprodukten gewonnen wurden, erbrachten keinen sicheren Beweis für das Vorkommen von SH-Gruppen im Papainmolekül. An krystallisiertem Papain[16] hat man aber neben zahlreichen S-Atomen anderer Bindung (etwa 9 im Molekül) die Anwesenheit einer SH-Gruppe festgestellt, die stöchiometrisch mit Jod und mit Jodessigsäure unter gleichzeitiger Inaktivierung reagiert. Diese SH-Gruppe kann mit Nitroprussidnatrium erst nach Denaturierung des Fermentproteins nachgewiesen werden, ähnlich wie dies auch in anderen Fällen für die SH-Gruppen nativer Proteine festgestellt wurde (vgl. GRASSMANN-TRUPKE S. 667). Mit hoher Wahrscheinlichkeit wird man daher dieser SH-Gruppe eine wesentliche Bedeutung für die enzymatische Reaktion zuschreiben dürfen, wenn auch die Art ihrer Wirkung vorläufig noch unklar ist.

Unabhängig von diesen bestimmteren Aussagen über die aktive Gruppe des Enzyms darf es als gesichert gelten, daß für die Wirkung des Papains die Ein-

---

[1] WILLSTÄTTER, R., u. W. GRASSMANN: H. **138**, 184 (1924). — GRASSMANN, W., H. DYKKERHOFF u. O. v. SCHOENEBECK: H. **186**, 183 (1930). — MYRBÄCK, K.: H. **158**, 231 (1926). — [2] KREBS, H. A.: B. Z. **220**, 289 (1930). — [3] GRASSMANN, W.: Z. angew. Chem. **44**, 105 (1931). — [4] KREBS, H. A.: B. Z. **238**, 174 (1931). — [5] WARBURG, O.: Schwermetalle als Wirkungsgruppen von Fermenten. Berlin 1946., u. zw. S. 59. — [6] BERSIN, TH.: Thiolverbindungen und Enzyme. Ergebn. Enzymforsch. **4**, 68 (1935). — BERSIN, TH., u. W. LOGEMANN: H. **220**, 209 (1933). — BERSIN, TH.: H. **222**, 177 (1933). — BERSIN, TH., u. H. KÖSTER: **233**, 59 (1935). — [7] JÖRGENSEN, H.: B. Z. **280**, 1 (1935). — [8] BERSIN, TH.: Ergebn. Enzymforsch. **4**, 68 (1935). — BERSIN, TH., u. W. LOGEMANN: H. **220**, 209 (1933). — [9] PURR, A.: Biochem. J. **27**, 703 (1933); **29**, 13 (1935). — [10] MASCHMANN, E.: H. **228**, 141 (1934). — MASCHMANN, E., u. E. HELMERT: H. **219**, 99 (1933); **220**, 199 (1933). — Vgl. dazu auch BERGMANN, M., J. S. FRUTON and H. FRAENKEL-CONRAT: J. biol. Ch. **119**, 35 (1937). — [11] HANSCHKE: Diss. phil. München 1932. Zum Mechanismus der Reaktion vgl. MAUTHNER, J.: H. **78**, 32 (1912). — GRASSMANN, W.: Z. angew. Chem. **44**, 105 (1931). — [12] BERSIN, TH.: H. **222**, 177 (1933). — [13] BERSIN, Th., u. W. LOGEMANN: H. **220**, 209 (1933). — [14] WINNICK, T., W. H. CONE and D. M. GREENBERG: J. biol. Ch. **153**, 465 (1944). — [15] KASSEL, B. and E. BRAND: J. biol. Ch. **125**, 435 (1938). — [16] BALLS, A. K., and H. LINEWEAVER: Nature **144**, 513 (1939). J. biol. Ch. **130**, 669 (1939).

stellung und Aufrechterhaltung eines bestimmten, und zwar stark negativen *Redoxpotentials* notwendig ist[1].

Die *Wirkung bestimmter Aktivatoren und Aktivatorkombinationen*[2] [z. B. Ascorbinsäure + Fe(II)] ist wohl am leichtesten mit dieser Vorstellung vereinbar, die insbesondere durch die Messungen von REISS[3] sowie durch Versuche von VOEGTLIN am Kathepsin[4] und von BERSIN am Papain[5] gestützt erscheint. Die genannten Forscher, sowie BLAGOWESTSCHENSKI[6] berichten weiterhin darüber, daß bei Gegenwart von Sauerstoff bzw. positivem Redoxpotential eine Umkehrung der Hydrolyse im Sinne einer Eiweißsynthese feststellbar sei, Ergebnisse, die von LINDERSTRØM-LANG[7] und anderen (vgl. S. 1129) bei exakter Kontrolle der Versuche nicht bestätigt werden konnten.

Spezifität. Papain und alle verwandten Pflanzenproteinasen spalten *hochmolekulare natürliche Eiweißstoffe* wie Casein, Gelatine, Hämoglobin, Fibrin, Schafwolle usw. Natives Eieralbumin wird nicht oder doch nur sehr schwer angegriffen, während nach der Denaturierung leicht Verdauung erfolgt[8], vielleicht weil bei dieser aktivierende Sulfhydrylgruppen freigelegt werden[9]. Die Spaltung aller dieser Substrate verläuft *in Gegenwart von Aktivatoren* wie Blausäure, Schwefelwasserstoff, Cystein und Glutathion rascher und tiefgreifender. Natives Kollagen wird von Papain ebenso wie von Trypsin nicht angegriffen[10]: Schafwolle und andere Keratinsubstanzen werden in Gegenwart von Blausäure angegriffen, die gleichzeitig die Disulfidbrücken des Keratins aufspaltet[11]. Auf einem ähnlichen Prinzip beruht nach LINDERSTRØM-LANG und DUSPIVA[12] die Verdauung des Keratins im Darme der Kleidermotte. Das Keratin wird durch Sulfhydrylverbindungen, die im Darmsekret vorhanden sind, reduziert und das reduzierte Keratin dann enzymatisch abgebaut. Das dabei wirksame Enzym *(Keratinase)* unterscheidet sich aber von den papainähnlichen Proteinasen durch seine Wirksamkeit im stark alkalischen Gebiet.

Andere Substrate wie Peptone, Protamine, gewisse synthetische Peptide und Peptidderivate werden von manchen Präparaten des Enzyms ohne Aktivatorzusatz überhaupt nicht, von anderen nur sehr schwach, nach Zusatz von Aktivatoren aber rasch und weitgehend zerlegt. Man kann annehmen, das unterschiedliche Verhalten verschiedener Enzymdarstellungen sei gegenüber diesen Substraten durch einen wechselnden Gehalt an beigemengten natürlichen Aktivatorsubstanzen wie Thiolproteiden, Cystein oder Cysteinpeptiden bedingt.

Synthetische Substrate des aktivierten Papains sind z. B. Hippurylamid, Carbobenzoxyglycyl-glycin. Benzoyl-arginyl-amid, Benzoyl-glutamyl-amid, Leucylglycylglycin u. a. (BEHRENS u. BERGMANN[13]). Aus den bisherigen Ergebnissen ergibt sich noch kein einheitliches Bild von den strukturellen Voraussetzungen für den Angriff des Papains. Offenbar müssen aber für den *Angriff des Enzyms im Substrat* mindestens zwei benachbarte Peptidbindungen anwesend sein, von denen eine gespalten wird. Eine freie Aminogruppe verhindert die Spaltung,

---

[1] KARRER, P., u. W. STRAUS: C. R. Lab. Carlsberg (II) **22**, 255 (1938). — [2] PURR, A.: Biochem. J. **27**, 1703 (1933); **29**, 11 (1935). — [3] REISS, P.: C. R. Soc. Biol. **120**, 908 (1935); **122**, 568 (1936); **128**, 1197 (1938). — [4] VOEGTLIN, C., M. E. MAVER and J. M. JOHNSON: J. Pharmacol. exp. Therap. **48**, 241 (1933). U. S. Dept. Publ. Health Serv. Nr. **164** (1935). — VOEGTLIN, C., and M. E. MAVER: Publ. Health Rep. **47**, 711 (1932). — [5] BERSIN, TH., u. H. KÖSTER: H. **233**, 59 (1935). — [6] BLAGOWESTSCHENSKI, A. W., u. I. I. KORMAN: B. Z. **270**, 341 (1934). — [7] STRAIN, H. H., u. K. LINDERSTRØM-LANG: C. R. Lab. Carlsberg (II) **23**, 11 (1938). — [8] WILLSTÄTTER, R., W. GRASSMANN u. O. AMBROS: H. **151**, 286 (1926). — [9] Vgl. dazu HARRIS, L. J.: Proc. R. Soc. London (B) **94**, 426 (1923). — PURR, A.: Biochem. J. **29**, 13 (1935). — [10] GRASSMANN, W., J. JANICKI u. F. SCHNEIDER: STIASNY-Festschrift. S. 74. Darmstadt 1937. — [11] SCHÖBERL, A., u. R. HAMM: B. Z. **318**, 331, 355 (1948). — [12] LINDERSTRØM-LANG, K., u. F. DUSPIVA: H. **237**, 131 (1935). — [13] BEHRENS, O. K., and M. BERGMANN: J. biol. Ch. **129**, 587 (1939).

wenn sie der zu spaltenden Bindung unmittelbar benachbart ist. Eine freie Carboxylgruppe ist weder störend noch notwendig. Bestimmte Aminosäuren sind für die Spaltung wohl nicht erforderlich, doch scheinen Peptide, die eine Mono-amino-dicarbonsäure mit freier Carboxylgruppe enthalten[1], besonders leicht gespalten zu werden.

2. *Kathepsin*[2—3]. In tierischen Geweben findet sich ein Enzym oder Enzymgemisch, das in seiner Eigenschaft als Gewebsproteinase, in seinem Aktivierungs- und Hemmungsverhalten und in seinem p_H-Optimum der pflanzlichen Gewebsproteinase Papain sehr ähnlich ist. Diese vorwiegend *intracelluläre, tierische Gewebsproteinase* erhielt den Namen *Kathepsin*[3]. Schon viel früher untersuchte S. G. HEDIN[4] die proteolytische Wirkung von Milzextrakten und unterschied eine „α- und β-Protease". Während die anderen Proteinasen in weitgehend gereinigter oder krystallisierter Form vorliegen und gut untersucht sind, ist über die Natur des Kathepsins noch relativ wenig bekannt.

Vorkommen. Das Kathepsin scheint in tierischen Geweben ubiquitär vorzukommen. Besonders reichlich findet es sich in *Milz, Leber*[4] *und Niere*, dann in Leukocyten und Lymphocyten[5], viel weniger in Muskelgewebe und Hirnrinde[6-8], auch in Magensaft wurde es gefunden[9]. Über sein Vorkommen in malignen Tumoren vgl. S. 1169.

Bedeutung des Enzyms. Das Kathepsin liegt in der Zelle vorwiegend im aktiven Zustand vor. Als intracelluläre Proteinase spielt es bei der *Auto(proteo)-lyse* post mortem eine entscheidende Rolle. Die katheptische Proteolyse verläuft optimal bei etwa p_H 4, also in der Nähe des isoelektrischen Punktes der Mehrzahl der Gewebsproteine (Albumine, Globuline, Kollagen)[10], die genaue Lage und die Gestalt der p_H-Kurve ist dabei stark vom Substrat abhängig. Welche Rolle das Kathepsin als intracelluläre Proteinase in vivo bei einem normalen p_H-Wert von etwa 7 für die *Umsetzung der Zellproteine* spielt, ist noch unsicher. Die Lage des Redoxpotentials ist hierbei sehr ausschlaggebend. Vgl. dazu S. 1129 sowie[11, 12].

Eigenschaften des Kathepsins. Bis zum Jahre 1937 verstand man unter Kathepsin eine einzige Proteinase, die *intaktes* sowie auch *denaturiertes Eiweiß*, z.B. Gelatine, zu spalten vermag.

Das „Kathepsin" ist, wie das Papain, *aktivierbar* durch *Blausäure, Sulfhydrylverbindungen*, wie Schwefelwasserstoff, Cystein[13], Glutathion[13, 14] und durch *Ascorbinsäure*-$Fe^{\cdot\cdot}$-Kombination. Glutathion ist ein natürlicher Aktivator des

[1] BERGMANN, M., L. ZERVAS and J. S. FRUTON: J. biol. Ch. **111**, 225 (1935); **115**, 593 (1936). — BERGMANN, M., and W. F. ROSS: J. biol. Ch. **114**, 717 (1936). Science, N. Y. **84**, 89 (1936); **86**, 496 (1937). — BERGMANN, M., J. S. FRUTON and H. FRAENKEL-CONRAT: J. biol. Ch. **119**, 35 (1937).

Zusammenfassende Darstellungen: 2—3. [2] SCHÄFFNER, A.: Oppenheimer, Fermente Suppl. **2**, 913—937 (1939). Kathepsine. Bamann-Myrbäck **2**, 2069—2080. Kathepsin. Fermentforsch. **17**, 86 (1942). — SCHÄFFNER, A., u. M. TRUELLE: B. Z. **315**, 391 (1943). — [3] WILLSTÄTTER, R., u. E. BAMANN: H. **180**, 127 (1929). — LANG, K., u. E. WEGNER: B. Z. **318**, 462 (1948).

[4] HEDIN, S. G., u. S. ROWLAND: H. **32**, 341, 531 (1901). — [5] Vgl. dazu WILLSTÄTTER, R., u. E. BAMANN: H. **180**, 127 (1929). — WILLSTÄTTER, R., E. BAMANN, u. M. ROHDEWALD: H. **185**, 267 (1929); **186**, 85, (1930); **188**, 107 (1930). — WILLSTÄTTER, R., u. M. ROHDEWALD, H. **204**, 181 (1932). — [6] KREBS, H. A.: B. Z. **238**, 174 (1931). — [7] MASCHMANN, E., u. E. HELMERT: H. **216**, 141 (1933). — [8] GOLDSTEIN, B., u. E. J. MILLGRAM: Ukrain. Biochem. J. **8**, 105 (1935). — [9] FREUDENBERG, E.: Enzymologia **8**, 385 (1940). — [10] EDER, H., H. C. BRADLEY and S. BELFER: J. biol. Ch. **128**, 551 (1939). — [11] VOEGTLIN, C., M. E. MAVER and J. M. JOHNSON: Hlth. Sci. Laws Hlth. **164** (1935). — [12] BLAGOWESTSCHENSKI, A. W., u. I. I. KORMAN: B. Z. **270**, 341 (1934). — [13] GRASSMANN, W., H. DYCKERHOFF, u. O. v. SCHOENEBECK: H. **186**, 183 (1930). — GRASSMANN, W., O. v. SCHOENEBECK u. H. EIBELER: H. **194**, 124 (1931). — [14] WALDSCHMIDT-LEITZ, E., A. SCHÄFFNER, J. J. BEK u. E. BLUM: H. **188**, 17 (1930).

Kathepsins (Zookinase)[1]. Auch andere in die Plasmaproteine eingebaute freie Sulfhydrylgruppen können die Proteinase aktivieren. Theorien über den *Aktivierungsmechanismus* vgl. S. 1007 und 1159. Nach PURR[2] sind aktiviertes Kathepsin und Papain SH-Proteine, vgl. S. 1159. Eine von MERTEN[3] im Harn aufgefundene katheptische Protease ist durch die erwähnten Aktivatoren nicht beeinflußbar. *Oxydationsmittel* und *Jodessigsäure hemmen* die *Enzymwirkung*, vermutlich durch Veränderung freier SH-Gruppen. Auch *Phenylhydrazin* hemmt das Enzym bei der Gelatinespaltung, nicht aber bei der Spaltung von Albuminpepton[4].

Eng mit dem Kathepsin vergesellschaftet findet sich eine *katheptische Carboxypolypeptidase*, die auch im Verlaufe von Reinigungsprozessen schwer abtrennbar ist[4]. *Pepton* wird angegriffen, *nicht aber Gelatine*[4]. *Phenylhydrazinzusatz* hemmt die Spaltung von Benzoyl-glycyl-glycin vollständig, nicht aber die von Albuminpepton[4] (vgl. auch S. 1139).

Durch Arbeiten von ANSON[5] und von BERGMANN und Mitarbeitern[6] wird die Vorstellung von der Natur der Gewebsproteasen wesentlich komplizierter. Unter „Kathepsin" verstehen diese Autoren einen *Enzymkomplex*. Sie unterscheiden vier verschiedene Kathepsine[6].

Nach BERGMANN (vgl. hier auch Tabelle 181, S. 1126) spaltet *Kathepsin I* synthetische Peptidsubstrate, die auch vom krystallisierten Pepsin bei p_H 4 gespalten werden, wie z. B. Carbobenzoxy-L-glutaminyl-L-tyrosin; es bedarf dabei keiner Aktivierung durch Sulfhydrylverbindungen. *Kathepsin II* spaltet Substrate, die auch vom Papain angegriffen werden, wie z. B. Benzoyl-L-arginylamid; es bedarf der Aktivierung durch Cystein u. a., nicht aber durch Ascorbinsäure. *Kathepsin III* greift Substrate mit freier α-Aminogruppe, wie z. B. L-Leucinamid, an und ist durch Cystein und Ascorbinsäure aktivierbar. Kathepsin IV stimmt in seiner Strukturspezifität mit der Carboxypeptidase der Pankreasdrüse überein und ist aktivierbar durch Sulfhydrylverbindungen, nicht aber durch Ascorbinsäure. Die Spaltung von Glycyl-L-phenylalaninamid bzw. L-Phenylalaninamid wird weiteren Kathepsinen (Va und Vb) zugeschrieben, die gleichfalls durch Sulfhydrylverbindungen aktiviert werden. Von BERGMANN[7] wurden auch Peptidsynthesen mittels Kathepsin durchgeführt, vgl. S. 573, 1129.

Nach ANSON bedarf die Kathepsinproteinase bei der *Spaltung von Hämoglobin* als Substrat *keiner Aktivierung* durch HCN, H_2S, Cystein. Vgl. dagegen LANG u. WEGNER[8]. Die früher gefundene Aktivierung des Kathepsins soll durch begleitende Peptidasen vorgetäuscht sein. Demgegenüber erwies sich weitgehend *gereinigtes* und von der katheptischen Carboxypolypeptidase befreites *Kathepsin* nach H. MÜLLER gegenüber Gelatine *ohne Cysteinaktivierung* als völlig *unwirksam* und auch die gereinigte Carboxypolypeptidase bedarf der Aktivierung durch Cystein u. a.[4].

SCHÄFFNER und TRUELLE[9] beschreiben den Kathepsinkomplex als „*gelatinespaltendes Enzym* (*GE*)" und „*hämoglobinspaltendes Enzym* (*HE*)", die sie voneinander trennen konnten. Das erstere (GE) spaltet neben Gelatine noch Histone und Protamine und ist durch Cystein und Ascorbinsäure aktivierbar, durch Jodessigsäure hemmbar, das letztere Enzym (HE) spaltet außer Hämoglobin

[1] Siehe Fußnote [10] S. 1161. — [2] PURR, A.: Biochem. J. **29**, 5 (1935). — [3] MERTEN, R.: Kli. Wo. **1947**, 401. — [4] MÜLLER, HERBERT: Diss. Dresden 1940. — [5] ANSON, M. L.: J. gen. Physiol. **20**, 565 (1936/37); **22**, 79 (1939). — [6] BERGMANN, M., J. S. FRUTON and H. FRAENKEL-CONRAT: J. biol. Chem. **119**, 35 (1937). — FRUTON, J. S., and M. BERGMANN: J. biol. Chem. **130**, 19 (1939). — FRUTON, J. S., G. W. IRVING jr. and M. BERGMANN: J. biol. Ch. **138**, 249 (1941); **141**, 763 (1941). — BERGMANN, M.: Adv. Enzymol. **2**, 49 (1942). — GUTMANN, H. R., and J. S. FRUTON: J. biol. Ch. **174**, 851 (1948). — FRUTON, J. S.: Cold Spring Harbor Symp. quant. Biol. **9**, 211 (1941). — [7] BERGMANN, M., and H. FRAENKEL-CONRAT: J. biol. Ch. **124**, 1 (1938). — [8] LANG, K., u. E. WEGNER: B. Z. **318**, 462 (1948). — [9] SCHÄFFNER, A., u. M. TRUELLE; B. Z. **315**, 391 (1943).

auch Casein und Serumeiweiß und weist nicht die genannten Aktivierungs- und Hemmungserscheinungen auf. LANG und WEGNER[1] haben die Uneinheitlichkeit des Kathepsins bestätigt und eine als Kathepsin T bezeichnete Komponente weitgehend gereinigt (s. unten).

Manche zum Teil noch unsichere und nicht unwidersprochene Befunde, z. B. das Verhalten gegenüber Phenylhydrazin[1, 2], machen das Bild von der Spezifität der tierischen Gewebsproteinasen noch verwickelter. Natur und Spezifität des Kathepsins bedürfen daher noch weiterer Untersuchungen.

Gewinnung und Reinigung des Kathepsins. Lange Zeit wurden bei den Arbeiten mit Kathepsin nur rohe *Gewebsextrakte* verwendet. Dabei wurden *wäßerige* oder *saure glycerinhaltige* Extrakte gewonnen[3] oder zur Trennung des *lyo*-Kathepsins von dem in geringerer Menge vorliegenden *desmo*-Kathepsin wasserfreies Glycerin als Extraktionsmittel verwendet[4]. Durch Einwirkung von Alkohol, Aceton und schließlich Äther können *Gewebstrockenpräparate* dargestellt werden, aus denen das Kathepsin im allgemeinen leicht extrahierbar ist[5, 6]. Kurze Autolysendauer erhöht die Extraktionsausbeute, wahrscheinlich durch Freisetzung des Desmo-Enzymanteils. Eine besondere Extraktionsmethode beruht auf der Einwirkung von 1,2 m KCl-Lösung bei p_H 7 und Eiskühlung des im gefrorenen Zustande zerkleinerten Gewebsbreies[7]. Das hauptsächlichste Ausgangsmaterial stellen *Leber* und *Milz* von Rindern oder Schweinen dar. PURR[8] extrahiert in flüssiger Luft gefrorene Leber mit 90%igem Glycerin.

Von den wenigen *Reinigungsverfahren* beruhen einige auf der Anwendung *fraktionierter Ammonsulfatfällungen* bei *saurem* und fast *neutralem* p_H, nachdem das Enzym durch *Autolysieren* des vorher gefrorenen Gewebsbreies unter Toluolzusatz leicht löslich gemacht und extrahiert worden war[9, 10]. Zu einem besonderen Kathepsinpräparat aus Rinderleber kommt ANSON[11], wobei Begleitstoffe durch Zellreste und *Aluminiumhydroxyd* herausadsorbiert werden, und das Enzym mittels *Wolframsäure* niedergeschlagen und dann mit Bariumhydroxyd-Bariumchlorid-Lösung extrahiert wird.

Nach H. MÜLLER[12] wird aus Schweinemilz-Trockenpräparat mittels *Pufferlösung* ein Extrakt hergestellt, mit *Essigsäure* eine Vorfällung vorgenommen, und dann fraktioniert mit *Aceton* gefällt, das gereinigte Produkt in Wasser aufgenommen, bei p_H 3 mit *Ammonsulfat* fraktioniert gefällt und dialysiert. Die begleitenden ereptischen Enzyme werden dabei entfernt und die Wirkungen des gereinigten *Kathepsins* und der *katheptischen Carboxypolypeptidase* durch selektive Zerstörung voneinander getrennt. Über eine ähnliche, noch weiter getriebene, aber äußerst verlustreiche Reinigung des Kathepsins berichten LANG und WEGNER[1]. Gefrorener Hundeleberbrei wird extrahiert, mit Essigsäure vorgefällt, anschließend mit Ammonsulfat fraktioniert gefällt, dialysiert und weiter mit Aceton fraktioniert gefällt.

Bestimmung der tierischen Gewebsproteasen. a) Kathepsin. Das am häufigsten und früher ausschließlich angewandte Substrat zur Bestimmung des Kathepsins ist *Gelatine*. Die Gelatinespaltung wird bei *40°* und *p_H 4,5* (Citratpuffer) nach *Aktivierung* mit HCN, H_2S oder am gebräuchlichsten mit Cysteinchlorhydrat vorgenommen. Die freigesetzten NH_2- oder $COOH$-Gruppen werden titrimetrisch[13–16] oder nephelometrisch[17, 18] bestimmt. Nach ANSON[18] wird *Hämoglobin* als Substrat für die Kathepsinbestimmung verwendet, wobei durch sehr kurze *Reaktionszeit* (10 min) sekundäre Peptidaseneinwirkung vermieden werden soll. Das intakte

[1] LANG, K., u. E. WEGNER: B. Z. **318**, 462 (1948). — [2] FRAENKEL, M., R. MAIMIN and B. SHAPIRO: Biochem. J. **31**, 1926 (1937). — [3] WALDSCHMIDT-LEITZ, E., u. W. DEUTSCH: H. **167**, 285 (1927). — [4] WILLSTÄTTER, R., u. M. ROHDEWALD: H. **208**, 258 (1932). — [5] MASCHMANN, E., u. E. HELMERT: H. **216**, 141 (1933). — [6] MASCHMANN, E.: B. Z. **280**, 206 (1935). — [7] MAVER, M. E.: J. biol. Ch. **131**, 127 (1939). — [8] PURR, A.: Biochem. J. **28**, 1907 (1934). — [9] ANSON, M. L.: J. gen. Physiol. **20**, 565 (1937); **22**, 79 (1939). — [10] FRUTON, J. S., and M. BERGMANN: J. biol. Ch. **130**, 19 (1939). — [11] ANSON, M. L.: J. gen. Physiol. **23**, 695 (1940). — [12] MÜLLER, H.: Diss. Dresden 1940. — [13] WALDSCHMIDT-LEITZ, E., A. SCHÄFFNER, J. J. BEK u. B. BLUM: H. **188**, 17 (1930). — [14] WILLSTÄTTER, R., u. M. ROHDEWALD: H. **208**, 258 (1934). — [15] HOLTER, K., u. K. LINDERSTRØM-LANG: H. **214**, 223 (1933). — [16] RONA, P., u. H. KLEINMANN: B. Z. **241**, 283 (1931). — [17] KLEINMANN, H., u. G. SCHARR: B. Z. **252**, 145 (1932). — [18] ANSON, M. L.: J. gen. Physiol. **20**, 565 (1937).

Hämoglobin wird mit *Trichloressigsäure* ausgefällt und im Filtrat die mit einem *Phenolreagens* erhaltene Blaufärbung der tyrosin- und tryptophanhaltigen Spaltprodukte colorimetrisch ausgewertet. Bei Zusatz von Aktivatoren, wie H_2S, Cystein müssen besondere Vorkehrungen getroffen werden, um die Farbreaktion nicht zu stören[1].

Es wurden verschiedene *Kathepsineinheiten* empirisch aufgestellt, die man von Fall zu Fall bei den verschiedenen Bestimmungsmethoden aufgeführt finden kann.

ε) **Andere tierische Proteinasen.** *1. Lysozym.* Das von FLEMING[2] im Nasenschleim aufgefundene Lysozym konnte in gereinigter Form aus Eiereiweiß[3] und von ABRAHAM[4] krystallisiert erhalten werden; Molekulargewicht[5] 18000. Das Enzym scheint Zuckerbindungen in den Glykoproteinen zu hydrolysieren[6] und bewirkt Bakterienlyse, besonders gegen Micrococcus lysodeikticus[2, 7]. Es enthält Biotin[8, 9], doch wirkt dieses nach ALDERTON nicht stimulierend auf die lytische Wirksamkeit des Lysozyms[9]. Dodecylsulfat hemmt auch in kleinsten Konzentrationen[7].

2. Thrombin. Die Umwandlung des Fibrinogens in Fibrin, die bei der Blutgerinnung vor sich geht, kann als ein proteolytischer Vorgang betrachtet werden, eine Auffassung, die durch die blutgerinnende Wirkung des Trypsins eine Stütze findet. Thrombin und dessen Vorstufe, das Prothrombin, werden im Zusammenhang mit der Blutgerinnung in Bd. 2 behandelt.

3. Ovoproteinase. Von einer spezifisch gegen Ovareiweiß gerichteten Proteinase berichtete H. ROEMER[10], über ein fibrinolytisches Enzym „Acidoplasmin" aus Schweine- oder Pferdeblut v. KAULLA[11].

4. Renin und Angiotonase. Daß durch Injektion von Nierenauszügen eine Steigerung des Blutdrucks bewirkt werden kann, ist schon 1898 durch TIGERSTEDT und BERGMAN[12] gefunden worden. Sie bezeichneten den wirksamen Faktor, der thermolabil und eiweißähnlich ist, als „*Renin*". Die wiederholt geäußerte Vermutung[13], daß Renin ein Enzym ist, hat in Arbeiten von SCHALES[14] Bestätigung gefunden. Gereinigtes Renin wirkt auf das Globulin des Blutes ein, bei dessen Abbau das blutdrucksteigernde *Angiotonin* oder *Hypertensin* gebildet wird. Durch ein zweites Enzym (*Angiotonase*) wird Angiotonin wieder zerstört. Ungereinigte Reninpräparate enthalten eine Mischung zahlreicher proteolytischer Enzyme[15].

c) *Bakterienproteasen*[16–18].

Die Erforschung der eiweißspaltenden Enzyme der Bakterien, die man vorwiegend MASCHMANN verdankt, hat in den letzten Jahren zur Auffindung

[1] Siehe Fußnote 1 S. 1163. — [2] FLEMING, A.: Proc. R. Soc. London (B) **93**, 306 (1922). — HAWTHORNE, J. R.: Biochim. biophysica Acta **6**, 94 (1950). — Vgl. dazu auch GIRFANOWA, CH. N.: Ber. Akad. Wiss. USSR (N. S.) **68**, 940 1105 (1949) [C. **1950 II**, 1365 bzw. 781]. — [3] WOLFF, L. K.: Z. Immun.-Forsch. **50**, 88 (1927); **54**, 188 (1927/28). — MEYER, K., R. THOMPSON, J. W. PALMER and D. KHORAZO: J. biol. Ch. **113**, 303 (1936). — [4] ABRAHAM, E. P., and R. ROBINSON: Nature **140**, 24 (1937). — [5] ABRAHAM, E. P.: Biochem. J. **33**, 622 (1939). — [6] HALLAUER, C.: Zbl. Bakteriol. I (Orig.) **114**, 519 (1929). — [7] SMITH, G. N., and C. STOCKER: Arch. Biochem. **21**, 383 (1949). — [8] LAURENCE, W. L.: Science, N. Y. **99**, 392 (1944). — [9] ALDERTON, G., J. C. LEWIS and H. L. FENOLD: Science, N. Y. **101**, 151 (1945). — ALDERTON, G., W. H. WARD and H. L. FENOLD: J. biol. Ch. **157**, 43 (1945). — [10] ROEMER, H. jr.: Kli. Wo. **1946**, 116. — [11] KAULLA, K. N. v.: Nature **164**, 408 (1949). — Vgl. dazu auch SCHMITZ, A.: H. **250**, 37 (1937). — [12] TIGERSTEDT, R., and P. G. BERGMAN: Skand. Arch. Physiol. **8**, 223 (1898). — [13] KOHLSTEDT, K. G., O. M. HELMER and I. H. PAGE: Proc. Soc. exp. Biol. Med. **39**, 214 (1938). — [14] SCHALES, O.: Am. Soc. **64**, 561 (1942). — [15] PLENTL, A. A., and I. H. PAGE: J. biol. Ch. **155**, 363, 379 (1944).

Zusammenfassende Darstellungen: 16—18. [16] WERKMAN, H. C., u. H. G. WOOD: Gewinnung freigelöster Enzyme. Spezialmethoden für Bakterien. Bamann-Myrbäck **2**, 1191—1214. — MASCHMANN, E.: Bakterienproteasen. Ergebn. Enzymforsch. **9**, 155—192 (1943). — [17] KARSTRÖM, H. M.: Die Bakterien als biologisches Agens in der Fermentforschung. Bamann-Myrbäck **2**, 1243—1268. Ruhende Bakterien. Bamann-Myrbäck **2**, 1269—1276. Proteinasen der Bakterien. Oppenheimer, Fermente Suppl. **2**, 946—950 (1939). — [18] MASCHMANN, E.: Arb. Inst. exp. Therap. Chemotherap. Heft **34**, 1 (1937). Ergebn. Enzymforsch. **9**, 155 (1943).

neuartiger Proteinasen und Peptidasen geführt. Diese Enzyme sind teils *Sekretionsenzyme*, teils sind sie intracellulär. Bemerkenswert ist das proteolytische Enzymsystem anaerober Bakterien. Die neu aufgefundenen Bakterienproteinasen sind verschieden von den bisher bekannten Proteinasen und lassen sich innerhalb der Proteasen noch nicht mit Sicherheit einordnen. Die *Bakterienproteinasen* könnte man nach den bisherigen Ergebnissen etwa zwischen den papainähnlichen Enzymen und dem Trypsin einordnen.

Aus keimfreien Kulturfiltraten wurden *vier besondere Proteinasen* dargestellt:

α) Aerobiasen. *Pyocyaneus-Proteinase*[1]. Die Kulturen *aerober* Bakterien (B. pyocyaneus, B. prodigiosus, B. fluorescens liquefaciens, B. mesentericus u. a.) liefern eine *Proteinase, die vollaktiv, bei p_H 7 optimal wirksam* ist und einen ziemlich *umfassenden Wirkungsbereich* besitzt. Sie spaltet Ovalbumin und andere hochmolekulare Eiweißstoffe, sowie Peptone und Protamine. Diese „Pyocyaneus-Proteinase" wird von einem hohen Prozentsatz normaler Seren gehemmt. Sie wurde aus rohem Kulturfiltrat etwa 1000fach angereichert.

β) Anaerobiasen als Exoenzyme. „*Kollagenase*"[2] (*Gelatinase*[3]) oder auch K-Toxin[4]. Aus den Kulturfiltraten *anaerober* Bakterien, z. B. verschiedener Gasbranderreger (WELCH-FRAENKELscher Gasbrandbacillus (= B. perfringens[5]), B. histolyticus[6], Vibrio septicus, B. Chauvoei, Rauschbrand des Rindes und der Schafe) wurde eine ebenfalls bei *p_H 7 optimal, aerob ohne Hilfsstoff vollaktive Proteinase* gewonnen, *deren Wirkungsbereich aber sehr eng begrenzt* ist. Das Enzym spaltet nur *Gelatine* und *Glutin*, also dem *Kollagen* verwandte Eiweißabkömmlinge. Im Gegensatz zu den Enzymen des Papaintypus ist es offenbar auch gegenüber nativem Kollagen sehr wirksam. So wird ein sehr rasch verlaufender Abbau von Hautsubstanz durch anaerobe, der Gasbrandgruppe wahrscheinlich nahestehende Bakterien beschrieben[7]. Die Proteinase tritt sehr rasch in Kulturen auf und wird anscheinend von den Bakterien *sezerniert*. Das bestgereinigte Enzym ist etwa 2000mal wirksamer als das Ausgangsmaterial.

Der nach der Infektion einsetzende *Zerfall des peri- und intramuskulären Bindegewebes*, dessen Grundmasse das Kollagen ist, könnte auf die proteolytische Tätigkeit dieses Enzyms zurückzuführen sein.

Das sog. λ-Enzym des Clostr. welchii greift zwar Hautpulver und Gelatine, nicht aber natives Kollagen an[8]. Es wird von Cystein gehemmt.

γ) Anaerobiasen als Endoenzyme. Aus den Kulturen verschiedener *Anaerobier*[9], z. B. WELCH-FRAENKELscher Gasbacillus (= B. perfringens), B. histolyticus, Vibrio septicus, B. botulinus (Typ A und B) läßt sich eine *Proteinase* gewinnen, die in ihrem *Wirkungsbereich* etwa mit der „Pyocyaneus-Proteinase"

---

[1] MASCHMANN, E.: B. Z. **294**, 1 (1937); **295**, 351 (1938); **297**, 284 (1938); **300**, 89 (1938/39). — Vgl. auch GORBACH, G., u. R. ULM: Arch. Mikrobiol. **6**, 362 (1935). — GORINI, C., e. E. GORINI: R. Ist. lomb. Sci. Lettere, R. C. **68**, 115 (1935). — GORINI, C., W. GRASSMANN u. H. SCHLEICH: H. **205**, 133 (1932). — GORINI, C.: Enzymologia **10**, 192 (1941/42). — Vgl. auch VIRTANEN, A. I., u. U. KOKKOLA: Acta chem. scand. **4**, 64 (1950). — GORINI, L., et CL. FROMAGEOT: Biochim. biophysica Acta **5**, 524 (1950). — [2] MASCHMANN, E.B.: Z. **300**, 89 (1938/39). — MACFARLANE, R. G., and J. D. MACLENNON: Lancet **249**, 328 (1945). — [3] MASCHMANN, E.: B. Z. **297**, 284 (1938). Ergebn. Enzymforsch. **9**, 155 (1943), und zwar S. 170. — [4] OAKLEY, C. L., G.H. WARRACK and W. E. VAN HEYNINGEN: J. Path. Bacteriology **58**, 229 (1946). — Vgl. auch BIDWELL, E., and W. E. VAN HEYNINGEN: Biochem. J. **42**, 140 (1948). — BIDWELL, E.: Biochem. J. **44**, 28 (1949). — [5] KOCHOLATY, W., and L. E. KREJCI: Arch. Biochem. **18**, 1 (1948). — [6] NEUMANN, R. E., and A. A. TYTELL: Proc. Soc. exp. Biol. Med. **73**, 409 (1950). — [7] HAUSAM, W., E. LIEBSCHER u. T. SCHINDLER: Collegium, Darmstadt **1939**, 529. — [8] BIDWELL, E.: Biochem. J. **46**, 589 (1950). — [9] MASCHMANN, E.: Naturwiss. **26**, 139 (1938); **27**, 628 (1939). B.Z. **295**, 1, 351, 391, 400, 402 (1938); **297**, 284 (1938). Vgl. auch z. B. WEIL, L., and W. KOCHOLATY: Biochem. J. **31**, 1255 (1937). — KOCHOLATY, W., and L. E. KREJCI: Arch. Biochem. **18**, 1 (1948).

der Aerobier übereinstimmt. Ihr *Wirkungsoptimum* liegt wiederum bei p_H 7. Kennzeichnend ist aber für dieses Enzym, daß es unter anaeroben Bedingungen nur *bei einem bestimmten Redoxpotential vollaktiv* ist. In vitro bedarf die Proteinase zur Spaltung von *Clupein* einer *Aktivierung*, z. B. durch α- und β-SH-Verbindungen (z. B. Cystein) oder auch durch Blausäure, die weniger wirksam ist. Dieses Verhalten ist also dem Papain ähnlich. Zur Spaltung von *Casein* oder *Gelatine* benötigt das Enzym *keine* besondere *Aktivierung*.

Gereinigte Fermentlösungen lassen das Clupein-Spaltungsvermögen auch nach Aktivierung vermissen. Dies beruht auf dem reversiblen Verlust eines dialysablen, hitzebeständigen *co-enzymartigen Hilfsstoffes*.

Intercellulär findet das Ferment vielleicht das geeignete Redoxpotential, zu dessen Einstellung das Enzym außerhalb der Zelle eines Hilfsstoffes bedarf.

δ) **Sporogenes-Proteinase**[1]. Im Kulturfiltrat des *anaerob* wachsenden *B. sporogenes* wurde nur *eine Proteinase* aufgefunden, die *aerob vollaktiv und bei* p_H *7 optimal wirksam* ist. Der Wirkungsbereich des Enzyms ist verschieden von der Pyocyaneus-Proteinase der Aerobier, und zwar spaltet es Casein, Gelatine, Ovalbumin und Peptone in anderen Verhältniszahlen als diese. Auch greift die „Sporogenes-Proteinase" Clupein nicht an. Blausäure und Cystein hemmen.

Über Vorkommen und Eigenschaften der Bakterienproteinasen unterrichtet weiter die Übersichtstabelle[2].

ε) **Anaero-peptidasen.** *Peptidasen besonderer Art* wurden in den Kulturfiltraten obligat *anaerober* Bakterien vorgefunden. Diese Peptidasen („*Amino-polypeptidase*" und „*Dipeptidase*"), als *Anaero-peptidasen* bezeichnet, weisen ein ganz besonderes Verhalten gegenüber bestimmten Hilfsstoffen auf. Sie werden durch Mg^{++} aktiviert[3].

Die Anaeropeptidasen liegen im Kulturfiltrat inaktiv oder doch nicht voll aktiv vor. *Cystein* + $Fe^{\cdot\cdot}$ *aktivieren stark*[4]. Cystein allein, sowie Blausäure sind wirkungslos oder hemmen.

Nach eingehender Untersuchung der Anaero-peptidasen konnte von E. MASCHMANN das Vorhandensein *co-enzymartig gebundenen Eisens* wahrscheinlich gemacht werden. Im Kulturfiltrat liegen jedoch z. B. die Anaerodipeptidasen eisenfrei vor, d. h. als *Apo-dipeptidasen*. Das co-fermentartige Schwermetall des Enzyms wird durch den in der Kulturflüssigkeit gebildeten Schwefelwasserstoff dem Ferment entrissen und zugleich findet eine Oxydation des Apo-enzyms statt. Durch Cystein läßt sich das oxydierte Apo-enzym wieder reduzieren und nach Zusatz von $Fe^{\cdot\cdot}$-Ion zum aktiven Ferment vervollständigen, etwa nach dem Schema:

$$\underset{\text{(inaktiv)}}{\text{Dehydro-apo-dipeptidase}} + \text{Cystein} \rightarrow \underset{\text{(inaktiv)}}{\text{Apo-dipeptidase}}$$

$$\underset{\text{(inaktiv)}}{\text{Apo-dipeptidase}} + Fe^{II} \rightarrow \underset{\text{(aktive Anaerodipeptidase)}}{\text{Apo-dipeptidase-}Fe^{II}}$$

Wahrscheinlich sind die *Anaero-peptidasen intracelluläre Bakterienenzyme* (*Endoenzyme*), wie die Anaerobiase, und werden erst durch Autolyse freigelegt. Nach MASCHMANN sind die Anaeropeptidasen *nicht einheitlich*, sondern stellen mengenmäßig wechselnd zusammengesetzte Gemische mehrerer Apo-Peptidasen mit Eisen als Co-Enzym dar. Sie werden nach ihrer Herkunft benannt (z. B. Sporogenes-Dipeptidase u. a.).

[1] MASCHMANN, E.: B. Z. **300**, 89 (1938/39). — [2] Nach KRAUT, H., u. E. KOFRÁNYI: Handb. Katalyse (SCHWAB) **3**, 265 (1941). — [3] BERGER, T., and M. T. JOHNSON: J. biol. Ch. **133**, 157 (1940). — [4] MASCHMANN, E.: Naturwiss. **27**, 819 (1939). B. Z. **300**, 89 (1938); **302**, 332 (1939); **307**, 1 (1940/41).

Tabelle 186. Übersicht über die Bakterien-Proteasen[1].

Name	Vorkommen	Wirkungsbedingungen	p_H	Aktivierung	Wirkungsbereich	Zusätze bzw. Co-Ferment	Seren (genuine Serumalbumine)
1. Pyocyaneus-proteinase	In Kulturen von: B. pyocyaneus, B. prodigiosus, B. fluorescens liquefaciens, B. anthracis (Milzbranderreger), B. mesentericus, B. proteus	Aerob	7 breites Optimum 5,5—8,4	Durch SH-Verbindungen und HCN keine Aktivierung	Umfassend: Gelatine, Casein, Ovalbumin, Pepton, Clupein	Kein charakteristisches Verhalten gegen Zusätze. Nicht hemmbar durch Citronensäure	Hemmen gegen Casein und Gelatine. Nicht gegen Pepton
Acidoproteinase	Enterococcus, Mammococcus, Gastrococcus, Caseicoccus						
2. Kollagenase	In Kulturfiltraten von Gasbranderregern: WELCH-FRAENKELscher Gasbranderreger, Vibrio septicus, B. histolyticus, B. Chauvoei	Aerob	7	Keine	Nur Gelatine	Kein charakteristisches Verhalten gegen Zusätze	Hemmen nicht
3. „Anaerobiase“ (Papainase)	In Kulturen von Anaerobiern: WELCH-FRAENKELscher Gasbrandbacillus, B. perfringens, Vibrio septicus, B. histolyticus, B. botulinus	Anaerob, bestimmtes Redoxpotential	7	SH-Verbindungen; gegen manche Substrate HCN	Ungereinigt umfassend: Casein, Gelatine, Clupein, Pepton. Gereinigt: Pepton und Clupein nur nach Zusatz eines Co-Ferments	Kochbeständiges Co-Ferment: Pyridinnucleoside	Hemmen
4. Sporogenes-proteinase	In Kulturen von Anaerobiern: B. sporogenes	Aerob	7	Gehemmt durch n/100 HCN Cystein	Umfassend: Casein, Ovalbumin, Pepton, Gelatine, nicht Clupein	Hemmbar durch Citronensäure	Hemmen

[1] Nach KRAUT, H., u. E. KOFRÁNYI: Handb. Katalyse (SCHWAB) 3, 191 (1941), und zwar S. 265.

d) *Abwehrproteasen*[1–6].

Wenn in das Blut organische Verbindungen, insbesondere Eiweißkörper, gelangen, die blutfremd sind, dabei aber körpereigen sein können, so wird die Bildung ganz spezifisch auf den Abbau dieser „Fremdstoffe" eingestellter Fermente ausgelöst, die dann im Blutplasma und später auch im Harn schon nach 24 h und noch früher nachweisbar sind. Diese Fermente werden allgemein als „*Abwehrfermente*" bezeichnet. Von besonderer Bedeutung sind in dieser Hinsicht die Proteasen, die dementsprechend am meisten untersucht wurden. Über Immunchemie siehe Bd. 2.

Eigentümlich ist den *Abwehrproteinasen* die *außerordentlich feine Spezifität*, die im wesentlichen nur auf das Substrat gerichtet ist, durch welches die Bildung des Fermentes hervorgerufen wurde. Treten die Fremdstoffe jedoch in größerer Menge oder über längere Zeit auf, so lassen die entsprechenden Abwehrfermente eine etwas unschärfere relative Spezifität erkennen. Das p_H-*Optimum* der Abwehrproteinasen liegt bei p_H 7,0. Es wurde Aktivierung durch Schwefelwasserstoff beobachtet, wohingegen Schwermetallsalze reversibel hemmen[7]. Die Abwehrproteinasen sind nicht mit Pepsin, Trypsin oder Kathepsin identisch.

Noch ungeklärt ist die *Herkunft* dieser Enzyme. Man dachte an die Möglichkeit ihrer Bildung im reticuloendothelialen System, in der Pankreasdrüse[8] oder in den Leukocyten. Möglicherweise entstehen die Abwehrfermente aus schon vorhandenen Fermenten durch geringfügige Änderung bestimmter, wesentlicher Gruppierungen am Fermentmolekül. Die Annahme, daß der Träger (Pheron) die Spezifität des Enzyms bestimmt, führt ABDERHALDEN[9] zu der Vorstellung, daß das *blutfremde Substrat selbst* Trägerfunktionen übernimmt und mit dem im Organismus mobilisierten „Agon" zusammen als „Symplex" die spezifische Wirkung bedingt.

Außer Proteinasen treten offenbar auch *Peptidasen* als Abwehrfermente auf. So wurde über die Hervorrufung und den Nachweis einer *Carboxy-polypeptidase* auf diesem Wege berichtet[10].

Die durch parenterale Einführung bestimmter Substrate in den Körper erzeugbaren Abwehrproteinasen sind ein wichtiges Hilfsmittel für die Feststellung feinster spezifischer Unterschiede der Eiweißstoffe. Mit Hilfe der ABDERHALDEN*schen Reaktion* wurden Fragen wie z. B. der Altersveränderungen von Eiweißstoffen, des Einflusses des Geschlechts, der Ernährung und der Bestrahlung, der Blutgruppenzugehörigkeit usw. bearbeitet. Der lange Zeit umstrittene Nachweis der Schwangerschaft auf Grund des Auftretens von spezifisch gegen Placenta-Eiweiß gerichteten Abwehrfermenten („ABDERHALDENsche Reaktion") hat nach Entdeckung neuerer, auf hormonalen Veränderungen beruhender Nachweismethoden keine praktische Bedeutung mehr. Dagegen ist die Abwehrproteinasen-Reaktion für die Diagnostik maligner Tumoren aussichtsreicher[11].

Zusammenfassende Darstellungen über Abwehrproteasen: 1—6. [1] ABDERHALDEN, E.: Schutzfermente des tierischen Organismus. 7. Aufl. Dresden u. Leipzig 1944. — [2] ABDERHALDEN, E.: Die ABDERHALDENsche Reaktion. Abwehrfermente, 6. Aufl. Dresden u. Leipzig 1941. — [3] ABDERHALDEN, E.: Abwehrfermente. Ergebn. Enzymforsch. **6**, 199—200 (1937). — [4] ABDERHALDEN, E.: Die Methodik der Hervorrufung, der Isolierung und des Nachweises der Abwehrfermente und insbesondere der Abwehrproteinasen. Bamann-Myrbäck **2**, 2091—2108. Fermentforsch. **17**, N. F. **10**, **38** (1942). — ABDERHALDEN, E.: Forsch. u. Fortschr. **21/23**, 5 (1947). — [5] MARRACK, J.: Immunochemistry and its relation to enzymes. Ergebn. Enzymforsch. **7**, 281—300 (1938). — [6] WESTPHAL, O.: Fermente u. Immunchemie. Handb. Enzymol. (NORD-WEIDENHAGEN) **2**, 1129—1159 (1940).

[7] ABDERHALDEN, E., u. S. BUADZE: Fermentforsch. **10**, 111 (1928); **12**, 465 (1931). — [8] ABDERHALDEN, R., u. R. W. MARTIN: Fermentforsch. **16**, 245 (1940). — [9] ABDERHALDEN, E.: Ergebn. Enzymforsch. **6**, 189 (1937). — [10] ABDERHALDEN, R.: Fermentforsch. **14**, 370 (1934). — [11] ABDERHALDEN, E., u. H. SCHLENKER: Fermentforsch. **16**, 14 (1938); **16**, 228 (1940). — ABDERHALDEN, E., u. G. FABIAN: Fermentforsch. **17**, H. 4 (1944).

Auch über die Darstellung *krystallisierter Abwehrproteinasen* wurde berichtet[1]. Bei diesen Präparaten handelte es sich aber um anorganische Krystallisate (Phosphate u. a.), an welche die enzymatisch aktive Substanz adsorbiert war[2].

e) *Proteasen und maligne Tumoren*[3–5].

Der Gedanke, daß das anormale, schrankenlose Wachstum des Krebsgewebes auf einer veränderten Wirkung der eiweißumsetzenden Gewebsproteinasen beruhen könne, besteht schon länger. Man kam aber bei den älteren Arbeiten wegen unzureichender Methodik und etwas verfehlter Zielsetzung zu keinen entscheidenden Ergebnissen. So erfassen z. B. der quantitative Vergleich der Enzymverteilung oder des Autolyseverlaufes im normalen und kranken Gewebe allein nicht das Wesentliche des Problems. Es konnte unter anderem festgestellt werden, daß das an den Tumor angrenzende normale Gewebe mehr Kathepsin enthält als das Tumorgewebe[6]. Dieses Verhalten könnte auf eine Abwehrmaßnahme des normalen Gewebes hinweisen. Bestimmte Vorstellungen, die man hinsichtlich einer Cancerogenese an die vom Redoxpotential der Zelle abhängige Aktivität der Gewebsproteinasen knüpfte, erwiesen sich als nicht zutreffend[7]. Bemerkenswert ist der Befund, daß Kathepsin aus Tumorgewebe andere serologische Eigenschaften aufweist, als dasjenige aus dem normalen Muttergewebe der Geschwulst[8], wo es keine proteolytische, sondern in erster Linie eine eiweißaufbauende Funktion zu haben scheint[6].

Bei dem Studium der Bedeutung der Gewebsproteinasen für die Krebsentstehung kommt es wahrscheinlich im wesentlichen auch auf die synthetischen Leistungen dieser Zellbiokatalysatoren an. Man müßte festzustellen versuchen, ob sich hier Störungen erkennen lassen, die mit der Cancerogenese ursächlich im Zusammenhang stehen[9].

Von wesentlich anderen Gesichtspunkten gehen die Erörterungen aus, die sich aus den Untersuchungen von Kögl und Mitarbeitern über die Chemie maligner Tumoren ergeben. F. Kögl und H. Erxleben[10] gaben bekannt, daß die Eiweißstoffe maligner Tumoren, im Gegensatz zum Eiweiß normaler Gewebe, teilweise auch durch Aminosäuren der „unnatürlichen“ D-Konfiguration aufgebaut sind (vgl. Aminosäureteil, S. 505, 548, u. W. Kuhn S. 80).

Einerseits schienen danach die Zellen maligner Tumoren Enzyme mit „entarteter“ sterischer Spezifität zu enthalten, die den Aufbau und Umbau des Eiweißes unter Verwendung unnatürlicher D-Aminosäuren und D-Peptide bewirken, während andererseits die normalen Enzyme der gesunden Körperzellen anscheinend nicht in der Lage wären, das anormale Tumoreiweiß abzubauen, woraus sich das autonome Wachstum der Krebszellen erklären ließe.

E. Waldschmidt-Leitz[11] hat anschließend über die Auffindung von D-Peptidasen im Serum von Carcinomträgern berichtet; damit schien das Vorkommen

---

[1] Mall, G., u. Th. Bersin: H. **268**, 129 (1941). — Mall, G.: Fermentforsch. **16**, 377 (1941). Vgl. auch Abderhalden, R., u. K. H. Elsässer: Fermentforsch. **17**, 213 (1943). — Abderhalden, E.: Nova Acta Leopoldina, Halle N. F. **11**, 517 (1942). — [2] Mall, G.: Z. Vit.-, Horm.-, Ferm.-Forsch. **1**, 257, 381 (1947).

Zusammenfassende Darstellungen: 3—5. [3] Köhler, K.: Enzymologie der Tumorzelle. Ergebn. Enzymforsch. **6**, 157—188 (1937). — [4] Köhler, K.: Enzymologie der Tumoren. Handb. Enzymol. (Nord-Weidenhagen) **2**, 1160—1214 (1940). — [5] Köhler, K.: Die enzymchemischen Carcinomreaktionen. Bamann-Myrbäck **3**, 3004—3041. Vgl. auch Stern, K., u. R. Wilhelm: Biochemistry of Malignant Tumors. London 1944. — Maschmann, E.: Chem. Ztg. **67**, 280 (1943).

[6] Maschmann, E.: Arb. Inst. exp. Therap., Chemotherap. Heft **34**, 1 (1937); dort weitere Literatur. — [7] Waldschmidt-Leitz, E., I. J. Birk u. J. Kahn: Naturwiss. **17**, 85 (1929). — Waldschmidt-Leitz, E., u. A. Schäffner: Naturwiss. **18**, 280 (1930). Vgl. auch Grassmann, W., H. Dyckerhoff u. O. v. Schoenebeck: H. **186**, 183 (1930). — [8] Maver, M. E., and M. K. Barrett: J. nat. Cancer Inst. **4**, 65 (1943). — [9] Vgl. Rondoni, P.: Schweiz. med. Wschr. **1948**, 419. — [10] Kögl, F., u. H. Erxleben: H. **258**, 57 (1939). — [11] Waldschmidt-Leitz, E., u. K. Mayer: H. **262**, IV (1939/40).

sterisch abgewandelter Proteasen in malignen Tumoren gesichert und zugleich eine auf dem Nachweis von D-Peptidasen fußende Methode der Krebsdiagnose gegeben zu sein.

Die Frage, ob das Vorkommen von D-Peptidasen im Sinne der Vorstellungen von KÖGL und der Befunde von WALDSCHMIDT-LEITZ spezifisch für den Organismus Krebskranker ist, war längere Zeit unentschieden. Inzwischen haben auf diesem Arbeitsgebiet in letzter Zeit zahlreiche Untersuchungen ergeben, daß *D-Peptidasen bei Mensch, Tier und Pflanze*[1] verbreitet, und zwar nicht nur auf Krebszellen beschränkt, vorkommen[2]. Ihr Nachweis neben der stets sehr viel intensiveren Wirkung der L-Peptidasen war nur sehr erschwert, solange man nicht erkannt und berücksichtigt hatte, daß eine *Aktivierung durch Metallionen* ($Mn^{\cdot\cdot}$, $Zn^{\cdot\cdot}$, $Mg^{\cdot\cdot}$) ausschlaggebend ist[3] und daß daneben wohl eine *Hemmung* der D-Peptidasewirkung durch entsprechende Spaltprodukte der L-Peptidspaltung (z. B. L-Leucin) in Betracht gezogen werden muß[4] (vgl. S. 1021).

Das Bild wird noch unklarer durch die (wie bei den L-Peptidasen) noch umstrittene Frage, ob es z. B. nur eine oder eine Vielzahl von herkunfts- und substratspezifischen Dipeptidasen[5] gibt.

Zur *Bestimmung der D-Peptidasewirksamkeit* werden verschiedene Methoden herangezogen, deren Zuverlässigkeit nicht von allen Seiten gleich beurteilt wird. So verwenden BAYERLE[6] und v. EULER[7] die Titration nach WILLSTÄTTER, die nach WALDSCHMIDT-LEITZ[8] verschiedene Fehlerquellen birgt. Ferner wurde die volumetrische N-Bestimmung nach VAN SLYKE[9, 10] sowie colorimetrische Verfahren[11] eingesetzt, von denen letztere nach ABDERHALDEN[12] jedoch nur einen qualitativen Nachweis ermöglichen sollen. Auch gegen die als sehr empfindlich angegebene manometrische Erfassung der durch D-Aminosäureoxydase abgespaltenen D-Aminosäure[13] haben v. EULER und Mitarbeiter[14] Bedenken geäußert. Eine colorimetrische Methode, die ebenfalls D-Aminosäureoxydase benutzt, wurde von R. R. SEALOCK[15] versucht.

Wenn also durch das Studium der Gewebsenzyme die Krebsentstehung auch noch nicht aufgeklärt werden konnte, so wird man doch annehmen dürfen, daß Veränderungen im System der Zellbiokatalysatoren sich in der Weise störend oder entartend auswirken, daß als Endergebnis die destruktive, autonome Krebszelle entsteht[16, 17].

---

[1] Vgl. z. B. BAYERLE, H., u. G. BORGER: B. Z. **307**, 159 (1940/41). — SKARŻYŃSKI, B., u. H. v. EULER: Ark. Kemi, Mineral. Geol. **14** B, Nr. 3 (1940). — EULER, H. v., u. B. SKARŻYŃSKI: H. **265**, 133 (1940). — ABDERHALDEN, E. u. R.: H. **265**, 253 (1940). — BAMANN, E., u. O. SCHIMKE: B. Z. **310**, 131 (1941/42). — ALBERS, D.: B. Z. **310**, 54 (1941/42). Bzw. MASCHMANN, E.: Naturwiss. **29**, 518, 691, 709 (1941). B. Z. **311**, 252 (1941/42); **313**, 129, 156 (1942/43); **315**, 1 (1943). Bzw. BAMANN, E., u. O. SCHIMKE: B. Z. **310**, 119, 302 (1941/42). Über D-Peptidspaltung durch Pflanzenauszüge liegen bereits ältere Befunde vor, so z. B. durch Pilzsäfte. ABDERHALDEN, E., u. H. PRINGSHEIM: H. **59**, 249 (1909) oder durch Kürbissäfte. WILLSTÄTTER, R., W. GRASSMANN u. O. AMBROS: H. **152**, 160 (1926), und zwar S. 161 u. 162. Auch bei Extrakten aus Dünndarmschleimhaut wurde übrigens schon früher eine Spaltung von D-Peptiden beobachtet. BERGMANN, M., L. ZERVAS, J. S. FRUTON, F. SCHNEIDER and H. SCHLEICH: J. biol. Ch. **109**, 325 (1935). — BERGMANN, M., and J. S. FRUTON: J. biol. Ch. **117**, 189 (1937). — [2] Literaturübersicht siehe bei WALDSCHMIDT-LEITZ, E.: Ergebn. Enzymforsch. **9**, 193 (1943). — [3] MASCHMANN, E.: Naturwiss. **29**, 518, 691 (1941). B. Z. **311**, 252 (1941/42). — BAMANN, E., u. O. SCHIMKE: Naturwiss. **29**, 365 (1941). B. Z. **310**, 119, 131 (1941/42). Vgl. hierzu auch die Versuche von ABDERHALDEN, R.: Fermentforsch. **17**, 330 (1944). — [4] BAMANN, E., u. O. SCHIMKE: Naturwiss. **29**, 515 (1941). — SCHMITZ, A., R. MERTEN u. H. HERKEN: H. **275**, 44 (1942). — [5] MASCHMANN, E.: B. Z. **313**, 129 (1942). — [6] BAYERLE, H., u. F. H. PODLOUCKY: H. **264**, 189 (1940). — [7] EULER, H. v., u. B. SKARŻYŃSKI: H. **265**, 133 (1940). — [8] WALDSCHMIDT-LEITZ, E., u. R. HATSCHEK: H. **264**, 196 (1940). — [9] BAYERLE, H., u. G. BORGER: B. Z. **307**, 159 (1940/41). — [10] EULER, H. v., L. AHLSTRÖM, B. SKARŻYŃSKI, u. B. HÖGBERG: Z. Krebsforsch. **50**, 552 (1940). — EULER, H. v., L. AHLSTRÖM, B. HÖGBERG u. A. M. LILJA: Z. Krebsforsch. **51**, 248 (1941). — [11] WALDSCHMIDT-LEITZ, E., R. HATSCHEK u. R. HAUSMANN: H. **267**, 79 (1941). — [12] ABDERHALDEN, E., u. R. ABDERHALDEN: Fermentforsch. **16**, 339 (1941). — [13] HERKEN, H., u. H. ERXLEBEN: H. **264**, 251 (1940); **269**, 47 (1941). — [14] AHLSTRÖM, L., H. v. EULER u. B. HÖGBERG: H. **273**, 129 (1942). — [15] SEALOCK, R. R.: Science, N. Y. **94**, 73 (1941). — [16] WINDISCH, F.: H. **179**, 88 (1928). Naturwiss. **34**, 190 (1947). — [17] RONDONI, P.: Schweiz. med. Wschr. **1948**, 419.

b) Die Enzyme der elementaren Atmung[1—63].

Von T. THUNBERG.

Mit 3 Textabbildungen.

Inhaltsverzeichnis.

Zusammenfassende Darstellungen: 1—61. [1] AHLGREN, G.: Zur Kenntnis der tierischen Gewebsoxydation, sowie ihre Beeinflussung. Skand. Arch. Physiol. **47**, Suppl.-Bd., 1—266 (1925). — [2] BACH, A.: Die langsame Verbrennung und die Oxydationsfermente. Fortschr. naturw. Forsch. **1**, 85 (1910). — [3] BACH, A.: Oxydationsprozesse in der lebenden Substanz. Handb. Biochem. 1. Aufl. Erg.-Bd. (1913). — [4] BATTELLI, F., u. L. STERN: Die Oxydationsfermente. Ergebn. Physiol. **12**, 96—268 (1912). — [5] BERSIN, TH.: Kurzes Lehrbuch der Enzymologie. 2. Aufl. Leipzig 1939. (Zit. Bersin, Enzymologie.) — [6] BERNHAUER, K.: Biochemie der oxydativen Gärungen. Ergebn. Enzymforsch. **3**, 185—226 (1934). — [7] BERTHO, A.: Mechanismus der Dehydrierung. Ergebn. Enzymforsch. **2**, 204—238 (1933). — [8] BIGWOOD, E. J.: Le Mécanisme de la respiration cellulaire. Paris 1936. — [9] BODLÄNDER, G.: Über langsame Verbrennung. Samml. chem. u. chem.-techn. Vortr., Bd. **3**, Heft 11 u. 12 (1899). [10] DAKIN, H. D.: Physiological oxidations. Physiol. Rev. **1**, 394—420 (1921). — [11] DAKIN, H.D.: Oxydations and Reductions in the Animal Body. 2. Aufl. London 1922. — [12] DIXON, M.: Oxidation mechanisms in animal tissues. Biol. Rev. **4**, 352—397 (1929). — [13] EHRLICH, P.: Das Sauerstoffbedürfnis des Organismus. Berlin 1885. — [14] ELLIOTT, K. A. C.: Biological oxidation-reduction catalysts. Handb. Katalyse (SCHWAB) **3**, 292—505 (1941). — [15] ENGLER, C., u. J. WEISSBERG: Kritische Studien über die Vorgänge der Autoxydation. Braunschweig 1904. — [16] EULER, H. v., K. MYRBÄCK u. R. NILSSON: Neuere Forschungen über den enzymatischen Kohlenhydratabbau. Ergebn. Physiol. **26**, 531—567 (1928). — [17] EULER, H. v.: Die Katalasen und die Enzyme der Oxydation und Reduktion, bearbeitet von EULER, H. v., W. FRANKE, R. NILSSON u. K. ZEILE. München 1934 (in der Folge zit. als Euler, Enzyme II/3. — [18] EULER, H. v.: Neuere Ergebnisse an enzymatischen Oxydations- und Reduktions-Systemen. Ergebn. Enzymforsch. **3**, 135—162 (1934). — [19] FISCHER, F. G.: Niedermolekulare

Überträger biologischer Oxydo-Reduktionen und ihre Potentiale. Ergebn. Enzymforsch. **8**, 185—216 (1939). — [20] FULMER, E. I.: The thermodynamics of cell reactions. Ergebn. Enzymforsch. **1**, 1—20 (1932). — [21] GREEN, D. E.: Mechanism of Biological Oxidations. Cambridge 1940. — [22] HINSHELWOOD, C.N., and A. T. WILLIAMSON: The Reaction between Hydrogen and Oxygen. Oxford 1934. — [23] HOPKINS, F. G.: On current views concerning the mechanisms of biological oxydation. Skand. Arch. Physiol. **49**, 33 (1926). — [24] JAKOBSEN, E.: Cellernes Aandning. Kopenhagen 1936. — [25] KASTLE, J. H.: The oxidases and other oxygen-catalysts concerned in biochemical oxidations. Hyg. Lab. Bull. **59** (1909). — [26] KEILIN, D.: Cytochrome and intracellular respiratory enzymes. Ergebn. Enzymforsch. **2**, 239—271 (1933). — [27] KEILIN, D.: Le mécanisme de la respiration intracellulaire. Bull. Soc. Chim. biol. **18**, 96 (1936). — [28] KENDALL, A. I.: Bacterial metabolism. Physiol. Rev. **3**, 438—455 (1923). — [29] LIEBEN, F.: Geschichte der Physiologischen Chemie. Leipzig u. Wien 1935. — [30] LIPMANN, F.: Metabolic process patterns. Greens Currents biochem. Res. 137—148. — [31] LIPSCHITZ, W.: Übersicht über die chemischen Systeme des Organismus und ihre Fähigkeit, Energie zu liefern. Handb. Physiol. **1**, 26—67 (1927). — [32] MANCHOT, W.: Freiwillige Oxydation. Leipzig 1900. [33] MELDRUM, NORMAN H.: Cellular Respiration. London 1934. — [34] MICHAELIS, L.: Fundamentals of oxidation and reduction: Greens Currents biochem. Res. S. 207—227. Biological oxidations and reductions. Ann. Rev. **16**, 1—34 (1947). — [35] MARTIUS, C.: Die tierische Gewebsatmung. Ergebn. Enzymforsch. **8**, 247—266 (1939). — [36] MEYERHOF, O., and others: A Symposion on Respiratory Enzymes. Madison, Wisc. 1942. — [37] MÜLLER, D.: Die Oxydationsenzyme und die biologischen Oxydationen. Kopenhagen 1934. — [38] OPPENHEIMER, C.: Oppenheimer, Fermente **2**, 1213 (1926). — [39] OPPENHEIMER, C., K. G. STERN and W. ROMAN: Biological Oxidation. Den Haag 1939. — [40] QUASTEL, J. H.: Bacterial enzyme reactions. Ergebn. Enzymforsch. **1**, 209—230 (1932). — [41] RAPER, H. S.: The aerobic oxidases. Physiol. Rev. **8**, 245—282 (1928). — [42] SCHAER, E.: Die neuere Entwicklung der SCHÖNBEINschen Untersuchungen über Oxydationsfermente. Z. Biol. **37**, 320 (1899). — [43] STEPHENSON, M.: Bacterial Metabolism. 3. Aufl. London 1949. — [44] STERN, LINA: Über den Mechanismus der Oxydationsvorgänge im Tierorganismus. Jena 1914. — [45] TAMIYA, H.: Le bilan matériel et l'énergétique des synthèses biologiques. Paris 1935. — [46] THUNBERG, T.: Die biologische Bedeutung der Sulfhydrylgruppe. Ergebn. Physiol. **11**, 328—344 (1911). — [47] THUNBERG, T.: Der jetzige Stand der Lehre vom biologischen Oxydationsmechanismus. Handb. Biochem. Erg.-Bd. S. 245—281 (1930). — [48] THUNBERG, T.: Die Dehydrasen. Handb. Biochem. Erg.-W. **1**, 518—537 (1933). — [49] THUNBERG, T.: Biologische

α) Die Entwicklung unserer Anschauungen über die biologische Oxydation.

1. Das Hauptproblem.

Die dem Körper zugeführten Nahrungsstoffe und deren Hydrolyseprodukte werden bei Körpertemperatur oder ähnlicher niedriger Temperatur nicht von molekularem Sauerstoff angegriffen. Im Inneren der Zellen werden sie dagegen mit größter Leichtigkeit oxydiert, unter Bildung von Endprodukten des Stoffwechsels wie Kohlensäure, Wasser und Harnstoff. Warum werden diese „dysoxydablen" Substanzen in den Zellen so leicht oxydiert?

2. Ältere Ansichten.

a) SCHÖNBEINs Auffassung (1846). SCHÖNBEIN (1799—1868), der Entdecker des Ozons, widmete die beiden letzten Jahrzehnte seines Lebens besonders dem Studium der biologischen Oxydationsvorgänge. Er legte seine Ansicht in einer uns heute fremden Terminologie vor. Man könnte sie am besten als eine Sauerstoffaktivierungstheorie bezeichnen. Er nahm in den Lebewesen „die Anwesenheit beweglich-tätigen Sauerstoffs" an und führte dessen Wirkung auf Sauerstofformen mit „ozonidischen Eigenschaften" zurück. Die Wirkung des Sauerstoffs erklärte er mit einer „Sauerstoffpolarisation". Auch die Anwesenheit von Wasserstoffsuperoxyd in den Organismen spielt in seiner Deutung eine Rolle. SCHÖNBEIN verwertete im übrigen seine Beobachtungen über Oxydationskatalysatoren und ihre Hemmung durch Cyanwasserstoff. Den Physiologen seiner Zeit erschien er vor allem als der Fürsprecher für die Bedeutung des Ozons bei den biologischen Oxydationsvorgängen. Es war jedoch leicht, einer solchen Auffassung entgegenzutreten. Niemals trifft man innerhalb des Organismus Sauerstoff in dieser Form, und es wäre übrigens nicht leicht zu verstehen, wie die sehr gut gesteuerten physiologischen Oxydationserscheinungen durch eine so energische Verbindung wie Ozon zustande kommen könnten. — Die „Ozontheorie" SCHÖNBEINS wurde daher bald aufgegeben. Eine gute Schilderung der SCHÖNBEINschen Arbeit hat SCHAER[1] gegeben.

b) F. HOPPE-SEYLERs Theorie (1878). Eine andere Erklärung, die sich auf die Eigenschaften von Sauerstoffatomen in statu nascendi gründet, stammt von HOPPE-SEYLER (1825—1895). Um das Auftreten solcher Sauerstoffatome zu deuten, wies er auf die tat-

Aktivierung, Übertragung und endgültige Oxydation des Wasserstoffs. Ergebn. Physiol. **39**, 76—116 (1937). — [50] VERZÁR, F.: Der Gaswechsel des Muskels. Ergebn. Physiol. **15**, 1 bis 101 (1916). — [51] VOIT, C. v.: Physiologie des allgemeinen Stoffwechsels und der Ernährung. Handb. Physiol. (HERMANN) **6**/1 (1881). — [52] WARBURG, O.: Beiträge zur Physiologie der Zelle, insbesondere über die Oxydationsgeschwindigkeit in Zellen. Ergebn. Physiol. **14**, 253—308 (1914). — [53] WARBURG, O.: Über die katalytische Wirkung der lebenden Substanz. (Arb. aus dem Kaiser-Wilhelm-Institut für Biologie.) Berlin 1928. Eine Zusammenstellung der diesbezüglichen Arbeiten von WARBURG und Mitarbeitern bis zu 1927. — [54] WARBURG, O.: Chemische Konstitution von Fermenten. Ergebn. Enzymforsch. **7**, 210—245 (1938). — [55] WIELAND, H.: Über den Mechanismus der Oxydationsvorgänge. Ergebn. Physiol. **20**, 477—518 (1922). — [56] WIELAND, H.: Mechanismus der Oxydation und Reduktion in der lebenden Substanz. Handb. Biochem. **2**, 252—272 (1925). — [57] WURMSER, R.: Oxydations et réductions. Paris 1930. — [58] WURMSER, R.: L'électroactivité dans la chimie des cellules. Paris 1935. — [59] WURMSER, R.: Rapports et discussions relatifs à l'oxygène, ses réactions chimiques et biologiques. Inst. int. Chim. Solvay 255—302. Paris 1935. — [60] Biological oxidations und reductions in Ann. Rev.: LARDY, H. A., and C. A. ELVEHJEM: **14**, 1 (1945). — ELLIOTT, K. A. C.: **15**, 1 (1946). — MICHAELIS, L.: **16**, 1 (1947). — WEIL-MALHERBE, H.: **17**, 1 (1948). — PREISLER, P. W., and F. E. HUNTER jr.: **18**, 1 (1949). — [61] ELLIOTT, K. A. C.: Physiol. Rev. **21**, 267 (1941).

[62] *Methodisches* siehe Bamann-Myrbäck **3**, 2279—2527.

[63] Für die hier vorliegende endgültige Form dieses Kapitels der letzten Auflage des Lehrbuches von OLOF HAMMARSTEN bin ich selbstverständlich verantwortlich. Ich möchte indessen hervorheben, daß eine große Anzahl von Fußnoten, welche dem Buch größeren Wert gibt, von Professor FLASCHENTRÄGER zugefügt sind. — Herrn Professor FRANKE schulde ich Dank für eine Durchsicht des Manuskriptes gelegentlich der ersten Drucklegung im Jahre 1941. T. THUNBERG.

[1] SCHAER, E.: Z. Biol. **37**, 320 (1899).

sächliche Bildung von reduzierenden, leicht oxydierbaren Verbindungen im Tierkörper hin. Er nahm weiter an, daß solche Stoffe den molekularen Sauerstoff in Atome zersprengen, wobei sie nur das eine aufnehmen. Das andere Atom soll im Augenblick seines Entstehens zu Oxydationen besonders befähigt sein. — Auch die Theorie HOPPE-SEYLERs war nicht lebensfähig.

c) M. TRAUBEs Theorie (1882 f.). Wie HOPPE-SEYLER nahm auch M. TRAUBE (1826—1894) leicht reduzierbare Substanzen an, um die Oxydation der schwer angreifbaren Nährstoffe zu erklären. Er stellte sich indessen vor, nur ganze Sauerstoffmoleküle würden bei der Autoxydation aufgenommen. Ein wesentlicher Teil seiner Autoxydationstheorie besteht in der Annahme, daß das Wasser bei der Umsetzung einer autoxydablen Substanz (A) die Bildung von H_2O_2 verursache, wie folgende Gleichung veranschaulicht:

$$A + \begin{matrix} OHH \\ OHH \end{matrix} + \begin{matrix} O \\ \| \\ O \end{matrix} = A \begin{matrix} \diagup OH \\ \diagdown OH \end{matrix} + \begin{matrix} H-O \\ | \\ H-O \end{matrix}$$

Das in dieser Weise entstandene H_2O_2 kann nachher auch zur Oxydation dysoxydabler Verbindungen verwendet werden.

d) Die Oxydationsfermente (Oxydasen). Schon frühzeitig hat man in der Entwicklung der Lehre von den biologischen Oxydationen den Gedanken ausgesprochen, die Oxydation der dysoxydablen Substanzen geschehe durch Vermittlung von Fermenten („Oxydationsfermenten"). Bedeutsamer als diese zunächst mehr hingeworfene Vermutung war der direkte Nachweis solcher Fermente. Es ist schwierig zu entscheiden, wem die Ehre der ersten Entdeckung gebührt. Die *Auffindung der Peroxydase* läßt sich jedoch bis auf SCHÖNBEIN (1855) zurückführen. Im Jahre 1891 zeigte JAQUET, daß die Oxydation von Benzylalkohol und Salicylaldehyd im Organismus durch wasserlösliche Fermente bedingt ist. Mit den im Jahre 1894 begonnenen Untersuchungen BERTRANDs wurde das Vorhandensein spezifischer Oxydationsfermente sichergestellt, für die BERTRAND übrigens die Bezeichnung „*Oxydasen*" einführte. BERTRAND hat auch die *Tyrosinase* entdeckt, das erste Oxydationsferment mit besser bekanntem Spezifitätsgrad, sowie die *Polyphenoloxydase*. Die Zahl spezifischer Oxydasen stieg später recht wesentlich.

Die seit P. EHRLICH[1] bekannte *Indophenolreaktion* wurde von RÖHMANN und SPITZER (1895) auf die Tätigkeit eines Enzyms zurückgeführt. Der Name „Indophenoloxydase" stammt von KASTLE[2]. Die Abgrenzung der *Katalase* als eines von der Peroxydase abzutrennenden selbständigen Fermentes geht auf RAUDNITZ und OSCAR LOEW (1899—1901) zurück (vgl. S. 1216). — Das Vorhandensein einer *Alkoholoxydase* wurde 1903 einwandfrei von BUCHNER und MEISENHEIMER bewiesen. — Die erstmalige Isolierung der schon vorher nahezu sichergestellten *Xanthinoxydase* gelang 1904 SCHITTENHELM. Er beschrieb 1905 auch das Enzym, das bald darauf BATTELLI und STERN[3] genau untersuchten und als *Uricase* bezeichneten. — Ferner sei an die MACMUNNsche Entdeckung des Myo- bzw. Histohämatins erinnert (1886). Erst nachdem dieser Stoff 40 Jahre später von KEILIN[4] als *Cytochrom* neu aufgefunden wurde, erkannte man seine volle Bedeutung.

Mit den Oxydationsenzymen, die am Ende des 19. und im ersten Jahrzehnt des 20. Jahrhunderts bekannt waren, konnte man indessen die wichtigsten Oxydationen in den Zellen, d. h. die Verbrennung von Kohlenhydraten, Fett- und Eiweißstoffen, nicht erklären. Die Wirkung dieser Enzyme war allzu beschränkt und bezog sich nur auf gewisse Teilvorgänge. Nur die Peroxydase schien unter gewissen Umständen eine umfangreichere Wirkung zu besitzen.

[1] EHRLICH, P.: Das Sauerstoffbedürfnis des Organismus. Berlin 1885. — [2] KASTLE, J. H.: Hyg. Lab. Bull. **59** (1909). — [3] BATTELLI, F., u. L. STERN: Die Oxydationsfermente. Ergebn. Physiol. **12**, 96 (1912). — [4] KEILIN, D.: Ergebn. Enzymforsch. **2**, 239 (1933). Bull. Soc. Chim. biol. **18**, 96 (1936).

Die Peroxydase war es auch, auf die BACH[1] und CHODAT ihre um diese Zeit vorgelegte Theorie der biologischen Oxydation gründeten, eine Theorie, welche lange und allgemein die Ansichten von den Verbrennungsvorgängen in Pflanze und Tier beherrschte.

e) ENGLER-BACH-CHODATs Theorie[1]. Um 1895 haben gleichzeitig und voneinander unabhängig ENGLER[2] und BACH eine neue Auffassung von der Tätigkeit des Sauerstoffs bei den langsamen Verbrennungen entwickelt. Nach ihnen wirkt der Sauerstoff nicht in atomarer, sondern in molekularer Form auf die autoxydablen Stoffe ein, und zwar im ungesättigten Zustand $\begin{matrix}-O\\ |\\ -O\end{matrix}$, wobei Additionsprodukte vom Typus $A\!<\!\begin{matrix}O\\ |\\ O\end{matrix}$ oder vom Typus $\begin{matrix}A-O\\ |\\ A-O\end{matrix}$ entstehen.

Als ein besonderer Fall einer solchen Peroxydbildung darf das Auftreten von H_2O_2 nach der TRAUBEschen Vorstellung gelten. Wenn in dieser Weise ein Peroxyd AO_2 gebildet worden ist, kann nun eine zweite, an sich nicht autoxydable Substanz B von AO_2 im Sinne $AO + BO$ oxydiert werden.

Ein solcher Vorgang scheint z. B. vorzuliegen, wenn der durch molekularen Sauerstoff nicht angreifbare Indigo in Gegenwart von Benzaldehyd oxydiert wird. Der Benzaldehyd geht nämlich durch Einwirkung des Sauerstoffs der Luft in Benzopersäure $C_6H_5 \cdot CO \cdot O \cdot OH$ über, die nun ihrerseits, unter Bildung von Benzoesäure, oxydierend auf Indigo einwirkt.

ENGLER dachte, der Rest AO des früheren Peroxyds AO_2 könne vielleicht auch ein weiteres Molekül einer dysoxydablen Substanz angreifen, wobei der „Autoxydator" regeneriert würde.

Diese Auffassung wenden nun BACH und CHODAT auf *physiologische* Oxydationserscheinungen folgendermaßen an: Gewisse in den Zellen vorhandene Stoffe, wahrscheinlich Eiweiße, können auf direktem oder indirektem Wege in Peroxyde übergehen. Man hat sie „Oxygenasen" genannt, ohne dabei zunächst ihren Fermentcharakter festzulegen. Von diesen Oxygenasen kann indessen der Peroxydsauerstoff durch besondere Enzyme, die Peroxydasen, auf andere Verbindungen übertragen werden, womit eine Oxydation stattfindet.

Als Stütze dieser Peroxydtheorie hat man die allgemeine Verbreitung von Substanzen im Pflanzenreich angeführt, die nach Zusatz gewisser, isoliert nicht wirksamer Peroxyde Oxydationsvorgänge auszulösen vermögen. Auch im Tierreich ist es gelungen, solche Stoffe zu finden.

Die Verfolgung der Peroxydtheorie führte allerdings zu großen Schwierigkeiten. Sie forderte das Vorhandensein von Stoffen von Peroxydnatur (den Oxygenasen) in den Geweben, ohne daß es im allgemeinen gelungen wäre, solche Peroxyde nachzuweisen.

Aber auch die Enzymnatur der „Peroxydasen" war damals strittig. Sicher ist, daß innerhalb des Organismus auch andere Stoffe als Enzyme dieselben Wirkungen ausüben können, wie die als Peroxydasen bezeichneten Enzyme. Dies gilt z. B. von gewissen Blutfarbstoffderivaten (v. FÜRTH[3]).

Aber selbst wenn man vom Enzymcharakter der Peroxydasen ausgeht und auch das Vorhandensein gewisser Peroxyde in den Zellen nicht ausschließt, ist damit jedoch wenig für die Erklärung der wichtigsten physiologischen Oxydationserscheinungen gewonnen. Die Leistungen der bisher behandelten Enzyme erstrecken sich nicht auf die einfachen Nährstoffe und ihre nächsten Spaltprodukte.

3. Der heutige Stand unseres Wissens in schematischer Übersicht.

Während um das Jahr 1930 die Ansichten über den Hauptmechanismus der biologischen Oxydation noch scharf geteilt waren, besteht 1940 auf diesem Gebiet Einmütigkeit zwischen den verschiedenen Forscherschulen[4, 5].

---

[1] BACH, H.: Fortschr. naturwiss. Forsch. **1**, 85 (1910). Handb. Biochem. Erg.-Bd. 1. Aufl. (1913). — [2] ENGLER, C., u. J. WEISSBERG: Kritische Studien über die Vorgänge der Autoxydation. Braunschweig 1904. — [3] FÜRTH, O. v.: Probleme der physiologischen und pathologischen Chemie Bd. 2, 532. Leipzig 1913. Siehe auch 2. Aufl., **2**, 508. 1928. — [4] FRANKE, W.: Angew. Chem. **53**, 580 (1940). — [5] ELLIOTT, K. A. C.: Physiol. Rev. **21**, 267 (1941).

Allgemein anerkannt ist heute die von HEINRICH WIELAND 1912/13 vorgelegte *Wasserstoffaktivierungstheorie*, der zufolge Wasserstoffgruppen der Nährstoffe, eventuell ihrer hydrolytischen Spaltprodukte, unter dem Einfluß von Enzymen eine erhöhte Reaktivität erhalten, wodurch eine oxydative Umwandlung der fraglichen Stoffe vorbereitet wird. Allgemein anerkennt man heute auch die Lehre von der „Wasserstoffbewegung", d. h. vom Transport des so „aktivierten" Wasserstoffs unter enzymatischem Einfluß hin zur endgültigen Oxydation[1].

Niemand bezweifelt mehr, daß *alle aeroben Zellen über Eisen-Porphyrin-Protein-Verbindungen verfügen*, die die endgültige Oxydation eines wesentlichen Teils des Wasserstoffs der Nährstoffe vermitteln. Völlige Übereinstimmung besteht übrigens darüber, daß das von KEILIN 1925 neuentdeckte Cytochromsystem hierbei eine wichtige Rolle spielt. Dasselbe gilt auch bezüglich der Zusammenarbeit des Cytochromsystems mit einer Oxydase, die KEILIN unter dem Namen der „Indophenoloxydase" eingeführt hat, und die von OTTO WARBURG, der sie zuerst als eine Eisenporphyrinverbindung erkannte, 1924 „Atmungsferment" oder „sauerstoffübertragendes Ferment" genannt worden ist (S. 1211). Allgemein teilt man heute auch die Auffassung, daß diese Substanz, wenn die Namengebung nach den üblichen Regeln erfolgt, *Cytochromoxydase* heißen muß.

Während in den beiden ersten Jahrzehnten dieses Jahrhunderts das Interesse für den Mechanismus der biologischen Oxydation der grundlegenden Bedeutung des Problems nicht gerecht wurde, und während damals nur wenige Forscher hier als Pioniere tätig waren, kennzeichnen sich die folgenden Jahrzehnte durch eine immer stärker werdende Bearbeitung des Arbeitsfeldes.

Die Arbeiten werden heute durch bedeutende Forscher und große Forscherschulen fortgesetzt. Sowohl WIELAND (München) und WARBURG (Berlin) haben ihre Gedanken weiterentwickelt und ihre Theorien ausgebaut. Neben ihnen seien genannt HOPKINS, KEILIN und DIXON (Cambridge), v. EULER und THEORELL (Stockholm), SZENT-GYÖRGYI (Szeged), WURMSER (Paris), A. HAHN und W. FRANKE (München), SHIBATA und TAMIYA (Tokio), BIGWOOD (Brüssel), KNOOP, MARTIUS (Tübingen), KREBS (Sheffield).

Unsere Schilderung des jetzigen Standes der Lehre vom Mechanismus der biologischen Oxydation läßt sich am besten an zwei anschaulichen graphischen Darstellungen, von KEILIN[2] bzw. von DIXON[3], anknüpfen. *Beide Forscher nehmen an, die Zellen besitzen Mittel, sowohl Wasserstoff wie Sauerstoff zu aktivieren.* KEILINS (Abb. 92) Schema führt eine wichtige Einzelheit besser aus, DIXONS (Abb. 93) ist in anderer Hinsicht vollständiger. Sie werden hier etwas abgeändert wiedergegeben.

a) Das KEILINsche Schema anerkennt die WIELANDsche Lehre vom katalytischen Einfluß auf die dysoxydablen Nährstoffmoleküle, vermittelt durch eine besondere Gruppe von Enzymen, die *Dehydrasen*[4]. Unter anderem erfolgt eine *Aktivierung des Wasserstoffs* der in Frage stehenden Moleküle. Es ist dies der Wasserstoff, *der mit dem Sauerstoff zur Reaktion gelangt.* Doch erfordert diese Umsetzung wenigstens zu einem wesentlichen Teil die Mitwirkung von besonderen Einrichtungen.

Ein bedeutungsvoller Vorgang wird durch ein System ermöglicht, dessen Wert gerade durch KEILIN klargelegt worden ist, das *System Cytochrom + Cytochromoxydase. Die Cytochromoxydase aktiviert den molekularen Sauerstoff.* Das Cytochrom selbst vermag nun den so aktivierten Sauerstoff und den von

---

[1] ELEY, D. D.: The catalytic activation of hydrogen. Adv. Catalysis **1** (1948). — [2] KEILIN, D.: Proc. R. Soc. London (B) **104**, 206 (1929). — [3] DIXON, M.: Biol. Rev. **4**, 352 (1929). — [4] FRANKE, W., u. F. LORENZ: A. **532**, 1 (1937).

Dehydrasen aktivierten Wasserstoff miteinander zur Reaktion oder wenigstens zum Ausgleich ihrer Affinitäten zu bringen. Dabei pendelt das Cytochrom zwischen einer Oxydations- und einer Reduktionsstufe. KEILIN betrachtet den Weg über Cytochrom und Cytochromoxydase als den Hauptweg der Oxydation. Er läßt jedoch auch *andere Möglichkeiten offen.* Diese sollen hier mit Hilfe des DIXONschen Schemas dargestellt werden.

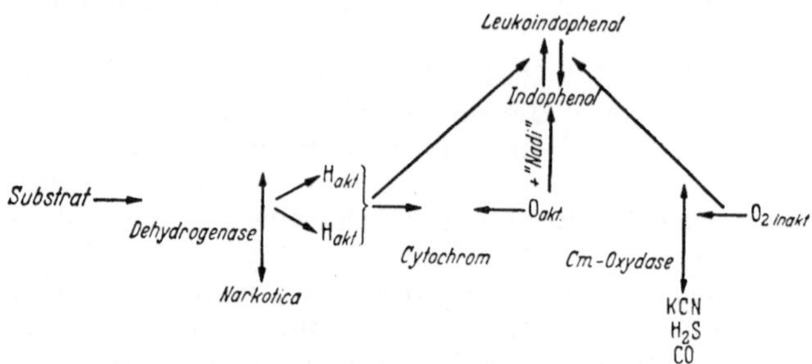

Abb. 92. KEILINS Schema der biologischen O ydation.

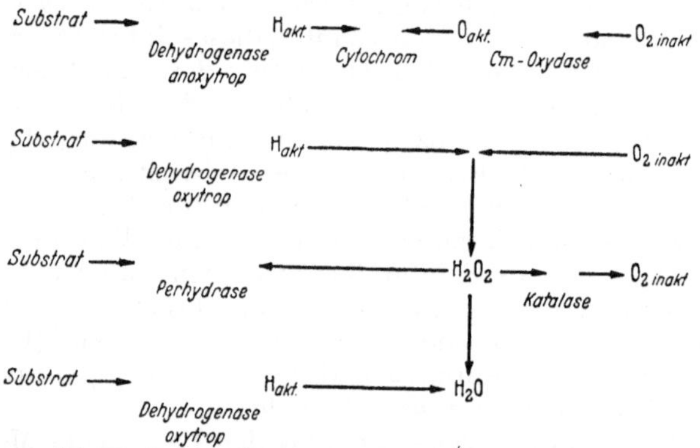

Abb. 93. DIXONS Schema der biologischen Oxydationen.

b) Auch das DIXONsche Schema geht davon aus, daß eine Aktivierung der Nährstoffmoleküle durch *Dehydrasen* für das Zustandekommen der Oxydation erforderlich ist. Es unterscheidet indessen einerseits zwischen Dehydrasen, die Wasserstoff in einer Weise aktivieren, daß dieser mit molekularem Sauerstoff sich umsetzen kann, und andererseits Dehydrasen, die zwar eine Aktivierung von Wasserstoff herbeiführen, ihn aber doch nicht instand setzen, mit molekularem Sauerstoff zu reagieren. Die Dehydrasen der ersten Art sollen hier *oxytrope* Dehydrasen genannt werden, die der letzteren Art *anoxytrope.* — Von FRANKE[1] rührt die Bezeichnung *Aero-* und *Anaerodehydrasen* her.

Ich ziehe eigentlich die Bezeichnung „Dehydrogenasen“ (Hydrogenium = Wasserstoff) vor, werde aber hier der gewöhnlichen deutschen Bezeichnungsweise folgen.

Nur der durch die anoxytropen Dehydrasen aktivierte Wasserstoff ist es, der zu seiner Reaktion mit dem molekularen Sauerstoff der Mitwirkung von *Cytochrom und Cytochromoxydase* bedarf. Das Ergebnis dieser Reaktion zwischen Wasserstoff und Sauerstoff ist Wasser. Wenn eine oxytrope Dehydrase den Wasserstoff des Substrates aktiviert, reagiert dieser direkt, ohne den Umweg über das Cytochromsystem, mit molekularem Sauerstoff, wobei H_2O_2 entsteht.

[1] FRANKE, W., u. K. HASSE: H. **249**, 231 (1937).

c) Das so in den Zellen gebildete H_2O_2 wird durch die **Katalase** in den Zellen sofort gespalten, wenn die Konzentration des Wasserstoffsuperoxyds ein gewisses Minimum überschreitet. Ein Teil des Wasserstoffsuperoxyds reagiert unter der Einwirkung des Peroxydasesystems in den Zellen mit gewissen Bestandteilen und wirkt an ihrer Oxydation mit. Das aus aktiviertem Wasserstoff und molekularem Sauerstoff gebildete Wasserstoffsuperoxyd kann schließlich als ein Wasserstoffacceptor im Verhältnis zu dem von Dehydrasen aktivierten Wasserstoff wirken. Hierbei wird Wasser gebildet. Auch dieser Vorgang ist in obigem Schema von DIXON angedeutet.

β) Die einzelnen Enzyme der elementaren Atmung (Redoxasen)[1-8].

1. Die Dehydrasen.

Andere Bezeichnungen: Dehydrogenasen oder Hydrogenotransportasen (THUNBERG); wasserstoffbewegende Enzyme, Hydrokinasen (H. WIELAND); Redoxasen (U. v. EULER); Pyridinproteide, Alloxazinproteide usw. (O. WARBURG).

A. Allgemeines.

a) Zur Geschichte der Dehydrierungtheorie. Die WIELAND*sche Oxydationstheorie* wird zunächst 1912 auf dem Gebiet der reinen Chemie entwickelt[9, 10]. Das einfachste Beispiel einer Oxydation, bei der eine Aktivierung des Wasserstoffs die Ursache für das Zustandekommen der Reaktion zu sein scheint, ist die Reaktion:

Wasserstoff + Sauerstoff = Wasser.

Reiner Wasserstoff und reiner Sauerstoff reagieren nicht mit meßbarer Geschwindigkeit bei niedriger Temperatur miteinander. In Gegenwart von feinverteiltem Platin oder Palladium tun sie dies jedoch:

$$H_2 + O_2 + (Pt) \rightarrow H_2O_2.$$

H_2O_2 wird dann in Wasser und Sauerstoff gespalten, ein Vorgang, der ebenfalls durch Platin katalysiert wird:

$$2\,H_2O_2 + (Pt) \rightarrow O_2 + 2\,H_2O.$$

Früher hatte die Auffassung geherrscht, diese Reaktion beruhte auf einer Aktivierung von Sauerstoff mit Bildung eines Peroxydes des katalytisch wirkenden Metalls. Seitdem indessen Wasserstoffsuperoxyd als Zwischenprodukt bei dieser Umsetzung nachgewiesen worden ist, erscheint es wahrscheinlicher, daß Wasserstoff aktiviert wird und daß das Sauerstoffmolekül die Rolle des „Acceptors" für den aktivierten Wasserstoff spielt[9-12].

Zusammenfassende Darstellungen über Dehydrasen: 1—8. [1] THUNBERG, T.: Biologische Aktivierung, Übertragung und endgültige Oxydation des Wasserstoffes. Ergebn. Physiol. **39**, 76—116 (1937). — [2] THUNBERG, T.: Die Dehydrogenasenforschung der letzten Jahre. Ergebn. Enzymforsch. **7**, 163—209 (1938). — [3] HARRISON, D. C.: The Dehydrogenases of animal tissues. Ergebn. Enzymforsch. **4**, 297—332 (1935). — [4] BERTHO, A.: Mechanismus der Dehydrierung. Ergebn. Enzymforsch. **2**, 204—238 (1933). — [5] MARTIUS, C.: Die tierische Gewebsatmung. Ergebn. Enzymforsch. **8**, 247—266 (1939). — *Methodisches über Dehydrasen:* [6] THUNBERG, T.: Die Methodik der Dehydrogenasen. Handb. biol. Arb.-Meth. Abt. IV, Teil 2, 2295—2403 (1936). — [7] THUNBERG, T.: Akzeptormethode, Dehydrasen der Carbonsäuren, Redoxpotentiale. Oppenheimer Fermente **3**, 1118—1134 (1928). — [8] WARBURG, O.: Wasserstoffübertragende Fermente. Berlin 1948.

[9] HOLMBERG, C. G.: Allgemeines über Wirkungsbestimmungen; Acceptormethode. Bamann-Myrbäck **3**, 2279—2294 (1941). — [10] WIELAND, H.: B. **45**, 484, 2606 (1912). — [11] FRANKE, W.: H. WIELANDs Arbeiten zum Mechanismus der biologischen Oxydation. Naturwiss. **30**, 342 (1942). — [12] WATERS, W. A.: Trans. Faraday Soc. **39**, 140 (1943).

Der Wasserstoff wird aktiviert, das geht aus der Tatsache hervor, daß andere Substanzen, z. B. Methylenblau (Mb), ein Farbstoff, der keinen Sauerstoff im Molekül enthält, als Wasserstoffacceptoren den freien Sauerstoff ersetzen können.

Durch aktivierten Wasserstoff wird Mb zu einer farblosen Leukoverbindung reduziert. Leitet man Wasserstoff durch eine Lösung von Mb, so findet keine Reduktion von Mb statt, sondern erst nach Zusatz von etwas Platinschwamm. Der Wasserstoff wird durch diesen aktiviert und reagiert nun mit dem Farbstoff unter Bildung der Leukoform.

In dem hier beschriebenen Fall handelt es sich um Aktivierung *freien* Wasserstoffes. Aber auch chemisch *gebundener* Wasserstoff kann auf dieselbe Weise aktiviert werden, wie folgendes Beispiel zeigt:

Es ist seit langem bekannt, daß Alkohol durch Sauerstoff zu Aldehyd oxydiert wird, wenn Platinschwamm anwesend ist.

$$2\,CH_3\cdot CH_2OH + O_2 \xrightarrow{Pt} CH_3\cdot CHO + 2\,H_2O.$$

In gleicher Weise wie in dem eben angeführten Beispiel ist Wasserstoffsuperoxyd ein Zwischenprodukt in der Oxydation.

Auch in diesem Fall findet also eine Aktivierung des Wasserstoffs statt. Der Sauerstoff wirkt als ein Wasserstoffacceptor, der z. B. durch Mb oder Chinon ersetzt werden kann.

Im Jahre 1913 erweiterte H. WIELAND seine Theorie, indem er auch gewisse biologische Oxydationsvorgänge einbezog. Er fand, daß Essigsäurebakterien auch in Abwesenheit von Sauerstoff Alkohol zu Essigsäure oxydieren, wenn nur ein geeigneter Wasserstoffacceptor, z. B. Mb, anwesend ist. Der Alkohol bildet dann Essigsäure, und das Mb wird in seine Leukoform verwandelt. Was man eine Oxydation des Alkohols nannte, war in Wirklichkeit nur eine Dehydrierung.

Ein anderer von WIELAND untersuchter biologischer Vorgang war die ,,SCHARDINGER-*Reaktion*".

Frische Milch reduziert Mb nicht, auch scheint Formaldehyd, frischer Milch zugesetzt, unter deren Einwirkung keine Veränderung zu erleiden. Versetzt man jedoch frische Milch gleichzeitig mit Formaldehyd und Mb, so wird das Mb zu seiner Leukoverbindung reduziert, während der Aldehyd zu Ameisensäure oxydiert wird. Gekochte Milch zeigt diese Reaktion nicht, was darauf hindeutet, daß die Reaktion enzymatischer Natur ist.

WIELAND wies nach, daß der Aldehyd sich in diesem Fall wie ein ,,Wasserstoffdonator" verhält (um einen später von THUNBERG[1] eingeführten Ausdruck anzuwenden). Der Wasserstoff des Aldehyds, oder genauer der Wasserstoff in der Hydratform des Aldehyds wird durch das SCHARDINGER-Enzym aktiviert. Dieser aktivierte Wasserstoff geht auf das Mb über und verwandelt es in Leuko-Mb. Durch die Wasserstoffabgabe wird das Aldehydhydrat gleichzeitig zu der entsprechenden Säure umwandelt.

Schon einige Jahre vorher hatte BREDIG[2] die SCHARDINGER-Reaktion auf diese Weise gedeutet, ohne sie allerdings bis ins einzelne studiert und ohne das Aldehydhydrat in die Erklärung der Reaktion eingeführt zu haben.

Als WIELAND seine Theorie der Oxydation durch Dehydrierung entwickelte, war es ihm klar, daß er damit auch eine Reduktionstheorie aufgestellt hatte. Ein Enzym, das Wasserstofftransport vom Wasserstoffdonator zum Wasserstoffacceptor ermöglicht, wirkt sowohl oxydierend wie reduzierend, als Oxydase und Reduktase also als Redoxase.

Auf biologischem Gebiet bezog sich WIELANDs Theorie anfangs nur auf ein paar enzymatische Wirkungen, denen man wenigstens zur Zeit der Aufstellung der Theorie keine größere Bedeutung im Stoffwechsel zuschreiben konnte. Daß

[1] THUNBERG, T.: Skand. Arch. Physiol. **35**, 163 (1917); **40**, 1 (1920). — [2] BREDIG, G., u. F. SOMMER: Z. physik. Chem. **70**, 34 (1910).

sich die Theorie auf Stoffwechselprodukte (Metabolite) von höherer biologischer Bedeutung anwenden ließ, wurde von THUNBERG[1] gezeigt.

Schon bevor WIELAND seine Auffassung vorlegte, hatte THUNBERG unter Anwendung seines Mikrorespirometers den Gasaustausch bei Organfragmenten studiert und war zu der Auffassung gekommen, der Abbau der Nährstoffe ginge wenigstens zum Teil über bis dahin unbeachtete Zwischenprodukte wie Bernsteinsäure, Äpfelsäure, Citronensäure, Fumarsäure[2]. Mit der Veröffentlichung der WIELANDschen Auffassung griff nun THUNBERG die Untersuchung der Frage nach dem Mechanismus des oxydativen Abbaues dieser Stoffwechselprodukte auf, und es gelang ihm, nachzuweisen, daß der Abbau nach der WIELANDschen Theorie vor sich ging. Er bestand in einer Dehydrierung und fand unter Einwirkung einer Anzahl von Enzymen statt, die THUNBERG ganz allgemein wasserstofftransportierende Enzyme, „Hydrogenotransportasen" nannte. Sie werden, wenn man die Aufmerksamkeit besonders auf ihre Bedeutung für die Oxydation des Donators richtet, *Dehydrasen* genannt.

Nachdem sich so die WIELANDsche Auffassung der Wasserstoffaktivierung als auf intermediäre Stoffwechselvorgänge anwendbar gezeigt hatte, begann sie dieses Forschungsgebiet ganz wesentlich zu beeinflussen.

b) Zur Geschichte der Co-Enzyme[3]. In ein *neues Entwicklungsstadium* trat die Lehre von den Dehydrasen mit der Entdeckung, es seien wenigstens gewisse von ihnen in ihrer wasserstoffübertragenden *Wirkung von der Anwesenheit eines* „Co-*Enzyms*" abhängig.

Schon 1919 hat MEYERHOF[4] wahrscheinlich gemacht, daß die Oxydation der Milchsäure durch Muskeln an die Anwesenheit eines Co-Ferments gebunden ist. Bewiesen ist die Bedeutung des Co-Ferments durch SZENT-GYÖRGYI[5] 1925. Etwas später (1925) fanden v. EULER und R. NILSSON[6] bei Versuchen an Hefe unter Anwendung von Hexosediphosphat (Zymophosphat) als Donator, daß die Aktivierung desselben die gleichzeitige Anwesenheit eines Enzyms sowie eines Co-Enzyms erfordert. Dabei sprachen sie die Vermutung aus, das betreffende Co-Enzym sei die Co-Zymase. Hinsichtlich des Zusammenwirkens der Co-Enzyme mit dem „Enzym" wiesen sie auf die Möglichkeit hin, „Enzym" und Co-Enzym verbinde sich zu einem Symplex. Erst dieser Symplex besitzt das Vermögen, die Wasserstoffgruppe des Donators zu aktivieren.

c) Über den allgemeinen Bau der Enzyme. Der zweite Schritt in der Entwicklung war die Einordnung des Enzym-Co-Enzymsystems in die Vorstellung vom *allgemeinen Bau der Enzyme*, die auf gewisse Schlußfolgerungen von MATHEWS und GLENN[7] bezüglich der Zusammensetzung des Invertins zurückgehen. Nach dieser Anschauung, die sich allmählich herausgebildet hat, besteht ein Enzym aus einem kolloidalen Träger und einer daran geknüpften aktiven Gruppe oder, wie man gewöhnlich sagt, einer prosthetischen Gruppe. *Die prosthetische Gruppe kann verschieden fest an den kolloidalen Träger gebunden sein.* In gewissen Fällen ist ihre Bindung nicht fest, so daß das Enzym unter biologischen Verhältnissen in mehr oder weniger dissoziierter Form vorliegt. In diesem Fall hat die Entfernung des in der Lösung vorhandenen Anteils der freien prosthetischen Gruppe aus derselben eine weitere Dissoziation des Enzyms im Gefolge, bis alle dissoziablen prosthetischen Gruppen entfernt sind und nur

[1] Siehe Fußnote [1] S. 1179. — [2] Siehe VERZÁR, F.: Der Gaswechsel des Muskels. Ergebn. Physiol. **15**, 1—101 (1916). — [3] SCHLENK, FRITZ: Die Codehydrasen I u. II und zugehörige Apodehydrasen. Bamann-Myrbäck **3**, 2295—2320. — [4] MEYERHOF, O.: Pflügers Arch. **175**, 20 (1919). — [5] SZENT-GYÖRGYI, A. v.: B. Z. **157**, 50 (1925). — [6] EULER, H. v., K. MYRBÄCK u. R. NILSSON: Ergebn. Physiol. **26**, 531—567 (1928). — [7] MATHEWS, A. P., and T. H. GLENN: J. biol. Ch. **9**, 51 (1911). Siehe hier auch GRASSMANN-TRUPKE S. 1023, 1038/39.

der kolloidale Träger übrigbleibt. Ist nun die Enzymwirkung an das nicht dissoziierte Enzym geknüpft, so verschwindet die Enzymwirkung bei Entfernung der prosthetischen Gruppe aus der Lösung, um zurückzukehren, wenn diese sich erneut mit dem kolloidalen Träger verbindet.

v. EULER[1] war es, der 1935 als erster das Co-Enzym und die dissoziable prosthetische Gruppe identifizieren zu können meinte (s. S. 1038). Die von ihm und ADLER vorher aufgestellte Terminologie:

Holo-Enzym = Apo-Enzym + Co-Enzym

ist also den von anderer Seite vorgeschlagenen Formulierungen gleichwertig:

Ferment = aktive Gruppe + Träger (WILLSTÄTTER),
Symplex = Agon + Pheron (KRAUT und v. PANTSCHENKO-JUREWICZ[2]),
Proteid = prosthetische Gruppe + Protein (O. WARBURG[3]).

Gegen die allgemeine Gleichsetzung des Co-Enzyms und der prosthetischen Gruppe der Oxydationsenzyme haben sich indessen DIXON und ZERVAS[4] in einer wichtigen Untersuchung ausgesprochen. Besonders stützen sie sich darauf, daß gewisse Enzyme zwar in manchen Fällen der Mitwirkung von Co-Zymase für die Überführung des Substratwasserstoffs auf die Acceptoren bedürfen, in anderen Fällen jedoch nicht. In zahlreichen Fällen hat das Co-Enzym die Eigenschaft eines Substrates und nicht den einer prosthetischen Gruppe eines Proteins.

d) Die prosthetischen Gruppen der Dehydrasen. Die Forschung, die sich mit der Klarstellung des chemischen Aufbaues der verschiedenen Anteile der Holo-Enzyme beschäftigt hat, ist sehr fruchtbar gewesen. Dank dem Laboratorium WARBURGs, dem hier große Ehre gebührt, doch auch dank dem v. EULERschen Laboratorium und anderen wissen wir jetzt, daß die Dehydrasen eine der folgenden prosthetischen Gruppen besitzen können:

α) Pyridin-adenin-dinucleotide mit Nicotinsäureamid als reversibler Redoxgruppe. Die betreffenden Dinucleotide können auftreten, entweder als Diphospho-pyridin-nucleotid, das mit der Co-Zymase identisch ist (Co-Dehydrase I) oder als Triphospho-pyridin-nucleotid (Co-Dehydrase II). (Formeln: S. 832 u. 833.)

WARBURG definiert die prosthetische Gruppe als den „*reversibel* von dem Eiweiß abtrennbaren Bestandteil“[5].

Da die Zusammensetzung der Co-Dehydrase I in v. EULERS Laboratorium erkannt worden ist, nennt man sie auch Co-Dehydrase EULER. Etwas früher war die Zusammensetzung der Co-Dehydrase II im WARBURGschen Laboratorium klargestellt worden, daher die Bezeichnung „Co-Dehydrase WARBURG“.

β) Alloxazin-adenin-dinucleotid. Die Zusammensetzung dieses Stoffes haben WARBURG und CHRISTIAN (1932) aufgeklärt (Formel s. S. 1037).

γ) Thiamin-pyrophosphat (= Aneurin- oder Vitamin B_1-pyrophosphat) (Formel s. S. 1037).

δ) Eisen-porphyrin-Gruppen (Cytochromoxydase, Katalase, Peroxydase) (s. S. 875, 886, 879).

ε) Cu-Gruppen (ortho- und para-Polyphenol-oxydase)[6, 7].

[1] EULER, H. v., E. ADLER, F. SCHLENK u. B. GÜNTHER: H. **233**, 120 (1935). — [2] KRAUT, H., u. W. v. PANTSCHENKO-JUREWICZ: B. Z. **275**, 114 (1935). — [3] WARBURG, O.: Chemische Konstitution von Fermenten. Ergebn. Enzymforsch. **7**, 210—245 (1938). Vgl. Zusammenfassungen von ALBERS, H.: Angew. Chem. **49**, 448 (1936) und von EULER, H. v.: Angew. Chem. **50**, 831 (1937). — [4] DIXON, M., and L. G. ZERVAS: Biochem. J. **34**, 371 (1940). — [5] WARBURG, O.: Ergebn. Enzymforsch. **7**, 211 (1938). — [6] DAWSON, C. R., and M. F. MALLETTE: The copper proteins. Adv. Protein Chem. **2**, 179 (1945). Siehe dort auch noch andere metallhaltige Proteine. — [7] WARBURG, O.: Schwermetalle als Wirkungsgruppen von Fermenten. Berlin 1946.

Schon früh ist die Frage aufgeworfen worden (THUNBERG[1]), ob eine SH-Gruppe (Sulfhydryl- oder Thiolgruppe) eine Rolle spielen könnte als Träger der enzymatischen Aktivität der Succinodehydrase. Die Frage ist eingehend von BARRON und SINGER geprüft worden. Sie haben durch Untersuchung der Hemmungswirkung auf das Enzym festgestellt, welches Enzym für seine Aktivität von einer SH-Gruppe abhängig ist und welches nicht. Als Hemmungssubstanzen haben sie vor allem gewisse Quecksilber-, Arsen- und Jodverbindungen benutzt. Wird das Enzym durch reduziertes Glutathion reaktiviert, so ist ein weiterer Grund zu der Annahme gegeben, daß diese Enzymwirkung durch eine SH-Gruppe hervorgerufen wird. Hier folgen einige Tabellen über Oxydationsenzyme, die gemäß den hier angegebenen Prüfungen als Sulfhydrylverbindungen aufgefaßt werden können, bzw. als von der SH-Gruppe unabhängige Enzyme[2]. Auf folgende Substrate eingestellte Dehydrasen (Oxydasen) sind teils SH-abhängig (A), teils SH-unabhängig (B).

Tabelle 187. SH-Abhängigkeit der Dehydrasen.

A : SH-abhängig	B : SH-unabhängig
Brenztraubensäure	Cytochromoxydase
Hexosemonophosphorsäure	Katalase
Glyceraldehydphosphorsäure	Alkohol (Leber)
Glycerin	Milchsäure
α-Ketoglutarsäure	Iso-citronensäure
Bernsteinsäure	Uricase
Äpfelsäure	Diamino-oxydase
Alkohol	Polyphenol-oxydase
Stearinsäure (Bakterien und Leber)	Oleinsäure (Arachis)
Oleinsäure (Bakterien)	
Essigsäure (Hefe, Bakterien)	
β-Oxybuttersäure	
D-Aminosäure	
L-Glutaminsäure	
Cholin	

e) Die Apo-Enzyme. Was die Zusammensetzung des Apo-Enzyms, also des kolloidalen Trägers angeht, war es seit BATTELLIs und STERNs[3] Untersuchungen über den Einfluß des Trypsins auf gewisse Dehydrasen höchst wahrscheinlich, daß wir es mit *Eiweißstoffen* zu tun haben.

Die letzten Zweifel sind geschwunden, seit Apo-Enzyme nunmehr in reiner krystallinischer Form dargestellt worden sind und in dieser Form die Zusammensetzung eines Eiweißes haben.

Zusammenstellung der krystallisierten Fermente s. Tabelle 173 S. 1034/35.

f) Wirkungsweise der Co-Dehydrasen. Sämtliche Co-*Dehydrasen* können *in einer oxydierten und in einer reduzierten Form* auftreten. Die Reduktion erfolgt unter dem Einfluß des aktivierten Wasserstoffs des Substrates. Die Oxydationsform entsteht durch Abgabe von Wasserstoff. Von der Apo-dehydrase befreit, können sich die Co-Dehydrasen verschiedenartig verhalten.

[1] THUNBERG, T.: Skand. Arch. Physiol. **33**, 223 (1916). — [2] BARRON, E. S. G., and T. P. SINGER: J. biol. Ch. **157**, 221 (1945). — [3] BATTELLI, F., u. L. STERN: B. Z. **34**, 273 (1911). —

Die beiden Pyridin-Co-Dehydrasen sind nicht autoxydabel. *Der weitere Wasserstofftransport* erfolgt unter dem Einfluß wieder anderer Dehydrasen, nämlich der von v. EULER[1] (1938) entdeckten *Diaphorasen*, die zu den „gelben Fermenten" gehören. Eine solche ist spezifisch auf Co-Dehydrase I eingestellt, eine andere auf Co-Dehydrase II. Ungefähr gleichzeitig mit v. EULER entdeckte GREEN[2] den Mechanismus beim Wasserstofftransport von den Pyridindehydrasen und nannte den wirksamen Stoff den „Co-*Enzymfaktor*".

g) Über gelbe Fermente[3]. Während das *Alloxazin-adenin-di-nucleotid* zweifellos die prosthetische Gruppe[4] in einer Anzahl von Enzymen ausmacht (in der Aminosäuredehydrase, den beiden Diaphorasen, der Fumarhydrase und möglicherweise noch weiteren), war es lange zweifelhaft, ob das *Alloxazin-mononucleotid* dieselbe Rolle spielt. Dieses Nucleotid ist zwar bei Spaltung eines Stoffes erhalten worden, den WARBURG und CHRISTIAN 1932 aus Hefe dargestellt und als das „*gelbe Enzym*" bezeichnet hatten. Es wird heute „altes gelbes" Enzym genannt. Die Einreihung dieses Stoffes in die Gruppe der Enzyme weckte indessen Widerspruch (OGSTON und GREEN, THUNBERG), der besonders auf dem Umstand fußte, daß das sog. gelbe Enzym die Fähigkeit der Wasserstoffaktivierung vermissen ließ, die sonst den Dehydrasen eigen ist. Das zuerst angegebene Substrat dieses „Enzyms", ROBISONs Hexose-mono-phosphorsäure, muß zuerst durch seine spezifische Dehydrase aktiviert werden, ehe sein Wasserstoff vom „Enzym" aufgenommen wird. Weitere Untersuchungen haben übrigens gezeigt, daß „das gelbe Enzym" nicht die spezifische Einstellung auf das Substrat besitzt, die man von den Dehydrasen her kennt.

Nach THEORELL[5] wirkt das gelbe Ferment überall da, wo Dehydrierungen oder Hydrierungen durch Co-Fermente erfolgen (s. Tabelle 188).

Tabelle 188. Mitwirkung des „gelben Ferments" an Redoxasesystemen nach EULER[6] und FRANKE[7].

ROBISON-Ester (Hefe)	Glycerinaldehyd (Muskel)
NEUBERG-Ester (Muskel)	Alkohol (Hefe, Pflanzensamen, Leber)
Hexosediphosphat (Hefe, Muskel)	Ameisensäure (Pflanzensamen, Bact. coli)
Glucose (Leber)	Milchsäure (Muskel)
Gluconsäurephosphat (Hefe)	Äpfelsäure (Muskel)
Dioxyaceton-phosphat (Hefe)	Citronensäure (Muskel, Pflanzensamen)
Glycerinaldehyd-phosphat (Hefe)	Glutaminsäure (Hefe, Leber und andere tierische Organe)
α-Glycerinphosphat (Pflanzensamen, Muskel)	

Durch seine geringe Spezifität gleicht es gewissen nichtenzymatischen Wasserstoffüberträgern, und als einen solchen faßten OGSTON und GREEN sowie THUNBERG diesen Stoff auf.

Die enge chemische Übereinstimmung, die tatsächlich zwischen dem „*alten gelben Ferment*" und anerkannten Fermenten mit Flavin-adenin-dinucleotid als prosthetischer Gruppe vorhanden ist, kann ihm ebenfalls nicht die Eigenschaft

[1] EULER, H. v., u. H. HELLSTRÖM: H. **252**, 31 (1938). — EULER, H. v., u. K. HASSE: Naturwiss. **26**, 187 (1938). — [2] GREEN, D. E., and J. G. DEWAN: Biochem. J. **32**, 1200 (1938). — [3] THEORELL, H.: Die Alloxazinproteide (gelbe Fermente). Bamann-Myrbäck **3**, 2361—2384 (1941). — [4] KUHN, R., u. H. RUDY: B. **69**, 2557 (1936). — [5] THEORELL, H.: Ergebn. Enzymforsch. **6**, 111 (1937). — [6] EULER, H. v.: Die Co-Zymase. Ergebn. Physiol. **38**, 1 (1936). — [7] FRANKE, W.: Handb. Enzymol. (NORD-WEIDENHAGEN) **2**, 814 (1940) (dort Schrifttum).

eines Enzyms verleihen, wie behauptet wird[1]. Schon sehr kleine Strukturveränderungen können, wie uns wohlbekannt ist, einem Stoff seinen Enzymcharakter nehmen und überhaupt seine biologischen Reaktionen verändern.

Nun dürfte es vielleicht so sein, daß „das gelbe Enzym" ein künstliches Spaltprodukt ist. Die Vorgänge, die das gelbe Enzym in vitro auslöst, sind also als unbiologisch anzusehen. Die Bezeichnung Enzym bzw. „das alte gelbe Enzym" dürfte unter diesen Umständen nicht angebracht sein. Die Bezeichnung Flavinprotein oder Protoflav ist vorzuziehen.

Aus dem Enzym, das als die Muttersubstanz dieses Artefakts gelten dürfte, ist es wahrscheinlich nicht nur durch Beseitigung eines Adenin-nucleotids, sondern auch durch Veränderung des Apodehydraseanteils entstanden[2].

Immerhin hat das „alte gelbe Enzym" die Forschung auf die Gruppe der Alloxazin-nucleotide hingewiesen und so zur chemischen Kennzeichnung einer Anzahl von Dehydrasen unzweifelhaft enzymatischer Natur geführt. — In letzter Zeit hat indessen HAAS[3] ein *Alloxazinproteid* beschrieben, das alle Eigenschaften eines Enzyms hat und dessen prosthetische Gruppe ein Alloxazin-mono-nucleotid ist. Es kann als eine *Cytochromreduktase bezeichnet werden.* Die bisher bekanntgewordenen gelben Fermente sind in Tabelle 189 zusammengestellt.

Tabelle 189. Gelbe Fermente[4].

Enzym	Mono- oder Dinucleotid	Reagiert mit Dihydrocodehydrase ... bzw. mit	H_2-Acceptor
Altes gelbes Ferment. .	Mononucleotid	I und II	O_2
Cytochrom-Reduktase .	,,	II	Cytochrom$_c$
Diaphorase I	Dinucleotid	I	Cytochrome $_{a\ u.\ b}$
Diaphorase II	,,	II	,,
Aldehyd-oxydase . . .	,,	I, Aldehyde	,,
Xanthin-oxydase . . .		Xanthin	
D-Aminosäure-oxydase .	,,	D-Aminosäuren	,,
L-Aminosäure-oxydase .	Mononucleotid (?)	I, L-Aminosäuren	?
Diamin-oxydase	Dinucleotid	Dihydrocodehydrase und Polyamine	Cytochrome $_{a\ u.\ b}$
Glykokoll-oxydase . .	?	?	?

Wahrscheinlich gehört auch die Succinodehydrase zu den gelben Fermenten[5].

h) Die Co-Enzym-Spezifität der Dehydrasen sei zur besseren Übersicht hier in Tabelle 190 zusammengestellt.

i) Zur Einteilung der Dehydrasen. Von verschiedener Seite ist eine Systematik der Dehydrasen versucht worden. Einheitlichkeit ist dabei noch nicht erzielt[6]. Zu den Metallproteiden, soweit es sich um Metalle mit mehreren Wertigkeitsstufen handelt, gehören die HCN-empfindlichen Oxydasen. Den Pyridinproteiden entsprechen die anoxytropen oder Anaerodehydrasen und zu den

[1] THEORELL, H.: Handb. Enzymol. (NORD-WEIDENHAGEN) **2**, 877 (1940). — [2] EULER, H. v., u. E. ADLER: H. **238**, 233 (1936). — WARBURG, O., u. W. CHRISTIAN: B. Z. **242**, 206 (1931). — WARBURG, O., u. W. CHRISTIAN: B. Z. **266**, 377 (1933). — OGSTON, F. J., and D. E. GREEN: Biochem. J. **29**, 1985 (1935). — WARBURG, O., u. W. CHRISTIAN: B. Z. **254**, 438 (1932). — WARBURG, O., u. W. CHRISTIAN: B. Z. **298**, 372 (1938). — HAAS, E.: B. Z. **298**, 378 (1938). — PETERS, R. A.: Nature **144**, 1070 (1939). — [3] HAAS, E., B. L. HORECKER and T. R. HOGNESS: J. biol. Ch. **136**, 747 (1940). Siehe auch Bd. 2, Vitamine. — [4] KARRER, P.: Chimia, Aarau **1**, 5 (1947). — [5] AXELROD, A. E., V. R. POTTER and C. A. ELVEHJEM: J. biol. Ch. **142**, 85 (1942). — [6] FRANKE, W.: Handb. Enzymol. (NORD-WEIDENHAGEN) **2**, 724 (1940).

Tabelle 190. Co-Enzym-Spezifität der Dehydrasen[1].

Dehydrase	Herkunft aus	Co-Enzym
1. Aldehyd-	Milch, Leber	—
2. Alkohol-	Hefe, Leber	I
3. Milchsäure-	Hefe	—
4. Milchsäure-	Muskulatur	I
5. Triosephosphorsäure-	Hefe, Muskulatur	I
6. α-Glycerinphosphorsäure-	Muskulatur (löslich)	I
7. α-Glycerinphosphorsäure-	Muskulatur (unlöslich)	—
8. Hexosemonophosphorsäure-	Hefe	II
9. Phosphohexonsäure-	Hefe	II
10. Glucose-	Leber	I oder II
11. Glucose-	Aspergillus	—
12. Bernsteinsäure-	Muskulatur	—
13. Äpfelsäure-	Muskulatur	I
14. α-Oxyglutarsäure-	Tiergewebe	—
15. D-Aminosäure-	Tiergewebe	F
16. Glutaminsäure-	Hefe, Bakterien	II
17. Glutaminsäure-	Leber, Pflanzen	I

I = Co-Enzym I; II = Co-Enzym II; F = Flavin-dinucleotid; — = die entsprechende Dehydrase braucht (wahrscheinlich) kein Co-Enzym.

Alloxazinproteiden, den gelben Fermenten, zählen die oxytropen[2] oder Aerodehydrasen, zum Teil auch Oxhydrasen[3] genannt.

Eine gut brauchbare Einteilung der Dehydrasen (DH.) ist die folgende:

a) Cytochrom-spezifische DH.,

b) Co-Dehydrase-I-spezifische DH., und

c) Co-Dehydrase-II-spezifische DH.

Als Beispiel für die verschiedenen Gruppen seien genannt:

a) Cytochrom-spezifische DH. L-(+)-α-Glycerinphosphorsäure-DH.; (unlösliche) Bernsteinsäure-DH.; Milchsäure-DH. (aus Hefe).

b) Co-DH.-I-spezifische DH. α-Glycerinphosphorsäure-DH.; (lösliche) Milchsäure-DH. (aus Muskel); Äpfelsäure-DH.; Triosephosphorsäure-DH.; Alkohol-DH.; β-Oxybuttersäure-DH.; Glucose-DH.; L-Glutaminsäure-DH.

c) Co-DH.-II-spezifische DH. Glucose-DH. (aus Leber); L-Glutaminsäure-DH.; Hexosemonophosphorsäure-DH.; iso-Citronensäure-DH.

Einige Dehydrasen sind oben bei zwei Gruppen angeführt. So kommt die *α-Glycerinphosphorsäure-DH.* sowohl in Gruppe A als auch in Gruppe B vor. Diese Dehydrasen unterscheiden sich jedoch in mancher Hinsicht voneinander. Das zur Gruppe A gerechnete Enzym hat die Eigenschaft der L-(+)-α-Glycerinphosphorsäure-DH. und setzt sein Substrat in 3-Glycerinaldehydphosphorsäure um. Es ist unlöslich. Die α-Glycerinphosphorsäure-DH. der Gruppe B ist dagegen löslich. Sie verlangt außerdem die Mitwirkung von Co-DH. I und ist spezifisch eingestellt auf die D-(—)-Form der α-Glycerinphosphorsäure, also nicht auf die L-(+)-Form. Sie kann nicht ohne weiteres den Wasserstoff des Substrates binden. Dieser muß vielmehr zuerst von der Co-DH. I aufgenommen werden, wobei deren reduzierte Form gebildet wird.

[1] Nach DIXON, M.: Ann. Rev. 8, 3 (1939). — [2] Die oxytropen Dehydrasen: Bamann-Myrbäck 3: LYNEN, F.: Das Schardinger Enzym; Nucleinsäuredehydrase. S. 2347—60. THEORELL, H.: Alloxazin-Proteide (gelbe Fermente) 2361—84. — [3] FRANKE, W.: Die Oxyhydrasen. Bamann-Myrbäck 3, 2385—2424.

Die *Milchsäure-DH.* ist sowohl in Gruppe A wie B aufgeführt. Die Milchsäure-DH. der Gruppe A kommt in der Hefe vor, diejenige der Gruppe B in der Muskulatur. Die betreffenden Dehydrasen unterscheiden sich dadurch, daß das Milchsäureenzym aus Muskel die Anwesenheit von Co-DH. für eine Reduktion von Mb. erfordert, was dagegen nicht der Fall ist, wenn das Enzym aus Hefe hergestellt ist. Milchsäure-DH. aus Hefe katalysiert die Oxydation von L-(+)-Milchsäure unter Bildung von Brenztraubensäure. Sie ist auf D-(—)-Milchsäure und andere β-Oxysäuren ohne jede Einwirkung. Milchsäure-DH. aus Hefe enthält Hämatin. — Sowohl die B-Gruppe als auch die C-Gruppe enthalten eine *Glucose-DH.* Die zur B-Gruppe gehörende Glucose-DH. katalysiert die Oxydation von D-Glucose zu einer entsprechenden Gluconsäure. Diese DH. ist spezifisch eingestellt auf D-Glucose und hat aus diesem Grunde für analytische Zwecke Verwendung gefunden. Diese Dehydrase hat indessen die Eigenart, als Wasserstoffacceptor sowohl die Co-DH. I als auch Co-DH. II zu benutzen. Die L-*Glutaminsäure-DH.* ist sowohl in Gruppe B als auch C aufgenommen. Das hier in Frage kommende Enzym ist auf die L-(—)-Glutaminsäure eingestellt und kann überhaupt nicht mit D-Isomeren reagieren und ebensowenig mit anderen L-Aminosäuren. Die Bezeichnung Triosephosphorsäure wird gewöhnlich für ein Gleichgewichtsgemisch von 1-3-Glycerinaldehydphosphorsäure mit α-Dioxyacetonphosphorsäure gebraucht. Die *Triosephosphorsäure-DH.* reagiert jedoch nur mit der erstgenannten der beiden Isomeren. Voraussetzung hierbei ist, daß Co-DH. I und auch organisches Phosphat anwesend sind. — *Alkohol-DH.* aus Hefe wirkt auf primäre wie sekundäre Alkohole unter Bildung von entsprechenden Aldehyden und Ketonen. In der Leber von Säugetieren findet man eine andere Alkohol-DH. — *β-Oxybuttersäure-DH.* findet man in vielen tierischen Geweben, besonders in Herz, Niere und Leber. Sie katalysiert das System L-β-Oxybuttersäure $\rightleftharpoons$ Acetessigsäure und scheint eine ausgesprochen spezifische Wirkung zu besitzen. — *Hexosemonophosphorsäure-DH.* ist in roten Blutkörperchen und Hefe gefunden worden. Sie katalysiert die Oxydation der Glucose-6-monophosphorsäure zu 6-Phosphoglykonsäure. Diese DH. ist ausgesprochen spezifisch. Sie wirkt weder auf andere Zuckerphosphate noch auf Glucose. — Die iso-Citronensäure-DH. ist im tierischen Organismus weit verbreitet. Sie wirkt auf L-iso-Citronensäure und bildet dabei Oxalbernsteinsäure. Durch anhaltende Einwirkung — wahrscheinlich eines anderen Enzyms — kommt es zu einer Umwandlung in α-Ketoglutarsäure.

Tabelle 191. Umsatzzahl je Minute („Turn-over numbers") einiger Oxydationsenzyme und „carriers" (nach BALDWIN).

	Temp. °	Umsatzzahl
Katalase	0	$2{,}5 \cdot 10^6$
Cytochrom$_c$	38	$1{,}4 \cdot 10^3$
Cytochromreduktase	25	$4 \cdot 10^2$
Aminosäureoxydase	38	$2 \cdot 10^3$
Polyphenoloxydase	20	$7 \cdot 10^4$
Alkoholdehydrase (Co I)	20	$2 \cdot 10^4$
Triosephosphatdehydrase (Co I)	20	$2 \cdot 10^4$

Weiß man, welche Substanzmenge als Substrat von irgendeinem Enzym je Minute und je Mol Enzym umgewandelt wird, so kann man berechnen, wie oft ein Enzymmolekül zwischen seiner Reduktionsform und Oxydationsform wechselt. Den Zahlenwert für diesen Wechsel je Minute nennt man „Turnover number" (Umsatzzahl). In Tabelle 191 sind die Umsatzzahlen (je Minute) nach BALDWIN[1] für einige Enzymsysteme bei den angeführten Temperaturen angegeben.

Die Frage nach den Hauptwegen des Wasserstofftransportes in den Geweben warmblütiger Tiere von den Kohlenhydraten und anaeroben Abbauprodukten zum Cytochrom bzw. Sauerstoff ist von BREUSCH[2] studiert worden. Der eine Weg geht über Diaphorase-I-Cytochrom A und B, der andere über „gelbes Ferment" — Succinodehydrase — Cytochrom c. Dieser letztgenannte ist der Hauptweg. In allen Organen, die nach BREUSCH[2] Oxalessigsäure reduzieren (Muskel, Leber, Niere, Pankreas, Gehirn), kann der größte Teil der Atmung der Oxalessigsäurereduktion und deren Umkehr der Oxydation der L-Äpfelsäure zugeschrieben werden. In allen Organen, die Oxalessigsäure nicht reduzieren (Lunge, Milz, Hoden, Placenta, Embryo, Nerven), ist auch die Oxydation der L-Äpfelsäure 20- bis 30mal schwächer.

Der Mechanismus der Fettsäureoxydation ist kürzlich Gegenstand einer zusammenfassenden Darstellung von LELOIR[3] gewesen. Nach ihm können die meisten Tatsachen dadurch erklärt werden, daß die Fettsäuren im Organismus einer β-Oxydation unter Bildung einer reaktiven 2-Kohlenstoffatom-Verbindung unterzogen werden. Diese Substanz, die auch bei der Oxydation von Brenztraubensäure gebildet wird, ist imstande, mit verschiedenen Substanzen zu reagieren. Mit Essigsäure bildet sie die Acetessigsäure, mit Oxalessigsäure oder einer verwandten Verbindung tritt sie in den Tricarbonsäurecyclus ein und wird dort einer vollständigen Oxydation unterworfen. Der Vorgang ist der gleiche in einigen Mikroorganismen.

B. Spezielle Dehydrasen.

a) Formicodehydrase[4,5]. Die Formicodehydrase (THUNBERG[6] 1920) katalysiert das System Ameisensäure-Kohlensäure:

$$H \cdot COOH \rightarrow 2\,H + CO_2 .$$

Daß das Reaktionsprodukt CO_2 ist, haben COOK und STEPHENSON[7,8] gezeigt.

Möglicherweise liegt auch das Gleichgewicht Ameisensäure/Oxalsäure vor (BERNHAUER und SLANINA[9]). Ob es sich dabei um eine einfache Enzymreaktion handelt, müßte noch bewiesen werden.

Der biologische Acceptor des aktivierten Wasserstoffes der Ameisensäure ist wahrscheinlich *Cytochrom* beim Bakterienferment, Diaphorase bzw. Flavinferment beim pflanzlichen. STICKLAND[10] ist es gelungen, Formicodehydrasen frei von den Dehydrasen der Bernsteinsäure und der Milchsäure zu erhalten. Aus Bacterium coli, und zwar in zellfreier, jedoch zelltrümmerhaltiger Lösung, hat man Formicodehydrase erhalten. Sie scheint zu den anoxytropen Dehydrasen zu gehören. Daß sie sich in Apodehydrase und Co-Enzym aufteilen läßt, ist für das pflanzliche, nicht für das Bakterienferment bekannt.

Formicodehydrase wurde zuerst in Froschmuskeln entdeckt. Ihre Verbreitung in tierischen Geweben ist unbekannt. KENDALL und ISHIKAWA[11] haben ihr allgemeines Vorkommen und ihre große Wirksamkeit bei Bakterien festgestellt. Schon vorher hatte QUASTEL[12] gezeigt, daß unter den untersuchten organischen Säuren Ameisensäure die beste Donatorsubstanz für B. coli war. Sie kommt in großer Ausdehnung und oft stark wirksam in Pflanzensamen vor (THUNBERG[13]).

---

[1] BALDWIN, E.: Dynamic Aspects of Biochemistry. S. 142, Tabelle 6. Cambridge 1947. — [2] BREUSCH, F. L.: Enzymologia **10**, 165 (1941/42). — [3] LELOIR, L. F.: Enzymologia **12**, 263 (1948). — RAUEN, H.: Z. Naturforsch. **3**b, 222 (1948). — [4] Euler, Enzyme II/3, 495—500 (1934). — [5] Siehe hier auch Bd. 2, Biochemie der Mikroorganismen. — [6] BERTHO, A.: Ergebn. Enzymforsch. **2**, 204—238 (1933). — [7] COOK, R. P., and M. STEPHENSON: Biochem. J. **22**, 1368 (1928). — [8] Siehe auch STICKLAND, L. H.: Biochem. J. **23**, 1187 (1929). — STEPHENSON, M., and L. H. STICKLAND: Biochem. J. **26**, 712 (1932). — FODOR, A., u. L. FRANKENTHAL: B. Z. **246**, 414 (1932). — [9] BERNHAUER, K., u. F. SLANINA: B. Z. **264**, 109 (1933). — [10] STICKLAND, L. H.: Biochem. J. **23**, 1187 (1929). — [11] KENDALL, A. I., and M. ISHIKAWA: J. infect. Dis. **44**, 282 (1929). — [12] QUASTEL, J. H.: Ergebn. Enzymforsch. **1**, 209 (1932). — [13] THUNBERG, T.: Skand. Arch. Physiol. **74**, 16 (1936).

Ein Versuch, in die *Konstitution der Formicodehydrase* einzudringen, stammt von COOK, HALDANE und MAPSON[1]. Sie prüften, wie verschiedene Dehydrasen von einem System organischer Verbindungen mit spezifischer Wirkung auf Schwermetalle beeinflußt werden und schlossen dann auf mögliche Anwesenheit derartiger Metalle in den Dehydrasen. Der die Oxydation von Formiat stark hemmende Einfluß einer Amino-naphthol-sulfonsäure scheint ihnen dafür zu sprechen, daß die Formicodehydrase Kupfer enthält, da dieses gerade mit obiger Sulfonsäure reagiert. Der Effekt findet sich jedoch nicht beim Pflanzenenzym.

b) Formicohydrogenolyase[2]. *(Hydrogenolyase, Hydrolyase.)* Ameisensäure kann auch für ein anderes Enzym als Formicodehydrase als Substrat dienen, nämlich für das 1932 von STEPHENSON und STICKLAND[3] bei gewissen Bakterien entdeckte Enzym „*Formicohydrogenolyase*", einfacher Hydrolyase[2] genannt, das durch die Fähigkeit gekennzeichnet ist, Ameisensäure unter Bildung von molekularem Wasserstoff zu spalten:

$$H \cdot COOH \rightleftarrows H_2 + CO_2.$$

Die Reaktion ist umkehrbar. Läßt man Lösungen von B. coli auf ein Gasgemisch von CO_2 und H_2 wirken, so verschwinden die beiden Gase teilweise unter Bildung von Ameisensäure, während zugesetzte Ameisensäure ihrerseits bis zu einem gewissen Grade in Kohlensäure und Wasserstoff gespalten wird. Es wird dieselbe Gleichgewichtslage erreicht, einerlei, ob die Reaktion in der einen oder der anderen Richtung geht. Die Energieverhältnisse bei der hier in Frage stehenden Reaktion sind von WOODS studiert worden (1936). —

Hydrogenolyase ist bisher *nur bei Bakterien beobachtet* worden. Nicht gefunden worden ist sie bei Hefe, Schimmelpilzen oder in tierischen und pflanzlichen Geweben.

c) Hydrogenase[4]. Seit langem sind Bakterien bekannt, die imstande sind, in Gegenwart von molekularem Sauerstoff Wasserstoff zu oxydieren. Sie wirken auch in Abwesenheit von Sauerstoff, wenn nur Wasserstoffacceptoren wie Nitrat[5] oder Mb[6] anwesend sind[7].

Unabhängig von diesen früheren Befunden haben 1931 STEPHENSON und STICKLAND[8] bei einer Anzahl von Bakterien der Coli-typhosus-Gruppe das Vermögen, freien Wasserstoff zu aktivieren, festgestellt.

Die beobachtete Wirkung ist offenbar enzymatischer Natur. Für das in Rede stehende Enzym ist die Bezeichnung „Hydrogenase" eingeführt worden, für das folgende Reaktion kennzeichnend ist:

$$H_2 + X = H_2X.$$

Als Acceptor für den durch die Bakterien aktivierten Wasserstoff können verschiedene Stoffe dienen, wie freier Sauerstoff, Methylenblau, Nitrat, Fumarat, Sulfat, Sulfit und Thiosulfat.

In Übereinstimmung mit der reduzierenden Wirkung auf Schwefelverbindungen steht, daß die hier zuständigen Enzyme zur Enzymausrüstung der typischen sulfat-reduzierenden Bakterien[7] gehören. Besonders ist die Anwesenheit des Enzyms für B. desulfuricans festgestellt worden.

Die „Hydrogenase" steht den Dehydrasen nahe. Das Enzym stimmt mit seiner Unempfindlichkeit gegen HCN und Empfindlichkeit gegen Urethan mit den Dehydrasen überein. In der Tat dürfte es als eine typische „Hydrogenotransportase" im Sinne THUNBERGS aufzufassen sein. Im Hinblick auf das den aktivierten Wasserstoff liefernde Substrat könnte dieses Enzym als die *einfachste aller „Hydrogenotransportasen"* aufgefaßt werden.

d) Aceticodehydrase[7, 9]. Die Aceticodehydrase, deren Existenz recht unsicher ist, soll das System Essigsäure/Bernsteinsäure katalysieren:

$$2\,CH_3 \cdot COOH \rightarrow 2\,H + HOOC \cdot CH_2 \cdot CH_2 \cdot COOH.$$

[1] COOK, R. P., J. B. S. HALDANE and L. W. MAPSON: Biochem. J. **25**, 534 (1931). — [2] Euler, Enzyme II/3, 491 (1934). Siehe auch Bd. 2, Biochemie der Tumoren. — STEPHENSON, M., u. D. D. WOODS: Hydrogenlyasen. Bamann-Myrbäck **3**, 2334—2341. — [3] STEPHENSON, M., and L. H. STICKLAND: Biochem. J. **26**, 712 (1932). — [4] Euler, Enzyme II/3, 490 (1934). — STEPHENSON, M., u. D. D. WOODS: Hydrogenase. Bamann-Myrbäck **3**, 2634. — THUNBERG, T.: Skand. Arch. Physiol. **40**, 32 (1920). — [5] NIKLEWSKI, B.: Zbl. Bakteriol. (II) **20**, 469 (1908). — [6] TAUSZ, J., u. P. DONATH: H. **190**, 141 (1930). — [7] Siehe auch Bd. 2, Biochemie der Mikroorganismen. — [8] STEPHENSON, M., and L. H. STICKLAND: Biochem. J. **25**, 205, 215 (1931). — [9] Euler, Enzyme II/3, 501 (1934).

Hier würde eine 4atomige Kohlenstoffkette aus zwei 2atomigen durch eine Dehydrase gebildet. Vielleicht reagiert 1 Molekül Essigsäure mit einem Molekül einer anderen Substanz. Die Frage nach dem Dehydrierungsprodukt der Essigsäure hat daher großes Interesse gefunden, kann jedoch noch nicht als endgültig gelöst angesehen werden. Möglicherweise ist das Reaktionsprodukt bei verschiedenen Lebewesen verschieden. Die allgemeinen Eigenschaften der Aceticodehydrase sind wenig erforscht. Der biologische Wasserstoffacceptor ist nicht bekannt (siehe auch WIELAND und JENNEN [1]).

Literatur über die Umsetzung von Acetat s. BLOCH [2] sowie Bd. 2, Oxydativer Endabbau.

e) Die Dehydrasen der höheren unsubstituierten Fettsäuren [3–5]. Die enzymatische Dehydrierung der hierhergehörigen Fettsäuren und besonders der Nahrungsfettsäuren ist bisher wenig studiert worden. Während bis vor kurzem die Existenz solcher Fettsäuredehydrasen kaum gesichert erschien [4], wurden in den letzten Jahren Beobachtungen gemacht, die für das Vorkommen tierischer Fettsäuredehydrasen und Co-Dehydrasen sprechen [6–9]. Eine Lipoxydase aus Sojabohnen, Kartoffelknollen und Leguminosensamen versuchte SÜLLMANN zu isolieren [10].

QUAGLIARIELLO [11] wies eine Fettsäuredehydrase im Fettgewebe nach und MAZZA eine solche in der Leber und Niere, nicht aber in anderen Geweben. YOSII [12] fand sie im Fettgewebe, Leber und Pankreas vom Rind. K. LANG [13–15] hält diese Versuche noch nicht für beweisend. Mit der Methode der Methylenblauentfärbung nach THUNBERG stellte er in wäßrigen Auszügen von Rattenleber und Rattenmuskeln eine Dehydrase fest, die gesättigte [13], weniger gut ungesättigte [14] Fettsäuren angreift. Bei der Dehydrierung von Stearinsäure entsteht nach K. LANG [15] Ölsäure. Als Co-Dehydrase sind Muskeladenylsäure und andere Adenylsäuren wirksam. Eine Anreicherung dieser Dehydrasen ist noch nicht gelungen.

f) Oxalicodehydrase [16, 17]. THUNBERG [18] hat in gewissen Pflanzensamen, besonders in den Samen von Malva crispa, ein Enzym nachgewiesen, das bei Ausschluß von Sauerstoff Mb entfärbt, wenn Oxalsäure anwesend ist. Allerdings waren die Versuche nicht mit Sicherheit reproduzierbar. Auch Oxalsäure scheint also durch Abgabe von Wasserstoff eine Oxydation erfahren zu können, was allerdings voraussetzt, daß das Oxalation an der Reaktion in seiner Hydratform teilnimmt. Die „Aerooxalodehydrase“ [17] aus dem Moos Hylocomium umbratum (Ehrh.) dehydriert Oxalsäure bisher nur in Gegenwart von Sauerstoff unter Bildung von Hydroperoxyd. Sie ist von der THUNBERGschen Dehydrase verschieden und mit der Oxalase von ZALESKI aus Weizenmehl verwandt oder identisch. Gegen HCN, NaN_3 und H_2S ist sie nicht oder kaum empfindlich. Zur Wirkung bedarf sie keines Co-Ferments.

g) Succinodehydrase [19]. Succinodehydrase (THUNBERG [20] 1917) katalysiert das System Bernsteinsäure/Fumarsäure:

$$HOOC \cdot CH_2 \cdot CH_2 \cdot COOH \rightleftarrows 2\,H + HOOC \cdot CH{:}CH \cdot COOH.$$

[1] WIELAND, H., u. R. G. JENNEN: A. **548**, 255 (1941). — [2] BLOCH, K.: Physiol. Rev. **27**, 274 (1947). — [3] Vgl. Bd. 2, Biochemie der Mikroorganismen. — Euler, Enzyme II/3, 505—508 (1934). — [4] LANG, K., u. H. MAYER: H. **261**, 249 (1939). — [5] SHAPIRO, B., and E. WERTHEIMER: Biochem. J. **37**, 102 (1943). — MAZZA, F. P.: Über die Dehydrogenasen der höheren Fettsäuren. Ergebn. Enzymforsch. **9**, 207 (1943). — COSBY, E. L., and J. B. SUMNER: Lipoxydase. Arch. Biochem. **8**, 259 (1945). — [6] AHLGREN, G.: Acta med. scand. **57**, 508 (1923). — [7] QUAGLIARIELLO, G., e G. SCOZ: Arch. Sci. biol., Napoli **17**, 530 (1932). — [8] MAZZA, F. P., e A. CIMMINO: Atti R. Accad. naz. Lincei, R. C. **17**, 1086 (1933). — [9] MAZZA, F. P., e C. ZUMMO: Atti R. Accad. naz. Lincei, R. C. **18**, 461 (1933). — [10] SÜLLMANN, H.: Helv. **27**, 2253 (1943). — [11] QUAGLIARIELLO, G., e G. SCOZ: Arch. Sci. biol., Napoli **17**, 513 (1932). — [12] YOSII, S.: J. Biochem. **26**, 397 (1937). — [13] LANG, K.: H. **261**, 240 (1939) (dort Schrifttum). — [14] LANG, K., u. H. MAYER: H. **262**, 120 (1939/40). — [15] LANG, K., u. F. ADICKES: H. **262**, 123 (1939/40). — [16] Euler, Enzyme II/3, 508 (1934). — [17] FRANKE, W., u. K. HASSE: H. **249**, 231 (1937). — [18] THUNBERG, T.: Skand. Arch. Physiol. **54**, 6 (1928). — [19] Vgl. Bd. 2, Biochemie der Mikroorganismen. — Euler, Enzyme II/3, 511—533 (1934). — Siehe auch Bersin, Enzymologie S. 134. — Methodisches: STRAUB, F. B.: Succinodehydrase und die C_4-Dicarbonsäuren. Bamann-Myrbäck **3**, 2321—2333. — STRAUB, F. B.: H. **272**, 219 (1942). — [20] THUNBERG, T.: Skand. Arch. Physiol. **35**, 163 (1917); **40**, 1 (1920).

Außer durch Succinodehydrase kann Fumarsäure auch durch eine spezifische Hydrogenase reduziert werden, der die Fähigkeit fehlt, Bernsteinsäure zu aktivieren. Ihre prosthetische Gruppe scheint aus Flavin-adenin-dinucleotid zu bestehen. Die Fumarhydrase gehört zu der Gruppe der deutlich dissoziablen Enzyme[1].

1909 entdeckte THUNBERG[2], daß die Bernsteinsäure die Sauerstoffaufnahme der Froschmuskeln steigert. Die betreffende Beobachtung wurde dann besonders von BATTELLI und STERN[3] untersucht. Sie führten die Wirkung auf eine von ihnen aufgestellte Enzymgruppe „Oxydone" zurück und glaubten, die Bernsteinsäure reagiere unter Bildung von Äpfelsäure unmittelbar mit Sauerstoff. EINBECK[4] wies 1914 nach, daß das Produkt der Oxydation, wenigstens zu einem wesentlichen Teil, Fumarsäure ist. 1916 zeigte dann THUNBERG[5], die Oxydation der Bernsteinsäure finde durch Dehydrierung nach WIELAND statt und nannte in Übereinstimmung damit das wirksame Enzym „Succinodehydrase" oder „Succinodehydrogenase". Das fragliche Enzym ist später zum Gegenstand äußerst eingehender Untersuchungen gemacht worden.

Es muß jedoch zugegeben werden, das Auftreten der Fumarsäure bei Verwendung von Methylenblau als Acceptor stützte sich eine Zeitlang auf indirekte, nicht endgültig beweisende Versuche. Den ersten schlüssigen Beweis erbrachten 1924 QUASTEL und WHETHAM[6] in einem Versuch, in dem sie nach Einwirkenlassen von Bakterien auf bernsteinsaures Natrium unter Verwendung von Methylenblau als Acceptor eine Verbindung mit dem Schmelzpunkt der Fumarsäure isolierten, die auch gemischt mit Fumarsäure keine Erniedrigung des Schmelzpunktes ergab[7]. Später wiesen F. G. FISCHER[8] im WIELANDschen Laboratorium, sowie HAHN und HAARMANN[9] im Physiologisch-Chemischen Institut zu München die Fumarsäure als Reaktionsprodukt der anaeroben Oxydation von Bernsteinsäure eindeutig nach. Schließlich haben WIELAND und FRAGE[10] die Kinetik sowohl der aeroben wie der anaeroben Oxydation der Bernsteinsäure in Hinsicht auf mitspielende Störungen erforscht.

Succinodehydrase kommt *in fast allen tierischen Zellen* vor, und zwar gewöhnlich in hoher Konzentration, soweit man von der Bernsteinsäureumsetzung auf dieselbe schließen kann. Wir wissen jedoch wenig über das Vorkommen derselben in anaeroben Zellen. Die Succinodehydrase kommt auch *in Bakterien* und niedrigeren *Pilzen* vor, das Vorkommen in höheren *Pflanzen* ist jedoch als unsicher anzusehen.

Succinodehydrase kann nach OHLSSON[11] aus Muskeln von Pferd oder Rind mit Phosphatlösungen ausgezogen werden. Sie läßt sich von der gewöhnlich mit ihr verbundenen *Fumarase* befreien[12–14]. Succinodehydrase in Protozoen[15].

Die Succinodehydrase gehört zu den anoxytropen Dehydrasen. Das haben die Beobachtungen verschiedener Forscher gezeigt. Wie die Dehydrasen im allgemeinen, ist die Succinodehydrase gegen Narkotica empfindlich[16–18]. Die Succinodehydrase braucht für ihre Wirksamkeit keine Co-Dehydrase (siehe jedoch AHLGREN[19]). Es ist also als eine Holodehydrase mit fest gebundener Wirkungsgruppe anzusehen.

---

[1] FISCHER, F. G., A. ROEDIG u. K. RAUCH: Naturwiss. **27**, 197 (1939). — [2] THUNBERG, T.: Skand. Arch. Physiol. **22**, 430 (1909). — [3] BATTELLI, F., u. L. STERN: B. Z. **30**, 172 (1911). — [4] EINBECK, H.: H. **87**, 145 (1913). — [5] THUNBERG, T.: Zbl. Physiol. **31**, 91 (1916). — [6] QUASTEL, J. H., and M. D. WHETHAM: Biochem. J. **18**, 519 (1924). — [7] Titration von Methylenblau siehe FIERZ-DAVID, H. E., u. L. BLANGEY: Farbenchemie. 5. Aufl., S. 371. Wien 1943. — [8] FISCHER, F. G.: B. **60**, 2257 (1927). — [9] HAHN, A., u. W. HAARMANN: Z. Biol. **86**, 523 (1927); **87**, 107 (1928); **89**, 159 (1930). — [10] WIELAND, H., u. K. FRAGE: A. **477**, 1 (1930). — [11] OHLSSON, E.: Skand. Arch. Physiol. **41**, 77 (1921). — [12] LEHMANN, J.: Skand. Arch. Physiol. **55**, 307 (1929); **58**, 173 (1930). — [13] BORSOOK, H., and H. F. SCHOTT: J. biol. Ch. **92**, 535 (1931). — [14] SZENT-GYÖRGYI, A. v.: H. **244**, 105 (1936). — [15] HUMPHREY, B. A., and G. F. HUMPHREY: Nature **159**, 374 (1947). — [16] GRÖNVALL, H.: Skand. Arch. Physiol. **44**, 200 (1923). — [17] SVENSSON, D.: Skand. Arch. Physiol. **44**, 306 (1923). — [18] Siehe THUNBERG, T.: Ergebn. Enzymforsch. **7**, 208 (1938). — [19] AHLGREN, G.: Skand. Arch. Physiol. **71**, 11 (1934).

Der Ansicht, der durch die Succinodehydrase aktivierte Wasserstoff der Bernsteinsäure reagiere direkt mit dem Cytochromsystem, ist von HOPKINS, LUTWAK-MANN und MORGAN[1] widersprochen worden. Nach ihnen wird die Reaktion durch ein dazwischengeschobenes Enzym vermittelt, welches durch geeignete Extraktion aus der gewöhnlichen Succinodehydraselösung entfernt wird. Die Art dieses vermuteten Zwischensystems ist ganz unbekannt (s. auch STRAUB[2]).

Nach neuesten Forschungen[3] ist die Succinodehydrase ein Thiolprotein mit SH als aktiver Gruppe, das möglicherweise zu den gelben Fermenten gehört[4]. Das Wirkungsoptimum liegt etwa bei p_H 7,3, je nach H-Acceptor und Temperatur (siehe dagegen aus Bact. coli S. 1009, Tabelle 166).

Einen hemmenden Einfluß auf die Succinodehydrase üben Citrat, Oxalat und Malonat aus, was man mit der Fähigkeit der fraglichen Säuren in Verbindung gebracht hat, Kupfer zu binden, das die Dehydrase verunreinigen soll[5–7]. Der Einfluß des Wasserstoffsuperoxyds auf die Succinodehydrase ist eingehend untersucht worden[8, 9].

Die *Spezifität* der Succinodehydrase ist recht ausgeprägt. Von etwa 50 von THUNBERG untersuchten Verbindungen konnte nur Brenzweinsäure $HOOC \cdot CH(CH_3) \cdot CH_2 \cdot COOH$ unter Einwirkung von Succinodehydrase als Wasserstoffdonator wirken. Im besonderen fehlt die Donatorwirkung bei der fumaroiden Dimethylbernsteinsäure, bei den beiden Formen der Brenzweinsäure und sowohl bei der racemischen wie der Mesoform der Diäthylbernsteinsäure[10].

Zur Spezifität der Dehydrasen[11]. Im Zusammenhang mit diesen Untersuchungen stellte THUNBERG[12] die Begriffe „*Aktivierungsspezifität*" und „*Fixierungsspezifität*" auf. Offenbar äußert sich die Spezifität der Dehydrasen teils in der Fähigkeit, gewisse Substanzen zu binden, teils in der Aktivierung des Wasserstoffs der betreffenden Verbindungen. Die Anlagerung des Substrates an das entsprechende Enzym ist eine notwendige Voraussetzung für die Aktivierung des Wasserstoffs. Aber eine Substratbindung kann ohne Wasserstoffaktivierung geschehen. Das Enzym erweist sich also in der Fähigkeit, Wasserstoff zu aktivieren, spezifischer als hinsichtlich seines Bindungsvermögens. Substanzen, die an das Enzym angeheftet werden, ohne durch dasselbe aktiviert zu werden, üben eine Hemmung auf die Fähigkeit des Enzyms aus, den Wasserstoff der wirklichen Donatoren zu aktivieren. Dadurch ist es möglich, eine Bindung von Substanzen zu entdecken, die nicht aktiviert werden. THUNBERG wies auch nach, daß die gegenüber Succinodehydrase als Wasserstoffdonator auftretende Brenzweinsäure eine gewisse hemmende Wirkung auf das Vermögen der Dehydrase ausübt, einen bestimmten Redoxindicator zu entfärben. Er zog daraus den Schluß, die schwächere Wirkung der Brenzweinsäure als Donator sei mehr darauf zurückzuführen, daß der Wasserstoff derselben schwerer aktiviert werde, als darauf, daß ihre Affinität zu dem Enzym („Fixierungsspezifität") so viel niedriger sei, im Vergleich zur Bernsteinsäure.

---

[1] HOPKINS, F. G., C. LUTWAK-MANN and E. J. MORGAN: Nature **143**, 556 (1939). — [2] STRAUB, F. B.: H. **272**, 219 (1942). — [3] HOPKINS, F. G., and E. J. MORGAN: Biochem. J. **32**, 611 (1938). — MORGAN, E. J., and E. FRIEDMANN: Biochem. J. **32**, 862 (1938). — EULER, H. v., u. H. HELLSTRÖM: H. **255**, 164 (1938). — EULER, H. v., u. H. HELLSTRÖM: Ark. Kemi, Mineral. Geol. **13** B, Nr. 1 (1939). — CEDRANGOLO, F., u. E. ADLER: Enzymologia **8**, 297 (1939/40). — [4] AXELROD, A. E., V. R. POTTER and C. A. ELVEHJEM: J. biol. Ch. **142**, 85 (1942). — [5] HORECKER, B. L.: Enzymologia 8, 331 (1939/40). — [6] QUASTEL, J. H., and W. R. WOOLRIDGE: Biochem. J. **21**, 148 (1927). — [7] HOPKINS, F. G., E. J. MORGAN and C. LUTWAK-MANN: Biochem. J. **32**, 1831 (1938). — [8] LEHMANN, J., u. E. MÅRTENSON: Skand. Arch. Physiol. **75**, 61 (1936). — [9] MASSART, L. C. S., L. VANDENDRIESSCHE et R. DUFAIT: Enzymologia 8, 204 (1939/40). — [10] THUNBERG, T.: Skand. Arch. Physiol. **35**, 166 (1917). — [11] FRANKE, W.: Handb. Enzymol. (NORD-WEIDENHAGEN) **2**, 717. — [12] THUNBERG, T.: B. Z. **258**, 48 (1933).

Axelrod[1] hat gefunden, daß ein Zusatz von Ca-Salzen (Ca-Ionen) zu succinodehydrasehaltigem Gewebebrei von Säugetieren unter bestimmten Bedingungen eine starke Steigerung der Aktivität der Dehydrase, bis zu 100%, hervorrufen kann. Die Deutung dieser Beobachtung ist noch unsicher.

Die Wirkung von Hämatin auf die Oxydation von Bernsteinsäure unter Einwirkung von Gewebepräparaten wird von Keilin und Hartree beschrieben[2]. Die hemmende Wirkung strukturverwandter Sulfosäuren auf die Oxydation der Bernsteinsäure ist von Klotz untersucht worden[3]. Betreffend Succinodehydraseaktivität bei Enzympräparaten einiger endokriner Gewebe, siehe McShan[4]. Über die Eigenschaften der Succinodehydrase aus Säugetierleber siehe Hogeboom[5]. Das Verhalten der Succinodehydrase unter Einwirkung von Pharmaca und Giften ist Gegenstand einer großen Anzahl von Untersuchungen gewesen. Betreffend Wirkung von Naphthochinonen siehe Ball[6]. Betreffs der Wirkung auf die Succinooxydase von hohem Sauerstoffdruck siehe Dickens[7]. Über die Wirkung von Succinodehydrase auf Deuterium-Bernsteinsäure bei Abwesenheit von Wasserstoffacceptoren siehe Weinmann[8]. Die hemmende Wirkung von Muskulatur unter Einwirkung von D-α-Tocopherolphosphat auf Succinodehydrase wird von Basinski und Hummel beschrieben[9].

Straub[10] hat aus dem Herzmuskel vom Schwein eine Substanz, den sog. SC-Faktor, dargestellt (Succinodehydrase-cytochrombindenden Faktor) frei von Bernsteinsäure und Succinodehydrase, die dessenungeachtet imstande war, in einer inaktiven Succinodehydraselösung eine Reaktion hervorzurufen.

Nach Borei[11] ist die Auffassung, daß der durch Succinodehydrase aktivierte Wasserstoff direkt auf Cytochrom c überführt wird, nicht richtig. Nach ihm vergiften Fluoride das Succino-oxydasesystem durch Einwirkung auf eine Substanz, die in der Reaktionskette zwischen Cytochrom c und Succinodehydrase liegt. Nach Potter[12] ist jedoch Cytochrom c der einzige lösliche Faktor der die Aktivität der Succinooxydase begrenzt. Nach Harrer und King[13] zeigt Herz- und Skelettmuskel von Meerschweinchen, die auf ascorbinsäurearme Diät gesetzt waren, eine bedeutende Abnahme der Aktivität der Succinodehydrase.

Das Verhalten der Succinooxydase während der Entwicklung, auch auf das Embryonalstadium, ist Gegenstand verschiedener Untersuchungen gewesen, unter anderem von Flexner und Flexner[14], die das Verhalten des betreffenden Enzyms in der Gehirnrinde des Schweines im Embryonalstadium untersucht haben.

Der Unterschied zwischen verschiedenen Organen mit Rücksicht auf die Aktivität der Succinodehydrase ist unter anderem von Schneider untersucht worden[15].

Über die Entwicklung des Succinodehydrasesystems bei Hühnerembryonen siehe Albaum[16].

Nach Franke[17] kann auch Äthylbernsteinsäure, und zwar langsam, von Succinodehydrase dehydriert werden. Im Gegensatz zu Malonsäure hemmen

[1] Axelrod, A. E.: J. biol. Ch. **140**, 931 (1941). — [2] Keilin, D., and E. F. Hartree: Biochem. J. **41**, 503 (1947). — [3] Klotz, I. M., and Fr. Tietze: J. biol. Ch. **168**, 399 (1947). — [4] McShan, W. H.: Arch. Biochem. **9**, 69 (1946). — [5] Hogeboom, G.: J. biol. Ch. **162**, 739 (1946). — [6] Ball, E. G., Chr. B. Anfinsen and O. Cooper: J. biol. Ch. **168**, 257 (1947). — [7] Dickens, F.: Biochem. J. **40**, 145 (1946). — [8] Weinmann, E. O., M. G. Morehouse and R. J. Winzler: J. biol. Ch. **168**, 717 (1947). — [9] Basinski, D. H., and J. P. Hummel: J. biol. Ch. **167**, 339 (1947). — [10] Straub, F. B.: H. **272**, 219 (1942). — [11] Borei, H.: Ark. Kemi, Mineral. Geol. **13** A, Nr. 23 (1939). — [12] Potter, V. R.: J. biol. Ch. **141**, 775 (1941). — [13] Harrer, C. J., and C. G. King: J. biol. Ch. **138**, 111 (1941). — [14] Flexner, L. B., and J. B. Flexner: J. cellul. comp. Physiol. **27**, 85 (1946). — [15] Schneider, V. C.: J. biol. Ch. **165**, 585 (1946). — [16] Albaum, H. G., A. B. Novikoff and M. Ogur: J. biol. Ch. **165**, 125 (1946). — [17] Franke, W.: H. **280**, 76 (1944).

Alkylmalonsäuren die Succinodehydrase nicht. Bei geringem Überschuß der Alkylbernsteinsäuren gegenüber Bernsteinsäuren beobachtet man erst vom Oktylderivat ab eine Hemmung. Die Hemmung setzt sich offenbar aus einer unspezifischen und einer spezifischen Komponente zusammen.

h) Kohlenhydratdehydrasen, Kohlenhydratoxydasen[1,2]. Bei einer ersten Durchforschung der Nahrungsstoffe und ihrer Hydrolyseprodukte auf das Vorhandensein von Wasserstoffdonatoren war die Unfähigkeit der Zucker, als H-Donatoren aufzutreten, überraschend. Wo die damals herrschende Auffassung eine konstante und kräftige Donatorwirkung voraussehen ließ, blieb diese doch gänzlich aus oder trat schwach oder inkonstant auf. Dies deutete darauf hin, die Zucker müßten, bevor sie von den Dehydrasen oder Oxydasen überhaupt beeinflußt werden können, eine vorbereitende Umsetzung durchmachen. Heute dürfte es klar sein, daß diese Vorbereitung in der großen Mehrzahl der Fälle eine Phosphorylierung ist. Auf Phosphorsäureester eingestellte Dehydrasen scheinen tatsächlich sehr verbreitet zu sein.

Das Suchen nach Kohlenhydratdehydrasen hat jedoch in gewissen Fällen doch auch zu einem Ergebnis geführt. So schien nach AHLGREN[3] eine Triose, nämlich Glycerinaldehyd, als Donatorsubstanz gegenüber einem Enzym im Muskel aufzutreten. Später wiesen CLIFT und COOK[4] nach, daß ein Extrakt aus Ochsenleber nach Zusatz von Glycerinaldehyd oder Dioxyaceton Redoxindicatoren wesentlich besser entfärbt. Gewiß besteht immer die Möglichkeit, daß die betreffenden Triosen zunächst irgendwie umgewandelt werden, ehe sie ihre Donatorwirkung ausüben.

α) Glucoseoxydase[5]. Gut gesichert ist das Vorkommen der Glucoseoxydase, die D. MÜLLER 1928[6,7] in Preßsäften von Schimmelpilzen (Aspergillus niger und Penicillium glaucum) entdeckt und neuerdings FRANKE[8–10] genauer untersucht hat. Das Ferment katalysiert die Oxydation von Glucose zu Gluconsäure mit atmosphärischem Sauerstoff:

$$HOCH_2 \cdot (CHOH)_4 \cdot CHO + {}^1/_2\, O_2 = HOCH_2 \cdot (CHOH)_4 \cdot COOH.$$

Im Widerspruch zur Bezeichnung von D. MÜLLER gehört das Enzym nicht zu den eigentlichen Oxydasen, sondern ist eine echte Dehydrase. Es reagiert zwar bevorzugt mit Sauerstoff, dieser läßt sich aber durch typische Wasserstoffacceptoren[11] (Chinon Indophenole bei gereinigtem Enzym außer verschiedenen Redoxindicatoren, unter anderem Cytochrome[8]) ersetzen. Die Glucoseoxydase steht in der Acceptorspezifität zwischen dem acceptor-unspezifischen SCHARDINGER-Enzym, einer oxytropen Dehydrase, und den ziemlich streng bis absolut spezifischen Aerodehydrasen vom Typus der Aminosäureoxydase oder Oxalicodehydrase. Auch die Glucoseoxydase wirkt ohne Gegenwart eines dialysierbaren Co-Fermentes. Gegen Schwermetall bindende Gifte (HCN, H_2S, NaN_3, CO) ist sie unempfindlich. In Gegenwart von O_2 bildet sich in quantitativer Umsetzung Wasserstoffsuperoxyd. Die Donatorspezifität ist beträchtlich: Glucose: Mannose: Galaktose = 1:0,07:0,14, fast Null gegen Fructose.

Die Anreicherung gelang[9] je nach Ausgangsmaterial auf das 250- bis 600fache. Sehr wahrscheinlich ist die Glucoseoxydase zu den gelben Fermenten zu rechnen, da sich Aktivität und Flavingehalt der Fermentpräparate entsprechen. Da sowohl das SCHARDINGER-Enzym

---

[1] Vgl. Bd. 2, Biochemie der Mikroorganismen. — [2] WYNNE, A. M.: Ann. Rev. **15**, 52 (1946). — [3] AHLGREN, G.: Acta med. scand. **57**, 508 (1923). — [4] CLIFT, F. P., and R. P. COOK: Biochem. J. **26**, 1788 (1932). — [5] Euler, Enzyme II/3, 627 (1934). — [6] MÜLLER, D.: B. Z. **199**, 136 (1928); **205**, 111 (1929); **213**, 211 (1929); **232**, 423 (1931). Naturwiss. **28**, 516 (1940). — [7] MÜLLER, D.: Die Glykoseoxydase. Ergebn. Enzymforsch. **5**, 259—272 (1936). — [8] FRANKE, W., u. F. LORENZ: A. **532**, 1 (1937). — [9] FRANKE, W., u. M. DEFFNER: A. **541**, 117 (1939). — [10] FRANKE, W.: A. **555**, 111 (1944). — [11] FRANKE, W., u. F. LORENZ: A. **532**, 1 (1937).

als auch die Aminosäureoxydase Flavinfermente sind, ist das Verhalten der Glucoseoxydase nach FRANKE auch von der konstitutionschemischen Seite verständlich[1].

Die MÜLLERsche Glucoseoxydase kommt zusammen mit einem verwandten Enzym vor, einer *Maltoseoxydase*, die Maltose direkt oxydiert[2]. Bei der Reinigungsprozedur, stellte sich heraus, daß gewisse Eigenschaften, die diesem Enzym zugeschrieben wurden, auf Verunreinigungen beruhten. MÜLLERs Präparat oxydiert außer Glucose, wenn auch langsamer, Mannose und Galaktose, was jedoch bei dem von COULTHARD und Mitarbeiter (Literatur siehe KEILIN und HARTREE[3]) in reinerer Form erhaltenen Enzym nicht der Fall ist. Nach FRANKE[4] hat das Enzym den Charakter eines Flavoproteins. Auch Indophenole können als Wasserstoffacceptoren wirken. Das von COULTHARD und Mitarbeitern[5] in reinster Form dargestellte Enzym ist mit dem antibiotischen Stoff *Notatin* identisch. Die bakterientötende Eigenschaft des betreffenden Stoffes beruht auf Wasserstoffsuperoxyd, der bei der Oxydation der Glucose durch Sauerstoff gebildet wird. Bei Enzymen höchsten Reinheitsgrades, die als *Penicillin B* beschrieben wurden, kamen VAN BRUGGEN und Mitarbeiter[5] zu dem gleichen Resultat. Die prosthetische Gruppe der Glucoseoxydase ist Alloxazinadenin-dinukleotid. Glucoseoxydase, Notatin und Penicillin B sind also verschiedene Namen für ein und denselben Stoff. „Notatin" hat den Vorzug der Kürze. Auf die spezifische Wirkung des Notatins haben KEILIN und HARTREE[3] eine neue Methode zur Glucosebestimmung in biologischem Material gegründet.

Glucoseoxydase aus Aspergillus niger und Penicillium glaucum hat wie das aus Penicillium notatum von englischen Forschern gewonnene Flavoprotein Notatin, bakteriostatische Wirkung[4].

β) Glucosedehydrase. Ein anderes Enzym, das ebenfalls Glucose angreift und in Gluconsäure umwandelt, ist die von HARRISON[6,7] aus der Leber von Ochse, Schaf, Katze und Hund gewonnene Glucosedehydrase[8]. Sie ist von dem Enzym MÜLLERs sicher verschieden. Das HARRISONsche Enzym wirkt zwar auch unter anaeroben Bedingungen, wenn nur ein geeigneter Wasserstoffacceptor, z. B. Methylenblau, anwesend ist. Es überträgt dabei Wasserstoff. Gewöhnlich aber ist es im Gegensatz zu MÜLLERs Enzym von einem Co-*Enzym* begleitet[9]. Die Dehydrase aus Leber stellt den ersten Fall eines Enzyms dar, welches sowohl durch Co-Zymase wie durch Co-Dehydrase II aktiviert wird[10].

Eine Glucosedehydrase ist in B. coli[11] und Aspergillus oryzae[12] nachgewiesen worden. Auch sie ist in ihrer Wirkung von Co-Zymase abhängig. Beide dehydrieren in Gegenwart von 2,6-Dichlorphenol-indophenol Glucose $>$ Xylose $>$ Galaktose $>$ Mannose, aber bei verschiedenen p_H-Optima. Inwieweit Glucosedehydrase in anderen tierischen Organen als den genannten vorkommt, ist unbekannt. — Gewisse Präparate desselben enthalten die oben beschriebene CLIFT- und COOKsche „Triosedehydrase". Siehe übrigens HARRISON[7].

Amylodehydrase. Eine weitere Kohlenhydratdehydrase scheint noch in der THUNBERGschen Amylodehydrase vorzuliegen. THUNBERG[13] hat 1933 Beobachtungen mitgeteilt, die eine Dehydrase annehmen lassen mit der Fähigkeit, einige zur Stärkereihe gehörende Stoffe, besonders lösliche Stärke, Glykogen und Dextrin als Donator zu verwenden. Diese hochmolekularen Kohlenhydrate beschleunigen die Indicatorentfärbung in einem Phosphatextrakt von Cucumis sativus, während die große Mehrzahl der entsprechenden Enzymextrakte wirkungslos ist. Es lag dabei zwar am nächsten zu denken, daß die genannten Polysaccharide

[1] Siehe Fußnote [9] S. 1193. — [2] MÜLLER, D.: Ergebn. Enzymforsch. **5**, 259 (1936). — [3] KEILIN, D., and E. F. HARTREE: Nature **157**, 801 (1946). Biochem. J. **42**, 221, 230 (1948). — [4] FRANKE, W.: A. **555**, 111, bes. 130 (1943/44). — [5] COULTHARD, C. E., R. MICHAELIS, W. F. SHORT, G. SYKES, G. E. H. SKRIMSHIRE, A. F. B. STANDFORT, J. H. BIRKINSHAW and H. RAISTRICK: Biochem. J. **39**, 24 (1945). — ROBERTS, E. C., C. K. CAIN, R. D. MUIR, F. J. REITHEL, W. L. GABY, J. T. VAN BRUGGEN, D. M. HOMANN, P. A. KATZMAN, L. R. JONES and E. A. DOISY: J. biol. Ch. **147**, 47; **148**, 365 (1943). — Siehe auch KEILIN, D., and E. F. HARTREE: Nature **157**, 801 (1946). Biochem. J. **42**, 221 (1948). — [6] HARRISON, D. C.: Biochem. J. **25**, 1016 (1931). — [7] HARRISON, D. C.: The dehydrogenases of animal tissues. Ergebn. Enzymforsch. **4**, 297—332 (1935). — [8] THUNBERG, T.: Ergebn. Enzymforsch. **7**, 198 (1938). — Euler, Enzyme II/3, 629 (1934). — [9] MANN, P. J. G.: Biochem. J. **26**, 785 (1932). — [10] DAS, N.: H. **238**, 269 (1936). — [11] YUDKIN, J.: Biochem. J. **27**, 1849 (1933). — [12] OGURA, Y.: Acta phytochim., Tokyo **11**, 127 (1939). Zit. nach MÜLLER, D.: Naturwiss. **28**, 516 (1940). — [13] THUNBERG, T.: B. Z. **258**, 48 (1933).

zuerst in Di- oder Monosaccharide gespalten und außerdem phosphoryliert werden, ehe sie als Wasserstoffdonatoren wirken. Dagegen sprechen jedoch die Versuchsergebnisse mit Halogenfettsäuren. Diese Gifte ließen bei geeigneter Konzentration die Wirkung der angeführten Stärkestoffe im Enzymsystem unberührt, während sie die Entfärbung der Phosphorsäureester kräftig hemmen.

Einige neue Zuckerdehydrasen hat BREUSCH[1] in der Leber entdeckt. Festgestellt wurde die Existenz einer D-Arabinosedehydrase, einer Glycerinaldehyddehydrase und einer Glykolaldehyddehydrase. Auch eine sehr wirksame D-Sorbitdehydrase wurde in der Leber gefunden.

i) Die Kohlenhydratphosphat-dehydrasen. α) Ein Zusatz von *Hexosediphosphat* steigert die entfärbende Wirkung von Hefe auf Mb[2]. Dasselbe gilt für Muskeln und Leber. Später beschrieb man[3] Hexosediphosphat als einen ausgezeichneten [direkten oder viel wahrscheinlicher (vgl. unten) indirekten] Wasserstoffdonator für viele Extrakte aus Pflanzensamen. Das Hexosediphosphat ist seitdem oft in Dehydrasesystemen als Wasserstoffdonator untersucht worden.

β) Von den *Triosephosphorsäuren* wurden die Glycerinaldehydphosphorsäure[4] und die beiden Isomeren[5] als Donatorsubstanzen erkannt, und zwar für Dehydrasen aus Hefeextrakt, nachdem man sie mit Co-Zymase ergänzte.

Das Reaktionsprodukt ist Phosphoglycerinsäure, wobei die Dioxyacetonphosphorsäure bei der Reaktion nicht nur 2 H abgeben, sondern auch H_2O aufnehmen muß.

Bei der Dehydrierung von Triosephosphorsäure wurde nachgewiesen, daß die Co-Zymase als H-Überträger dient und daß diese Reaktion reversibel ist[6].

In der Hefe wird die Reaktion Hexosediphosphorsäure $\rightleftharpoons$ 2 Dioxyacetonphosphorsäure durch anwesende Zymohexase katalysiert[7]. Sie ist von O. WARBURG krystallisiert erhalten worden, ebenso die Zymohexase des Menschen[8]. Daran anknüpfend hat v. EULER[9] die Frage angeschnitten, ob die Hexosediphosphorsäure erst zu Triosephosphorsäure gespalten wird, ehe sie als Wasserstoffdonator dient. Dabei hat sich herausgestellt, daß Dehydrasepräparate dargestellt werden können, die wohl Triosephosphorsäure als Donator verwenden, dagegen nicht Hexosediphosphorsäure. Ferner hat sich ergeben, daß Hexosediphosphat nur in Gegenwart von Zymohexase als Donator wirkt, d.h. wenn es in Triosephosphat umgewandelt werden kann.

Inwieweit dies auch für andere Zellen und Gewebe gilt, möge dahingestellt sein.

CORI, SLEIN und CORI[10] haben D-Glyceraldehyd-3-phosphorsäure-dehydrase aus Kaninchenmuskulatur erhalten. Ihre prosthetische Gruppe ist von TAYLOR[11] untersucht worden.

γ) Hexosemonophosphat ist in seinen verschiedenen Formen auf Donatorwirkung untersucht worden. In Samenextrakten fand THUNBERG[12] eine zwar schwache Donatorwirkung der NEUBERGschen und EMBDENschen Ester. An Phosphatextrakt aus Muskeln wurde von den NEUBERGschen, ROBISONschen und EMBDENschen Estern eine recht kräftige Donatorwirkung beobachtet[13]. An Pflanzensamenextrakt stellte DEUTICKE[14, 15] sowohl für die Hexosediphosphorsäure als auch für Hexosemonophosphat eine Donatorwirkung fest, die besonders durch Muskeladenylsäure stark gesteigert wurde. Zur gleichen Zeit wurde die Umwandlung des ROBISON-Esters (BRIGL-PLOETZ S. 306) durch ein aus roten

[1] BREUSCH, F. L.: Enzymologia **11**, 87 (1943). — [2] EULER, H. v., u. R. NILSSON: H. **162**, 72 (1927). — [3] THUNBERG, T.: K. Fysiogr. Sällsk. Lund, Handl., N. F. **45**, 4, Nr. 13 (1934). — [4] GÖZSY, B.: H. **222**, 279 (1933). — [5] EULER, H. v., E. ADLER u. H. HELLSTRÖM: H. **241**, 239 (1936). — [6] EULER, H. v.: Die Co-Zymase. Ergebn. Physiol. **38**, 1 (1936). — [7] MEYERHOF, O.: Ergebn. Enzymforsch. **4**, 208 (1935). — [8] WARBURG, OTTO: D. m. W. **1946**, 37. Dtsch. Gesundh.-Wes. **1946**, H. 1/2. — [9] EULER, H. v., E. ADLER u. S. KYRNING: H. **242**, 215 (1936). — [10] CORI, G. T., M. W. SLEIN and G. F. CORI: J. biol. Ch. **159**, 565 (1945); **173**, 605 (1948). — [11] TAYLOR, J. F., S. F. VELICK, G. T. CORI, C. F. CORI and M. W. SLEIN: J. biol. Ch. **173**, 619 (1948). — [12] THUNBERG, T.: Lunds Univ. Årsskr., N. F. **25**, II Nr 9 (1929). — [13] BROMAN, T.: Skand. Arch. Physiol. **59**, 25 (1930). — [14] DEUTICKE, H. J.: H. **192**, 193 (1930). — [15] DEUTICKE, H. J.: Pflügers Arch. **230**, 556 (1932).

Ratten-Blutkörperchen dargestelltes Enzymsystem untersucht, das nach WARBURG aus „Zwischenferment" und Co-Ferment besteht[1]. In der hier angewandten Nomenklatur entsprechen diese offenbar der Apodehydrase und Co-Dehydrase, die zusammen eine vollständige Dehydrase, eine Holodehydrase, darstellen.

Nur für das von WARBURG und CHRISTIAN untersuchte System kennt man das Reaktionsprodukt. WARBURG[2] wies nämlich nach, daß man *Phosphohexonsäure* erhielt, eine Säure, die einige Jahre früher[3] beschrieben worden war und die man damals durch Oxydation des ROBISON-Esters mit Brom erhalten hatte.

Als biologischer (?) Wasserstoffacceptor für das hier in Frage stehende Hexosemonophosphat-Dehydrasesystem dient das „gelbe Ferment" WARBURG-CHRISTIANs. — Versetzt man *Lebedew-Saft* (Autolysat aus Hefe) mit der Phosphohexonsäure, so wird die Substanz vergoren. Nach WARBURG wird dabei die Phosphohexonsäure zu Hexosemonophosphorsäure reduziert, die auch weiter dehydriert werden kann.

Das WARBURG-CHRISTIANsche System scheint insofern spezifisch zu sein, als weder Hexosediphosphorsäure noch NEUBERG-Ester als Substrat dienen können.

δ) Für *die übrigen Systeme,* in denen Hexosephosphate als Wasserstoffdonatoren auftreten, ist das Reaktionsprodukt nicht bekannt.

Unabhängig davon, ob Hexosediphosphat direkt oder erst indirekt nach Spaltung seine Wirkung als Wasserstoffdonator ausübt, ist es von Interesse, daß das System in seiner Wirkung von dem Vorhandensein von Co-Zymase abhängig ist, wie besonders nachgewiesen[4, 5] wurde. — Schließlich sei auf die Möglichkeit hingewiesen, daß ein und dasselbe Hexosephosphat auf verschiedene Weise oxydiert werden kann. Über krystallisierte Gärungsfermente[6].

j) **Alkoholdehydrase**[7]. Die Alkoholoxydase ist eines der klassischen Oxydationsenzyme. Es wurde 1903 von BUCHNER in Bakterien entdeckt. Das Enzym wurde in tierischen Geweben, besonders in Leber, von BATTELLI und STERN (1909 bis 1910) nachgewiesen. An der Alkoholoxydase der Bakterien legte WIELAND (1913) dar, daß der oxydative Vorgang, der als eine direkte Oxydation aufgefaßt worden war, in Wirklichkeit den Charakter einer Dehydrierung hatte. Die Alkoholdehydrase wurde auf diese Weise das älteste Glied in der nunmehr großen Familie der Dehydrasen. Sie katalysiert das System Äthylalkohol/Acetaldehyd:

$$CH_3 \cdot CH_2OH = H_2 + CH_3 \cdot CHO.$$

Als biologischer (?) Wasserstoffacceptor scheint das „gelbe Enzym" zu dienen (siehe jedoch S. 1184). Der Grad der Spezifität ist nicht genau bekannt. Möglicherweise zeigt Alkoholdehydrase anderer Herkunft einen verschieden hohen Grad. In gewissen Fällen scheint die Alkoholdehydrase als Wasserstoffdonator Äthylalkohol, Propylalkohol und vielleicht auch andere niedrigmolekulare aliphatische Alkohole verwenden zu können. — Die Darstellung der Alkoholdehydrase in gelöster Form aus Hefezellen gelang D. MÜLLER[8] 1933.

Die Alkoholdehydrase fand man in gewissen Arten von Bakterien. In besonders hoher Konzentration kommt sie bei Acetobakter vor, in hoher Konzentration auch bei B. acidi butyrici. Viele niedere Pilze enthalten sie in beträchtlicher Menge. Sie ist in Samen verschiedener Pflanzen sowie auch in Blütenstaub vorhanden. Bei Tieren ist die Leber das enzymreichste Gewebe[9].

[1] WARBURG, O., u. W. CHRISTIAN: B. Z. **238**, 131 (1931). — [2] WARBURG, O., W. CHRISTIAN u. A. GRIESE: B. Z. **282**, 157 (1935). — [3] ROBISON, R., and E. J. KING: Biochem. J. **25**, 323 (1931). — [4] ANDERSSON, B.: H. **225**, 57 (1934). — [5] HOLMBERG, C. G.: Skand. Arch. Physiol. **68**, 1 (1934). — [6] WARBURG, OTTO: D. m. W. **1946**, 37. — [7] Vgl. Bd. 2, Biochemie der Mikroorganismen. — Euler, Enzyme II/3, 573 (1934). — [8] MÜLLER, D.: B. Z. **262**, 239 (1933). — [9] MIZUSAWA, H.: J. Biochem. **18**, 243 (1933).

Alkoholdehydrase verschiedenen Ursprungs scheint unter aeroben Verhältnissen wesentlich anders empfindlich gegen HCN-Hemmung zu sein. Die Dehydrase der Essigbakterien ist unerhört HCN-empfindlich[1], obgleich sie kein Cytochromsystem besitzt. Pneumokokken sollen dagegen für HCN unempfindlich sein[2]. Bei diesen erhält man als Reaktionsprodukt H_2O_2 in einer Ausbeute bis zu 95% der theoretischen. Das System Alkohol/Acetaldehyd ist unter dem Einfluß der Alkoholdehydrase reversibel. Entscheidend ist dabei das Co-Zymase-Substratgleichgewicht. Ein Mol des Fermentes, also der Verbindung aus Co-Zymase und dem jetzt krystallinisch dargestellten zugehörigen Protein (Apoferment) kann bei 20° je Minute etwa 7000 Mol Alkohol zur Umsetzung bringen[3].

Der Acetaldehyd ist die Muttersubstanz des Alkohols bei den Gärungen. Er entsteht aus der Umsetzung von Triosephosphorsäure unter dem Einfluß einer speziellen Dehydrase[4], wobei sich Phosphoglycerinsäure bildet. Die Reaktion geht über Brenztraubensäure, die durch Carboxylase unter Bildung von Acetaldehyd zerfällt. (Über biologische Acetaldehydbildung siehe Fußnote[5] und Bd. 2, Kohlenhydratstoffwechsel.

Die beiden Redoxsysteme (Triosephosphorsäure-, Phosphoglycerinsäure- und Acetaldehyd-Äthylalkohol) stehen übrigens auch noch in einem anderen Verhältnis zueinander. Ihre Holodehydrasen sind beide Träger derselben Co-Zymasegruppe in reversibler Bindung. Die Co-Zymasegruppe pendelt zwischen den beiden Systemen und bringt sie unter Austausch von Wasserstoff ins Redoxgleichgewicht[4].

k) Glycerophosphatdehydrase[6]. Die Glycerophosphatdehydrase katalysiert die folgende Reaktion:

$$\begin{array}{ccc} CH_2OH & & C\overset{O}{\diagdown}H \\ | & \xrightleftharpoons{-2H} & | \\ CHOH & & CHOH \\ | & & | \\ CH_2\cdot O\cdot PO_3H_2 & & CH_2\cdot O\cdot PO_3H_2 \end{array}$$

α-Glycerin-phosphorsäure — Glycerinaldehyd-phosphorsäure

Das Vorhandensein einer Oxydase mit Glycerophosphat als Substrat in tierischem Gewebe wurde 1919 von MEYERHOF nachgewiesen. AHLGREN[7] fand 1923, daß die Oxydase den Charakter einer Dehydrase hat. (Eingehende Geschichte[6].)

Glycerophosphatdehydrase zeigt eine ausgeprägte Spezifität[8]. Als Substrat bedient sie sich der α-, dagegen nicht der β-Säure. Nach GREEN kann Cytochrom als Acceptor des von Glycerophosphatdehydrase aktivierten Wasserstoffs dienen, dagegen nicht Adrenalin, Lactoflavin oder Ascorbinsäure. Das aus Gurkensamen dargestellte Enzym wird durch das „gelbe Enzym" kräftig aktiviert[9]. Für den Angriff der β-Säure ist ein besonderes Enzym gefunden.

Man muß jetzt mit zwei α-Glycerophosphatdehydrasen in den Muskeln rechnen. Die eine übt ihre Wirkung in Zusammenarbeit mit Co-Dehydrase I und ist löslich, die andere ist unlöslich und braucht kein Co-Enzym[10].

---

[1] BERTHO, A.: Die Essiggärung. Ergebn. Enzymforsch. **1**, 231 (1932). — [2] SEVAG, M. G.: A. **507**, 92 (1933). — [3] NEGELEIN, E., u. H.-J. WULFF: B. Z. **289**, 436 (1937); **293**, 351 (1937). — Bersin, Enzymologie S. 132. — [4] EULER, H. v.: Ergebn. Physiol. **38**, 1 (1936). — [5] NEUBERG, C., u. E. SIMON: Über chemische Vorgänge und über energetische Verhältnisse beim physiologischen Ab- und Umbau der Kohlenhydrate und ihrer Spaltungsprodukte. Ergebn. Enzymforsch. **2**, 118 (1933). — [6] Euler, Enzyme II/3, 586 (1934). — THUNBERG, T.: Ergebn. Enzymforsch. **7**, 199 (1938). — [7] AHLGREN, G.: Acta med. scand. **57**, 508 (1923). — [8] GREEN, D. E.: Biochem. J. **30**, 629 (1936). — [9] WAGNER-JAUREGG, TH., u. H. RAUEN: H. **237**, 233 (1935). — [10] ADLER, E., H. v. EULER u. W. HUGHES: H. **252**, 1 (1938).

Die Glycerophosphatdehydrase tritt *in tierischen Geweben gewöhnlich zusammen mit der Succinodehydrase* auf, mit der sie bezüglich der Löslichkeit viele Eigenschaften gemeinsam hat. Jedoch zeigen Enzymextrakte von verschiedenen Organen eine verschiedene relative Intensität[1]. Relativ kräftige Succinodehydrase erhält man in Muskelextrakt, Glycerophosphatdehydrase in Extrakten aus dem Nervensystem, was für zwei verschiedene Enzyme spricht. Hierfür spricht auch der Umstand, daß man Glycerophosphatdehydrase in Gurkensamen findet, Succinodehydrase dagegen nicht.

Glycerophosphatdehydrase kommt weit verbreitet in Bakterien, Hefe, höheren Pflanzen und in allen untersuchten tierischen Geweben vor.

l) Malicodehydrase[2]. Die Malicodehydrase (THUNBERG 1920) katalysiert das System L(—)-Äpfelsäure/Oxalessigsäure:

$$HOOC \cdot CHOH \cdot CH_2 \cdot COOH - 2\,H \rightarrow HOOC \cdot CO \cdot CH_2 \cdot COOH.$$

Das Dehydrierungsprodukt der Äpfelsäure, die Oxalessigsäure, wurde zuerst von HAHN und HAARMANN[3] nachgewiesen.

Der biologische (?) Wasserstoffacceptor von Malicodehydrase scheint das „gelbe Enzym" bzw. Flavin, eventuell Adrenalin, in gewissen Fällen Pyocyanin, zu sein[4] (siehe jedoch S. 1184). Das Enzym ist spezifisch auf L(—)-Äpfelsäure eingestellt. Ob D-Äpfelsäure als Wasserstoffdonator dienen kann, ist ungewiß[5].

Sobald Oxalessigsäure in dem System auftritt, wirkt sie, auch in schwachen Konzentrationen, stark hemmend auf die weitere Dehydrierung der Äpfelsäure ein. Wie GREEN[6] gezeigt hat, kann die Hemmung durch Bindung der Oxalessigsäure an „Ketonfixative" wie Cyanide, Hydrazine, Semicarbazide oder Hydroxylamine aufgehoben werden.

Äpfelsäuredehydrase ist nicht mit der Lacticodehydrase identisch. Maleinsäure ist ebensowenig wie Dioxymaleinsäure imstande, als Donator der Malicodehydrase aufzutreten[4].

Malicodehydrase ist in ihrer enzymatischen Wirkung von einer Co-Dehydrase abhängig[7]; die aus Schweineherzmuskel wird nur von Co-Zymase aktiviert, nicht durch Co-Dehydrase II[8].

Malicodehydrase, die zuerst in Muskulatur entdeckt wurde, ist *in tierischen Geweben weit verbreitet*, eine natürliche Folge davon, daß das Ferment ein Glied der Enzymkette bildet, deren unmittelbar vorangehende Glieder Succinodehydrase und Fumarase bilden. Eine fumarasefreie Äpfelsäuredehydrogenaselösung wurde aus Schweineherz hergestellt[9]. In der Pflanzenwelt, bei Bakterien, niedrigeren Pilzen und in den Samen verschiedener Pflanzenfamilien ist das Ferment ebenfalls verbreitet[10].

OCHOA[11] hat die reversible oxydative Decarboxylierung der Äpfelsäure untersucht.

m) Fumarase[12]. BATTELLI und STERN[13] entdeckten 1920 eine Hydratase[14], die das Gleichgewicht Fumarsäure-Äpfelsäure im Organismus regelt:

$$HOOC \cdot CH{:}CH \cdot COOH + H_2O \rightleftarrows HOOC \cdot CHOH \cdot CH_2 \cdot COOH.$$

[1] ALWALL, N.: Skand. Arch. Physiol. **55**, 100 (1929). — [2] Euler, Enzyme II/3, 560 (1934). — THUNBERG, T.: Ergebn. Enzymforsch. **7**, 196 (1938). — [3] HAHN, A., W. HAARMANN u. E. FISCHBACH: Z. Biol. **88**, 587 (1929). — [4] GREEN, D. E., and J. BROSTEAUX: Biochem. J. **30**, 1489, 1507 (1936). — [5] THUNBERG, T.: B. Z. **258**, 48 (1933). — [6] GREEN, D. E.: Biochem. J. **30**, 2095 (1936). — [7] HOLMBERG, C. G.: Skand. Arch. Physiol. **68**, 1 (1934). — [8] ADLER, E., u. M. MICHAELIS: H. **238**, 267 (1936). — [9] HOFF-JØRGENSEN, E., u. J. LEHMANN: Skand. Arch. Physiol. **81**, 269 (1939). — [10] THUNBERG, T.: Skand. Arch. Physiol. **71**, 36 (1935). — [11] OCHOA, S.: J. biol. Ch. **167**, 871 (1947). — [12] Euler, Enzyme II/3, 529 (1934). — Darstellung von Fumarsäure: Org. Syntheses **11**, 46 (1931). — [13] BATTELLI, F., u. L. STERN: C. R. Soc. Biol. **84**, 305 (1920). — [14] WILLE, FR.: Die Hydratasen. Bamann-Myrbäck **3**, 2567—2575.

Bei einem Überschuß von Fumarsäure wird diese unter dem Einfluß des Enzyms zu Äpfelsäure hydratisiert, und bei Überschuß von Äpfelsäure wird diese zu Fumarsäure dehydratisiert.

Bei neutraler Reaktion liegt das durch Fumarase bedingte Gleichgewicht bei 20 bis 40% Fumarsäure und 80 bis 60% Äpfelsäure[1]. Die unter dem Einfluß des Enzyms entstehende Äpfelsäure wurde zuerst als optisch inaktiv angesehen. Daß sie linksdrehend war, stellte DAKIN 1922 fest. Die Fumarase scheint eine ziemlich ausgeprägte Spezifität zu besitzen. So hat sie keine Wirkung auf Methylfumarsäure (= Mesaconsäure) und auch nicht auf Crotonsäure.

Die Fumarase kommt in Tier- und Pflanzenwelt weit verbreitet vor. Man hat sie *in allen* daraufhin untersuchten *tierischen Geweben* gefunden. Wahrscheinlich kommt sie, wenigstens in den meisten Fällen, dort vor, wo Äpfelsäure im intermediären Stoffwechsel entsteht. Krystallisierte Fumarasen[2].

In der *Pflanzenwelt* hat man die Fumarase in Bakterien, Hefe sowie höheren Pflanzen und in Pflanzenextrakten gefunden (siehe besonders JACOBSOHN[1]).

WOOD und WERKMANN haben gezeigt, daß Propionsäurebakterien bei Anwesenheit von Glycerin Kohlensäure binden[3]. Diese Fixierung der Kohlensäure ist mit der Bildung der gleichen Menge Bernsteinsäure gekoppelt. Der Weg geht also über Glycerin, Brenztraubensäure, Oxalessigsäure, Äpfelsäure, Fumarsäure, Bernsteinsäure, ein Schema, dessen Richtigkeit KREBS und EGGLESTON[4] konstatiert haben. Die Behauptung, daß Bernsteinsäure aus zwei Molekülen Essigsäure entsteht, kann in diesem Fall nicht aufrechterhalten werden.

n) Lacticodehydrase[5, 6]. Die Lacticodehydrase (THUNBERG 1920) katalysiert das System Fleischmilchsäure/Brenztraubensäure:

$$CH_3 \cdot CHOH \cdot COOH \rightleftarrows CH_3 \cdot CO \cdot COOH + 2\,H,$$

wie von HAHN und FISCHBACH[7] gezeigt worden ist.

Lacticodehydrase aus Hefe hat als biologischen Wasserstoffacceptor Cytochrom, während das entsprechende, aus tierischen Geweben (Schweineherzmuskel) dargestellte Enzym den Wasserstoff auf das „gelbe Enzym“ überführt[8, 9] (siehe jedoch S. 1184). Die Spezifität der Milchsäuredehydrase ist nicht genau bekannt. Soviel ist sicher, daß sie im Stoffwechsel der höheren Tiere vor allem auf L(+)-Milchsäure eingestellt ist.

Eine Lacticodehydrase scheint gewöhnlicherweise auch die Umsetzung von β-Oxybuttersäure katalysieren zu können. Man[10] hat indessen Lacticodehydrasepräparate ohne Wirkung auf die letztgenannte Säure dargestellt, was dafür spricht, daß diese ihre besondere Dehydrase besitzt.

Milchsäuredehydrase ist eine typische anoxytrope Dehydrase. In ihrer Wirkung ist sie von einer Co-Dehydrase abhängig. Dies gilt jedoch nicht für das Hefe- und Bakterienenzym. Das fragliche Co-Enzym für das Herzmuskelenzym ist mit EULERs Co-Dehydrase I (Co-Zymase) identisch, Co-Dehydrase II ist unwirksam[11].

Die Lacticodehydrase ist in zellfreier Lösung sowohl aus tierischen Geweben als aus Bakterien und Hefe[12] dargestellt worden. Man hat sie bei Bakterien und

---

[1] JACOBSOHN, K. P., J. TAPADINHAS u. F. B. PEREIRA: B. Z. **249**, 72 (1932). — [2] LAKI, E., u. K. LAKI: Enzymologia **9**, 139 (1940). — LAKI, K.: Enzymologia **9**, 141 (1940). — [3] Siehe z. B. WERKMANN, C. H., and H. G. WOOD: Heterotrophic assimilation of carbon dioxide. Adv. Enzymol. **2**, 135 (1942). — CLIFTON, C. E.: Microbial assimilation. Adv. Enzymol. **6**, 269 (1946). — [4] KREBS, H. A., and L. V. EGGLESTON: Biochem. J. **35**, 676 (1941). — [5] Vgl. Bd. 2, Biochemie der Mikroorganismen. — [6] Euler, Enzyme II/3, 535 (1934). — THUNBERG, T.: Ergebn. Enzymforsch. **7**, 194 (1938). — [7] HAHN, A., u. E. FISCHBACH: Z. Biol. **89**, 149 (1930); **95**, 155 (1934). — [8] GREEN, D. E., and J. BROSTEAUX: Biochem. J. **30**, 1489, 1507 (1936). — [9] Siehe Handb. Enzymol. (NORD-WEIDENHAGEN) **2**, 725 (1940). — [10] HOLMBERG, C. G.: Skand. Arch. Physiol. **68**, 1 (1934). — [11] ADLER, E., u. M. MICHAELIS: H. **238**, 261 (1936). — [12] GURCHOT, C., and A. LOWMAN: Proc. Soc. exp. Biol. Med. **35**, 315 (1936).

in allen daraufhin untersuchten tierischen Geweben gefunden. Von tierischen Geweben mit kräftiger Lacticodehydrasewirkung seien die weiße und graue Nervensubstanz genannt.

Lacticodehydrase gehört zu den am gründlichsten untersuchten Dehydrasen. Es sei hier nur an den Nachweis erinnert, daß sie speziell empfindlich für Narkotica ist[1]. QUASTEL denkt sich einen Zusammenhang zwischen der Narkose und einer gestörten Fähigkeit des Hirns Milchsäure und Brenztraubensäure auszunutzen. Siehe auch STRAUB[2].

o) Pyruvodehydrase. (Brenztraubensäure-dehydrase)[3]. Schon THUNBERGs erste Versuche (vom Jahre 1920) über die Möglichkeit, den oxydativen Abbau der wichtigeren Metaboliten in die WIELANDsche Dehydrierungstheorie einzufügen, machte das Vorhandensein einer starken Brenztraubensäuredehydrase in den Muskeln wahrscheinlich. Komplizicrende Umstände, namentlich die zahlreichen Reaktionsmöglichkeiten der Brenztraubensäure, stellten sich indessen endgültigen Schlußfolgerungen entgegen.

Die allmählich klargelegte zentrale Stellung der Brenztraubensäure im Stoffwechsel, besonders in ihrer Eigenschaft als Oxydationsprodukt von Triose und als Muttersubstanz der Milchsäure, sowie ihr Auftreten bei den Stoffwechselvorgängen im Hirn[4], haben die Aufmerksamkeit auf die einschlägigen Fragen hingelenkt. Das Interesse verstärkte sich nach AUHAGENs Entdeckung der Co-Carboxylase[5], und nachdem LOHMANN[6] dieses Co-Ferment als Aneurinpyrophosphat erkannt hatte. Man fand nun, daß es nicht nur als Co-Dehydrase beim anaeroben Abbau der Brenztraubensäure wirksam ist sondern auch bei ihrer aeroben Dehydrierung. Während die Apodehydrasen für den anaeroben und aeroben Abbau der Brenztraubensäure nicht identisch sind, sind es also ihre prosthetischen Gruppen, ein Beispiel für die geringere Spezifität der Co-Dehydrasen im Verhältnis zu den Apodehydrasen.

In verschiedenen Zellen und Geweben scheint die Brenztraubensäure bei ihrem Stoffwechsel verschiedene Wege einzuschlagen, je nach der Sauerstoffspannung, dem p_H, der Konzentration der an der Reaktion teilnehmenden Substanzen und anderer Umstände[7]. In höher differenzierten Geweben (Muskel und Leber) reagiert Brenztraubensäure mit Glutaminsäure, wobei eine Aminogruppe und zwei Wasserstoffatome von der Glutaminsäure reversibel unter Bildung von Alanin auf die Brenztraubensäure übertragen werden[8].

p) β-Oxybuttersäuredehydrase[9]. Die Fähigkeit der ß-Oxybuttersäure, als H-Donator aufzutreten, wurde von THUNBERG (1920) bei Versuchen an Froschmuskeln entdeckt. Die Eigenschaft der Leber, diese Säure als Donator zu benutzen, zeigte WISHART[10], das gleiche an menschlichen Muskeln ROSLING[11]. Sowohl für Froschmuskeln wie für Menschenmuskeln kann auch *α-Oxybuttersäure* als Wasserstoffdonator dienen. Die Oxybuttersäure sind besonders auf die

[1] QUASTEL, J. H., and A. H. M. WHEATLY: Biochem. J. **26**, 725 (1932). — BAILEY, K., and F. W. NORRIS: Biochem. J. **26**, 1609 (1932). — DAVIES, D. R., and J. H. QUASTEL: Biochem. J. **26**, 1672 (1932). — [2] STRAUB, F. B.: Enzymologia **9**, 143 (1940). — [3] Zusammenfassende Übersicht: FRANKE, W.: Die Enzyme der Desmolyse. Handb. Enzymol. (NORD-WEIDENHAGEN) **2**, 673, 760 (1940). — BARRON, E. S. G.: Physiol. Rev. **19**, 184 (1939). — [4] PETERS, R. A.: Biochem. J. **30**, 2206 (1936). — OCHOA, S.: Biochem. J. **33**, 1262 (1939). — LONG, C., and R. A. PETERS: Biochem. J. **33**, 759 (1939). — [5] AUHAGEN, E.: H. **204**, 149 (1932). B. Z. **258**, 330 (1932). — [6] LOHMANN, K., u. P. SCHUSTER: Naturwiss. **25**, 26 (1937). — [7] LIPMANN, F.: Skand. Arch. Physiol. **76**, 255 (1937). — LIPMANN, F.: Enzymologia **4**, 65 (1937). Nature **143**, 281, 436 (1939). — [8] BARRON, E. S. G., and C. M. LYMANN: J. biol. Ch. **127**, 143 (1939). — BRAUNSTEIN, A. E., u. M. G. KRITZMANN: Biochimia, Moskau **2**, 242 (1937). — [9] Euler, Enzyme II/3, 553 (1934). — HARRISON, D. C.: Ergebn. Enzymforsch. **4**, 309 (1935). — [10] WISHART, G. M.: Biochem. J. **17**, 103 (1923). — [11] ROSLING, E.: Skand. Arch. Physiol. **45**, 132 (1924).

Frage untersucht worden, ob die entsprechende Dehydrase für ihre Wirkung ein Co-Enzym braucht[1]. HOLMBERG war nicht imstande, eine stärker hervortretende Wirkung nach Zusatz von Co-Zymase zu beobachten. Dagegen ist für die β-Oxybuttersäuredehydrase aus Schweineherz Co-Zymase zur Wirkung notwendig[2, 3].

Die β-Oxybuttersäuredehydrase katalysiert den Übergang von L-β-Oxybuttersäure in Acetessigsäure. Er ist umkehrbar[2].

$$CH_3 \cdot CHOH \cdot CH_2 \cdot COOH \rightleftarrows CH_3 \cdot CO \cdot CH_2 \cdot COOH + 2\,H.$$

Das Oxydationsprodukt wurde in Form von Aceton-2,4-dinitrophenylhydrazon isoliert[2].

Schon 1909 wiesen WAKEMANN und DAKIN[4] die Umwandlung der β-Oxybuttersäure in Acetessigsäure unter Einwirkung eines Leberextraktes in Gegenwart von Sauerstoff nach. Im Anschluß daran zeigte DAKIN auch, daß Leber unter anderen Versuchsbedingungen Acetessigsäure zu β-Oxybuttersäure reduziert. DAKIN erklärte dies so, daß die Leber über 2 Enzyme verfügt, von denen das eine oxydierend, das andere reduzierend wirkt. Er dachte an eine CANNIZZARO-Reaktion, wobei ein Teil der Acetessigsäure unter gleichzeitiger Oxydation des Restes reduziert würde. Die WIELANDsche Theorie macht es wahrscheinlich, daß wir es hier mit einem reversiblen System zu tun haben, das von einem und demselben Enzym aktiviert wird.

Das Normalpotential desselben ist von GREEN[2] für ε_0 bei p_H 7,0 = —0,282 V gefunden. Die freie Energie berechnet man auf 6920 Cal.[2]. HOFF-JØRGENSEN[5] fand bei p_H 7 und 38° C: ε_1 (p_H 7) = —0,2931 V ± 0,0001 V.

Die Oxydation der β-Oxybuttersäure zu Acetessigsäure dürfte vielleicht auch ohne Eingreifen einer Dehydrogenase vor sich gehen können, nämlich durch das im Stoffwechsel gebildete Wasserstoffsuperoxyd (HARRISON und THURLOW[6]), wenn man annimmt, daß dieses noch vor der Zerlegung durch Katalase zur Wirkung gelangen könnte[7], also in „statu nascendi" wirkt.

Acetessigsäure als H-Donator ist von AHLGREN[8] beschrieben worden. Das Reaktionsprodukt ist nicht bekannt.

q) Aspartase[9]. Aspartase ist ein von QUASTEL und WOOLF[10] sowie von WOOLF[11] beschriebenes Enzym, eine Desaminase, welches das Gleichgewicht Asparaginsäure/Fumarsäure regelt:

$$HOOC \cdot CH(NH_2) \cdot CH_2 \cdot COOH \rightleftarrows HOOC \cdot CH{:}CH \cdot COOH + NH_3.$$

Das Enzym ist von VIRTANEN und TARNANEN[12] aus Bakterien erhalten worden. Es scheint streng spezifisch zu sein.

Die Aspartase kommt bei einer großen Zahl von Bakterien und bei gewissen höheren Pflanzen vor. In tierischen Geweben hat man sie dagegen nicht entdeckt.

Die Gleichgewichtskonstante des Systems ist u. a. von BORSOOK[13] untersucht worden.

r) Tartaricodehydrase. Die Tartaricodehydrase kann die Weinsäure als Substrat verwenden, und zwar in allen Formen derselben. Doch scheint Tartaricodehydrase verschiedenen Ursprungs eine wechselnde Spezifität zu besitzen. Froschmuskeln sind imstande, L-Wein-

[1] Siehe Fußnote [3] S. 1180. — [2] GREEN, D. E., J. G. DEWAN and L. F. LELOIR: Biochem. J. **31**, 934 (1937). — [3] BANGA, I., K. LAKI u. A. v. SZENT-GYÖRGYI: H. **220**, 278 (1933). — [4] WAKEMAN, A. J., and H. D. DAKIN: J. biol. Ch. **6**, 373 (1909). — [5] HOFF-JØRGENSEN, E.: Skand. Arch. Physiol. **80**, 176 (1938). — [6] HARRISON, D. C., and S. THURLOW: Biochem. J. **20**, 217 (1926). — [7] Analoges bei KEILIN, D., and E. F. HARTREE: Proc. R. Soc. London (B) **119**, 141 (1936). — [8] AHLGREN, G.: Acta med. scand. **57**, 508 (1923). — [9] Euler, Enzyme II/3, 533 (1934). — Bd. 2, Biochemie der Mikroorganismen. — GRASSMANN-MÜLLER S. 1112. — ERKARNA, J., u. A. I. VIRTANEN: Aspartase. Bamann-Myrbäck **3**, 2589—97. — [10] QUASTEL, J. H., and B. WOOLF: Biochem. J. **20**, 545 (1926). — [11] WOOLF, B.: Biochem. J. **23**, 472 (1929). — [12] VIRTANEN, A. I., u. J. TARNANEN: B. Z. **250**, 193 (1932). — [13] BORSOOK, H.: Reversible and reversed enzymatic reactions. Ergebn. Enzymforsch. **4**, 1 (1935).

säure als Donator zu verwenden, dagegen nicht D-Weinsäure[1]. LEHMANN[2], der die Untersuchungen auf Muskeln verschiedener Tierreihen ausdehnte, fand, daß in gewissen Fällen auch Rechtsweinsäure als Wasserstoffdonator dienen kann. Der Grad der Spezifität und auch andere Eigenschaften dieses Enzyms sind wenig untersucht.

s) Die Oxy- und Ketoglutarsäuredehydrase. Bei der Untersuchung der Dehydrasen im *Samen* von Phaseolus vulgaris beobachtete THUNBERG[3], daß der kräftigste Wasserstoffdonator α-Ketoglutarsäure war.

Zu den Donatorsubstanzen mit ausgeprägter Wirkung, die THUNBERG bei seiner ersten an *Froschmuskeln* durchgeführten Untersuchung organischer Säuren entdeckte, gehört die L(—)α-Oxyglutarsäure. Die starke Wirkung dieser Donatoren macht es wahrscheinlich, daß das betreffende Enzym im intermediären Stoffwechsel eine wichtige Rolle spielt. **Oxyglutarsäuredehydrase** ist kürzlich aus Schweineherzmuskel dargestellt worden[4]. Sie führt L(—)α-Oxyglutarsäure in α-Ketoglutarsäure über, und zwar in reversibler Umsetzung. Die Reaktion geht ohne Mitwirkung eines Co-Enzyms vor sich.

In Gegenwart von molekularem Sauerstoff und Cyanid läßt sich die Bildung von H_2O_2 nachweisen. Zur Verwertung von O_2 ist ein Überträger nötig, Cytochrom c ist unwirksam, brauchbar sind Pyocyanin und einige Phenazinabkömmlinge. Das Potential liegt etwa bei —0,07 V. Eine direkte Messung war bisher nicht möglich. Der optische Antipode, die D(+)α-Oxyglutarsäure wird von der Dehydrase nicht angegriffen[4].

An *menschlichen Muskeln* stellt ROSLING[5] eine deutliche Donatorwirkung dieser Oxy- und Ketoglutarsäuren fest.

Die α-Ketoglutarsäure ist beim Abbau der Citronensäure gefunden worden[6].

t) Citricodehydrase[7]. Isocitricodehydrase. Mikrorespirometrisch hatte THUNBERG 1910 festgestellt, daß ein Zusatz von Citrat die Sauerstoffaufnahme und Kohlensäureabgabe der Froschmuskeln steigert. 1917 fand er mit seiner Mb-Methode, daß Citrat den Stoffwechsel in Leber, Lunge, Pankreas, Herzmuskel, Niere und Hirn beschleunigt. In weiteren Versuchen vom Jahre 1920 diskutierte er[8] den Mechanismus bei der Dehydrogenisierung der Citronensäure und wies auf die Unmöglichkeit hin, sich ihren Ablauf nach dem einfachen Schema vorzustellen, daß der Initialvorgang aus einer Abtrennung zweier Wasserstoffatome aus dem Citronensäuremolekül bestehe, wie man ihn gewöhnlich schreibt. Jedenfalls bezeichnete er die beim oxydativen Abbau der Citronensäure wirksame Dehydrase als Citricodehydrase.

Die (+)-Oxycitronensäure wird durch die „Citricodehydrase" ebenso schnell dehydriert wie die Citronensäure (bzw. Isocitronensäure), was mit der allo-Oxycitronensäure und der (—)-Oxycitronensäure nicht der Fall ist[9].

Nach MARTIUS und LEONHARDT[10] bildet sich unter Einwirkung von Aconitase aus Leberextrakt ein Gleichgewichtsgemisch von 89,2% Citronensäure, 7,7% Isocitronensäure und 3,9% cis-Aconitsäure. Ihrer Ansicht nach ist es unwahrscheinlich, daß die Aconitase in zwei verschiedenen Formen auftritt (vgl. JACOBSOHN).

Die „Citronensäuredehydrase" ist *in allen tierischen Geweben*[11], in Pilzen und Bakterien gefunden worden. Sie findet sich auch in den grünen Pflanzenteilen, dagegen nur in wenigen Samenarten. In gewissen Cucurbitaceensamen, namentlich in Samen von Cucumis sativus (Gurke), kommt sie in reichlicher Menge vor.

[1] THUNBERG, T.: Skand. Arch. Physiol. **40**, 1 (1920). — [2] LEHMANN, J.: Skand. Arch. Physiol. **42**, 35 (1922). — [3] THUNBERG, T.: Arch. int. Physiol. **18**, 601 (1921). — [4] WEIL-MALHERBE, H.: Biochem. J. **31**, 2080 (1937). — [5] ROSLING, E.: Skand. Arch. Physiol. **45**, 132 (1924). — [6] MARTIUS, C., u. F. KNOOP: H. **246**, I (1937). — MARTIUS, C.: H. **247**, 104 (1937). — [7] THUNBERG, T.: Ergebn. Enzymforsch. **7**, 196 (1938). — Euler, Enzyme II/3, 566 (1934). Vgl. hier Bd. 2, Biochemie der Mikroorganismen sowie Kohlenhydratstoffwechsel. — [8] THUNBERG, T.: Skand. Arch. Physiol. **40**, 1 (1920). — [9] MARTIUS, C., u. R. MAUÉ: H. **269**, 33 (1941). — [10] MARTIUS, C., u. H. LEONHARDT: H. **278**, 208 (1943). — [11] REICHEL, L., u. A. NEEFF: H. **240**, 163 (1936). — BERNHEIM, F.: Biochem. J. **22**, 1178 (1928). — EULER, H. v., E. ADLER u. M. PLASS: Ark. Kemi, Mineral. Geol. **13** B, Nr. 4 (1938).

Der enzymatische Stoffwechsel des Citrats hat sich als äußerst verwickelt erwiesen. Wenigstens in tierischen Organen erfolgt die Umsetzung nicht über Aceton-dicarbonsäure, wie man sonst vom theoretischen Gesichtspunkt aus hätte vermuten können. Besonders durch die Untersuchungen von KNOOP und MARTIUS wissen wir, daß die Citronensäure zuerst enzymatisch zu Isocitronensäure umgewandelt wird. Die Zugänglichkeit der Isocitronensäure für die „Citricodehydrase" war vorher von WAGNER-JAUREGG und RAUEN[1] nachgewiesen worden. Die sog. Citronensäuredehydrase war tatsächlich in diesem Falle eine Isocitronensäuredehydrase.

Nach KNOOP und MARTIUS[2, 3] erfolgt der *Citronensäureabbau* in zwei Phasen. In der ersten anaeroben wird Wasser abgespalten, es entsteht cis-Aconitsäure, durch Wasseranlagerung wird daraus Isocitronensäure. In der zweiten, oxydativen Phase erfolgt Dehydrierung der Isocitronensäure zur α-Keto-β-carboxyglutarsäure (Oxalbernsteinsäure), die durch Abspaltung von Kohlendioxyd von selbst in α-Ketoglutarsäure und je nach Fermenteinwirkung weiter in Bernsteinsäure oder Glutaminsäure übergeht[3] (s. auch Bd. 2, Kohlenhydratstoffwechsel).

COOH—CH_2—C(OH)·COOH—CH_2—COOH	$\xrightarrow{-H_2O}$ $\xleftarrow{+H_2O}$ Aconitase	COOH—CH=C—COOH—CH_2—COOH	$\xrightarrow{+H_2O}$ $\xleftarrow{-H_2O}$ Aconitase	COOH—CHOH—CH·COOH—CH_2—COOH	$\xrightarrow{-2H}$ $\xleftarrow{+2H}$ Dehydrase
Citronensäure		cis-Aconitsäure		Isocitronensäure	

COOH—CO—CH·COOH—CH_2—COOH	$\xrightarrow{-CO_2}$ Spontan	COOH—CO—CH_2—CH_2—COOH	$\xrightarrow{+H_2+NH_3}$ $\longleftarrow$ Dehydrase	COOH—CH·NH_2—CH_2—CH_2—COOH
Oxalbernsteinsäure		α-Ketoglutarsäure		Glutaminsäure

Citronensäure wird unter Mitwirkung zweier „Aconitasen" in Isocitronensäure umgewandelt. Die eine vermittelt den Übergang von Citronensäure zu Aconitsäure, die zweite den Übergang zwischen Aconitsäure und Isocitronensäure. Keine der Aconitasen ist mit der Fumarase identisch. Die Aconitasen sind in der Tier- wie in der Pflanzenwelt weit verbreitet. Das System Citronensäure-Aconitsäure-Isocitronensäure ist unter dem Einfluß der Aconitasen reversibel. Bei p_H 7,4 repräsentiert die Citronensäure 80% der Reaktionsprodukte, die Aconitsäure 4% und die Isocitronensäure 16%[4].

OCHOA[5] hat untersucht, wie im Isocitricodehydrasesystem CO_2, Oxalbernsteinsäure und α-Ketoglutarsäure reagieren und dabei CO_2 gebunden oder abgegeben wird.

[1] WAGNER-JAUREGG, TH., u. H. RAUEN: H. **233**, 215 (1935); **237**, 227 (1935). — [2] KNOOP, F., u. C. MARTIUS: H. **242**, 1 (1936). — [3] KREBS, H. A., and W. A. JOHNSON: Enzymologia **4**, 148 (1937). — KREBS, H. A., and L. V. EGGLESTON: Biochem. J. **34**, 442 (1940). — KREBS, H. A.: Biochem. J. **34**, 460 (1940). — BREUSCH, F. L.: Biochem. J. **33**, 1757 (1939). — [4] JACOBSOHN, K. P., et J. TAPADINHAS: C. R. Soc. Biol. **131**, 647 (1939). — CUNHA, D. P. DA et K. P. JACOBSOHN: C. R. Soc. Biol. **131**, 649 (1939). — JACOBSOHN, K. P., et M. SOARES: C. R. Soc. Biol. **131**, 652 (1939). — JACOBSOHN, K. P.; Enzymologia **8**, 327 (1940). — [5] OCHOA, S.: J. biol. Ch. **159**, 243 (1945). — OCHOA, S., and E. WEISZ: J. biol. Ch. **159**, 245 (1945).

Die prosthetische Gruppe der Isocitronensäuredehydrase ist die Co-Dehydrase II. Die Reaktion verlangt die Anwesenheit von Mg oder Mn. Jodessigsäure hemmt stark durch Reaktion mit Apodehydrase, Pyrophosphat durch Bindung von Mn- und Mg-Ionen.

Ein dem tierischen[1] Enzym völlig entsprechendes pflanzliches wurde in höheren Pflanzen festgestellt[2].

EULER[2] deutet die Wirkung der Isocitronensäuredehydrase folgendermaßen:

$$\text{Isocitronensäure} + \text{Co II} \xrightarrow{\text{Apodehydrase}} \text{Oxalbernsteinsäure} + \text{Co II } H_2.$$

$$\text{Oxalbernsteinsäure} \xrightarrow{\text{spontan}} \alpha\text{-Ketoglutarsäure} + CO_2.$$

Nach J. MÅRTENSSON[3] wird Citronensäure endogen gebildet, besonders in den Muskeln, und sie wird besonders in den Nieren zerstört. — Der Abbau der Citronensäure durch Bakterien[4] beginnt wahrscheinlich mit dem anaeroben Zerfall des Citronensäuremoleküls in Oxalessigsäure + Essigsäure:

$$HOOC \cdot CH_2 \cdot \underset{\displaystyle COOH}{C(OH)} \cdot CH_2 \cdot COOH = HOOC \cdot CH_2 \cdot CO \cdot COOH + CH_3 \cdot COOH.$$

u) Aminosäuredehydrasen[5–8]. Die Enzyme der Umaminierung. Schon bei der ersten Untersuchung der Dehydrasen tierischer Gewebe durch THUNBERG (1920) wurde entdeckt, daß sich ihre Dehydrierungswirkung auch auf Aminosäuren erstreckt. Besonders erwiesen sich Glutaminsäure und Alanin als gute Wasserstoffdonatoren. AHLGREN beobachtete bald nachher die H-Donatoreigenschaft der Asparaginsäure.

Seitdem ist besonders durch BERNHEIM[9], KISCH[10] und KREBS[11, 12] sowie durch KEILIN und HARTREE[13] und EDLBACHER[14] eine große Zahl von Aminosäuren enzymatisch dehydriert worden. Diese Dehydrierung scheint durch mehr oder weniger spezifische Dehydrasen „Aminosäuredehydrasen", verursacht zu werden (KISCH und OPPENHEIMER). Weiteres über L-*Aminosäureoxydasen und Ophio*-L-*aminosäureoxydase*[15].

Ein Hauptweg des oxydativen Abbaues von Aminosäuren geht über eine oxydative Desaminierung. Dies wurde schon 1908 von O. NEUBAUER[16] dargelegt. In Abwesenheit von Sauerstoff ausgeführte Versuche sprechen für folgenden Abbauweg[17]:

$$\text{Aminosäure} \rightarrow \text{Iminosäure} \rightarrow \text{Iminosäurehydrat} \rightarrow \text{Ketosäure}.$$

Manche Aminosäuren scheinen sich indessen bei ihrer enzymatischen Oxydation sehr verschieden zu verhalten. Es dürfte heute noch unmöglich sein, ein Reaktionsschema aufzustellen, das für sämtliche Aminosäuren, die enzymatisch oxydierbar sind, Geltung hätte.

Bei der Desaminierung von *Alanin* durch Leber und Niere entsteht als ein Reaktionsprodukt Brenztraubensäure[18]. Alanin durchläuft dabei die von WIELAND und BERGEL, KNOOP und THUNBERG angenommenen Zwischenstufen.

[1] JOHNSON, W. A.: Biochem. J. **33**, 1046 (1939). — ADLER, E., H. v. EULER, G. GÜNTHER and M. PLASS: Biochem. J. **33**, 1028 (1939). — [2] EULER, H. v., E. ADLER, G. GÜNTHER u. L. ELLIOT: Enzymologia **6**, 337 (1939). — EULER, H. v., E. ADLER u. M. PLASS: Ark. Kemi, Mineral. Geol. **13** B, Nr. 4 (1938). — [3] MÅRTENSSON, J.: Acta physiol. scand. **1**, Suppl. II (1940). Nord. med. Ark. **5**, 253 (1940). — [4] DEFFNER, M., u. W. FRANKE: A. **541**, 85 (1939). — [5] Euler, Enzyme II/3, 592 (1934). — Bd. 2, Biochemie der Mikroorganismen. — [6] THUNBERG, T.: Ergebn. Enzymforsch. **7**, 199 (1938). — [7] KREBS, H. A.: The D- and L-aminoacidoxidases. Biochem. Soc. Symp. **1**, S. 2—18 (1948). — [8] WYNNE, A. M.: Ann. Rev. **15**, 58 (1946). — [9] BERNHEIM, F., M. L. C. BERNHEIM and A. G. GILLASPIE: J. biol. Ch. **114**, 657 (1936). — [10] KISCH, B.: Enzymologia **1**, 97 (1936). — [11] KREBS, H. A.: Biochem. J. **29**, 1620, 1951 (1935). — [12] KREBS, H. A.: Ann. Rev. **5**, 247 (1936). — [13] KEILIN, D., and E. F. HARTREE: Proc. R. Soc. London (B) **119**, 114 (1936). — [14] EDLBACHER, S., u. H. GRAUER: Helv. **27**, 928 (1944). — [15] ZELLER, E. A., u. A. MARITZ: Helv. **27**, 1888 (1944); **28**, 365 (1945). — [16] NEUBAUER, O.: Dtsch. Arch. klin. Med. **95**, 211 (1908) u. Habil.-Schr. Leipzig 1908. — [17] THUNBERG, T.: Skand. Arch. Physiol. **40**, 1 (1920). — [18] AUBEL, E., et F. EGAMI: Bull. Soc. Chim. biol. **18**, 1542 (1936).

Dasselbe Reaktionsprodukt entsteht, wenn Alanin in aeroben Versuchen durch Niere und Darmwand beeinflußt wird[1].

N-Monomethylalanin wird durch Aminosäuredesaminase in Brenztraubensäure und Methylamin übergeführt, unverändert bleiben N-Dimethylalanin, α-C-Methylalanin, N-Monomethyltyrosin. In Gegenwart von O_2 bildet sich für jedes Mol oxydierter Aminosäure[2] ein Mol H_2O_2.

Glutaminsäure ergibt α-Ketoglutarsäure. — Beim Abbau von L(—)*Prolin*[3] durch die mit Arsenik vergiftete Niere wird ebenfalls α-Ketoglutarsäure gebildet. Mit einem wäßrigen Auszug von Hammelnierenpulver werden in Gegenwart von Sauerstoff DL-*Prolin*, L(+)*Prolin* (I), sowie D(—)*Ornithin* (III) zu α-Keto-5-aminovaleriansäure (II) dehydriert[3, 4]. Sie konnten als 2,4-Dinitrophenylhydrazone isoliert werden. Der Vorgang ist nach folgendem Schema zu deuten:

(Pyrrolidinring mit NH)—COOH (I) → (Kette mit NH_2) CO · COOH (II)

$$H_2N \cdot CH_2 \cdot CH_2 \cdot CH_2 \cdot CH(NH_2) \cdot COOH \rightarrow H_2N \cdot CH_2 \cdot CH_2 \cdot CH_2 \cdot CO \cdot COOH \quad (III)$$

Das Enzym spaltet also auch sekundäre Amine, da bei einer Ringöffnung von Prolin durch Hydrolyse die nicht angreifbare L-Verbindung entstehen müßte. Statt Dehydrase wird der Name D-*Aminosäureoxydase* jetzt vorgezogen.

Die Bildung von Ketosäuren und H_2O_2 wurde wiederholt mit Hilfe von Aminosäuredehydrasen erzielt[5]. In Gegenwart von Hämoglobin bildet sich dabei Methämoglobin. Hämoglobin kann also als Reagens auf Wasserstoffsuperoxyd verwendet werden.

Gewebeteile und Gewebeextrakte, z. B. der Niere, oxydieren Aminosäuren aerob zu den entsprechenden Ketosäuren[6, 7]. Das Verhältnis O_2: NH_3: Ketosäure ist ungefähr 1:2:2. KREBS nimmt das Vorhandensein zweier verschiedener Aminosäureoxydasen in verschiedenen Organen, vor allem in der Niere, an: 1. Ein an die Struktur der Zellen gebundenes System, das nicht durch KCN gehemmt wird. Dieses System, „D-*Aminosäuredesaminase*" ist imstande, nur die in der Natur nicht vorkommenden optischen Isomeren von Aminosäuren zu oxydieren, speziell die mit nur einer Carboxyl- und einer Aminogruppe. 2. Ein System, das man frei von Zellen erhalten kann und das wie die Zellatmung kräftig durch KCN gehemmt wird. Dieses System, das KREBS L-*Aminosäuredesaminase* nennt, oxydiert die in der Natur vorkommenden Aminosäuren. Möglicherweise haben die beiden Systeme gewisse Bestandteile gemeinsam.

Eine von BERNHEIM und BERNHEIM[5] aus den Rindenteilen der Niere dargestellte, kräftige Aminosäureoxydase, die in Abwesenheit von Sauerstoff dehydrierend auf gewisse Aminosäuren einwirkt, ist von KEILIN und HARTREE[2] näher untersucht worden. Die fragliche Aminosäureoxydase wird durch HCN nicht beeinflußt, jedoch durch H_2S in schwachen Konzentrationen stark gehemmt. Die Hemmung tritt besonders hervor, wenn man H_2S auf das Enzym einwirken läßt, ehe das Substrat zugesetzt wird. Sie ist reversibel.

Der Wasserstoff der Aminosäuredehydrasen scheint oxytrop zu sein, womit im Einklang steht, daß ihre aerobe Oxydation unter Bildung von H_2O_2 stattfindet.

---

[1] LONDON, E. S., A. M. DUBINSKY, N. L. WASSILEWSKAJA u. M. J. PROCHOROWA: H. **227**, 223 (1934). — [2] KEILIN, D., and E. F. HARTREE: Proc. R. Soc. London (B) **119**, 114 (1936). — [3] WEIL-MALHERBE, H., and H. A. KREBS: Biochem. J. **29**, 2077 (1935). — [4] NEBER, M.: H. **240**, 70 (1936). — [5] BERNHEIM, F., M. L. C. BERNHEIM and A. G. GILLASPIE: J. biol. Ch. **114**, 657 (1936). — [6] KREBS, H. A.: Enzymologia **7**, 53 (1939). — [7] KREBS, H. A.: Biochem. J. **29**, 1620, 1951 (1935). Ann. Rev. **5**, 247 (1936).

Die Abhängigkeit der *Glutaminsäure*dehydrase von Co-Zymase ist von HOLMBERG[1] nachgewiesen worden.

Die D-*Aminosäuredehydrase* ist von WARBURG und CHRISTIAN[2] *rein dargestellt* und in ihrem Aufbau geklärt worden. Sie besteht aus einem *Fermentprotein* und einem *Lactoflavinnucleotid* als prosthetischer Gruppe. Aus Hammelniere[3] ist das Protein leicht zu gewinnen. Das gereinigte Ferment, bestehend aus dem Apoferment der Hammelniere und dem Co-Ferment Lactoflavin-adenin-nucleotid aus Leber[3, 4] ist nach KARRER[5] im Gegensatz zu WARBURG nicht imstande, alle D-Aminosäuren, also die Antipoden der natürlichen Aminosäuren zu dehydrieren. Wenn durch Gewebsschnitte und Rohextrakte sämtliche D-Aminosäuren desaminiert werden können, so sind nach KARRER wahrscheinlich verschiedene Fermente am Werk. D-Aminosäureoxydase kommt mit sehr wirksamen Effektoren verbunden vor[6].

Präparate aus Leber sind weniger wirksam als solche aus Niere[7]. Es werden mit Organpulverextrakten nur D-Aminosäuren desaminiert[7]. Die Aminosäuren der D-Reihe werden nicht mit der gleichen Geschwindigkeit angegriffen[8]. L-Aminosäuren bleiben unverändert[3].

Außer in tierischen Geweben kommt die Aminosäuredehydrase allgemein in *Bakterien* und in *Samen höherer Pflanzen* vor. Gewisse Mikroorganismen (Chlostridium sporogenes) vermögen durch Redoxumsetzungen von Aminosäuren die „STICKLAND-Reaktion", zu geben (s. Bd. 2, Biochemie der Mikroorganismen).

Die Enzyme der Umaminierung. Aminopherasen (BRAUNSTEIN), Transaminasen (KREBS). Als Umaminierung bezeichnen BRAUNSTEIN et alii[9] die reversible intermolekulare Übertragung von Aminogruppen (und Wasserstoff) von Glutaminsäure und Asparaginsäure auf Brenztraubensäure. Die Umaminierung der Aminosäuren in biologischen Objekten wird durch eine spezielle Gruppe von Zellfermenten zustande gebracht, welche in ihrer Wirkungsweise, Verbreitung, Spezifität und manchen anderen Eigenschaften von bisher bekannten Enzymen des Aminosäurenstoffwechsels, den Aminooxyhydrasen OPPENHEIMERs, verschieden sind. Sie sind weder mit der L- noch der D-Desaminase von KREBS noch mit den spezifischen, Glutaminsäure und Asparaginsäure dehydrierenden, Systemen identisch. Die Möglichkeit des Vorliegens gemeinsamer Teilkomponenten in beiden Systemen liegt indessen vor.

v) Xanthindehydrase (= **Xanthinoxydase** = das SCHARDINGER-Enzym = *Aldehydoxydase*[10]). Milch besitzt die Fähigkeit, nach Zusatz von Formaldehyd Mb zu entfärben (SCHARDINGER 1902). Die gleiche Erscheinung tritt auf nach

```
    N=C·OH                 N=C·OH                  N=C·OH
    |  |                   |  |                    |  |
H·C    C—NH    ——→   HO.C    C—NH    ——→    HO·C    C—NH
  ||   ||   \           ||   ||   \            ||   ||   \
  ||   ||    >CH        ||   ||    >CH         ||   ||    >C·OH
  ||   ||   //          ||   ||   //           ||   ||   //
  N—C—N                 N—C—N                  N—C—N
 Hypoxanthin             Xanthin                Harnsäure
```

[1] HOLMBERG, C. G.: Skand. Arch. Physiol. **68**, 1 (1934). — [2] WARBURG, O., u. W. CHRISTIAN: B. Z. **298**, 150 (1938). — NEGELEIN, E., u. H. BRÖMEL: B. Z. **300**, 225 (1938/39). — [3] WARBURG, O., u. W. CHRISTIAN: B. Z. **298**, 150 (1938). — [4] KARRER, P., P. FREI u. H. MEERWEIN: Helv. **20**, 79 (1937). — [5] KARRER, P., u. H. FRANK: Helv. **23**, 948 (1940). — [6] EDLBACHER, S., u. O. WISS: Helv. **28**, 1111 (1945). — [7] KISCH, B.: Enzymologia **1**, 97 (1936). Kli. Wo. **1936 I**, 170. — [8] FELIX, K., u. K. ZORN: H. **258**, 16 (1939). — [9] BRAUNSTEIN, A. E., u. M. G. KRITZMANN: Enzymologia **2**, 129, 138 (1937). — VIRTANEN, A. I., and T. LAINE: Nature **141**, 748 (1938). — EULER, H. v., E. ADLER, G. GÜNTHER u. N. B. DAS: H. **254**, 61 (1938). — COHEN, P. P.: Biochem. J. **33**, 551 (1939). — BRAUNSTEIN, A. E.: Enzymologia **7**, 25 (1939). — KRITZMANN, M., and O. SAMARINA: Nature **158**, 104 (1946). — [10] THUNBERG, T.: Ergebn. Enzymforsch. **7**, 203 (1938). — Euler, Enzyme II/3, 204, 485 (1934). — LYNEN, F.: Das SCHARDINGER-Enzym. Bamann-Myrbäck **3**, 2347—2358. Nucleinsäuredehydrase. Bamann-Myrbäck **3**, 2359—60.

Zusatz der Oxypurine Hypoxanthin und Xanthin an Stelle von Aldehyd[1]. Das in Milch entdeckte purinoxydierende Enzym ist offenbar mit der in tierischen Geweben schon um 1900 beschriebenen Oxydase (SPITZER, HORBACZEWSKI, SCHITTENHELM und BURIAN) identisch.

In Anbetracht der hohen Spezifität, welche die Dehydrasen gewöhnlich auszeichnet, lag die Annahme am nächsten, die Aldehydoxydation und die Xanthinoxydation werde durch verschiedene Enzyme bewirkt. Die Schwierigkeit, Enzympräparate zu erhalten, die nur auf die eine der beiden Donatorsubstanzen eingestellt sind, könnte auf übereinstimmende Fällungs- und Adsorptionseigenschaften zurückzuführen sein. Diese Deutung wurde auch eine Zeitlang von der WIELANDschen Schule vertreten (WIELAND, ROSENFELD, MITCHELT, FRAGE). Besonders durch die Untersuchungen der englischen Schule wurden indessen Belege erbracht, daß SCHARDINGER-Enzym und Xanthinoxydase ein und dasselbe Enzym sind. (DIXON[2], THURLOW, KODAMA, MORGAN, COOMBS).

BOOTH[3] faßt folgende Gründe für die Identitätstheorie zusammen: in jedem biologischen Material, das die SCHARDINGER-Reaktion zeigt, findet man auch das Vermögen, Xanthin zu oxydieren. Die eine Wirkung konnte nie ohne Beeinflussung der anderen beseitigt werden. Setzt man einem Ansatz gleichzeitig Aldehyd und Xanthin zu, und zwar in maximal wirksamen Mengen für jede einzelne dieser Verbindungen, so erhält man nie eine Addition der Wirkung. Würden diese auf zwei verschiedenen Enzymen beruhen, so würde der Zusatz des Donators für eines der Enzyme in der Menge, welche die maximale Wirkung auslöst, das andere Enzym nicht daran hindern, beim Zufügen seines speziellen Donators die Entfärbungsgeschwindigkeit in dem System zu beschleunigen.

Die SCHARDINGER-Reaktion (d. h. die Aldehydoxydation) wird durch Purine gehemmt, was dafür spricht, daß das SCHARDINGER-Enzym diese spezifisch adsorbiert.

Auch die WIELANDsche Schule nimmt nunmehr die *Identität des SCHARDINGER-Enzyms und der Xanthindehydrase an*, seitdem in WIELANDS Laboratorium[4] nachgewiesen worden ist, daß in gewissen, früher in anderer Richtung gedeuteten Versuchen, die oxydationssteigernde Fähigkeit des Aldehyds ein p_H-Effekt und keine Enzymwirkung war.

Als *Erklärung* dessen, daß zwei so verschiedene Substanzgruppen wie *Aldehyde und Purine als Substrat für dieselbe Dehydrase* dienen können, hat HARRISON[5] auf die chemische Verwandtschaft zwischen der für die Aldehyde typischen Gruppe $R—C\begin{smallmatrix}H\\=O\end{smallmatrix}$ und einer Iminogruppe $R—C\begin{smallmatrix}H\\=NH\end{smallmatrix}$, die in einem Purin wie Hypoxanthin enthalten sein dürfte, hingewiesen. Das Oxydationsprodukt des Hypoxanthins enthält $—C\begin{smallmatrix}OH\\=N—\end{smallmatrix}$, eine Gruppe, die dem Oxydationsprodukt des Aldehyds, $—C\begin{smallmatrix}OH\\=O\end{smallmatrix}$, analog ist.

Die *Xanthindehydrase*, deren *Spezifität* in anderer Beziehung besonders[6] untersucht worden ist, zeigt auch *in der Purinreihe* eine ausgeprägte Spezifität. Kräftig wirkt sie nur auf Hypoxanthin und Xanthin. Sie scheint auch auf Adenin und von den substituierten Purinen auf 6,8-Dihydro-oxypurin und 2-Thioxanthin einzuwirken. Wenn eine Methylgruppe oder eine Aminogruppe in den Pyrimidin- oder Imidazolring eingeführt wird, bleibt die Wirkung des Enzyms aus.

---

[1] MORGAN, E. J., C. P. STEWART and F. G. HOPKINS: Proc. R. Soc. London (B) **94**, 109 (1922). — [2] DIXON, M.: Enzymologia **5**, 198 (1938). — [3] BOOTH, V. H.: Biochem. J. **29**, 1732 (1935); **32**, 503 (1938). — [4] ROBERTS, E. A. H.: Biochem. J. **30**, 2166 (1936). — [5] HARRISON, D. C.: The dehydrogenases of animal tissues. Ergebn. Enzymforsch. **4**, 317 (1935). — [6] COOMBS, H. I.: Biochem. J. **21**, 1259 (1927).

Die Aktivierung von Hypoxanthin und Xanthin durch die Xanthindehydrase wird durch *andere Purine gehemmt*. Die Hemmung durch diese Heterosubstanzen zeigt, daß die Fixierungsspezifität nicht so ausgeprägt ist wie die Aktivierungsspezifität.

Der von der Xanthindehydrase aktivierte Wasserstoff reagiert direkt mit gewöhnlichem Sauerstoff[1]. Das Enzym gehört demnach zu den *oxytropen* Dehydrasen. Hierbei wird H_2O_2 gebildet[2, 3].

Mit Hilfe colorimetrischer und potentiometrischer Methoden wurde die Reversibilität des Substrates der Xanthinoxydase gezeigt[4–6]. Harnsäure und Hypoxanthin werden also aus Xanthin gebildet, und umgekehrt Xanthin aus Hypoxanthin und Harnsäure, alles unter aeroben Verhältnissen (s. Bd. 2, Purinstoffwechsel).

Das *Vorkommen* der Xanthindehydrase ist sehr unregelmäßig. Sie wurde weder in den Skelett- noch in den Herzmuskeln irgendeiner Tierart gefunden. Die Leber ist bei fast allen Tierarten reich an Xanthindehydrase. Eine Ausnahme bilden Hund, Igel und Taube, in deren Leber das Enzym ganz zu fehlen scheint. Beim Igel findet man es nur im Dünndarm und in der Milchdrüse. In den Nieren kommt es gewöhnlich nicht vor. Eine Ausnahme bilden in dieser Hinsicht Rinder, Ratten und einige Vögel, deren Nieren es in größerer Menge enthalten[7].

Aus Milch erhielt BALL[8] eine Xanthinoxydase, die, auf Trockengewicht bezogen, 500mal wirksamer war als das Ausgangsmaterial, andere[9] ein 1000mal wirksameres Präparat. Das Enzym ist ein Flavoprotein oder gelbes Ferment. Seine wäßrigen Lösungen sind gelb und besitzen im Sichtbaren zwischen 400 und 500 Å.-E. eine breite Absorptionsbande. Die prosthetische Gruppe des Enzyms kann abgespalten werden. Sie erwies sich als ein Abkömmling des Riboflavins. Es katalysiert die Oxydation von Hypoxanthin, Aldehyden und Dihydro-Co-Zymase[8]. Ein ähnliches Ferment konnte aus Schweineleber erhalten werden.

Der isoelektrische Punkt der Xanthinoxydase liegt bei p_H 6,2. Das Molekulargewicht wurde auf 74000 berechnet. Das Enzym katalysiert die Oxydation von Hypoxanthin und Aldehyden, wird aber bei Oxydation der letzteren rasch zerstört.

Die Xanthindehydrase wird auf eine besondere Weise durch HCN beeinflußt[10]. Nur wenn Cyanid genügend lange Zeit vor dem Substrat der Reaktionsmischung zugesetzt wird, erhält man eine *Hemmung*. Läßt man 0,0025 n HCN die Xanthinoxydase 45 min lang beeinflussen, ehe das Substrat zugesetzt wird, so zeigt das ganze System dann fast eine 100%ige Hemmung. Setzt man das Substrat (Hypoxanthin) vor dem Cyanid zu, so bleibt die hemmende Wirkung aus. Die Hemmungswirkung bei Zusatz des Cyanids vor dem Substrat ist irreversibel.

Die Xanthindehydrase wird durch Oxydasegifte wie H_2S, NaN_3 und CO nicht beeinflußt.

Xanthindehydrase oder SCHARDINGER-Enzym oder Aldehydoxydase[11] ist von Aldehydmutase[12] streng zu unterscheiden. Das SCHARDINGER-Enzym hat keine Mutasewirkung. Die Aldehydmutase der Gewebe wirkt nicht als Aldehydoxydase. Wenn beide Enzyme zusammen vorliegen, können sie voneinander getrennt werden. Die Oxydase wird durch Cyanid gehemmt, die Mutase nicht. Jodessigsäure inaktiviert die Mutase, nicht aber die

[1] GREEN, D. E., and M. DIXON: Biochem. J. **28**, 237 (1934). — [2] THURLOW, S.: Biochem. J. **19**, 175 (1925). — [3] MACRAE, T. F.: Biochem. J. **27**, 1249 (1933). — [4] GREEN, D. E., and L. H. STICKLAND: Biochem. J. **28**, 898 (1934). — [5] GREEN, D. E.: Biochem. J. **28**, 1550 (1934). — [6] GREEN, D. E., L. H. STICKLAND and H. L. A. TARR: Biochem. J. **28**, 1812 (1934). — [7] MORGAN, E. J.: Biochem. J. **20**, 1282 (1926); **24**, 410 (1930). — [8] BALL, E. G.: J. biol. Ch. **128**, 51 (1939). — [9] CORRAN, H. S., J. G. DEWAN, A. H. GORDON and D. E. GREEN: Biochem. J. **33**, 1694 (1939). — [10] DIXON, M., and D. KEILIN: Proc. R. Soc. London (B) **119**, 159 (1936). — [11] DIXON, M.: Enzymologia **5**, 198 (1938). — [12] DIXON, M.: Aldehyd mutase. Ergebn. Enzymforsch. **8**, 217—246 (1939).

Oxydase. Die Mutase bedarf zur Wirkung der Co-Zymase, die Oxydase nicht. Aromatische Aldehyde werden von der Oxydase angegriffen, nicht aber von der Mutase.

w) Cholindehydrase[1-3]. Cholin wird durch Leber oxydiert. Die Oxydation wird durch eine von BERNHEIM und BERNHEIM[1] entdeckte Oxydase vermittelt. Es dürfte Betain-aldehyd $(H_3C)_3N^+\cdot CH_2\cdot CHO$ entstehen. Die Oxydase reagiert mit Sauerstoff unter Vermittlung des Cytochromsystems und scheint zu ihrer Reaktion mit Cytochrom keines Co-Enzyms zu bedürfen. Ihre prosthetische Gruppe dürfte also nicht dissoziabel sein. Die Cholindehydrase verhält sich überhaupt in vieler Beziehung wie die Succinodehydrase.

x) Diaminoxydase (Histaminase)[4-10]. BEST und MCHENRY zeigten 1930, daß Histamin in verschiedenen Geweben durch ein spezielles Enzym zerstört wird, für das sie den Namen Histaminase vorschlugen. Die Histaminase hat sich später als eine Oxydase erwiesen. Als ihr Substrat dient nicht nur Histamin, sondern auch Spermin, Spermidin, Aneurin, Putrescin und Cadaverin, also eine Gruppe von Diaminen. Der ursprüngliche Name wurde deshalb durch die treffendere Bezeichnung Diaminoxydase ersetzt.

Die Diaminoxydase ist im Tierkörper recht verbreitet, in größter Menge kommt sie beim Hunde in den Nieren, im Darmkanal und in der Placenta vor. Dagegen findet sie sich nicht in Magenschleimhaut, was man damit in Zusammenhang bringt, daß man dem Histamin hier eine physiologische, magensafttreibende Aufgabe beimißt.

Als *Aufgabe der Diaminoxydase* betrachtet man die Zerstörung von Histamin, soweit dieses vom Darmkanal her, durch Bakterien gebildet, eindringt und soweit es auch endogen in den Zellen des Organismus entsteht. Da Histamin schon in kleinen Mengen giftig ist, spielt die *Diaminoxydase* also eine entgiftende Rolle. Neuerdings findet sie Verwendung bei der Bekämpfung krankhafter Zustände, die auf Histaminämie beruhen.

y) Carotinoxydase. Diese Oxydase wurde zwar schon 1928 entdeckt, doch wurde ihre Darstellung und Verwendung wegen der Brauchbarkeit der Oxydase zum Bleichen von Weizenmehl geheimgehalten. Erst 1939 ist sie in der wissenschaftlichen Literatur beschrieben worden[11]. Die Oxydase wird aus der Sojabohne dargestellt. Sie führt molekularen Sauerstoff in die Doppelbindung der Carotinoide und ungesättigte Fette ein, wobei sich Peroxyde bilden. — Das p_H-Optimum ist etwa 6,5. Die Carotinoxydase dürfte nicht als selbständige Oxydase existieren. Die Oxydation von Carotin scheint die indirekte Folge der Wirkung einer ungesättigten, auf Fett eingestellten Oxydase zu sein. Hierbei bilden sich Produkte, die Carotin oxydieren (TAUBER[12]).

z) Ascorbinsäure-oxydase (-dehydrase). Das Vorhandensein einer solchen Oxydase sowohl in der Pflanzenwelt[13, 14] wie bei Tieren ist beschrieben. Die hohe

[1] BERNHEIM, F., and M. L. C. BERNHEIM: Amer. J. Physiol. **104**, 438 (1933); **121**, 55 (1938). — [2] MANN, P. J. G., and J. H. QUASTEL: Biochem. J. **31**, 869 (1937). — [3] MANN, P. J. G., H. E. WOODWARD and J. H. QUASTEL: Biochem. J. **32**, 1024 (1938). — [4] BEST, C. H., and E. W. MCHENRY: J. Physiol., London **70**, 349 (1930). — [5] BERSIN, TH.: Handb. Enzymol. (NORD-WEIDENHAGEN) **1**, 151 (1940). — FRANKE, W.: Handb. Enzymol. (NORD-WEIDENHAGEN) **2**, 750 (1940). — HESSE, A.: Handb. Enzymol. (NORD-WEIDENHAGEN) **2**, 1421 (1940). — WERLE, E.: Aminosäuredecarboxylasen-Histaminase-Diaminoxydase. Fermentforsch. **17**, 103 (1942). — [6] GUGGENHEIM, M.: Die biogenen Amine und ihre Bedeutung für die Physiologie des pflanzlichen und tierischen Stoffwechsels. 3. Aufl., S. 379f. Basel u. New York 1940. — [7] EDLBACHER, S., u. A. ZELLER: Helv. **20**, 717 (1937). — ZELLER, E. A., Helv. **21**, 880 (1938). — [8] ZELLER, E. A., B. SCHAER u. S. STAEHLIN: Helv. **22**, 837 (1939). — [9] ZELLER, E. A., H. BIRKHÄUSER, H. MISLIN u. M. WENK: Helv. **22**, 1381 (1939). — [10] ZELLER, E. A.: Diamin-oxydase. Adv. Enzymol. **2**, 93 (1942). — [11] SUMNER, J. B., and A. L. DOUNCE: Enzymologia **7**, 130 (1939). — [12] TAUBER, H.: Ann. Rev. **10**, 47 (1941). — [13] SZENT-GYÖRGYI, A.: J. biol Ch. **90**, 385 (1931). B. **72** (A), 53 (1939). — [14] TAUBER, H., I. S. KLEINER and D. MISHKIND: J. biol. Ch. **110**, 211 (1935). — Siehe auch die zusammenfassende Darstellung TAUBER, H.: The interaction of ascorbic acid (Vitamin C.) with enzymes. Ergebn. Enzymforsch. **7**, 301 (1938). — FRANKE, W.: Handb. Enzymol. (NORD-WEIDENHAGEN) **2**, 823 (1940).

Reaktivität und die Temperaturempfindlichkeit der Ascorbinsäure macht es indessen nicht selten schwierig, zu entscheiden, ob die Oxydation der Ascorbinsäure enzymatisch oder in anderer Weise zustande kommt. Chemisch ist die Ascorbinsäureoxydase als ein Kupferproteid aufgefaßt worden. Von anderer Seite hat man wenigstens für gewisse Fälle die beobachtete Wirkung auf Ascorbinsäure einem spezifischen Schwermetalleinfluß des Kupfers zugeschrieben. Die Ascorbinsäure wird durch Cytochromoxydase + Cytochrom c schnell oxydiert[1, 2]. Auf diese Weise erfolgt die Oxydation der Ascorbinsäure in der Leber[3]. Lactoflavin beschleunigt in Gegenwart von Licht kräftig die Oxydation von Ascorbinsäure[4]. Hier unterstützt also ein Vitamin die Oxydation eines anderen. Die Ascorbinsäure kann auch durch Polyphenoloxydasen aus Pilzen oxydiert werden[5].

Nach EKMAN[6] ist die Ascorbinsäure für die Oxydation und Giftneutralisation cyclischer Verbindungen von Wichtigkeit. Wird Ascorbinsäure zugesetzt, so steigt die Ausscheidung von Polyphenolen. EKMAN schreibt dies dem Wasserstoffsuperoxyd zu, das bei der Oxydation der Ascorbinsäure gebildet wird.

Mit gewissen Hämatinen bildet Ascorbinsäure gekoppelte Oxydationssysteme[7].

zz) Dioxymaleinsäureoxydase. BANGA und SZENT-GYÖRGYI[8–10] haben einen in vielen Pflanzen vorkommenden Katalysator gefunden, der die Fähigkeit besitzt, Dioxymaleinsäure schnell zu oxydieren. Man hat es nach ihnen hier mit einer typischen Oxydase zu tun. THEORELL und SWEDIN[11] haben indessen gefunden, daß Peroxydase praktisch dieselbe Wirkung ausübt, wie die vermutete „Dioxymaleinsäureoxydase".

zzz) Luciferase[12] ist ein Ferment, das bei O_2-Anwesenheit das Leuchten von bestimmten Bakterien (Leuchtbakterien), niederen Seetieren (Meeresleuchten) und Insekten (Glühwürmchen) ermöglicht. Siehe auch über Luminiscenz S. 49.

2. Cytochromoxydase. (Cytochromsystem)[13–17].

(= Indophenoloxydase = Atmungsferment WARBURGS = sauerstoffübertragendes Ferment WARBURGS.)

A. Geschichtliches.

Es ist notwendig, die geschichtliche Entwicklung unserer Kenntnisse auf diesem Gebiete genau zu kennen, um die hier verwendete Nomenklatur begreifen zu können.

---

[1] KEILIN, D., and E. F. HARTREE: Proc. R. Soc. London (B) **125**, 171 (1938). — [2] KEILIN, D., and T. MANN: Proc. R. Soc. London (B) **125**, 187 (1938). Nature **143**, 23 (1939). — [3] STOTZ, E., C. J. HARRER, M. O. SCHULTZE and C. G. KING: J. biol. Ch. **122**, 407 (1937/38). — [4] CROOK, E. M., and F. G. HOPKINS: Biochem. J. **32**, 1356 (1938). — [5] KUBOWITZ, F.: B. Z. **299**, 32 (1938). — [6] EKMAN, B.: Acta physiol. scand. Suppl. 8 1, (1944). — [7] LEMBERG, R., B. CORTIS-JONES and M. NORRIE: Biochem. J. **32**, 171 (1938). — [8] BANGA, I., u. A. SZENT-GYÖRGYI: H. **255**, 57 (1938). — [9] GATET, M. L.: Enzymologia **6**, 375 (1939). — [10] BANGA, I., u. E. PHILIPPOT: H. **258**, 147 (1939). — [11] SWEDIN, B., and H. THEORELL: Nature **145**, 71 (1940). — [12] HARVEY, E. N.: Luciferase, the enzyme concerned in luminescence of living organisms. Ergebn. Enzymforsch. **4**, 365—379 (1935). Living Light. Princeton 1940. — HARVEY, E. N., u. R. S. ANDERSON: Luciferase. Bamann-Myrbäck **3**, 2496—2504. — PURNEDER, N., CHAKRAVORTYA and R. BALLENTINE: Am. Soc. **63**, 2030 (1941). — FRANKE, W.: Handb. Enzymol. (NORD-WEIDENHAGEN) **2**, 742 (1940). — Bersin, Enzymologie S. 138.

Zusammenfassende Darstellungen: 13—17. [13] Euler, Enzyme II/3, 401—423 (1934). — FRANKE, W.: Handb. Enzymol. (NORD-WEIDENHAGEN) **2**, 738f. (1940). — [14] KEILIN, D.: Cytochrome and intracellular respiratory enzymes. Ergebn. Enzymforsch. **2**, 239—271 (1933). — [15] KEILIN, D.: Le mécanisme de la respiration intracellulaire. Bull. Soc. Chim. biol. **18**, 96 (1936). — [16] SHIBATA, K.: Die Bedeutung der Indophenolase für die Zellatmung; in: Cytochrom und Zellatmung. Ergebn. Enzymforsch. **4**, 357 (1935). — [17] THEORELL, H.: Einige neue Untersuchungen über Cytochrome, Peroxydasen und Katalasen. Ergebn. Enzymforsch. **9**, 231—296 (1943).

a) Indophenoloxydase. PAUL EHRLICH[1] war es, der als erster (1885) beim Studium der Oxydationserscheinungen in tierischen Geweben eine Mischung von α-Naphthol und Dimethyl-paraphenylendiamin verwandte. Wurden diese Stoffe in die Venen eines Tieres eingespritzt, so entstand Indophenol, das die Gewebe in wechselndem Grade blau färbte. Daß es sich hierbei um eine enzymatische Reaktion handelte, wurde von RÖHMANN und SPITZER nachgewiesen. Die allgemeine Anwendung des EHRLICHschen Reagens führte zur Bildung des kurzen Namens „Nadi" (nach den Anfangsbuchstaben der Hauptbestandteile).

Schon an der Luft nimmt das Nadireagens eine violette Färbung an, die dann in Blau übergeht. Der Wert des Reagenses liegt darin, daß die Färbung unvergleichlich schneller eintritt, wenn das Reagens unter dem Einfluß von Enzymen steht. Die Indophenolreaktion dürfte nach dem folgenden Schema verlaufen:

$$(H_3C)_2N-C_6H_4-NH_2 + C_{10}H_7-OH \rightarrow (H_3C)_2N-C_6H_4-N=C_{10}H_6=O$$

Dimethyl-p-phenylendiamin α-Naphthol Indophenol

Das Enzym, das diese Indophenolbildung katalysiert, erhielt von KASTLE den Namen *Indophenoloxydase.*

Trotz umfangreicher Untersuchungen über diese Oxydase von W. H. SCHULTZE, KASTLE, VERNON, sowie BATTELLI und STERN blieb das physiologische Substrat der Oxydase lange unbekannt. Daß die Indophenolbildung ihre biologische Aufgabe nicht sein konnte, war offenkundig. Erst 1929 gab KEILIN auf die Frage nach der biologischen Bedeutung der Oxydase eine einleuchtende Antwort.

Cytochrom (s. S. 1213) wird von Wasserstoff gewisser Stoffwechselprodukte nach Einwirkung wasserstoffaktivierender Enzyme reduziert. Die Indophenoloxydase greift dann oxydierend an diesem reduzierten Cytochrom an. Da also das Cytochrom als das biologische Substrat der Indophenoloxydase anzusehen ist, sollte man dies auch im Namen selbst zum Ausdruck bringen. Die Indophenoloxydase wird deshalb heute als *Cytochromoxydase* bezeichnet (THUNBERG 1930[2,3], KEILIN und HARTREE 1938).

b) Das Atmungsferment WARBURGs (= Cytochromoxydase)[4]. Die auf die Indophenoloxydase eingestellte Forschung stieß nun mit einer von OTTO WARBURG verfolgten zusammen, die auf die Rolle des Eisens in den biologischen Oxydationsvorgängen eingestellt war.

Im ersten Abschnitt seiner Forscherlaufbahn nahm WARBURG an, die Oxydation der dysoxydablen Nährstoffe erfolge unter dem Einfluß von Sauerstoff, der durch *anorganisches* Eisen aktiviert sei. Der Ausdruck „das Atmungsferment", wurde von WARBURG 1924 eingeführt. Er bezeichnete damals damit das bei der Aktivierung des Sauerstoffes wirksame *anorganische* Eisen. Unter Beschränkung des Begriffes der Atmung auf den Vorgang der Oxydation wurde das Atmungsferment als „die Summe aller katalytisch wirksamen Eisenverbindungen, die in der Zelle vorkommen", definiert, wobei die Voraussetzung galt, die Zellen enthielten kein *organisches* Eisen[5].

Eine neue Phase begann für die WARBURGsche Lehre 1926—27 unter Einfluß zweier Entdeckungen[6]. Die erste war, daß CO ein Oxydationsgift ist, die zweite, daß diese Giftwirkung des CO durch Einwirkung des Lichtes herabgesetzt oder aufgehoben wird.

Während CO früher allgemein nur als ein Blutgift betrachtet wurde, dessen Giftwirkung darauf beruht, daß es mit dem Sauerstoff um das Hämoglobin konkurrierte, hat WARBURG gezeigt, daß CO bei höherem Druck auch hemmend auf die Atmung der Hefezellen wirkt. Die Hemmung der Zellatmung durch CO beruht indessen auch auf dem gleichzeitig

---

[1] EHRLICH, PAUL: Das Sauerstoffbedürfnis des Organismus. Berlin 1885. — [2] THUNBERG, T.: Handb. Biochem. Erg.-Bd. S. 248 (1930). — [3] *Methodisches:* ZEILE, K.: Das eisenhaltige Atmungsferment. Indophenol-, Cytochromoxydase. Bamann-Myrbäck **3**, 2505 bis 2527. — [4] Siehe auch FRANKE, W.: Handb. Enzymol. (NORD-WEIDENHAGEN) **2**, 684 (1940) und THEORELL, H.: Handb. Enzymol. (NORD-WEIDENHAGEN) **2**, 846—901 (1940). Siehe ZEILE u. SIEDEL S. 875. — [5] WARBURG, O.: B. Z. **152**, 479 bes. 494 (1924). B. **58**, 1001 (1925). — [6] WARBURG, O.: Chemische Konstitution von Fermenten. Ergebn. Enzymforsch. **7**, 210 bes. 240 (1938). Schwermetalle als Wirkungsgruppen von Fermenten. Berlin 1946. — MARTIUS, C.: Die tierische Gewebsatmung. Ergebn. Enzymforsch. **8**, 247 (1939).

herrschenden Sauerstoffdruck. Bei konstantem CO-Druck wird die Hemmungswirkung auf die Zellatmung um so mehr vermindert, je höher der Sauerstoffdruck ist.

Bringt man Zellen im Dunkeln mit einem die Atmung hemmenden Kohlenoxyd-Sauerstoffgemisch ins Gleichgewicht und belichtet nachher, so erscheint die normale Atmung wieder.

WARBURG setzte mit NEGELEIN seine Versuche über die Reaktivierung der Hefeatmung durch Licht unter Anwendung monochromatischen Lichtes fort. Die Reaktivierung der Atmung war dabei verschieden hochgradig, je nach der Wellenlänge des angewandten Lichtes. Glich man die Strahlungsintensität der angewandten Wellenlängen aus, so daß sie physikalisch dieselbe wurde, so war es möglich, in graphischer Form ein Wirkungsspektrum des Lichtes hinsichtlich der Reaktivierung der Atmung darzustellen. Rotes Licht übte keine solche photochemische Wirkung aus, während sie bei gelbem und grünem und besonders deutlich bei blauem Licht zu beobachten war.

Es ließ sich nun feststellen, daß dieses Wirkungsspektrum des Lichtes annähernd einem Häminspektrum entspricht. Diese Untersuchungen führten WARBURG zur Annahme des folgenden Verlaufes für das Zustandekommen der cellularen Oxydationsvorgänge.

Der Sauerstoff erhält seine Fähigkeit, die Nährstoffe oxydativ anzugreifen, durch eine Eisenpyrrolverbindung, in der der Sauerstoff in gleicher Weise wie im Hämoglobin lose gebunden ist. Diese Eisenpyrrolverbindung hat den Charakter eines „Atmungsfermentes". Die Primärreaktion des Atmungsfermentes (= $R \cdot Fe$) ist demnach

$$R \cdot Fe + O_2 \rightleftarrows R \cdot FeO_2.$$

Auch das Kohlenoxyd geht mit dem Atmungsferment in gleicher Weise wie der Sauerstoff eine dissoziable Verbindung ein:

$$R \cdot Fe + CO \rightleftarrows R \cdot FeCO.$$

Das Kohlenoxyd konkurriert also mit dem Sauerstoff um das Atmungsferment.

Wenn man die Wirkung des Kohlenoxyds bei verschiedenen Kohlenoxyd- und Sauerstoffdrucken quantitativ bestimmt, so läßt sich aus den Atmungshemmungen die Verteilung des Atmungsferments zwischen Kohlenoxyd und Sauerstoff berechnen. Auf Grund derartiger Messungen berechnet WARBURG eine Konstante (K), welche die relative Affinität des Atmungsfermentes für Sauerstoff und Kohlenoxyd ausdrückt.

$$K = \frac{N}{100-N} \cdot \frac{CO}{O_2}.$$

In dieser Gleichung ist N das Verhältnis aus der prozentualen Sauerstoffaufnahme in einer CO-haltigen Atmosphäre und einer solchen bei CO-Abwesenheit. Je größer die relative Affinität des Atmungsfermentes für CO wird, um so kleiner wird K. Die gleiche Formel gilt für die Verteilung des Atmungsfermentes zwischen O_2 und CO wie für die des Hämoglobins. Nur der Zahlenwert der Konstante K ist ein anderer, für die Verteilung des Atmungsfermentes in Hefe 10, für die Verteilung des Hämoglobins 100.

Da Licht photochemisch nur wirkt, wenn es absorbiert wird, so folgt nach WARBURG, daß das Atmungsferment in seiner Verbindung mit CO eine farbige Substanz ist, und zwar, wie das CO-Hämoglobin, von roter Farbe, da ja die Absorption in blauem Licht stark war, in grünem und gelbem schwächer, in rotem fehlte. Obwohl die Fermentmenge in den Zellen zu klein ist, um die Farbe desselben zu erkennen oder die Lichtabsorption zu messen, war es doch möglich, die Farbe des Atmungsfermentes zu bestimmen.

Eine weitere Stütze für seine Annahme eines Atmungsfermentes von Häminnatur erblickt WARBURG in der kräftigen Hemmung, die KCN auf die Atmung ausübt. Die Affinität des KCN für den Blutfarbstoff und gewisse Derivate desselben ist wohlbekannt.

Diese Entdeckungen veranlaßten WARBURG 1927 zu einer neuen Definition des von ihm geschaffenen Ausdrucks „das Atmungsferment". Mit diesem Namen bezeichnet er jetzt die *autoxydable Eisenpyrrolverbindung*, welche die Aktivierung des Sauerstoffs bewirkt.

Im Jahre 1932 gab WARBURG den Ausdruck „Atmungsferment" auf und führte statt seiner den Ausdruck „das sauerstoffübertragende Ferment der Atmung" ein, wobei er jedoch betonte, Sauerstoffübertragung sei in diesem Zusammenhang im „übertragenen" Sinne zu verstehen. Die Aufgabe des Sauerstoffs beschränkt sich nämlich darauf, unter dem Einfluß des Fermentes 2-wertiges Eisen zu 3-wertigem zu oxydieren. Da das Ferment also die Oxydation einer Eisen(II)-Verbindung bewirken soll, hätte die Bezeichnung „Ferro-Oxydase" nahegelegen. Da ferner die fragliche Eisen(II)-Verbindung gerade die Eisen(II)-Form des Cytochroms war, hätte das Ferment nach der üblichen Nomenklatur als eine „Cytochromoxydase" näher gekennzeichnet werden sollen.

WARBURGsches Atmungsferment, Indophenoloxydase und Cytochromoxydase sind nur verschiedene Bezeichnungen für ein und denselben Stoff. Es lag nahe, nach einem gemeinsamen Namen zu suchen. Wenn man von den allgemeinen Richtlinien für die Benennung von Enzymen ausgeht, so ergibt sich die Bezeichnung *Cytochromoxydase*, welche Bezeichnung nunmehr allgemein anerkannt ist. Ein weiterer Beweis für die Identität dieser 3 Substanzen wurde von MELNICK[1] erbracht, der das photochemische Absorptionsspektrum für den Komplex, den die Cytochromoxydase mit Kohlenmonoxyd bildet, studiert hat. Die allgemeine Formel für die so erhaltene Absorptionskurve deckte sich ziemlich vollständig mit der entsprechenden Kurve des WARBURGschen Atmungsfermentes. Wenn man in Betracht zieht, daß WARBURGS Versuche sich auf Hefe oder Essigsäurebakterien beziehen, während MELNICK Herzmuskel verwendete, und daß man mit artspezifischen Unterschieden zwischen Material von verschiedenen Organismen rechnen muß, ist es schwer, sich der Auffassung zu entziehen, daß Cytochromoxydase und das WARBURGsche Atmungsferment identisch sind.

c) Das Cytochromsystem[2]. Unter dem Namen Myohämatin und Histohämatin beschrieb MACMUNN, 1884—1886 einen offenbar zur Gruppe des Hämatins gehörenden Farbstoff, den er in Muskeln und anderen Geweben von Tieren fast aller Klassen gefunden hatte. Der Farbstoff lieferte in reduzierter Form ein charakteristisches Spektrum mit 4 Absorptionsbanden, die jedoch verschwanden, wenn man ihn oxydierte. Die Beobachtungen MACMUNNS wurden damals von führender Seite nicht anerkannt. Die von ihm bezeichneten Spektralbanden schrieb man schon bekannten Blut- und Gewebsfarbstoffen zu. Das Arbeitsgebiet verlor seine Anziehungskraft.

Als im Jahre 1925 KEILIN bei Untersuchungen über die Atmung von parasitären Insekten und Würmern diesen Farbstoff wieder auffand, war das daher mehr als eine Wiederentdeckung. Der Farbstoff wurde nicht nur bei Tieren, sondern auch bei Bakterien, Hefe und höheren Pflanzen festgestellt. Wegen seines allgemeinen Vorkommens gab ihm KEILIN den Namen Cytochrom (= Zellfarbstoff).

KEILIN stellte schließlich klar, daß Cytochrom in seiner biologischen Funktion auf die Zusammenarbeit mit anderen Reduktionsoxydationssystemen in den Zellen angewiesen ist. Seiner Ansicht nach ist es zwischen ein sauerstoffübertragendes Ferment, nämlich die seit langem bekannte Indophenoloxydase und ein wasserstoffübertragendes System, die Dehydrasen, einzureihen.

B. Cytochromoxydase. Cytochrome[3–9].

Die Bemühungen um die Herstellung einer löslichen Cytochromoxydase scheinen nun Erfolg gehabt zu haben. So hat z.B. E. HAAS[10] eine solche aus Herzmuskel hergestellt, die nach Zerreiben und Autolyse einer Behandlung mit Ultraschall unterworfen wurde. Das gleiche ist WAINIO und Mitarbeitern[11] gelungen durch Zusatz von Natriumdesoxycholat zu einem Oxydasepräparat aus Schafherz, das nach KEILIN und HARTREE präpariert war.

Der Umstand, daß die Cytochromoxydase offenbar eisenhaltig und von chromogener Natur ist, erweckt die Frage nach ihrer Stellung zu den Cytochromkomponenten der Zellen. Von diesen sind die Komponenten a, a_3, b und c von

[1] MELNICK, J. L.: Science, N. Y. **94**, 118 (1941). — [2] THEORELL, H.: Handb. Enzymol. (NORD-WEIDENHAGEN) **2**, 851—863 (1940). Heme-linked groups and mode of action of some hemoproteins. Adv. Enzymol. **7**, 265 (1947). — ZEILE S. 870.

Zusammenfassende Darstellungen: 3—9. [3] Über Chemie des Cytochroms s. ZEILE S. 870. [4] THEORELL, H.: Handb. Enzymol. (NORD-WEIDENHAGEN) **2**, 851 (1940). — [5] Euler, Enzyme II/3, 349—364 (1934). — [6] KEILIN, D.: Cytochrom and intracellular respiratory enzymes. Ergebn. Enzymforsch. **2**, 239—271 (1913). Le mécanisme de la respiration intracellulaire. Bull. Soc. Chim. biol. **18**, 96 (1936). — [7] SHIBATA, K.: Cytochrom und Zellatmung. Ergebn. Enzymforsch. **4**, 348—364 (1935). — [8] THEORELL, H.: Die Cytochrome. Bamann-Myrbäck **3**, 2342. — Siehe auch Fußnote [2]. — [9] WARBURG, O.: Schwermetalle als Wirkungsgruppen von Fermenten. Berlin 1946.

[10] HAAS, E.: J. biol. Ch. **148**, 481 (1943); **152**, 695 (1944). — [11] WAINIO, W. W., S. J. COOPERSTEIN, S. KOLLEN and B. EICHEL: J. biol. Ch. **173**, 145 (1948).

besonderem Interesse. In der größten Menge ist gewöhnlich eine c-Komponente enthalten. Diese ist im übrigen auf Grund ihrer Löslichkeit am leichtesten für eine Untersuchung zugänglich. Die Komponente b ist autoxydabel, wenn auch nicht besonders ausgeprägt, während dagegen a und c die Gegenwart von Cytochromoxydase für ihre Oxydation durch molekularen Sauerstoff verlangen.

Eine eingehende Untersuchung der a-Komponente durch KEILIN und HARTREE[1] ergab, daß a keine einheitliche Substanz ist, sondern ein System darstellt. Ein in dem System enthaltenes Cytochrom a_3 hat besonders die Aufmerksamkeit auf sich gerichtet, weil es übereinstimmende Eigenschaften mit der Cytochromoxydase zeigt. Die Cytochromoxydase bildet z.B. eine Verbindung mit Kohlenoxyd, ebenso wie das Cytochrom a_3. Die in der Hefe vorkommende Kohlenoxydverbindung der Oxydase hat eine Absorptionskurve mit der größten Absorption bei 5900 Å und 4300 Å. Die gleichen Absorptionsmaxima zeigt auch Cytochrom a_3. Aber die Übereinstimmung ist nicht vollständig. So gibt a_3 eine Kohlenoxydkomplexverbindung, die unter Einwirkung von Licht stabil ist, was bei dem Cytochromoxydasekomplex nicht der Fall ist. Man hat übrigens in gewissen Zellen weder a noch a_3 finden können, trotzdem es sich um Zellen aerober Art handelte. Gegen die Identität könnte man auch einwenden, daß die Reaktion ausbleibt, wenn reduziertes Cytochrom c zu Reaktionsgemischen mit oxydiertem a_3 hinzugesetzt wird.

Cytochrom ist, wie seine Absorptionsbanden zeigen, ein Sammelbegriff für eine Anzahl engverwandter Eisenproteide. Sie treten teils in Eisen(II)-Form, teils in Eisen(III)-Form auf, also entweder als Hämochromogene oder als Parahämatine. Die Hämochromogene zeigen nun meistens zwei Absorptionsbanden, α und β, im Gebiet orange bis grün. Im allgemeinen treten in den cytochromhaltigen Zellen vier Banden auf, eine Bande (a) entspricht 605 mμ, die zweite (b) 565, die dritte (c) 550 und die vierte (d) 520 mμ. Es liegt nahe, aus dem Vorhandensein von vier Banden auf die α- und β-Banden zweier verschiedener Cytochrome (Hämochromogene) zu schließen. Eine nähere Untersuchung der Verhältnisse führte indessen zu dem Ergebnis, daß wir mit wenigstens drei verschiedenen Cytochromsubstanzen zu rechnen haben. Jede der Banden a, b und c gehört zu einem dieser drei Cytochrome, die man entsprechend Cytochrom a, Cytochrom b und Cytochrom c bezeichnet. Sie entsprechen den α-Banden der Hämochromogene. Von den β-Banden ist meistens nur ein einziges zu sehen. Es wird gewöhnlich Band d genannt, liegt etwa bei 520 mμ und gehört zum Cytochrom c. Es stellt also dessen β-Bande dar.

Zu diesen 3 Cytochromen haben erst spät KEILIN und HARTREE[1] eine vierte hinzugefügt, a_3 genannt. Diese ist autoxydabel und scheint mit der Cytochromoxydase identisch zu sein.

Von den Cytochromsubstanzen sind *Cytochrom a und b* noch nicht isoliert; auch ist es nicht gelungen, sie in Lösung zu bringen. Sie scheinen auch recht instabil zu sein.

Im Gegensatz zu den a- und b-Verbindungen ist Cytochrom c löslich in Wasser. Es ist in reiner oder wenigstens beinahe reiner Form isoliert worden.

Der Eisengehalt des Cytochrom c aus Herzmuskulatur wurde von THEORELL und ÅKESSON auf 0,34% bestimmt[2]. Derselbe Wert wurde 1937 von KEILIN und HARTREE gefunden. In einem noch weiter gereinigten Präparat fanden THEORELL und ÅKESSON[3] 1939 einen Eisengehalt bis zu 0,43%, einen Wert, den auch KEILIN und HARTREE gefunden haben. Der geringere Wert, der zuerst gefunden wurde, beruht nach THEORELL und ÅKESSON auf einer

[1] KEILIN, D., and E. F. HARTREE: Proc. R. Soc. London (B) **127**, 167 (1939). — [2] THEORELL, H.: B. Z. **279**, 463 (1935); **285**, 207 (1936). — [3] THEORELL, H., and Å. ÅKESSON: Science, N. Y. **90**, 67 (1939). Am. Soc. **63**, 1804 (1941).

Verunreinigung. KEILIN und HARTREE[1] suchen die Erklärung hierfür im Vorhandensein verschiedener Formen von c-Cytochrom. Das Molekulargewicht beträgt 16500[2].

Cytochrom c ist in tierischen Geweben allgemein vorhanden[3]. Man kann leicht zeigen, daß es in den Geweben oxydiert und reduziert wird. Wenn ein Gewebe bei guter Beleuchtung spektroskopisch untersucht wird, sieht man, daß bei Abwesenheit von Sauerstoff die Oxydation des Cytochrom c verhindert wird: die reduzierenden Systeme des Gewebes verwandeln die Oxydationsform des Cytochroms schnell in die Reduktionsform. Hierbei tritt das Absorptionsband bei 550 mμ deutlich hervor. Wenn man nach Zusatz von Urethan, das wie Narkotica überhaupt die reduzierenden Systeme des Gewebes inaktiviert, Sauerstoff zufließen läßt, verschwindet das Absorptionsband bei 550 mμ, was die Oxydation des Cytochroms bedeutet.

Cytochrom kommt nur bei aeroben Organismen vor. Anaeroben Bakterien, z. B. B. sporogenes und Streptococcus acidi lactici, fehlt Cytochrom gänzlich. Oxydation und Reduktion von Cytochrom können sogar an lebenden Tieren beobachtet werden. Bei Galleria mellonella (Bienenmotte) können die Brustmuskeln wegen der Durchsichtigkeit des Tieres im Leben untersucht werden. Dort liegt es in oxydiertem Zustand vor, wenn sich das Tier in Ruhe befindet, jedoch partiell reduziert, wenn die Flügel vibrieren, und völlig reduziert, wenn die Muskeln ohne Zutritt von Luft arbeiten. Die Aufgabe des Cytochromsystems ist es, den Affinitätsausgleich zwischen aktiviertem Wasserstoff und aktiviertem Sauerstoff zu vermitteln. Dabei dient besonders die Cytochromoxydase als Sauerstoffaktivator. Möglicherweise können auch die Formen a und b, die ebenfalls autoxydabel sind, als Sauerstoffaktivatoren dienen. Das Cytochrom c wird durch den von gewissen Dehydrogenasen aktivierten Wasserstoff in seine reduzierte Form verwandelt. Eine ähnliche Aufgabe dürften auch die Formen a und b haben. Verschiedene Wasserstoffüberträger dürften mit den verschiedenen Cytochromsubstanzen zusammenarbeiten. So scheint das Cytochrom c durch Wasserstoff von Bernsteinsäure, Glycerinphosphorsäure und auch durch Wasserstoff von Milchsäure aus Hefe beeinflußt zu werden. Cytochrom c dürfte also besonders mit den Dehydrasen zusammenarbeiten, welche die Bernsteinsäure und die Glycerinphosphorsäure aktivieren, sowie auch mit der in der Hefe vorkommenden Dehydrase, welche die Milchsäure aktiviert. Die Cytochrome a und b dagegen besorgen nach GREEN die Oxydation des Wasserstoffes der Triosephosphorsäure, Äpfelsäure, β-Oxybuttersäure und Milchsäure, soweit die Aktivierung der letzteren durch eine Lacticodehydrase aus tierischen Geweben besorgt wird. Dieselben Cytochromformen arbeiten auch mit der Glutaminsäure zusammen. Die Stufen auf dem Wege von den primären Dehydrasen veranschaulicht das nachstehende Schema:

1. Substrat + Holodehydrase.
2. Freies Co-Enzym (Reduktionsform) + Diaphorase (Oxydationsform).
3. Diaphorase (Reduktionsform) + Cytochrom (Oxydationsform).
4. Cytochrom (Reduktionsform) + O_2.
5. Cytochrom (Oxydationsform) + H_2O.

Während die KEILINsche Schule die verschiedenen Cytochromsubstanzen, mit Ausnahme der Cytochromoxydase, nebeneinander ordnen will, soll nach der WARBURGschen Schule der aus den Nährstoffen kommende Wasserstoff die verschiedenen Cytochrome nacheinander durchlaufen. Jedes einzelne von

[1] KEILIN, D., and E. F. HARTREE: Biochem. J. **39**, 289 (1945). — [2] THEORELL, H., and Å. ÅKESSON: Science, N. Y. **90**, 67 (1939). — [3] STANLEY, A. R., A. J. ZIEGENHAGEN and C. A. ELVEHJEM: J. biol. Ch. **165**, 81 (1946).

ihnen würde also der Reihe nach zwischen einer Eisen(III)- und einer Eisen(II)-Form schwingen.

Das System H-Donator-Cytochrom$_c$-Cytochromoxydase-Sauerstoff ist von komplizierterem Charakter als gewöhnlich angenommen wird, wie aus der Analyse der hemmenden und stimulierenden Wirkung verschiedener Pharmaca hervorgeht (AMES, ZIEGENHAGEN und ELVEHJEM[1]).

Unter dem Namen „*Cytochrom$_c$-reduktase*" hat HAAS[2] ein Enzym beschrieben, das die Reaktion zwischen Co-Enzym WARBURG und Cytochrom c katalysiert, wobei das Co-Enzym (Reduktionsform) seinen Wasserstoff an Cytochrom c abgibt. Hiermit ist ein Weg von Hexosemonophosphat zu Cytochrom$_c$ gefunden. Unter Einwirkung einer Hexosemonophosphatdehydrase geht zuerst Wasserstoff von dem Zuckerphosphat auf das Co-Enzym WARBURG über und nachher unter Einwirkung dieser Reduktase zu dem Cytochrom$_c$. Die prosthetische Gruppe dieses Enzyms ist ein Alloxazinmononucleotid. Diese Reduktase ist mit keinem bisher bekannten Enzym identisch.

3. Katalase[3-11].

Katalase ist ein Enzym, das den Zerfall des Wasserstoffsuperoxyds in Wasser und Sauerstoff katalysiert:

$$2\,H_2O_2 = 2\,H_2O + O_2.$$

Geschichtliches. Schon THÉNARD, der Entdecker des Wasserstoffsuperoxyds, beobachtete, daß pflanzliche und tierische Gewebe H_2O_2 zerlegen. SCHÖNBEIN untersuchte in großem Ausmaß die katalytische Spaltung von H_2O_2 und hob hervor, wie allgemein diese Fähigkeit bei den lebenden Zellen wäre.

Es machte sich recht allgemein die Auffassung geltend, daß die Spaltung von H_2O_2 überhaupt etwas für die Enzyme Charakteristisches sei. Seit OSCAR LOEW[12] (der Jahrhundertwende 1900) weiß man, daß es ein besonderes, weit verbreitetes Enzym mit der Fähigkeit gibt, gerade H_2O_2 zu spalten, und daß die Fähigkeit der Zellen und Organismen, H_2O_2 zu zersetzen, vor allem auf dieses Enzym zurückgeht.

Nicht selten sieht man, daß die Reaktionsgleichung mit nur einem Molekül H_2O_2 auf der einen Seite des Gleichheitszeichens und einem Molekül H_2O und einem Atom O auf der anderen Seite formuliert wird. Der Sauerstoff dürfte indessen nicht in atomarer, sondern in molekularer Form frei werden (WIELAND 1921), weshalb die oben angegebene Gleichung die richtige sein dürfte. Sie könnte folgende 2 Teilreaktionen umfassen:

$$1.\ HO\cdot OH = O{:}O + 2\,H.$$
$$2.\ HO\cdot OH + 2\,H = 2\,H_2O.$$

Die erste Phase dürfte als die langsamere die Reaktionsgeschwindigkeit bestimmen, während die zweite Phase, die Spaltung des H_2O_2-Moleküls, unter Aufnahme von H_2, wohl mit wesentlich größerer Geschwindigkeit stattfindet.

---

[1] AMES, ST. R., A. J. ZIEGENHAGEN and C. A. ELVEHJEM: J. biol. Ch. **165**, 81 (1946). — [2] HAAS, E., B. L. HORECKER and T. R. HOGNESS: J. biol. Ch. **136**, 747 (1940).

Zusammenfassende Darstellungen über Katalase: 3—11. [3] SUMNER, J. B.: The chemical nature of catalase. Adv. Enzymol. **1**, 163 (1941). — Chemie siehe ZEILE, Pyrrolfarbstoffe S. 886. — [4] Euler, Enzyme II/3, 1—75 (1934). — [5] ZEILE, K.: Katalase. Ergebn. Enzymforsch. **3**, 265—288 (1934). Bamann-Myrbäck **3**, 2615—33. — [6] MORGULIS, S.: Die Katalase. Ergebn. Physiol. **23** I, 308—367 (1924). — [7] RUSKA, H.: Die biologische Bedeutung der Wasserstoffsuperoxydbildung und der Katalase. Ergebn. Physiol. **34**, 253—270 (1933). — [8] FRANKE, W.: Handb. Enzymol. (NORD-WEIDENHAGEN) **2**, 765—769. — [9] EULER, H. v.: Reindarstellung von Katalasen. Handb. biol. Arb.-Meth. Abt. IV, Teil 1, 455—462 (1936). — [10] THEORELL, H.: Ergebn. Enzymforsch. **9**, 284 (1943). — [11] THEORELL, H.: Heme-linked groups and mode of action of some hemoproteins. Adv. Enzymol. **7**, 265 (1947).

[12] LOEW, O.: Rep. US Dept. Agric. **68**, Bull. 3 (1901). Siehe auch KLINKOWSKI, M.: Nachruf auf O. LOEW (1844—1941). B. **74** (A), 115 (1941).

Eine andere Deutung des Verlaufs haben HABER und WILLSTÄTTER[1] gegeben. Sie fassen Katalase als eine für H_2O_2 spezifische Dehydrase auf und deuten den Reaktionsverlauf als eine *Kettenreaktion*, in der die Radikale — $O \cdot OH$ und — OH auftreten. Das erste Glied der Reaktion sollte folgendes sein:

$$\text{Katalase} + H_2O_2 = \text{Desoxykatalase} + —O \cdot OH.$$

Danach sollte die Reaktion folgendermaßen weitergehen:

$$—O \cdot OH + HO \cdot OH = O_2 + H_2O + —OH$$
$$—OH + HO \cdot OH = H_2O + —O \cdot OH.$$

Gewisse Einwände gegen die HABER-WILLSTÄTTERsche Radikaltheorie siehe bei HALDANE[2-4].

Über den *Bau der Katalase* als Eisen-Porphyrinverbindung berichtet ZEILE S. 887, s. a. [5].

KEILIN und HARTREE[6] haben, ausgehend von dem Charakter der Katalase als einer Eisen(III)-Verbindung, ihre Wirkungsweise wie folgt formuliert:

$$1.\ 4\ Fe^{+++} + 2\ H_2O_2 \rightarrow 4\ Fe^{++} + 4\ H^+ + 2\ O_2,$$
$$2.\ 4\ Fe^{++} + 4\ H^+ + O_2 \rightarrow 4\ Fe^{+++} + 2\ H_2O.$$

Die Eisen(III)-Form der Katalase wird also durch H_2O_2 zur Eisen(II)-Form reduziert, die durch O_2 wieder oxydiert wird. Daß sich im Ablauf der Reaktion wirklich eine Eisen(II)-Verbindung bildet, will man aus den Verhältnissen entnehmen, wenn man Katalaseazid mit H_2O_2 reagieren läßt. Die grünbraune Farbe des Katalaseazids wird dabei rot, und die charakteristischen Spektrallinien des Katalaseazids werden durch zwei neue Linien ersetzt, die nach KEILIN und HARTREE von der Eisen(II)-Verbindung herrühren. Daß die Fe^{++}-Form durch atmosphärischen Sauerstoff und nicht durch H_2O_2 reoxydiert wird, will man daraus ersehen, daß in Abwesenheit von Sauerstoff die Zerlegung des H_2O_2 völlig aufhört. — Gegen die Ansicht KEILINs und HARTREEs sind gewisse Einwände laut geworden[7].

Die *Wirkung der Katalase* ist ausgeprägt spezifisch[8]. Sie bleibt auf die Spaltung von H_2O_2 beschränkt. Andere organische Peroxyde kann Katalase nicht beeinflussen.

Die Katalase ist ein intensiv wirkendes Enzym. Besonders bei Zusatz von Katalase zu reinen H_2O_2-Lösungen entsteht auch bei schwacher Katalasekonzentration eine starke Sauerstoffentwicklung.

Die Wirkung der Katalase wird reversibel durch HCN gehemmt. Die *Hemmung* ist von WIELAND als ein Adsorptionsvorgang gedeutet worden, der Hemmung durch indifferente Gase vergleichbar. Nach der Entdeckung des Hämingehaltes der Katalase ist die Inaktivierung infolge Bindung des Giftes an die Wirkungsgruppe der Katalase bewiesen. Katalase wird spezifisch durch CO gehemmt. Die Verbindung Kohlenoxyd-Katalase wird am leichtesten durch Licht mit der Wellenlänge 405 $m\mu$ dissoziiert. Katalase wird auch durch *Oxime* gehemmt[9].

Die Fähigkeit, H_2O_2 unter Bildung von H_2O und O_2 zu spalten, wird allgemein als *die biologische Rolle der Katalase* angesehen. Offenbar setzt dies indessen voraus, daß tatsächlich H_2O_2 in katalaseführenden Organismen gebildet wird.

---

[1] HABER, F., u. R. WILLSTÄTTER: B. **64**, 2844 (1931). — [2] HALDANE, J. B. S.: Nature **130**, 61 (1932). — [3] STERN, K. G.: H. **209**, 176 (1932). — [4] ALBERS, H.: H. **218**, 113 (1933). — [5] GRANICK, S., and H. GILDER: Adv. Enzymol. **7**, 305 (1947). — [6] KEILIN, D., and E. F. HARTREE: Proc. R. Soc. London (B) **124**, 397 (1938). Biochem. J. **39**, 148 (1945). — [7] WEISS, J., and H. WEIL-MALHERBE: Nature **144**, 866 (1939). — [8] HOFFMANN-OSTENHOF, O.: Wirkungsmechanismus der Katalase. Exp. **3**, 152 (1947). — [9] SEVAG, M. G., u. L. MAIWEG: Naturwiss. **22**, 561 (1934).

Der *Nachweis von* H_2O_2 stößt indessen auf Schwierigkeiten, wenn die Zellen reich an Katalase sind. Fehlt Katalase oder gelingt es, diese zu inaktivieren, kann H_2O_2 bei aerobem Stoffwechsel häufig nachgewiesen werden.

Die Beobachtungen werden immer zahlreicher, durch die gezeigt wird, daß nicht Wasser, sondern H_2O_2 in gewissen Fällen das erste Produkt der Reduktion von Sauerstoff ist.

Feststellungen in dieser Richtung wurden zuerst von bakteriologischer Seite gemacht (McLeod, siehe eingehende historische Darstellung bei Stephenson[1]).

Das Studium der H_2O_2-Bildung ist seit der Einführung eines Abfangmittels durch Wieland[2] wesentlich gefördert worden. Als bestes Reagens hat sich hierfür das Cer(III)-hydroxyd erwiesen, das H_2O_2 mit großer Geschwindigkeit zu dem gelbbraunen Cerperoxyd bindet und gleichzeitig das Enzym vor der schädlichen Wirkung des Peroxyds schützt.

In gewissen Fällen ist es gelungen, die Art des H_2O_2-bildenden Systems festzustellen. So wird H_2O_2 bei Oxydation von Hypoxanthin, Harnsäure und Aminosäuren gebildet.

Nur in geringem Ausmaß dürfte jedoch der hohe Katalasegehalt gewisser Zellen und Organe durch die H_2O_2-Bildung der beiden auf Purine eingestellten Enzyme zu erklären sein. Soweit die Organismen überhaupt Harnsäure oxydieren, ist die dabei mögliche H_2O_2-Bildung im Verhältnis zu dem Katalasegehalt unwichtig. Größere Bedeutung dürfte man der Bildung von H_2O_2 bei der Oxydation der Aminosäuren beimessen können. — Auch die H_2O_2-Bildung bei der Oxydation des „gelben Ferments" ist zu beachten.

Ganz offensichtlich besteht indessen ein Mißverhältnis zwischen dem Katalasegehalt und der bisher bekannten Bildung von H_2O_2.

Katalase kommt in fast jeder aerob atmenden Zelle vor. Nur bei obligat anaeroben Lebewesen fehlt sie gewöhnlich (MacLeod[3]). Bei fakultativ anaeroben Zellen ist der Katalasegehalt unbedeutend.

Sowohl der qualitative *Nachweis* von Katalase als die quantitative *Bestimmung* derselben in biologischem Material stoßen indessen auf Schwierigkeiten. Die bisher vorliegenden Zusammenstellungen über den Katalasegehalt haben daher nur relativen Wert. Sicherere Ergebnisse sind durch Bestimmung derselben auf spektroskopischem Wege, wobei der Eisengehalt des Enzyms den Ausgangspunkt bildet, zu erwarten[4] (vgl. Zeile, S. 888).

Bei den höheren Tieren scheint die *Leber* das an Katalase reichste Organ zu sein. Aus Pferde- und Ochsenleber wurde Katalase krystallisiert dargestellt[5,6]. Auch die *Nieren* sind reich an Katalase. Relativ arm sind die *Muskeln*, was angesichts der bedeutenden Atmung der Muskeln, wenigstens bei Arbeit, überrascht. *Blut*[7] besitzt eine kräftige H_2O_2-spaltende Fähigkeit, deren Träger das Stroma der roten Blutkörperchen ist. Eine ältere Ansicht, daß die Wirkung der Blutkörperchen auf H_2O_2 auf einen katalatischen Einfluß des Hämoglobins zurückzuführen sei, ist unrichtig, da reines Hämoglobin nur einen schwachen Einfluß ausübt.

Der Gehalt des Blutes an Katalase wird nicht selten durch Angabe eines „Katalaseindexes" ausgedrückt. Dieser wird definiert als die „Katalasezahl" dividiert durch die Zahl der Millionen roter Blutkörperchen, wobei man unter Katalasezahl die H_2O_2-Umsetzung je Gewichts- oder Raumeinheit Gewebe oder Flüssigkeit in einer bestimmten Zeit und bei

[1] Stephenson, M.: Bacterial Metabolism. 3. Aufl. London 1949. — [2] Wieland, H., u. B. Rosenfeld: A. **477**, 32 (1930). — [3] MacLeod, J. W., and J. Gordon: J. Path. Bacteriology **26**, 326 (1923). Siehe auch Euler, Enzyme II/3, S. 18 u. 248. — [4] Siehe Fußnote [5] S. 1217. — [5] Sumner, J. B., A. L. Dounce and V. L. Frampton: J. biol. Ch. **136**, 343 (1940). — [6] Siehe Fußnote [1] S. 1216. — [7] Ammon, R., u. E. Chytrek: Ergebn. Enzymforsch. **8**, 130 (1939).

einer bestimmten Temperatur versteht. Verschiedene Forscher rechnen mit verschiedenen Zeiten usw. (Bezüglich der Begriffe „Katalasezahl" und „Katalaseindex" siehe HENNICHS[1].)

Eine umfassende, vergleichende Untersuchung über den *Katalasegehalt verschiedener Zellen* haben FUJITA und KODAMA[2] ausgeführt. Als Maßstab des Katalasegehaltes bedienen sie sich eines „Katalasequotienten", das ist „die in 30 min entstandene O_2-Menge (cm^3) bei 38° C im Trockengewicht (mg)".

Die *Erklärung der biologischen Bedeutung* der katalatischen Spaltung von H_2O_2 ging zuerst von der Annahme aus, daß H_2O_2 ein für die Zellen giftiger Stoff sei. Hierauf gründet sich die Anwendung von H_2O_2 als antiseptisches Mittel. Die Katalase sollte also eine *entgiftende Wirkung* haben.

Es besteht kein Zweifel darüber, daß H_2O_2 schon in biologisch erreichbaren Konzentrationen bisweilen schädlich in das Leben der Zelle eingreifen kann. Der hohe Katalasegehalt der roten Blutkörperchen ist als besonderer Schutz des H_2O_2-empfindlichen Blutfarbstoffes gedeutet worden[3]. — Gewöhnlich tritt die schädliche Wirkung jedoch erst bei solchen H_2O_2-Konzentrationen auf, die nur mit Schwierigkeit in den Zellen erreicht werden könnten, auch wenn keine Katalase vorhanden wäre. Beim physiologischen Abbau des Blutfarbstoffes ist das Zusammenspiel von Wasserstoffsuperoxyd und Katalase in einem optimalen biologischen Gleichgewicht. Diese Erkenntnis fußt auf der grundlegenden Beobachtung von BINGOLD (1928), daß Zerstörung der Katalase zur völligen Entfärbung des Blutfarbstoffes durch Anaerobier (Pneumokokken) führt unter Bildung kleiner farbloser Hämspaltstücke (s. S. 937).

Eine andere biologische Aufgabe der Katalase hat man darin erblicken wollen, daß sie eine *bessere Ausnutzung des* vom Organismus aufgenommenen *Sauerstoffs* ermöglicht. Wird ein Molekül H_2 unter Bildung von H_2O_2 oxydiert, so ist die wasserstoffaufnehmende Fähigkeit des Sauerstoffs damit nur zur Hälfte ausgenutzt. Wird das H_2O_2 in Wasser und Sauerstoff gespalten, so wird dadurch die Kapazität des Sauerstoffs als Wasserstoffacceptor verdoppelt (THUNBERG[4]).

Auch eine mehr *direkte Rolle* hat man *der Katalase* bei den biologischen Vorgängen zuerteilt. H_2O_2 selbst kann unter enzymatischem Einfluß biologische Oxydationen ausüben[5, 6]. So kann Katalase in Systemen, in denen H_2O_2 langsam entsteht, dieses „in statu nascendi" so beeinflussen, daß es die Fähigkeit erhält, dem System zugesetzten Alkohol zu Aldehyd zu oxydieren, obwohl Katalase mit gewöhnlichem H_2O_2 keinen solchen oxydierenden Einfluß auf Alkohol ausübt. In einem aus Xanthinoxydase, Aldehyd, Alkohol und Katalase zusammengesetzten System wird der Aldehyd zu Säure oxydiert, wobei H_2O_2 in „statu nascendi" gebildet wird. H_2O_2 seinerseits oxydiert den Alkohol zu Aldehyd, der selbst von dem Xanthinsystem unter Bildung von H_2O_2 oxydiert wird usw. — Diese Art von Oxydation bezeichnen KEILIN und HARTREE[5] als „*cyclische Oxydation*".

Auf analoge Weise wird Alkohol von H_2O_2 angegriffen, das von Acetobacter peroxydans gebildet wird (WIELAND und PISTOR)[7]. In erster Linie ist dieser Einfluß des Wasserstoffperoxyds auf eine besondere Peroxydase zurückgeführt worden. Tatsächlich ist Acetobacter peroxydans katalasefrei[8].

---

[1] HENNICHS, S.: B. Z. **145**, 286 (1924). — [2] FUJITA, A., u. T. KODAMA: B. Z. **232**, 20 (1931). — [3] BINGOLD, K.: Dtsch. Arch. klin. Med. **195**, 413 (1949). — [4] THUNBERG, T.: Skand. Arch. Physiol. **35**, 163 (1917). — [5] KEILIN, D., and E. F. HARTREE: Proc. R. Soc. London (B) **119**, 141 (1936). — [6] WIELAND, H., u. H. J. PISTOR: A. **522**, 116 (1936). — [7] LANGENBECK, W.: B. **60**, 930 (1927). — WIELAND, H., u. H. J. PISTOR: A. **522**, 116 (1936). — [8] MORGULIS, S.: Die Katalase. Ergebn. Physiol. **23**, 1, 308 (1924).

4. Phenoloxydasen.

a) Tyrosinase (Monophenoloxydase[1–6]). Zuerst von BOURQUELOT und BERTRAND 1895 im Pilz Russula nigricans entdeckt, ist dieses Enzym dann *im Pflanzenreich* ziemlich verbreitet, *im Tierreich* aber nur in einzelnen Fällen, bei Wirbellosen, besonders bei Insekten, gefunden worden. Vor allem haben RAPER und seine Mitarbeiter die *Wirkungsweise* dieses Enzyms klargelegt (siehe RAPER[7]).

Melaninbildung. Versetzt man einen tyrosinasehaltigen Extrakt mit Tyrosin, so wird darin allmählich ein dunkles Pigment, ein Melanin gebildet. Das Melanin ist ein Endprodukt, hervorgegangen aus einer Reihe von Umwandlungen (siehe GRASSMANN-SCHNEIDER-TRUPKE S. 539). Das Tyrosin wird zuerst in ein rotes Pigment verwandelt. Hierauf findet eine Entfärbung dieses Pigments unter Bildung einer farblosen Verbindung statt, deren Oxydation zum Melanin führt. Die Tyrosinase ist nur für die erste Umwandlung des Tyrosins in das rote Produkt erforderlich. Die Entfärbung der roten Substanz und die sich daran anschließende Pigmentbildung verlaufen freiwillig.

Eine *ältere Auffassung* über die Verwandlung des Tyrosins unter dem Einfluß der Tyrosinase, nach der hierbei eine Desaminierung des Tyrosins stattfinden sollte, ist als widerlegt zu betrachten.

Diese ältere Auffassung gründete sich auf die Erscheinung, daß in einem Reaktionsgemisch, das Tyrosin, Tyrosinase und p-Kresol enthält, Aldehyd und Ammoniak frei werden. Eine derartige Desaminierung von Tyrosin in Gegenwart von p-Kresol wurde von HAPPOLD und RAPER dahin gedeutet, die Desaminierung sei nicht direkt durch die Wirkung der Tyrosinase auf das Tyrosin bedingt. Eine Desaminierung finde nur bei Gegenwart solcher Phenole statt, die bei der Oxydation mittels der Tyrosinase Orthochinone bilden. In der Tat sind Orthochinone imstande, ohne Enzymmitwirkung eine Desaminierung gewisser Aminosäuren herbeizuführen[8].

Ein großer Fortschritt im Studium der Reaktionskette vom Tyrosin zu Melanin wurde gemacht, als RAPER das Abbrechen des Vorganges mittels geeigneter Mittel ermöglichte. Die Umwandlung von Tyrosin konnte er in einem tyrosinasehaltigen Extrakt von Tenebrio molitor durch einfaches Ansäuern unter Ausfällung des Enzyms zum Stillstand bringen. Wird die Umsetzung gestört, nachdem wohl die rote Substanz gebildet, die Reaktion aber noch nicht weiter verlaufen ist, und erst dann das Enzym entfernt sowie das Reaktionsgemisch wieder zu geeigneter Reaktion gebracht, so setzt sich die Umwandlung von selbst unter Auftreten von Melanin fort.

Dopa. Aus dem Reaktionsgemisch konnte, während es noch sauer war, ein Reaktionsprodukt isoliert werden, das sich von Tyrosin nur durch den Ersatz eines Wasserstoffatoms im Benzolkern durch eine Hydroxylgruppe unterschied. Diese Verbindung ist die unter dem Namen „Dopa" bekannte Aminosäure 3,4-Dioxyphenylalanin. Auch Dopa wird durch die Tyrosinase beeinflußt und geht unter Abgabe von 2 Wasserstoffatomen in das entsprechende Chinon über. Das zuerst gebildete Chinon[9] erfährt eine intramolekulare Umlagerung, eine weitere Dehydrierung, und auf diese Weise wird das Tyrosin in die „rote Sub-

---

Zusammenfassende Darstellungen über Tyrosinase: 1—6. [1] Euler, Enzyme II/3, 365 bis 383 (1934). — [2] RAPER, H. S.: Tyrosinase. Ergebn. Enzymforsch. **1**, 270—279 (1932). — [3] RAPER, H. S.: The aerobic oxidases. Physiol. Rev. 8, 245—282 (1928). — [4] NELSON, J. M., and C. R. DAWSON: Adv. Enzymol. **4**, 99 (1946). — *Methodisches:* [5] CHODAT, R.: Darstellung und Nachweis von Oxydasen und Katalasen pflanzlicher und tierischer Herkunft. Methoden ihrer Anwendung. Handb. biol. Arb.-Meth. Abt. 4, Teil 1, 319—410 (1936). — [6] RAPER, H. S.: Chromooxydasen. Bamann-Myrbäck **3**, 2476—2488.

[7] RAPER, H. S.: Ergebn. Enzymforsch. **1**, 270—279 (1932). — ZEILE, K.: Ergebn. Enzymforsch. **3**, 265—288 (1934). — [8] Siehe auch LANGENBECK, W.: B. **60**, 930 (1927). — SKRAUP, S., u. E. BENG: B. **60**, 942 (1927). — [9] RAPER, H. S.: Ergebn. Enzymforsch. **1**, 276 (1932).

stanz“[1] verwandelt, die das erste sichtbare Produkt der Wirkung der Tyrosinase darstellt. Die folgenden Stufen der Reaktion verlaufen spontan, zunächst über die farblosen Zwischenstufen (6) bzw. (6a). Über die Konstitution des schließlich gebildeten Melanins ist nichts Sicheres bekannt.

$HO-C_6H_4-CH_2 \cdot CH(NH_2) \cdot CO_2H \xrightarrow{+O} (HO)_2C_6H_3-CH_2 \cdot CH(NH_2) \cdot CO_2H \xrightarrow{-2H}$

1. Tyrosin 2. Dopa

$O{=}C_6H_3({=}O)-CH_2 \cdot CH(NH_2) \cdot CO_2H \rightarrow$ HO, HO — CH_2, $CH \cdot CO_2H$, NH $\xrightarrow{-2H}$

3. Dopa-Chinon 4. 5,6-Dioxydihydrindol-2-carbonsäure

O=, O= — CH_2, $CH \cdot CO_2H$, NH → HO, HO — CH, $C \cdot CO_2H$, NH 6.

→ HO, HO — CH, $CH + CO_2$, NH 6a.

5. „rote Substanz“

Weitere Substrate. Außer auf Tyrosin und „Dopa“ wirkt Tyrosinase auf eine große Zahl von Phenolen ein, wie besonders von CHODAT[2] festgestellt worden ist. Überhaupt hat die Tyrosinase den Charakter einer *Monophenoloxydase.* Der Vorschlag FRANKES[3], das Enzym deshalb auch Monophenoloxydase (oder Monophenolase) zu nennen, ist insoweit gut begründet. Gleichzeitig besitzt es die Fähigkeit, auch *o-Diphenole* zu dehydrieren, mögen sie nun primär durch die Tyrosinase gebildet oder derselben direkt als Substrat geboten worden sein. *Tyrosinase* katalysiert auch die Oxydation von Brenzkatechin[4].

Wegen der vielseitigen Wirkung der Tyrosinase liegt die Vermutung nahe, daß sie ein Gemisch von mehreren Substanzen ist. Eine Stütze für eine solche Annahme durch präparative Aufteilung der Tyrosinase in solche hat man nicht erhalten können. Auch ist es nicht gelungen, das Enzym in Apoenzym und Co-Enzym aufzuteilen.

Aus dem Pilz Lactarius piperatus wurde *Tyrosinase krystallinisch* in farblosen hexagonalen Tafeln *erhalten*[5]. Es enthält 0,25% Cu und 13,6% N. Das Präparat zeigt im Sichtbaren keine Absorptionsbanden und unterscheidet sich damit von Hämocyanin. Im Ultraviolett besitzt es eine Bande bei 273 Å (Eiweiß?) und eine bei 333 Å (Cu?). Das Ferment katalysiert in Gegenwart von O_2 die Oxydation von p-Kresol und Katechinen[6]. Beim Stehen der wäßrigen Lösung nimmt die Aktivität zu. Sie bleibt aber wie vorher gegen p-Kresol: Catechin im Verhältnis 10:1. Alle bisherigen Feststellungen sprechen für die Übereinstimmung der Krystalle mit mindestens hochgereinigter Tyrosinase. Als Cu-Proteid ist Tyrosinase empfindlich gegen HCN.

Die Tyrosinase scheint im Dienst der Pigmentbildung zu stehen[7]. Man hat auch auf die Möglichkeit hingewiesen, daß die Tyrosinase bei der Bildung von Adrenalin aus N-substituiertem Tyrosin bzw. Dopa mitwirken könnte[7].

[1] RAPER, H. S.: Physiol. Rev. 8, 258 (1928). — [2] RAPER, H. S.: Ergebn. Enzymforsch. **1**, 276 (1932). — [3] Euler, Enzyme II/3, 365 (1934). — [4] WRIGHT, C. I., and H. S. MASON: J. biol. Ch. **165**, 45 (1946). — [5] DALTON, H. R., and J. M. NELSON: Am. Soc. **60**, 3085 (1938); **61**, 2946 (1939). — [6] Karrer, Lehrb. org. Chem.: Catechine. 9. Aufl. S. 591, 1943. — Beilstein **17**, 209 (125). — [7] HEARD, R. D. H., and H. S. RAPER: Biochem. J. **27**, 36 (1933).

Die obengenannte Substanz Dopa ist als Substrat einer spezifisch darauf eingestellten Oxydase angesehen worden[1,2], unter deren Einwirkung sie in Pigment umgesetzt würde. Der Vorgang sollte u. a. in der Haut des Menschen und allgemein der Säugetiere stattfinden. LERNER und FITZPATRICK[3] kommen nach kritischer Würdigung der vorliegenden Literatur zu dem Schluß, daß Tyrosinase auch die Oxydation von Dopa zu Melanin katalysiert.

b) Polyphenoloxydasen[4–5]. Bekanntlich nehmen Schnittflächen von Pflanzenteilen und beschädigte Gewebe von Pflanzen überhaupt häufig eine dunkle Färbung an. Dies ist gewöhnlich das Ergebnis eines enzymatischen Vorganges, verursacht durch eine Oxydase, deren Substrate Polyphenole sind. YOSHIDA[6] war es, der im Jahre 1883 zuerst klarlegte, solche Mißfärbungen seien enzymatischer Art. Entscheidende Bedeutung für unsere Kenntnisse auf diesem Gebiet erhielten die ab 1894 begonnenen Untersuchungen BERTRANDs. Sie lehrten uns, daß die Substanz, die bei ihrer enzymatischen Umwandlung zur Entstehung des Japanlacks führt, ein Polyphenol (Urushiol), genauer ein Brenzkatechinderivat ist. Daher wurde das Ferment auch Laccase genannt.

Laccase ist in der Natur weit verbreitet, aber schwierig von anderen Oxydasen abzutrennen. Für ihre Wirkung ist Mangan wichtig, es kann durch Cu, Fe, Zn, Al, Ca, Mg und K ersetzt werden[7].

Hochgereinigte Polyphenoloxydasen wurden aus Kartoffeln[8] und aus Pilzen[9] gewonnen. Die Aktivität der Fermente war ihrem Cu und P-Gehalt entsprechend. Als prosthetische Gruppe nimmt KUBOWITZ[10] Kupferion an, durch dessen wechselnden Übergang vom autoxydablen Cu I zum oxydierenden Cu II die O_2-Übertragung auf das Substrat erfolgt. Auch die Empfindlichkeit des Fermentes gegen HCN und CO wird damit verständlich.

Neueste Untersuchungen über die Spezifität der Phenolasen[9,11,12] führten zu einer Unterteilung in o-Phenoloxydase und p-Phenoloxydase (verkürzt o-Phenolase und p-Phenolase). Eine strenge Angrenzung nach der Konstitution der Substrate scheint jedoch nicht zu bestehen.

ROCHE[13] gibt neuere Gesichtspunkte über die Rolle der Metalle bei Enzymen, die dissoziierbare Metalle enthalten. Besonders geht er auf die Rolle ein, die das Mangan bei den von BERTRAND untersuchten Laccasen spielt, und auf die Rolle des Kupfers bei dem Enzym, das die Oxydation der Polyphenole und ihrer Derivate besorgt.

Bei der Oxydation der Polyphenole entsteht als Reaktionsprodukt ein Chinon. Die direkte Enzymwirkung der Polyphenolasen ist vor allem auf o- und p-Diphenole, aber auch Aminophenole eingestellt. Die Bedeutung der Polyphenolasen dürfte vor allem in der Pflanzenwelt liegen. Dort wirken sie wohl auf gewisse Derivate von Gallussäure (3,4,5-Trioxy-benzoesäure) und Brenzcatechin.

Die Chinone, die bei Oxydation der Polyphenole unter Einwirkung der Polyphenolasen entstehen, sind imstande, gewisse sekundäre Wirkungen auszuüben.

Die Mono-, Poly- und Indophenolasen und auch die Peroxydase haben offenbar ein in gewissem Ausmaß gemeinsames Wirkungsfeld.

---

[1] BLOCH, B.: H. **98**, 226 (1916/17). — [2] BLOCH, B., u. F. SCHAAF: Kli. Wo. **1932 I**, 10. — [3] LERNER, A. B., and TH. B. FITZPATRICK: Physiol. Rev. **30**, 91 (1950).

Zusammenfassende Darstellungen: 4—5. [4] SUTTER, H.: Polyphenoloxydase. Ergebn. Enzymforsch. **5**, 273—284 (1936). — [5] Euler, Enzyme II/3, 383—401 (1934).

[6] YOSHIDA, H.: Soc. **1883**, 472. — [7] BERTRAND, D.: Ann. Inst. Pasteur **73**, 266 (1947). — [8] KUBOWITZ, F.: B. Z. **292**, 221 (1937). — [9] KEILIN, D., and T. MANN: Proc. R. Soc. London (B) **125**, 187 (1938). — [10] KUBOWITZ, F.: B. Z. **296**, 443 (1938). — [11] KEILIN, D., and E. F. HARTREE: Proc. R. Soc. London (B) **125**, 171 (1938). — [12] YAKUSHIJI, E.: Acta phytochim., Tokyo **10**, 63 (1937). — [13] ROCHE, J.: Bull. Soc. philom. **125**, 193 (1945).

Die Peroxydase unterscheidet sich von den Phenolasen dadurch, daß sie nicht die Fähigkeit jener besitzt, zur Herbeiführung der Oxydation des Substrates freien Sauerstoff zu verwenden. Hierfür ist die Peroxydase auf H_2O_2 angewiesen. Die *Monophenolase* besitzt die Fähigkeit, als Substrat Monophenole zu verwenden, was die *Polyphenolasen* nicht können. Gemeinsam ist den Mono- und den Polyphenolasen, daß sie gewisse Polyphenole als Substrat verwenden können. Doch fehlt der Monophenolase diese Fähigkeit in bezug auf Guajakol. Die *Indophenolase* ist, wie bereits erwähnt, vom biologischen Gesichtspunkt aus als Cytochromoxydase zu betrachten.

Im Pflanzenreich sind die Polyphenolasen die am häufigsten vorkommenden eigentlichen Oxydationsfermente. In zahlreichen Bakterienstämmen, Algen, Hefen sind sie nachgewiesen, in höheren Pilzen außerordentlich und auch in höheren Pflanzen allgemein verbreitet.

Im Tierreich hat man zwar recht häufig positive Oxydasereaktionen gefunden. Aber eine sichere Entscheidung, ob es sich dabei um Polyoxydasen oder Mono- bzw. Indophenoloxydasen handelt, läßt sich jedoch meistens nicht treffen. Bei Wirbellosen und Wirbeltieren scheinen Polyphenolasen allgemein vorzukommen, im wesentlichen jedoch in den Leukocyten vorzuliegen. In neueren Arbeiten[1, 2] wurde gezeigt, daß der Herzmuskel die Oxydation von Hydrochinon katalysiert und daß dabei ein besonderes Ferment wirksam ist[1, 2]. Höchstwahrscheinlich aber handelte es sich dabei um Indophenoloxydase und nicht um eine Polyphenolase.

5. Peroxydasen[3-6].

Eine zusammenfassende Darstellung über Peroxydasen findet man bei THEORELL[5]. Man kennt jetzt vier Peroxydasen, die in reinem oder fast reinem Zustand dargestellt sind. Die Peroxydase aus dem Meerrettich ist von THEORELL in krystallinischer Form dargestellt worden, und Peroxydase aus Milch von THEORELL und ÅKESSON. — Die Peroxydasen haben gemeinsam mit Hämoglobinen, Cytochromen und Katalasen, daß ihre biologische Wirkung auf den in den Molekülen enthaltenen Eisenatomen beruht. Das Eisen kann nicht durch ein anderes Metall ersetzt werden, ohne seinen Effekt zu verlieren. — Die Peroxydase scheint ihre Wirkung unter primärer Bildung einer Peroxydase-Wasserstoffsuperoxydverbindung auszuüben. Siehe auch CHANCE[7] über die Wirkung von Cyanid auf Enzym- und Substratverbindungen.

Der durch die Peroxydase aktivierte Sauerstoff des Wasserstoffsuperoxyds kann mit einer großen Zahl von oxydablen Stoffen reagieren, z. B. Guajaconsäure ($C_{20}H_{24}O_5$), Polyphenolen, Hydrochinon, Brenzkatechin, Pyrogallol, Nitrit, Phenylendiamin, Kresolen, Benzidin, Leukomalachitgrün, Phenolphthalein, Jodwasserstoff, dem Nadi-Reagens (S. 1211) und vielen anderen. DIXON hat auf einen Unterschied zwischen einer typischen Dehydrase und der Peroxydase hingewiesen. Der durch die Dehydrase aktivierte Wasserstoff kann mit verschiedenen Wasserstoffacceptoren reagieren, während das Enzym selbst dagegen spezifisch auf den Wasserstoffdonator eingestellt ist. Mit der Peroxydase verhält es sich umgekehrt. Diese ist spezifisch auf H_2O_2, das sie reduziert, eingestellt, während H_2O_2 die Fähigkeit besitzt, mehrere Stoffe höchst verschiedener Art zu oxydieren. DIXON[8] hebt ferner hervor, daß die Wirkung der Dehydrasen eine

[1] WIELAND, H., u. K. FRAGE: A. **477**, 1 (1929). — [2] WIELAND, H., u. A. LAWSON: A. **485**, 193 (1931). — [3] ZEILE, K.: Peroxydase. Bamann-Myrbäck **3**, 2598—2614. S. a. ZEILE S. 879. — [4] THEORELL, H.: Ergebn. Enzymforsch. **9**, 256 (1943). — [5] THEORELL, H.: Heme-linked groups and mode of action of some hemoproteins. Adv. Enzymol. **7**, 265, und zwar S. 286. (1947). — [6] THEORELL, H.: Adv. Enzymol. **7**, 286 (1947). — [7] CHANCE, B.: J. cellul. comp. Physiol. **22**, 33 (1943). — [8] DIXON, M.: Biol. Rev. **4**, 352 (1929).

Aktivierung des Wasserstoffes des Substrates voraussetzt, während eine solche beim H_2O_2 keine notwendige Voraussetzung für die Wirkung der Peroxydase zu sein scheint.

Die am meisten angewandte *Probe auf Peroxydase* ist die Purpurogallinprobe, die Bildung von Purpurogallin, die in Gegenwart von Peroxydase aus zugesetztem Pyrogallol stattfindet[1]. Die Reaktionskette[1] umfaßt 3 Dehydrierungsreaktionen, die durch eine Kondensation bzw. eine Hydratation und eine Decarboxylierung voneinander getrennt werden.

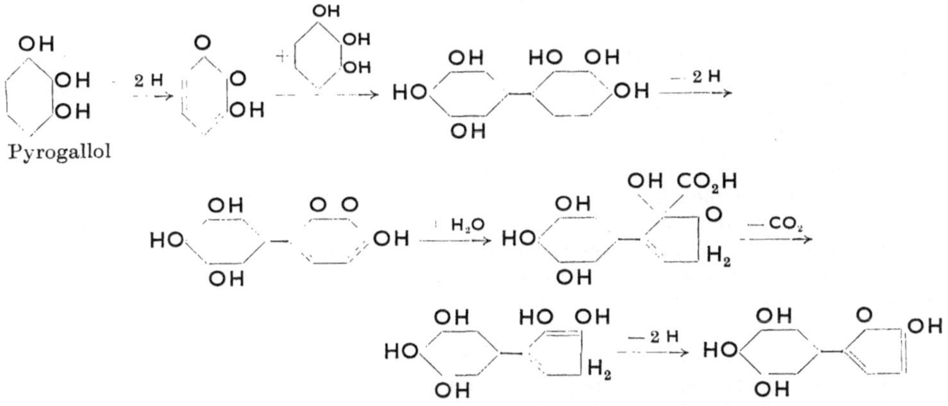

Pyrogallol $\xrightarrow{-2H}$ ... $\xrightarrow{-2H}$ ... $\xrightarrow{+H_2O}$ ... $\xrightarrow{-CO_2}$ ... $\xrightarrow{-2H}$ Purpurogallin

Wie aus der obigen Aufzählung, verglichen mit den entsprechenden Angaben über die Stoffe, die durch die Phenolase oxydiert werden, hervorgegangen ist, ist die Peroxydase imstande, im großen ganzen dieselben Stoffe zu oxydieren, die auch den Phenolasen zugänglich sind. Das Wirkungsfeld der Peroxydase erstreckt sich sogar noch ein wenig über das der anderen hinaus. Während die Peroxydase unter Bildung charakteristischer Farbreaktionen die drei Kresole oxydiert, tun dies die Phenolasen nicht[2].

Die Peroxydase kommt weit verbreitet in den Geweben der höheren *Pflanzen* vor[3]. Ihr Vorkommen *in der Tierwelt* scheint sehr begrenzt zu sein. Mit Sicherheit nachgewiesen ist sie indessen in Kuhmilch[4]. Wahrscheinlich kommt sie auch in Leukocyten und in lymphoidem Gewebe vor.

Die obigen Angaben beziehen sich auf Peroxydasen im eigentlichen Sinne des Wortes, also auf kolloidale, thermolabile Stoffe mit deutlichen Eigenschaften.

Vielerorten sowohl im Pflanzen- als im Tierreich kann man indessen Stoffe finden, welche die Oxydation des Wasserstoffs von mehreren der oben aufgezählten Stoffe katalysieren, ohne ein ausgeprägtes Enzym zu sein. Diese sind als „*Pseudoperoxydasen*" bezeichnet worden[2]. Besonders ihre Thermostabilität unterscheidet sie von den wirklichen Peroxydasen. So kommt dem Cytochrom und anderen Häminverbindungen eine peroxydatische Wirkung zu. Angesichts der großen Verbreitung dieser Verbindungen ist auch das allgemeine Vorkommen der „Pseudoperoxydasen" leicht verständlich.

Dank Willstätter[5] gehören die vegetabilischen Peroxydasen zu den Enzymen, deren Darstellung in reiner Form am weitesten getrieben worden ist, bis zum 20000fachen der Wirkung des Ausgangsmaterials. Die mangelnde

---

[1] Willstätter, R., u. H. Heiss: A. **433**, 17 (1923). — [2] Herrlinger, Fr., u. Fr. Kiermeier: B. Z. **318**, 413 (1948). — [3] Theorell, H.: Einige neue Untersuchungen über Cytochrome, Peroxidasen und Katalasen. Erg. Enzymforsch. **9**, 256 (1943). — [4] Vgl. Bd. 2, Milch. — [5] Willstätter, R., A. Pollinger u. H. Weber: Untersuchung über Enzyme. S. 516. Berlin 1928 (Beobachtungen über Peroxydasebildung, unveröffentlicht).

Beziehung zwischen dem Eisengehalt seiner gereinigten Präparate und der Peroxydasewirkung veranlaßte WILLSTÄTTER zu dem Schluß, Eisen wäre kein wesentlicher Bestandteil der Peroxydase. Seitdem später[1] das Häminspektrum der Peroxydasepräparate gefunden wurde, ist der Unterschied zwischen der echten Peroxydase und der Pseudoperoxydase bis zu einem gewissen Grade verwischt worden. (Bezüglich der Eigenschaft der Peroxydase als einer Häminverbindung siehe jedoch Fußnote[2] und weiterhin vor allem Fußnote[3].) Kürzlich wurde die Meerrettich-peroxydase krystallisiert erhalten[4].

Die *Rolle der Peroxydase* ist wenig erforscht. Die Peroxydase trägt nicht zur Oxydation der gewöhnlichen Stoffwechselprodukte bei, und zwar gilt dies sowohl bei Tieren als auch bei Pflanzen[5]. In dem Maße, in dem die Peroxydase H_2O_2 beseitigt, kann man ihr aus denselben Gründen wie der Katalase eine entgiftende[6] und sparende Wirkung zuschreiben.

Unter dem Namen *Cytochrom c-Peroxydase* hat ALTSCHUL[7] ein Enzym beschrieben, das die Reaktion zwischen Cytochrom c und Wasserstoffsuperoxyd katalysiert. Es ist mit keinem bisher bekannten Enzym der Peroxydasegruppe identisch. Diese neue Peroxydase hat eine sehr intensive Wirkung. Bisher ist sie nur in Hefe gefunden.

Bezüglich der Vereinigung des Methämoglobins mit Wasserstoffsuperoxyd und Äthylhydroperoxyd sowie der Spaltung dieser Verbindungen unter Bildung aktiver Peroxyde siehe Fußnote[8].

AGNER[9] hat aus leukocytenreichem Material ein grünes Pigment mit charakteristischem Absorptionsband und Peroxydasewirkung isoliert, das er *Verdoperoxydase* nennt. Die Peroxydaseaktivität beläuft sich auf 5—10% des Wertes der Peroxydase aus Pflanzen. Die prosthetische Gruppe des Fermentes hat den Charakter eines Eisenporphyrins. — Nach KEILIN (1933) und KUHN (1934) kann die Verdoperoxydase als ein mehr oder weniger modifiziertes Cytochrom a-Derivat angesehen werden.

Über eine Anzahl komplexer Eisen-, Kobalt- und Kupferverbindungen mit peroxydatischer und auch katalytischer Wirkung siehe Fußnote[10].

6. Purinoxydasen[11-12].

a) Uricase. Die Uricase oder Uricooxydase katalysiert die Oxydation von Harnsäure zu Allantoin.

```
HN——CO                                H₂N
|    |                                 |
CO   C——NH\        + H₂O + O           CO  CO——NH\
|    ||     >CO   ————————→            |   |       >CO + CO₂.
HN——C——NH/                             HN——CH——NH/
  Harnsäure                              Allantoin
```

Hierbei sei dahingestellt, ob nicht die Gleichung doppelt zu schreiben ist, so daß die Reaktion des Sauerstoffs als Molekül, nicht als Atom, zum Ausdruck gebracht wird (siehe S. 1227).

[1] KUHN, R., D. B. HAND u. M. FLORKIN: H. **201**, 255 (1931). — [2] ELLIOT, K. A. C., and D. KEILIN: Proc. R. Soc. London (B) **114**, 210 (1934). — [3] KEILIN, D., and T. MANN: Proc. R. Soc. London (B) **122**, 119 (1937). — [4] THEORELL, H.: Enzymologia **10**, 250 (1941/42). — [5] ELLIOT, K. A. C.: Biochem. J. **26**, 10 (1932). — [6] BERTHO, A.: Mechanismus der Dehydrierung. Ergebn. Enzymforsch. **2**, 204 (1933). — [7] ALTSCHUL, A. M., R. ABRAMS and T. R. HOGNESS: J. biol. Ch. **136**, 777 (1940). — [8] KEILIN, D., and E. F. HARTREE: Proc. R. Soc. London (B) **117**, 1 (1935). — [9] AGNER, K.: Acta physiol. scand. Suppl. **8**, 5 (1941). Adv. Enzymol. **3**, 137—148 (1943). Biochem. J. **41**, XLVIII (1947). — [10] SHIBATA, K., u. Y. SHIBATA: Katalytische Wirkungen der Metallkomplexverbindungen. Tokyo 1936.

Zusammenfassende Darstellungen über Purinoxydasen: 11—12. [11] Euler, Enzyme II/3, 620—626. — PRZYŁĘCKI, ST. J. v., u. R. TRUSZKOWSKI: Urikase, Allantoinase, Allantoikase. Bamann-Myrbäck **3**, 2489—2495. — [12] Über Harnsäureabbau siehe Bd. 2, Purinstoffwechsel. — Über Purinstoffwechsel der Leber siehe Bd. 2, Leber und Galle.

Das Enzym wurde 1905 von SCHITTENHELM[1] entdeckt. Wichtige Beiträge lieferten WIECHOWSKI und WIENER (1909) und besonders BATTELLI und STERN[2] (1909, 1912), von denen auch die Bezeichnung Uricase oder Uricooxydase stammt[3].

Die *Umwandlung der Harnsäure zu Allantoin* findet in der Regel unter Aufnahme eines Atoms Sauerstoff und eines Moleküls Wasser sowie unter Abgabe eines Moleküls CO_2 statt. Das Verhältnis zwischen der Sauerstoffmenge in der bei der enzymatischen Reaktion abgegebenen Kohlensäure und dem verbrauchten Sauerstoff, also der Verbrennungsquotient, ist = 2.

Durch FELIX, SCHEEL und SCHULER[4, 5], RO[6] und GRYNBERG[7], sowie durch KEILIN und HARTREE[8] ist u. a. nachgewiesen worden, daß das hierhergehörende Enzym die Oxydation Harnsäure zu Allantoin nicht direkt katalysiert. Wie Bd. 2, Kapitel Purinstoffwechsel näher ausgeführt wird, könnte man sich heute die Reaktion in 2 Stufen denken:

1. Oxydation und Hydratation der Harnsäure zu Oxy-acetylen-diurein-carbonsäure.
2. Decarboxylierung dieser labilen Substanz zu Allantoin, welch letztgenannter Vorgang unabhängig von einer Enzymwirkung stattfindet. Diese zweistufige Reaktion wird durch folgendes Schema veranschaulicht:

```
HN—CO                          COOH                    H2N
|   |  H                     H  |      H               |   O  H
OC  C—N                     N—C——————N                OC   C—N
|   ||   >CO  +O    →    OC<   |        >CO   →        |   |    >CO   +H2O  →
HN—C—N       −H2O           N—C      N        −CO2     HN—C—N
      H                      H  |      H                    H  H
                                OH
Harnsäure             Oxy-acetylen-diurein-carbonsäure       Allantoin

         H2N            NH2
         |              |
   →     OC     COOH    CO
         |      |       |
         HN ——— C ——— NH    → 2 Harnstoff + Glyoxylsäure
                H
            Allantoinsäure
```

KLEMPERER[9] hat gefunden, daß bei Oxydation von Harnsäure bei Verwendung von Rinderniere und Schweineleber das erste Reaktionsprodukt sehr labil ist. Wahrscheinlich zerfällt es später in mehrere Substanzen, darunter Allantoin und Uroxansäure.

Die bisher erhaltenen reinsten Uricasepräparate enthalten Eisen und Zink. Bisher ist kein anderes Enzym in reinem Zustand gewonnen worden, das mehr als *ein* Metall enthält (BALDWIN[10]).

Die Uricase zeichnet sich durch hohe *Aktivierungsspezifität* aus, sie scheint nämlich nur Harnsäure aktivieren zu können, dagegen nicht Mono-, Di- oder Trimethylderivate der Harnsäure und ebenfalls nicht die entsprechenden Äthylderivate. Ihre *Fixierungsspezifität* ist nicht gleich hoch. Die eben genannten Heterosubstanzen wirken nämlich hemmend auf die Oxydation von Harnsäure. Dies zeigt, daß sie mit den gleichen aktiven Gruppen des Enzymmoleküls reagieren wie die Harnsäure und deshalb jene, wenn auch reversibel, in Anspruch nehmen.

[1] SCHITTENHELM, A.: H. **46**, 354 (1905). — [2] BATTELLI, F., u. L. STERN: Ergebn. Physiol. **12**, 199 (1912). — [3] Siehe Fußnote [12] S. 1225. — [4] FELIX, K., F. SCHEEL u. W. SCHULER: H. **180**, 90 (1929). — [5] SCHULER, W.: H. **208**, 237 (1932). — [6] RO, K.: J. Biochem. **14**, 361 (1931). — [7] GRYNBERG, M. Z.: B. Z. **236**, 138 (1931). — [8] KEILIN, D., and E. F. HARTREE: Proc. R. Soc. London (B) **119**, 114 (1936). — [9] KLEMPERER, F. W.: J. biol. Ch. **160**, 111 (1945). — [10] BALDWIN, E. J.: Dynamic Aspects of Biochemistry. S. 101. Cambridge 1947.

Die Uricase ist nicht imstande, die Oxydation anderer Purine, wie Hypoxanthin oder Xanthin, zu bewirken. Diese werden jedoch leicht durch die *Xanthinoxydase* (S. 1206) oxydiert.

Für jedes Molekül oxydierte Harnsäure wird ein Molekül Sauerstoff zu H_2O_2 reduziert. Die Oxydation findet also nach folgender Gleichung statt:

$$\text{Harnsäure} + 2\,H_2O + O_2 = \text{Allantoin} + CO_2 + H_2O_2.$$

Das gebildete Wasserstoffsuperoxyd kann entweder unter der Einwirkung anwesender Katalase unter Abgabe freien Sauerstoffs zersetzt werden oder kann zur Oxydation eines weiteren Moleküls Harnsäure dienen[1].

Sauerstoff kann als Wasserstoffacceptor bei der Oxydation von Harnsäure nicht durch Mb ersetzt werden und ebenfalls nicht durch positivere Redoxindicatoren wie Indophenole[2].

Darstellung. Die Uricase kann nach einer von Ro[3] angegebenen Methode in löslicher Form dargestellt werden. Kürzlich stellte sie Davidson[4] und Holmberg[5] dar. Holmberg fand 0,025% Fe und 0,13% Zn. $Q_{O_2} = 6000$.

Enzyme, die spezifisch durch KCN gehemmt werden und nicht die Fähigkeit besitzen, den Wasserstoff des Substrates auf Mb und ähnliche Redoxindicatoren zu überführen, pflegen kein H_2O_2 zu bilden. In dieser Hinsicht bildet die Uricase jedoch eine Ausnahme. Obwohl sie durch KCN kräftig gehemmt wird, bildet der durch das Enzym aktivierte Wasserstoff mit molekularem Sauerstoff H_2O_2.

Vorkommen. Die Uricase kommt bei den meisten Säugetieren vor, besonders in der Leber. Doch fehlt sie beim Menschen. Ebenso scheint sie bei einer Hunderasse, dem Dalmatinerhund, zu fehlen, während die übrigen daraufhin untersuchten Hunderassen mit den Säugetieren im allgemeinen übereinstimmen. Auch bei Amphibien und Fischen findet man Uricase, doch nicht bei Sauropsiden (s. Bd. 2, Purinstoffwechsel).

Die Zahl der *Wirbellosen*, die Harnsäure weder ausscheiden noch überhaupt in ihrem Körper beherbergen, ist recht beträchtlich. Przyłęcki[6] schlägt eine Einteilung in „uriconegative" und „uricopositive" Formen vor. Der Harnsäurestoffwechsel ist bei den Wirbellosen viel mannigfaltiger als bei den Wirbeltieren. Hinsichtlich ihrer Fähigkeit, Harnsäure abzubauen, werden die Wirbellosen von Przyłęcki in „uricolytische" und „uricostatische" Formen eingeteilt. Zur ersteren Gruppe gehören die Actinien und Echiniden, zur zweiten die Schwämme, Holothurien, Egel, Gastropoden, Cephalopoden, Crustaceen und Insekten.

b) Allantoinase[7]. Die Umsetzung der Harnsäure kann weitergehen als bis Allantoin. Przyłęcki[8] hat bei den Amphibien gefunden, daß das Allantoin weiter abgebaut wird, wobei offenbar ein Enzym, „Allantoinase", wirksam ist. Er läßt die Frage offen, was aus dem Allantoin entsteht. Nachdem Fosse[9, 10] in Pflanzen die Anwesenheit von Allantoinsäure entdeckt hatte, hat er das weitverbreitete Vorkommen eines Ferments in der Pflanzen- und auch in der Tierwelt nachgewiesen, das offenbar mit Przyłęckis Allantoinase identisch ist.

Auf der Anwesenheit von Allantoinase, die von bestimmten Bakterien im menschlichen Darmkanal gebildet wird, dürfte die Fähigkeit der Bakterien

---

[1] Holmberg, C. G.: Biochem. J. **33**, 1901 (1939). — [2] Keilin, D., and E. F. Hartree: Proc. R. Soc. London (B) **119**, 114 (1936). — [3] Ro, K.: J. Biochem. **14**, 361 (1931). — [4] Davidson, J. N.: Biochem. J. **32**, 1386 (1938). — [5] Holmberg, C. G.: Biochem. J. **33**, 1901 (1939). — [6] Przyłęcki, St. J.: Arch. int. Physiol. **27**, 159 (1926). — [7] Euler, Enzyme II/3, 626 (1934). — [8] Przyłęcki, St. J.: Arch. int. Physiol. **24**, 238 (1924). — [9] Fosse, R.: Bull. Soc. Chim. biol. **10**, 301 (1928). — Fosse, R., et A. Hieulle: Bull. Soc. Chim. biol. **10**, 308, 310 (1928). — Fosse, R., et V. Bossuyt: Bull. Soc. Chim. biol. **10**, 313 (1928). — [10] Fosse, R., A. Brunel et P. de Graeve: Cr. **189**, 213 (1929); **190**, 79 (1930). — Fosse, R., A. Brunel, P. de Graeve, P. E. Thomas et J. Sarazin: Cr. **191**, 1153 (1930).

beruhen, Allantoin zu zerlegen (YOUNG und HAWKINS[1]). Es besitzt die Fähigkeit, durch Addition eines Moleküls Wasser, unter Öffnung des nach der Umwandlung von Harnsäure zu Allantoin übrigbleibenden Ringes, das Allantoin in Allantoinsäure zu verwandeln (s. S. 1226).

Harnsäure ist auch im Pflanzenreich nachgewiesen worden[2]. Sie wird von Extrakten aus zahlreichen Pflanzen, besonders Leguminosen, unter Öffnung beider Ringsysteme in Allantoinsäure umgewandelt[3,4].

γ) Hilfsstoffe enzymatischer Systeme (ausschließlich der Cytochromgruppe).

1. Allgemeines.

Die biologischen Oxydationserscheinungen lassen sich als Wasserstofftransport (bzw. Elektronentransport) zwischen verschiedenen Substanzen und Systemen auffassen, wobei gewisse Verbindungen (Donatoren) Wasserstoff abgeben, andere *(Acceptoren)* Wasserstoff aufnehmen. Bei diesem Transport sind nicht allein Dehydrasen wirksam, sondern auch gewisse andere Verbindungen. Einige sind Dissoziationsprodukte von Fermenten, sind aber allein für sich keine Fermente. Andere hierhergehörige Substanzen können als Transporteure *(„carriers“, „Connectoren“)* bezeichnet werden. Ohne die Eigenschaften der Fermente zu besitzen, nehmen sie abwechselnd Wasserstoff auf und geben ihn ab.

Als *Wasserstoffacceptoren* für biologische Oxydationen können dienen:

1. Molekularer Sauerstoff.
2. Wasserstoffsuperoxyd.
3. Das Cytochromsystem, nicht enzymatischer Anteil (siehe S. 1213).
4. Die Oxydationsformen reversibler Redoxsysteme unter Einfluß der Redoxasen.
5. Intracellulare Farbstoffe, wie Pyocyanin und das „alte“ gelbe Oxydationsferment WARBURGS (wenn es nicht nur ein Artefakt darstellt, s. S. 1183).
6. Methylenblau und ähnliche körperfremde Redoxindicatoren.
7. Solche Hormone und Vitamine, die biologisch zwischen einer Oxydationsform und einer Reduktionsform schwingen.

Hierher gehörige Fragen sind teils anderswo in diesem Buch behandelt, teils im allgemeinen nicht spruchreif. Sie werden daher hier nur zum Teil behandelt.

2. Einzelne Hilfsstoffe.

a) Glutathion[5-8]. Dieses von HOPKINS entdeckte schwefelhaltige Tripeptid kann aus seiner reduzierten Form unter Abgabe von Wasserstoff leicht zum Disulfid (Oxydationsform) oxydiert werden.

Das Glutathion, das wahrscheinlich einen primären Zellbestandteil darstellt, ist für die Lehre von den cellularen Redoxvorgängen bedeutungsvoll, weil mit seiner Isolierung bewiesen ist, daß die Zellen Verbindungen enthalten, deren Oxydationsform sie zu reduzieren und deren Reduktionsform sie durch molekularen Sauerstoff oxydieren können.

---

[1] YOUNG, E. G., and W. W. HAWKINS: J. Bacteriology **47**, 351 (1944). — [2] Vgl. BREDERECK S. 807. — [3] Siehe Fußnote [6] S. 1226. — [4] Siehe Fußnote [9] S. 1227.

Zusammenfassendes über Glutathion: 5—8. [5] Chemie s. GRASSMANN-SCHNEIDER-TRUPKE S. 530 u. 576. — [6] THUNBERG, T.: Die biologische Bedeutung der Sulfhydrylgruppe. Ergebn. Physiol. **11**, 328—344 (1911). — [7] SCHÖBERL, A.: Charakteristische Reaktionsmöglichkeiten an schwefelhaltigen Naturstoffen. Angew. Chem. **53**, 227 (1940). — [8] BERSIN, TH.: Thiole und Disulfide. Bamann-Myrbäck **1**, 422—431. Das Thiol-Disulfid-System. Bamann-Myrbäck **3**, 2636—2641.

Die oxydierte Form des Glutathions wird in einer Suspension von Zellen oder Gewebselementen schnell und mehr oder weniger vollständig reduziert. Deshalb findet man das Glutathion in den Zellen vor allem in seiner reduzierten Form.

Die Geschwindigkeit, mit der Glutathion durch Cytochrom c und zellfreie Präparate aus Nierensubstanz von Mäusen reduziert wird, ist bestimmt worden. Ein Kupferproteinkomplex scheint die Rolle eines aktiven thermolabilen Enzyms zu spielen. Die Funktion des Glutathions ist wahrscheinlich, als ein Co-Enzym in bestimmten Systemen zu wirken, das eine Oxydation von in Geweben befindlichen Thiolgruppen durch molekularen Sauerstoff vermittelt[1].

Es lag nun nahe anzunehmen, der zur Reduktion des Glutathions erforderliche Wasserstoff werde, analog wie beim Cytochromumsatz, unter Mitwirkung des Dehydrasesystems der Zellen geliefert. Indessen ist es lange nicht gelungen, das Glutathion mit einem der bekannten Dehydrasesysteme zu reduzieren. Daß das Bernsteinsäuresystem nicht imstande ist, Glutathion zu reduzieren, fand seine Erklärung in den höheren Normalpotentialen des Glutathions (GSH/GSSG = + 0,06 V und Succinat/Fumarat = + 0,015 V). Indessen ließ sich schließlich nachweisen, daß das Glucosedehydrasesystem aus Leber unter anaeroben Verhältnissen Glutathion reduziert. Auch rote Blutkörperchen von Säugetieren besitzen in Gegenwart von Glucose dieselbe Fähigkeit. Analoges fand sich für das Hexosemonophosphatsystem in Hefe und in den roten Blutkörperchen. Auch Hexosediphosphat und Phosphohexonsäure haben in dieser Hinsicht eine gewisse Wirkung. Schließlich scheint das Alkoholdehydrasesystem Wasserstoff auf Glutathion übertragen zu können. Die Deutung der hierhergehörigen Beobachtungen ist jedoch unsicher (vgl. Bd. 2, Biochemie der Mikroorganismen).

Die beiden Formen von Glutathion stellen ein thermodynamisch reversibles System dar (S. 576).

SCHULTZE, STOTZ, HARRER und KING[2] konnten in einem glucoseoxydierenden System aus Glucosedehydrase, Co-Enzym I, Glutathion, Ascorbinsäure und Nicotin-Hämochromogen keine Wasserstoffübertragung durch Glutathion feststellen.

b) Vitamin C (Ascorbinsäure)[3, 4], Die allgemeine Verbreitung dieser Substanz in allen tierischen Geweben und die wohlbekannte reduzierende Wirkung der Gewebe auf die Oxydationsform und die oxydierende Wirkung der Gewebe auf die Reduktionsform sprechen für eine wasserstoffüberführende Funktion dieses Vitamins. Entscheidende Beweise für eine Annahme fehlen indessen.

c) Co-Carboxylase (= Diphosphothiamin = Vitamin B_1-pyrophosphat[5, 6, 7]**).** Die biologische Bedeutung der Co-Carboxylase für die Oxydation der Brenztraubensäure ist sichergestellt, obgleich der Vorgang noch nicht aufgeklärt ist. Es scheint recht wahrscheinlich, daß die Co-Carboxylase die Rolle eines Wasserstoffüberträgers spielt, aber die bisherigen experimentellen Beweise hierfür sind noch nicht entscheidend.

d) Adrenochrom[8, 4]. Ein Zusatz von Adrenalin zu den Lactico- und Malicodehydrasesystemen steigert die Sauerstoffaufnahme. Diese fördernde Wirkung wird indessen nicht

---

[1] AMES, S. R., and C. A. ELVEHJEM: J. biol. Ch. **159**, 549 (1945). — [2] SCHULTZE, M. O., E. STOTZ and C. G. KING: J. biol. Ch. **122**, 395 (1937/38). — STOTZ, E., C. J. HARRER, M. O. SCHULTZE and C. G. KING: J. biol. Ch. **122**, 407 (1937/38). — SCHULTZE, M. O., C. J. HARRER and C. G. KING: J. biol. Ch. **131**, 5 (1939). — [3] Vgl. BERSIN, TH.: Handb. Enzymol. (NORD-WEIDENHAGEN) **1**, 182 (1940). — FRANKE, W.: Handb. Enzymol. (NORD-WEIDENHAGEN) **2**, 755 (1940). — HOLTZ, P.: Ascorbinsäure. Bamann-Myrbäck **3**, 2642—44. — [4] RZYMKOWSKI, J.: Vergleich der Reduktionskräfte von Vitamin-C und l-Adrenalin. Pharmazie **3**, 351 (1948). — [5] LIPMANN, F.: Enzymologia **4**, 65 (1937). — FRANKE, W.: Handb. Enzymol. (NORD-WEIDENHAGEN) **2**, 1009 (1940). — [6] STERN, K. G., and J. L. MELNICK: J. biol. Ch. **131**, 597 (1939). — [7] WYNNE, A. M.: Ann. Rev. **15**, 53 (1946). — [8] FRANKE, W.: Handb. Enzymol. (NORD-WEIDENHAGEN) **2**, 826 (1940). — GREEN, D. E.: Biochem. J. **30**, 2095 (1936). — GREEN, D. E., and J. BROSTEAUX: Biochem. J. **30**, 1489 (1936). — GREEN, D. E., and D. RICHTER: Biochem. J. **31**, 596 (1937).

von Adrenalin selbst verursacht, sondern von einem roten Farbstoff, Adrenochrom, der durch Oxydation von Adrenalin (s. S. 537) entsteht und der zwischen einer Reduktionsform und einer Oxydationsform schwingt. Adrenochrom soll eine biologische Rolle als Wasserstoffüberträger und im Zuckerstoffwechsel spielen[1].

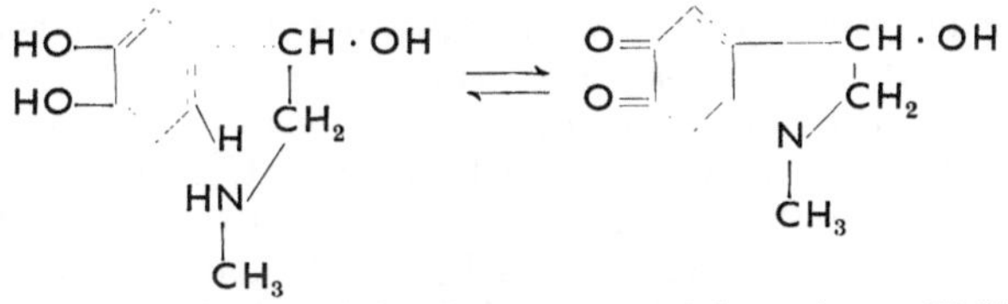

Adrenalin ($C_9H_{13}O_3N$) ⇌ Adrenochrom ($C_9H_9O_3N$)

e) **Andere zelleigene Farbstoffe,** welche als Hilfsstoffe bei den enzymatischen Redoxerscheinungen in gewissen Zellen vielleicht mitwirken können, sind[2]:

Arion rufus-Pigment	Juglon ($C_{10}H_6O_3$)
Chlororaphin ($C_{26}H_{20}O_2N_6$)	Lactoflavin ($C_{17}H_{20}O_6N_4$)
Chromodoris-Pigment	Lawson ($C_{10}H_6O_3$)
Echinochrom ($C_{12}H_{10}O_7$)	Phoenicin ($C_{26}H_{20}O_2N_4$)
Hallachrom ($C_9H_7O_4N$)	Phthiocol ($C_{11}H_8O_3$)
Hermidin	Pyocyanin ($C_{26}H_{20}O_2N_4$)

δ) Rückblick auf den Ablauf der biologischen Oxydation.

a) Die Bedeutung der biologischen Oxydationsvorgänge. Der oxydative Abbau der Nahrungsstoffe findet unter *Erzeugung von Wärme* statt. Es liegt daher nahe, gerade hierin seine primäre biologische Bedeutung zu erblicken. Sicher ist dies für die Warmblüter auch teilweise der Fall, nämlich soweit die Überschußwärme von Oxydationsvorgängen mit anderen besonderen Aufgaben nicht zur Beibehaltung der Körpertemperatur ausreicht. Dagegen dürften die übrigen Zellen und Lebewesen im allgemeinen keine biologische Verwendung für die bei der Verbrennung erzeugte Wärme haben.

Für die poikilothermen Tiere, die im Meere und überhaupt im Wasser leben, ist dies ohne weiteres klar, weil hier überschüssige Wärme rasch fortgeführt wird, aber auch in solchen Fällen, in denen die Temperatur der Umgebung den Körper nicht so absolut beherrscht, dürfte die bei der Oxydation gebildete Wärme selten für die Organismen von Bedeutung sein.

Man muß also die Bedeutung der Verbrennung in etwas anderem als der durch sie bedingten Beeinflussung der Körpertemperatur suchen.

Direkt oder indirekt muß die Biooxydation die *Quelle der mechanischen und freien Energie* überhaupt sein, welche die lebenden Organismen entwickeln, und deren Bedeutung für die Erhaltung des Lebens der Tiere ohne weiteres klar ist.

Gerade der Umstand, daß die Erzeugung mechanischer Energie für Organismen auf Oxydationsvorgänge zurückgeführt werden muß, gibt einen gewissen Hinweis auf ihren Verlauf. Die thermodynamischen Gesetze, die für die Ausnützung der Wärme zur Erzeugung von mechanischer Energie bestimmend sind, schließen ohne weiteres die Möglichkeit aus, daß der Organismus wie eine thermodynamische Maschine arbeiten könnte, ein Umstand, der frühzeitig von FICK (1829—1901) klargelegt wurde. Weniger hat man beachtet, daß der hohe Wir-

[1] MARQUARDT, P.: Z. ges. exp. Med. **109**, 488 (1941). A. e. P. P. **199**, 554 (1942). — VEER, W. L. C.: Recu. Trav. chim. Pays-Bas. **61**, 638 (1942). — [2] Siehe HOLMBERG, C. G.: Zellfremde und zelleigene Akzeptorfarbstoffe. Bamann-Myrbäck **1**, 405—421. — LYNEN, F.: Chinonartige Stoffe. Bamann-Myrbäck **3**, 2645—49. Siehe auch FRANKE, W.: Handb. Enzymol. (NORD-WEIDENHAGEN) **2**, 795 (1940).

kungsgrad, welcher die Muskeln auszeichnet, auf das Vorhandensein reversibler Vorgänge bei der Umsetzung der chemischen Energie in mechanische Arbeit hindeutet.

Erst durch die WIELANDsche Theorie konnte die Biooxydation als eine Reihe aufeinanderfolgender, reversibler Wasserstofftransportvorgänge gedeutet werden. Daß diese Möglichkeit wenigstens bis zu einem gewissen Grade verwirklicht ist, haben die vielen neu entdeckten reversiblen Systeme gezeigt, nachdem die Aufmerksamkeit erst einmal darauf gerichtet war. Umgekehrt liefert die Notwendigkeit der Reversibilität der Umsetzungen, soweit sie der Erzeugung mechanischer Energie dienen, eine einleuchtende Erklärung für die große Rolle, die der Wasserstofftransport im biologischen Geschehen spielt. Wir kennen auf dem organischen Gebiet wenige Gegenstücke zum Schwingen des Wasserstoffs zwischen verschiedenen Stoffen. Zwar weist das Schwingen des Phosphates und der Aminogruppe zwischen verschiedenen organischen Stoffen eine gewisse Ähnlichkeit auf. Am allerwenigsten hat sich aber der Sauerstoff auf diese Weise als Träger eines reversiblen Energieaustausches erwiesen (DUFRAISSE[1]).

Außer für die Erzeugung mechanischer Energie dürften die Oxydationsvorgänge eine wichtige *Rolle beim Wachstum* der Organismen und den damit zusammenhängenden Synthesen spielen.

Hierbei muß man bedenken, daß Wachstum nicht nur unter aeroben, sondern auch unter anaeroben Verhältnissen möglich ist.

Gerade die Beachtung von *Leben unter anaeroben Verhältnissen* verhindert eine Überschätzung der Rolle des freien Sauerstoffs. Offenbar ist freier Sauerstoff für alle lebenden Zellen und Organismen nicht absolut und prinzipiell notwendig. Alle wesentlichen Lebensvorgänge können offensichtlich in gewissen Fällen ohne freien Sauerstoff vor sich gehen. Dagegen dürften wir keine Lebensformen mit Energieerzeugung und Stoffwechsel finden können, die nicht an Wasserstofftransport gebunden sind. Die Bedeutung des Sauerstoffs für die völlige Ausnützung der durch Assimilation in den Nahrungsstoffen aufgespeicherten Energie ist allerdings auch offensichtlich.

b) Wasserstoff als der allgemeine Brennstoff der Zellen. Von THUNBERG[2,3] sind folgende allgemeine Gesichtspunkte über den Wasserstofftransport entwickelt worden:

Der *Abbau der Nahrungsstoffe* findet durch *eine Reihe aufeinanderfolgender Wasserstoffabspaltungen (Dehydrierungen)* statt, die durch Enzymsysteme mit dehydrierender Wirkung, deren jedes seine besondere Aufgabe besitzt, vermittelt werden. Man kann die Behandlung, die das zusammengesetzte Molekül auf diese Weise erfährt, mit dem Arbeitsvorgang in modernen Werkstätten vergleichen, wo das zu bearbeitende Werkstück, das montiert oder demontiert werden soll, auf Schienen oder Bändern zwischen einer Reihe von Arbeitern vorwärts gleitet, von denen jeder einzelne einen gewissen Bruchteil der Arbeit bis zu deren endgültigen Vollendung ausführt.

F. KNOOP[4,5] gab auf dem Internationalen Physiologen-Kongreß in Zürich 1938 eine Darstellung der Hydrierungen im Tierkörper und die physiologische Reversibilität oxydativer Abbaureaktionen. Nach ihm vermag die physiologische

[1] WURMSER, R.: Rapports et discussions relatifs à l'oxygène, ses réactions chimiques et biologiques. Inst. Chim. Solvay **1935**, 255. — [2] THUNBERG, T.: Naturwiss. **10**, 417 (1922). — BARRON, E. S. G.: Cellular oxydation systems. Physiol. Rev. **19**, 184 (1939). — [3] THUNBERG, T.: Arch. int. Pharmacodyn. Thérap. **38**, 89 (1930). — [4] Siehe auch KNOOP, F.: Int. Congr. Physiol. 16. Zürich 1938. I S. 16. Über Umkehrbarkeit physiologischer Reaktionen. M. m. W. **1944**, 259. — [5] THUNBERG, T.: Bull. Soc. Chim. biol. **21**, 887 (1939).

Reversibilität im Tierkörper

1. den Verbrennungsweg über Zwischenacceptoren zu leiten, wodurch er weitgehend differenziert und zwecks allmählicher Freisetzung der Energie verlangsamt und abgetönt werden kann;

2. Synthesen der verschiedensten Form zu realisieren, und so

3. Energie zu speichern, wenn Überangebot von Nährmaterial in Dauerform abgelagert werden kann;

4. Umbauten zu ermöglichen, wenn unentbehrliche Baustoffe der Nahrung fehlen oder zu stark verbrauchte ersetzt werden müssen;

5. optische Antipoden ineinander umzuwandeln.

Der durch *die dehydrierenden Enzyme*, unter Umständen mit Hilfe dazugehöriger Co-Dehydrasen, aktivierte Wasserstoff wird auf Wasserstoffacceptoren verschiedener Art übertragen. Vom Wasserstoff verbindet sich ein Teil, der *oxytrope Anteil*, unmittelbar mit Sauerstoff, unter Bildung von H_2O_2, auch von H_2O. Ein anderer Teil des Wasserstoffs, der *anoxytrope Anteil*, geht auf Wasserstoffacceptoren anderer Art über und kann dabei zu verschiedenen Synthesen beitragen. Auch dieser Wasserstoff wird schließlich zum größeren oder kleineren Teil zu Wasser oxydiert. Inwieweit dies durch direkte Bildung von H_2O_2 bzw. H_2O geschieht, oder durch Ausgleich der Affinitäten unter Elektronenaustausch, mit Auftreten von H-Ionen und OH-Ionen, ist nicht bekannt.

Außer durch diese wasserstoffabspaltenden Vorgänge ist der oxydative Abbau der Nahrungsstoffe durch *Wasseranlagerung* und *Kohlensäureabspaltung* gekennzeichnet. Durch Wasseranlagerung wird das intermediäre Produkt um 2 Atome Wasserstoff und 1 Atom Sauerstoff bereichert. Die nun einsetzende Dehydrierung bewirkt eine Abspaltung von weiteren 2 Atomen Wasserstoff. Als Ergebnis erhält man einen Stoff, der im Vergleich zu dem Ausgangsmaterial reicher an Kohlenstoff und ärmer an Wasserstoff ist, und der in seinem Gehalt an Sauerstoff eine Verschiebung zugunsten des Wasserstoffs aufweist. Durch die eben genannte Kohlensäureabspaltung wird die Kohlenstoffkette verkürzt. Durch Synthesen kürzerer Kohlenstoffketten werden indessen längere gebildet, die wiederum in die hier genannten Stoffwechselvorgänge hineingeworfen werden.

Alle Vorgänge, die hier als für den oxydativen Abbau der Nahrungsstoffe physiologisch vorausgesetzt werden, sind in Sonderfällen unmittelbar beobachtet worden.

Zum Beispiel liegen für die Reaktionskette der Bernsteinsäure Untersuchungen von Hahn, Haarmann und Fischbach[1] vor. Sämtliche im Schema angegebenen Stoffe sind von ihnen isoliert worden.

$$\begin{array}{ll}
HOOC \cdot CH_2 \cdot CH_2 \cdot COOH & \text{Bernsteinsäure} \\
\downarrow -2\,H & \\
HOOC \cdot CH{:}CH \cdot COOH & \text{Fumarsäure} \\
\downarrow +H_2O & \\
HOOC \cdot \underset{OH}{CH} \cdot CH_2 \cdot COOH & \text{Äpfelsäure} \\
\downarrow -2\,H & \\
HOOC \cdot CO \cdot CH_2 \cdot COOH & \text{Oxalessigsäure} \\
\downarrow & \\
HOOC \cdot CO \cdot CH_3 + CO_2 & \text{Brenztraubensäure und Kohlendioxyd}
\end{array}$$

[1] Hahn, A., W. Haarmann u. E. Fischbach: Z. Biol. **88**, 587 (1929). — Hahn, A., u. W. Haarmann: Z. Biol. **87**, 465 (1928).

Nach der hier vorgebrachten Auffassung über den intermediären Stoffwechsel nehmen die Nahrungsstoffe an diesem durch ihren aktuellen oder potentiellen Wasserstoffgehalt teil. Für die an ihm teilnehmenden Stoffe spielt der Kohlenstoff in der Kohlenstoffkette dieselbe Rolle für den Wasserstoff wie die Schnur des Perlenbandes für die darauf aufgezogenen Perlen. Obwohl beim oxydativen Abbau der Stoffe die Kohlenstoffatome selbst nie direkt vom freien Sauerstoff oxydiert werden, wird dessen ungeachtet ihre Verbrennungswärme und ihr Energiegehalt durch Wasseranlagerung und darauffolgende Aktivierung und Verbrennung des Wasserstoffes freigemacht. Auch die CO_2-Abspaltung selbst ist ein exothermer Vorgang. Für die Gesamtergebnisse ist ja der Verbrennungsweg gleichgültig (Gesetz von G. H. HESS, 1840).

Der Gedanke, Wasserstoff als gemeinsamen Brennstoff der Zellen zu betrachten, erfordert, um nicht mißverstanden zu werden, einige Erläuterungen.

Nur wenige Zellarten besitzen die Fähigkeit, *freien Wasserstoff* zu verbrennen. Zu diesen gehören die im Besitz von Hydrogenasen befindlichen Bakterien (S. 1188). In allen anderen Fällen ist es *gebundener Wasserstoff*, der von den Zellen verbrannt wird. Hierbei kann die Bindung mehr direkt oder mehr indirekt sein, wie z. B. durch eine Hydroxylgruppe oder eine Aminogruppe.

Natürlich bestreitet die Lehre vom Wasserstoff als dem Brennstoff der Zellen nicht, daß andere Vorgänge als die direkten Oxydationen „energieliefernd“ sind. Viel Energie kann beim nicht „oxydativen“ Abbau freigemacht werden. Dies ist z. B. bei der Verwandlung des Glykogens in Milchsäure, bei der durch Carboxylase hervorgerufenen Kohlensäureabspaltung usw. der Fall.

c) Das Endprodukt des Atmungssauerstoffes und die Herkunft des Sauerstoffes in ausgeatmeter Kohlensäure. Die obige Darlegung über das Schicksal des Sauerstoffgases bei der Biooxydation führt zu dem Ergebnis, daß es durch Verbrennung oder indirekt durch Elektronentransport in Wasser verwandelt wird. Das eingeatmete Sauerstoffgas ist also „hydrogenotrop“ und Wasser bzw. Hydroxylionen sein Endprodukt.

Der in der ausgeatmeten Kohlensäure enthaltene Sauerstoff dürfte kaum vom eingeatmeten Sauerstoff, sondern aus anderen Quellen stammen. Teils handelt es sich um Sauerstoff, der ursprünglich in den Molekülen der Nahrungsstoffe vorlag und in seiner Bindung an den Kohlenstoff der Kohlenstoffkette verbleibt, wenn ihr Wasserstoff unter Mitwirkung der Dohydrasen durch hydrogenophile Substanzen und Systeme entzogen wird. Teils stammt er von Wassermolekülen, die sich an die Kohlenstoffkette anlagerten, z. B. an Doppelbindungen, die bei Dehydrierungen entstehen, oder bei Verwandlung der Aldehydgruppen in Aldehydhydrat. Dabei kann ein Teil der so angelagerten Wassergruppen aus exogenem, freiem Sauerstoff, der mit Stoffwechselwasserstoff reagiert hat, gebildet sein. Aber das so entstandene Wasser stellt nur einen kleineren Teil des gesamten Wasservorrates dar, und die Wahrscheinlichkeit eines solchen Ursprungs ist daher geringer (s. Bd. 2, Wasserstoffwechsel).

Die Reaktionsformel für die Verbrennung eines Kohlenhydrates, z. B. Glucose, pflegt man wie folgt zu schreiben:

$$C_6H_{12}O_6 + 6\,O_2 = 6\,CO_2 + 6\,H_2O \qquad (1)$$

Diese Formel ist richtig, wenn man nur die neuen Stoffe in einem Reaktionsgemisch bei Verbrennung von Glucose, sowie ihren stöchiometrischen Zusammenhang wissen will. Möchte man auch den *genetischen* Zusammenhang zwischen den Atomen zu beiden Seiten des Gleichheitszeichens von (1) sich klarmachen, so ist die Gleichung für die biologische Verbrennung des Traubenzuckers unbrauchbar. Man muß dann die Formel erweitern und Wasser in sie einführen:

$$C_6H_{12}O_6 + 6\,H_2O + 6\,O_2 = 6\,CO_2 + 12\,H_2O \qquad (2)$$

Gegen die zuerst angegebene Formel (1) kann man vom genetischen Gesichtspunkt aus den Einwand erheben, daß 6 der 12 Atome Sauerstoff, die rechts vom Gleichheitszeichen mit der Kohlensäure angegeben werden, weder von der Glucose noch von eingeatmetem Sauerstoff stammen, sondern von Wasser, dessen positives Eingreifen in die Reaktion nicht aus der Formel (1) hervorgeht. Die Formel (1) beschränkt sich also nicht nur auf die selbstverständliche Abkürzung durch Überspringen der Zwischenglieder, sondern wirkt in gewisser Weise irreführend, indem sie einen genetischen Zusammenhang andeutet, der nicht vorhanden ist. Die Formel (2) ist in dieser Hinsicht zwar unantastbar, doch ist sie ohne weiteren Ausbau ziemlich nichtssagend. Durch besondere Pfeile gibt sie die Zusammenhänge zwischen den Atomgruppen an.

Es wirkt überraschend, daß der beim Verbrennungsvorgang verbrauchte Sauerstoff in Wasser verwandelt werden und der Sauerstoff in der gebildeten Kohlensäure aus der Substanz selbst oder aus dem zugeführten Wasser herrühren soll. Diese Auffassung wird jedoch gestützt durch Verbrennungsreaktionen, die man seit langem in der anorganischen Chemie studiert hat.

Schon 1886 machte es DIXON wahrscheinlich, daß Wasser an der gewöhnlichen Verbrennung von Kohlenoxyd teilnimmt. Trockenes CO reagiert nämlich mit O_2 erst bei sehr hohen Temperaturen. Für seine Verbrennung ist bei der Flammentemperatur die Gegenwart von Wasser unbedingt erforderlich. Die vor sich gehende Reaktion dürfte in Übereinstimmung mit dem, was WARTENBERG und SIEG[1] später bewiesen haben, in folgenden Stufen verlaufen:

$$CO + H_2O = H \cdot COOH \qquad (1)$$
$$H \cdot COOH = CO_2 + H_2 \qquad (2)$$
$$H_2 + O_2 = H_2O_2 \qquad (3)$$
$$H_2O_2 = H_2O + {}^1/_2\,O_2 \qquad (4)$$

Überspringt man die für die hier vorliegende Frage belanglosen Zwischenglieder und gibt man nach demselben Verfahren wie oben den genetischen Zusammenhang zwischen den Atomgruppen an, so erhält man folgendes Ergebnis:

$$CO + H_2O + {}^1/_2\,O_2 = CO_2 + H_2O$$

Der freie Sauerstoff wird also auch hier in Wasser verwandelt, während der Sauerstoff der Kohlensäure von dem Sauerstoff des Kohlenoxyds und des Wassers herrührt.

d) Der Wasserstofftransport zwischen verschiedenen Redoxsystemen[2–11]. Die Dehydrasen bilden, eventuell zusammen mit hydrolysierenden, phosphorylierenden und ähnlichen Enzymen, zusammenhängende Ketten, die für den oxydativen

[1] WARTENBERG, H. v., u. B. SIEG: B. **53**, 2192 (1920).

Zusammenfassende Darstellungen: 2—11. [2] CLARK, W. M.: Studies on oxidation-reduction I—X. Hyg. Lab. Bull. **151** (1928). — [3] MICHAELIS, L.: Oxydations-Reduktionspotentiale. 2. Aufl. Berlin 1933. — [4] WURMSER, R.: Rapports et discussions relatifs à l'oxygène, ses réactions chimique et biologiques. Inst. int. Chim. Solvay, Conseil Chim. 1935. — [5] WURMSER, R.: Oxydations et réductions. Paris 1930. — [6] WURMSER, R.: L'électroactivité dans la chimie des cellules. Paris 1935. — [7] BORSOOK, H.: Reversible and reserved enzymatic reactions. Ergebn. Enzymforsch. **4**, 1—41 (1935). — [8] FULMER, E. I.: The thermodynamics of cell reactions. Ergebn. Enzymforsch. **1**, 1 (1932). — [9] LEHMANN, JÖRGEN: Das Redoxpotential. Bamann-Myrbäck **1**, 834—846. — [10] FRANKE, W.: Berechnung der freien Energie biochemisch wichtiger Reaktionen. Bamann-Myrbäck **1**, 847—868 (1940). — [11] WARBURG, O.: Wasserstoffübertragende Fermente. Berlin 1948.

Abbau der Nahrungsstoffe unter Freimachen von Energie sorgen. Die verschiedenen Dehydrasenketten können indessen in Verbindung miteinander treten, wie Untersuchungen der letzten Jahre[1–4] gezeigt haben. Für das Studium dieser Frage sind verschiedene Dehydrasesysteme zuerst isoliert und dann in vitro zusammengebracht worden. Unter diesen Bedingungen fährt jedes System mit seiner typischen Umsetzung fort, ohne in den Bereich der übrigen Systeme einzugreifen. Wird indessen ein Redoxindicator zugesetzt, so wirkt dieser als ein „Connektor". Die Trennung der Systeme wird aufgehoben, und es findet ein Austausch von Wasserstoff zwischen ihnen statt. Die Reaktionen zwischen den verschiedenen Reaktionsketten werden von GREEN „carrier-linked reactions" („Überträgerreaktionen") genannt (vgl. S. 1229).

Mit Hilfe des Redoxindicators Äthyl-Capriblau[5] sind die negativen Hypoxanthin-, Lactat-, Hexosemonophosphat-Systeme in Verbindung mit dem mehr positiven Succinatsystem gebracht worden. Bei vollständiger Abwesenheit von Sauerstoff wird dann das Substrat des negativen Systems oxydiert, z.B. Hypoxanthin zu Harnsäure, während das Substrat des positiven Systems reduziert wird, z. B. Fumarat zu Succinat. Anfangs gelang es nicht, einen *biologischen Connektor* zur Auslösung der betreffenden Austauschreaktion zu finden. Weder Glutathion, Cytochrom c noch Ascorbinsäure konnten als Connektoren dienen. Nur Pyocyanin wies unter den biologischen H_2-Überträgern (S. 1228) diese Fähigkeit auf, was indessen wegen des äußerst begrenzten Vorkommens dieses Stoffes keine größere Bedeutung hat.

Auf die Proteidnatur der Holodehydrasen sowie auf ihre Schwerlöslichkeit dürfte es zurückzuführen sein, daß die einzelnen von ihnen aktivierten Systeme nicht in Zwischenreaktion treten können. Hier kommen nun die durch die Zerlegung der Holodehydrasen freigemachten Co-Dehydrasen zu Hilfe, wie v. EULER gezeigt hat. Bei der Zwischenreaktion der Systeme ist die *Reversibilität der von den Dehydrasen ausgelösten Reaktionen* von großer Bedeutung (v. EULER[6], NEGELEIN und WULFF[7], GREEN[8]). Eine derartige Reversibilität läßt sich besonders nachweisen für Systeme, in denen eine CH·OH-Gruppe in eine C:O-Gruppe oder eine $CH\cdot NH_2$-Gruppe in eine C:NH-Gruppe übergeht.

Was besonders den *Kohlenhydratstoffwechsel* angeht, hat man gefunden[9, 10, 11], daß vom Glykogen eine lückenlose Kette von Gleichgewichtsreaktionen bis hinab zur Brenztraubensäure und Milchsäure führt.

In vitro-Versuche haben die *Reversibilität des Systems α-Ketoglutarsäure/Glutaminsäure* gezeigt, und für andere Aminosäuren ist die Reversibilität mit Rücksicht auf die Entstehung der entsprechenden Ketosäuren durch „Umaminierung" mit Glutaminsäure nachgewiesen worden. (Die dabei wirksamen Fermente BRAUNSTEINS[12] und Aminopherasen sind schon S. 1206 erwähnt.)

Je nach den Milieubedingungen und dem Wert der Gleichgewichtskonstante können die Redoxreaktionen in diese oder jene Richtung gedrängt werden, so daß sowohl Oxydationen als Reduktionen auftreten können.

[1] GREEN, D. E., L. H. STICKLAND and H. L. A. TARR: Biochem. J. **28**, 1812 (1934). — [2] SCHOTT, H. F., and H. BORSOOK: Science, N. Y. **1933 I**, 589. — [3] BORSOOK, H. F.: Reversible and reversed enzymatic reactions. Ergebn. Enzymforsch. **4**, 1—41 (1935). — [4] EULER, H. v.: Die Co-Zymase. Ergebn. Physiol. **38**, 1—30 (1936). — [5] WURMSER, R.: Handb. Enzymol. (NORD-WEIDENHAGEN) **1**, 306 (1940). — [6] EULER, H. v., u. E. ADLER: H. **238**, 233 (1936). Ergebn. Physiol. **38**, 1—30 (1936). — EULER, H. v., E. ADLER u. H. HELLSTRÖM: H. **241**, 239 (1936). — [7] NEGELEIN, E., u. H. J. WULFF: B. Z. **293**, 351 (1937). — [8] GREEN, D. E., J. G. DEWAN and L. F. LELOIR: Biochem. J. **31**, 934 (1937). — GREEN, D. E., and F. G. DEWAN: Biochem. J. **31**, 1069 (1937). — DEWAN, J. G., and D. E. GREEN: Biochem. J. **31** 1074 (1937). — DEWAN, J. G.: Biochem. J. **32**, 1378 (1938); **33**, 549 (1939). — [9] EMBDEN, G., u. H. J. DEUTICKE: H. **230**, 29 (1934). — [10] PARNAS, J. K.: Ergebn. Enzymforsch. **6**, 57 (1937). — [11] MEYERHOF, O.: Ergebn. Physiol. **39**, 10 (1937). — [12] BRAUNSTEIN, A. E.: Enzymologia **7**, 25 (1939).

e) Cyclische Vorgänge beim oxydativen Abbau der Nährstoffe *(Bernstein-, Fumar- und Citronensäure Cyclen).* Beim oxydativen Abbau der Nährstoffe ist ein nachfolgendes Glied in der Kette des Abbauproduktes im allgemeinen einfacher und weniger energiereich als das vorhergehende Glied. Doch ist zu beachten, daß der Abbau sich mit einer Synthese der entstandenen einfacheren Verbrennungsprodukte verbinden kann, wobei aus zwei energieärmeren Molekülen ein energiereicheres entsteht, dessen Energiegehalt jedoch kleiner ist, als die Summe der Energien der ursprünglichen Moleküle. Diese Möglichkeit ist beispielsweise bei der Bildung und der Verbrennung der Essigsäure von THUNBERG[1] angenommen worden.

Die *Entstehung der Essigsäure* konnte also in folgender Weise vor sich gehen: Bernsteinsäure wird über Fumarsäure, Äpfelsäure, Oxalessigsäure und Brenztraubensäure oxydiert, wobei aus 1 Molekül Bernsteinsäure 1 Molekül Essigsäure entsteht. Setzt sich nun die Dehydrierung in der Weise fort, daß von 2 Essigsäuremolekülen jedes 1 Wasserstoffatom abgibt und schließen sich dann die zwei so entstandenen Essigsäureradikale zusammen, so muß 1 Molekül Bernsteinsäure entstehen. Dieser Ablauf, der, was die Verhältnisse bei den höheren Tieren betrifft, als ganz hypothetisch anzusprechen ist, hat im Stoffwechsel der Bakterien nachgewiesen werden können (s. Bd. 2, Kohlenhydratstoffwechsel).

Bernsteinsäure-Cyclus. Der hier in Rede stehende Gedankengang ist von AHLGREN[2] (1927) ausführlich entwickelt worden. In seinem „*Bernsteinsäurecyclus*" läßt er die verschiedenen Abbauwege der Kohlenhydrate, der Aminosäuren und der Fette in eine große gemeinsame Bahn einmünden, zu einer „letzten gemeinsamen Strecke" (S. 1232).

An diesen Gedankengang schließt sich die Hypothese von ähnlichen Synthesen an, Synthesen nicht zwischen gleichen, sondern verschiedenen Metaboliten, z. B. Essigsäure und Äpfelsäure.

Fumarsäure-Cyclus. Im Jahre 1935 legte SZENT-GYÖRGYI[3] die Lehre von der sog. „Fumarsäurekatalyse", auch „C_4-Dicarbonsäurekatalyse" oder „C_4-Säurekatalyse" genannt, vor. Ausgangspunkt war zuerst die Beobachtung, daß Muskelbrei, der durch Waschen mit Wasser seine Fähigkeit zur Atmung verloren hatte, durch Zusatz von Fumarsäure so reaktiviert wird, daß die beobachteten Effekte nicht einfach durch die vollständige Verbrennung des zugesetzten Fumarates zu erklären sind. — Auch die Eigenart der Succinodehydrase wurde dabei berücksichtigt. Die Wirkung dieses Enzyms ist sehr stark. Es arbeitet schon in minimalen Spuren mit maximaler Geschwindigkeit. Es schien nun SZENT-GYÖRGYI unannehmbar, daß dies Enzym nur zum oxydativen Abbau der Bernsteinsäure dienen sollte. Bernsteinsäure spielt jedoch nach ihm keine bedeutende Rolle im Stoffwechsel. Die Frage sucht er in folgender Weise zu lösen.

Beim oxydativen Abbau der Kohlenhydrate werden ihre Wasserstoffgruppen über eine Reihe enzymatisch aktivierter Dicarbonsäuren mit 4 C-Atomen („C_4-Dicarbonsäuren", „C_4-Säuren") dem Cytochromsystem zugeleitet. Unter den hier in Frage kommenden Säuren, Bernsteinsäure, Fumarsäure, Äpfelsäure und Oxalessigsäure, wurde ursprünglich der Fumarsäure die größte Bedeutung zugesprochen, was bei der Namengebung mitgespielt hat.

Der Verlauf gestaltet sich nach SZENT-GYÖRGYI im einzelnen wie folgt: Wasserstoffatome einer enzymatisch aktivierten Triose (Triosephosphat) werden auf Oxalessigsäure übertragen und diese dadurch in Äpfelsäure verwandelt.

---

[1] THUNBERG, T.: Skand. Arch. Physiol. **40**, 32 (1920). — [2] AHLGREN, G.: Proc. Staff Meet. Mayo Clinic **3**, 86 (1927). — [3] SZENT-GYÖRGYI, A. v.: H. **236**, 1 (1935); **244**, 105 (1936). — BANGA, I., u. A. v. SZENT-GYÖRGYI: H. **245**, 113 (1937). Acta Univ. szeged. **9**, 1 (1937). B. **72** (A), 53 (1939).

Der Wasserstoff bleibt indessen nicht an der Äpfelsäure. Diese Säure steht durch Fumarase stets in Gleichgewicht mit einer gewissen Menge Fumarsäure, auf die der Wasserstoff übergeht, wodurch die Fumarsäure mit Hilfe der Succinodehydrase in Bernsteinsäure umgewandelt wird. Es wird also mit anderen Worten Äpfelsäure-Fumarsäure zu Oxalessigsäure und Bernsteinsäure dismutiert[1].

Die wichtigsten Glieder des Fumarsäure-Cyclus von Szent-Györgyi (1935).

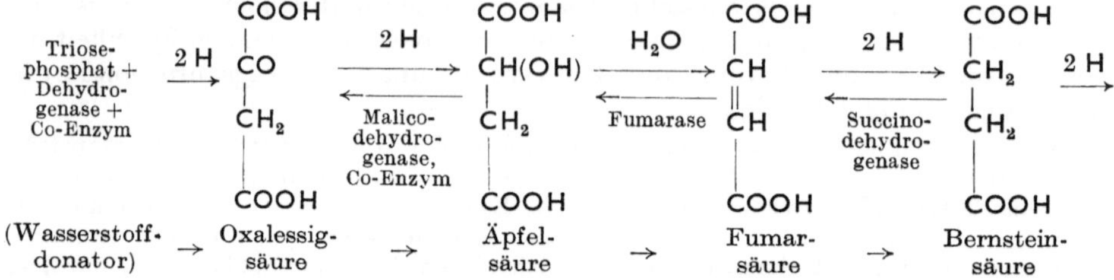

Von der Bernsteinsäure nimmt der Wasserstoff seinen Weg weiter zum Cytochromsystem und wird unter dessen Einfluß sowie unter Reaktion mit dem anwesenden freien Sauerstoff zu Wasser. Damit ist die Endstufe erreicht, und das C_4-Dicarbonsäuresystem hat wieder die Form angenommen, die es zu Beginn hatte. Die Dicarbonsäuren werden also nicht abgebaut, sie schwingen nur zwischen einem Reduktions- und einem Oxydationszustand. Sie wirken als Überträger und können nicht als gewöhnliche „Metaboliten" betrachtet werden. Eher sind sie als die prosthetischen Gruppen der Enzyme zu betrachten.

Bei Beurteilung dieser Theorie kann man sich zuerst fragen, ob die Affinitätsverhältnisse sie möglich machen.

Die Wasserstoffatome, welche die Triosephosphorsäure als Donator abgibt, passieren nachher eine Acceptorkette (A), deren Glieder nach Szent-Györgyis Theorie die folgenden sein müssen, wenn wir auch die einspielenden Co-Dehydrasen berücksichtigen. Unter B werden die dabei entstehenden Reduktionsprodukte angegeben.

A.	B.
a) Co-Dehydrase I, Oxydationsform	a) Co-Dehydrase I, Reduktionsform
b) Oxalessigsäure	b) Äpfelsäure
c) Co-Dehydrase I, Oxydationsform	c) Co-Dehydrase I, Reduktionsform
d) Fumarsäure	d) Bernsteinsäure
e) Cytochrom c, Oxydationsform	e) Cytochrom c, Reduktionsform
f) Sauerstoff	f) Wasser

In einer enzymatischen Reaktionskette, welche wie hier ohne Aufnahme von Energie von außen abläuft, muß jeder Elementarprozeß einen Verlust an freier Energie bedeuten, was eine Rückkehr zu einer vorhergehenden Reaktionsstufe unmöglich macht. Die Theorie Szent-Györgyis nimmt nun an, daß der Wasserstoff von der Reduktionsform der Co-Dehydrase I zuerst zu Oxalessigsäure unter Bildung von Äpfelsäure übergeht, was nur unter Verlust von freier Energie geschehen kann. Es scheint unter solchen Umständen nicht gut möglich, daß dieselbe Wasserstoffgruppe nachher von der Äpfelsäure zu der Oxydationsform der Co-Dehydrase I zurückkomme, wie das Szent-Györgyi annimmt.

Gegen die Richtigkeit der Theorie Szent-Györgyis sprechen übrigens unter anderem zwei wichtige Beobachtungen, welche mit der wohlbekannten Inaktivierung der Succinodehydrase durch Malonat zu tun haben. Wenn der Wasser-

[1] Siehe auch Bd. 2, Kohlenhydratstoffwechsel.

stoff der Triose eine Bernsteinsäurestufe zu durchlaufen hat, ehe er oxydiert wird, dann müßte die Oxydation der Triose durch Malonat entsprechend gehemmt werden, was indessen nicht der Fall ist. Dieselbe Überlegung gilt auch für die Verbrennung der Fumarsäure.

Aber auch hier wirkt, wie SZENT-GYÖRGYI selbst gefunden hat, die Malonsäure nicht hemmend, was wieder Schwierigkeiten schafft.

Eine nähere Analyse der Theorie SZENT-GYÖRGYIs ist eben heute noch verfrüht[1].

Der Citronensäure-Cyclus, den fußend auf den grundlegenden Untersuchungen von MARTIUS, besonders KREBS und JOHNSON ausgebaut haben[2], gibt eine Erklärung für die biologische Oxydation der Brenztraubensäure.

Obgleich der Brenztraubensäure eine wichtige Rolle bei der Oxydation der Kohlenhydrate zukommt, waren unsere Kenntnisse über die endgültige Oxydation dieser Säure lange nicht zufriedenstellend. Hier zeigt die Theorie von KREBS eine Möglichkeit. Nach dieser Theorie wird ein Molekül Brenztraubensäure mit einem Molekül Oxalessigsäure kondensiert unter Bildung von einem Molekül Citronensäure. Die Citronensäure wird jetzt teilweise anaerob, teilweise aerob über Isocitronensäure, α-Ketoglutarsäure, Bernsteinsäure, Fumarsäure,

Die Glieder des Citronensäure-Cyclus.

$COOH{-}CO{-}CH_3$ (Brenztraubensäure) + $COOH{-}CO{-}CH_2{-}COOH$ (Oxalessigsäure) → $CH_2{\cdot}COOH{-}C(OH)(COOH){-}CH_2{\cdot}COOH$ (Citronensäure) → $CH{\cdot}COOH{=}C{\cdot}COOH{-}CH_2{\cdot}COOH$ (cis-Aconitsäure) → $CH(OH)(COOH){-}CH{\cdot}COOH{-}CH_2{\cdot}COOH$ (Isocitronensäure) →

→ $CO{\cdot}COOH{-}CH{\cdot}COOH{-}CH_2{\cdot}COOH$ (Oxalbernsteinsäure) → $CO{\cdot}COOH{-}CH_2{-}CH_2{\cdot}COOH$ (α-Ketoglutarsäure) → $CH_2{\cdot}COOH{-}CH_2{\cdot}COOH$ (Bernsteinsäure) →

$COOH{-}CH{=}CH{-}COOH$ (Fumarsäure) → $COOH{-}CH_2{-}CH(OH){-}COOH$ (Äpfelsäure) → $COOH{-}CH_2{-}CO{-}COOH$ (Oxalessigsäure) + $CH_3{-}CO{-}COOH$ (Brenztraubensäure)

Äpfelsäure und Oxalessigsäure umgesetzt, unter Bildung einer Menge H_2O und CO_2, welche einem Molekül der Brenztraubensäure entspricht. Die Oxalessig-

[1] MARTIUS, C.: Die tierische Gewebsatmung. Ergebn. Enzymforsch. **8**, 247 (1939). — Siehe auch Bd. 2, Oxydativer Endabbau. — POTTER, V. R.: Medicine, Baltimore **19**, 441 (1940). J. biol. Ch. **134**, 417 (1940). — FORSSMAN, S.: Acta physiol. scand. Suppl. **2**, 5 (1941). — [2] LARDY, H. A., and C. A. ELVEHJEM: Ann. Rev. **14**, 19 (1945).

säure ist nun in der Lage, mit einem neuen Molekül Brenztraubensäure zu reagieren, unter Bildung von Citronensäure, und der Citronensäurecyclus kann aufs neue beginnen.

Für das Vorhandensein eines solchen Cyclus führt KREBS unter anderem die folgenden Beweise an:

1. Citronensäure wird in den Muskeln gebildet.
2. Citronensäure wird in den Muskeln zu Bernsteinsäure oxydiert.
3. Die in Anspruch genommenen Reaktionen besitzen die Intensität, die der Citronensäurecyclus erfordert.
4. Unter anaeroben Verhältnissen bedingt ein Zusatz von Oxalessigsäure zu Muskelbrei die Bildung einer großen Zahl von Zwischenstufen, und zwar Citronensäure, α-Ketoglutarsäure, Bernsteinsäure, Fumarsäure, Äpfelsäure und Brenztraubensäure.

Die Theorie von KREBS[1] hat vor der Theorie von SZENT-GYÖRGYI den Vorteil, erstens daß sie Rücksicht auf den Umsatz der Brenztraubensäure nimmt und zweitens daß sie eine Erklärung der Bildung der C_4-Dicarbonsäure gibt.

Vielleicht greift Insulin als Hilfsstoff in dem Cyclus von KREBS[2] ein.

Über den Citronensäure-Cyclus s. a. S. 513 und Bd. 2, Endoxydation.

Lange war man der Auffassung, die Kohlenstoffatome, die in Form von Kohlendioxyd während des Stoffwechsels aus der Kohlenstoffkette abgegeben worden sind, seien damit für den Stoffwechsel verloren. Besonders WOOD und WERKMANN[3] haben indessen festgestellt, daß verschiedene Bakterien Kohlendioxyd verbrauchen. Beim Vergären von Glycerin mit Propionsäurebakterien scheint z.B. Kohlendioxyd sich mit einer 3-Kohlenstoffatomkette unter Bildung von Bernsteinsäure zu verbinden. Sie konnten auch durch Anwendung von Kohlenstoff-Isotopen zeigen, daß Propionsäurebakterien aus Glycerin und Kohlendioxyd Propionsäure und Bernsteinsäure in Mengen bilden, die der absorbierten Menge Kohlendioxyd äquimolekular sind (siehe auch HARTELIUS[4] und EVANS und SLOTIN[5]).

Auch aus Brenztraubensäure und Kohlensäure kann Bernsteinsäure gebildet werden, ein Vorgang, der sich auch in tierischen Geweben abspielt und der nach KREBS[6] die Primärreaktion bei der Synthese von α-Ketoglutarsäure ist. (Siehe auch SOLOMON[7].) In den letzten Jahren hat die Untersuchung der CO_2-Fixation auch durch tierische Gewebe bedeutsame Ergebnisse gezeigt, deren Darstellung den Rahmen dieses Kapitels sprengen würde[9]. Näheres s. Bd. 2, die Kapitel Kohlenhydrat-, Fettstoffwechsel sowie Endoxydation.

ε) Die Energieverhältnisse bei den physiologischen Oxydationserscheinungen.

Es ist eine wichtige Aufgabe der physiologischen Forschung, vom energetischen Gesichtspunkt aus jedes Glied in der Kette von Reaktionen zu beschreiben, die ein am Stoffwechsel teilnehmender Stoff durchmacht, ehe er zu den Endprodukten des Stoffwechsels gelangt ist[8].

[1] KREBS, H. A., and W. H. JOHNSON: Enzymologia **4**, 148 (1937). — KREBS, H. A.: Biochem. J. **34**, 460 (1940). — KREBS, H. A., and L. V. EGGLESTON: Biochem. J. **34**, 442 1734 (1940). — KREBS, H. A., L. V. EGGLESTON, A. KLEINZELLER and D. H. SMYTH: Biochem. J. **34**, 1234 (1940). — [2] KREBS, H. A., u. W. A. JOHNSON: Enzymologia **4**, 148 (1937). — [3] WOOD, H. G., and C. H. WERKMAN: Biochem. J. **32**, 1262 (1938); **34**, 7 (1940). — WOOD, H. G., C. H. WERKMAN, A. HEMINGWAY and A. O. NIER: J. biol. Ch. **139**, 365 (1941). [4] HARTELIUS, V.: B.Z. **305**, 396 (1940). — [5] EVANS, E. A. jr., and L. SLOTIN: J. biol. Ch. **136**, 301 (1940). — [6] KREBS, H. A., and L. V. EGGLESTON: Biochem. J. **34**, 1383 (1940). — [7] SOLOMON, A. K., B. VENNESLAND, F. W. KLEMPERER, J. M. BUCHANAN and A. B. HASTINGS: J. biol. Ch. **140**, 171 (1941). — [8] OHLMEYER, P.: Wärmemessung bei Fermentreaktionen. (Mikrokalorimeter und Messung der Wärmetönung von Phosphataseumsetzungen.) Z. Naturforsch. **1**, 30 (1946). — [9] OCHOA S.: Enzymic mechanisms of carbon dioxide assimilation. Green's Currents biochem. Res. S. 165.

Dabei hat man zu beachten, daß die Beschreibung eines Naturvorganges vom energetischen Gesichtspunkt aus die Berücksichtigung zweier verschiedener Arten von Größen fordert, nämlich der Veränderung der *Gesamtenergie* (U), die mit dem Vorgang verbunden ist, und der ihm folgenden Veränderung der maximalen Arbeitsfähigkeit (A). Statt von „maximaler Arbeitsfähigkeit" spricht man, mit HELMHOLTZ, von „*freier Energie*", da diese Energie allgemein verwertbar ist und quantitativ in Arbeit umgewandelt werden kann[1].

Bei den Oxydationsfermenten[2] kommt neu ein „elektronischer" Mechanismus der Energiewanderung in Frage. Bei der Oxydation durch Sauerstoff handelt es sich nicht nur um den Transport eines Erregungszustandes, sondern um den Transport einer Ladung, d. h. um eine mit Elektronenwanderung verknüpfte „elektronische" Energiewanderung. Es erfolgt ein fortlaufender Valenzwechsel am Fermenteisen, wobei das Energieniveau stufenweise abfällt, bis schließlich ein Sauerstoffatom in ein Sauerstoffion umgewandelt ist. Wahrscheinlich ist auch das Proteingerüst, bzw. die Polypeptidkette selbst zu elektronischer Energieübertragung befähigt.

Alle Energiearten können quantitativ in Wärmeenergie umgewandelt werden. Folglich kann diese als Maß der Energieveränderungen und als Maß der Veränderung der Gesamtenergie dienen. Es ist nur nötig, den Vorgang, mit dem die Energieänderung verbunden ist, so zu leiten, daß jene völlig in Wärmeenergie übergeht.

Auch eine chemische Reaktion, bei deren Verlauf keine Arbeit entnommen wird, wandelt Energie in Wärme um; in diesem Fall Reaktionsenergie oder „*Wärmetönung*" der Reaktion genannt. In gleicher Weise kann die maximale Arbeit in Wärmeeinheiten (Calorien) ausgedrückt werden.

Bisweilen ist $U = A$. Gewöhnlich ist indessen $U > A$, also die Veränderung der Gesamtenergie größer als der Teil derselben, der sich in Arbeit umsetzen läßt. Der nicht in Arbeit umsetzbare Teil wird „*gebundene Energie*" (q) genannt. Ein bemerkenswerter Fall tritt ein, wenn A größer als U ist, wenn also die mit einem Vorgang erreichbare maximale Arbeit sogar die mit der Reaktion verbundene Veränderung der *gesamten* Energie übersteigen kann. Dieses scheinbar paradoxe Verhältnis findet seine Erklärung in einem Reaktionsverlauf, der die Ausnützung der Temperatur der Umgebung ermöglicht. Die Umgebung wird also gezwungen, zu einem Energiezuschuß mit beizutragen. Wenn die Umgebung dies nicht kann, was am absoluten Nullpunkt der Fall sein muß, so kann A nicht U übersteigen.

Für die maximale Arbeitsleistung, die durch eine gewisse Reaktion erreicht werden kann, gilt folgende Formel:

$$A = U + T\frac{dA}{dT}.$$

Die an den Vorgang gebundene freie Energie ist also gleich der Gesamtenergie desselben, vermehrt um den Temperaturkoeffizienten der freien Energie, multipliziert mit der absoluten Temperatur (dA/dT gewöhnlicherweise negativ).

Von den Größen, die mit den in der Formel gebrauchten Buchstaben bezeichnet werden, ist U die am einfachsten zu bestimmende. U wird calorimetrisch bestimmt. A und dA/dT sind schwerer zugänglich. Bisweilen lassen sie sich

[1] FRANKE, W.: Berechnung der freien Energie biochemisch wichtiger Reaktionen. Bamann-Myrbäck **1**, 847—868. — [2] RIEHL, N.: Naturwiss. **31**, 590 (1943). — FISCHER, F. G.: Ergebn. Enzymforsch. **8**, 185 (1939). — BORSOOK, H.: Ergebn. Enzymforsch. **4**, 1 (1935). — MÖGLICH, FR., R. ROMPE u. N. W. TIMOFÉEFF-RESSOVSKY: Energieausbreitungsmechanismus in Physik und Biologie. Forsch. u. Fortschr. **20**, 6 (1944).

durch elektrische Messungen oder chemische Gleichgewichtsbestimmungen ermitteln, für die auf elektrochemische Spezialwerke verwiesen sei.

In Tabelle 192 werden, nach FRANKE[1], die in großen Calorien ausgedrückten Werte für Wärmetönung (U) und maximale Arbeit (A) einer Anzahl biologischer Hydrierungs-, Dehydrierungs- und Spaltungsvorgänge mitgeteilt. Sie beziehen sich auf molare Mengen der an den Reaktionen teilnehmenden Stoffe.

Wie aus der Tabelle hervorgeht, handelt es sich bei sämtlichen hier angeführten Hydrierungen um exotherme Vorgänge mit recht hoher Wärmetönung. Die Dehydrierungen dagegen sind, bis auf wenige Ausnahmen, endotherme Vorgänge. Für ihr Zustandekommen ist gewöhnlich auch Zufuhr von Energie erforderlich. Es ist von Interesse, daß die Dehydrierung der Bernsteinsäure

Tabelle 192. Energiemengen bei biologischen Umsetzungen.

	Wärmetönung Cal	Maximale Arbeit Cal
Hydrierungen:		
$H_2 + O_2 = H_2O_2$	+ 44,9	+ 31,5
$H_2 + H_2O_2 = 2\,H_2O$	+ 91,7	+ 85,0
$H_2 + {}^1/_2\,O_2 = H_2O$	+ 68,3	+ 56,6
H_2 + Mb = H_2Mb	—	+ 24,5
H_2 + Chinon = Hydrochinon	+ 42,8	+ 32,2
Dehydrierung:		
Acetaldehyd(hydrat) = 2 H + Essigsäure	+ 3,3	+ 6,7
Äthylalkohol = 2 H + Acetaldehyd	— 19,5	— 10,7
Ameisensäure = 2 H + CO_2	— 5,4	+ 9,5
Bernsteinsäure = 2 H + Fumarsäure	— 31,3	— 21,9
Brenztraubensäure + H_2O = 2 H + Essigsäure + CO_2	+ 8,6	+ 15,0
2 Mol Essigsäure = 2 H + Bernsteinsäure	— 9,0	— 10,4
Formaldehyd(hydrat) = 2 H + Ameisensäure	+ 2,8	+ 7,2
Milchsäure = 2 H + Brenztraubensäure	— 20,8	— 11,9
Oxalsäure = 2 H + 2 CO_2	— 8,2	+ 22,5
Stearinsäure = 2 H + Ölsäure	— 32,8	—
Xanthin = 2 H + Harnsäure	— 13,9	— 2,8
Spaltungen:		
Brenztraubensäure = CO_2 + Acetaldehyd	+ 0,3	+ 10,0
Pyruvat + H_2O = H_2CO_3 + Acetaldehyd	—	+ 5,6
Bernsteinsäure = CO_2 + Propionsäure	— 10,5	+ 9,3
Essigsäure = CO_2 + Methan	— 4,8	+ 10,7

unter Bildung von Fumarsäure je Mol eine Arbeit von 21,9 Cal erfordert. Aus den Werten für die Hydrierungsvorgänge geht hervor, daß die Hydrierung von Mb zu MbH_2 mit einer freien Energie von 24,5 Cal je Mol verbunden ist. Hieraus ergibt sich, daß die Dehydrierung der Bernsteinsäure energetisch durch Mb ermöglicht wird.

Die relativ bedeutenden Werte für die maximale Arbeit, durch die sich die angeführten Spaltungen auszeichnen, sind bemerkenswert.

[1] FRANKE, W.: Euler, Enzyme II/3, 149 (1934).

Redoxpotentiale[1]. Bringt man ein Platinblech in eine Flüssigkeit, in der eine Oxydation oder eine Reduktion vor sich geht, so wird es bis zu einer gewissen Spannung aufgeladen. Dasselbe ist der Fall, wenn man es in ein Gemisch aus einem Oxydationsmittel und einem Reduktionsmittel bringt, auch wenn sich diese schon im Gleichgewicht befinden. Dieses Gleichgewicht kann man nämlich als Ergebnis zweier fortgesetzt vor sich gehender, entgegengesetzter Vorgänge betrachten, die einander genau kompensieren (siehe auch hier W. KUHN S. 111).

Ein Einzelpotential als solches ist indessen nicht meßbar, sondern nur die Differenz zweier Potentiale. Wünscht man das Potential des in die Flüssigkeit gebrachten Platinblechs zu messen, so muß daher die Elektrode mit einer zweiten Elektrode (Bezugselektrode) von bekanntem Potential verbunden werden. In der Regel bezieht man die Potentialmessung auf eine von NERNST vorgeschlagene Elektrode, eine platinierte Platinelektrode, die in eine Lösung von $p_H = 0$ taucht und von Wasserstoff bei Atmosphärendruck umspült wird.

Wünscht man ausdrücklich hervorzuheben, daß sich ein Potential auf diese „Normalwasserstoffelektrode" bezieht, verwendet man für ihren Wert die Bezeichnung E_H. Die Spannung der Normalwasserstoffelektrode wird als Null angesehen. Der abgelesene Spannungsunterschied gibt auf diese Weise direkt in V (Volt) den E_H-Wert des Potentials der Elektrode, deren Spannung zu bestimmen ist.

Wenn eine Lösung teils die reduzierte, teils die oxydierte Stufe einer Verbindung enthält, hängt das Potential von dem Verhältnis der beiden Stufen ab, also von der Größe des „Redoxquotienten". Ist dieser Quotient = 1, wird das Potential mit E_0 („Normalpotential") bezeichnet.

Das *Redoxpotential* der meisten Systeme ist *von der Wasserstoffionenkonzentration abhängig*. Ein Potentialwert eines Redoxsystems muß also die Angabe des p_H-Wertes der Lösung enthalten.

Verschiedene Autoren gebrauchen die Bezeichnung E_0' mit verschiedener Bedeutung. Die Bezeichnung kann für Potentialwerte bei Systemen mit dem Redoxquotienten 1 bei einem und demselben p_H-Wert, und mit der Normalwasserstoffelektrode als Vergleichselektrode, angewandt werden. Bei dem p_H-Wert 0 des Redoxsystems fällt dann der Apostroph fort (siehe CLARK[2]). Man findet bisweilen jedoch auch folgende Definition: „E_0 bedeutet das Potential bezogen auf die H_2-Elektrode von 1 Atmosphäre Druck und dem gleichen p_H wie das Redoxsystem" (siehe MICHAELIS[3]).

Man hat also zu beachten, ob sich die Vergleichselektrode auf $p_H = 0$ oder auf einen p_H-Wert bezieht, der mit dem der Untersuchungsflüssigkeit identisch ist und der sich bei physiologischen Untersuchungen oft um $p_H = 7$ bewegt.

Da die Potentiale auch einen *Temperaturkoeffizienten* haben, müssen auch die Temperaturen bei der E-Messung angegeben werden.

Die beigefügte Tabelle 193 (S. 1244) gibt eine Vorstellung von der Abhängigkeit gewisser Redoxsysteme von p_H.

Die Bestimmung des Redoxpotentials ist häufig die einfachste Methode, die Affinitätsverhältnisse einer chemischen Umsetzung zu bestimmen, und gibt direkten Aufschluß über die maximale Arbeit, die eine gewisse Reaktion leisten kann.

Wenn wir die Potentiale verschiedener Systeme kennen, wissen wir, in welcher Richtung sie miteinander reagieren müssen, wenn überhaupt eine Reaktion zustande kommt. Dagegen besagen die Potentialverhältnisse nichts über die Geschwindigkeit der Reaktion. Die möglichen Reaktionen können so langsam

---

[1] Siehe auch W. KUHN, S. 111. Dort weitere Literatur. — LEHMANN, JÖRGEN: Das Redoxpotential. Bamann-Myrbäck **1**, 834—46. — [2] CLARK, W. M.: Hyg. Lab. Bull. **151**, 108 (1928). — [3] MICHAELIS, L.: Oxydations-Reduktions-Potentiale. 2. Aufl. Berlin 1933.

verlaufen, daß sie nicht merkbar sind, oder sie können gar nicht in Erscheinung treten. In jedem Falle erlaubt uns die Kenntnis der Potentialverhältnisse unter den vorliegenden Umständen gewisse Vorgänge als unmöglich auszuscheiden.

Hierbei ist indessen zu beachten, daß eine Reaktion, welche bei dem Redoxquotienten I zweier Systeme und bei einem gewissen p_H-Wert thermodynamisch unmöglich ist, durch Änderung des Redoxquotienten und des p_H-Wertes vielleicht möglich wird.

Es handelt sich beim intermediären Stoffwechsel im allgemeinen um träg reagierende organische Verbindungen und von vornherein war vorauszusehen, daß die Bestimmung ihrer Potentialverhältnisse schwieriger sein würde als die anorganischer Ionenreaktionen. Ein Umstand macht jedoch die Potentialbestimmungen auf dem Gebiet des intermediären Stoffwechsels hoffnungsvoll: das Vorhandensein der Redoxenzyme, welche die latenten Affinitäten erwecken und damit auch die Möglichkeiten der elektrometrischen Messungen verbessern.

Für die *Bestimmung physiologischer Redoxpotentiale*[1] kommen teils direkte potentiometrische, teils Indicatorverfahren zur Anwendung.

Bei den *direkten potentiometrischen Methoden* taucht man ein blankes Platingold- oder Palladiumblech in die Lösung des Redoxsystems und verbindet diese Platinelektrode in gewöhnlicher Weise mit einer Vergleichselektrode von konstantem Potentialwert, z. B. einer Calomel- oder einer Wasserstoffelektrode. Die elektromotorische Kraft des so gebildeten galvanischen Elementes wird unter Anwendung des gewöhnlichen POGGENDORFFschen Kompensationsverfahrens gemessen.

Die *Indicatormethode* bedient sich zur Bestimmung der Redoxpotentiale des Umstandes, daß viele Stoffe bei Oxydation oder Reduktion ihre Farbe verändern. Von Bedeutung sind besonders die Farbveränderungen, die viele organische Farbstoffe erfahren, wenn sie reduziert bzw. oxydiert werden. Ein Beispiel für einen solchen Farbstoff ist das Methylenblau.

Wenn zwei elektromotorisch aktive Systeme, die verschiedene Potentiale aufweisen, miteinander vermischt werden, tritt eine Reaktion zwischen den beiden Systemen ein, so daß das positivere System das negativere oxydiert und dieses das andere reduziert. Die Reaktion geht so lange fort, bis beide Systeme dasselbe Potential zeigen. Die identische Spannung wird durch Änderung des Verhältnisses zwischen der Oxydationsform (= „Ox-Form") und der Reduktionsform (= „Red-Form") jedes Systems erreicht.

Wenn die beiden Systeme in sehr verschiedenen Mengen in der Lösung vorhanden sind, so daß der eine Bestandteil als der eigentliche Hauptbestandteil angesehen werden kann, während der andere Bestandteil eine quantitativ unbedeutende Rolle spielt, ändert sich das Verhältnis (Ox-Form) : (Red-Form) und damit das Potential für den Hauptbestandteil sehr wenig. Der Potentialausgleich kommt dabei in der Weise zustande, daß die Relation (Ox-Form): (Red-Form) für den Nebenbestandteil so weit verschoben wird, bis sein Potential das des Hauptbestandteils trifft. Dieses Verhältnis ist es, das gestattet, das Potential eines gewissen Systems (oder richtiger eines gewissen Vorganges) durch Beobachten des Potentials, das ein zugesetzter Indicator annimmt, zu bestimmen.

Wenn also einem konzentrierteren, elektromotorisch wirksamen System eine kleine Menge eines Farbstoffes zugesetzt wird, der durch Reduktion farblos wird und der positiver als der Hauptbestandteil ist, so wird so viel von der Red-Form des Farbstoffes gebildet, daß das Verhältnis (Ox-Form): (Red-Form) dem ursprünglichen Potential des Hauptbestandteils entspricht. Wenn man nun das neue Verhältnis (Ox-Form): (Red-Form) für den Farbstoff bestimmt

[1] Siehe Fußnote [3] S. 1242.

Tabelle 193. Redoxpotentiale[1].

	T	pH	Normalpotentiale E' (Millivolt)	
Lactat/Pyruvat	37	7,3	— 0,196	WURMSER und MAYER[2]
	35	5,53—7,80	— 0,092—0,229	BARRON und HASTINGS[3]
	37	7,0	— 0,181	v. SZENT-GYÖRGYI[4]
Succinat/Fumarat . . .	37	7,01	— 0,0010	J. LEHMANN[5]
Hypoxanthin/Xanthin . .	—	7,0	— 0,371	GREEN[6]
Xanthin/Harnsäure . . .	—	7,0	— 0,361	GREEN[6]
Isopropylalkohol/Aceton .	35	7,48	— 0,275	R. WURMSER und S. FILITTI-WURMSER[7]
Äthylalkohol/Acetaldehyd (berechneter Wert) . .	25	7,0	— 0,200	WURMSER, FILITTI-WURMSER[7]
Cytochrom	30	7,0	+ 0,123	GREEN[8]
Ascorbinsäure	—	7,0	+ 0,066	BORSOOK und KEIGHLEY[9]
Lactoflavin	20	7,0	— 0,185	KUHN und BOULANGER[10]
Das „gelbe Ferment“ . .	20	7,0	— 0,06	KUHN und BOULANGER[10]

und wenn man für jede solche Relation den Potentialwert kennt, weiß man auch den Potentialwert des Hauptbestandteils, d. h. des Hauptvorganges.

Hier mögen die Normalpotentiale für gewisse biologische Redoxsysteme angeführt werden (s. Tabelle 193).

ζ) Schluß. Einige Hauptpunkte der jetzigen Anschauung über die biologische Oxydation.

Die Lehre von den biologischen Oxydationserscheinungen erinnert in ihrer heutigen Gestalt wenig an das, was vor einem Vierteljahrhundert gelehrt wurde. Ein Vergleich zwischen einst und jetzt auf diesem Gebiet macht kaum den Eindruck, unsere jetzige Anschauung sei unter Weiterverfolgung der ursprünglichen Gedankenlinie erwachsen. Vielmehr kann man hier von einer Revolution reden, eine Behauptung, die angesichts folgender Umstände gerechtfertigt erscheint[11]:

1. Es ist nicht, wie man früher glaubte, die Sauerstoffaktivierung, sondern die Wasserstoffaktivierung, die das primum movens der physiologischen Verbrennungsvorgänge ausmacht.

2. Die Reduktion des Sauerstoffes ist nicht die Anfangs-, sondern die Endstufe des oxydativen Stoffwechsels.

3. Die einheitliche Auffassung über die oxydativen Katalysatoren ist nicht einmal annähernd zutreffend. Das Vorhandensein funktionell zusammenwirkender Oxydationskatalysatoren steht außer Zweifel.

4. Der freie Sauerstoff spielt vor allem die Rolle eines Wasserstoffacceptors.

---

[1] Siehe auch BERSIN, TH.: Kurzes Lehrbuch der Enzymologie. 2. Aufl. S. 107. Leipzig 1939. — [2] WURMSER, R., et N. MAYER: Cr. **195**, 81 (1932). — [3] BARRON, E. S. G., and A. B. HASTINGS: J. biol. Ch. **100**, XI (1933). — [4] SZENT-GYÖRGYI, A. v.: H. **217**, 51 (1933). — BANGA, J., K. LAKI u. A. v. SZENT-GYÖRGYI: H. **217**, 43 (1933). — [5] LEHMANN, J.: Skand. Arch. Physiol. **58**, 173 (1930). — [6] GREEN, D. E.: Biochem. J. **28**, 1550 (1934). — [7] WURMSER, R., et S. FILITTI-WURMSER: J. Chim. physique **33**, 577 (1936). — [8] GREEN, D. E.: Proc. R. Soc. London (B) **114**, 423 (1934). — [9] BORSOOK, H., and G. KEIGHLEY: Proc. nat. Acad. Sci. USA **19**, 875 (1933). — [10] KUHN, R., u. P. BOULANGER: B. **69**, 1557 (1936). — [11] AUBEL, E.: Angew. Chem. **43**, 939 (1930). — THUNBERG, T.: Bull. Soc. Chim. biol. **21**, 889 (1939).

5. Das Endprodukt des freien Sauerstoffs ist Wasser, nicht Kohlensäure.

6. Der Sauerstoff, den das Molekül der gebildeten Kohlensäure enthält, stammt von Sauerstoff, der primär in den Nährstoffen enthalten war, sowie von Sauerstoff, der durch Wasseraddition in den Verbindungen angereichert wurde.

7. Die biologische Verbrennung ist hydro-additiver Art. Nur durch Wasseraddition wird der Abbau der Nährstoffe auf dem Wege der Dehydrogenisierung ermöglicht.

8. Die biologische Oxydation unterscheidet sich grundsätzlich von der thermischen. Sie verläuft, im Dienste der Dynamogenie, in Bahnen, wozu der gewöhnliche, primär thermogene Verbrennungsvorgang keine Analogien aufweist.

IX. Anhang.

Tierische Gifte[1–25].

Von F. Flury†* und K. Gemeinhardt.

Inhaltsverzeichnis.

---

* Schübel, K.: In memoriam Ferdinand Flury. Pharmazie **3**, 333 (1948).

Zusammenfassende Darstellungen über tierische Gifte: 1—25. [1] Faust, E. St.: Die tierischen Gifte. Braunschweig 1906. — [2] Faust, E. St.: Handb. Heffter **2**/2. 1748 (1924). — [3] Faust, E. St.: Darstellung und Nachweis. Handb. biol. Arb.-Meth. Abt. IV, Teil 7/A 753 (1923). — [4] Faust, E. St.: Tierische Gifte. In Flury-Zangger, Lehrbuch der Toxikologie. Berlin 1928. — [5] Calmette, A.: Les venins. Paris 1907. — [6] Phisalix, M.: Animaux venimeux et venins. 2 Bde. Paris 1922. — [7] Schlossberger, H., u. K. Ishimori: Tierische Toxine. Handb. Biochem. **1**, 909—940 (1924). — [8] Schlossberger, H., u. F. Koch: Handb. Biochem. Erg.-W. **1**, 582—591 (1933). — [9] Flury, F.: Die giftigen Abscheidungen der Tiere. Handb. Biochem. **5**, 687—738 (1925). — [10] Maass, Th. A.: Handb. Biochem., Erg.-W. **2**, 546—582 (1934). — [11] Flury, F.: Tierische Gifte und ihre Wirkung. Handb. Physiol. **13**, 102—192 (1929). — [12] Strohl, J.: Giftproduktion bei den Tieren. Leipzig 1926. Biol. Zbl. **45**, 513, 577 (1925). — [13] Pawlowsky, E. N.: Gifttiere und ihre Giftigkeit. Jena 1927. — [14] Frédéricq, L.: Sekretion von Schutz- und Nutzstoffen. Handb. vergl. Physiol. (Winterstein) **2**/2, 1—258 (1924). Reichhaltige Literatur. — [15] Inhoffen, H. H., u. H. Lettré: Über Sterine, Gallensäuren und verwandte Naturstoffe. Stuttgart 1936. — [16] Tschesche, R.: Die Chemie der pflanzlichen Herzgifte, Krötengifte und Saponine der Cholangruppe. Ergebn. Physiol. **38**, 31 (1936). — [17] Gessner, O.: Handwörterbuch Naturwiss., 2. Aufl., **5**, 211 (1935). — [18] Gessner, O.: Tierische Gifte. Handb. Heffter, Erg.-W. **6**, 1—83 (1938). — [19] Kellaway, C. H.: Animal poisons. Ann. Rev. **8**, 541—556 (1939). — [20] Petri, E.: Giftige Tiere und ihre Gifte. Handb. pathol. Anat. Histol. (Henke-Lubarsch) **10**, 1 (1930). — [21] Ramford, Fr.: Poisons, their Isolation and Identification. London (1941). — [22] Schmidt, H.: Tierische Gifte. In Fiat Rev. **64**, Bakteriologie und Immunologie. S. 94—99 (1947). — [23] Nauck, E. G.: Gifttiere und tierische Gifte. In Fiat Rev. **69**, Tropenmedizin und Parasitologie. S. 170—174 (1948). — [24] Minning, W.: Über Gifttiere. In Handb. Tropenkrankh. (Mense) (im Druck). — [25] Schwarz, F.: Nachruf auf F. Flury. Schweiz. med. Wschr. **1948**, 187.

1. Allgemeines.

Definition: Als **tierische Gifte** bezeichnet man eine große Reihe von ganz verschiedenartigen Stoffen, die von Tieren unter normalen Lebensbedingungen regelmäßig gebildet werden, eine starke pharmakologische Wirksamkeit aufweisen und daher Giftwirkungen auslösen können. Sie gehören zu den Wirkstoffen des Tierkörpers. Ebenso wie bei den sog. Giften ist eine streng wissenschaftliche Begriffsbestimmung und scharfe Abgrenzung von anderen Stoffen tierischer Herkunft unmöglich. Die Giftigkeit ist von besonderen Umständen abhängig, also relativer Natur, und bezeichnet keine absolute, einem bestimmten Stoff zugehörige Eigenschaft. Daher nehmen weder die tierischen Gifte noch die giftigen Tiere eine Sonderstellung in der Natur ein, ihre gemeinsame Zusammenfassung und Betrachtung erfolgt mehr oder weniger willkürlich, bis heute noch im wesentlichen aus praktischen Gesichtspunkten heraus.

Mit dem Begriff „*Gift*" (s. a. Bd. 2, Entgiftung) verbindet man gewöhnlich die Vorstellung eines Zweckes. Deshalb hat man auch den tierischen Giften besondere Aufgaben, vor allem Schutz, Abwehr, Verteidigung zugeschrieben. Alle diese Auffassungen sind höchst fragwürdig. Die Verwendung solcher Stoffe ist eine angeborene biologische Erscheinung, eine instinktmäßige Handlung, die nicht leicht zu deuten ist. Sie ist auch durchaus nicht immer so sinnvoll wie vielfach angenommen wird. So geht die Biene durch ihren Stich in der Regel zugrunde. Sie sticht aber keineswegs in jeden beliebigen Gegenstand, wie auch andere Gifttiere, z. B. die Nesseltiere die Objekte, die sie angreifen, genau unterscheiden. In diesem Zusammenhang ist die Feststellung von Interesse, daß auch in den Drüsen unserer einheimischen „ungiftigen" Schlangen, den Ringelnattern, stark wirkende Gifte sich finden. Trotzdem lassen sich über den *Zweck* mancher *tierischen Gifte* mit einer gewissen Wahrscheinlichkeit Vermutungen äußern. So dürften in den *Verdauungsdrüsen des Kopfes* und in den sonstigen Drüsen an den Mundwerkzeugen gebildete Stoffe im *Dienst der Nahrungsaufnahme* der Überwältigung von Beutetieren u. dgl. stehen, während die *Hinterleibsdrüsen*, z. B. die Stacheldrüsen, wohl mit der *Fortpflanzung* zusammenhängen. Wahrscheinlich stehen auch gewisse *Hautdrüsen* in Beziehung zu den *Geschlechtsdrüsen*. Für einen Zusammenhang mit diesen Aufgaben spricht auch das Auftreten von tierischen Giften während der Laichzeit, besonders in den Eiern („*Saisongifte*", „Sex Poisons").

Als *aktiv giftige* Tiere bezeichnet man Tiere, die besondere Organe zur Einverleibung von Giften besitzen, z. B. Giftzähne oder Stechorgane, während alle anderen, in deren Körper ebenfalls giftige Stoffe gebildet werden, als *passiv giftige* bezeichnet werden (FAUST[1]). Nach dieser Definition würde auch der Mensch, dessen Organe Hormone, Gallensäuren usw. bilden, den passiv giftigen Säugetieren anzureihen sein.

Allgemeine Bedeutung: Die *tierischen Gifte* beanspruchen das menschliche Interesse nach verschiedenen Richtungen. Seit den ältesten Zeiten sind solche Gifte *als Heilmittel* verwendet worden. Heute noch werden Bienengift und ähnliche Stoffe gegen rheumatische Erkrankungen, gewisse Schlangengifte gegen Epilepsie, gegen Schmerzen, Blutungen gebraucht. Weiter sind diese Stoffe wichtig für die *Serumtherapie*. Giftige Tiere bilden besonders in heißen Zonen eine hohe Gefahr für Menschen und Nutztiere. Abgesehen von der praktischen Bedeutung ist das wissenschaftliche Studium der tierischen Gifte in allgemeiner und vergleichender biologischer Hinsicht wichtig. Diese Stoffe stehen in enger *Beziehung zur inneren Sekretion*, zu den Hormonen, zum *intermediären* Stoffwechsel,

[1] FAUST, E. ST.: Die tierischen Gifte. Braunschweig 1906.

zu den *allergischen Erscheinungen* (Insektenstiche A. HASE[1], D. v. KLOBUSITZKY[2], O. HECHT[3]; parasitische Würmer W. SCHOENFELD[4]), zur *Immunitätslehre.* Die *Erforschung der Anaphylaxie hat von hier aus ihren Ausgangspunkt genommen* (RICHET, s. a. Bd. 2, Immunochemie).

Die **pharmakologischen Wirkungen der tierischen Gifte** sind sehr mannigfaltig. Im Vordergrund stehen Stoffe mit *örtlicher* Wirkung. Unübersehbar ist die Zahl der tierischen Stoffe, die zu sensibler Reizung, Entzündung, „Ätzung", zu Nekrose Anlaß geben. Viele tierische Stoffe sind allgemeine Zellgifte. Auf solche Wirkungen sind die vielfach beobachteten Schädigungen der äußeren Haut und der zugänglichen Schleimhäute zurückzuführen.

Aber auch vielgestaltige *resorptive Giftwirkungen* werden durch die hier in Frage stehenden Stoffe ausgelöst. Sie betreffen in erster Linie das *Zentralnervensystem*, den *Kreislauf* und das *Blut.*

Zentralnervensystem. Die tierischen Gifte töten meistens durch Lähmung des Atemzentrums. Lähmungserscheinungen des Zentralnervensystems, Schlafsucht, Koma, narkoseähnliche Zustände beobachtet man z. B. nach Schlangenbissen. Manche Schlangengifte lähmen das Vasomotorenzentrum. Außerdem beobachtet man zentrale Erregungszustände, selbst Delirien nach Schlangenbissen. Strychninartige Wirkungen, Tetanus und Krämpfe werden durch Gifte von Insekten, Skorpionen und gewissen Fischen ausgelöst. Auch im Tierversuch lassen sich durch tierische Gifte, z. B. der Seeanemonen, der Bienen, gewisser Spinnen, Salamander Krampfanfälle herbeiführen. In den Nesseltieren findet sich ein „*Hypnotoxin*" (RICHET[5]). Auch periphere Nervenwirkungen werden vielfach beobachtet. So zeigen sich curareartige Wirkungen bei Kobragift, Fugugift, bei den Giften von Schlupfwespen und Nesseltieren. Lähmung der sensiblen Nerven mit allgemeiner Anästhesie tritt nach Kobragift ein.

Damit sind die Wirkungen aber noch lange nicht erschöpft. Daß z. B. auch das *vegetative Nervensystem* stark betroffen wird, zeigen die vielfach beobachteten Erscheinungen an den Drüsen, den Organen mit glatter Muskulatur, den Pupillen, den Blutgefäßen.

Unter den *Kreislaufwirkungen* interessieren vor allem die digitalisartigen Wirkungen der Krötengifte. Dazu kommen die Herzschädigungen durch zahlreiche tierische Gifte, die ähnlich wie Saponine und Gallensäuren wirken (Protozoen, Würmer, Insekten, Spinnen, Skorpione, Amphibien, Schlangen, Fische). Sehr häufig sind Gefäßschädigungen durch tierische Gifte von „Hämorrhagin"-charakter.

Die *Blutschädigungen* zeigen sich vor allem in hämolytischen Wirkungen durch saponinartige Gifte, ungesättigte Fettsäuren, Stoffe vom Typus der Gallensäuren, durch Lipoide, Seifen, auch durch eiweißartige Hämolysine. Vielfach finden sich Agglutinine, Koaguline, gerinnungshemmende Stoffe. Manche Gifte verändern auch das Blutbild. Besonders bekannt ist die Eosinophilie durch Wurmgifte.

Die **chemische Natur** der meisten tierischen Gifte ist bis jetzt nur sehr mangelhaft erforscht.

Viele **altbekannte Stoffe** werden mit mehr oder weniger Berechtigung zu den tierischen Giften gezählt, wie die *Ameisensäure* und andere niedere Fettsäuren,

---

[1] HASE, A.: Z. angew. Entomol. **12**, 243 (1926). Reiche Literatur. Zbl. Bakteriol. (I) **99**, 325 (1926) Literatur. — [2] KLOBUSITZKY, D. v.: Kli. Wo. **1937 I**, 569. — [3] HECHT, O.: Arch. Schiffs- u. Tropenhyg. **33**, 280 (1929). Zool. Anz. **87**, 94 (1930). — [4] SCHOENFELD, W.: Arch. Derm. Syph., Berlin **175**, 54 (1937) Literatur. — [5] RICHET, CH., A. PERRET et P. PORTIER: C. R. Soc. Biol. **54**, 788 (1902). — RICHET, CH.: C. R. Soc. Biol. **55**, 246, 707, 1071 (1904). Pflügers Arch. **108**, 369 (1905).

vor allem die *Buttersäure*. Sie finden sich weitverbreitet in Drüsen und Ausscheidungen von Ameisen, Insekten, Raupen, Käfern, Spinnen, Würmern, Tausendfüßlern, Amphibien, im Schweiß der höheren Tiere. Es ist ein noch heute weit verbreiteter Irrtum, die Ameisensäure bilde den wesentlichen Bestandteil im Gifte der Bienen und anderer stechender Insekten. Auch *höhere organische Säuren* finden sich in den Drüsensekreten, z. B. Asparaginsäure im Speichel von Schnecken. Bei diesen Tieren treten sogar *freie Mineralsäuren*, Salzsäure und Schwefelsäure, im Speichel auf.

Diese Säuren können natürlich lokale Reizung und Entzündungserscheinungen auslösen. Sie haben aber nur untergeordnete Bedeutung gegenüber den **spezifisch wirkenden** *entzündungserregenden Giften* der Tierreihe, als deren Typus das Gift der Spanischen „Fliege", das **Cantharidin,** gelten kann. Stoffe mit ähnlicher Wirkung finden sich ziemlich weit verbreitet auch bei anderen Insekten, Käfern, Raupen, Schmetterlingen, weiter bei den Nesseltieren, bei Würmern und Wurmlarven, bei Milben und Zecken, Tausendfüßlern, auch bei Amphibien, Fischen und Schlangen.

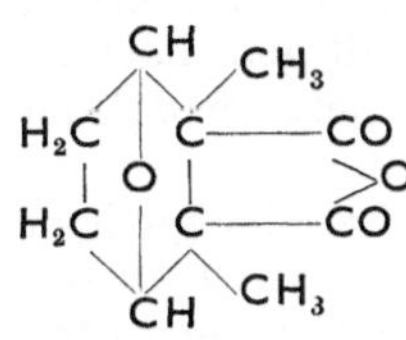

Lange Zeit hindurch war das *Cantharidin*, $C_{10}H_{12}O_4$ nach GADAMER, v. BRUCHHAUSEN und BRESCH[1], das einzige tierische Gift, das auch in chemischer Hinsicht eingehend erforscht war. Es findet sich bei zahlreichen Gliedern der Familien Lytta, Mylabris, Meloë und wohl auch anderer Käfer mit blasenziehenden und entzündungserregenden Wirkungen.

Giftiges Eiweiß. Die *Nesselgifte* dürften nach neueren Untersuchungen eiweißähnlich sein. SONDERHOFF[2] isolierte aus Seeanemonen eine eiweißartige hochwirksame Substanz vom Molekulargewicht von etwa 2000. Die eigentlichen tierischen Gifte wurden noch vor einigen Jahrzehnten als Eiweißverbindungen angesehen und als „*giftiges Eiweiß*" bezeichnet[3]. In der Tat handelt es sich bei den meisten um mehr oder weniger hochmolekulare kolloidale Stoffe, die dem Eiweiß chemisch und physikalisch nahestehen. Bei zahlreichen solchen tierischen Stoffen sind *antigene Eigenschaften* festgestellt worden. Sie bilden wie andere Antigene nach parenteraler Einverleibung im Tierkörper Antitoxine, spezifische Abwehrstoffe und werden durch Immunstoffe entgiftet. Neben ihrer hohen Giftigkeit sind die Toxine gegen Hitze und sonstige Einwirkungen mehr oder weniger labil. *Zwischen diesen tierischen Toxinen, den Bakterientoxinen und den Enzymen bestehen also zahlreiche Analogien.* Bedeutsam ist z. B. auch der hohe Schwefelgehalt (SH-Gruppen) einiger tierischer Toxine, der für die antigenen Eigenschaften von Proteinen wesentlich sein soll. An das Vorhandensein freier Aminogruppen ist wegen der Reaktion mit Formaldehyd zu denken. Dadurch werden viele Toxine entgiftet, während die antigene Natur erhalten bleibt. Am bekanntesten sind die *Schlangengifte*, deren Antigeneigenschaft außer Zweifel steht. Ob aber die vielen, in Protozoen, Insekten, Bienen, Wespen, Würmern, Skorpionen, Amphibien, Fischen enthaltenen Gifte, gegen die ein gewisser Grad von Immunität zu erzielen ist, wirklich echte Toxine im Sinne der Immunitätslehre sind, scheint noch nicht genügend sichergestellt.

Toxine. Es ist anzunehmen, daß bei diesen tierischen Giften von wirklicher oder vermuteter Toxineigenschaft ein kolloidaler, meistens wohl eiweißartiger Träger vorhanden ist, der das eigentliche Gift physikalisch adsorbiert oder chemisch gebunden enthält. Das Symplex kann andere Eigenschaften aufweisen als die Bestandteile. Die meisten Toxine enthalten verschiedene *Partialgifte*, die auf das Blut, das Nervensystem, die Gefäße wirken (Hämolysine, Neuro-

[1] Vgl. BRUCHHAUSEN, F. v., u. H. W. BERSCH: Arch. Pharmazie **266**, 697 (1928). — [2] SONDERHOFF, R.: A. **525**, 138 (1936). — [3] MICHEEL, F.: Giftige Eiweißstoffe. Naturwiss. **33**, 239 (1946).

toxine, Hämorrhagine). Ob die vielseitigen „polytropen", „polyvalenten" Eigenschaften auch auf ebenso viele besondere Bestandteile zu beziehen sind, ist umstritten.

Man könnte daran denken, daß ein Hauptbestandteil vorhanden ist, der je nach den Bindungsverhältnissen, den Beimengungen oder chemisch-physikalischen Zustandsänderungen sich biologisch verschieden verhält, oder daß eine eigentliche spezifische Gruppe die übrigen Bestandteile des Symplexes in verschiedener Weise physikalisch absorbiert oder chemisch gebunden hält.

Für das Vorhandensein solcher Symplexe mit Abbauprodukten von Eiweiß in den tierischen Giften sprechen auch die neueren Fortschritte auf dem Gebiete der Gifte der Kröten, Schlangen, Skorpione und Bienen. Durch die Isolierung eiweißfreier bzw. stickstofffreier Substanzen aus den eiweißhaltigen nativen Drüsensekreten erscheint die Lehre vom giftigen Eiweiß in den letzten Jahren im neuen Licht.

Abbauprodukte von Eiweiß. Unter den zahlreichen Bestandteilen der giftigen Drüsensekrete finden sich Substanzen, die ohne Zwang als *Abbauprodukte von Eiweiß* angesehen werden können. Hierher gehören außer den bereits genannten Säuren auch Phenolverbindungen. Besondere Beachtung verdienen die *basischen Stoffe von bekannter chemischer Struktur* (s. ACKERMANN, S. 791). Niedere Aminbasen, besonders methylierte Amine, sind häufig in den unangenehm riechenden Sekreten von Würmern, Insekten, besonders Käfern und Raupen, Amphibien nachgewiesen worden. Sie sind aber kaum als tierische Gifte zu bezeichnen. Betaine, Kreatin und Guanidinderivate finden sich sowohl im Harn und den Muskeln als auch in den Drüsensekreten niederer Tiere. In Actinien findet sich *Tetramethylammoniumhydroxyd*, das sog. *Tetramin*, ein tierisches Gift von curareähnlicher Wirkung (ACKERMANN, S. 787). Auch ringförmig gebaute Basen, die als **tierische Alkaloide** bezeichnet werden können (ACKERMANN[1]), sind vielfach als Bestandteile niederer Tiere und ihrer Sekrete aufgefunden worden. *Tyramin, p-Oxyphenyläthylamin*, ist ein Bestandteil des Speichels von Octopus (ACKERMANN, S. 793), der Tryptophanabkömmling *Tryptamin* und seine Verwandten finden sich in den krampferregenden alkaloidähnlichen Giftstoffen gewisser Kröten (ACKERMANN, S. 794). *Histamin* und ähnliche Stoffe im Bienengift und Cephalopodenspeichel (ACKERMANN, S. 792). Hier ist auch das Vorkommen von *Adrenalin* in einigen Krötenhautsekreten zu erwähnen (s. GRASSMANN-SCHNEIDER-TRUPKE S. 537; Bd. 2, Innere Sekretion). Basische Stoffe sind auch die Salamandergifte. Das in der Pflanzenwelt weit verbreitete *Stachydrin* wird auch in der Tierwelt, in Actinien, angetroffen (s. ACKERMANN, S. 785), ebenso das *Trigonellin* bei Seeigeln (s. ACKERMANN, S. 785). N-*Methylpyridin* (s. ACKERMANN, S. 786) wurde in verschiedenen Seetieren, Muscheln, Krabben, Actinien aufgefunden, *Methylchinolin* neben *Skatol* (s. ACKERMANN, S. 795), *Butylmercaptan*[2] im Sekret des Stinktieres. Hier handelt es sich um regelmäßig nachweisbare, also normale Bestandteile. Die durch Fäulnis, bakteriellen Abbau entstehenden basischen Gifte gehören nicht in den Rahmen dieses Kapitels (s. ACKERMANN, S. 791).

Erst die *Forschungen* der *neueren* Zeit haben wichtige Beiträge zur tieferen Erkenntnis des chemischen Baues tierischer Gifte geliefert. Sie zeigen insbesondere, daß sich durch eine verfeinerte Methodik aus den nativen Giften verschiedene Stufen von den schwer charakterisierbaren großen Eiweißkomplexen an über kleinere polypeptid- und aminosäurehaltige Moleküle bis zu eiweiß- und stickstofffreien reinen krystallisierten Stoffen isolieren lassen. Diese Entwicklung soll im folgenden an einigen Beispielen gezeigt werden.

---

[1] ACKERMANN, D.: Verh. physik.-med. Ges. Würzburg, N. F. **50**, H. 6 (1926). — [2] Beilstein **1**, 370 (187, 189) [398, 463ff., 416].

2. Einzelne tierische Gifte.

Schlangengifte[1-3]. Über diese wichtigste Gruppe der tierischen Gifte liegt ein kaum übersehbares Schrifttum vor. Dies wird auch daraus verständlich, daß es etwa 400 Arten von Giftschlangen geben soll. Man kann in toxikologischer Hinsicht unterscheiden zwischen den Giften der *Viperiden*, die vorwiegend blut- und blutgefäßschädigende Bestandteile, Hämolysine, Koaguline, Hämorrhagine, Cytolysine, Thrombine enthalten, und den Giften der *Colubriden*, die in erster Linie das Zentralnervensystem angreifen (Neurotoxine). Eine scharfe Trennung zwischen Kreislaufgiften und Nervengiften ist aber nicht zu ziehen, auch die Viperiden bilden Neurotoxine, die Colubriden auch Hämotoxine. Einige Forscher, wie z. B. E. St. Faust[4], neuerdings Klobusitzky[5] (*Bothropotoxin*) berichten über die Isolierung angeblich reiner, zum Teil stickstofffreier Bestandteile aus Schlangengiften, *Crotalotoxin*, *Ophiotoxin* usw., die als Träger der gesamten vielseitigen Wirkungen anzusehen seien. Solche Ergebnisse konnten aber von anderer Seite nicht bestätigt werden und wurden später mehr und mehr angezweifelt. Heute überwiegt die Ansicht, daß es sich doch um eiweißartige, aus verschiedenartigen Komponenten mit zum Teil antigener Wirksamkeit handelt bzw. um spezifische Gifte, die an einen labilen kolloidalen Träger gebunden sind. Über das Vorkommen des Fermentes Lecithase A in Schlangengift siehe Kraut, S. 1080.

Nach Heinrich Wieland und W. Konz[6] kann über die eiweißartige Beschaffenheit der Schlangengifte kaum mehr ein Zweifel bestehen. Aus dem *Gift der Brillenschlangen* konnte ein einigermaßen einheitlicher giftiger Anteil isoliert werden, der nur noch ein Molekulargewicht von 1500 bis 2000 aufweist. Von F. Micheel und F. Jung[7] wurde aus dem *Gift der Klapperschlangen* ein Teil abgetrennt, dessen Molekulargewicht zwischen 2500 und 4000 liegt. Aus dem *Kobragift*, das vielleicht ein Polypeptid darstellt, ließ sich ein Chlorhydrat darstellen.

Weitere Untersuchungen von F. Micheel, H. Dietrich und G. Bischoff[8] über die *Neurotoxine* der Cap-Kobra und der indischen Kobra ergaben, daß durch Ultrafiltration, Dialyse und elektrolytische Reizungen hochwirksame Gifte erhalten werden können. Ein krystallisierbares Neurotoxin enthielt in beträchtlichen Mengen *Zink*. Das Vorkommen dieses Metalls in Schlangengiften ist schon von Delezenne[9] festgestellt worden. Der *Schwefel*, der in den Schlangengiften maßgebend an der aktiven Gruppe beteiligt ist, liegt vermutlich thiolactonartig, vielleicht auch thiazolidinartig gebunden vor. Die Wirkung der Neurotoxine dürfte auf katalytischem Wege, in erster Linie durch Schädigung der Oxydations-Reduktionsvorgänge, erfolgen.

H_2C—NH
H_2C CH_2
S

Die *Schlangengifte* weisen nach diesen Forschungsergebnissen auch bemerkenswerte chemische Beziehungen zu anderen Giften tierischen Ursprungs, vor allem dem *Bienengift* und dem *Skorpiongift* auf. Darauf läßt nicht zuletzt der Schwefelgehalt schließen.

Skorpiongifte. Alle Skorpione enthalten in ihrem Hinterstachel toxikologisch gut bekannte Gifte, die heftige lokale und resorptive Wirkungen besitzen. Ihre

Zusammenfassung über Schlangengifte: 1—3. [1] Zeller, H.: Enzymes of snake venoms and their biological significance. Adv. Enzymol. **8**, 459 (1948). — [2] Klobusitzky, D. v.: Immunologische Eigenschaften der Schlangengifte. Ergebn. Hyg. **24**, 226 1941). — [3] Micheel, F. B. **72**, 397 (1939). — Micheel, F., u. H. Emde: B. **72**, 1724 (1939). H. **265**, 266 (1940). — [4] Faust, E. St.: A. e. P. P. **56**, 236 (1907); **64**, 244 (1911). — [5] Klobusitzky, D. v.: A. e. P. P. **179**, 204 (1935). Kli. Wo. **1937 I**, 569. — [6] Wieland, H., u. W. Konz: S.-B. bayr. Akad. Wiss. **1936**, H. 2, 177. — [7] Micheel, F., u. F. Jung: H. **239**, 217 (1936). — [8] Micheel, F., H. Dietrich u. G. Bischoff: H. **249**, 157 (1937). — [9] Delezenne, C.: Ann. Inst. Pasteur **33**, 68 (1919).

chemische Natur ist aber noch stark umstritten. Gegen Skorpiongifte ist Immunisierung möglich, sie haben also Antigeneigenschaft. Es besteht auch zwischen Skorpiongiften und gewissen Schlangengiften eine gegenseitige Immunität. Von FLURY[1] wurde aus Skorpiongift eine stickstoffhaltige, stark wirksame Substanz isoliert, die keine Eiweißreaktion gab. Dagegen wurde von TETSCH und K. WOLFF[2] aus dem Gift des syrischen Skorpions ein stark wirksamer Stoff gewonnen, der als Hydrochlorid einer dem Bienengift und Schlangengift chemisch nahestehenden Base angesprochen wird. Neben 13,6% Stickstoff enthält sie ebenso wie die genannten Gifte beträchtliche Mengen von Schwefel. Wie aus folgender Tabelle hervorgeht, scheinen Zusammenhänge zwischen *Schwefelgehalt* und *Giftwirkung* zu bestehen.

Tabelle 194. Schwefelgehalt und Wirkung tierischer Gifte.

	Bienengift	Crotalusgift	Skorpiongift	Kobragift
Schwefelgehalt	2,6%	3,6%	3,8%	5,5% (MICHEEL) 5,1% (WIELAND und KONZ)
Tödliche Dosis γ/g Maus	10	0,7	0,8—1	0,12 (MICHEEL) 0,15 (WIELAND)

Bienengift[3, 4]. Das Bienengift wirkt entzündungserregend, hämolytisch und ähnlich wie Histamin, schockerzeugend. Es ist aus verschiedenen Bestandteilen zusammengesetzt. Von LANGER[5] wurde es zunächst als Alkaloid angesprochen, nach FLURY[6] ist es ein Symplex aus einem basischen, einem lipoiden und einem stickstofffreien saponinartigen Anteil. HAVEMANN und WOLFF[7] erhielten eine stark toxische Fraktion, die sie für „chemisch einheitlich" in einem erweiterten Sinne halten und als *Apitoxin* bezeichnen. Sie enthält basische und saure Gruppen und wird als Hydrochlorid der LANGERschen Base aufgefaßt. Die amphotere Eigenschaft wird als entscheidender Beweis für den Eiweißcharakter angesehen. *Apitoxin* dialysiert ebenso wie *Crotalusgift* verhältnismäßig leicht durch Membranen. Auch HAHN[8] und Mitarbeiter, sowie TETSCH und WOLFF halten das Bienengift für einen Eiweißstoff. Nach HAHN soll das Bienengift aus zwei verschieden leicht dialysierbaren Bestandteilen zusammengesetzt sein. Die eine amphotere bzw. saure Komponente wirkt krampfartig, die andere soll eine Base sein. TETSCH und WOLFF fanden im Bienengift Schwefel, außerdem eine histaminartig wirkende *Base*. HAHN und Mitarbeiter wiesen in ihrem Gift ebenfalls Schwefel, außerdem regelmäßig *Magnesium* nach. Auffallenderweise fand REINERT[3] in dem von ihm untersuchten Bienengift keinen Schwefel, dagegen Histamin und eine weitere histaminartige Substanz. Er hält das Bienengift für ein Protein, das, wie bereits FLURY festgestellt hatte, durch einen hohen Tryptophangehalt ausgezeichnet ist. Vorkommen von Lecithase A siehe KRAUT, S. 1080. Nach FASSBENDER[9, 10] ist das Bienengift ein SH-haltiges Polypeptid mit Molekulargewicht von etwa 1000.

[1] FLURY, F.: Verh. dtsch. pharmakol. Ges. **1922**, S. XLI—XLII. — [2] TETSCH, CHR., u. K. WOLFF: B. Z. **288**, 126 (1936); **290**, 394 (1937).

Bienengift: [3] REINERT, M.: Zur Kenntnis des Bienengiftes. BARELL-Festschrift, S. 407. Basel 1936. — [4] HOTZEL, A.: Dtsch. Apoth.-Ztg. **56**, 435 (1941). — [5] LANGER, J.: A. e. P. P. **38**, 381 (1897). — [6] FLURY, F.: A. e. P. P. **85**, 319 (1920). — [7] HAVEMANN, R., u. K. WOLFF: B. Z. **290**, 354 (1937). — [8] HAHN, G., u. H. LEDITSCHKE: B. **69**, 2764 (1936); **70**, 1637 (1937). — HAHN, G., u. H. OSTERMAYER: B. **69**, 2407 (1936). — [9] FASSBENDER, W.: B. Z. **317**, 246 (1944). — [10] GAEDE, D.: D. m. W. **1941**, 768.

Therapeutische Anwendung und Wirkung.

Bei sub- und percutaner Anwendung wird die Bienengiftwirkung in der Therapie meist als unspezifische Reizkörpertherapie aufgefaßt (GESSNER[1]). Da das Bienengift selbst auf ermüdete Organe (Herz) keine direkte Aktivierung ausübt, spricht WEICHARDT[2] auch solche günstigen therapeutischen Wirkungen den im Körper entstehenden Spaltprodukten des Bienengiftes zu. Es wird auch auf die Arbeiten von SCHWAB[3], DIRR und GRAEBER[4], KELLER[5] und FOERSTER[6]. verwiesen.

Spinnengifte. Das in den Giftdrüsen der Spinnen enthaltene Gift gelangt beim Einschlagen der Kieferklauen (Cheliceren) in die Wunde. Von diesem Drüsengift ist die Giftigkeit des Spinnenblutes (Hämolymphe), der Speichelsekrete, der Geschlechtsprodukte (Eier) usw., über die nur wenig bekannt ist (Hämolysine, proteolytische Fermente u. a.) zu unterscheiden. Diese Unterschiede sind durch vielfache Untersuchungen bestätigt worden.

Auch über die Chemie der Drüsengifte der Spinnen herrscht noch Unklarheit. FLURY[7] isolierte aus dem — nicht dialysierenden — Rohgift Substanzen mit hämolytischer, stark reizender und charakteristischer Herzwirkung. Die Wirkung ist der der Gallensäuren vergleichbar, jedoch quantitativ stärker, da jene schlecht resorbiert werden. Nach VELLARD[8] sind die Spinnengifte eiweißhaltige, hochkomplexe Systeme und stehen den Skorpiongiften und eiweißhaltigen Schlangengiften nahe. Die intensive Wirkung des nativen Giftes dürfte auf der günstigen Verteilungsmöglichkeit der nicht nur Schutzkolloide darstellenden wasserlöslichen Lipoide (Eiweißstoffe und Phosphatide), mit denen die Gifte die komplexen Systeme bilden (FLURY), zu erklären sein. Die unterschiedliche Wirkung und ihre mit Erfolg durch am Hammel gewonnene Antisera streng spezifisch durchgeführte prophylaktische und therapeutische Immunisierung zeigt die Verschiedenheit der Gifte der Spinnenarten (VELLARD[8], KRAUS[9]).

Pharmakologische Wirkung der Spinnengifte. Die resorptive Wirkung erstreckt sich besonders auf das Nervensystem und kann weiter Hyperämie, Blutungen und Gewebsschädigungen der Leber und Nieren hervorrufen. VELLARD unterscheidet:

1. wenig wirksame Gifte: vorwiegend lähmende Wirkung;

2. stärker wirksame Gifte: Krämpfe, Blutdrucksteigerung (beim Meerschweinchen Bronchialspasmus, Atmung und Herztätigkeit verlangsamt, fortschreitende Lähmung, Tod durch Erstickung);

3. am stärksten wirkende Gifte: den stärksten Schlangengiften vergleichbar. Unruhe, starke Schmerzen (Reizwirkung), Hypersensibilität, Steigerung der Reflexerregbarkeit, tetanische Krämpfe, zunehmende Muskelstarre, Temperaturabfall, Erhöhung der Pulsfrequenz, irreguläre Herztätigkeit (Arrhythmia perpetua). Spasmen der glattmuskeligen Organe, Steigerung der Drüsensekretion, Tod durch Erstickung im Krampfanfall.

Die lokale Reizwirkung und die gangränerzeugende Wirkung beruhen auf anderen Bestandteilen der Spinnengifte als die neurotoxische (VELLARD). Die ersteren können leichter durch Hitze oder Ultraviolettbestrahlung aufgehoben werden als die neurotoxische Wirkung. Das Gift der Tarantel (*Lycosa raptoria* =

---

[1] GESSNER, O.: Handb. Heffter Erg.-W. **6**, 1—83 (1938). — [2] WEICHARDT, W.: D. m. W. **1937 II**, 1405. — [3] SCHWAB, R.: M. m. W. **1934 I**, 793. — [4] DIRR, K., u. H. GRAEBER: Kli. Wo. **1936 II**, 1483. — [5] KELLER, W.: Praxis, Bern **1936**, Nr. 50. — [6] FOERSTER, A.: Int. Bull. Econ. publ. Hyg. **1937**, A. 36, 132.

Spinnengifte: [7] FLURY, F.: Verh. dtsch. pharmakol. Ges. S. 50 in: A. e P. P. **119** (1927). Handb. Physiol. **13**, S. 126—130 (1929).

[8] VELLARD, J.: Le venin des araignées. Monogr. Inst. Pasteur. Paris 1936. — [9] KRAUS, R.: In Handb. pathog. Mikroorg. (KOLLE-WASSERMANN) III/1, S. 1. 1930.

Tarantula) erzeugt nur örtliche Reizwirkung und örtliche Hautgangrän. Viel giftiger sind die Spinnen der Gattung *Latrodectes* (*L. tredecimguttatus* = Malmignatte, Südeuropa, *L. mactans* = Schwarzer Wolf oder Karakurte, Südrußland, *L. lugubris* = Schwarze Witwe, Amerika, *L. Hasseltii*, Australien), die in die zweite Gruppe nach VELLARD gehören. In die dritte Gruppe gehören z. B. Ctenus ferus und nigriventer, Trochona venosa.

Die sog. Riesenspinnen sind den Menschen und Warmblütern wenig oder gar nicht gefährlich. So ist der Biß der Vogelspinne *Avicularia,* die mit Bananenladungen aus den Tropen auch nach Europa gelangte, verhältnismäßig wenig gefährlich (FÜHNER[1]). Die Riesenspinne Brasiliens, *Grammostola acteon,* tötet durch ihr Gift, das bei Menschen und Warmblütern unwirksam ist, Kaltblüter (Schlangen). Auch das Gift von *Lasiodora curtior*, einer dritten Riesenspinne, ist besonders Eidechsen und kleinen Amphibien gefährlich, während es am Warmblüter kaum wirksam ist (VELLARD).

Die auch in Deutschland heimische Kreuzspinne, *Epeira diadema,* ist nach FLURY durch ihr Drüsengift für den Menschen ungefährlich. Auch bei ihr sind die anderen Körpergifte wirksamer als das Drüsengift.

Therapeutische Anwendung der Spinnengifte. Man ist bemüht, die Wirkungen der Spinnengifte therapeutisch auszunutzen. Trotz der noch nicht überwundenen Schwierigkeiten, sie in genügender Menge und Reinheit zu gewinnen, hat man in Amerika (USA.) besonders mit dem Gift der Kreuzspinne in neuester Zeit gewisse Erfolge erzielt (MORRISON und BARANELL[2]).

Danach haben kleine Mengen Kreuzspinnendrüsengift, kombiniert mit bekannten Mitteln, bei intravenöser Injektion bessere positive Wirkungen, z. B. bei Angina pectoris, Coronarinsuffizienz, Gefäßspasmen durch periphere Erweiterung der Capillargefäße und Herabsetzung des Blutdrucks ohne schädigende Nebenwirkungen erzielt. Die langanhaltende Wirkung solcher Kombinationen macht sie geeignet zur Regulierung der Herzfrequenz und zur Regeneration erkrankter Organgewebe. Bei rheumatischen und ähnlichen Erkrankungen, bei denen eine Reiztherapie indiziert ist, soll eine Kombination der Gesamttoxine der Kreuzspinne mit dem Viperatoxin die Wirkung des letzteren allein um ein Vielfaches übertreffen.

Zur *Behandlung des Spinnenbisses* wird Kaliumpermanganatlösung, lokal angewendet, empfohlen.

Salamandergifte. Die Hautsekrete der Salamander enthalten, wie schon lange bekannt ist, heftige Krampfgifte, die wie Strychnin wirken. Von FAUST[3] wurden 1899 aus dem Feuersalamander zwei wirksame Basen als krystallisierte Sulfate gewonnen. NETOLITZY[4] fand 1904 im Alpensalamander eine ähnliche Substanz. In weiterer Fortsetzung der Untersuchungen durch GESSNER[5], SCHÖPF und BRAUN[6] sind unsere Kenntnisse über die Wirkung und chemische Natur dieser Stoffe weitgehend gefördert worden. Nach SCHÖPF und BRAUN[6] ist das Hauptalkaloid im Gift des Feuer- und Alpensalamanders das *Samandarin* von der Formel $C_{19}H_{31}O_2N$, ein sekundäres Amin, das vermutlich drei Kohlenstoffringe enthält und ein Oxazolidin darstellt[7].

[1] FÜHNER, H.: Medizinische Toxikologie. Leipzig 1943. — [2] MORRISON, H., u. BARANELL: Arzneiherstellungen aus Giftspinnen (engl.). New York 1947.

Salamandergifte: [3] FAUST, E. ST.: A. e. P. P. **41**, 229 (1898); **43**, 84 (1900).

[4] NETOLITZKY, F.: A. e. P. P. **51**, 118 (1904). — [5] GESSNER, O.: Über Amphibiengifte. Habil-Schr. Marburg 1926. — GESSNER, O., u. K. CRAEMER: A. e. P. P. **152**, 229 (1930). — GESSNER, O.: Z. Immun.-Forsch. **82**, 95 (1934). — GESSNER, O.: Nova Acta Leopoldinia, Halle N. F. **1943**, Nr. 88, 405. — GESSNER, O.: A. e. P. P. **205**, 1 (1948). — [6] SCHÖPF, C., u. W. BRAUN: A. **514**, 69 (1934). — [7] SCHÖPF, C.: Angew. Chem. **62**, 343 (1950).

Die genannten Forscher beschreiben zahlreiche von ihnen hergestellte Abkömmlinge des *Samandarins*, wie *Samandiole*, *Samandione*, *Samandesole*, eine Säure usw. Aus *Triton cristatus* wurde von SCHÜBEL[1] eine digitalisähnlich wirkende krystallisierte, nicht eiweißartige Substanz isoliert. Die alkaloidartigen Salamandergifte sind wegen der Beziehungen zu den stickstoffhaltigen Giften der Kröten von hohem biologischen Interesse.

Krötengifte[2–5]. In den Hautsekreten aller Batrachier finden sich stark wirksame Gifte, darunter außer herzwirksamen Stoffen der Digitalis- und Saponinreihe (Sterine und ihre Verwandten) auch wichtige basische Verbindungen.

Neben *Adrenalin* enthalten gewisse Krötengifte verschiedene *Derivate des Tryptamins*, von denen das *Bufotenin* 1920 von HANDOVSKY[6] zuerst isoliert wurde. Nach WIELAND[7] und Mitarbeiter ist *Bufotenin* (I) ein 5-Oxy-indolyl-äthyl-dimethylamin, *Bufotenidin* das zugehörige Betain und *Bufothionin* (II) das innere Salz einer Esterschwefelsäure des Dehydro-bufotenins mit der stark basischen Dimethylaminogruppe.

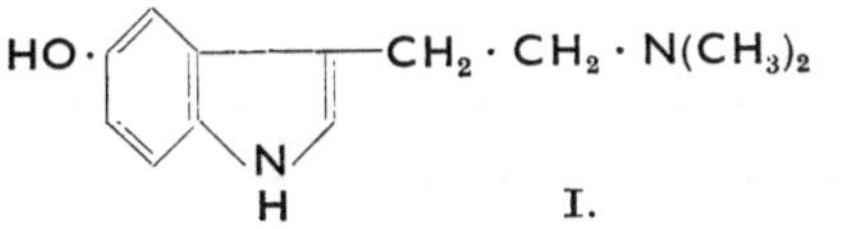

HO · [Indol, NH] —$CH_2 \cdot CH_2 \cdot N(CH_3)_2$ I.

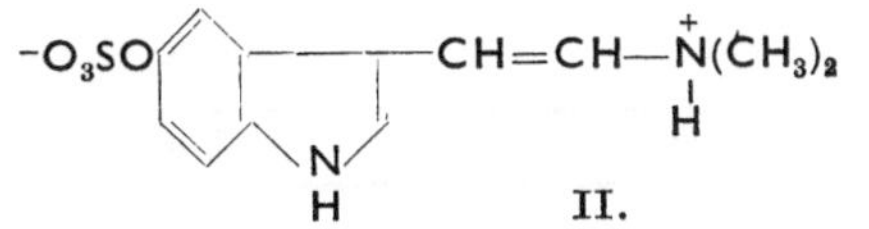

^-O_3SO · [Indol, NH] —$CH{=}CH{-}\overset{+}{N}H(CH_3)_2$ II.

Ganz anderer Art sind die N-haltigen Krötengifte der Gruppe des *Bufotoxins* (Formel s. S. 420), das nach Vorarbeiten von FAUST[8] zuerst von WIELAND und Mitarbeitern 1913 aufgefunden wurde. Es handelt sich bei ihnen im Ester des *Suberylarginins* mit spezifischen Verbindungen, den *Bufaginen* oder *Bufogeninen*. Ihr N-Gehalt ist also auf den Aminosäureanteil zurückzuführen. Alle bisher genauer untersuchten Bufagine enthalten ein typisches Cyclopentano-perhydrophenanthren-Skelet (III) (s. a. S. 392 und 420). TSCHESCHE und OFFE[9] konnten aus *Cinobufagin* Methylcyclo-pentenophenanthren erhalten. WIELAND und Mitarbeiter gelangten vom Bufotalin zu Chrysen und konnten Bufotalin in eine mit Cholansäure isomere Säure $C_{24}H_{40}O_2$ überführen. *Man kann die Bufotoxine mit den pflanzlichen Herzgiften der Digitalisreihe vergleichen*, nur ist in ihnen das „Genin" nicht mit Zucker sondern mit Suberylarginin verbunden.

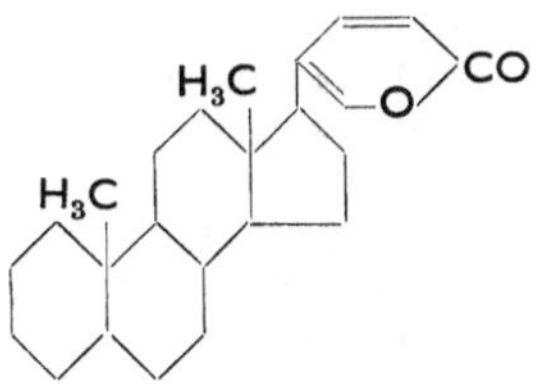

H_3C, H_3C, CO, O

III

Bufagine sind heute bereits in größerer Zahl bekannt, eine Anzahl von ihnen, die einer Zusammenstellung von DEULOFEU[10] entnommen sind, enthält die Tabelle 195. Die meisten Bufagine besitzen 24 C-Atome, einige zusätzlich eine

[1] SCHÜBEL, K.: Würzburg. Abh., N. F. **2**, H. **9** (1925).

Krötengifte: [2] LETTRÉ, H., u. H. H. INHOFFEN: Über Sterine, Gallensäuren und verwandte Naturstoffe. S. 229—232. Stuttgart 1936. S. a. BUTENANDT-SCHRAMM S. 420. — [3] BEHRINGER, H.: Chemie **56**, 83, 105 (1943). — [4] MEYER, K.: Pharmaceut. Acta helv. **24**, 222 (1949). Helv. chim. Acta **32**, 1238, 1593, 1599, 1993 (1949). Exper. **4**, 385 (1948). — [5] DEULOFEU, V.: Boll. Soc. quim. Peru. **6**, IV 27 (1940). Fortschr. Chem. org. Naturstoffe **5**, 241 (1948).

[6] HANDOVSKY, H.: A. e. P. P. **86**, 138 (1920). — [7] WIELAND, H., W. KONZ u. H. MITTASCH: A. **513**, 1 (1934). — WIELAND, H., u. TH. WIELAND: A. **528**, 234 (1937). Vgl. auch die Arbeiten von JENSEN, H., and K. K. CHEN: J. biol. Ch. **82**, 397 (1929); **87**, 741 (1930). — JENSEN, H., and K. K. CHEN: J. biol. Ch. **116**, 87 (1936). — CHEN, K. K., and A. L. CHEN: J. Pharmacol. exp. Therap. **43**, 13 (1930); **49**, 561 (1933). — RAYMOND-HAMET: Bull. Soc. Chim. biol. **24**, 190 (1942). — [8] FAUST, E. ST.: A. e. P. P. **47**, 278 (1902). — [9] TSCHESCHE, R., u. H. A. OFFE: B. **68**, 1998 (1935). — TSCHESCHE, R., u. W. HAUPT: B. **70**, 43 (1937). — [10] DEULOFEU, V.: Fortschr. Chem. org. Naturstoffe **5**, Tab. 1, S. 243 (1948).

Acetylgruppe). Bufagine mit einer von 24 oder 26 abweichenden Anzahl von C-Atomen sind vermutlich unrein.

Bufotalin

Cinobufagin („neu“)

Die nahen chemischen Zusammenhänge der Krötengifte mit den übrigen Steranderivaten (Sterinen, Gallensäuren, pflanzlichen Herzgiften, Saponinen usw.) machen es verständlich, daß auf Grund ähnlicher Wirkungen derartige Beziehungen von pharmakologischer Seite (FAUST u. a.) schon lange vermutet worden sind.

Tabelle 195. Bufagine.

Name	Formel	F. °	Krötenart
Bufotalin	$C_{24}H_{35}O_5(C_2H_3O)$ . . .	223	Bufo vulgaris
Bufotalinin	$C_{24}H_{30}O_6$.	233	Bufo vulgaris
Bufotalidin	$C_{24}H_{32}O_6$	228	Bufo vulgaris
Gamabufagin	$C_{24}H_{34}O_5$	261—265	Bufo vulgaris formosus
Cinobufagin („neu“)	$C_{24}H_{31}O_5(C_2H_3O)$ . . .	212—213	Bufo bufo gargarizans
Marinobufagin	$C_{24}H_{32}O_5$	212—213	Bufo marinus
Arenobufagin	$C_{23}H_{31}O_5(C_2H_3O)$	220	Bufo arenarum
Regularobufagin	$C_{23}H_{31}O_5(C_2H_3O)$	235—238	Bufo regularis
Vallicebufagin	$C_{26}H_{38}O_5$	212—213	Bufo valliceps
Quericicobufagin	$C_{23}H_{34}O_5$	258—259	Bufo quercicus
Viridobufagin	$C_{23}H_{34}O_5$	255	Bufo viridis viridis
Fowlerobufagin	$C_{23}H_{33}O_6$	153	Bufo fowleris

Die bisher isolierten Bufotoxine sind in Tabelle 196 aufgeführt.

Tabelle 196. Bufotoxine[1].

Name	Formel	F. °	Krötenart
Bufotoxin	$C_{26}H_{35}O_6 \cdot C_{14}H_{25}O_4N_4$. . .	204—205	Bufo vulgaris
Marinobufotoxin	$C_{24}H_{31}O_5 \cdot C_{14}H_{25}O_4N_4$ . .	204—205	Bufo marinus
Gamabufotoxin	$C_{24}H_{33}O_5 \cdot C_{14}H_{25}O_4N_4$ . .	210	Bufo vulgaris formosus
Arenobufotoxin	$C_{24}C_{24}H_3O_5 \cdot C_{14}H_{25}O_4N_4$.	214	Bufo arenarum
Cinobufotoxin	$C_{24}H_{39}O_8 \cdot C_{14}H_{25}O_4N_4$ . .	200	(Senso)
Viridobufotoxin	$C_{23}H_{35}O_6 \cdot C_{14}H_{25}O_4N_4$ . .	198—199	Bufo viridis viridis
Regularobufotoxin	$C_{25}H_{35}O_7 \cdot C_{14}H_{25}O_4N_4$ . .	205	Bufo regularis

P h a r m a k o l o g i e d e r K r ö t e n g i f t e. Das *Bufotenin* verdankt seine Adrenalinwirkung auf den Blutdruck nach RAYMOND-HAMET[2] seiner Fähigkeit, wie das Nicotin, die Adrenalin-Ausschüttung aus den Nebennieren stark zu vermehren. Daneben zeigt es eine zentrallähmende Wirkung auf die motorischen Zentren in Gehirn und Rückenmark. Eine toxikologische Beziehung zwischen Bufotenin und den Herzgiften im Sinne einer Steigerung der Giftigkeit besteht nach

[1] DEULOFEU, V.: Fortschr. Chem. org. Naturstoffe **5**, Tab. 2, S. 255 (1948). —
[2] RAYMOND-HAMET: Bull. Soc. Chim. biol. **24**, 190 (1942).

Tabelle 197. Quantitative Wirkung der Krötengifte und pflanzlichen Herzgifte.

Verbindung	Minimale letale Froschdosis mg/g	Grenzkonzentration am isolierten Froschherzen *	Minimale letale Katzendosis (HATCHER-BRODY) mg/kg	Minimale emetische Dosis an Katzen mg/kg	Minimale emetische Dosis an Tauben HANZLICK-BURN mg/kg
Bufotoxin	0,0025	1: 100000 +	0,30	0,125	0,200
Scillaren-A	0,0007	1:1000000 +	0,15	0,100	0,100
Scillaren-B	0,0004	1:1300000 +	0,14	—	—
Digitoxin	0,008	1: 200000 +	0,33	0,150	0,200
Digitoxigenin	0,013	1:75—100000 +	—	—	—
g-Strophanthin (Ouabain)	0,0005	1: 100000 +	0,12	0,060	0,100
Marinobufagin	—	1: 100000 +	0,57	0,300	0,375
γ-Bufagin	—	—	0,10	0,070	0,150
Marinobufotoxin	—	—	0,43	0,125	0,200
γ-Bufotoxin	—	—	0,38	0,175	0,200
Arenobufotoxin	—	—	0,41	0,150	0,200
Cinobufotoxin	0,0075—10(?)	1: 100000 +	0,36	0,125	0,200
Cinobufagin	0,020	1: 100000 +	0,23	0,125	0,300
Acetylcinobufagin . . .	—	1: 100000 +	0,96	—	0,30
Cinobufagon	—	1: 50000 +	0,91	—	0,80
Hydrocinobufagin . . .	—	1: 25000 —	5,09 überlebend	—	1,00 kein Erbrechen
Cinobufaginsäure	—	1: 25000 —	5,04 überlebend	—	1,00 kein Erbrechen
Cinobufagin	—	1: 50000 —	6,92 überlebend	—	1,00 kein Erbrechen

* + Herzstillstand; — Herz schlägt weiter.

HANDOVSKY[1] nicht. Für *Bufotenidin* und *Bufothionin* ist nach GESSNER nur eine geringe Wirkung zu erwarten, während *Dehydrobufotenin* nach JENSEN und CHEN[2] unwirksam sein soll. Die *Krötengenine* und *-toxine* wirken hauptsächlich am Herzen, und zwar qualitativ gleichartig den pflanzlichen Herzgiften, jedoch quantitativ bezüglich der wirksamen Dosen häufig unterschiedlich. Die Tabelle 196 stellt einen der Abhandlung von BEHRINGER[3] entnommenen Auszug aus Versuchen von CHEN und CHEN[2] (1933 und früher) dar. Sie zeigt die quantitativen Unterschiede in der Wirkung der Krötengifte und der pflanzlichen Herzgifte auf.

Den Kröten-Herzgiften geht im Gegensatz zu den pflanzlichen, namentlich der Purpureagruppe, jede Kumulationsfähigkeit ab. Die Kröten selbst weisen ihrem eignen Gift wie auch allgemein den Digitalisgiften gegenüber eine sehr hohe relative Resistenz auf.

Die neuerdings mehrfach empfohlene therapeutische Anwendung der Krötengifte dürfte kaum allgemein werden, da einmal die Beschaffung der Gifte und die Herstellung brauchbarer Präparate schwierig sein dürfte, zum anderen in den pflanzlichen Drogen und Glykosiden genügend erprobte Herzmittel in ausreichender Zahl und Menge zur Verfügung stehen (BEHRINGER[3]).

[1] HANDOVSKY, H.: A. e. P. P. **86**, 138 (1920). — [2] CHEN, K. K., and A. L. CHEN: J. Pharmacol. exp. Therap. **43**, 13 (1930); **49**, 561 (1939). — [3] BEHRINGER, H.: Chemie **56**, 105 (1943).

Namenverzeichnis.

Sachverzeichnis.

Erklärung: Fettdruck = Hauptzitat; fetter Punkt über der Zeile = Formel im Text; Schema, Tab., Abb., Gleichung = Schema usw. im Text.

Berichtigungen.

Seite

16[14]: statt: Hutchinson, D. A. lies: Hutchinson, C. A.

29[9]: statt: Hertig lies: Hettig.

29[9]: statt: Balfour lies: Balfour, W. M.

32[3]: statt: Du Vigneaud, V., M. Cohn, J. P. Chandler and S. Simmons lies: Du Vigneaud, V., M. Cohn, J. P. Chandler, J. R. Schenck and S. Simmonds.

32[4]: statt: Simmons lies: Simmonds.

43, Zeile 2: hinter Abb. 3 ist einzufügen: (s. S. 77).

49[15]: statt: Rossovsky lies: Ressovsky.

78, 3. Absatz, 1. Zeile: statt: Acidopropiusäuredimethylamid lies: Azidopropionsäuredimethylamid.

138[34]: statt: Bechold lies: Bechhold.

140[8]: statt: Schäfer lies: Schaefer.

170[13]: statt: Seifritz lies: Seifriz.

202[5]: statt: Sherman, H. G. lies: Sherman, H. C.

218[13]: statt: Timofeeff-Ressovsky, M. A. lies: Timoféeff-Ressowsky, H. A.

219, 2. Absatz, Zeilen 5 u. 9: statt: Mo lies: Mn.

227[20]: statt: Leiner, A., lies: Leiner, M.

248[1]: statt: Hulter lies: Holter.

248[8]: statt: Kats lies: Katsu.

260[1]: statt: Gorden lies: Gordon.

272[5]: statt: Carson, C. F. jr. lies: Carson, J. F. jr.

283[7]: statt: Prins, D. A. lies: Prins, A. D.

317[8]: statt: Magasic lies: Magasik.

334[3]: statt: Weidenhagen, W. lies: Weidenhagen, R.

341[3]: statt: Somers, C. F., and E. Sisler lies: Sumner, J. B., G. F. Somers and E. Sisler.

347[11]: statt: D. J. Weisblatt lies: D. I. Weisblatt.

368[4] u. [7]: statt: Burschkies, C. lies: Burschkies, K. H.

390[10]: statt: Heilbron, J. M. lies: Heilbron, I. M.

391[13] u. 405[1]: statt: Heilbron, J. M. lies: Heilbron, I. M.

417[3]: statt: Ederfield lies: Elderfield.

424[1]: statt: R. Miescher lies: K. Miescher.

428[5]: statt: Schöller lies: Schoeller.

453[8]: statt: Gaarenstrom lies: Gaarenstroom.

465[5]: statt: L. Morf lies: R. Morf.

466[5]: statt: Shoppe lies: Shoppee.

467[35]: statt: Benz, P. lies: Benz, F.

470[6]: statt: Kreula, H.: Biochem. J. **41**, 169 (1947). lies: Kreula, M.: Biochem. J. **41**, 269 (1947).

473[1]: statt: Hunter, R. E. lies: Hunter, R. F.

504[9]: statt: Hughes, Ed. lies: Hughes, E. D.

512, 15. Zeile v. o.: statt: Acetobacter lies: Azotobacter.

516[1]: statt: Cuthbertson, D. B. lies: Cuthbertson, D. P.

521[4]: statt: G. J. Lavin lies: G. I. Lavin.

529[2] u. [11]: statt: . . . B. Kassel and R. J. Ryan lies: . . . B. Kassell and F. J. Ryan.

529[11]. statt: Jones, J. lies: Jones, D. B.

534[2]: statt: E. P. Keller lies: E. B. Keller.

534[10]: statt: Hunzika lies: Hunziker.

550[8]: statt: Taurins lies: Taurinš.

552, Zeile 2: statt: Pyrrolkernen des Prolins lies: Pyrrolkernen des Hämins.

561[3]: statt: Cleaver, Th. C., R. Hardy and H. G. Cassidy lies: Cleaver, Ch. S., R. A. Hardy jr. and H. G. Cassidy.

563[5]: statt: Petersen lies: Peterson.

566, letzter Absatz, 1. Zeile: statt: Ab- lies: Ad-.

Seite

571, 4. Zeile v. u.: lies: Diese reagieren meistens weiter zu Diketopiperazinen (Brockmann, K., u. H. Musso: Naturwiss. **38**, 11 (1951).

582[10]: statt: Jakobs lies Jacobs.

588[2]: statt: Goldwater, W. C. lies: Goldwater, W. H.

597[1]: Bowes, J. A. lies: Bowes, J. H.

615[4]: statt: Astburx lies: Astbury.

624[1], 626[2, 3]: statt: Palmer, A. K. bzw. Palmer, A. T. lies: Palmer, A. H.

626[2]: statt: Kibrick, A. L. lies: Kibrick, A. C.

628[4]: statt: Davis, B. D. lies: Davis, B. O.

629[4]: statt: Adair, D. S. lies: Adair, G. S.

629[4]: statt: D. E. MacInnes lies: D. A. MacInnes.

637[10]: statt: Klotz, I. H. lies: Klotz, I. M.

648[2]: statt: Neurath, A. lies: Neurath, H.

654[1]: statt: Bernal, I. B. lies: Bernal, J. D.

660[4] u. 661[2]: statt: Hawn, C., van Zandt lies: Zandt Hawn, C. van.

660[9]: statt: Lavin, G. E. lies: Lavin, G. I.

677[2]: statt: Coryel lies: Coryell.

687[8]: statt: G. D. McInnes lies: D. A. McInnes.

700, 4. Absatz, 4. Zeile: statt: Chymostrypsin lies: Chymotrypsin.

701[9]: statt: Reinicke lies: Reineke.

704[8]: statt: Saverborn lies: Säverborn.

722[6]: Das Zitat ist zu ersetzen durch: Grassmann, W.: Kolloid-Z. **77**, 205 (1936). — Grassmann, W., u. J. Trupke: Handb. Gerbereichem. Lederfabr. (Bergmann-Grassmann) **1**/1, 359 (1944) u. zwar S. 340.

723[6]: statt: Bowes, J. A., lies: Bowes, J. H.

727[12], 728[1, 2, 5, 7]: statt: Hawn, C. van Zandt lies: Zandt Hawn, C. van.

728, 5. Zeile: statt: Fibrin lies: Fibrinogen.

730[7]: statt: Snellmann lies: Snellman.

731[3]: statt: Engelhardt, W. A. lies: Engelhardt, V. A.

731[5]: statt: Moore, D. M. lies: Moore, D. H.

736[5]: statt: Moosley lies: Mosley.

739[8]: statt: Woolley, H. D. lies: Sprince, H., and D. W. Woolley.

740[7]: statt: Kay, H. P. lies: Kay, H. D.

743[1 u. 3]: statt: Coryel lies: Coryell.

746[10]: statt: Procter lies: Porter.

747[5]: statt: Tishkoff, C. H. lies: Tishkoff, G. H.

754[1]: statt: Snellmann lies: Snellman.

756[4]: statt: Holmgreen lies: Holmgren.

758[5] u. 764[17]: statt: Werner, J. lies: Werner, I.

765, 3. Absatz, 5. Zeile: statt: Thelakentrin lies: Thylakentrin.

766[4]: statt: Boss, W., D. H. Moor and E. G. Millec lies: Ross, W., D. H. Moore and E. G. Miller.

770[7]: statt: Javallier lies: Javillier.

779, Zeile 10: statt: δ-Aminovaleriansäure und Citrullin lies: δ-Aminovaleriansäure in Citrullin.

780[1]: statt: Schenk lies: Schenck.

786[10]: statt: Rechenberg lies: Rechenberger.

787[13]: statt: Dudley, K. W. lies: Dudley, H. W.

797, 1. Absatz: Der Satz: „Auch im Moleküle des Vitamin B_2 (s. Bd. 2, Vitamine) ist ein Purinkern enthalten." Ist zu streichen.

822[4]: statt: D. J. Weisblatt lies: D. I. Weisblatt.

825[1]: statt: Hartmann, J. lies: Hartmann, M.

852[1]: statt: Delvry lies: Delory.

854[11]: statt: Tamija lies: Tamiya.

870, 8. Zeile v. u.: statt: Azetobacter lies: Azotobacter.

870[5]: statt: Yamagutchi lies: Yamaguchi.

895[22]: statt: Hijmans lies: Hymans.

902[1]: statt: Hawkinson, O. lies: Hawkinson, V.

927, 4. Zeile v. o.: statt: Urobilin-IX, a lies: Urobilin-IX, α.

991[2]: statt: M. B. Whetham lies: M. D. Whetham.

996[8]: statt: MacGivery lies: McGilvery.

1018, Tabelle 169, Zeile 1: statt: Braun lies: Brann.

1026[3]: statt: Hillstätter lies: Willstätter.

1035[8, 8a]: statt: Fenold lies: Fevold.

1035[22]: statt: Fogelsen lies: Fogelson.

Seite
1035[56]: statt: ENGELHARDT, W. A. lies: ENGELHARDT, V. A.
1037[1]: statt: SCHLENCK lies: SCHLENK.
1056[11]: statt: TOLALAY lies: TALALAY.
1067, 3. Absatz, 5. Zeile: statt: Hemicellulasen lies: Hemicellulosen.
1069[3]: statt: ROBERTSON, W. VAN B. lies: ROBERTSON, W. V. B.
1089[16]: statt: TALATAY lies: TALALAY.
1095[1]: statt: ENGELHARDT, W. A. lies: ENGELHARDT, V. A.
1099[3]: statt: ROCHE, I. lies: ROCHE, J.
1104, 2. Absatz, 1. Zeile: statt: γ-Oxy-δ-guanidinovaleriansäure lies: α-Oxy-δ-guanidinovaleriansäure.
1109[8]: statt: B. Z. **245** lies: B. Z. **254**.
1113, 2. Absatz, 8. Zeile:: statt: Adensonintriphosphatase lies: Adenosintriphosphatase.
1113[3]: statt: Seitenzahl 89 lies: 121.
1114, vorletzte Zeile: statt: TRUPHE lies: TRUPKE.
1120[7] u. 1137[10]: statt: BECK lies: BEK.
1127[11]: statt: 572 lies: 573.
1128[10]: statt: BRENNER, v. M. lies: BRENNER, M. v.
1129[2]: statt: I. J. BEK lies: I. J. BIRK.
1129[2]: statt: SCHARIKOVE lies: SCHARIKOVA.
1130, 3. Zeile v. u.: statt: „Pepsin NORTHROPS, so daß sich" lies: „Pepsin NORTHROPS sowie solche, in denen sich".
1131, 15. Zeile v. o.: statt: solatende lies: spaltende.
1132[1]: statt: TRACEY lies: TRACY.
1133[4]: statt: Fußnote [4] lies: Fußnote [14].
1136, 19. Zeile v. u.: statt: Aminopolypetidase lies: Aminopolypeptidase.
1139, 2. Zeile v. o.: statt: Carbobenzoxyl- lies: Carbobenzoxy-L-
1143[2]: statt: TRACEY lies: TRACY.
1155[5]: statt: KAUFMANN lies: KAUFMAN.
1157[2]: statt: J. W. STEIN lies: STEIN, I. F. jr.
1159[11]: statt: HANSCHKE lies: HANSCHKE, E.
1163, 7. Zeile v. u.: *a)* ist zu streichen.
1164[9]: statt: FENOLD lies: FEVOLD.
1169[5]: statt: WILHELM lies: WILLHEIM.
1181[1]: statt: B. GÜNTHER lies: G. GÜNTHER.
1187, 7. Zeile v. o.: statt: Cytochrom A und B lies: Cytochrom a und b.
1210[12]: statt: PURNEDER, N. CHAKRAVORTY lies: CHAKRAVORTY, P. N.
1221[4]: statt: WRIGHT, C. I. lies: WRIGHT, C. J.
1291: statt: CLEAVER, CH. S., R. A. HARDY jr. and H. G. LASSIDY
lies: CLEAVER, CH. S., R. A. HARDY jr. and H. G. CASSIDY.
1373: statt: LASSIDY H. G., s. CLEAVER, CH. S.
lies: CASSIDY H. G., s. CLEAVER, CH. S.
Dieses Stichwort gehört auf Seite 1287.